MATHEMATIK
NEUE WEGE

ARBEITSBUCH
FÜR GYMNASIEN

Analysis

Herausgegeben von
Günter Schmidt
Henning Körner
Arno Lergenmüller

Schroedel

MATHEMATIK NEUE WEGE
ARBEITSBUCH FÜR GYMNASIEN
Analysis

Herausgegeben von:
Prof. Günter Schmidt, Henning Körner,
Arno Lergenmüller

erarbeitet von:
Dieter Eichhorn, St. Ingbert
Florian Engelberger, Traisen
Andreas Jacob, Kaiserslautern
Henning Körner, Oldenburg
Arno Lergenmüller, Roxheim
Dr. Karl Reichmann, Neuenburg
Michael Rüsing, Essen
Olga Scheid, Oldenburg
Prof. Günter Schmidt, Stromberg
Thomas Vogt, Hargesheim

Redaktion: Stephanie Aslanidis, Sven Hofmann
Herstellung: Reinhard Hörner
Umschlagentwurf: Klaxgestaltung, Braunschweig
Illustrationen: M. Pawle, München
techn. Zeichnungen: M. Wojczak, Butjadingen
Satz: CMS – Cross Media Solutions GmbH, Würzburg
Druck und Bindung: westermann druck GmbH, Braunschweig

ISBN 978-3-507-**85581**-6

Inhalt

Zum Aufbau dieses Buches

Jedes Kapitel beginnt mit einer **Einführungsseite**, die den Kapitelaufbau mit den einzelnen Lernabschnitten übersichtlich darstellt.

Jeder dieser Lernabschnitte ist in **drei Ebenen – grün – weiß – grün** – unterteilt.

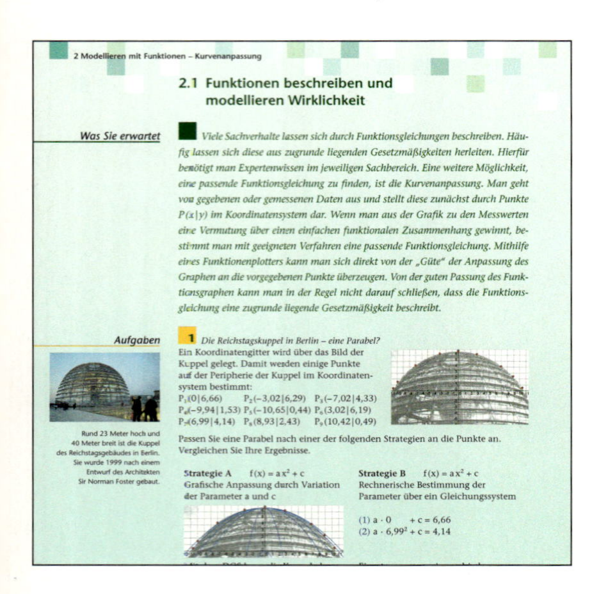

2 Modellieren mit Funktionen – Kurvenanpassung

2.1 Funktionen beschreiben und modellieren Wirklichkeit

Was Sie erwartet

Viele Sachverhalte lassen sich durch Funktionsgleichungen beschreiben. Häufig lassen sich diese aus zugrunde liegenden Gesetzmäßigkeiten herleiten. Hierfür benötigt man Expertenwissen im jeweiligen Sachbereich. Eine weitere Möglichkeit, eine passende Funktionsgleichung zu finden, ist die Kurvenanpassung. Man geht von gegebenen oder gemessenen Daten aus und stellt diese zunächst durch Punkte P(x|y) im Koordinatensystem dar. Wenn man aus der Grafik zu den Messwerten eine Vermutung über einen einfachen funktionalen Zusammenhang gewinnt, bestimmt man mit geeigneten Verfahren eine passende Funktionsgleichung. Mithilfe eines Funktionenplotters kann man sich direkt von der „Güte" der Anpassung des Graphen an die vorgegebenen Punkte überzeugen. Von der guten Passung des Funktionsgraphen kann man in der Regel nicht darauf schließen, dass die Funktionsgleichung eine zugrunde liegende Gesetzmäßigkeit beschreibt.

Aufgaben

1 *Die Reichstagskuppel in Berlin – eine Parabel?*
Ein Koordinatengitter wird über das Bild der Kuppel gelegt. Damit werden einige Punkte auf der Peripherie der Kuppel im Koordinatensystem bestimmt:
$P_1(0|6{,}66)$ $P_2(-3{,}02|6{,}29)$ $P_3(-7{,}02|4{,}33)$
$P_4(-9{,}94|1{,}53)$ $P_5(-10{,}65|0{,}44)$ $P_6(3{,}02|6{,}19)$
$P_7(6{,}99|4{,}14)$ $P_8(8{,}93|2{,}43)$ $P_9(10{,}42|0{,}49)$

Rund 23 Meter hoch und 40 Meter breit ist die Kuppel des Reichstagsgebäudes in Berlin. Sie wurde 1999 nach einem Entwurf des Architekten Sir Norman Foster gebaut.

Passen Sie eine Parabel nach einer der folgenden Strategien an die Punkte an. Vergleichen Sie Ihre Ergebnisse.

Strategie A $f(x) = ax^2 + c$
Grafische Anpassung durch Variation der Parameter a und c

Strategie B $f(x) = ax^2 + c$
Rechnerische Bestimmung der Parameter über ein Gleichungssystem

(1) $a \cdot 0 + c = 6{,}66$
(2) $a \cdot 6{,}99^2 + c = 4{,}14$

Die erste grüne Ebene

Was Sie erwartet

In wenigen Sätzen, Bildern und Fragen erfahren Sie, worum es in diesem Abschnitt geht.

Einführende Aufgaben

In vertrauten Alltagssituationen ist bereits viel Mathematik versteckt. Mit diesen Aufgaben können Sie wesentliche Zusammenhänge des Themas selbst entdecken und verstehen.

Dies gelingt besonders gut in der Zusammenarbeit mit einem oder mehreren Partnern.

In dem vielfältigen Angebot können Sie nach Ihren Erfahrungen und Interessen auswählen.

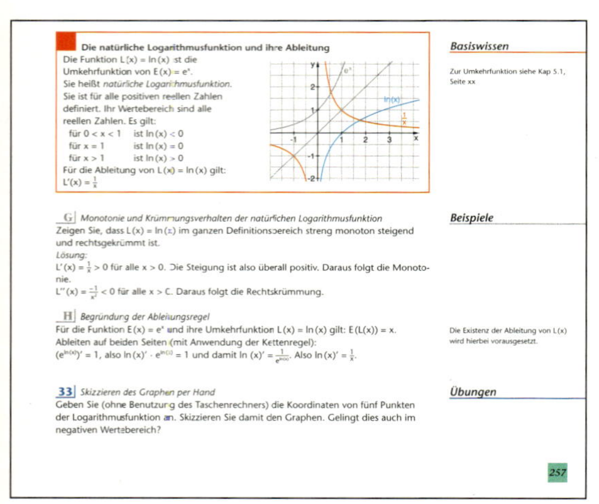

Die natürliche Logarithmusfunktion und ihre Ableitung
Die Funktion $L(x) = \ln(x)$ ist die Umkehrfunktion von $E(x) = e^x$.
Sie heißt *natürliche Logarithmusfunktion.*
Sie ist für alle positiven reellen Zahlen definiert. Ihr Wertebereich sind alle reellen Zahlen. Es gilt:
für $0 < x < 1$ ist $\ln(x) < 0$
für $x = 1$ ist $\ln(x) = 0$
für $x > 1$ ist $\ln(x) > 0$
Für die Ableitung von $L(x) = \ln(x)$ gilt:
$L'(x) = \frac{1}{x}$

Basiswissen

Zur Umkehrfunktion siehe Kap 5.1, Seite xx

G *Monotonie und Krümmungsverhalten der natürlichen Logarithmusfunktion*
Zeigen Sie, dass $L(x) = \ln(x)$ im ganzen Definitionsbereich streng monoton steigend und rechtsgekrümmt ist.
Lösung:
$L'(x) = \frac{1}{x} > 0$ für alle $x > 0$. Die Steigung ist also überall positiv. Daraus folgt die Monotonie.
$L''(x) = \frac{-1}{x^2} < 0$ für alle $x > 0$. Daraus folgt die Rechtskrümmung.

Beispiele

H *Begründung der Ableitungsregel*
Für die Funktion $E(x) = e^x$ und ihre Umkehrfunktion $L(x) = \ln(x)$ gilt: $E(L(x)) = x$.
Ableiten auf beiden Seiten (mit Anwendung der Kettenregel):
$(e^{\ln(x)})' = 1$, also $\ln(x)' \cdot e^{\ln(x)} = 1$ und damit $\ln(x)' = \frac{1}{e^{\ln(x)}}$. Also $\ln(x)' = \frac{1}{x}$.

Die Existenz der Ableitung von L(x) wird hierbei vorausgesetzt.

33 *Skizzieren des Graphen per Hand*
Geben Sie (ohne Benutzung des Taschenrechners) die Koordinaten von fünf Punkten der Logarithmusfunktion an. Skizzieren Sie damit den Graphen. Gelingt dies auch im negativen Wertebereich?

Übungen

257

Die weiße Ebene

Basiswissen

Im roten Kasten finden Sie das Wissen und die grundlegenden Strategien kurz und bündig zusammengefasst.

Beispiele

Die durchgerechneten Musteraufgaben helfen beim eigenständigen Lösen der Übungen

Übungen

Die Übungen bieten reichlich Gelegenheit zu eigenen Aktivitäten, zum Verstehen und Anwenden. Zusätzliche „Trainingsangebote" führen zur Sicherheit.

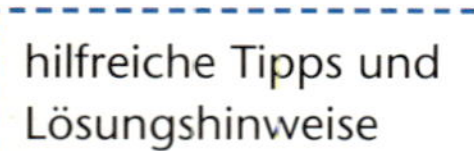

Bei vielen Übungen finden Sie hilfreiche Tipps oder Möglichkeiten zur Selbstkontrolle.

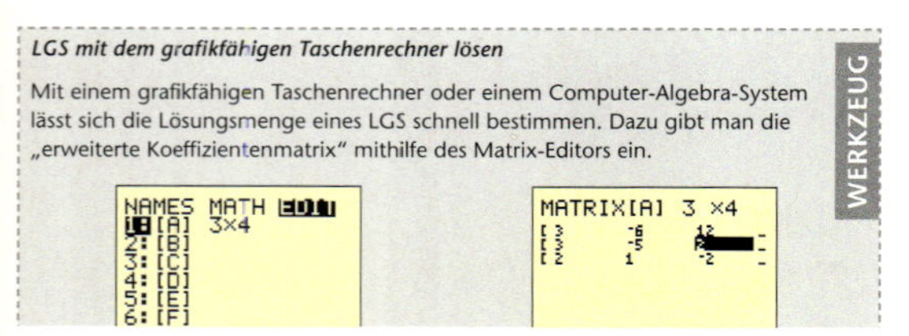

LGS mit dem grafikfähigen Taschenrechner lösen

Mit einem grafikfähigen Taschenrechner oder einem Computer-Algebra-System lässt sich die Lösungsmenge eines LGS schnell bestimmen. Dazu gibt man die „erweiterte Koeffizientenmatrix" mithilfe des Matrix-Editors ein.

Werkzeugkästen erläutern den Umgang mit dem GTR oder das Vorgehen bei mathematischen Verfahren.

Auf gelben Karten sind wichtige Sätze oder Sachverhalte zusammengefasst, die das Basiswissen ergänzen.

Faktorregel
$f(x) = a \cdot g(x) \Rightarrow f'(x) = a \cdot g'(x)$
„Ein konstanter Faktor bleibt beim Ableiten erhalten."

Die zweite grüne Ebene

Aufgaben

Hier finden Sie Anregungen zum Entdecken überraschender Zusammenhänge der Mathematik mit vielen Bereichen Ihrer Lebenswelt und anderer Fächer.

Die Aufgaben hier sind meist etwas umfangreicher, deshalb ist oft Teamarbeit sinnvoll.

In Projekten gibt es Anregungen zu mathematischen Exkursionen oder zum Erstellen eigener Produkte. Dies führt auch zu Präsentationen der Ergebnisse in größerem Rahmen.

2 Modellieren mit Funktionen – Kurvenanpassung

Aufgaben

14 *Modell und Wirklichkeit - Ronaldos Meisterschuss*
Im Nachrichtenmagazin DER SPIEGEL erschien am 11.1.2010 der folgende Artikel:

FUSSBALL

Ronaldos Schusskunst

Bevor er einen direkten Freistoß schießt, tritt der portugiesische Fußballprofi Cristiano Ronaldo drei, vier Schritte hinter den Ball zurück, baut sich breitbeinig wie ein Westernheld auf und fixiert mit entschlossenem Blick das Tor. Die gegnerische Mauer in 9,15 Meter Entfernung ist in der Regel kein Hindernis für den Stürmer von Real Madrid: Für ihn ist es ein Duell Schütze gegen Torhüter. Wie raffiniert er seine Kunstschüsse tritt, haben nun zwei spanische Biomechaniker der Universitäten von Castilla-La Mancha und von Elche anhand des phantastischen Tors analysiert, das Ronaldo vorigen Dezember beim Champions-League-Spiel in Marseille aus 35 Meter Distanz erzielte. Unhaltbar war der Schuss nicht wegen seiner Wucht; die Durchschnittsgeschwindigkeit, in welcher der Ball 1,44 Sekunden durch die Luft flog, war mit 87 Kilometern pro Stunde relativ gering. Doch phänomenal war die Flugbahn des Balls. Der Abflugwinkel betrug 25 Grad, in 2,53 Meter Höhe passierte er die Mauer, mit steigender Tendenz. Hätte die Kugel sich im erwartbaren Neigungswinkel gesenkt, wäre sie nach Erkenntnissen der Wissenschaftler über das 2,44 Meter hohe Tor geflogen. Doch plötzlich verließ der Ball seine vorhersehbare Kurve, fiel steil nach unten ab und überquerte in 1,88 Meter Höhe die Torlinie. Das Geheimnis liegt in Ronaldos Schusstechnik: Er verpasst dem Ball einen Effet, so dass er in Flugrichtung rotiert, ähnlich dem Topspin beim Tennis. Je stärker der Drall, desto abrupter fällt irgendwann der Ball herab – ein Alptraum für jeden Torwart.

Welche Modelle lagen den Erkenntnissen der Wissenschaftler zugrunde? Versuchen Sie mit Ihren Kenntnissen und den Daten im Bericht eine eigene Modellierung des Freistoßes. Verwenden Sie verschiedene Modellansätze und ver-

Check-up und Vermischte Aufgaben

Am Ende jedes Kapitels wird im **Check-up** nochmals das Wichtigste übersichtlich zusammengefasst.
Zusätzlich finden Sie passende Aufgaben, mit denen Sie Ihr Wissen festigen und sich für Prüfungen vorbereiten können. Die Lösungen dieser Aufgaben finden Sie am Ende des Buches.

Die abschließenden **Vermischten Aufgaben** zum Kapitel bieten weitere Übungen zur Festigung des Gelernten. Die Lösungen dazu finden Sie im Internet unter www.schroedel.de/neuewege-s2.

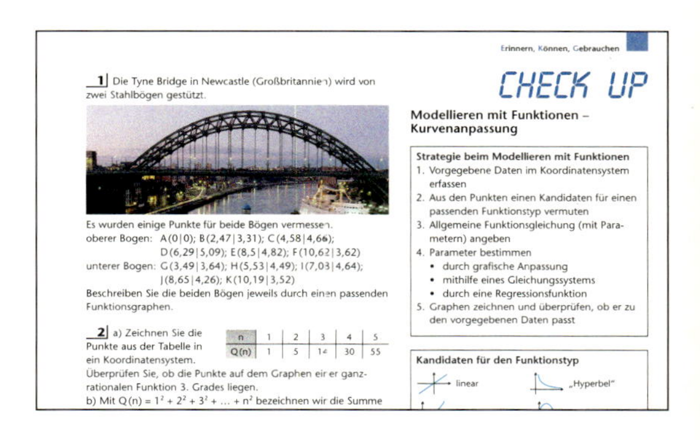
Erinnern, Können, Gebrauchen

CHECK UP

Modellieren mit Funktionen – Kurvenanpassung

1 Die Tyne Bridge in Newcastle (Großbritannien) wird von zwei Stahlbögen gestützt.

Es wurden einige Punkte für beide Bögen vermessen.
oberer Bogen: A(0|0); B(2,47|3,31); C(4,58|4,66); D(6,29|5,09); E(8,5|4,82); F(10,62|3,62)
unterer Bogen: G(3,49|3,64); H(5,53|4,49); I(7,03|4,64); J(8,65|4,26); K(10,19|3,52)
Beschreiben Sie die beiden Bögen jeweils durch einen passenden Funktionsgraphen.

2 a) Zeichnen Sie die Punkte aus der Tabelle in ein Koordinatensystem.

n	1	2	3	4	5
Q(n)	1	5	14	30	55

Überprüfen Sie, ob die Punkte auf dem Graphen einer ganzrationalen Funktion 3. Grades liegen.
b) Mit $Q(n) = 1^2 + 2^2 + 3^2 + \ldots + n^2$ bezeichnen wir die Summe

Strategie beim Modellieren mit Funktionen
1. Vorgegebene Daten im Koordinatensystem erfassen
2. Aus den Punkten einen Kandidaten für einen passenden Funktionstyp vermuten
3. Allgemeine Funktionsgleichung (mit Parametern) angeben
4. Parameter bestimmen
   - durch grafische Anpassung
   - mithilfe eines Gleichungssystems
   - durch eine Regressionsfunktion
5. Graphen zeichnen und überprüfen, ob er zu den vorgegebenen Daten passt

Kandidaten für den Funktionstyp
linear „Hyperbel"

Grundwissen und Kurzer Rückblick

In den Kapiteln findet man an verschiedenen Stellen **Grundwissen**. Hier sind Übungen zusammengestellt, mit denen Sie testen können, wie gut die grundlegenden Inhalte der vorigen Lernabschnitte noch präsent sind.
In kurzen **Rückblicken** wird das Wissen aus vorherigen Schuljahren aufgefrischt.

GRUNDWISSEN

1 Welche der folgenden Aussagen treffen für eine ganzrationale Funktion ersten (zweiten, dritten, vierten) Grades zu? Der Graph hat auf jeden Fall …
A keine lokalen Extrempunkte **B** keine Wendepunkte **C** keine Sattelpunkte.

2 Skizzieren Sie den Graphen einer ganzrationalen Funktion, für die gilt:
Ihre erste Ableitungsfunktion hat genau drei Nullstellen, die zweite Ableitungsfunktion an diesen Stellen ist von Null verschieden. Wie viele Krümmungswechsel hat der Graph?

3 Geben Sie ein Beispiel an: Funktion f hat in a keinen Extrempunkt, es gilt $f'(a) = 0$.

Exkurse

Auch im Mathematikbuch gibt es einiges zu erzählen, über Menschen, Probleme und Anwendungen oder auch Seltsames.

Splines im Schiffsbau

Die Form eines Schiffsrumpfes hat erhebliche Auswirkungen auf die Geschwindigkeit und den Energieverbrauch von Schiffen. Gegenüber einer massiven Bauweise haben Konstruktionen mit Quer- und Längslattungen einen erheblichen Gewichtsvorteil. Beim Bau von Schiffen wurden früher *Straaklatten* (engl.: *spline* = dünne Latte) benutzt, um eine optimale Form für den Schiffsrumpf zu finden. Dabei wurden leicht biegbare Latten um Befestigungspunkte gelegt, die durch das Konstruktionsprinzip des Schiffes vorgegeben waren.
Die Latten nehmen aufgrund ihrer Elastizität von selbst eine Form an, die am wenigsten Biegeenergie erfordert und damit insgesamt die geringste Krümmung aufweist. Da auf beiden Seiten der äußeren Stützpunkte keine Verformung stattfindet, verlaufen die herausragenden Enden der Latten dort geradlinig, also ungekrümmt. Hierin liegt die Begründung dafür, dass im Modell an den Enden keine Krümmung angesetzt wird, also $f''(x) = 0$ gilt.

CD-ROM

Die beigefügte **CD-ROM** enthält interaktive Werkzeuge zur Visualisierung dynamischer Vorgänge. Die Aufgaben, die mit dem Symbol gekennzeichnet sind, nehmen direkten Bezug auf die CD und regen so zu Entdeckungen an.

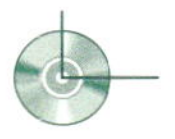

1 Funktionen und Änderungsraten

Bei der Modellierung von Situationen mithilfe von Funktionen und ihrer Graphen spielt auch das Änderungsverhalten der jeweils untersuchten Größen eine Rolle. Während die „durchschnittliche Änderungsrate" mit unseren Alltagserfahrungen gut im Einklang steht, ist der Begriff der „momentanen Änderungsrate" schwieriger zu erschließen. Hier müssen wir auf Prozesse und deren Grenzwerte zurückgreifen, um die Änderung an einer bestimmten Stelle erfassen und berechnen zu können. Die geometrische Interpretation mithilfe von Sekanten und Tangenten unterstützt das Verstehen dieser Grenzwertprozesse.

1.1 Änderungsraten – grafisch erfasst

Die Änderungsrate an einer bestimmten Stelle hängt eng mit der Steigung des Graphen an dieser Stelle zusammen. Mithilfe einer an dem Graphen entlang gleitenden Sekante lässt sich die Steigung in jedem Kurvenpunkt schätzen. Damit kann der Steigungsgraph qualitativ skizziert werden. Dieser Graph der Änderungsrate liefert in vielen Anwendungssituationen wertvolle Zusatzinformationen, z. B. über das Wachstumsverhalten von Bakterienbeständen oder über die Wasserstandsänderungen bei drohendem Hochwasser.

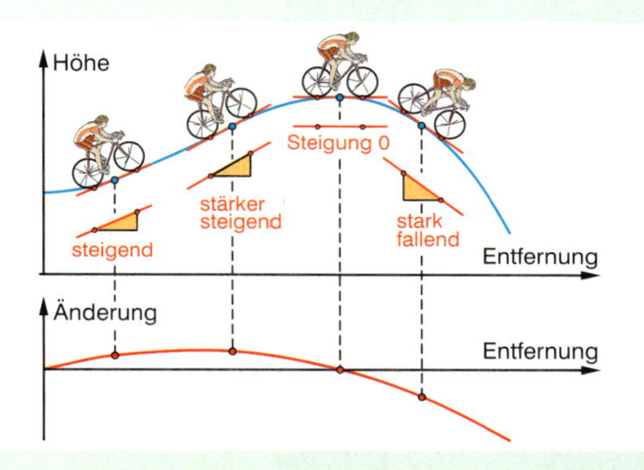

1.2 Von der durchschnittlichen zur momentanen Änderungsrate

Die durchschnittliche Steigung eines Funktionsgraphen über einem kleinen Intervall [a, a + h] lässt sich mit dem Differenzenquotienten $\frac{\Delta y}{\Delta x} = \frac{f(a+h) - f(a)}{h}$ berechnen.
Der Grenzwert dieses Differenzenquotienten für $h \to 0$ liefert einen Wert für die momentane Änderungsrate an der Stelle a.
Geometrisch wird dieser Prozess durch die Annäherung von Sekanten an eine Tangente interpretiert.

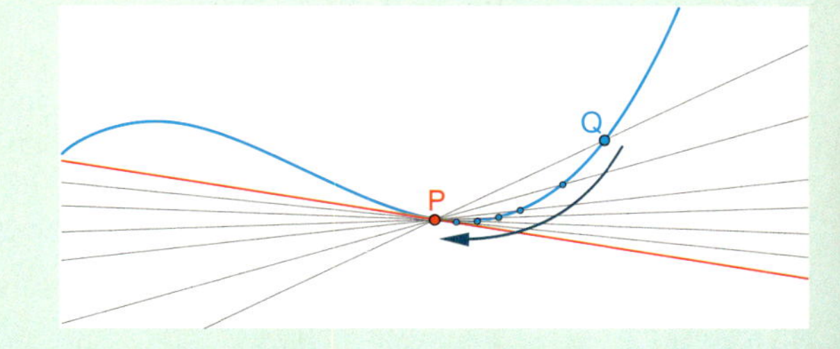

1.3 Von der Sekantensteigungsfunktion zur Ableitungsfunktion

Hier wird die Änderungsrate einer Funktion nicht nur an einer Stelle, sondern im ganzen Definitionsbereich berechnet. Dies geschieht mit der Sekantensteigungsfunktion, die sich mit dem Rechner auch grafisch darstellen lässt.
Mit den in 1.2 beschriebenen Grenzprozessen gelangt man zur Ableitungsfunktion.

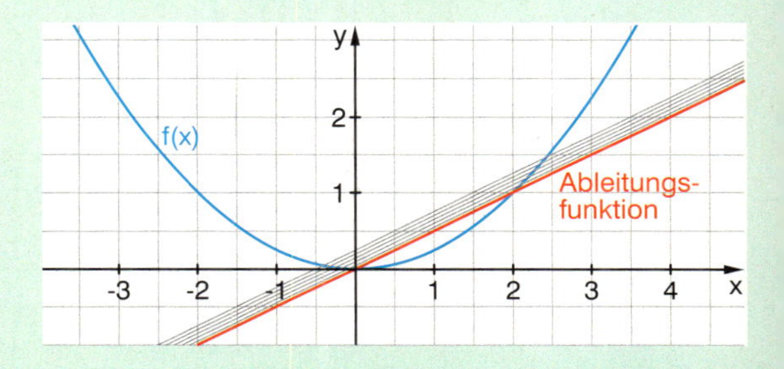

1.1 Änderungsraten – grafisch erfasst

Was Sie erwartet

Mit Funktionen und Graphen lassen sich viele Situationen und Vorgänge beschreiben bzw. modellieren. Bei der Interpretation der Graphen spielt oft das Änderungsverhalten eine bedeutende Rolle. Dies wird durch die „Änderungsrate" erfasst. Auch sie lässt sich als Funktion grafisch darstellen.

Flugzeug im Landeanflug

Flughöhe als Funktion der Zeit

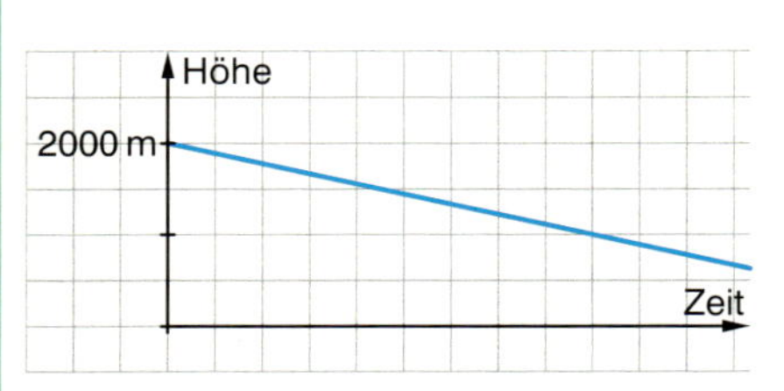

Das Flugzeug nähert sich im Sinkflug dem Flughafen. In dem Diagramm sinkt das Flugzeug gleichmäßig von seiner normalen Flughöhe in Richtung Boden.

Sinkgeschwindigkeit als Funktion der Zeit

Wie schnell das Flugzeug sinkt, kann der Pilot an der „Sinkgeschwindigkeit" ablesen. Diese ist in unserem Beispiel konstant.

Konstante Änderungsraten, wie man sie bei Geraden erhält, sind nicht sehr spannend und uns auch bereits bekannt. Was ist, wenn sich die Änderungsrate ändert?

Modell des Wachstums von Bakterien

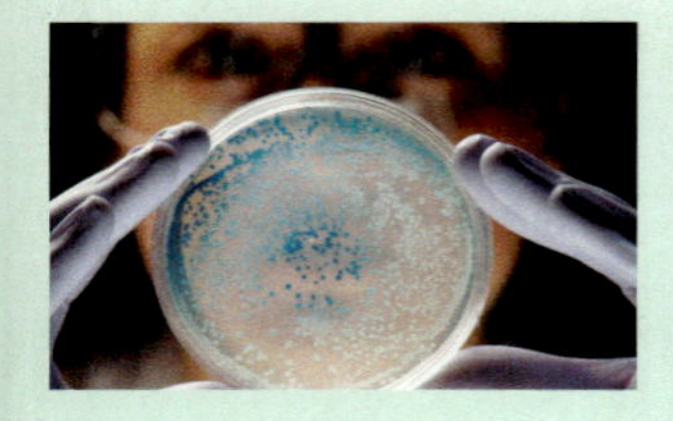

Bakterienbestand als Funktion der Zeit

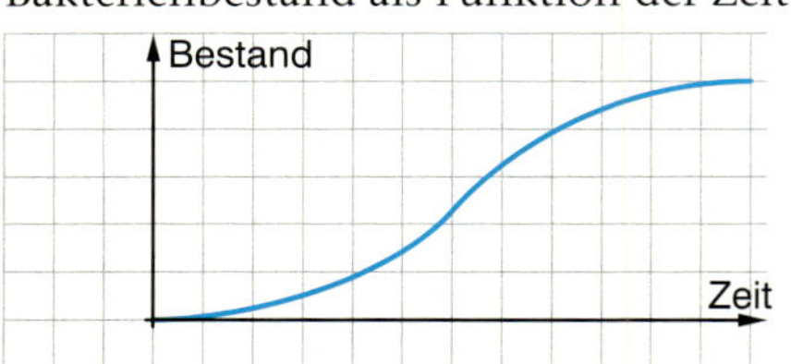

Nach langsamem Beginn wächst der Bestand zunächst immer schneller, ab einem bestimmten Zeitpunkt wird das Wachstum wieder langsamer und sinkt schließlich auf nahezu Null.

Wachstumsrate als Funktion der Zeit

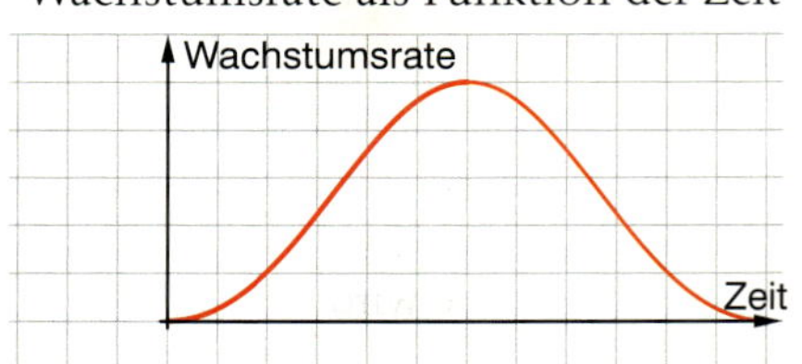

Die Wachstumsrate ändert sich mit der Zeit. Es gibt einen Zeitpunkt, an dem die Änderungsrate maximal ist.

Stellt man Änderungsraten als Funktion dar, so kann man das Änderungsverhalten auf einen Blick erfassen. Dies geschieht zunächst qualitativ. Die Steigung des Funktionsgraphen wird recht gut erfasst durch die „Steigung" eines Lineals, das an die Kurve angelegt wird. In den nächsten Lernabschnitten wird dies mit passenden Begriffen und Verfahren numerisch präzisiert.

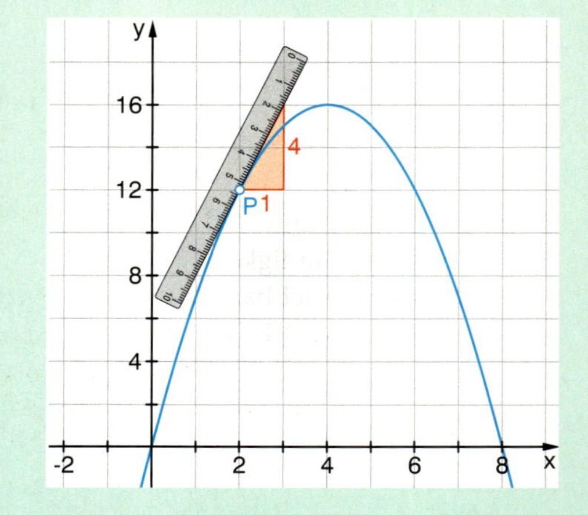

Aufgaben

1 *Füllvorgänge und Graphen*

Im Science-Center in Paris findet sich ein Experiment, in dem Gefäßformen durch ihre „Füllgraphen“ charakterisiert werden. In die Gefäße fließt mit gleichmäßigem Zufluss eine Flüssigkeit ein. Mit der Zeit ändert sich die Füllhöhe in dem jeweiligen Gefäß, dies kann man am Steigen des Flüssigkeitsspiegels gut beobachten.

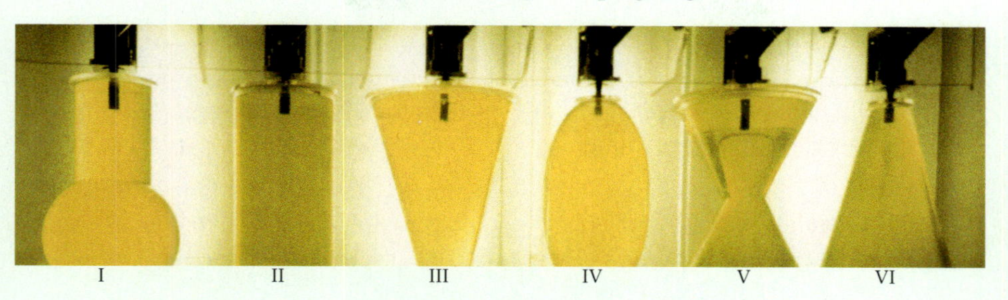

Der Flüssigkeitsspiegel für jedes Gefäß wird jeweils im Sekundenabstand festgehalten und aufgezeichnet. So entstehen wie bei einer „Stroboskopaufnahme“ die sechs Bilder in den Spalten A bis F.

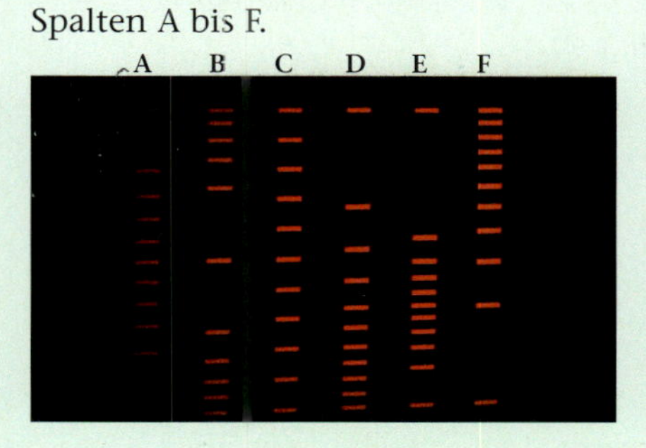

Hier ist der Füllvorgang für jedes Gefäß in einem Graphen zur Zuordnung Zeit (t) → Füllhöhe (h) dargestellt (Füllgraph).

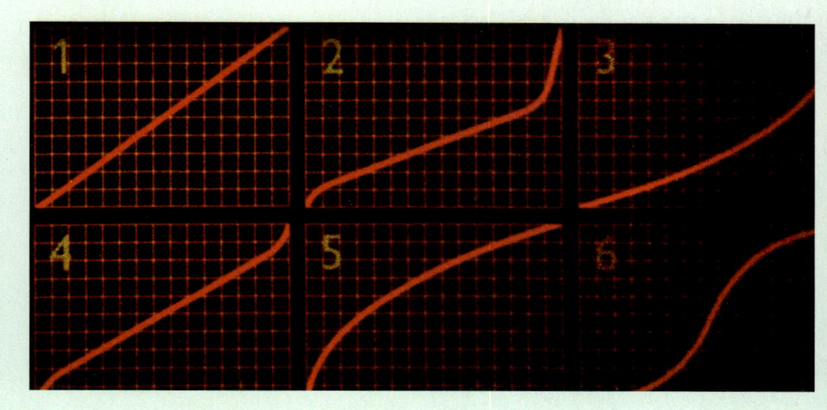

a) Ordnen Sie den Gefäßen im obigen Bild jeweils die passende Stroboskopaufnahme und den passenden Füllgraphen zu. Begründen Sie Ihre Entscheidungen.

b) Die Blumenvase wird mit gleichmäßigem Zulauf mit Wasser gefüllt.

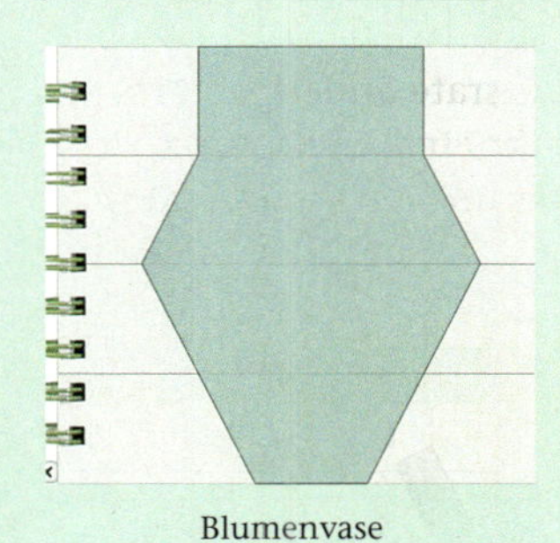
Blumenvase

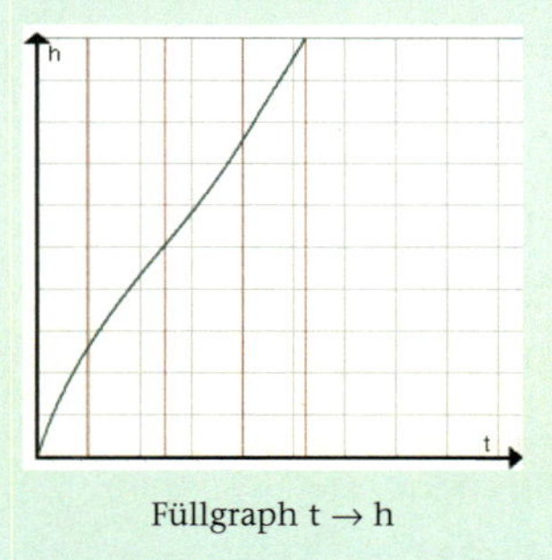

Füllgraph t → h

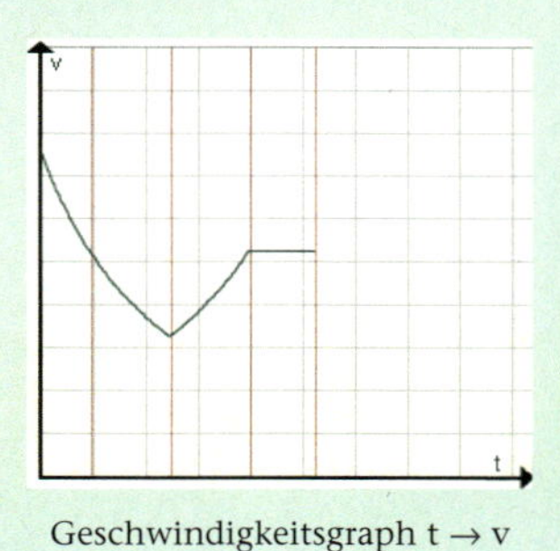

Geschwindigkeitsgraph t → v

In Band 7 wurden solche Füllgraphen bereits eingeführt. Eine interaktive Software zum Training solcher Aufgaben ist auf der CD „Funktionen und Graphen“ zu finden.

Die nebenstehende Beschreibung des Füllgraphen mit Hilfe der „Steiggeschwindigkeit“ findet sich im „Geschwindigkeitsgraphen“ der Zuordnung
Zeit (t) → Geschwindigkeit (v) wieder.
Legen Sie Ihrem Nachbarn Ihre eigene Aufgabe vor, z. B. ein Gefäß, zu dem er den Füllgraphen und den Geschwindigkeitsgraphen zeichnen soll oder einen Geschwindigkeitsgraphen, zu dem ein passendes Gefäß gezeichnet werden muss.

Anfangs steigt der Wasserspiegel recht schnell an. Die Steiggeschwindigkeit wird in den ersten beiden Zeitabschnitten zunächst immer geringer, dann nimmt sie im dritten Abschnitt wieder zu. Im letzten Abschnitt wächst die Höhe mit gleich bleibender Geschwindigkeit.

Basiswissen

Änderungsrate

Viele Situationen und Vorgänge werden durch Funktionsgraphen beschrieben. Aus dem Graphen lässt sich zu jeder Stelle x der zugehörige y-Wert ablesen. Oft ist es von besonderem Interesse, wie sich die Funktionswerte in bestimmten Abschnitten verändern. Dies wird durch die Änderungsrate erfasst.

Die **Änderungsrate** an einer bestimmten Stelle hängt eng mit der „Steilheit" des Graphen an dieser Stelle zusammen.

Je steiler der Graph ansteigt oder abfällt, desto stärker ändert sich der Funktionswert an dieser Stelle.

Anders als bei einer Geraden, die überall gleichmäßig ansteigt oder abfällt, ändert sich die Steigung einer Kurve offenbar von Punkt zu Punkt.

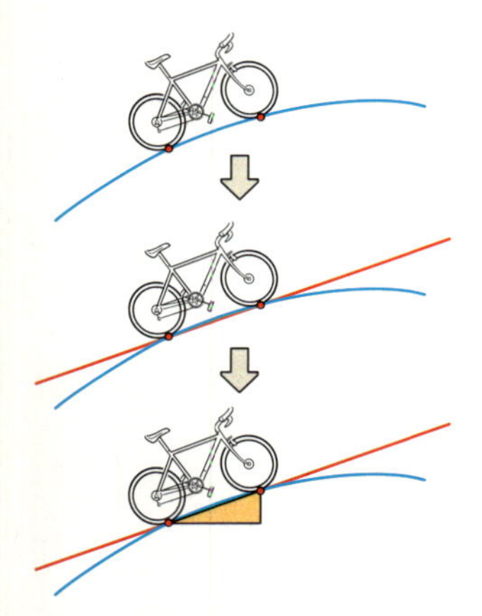

Die Gerade durch die Berührungspunkte kann man als **Sekante** der Kurve bezeichnen. An Stelle des Radfahrers kann man auch ein Lineal benutzen.

Das Bild verrät, wie man die Steigung an einem bestimmten Kurvenpunkt schätzen kann: Der Radfahrer fährt auf der Kurve entlang. Wenn er sich mit seinen Pedalen über dem bestimmten Kurvenpunkt befindet, berühren die beiden Räder links und rechts davon die Kurve. Diese Berührungspunkte verbinden wir in Gedanken mit einer Geraden. Die Steigung dieser Geraden gibt einen guten Näherungswert für die Steigung der Kurve in dem Punkt. Damit kann der *Steigungsgraph* qualitativ skizziert werden. Er gibt Auskunft über die Änderungsrate an jeder Stelle.

Funktionsgraph

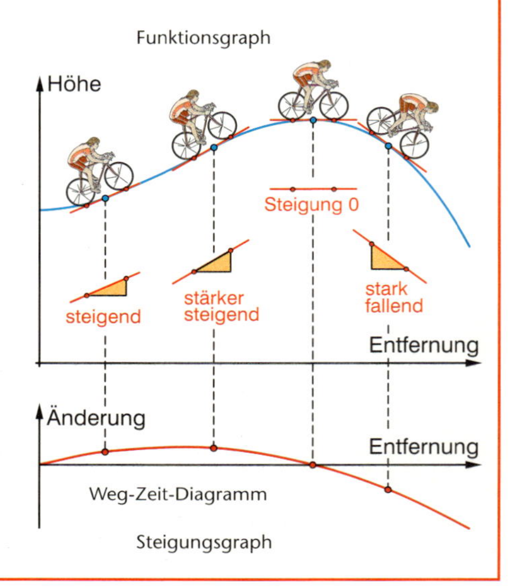

Steigungsgraph

Beispiel

A Der Graph zeigt das Weg-Zeit-Diagramm einer Autofahrt. Beschreiben Sie die Fahrt mit eigenen Worten und zeichnen Sie den zugehörigen Steigungsgraphen.

Weg-Zeit-Diagramm: Jedem Zeitpunkt t wird der bis dahin zurückgelegte Weg s zugeordnet.

Lösung:

Am Anfang wird die Geschwindigkeit erhöht, dann fährt das Auto eine Zeit lang mit etwa gleichbleibender Geschwindigkeit. Diese wird dann kurzfristig reduziert. Das Auto fährt nun wieder mit konstanter Geschwindigkeit. Offensichtlich wird nun eine Schnellstraße erreicht. Die Geschwindigkeit wird erhöht (es wird beschleunigt), dann wird mit konstant höherer Geschwindigkeit gefahren.

Die Änderungsrate ist in diesem Falle die Geschwindigkeit, der Steigungsgraph somit das Geschwindigkeits-Zeit-Diagramm.

Weg-Zeit-Diagramm

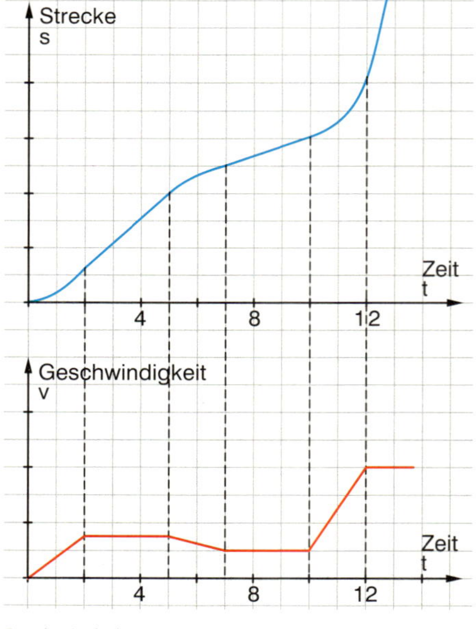

Geschwindigkeits-Zeit-Diagramm

Übungen

2 *Ebbe und Flut an der Nordsee*

Bei Hoch- und Niedrigwasser steigt oder fällt der Wasserspiegel langsam, in der Mitte zwischen diesen Ständen besonders schnell.

Im Graphen ist der Wasserstand an der Nordsee an einem Hochsommertag während einer Gezeitenperiode von 12,6 Stunden skizziert.

Welcher der folgenden Graphen gibt die Wasserstandsänderung während dieser Zeit am besten wieder? Begründen Sie Ihre Auswahl.

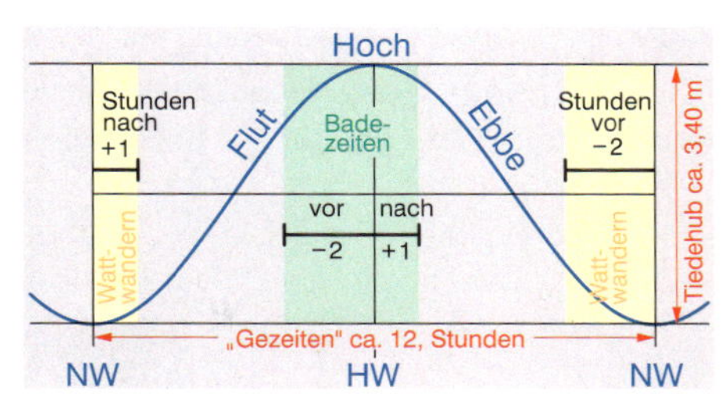

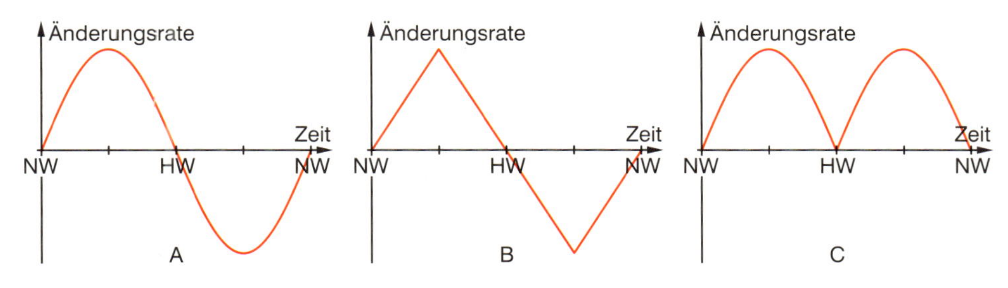

3 *Wasserstandsmeldungen*

Bei drohendem Hochwasser gewinnen die Wasserstandsmeldungen besondere Bedeutung. Dabei ist nicht nur der aktuelle Pegelstand (Höhe des Wasserstandes) von Interesse, sondern auch die aktuelle Wasserstandsänderung. Aus ihr und weiteren Erfahrungsdaten kann man häufig die Entwicklung des Hochwassers in den folgenden Stunden und Tagen prognostizieren.

Das Pfingstwochenende 1999 brachte der Stadt Kehlheim (Bayern) ein Jahrhundert-Hochwasser.

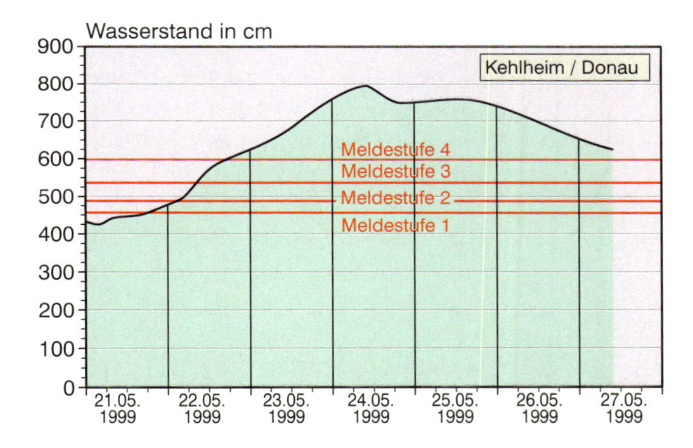

Beschreiben Sie anhand des Diagramms die Entwicklung des Hochwassers in Kehlheim vom 21.5. bis zum 27.5.99. Zeichnen Sie zu dem Wasserstandsgraphen auch einen passenden Graphen zur Änderungsrate des Wasserstandes.

Samstag 22. Mai. Nachdem der Donau-Pegel rapide ansteigt, kommt erstmals der Krisenstab zusammen. …

4 *Fruchtfliegen*

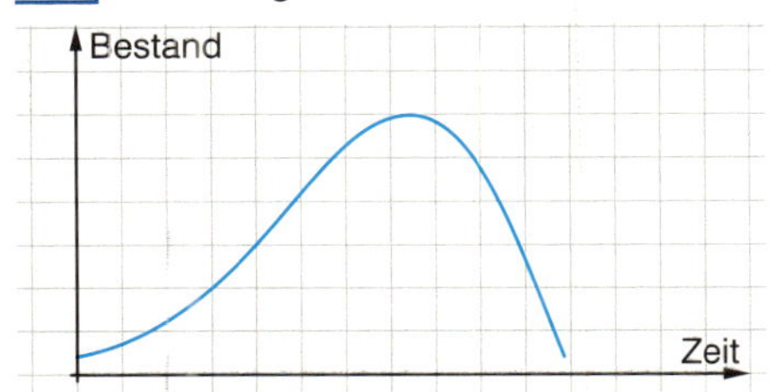

Eine Fruchtfliegenpopulation entwickelt sich unter Laborbedingungen gemäß der nebenstehenden Grafik.

a) Beschreiben Sie die Entwicklung mit eigenen Worten. Finden Sie eine Begründung für den Verlauf der Kurve?

b) Skizzieren Sie den Graphen der Änderungsrate des Bestandes.

Übungen

5 *Regenmesser*

Muss ich heute gießen oder nicht? Diese Frage erübrigt sich mit einem Blick auf den Regenmesser. Er misst ganz genau die Niederschlagsmenge. Ein Teilstrich entspricht einem Liter Wasser pro m^2.
Für meteorologische Daten werden sensible Geräte benutzt, die eine kontinuierliche Aufzeichnung der Füllhöhe im Regenmesser über den gesamten Tag ermöglichen.

Automatische Niederschlagsmesser verwenden eine Kippwaage. Dabei füllt sich jeweils eine Schale mit Niederschlagswasser. Bei einem bestimmten Gewicht kippt sie nach unten und entleert sich. Aus der Anzahl der Kippbewegungen kann die Niederschlagsmenge berechnet werden.

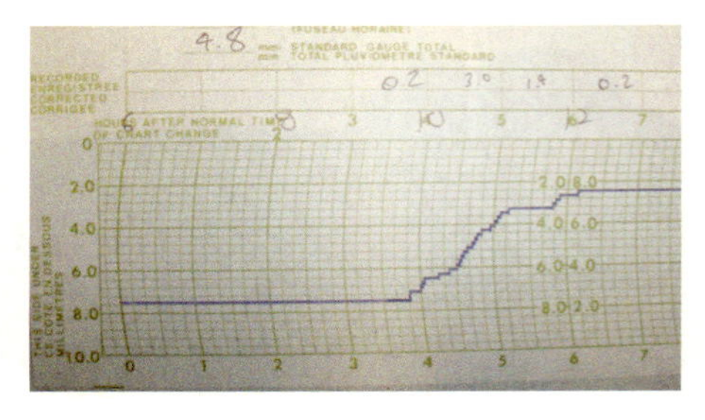

a) Welche Bedeutung hat die Steigung in dem aufgezeichneten Graphen?
b) Skizzieren Sie einen Niederschlagsgraphen und den zugehörigen Änderungsgraphen
- für einen wechselhaften Sommertag
- für einen stürmischen Gewittertag.

6 *Staatsschulden und Änderungsrate*

Der abgedruckte Zeitungsausschnitt ist am 23.2.2006 in der WAZ erschienen. Schauen Sie sich die Aussage von Minister Steinbrück an: „Das Verschuldens-Tempo nimmt wieder ab“.

> **Berlin.** Der Mann hat den schwersten Job in der Regierung. Und den wichtigsten dazu. Finanzminister Peer Steinbrück (SPD) versucht nicht die Lage schönzureden, auch jetzt nicht, da sich einige dunkle Wolken verzogen haben. „Wir haben es mit weniger schlechten Zahlen zu tun“, kommentiert der Berliner Kassenwart die steigenden Steuereinnahmen. Und an anderer Stelle stellt er klar: „Das Verschuldens-Tempo nimmt wieder ab“. Heißt auch, die Schulden werden nicht abgebaut.

a) Nehmen Sie an, die Höhe der Schulden würde durch eine Funktion dargestellt. Skizzieren Sie einen möglichen Verlauf des Graphen, der zu der Aussage von Steinbrück passt.
b) Formulieren Sie die Aussage von Steinbrück um, indem Sie darin den Begriff Änderungsrate verwenden.

7 *Aussagen über Änderungen*

Na endlich! *Rückgang der Arbeitslosenzahlen beschleunigt sich.*	**Schulentwicklung** *Dramatischer Rückgang der Schülerzahl*	**Klimakatastrophe** *Die Durchschnittstemperaturen wachsen immer schneller.*	**Trendwende!** *Die Zunahme der Verkehrsunfälle konnte verringert werden.*

Welcher der folgenden Graphen könnte zu welcher Schlagzeile passen? Beschriften Sie auch die Achsen und geben Sie eine grobe Skalierung an.

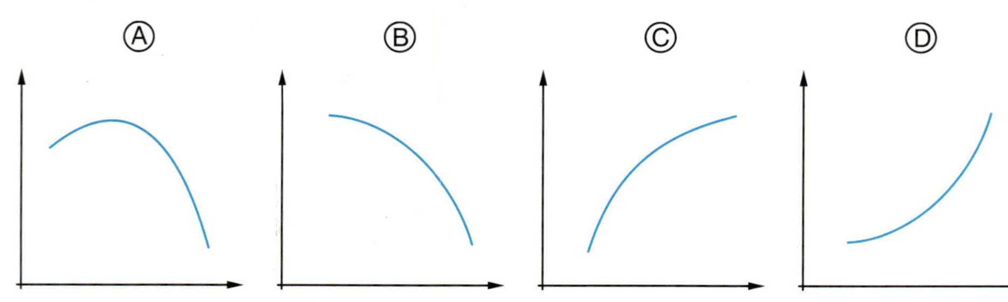

Übungen

8 *Höhenforschungsrakete – vom Steigungsgraphen zum Funktionsgraphen*
Eine Höhenforschungsrakete ist ein ballistischer Flugkörper, der aus einer antreibenden Feststoffrakete und einem aufgesetzten Nutzlastbehälter besteht. Als Nutzlast werden Kapseln mit Messinstrumenten für wissenschaftliche Forschungen in Höhen zwischen 45 km und über 1.200 km befördert. In vielen Fällen fallen die Kapseln nach ihrem Höheneinsatz zurück zur Erde, um dort zur Auswertung der Messungen geborgen zu werden. Das letzte Stück des Fallweges wird sanft durch Fallschirme gebremst.
Im Folgenden sind zwei Diagramme für den Höhenflug der Kapsel bis zur Rückkehr auf die Erde aufgezeichnet.

positive Geschwindigkeit heißt: Steigen der Kapsel
negative Geschwindigkeit heißt: Fallen der Kapsel

Steigungsgraph

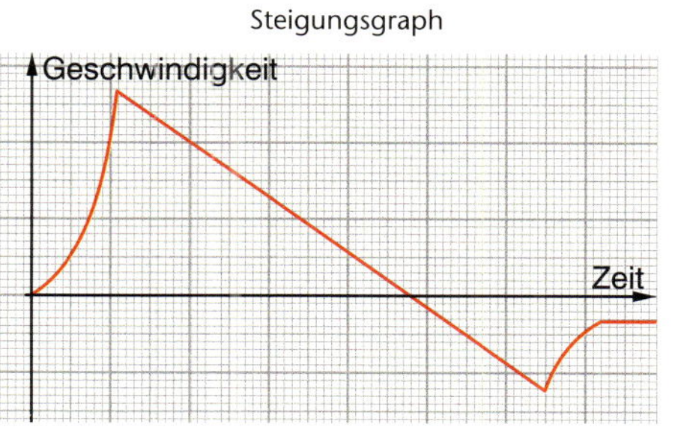

Geschwindigkeits-Zeit-Diagramm

Funktionsgraph

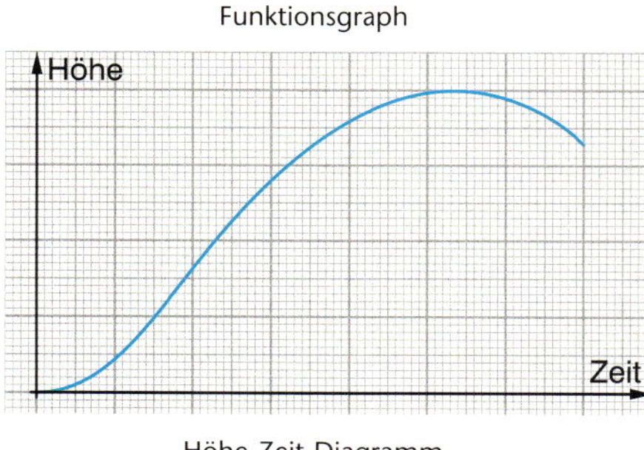

Höhe-Zeit-Diagramm

a) Beschreiben Sie den Flug mithilfe des Geschwindigkeitsdiagramms.
In welchem Abschnitt brennt der Raketenantrieb?
Wann beginnt die Kapsel zu sinken?
Zu welchem Zeitpunkt öffnet sich der Fallschirm?
b) Der rechte Graph ist unvollständig. Vervollständigen Sie ihn bis zum Zeitpunkt der Landung. Wo finden sich die markanten Punkte des Geschwindigkeitsgraphen in dem Höhe-Zeit-Graphen wieder?

Vergessenskurve nach Ebbinghaus

Die **Vergessenskurve** veranschaulicht den Grad des Vergessens. Er gibt an, wie viel Prozent neu gelernter Inhalte mit der Zeit vergessen werden.
Die Kurve wurde von dem deutschen Psychologen Hermann Ebbinghaus durch Selbstversuche entdeckt. Die Ergebnisse von Ebbinghaus besagen, dass wir 20 Minuten nach dem Lernen bereits etwa 40 % des Gelernten vergessen haben. Nach einer Stunde sind nur noch 45 %, nach einem Tag gar nur noch 34 % des Gelernten im Gedächtnis. Sechs Tage nach dem Lernen schrumpft das Erinnerungsvermögen auf nur noch 23 %; dauerhaft werden nur 15 % des Erlernten gespeichert. Das Vergessen ist natürlich auch abhängig von der Art des zu lernenden Stoffes, beispielsweise kann der Mensch sich meist besser an Wortpaare wie fremdsprachige Vokabeln als an zufällige, sinnlose Silben erinnern. Ebbinghaus experimentierte mit sinnlosen Silben wie „ZOF“ oder „WUB“, was sicher nicht einer echten Lernsituation entspricht. Insbesondere ist das Vergessen auch abhängig von der emotionalen Betroffenheit des Lernenden, so dass die Vergessenskurve dann einen anderen, viel flacheren Verlauf aufweisen kann.

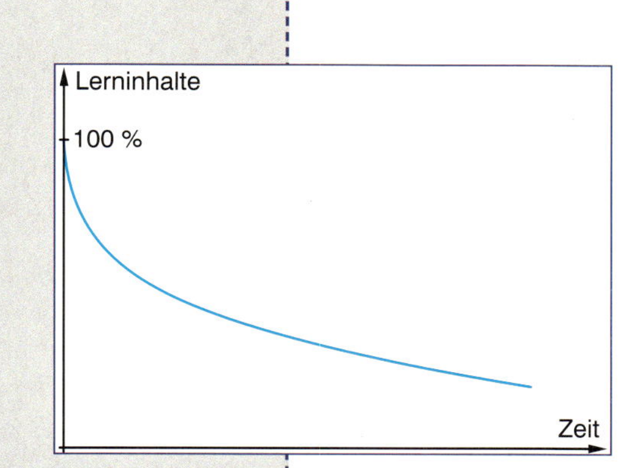

9 Zeichnen und interpretieren Sie den Graphen der Änderungsrate für die im Exkurs dargestellte Vergessenskurve. Welche Ratschläge für das Lernen könnte man daraus ableiten?

Übungen

Die Sprungkurve eines Snowboarders.

Steig- und Fallgeschwindigkeit ändern sich.

10 *Steigungsgraphen der bekannten Funktionen*

Viele Situationen lassen sich durch bekannte Funktionen recht gut modellieren, etwa durch Parabeln oder Hyperbeln. Oft gewinnt man über die Änderungsraten zusätzliche Informationen. Wir können uns mit den bisher erworbenen Strategien einen Überblick über die Steigungsgraphen der elementaren Funktionstypen verschaffen.

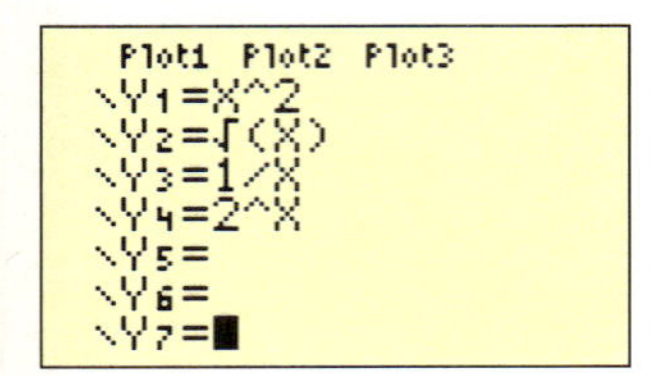

a) Schauen Sie sich mit dem GTR die Graphen der nebenstehenden Funktionen y_1 bis y_4 im Bereich $x_{min} = 0$; $x_{max} = 5$ an. Skizzieren Sie die Graphen auf vier Kärtchen.
b) Auf den Kärtchen A bis D wird jeweils das Steigungsverhalten der vier Funktionen verbal beschrieben. Auf den Kärtchen I bis IV sind die zugehörigen Steigungsgraphen skizziert. Alles ist ein bisschen durcheinander geraten.
Ordnen Sie jeweils die zwei passenden Kärtchen den Funktionen y_1, y_2, y_3 und y_4 zu.

A Am Anfang enorm große Steigung, diese wird dann schnell kleiner und kommt schnell der 0 nahe.

B Am Anfang sehr stark fallend, dann bleibt die Kurve fallend, allerdings immer weniger steil bis nahezu 0.

C Die Steigung wächst von 0 an gleichmäßig an.

D Zunächst schwach positive Steigung, diese wird dann aber rasch größer.

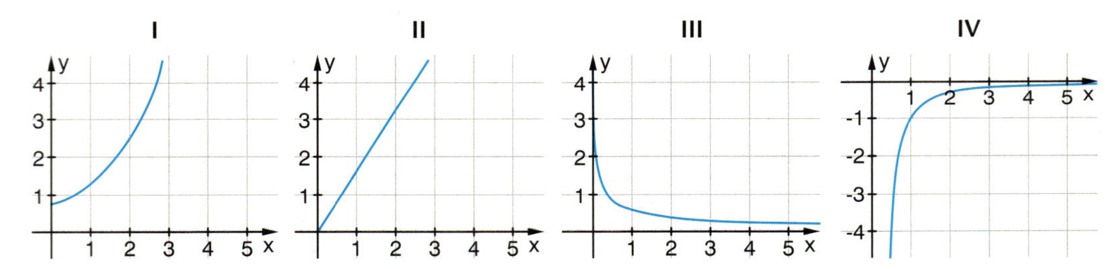

c) Skizzieren Sie die Steigungsgraphen für die linearen Funktionen. Was fällt Ihnen auf?
$y_5(x) = 2x$, $y_6(x) = 3x$, $y_7(x) = -2x$ und $y_8(x) = 2x + 1$

11 *Änderungsraten in verschiedenen Sachzusammenhängen*

Je nach dem Zusammenhang, der im Funktionsgraphen beschrieben wird, hat die Änderungsrate eine bestimmte Bedeutung. In der folgenden Tabelle sind Beispiele aufgeführt. Ergänzen Sie die Lücken in der Tabelle und geben Sie weitere Beispiele an.

Wir werden diese Tabelle in folgenden Lernabschnitten immer wieder aufgreifen und erweitern.

Funktionsgraph	Änderungsrate
Weg-Zeit-Graph einer Autofahrt	Geschwindigkeit zu einem Zeitpunkt
Höhenprofil einer Wanderstrecke	Anstieg des Weges an einer Stelle
Füllhöhe einer Flüssigkeit in einem Gefäß zu einem bestimmten Zeitpunkt	Steiggeschwindigkeit des Wasserspiegels zu diesem Zeitpunkt
Schuldenhöhe zu einem bestimmten Zeitpunkt	■
Pegelstand eines Flusses zu einem Zeitpunkt	■
Wasserstand im Regenmesser zu einem Zeitpunkt	■
■	Steiggeschwindigkeit beim Start eines Flugzeugs zu einem bestimmten Zeitpunkt
■	Bevölkerungswachstum zu einem bestimmten Zeitpunkt

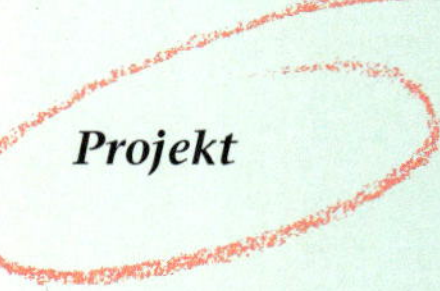

Graphen laufen

Im Mathematicum in Giessen kann man Besucher beobachten, die sich mit größter Konzentration auf einem vier Meter langen Streifen auf eine Wand zu und von ihr weg bewegen und dabei gebannt ihren Blick auf eine weiße Kurve auf einem Bildschirm richten. Beim Laufen entsteht eine weitere gelbe Kurve auf dem Bildschirm. Die schwierige Aufgabe besteht offenbar darin, so zu laufen, dass diese gelbe Kurve mit der vorgegebenen Kurve möglichst gut übereinstimmt. Was steckt dahinter? An der Wand ist ein Sensor angebracht, der in kurzen Zeitabständen den Abstand des Wanderers zur Mauer misst. Jedem Zeitpunkt t wird so der zugehörige Abstand d zugeordnet. Mit dem Lauf entwickelt sich dann der zugehörige Graph im Koordinatensystem.

www.mathematicum.de

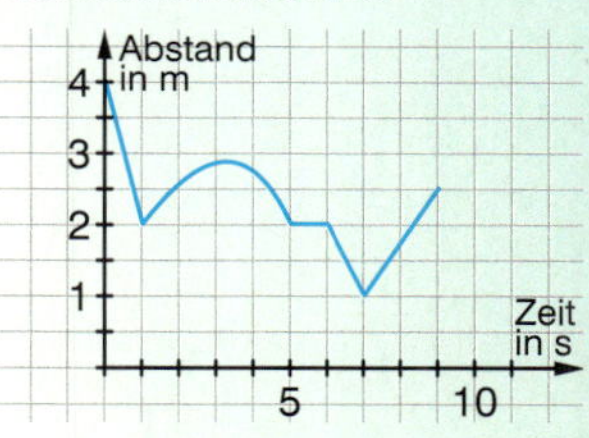

Birgit überlegt sich einen Laufplan für die weiße Kurve auf dem Bildschirm:

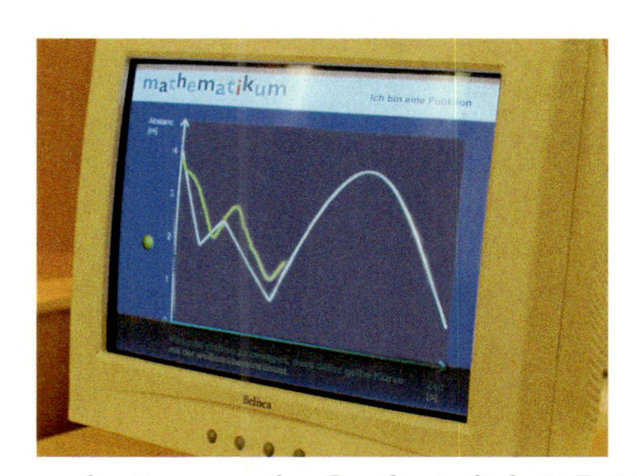

Zuerst muss ich etwa zwei Meter gleichmäßig auf die Wand zulaufen. Dann laufe ich plötzlich ein kleines Stück rückwärts, etwas langsamer als bei der Vorwärtsbewegung. Dann geht es wieder etwa zwei Meter vorwärts, gleichmäßiger Schritt und etwas langsamer als am Anfang.
Nun wieder … rückwärts mit …

Passt der Plan soweit zur Kurve? Vervollständigen Sie ihn. Skizzieren Sie auch ein passendes Geschwindigkeit-Zeit-Diagramm zu dem Lauf. Beachten Sie, dass beim Vorwärtslaufen die Geschwindigkeit (Abstandsänderung) negativ ist. Die gelbe Linie gibt an, wie Birgit wirklich gelaufen ist. Beschreiben Sie die Abweichungen von der vorgegebenen Kurve. Finden Sie eine Erklärung dafür?

Woran erkennt man im Graphen
- Vorwärts- und Rückwärtsbewegungen?
- ob man sich schnell oder langsam bewegt?
- ob die Bewegung gleichmäßig ist?

Mathematische Exkursion

So richtig interessant wird es erst durch eigene Laufversuche. Wenn Sie Glück haben, können Sie einen Tag im Mathematicum in Giessen oder auf einer der Wanderausstellungen in Ihrer Region einlegen.

Mathematik auf dem Schulhof

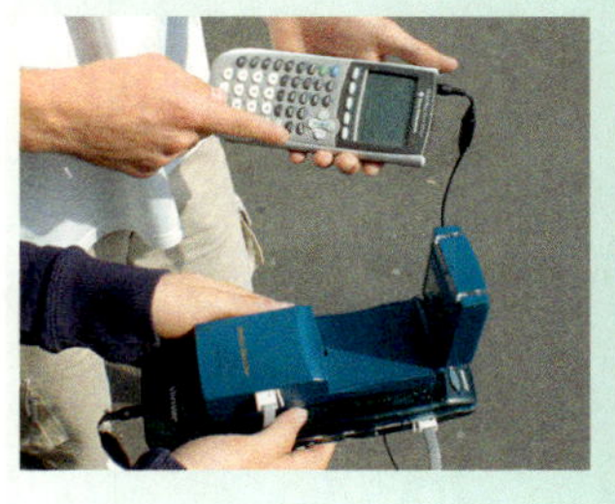

Vielleicht gibt es an Ihrer Schule aber auch einen Ultraschallsender (sogenannte Ranger), den man an den grafikfähigen Taschenrechner anschließen kann. Damit kann das „Graphen laufen“ im Klassenraum oder auf dem Schulhof stattfinden.

Ganz ohne Geräte lohnt sich aber auch das Gedankenexperiment, vielleicht in Anlehnung an die beliebte Spielform „Stille Post“.

Gedankenexperiment im Spiel

Ein Laufgraph wird an die Tafel gezeichnet, dann wird der Graph verdeckt. Ein Wissender läuft den Graphen für einen Unwissenden vor, dieser zeichnet dann den eigenen Graphen. Wie groß ist die Übereinstimmung mit dem Tafelbild?

Weitere Varianten oder auch Wettbewerbsformen fallen Ihnen sicher ein.

1.2 Von der durchschnittlichen zur momentanen Änderungsrate

Was Sie erwartet

„Kommt Zeit, kommt Rat", „Die Zeit heilt alle Wunden". Fast alles ändert sich mit der Zeit. Nicht immer ist der gerade vorliegende Zustand entscheidend, sondern häufig auch die Veränderungen. „Es wird mehr, es wird weniger, es wird besser, es wird schlechter" sind qualitative Aussagen über Änderungen, mit denen Sie sich bereits in dem vorhergehenden Lernabschnitt befasst haben. In diesem Lernabschnitt werden Sie lernen, wie man Änderungsraten auch messen und berechnen kann. Aus dem Alltag sind uns numerische Angaben von Änderungsraten bekannt.

Die Geschwindigkeit wird uns vom Tachometer im Auto angezeigt.
Die Steigung auf steilen Straßen wird in Prozent auf Straßenschildern angegeben.
Die Änderungsraten können aus Messdaten oder geeigneten Funktionen gewonnen werden. Das Hauptziel ist die Beschreibung und Ermittlung der „momentanen" Änderungsrate. Der Weg dahin führt über die durchschnittliche Änderungsrate. Dabei werden Sie sich auch in ersten Schritten mit dem gedanklich komplexen Problem des „Grenzwerts" auseinandersetzen.

Aufgaben

Ab 25 km/h Überschreitung der zulässigen Höchstgeschwindigkeit innerorts muss der Führerschein abgegeben werden.

1 *Eine Autofahrt durch ein Dorf*
Die Ortsdurchfahrt von Herrn Mayer ist in dem Weg-Zeit-Diagramm sorgfältig aufgezeichnet.

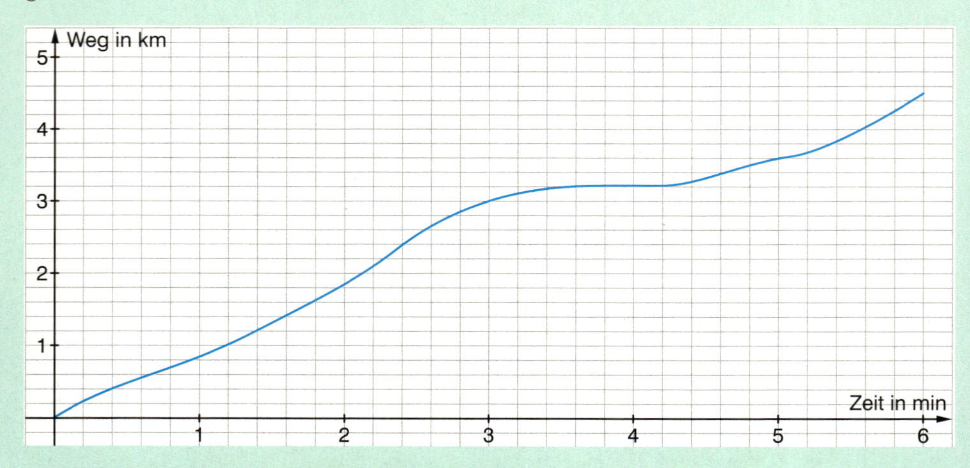

a) Beschreiben Sie die Fahrt mit Worten.
b) Herr Mayer wurde bei der Ortsdurchfahrt „geblitzt". Muss er mit einer Anzeige wegen Geschwindigkeitsüberschreitung oder gar mit dem Führerscheinentzug rechnen? Er selbst meint, dass er nur 45 km/h gefahren ist. Wie kann er darauf gekommen sein? Wie entscheiden Sie? Begründen Sie Ihre Entscheidungen.

Aufgaben

2 *Eine Mountainbike-Tour durch die Berge*

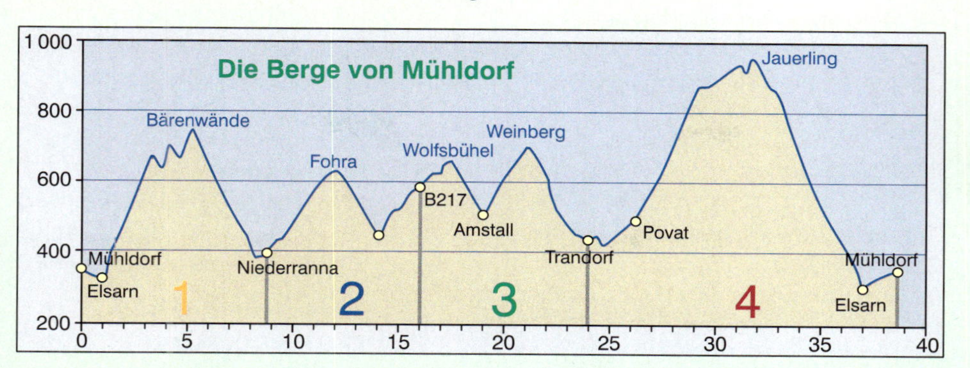

a) Das Höhenprofil der Tour ist für den Radsportler von großer Bedeutung. Welche wichtigen Informationen kann er aus dem Diagramm ablesen?
b) Wie groß ist die durchschnittliche Steigung der Aufstiege und Abfahrten?
c) An welcher Stelle ist in etwa der größte Anstieg, wo das größte Gefälle? Schätzen Sie die Prozentwerte.

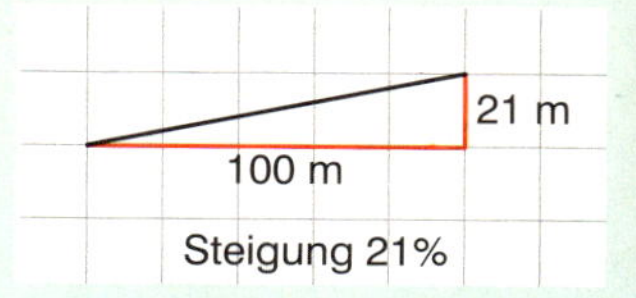

3 *Der freie Fall*

Wie fallen Gegenstände? Mit welcher Geschwindigkeit schlagen sie auf dem Boden auf?
GALILEO GALILEI (1564–1642) untersuchte solche Fragen. Sein Schüler VINCENZIO VIVIANI behauptete, dass er dazu auch Versuche am schiefen Turm von Pisa durchgeführt hat. Aber zu seiner Zeit waren die Uhren nicht genau genug, um aussagekräftige Ergebnisse zu erhalten. Das ist heute anders. Mithilfe von Stroboskopaufnahmen kann man Fallbewegungen veranschaulichen und berechnen.
Lässt man einen Stein vom schiefen Turm in Pisa fallen und macht im Abstand von einer halben Sekunde jeweils ein Bild, so geben A, B, ..., G die entsprechenden Positionen des Steines an.

a) Die Höhe h hängt von der Zeit ab. Mithilfe der Tabelle erhalten wir ein Höhen-Zeit-Diagramm.

	A	B	C	D	E	F	G
Zeit t in s	0	0,5	1	1,5	2	2,5	3
Höhe h in m	45	43,8	40	33,8	25	13,8	0

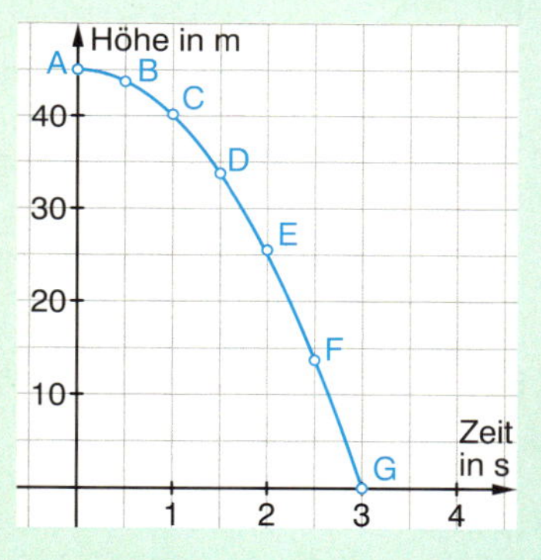

Woran kann man erkennen, dass der Stein zunehmend schneller fällt? Wie müsste die Aufnahme aussehen, wenn er mit konstanter Geschwindigkeit fallen würde?

Durchschnittsgeschwindigkeit und deren Veranschaulichung
Für die 45 m Fallstrecke benötigt der Stein drei Sekunden. Seine Durchschnittsgeschwindigkeit beträgt $v = \frac{\text{Weg}}{\text{Zeit}} = \frac{45\text{ m}}{3\text{ s}} = 15\,\frac{\text{m}}{\text{s}}$.
Nehmen wir einmal an, der Stein würde durchweg mit dieser Geschwindigkeit fallen.

	H	I	J	K	L	M	N
Zeit t in s	0	0,5	1	1,5	2	2,5	3
Höhe h in m	45	37,5	30	22,5	15	7,5	0

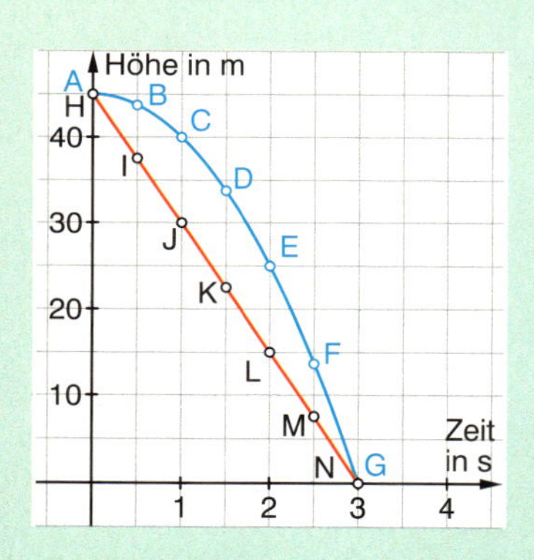

Gedankenexperiment
Höhen-Zeit-Diagramm bei konstanter Geschwindigkeit (rote Linie)

Aufgaben

Das Höhen-Zeit-Diagramm ist dann eine Gerade durch die Punkte (0|45) und (3|0). Die Steigung dieser Geraden entspricht der Durchschnittsgeschwindigkeit.
Mit dem realen Höhen-Zeit-Diagramm hat die Gerade nur den Startpunkt (0|45) (Start in 45 m Höhe zum Zeitpunkt t = 0) und den Aufschlagpunkt (3|0) gemeinsam. Der Stein landet nach drei Sekunden auf dem Boden.
Die wirkliche Geschwindigkeit des Steins ist anfänglich kleiner und ab einem bestimmten Zeitpunkt größer als die Durchschnittsgeschwindigkeit.

Die Steigung und damit die Geschwindigkeit ist negativ, da der Stein fällt. Uns interessiert hier zunächst nur der Betrag der Geschwindigkeit.

Durchschnittsgeschwindigkeiten in kleineren Zeitintervallen

Genauer kann man die Geschwindigkeit beim freien Fall beschreiben, wenn man die Durchschnittsgeschwindigkeiten in den einzelnen Messintervallen berechnet. Für das erste Intervall erhält man eine Durchschnittsgeschwindigkeit von 2,4 m/s:

$\frac{45\text{ m} - 43{,}8\text{ m}}{0{,}5\text{ s}} = 2{,}4\frac{\text{m}}{\text{s}}$

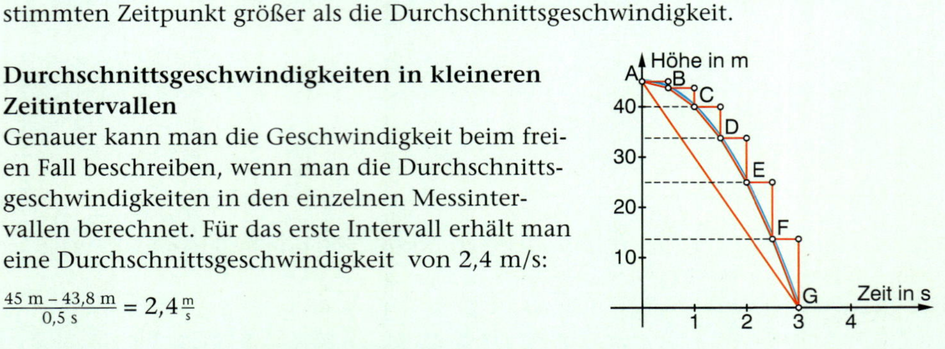

b) Berechnen Sie die Durchschnittsgeschwindigkeiten in den anderen Messintervallen.

Zeitintervall in s	[0;0,5]	[0,5;1]	[1;1,5]	[1,5;2]	[2;2,5]	[2,5;3]
Durchschnittsgeschw. in m/s	2,4					

Genauere Bestimmung der Aufprallgeschwindigkeit

$\frac{13{,}8\text{ m}}{0{,}5\text{ s}} = 27{,}6\frac{\text{m}}{\text{s}}$

Mit dem Ergebnis für die Durchschnittsgeschwindigkeit auf dem Zeitintervall [2,5;3] erhält man einen Näherungswert von 27,6 m/s für die Aufprallgeschwindigkeit, d.h. der Geschwindigkeit zum Zeitpunkt t = 3 s.
Will man die Aufprallgeschwindigkeit genauer wissen, dann benötigt man weitere Messwerte, am besten ganz nahe bei dem Aufprallpunkt. Wir verschaffen uns diese nicht durch Messen, sondern durch eine Anleihe bei der Physik. Diese besagt, dass der freie Fall durch eine Funktion modelliert werden kann. Für den Fall aus 45 m Höhe ist hierfür die Funktion $h(t) = 45 - 5t^2$ geeignet.

c) Bestätigen Sie, dass $h(t) = 45 - 5t^2$ eine passende Funktion für die angegebenen Tabellenwerte ist. Bestimmen Sie mithilfe dieser Funktion die Geschwindigkeit zum Zeitpunkt des Aufpralls.

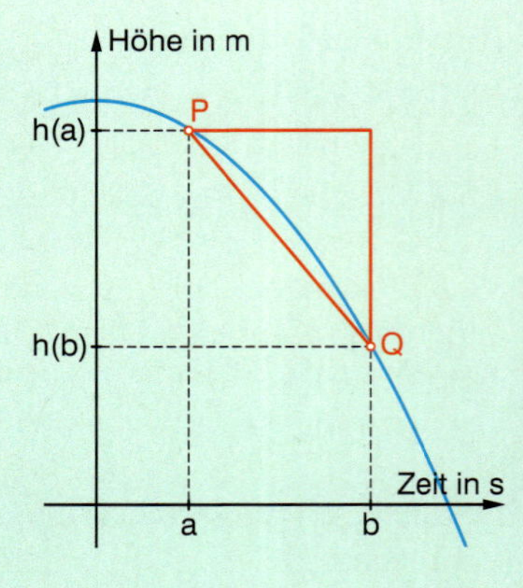

Die Durchschnittsgeschwindigkeit im Intervall [a;b] lässt sich nun mit der Formel $\frac{h(b) - h(a)}{b - a}$ berechnen.
Die Durchschnittsgeschwindigkeit entspricht der Steigung der Sekante durch die Punkte P und Q.
Wir nähern uns der gesuchten Aufprallgeschwindigkeit, indem wir zunehmend kleiner werdende Intervalle vor dem Aufprallzeitpunkt untersuchen.

Sekante (griechisch): „die Schneidende"

[a;b]	h(a)	h(b)	$\frac{h(b) - h(a)}{b - a}$
[2,9;3]	h(2,9) = 2,95	h(3) = 0	$\frac{0 - 2{,}95}{3 - 2{,}9} = -29{,}5$
[2,99;3]	h(2,99) = 0,2995	h(3) = 0	$\frac{0 - 0{,}2995}{3 - 2{,}99} = -29{,}95$
[2,999;3]	h(2,999) = 0,029995	h(3) = 0	$\frac{0 - 0{,}029995}{3 - 2{,}999} = -29{,}995$

Weil der Stein fällt und wir mit der Formel $\frac{h(b) - h(a)}{b - a}$ rechnen, erhält man einen negativen Wert für die Geschwindigkeit.

Die Aufprallgeschwindigkeit beträgt ungefähr 30 m/s. Das entspricht 108 km/h.

Basiswissen

Änderungsverhalten einer Funktion

Man kann das Änderungsverhalten einer Funktion **auf einem Intervall** [a; b] beschreiben:

(1) mit der **Differenz**

$\Delta y = f(b) - f(a)$

Dies ist die Differenz der Funktionswerte am Ende und am Anfang des Intervalls.

Geometrische Bedeutung:

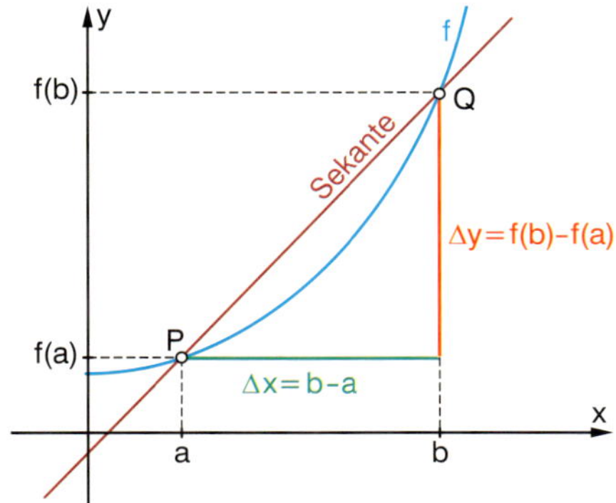

(2) mit dem **Differenzenquotienten**

$\frac{\Delta y}{\Delta x} = \frac{f(b) - f(a)}{b - a}$

Dies ist die **durchschnittliche Änderungsrate** der Funktion im Intervall [a; b].

Der Differenzenquotient gibt die Steigung der Geraden (Sekante) durch P(a|f(a)) und Q(b|f(b)) an. Die Steigung der Sekante ist die mittlere Steigung des Graphen auf dem Intervall [a; b].

Das Änderungsverhalten einer Funktion **an der Stelle a** kann man näherungsweise bestimmen.

Ermittlung eines Näherungswertes für die Änderungsrate an der Stelle a.
Man berechnet die durchschnittliche Steigung auf dem Intervall [a; a + h].

$\frac{\Delta y}{\Delta x} = \frac{f(a+h) - f(a)}{h}$

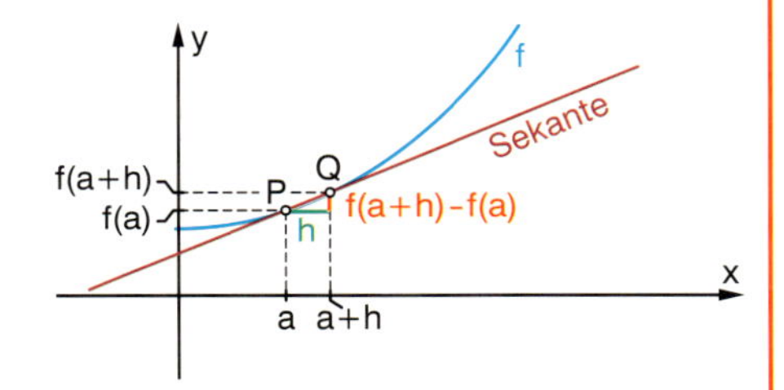

Für h setzt man eine sehr kleine Zahl ein. Setzt man z. B. für h den Wert 0,001 ein, so erhält man die durchschnittliche Änderungsrate der Funktion auf dem sehr kleinen Intervall [a; a + 0,001]. Dies liefert einen guten Näherungswert für die Steigung des Graphen der Funktion an der Stelle a.

Intervall [a; b]

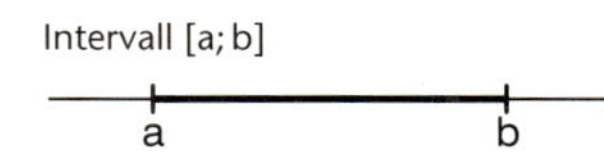

Δ „delta“: griechisches „D“, steht für „Differenz“

Δy: „Differenz der y-Werte“

Sekante: die Schneidende

Statt „durchschnittliche“ Änderungsrate/Steigung sagt man oft auch „mittlere“ Änderungsrate/Steigung.

b = a + h ist gut fürs Rechnen.

Beispiele

A Bestimmen Sie die Steigung des Graphen der Funktion $f(x) = 4 - x^2$ an der Stelle a = 1 mit dem Differenzenquotienten für „kleines“ h.

Lösung:

$\frac{f(1+0{,}01) - f(1)}{0{,}01} = \frac{2{,}9799 - 3}{0{,}01}$

$= \frac{-0{,}0201}{0{,}01} = -2{,}01$

Der Wert der Änderungsrate an der Stelle 1 ist ungefähr −2,01.
Ein besserer Näherungswert für die Änderungsrate an der Stelle a = 1 ist $\frac{f(1+0{,}00001) - f(1)}{0{,}00001} \approx -2{,}00001$.

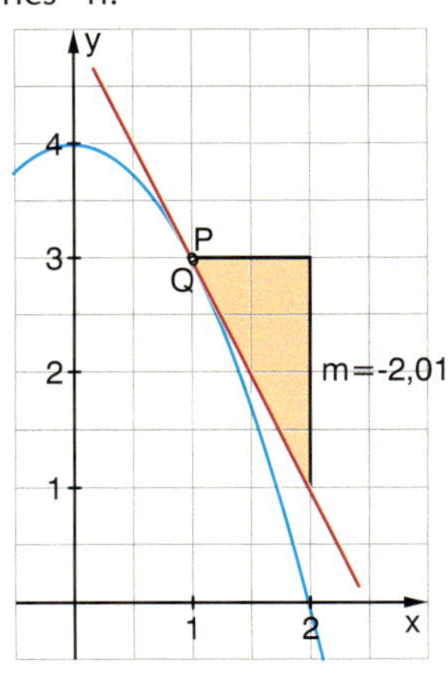

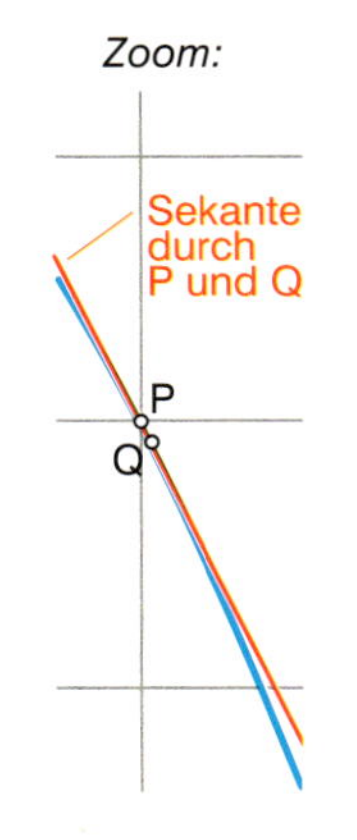

B *Änderungsverhalten der Funktion $f(x) = \sqrt{x}$*

a) Beschreiben Sie das Änderungsverhalten auf dem Intervall [0; 4] und deuten Sie es geometrisch.

b) Berechnen Sie einen Näherungswert für die Änderungsrate der Funktion an der Stelle 2.

Lösung:

a) Differenz der Funktionswerte am Ende und am Anfang des Intervalls [0, 4]:

$\Delta y = \sqrt{4} - \sqrt{0} = 2 - 0 = 2$

Differenzenquotient in dem gegebenen Intervall:

$\frac{\Delta y}{\Delta x} = \frac{\sqrt{4} - \sqrt{0}}{4 - 0} = \frac{2}{4} = 0{,}5$

Dies ist die durchschnittliche Änderungsrate der Funktion im Intervall [0; 4].

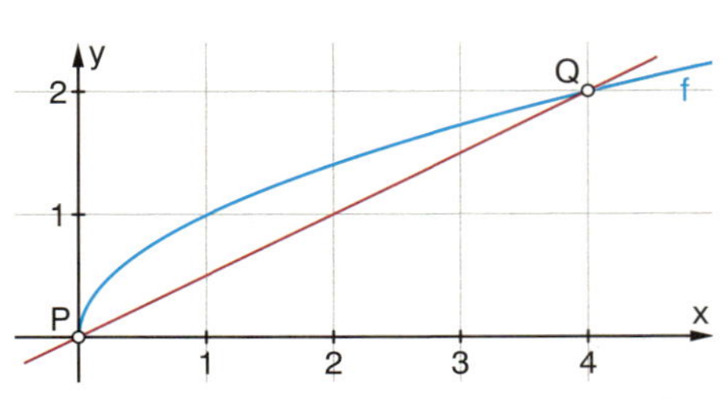

Der Differenzenquotient gibt die Steigung der Sekante durch die Punkte P(0|0) und Q(4|2) an.

b) Wir berechnen die durchschnittliche Änderungsrate auf dem Intervall [2; 2 + h].

$\frac{\Delta y}{\Delta x} = \frac{\sqrt{2 + h} - \sqrt{2}}{h}$

Für h setzen wir eine sehr kleine Zahl z. B. 0,001 ein. Als Näherungswert für die Änderungsrate der Funktion an der Stelle 2 erhalten wir

$\frac{\sqrt{2{,}001} - \sqrt{2}}{0{,}001} \approx 0{,}354$

(auf dritte Dezimale gerundet).

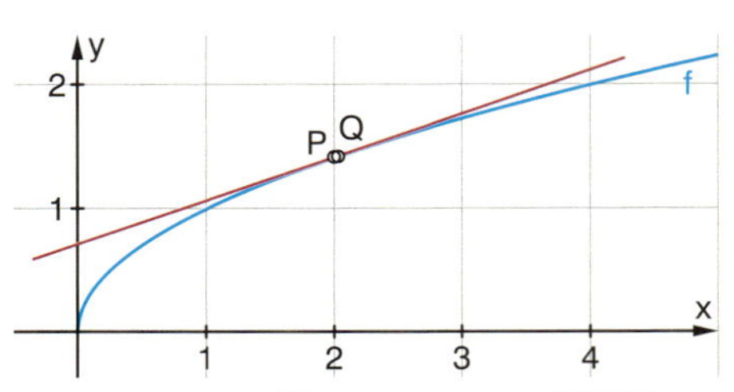

Die Punkte $P(2|\sqrt{2})$ und $Q(2{,}001|\sqrt{2{,}001})$ liegen sehr dicht beieinander, die Sekante durch P und Q sieht aus wie die „Tangente" in P.

Übungen

4 *Eine Radtour*

Zeit in h	Weg in km
0	0
1	8
2	26
3	36
4	37
5	52
6	69
7	85

Die Tabelle zeigt die zurückgelegte Strecke im Stundentakt.

a) Berechnen Sie die Durchschnittsgeschwindigkeiten der gesamten Tour und in den einzelnen Stundenintervallen.

b) Skizzieren Sie ein Weg-Zeit-Diagramm unter der Annahme, dass in den einzelnen Stundenetappen jeweils gleichmäßig mit der berechneten Durchschnittsgeschwindigkeit gefahren wurde.

c) Die Annahme bei b) ist unrealistisch. Erstellen Sie ein realistisches Weg-Zeit-Diagramm und schreiben Sie einen Bericht über die Tour.

Zum Nachdenken:

d) Gibt es in Ihrem Graphen Zeitpunkte, an denen die Geschwindigkeit größer ist als die größte berechnete Etappendurchschnittsgeschwindigkeit?
Benutzen Sie Werte auf kleinen Intervallen.

5 *Durchschnittliche Änderungsraten auf beliebigen Intervallen*

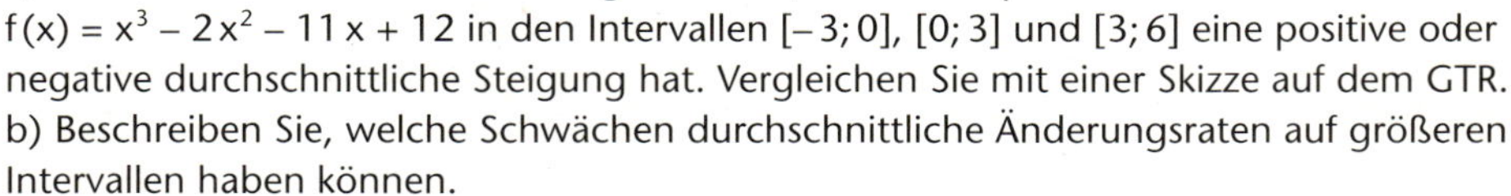

a) Finden Sie allein mit Berechnungen heraus, ob der Graph von $f(x) = x^3 - 2x^2 - 11x + 12$ in den Intervallen [−3; 0], [0; 3] und [3; 6] eine positive oder negative durchschnittliche Steigung hat. Vergleichen Sie mit einer Skizze auf dem GTR.

b) Beschreiben Sie, welche Schwächen durchschnittliche Änderungsraten auf größeren Intervallen haben können.

c) Geben Sie drei Intervalle an, bei denen die durchschnittliche Änderungsrate Ihrer Meinung nach aussagekräftig ist.

Übungen

6 *Hochwasserprognosen*

Für Prognosen bei einer aktuellen Hochwasserentwicklung spielen die Änderungsraten (z. B. Änderung des Pegelstandes pro Stunde) eine wichtige Rolle.

a) Berechnen Sie mithilfe des nebenstehenden Diagramms des Pegelstandes die mittleren Änderungsraten für die eingezeichneten Tagesintervalle [0; 24], [24; 48], …

b) Insbesondere am dritten Tag ist die mittlere Änderungsrate im 24-Stunden-Intervall nicht aussagekräftig. Wählen Sie hier passende kleinere Intervalle und berechnen Sie dafür die mittleren Änderungsraten.

c) Zu welchem Zeitpunkt ist die Änderungsrate am größten? Geben Sie einen Näherungswert dafür an.

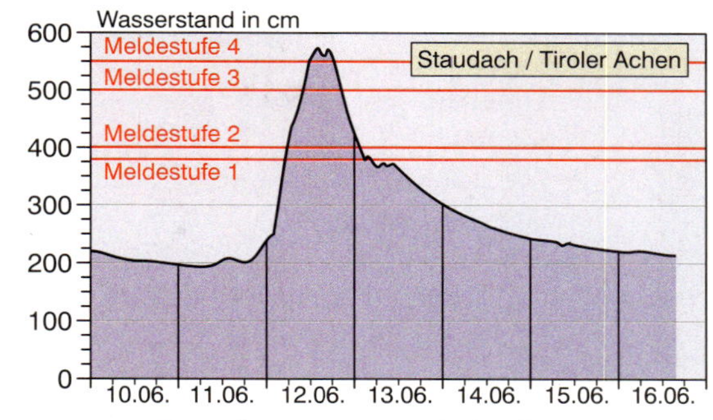

„Bemerkenswert ist, wie schnell der Wasserstand gestiegen ist (bis auf ca. 5,70 m), und noch in der Nacht am selben Tag ebenso schnell wieder gefallen ist.“

7 *Rechnen am Graphen*

In welchen Intervallen lässt sich Ihrer Meinung nach der Kurvenverlauf durch eine durchschnittliche Änderungsrate angemessen charakterisieren? Geben Sie solche Intervalle an und berechnen Sie dafür mit den Daten aus der Zeichnung die durchschnittlichen Änderungsraten.

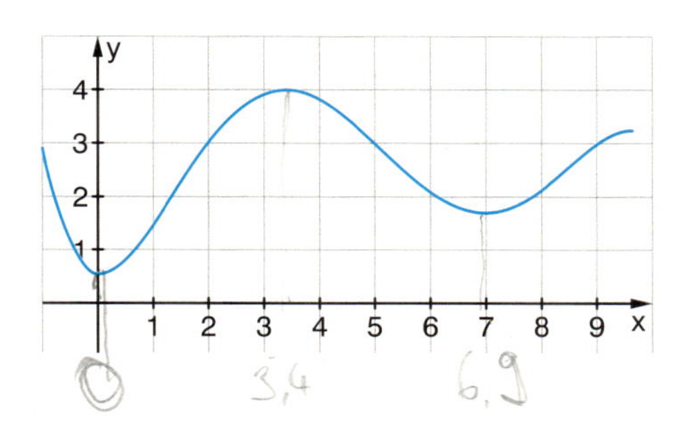

8 *Alles verstanden?*

Nehmen Sie Stellung zu folgenden Aussagen. Verdeutlichen Sie Ihre Meinung auch durch Beispiele mit Skizzen und Berechnungen.

(1) Wenn die durchschnittliche Änderungsrate einer Funktion f im Intervall [a; b] einen positiven Wert hat, dann ist der Graph von f im ganzen Intervall steigend.

(2) Bei einer linearen Funktion $f(x) = mx + c$ ist der Wert des Differenzenquotienten in jedem Intervall [a; b] gleich.

(3) Für die Funktion $f(x) = x^2$ wird der Differenzenquotient im Intervall [a; a + 0,1] berechnet. Mit größer werdendem a wird auch der Differenzenquotient größer.

(4) Je größer das Intervall [a; b], desto größer ist die Steigung der Sekante durch die Punkte $P(a\,|\,f(a))$ und $Q(b\,|\,f(b))$.

9 *Nachdenken und überprüfen*

Für die nebenstehenden Graphen seien Näherungswerte für die Steigungen an den Stellen a und b bekannt. Was können Sie jeweils über die mittleren Steigungen im Intervall [a; b] im Vergleich zu den Näherungswerten aussagen? Begründen Sie.

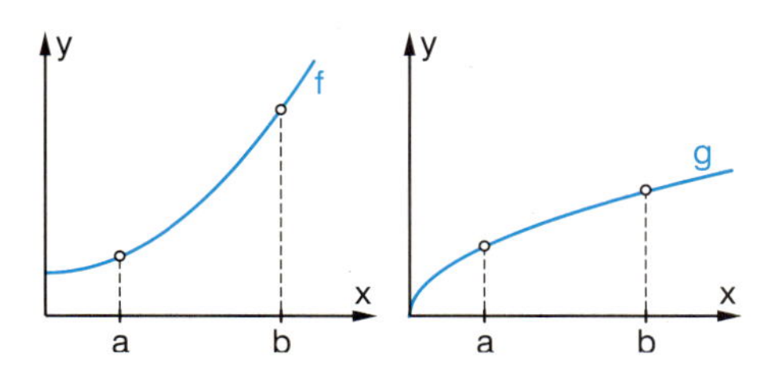

Übungen

10 *Achterbahn*

Das Bild zeigt einen kleinen Ausschnitt einer Achterbahn. Ein Teilstück einer solchen Achterbahn kann durch die Funktion $y = -\frac{1}{6}x^3 + x$ im Intervall $[0; 2{,}5]$ beschrieben werden (x und y jeweils in 10m-Einheiten).

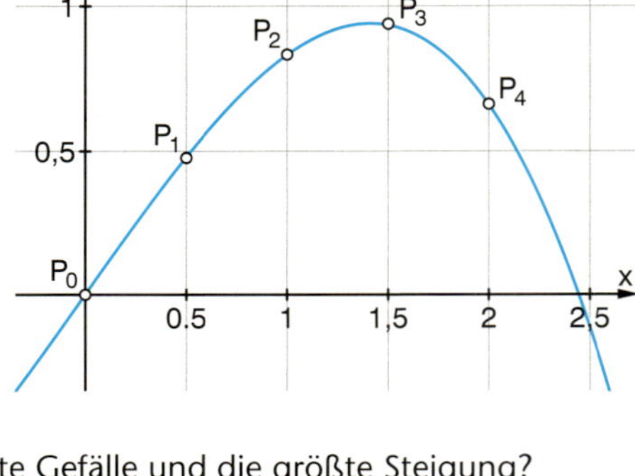

a) Wie steil ist es in den angegebenen Punkten?

b) An welcher Stelle liegt der höchste Punkt? Benutzen Sie zum Finden dieses Punktes auch die Steigung.

c) An welchen Stellen vermuten Sie das größte Gefälle und die größte Steigung? Berechnen Sie je einen Näherungswert für diese Steigungen.

11 *Schafft das Geländeauto den Berg?*

Die Messwerte für ein Bergprofil werden in einer Tabelle und im Koordinatensystem festgehalten.

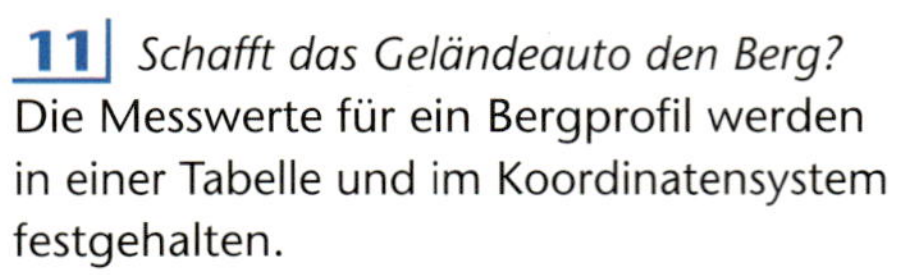

x (km)	0	0.2	0.4	0.6	0.8	1.0
y (km)	0.008	0.04	0.09	0.15	0.2	0.23

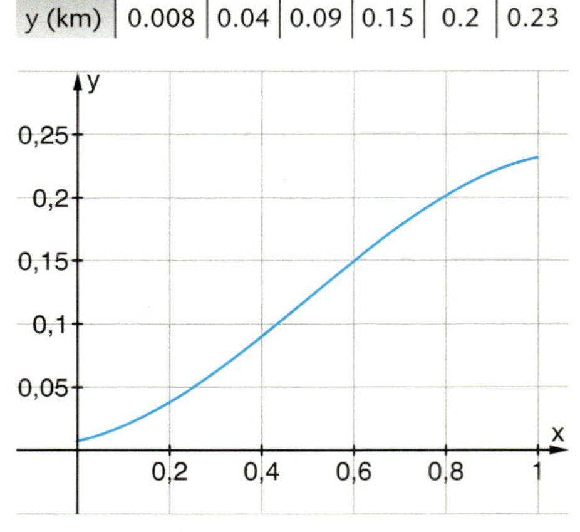

a) Kommt ein Fahrzeug mit der Steigfähigkeit von 30 % den Berg rauf? Dokumentieren Sie, wie Sie zu Ihrer Entscheidung gekommen sind. Sind Sie sicher?

b) Das Bergprofil wird durch die Funktion $f(x) = -0{,}3x^3 + 0{,}45x^2 + 0{,}075x + 0{,}0075$ im Intervall $[0; 1]$ modelliert (x und y in km). Überprüfen Sie mit Ihrem GTR, ob das Funktionsmodell zu der Tabelle passt.

c) Wie fällt Ihre Entscheidung aus a) auf dieser Grundlage der Modellfunktion aus? Begründen Sie.

12 *Klippenspringen*

Klippenspringen ist Turmspringen ohne Turm; die Klippen bilden die Absprungstelle ins Wasser. Diese Art des Wasserspringens wird auch in Wettkämpfen ausgeübt. In Acapulco ist das Klippenspringen eine berühmte Touristenattraktion. Die Springer stehen in einer Höhe von bis zu 28 Metern auf Felsen oder Klippen und erreichen beim Sprung eine Geschwindigkeit von bis zu 90 km/h, bevor sie ins Wasser eintauchen.

Der fallende Springer kann im Modell wie ein Stein im freien Fall angesehen werden. Die Höhe (in m) in Abhängigkeit von der Zeit (in s) kann dann durch die Funktion $h(t) = 28 - 5t^2$ modelliert werden. Überprüfen Sie damit die obige Geschwindigkeitsangabe von 90 km/h.

Als Hilfe können Sie die Aufgabe 3 von Seite 19 heranziehen. Beachten Sie: 1 m/s = 3,6 km/h

Übungen

Die Forschungsaufträge auf dieser Seite beleuchten den Begriff *„Näherungswert für die Steigung einer Funktion f an einer Stelle a"* genauer.

13 *Forschungsauftrag 1:*
Bei Funktionsgraphen gibt es interessante Stellen. An diesen soll ein Näherungswert für die Steigung ermittelt werden.
a) Mit dem GTR können Sie überprüfen, ob der skizzierte Graph in der Abbildung dem Graphen der Funktion $f(x) = x^3 - 3x^2 + 3$ in etwa entspricht.
b) In der Abbildung sind einige Punkte des Graphen markiert. Warum könnten diese besonders interessant sein?

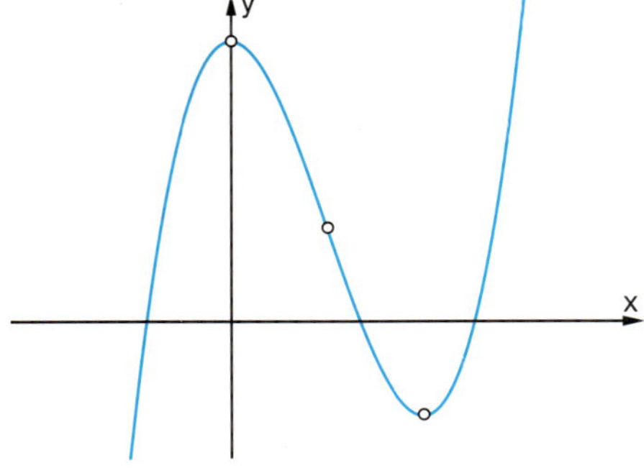

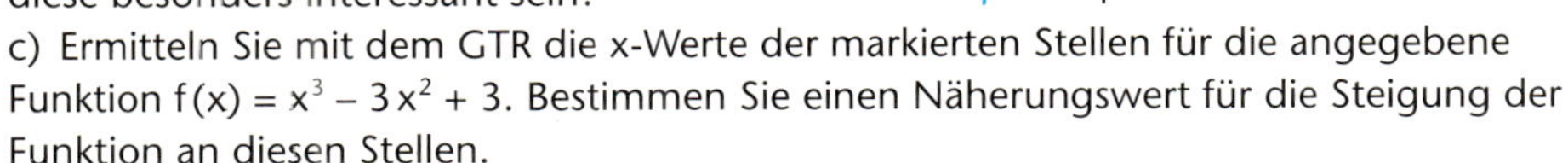

c) Ermitteln Sie mit dem GTR die x-Werte der markierten Stellen für die angegebene Funktion $f(x) = x^3 - 3x^2 + 3$. Bestimmen Sie einen Näherungswert für die Steigung der Funktion an diesen Stellen.

14 *Forschungsauftrag 2:*
Finden Sie einen „guten" Näherungswert für die Steigung einer Funktion an den Stellen $a = 1$ und $a = 2$.
Am besten arbeiten Sie arbeitsteilig in Vierergruppen, damit Sie in kurzer Zeit viel Erfahrung sammeln können. Vergleichen Sie Ihre Beobachtungen. Bei einigen Beispielen kann man sogar vermuten, was der „bestmögliche" Näherungswert ist.

$f(x) = x^4$
$f(x) = \sqrt{x}$
$f(x) = 2x - x^2$
$f(x) = 2^x$

Bestimmen Sie schnell einen „guten" Näherungswert für die Steigung der Funktion f an der Stelle a.

Gut kann heißen: auf vier Stellen hinter dem Komma genau, das heißt die vierte Stelle ändert sich bei kleinerem h nicht mehr.

15 *Forschungsauftrag 3:*
Experimentieren Sie mit h im Differenzenquotienten. Arbeiten Sie in Gruppen, verwenden Sie dabei jeweils eine der Funktionen aus Aufgabe 14.

A Beobachten Sie, was geschieht, wenn man beim Berechnen eines „guten" Näherungswertes für die Steigung einer Funktion an einer Stelle den Wert für h systematisch verkleinert.
$h = 0{,}1$ (0,01; 0,001; …)

B Spielt es eine Rolle, ob man bei der Bestimmung eines Näherungswertes für die Steigung einer Funktion an einer Stelle mit negativen Werten für h arbeitet, deren Betrag immer kleiner gewählt wird?
Vergleichen Sie.

Führen Sie Ihre Untersuchungen an verschiedenen Stellen a durch.

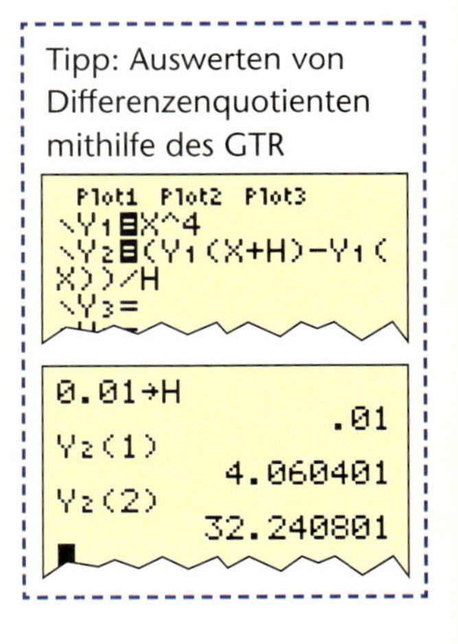

16 *Forschungauftrag 4:*
Bearbeiten Sie den Forschungsauftrag 3 „geometrisch". Verwenden Sie dazu eine passende Anwendung der CD oder eine geeignete Software, die zu einer vorgegebenen Funktion f und einer Stelle a die Sekanten durch die Punkte $P(a|f(a))$ und $Q(a+h|f(a+h))$ zeichnet. Wählen Sie h mithilfe eines Schiebereglers immer näher an 0.
a) Beschreiben Sie was Sie beobachten.
b) Können Sie ein „geometrisches" Ergebnis des Prozesses angeben?

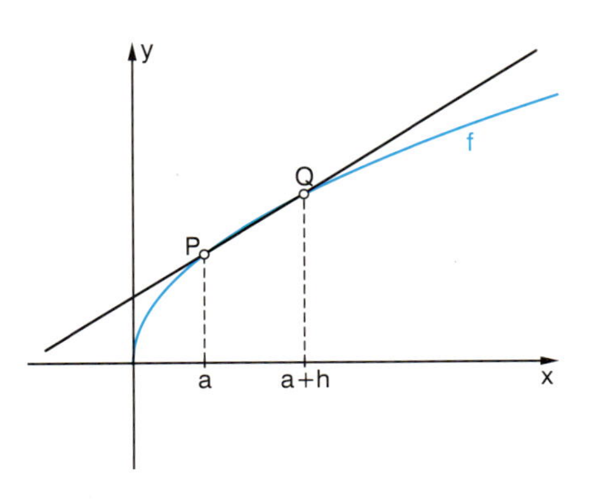

2

Basiswissen

Was geschieht mit den Werten für die Änderungsrate einer Funktion, wenn h gegen Null geht? Was bedeutet das für die zugehörigen Sekanten?

Der Grenzwert des Differenzenquotienten – der beste Wert für die Änderungsrate der Funktion f an der Stelle a.

$f(x) = x^3$, Differenzenquotient an der Stelle a = 1: $\frac{\Delta y}{\Delta x} = \frac{f(1+h) - f(1)}{h} = \frac{(1+h)^3 - 1^3}{h}$

h	Wert des Differenzenquotienten
0,01	3,0301
0,001	3,003 001
0,000 001	3,000 003
0,000 000 001	3,000 000 000

h	Wert des Differenzenquotienten
−0,01	2,9701
−0,001	2,997 001
−0,000 001	2,999 997
−0,000 000 001	3,000 000 000

negatives h bedeutet, dass man sich mit der Sekante von links nähert

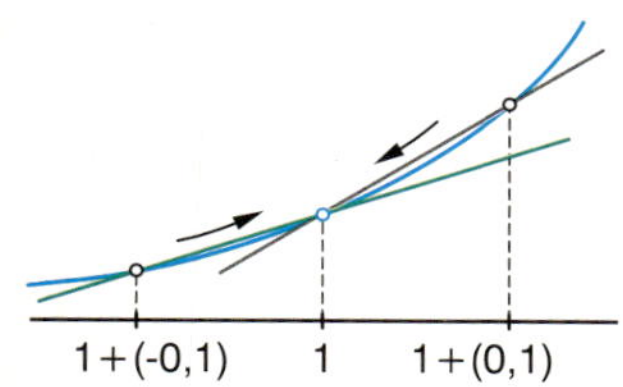

Offensichtlich nähert sich der Wert des Differenzenquotienten dem Wert 3, wenn sich h Null nähert. Dieser Wert gibt die momentane Änderungsrate der Funktion f an der Stelle 1 an.
Dabei spielt es keine Rolle, ob sich h von der „positiven" oder „negativen" Seite Null nähert.

Wir sagen: **Die momentane Änderungsrate der Funktion an der Stelle 1 ist 3.**

Geometrische Bedeutung

Der Differenzenquotient gibt die Steigung der Sekante durch die Punkte $P(1 \mid 1^3)$ und $Q(1+h \mid (1+h)^3)$ an. Die Steigung der Sekante ist die durchschnittliche Steigung des Graphen auf dem Intervall [1; 1 + h].

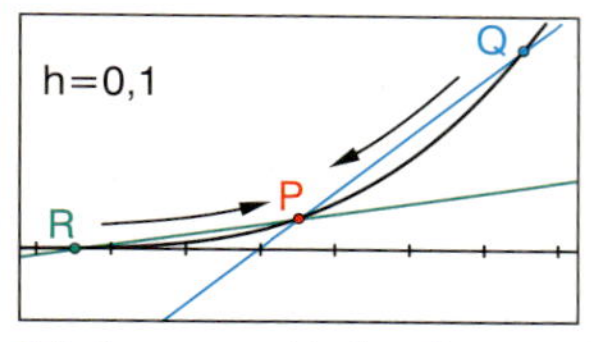

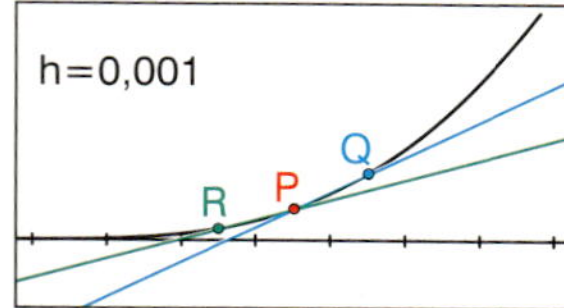

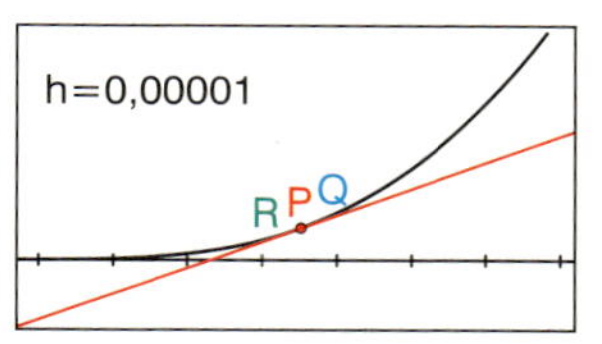

Für h gegen Null nähert sich die Sekante einer Geraden, die wir als Tangente im Punkte $(1 \mid 1^3)$ bezeichnen. Die Sekantensteigungen nähern sich dem Wert 3. Dieser Wert gibt die Steigung der Tangente in diesem Punkt an.

Wir sagen: **Die Steigung des Graphen im Punkt $(1 \mid 1^3)$ ist 3.**

Zusammenfassung:
- Wir haben untersucht, was passiert, wenn im Differenzenquotienten h gegen 0 geht.
- Wir haben beobachtet, dass der Differenzenquotient sich dem Wert 3 nähert.

„lim": Abkürzung für *limes* (lat.: Grenze)

Wir sagen: „Der Grenzwert des Differenzenquotienten $\frac{(1+h)^3 - 1^3}{h}$ für h gegen 0 von $f(x) = x^3$ an der Stelle a = 1 ist 3."

Wir schreiben: $\lim\limits_{h \to 0} \frac{(1+h)^3 - 1^3}{h} = 3$

Interessante Fragen im Zusammenhang mit dem „Grenzwertprozess":
- Liefert der Grenzwertprozess immer ein Ergebnis?
- Ist das Ergebnis durch Ausprobieren exakt anzugeben?
- Kann man die Tangente auch ohne Grenzwert finden?

Erste Antworten finden Sie bereits in diesem Lernabschnitt ab Seite 29.

Beispiele

C Finden Sie den besten Näherungswert für die Steigung der Funktion $f(x) = 4 - x^2$ an der Stelle $a = 0{,}5$. Veranschaulichen Sie den entsprechenden Prozess mit einer geeigneten Software geometrisch. Verdeutlichen Sie, dass es keine Rolle spielt, ob sich h von der negativen oder positiven Seite an 0 nähert.

Lösung:

Differenzenquotient

$$\frac{\Delta y}{\Delta x} = \frac{f(0{,}5 + h) - f(0{,}5)}{h} = \frac{(4 - (0{,}5 + h)^2) - 3{,}75}{h}$$

h	Näherungswert der Steigung
0,1	−1,1
0,01	−1,01
0,001	−1,001
0,0001	−1,0001
0,00001	−1,00001

h	Näherungswert der Steigung
−0,1	−0,9
−0,01	−0,99
−0,001	−0,999
−0,0001	−0,9999
−0,00001	−0,99999

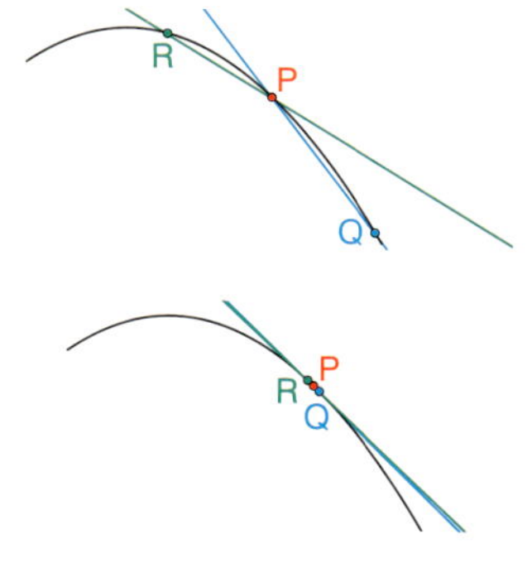

$$\lim_{h \to 0} \frac{(4 - (0{,}5 + h)^2) - 3{,}75}{h} = -1$$

Die Steigung der Funktion an der Stelle $a = 0{,}5$ beträgt -1.

Übungen

17 Bestimmen Sie die Steigung des Funktionsgraphen an der Stelle a durch systematisches Annähern von h an Null auf fünf Stellen nach dem Komma genau.
Zeichnen Sie zunächst mit dem GTR den Graphen der jeweiligen Funktion, damit Sie einen Überblick über seinen Verlauf erhalten.
Rechnen Sie dann und listen Sie jeweils die einzelnen Näherungswerte auf.
a) $f(x) = x^2 - 2x + 1;\ a = 1$ b) $f(x) = x^3 + 2;\ a = 1$ c) $f(x) = \sqrt{x};\ a = 3$
d) $f(x) = 2^x;\ a = 0$ e) $f(x) = x^4 - 2x^3;\ a = 1$
Bei einigen Aufgaben können Sie den „besten" Näherungswert angeben.

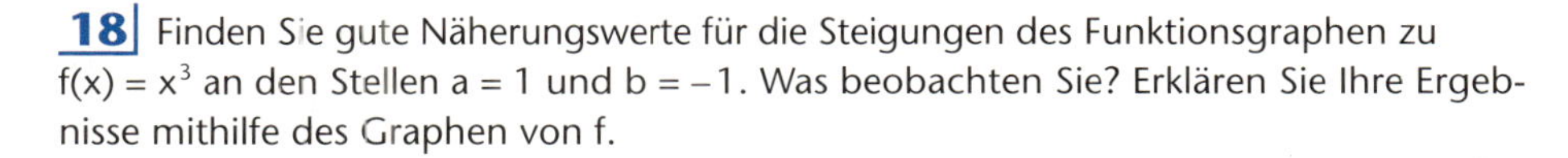

18 Finden Sie gute Näherungswerte für die Steigungen des Funktionsgraphen zu $f(x) = x^3$ an den Stellen $a = 1$ und $b = -1$. Was beobachten Sie? Erklären Sie Ihre Ergebnisse mithilfe des Graphen von f.

19 Vergleichen Sie für die Funktionen $f_1(x) = x^2$, $f_2(x) = x^3$ und $f_3(x) = x^4$ jeweils die momentanen Änderungsraten an den Stellen $a = \frac{1}{2}$ und $b = 1$.
Erläuteren Sie Ihre Beobachtungen an den Graphen der drei Funktionen.

20 *Fuchspopulation*

Die Anzahl von Füchsen in einem Revier schwankt periodisch in Abhängigkeit von dem Nahrungsangebot. Angenommen, man kann die Anzahl der Füchse modellieren mit der Funktion $f(t) = 300 + 200\sin(t)$. Dabei ist t die Zeit in Jahren.

a) Zeichnen Sie den Graphen der Funktion für die ersten 10 Jahre. Geben Sie Zeitpunkte an, an denen die Population stark wächst (fällt) oder sich nur wenig ändert.

b) Die durchschnittliche Änderung der Population auf dem Intervall $[1; t]$ kann man mit $d(t) = \frac{f(t) - f(1)}{t - 1}$ berechnen. Erstellen Sie mit dem GTR eine Tabelle der durchschnittlichen Änderungsraten indem Sie t in Schritten von 0,01 Jahren von 0,9 bis 1,1 auflisten.

c) Wie groß ist die (momentane) Änderungsrate der Fuchspopulation für $t = 1$? Erläutern Sie zunächst, warum der Rechner für d(1) eine Fehlermeldung ausgibt. Berechnen Sie dann einen guten Näherungswert für die Änderungsrate an der Stelle 1.

Achten Sie beim Zeichnen des Graphen darauf, dass der Rechner auf Bogenmaß eingestellt ist.

Übungen

21 *Algebraisches Verfahren – „h-Methode".*
Häufig kann man die Formel für den Differenzenquotienten mithilfe der Algebra vereinfachen. Mit diesem vereinfachten Term kann man die Steigung der betreffenden Funktion an einer bestimmten Stelle oft auf einen Blick ablesen.

Steigung einer Funktion an einer Stelle schnell ermittelt mithilfe der Algebra

Aufgabe: Ermitteln Sie die Steigung von $f(x) = 4 - x^2$ an der Stelle $a = 2$.

So wird's gemacht:
- Berechnen Sie zunächst einen möglichst einfachen Term für die Sekantensteigung auf dem Intervall $[2; 2 + h]$.
- Bestimmen Sie mithilfe des gefundenen Terms den Grenzwert $\lim\limits_{h \to 0} \frac{(4-(2+h)^2)-0}{h}$.

Lösung:
Differenzenquotient

$$\frac{\Delta y}{\Delta x} = \frac{f(2+h) - f(2)}{h} = \frac{(4-(2+h)^2) - 0}{h}$$
$$= \frac{(4-(4+4h+h^2))}{h} = \frac{-4h - h^2}{h}$$
$$= \frac{h(-4-h)}{h} = -4 - h$$

(vereinfachter Differenzenquotient)

Lohn der Mühe: Man sieht sofort, was passiert, wenn sich h Null nähert. Der gesuchte Grenzwert ist -4.

Ermitteln Sie die Steigung von f(x) an der Stelle a mithilfe der h-Methode.
a) $f(x) = x^2$; $a = 3$ b) $f(x) = x^2 + 4x$; $a = 2$ c) $f(x) = x^2$; $a = \sqrt{3}$
d) $f(x) = 3x^2$; $a = 1$ e) $f(x) = x^2 - 2x + 1$; $a = 1$ f) $f(x) = x^3$; $a = 1$
Vergleichen Sie die gefundenen Grenzwerte jeweils mit dem Wert des Differenzenquotienten für ein kleines h (z. B. $h = 0{,}000001$).

22 *Wo die h-Methode versagt*
Finden Sie bei den folgenden beiden Funktionen mit dem Differenzenquotienten für ein kleines h ($h = 0{,}000001$) einen guten Näherungswert für die Steigung an der Stelle a.
a) $f(x) = 3^x$; $a = 1$ b) $f(x) = \sin(x)$, $a = \frac{\pi}{4}$
Versuchen Sie auch hier den Grenzwert an der Stelle a mithilfe der h-Methode zu finden. Warum funktioniert das hier nicht so wie in den Beispielen von Aufgabe 21?

Achten Sie bei b) darauf, dass der Rechner auf Bogenmaß eingestellt ist.

23 *Funktion und Steigungsgraph 1*
Im Lernabschnitt 4.1 haben Sie Funktionen gezeichnet und deren Steigungsgraphen skizziert. Mit dem Näherungsverfahren für die Steigung in einem Punkt kann man den Steigungsgraphen genauer zeichnen.
a) Zeichnen Sie mit dem GTR den Graphen der Funktion $f(x) = \frac{1}{4}x^4 - x^3$ und übertragen Sie ihn in Ihr Heft.
b) Ergänzen Sie die folgende Tabelle und skizzieren Sie damit den Steigungsgraphen.

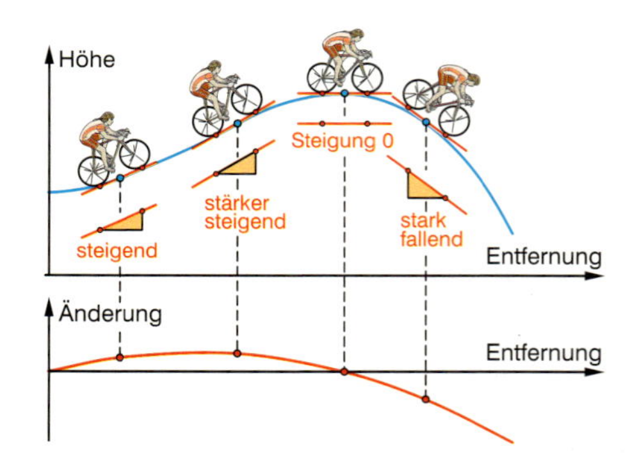

Stelle a	−2	−1	0	1	2	3
Näherungswert für die Steigung an der Stelle a	■	■	■	■	■	■

24 *Funktion und Steigungsgraph 2*
a) Zeichnen Sie den Graphen von $f(x) = \sin(x)$ mit dem GTR auf dem Intervall $[0; 7]$. Übertragen Sie den Graphen in Ihr Heft.
b) Erstellen Sie eine Tabelle für die Steigungen an Punkten, die Ihnen für den Verlauf der Steigung aussagekräftig erscheinen.
Skizzieren Sie den Steigungsgraphen.

Achten Sie beim Zeichnen des Graphen darauf, dass der Rechner auf Bogenmaß eingestellt ist.

Nachdenkliches zum Grenzwert

Vielleicht ist Ihnen aufgefallen, dass die Formulierungen immer dann etwas vorsichtig geraten, wenn der „Grenzwert“ ins Spiel kommt. Wo bleibt hier die gewohnte Präzision in der Mathematik? Mit dem Exkurs und den Aufgaben auf der nächsten Seite werden wir über erste Schritte zur Präzisierung nachdenken.

Was ist eigentlich ein Grenzwert?

Die Karikatur gibt einen ersten Hinweis auf die Probleme. Die Dezimalzahl 1,9999…999 ist ohne Zweifel kleiner als 2, solange wir eine endliche Anzahl von Neunen hinter dem Komma schreiben. Sobald wir aber in Gedanken den Prozess des Anhängens von Neunen „unendlich“ fortsetzen, setzen wir das Ergebnis dieses unendlichen Prozesses – eben den Grenzwert – gleich der Zahl 2. $1,\overline{9} = 2$

Das ist vernünftig, aber mit unseren gewohnten Denkweisen nur schwer einzusehen. Eine Präzisierung dieser Festlegung erfordert viel Aufwand.

Genau so ist es mit dem Grenzwert des Differenzenquotienten. Auch hier hilft nur ein **Prozess**, den wir in Gedanken unendlich fortsetzen.

Algebraisch haben wir in dem Quotienten $\frac{f(a+h)-f(a)}{h}$ für die Zahl h betragsmäßig immer kleinere, näher an Null liegende Werte eingesetzt. Das Ergebnis (den Grenzwert) dieses Prozesses haben wir als momentane Änderungsrate von f an der Stelle a interpretiert. Wir konnten nicht einfach h = 0 einsetzen, denn der Quotient $\frac{f(a+0)-f(a)}{0} = \frac{0}{0}$ ist nicht definiert.

B6 | fx =((1+A6)^2-1)/A6

	A	B	C
1			
2	0,1	2,1	
3	0,01	2,01	
4	0,001	2,001	
5	0,0001	2,0001	
6	0,00001	2,00001	
7			

Differenzenquotient für $f(x) = x^2$ im Intervall $[1; 1 + h]$

Geometrisch haben wir dies mit den Sekanten durch zwei Punkte P und Q der Kurve veranschaulicht, indem der zweite Punkt Q immer näher an den ersten Punkt P heran rückt. Das Ergebnis des Prozesses wird dann als die Tangente im Punkt P des Graphen interpretiert. Auch hier konnten wir nicht einfach die Sekante durch einen Punkt P zeichnen, denn eine Sekante braucht immer zwei verschiedene Punkte.

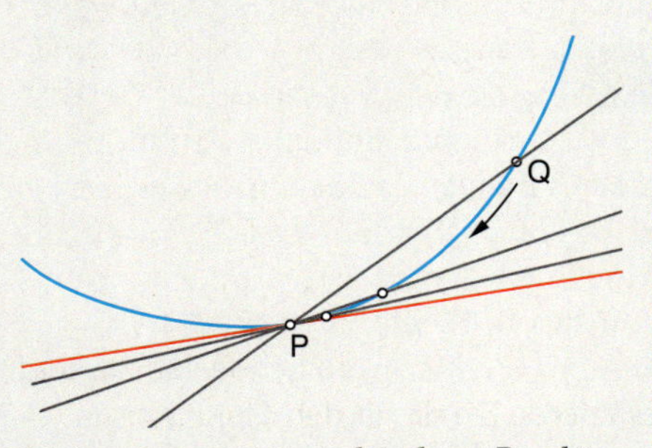

Ganz ohne Mathematik ist es ziemlich aussichtslos, einen Begriff wie die „Geschwindigkeit zu einem Zeitpunkt“ oder die „Steigung an einer Stelle“ präzise zu definieren obwohl beides in unserer Alltagsvorstellung und Anschauung klar und eindeutig zu existieren scheint.

Es ist aber auch nicht selbstverständlich, dass die unendlich gedachten Prozesse immer zu einem klar fassbaren Ergebnis führen, dass der Grenzwert also wirklich existiert. Dies können wir heute nur deshalb sicher entscheiden, weil die Mathematiker in einem Jahrhunderte dauernden Ringen den Grenzwertbegriff präzisieren konnten.

Aus einem von der Preußischen Akademie der Wissenschaften 1784 veröffentlichten Preisausschreiben:

… Die höhere Geometrie benutzt häufig unendlich große und unendlich kleine Größen; jedoch haben die alten Gelehrten das Unendliche sorgfältig vermieden, und einige berühmte Analysten unserer Zeit bekennen, dass die Wörter unendliche Größe widerspruchsvoll sind. Die Akademie verlangt also, … dass man einen sicheren und klaren Grundbegriff angebe, welcher das Unendliche ersetzen dürfte, ohne die Rechnung zu schwierig oder zu lang zu machen …

Aufgaben

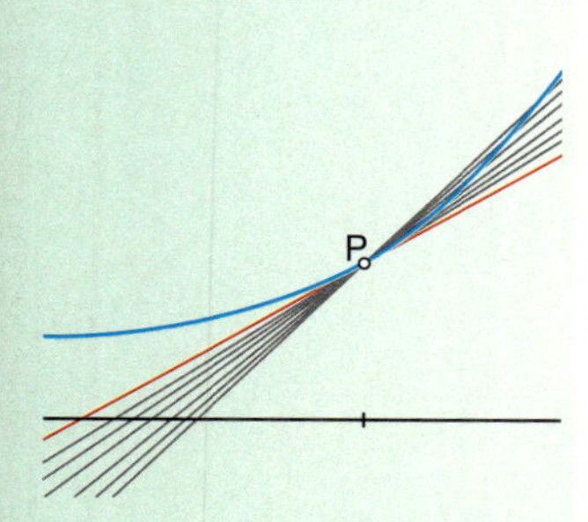

Tangente an Kurve

25 *Tangente an eine Kurve*

Wir haben die Tangente als Grenzlage der Sekanten gekennzeichnet. Das passt auch zur Vorstellung der Tangente an den Kreis, die uns ja bereits vertraut ist. Diese Grenzlage ist in beiden Fällen eine Gerade, die wir so nicht zeichnen können (Sekante durch einen Punkt!).

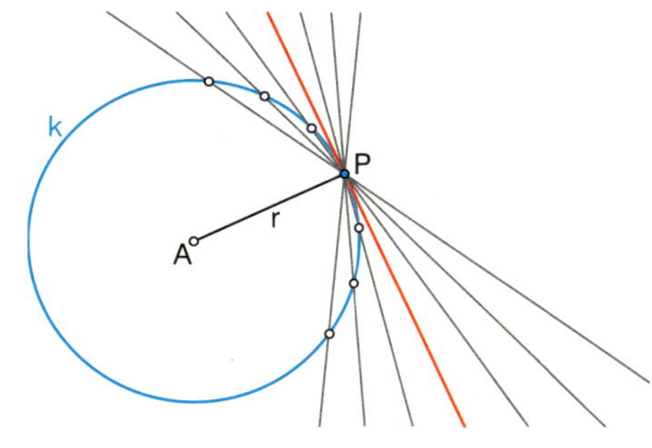

Tangente am Kreis

a) Die Tangente an einen Kreis können Sie bereits auf andere Weise konstruieren. Führen Sie eine solche Konstruktion mit dem DGS oder per Hand aus und geben Sie damit eine Definition für „Tangente am Kreis".

b) Warum lässt sich die Konstruktion der Tangente am Kreis nicht einfach auf die Tangente an eine Kurve übertragen? Welche Probleme sehen Sie?

c) Mit den Kenntnissen aus diesem Lernabschnitt können wir die Tangente an eine Kurve auf unserem grafikfähigen Taschenrechner zeichnen. Allerdings benötigen wir hierzu mehr als Geometrie, nämlich das Zusammenspiel von Funktion und Grenzwert des Differenzenquotienten.

Im Anhang „Erinnern und Wiederholen" finden Sie die Erinnerung an die Bestimmung der Geradengleichung aus Steigung und Punkt.

Tangente an den Graphen von $f(x) = x^2$ im Punkt $P(2|4)$

1. Schritt: Bestimmen Sie den Grenzwert des Differenzenquotienten an der Stelle 2. Dies ist die Steigung m der Tangente.

2. Schritt: Bestimmen Sie die Gleichung der Geraden t durch P mit der Steigung m. Dies ist die Gleichung der Tangente.

3. Schritt: Geben Sie die Gleichungen von f und t in den GTR ein und lassen Sie die Graphen zeichnen.

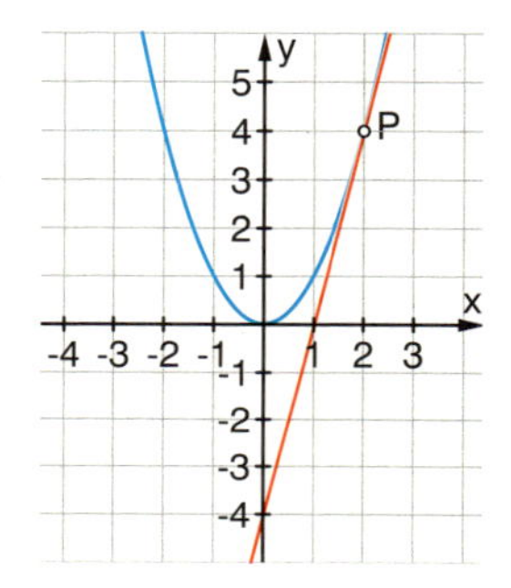

d) Versuchen Sie nun mithilfe von c) eine Definition für „Tangente an den Graphen von f im Punkt P". Vergleichen Sie mit der Definition der Kreistangente. Worin bestehen die Unterschiede, worin die Gemeinsamkeiten?

26 *Existenz des Grenzwerts*

Gibt es an jeder Stelle der Funktion einen Grenzwert? Oder anders gefragt: Gibt es in jedem Punkt eines Graphen eine Tangente?

a) Das Bild zeigt den Versuch, mithilfe der Annäherung durch Sekanten die Tangente an den Graphen von $f(x) = |4 - x^2|$ im Punkt $(2|f(2))$ zu zeichnen. Welche Schwierigkeiten ergeben sich dabei?

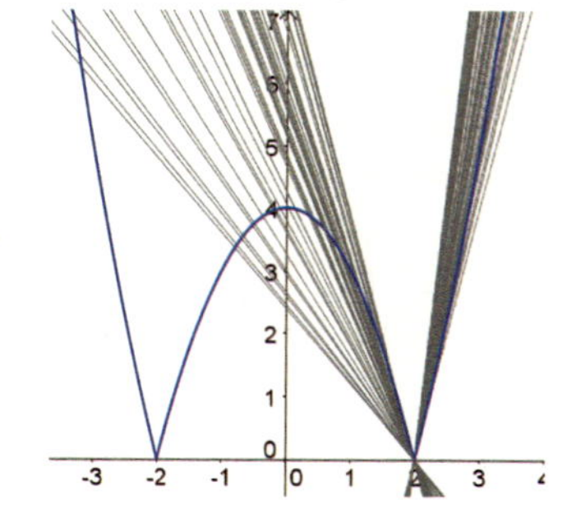

b) Gibt es an der Stelle 2 einen Grenzwert des Differenzenquotienten? Versuchen Sie Näherungen von links und von rechts.
Wie beantworten Sie nun die Eingangsfragen der Aufgabe?

Näherung von rechts $\frac{f(2+0{,}01)-f(2)}{0{,}01}$

Näherung von links $\frac{f(2-0{,}01)-f(2)}{-0{,}01}$

27 *Der Taschenrechner spielt verrückt beim Grenzwert*

a) Bestimmen Sie mit dem Taschenrechner für $f(x) = x^2$ den Differenzenquotienten $\frac{f(1{,}5+h)-f(1{,}5)}{h}$ an der Stelle 1,5. Setzen Sie für h nacheinander die Werte 0,01; 0,001; …; 0,000 000 000 000 000 000 01 ein. Was beobachten Sie?

b) Versuchen Sie das Gleiche an der Stelle $\sqrt{2}$.

c) Bestimmen Sie die Grenzwerte an den beiden Stellen mithilfe der „h-Methode".

Ein Informatik-Experte kann Ihnen erklären, was hier passiert. Mit einem CAS-Rechner können Sie den Grenzwert mit dem Befehl **limit(** direkt berechnen.

1.3 Von der Sekantensteigungsfunktion zur Ableitungsfunktion

Was Sie erwartet

Im ersten Lernabschnitt haben wir die Bedeutung der Änderungsraten von Funktionen kennen gelernt. Wir haben Skizzen von Steigungsgraphen erstellt, mit denen die Änderungsraten längs des Kurvenverlaufs qualitativ auf einen Blick erfasst werden konnten.

Im zweiten Lernabschnitt ging es um die genauere numerische Erfassung von Änderungsraten. Dazu haben wir den Blick auf einzelne Punkte des Funktionsgraphen gelenkt. An jeder Stelle a des Definitionsbereiches liefert der Differenzenquotient $\frac{f(a+h)-f(a)}{h}$ *für kleines h einen guten Näherungswert für die Steigung des Graphen im Punkt* $P(a\,|\,f(a))$. *Mit dem Grenzwert für h gegen 0 haben wir dann den besten Näherungswert gefunden und diesen als momentane Änderungsrate an der Stelle a bezeichnet. Geometrisch ging es um den Grenzwert von Sekantensteigungen, die Tangentensteigung im Punkt P.*

In diesem Lernabschnitt richten wir unseren Blick wieder auf das Ganze. Wir wollen die Änderungsrate einer Funktion nicht nur an einer Stelle berechnen, sondern mit einem Blick auf einem ganzen Abschnitt (mathematisch: auf einem Intervall) erfassen. Dies kann numerisch und grafisch zunächst mithilfe der Sekantensteigungsfunktion geschehen. Hierzu benötigen wir allerdings den grafikfähigen Taschenrechner oder entsprechende Computer-Software. Mit den schon beschriebenen Grenzwertprozessen gelangen wir schließlich zur Ableitungsfunktion, die wir in einfachen Fällen auch durch einen algebraischen Funktionsterm erfassen können.

Aufgaben

1 In einem Skigebiet stehen Pistenraupen mit unterschiedlichen Steigfähigkeiten zur Verfügung: Pistenraupe A bewältigt Steigungen bis zu 95 %, Pistenraupe B bis zu 70 % und Pistenraupe C bis zu 50 %.
Das Bergprofil zwischen der Aspitze und dem Bhorn kann mit der Funktion
$f(x) = -0{,}07\,x^4 + 0{,}5\,x^2 + 0{,}2\,x + 1$
(x und y jeweils in 500 m) modelliert werden.

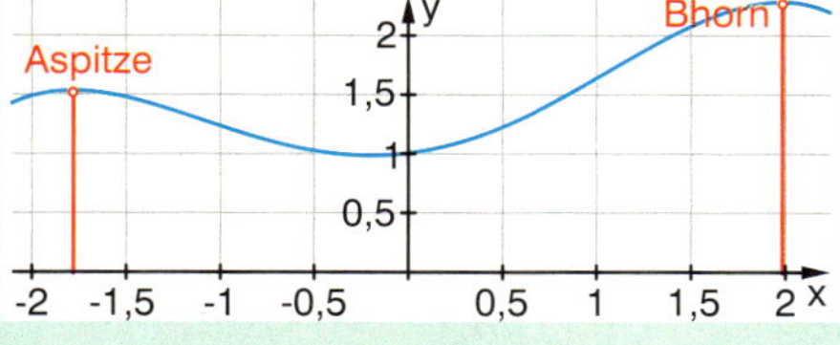

a) Schaffen alle Pistenraupen die Auffahrt zur Aspitze bzw. zum Bhorn? Wenn nicht, wie weit können sie jeweils hinauffahren?
b) An welchen Stellen vermuten Sie die größten Steigungen in beiden Richtungen? Versuchen Sie mithilfe guter Näherungswerte für die Steigungen diese Stellen zu finden. Können Sie die Fragen damit beantworten?
c) Mithilfe des GTR lässt sich das Probieren systematisch mit einer Tabelle gestalten. Finden Sie mit den angegebenen Funktionsgleichungen heraus, was in der Tabelle dargestellt wird. Vervollständigen Sie die Tabelle für den Bereich von x = –2 bis x = 2 und beantworten Sie damit die obigen Fragen.

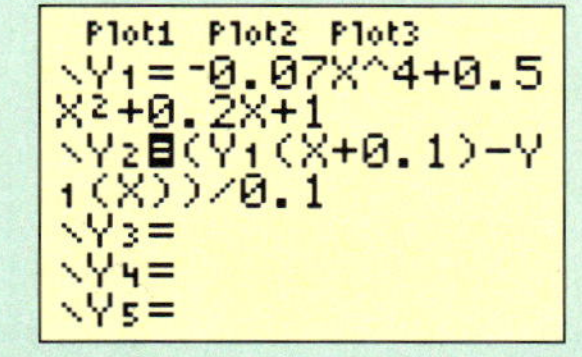

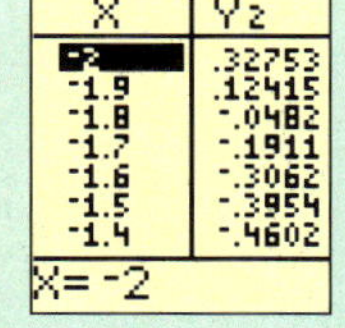

X	Y2
-2	.32753
-1.9	.12415
-1.8	-.0482
-1.7	-.1911
-1.6	-.3062
-1.5	-.3954
-1.4	-.4602

X=-2

Die etwas unübersichtliche Darstellung auf dem Display des GTR hier deutlicher:
$y_1 = -0{,}07\,x^4 + 0{,}5\,x^2 + 0{,}2\,x + 1$
$y_2 = \frac{y_1(x+0{,}1) - y_1(x)}{0{,}1}$

Aufgaben

2 *Geschwindigkeitsgraphen bei Füllkurven*

Füllgraphen beschreiben die Höhe des Wasserspiegels im Gefäß in Abhängigkeit von der Zeit. Die Änderungsrate der Höhe wird im Geschwindigkeitsgraphen erfasst.

a) Welche der folgenden Graphen passen zum kegelförmigen Messbecher?

Füllgraphen $t \to h(t)$ Geschwindigkeitsgraphen $t \to v(t)$

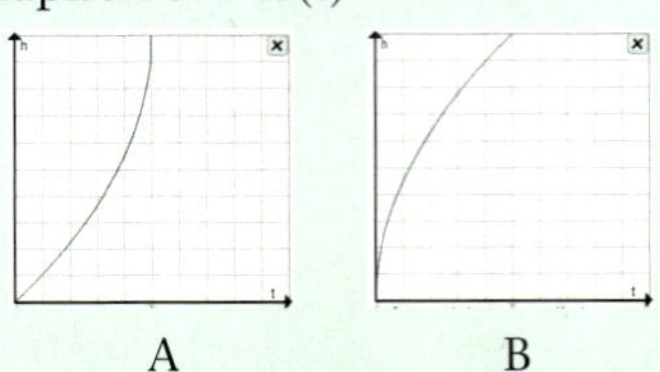

A B C D

Im Lernabschnitt 1.1 haben wir Füllkurven und ihre Geschwindigkeitsgraphen qualitativ untersucht. Mit den im Lernabschnitt 1.2 erworbenen Werkzeugen können wir dies nun mit numerischen Werten präzisieren.

t in s	h in cm
0	0
1	6,5
2	8,2
3	9,4
4	10,3
5	11,1
6	11,8

In einen kegelförmigen Messbecher mit oberem Radius 5 cm und Höhe 12 cm fließt gleichmäßig 50 cm³/s Flüssigkeit. Wir notieren im Sekundentakt die Höhe des erreichten Wasserstands in einer Tabelle.

b) Übertragen Sie die Wertepaare aus der Tabelle ins Koordinatensystem und verbinden Sie sie durch eine Kurve. Entspricht diese in etwa dem oben ausgewählten Füllgraphen?

Für den obigen Messbecher lässt sich die Funktion $t \to h(t)$ durch den Funktionsterm $h(t) = 6{,}5 \cdot \sqrt[3]{t}$ modellieren.

Mit dem Differenzenquotienten $\frac{h(a+0{,}1)-h(a)}{0{,}1}$ berechnen wir einen Näherungswert für die Änderungsrate zu jedem Zeitpunkt a.

Geometrische Veranschaulichung:

Wir lassen die zugehörige Sekante durch $P(a\,|\,h(a))$ und $Q(a+0{,}1\,|\,h(a+0{,}1))$ auf dem Graphen „wandern". Die jeweils zugehörige Sekantensteigung m wird am Graphen angezeigt und in einer Tabelle notiert. Die Tabellenwerte werden als Punkte $R(a\,|\,m)$ im Koordinatensystem aufgezeichnet.

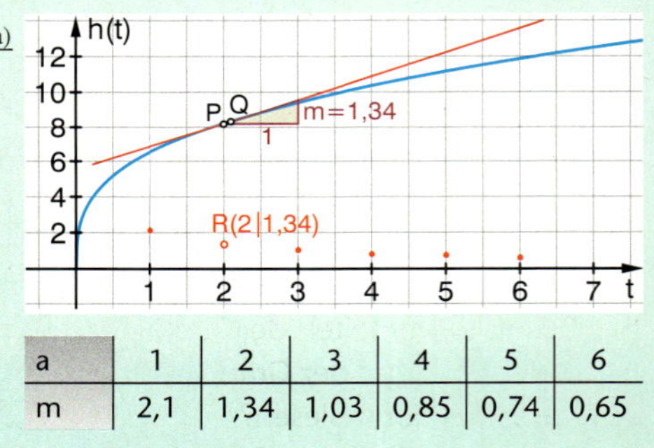

a	1	2	3	4	5	6
m	2,1	1,34	1,03	0,85	0,74	0,65

3
4

c) Auf der CD heißen die Funktionen f und die Variable x. Aus h(t) wird also f(x). Der horizontale Abstand von Q zu P, für den wir 0,1 gewählt haben, wird auf der CD mit h bezeichnet. Beobachten Sie den Verlauf der Sekanten und deren Steigungen.

Wir erhalten beim „Wandern" auf dem Graphen eine Zuordnung

x → Näherungswert für die Steigung der Funktion an der Stelle x.

Diese Funktion nennen wir Sekantensteigungsfunktion

$x \to \text{msek}(x) = \frac{f(x+0{,}1)-f(x)}{0{,}1}$.

Wenn wir dies in den GTR eingeben, so wird der Steigungsgraph direkt für alle x aus dem gewählten Intervall [0; 6] gezeichnet.

```
Plot1 Plot2 Plot3
\Y1=6.5*X^(1/3)
\Y2=(Y1(X+0.1)-Y1(X))/0.1
```

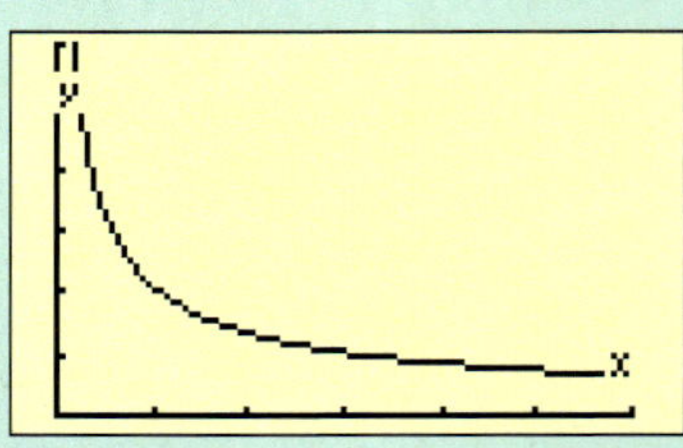

Wir haben hier für h = 0,1 gewählt. Für einen kleineren Wert von h (z. B. h = 0,001) liefert die Zuordnung noch bessere Näherungswerte.

Zeichnen Sie mit dem GTR oder der CD (Sekantensteigungsfunktion 2).

d) Zeichnen Sie msek(x) für die obige Füllfunktion.
Wählen Sie nacheinander h = 0,1; 0,01 und 0,001. Wie verändern sich die Graphen? Was vermuten Sie, wenn Sie h = 0,00000001 wählen?

Basiswissen

Die Sekantensteigungsfunktion

Die Funktion **msek (x)** $= \frac{f(x+h)-f(x)}{h}$ ordnet jedem x-Wert die Steigung der Sekante durch die Punkte $P(x\,|\,f(x))$ und $Q(x+h\,|\,f(x+h))$ zu.

Diese Funktion heißt

Sekantensteigungsfunktion.

Wenn man für h einen kleinen Wert wählt (z. B. h = 0,001), so stellt der Graph der Sekantensteigungsfunktion eine gute Näherung für den „Steigungsgraphen" der Funktion f(x) dar.

$f(x) = 0{,}5\,x^3 - 2\,x + 2$

Sekantensteigungsfunktion für h = 0,001:

msek (x) $= \frac{f(x+0{,}001)-f(x)}{0{,}001}$

x	f(x)	msek(x)
−2	2	3,997
−1	3,5	−0,5015
0	2	−2
1	0,5	−0,4985
2	2	4,003

Näherungswerte für die Steigung von f an der Stelle x

Graph der Funktion f

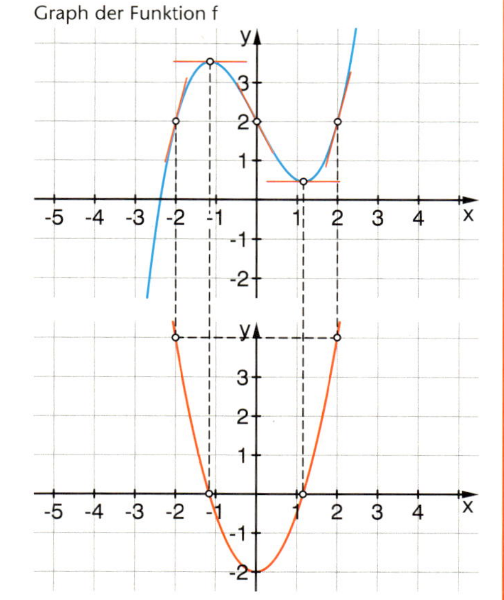

Graph der Sekantensteigungsfunktion

Der Graph der Sekantensteigungsfunktion gibt einen guten Überblick über das Steigungsverhalten der Funktion.

In dem Beispiel wird für h der Wert 0,001 verwendet. Welche Rolle das h spielt, wird später noch genauer untersucht.

Beispiele

A Mit dem Graphen der Sekantensteigungsfunktion (mit kleinem h) kann man gut das Steigungsverhalten der Funktion im Basiswissen beschreiben. An welcher Stelle im Intervall [−1; 1] hat der Graph das größte Gefälle? Wie können Sie dies aus der Sekantensteigungsfunktion ablesen?
Lösung: An der Stelle x = 0 scheint die Funktion das größte Gefälle zu haben. Dort hat msek(x) seinen kleinsten (negativen) Funktionswert.

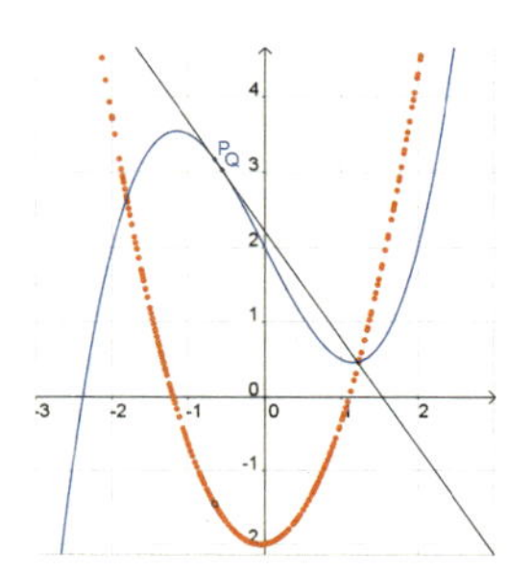

B Verschaffen Sie sich einen Überblick über das Steigungsverhalten von $f(x) = x^3 - 5\,x^2 - 8\,x + 70$ auf dem Intervall [−3; 7] mithilfe der Sekantensteigungsfunktion (h = 0,001). Welche Bedeutung haben die Stellen a, an denen die Sekantensteigungsfunktion den Wert 0 hat, für die Funktion f?
Lösung: Die Sekantensteigungsfunktion msek(x) hat in den Intervallen von *−3 bis etwa −0,67* und von *etwa 4 bis 7* positive Werte, d. h. dort steigt die Funktion f. Dazwischen sind die Werte der Sekantensteigungsfunktion negativ, dort fällt die Funktion f.
Bei x = −0,67 und bei x = 4 ist msek(x) = 0, dort hat die Funktion f die Steigung 0. An diesen Stellen hat die Funktion f einen „Hochpunkt" bzw. einen „Tiefpunkt".

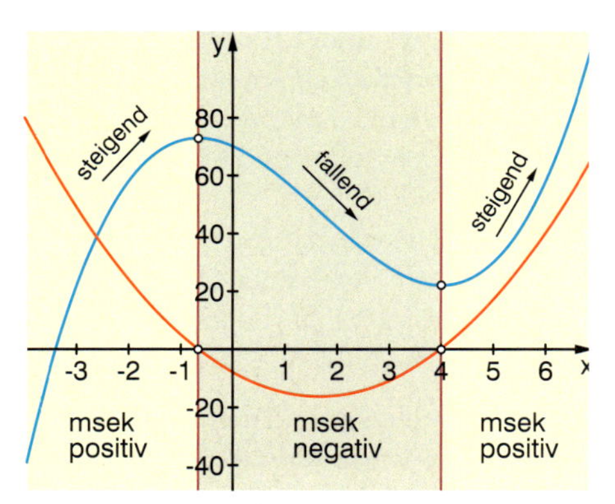

Übungen

```
Plot1 Plot2 Plot3
\Y1=9-X²
\Y2=(Y1(X+0.01)-
Y1(X))/0.01
```

3 Funktionen und ihre Sekantensteigungsfunktionen

Zeichnen Sie mit dem GTR jeweils die Funktion und die zugehörige Sekantensteigungsfunktion msek(x) für h = 0,01.

a) $f(x) = x^2$ b) $f(x) = -x^2$ c) $f(x) = 3x^2$ d) $f(x) = x^2 - 4$
e) $f(x) = 9 - x^2$ f) $f(x) = 3x^2 + 1$ g) $f(x) = x^3$ h) $f(x) = x^3 - 8$

Beschreiben Sie Ihre Beobachtungen. (Z. B. wie unterscheiden sich die Sekantensteigungsfunktionen der quadratischen und kubischen Funktionen? Welche Funktionen haben gleiche oder ähnliche Graphen der Sekantensteigungsfunktionen?) Welche Zusammenhänge erkennen Sie? Können Sie diese erklären?

```
Plot1 Plot2 Plot3
\Y1=
\Y2=(Y1(X+0.01)-
Y1(X))/0.01
```

TIPP:
Bei den Funktionen y_1 handelt es sich um bekannte Standardfunktionen: Potenzfunktionen, Wurzelfunktionen, Exponentialfunktionen.

4 Sekantensteigungsfunktionen und die zugehörigen Funktionen

Im Folgenden sind vier Sekantensteigungsfunktionen y_2 gezeichnet. Zu welcher Funktion y_1 gehören sie jeweils? Überprüfen Sie Ihre Vermutungen mit dem GTR.

a)
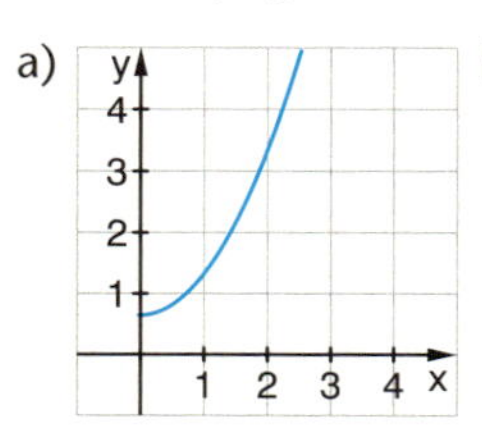

b)
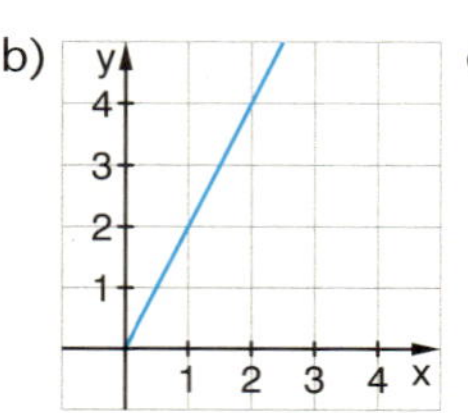

c)
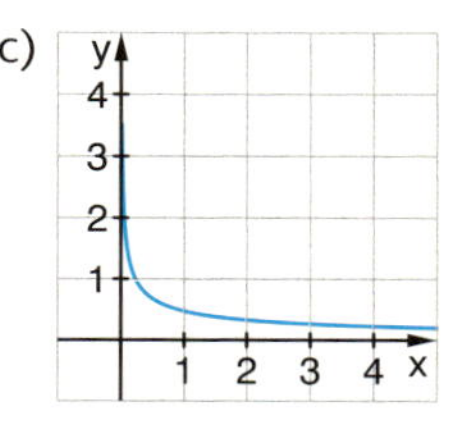

d)
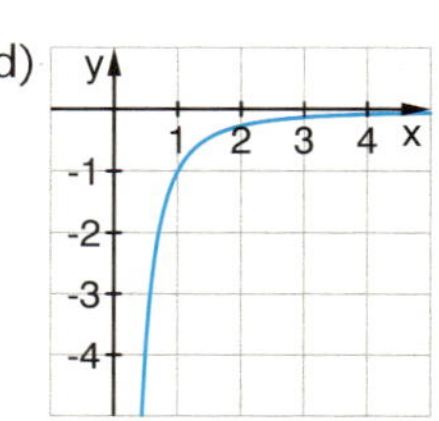

5 Verwandte Kurven?

In der Abbildung sind die Graphen zu den Funktionen $f(x) = \cos(x)$ und $g(x) = -\frac{4}{\pi^2} \cdot x^2 + 1$ im Intervall $\left[-\frac{\pi}{2}; \frac{\pi}{2}\right]$ gezeichnet.

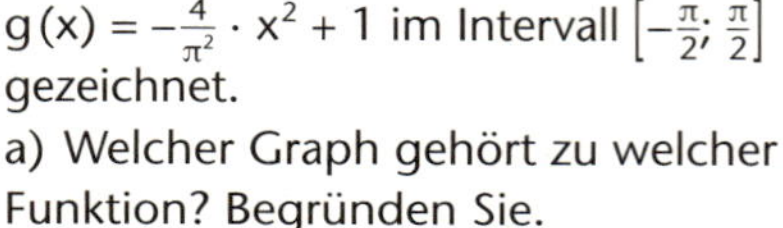

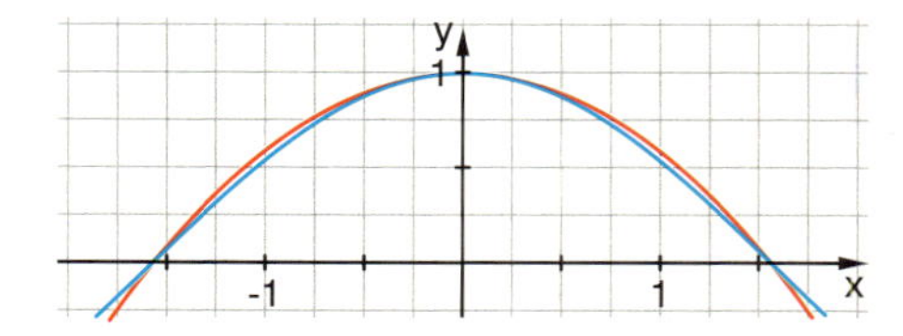

a) Welcher Graph gehört zu welcher Funktion? Begründen Sie.

b) Was vermuten Sie über den Verlauf der zugehörigen Sekantensteigungsfunktionen? Überprüfen Sie mit dem GTR (Winkel im Bogenmaß).

6 Start beim Radrennen

An festgelegten Markierungen werden die Zeiten eines startenden Rennradfahrers gemessen:

Zeit in s	1	1,5	2,6	3,5	4,3	5,4	6	7,1	8
Weg in m	1	2	5	10	20	30	40	60	80

a) Übertragen Sie die Tabellenwerte in ein Weg-Zeit-Diagramm und beschreiben Sie in etwa den Geschwindigkeitsverlauf. (Beachte: 1 m/s = 3,6 km/h)

b) Um genauere Aussagen über den Geschwindigkeitsverlauf machen zu können, modellieren zwei Gruppen den Start mit zwei verschiedenen Funktionen:
(1) $s(t) = 1{,}1\,t^2$ und (2) $s(t) = 0{,}17\,t^3$
Welches Modell erscheint Ihnen sinnvoller?

c) Untersuchen Sie mithilfe der Sekantensteigungsfunktionen für h = 0,1 jeweils den Geschwindigkeitsverlauf und vergleichen Sie diesen für beide Modelle.

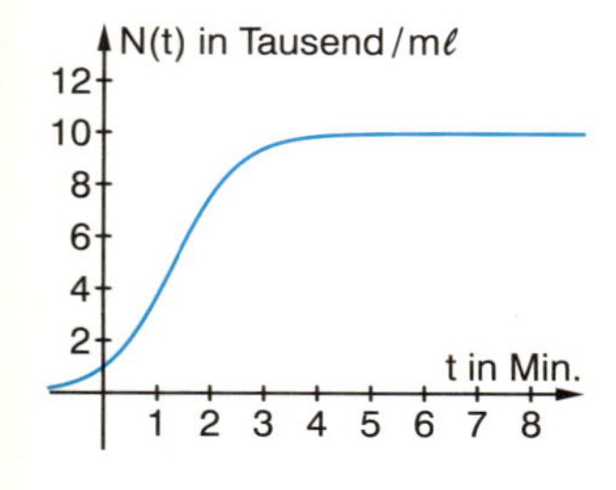

7 Eine Bakterienkultur

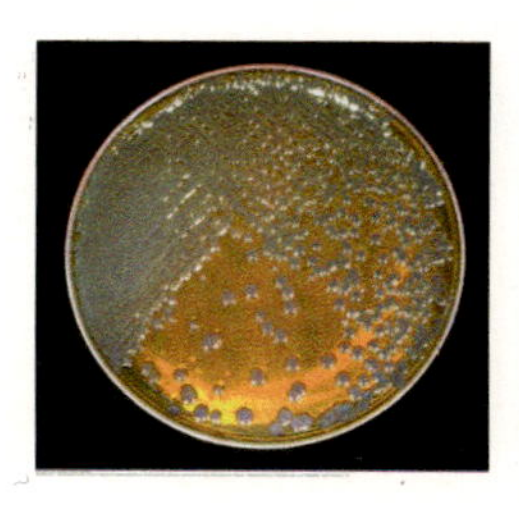

Das Wachstum von Bakterien in einer Petrischale kann durch eine Funktion der Zeit modelliert werden:
$N(t) = \frac{10}{1 + 9 \cdot 1{,}2^{-9t}}$

a) Beschreiben Sie das Wachstumsverhalten.

b) Zeichnen Sie mit dem GTR den Graphen einer Sekantensteigungsfunktion und überprüfen Sie Ihre Beschreibung damit.

Übungen

8 *Halfpipe und Skaterrampen*

a) Der Längsschnitt einer Halfpipe besteht an beiden Rändern aus Viertelkreisen. Begründen Sie, dass die Funktion $Hp(x) = -\sqrt{16 - x^2}$ für x aus [0; 4] eine passende Modellierung für den rechten Rand ist. Beschreiben Sie das Steigungsverhalten mithilfe einer Sekantensteigungsfunktion.

Skalierung x in m

b) Als Alternative zu einer Halfpipe werden zwei verschiedene Rampen vorgeschlagen (x aus [0; 4]).

$Ra1(x) = \frac{1}{4}x^2 - 4$

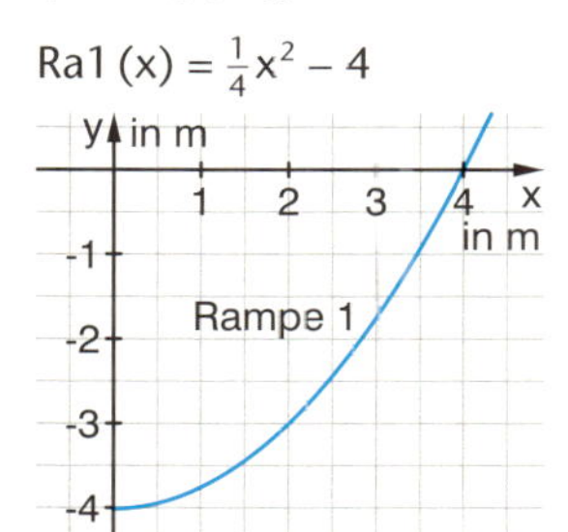

$Ra2(x) = \frac{1}{64}x^4 - 4$

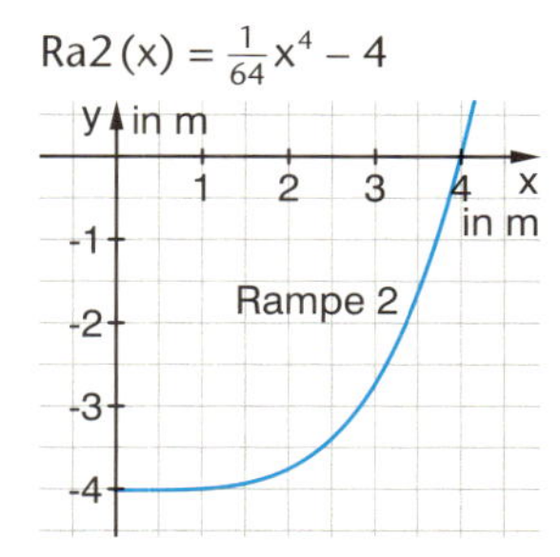

Skizzieren Sie zu den beiden Rampen eine Sekantensteigungsfunktion und beschreiben Sie das unterschiedliche Steigungsverhalten. Vergleichen Sie auch mit dem Steigungsverhalten der Halfpipe. Was ist hier das Besondere? Versuchen Sie das jeweilige Fahrgefühl des Skaters beim Herauf- und Hinunterfahren der Rampen zu beschreiben.

9 *Genaueres zur Sekantensteigungsfunktion*

Was geschieht mit den Sekantensteigungsfunktionen $msek(x) = \frac{f(x+h) - f(x)}{h}$, wenn man für h Werte wählt, die sich immer mehr der 0 nähern?
Dies untersuchen wir am Beispiel der Funktion $f(x) = 3x^2$.

Bei der Sekantensteigungsfunktion haben wir immer kleine Werte für h gewählt, um gute Näherungen für die Steigungen an jeder Stelle x zu bekommen.

Für unterschiedliche Werte von h erhält man verschiedene Sekantensteigungsfunktionen.

a) Übertragen Sie die Tabelle in Ihr Heft und füllen Sie sie aus. Wie hängen die Grenzwerte in der letzten Spalte jeweils von dem x-Wert in der ersten Spalte ab? Finden Sie dazu einen Funktionsterm?

	$msek_h(x)$			Grenzwert für $h \to 0$
x	h = 0,1	h = 0,001	h = 0,00001	
−3	■	■	■	■
−1	■	■	■	■
0	■	■	■	■
1	■	■	■	■
2	■	■	■	■
4	■	■	■	■

b) Zeichnen Sie mit der Software oder dem GTR die Sekantensteigungsfunktionen für verschiedene h, die immer näher an die Null rücken. Beschreiben Sie Ihre Beobachtungen. Vergleichen Sie mit Ihren Ergebnissen aus der Tabelle in a).

c) Führen Sie die gleichen Untersuchungen mit Tabelle und Graphen für die Funktion $g(x) = \frac{1}{3}x^3$ aus.

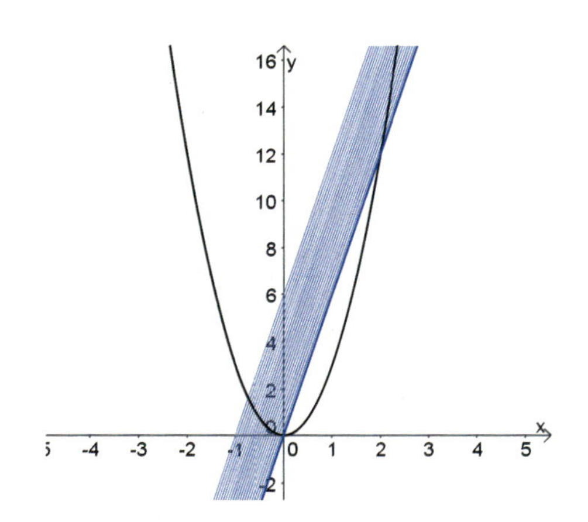

Sekantensteigungsfunktion 4

Basiswissen

Mit der Sekantensteigungsfunktion $msek(x) = \frac{f(x+h) - f(x)}{h}$ finden wir für jede Stelle x einen guten Näherungswert für die Steigung der Funktion an dieser Stelle. Je kleiner h, desto mehr nähert sich die jeweilige Sekantensteigung an die Tangentensteigung an.

Die Ableitungsfunktion f′(x) –
die beste Beschreibung des Steigungsverhaltens der Funktion f(x)

Falls an jeder Stelle x der Grenzwert $\lim\limits_{h \to 0} \frac{f(x+h) - f(x)}{h}$ existiert, so liefert uns dieser jeweils den besten Näherungswert für die Steigung der Funktion f an der Stelle x.

Die Funktion $f'(x) = \lim\limits_{h \to 0} \frac{f(x+h) - f(x)}{h}$ nennen wir Ableitungsfunktion zur Funktion f.

$f(x) = x^2$

$msek(x) = \frac{(x+h)^2 - x^2}{h}$

x	msek(x) mit h = 0,01	msek(x) mit h = 0,001	f′(x) – Grenzwert msek(x) für h → 0
−3	−5,99	−5,999	−6
−2	−3,99	−3,999	−4
−1	−1,99	−1,999	−2
0	0,01	0,001	0
1	2,01	2,001	2
2	4,01	4,001	4
3	6,01	6,001	6

Änderungsrate an der Stelle x

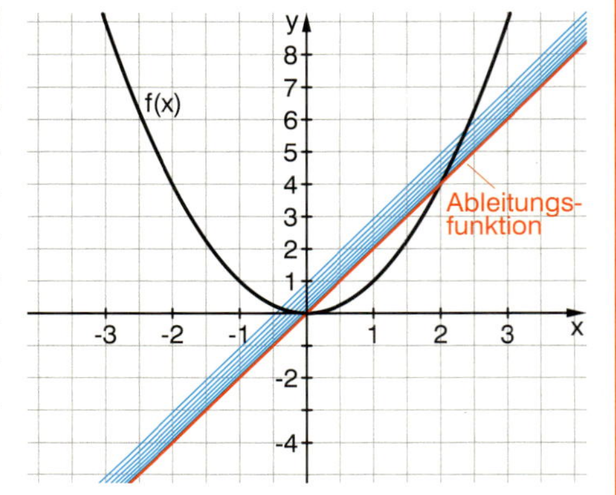

Der Steigungsgraph der Funktion $f(x) = x^2$ wird am besten durch die Ableitungsfunktion $f'(x) = 2x$ beschrieben.

Die Sekantensteigungsfunktionen nähern sich für kleiner werdendes h der Ableitungsfunktion $f'(x) = 2x$.

Sprechweise:
Die Ableitungsfunktion f′(x) wird auch kurz **Ableitung von f** genannt. Die Änderungsrate bzw. Momentansteigung an einer Stelle a kann nun mit f′(a) bezeichnet werden und wird kurz **Abeitung von f an der Stelle a** genannt.

Beispiel

C Ermitteln Sie die Ableitungsfunktion f′(x) zur Funktion $f(x) = x^3$.

Lösung:

$msek(x) = \frac{(x+h)^3 - x^3}{h}$

x	msek(x) mit h = 0,01	msek(x) mit h = 0,001	f′(x) – Grenzwert msek(x) für h → 0
−3	26,91	26,991	27
−2	11,94	11,994	12
−1	2,9701	2,997	3
0	0,0001	0,000 001	0
1	3,0301	3,003	3
2	12,06	12,006	12
3	27,09	27,009	27

Der Steigungsgraph zur Funktion $f(x) = x^3$ wird am besten durch die Ableitungsfunktion $f'(x) = 3x^2$ beschrieben.

Graphen der Sekantensteigungsfunktionen für h → 0

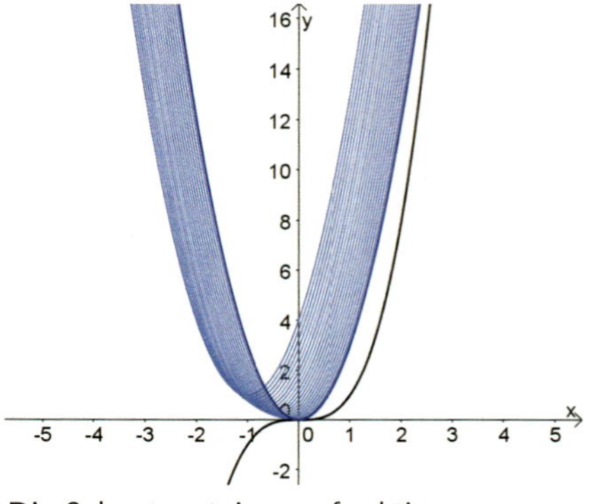

Die Sekantensteigungsfunktionen nähern sich für kleiner werdendes h der Ableitungsfunktion $f'(x) = 3x^2$.

6

Strategie:
Durch Anwendung von „Sekantensteigungsfunktion 4“ auf der CD kann man vermuten, dass der Graph der Ableitungsfunktion eine Parabel ist (Bild rechts).

Der Vergleich der Werte in der ersten und letzten Spalte der Tabelle führt dann zum Funktionsterm.

Übungen

10 *Funktionen und ihre Ableitungsfunktionen*

Ermitteln Sie mithilfe geeigneter Tabellen und der Darstellung entsprechender Sekantensteigungsfunktionen jeweils die Ableitungsfunktion $f'(x)$.

a) $f(x) = 0{,}5x^2$ b) $f(x) = 9 - x^2$ c) $f(x) = x^2 + 2x + 1$
d) $f(x) = 6x^3$ e) $f(x) = x^3 - 2x$

11 *Sinus und Kosinus und ihre Ableitungsfunktionen*

„Sekantensteigungsfunktion 4“ 6

Im nebenstehenden Bild ist der schwarze Graph der Sinusfunktion im Bereich von -2π bis 2π gezeichnet. Die blauen Graphen stellen die Schar von zugehörigen Sekantensteigungsfunktionen mit immer kleiner werdendem h dar.

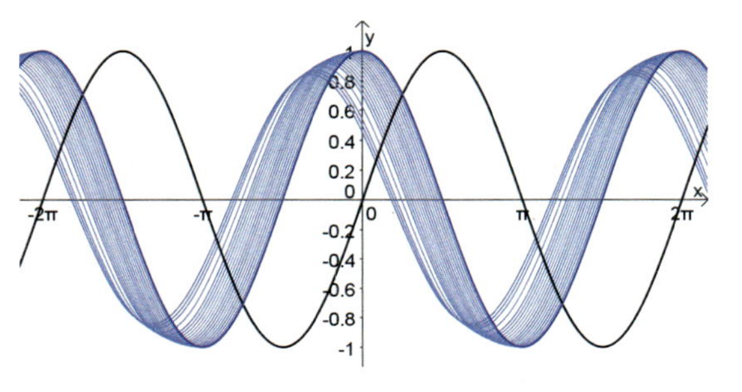

a) Welche Ableitungsfunktion hat Ihrer Vermutung nach die Sinusfunktion?
Überprüfen Sie mit einer Tabelle wie in den Beispielen zum Basiswissen.
b) Finden Sie auch eine Vermutung zur Ableitungsfunktion der Kosinusfunktion. Begründen Sie Ihre Überlegungen mit Tabellen, Graphen oder sonstigen Überlegungen.

12 *Ein algebraisches Verfahren zur Berechnung der Ableitungsfunktion*

Die „h-Methode“

Wir haben im vorangegangenen Lernabschnitt erfahren, dass man in einigen Fällen den Differenzenquotienten mithilfe der Algebra vereinfachen kann. Dies lässt sich auch auf Sekantensteigungsfunktionen anwenden. Die Vereinfachung der Sekantensteigungsfunktion eignet sich oft zur Ermittlung der Ableitungsfunktion.

$f(x) = 4 - x^2$

Sekantensteigungsfunktion

$$msek(x) = \frac{f(x+h) - f(x)}{h} = \frac{4 - (x+h)^2 - (4 - x^2)}{h}$$
$$= \frac{-x^2 - 2xh - h^2 + x^2}{h} = \frac{-2xh - h^2}{h}$$
$$= \frac{h(-2x - h)}{h}$$
$$= -2x - h$$

vereinfachter Funktionsterm

$$f'(x) = \lim_{h \to 0} -2x - h = -2x$$

Ableitungsfunktion

a) Informieren Sie sich über die „h-Methode“ in Lernabschnitt 1.2, Übung 21.
b) Ermitteln Sie die Ableitungsfunktion mithilfe der h-Methode.

$f_1(x) = x^2 + 4$ $f_2(x) = x^2 + 4x$
$f_3(x) = 3x^2$ $f_4(x) = x^2 - 2x + 1$
$f_5(x) = x^3$ $f_6(x) = 3^x$

Tipp zu $f_5(x)$:
$(x+h)^3 = x^3 + 3x^2h + 3xh^2 + h^3$

Software

Schreiben Sie jeweils ausführlich alle Lösungsschritte auf. Bestätigen Sie Ihre Ergebnisse mithilfe geeigneter Sekantensteigungsfunktionen.
Bei einer Funktion kann die h-Methode nicht angewendet werden. Beschreiben Sie die Schwierigkeiten.

13 *Lücken in der Ableitungsfunktion*

a) In der Formelsammlung wird die Ableitungsfunktion für $f(x) = |x|$ wie rechts angegeben. Begründen Sie diese Darstellung. Warum ist $f'(0)$ nicht definiert?
b) Bestimmen Sie die Ableitungsfunktion von $f(x) = |4 - x^2|$.

$f(x) = |x|$

$$f'(x) = \begin{cases} -1 & \text{für } x < 0 \\ 1 & \text{für } x > 0 \end{cases}$$

„f ist an der Stelle 0 nicht differenzierbar.“

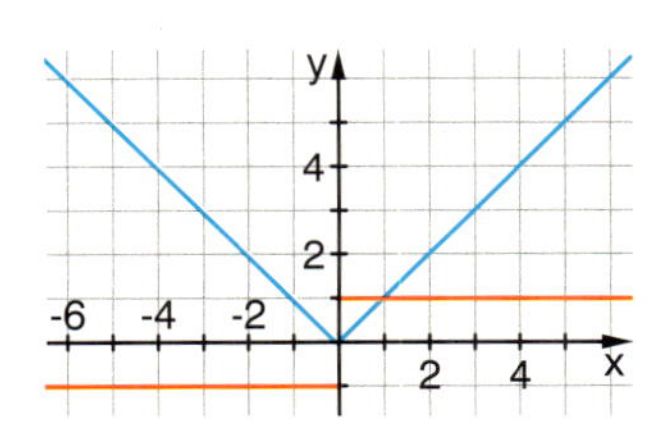

Wo liegen hier die Definitionslücken der Ableitung, d.h. an welchen Stellen ist die Funktion nicht differenzierbar?

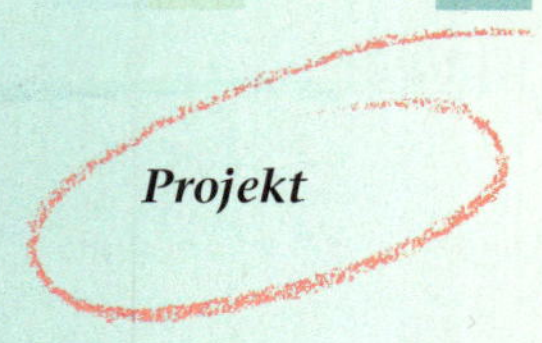

Tempo 30 in Wohngebieten

Wie viel mehr Sicherheit bringt „Tempo 30“ gegenüber der üblichen Geschwindigkeitsbeschränkung von 50 km/h in geschlossenen Ortschaften?

Mit passenden Weg-Zeit-Funktionen und deren Steigungsfunktionen kann man die Situation modellieren und erste Antworten finden.

Entscheidend ist der Anhalteweg, der nach dem Erkennen der Gefahr noch von dem Auto zurückgelegt wird.

Die Bremsverzögerung gibt an, wie stark einFahrzeug abgebremst wird.

Dieser hängt ab von der Ausgangsgeschwindigkeit v in km/h, der Reaktionszeit t_R und der vom Auto gegebenen Bremsverzögerung a in m/s^2. Nach dem Erkennen der Bremsnotwendigkeit (Zeitpunkt t = 0) fährt das Auto während der Schrecksekunde (Reaktionszeit $t_R = 1$ s) mit der vorhandenen Geschwindigkeit weiter. Dann tritt der Fahrer auf die Bremse und der Bremsweg beginnt.

Die Reaktionszeit t_R liegt in der Regel zwischen 1 und 1,3 Sekunden.

Die Bremsverzögerung a liegt zwischen 4 m/s^2 (schlechte Bremsen) und 8 m/s^2 (gute Bremsen)

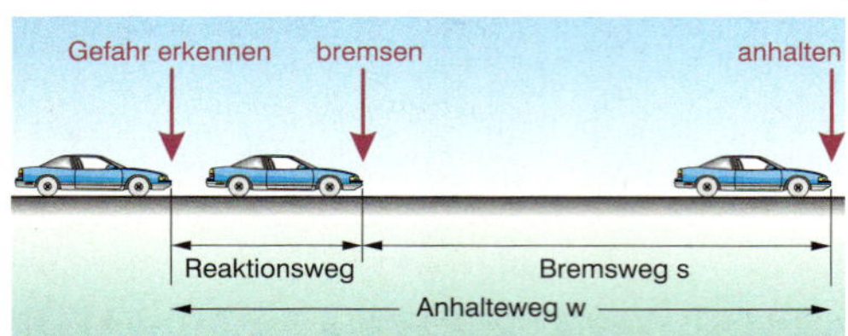

Die zugehörige Weg-Zeitfunktion besteht aus zwei Teilen:

$$s(t) = \begin{cases} \frac{v}{3,6} \cdot t; \ t \leq 1 \\ \frac{v}{3,6} \cdot t - \frac{a}{2}(t-1)^2; \ t > 1 \end{cases}$$

t in Sekunden, s(t) in Meter

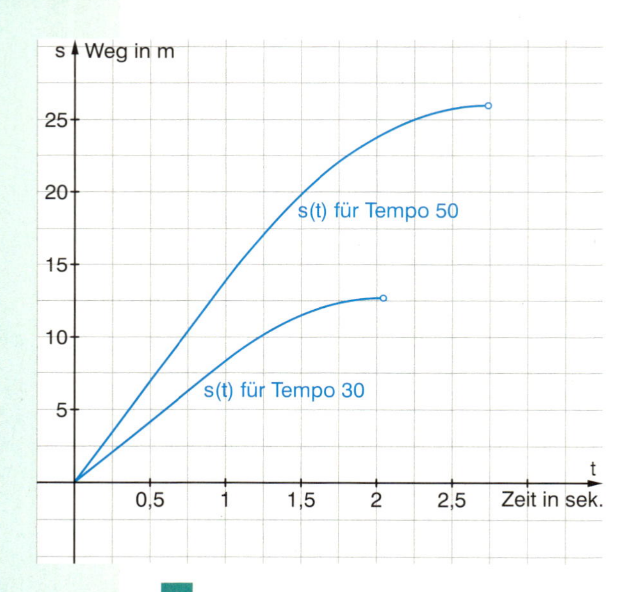

In dem Diagramm sind die Graphen der Funktionen s(t) für die Ausgangsgeschwindigkeiten bei „Tempo 30“ und bei „Tempo 50“ gezeichnet.
Die Bremsverzögerung a ist in beiden Fällen mit a = 8 m/s^2 angenommen.

A Zeichnen Sie die Graphen der beiden zugehörigen Sekantensteigungsfunktionen
$\text{msek}(t) = \frac{s(t+0.01) - s(t)}{0.01}$.

Erläutern Sie, dass man mit der Sekantensteigungsfunktion gute Näherungswerte für die noch vorhandene Geschwindigkeit v(t) (in m/s) zum Zeitpunkt t erhält. (1 m/s entspricht 3,6 km/h).

B Beantworten Sie mithilfe des Diagramms und der Graphen der Sekantensteigungsfunktionen die folgenden Fragen:
Nach welcher Zeit kommt das Auto bei Tempo 50 nach dem Erkennen der Gefahr zum Stehen? Wie lang ist der dabei zurückgelegte Anhalteweg? Vergleichen Sie mit den entsprechenden Daten bei Tempo 30.
Welche Geschwindigkeit hat das Auto bei Tempo 50 noch zu dem Zeitpunkt, bei dem es bei Tempo 30 gerade zum Stillstand gekommen wäre?
Was bedeuten Ihre Antworten für die oben gestellten Sicherheitsfragen?

C Spielen Sie das gleiche Szenario für ein Auto mit schlechteren Bremsen (z. B. Bremsverzögerung a = 5 m/s^2) oder für eine Regelung Tempo 20 durch.
Verfassen Sie einen kurzen Sachbericht mit geeigneten Informationen für die Tageszeitung.

CHECK UP

Funktionen und Änderungsraten

1 a) Welcher Graph gehört zu welcher Gefäßform? Begründen Sie Ihre Entscheidung.
b) Zeichnen Sie zu jedem Gefäß den zugehörigen Graphen der Steiggeschwindigkeit.

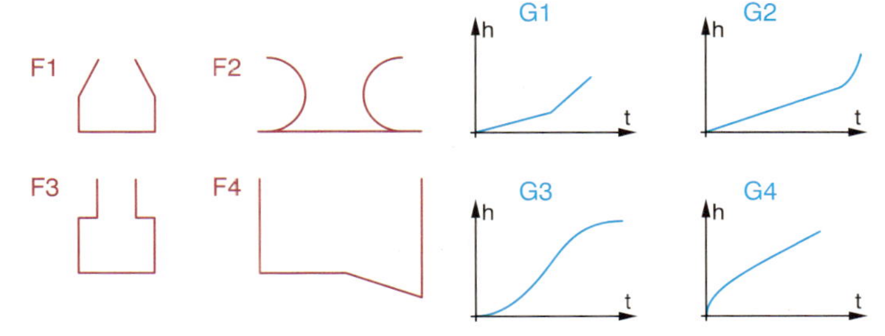

2 Zeichnen Sie die Graphen der Funktionen und skizzieren Sie jeweils den zugehörigen Steigungsgraphen.
$y_1(x) = x^2 + 1$ $\quad y_2(x) = 9 - x^2$ $\quad y_3(x) = \cos(x)$

3 Welcher der Graphen a, b oder c ist der passende Steigungsgraph zu dem links abgebildeten Funktionsgraphen? Begründen Sie.

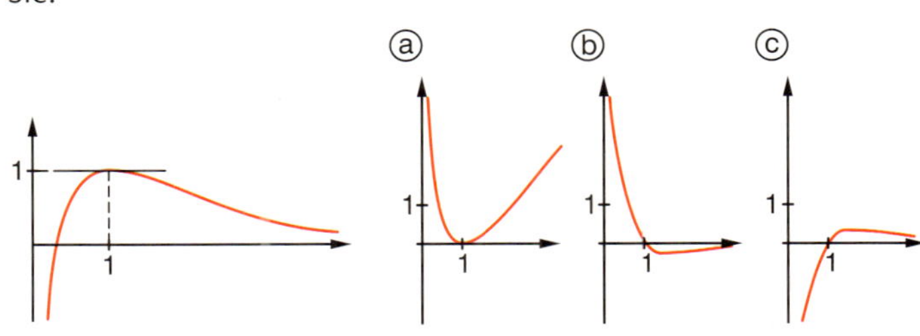

4 Eine Autofahrt ist im Weg-Zeitdiagramm festgehalten.
a) Skizzieren Sie den zugehörigen Geschwindigkeitsgraphen.
b) Beantworten Sie die Fragen und begründen Sie mithilfe der Graphen.
(I) Handelt es sich eher um eine Fahrt auf der Autobahn oder um eine Fahrt auf einer Bundesstraße mit Ortsdurchfahrten?
(II) Hat der Fahrer Pausen eingelegt?
(III) In welchen Zeitabschnitten war die Geschwindigkeit in etwa konstant?

5 Das Intervall I gleitet längs der t-Achse nach rechts.
Wo vermuten Sie I in jedem der folgenden Fälle?
- Die mittlere Änderungsrate ist maximal.
- Die mittlere Änderungsrate ist minimal.
- Die mittlere Änderungsrate ist null.

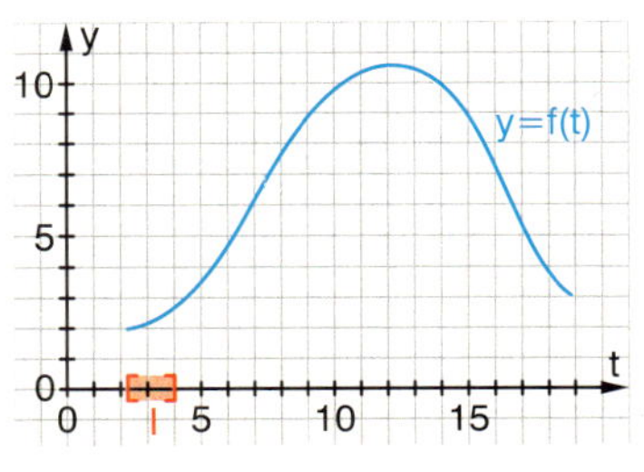

Steigungsgraph grafisch erfasst (qualitativ)

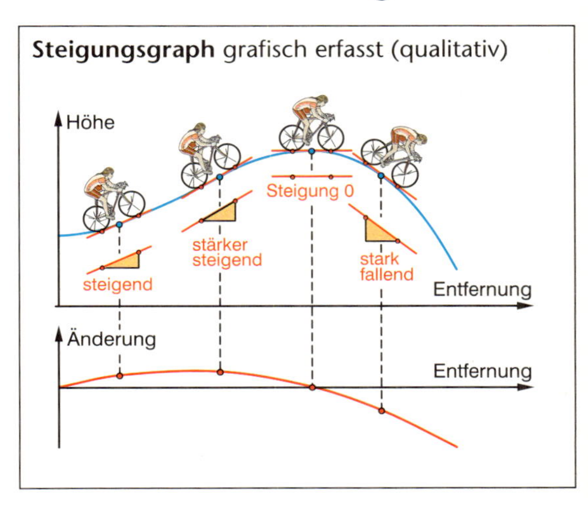

Durchschnittliche Änderungsrate/mittlere Steigung für die Funktion f im Intervall [a; b]

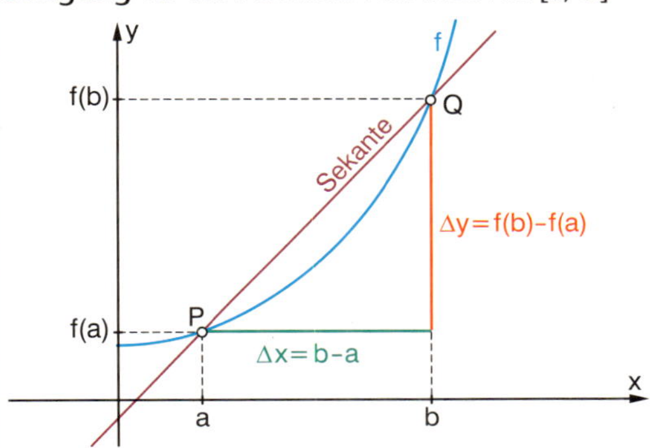

Differenzenquotient

$\frac{\Delta y}{\Delta x} = \frac{f(b) - f(a)}{b - a}$

Steigung der **Sekante PQ**

Näherungswert für die momentane Änderungsrate der Funktion f an der Stelle a

$\frac{\Delta y}{\Delta x} = \frac{f(a + h) - f(a)}{h}$ für kleines h (z. B. 0,001)

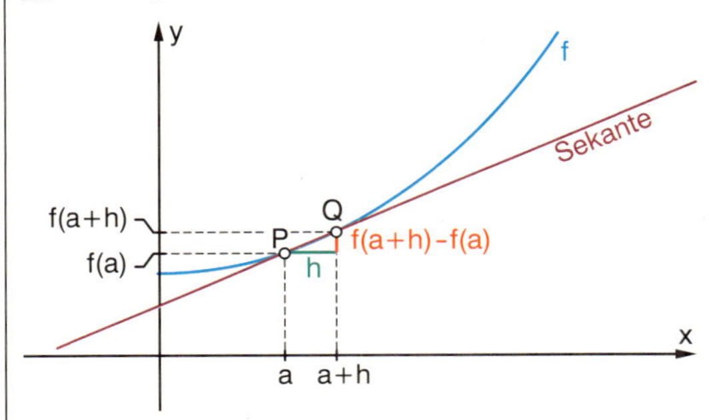

CHECK UP

Der Grenzwert des Differenzenquotienten

$\lim\limits_{h \to 0} \frac{f(a+h) - f(a)}{h}$

der beste Wert für die **momentane Änderungsrate** der Funktion f an der Stelle a.

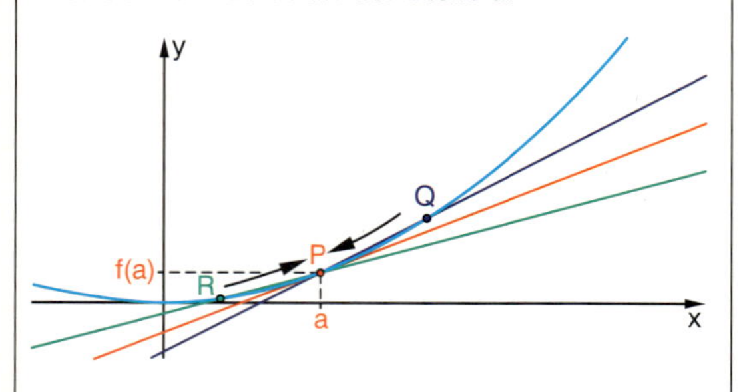

Steigung der Tangente im Punkt P(a|f(a))

Die Sekantensteigungsfunktion

$msek(x) = \frac{f(x+h) - f(x)}{h}$ für kleines h

ordnet jedem x-Wert die Steigung der Sekante durch die Punkte P(x|f(x)) und Q(x + h|f(x + h)) zu (Näherungswert für die Änderungsrate an der Stelle x).

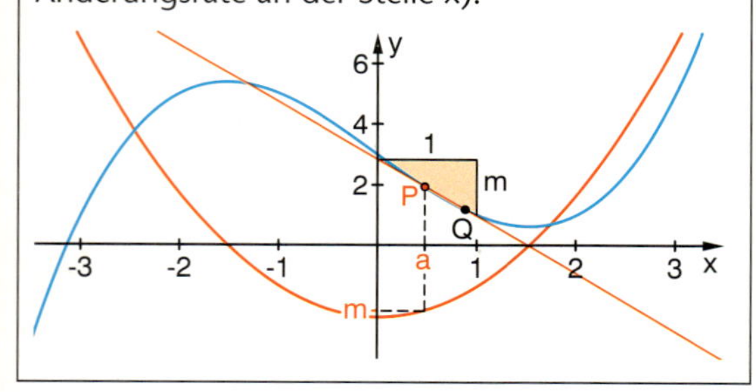

Die Ableitungsfunktion

$\mathbf{f'(x)} = \lim\limits_{h \to 0} \frac{f(x+h) - f(x)}{h}$

ordnet jedem x-Wert die Steigung der Tangente im Punkt P(x|f(x)) zu (momentane Änderungsrate an der Stelle x).

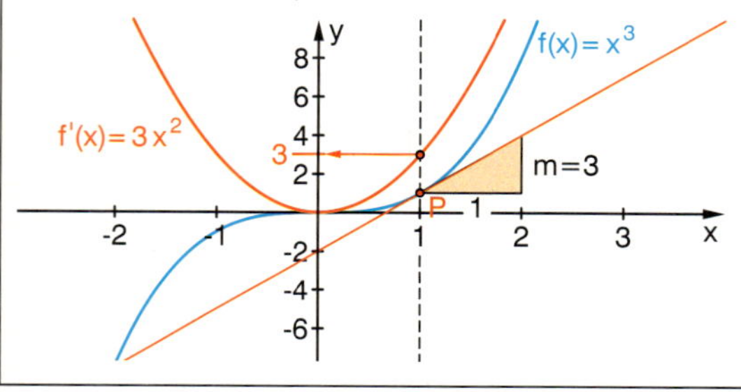

6 Gegeben sei die Funktion $f(x) = x^2 - 1$.

a) Skizzieren Sie den Graphen der Funktion.

b) Berechnen Sie die Durchschnittssteigung im Intervall [1; 2].

c) Geben Sie die Steigung der Sekante durch die Punkte (2|f(2)) und (3|f(3)) an.

d) Bestimmen Sie einen Näherungswert für die Steigung des Graphen im Punkt (1|f(1)).

e) Welcher der beiden Differenzenquotienten ist größer? Begründen Sie.

$d_1 = \frac{f(1+0{,}1) - f(1)}{0{,}1}$ $\quad d_2 = \frac{f(1-0{,}1) - f(1)}{-0{,}1}$

7 Der freie Fall eines Steins aus 80 m Höhe wird durch die Funktionsgleichung $f(t) = 80 - 5t^2$ (t in s, f(t) in m) modelliert.

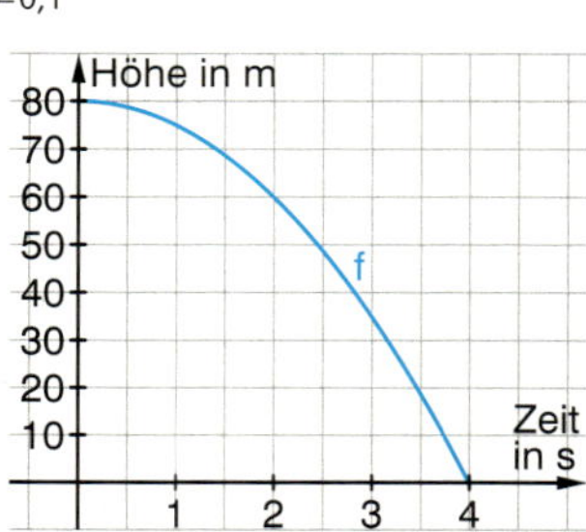

a) Nach welcher Zeit schlägt der Stein auf der Erde auf?

b) Bestimmen Sie die Durchschnittsgeschwindigkeit im Intervall [0, 4].

c) In welcher Höhe befindet sich der Stein nach 1 s, 2 s und 3 s? Bestimmen Sie jeweils die Momentangeschwindigkeit zu diesen Zeitpunkten.

d) Mit welcher Geschwindigkeit schlägt der Stein auf der Erdoberfläche auf?

8 a) Erläutern Sie am Beispiel der Funktion $f(x) = 3x^2$ die folgenden Terme (Skizze, Berechnung).

- $\frac{f(3+h) - f(3)}{h}$
- $\lim\limits_{h \to 0} \frac{f(3+h) - f(3)}{h}$
- $y_1(x) = \frac{f(x+0{,}01) - f(x)}{0{,}01}$

b) Zu jedem der obigen Terme passt einer der folgenden Begriffe. Ordnen Sie richtig zu.

- Momentansteigung im Punkt (3|f(3))
- Sekantensteigungsfunktion
- Durchschnittssteigung

9 a) Erläutern Sie anhand des nebenstehenden Bildes den Satz: *Die Tangentensteigung ist der Grenzwert der Sekantensteigungen.*

b) Übertragen Sie die Skizze in Ihr Heft und ergänzen Sie sie um Sekanten in Intervallen [a – h; a].

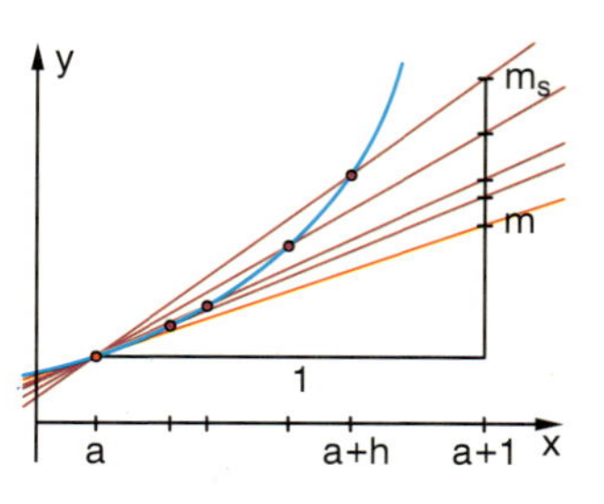

10 Ermitteln Sie die Ableitungsfunktion zu $f(x) = x^2 + 2$

a) mithilfe von Sekantensteigungsfunktionen.

b) algebraisch mithilfe der „h-Methode".

Stellen Sie beide Lösungswege übersichtlich dar.

Sichern und Vernetzen – Vermischte Aufgaben

Training

1 Skizzieren Sie die Füllgraphen und die zugehörigen Geschwindigkeitsgraphen (Höhenänderung) zu den folgenden Gefäßen:

a) 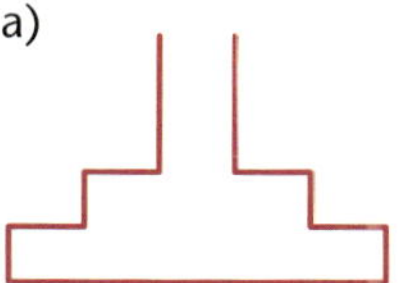

b) 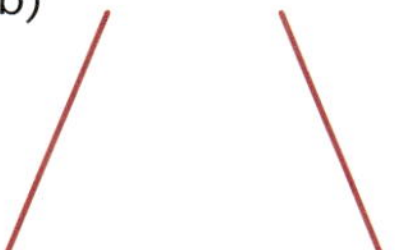

c)  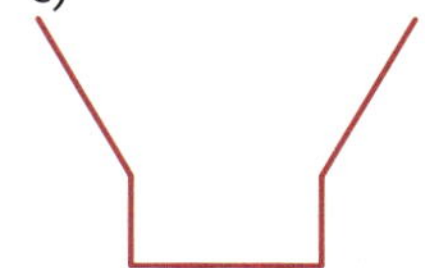

d) 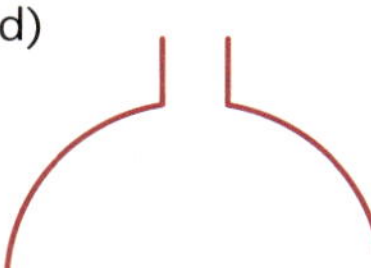

2 In der ersten Zeile sind die Graphen von vier Funktionen, in der zweiten Zeile die zugehörigen Steigungsgraphen gezeichnet. Ordnen Sie richtig zu.

a) 

b)

c)

d) 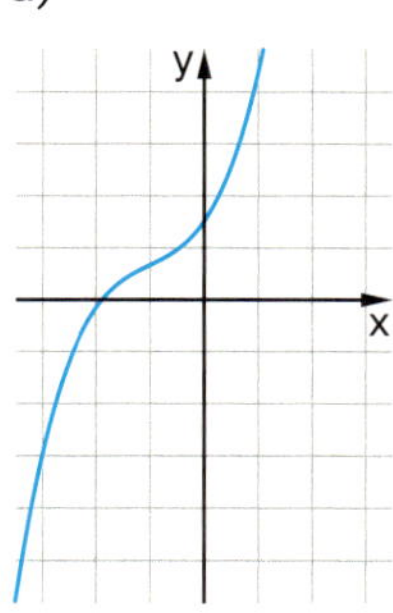

I) 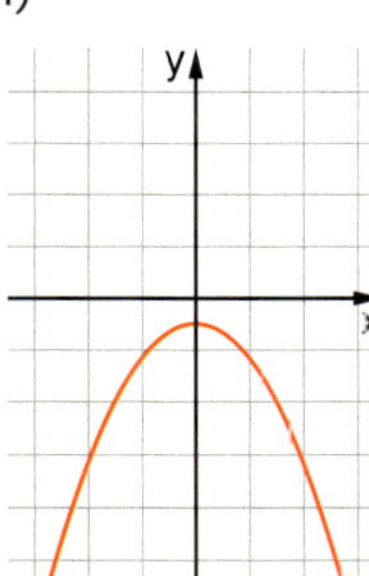

II) 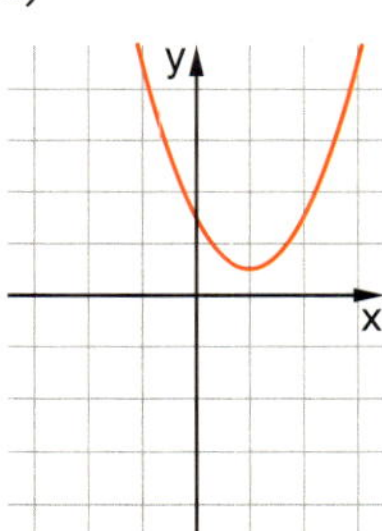

III) 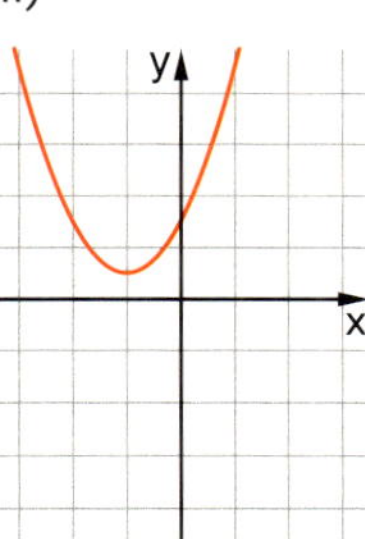

IV) 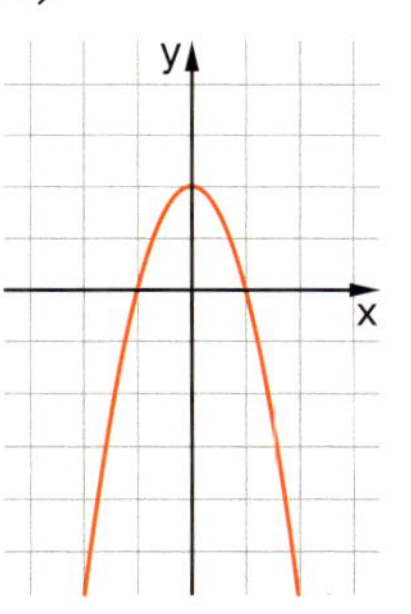

3 a) Berechnen Sie die durchschnittliche Änderungsrate von f in den angegebenen Intervallen. Veranschaulichen Sie diese in einer Skizze durch die zugehörigen Sekanten in den Graphen.

(A) $f(x) = 2x^2$; $[-2; 1]$ (B) $f(x) = -x^2 + 5$; $[-3; 2]$

(C) $f(x) = x^3 - 2$; $[-1; 3]$ (D) $f(x) = x^4 - 3$; $[-5; 5]$

b) Vergleichen Sie die errechneten Werte jeweils mit guten Näherungswerten für die momentanen Änderungsraten an den Intervallgrenzen.

4 Der Wert von $\lim\limits_{h \to 0} \frac{\sqrt{4+h} - \sqrt{4}}{h}$ ist:

a) 4 b) 0 c) 0,25 d) −2 e) 1

5 Gegeben sei die Funktion $f(x) = 1{,}5x^2 + 3$.

a) Zeichnen Sie die Sekantensteigungsfunktion für $h = 0{,}0001$.

b) Zeigen Sie mithilfe der h-Methode: $\lim\limits_{h \to 0} \frac{f(x+h) - f(x)}{h} = 3x$.

Verstehen von Begriffen und Verfahren

6 a) Wie findet man einen guten Näherungswert für die Steigung eines Funktionsgraphen an der Stelle a?
b) Welcher Zusammenhang besteht zwischen dem Differenzenquotienten $\frac{f(b) - f(a)}{b - a}$ und der Sekante durch die Punkte $P(a|f(a))$ und $Q(b|f(b))$?
c) Welche der Begriffe passen zueinander?
Differenzenquotient, Tangentensteigung, Sekantensteigung, Grenzwert des Differenzenquotienten.
d) Worin unterscheidet sich die Sekantensteigungsfunktion von der Ableitungsfunktion?
e) Warum stimmt bei einer linearen Funktion die Ableitungsfunktion mit der Sekantensteigungsfunktion überein?
f) An welchen Stellen existiert bei der Funktion $f(x) = |x^2 - 1|$ kein Grenzwert des Differenzenquotienten?

7 Gegeben ist die Funktion $f(x) = x^2$.
Welche der Aussagen sind wahr? Begründen Sie Ihre Entscheidung.
a) Die mittlere Steigung im Intervall [1; 2] ist größer als die mittlere Steigung im Intervall [2; 3]
b) Die Durchschnittssteigung im Intervall [0; 2] ist in etwa so groß wie die Momentansteigung im Punkt $(1|1)$.
c) Die mittlere Steigung im Intervall [−2; 2] ist 0.
d) Die Momentansteigung im Punkt $(x|f(x))$ lässt sich mit dem Differenzenquotienten $\frac{f(x+h) - f(x)}{h}$ berechnen, indem man für $h = 0$ einsetzt.

8 a) Erläutern Sie am Beispiel der Funktion $f(x) = 1{,}5x^2$ die Begriffe
Sekante, Sekantensteigung, Differenzenquotient, Tangente, Grenzwert des Differenzenquotienten.
b) Berechnen Sie msek(3) und f′(3).

9 Die nebenstehenden Graphen beschreiben die Bestandsentwicklung drei verschiedener Populationen A, B und C. Ordnen Sie den Bestandsgraphen die passenden Steigungsgraphen zu.

(I)

(II)

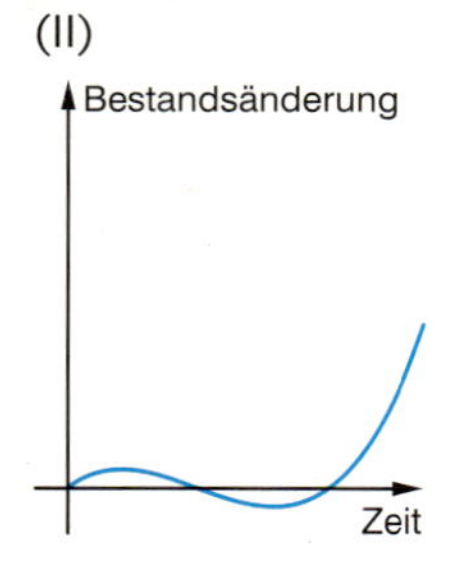

(III)

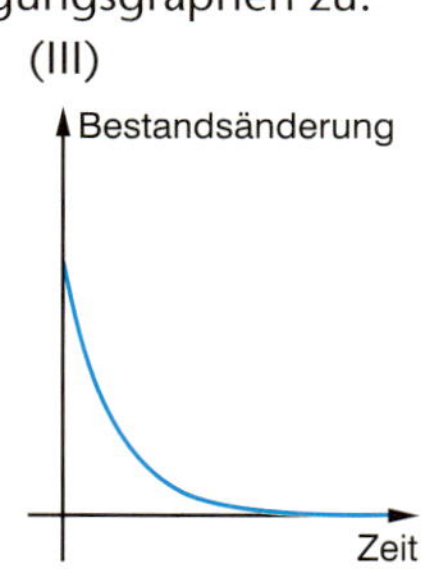

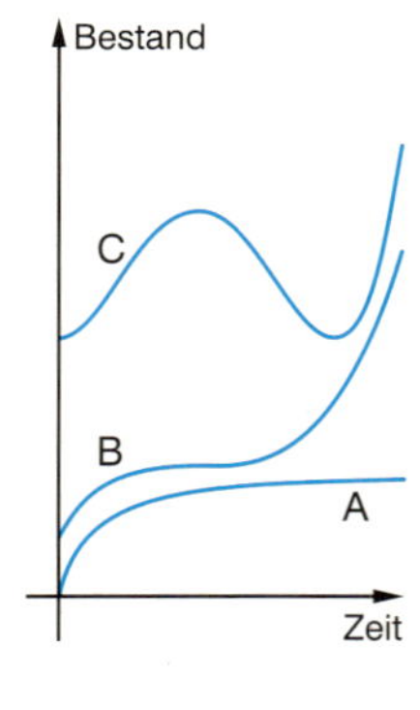

10 Übertragen Sie den Graphen in Ihr Heft.
Zeichnen Sie in den Graphen ein:
a) Einen Punkt A, in dem der Funktionswert negativ und die Steigung positiv ist.
b) Ein Intervall [a; b], in dem die mittlere Steigung positiv (negativ) ist.
c) Den Punkt D, in dem die Steigung am kleinsten ist.
d) Einen Punkt E, in dem die Steigung 0 ist.
e) Ein Intervall [c; d], in dem der Differenzenquotient den Wert 0 hat.
f) Zwei Punkte F und G, in denen die Steigungen gleich sind.

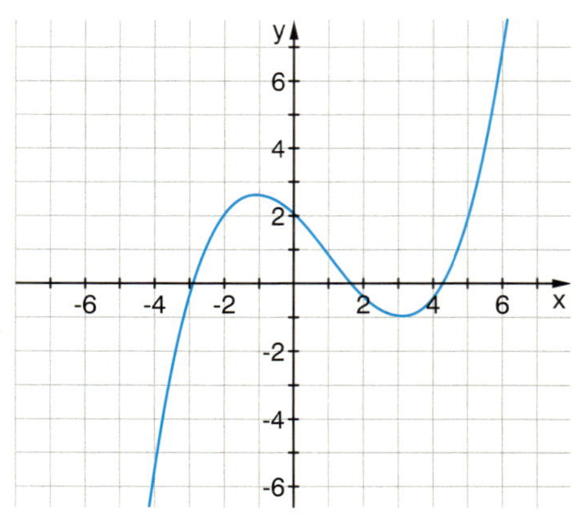

Anwenden und Modellieren

11 *Inliner gegen Regionalexpress*

Wie verläuft der Start eines Inlinerfahrers, wie der Start eines Zuges? Wann sind der Inlinerfahrer und der RE 24113 gleich schnell? Wann ist der Zug schneller, wenn beide gleichzeitig starten? Wie schnell sind die beiden jeweils am Ende des Messintervalls?

An vorher festgelegten Markierungen werden Zeiten gestoppt. Es ergibt sich folgende Tabelle:

Weg in m	5	10	15	20	25	30	35
Zeit in s (Inliner)	1,6	2,7	3,7	4,5	5,2	5,9	6,8
Zeit in s (RE 24113)	3,9	5,4	6,1	7	7,7	8,3	8,7

Es werden verschiedene Modelle vorgeschlagen:

$IN1(t) = 6 \cdot (t - 0{,}75)$
$IN2(t) = 0{,}75\,t^2 + 3$
$IN3(t) = t^2$ für $0 \le t \le 4$
$\qquad\quad\; 7t - 12$ für $t > 4$
$RE1(t) = 0{,}45\,t^2$
$RE2(t) = 0{,}06\,t^3$

Skizzieren Sie die Datensätze und die Modelle. Vergleichen Sie die Modelle, beschreiben Sie die jeweiligen Vor- und Nachteile. Welches passt Ihrer Meinung nach jeweils am besten? Beantworten Sie die Ausgangsfragen für Ihr ausgewähltes Modell.

12 *Bremsen eines ICE*

Der Intercity-Express (ICE) fährt mit hohen Geschwindigkeiten bis zu 300 km/h. Bei normalen Bremsvorgängen braucht er recht lange, um von einer hohen Geschwindigkeit zum Stillstand zu kommen, der Bremsweg ist dann entsprechend lang. In der Tabelle ist ein solcher Bremsvorgang im 10-Sekunden-Takt festgehalten. Der Bremsvorgang beginnt zum Zeitpunkt t = 0, nach 2 Minuten und 20 Sekunden kommt der Zug zum Stillstand.

Beschreiben Sie den Bremsvorgang mit eigenen Worten. Lässt sich aus der Tabelle eine Funktion f(t) ermitteln, die den Bremsvorgang beschreibt?

Dauer des Bremsvorgangs in s	Zurückgelegter Weg in m
0	0
10	675
20	1300
30	1875
40	2400
50	2875
60	3300
70	3675
80	4000
90	4275
100	4500
110	4675
120	4800
130	4875
140	4900

Tragen Sie hierzu zunächst die Punkte (t | f(t)) in ein Koordinatensystem ein und versuchen Sie eine Funktion zu finden, deren Graph sich den Punkten möglichst gut anpasst. Beantworten Sie nun mithilfe dieser Funktion f(t) und Ihren Kenntnissen aus der Differenzialrechnung die folgenden Fragen:

a) Mit welcher Geschwindigkeit v(0) fährt der Zug zu Beginn des Bremsvorgangs? Welche Geschwindigkeit hat er nach der Hälfte der Bremszeit? Zu welchem Zeitpunkt ist die Geschwindigkeit noch gerade halb so groß wie die Anfangsgeschwindigkeit?
b) Wie groß sind die Geschwindigkeiten nach 1000, 2000, 3000 und 4000 m?
c) Welche Durchschnittsgeschwindigkeit hat der ICE für den gesamten Bremsvorgang? Gibt es einen Zeitpunkt t_m, an dem die Momentangeschwindigkeit genau so groß ist wie diese Durchschnittsgeschwindigkeit? Wie lässt sich dieser Zeitpunkt grafisch ermitteln?
d) Was lässt sich über die Änderung der Geschwindigkeit während des Bremsvorgangs aussagen?

Kommunizieren und Präsentieren

13 Interpretieren Sie die beiden Begriffe „mittlere Steigung“ und „Momentansteigung“ jeweils an einem selbst gewählten mathematischen und außermathematischen Beispiel.

14 Erläutern Sie mit eigenen Worten und Skizzen an einem passenden Beispiel: Die Steigung eines Funktionsgraphen im Punkt $P(a|f(a))$ lässt sich als Grenzwert des Differenzenquotienten bestimmen. Verwenden Sie dabei auch die geometrischen Begriffe *Sekante* und *Tangente*.

15 Zeichnen Sie zu den beiden Weg-Zeit-Diagrammen die zugehörigen Geschwindigkeit-Zeit-Diagramme. Schreiben Sie zu beiden Bewegungen eine passende Geschichte.

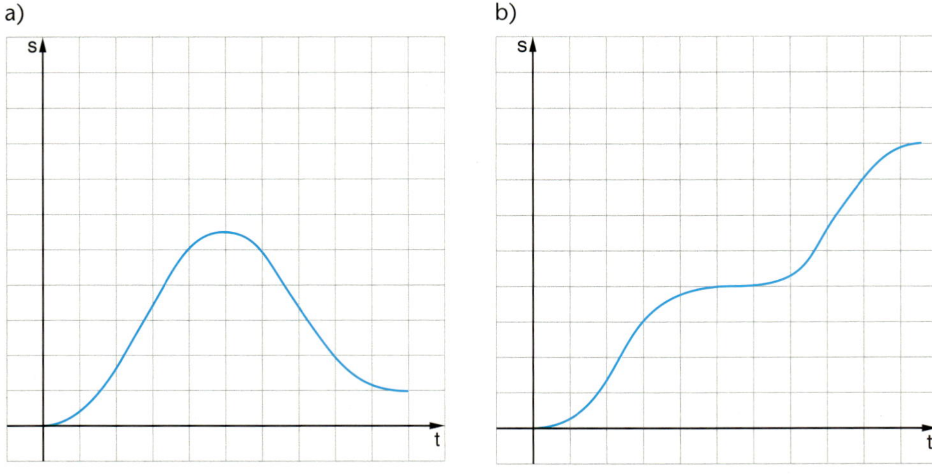

16 *Änderungsraten in verschiedenen Sachzusammenhängen*
Welche Bedeutung haben die Terme in den angegebenen Zusammenhängen? Füllen Sie jeweils die Lücken in der Tabelle aus. Finden Sie zu jeder Zeile eine geeignete Situation oder einen Vorgang und skizzieren Sie einen passenden Funktionsgraphen und den zugehörigen Steigungsgraphen.

x	$f(x)$	$\frac{f(x+h)-f(x)}{h}$	$\lim\limits_{h \to 0} \frac{f(x+h)-f(x)}{h}$
Höhe	Luftdruck in der Höhe	■	■
■	■	Durchschnittliche Wachstumsgeschwindigkeit einer Bakterienkultur	■
Zeit	■	■	Momentangeschwindigkeit
■	Füllhöhe einer Flüssigkeit in einem Gefäß zu einem bestimmten Zeitpunkt	■	■
zurückgelegter Weg	verbrauchte Benzinmenge	■	■
Entfernung von der Quelle des Flusses	Höhe des Wasserspiegels über NN	■	■

2 Funktionen und Ableitungen

Zu einfachen Grundfunktionen sind uns die Terme der Ableitungsfunktionen bekannt. Mithilfe von Ableitungsregeln lassen sich daraus die Ableitungen zusammengesetzter Funktionen berechnen. Viele Eigenschaften einer Funktion spiegeln sich in ihren Ableitungen wider, deshalb lohnt sich eine ausführliche Untersuchung ihrer Zusammenhänge („Kurvendiskussion"). Mit diesen gelingt eine sehr übersichtliche Klassifikation der einfachen Funktionsklasse der ganzrationalen Funktionen. Eine besondere Anwendung findet das Zusammenspiel von Funktion und Ableitung im Rahmen von Optimierungsproblemen.

2.1 Ableitungsregeln

Mit wenigen einfachen Ableitungsregeln (Faktorregel, Summenregel, Potenzregel) können die Ableitungen von ganzrationalen Funktionen berechnet werden, ohne dass man auf die in Kapitel 1 beschriebenen Grenzwertprozesse zurückgreifen muss.

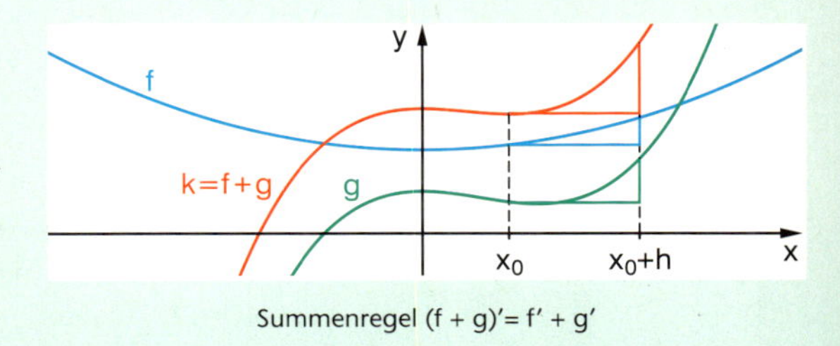

Summenregel $(f + g)' = f' + g'$

2.2 Zusammenhänge zwischen Funktion und Ableitung

Eigenschaften eines Funktionsgraphen wie „fallend/steigend" oder „links-/rechtsgekrümmt" spiegeln sich in den Ableitungen wider. Dies trifft auch auf die besonderen Punkte „lokale Extrempunkte" oder „Wendepunkte" zu. Diese Zusammenhänge lassen sich exakt formulieren und auf die Untersuchung von Funktionen anwenden.

2.3 Ganzrationale Funktionen und ihre Graphen – Muster in der Vielfalt

Ganzrationalen Funktionen lassen sich nach verschiedenen Aspekten klassifizieren. Auch hier lassen sich die Typen schon an den Ableitungen erkennen.

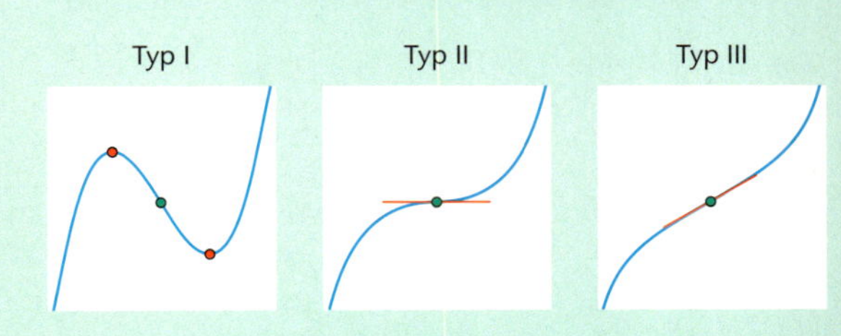

2.3 Optimieren

Optimierung ist ein wichtiges Anwendungsgebiet der Mathematik. Immer dann, wenn sich Vorgänge und Situationen durch Funktionen modellieren lassen, können Optimierungsprobleme auch mit Verfahren der Differenzialrechnung gelöst werden.

Bienen bauen ihre Waben mit minimalem Materialaufwand und maximaler Stabilität

2.1 Ableitungsregeln

Was Sie erwartet

Im ersten Kapitel haben Sie gelernt, wie man die Änderungsrate einer Funktion an einer Stelle a definieren und berechnen kann. Dies gelang durch die eingehende Untersuchung der Grenzwertprozesse beim Differenzenquotienten, die schließlich mit der Ableitungsfunktion griffig zusammengefasst werden konnten.

In diesem Lernabschnitt werden wir nun zeigen, wie man auf weniger aufwändigen Wegen zu den Ableitungen auch komplizierter Funktionen gelangen kann. So ist z. B. die Funktion $f(x) = x^3 + 3x^2 - 8x$ aus den einfachen Potenzfunktionen $f_1(x) = x^3$, $f_2(x) = x^2$ und $f_3(x) = x$ durch rechnerische Verknüpfung entstanden.

Wir werden wichtige Ableitungsregeln herleiten, mit deren Hilfe man aus den bekannten Ableitungen der einzelnen Grundfunktionen die Ableitung der zusammengesetzten Funktion berechnen kann. Je größer der Vorrat an bekannten Ableitungsfunktionen ist, umso mehr komplexe Funktionen lassen sich dann mithilfe dieser Regeln ableiten. Es lohnt sich also auch, diesen Vorrat an Grundfunktionen und deren Ableitungen zu erweitern.

Aufgaben

1 *Graphen einfacher Potenzfunktionen – eine nützliche Wiederholung*

a) Die Graphen verschiedener Potenzfunktionen sind dargestellt. Auf dem Rand stehen die Funktionsgleichungen. Welcher Graph gehört zu welcher Funktionsgleichung?

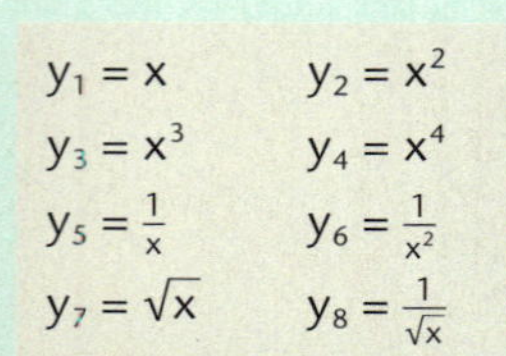

$y_1 = x$	$y_2 = x^2$
$y_3 = x^3$	$y_4 = x^4$
$y_5 = \frac{1}{x}$	$y_6 = \frac{1}{x^2}$
$y_7 = \sqrt{x}$	$y_8 = \frac{1}{\sqrt{x}}$

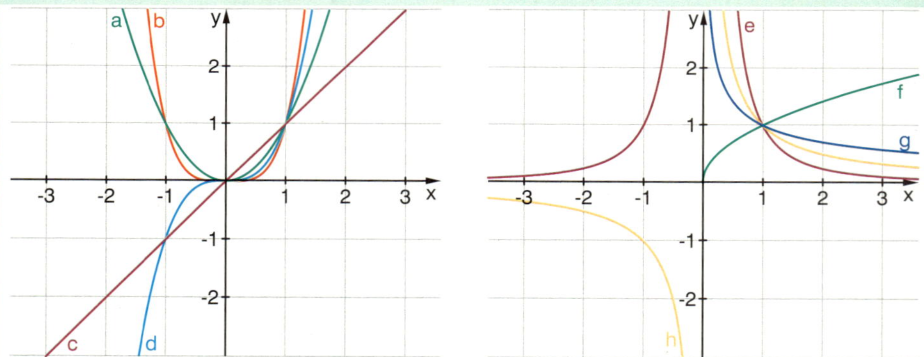

b) Schreiben Sie jeweils einen kurzen Steckbrief zu den einzelnen Graphen. Gehen Sie dabei auch auf das Steigungsverhalten der Graphen ein.

$\sqrt{x} = x^{\frac{1}{2}}$

c) Vergleichen Sie jeweils die Graphen zu den Potenzen mit natürlichen Exponenten, mit negativen Exponenten und mit gebrochenen Exponenten (Wurzelfunktionen).

Steckbrief für $y_6 = \frac{1}{x^2}$
Der Graph ist symmetrisch zur y-Achse. Für kleine x-Werte in der Nähe um Null sind die y-Werte sehr groß.
An der Stelle 0 ist die Funktion nicht definiert. Für negative x ist der Graph steigend, für positive x fallend.

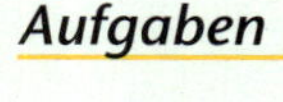

2 *Ableitungen verschiedener Funktionen – Viele Wege führen zum Ziel*

Dass die Funktion $f(x) = x^2$ als Ableitung die Funktion $f'(x) = 2x$ besitzt, ist nichts Neues für Sie. Erstaunlich ist, dass die Ableitung durch einen solch einfachen Funktionsterm gegeben ist. Wie sieht das für andere Funktionen aus?

a) Zum Einstieg – Informieren Sie sich noch einmal in Kapitel 4 über die folgenden Methoden, die Sie zur Ableitungsfunktion brachten:

„Die **Sekantensteigungsfunktion** für kleines h“:
Aus dem Graphen kann der Funktionsterm vermutet werden (ggf. durch Plotten bestätigen).

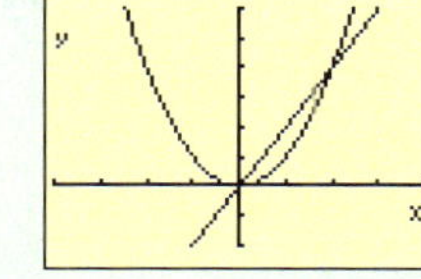

GTR oder CD

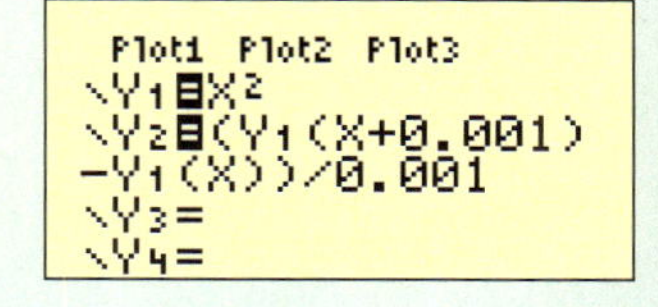

„Die **h-Methode**“: Der Term des Differenzenquotienten lässt sich manchmal so vereinfachen, dass man den Grenzwert direkt ablesen kann.

$$\lim_{h \to 0} \frac{(x+h)^2 - x^2}{h} = \ldots = 2x$$

b) Ermitteln Sie mit einer der Methoden die Ableitungsfunktionen für die Funktionen $f_1(x) = x^4$, $f_2(x) = \frac{1}{x}$, $f_3(x) = \sqrt{x}$ und $f_4(x) = \sin(x)$.
Zeichnen Sie die Graphen der Funktionen und ihrer Ableitungen jeweils untereinander auf Karteikarten. Wählen Sie dazu einen aussagekräftigen Bildausschnitt.

Bei der Funktion $f_4(x) = \sin(x)$ führt die h-Methode nicht zum Ziel.

3 *Mustererkennung – Eine Regel für die Ableitungen der Potenzfunktionen*

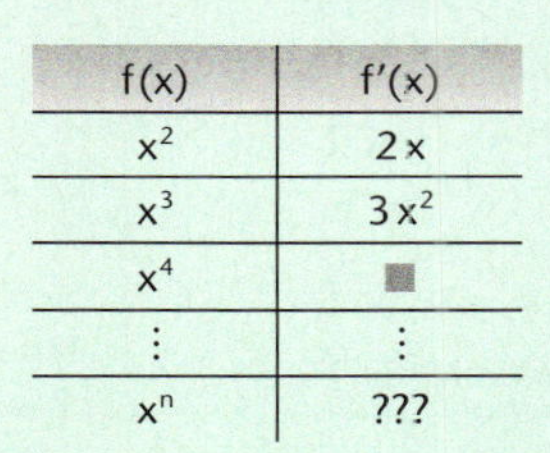

f(x)	f′(x)
x^2	$2x$
x^3	$3x^2$
x^4	■
⋮	⋮
x^n	???

a) Erkennen Sie in der Tabelle bereits ein Muster? Haben Sie eine Vermutung, wie es weiter geht?

b) Formulieren Sie einen Vorschlag für eine Regel. Überprüfen Sie für $f(x) = x^4$ und $f(x) = x^5$ mit der Sekantensteigungsfunktion (GTR oder CD) und korrigieren Sie ggf. die Regel.

c) Gilt die gefundene Regel auch für die Sonderfälle $f(x) = x^1$ und $f(x) = x^0$?

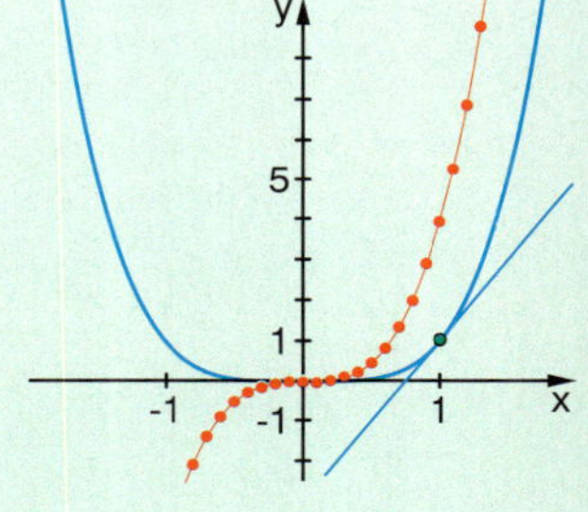
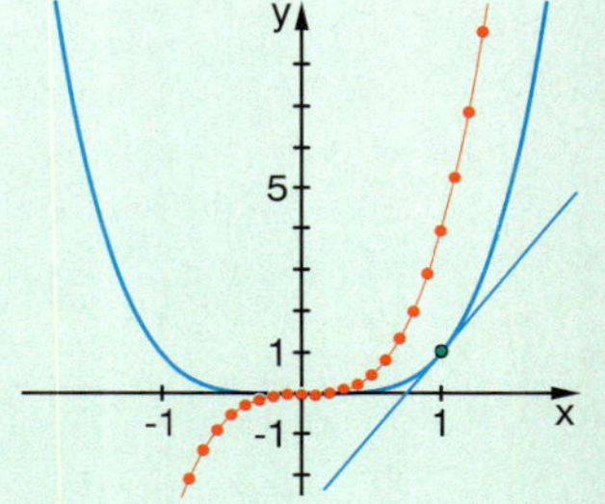

4 *„Rechnen“ mit Funktionen – Was passiert mit der Ableitung?*

In den Beispielen A, B und C wird jeweils eine Funktion g(x) mithilfe gegebener Funktionen neu „berechnet“.

a) Beschreiben Sie, wie sich der Graph der neuen Funktion g aus dem gegebenen Graphen zu f (den Graphen zu f_1 und f_2) ergibt.

b) In welchem Zusammenhang stehen jeweils die Steigung der neuen Funktion und die Steigung der Ausgangsfunktion an der gleichen Stelle? Probieren Sie an verschiedenen Stellen und formulieren Sie Ihre Beobachtung als Regel.

Gruppenarbeit
Präsentieren Sie Ihre Arbeit mit dem Rechner und stellen Sie Ihre Ergebnisse auf einem Plakat dar.

Probieren mit GTR oder CD

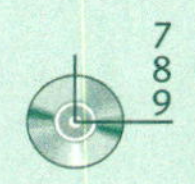

A $f(x) = x^2$, $g(x) = x^2 + 2$

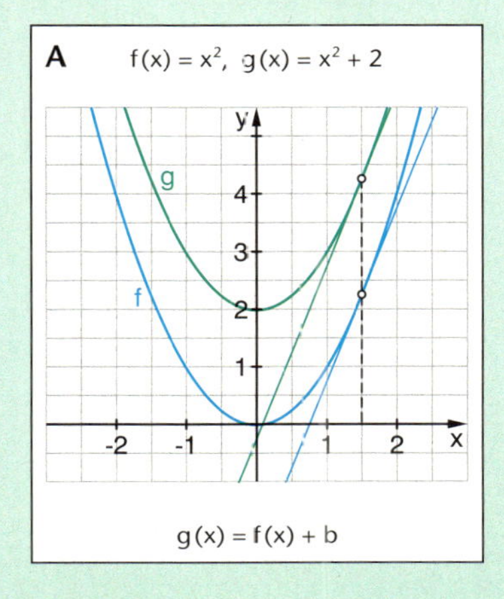

$g(x) = f(x) + b$

B $f(x) = x^2$, $g(x) = 2x^2$

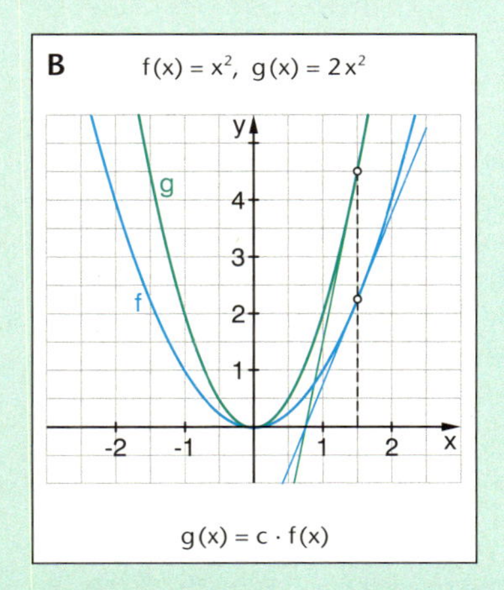

$g(x) = c \cdot f(x)$

C $f_1(x) = x^2$, $f_2(x) = -\frac{1}{2}x^3 + 2$
$g(x) = x^2 - \frac{1}{2}x^3 + 2$

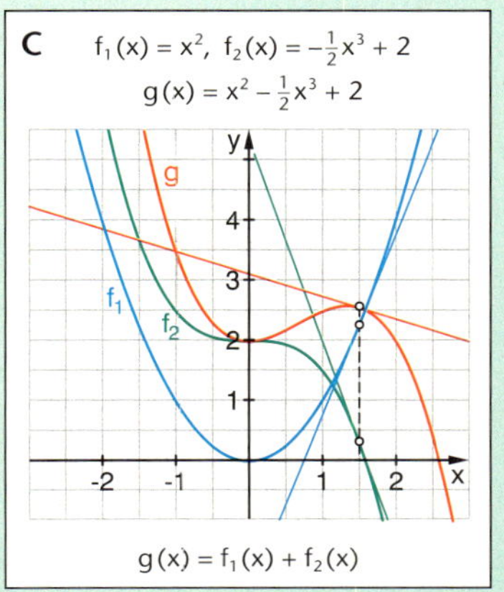

$g(x) = f_1(x) + f_2(x)$

Aufgaben

Das Bild 2 können Sie mit der CD selbst auf Ihrem Rechner erzeugen.

5 *Anschmiegen und einhüllen*

Unter allen Geraden, die durch den Punkt P verlaufen, gibt es eine, die sich am besten an den Graphen von f(x) anschmiegt. Es ist die Tangente im Punkt P.

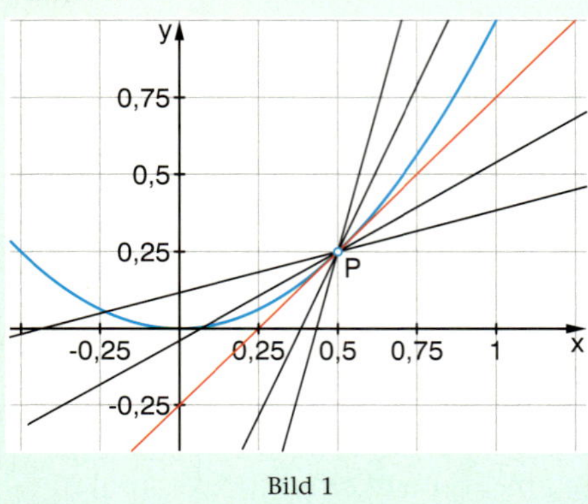

Bild 1

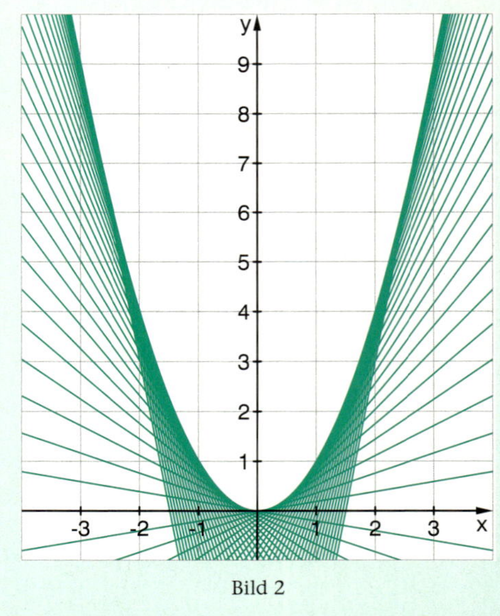

Bild 2

zu b): Sie kennen zwei Informationen über die Tangente, die Steigung und einen Punkt. Im Anhang „Erinnern und Wiederholen" finden Sie weitere Informationen.

a) Was ist in den Bildern 1 und 2 dargestellt? Können Sie damit die obige Aussage über die Tangente erläutern und bestätigen?

b) Wie lautet die Gleichung der Tangente an den Funktionsgraphen im Punkt P? Bestimmen Sie die Gleichung der Tangente von $f(x) = x^2$ im Punkt $P(0{,}5\,|\,0{,}25)$.

c) Bestimmen Sie auf gleiche Weise die Gleichungen der Tangenten an den Stellen $x = -2$, $x = -1$, $x = 1$, $x = 3$ und $x = 2$.

Die Gleichungen der Tangenten an den Stellen $x = -3$ und $x = -\frac{1}{2}$ können Sie nun ohne weitere Rechnungen angeben, ebenso die der Tangente in $(0\,|\,0)$.

Skizzieren Sie alle berechneten Tangenten in einem Koordinatensystem.

d) Zeigen Sie, dass $y = 2ax - a^2$ die Gleichung der Tangente von $f(x) = x^2$ im Punkt $(a\,|\,f(a))$ ist. Skizzieren Sie damit viele Tangenten mit dem GTR oder einem Funktionenplotter. Vergleichen Sie mit dem Bild 2.

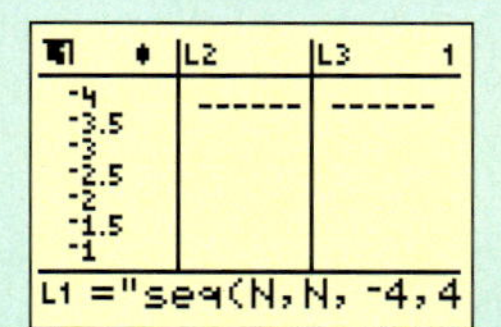

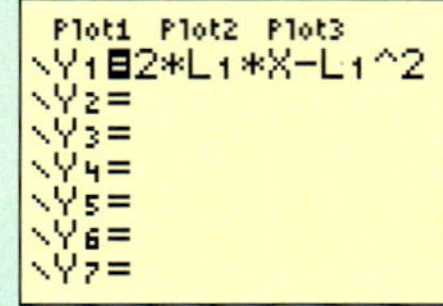

Fadenbilder und Hüllparabeln

Das obige Bild 2 wurde mit dem Computer erzeugt. Es lässt sich auch handwerklich als Fadenbild herstellen. Auch hier erscheint die Parabel als Hüllkurve der Tangenten.

Parabeln im Dreieck

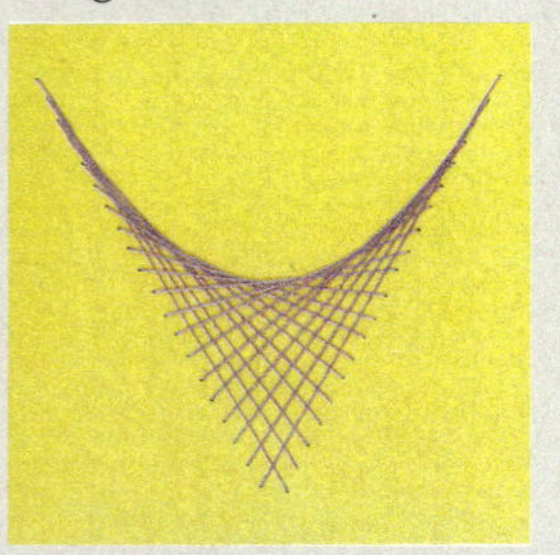

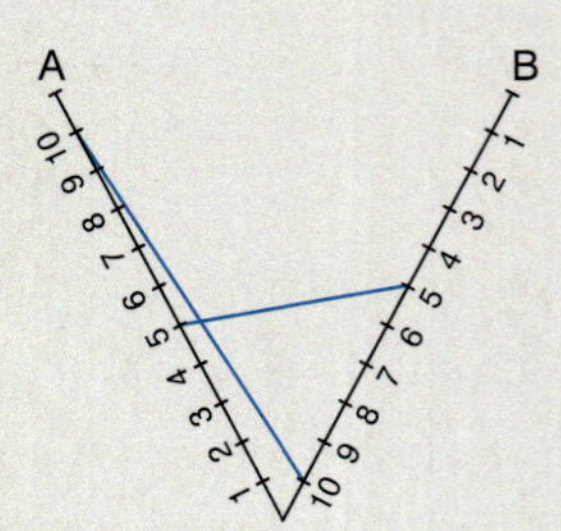

Künstlerische Variationen wie in dem linken Bild können mit etwas Phantasie selbst hergestellt werden. Anregungen dazu finden Sie im Internet.

Basiswissen

Für das „Rechnen" mit Funktionen und ihren Ableitungen dienen die folgenden Beispiele als Grundbausteine.

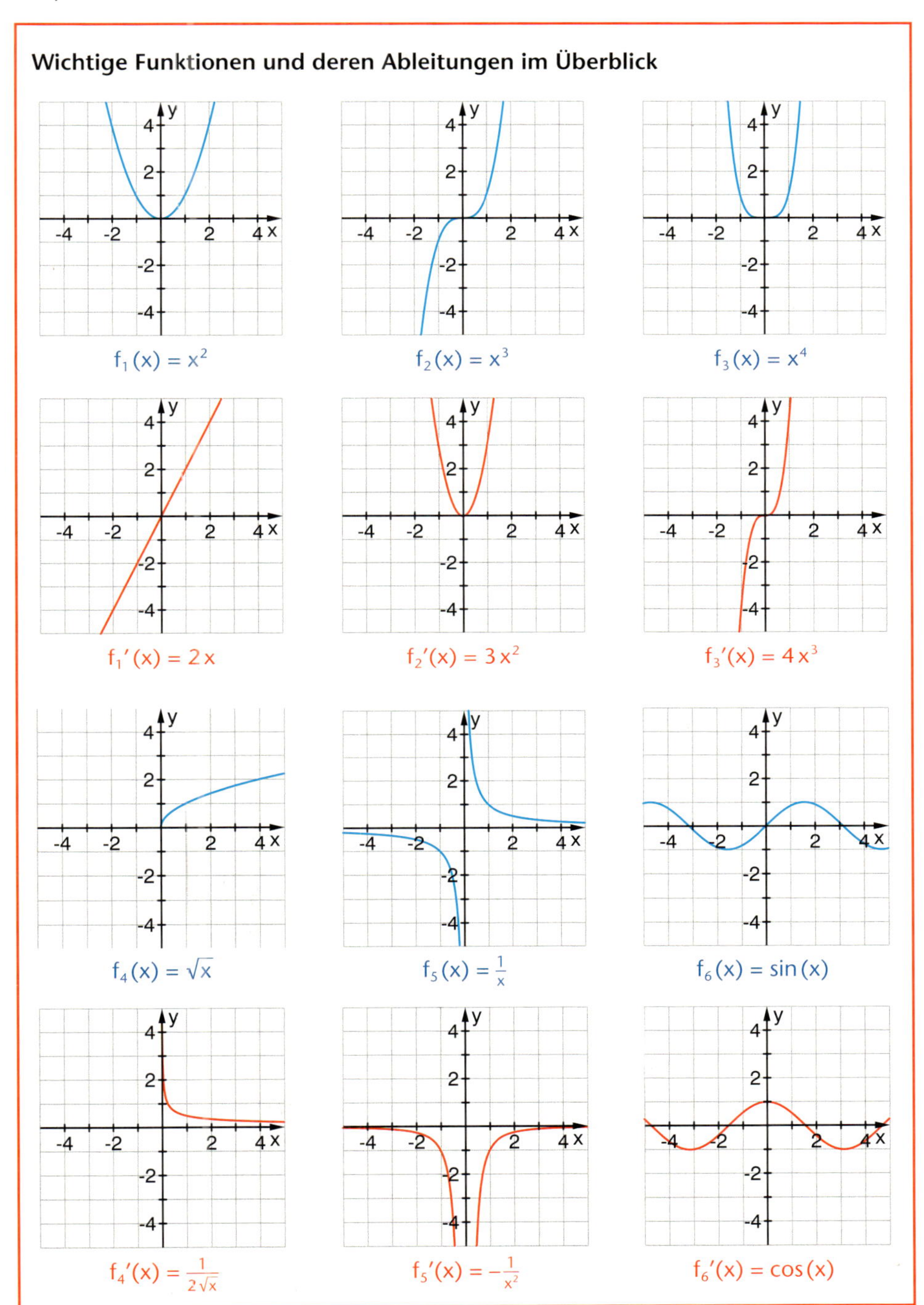

Beispiele

A Welche Steigung haben die aufgeführten Funktionen f jeweils an der Stelle x = 1?
Lösung: Wir berechnen die Steigung jeweils durch Einsetzen von x = 1 in den Term der Ableitungsfunktion.

f(x)	x^2	x^3	x^4	$\sqrt{x}$	$\frac{1}{x}$	$\sin x$
f′(1)	$2 \cdot 1 = 2$	$3 \cdot 1^2 = 3$	$4 \cdot 1^3 = 4$	$\frac{1}{2\sqrt{1}} = \frac{1}{2}$	$-\frac{1}{1^2} = -1$	$\cos(1) \approx 0{,}54$

Beispiele

B Begründen Sie die Ableitungsformel für $f(x) = \sqrt{x}$.

Begründung mit Sekantensteigungsfunktion

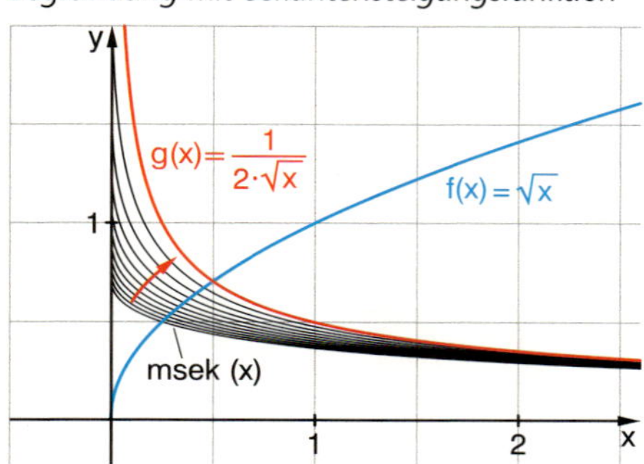

Die Sekantensteigungsfunktionen nähern sich für $h \to 0$ der Funktion $g(x) = \frac{1}{2\sqrt{x}}$.

Begründung mit h-Methode

$$\frac{f(x+h)-f(x)}{h} = \frac{\sqrt{x+h}-\sqrt{x}}{h}$$

$$= \frac{(\sqrt{x+h}-\sqrt{x})\cdot(\sqrt{x+h}+\sqrt{x})}{h\cdot(\sqrt{x+h}+\sqrt{x})}$$

$$= \frac{(x+h)-x}{h\cdot(\sqrt{x+h}+\sqrt{x})} = \frac{h}{h\cdot(\sqrt{x+h}+\sqrt{x})}$$

$$= \frac{1}{\sqrt{x+h}+\sqrt{x}}$$

Wenn sich h der 0 nähert, so nähert sich der Differenzenquotient der Ableitung

$$f'(x) = \lim_{h\to 0}\frac{1}{\sqrt{x+h}+\sqrt{x}} = \frac{1}{2\sqrt{x}}$$

C Zeigen Sie, dass die Funktion $f(x) = \sqrt{x}$ an der Stelle $x = 0$ nicht differenzierbar ist.

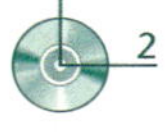

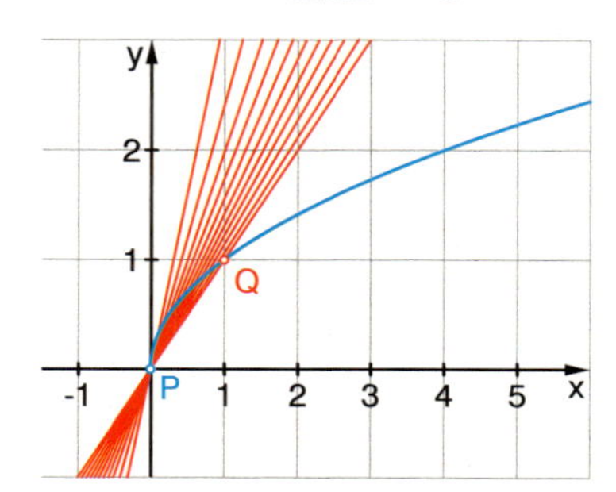

h	$\frac{f(0+h)-f(0)}{h}$
0,1	3,16227766
0,01	10
0,001	31,622776802
0,0001	100
0,00001	316,227766017
0,000001	1000
0,0000001	3162,27766016
0,00000001	10000

Lösung:
Bild und Tabelle verdeutlichen, dass offensichtlich kein Grenzwert der Sekantensteigungen existiert.

Der Term der Ableitungsfunktion $\frac{1}{2\sqrt{x}}$ ist für $x = 0$ nicht definiert (Nenner 0).

Übungen

6 a) Welche der im Basiswissen aufgeführten Funktionen haben an der Stelle $a = 4$ die größte (die kleinste) Steigung? Geben Sie den Wert der Steigung an.
b) An welchen Stellen haben die Funktionen jeweils die Steigung 4?

7 Welche Steigungen hat der Graph der Sinusfunktion an den Nullstellen im Intervall $[0; 2\pi]$?
Gibt es noch Stellen mit steilerer Tangente an den Graphen?

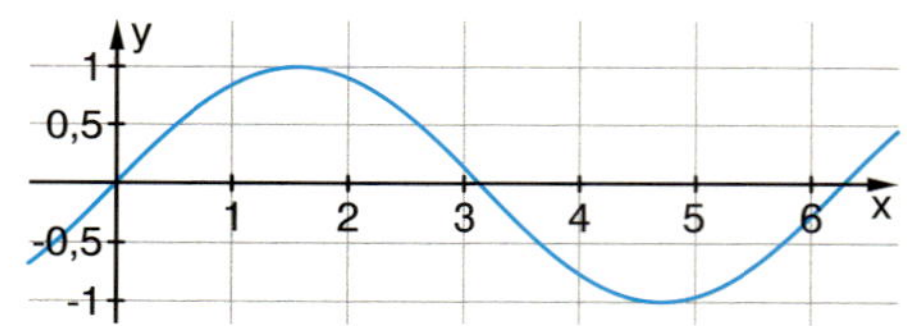

8 Einige der Funktionsgraphen im Basiswissen sind symmetrisch zur y-Achse.
a) Zeigen Sie, dass für diese Funktionen die Beziehung $f(x) = f(-x)$ gilt.
b) Welche Beziehung gilt für die Ableitungen dieser Funktionen an den Stellen x und $-x$? Überprüfen Sie Ihre Vermutung durch Nachrechnen an einigen Stellen. Finden Sie eine anschauliche Begründung?
c) Untersuchen Sie in gleicher Weise auch die Funktionen, deren Graphen punktsymmetrisch zum Koordinatenursprung sind.

9 Oskar meint: *„Die Ableitung von sin(x) ist cos(x), dann ist die Ableitung von cos(x) wieder sin(x)“.* Hat er recht? Welche Ableitung der Kosinusfunktion vermuten Sie? Beschreiben Sie, wie Sie zu Ihrer Vermutung gekommen sind.

10 Beweisen Sie die Formel für die Ableitung der Funktion $f(x) = \frac{1}{x}$ mithilfe der „h-Methode“. $\lim_{h\to 0}\frac{\frac{1}{x+h}-\frac{1}{x}}{h} = \ldots = -\frac{1}{x^2}$

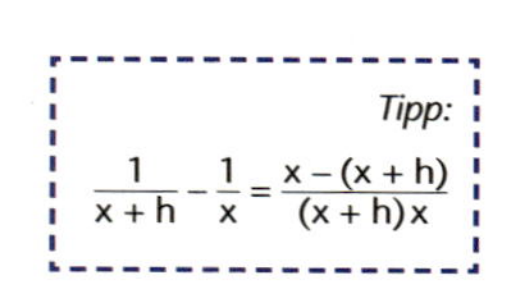

Basiswissen

Für die einfachen Potenzfunktionen $f(x) = x^n$ mit $n = 1, 2, 3$ und 4 kennen Sie bereits die Ableitungen. Dabei erkennt man ein einfaches Muster, das sich auch bei den höheren Potenzen fortsetzt.

Potenzregel

Ableitungsregel für Potenzfunktionen
Für jede Potenzfunktion $f(x) = x^n$ mit natürlichem Exponenten n lässt sich die Ableitung leicht berechnen:

$$f(x) = x^n \qquad f'(x) = n \cdot x^{n-1}$$

Beispiele

D An welchen Stellen hat die Funktion $f(x) = x^3$ die Steigung 12?
Lösung: Die Ableitung von $f(x) = x^3$ ist $f'(x) = 3x^2$. Für die gesuchten Stellen muss gelten: $f'(x) = 12$, also müssen wir die quadratische Gleichung $3x^2 = 12$ lösen.
Wir finden die zwei Lösungen: $x_1 = -2$ und $x_2 = 2$.

E Susanne hat als Ableitungsfunktion für $f(x) = 2^x$ den Term $f'(x) = x \cdot 2^{x-1}$ gefunden. Das will so gar nicht zur gezeichneten Sekantensteigungsfunktion passen. Wo steckt der Fehler?

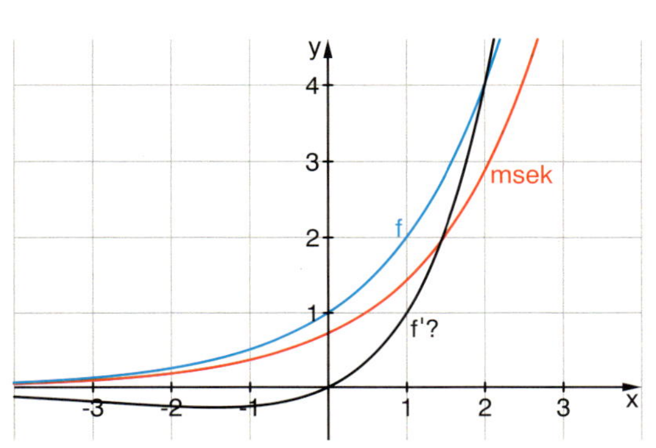

5

Lösung:
$f(x) = 2^x$ ist eine Exponentialfunktion, die Funktionsvariable x ist der Exponent. Bei einer Potenzfunktion ist der Exponent eine feste Zahl, die Funktionsvariable x ist die Basis. Für Exponentialfunktionen ist die obige Ableitungsregel (die Potenzregel) nicht gültig.

F Begründen Sie die Ableitungsregel für Potenzfunktionen am Beispiel $f(x) = x^5$.

Lösung:

$\frac{f(x+h) - f(x)}{h} = \frac{(x+h)^5 - x^5}{h}$	Ansatz mit dem Differenzenquotienten Ausmultiplizieren von $(x+h)^5$
$= \frac{x^5 + 5x^4h + 10x^3h^2 + 10x^2h^3 + 5xh^4 + h^5 - x^5}{h}$	x^5 und $-x^5$ heben sich auf
$= \frac{h(5x^4 + 10x^3h + 10x^2h^2 + 5xh^3 + h^4)}{h}$	Im verbleibenden Zähler lässt sich h ausklammern.
$= 5x^4 + 10x^3h + 10x^2h^2 + 5xh^3 + h^4$	Kürzen
$f'(x) = \lim\limits_{h \to 0} (5x^4 + 10x^3h + 10x^2h^2 + 5xh^3 + h^4)$ $= 5x^4$	Beim Grenzübergang $h \to 0$ streben alle Summanden, in denen h als Faktor bleibt, gegen 0. Damit bleibt nur der erste Summand $5x^4$ übrig.

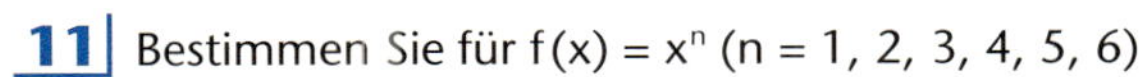

Übungen

11 Bestimmen Sie für $f(x) = x^n$ $(n = 1, 2, 3, 4, 5, 6)$
a) jeweils die Ableitung an den Stellen $x = 2$ und $x = -2$.
b) jeweils die Stellen, an denen der Graph die Steigung 2 hat.

12 *Wie verändern sich die Ableitungen der Funktionen $f(x) = x^n$ mit wachsendem n?*
a) an der Stelle $a = 1$
b) an der Stelle $b = \frac{1}{2}$
Qualitativ können Sie dies bereits an den Funktionsgraphen erkennen, numerisch können Sie es mithilfe der Ableitung beschreiben.

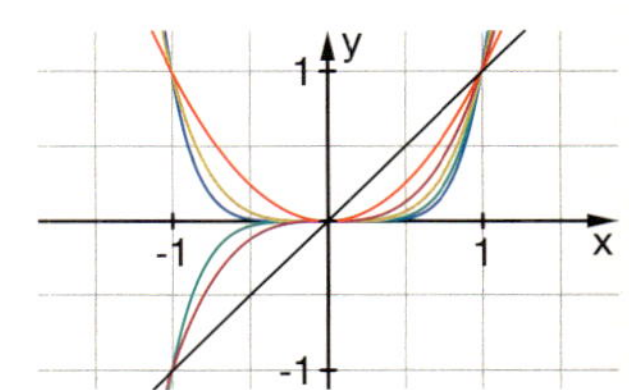

Übungen

13 *Potenzfunktionen erraten*

(I) *Der Graph meiner Ableitung ist eine Gerade.*	(II) *Meine Tangente im Punkt $P(3 \mid f(3))$ hat die Steigung 108.*	(III) *Meine Ableitung an der Stelle −1 hat den Wert 5.*	(IV) *Von mir ist bekannt: $f(-1) = 1$ und $f'(1) = 20$.*

Zu jeder Karte gibt es viele verschiedene Lösungen.

14 a) Anschaulich kann man bereits an der „S-Form" der Graphen erkennen:
Die Graphen der Potenzfunktionen mit ungeraden Exponenten haben an keiner Stelle eine negative Steigung.
Begründen Sie dies mithilfe der Funktionsterme der Ableitungen.
b) Formulieren Sie eine ähnliche Aussage für die Graphen der Potenzfunktionen mit geraden Exponenten und begründen Sie.

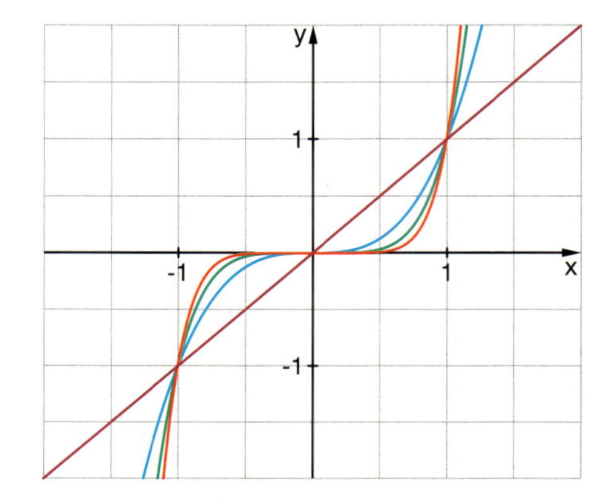

15 *Die Potenzregel auf dem Prüfstand – Spezialfälle*
Überprüfen Sie, ob die Potenzregel auch für n = 1 und n = 0 gilt. Zeichnen Sie die passenden Graphen der Funktionen und der zugehörigen Ableitungen.

16 *Kleine Anleitung zum Beweis der Potenzregel für beliebiges n*
a) Schauen Sie sich den Beweis für n = 5 im Beispiel F noch einmal genau an. Begründen Sie, dass dabei der zweite Summand von
$(x + h)^5 = x^5 + \mathbf{5x^4h} + 10x^3h^2 + 10x^2h^3 + 5xh^4 + h^5$ die entscheidende Rolle spielt.
b) Übertragen Sie den Beweis aus Beispiel F auf $f(x) = x^6$. Zeigen Sie, dass auch hier der zweite Summand von $(x + h)^6 = x^6 + \mathbf{6x^5h} + 15x^4h^2 + 20x^3h^3 + 15x^2h^4 + 6xh^5 + h^6$ der Schlüssel zum Beweis ist.
c) In der Formelsammlung finden Sie den Binomischen Lehrsatz:

$$(a + b)^n = \binom{n}{0} a^n b^0 + \binom{n}{1} a^{n-1} b^1 + \ldots + \binom{n}{n-1} a^1 b^{n-1} + \binom{n}{n} a^0 b^n$$

Damit und den Überlegungen aus a) und b) sollte der Beweis der Potenzregel für beliebiges n gelingen.
Schreiben Sie den Beweis möglichst übersichtlich auf.

Die Terme $\binom{n}{k}$ sind die sogenannten Binomialkoeffizienten. Sie finden sie auch im Pascalschen Dreieck

$\binom{n}{0} = 1 \qquad \binom{n}{1} = n$

(→ Formelsammlung, Internet)

17 *Gilt die Potenzregel auch für Potenzen mit negativen oder gebrochenen Exponenten?*
a) Prüfen Sie dies für $f(x) = \frac{1}{x}$ und $f(x) = \sqrt{x}$, indem Sie die Funktionsterme als Potenzen schreiben.
b) Bilden Sie die Ableitungen von $f(x) = x^{\frac{2}{3}}$ und $g(x) = x^{-3}$ nach der Potenzregel und vergleichen Sie das Ergebnis mit einer Sekantensteigungsfunktion.

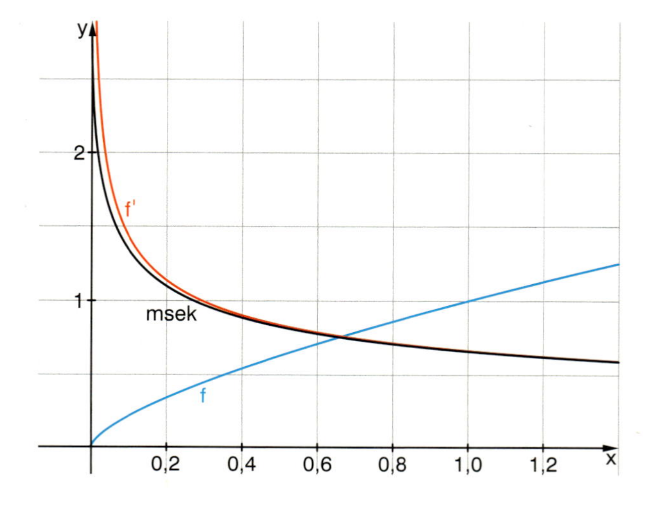

Basiswissen

Kennen Sie die Ableitungen bestimmter Funktionen, so können Sie mit den drei folgenden Regeln auch „Verwandte" dieser Funktionen schnell und sicher ableiten.

Wichtige Ableitungsregeln

in Worten	*Formel und Beispiel*	*grafisch interpretiert*
Ein **konstanter Summand** fällt beim Ableiten weg.	$f(x) = g(x) + c$ $f'(x) = g'(x)$ Bsp.: $f(x) = x^4 + 7$ $f'(x) = 4x^3$	Wird der Graph einer Funktion nach oben oder unten verschoben, so bleibt seine Steigung an jeder Stelle gleich.
Ein **konstanter Faktor** bleibt beim Ableiten erhalten.	$f(x) = a \cdot g(x)$ $f'(x) = a \cdot g'(x)$ Bsp.: $f(x) = 3x^5$ $f'(x) = 3 \cdot 5x^4$ $= 15x^4$	Wird der Graph einer Funktion mit dem Faktor a gestreckt (gestaucht), so wird seine Steigung an jeder Stelle mit dem Faktor a multipliziert.
Eine **Summe** von zwei Funktionen hat als Ableitung die **Summe der beiden Ableitungen.**	$f(x) = g(x) + h(x)$ $f'(x) = g'(x) + h'(x)$ Bsp.: $f(x) = x^3 + x^2$ $f'(x) = 3x^2 + 2x$	Werden zwei Funktionen addiert, so addieren sich an jeder Stelle nicht nur die Funktionswerte, sondern auch die Steigungen.

„Faktorregel"

„Summenregel"

Beispiele

G Leiten Sie die Funktionen ab und geben Sie die benutzten Regeln an.

Lösung:

a) $f(x) = -2x^4$
$f'(x) = -2 \cdot 4 \cdot x^{4-1} = -8x^3$

Faktorregel und Potenzregel

b) $f(x) = -\frac{1}{2}x^8 + 4$
$f'(x) = -\frac{1}{2} \cdot 8 \cdot x^7 = -4x^7$

Konstanter Summand fällt beim Ableiten weg, Faktorregel und Potenzregel

c) $f(x) = \frac{3}{10}x^5 - x^3 + 2x$
$f'(x) = \frac{3}{10} \cdot 5 \cdot x^4 - 3x^2 - 2x^0$
$f'(x) = \frac{3}{2}x^4 - 3x^2 - 2$

Summenregel, bei jedem Summanden Faktorregel und Potenzregel

H Begründen Sie: Mit der Summenregel ist auch die „Differenzregel" erfasst.

$f(x) = g(x) - h(x)$
$f'(x) = g'(x) - h'(x)$

Lösung: Die Differenz der beiden Funktionen g(x) und h(x) kann auch als Summe der beiden Funktionen g(x) und (–h(x)) aufgefasst werden.

$$f(x) = x^3 - x^2 = x^3 + (-x^2)$$
$$f'(x) = 3x^2 + (-2x) = 3x^2 - 2x$$

Beispiele

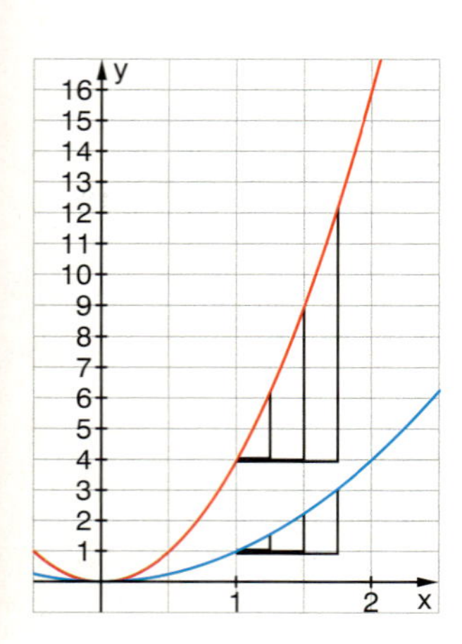

I Begründen Sie die Faktorregel …

… anschaulich am Beispiel der Graphen von $g(x) = x^2$ und $f(x) = 4 \cdot g(x) = 4x^2$.

Lösung:

An der Stelle $x = 1$ sind in beide Graphen Steigungsdreiecke mit unterschiedlichem h eingezeichnet. Für die Steigung der entsprechenden Sekanten gilt in jedem Fall $\frac{f(x+h)-f(x)}{h} = 4 \cdot \frac{g(x+h)-g(x)}{h}$. Das gilt auch, wenn man h immer kleiner werden lässt. Die Sekantensteigungen nähern sich dabei immer besser der Tangentensteigung an. Diese beträgt bei f dann auch das Vierfache von der bei g. Das Gleiche lässt sich an jeder anderen Stelle x veranschaulichen.

… algebraisch durch Umformung des Differenzenquotienten.

Lösung:

$$\frac{f(x+h)-f(x)}{h} =$$

$$\frac{a \cdot g(x+h) - a \cdot g(x)}{h} =$$

$$\frac{a \cdot (g(x+h) - g(x))}{h} =$$

$$a \cdot \frac{g(x+h)-g(x)}{h}$$

Wenn sich h der 0 nähert, so nähert sich der Differenzenquotient der Ableitung.

$$f'(x) = a \cdot \lim_{h \to 0} \frac{g(x+h)-g(x)}{h} = a \cdot g'(x)$$

Übungen

18 Bestimmen Sie die Ableitung von $f(x) = 5x^3 + 3x^2 + 5$.
Welche Ableitungsregeln haben Sie dabei angewendet?

Training

19 Leiten Sie die Funktionen ab. Vereinfachen Sie den Ableitungsterm wenn möglich.

a) $f(x) = x^6$ b) $f(x) = \frac{1}{5}x^5$ c) $f(x) = 7x$
d) $f(x) = x + 1$ e) $f(x) = -\frac{2}{3}x^4 + x + 2$ f) $f(x) = 7$
g) $f(x) = -x + 2x^5 - x^3$ h) $f(x) = 0{,}25x^4 - x^3 + x$ i) $f(x) = 0$
j) $f(x) = \frac{x}{2} + 2^2$ k) $f(x) = \sqrt{3} \cdot x + \sqrt{5}$ l) $f(x) = x^2 + \sqrt{x}$

19 $0{,}5$; $\sqrt{3}$; 0; x^4; $6x^5$; 7; $x^3 - 3x^2 + 1$; $\frac{8}{3}x^3 + 1$; $2x + \frac{1}{2 \cdot \sqrt{x}}$; $10x^4 - 3x^2 - 1$; 1; 0

20 Bestimmen Sie die Ableitungsfunktionen. In einigen Fällen müssen Sie den Funktionsterm vor dem Ableiten geeignet umformen.

a) $f(x) = \frac{1}{x} + 5x$ b) $g(x) = x \cdot \left(x - \frac{1}{x}\right)$ c) $f(x) = (2x - 3)(x + 4)$
d) $f(x) = \sin(x) + 2x$ e) $f(x) = 4x^{n+1} + n$ f) $f(x) = \frac{1-x}{x}$
g) $f(x) = 2\sin(x) - 5x^2 + \frac{1}{x}$ h) $f(x) = \frac{2}{x} - 3\sqrt{x}$ i) $f(x) = (3x - 1)^2$

Es gibt zu jeder Ableitungsfunktion mehrere Lösungen. Worin unterscheiden sie sich?

21 Hier sind einige Ableitungsfunktionen $f'(x)$ gegeben. Zu welchen Funktionen $f(x)$ gehören sie? Überprüfen Sie Ihre Lösung jeweils durch Ableiten von $f(x)$.

a) $f'(x) = 3x^2$ b) $f'(x) = -6x + 4$ c) $f'(x) = x^3$ d) $f'(x) = x^2 - \frac{1}{x^2}$
e) $f'(x) = 2x^2 - 2$ f) $f'(x) = \cos(x) + 1$ g) $f'(x) = -0{,}5x^2 + 2x + 4$

22 *Die Funktionsvariable muss nicht immer x heißen, ableiten kann man trotzdem!*

a) $f(a) = -a^4 + 7a - 6$ b) $g(m) = am^2 + bm$ c) $h(t) = 45 - 5t^2$ d) $s(t) = \frac{1}{2}at^2$
e) $v(t) = at$ f) $V(r) = \frac{4}{3}\pi r^3$ g) $A(r) = 4\pi r^2$

Welche der Funktionsterme kommen Ihnen aus bestimmten Sachzusammenhängen bekannt vor? Welche Bedeutung hat in diesen Fällen jeweils die Ableitung?

23 *Wo ist der Fehler?*

a) $f(x) = 3x^4 - 2x^2 + 5$
$f'(x) = 12x^3 - 4x + 5$

b) $f(x) = 5^x$
$f'(x) = x \cdot 5^{x-1}$

c) $f(t) = 5x^2 - 10t$
$f'(t) = 10x$

d) $f(x) = \frac{x^2 + 4}{4x}$
$f'(x) = \frac{2x}{4} = \frac{1}{2}x$

Übungen

24 Zeichnen Sie den Graphen der Funktion $f(x) = x^2 - 4x$.
a) Bestimmen Sie die Steigung des Graphen in den Schnittpunkten mit den Koordinatenachsen.
b) Wo hat der Graph die Steigung 6 bzw. −2 bzw. 3?
c) Wo hat der Graph eine waagerechte Tangente?

25 a) An welchen Stellen haben die Graphen von $f(x) = x^2$ und $g(x) = x^3$ parallele Tangenten?
b) Wie groß ist jeweils die Steigung in den Schnittpunkten von f und g?

26 Begründen Sie die Ableitungsregel mit dem konstanten Summanden mithilfe der Summenregel und der Potenzregel.

27 Begründen Sie die Summenregel anschaulich und algebraisch durch Umformen des Differenzenquotienten. Orientieren Sie sich dabei am Beispiel I.

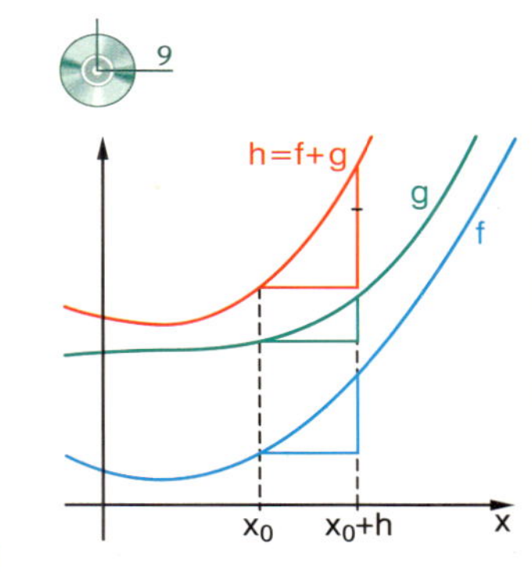

28 Was halten Sie von den folgenden Aussagen? Begründen Sie.
a) Die Ableitung des Negativen einer Funktion ist gleich dem Negativen der Ableitung der Funktion.
b) Wenn wir den Graphen einer Funktion „strecken", indem wir jeden y-Wert mit 3 multiplizieren, so multiplizieren wir auch die Steigung an jeder Stelle mit 3.

29 *Ganzrationale Funktionen*
a) Begründen Sie: Die quadratische Funktion $f(x) = 0{,}5x^2 + 4x - 2$ kann man als „ganzrationale Funktion zweiten Grades" bezeichnen. Wie notiert man die allgemeine Form einer solchen Funktion?
b) Geben Sie ein Beispiel und die allgemeine Form für eine ganzrationale Funktion vierten Grades und eine ganzrationale Funktion fünften Grades an.
c) Wie sieht der Funktionsgraph einer ganzrationalen Funktion ersten Grades aus? Gibt es auch ganzrationale Funktionen nullten Grades?

Die Funktion $f(x) = 2x^3 + 3x^2 - x + 4$ wird als **ganzrationale Funktion dritten Grades** bezeichnet. Allgemein notiert man solche Funktionen in der Form $f(x) = ax^3 + bx^2 + cx + d$ ($a, b, c, d \in \mathbb{R}$ und $a \neq 0$).

Wie sieht der Funktionsgraph einer ganzrationalen Funktion 1. Grades aus?

Die höchste Potenz von x bestimmt den Grad.

Ganzrationale Funktion n-ten Grades

Mathematiker schreiben Definitionen und Sätze in ihrer eigenen Fachsprache auf. Dies führt zu allgemeinen Formulierungen die nicht immer leicht zu lesen sind. So wird die „ganzrationale Funktion" allgemein für den Grad n definiert:

Eine Funktion
$f(x) = a_n x^n + a_{n-1} x^{n-1} + a_{n-2} x^{n-2} + \ldots + a_2 x^2 + a_1 x + a_0$ ($n \in \mathbb{N}$, $a_i \in \mathbb{R}$, $a_n \neq 0$)
heißt **ganzrationale Funktion n-ten Grades**.
Die reellen Zahlen a_i werden **Koeffizienten** genannt.

30 *Kurze Fragen zum Verstehen der allgemeinen Definition*
a) Warum verwendet man in der Definition für die Koeffizienten die Bezeichnungen a_i und nicht einfach die aufeinanderfolgenden Buchstaben des Alphabets?
b) Was bedeuten die drei Punkte (…) bei der Angabe des Funktionsterms? Schreiben Sie den Nachfolgesummanden zu $a_{n-2}x^{n-2}$ und den Vorgängersummanden von a_2x^2 auf.
c) Warum wird $a_n \neq 0$ gefordert? Dürfen ein oder mehrere a_i für $i < n$ Null sein?

31 Welche der Funktionen aus Übung 19 und 20 sind ganzrationale Funktionen? Geben Sie gegebenenfalls den Grad des Polynoms an.

Die Funktion oder der Funktionsterm werden auch als **Polynom vom Grad n** bezeichnet.

Übungen

32 *Von der Funktion zur Ableitung*

a) Bestimmen Sie zu den folgenden Funktionen jeweils die Ableitungsfunktion.

$f_1(x) = 2x^3 - 0{,}25x^2 + 4x - 3$ $\quad f_2(x) = 0{,}02x^4 - 3x^2 + 1$ $\quad f_3(x) = 0{,}02x^4 - 3x^2 - 4$

$f_4(x) = 0{,}01x^5 + 2x^3 - 4x^2$ $\quad f_5(x) = 0{,}01x^5 + 2x^3 - 4x$ $\quad f_6(x) = 3(x-2)^2 - 1$

b) Notieren Sie jeweils die allgemeine Form der Ableitung einer ganzrationalen Funktion ersten, zweiten, dritten und vierten Grades.

c) Geben Sie den Term für die Ableitung einer ganzrationalen Funktion n-ten Grades an.

33 *Von der Ableitung zur Funktion*

Von welcher ganzrationalen Funktion stammt die Ableitung?

Rechts im Bild sehen Sie die Graphen der Ableitungsfunktion (rot) und von drei Kandidaten.

Hier sind die Funktionsgleichungen:

$f_1(x) = 0{,}3x^2 - 2$ $\quad f_2(x) = 0{,}1x^3 - 2x$

$f_3(x) = 0{,}1x^3 - 2x + 1$ $\quad f_4(x) = -0{,}1x^3 + 2x$

Ist Ihre Entscheidung eindeutig?

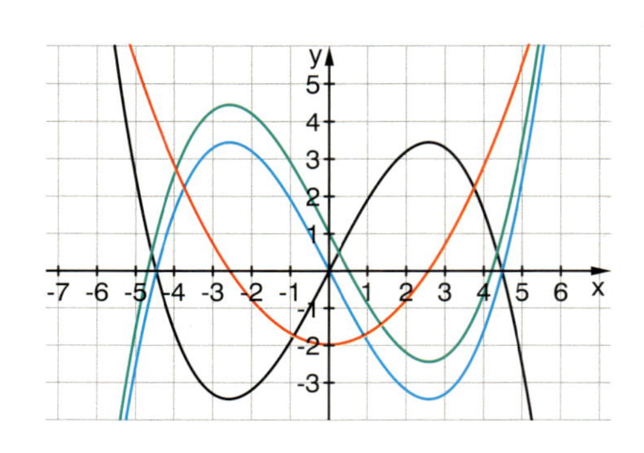

34 *Die ganzrationalen Funktionen bleiben unter sich*

a) Begründen Sie: „Die Ableitung einer ganzrationalen Funktion dritten Grades ist eine ganzrationale Funktion zweiten Grades“.

b) Formulieren und begründen Sie die entsprechenden Aussagen für ganzrationale Funktionen ersten, zweiten, vierten und n-ten Grades.

35 *Höhere Ableitungen*

Im nächsten Lernabschnitt werden Sie mehr über die Bedeutung und die Anwendung der zweiten Ableitung erfahren.

a) Bilden Sie von der Funktion $f(x) = x^3 + x^2 + x + 1$ die ersten drei Ableitungen f', f'', f'''.

Zeichnen Sie mit dem GTR auch die Graphen der Funktion f und der Ableitungen. Was fällt Ihnen auf?

b) Stimmt das? „Der Graph der zweiten Ableitung einer ganzrationalen Funktion vierten Grades ist eine Gerade“.

Von der Ableitung einer Funktion lässt sich wieder die Ableitung bilden. Man nennt diese dann die **zweite Ableitung der Funktion f** und bezeichnet sie mit **$f''(x)$**. Sprechweise: *f zwei Strich von x.*
Entsprechend kann man von $f''(x)$ wieder eine Ableitung bilden. Diese heißt dann $f'''(x)$ usw.

36 *Ganzrationale Funktionen ableiten – ein Kinderspiel*

Begründen Sie, warum man jede ganzrationale Funktion allein mithilfe der Potenzregel, der Faktorregel und der Summenregel ableiten kann.

37 *Nicht alle Ableitungsregeln sind so einfach*

Für die Ableitung von Produkten und Quotienten gelten kompliziertere Regeln. Sie werden diese bei der Weiterführung der Differenzialrechnung herleiten. In der Formelsammlung können Sie sich schon mal informieren.

Kann man auch ein Produkt oder einen Quotienten von Funktionen nach ähnlich einfachen Ableitungsregeln wie bei der Summe ableiten?

a) Eine einfache Ableitungsregel wäre:

$f(x) = u(x) \cdot v(x) \Rightarrow f'(x) = u'(x) \cdot v'(x)$

Zeigen Sie mit dem Beispiel $f(x) = x^4 = x^2 \cdot x^2$, dass diese Regel **falsch** ist.

b) Die Ableitung von $f(x) = \frac{u(x)}{v(x)}$ ist **nicht** $f'(x) = \frac{u'(x)}{v'(x)}$!

Finden Sie auch dazu ein Gegenbeispiel ähnlich wie in Teil a) für das Produkt.

38 Auch ohne Kenntnis der Ableitungsregeln für Produkte und Quotienten von Funktionen lassen sich die folgenden Funktionen ableiten. Versuchen Sie selbst einen Weg zu finden und beschreiben Sie ihn.

$f(x) = (x-1)(x+1)$; $\quad g(x) = x(x+2)^2$; $\quad h(x) = \frac{x^2 + x}{x}$; $x \neq 0$; $\quad k(x) = \sqrt{x} \cdot \sqrt{x}$; $x > 0$

Übungen

39 *Tangentengleichung*
Begründen Sie: Die Gerade mit der Gleichung $y = 7x - 8$ ist Tangente an den Graphen von $f(x) = 2x^2 - x$ im Punkt $P(2\,|\,f(2))$.

Basiswissen

Die Tangente an den Graphen einer Funktion f im Punkt P ist die Gerade, die durch P verläuft und als Steigung den Wert der Ableitung an dieser Stelle hat. Ist die Ableitung von f bekannt, kann die Gleichung der Tangente im Punkt P bestimmt werden.

Tangentengleichung

Beispiel: $f(x) = \frac{1}{4}x^2 - 1$; $P(4\,|\,3)$

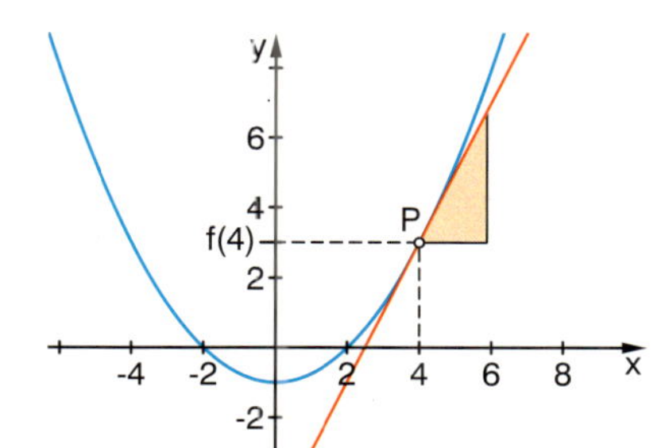

Allgemein: $f(x)$; $P(a\,|\,f(a))$

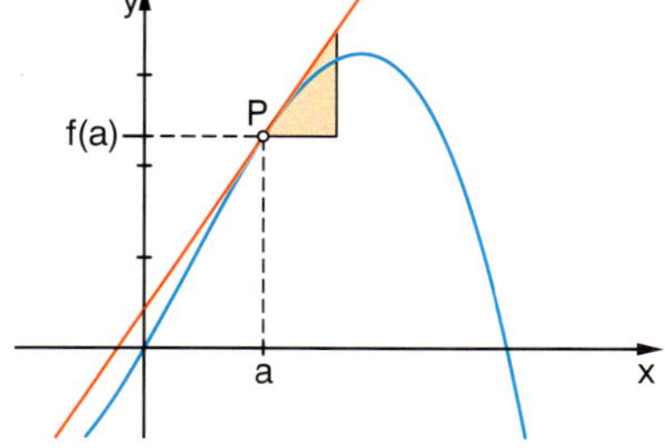

Ansatz: $y = m \cdot x + b$

Beispiel		Allgemein
$m = f'(4) = 2$	Steigung	$m = f'(a)$
$3 = 2 \cdot 4 + b \quad b = -5$	y-Achsenabschnitt	$f(a) = f'(a) \cdot a + b$ $b = f(a) - f'(a) \cdot a$
$y = 2x - 5$	Tangentengleichung	$y = f'(a) \cdot x + f(a) - f'(a) \cdot a$ $y = f'(a)(x - a) + f(a)$

Beispiele

J Bestimmen Sie die Gleichungen der Tangenten an den Graphen von $f(x) = \sqrt{x}$ in den Punkten $P(1\,|\,1)$ und $Q(4\,|\,2)$. Stellen Sie Funktion und Tangenten grafisch dar.

Lösung: $f(x) = \sqrt{x} \;\Rightarrow\; f'(x) = \frac{1}{2\sqrt{x}}$

Tangente t_1 in $P(1\,|\,1)$: $y = mx + b$; $m = f'(1) = 0{,}5$
$1 = 0{,}5 \cdot 1 + b \;\Rightarrow\; b = 0{,}5$

Gleichung von t_1: $y = 0{,}5x + 0{,}5$

Tangente t_2 in $Q(4\,|\,2)$: $y = f'(a) \cdot (x - a) + f(a)$; $a = 4$; $f(a) = 2$; $f'(a) = 0{,}25$

Gleichung von t_2: $y = 0{,}25 \cdot (x - 4) + 2 \;\Rightarrow\; y = 0{,}25x + 1$

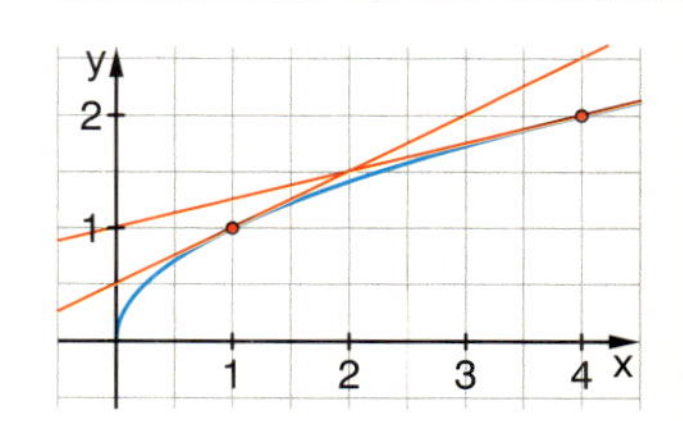

40 Bestimmen Sie jeweils die Gleichung der Tangente im Punkt $P(a\,|\,f(a))$. Zeichnen Sie den Graphen und die Tangente mit dem GTR.

a) $f(x) = 3x^2$, $a = 1$
b) $f(x) = x^3$, $a = 2$
c) $f(x) = \frac{1}{x}$, $a = 3$
d) $f(x) = \sin(x)$, $a = \pi$
e) $f(x) = x^2 + 5x$, $a = 2$
f) $f(x) = -3x^2 + 7x$, $a = 0$

41 *Sekanten und Tangenten*
Die Punkte A, B und C sind die Schnittpunkte des Graphen von $f(x) = x^2 - 2$ mit den Koordinatenachsen.

a) Zeigen Sie, dass es jeweils genau eine Tangente an den Graphen gibt, die parallel zur Sekante AB bzw. AC ist.

b) Zeichnen Sie die Tangenten mit dem GTR.

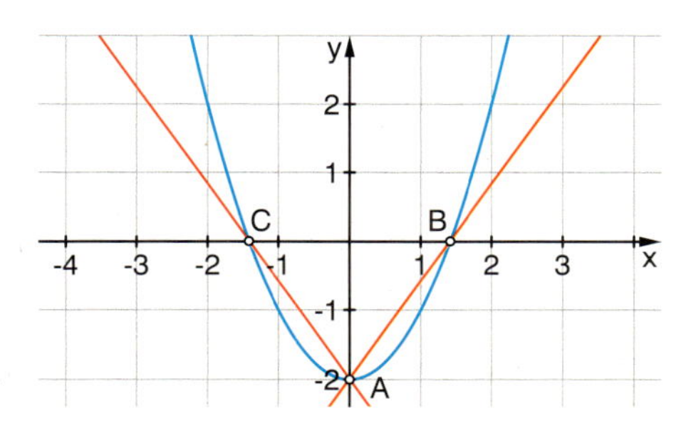

Übungen

42 *Tangentenscharen und Hüllkurve*

In den Bildern wurden die Tangentenscharen an die Graphen verschiedener Funktionen gezeichnet. Der Graph der Funktion selbst ist nicht dargestellt, er erscheint als Hüllkurve.

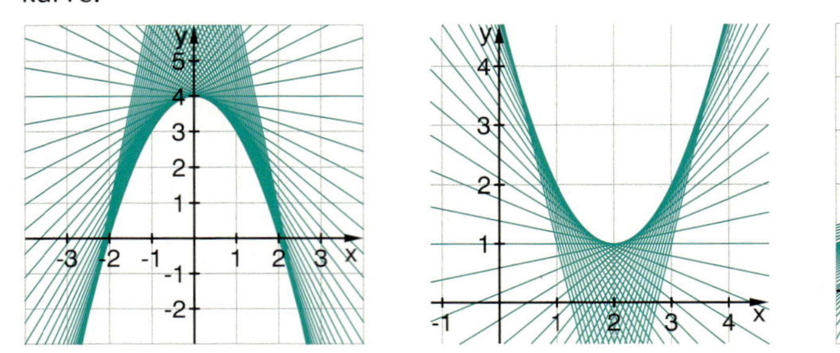

a) Geben Sie jeweils die Funktionsterme $f(x)$ an. Bestimmen Sie dann jeweils die Gleichung der Tangente im Punkt $P(1 \mid f(1))$.

b) Zeichnen Sie mit dem Applet 10 auf der CD auch Tangentenscharen zu anderen Funktionen, z. B.

$f(x) = x^2$ | $f(x) = x^3$ | $f(x) = \sqrt{x}$ | $f(x) = \frac{1}{x}$ | $f(x) = \sin(x)$ | $f(x) = 2^x$

Bei welchen Funktionen wird die Hüllkurve besonders gut erkennbar?

43 *Tipp zu a):*
Tangentengleichung
$y = f'(a) \cdot (x - a) + f(a)$
$N(1 \mid 0)$ ist Punkt der Tangente
$0 = f'(a) \cdot (1 - a) + f(a)$

43 *Berührpunkt gesucht*

a) Bestimmen Sie den Punkt $P(a \mid f(a))$ auf dem Graphen von $f(x) = x^2$, so dass die Tangente in P die x-Achse bei $x = 1$ schneidet.

b) Bestimmen Sie den Punkt $Q(b \mid f(b))$ auf dem Graphen von $g(x) = x^3$, so dass die Tangente in Q die x-Achse bei $x = 4$ schneidet.

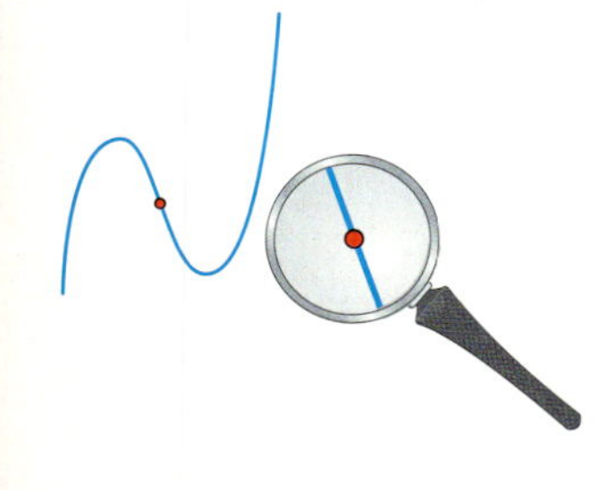

44 *Kurven unter dem Mikroskop 1 oder: Überall Tangenten!*

a) Zoomen Sie den Graphen von $f(x) = \frac{1}{3}x^3 - 3x$ mit dem GTR an verschiedenen Stellen. Wählen Sie als Zoom-Zentrum verschiedene Punkte der Kurve und zoomen Sie dort jeweils mehrmals.
Beschreiben Sie Ihre Beobachtungen.
Stellen Sie eine Beziehung zu den Tangenten an den Graphen her.
Sieht man sie nach dem Zoomen oder nicht?

b) Erläutern Sie mit Ihren Beobachtungen aus a) die beiden folgenden Aussagen:

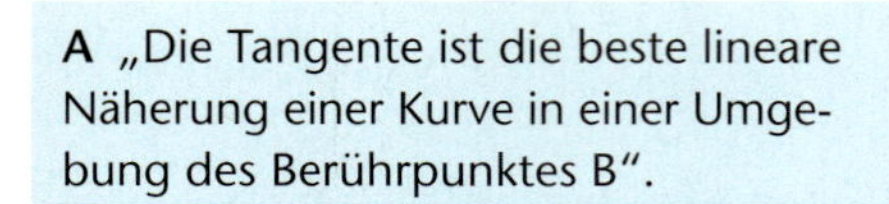
A „Die Tangente ist die beste lineare Näherung einer Kurve in einer Umgebung des Berührpunktes B".

B „Eine Kurve besteht aus unendlich vielen unendlich kleinen Geradenstücken".

45 *Kurven unter dem Mikroskop 2 oder: Gibt es überall Tangenten?*

Die Graphen von $f(x) = x^{10} + 1$ und $g(x) = \sqrt{x^2 - 2x + 1} + 1$ erscheinen im gekennzeichneten Punkt eher „eckig" als „rund". Zeichnen Sie mit dem GTR oder Funktionenplotter und zoomen Sie beide mehrmals um P als Zentrum. Vergleichen Sie.
Welche der Kurven besitzt Ihrer Meinung nach keine Tangente in dem Kurvenpunkt? Erläutern Sie.

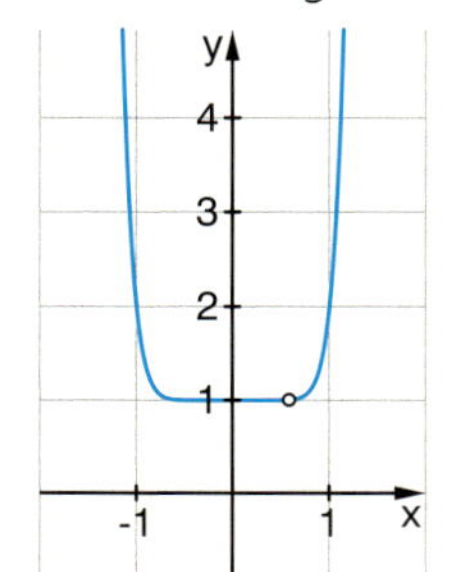

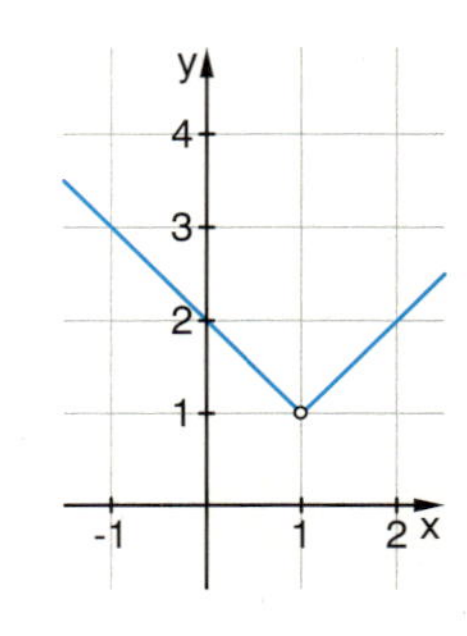

Aufgaben

46 *Der Kreis wächst konzentrisch*

Wie verändert sich der Flächeninhalt eines Kreises, wenn der Radius um ein kleines Stück h vergrößert wird?

Änderungsraten in der Geometrie

a) Versuchen Sie zunächst eine plausible geometrische Beschreibung des Änderungsverhaltens.

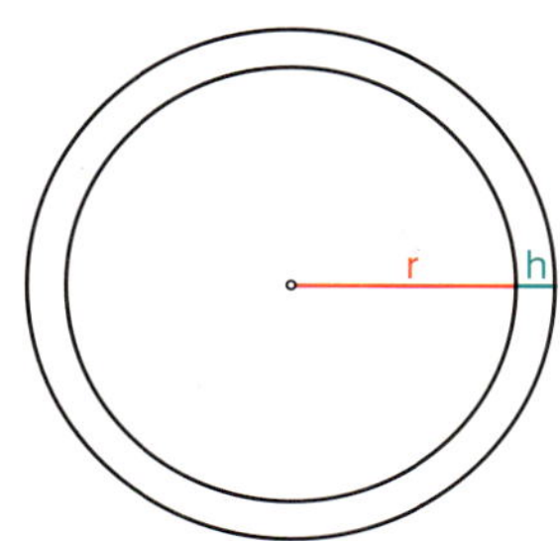

b) Sicher haben Sie gleich erkannt, dass das Änderungsverhalten von dem Radius selbst abhängig ist. Zum Beispiel bewirkt die Vergrößerung des Radius von 5 auf 5,1 eine größere Veränderung des Flächeninhalts als die von 3 auf 3,1.
Berechnen Sie in beiden Fällen die (durchschnittliche) Änderungsrate.

c) Die momentane Änderungsrate können wir bei einem vorgegebenen Radius r mit der Ableitung beschreiben.
Leiten Sie die Funktion $A(r) = \pi r^2$ ab. Was fällt Ihnen auf? Können Sie den Ableitungsterm geometrisch deuten? Passt das zu Ihren Vorüberlegungen aus a) und b)?

Welche geometrische Bedeutung hat der Ableitungsterm?

47 *Aufblasen einer Kugel*

Wie verändert sich das Volumen einer Kugel, wenn der Radius um ein kleines Stück h vergrößert wird? Beschreiben Sie wie in Aufgabe 46 auch hier das Änderungsverhalten mithilfe der Ableitung. Was fällt Ihnen auf? Gibt es Analogien zum Änderungsverhalten des Flächeninhalts beim Kreis?

Volumen und Oberfläche einer Kugel:
$V(r) = \frac{4}{3}\pi r^3$
$O(r) = 4\pi r^2$

48 *Der Zylinder wächst in die Höhe und in die Breite*

Das Volumen eines Zylinders hängt von den beiden Variablen r (Radius) und h (Höhe) ab.
Entsprechend können wir das Änderungsverhalten des Volumens in zwei Richtungen betrachten: Einmal bei festem Radius mit Veränderung der Höhe, zum anderen bei fester Höhe mit Veränderung des Radius.

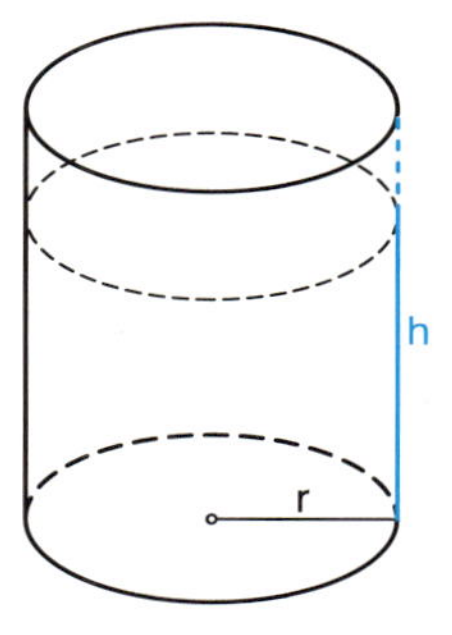

r konstant, h verändert sich

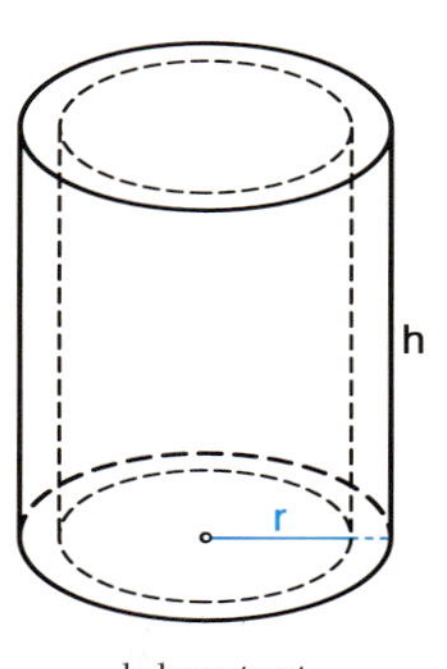

h konstant, r verändert sich

Volumen und Oberfläche eines Zylinders:
$V(r, h) = \pi r^2 h$
$O(r, h) = 2G + M$
$= 2\pi r^2 + 2\pi r h$

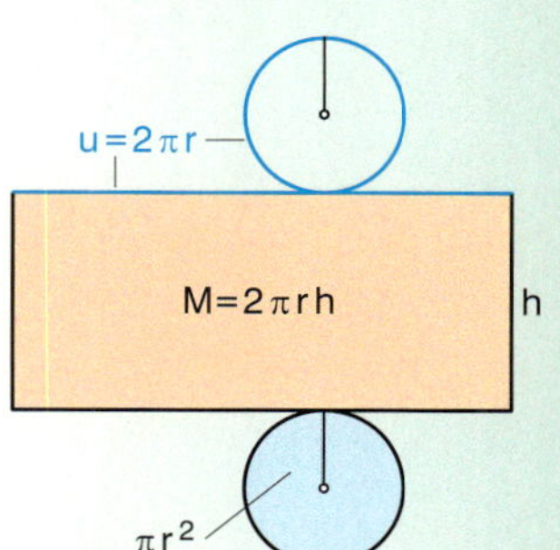

Hier können wir die Änderungsraten des Zylindervolumens mit („partiellen“) Ableitungen beschreiben.
Wir bilden einmal die Ableitung V′(h) „nach der Höhe h“, d.h. wir betrachten den Radius r als konstanten Faktor und h als Variable.
Dann bilden wir die „Ableitung V′(r) nach dem Radius r“, d.h. wir betrachten h als konstanten Faktor und r als Variable.

Auf dem CAS-Rechner müssen wir angeben, nach welcher Variablen abgeleitet werden soll:

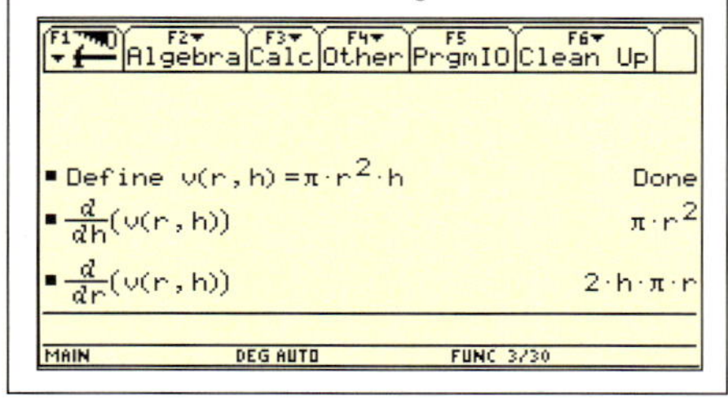

Was drückt der Ableitungsterm in beiden Fällen geometrisch aus? Vergleichen Sie mit Ihren Erkenntnissen aus den beiden vorigen Aufgaben.

Aufgaben

Tangentenkonstruktion an Funktionsgraphen
Mithilfe der Ableitung können Sie *rechnerisch* die Gleichungen von Tangenten an Funktionsgraphen bestimmen und diese dann auf dem Display des Rechners grafisch darstellen. Ursprünglich haben Sie die Tangente in der *Geometrie* kennengelernt. Sie ist die Gerade, die mit einem Kreis genau einen Punkt gemeinsam hat. Eine solche Tangente in einem Kreispunkt P können Sie auch einfach konstruieren.

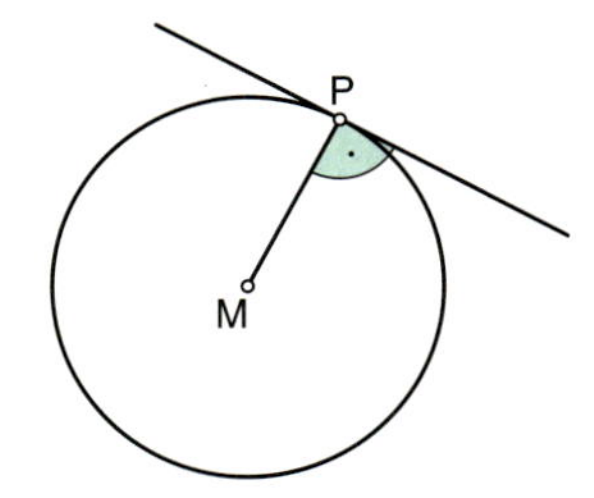

Konstruktion der Tangente in P an den Kreis: Senkrechte auf $\overline{MP}$ in P.

Kann man Tangenten an Funktionsgraphen auch geometrisch konstruieren?
Vorweg gesagt: Das geht nur bei sehr wenigen Funktionen, aber bei Parabeln klappt es. Mit der folgenden Aufgabe können Sie es selbst herausfinden.

49 *Tangentenkonstruktion an die Parabel*
a) Bestimmen Sie jeweils die Gleichung der Tangente der Normalparabel $y = x^2$ in den angegebenen Punkten und füllen Sie die Tabelle aus. Was fällt Ihnen auf? Versuchen Sie aus Ihren Beobachtungen ein Konstruktionsverfahren zu gewinnen.

x	f(x)	Tangenten-gleichung	Schnitt-stellen mit y-Achse	Null-stelle
1	■	$y = 2x - 1$	■	■
2	■	■	-4	■
4	■	■	■	2
5	■	■	■	■
10	■	■	■	■
20	■	■	■	■

Überprüfen Sie Ihr Verfahren, indem Sie damit eine Tangente an einen Punkt mit negativer x-Koordinate konstruieren und dies dann mit der rechnerisch ermittelten Tangente vergleichen.
b) Beschreiben Sie nun allgemein, wie man eine Tangente an die Normalparabel ohne Rechnung geometrisch konstruieren kann (es gibt zwei Möglichkeiten).
c) Konstruieren Sie die Tangenten an die Normalparabel in den Punkten $(\pm 1|1)$, $(\pm 2|4)$, $(\pm 3|9)$.
d) Gilt die Konstruktion auch für gestreckte Parabeln $y = a \cdot x^2$? Probieren Sie es für verschiedene Werte von a aus.

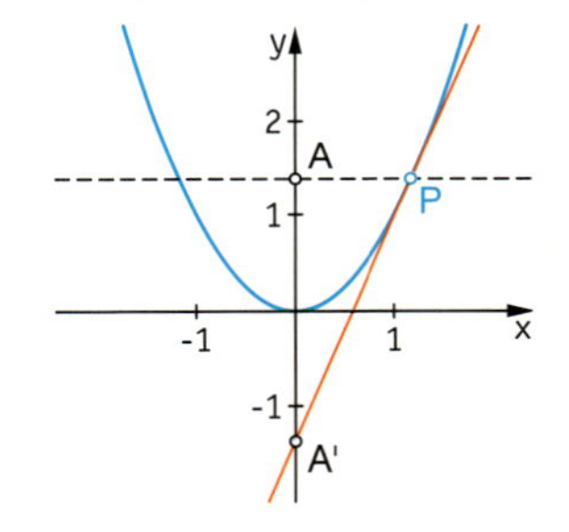

50 *Tangenten an die Parabel mit dem DGS*
Führen Sie die Tangentenkonstruktion in einem Parabelpunkt P mit dem DGS aus.

... Name	Definition	Algebra
1 Funktion f		f(x) = x²
2 Punkt P	Punkt auf f	P = (8.68, 75.37)
3 Gerade a	Gerade durch P parallel zu xAchse	a: y = 75.37
4 Punkt A	Schnittpunkt von yAchse, a	A = (0, 75.37)
5 Punkt A'	A gespiegelt an xAchse	A' = (0, -75.37)
6 Gerade Tangente	Gerade durch A', P	Tangente: -150.75x + 8.68y = -654.38

Ziehen Sie an P. Wenn Sie die „Spur" der Tangente aktivieren, werden sehr viele Tangenten auf einmal gezeichnet. Wie Sie vorher schon mit dem Applet oder dem GTR erlebt haben, erscheint die Parabel nun wieder als Hüllkurve der Tangenten.

2.2 Zusammenhänge zwischen Funktion und Ableitung

Was Sie erwartet

Funktionen beschreiben Abhängigkeiten zwischen zwei Größen, sowohl bei rein innermathematischen Zusammenhängen als auch in verschiedenen Anwendungsbereichen. Wertvolle Informationen über diese Zusammenhänge gewinnt man über die Darstellung in einer Tabelle oder im Funktionsgraphen. Vor allem am Verlauf des Graphen kann man schnell charakteristische Eigenschaften erkennen, z.B. wo dieser steigt oder fällt oder an welchen Stellen Hoch- bzw. Tiefpunkte erreicht werden. Interessanterweise spiegeln sich diese und weitere Eigenschaften sehr deutlich in den Ableitungen der Funktionen wider.
Um diese Zusammenhänge zwischen einer Funktion und ihren Ableitungen geht es in diesem Lernabschnitt.

Aufgaben

1 *Vokabular zum Beschreiben von Graphen – Zum Wiederholen und Erweitern*
Die Funktion f ist auf einem Intervall definiert. Im Graphen sind **besondere Punkte** und bestimmte **Eigenschaften** der Kurve in **Teilintervallen** angegeben.

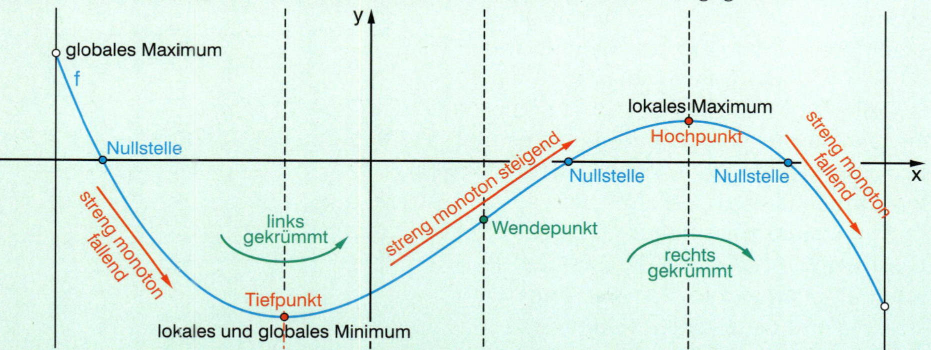

Ordnen Sie die folgenden Kennzeichnungen den Punkten und Fachbegriffen passend zu.

Für alle $x \neq a$ im Definitionsbereich von f gilt: $f(x) < f(a)$.	*Für alle $x \neq a$ in einer Umgebung der Stelle a ist $f(x) > f(a)$.*	*Der Graph wechselt von einer Linkskurve in eine Rechtskurve.*	*Für alle x_1, x_2 aus dem Intervall I gilt: mit $x_2 > x_1$ ist auch $f(x_2) > f(x_1)$.*
Für alle $x \neq a$ im Definitionsbereich von f gilt: $f(x) > f(a)$.	*Für alle $x \neq a$ in einer Umgebung der Stelle a ist $f(x) < f(a)$.*	*Für alle x_1, x_2 aus dem Intervall I gilt: mit $x_2 > x_1$ ist $f(x_2) < f(x_1)$.*	*$f(a) = 0$*

Durch die Zuordnungen entstehen Definitionen der Fachbegriffe. Schreiben Sie diese auf Karteikarten.

Eine Funktion f heißt streng monoton steigend im Intervall I, wenn ...	Eine Funktion f hat im Punkt P(a|f(a)) ein lokales Minimum, wenn ...	Eine Funktion f hat im Intervall I ein absolutes Maximum, wenn ...

Vergleichen Sie Ihre Definitionen untereinander und mit denen in der Formelsammlung oder im Lexikon.

Fachbegriffe
Nullstelle
globales Maximum
globales Minimum
lokales Maximum (Hochpunkt)
lokales Minimum (Tiefpunkt)
Wendepunkt
f ist **streng monoton steigend** im Intervall I
f ist **streng monoton fallend** im Intervall I
f ist **streng monoton fallend** im Intervall I

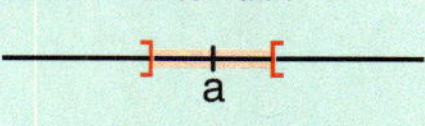

Umgebung der Stelle a

Aufgaben

2 *Entwicklungen und Veränderungen – grafisch dargestellt*

a) Welche Kurve passt zu den Aussagen?

Auszug aus dem Jahresbericht einer Firma:

„Erfreulicherweise konnten wir den Umsatz über das ganze Jahr hinweg ständig steigern. Bedenklich ist allerdings, dass die Anfangsphase mit wachsender Zunahme dann durch eine Phase mit geringer werdender Zunahme abgelöst wurde."

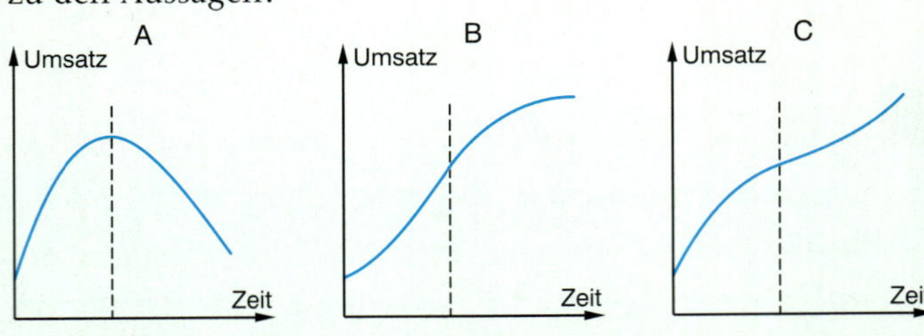

Begründen Sie. Die Änderung der Tangentensteigung kann dabei nützlich sein.

b) Ändern Sie den Jahresbericht so ab, dass er jeweils zu den beiden anderen Kurven passt.

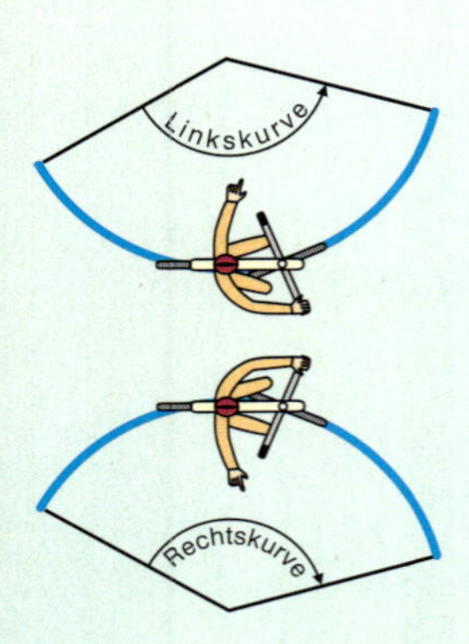

3 *Kurven „erfahren"*

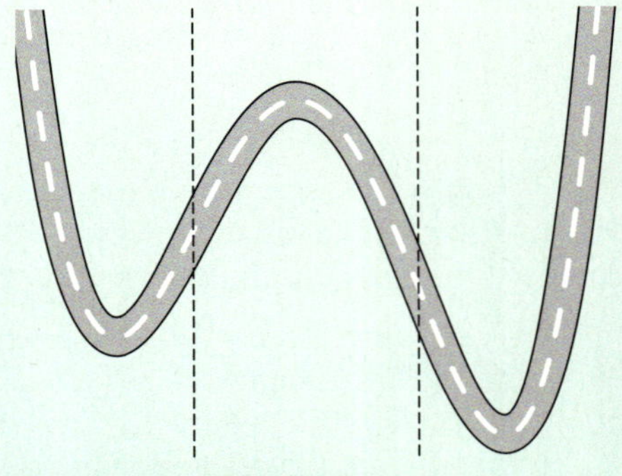

Rechts sehen Sie einen Ausschnitt aus dem Parcours eines Geschicklichkeitsfahrens mit dem Fahrrad von oben. Beschreiben Sie die Fahrt, wenn Sie den Parcours von links nach rechts durchfahren. Was lässt sich über die Lenkradstellung auf verschiedenen Teilstrecken sagen? Wo ist der Parcours besonders schwierig, wo kann man am schnellsten fahren?

Der Parcoursausschnitt kann im Intervall [−2; 6,6] durch die Funktion $f(x) = \frac{1}{8}x^4 - \frac{9}{8}x^3 + \frac{7}{4}x^2 + 3x$ beschrieben werden.

Bestimmen Sie die zweite Ableitung und skizzieren Sie mit dem GTR die Graphen von f und f''. Erkennen Sie Zusammenhänge zwischen Lenkradstellung und der zweiten Ableitung in bestimmten Intervallen? Beschreiben Sie.

Intervall	Lenkradstellung	f''(x)
[−2; 0,6[	■	> 0
■	rechts	■
■	■	■

4 *Hochwasser, Radtour und Verkaufszahlen*

In dem skizzierten Funktionsgraphen zu einer Funktion f sind besondere Punkte markiert.

a) Beschreiben Sie die Bedeutung dieser Punkte, wenn die Funktion
(1) den Pegelstand eines Flusses innerhalb einer Woche beschreibt,
(2) das Höhenprofil einer Radtour darstellt,
(3) die Verkaufszahlen eines Produkts innerhalb eines Jahres beschreibt.

b) Begründen Sie, dass der untere Funktionsgraph die Ableitung von f darstellt. Beschreiben Sie Zusammenhänge zwischen dem Kurvenverlauf von f und der Ableitungsfunktion (insbesondere an den besonderen Punkten).

5 *Zusammenhänge zwischen Funktion und Ableitungen*

Aufgaben

Forschungsaufgabe

Wählen Sie mit einer Gruppe jeweils eine der nebenstehenden Funktionen aus.

A: $f(x) = 4x^3 - 16x$
B: $f(x) = x^3 - x^2 - 8x + 12$
C: $f(x) = x^3 - x^2 - 5x - 3$
D: $f(x) = 0{,}1x^3 - 0{,}3x^2 + 1{,}5x + 1{,}9$
E: $f(x) = 0{,}5x^3 + 1{,}5x^2 + 1{,}5x + 0{,}5$
F: $f(x) = 2x^3 - 8x + 10$
G: $f(x) = 2x^3 + 8x$

Arbeit in den Gruppen
a) bis d)

a) **Graphen auf dem GTR**
Zeichnen Sie mit dem GTR den Graphen zu f(x) und die Graphen der zugehörigen Ableitungsfunktionen f′(x) und f″(x) in ein geeignetes Grafikfenster.

b) **Graphen auf Poster**
Übertragen Sie die Graphen auf ein Poster (Graph von f in blau, f′ in rot und f″ in grün).
Kennzeichnen Sie möglichst genau die Koordinaten der „besonderen Punkte" der Graphen von f, f′ und f″ (Nullstellen, Extrempunkte, Wendepunkte).

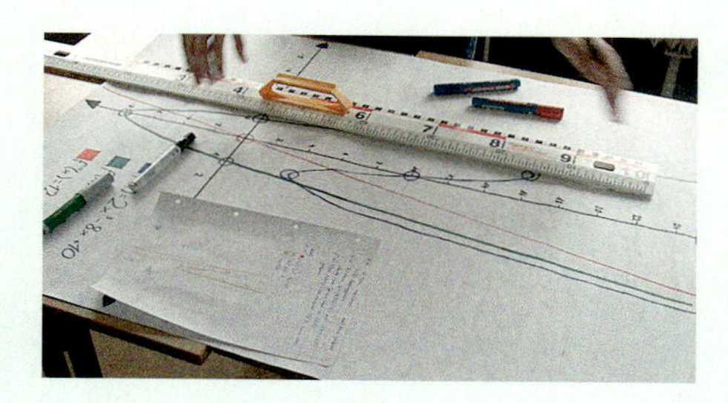

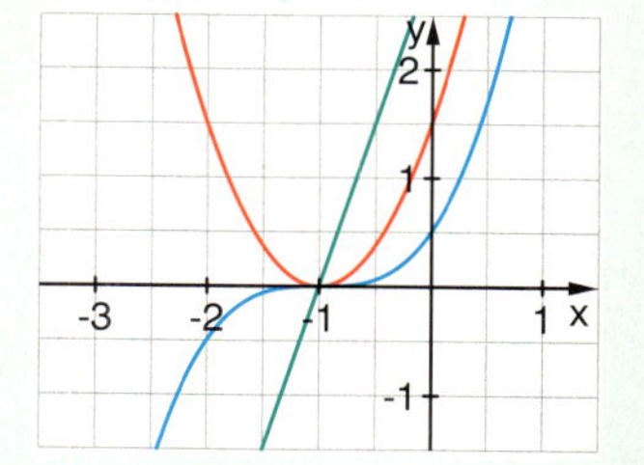

c) **Zusammenhänge erkennen, formulieren und begründen**
Erkennen Sie Zusammenhänge zwischen dem Graphen von f und den Graphen der Ableitungsfunktionen? Achten Sie hierbei vor allem auf die „besonderen Punkte".
Formulieren Sie Ihre Erkenntnisse möglichst exakt als Sätze.
Überprüfen Sie Ihre Vermutungen auch an den Postern anderer Arbeitsgruppen.
Verändern oder präzisieren Sie gegebenenfalls Ihre Aussagen.
Finden Sie eine plausible Begründung für den erkannten Zusammenhang?
Formulieren Sie auch diese Begründung.

Bei einer Funktion 3. Grades ist die 1. Ableitung stets eine Parabel!

Der Wendepunkt der Funktion ist der Punkt, an dem die 2. Ableitung die X-Achse schneidet!

d) **Sammeln in einer Mindmap**
Schreiben Sie die Aussagen, die Ihnen nach Überprüfung immer noch wichtig und richtig erscheinen, auf DIN-A4-Zettel und heften Sie diese auf eine bereitgestellte Pinnwand.
Es entsteht eine ungeordnete Mindmap.

e) **Ordnen und Sichern der Ergebnisse**
Vergleichen und diskutieren Sie die gefundenen Aussagen im Plenum (vorher die Poster aufhängen). Versuchen Sie dann gemeinsam, die Mindmap zu ordnen.
Die allgemein anerkannten und begründeten Aussagen werden schließlich auf Karteikarten festgehalten.

Arbeit im Plenum

Basiswissen

Die erste Ableitung gibt Auskunft über das Änderungsverhalten der Funktion f an der Stelle x. Geometrisch wird dies durch die Steigung der Tangente an den Graphen im Punkt $(x|f(x))$ erfasst. Die zweite Ableitung $f''(x)$ ist die Ableitung der ersten Ableitung, sie beschreibt also das Änderungsverhalten der Ableitung. Anschaulich ist dies die Änderungsrate der Tangentensteigung.

Geometrische Bedeutung der zweiten Ableitung

Die Änderungsrate $f''(x)$ der Tangentensteigung $f'(x)$ gibt eine Vorstellung davon, in welcher Weise der Graph von f „gekrümmt" ist.

Wenn $f''(x) > 0$, so nehmen die Tangentensteigungen zu.

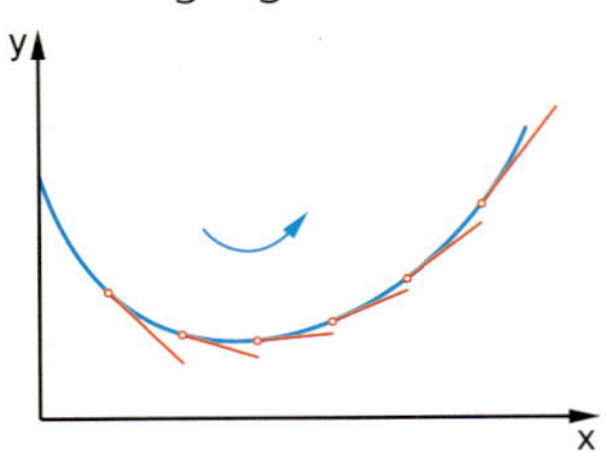

Die Tangenten drehen links herum.
Der Graph ist *linksgekrümmt*.

Wenn $f''(x) < 0$, so nehmen die Tangentensteigungen ab.

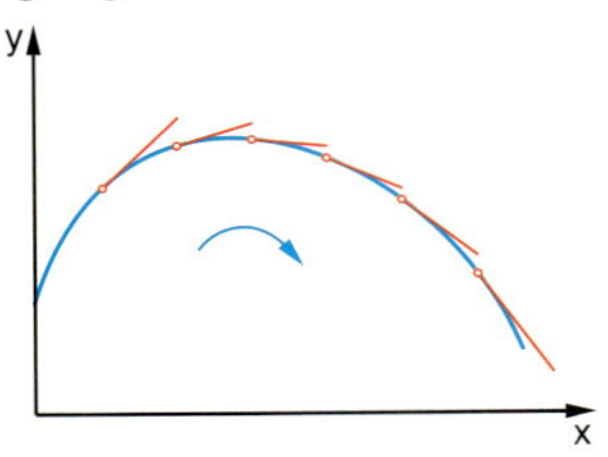

Die Tangenten drehen rechts herum.
Der Graph ist *rechtsgekrümmt*.

Ein **Wendepunkt** ist ein Punkt, in dem die Art der Krümmung wechselt.

Beispiele

A In welchen Intervallen ist der Graph der Funktion $f(x) = \frac{1}{6}x^3 - x^2$ linksgekrümmt, in welchen rechtsgekrümmt?

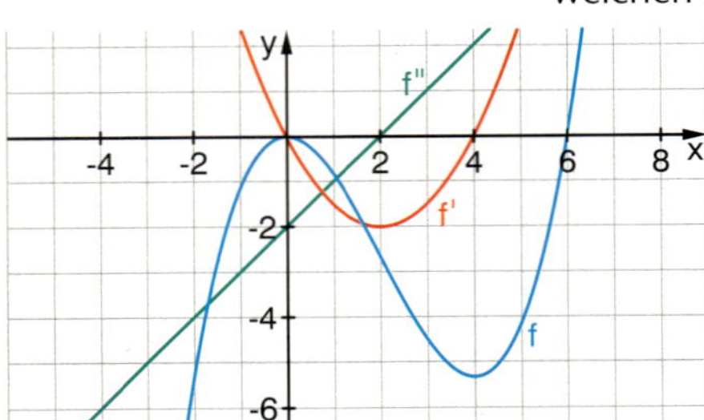

Lösung: $f'(x) = \frac{1}{2}x^2 - 2x \qquad f''(x) = x - 2$
In der grafischen Darstellung erkennt man, dass die zweite Ableitung für $x < 2$ negativ und für $x > 2$ positiv ist.
Also ist der Graph für $x < 2$ rechtsgekrümmt, für $x > 2$ linksgekrümmt, bei $x = 2$ ist der Wendepunkt, bei dem der Übergang von einer Rechts- zu einer Linkskurve stattfindet.
Algebraisch erkennt man dies direkt an dem Term von $f''(x)$.

B Eine Möbelfirma stellt exklusive Designerstühle her. Die Produktionskosten K hängen von der an einem Tag produzierten Menge x ab. Sie werden im Produktionsbereich von 0 bis 300 Stück durch die Funktion $K(x) = x^3 - 3x^2 + 6x + 1$ modelliert (x gibt die Stückzahl in Hundert an, K(x) die Produktionskosten in Zehntausend Euro).
Beschreiben Sie die Entwicklung der Produktionskosten mithilfe der Ableitungen.

Lösung: Der **Graph von K** verrät, dass erwartungsgemäß die Produktionskosten durchweg ansteigen: Je mehr produziert wird, desto höher sind die Kosten.
Der Graph von K' bestätigt das monotone Wachstum, denn es gilt im gesamten Intervall $K'(x) > 0$. Die Zunahme der Produktionskosten wird aber zunächst kleiner. Ab 100 Stück $(x = 1)$ wächst sie wieder an. K' hat dort ein Minimum.
Der Graph von K'' zeigt das Schrumpfen der Zunahme der Produktionskosten, denn anfangs ist $K''(x) < 0$, d.h. negativ. Bei einer Produktion von 100 Stühlen liegt die geringste Zunahme der Produktionskosten $(K''(1) = 0)$ vor. Danach wächst die Zunahme der Produktionskosten wieder an $(K''(x) > 0)$.

Übungen

6 *Motorradrennen*

a) Der nebenstehende Funktionsgraph ist die Luftaufnahme einer Schikane eines Motorradrennkurses. Sie kann im Intervall [−3; 5] durch die Funktion

$f(x) = 0{,}125\,x^4 - 0{,}25\,x^3 - 1{,}5\,x^2$

modelliert werden.

Beschreiben Sie das Fahrverhalten (Körperlage) der Fahrer, wenn die Strecke von links nach rechts durchfahren wird.

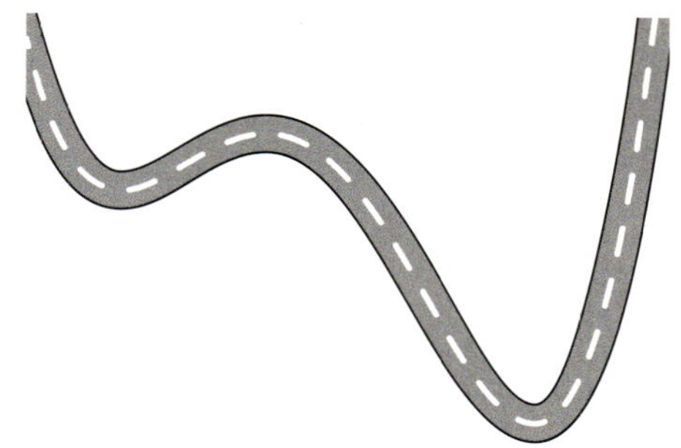

b) Geschickte Rennfahrer zeichnen sich dadurch aus, dass sie die richtige Stelle zum Wechsel der Kurvenlage finden. An diesen Stellen sitzen die Fahrer aufrecht. Wo liegen diese Stellen? Berechnen Sie sie mithilfe der oben angegebenen Funktion.

Schikane: Mehrere Kurven in kurzem Abstand

7 *Ableitungspuzzle*

Ordnen Sie die zweiten Ableitungen ((A)-(D)) den Funktionen ((1)-(4)) zu.

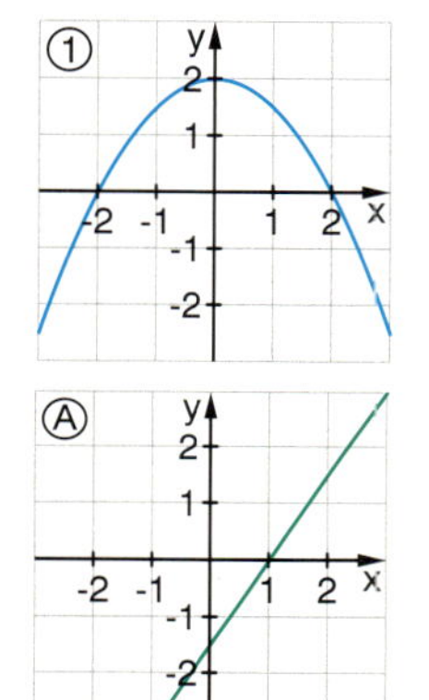

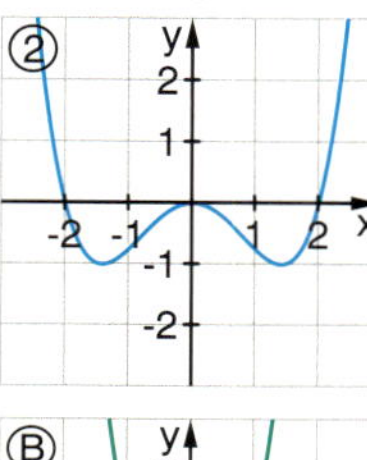

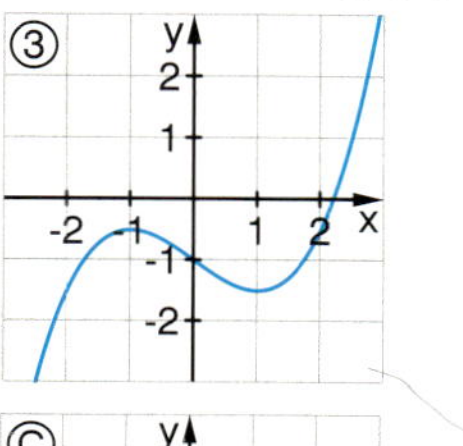

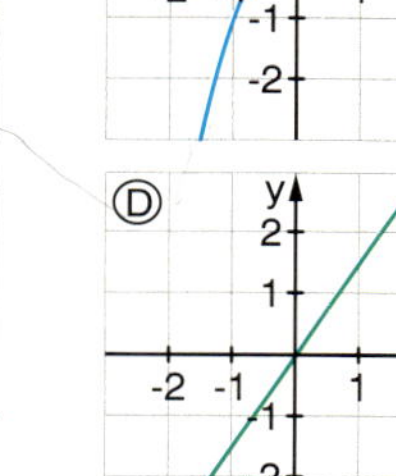

Eine Skizze der ersten Ableitung kann helfen.

8 *Krümmungsverhalten bekannter Funktionen*

a) Beschreiben Sie das Krümmungsverhalten von linearen Funktionen. Was sagt die zweite Ableitung?

b) Beschreiben Sie das Krümmungsverhalten der Sinusfunktion $f(x) = \sin(x)$ und bestätigen Sie es durch eine Skizze der zweiten Ableitung.

c) Beschreiben Sie das Krümmungsverhalten von $f(x) = \frac{1}{x}$ und bestätigen Sie es.

9 *Eine Gewinnbilanz*

Die Grafik zeigt die Entwicklung der Gewinne einer Firma seit 1998.

a) Beschreiben Sie die Entwicklung mit Worten.

b) Der Chef möchte für 2009 gerne Subventionen haben und muss dazu möglichst eine „negative" Prognose angeben. Haben Sie eine Idee?

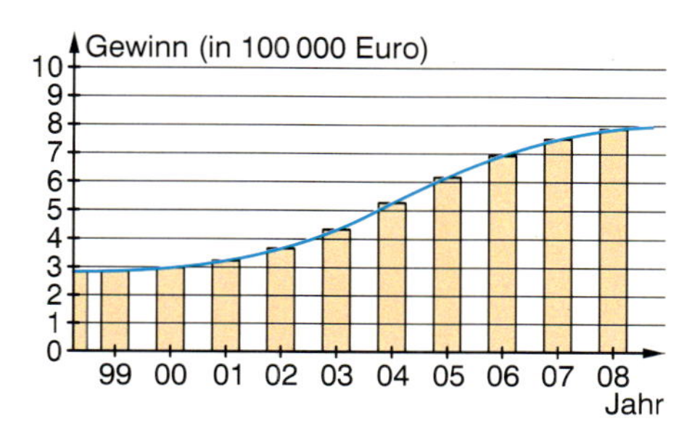

10 *Schlagzeilen zu Tierbeständen*

Der Bestand an Eisbären sinkt ständig weniger.	Das Wachstum des Bestandes an Polarfüchsen wird geringer.	Die Zahl der Berglöwen nimmt immer schneller ab.

Skizzieren Sie zu jeder Aussage eine angemessene Grafik und die dazugehörende erste und zweite Ableitung.

Basiswissen

Alle hier aufgeführten Zusammenhänge und Aussagen setzen voraus, dass die Funktionen an jeder Stelle des betrachteten Definitionsbereiches differenzierbar sind.

Die Eigenschaften Monotonie und Krümmung und die besonderen Punkte (Hochpunkte, Tiefpunkte und Wendepunkte) einer Funktion spiegeln sich in ihren Ableitungen wider. Damit ist es möglich, diese Eigenschaften und die besonderen Punkte des Graphen der Funktion f aus den Ableitungen f′ und f″ abzulesen.

Zusammenhang zwischen einer Funktion und ihren Ableitungen

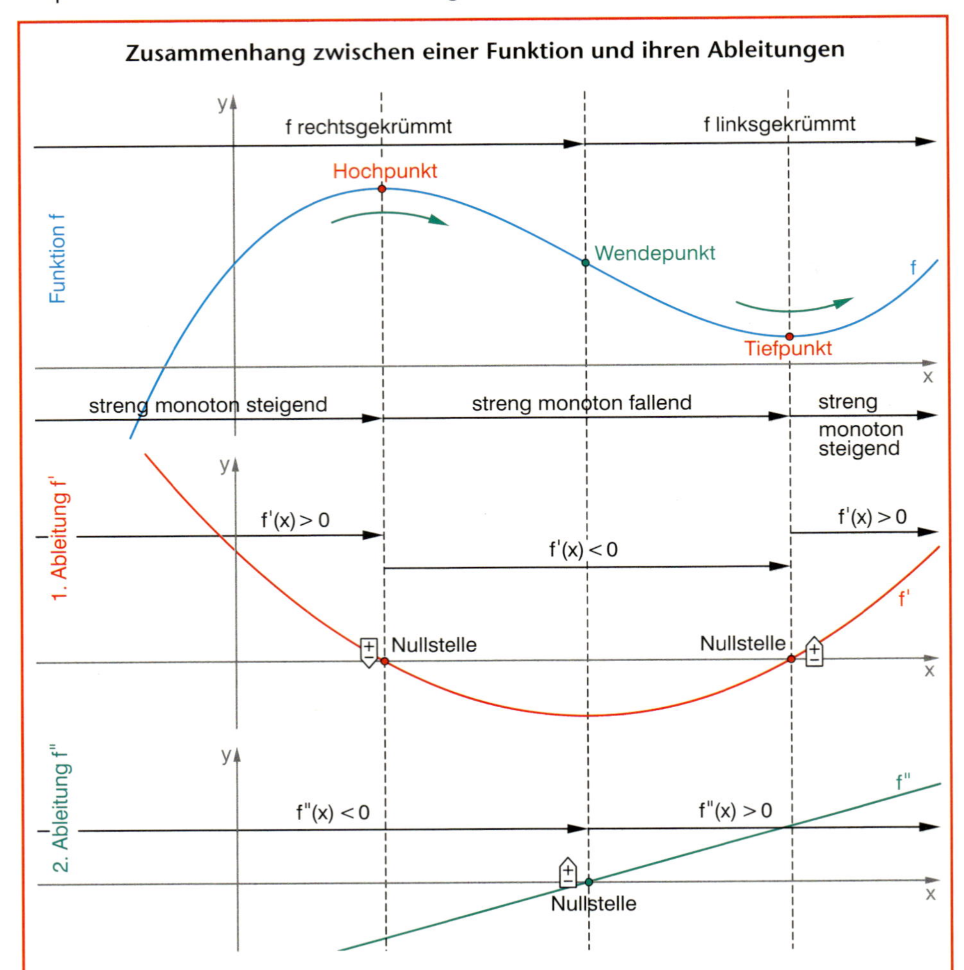

Das Vorzeichen von f′(x) gibt Auskunft über Steigen oder Fallen von f.

In Intervallen, in denen $f'(x) > 0$, ist f streng monoton steigend.
In Intervallen, in denen $f'(x) < 0$, ist f streng monoton fallend.

Ein Vorzeichenwechsel von f′(x) kennzeichnet lokale Extrempunkte von f.

An der Stelle,
an der f′(x) das Vorzeichen von + nach – wechselt, liegt ein Hochpunkt von f vor.
an der f′(x) das Vorzeichen von – nach + wechselt, liegt ein Tiefpunkt von f vor.

An der Stelle, an der f einen lokalen Extrempunkt hat, ist $f'(x) = 0$.

Das Vorzeichen von f″(x) gibt Auskunft über das Krümmungsverhalten von f.

In Intervallen, in denen $f''(x) > 0$, ist f linksgekrümmt.
In Intervallen, in denen $f''(x) < 0$, ist f rechtsgekrümmt.

Ein Vorzeichenwechsel von f″(x) kennzeichnet Wendepunkte von f.

An der Stelle, an der f″(x) einen Vorzeichenwechsel hat, hat f einen Wendepunkt.
An der Stelle, an der f einen Wendepunkt hat, ist $f''(x) = 0$.

C *Eine Aufgabe aus einem internationalen Mathematiktest*

Welcher der folgenden Graphen hat die nachstehenden Eigenschaften?
$f'(0) > 0$ und $f'(1) < 0$ und $f''(x)$ ist immer negativ.

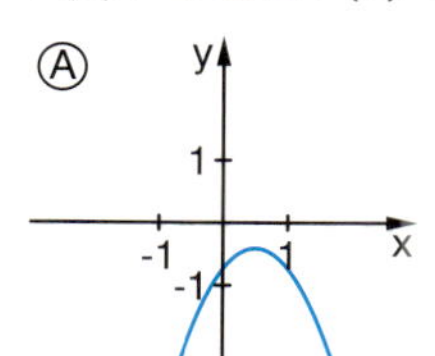

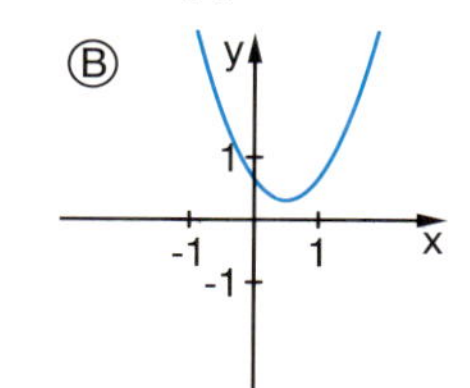

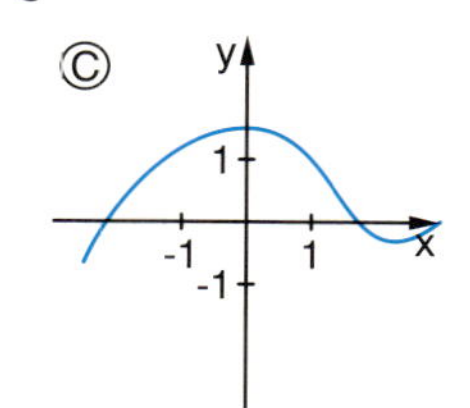

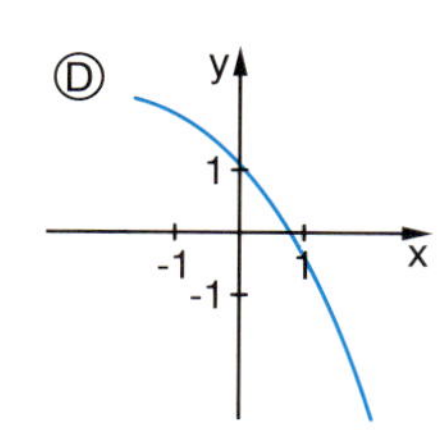

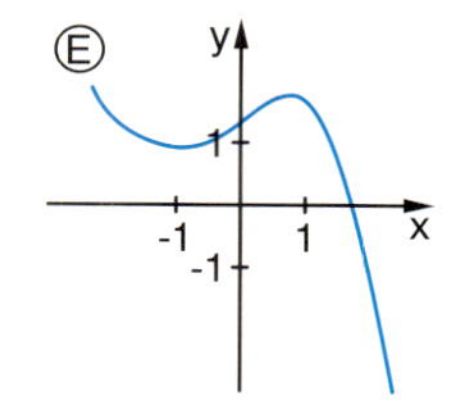

Lösung: **f′(0) > 0** besagt, dass der Graph von f an der Stelle 0 eine Tangente mit positiver Steigung hat. Dies wird nur von den Graphen A und E erfüllt.
f′(1) < 0 besagt, dass der Graph von f an der Stelle 1 eine Tangente mit negativer Steigung hat. Die Graphen von A und E erfüllen beide auch diese Bedingung.
f″(x) ist immer negativ besagt, dass der Graph überall rechtsgekrümmt ist. Der Graph E erfüllt diese Bedingung nicht, er ist zunächst linksgekrümmt und dann rechtsgekrümmt. Der Graph A erfüllt die Bedingung. Da er gleichzeitig die ersten beiden Bedingungen erfüllt, ist er der gesuchte Graph.

D *Von den Ableitungen zur Funktion*

Welche Aussagen liefern die abgebildeten Graphen der Ableitungen f′und f″ über den Graphen der zugehörigen Funktion f? Skizzieren Sie den Graphen von f.

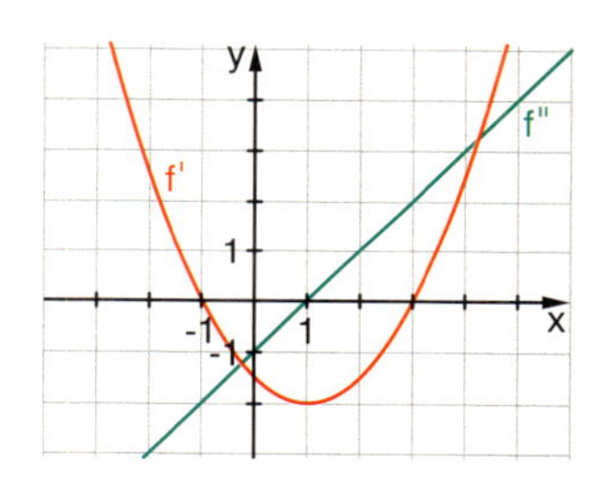

Lösung:

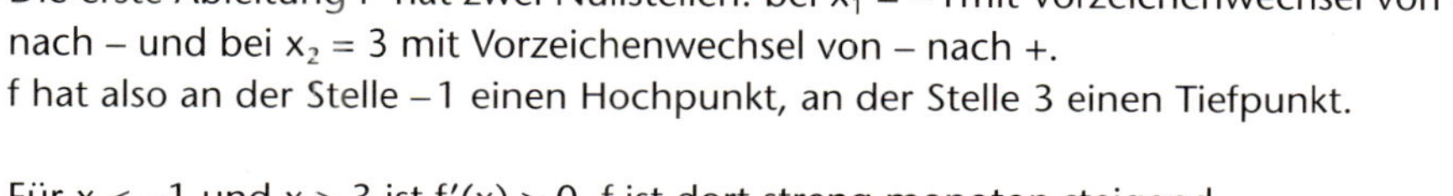

Die erste Ableitung f′ hat zwei Nullstellen: bei $x_1 = -1$ mit Vorzeichenwechsel von + nach – und bei $x_2 = 3$ mit Vorzeichenwechsel von – nach +.
f hat also an der Stelle –1 einen Hochpunkt, an der Stelle 3 einen Tiefpunkt.

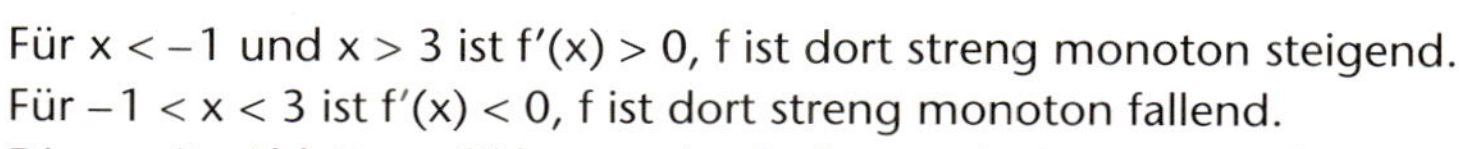

Für $x < -1$ und $x > 3$ ist $f'(x) > 0$, f ist dort streng monoton steigend.
Für $-1 < x < 3$ ist $f'(x) < 0$, f ist dort streng monoton fallend.

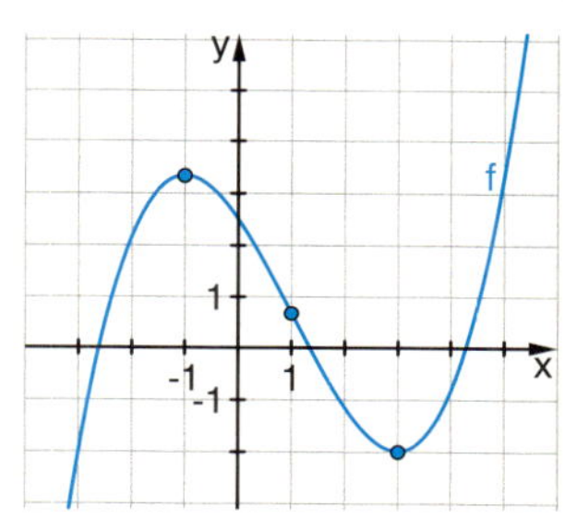

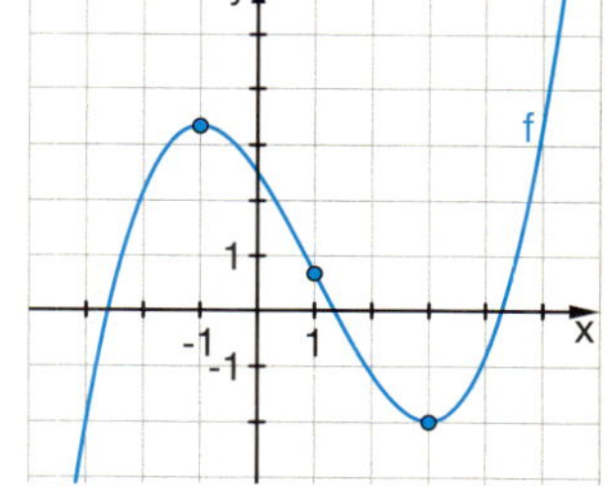

Die zweite Ableitung f″ hat an der Stelle $x_3 = 1$ einen Vorzeichenwechsel, f hat dort einen Wendepunkt.
Für $x < 1$ ist $f''(x) < 0$, der Graph ist hier rechtsgekrümmt,
für $x > 1$ ist $f''(x) > 0$, der Graph ist hier linksgekrümmt.

Über die genaue Lage des Graphen von f gewinnt man keine Information, er kann in Richtung der y-Achse beliebig verschoben werden.

E *Rechnerische Bestimmung von besonderen Punkten*

Der Graph der Funktion $f(x) = x^3 - 2x^2 - 15x$ wurde mit dem GTR gezeichnet. Bestimmen Sie rechnerisch mithilfe der Funktionsgleichung die exakten Koordinaten der lokalen Extrempunkte und des Wendepunktes.

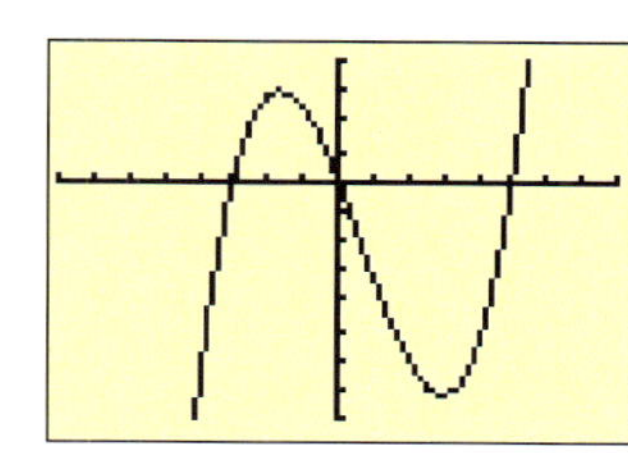

Lösung:
Extrempunkte kann es nur an den Stellen geben, an denen gilt: $f'(x) = 3x^2 - 4x - 15 = 0$.
Die Gleichung $3x^2 - 4x - 15 = 0$ hat die beiden Lösungen $x_1 = -\frac{5}{3}$ und $x_2 = 3$.
Einsetzen dieser Werte in die Funktionsgleichung liefert die zugehörigen y-Werte:
$f\left(-\frac{5}{3}\right) = \frac{400}{27} \approx 14{,}815$ und $f(3) = -36$.

Der Hochpunkt hat die Koordinaten $\left(-\frac{5}{3} \middle| \frac{400}{27}\right)$, der Tiefpunkt $(3 \mid -36)$.
Im Wendepunkt muss $f''(x) = 6x - 4 = 0$ sein. Dies ist bei $x_3 = \frac{2}{3}$ der Fall.
Die Berechnung des Funktionswertes an dieser Stelle liefert $f\left(\frac{2}{3}\right) \approx -10{,}593$.
Der Wendepunkt hat die Koordinaten $\left(\frac{2}{3} \middle| -\frac{286}{27}\right)$.

Übungen

11 Eine Funktion f erfüllt gleichzeitig folgende Bedingungen:
A: Die Punkte $P(2|3)$, $Q(4|5)$ und $R(6|7)$ liegen auf dem Graphen.
B: $f'(6) = 0$ und $f'(2) = 0$.
C: $f''(x) > 0$ für $x < 4$, $f''(4) = 0$ und $f''(x) < 0$ für $x > 4$.
Skizzieren Sie einen möglichen Graphen von f.
Vergleichen Sie mit den Skizzen anderer und begründen Sie gegebenenfalls Ihre Wahl.

12 Welche der folgenden Graphen können jeweils zu einer Funktion f mit folgenden Eigenschaften gehören?

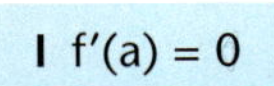

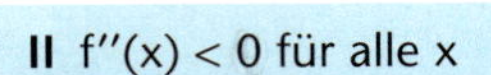

III $f'(a) < 0$ und $f''(x) > 0$ für alle x

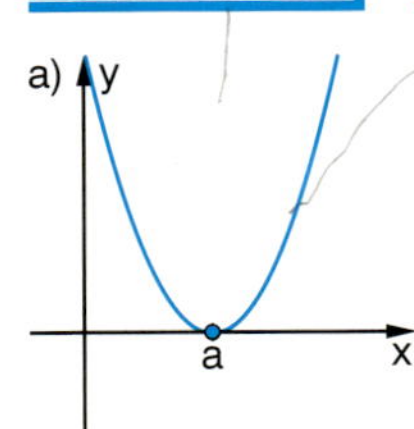

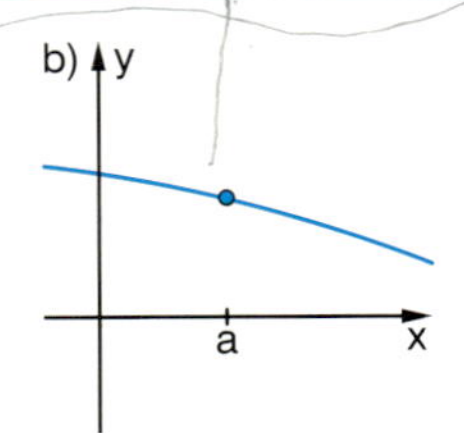

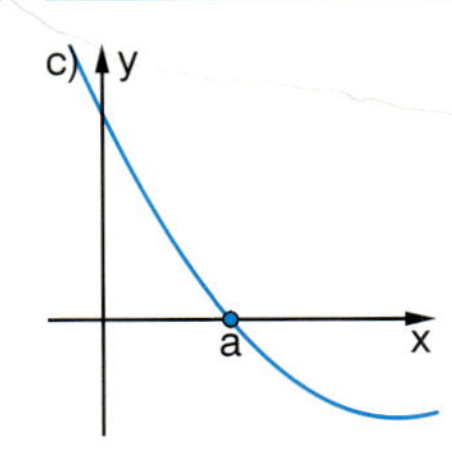

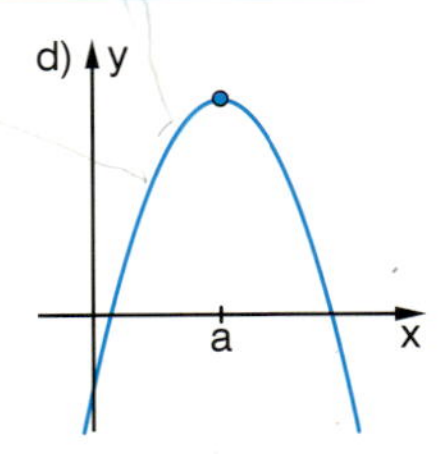

13 Im Folgenden sind vier Ableitungsfunktionen und vier Graphen der zugehörigen Funktionen gegeben. Ordnen Sie passend zu. Begründen Sie Ihre Entscheidung.

$g'(x) = x(x-2)$ $\quad$ $f'(x) = x - 2$ $\quad$ $h'(x) = x^2 - 2x + 1$ $\quad$ $k'(x) = 4 - x$

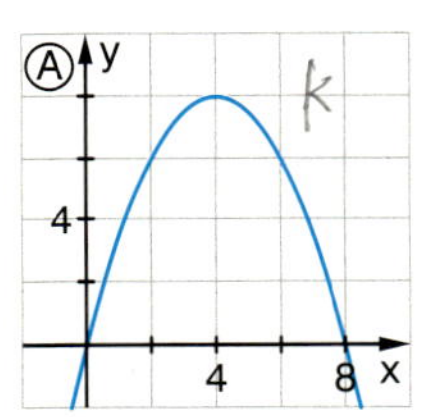

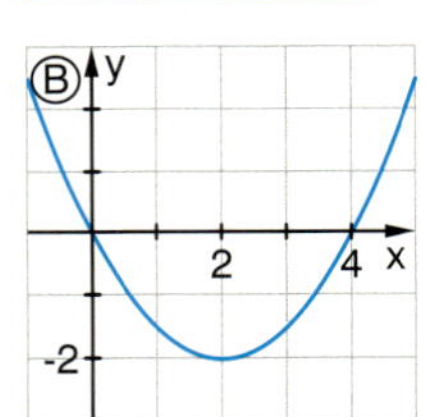

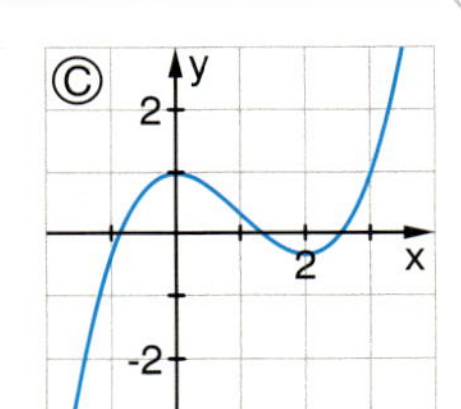

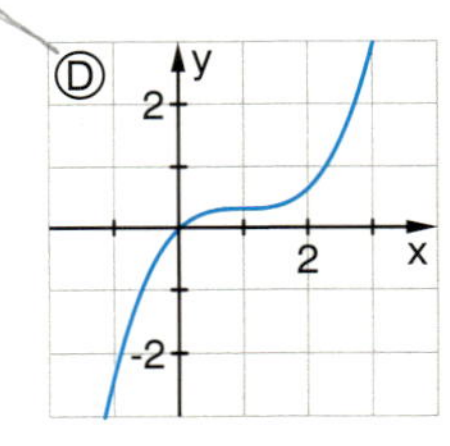

Denken Sie sich selbst solche Bedingungen aus und tauschen Sie die Aufgaben mit Ihrem Tischnachbarn aus.

14 Skizzieren Sie in einem gemeinsamen Koordinatensystem jeweils einen Funktionsgraphen, so dass die folgenden Bedingungen im gewählten Bildausschnitt (Intervall) erfüllt sind.
a) Die erste und zweite Ableitung sind immer positiv.
b) Die erste Ableitung ist immer positiv, die zweite Ableitung immer negativ.
c) Die erste und zweite Ableitung sind immer negativ.
d) Die erste Ableitung ist immer negativ, und die zweite Ableitung hat an einer Stelle a einen Vorzeichenwechsel von – nach +.
e) Die erste Ableitung ist immer positiv, und die zweite Ableitung hat an einer Stelle a einen Vorzeichenwechsel von + nach –.

15 Welche der folgenden Funktionen erfüllt gleichzeitig die Bedingungen A, B und C?
A: Die Funktion hat ein lokales Minimum an der Stelle $x = 2$.
B: Die Funktion hat einen Wendepunkt an der Stelle $x = 0$.
C: Der Graph ist links vom Wendepunkt rechtsgekrümmt.
$f(x) = \frac{1}{3}x^3 - 4x$ $\qquad$ $g(x) = \frac{1}{3}x^3 - 2x^2 + 4x - \frac{1}{2}$ $\qquad$ $h(x) = -\frac{f(x)}{4}$
Entscheiden Sie zunächst nur durch Rechnen und überprüfen Sie dann mithilfe der Graphen.

Machen Sie die Probe mit dem Graphen auf dem GTR.

16 Bestimmen Sie rechnerisch mithilfe der Funktionsgleichung die exakten Koordinaten der lokalen Extrempunkte und der Wendepunkte.
a) $f(x) = \frac{1}{3}x^3 - 4x$ $\qquad$ b) $f(x) = \frac{1}{4}x^3 - 3x^2 + 9x$
c) $f(x) = 0{,}5x^4 - 3x^2$ $\qquad$ d) $f(x) = \frac{1}{4}x^4 - \frac{3}{2}x^3 + 2$

17 *Sattelpunkte*

a) Sind Ihnen bisher schon Funktionsgraphen mit Sattelpunkten begegnet? Geben Sie Beispiele mit den Funktionsgleichungen an und skizzieren Sie die Graphen.

b) Welche der folgenden Funktionen weisen einen Sattelpunkt auf? An welcher Stelle liegt dieser jeweils?

$f(x) = (x-1)^3$ $\quad g(x) = x^2(x-2)$

$h(x) = x^3 + x$ $\quad k(x) = \frac{1}{2}x^4 - 3x^2 - 4x$

Ein Wendepunkt mit waagerechter Tangente wird als „**Sattelpunkt**“ bezeichnet.

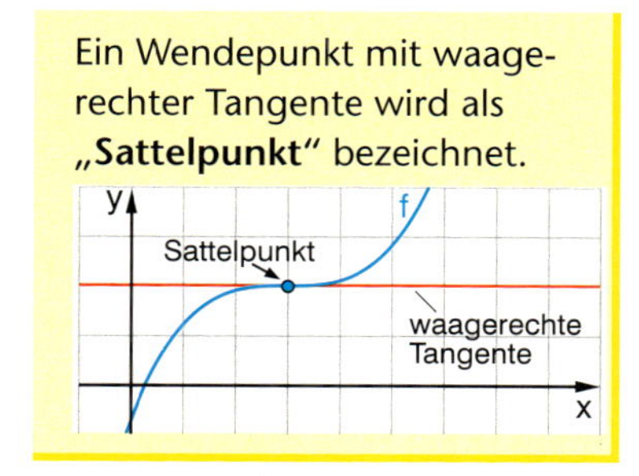

Übungen

In den folgenden Übungen geht es um die Zusammenhänge zwischen einer Funktion und ihren Ableitungen. Dabei wird auch das mathematische **Argumentieren** trainiert. Die beiden **Exkurse** geben eine Orientierungshilfe.

18 *Genauer hingeschaut*

Im Basiswissen auf Seite 66 steht der Satz:

„An der Stelle x_E, an der f einen lokalen Extremwert hat, ist $f'(x_E) = 0$.“

a) Schreiben Sie den Satz in der Wenn-dann-Form: *„Wenn f an der Stelle x_E … hat, dann gilt … .“*

b) Begründen Sie mit einem Gegenbeispiel, dass die Umkehrung des Satzes aus a) *„Wenn $f'(x_E) = 0$, dann hat f an der Stelle x_E einen lokalen Extremwert“* nicht wahr ist.

c) Ist der folgende Satz wahr? *„Wenn die erste Ableitung an der Stelle a nicht Null ist ($f'(a) \neq 0$), dann kann f an der Stelle a keinen lokalen Extremwert haben.“*

Sie können sowohl mit der geometrischen Bedeutung der ersten Ableitung als auch mit dem anfangs zitierten Satz argumentieren.

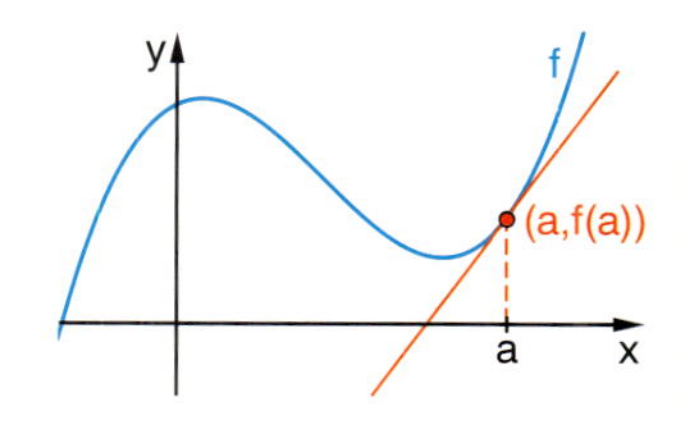

Logik Exkurs 1

Satz und Umkehrung

Sätze haben oft die Form: **Wenn A, dann B.** In A wird die Voraussetzung formuliert, in B die Behauptung.
Die „Wenn-dann-Aussage“ wird auch in der Form $A \Rightarrow B$ („Aus A folgt B“) geschrieben.

Wenn X ein Deutscher ist, dann ist X ein Europäer.

Wenn die Zahl n ein Vielfaches von 2 ist, dann ist auch n·n ein Vielfaches von 2.

Beide Sätze sind wahr.

Wenn Voraussetzung A und Behauptung B vertauscht werden, dann erhält man die **Umkehrung des Satzes: Wenn B, dann A**
($A \Leftarrow B$ „Aus B folgt A“)

Wenn X ein Europäer ist, dann ist X ein Deutscher.

Wenn die Zahl n·n ein Vielfaches von 2 ist, dann ist n ein Vielfaches von 2.

Wenn ein Satz wahr ist, so muss nicht auch dessen Umkehrung wahr sein.

Die Umkehrung des 1. Satzes ist falsch (auch ein Franzose ist ein Europäer). Die Umkehrung des 2. Satzes ist wahr.

Hinreichende und notwendige Bedingungen

Bei einem wahren Satz $A \Rightarrow B$ sagt man
A ist *hinreichende Bedingung* für B,
denn aus der Gültigkeit von A folgt die Gültigkeit von B.

Das Vorliegen eines lokalen Extremwertes an der Stelle a ist hinreichend dafür, dass $f'(a) = 0$.

B ist *notwendige Bedingung* für A, denn wenn B nicht gilt, kann auch A nicht wahr sein.

$f'(a)=0$ ist notwendige Bedingung dafür, dass an der Stelle a ein lokaler Extremwert vorliegen kann.

19 *Logiktraining – Sätze aus dem Alltag*

Formulieren Sie zu jedem Satz den Umkehrsatz und überprüfen Sie beide auf ihre Gültigkeit. Finden Sie selbst solche Alltagsbeispiele.

a) Wenn es regnet, dann wird die Straße nass.
b) Wenn jemand einen Führerschein hat, darf er Auto fahren.
c) Wenn X der Täter ist, dann war er am Tatort.

Übungen

In der Formulierung mathematischer Sätze ist nicht immer die Wenn-dann-Form zu erkennen. Für das Begründen und Beweisen ist es hilfreich, Voraussetzung und Behauptung klar getrennt zu formulieren.

20 *Logiktraining – Mathematische Sätze*

Nennen Sie in den folgenden Sätzen jeweils die Voraussetzung und die Behauptung und formulieren Sie die Sätze als „Wenn-dann-Satz". Sind die Sätze wahr? Formulieren Sie auch die Umkehrungen. Sind diese wahr?

a) Ein Viereck mit vier gleichlangen Seiten ist ein Quadrat.
b) Wurzeln aus Primzahlen sind irrational.
c) In gleichseitigen Dreiecken ist jeder Winkel 60° groß.
d) Durch 4 teilbare Zahlen sind gerade.
e) Im rechtwinkligen Dreieck gilt: $a^2 + b^2 = c^2$.

Partnerarbeit

21 *Wenn-dann-Puzzle*

Erstellen Sie folgende Karten und legen Sie einen Satz (☐ ⇒ ☐). Ihr Partner soll entscheiden, ob der Satz gilt oder nicht. Danach tauschen Sie die Rollen.

Ⓐ $f'(a) = 0$	Ⓔ f hat an der Stelle a einen lokalen Extremwert.	Ⓦ f hat an der Stelle a einen Wendepunkt.	Ⓒ $f'(a) = 0$ und $f''(a) = 0$
Ⓑ $f''(a) = 0$	Ⓥ f′ hat an der Stelle a einen Vorzeichenwechsel.	Ⓢ f hat an der Stelle a einen Sattelpunkt.	Ⓓ f″ hat an der Stelle a einen Vorzeichenwechsel.

22 *Weitere hinreichende Bedingungen zum Auffinden von lokalen Extrempunkten und Wendepunkten*

Wenn an der Stelle x_1 gilt:
$f'(x_1) = 0$ und $f''(x_1) > 0$, / $f''(x_1) < 0$, dann hat f bei x_1 einen lokalen Tiefpunkt. / Hochpunkt.

An der Stelle, an der f′ einen lokalen Extrempunkt hat, hat f einen Wendepunkt.

a) Bestätigen Sie die hier aufgeführten Sätze an den Beispielen
$f_1(x) = \frac{1}{4}(x^3 - 9x^2 + 15x + 25)$ und $f_2(x) = x^3 - 3x^2 + 5$.
b) Begründen Sie mithilfe der Kriterien im Basiswissen auf Seite 66.

23 Formulieren Sie jeweils die Umkehrung der Sätze in Aufgabe 22 und überprüfen Sie, ob sie wahr ist.

24 a) Zeigen Sie, dass für die Funktion $f(x) = x^4 - 8x^3 + 24x^2 - 32x + 15$ die erste und die zweite Ableitung an der Stelle $x = 2$ eine Nullstelle haben.
b) Können Sie sicher sein, dass der Graph von f an der Stelle $x = 2$ einen Sattelpunkt hat? Zeichnen Sie den Graphen und argumentieren Sie mit den Sätzen im Basiswissen.

Bei den Sätzen in diesem Lernabschnitt wird immer vorausgesetzt, dass die betrachteten Funktionen an jeder Stelle ihres Definitionsbereichs differenzierbar sind.

25 *Ganz genau hingeschaut*

Nicht immer werden in einem Wenn-dann-Satz alle Voraussetzungen explizit ausgeführt. Manche werden in dem gegebenen Zusammenhang generell vorausgesetzt. Ohne die nebenstehende Voraussetzung wäre der folgende Satz nicht wahr (vgl. Basiswissen Seite 66): *Wenn die Funktion f an der Stelle a einen lokalen Extremwert hat, dann ist f′(a) = 0.*

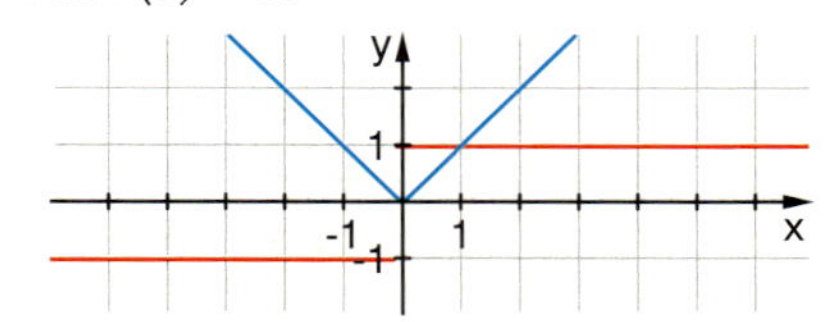

Erläutern Sie, dass die Funktion $f(x) = |x|$ sonst als Gegenbeispiel den Satz widerlegen würde.

Übungen

26 Die Funktionen $f(x) = x$ und $g(x) = \frac{1}{x}$ haben beide für positive x keinen lokalen Extrempunkt. Hat $h(x) = f(x) + g(x)$ einen lokalen Extrempunkt? Bestimmen Sie gegebenenfalls seine Koordinaten.

Logik Exkurs 2

Begründen oder Widerlegen von Aussagen

Aussagen können wahr oder falsch sein.

Viele Aussagen sind **Allaussagen.**
Beispiel: *Für alle x aus dem Intervall I gilt: $f'(x) < 0$.*
Allaussagen können nicht durch ein zutreffendes Beispiel bewiesen werden.
Die Wahrheit der Behauptung muss durch logische Schlüsse aus den gegebenen Voraussetzungen gefolgert werden. Zum Widerlegen der Allaussage genügt allerdings ein einziges Gegenbeispiel.

Manche Sätze sind **Existenzaussagen.**
Beispiel: *Es gibt eine Stelle x im Intervall I, für die gilt: $f'(x)=0$.*
Zum Beweis einer Existenzaussage genügt die Angabe eines zutreffenden Beispiels. Dafür ist sie schwerer zu widerlegen. Man muss nämlich nachweisen, dass es wirklich kein $x \in I$ mit der geforderten Eigenschaft gibt.

27 Wählen Sie jeweils die wahren Aussagen aus. Begründen Sie mithilfe der Ableitungen.

Es können auch jeweils mehrere Antworten richtig sein.

a) $f(x) = x \cdot (x-1)^2$ f hat an der Stelle 1

A … ein lokales Minimum.	**C** … ein lokales Maximum.
B … eine Nullstelle.	**D** …einen Wendepunkt.

b) $f(x) = (x-1)^4$ f hat an der Stelle 1

A … die Steigung 0.	**C** … einen Wendepunkt.
B … ein lokales Minimum.	**D** … ein lokales Maximum.

c) $f(x) = \frac{1}{x}$ f ist im Intervall [1; 2]

A … linksgekrümmt.	**B** … rechtsgekrümmt.
C … streng monoton fallend.	**D** … streng monoton steigend.

d) $f(x) = \sqrt{x}$ f ist für alle $x > 0$

A … streng monoton steigend.	**B** … streng monoton fallend.
C … linksgekrümmt.	**D** … rechtsgekrümmt.

28 Welche der folgenden Aussagen sind wahr? Begründen Sie Ihre Entscheidung.

A Wenn $f'(x) = 3x^2 - 4$, dann hat f genau zwei lokale Extrempunkte.
B Wenn $f'(x) = c$ für alle $x \in \mathbb{R}$, dann ist der Graph von f eine Gerade.
C Die lokalen Extrempunkte der Funktion $f(x) = \frac{1}{3}x^3 - 4x$ liegen auf einer Ursprungsgeraden.
D Die Hochpunkte der ganzrationalen Funktion $f(x) = -0{,}5x^4 + 4x^2 - 5$ liegen auf einer Geraden parallel zur x-Achse.

29 Der Term der ersten Ableitung $f'(x) = 4x^3 - 8x$ ist vorgegeben.

a) Leiten Sie daraus die charakteristischen Eigenschaften des Graphen von f ab.

Der Graph ist
… streng monoton wachsend in …
… streng monoton fallend in …
… linksgekrümmt in …
… rechtsgekrümmt in … .

Der Graph hat
… lokale Maxima an den Stellen …
… lokale Minima an den Stellen …
… Wendepunkte an den Stellen …

b) Passt der nebenstehende Funktionsgraph zu der gegebenen Ableitungsfunktion? Begründen Sie.

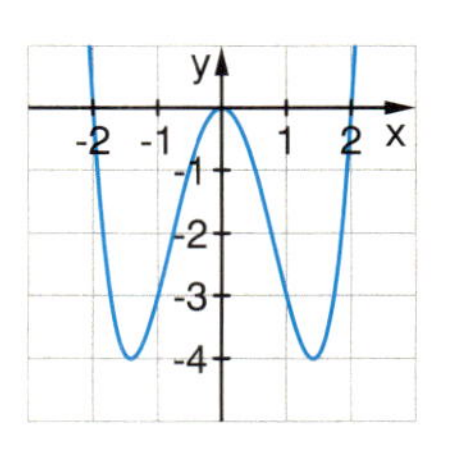

Übungen

Was die Ableitungen alles über die Funktion verraten

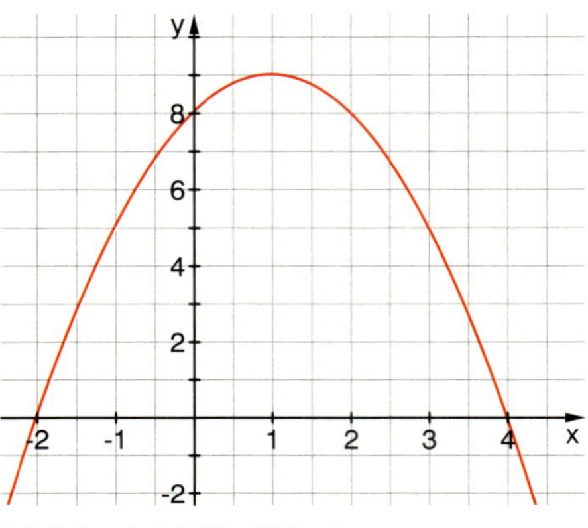

Scheitelpunkt S(1|9) f′(2) = 8

30 Der Graph der Ableitungsfunktion f′ der Funktion f ist gegeben.
a) Begründen Sie mithilfe des Graphen von f′:
(1) f hat genau einen Tiefpunkt und einen Hochpunkt.
(2) f hat genau einen Wendepunkt, dieser liegt an der Stelle $x_w = 1$.
(3) Die Tangente im Wendepunkt hat eine positive Steigung.
(4) f ist im Intervall [−2; 4] streng monoton wachsend.
b) Skizzieren Sie den Verlauf des Graphen von f. Es gilt f(0) = 0.

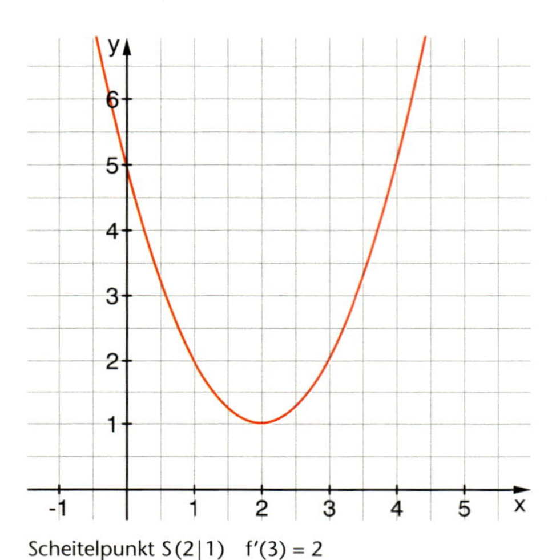

Scheitelpunkt S(2|1) f′(3) = 2

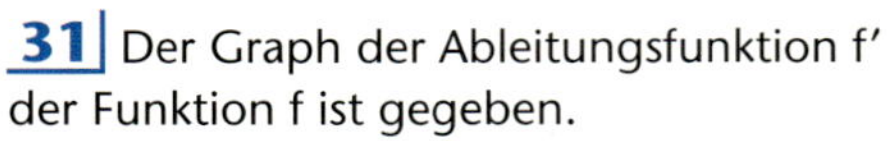
31 Der Graph der Ableitungsfunktion f′ der Funktion f ist gegeben.
a) Begründen Sie mithilfe des Graphen von f′:
(1) f hat keine lokalen Extrema.
(2) f hat genau einen Wendepunkt, dieser liegt an der Stelle $x_w = 2$.
(3) Die Tangente im Wendepunkt hat eine positive Steigung.
(4) f ist im ganzen Definitionsbereich streng monoton wachsend.
b) Skizzieren Sie den Verlauf des Graphen von f. Es gilt f(0) = 0.

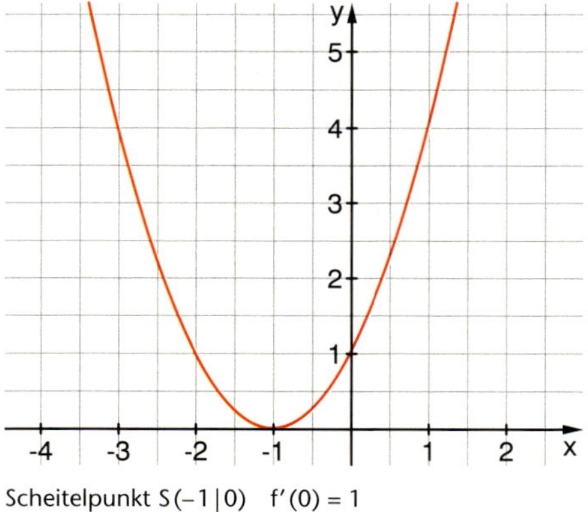

Scheitelpunkt S(−1|0) f′(0) = 1

32 Der Graph der Ableitungsfunktion f′ der Funktion f ist gegeben.
a) Begründen Sie mithilfe des Graphen von f′:
(1) f hat keinen lokalen Extrempunkt.
(2) f hat genau einen Wendepunkt, dieser ist ein Sattelpunkt.
(3) Die Tangente im Wendepunkt hat keine negative Steigung.
(4) f ist im ganzen Definitionsbereich streng monoton wachsend.
b) Skizzieren Sie den Verlauf des Graphen von f. Es gilt f(0) = 0.

Überlegen Sie, wie Sie Funktionsterme zu den gegebenen Ableitungstermen finden können. („Ableiten rückwärts“)

33 Die Funktionsgleichung der zweiten Ableitung $f''(x) = 2x + 2$ ist gegeben.
Es gilt zusätzlich $f'(-1) = 0$ und $f(0) = 0$.
a) Begründen Sie mithilfe der vorliegenden Informationen:
(1) f′ hat an der Stelle −1 einen Tiefpunkt.
(2) f hat genau einen Wendepunkt, dieser ist ein Sattelpunkt.
(3) Der Graph von f geht am Wendepunkt von einer Rechts- in eine Linkskrümmung über.
(4) f ist im ganzen Definitionsbereich monoton wachsend.
b) Skizzieren Sie einen möglichen Verlauf des Graphen von f.

Interpretation von Funktionen und ihren Ableitungen in Anwendungen

Übungen

34 *Längenwachstum*

Das Wachstum von Jugendlichen erfolgt nicht gleichmäßig, sondern in Schüben und unterschiedlichen Phasen. In dem folgenden Graphen ist ein typischer Wachstumsverlauf eines Mädchens im Alter von 10 bis 16 Jahren dargestellt. Dabei wurden die Messwerte jeweils am Ende eines Lebensjahres in das Koordinatensystem übertragen und durch eine „glatte" Kurve verbunden. Die beiden Graphen darunter zeichnen jeweils die Geschwindigkeit und die Beschleunigung des Wachstums zu den verschiedenen Zeiten der Wachstumsphase auf.

Wachstumstabelle von Luisa

Alter in Jahren	Körpergröße in cm
10	136
11	139
12	144
13	153
14	159
15	163
16	164

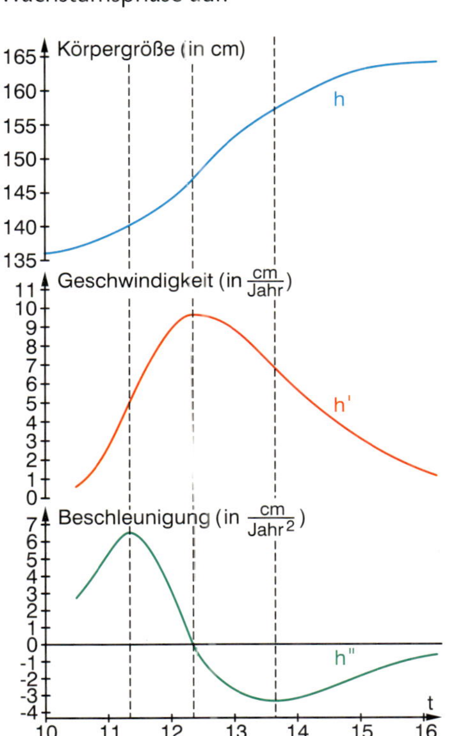

a) Beschreiben Sie den Verlauf der Wachstumskurve h(t) in den verschiedenen Phasen. Benutzen Sie dabei auch die Informationen aus dem Geschwindigkeitsgraphen h'(t) und dem Beschleunigungsgraphen h''(t).

b) Beantworten Sie mithilfe der drei Graphen:
- Zu welchem Zeitpunkt ist die Wachstumsgeschwindigkeit am größten? Wie zeigt sich dies jeweils in den Graphen von h und h''?
- Etwa ab 12,5 Jahren nimmt die Wachstumsgeschwindigkeit wieder ab. Wie äußert sich dies jeweils in den Graphen von h und h''?
- Welche Bedeutung hat die Nullstelle von h'' für die Wachstumskurve h ?
- Wie verläuft die Wachstumskurve nach dem 16. Lebensjahr weiter? Was bedeutet dies für die Fortsetzung der Graphen von h' und h'' ?
- Welche Bedeutung haben die negativen Werte der Beschleunigung für die Wachstumskurve?

c) Kevin hat mithilfe des GTR herausgefunden, dass sich die Wachstumskurve h(t) in dem betrachteten Bereich in etwa durch eine ganzrationale Funktion $f(x) = -0{,}305\,x^3 + 11{,}66\,x^2 - 141\,x + 685$ beschreiben lässt. Bestätigen Sie dies für die oben angegebenen Tabellenwerte.

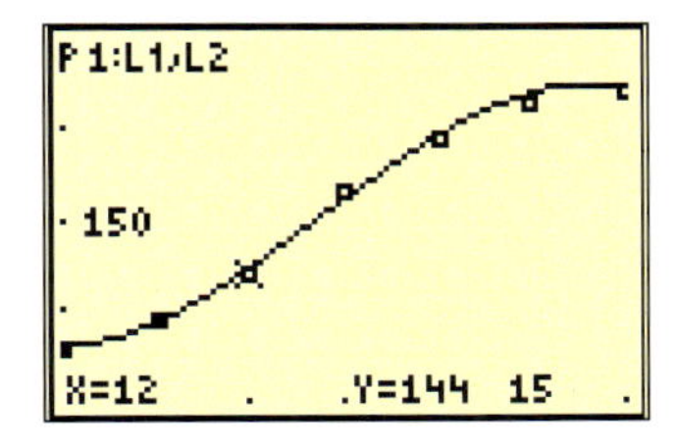

d) Beschreiben die Ableitungen der Funktion f auch die obigen Geschwindigkeits- und Beschleunigungsgraphen zutreffend? Überprüfen Sie mit dem GTR.
Überlegen Sie, warum sich die Funktion f nicht zur Beschreibung des Längenwachstums im Zeitraum von 0 bis 20 Jahren eignet. Es gibt mehrere Gründe.

Übungen

35 *Auszug aus einem Hochwasserbericht*

Beobachtung des Pegelstandes über 26 Stunden (von 0.00 Uhr Dienstag bis 2.00 Uhr Mittwoch):

Anfangs fiel der Pegel noch leicht bis auf etwa 200 cm. Ab zwei Uhr begann er dann mit zunehmender Geschwindigkeit zu steigen. Die Steiggeschwindigkeit erreichte gegen 8.00 Uhr mit etwa 40 cm/h ihr Maximum. Danach stieg der Pegel zwar immer noch an, nun aber immer langsamer bis zum Höchststand kurz vor 16.00 Uhr. Danach sank der Pegel weiter ab, und zwar zunächst immer schneller, kurz vor 24.00 wurde die Sinkgeschwindigkeit dann wieder kleiner. Am Ende des Beobachtungszeitraumes fiel der Pegel immer noch, aber mit geringer Geschwindigkeit.

a) Skizzieren Sie eine Hochwasserkurve passend zu dem Bericht. Vergleichen Sie Ihre Skizze mit denen anderer.

b) Die in dem Bericht festgehaltene Entwicklung des Pegelstandes eines Flusses bei Hochwasser kann in dem betrachteten Zeitabschnitt von 26 Stunden recht gut durch die ganzrationale Funktion vierten Grades $h(x) = 0{,}01\,x^4 - 0{,}635\,x^3 + 11{,}31\,x^2 - 39{,}27\,x + 226{,}1$ (x in Stunden, h in cm) modelliert werden.

Bestätigen Sie dies für die im Bericht angegebenen Daten. Bestimmen Sie mit der Modellfunktion zu den angegebenen Zeitpunkten jeweils den Pegelstand und die momentane Änderungsrate.

c) Begründen Sie, dass die Funktion h(x) den Pegelstand über das angegebene Zeitintervall hinaus nicht mehr gültig modellieren kann. Argumentieren Sie auch mit der ersten Ableitung.

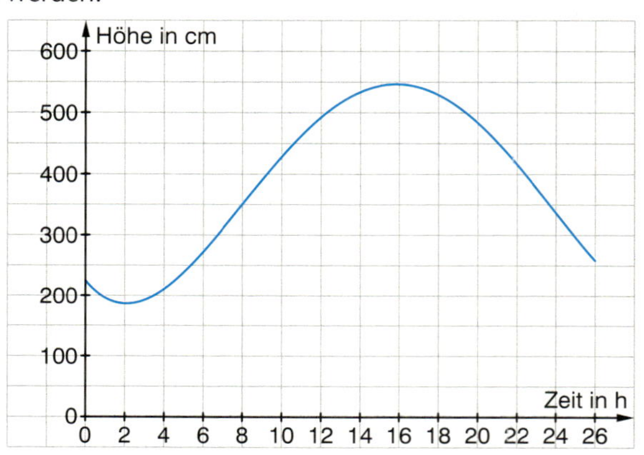

36 *Produktionskosten*

Die Firma Clip hat in einer Betriebsprüfung Produktionskosten zur Herstellung von Büroklammern in Abhängigkeit von der Tagesproduktion erfasst. Dabei wurden bis zu einer Produktion von 8 Millionen Stück folgende Beobachtungen festgehalten:

Wenn nichts produziert wird, fallen trotzdem Produktionskosten in einer bestimmten Höhe K_0 an.

Die Kosten nehmen mit der produzierten Stückzahl zu.

Die Zunahme der Kosten wird bis zu einer bestimmten Stückzahl x_1 ständig kleiner, ab dann nimmt sie wieder immer mehr zu.

a) Skizzieren Sie den Graphen einer Kostenfunktion K(x), der die Beobachtungen gültig erfasst. Begründen Sie Ihre Wahl auch mit den zugehörigen Graphen der „Kostenänderung“ und der „Änderung der Kostenänderung“.

b) Die Kostenfunktion wurde im Intervall [0; 8] modelliert. Dabei ergab sich folgende Funktionsgleichung: $K(x) = 2x^3 - 18x^2 + 60x + 32$ (Tagesproduktion x in Millionen Stück, Kosten K(x) in Tausend €).

Passt diese Funktion zu den obigen Beobachtungen? Wie groß war demnach jeweils die momentane Änderungsrate bei den Stückzahlen 0 und 8 Millionen? Bei welcher Stückzahl ist die momentane Änderungsrate minimal, wie groß ist sie dort?

Kurvenscharen

Aufgaben

37 Begründen Sie mithilfe der Ableitungen

Ⓐ Alle Graphen der Funktionen $f(x) = ax^2 + bx + c$ haben keinen Wendepunkt.

Ⓑ Jede ganzrationale Funktion dritten Grades hat genau einen Wendepunkt.

Ⓒ Eine ganzrationale Funktion vierten Grades hat höchstens zwei Wendepunkte.

Ⓓ Der Wendepunkt einer Funktion $f(x) = ax^3 + cx + d$ liegt stets auf der y-Achse.

38 *Eigenschaften einer Kurvenschar*

Alle Kurven sind Graphen von Funktionen $f(x) = x^3 - 3ax$ mit $a > 0$.

a) Skizzieren Sie die Graphen für a = 1, 2, 4, 9.

b) Begründen Sie die folgenden Aussagen:

(1) Der Graph von f hat einen Hochpunkt an der Stelle $x_1 = -\sqrt{a}$ und einen Tiefpunkt an der Stelle $x_2 = \sqrt{a}$.

(2) Der Graph von f hat im Punkt (0|0) die „negativste" Steigung.

(3) Für a = 4 hat der Graph von f im Intervall [−2; 2] eine Tangente mit der Steigung −8.

(4) Es gibt in der Kurvenschar keinen Graphen mit einem Sattelpunkt.

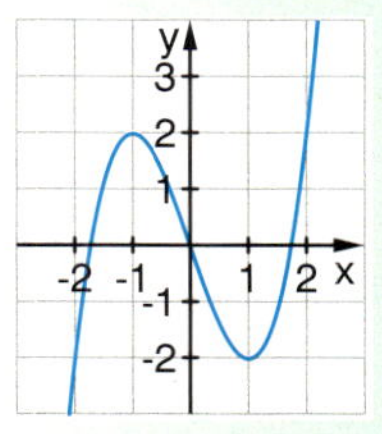

Der Graph für a = 1

39 *Untersuchung einer Kurvenschar*

Der Graph der Funktion

$f_c(x) = -\frac{1}{3}x^3 + c^2x + 2$

hängt von der Wahl des Parameters c ab.

a) Die nebenstehende Abbildung zeigt die Graphen von f_c und f'_c im selben Koordinatensystem. Welche Werte hat hier der Parameter c?

b) Gibt es Eigenschaften, die für alle Funktionen der Schar gelten? Wie äußert sich dies jeweils in den ersten beiden Ableitungen?

c) Beschreiben Sie, wie sich die Kurve verändert, wenn man ausgehend von c = 0 den Parameter c immer größer bzw. immer kleiner wählt.

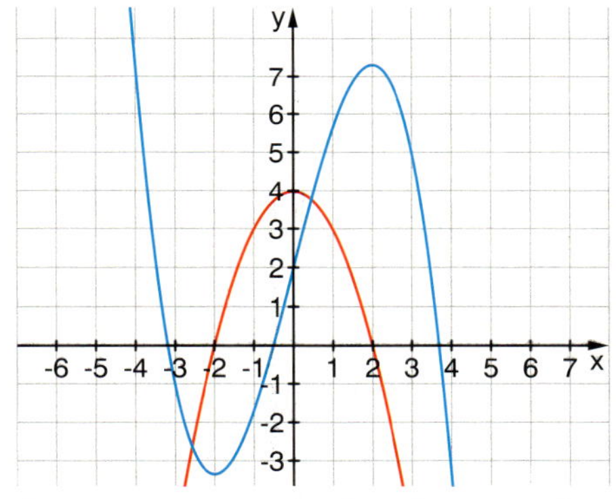

Bei diesen Aufgaben lohnt das Zusammenspiel von Grafiken am GTR/Computer und rechnerischen Untersuchungen mithilfe der Funktionsgleichungen.

40 *Wer's gerne etwas schwerer mag*

In dem nebenstehenden Bild sind viele Graphen der Kurvenschar zu

$f(x) = \frac{1}{3}x^3 - kx \quad (k \in \mathbb{R})$

gezeichnet.

Es sieht so aus, als lägen die Extrempunkte aller Kurven auf dem Graphen einer ganzrationalen Funktion dritten Grades (rote Kurve).

Versuchen Sie diese Funktion zu finden und die vermutete Eigenschaft nachzuweisen (die grüne Kurve ist ein erster Versuch).

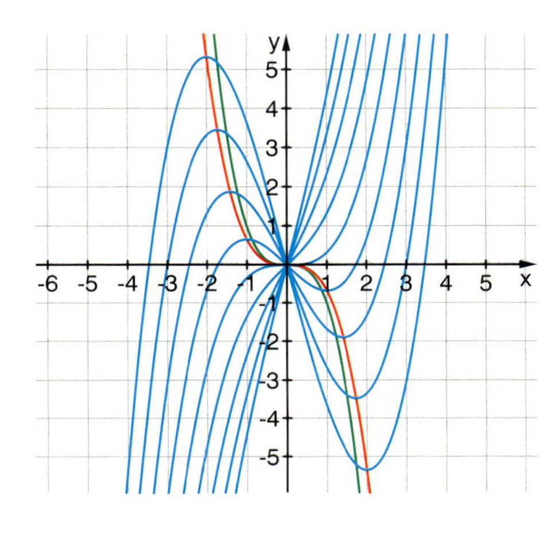

2.3 Ganzrationale Funktionen und ihre Graphen – Muster in der Vielfalt

Was Sie erwartet

Im Rahmen dieses Kapitels wurden bisher die neuen Begriffe, Zusammenhänge und Verfahren der Differenzialrechnung an zahlreichen Beispielen ganzrationaler Funktionen entwickelt. In diesem Lernabschnitt wollen wir in die Vielfalt der Funktionsgraphen etwas Ordnung bringen und verschiedene, immer wiederkehrende Muster herausstellen. Bei dieser Klassifikation der ganzrationalen Funktionen können wir auch auf die Ableitungen zurückgreifen und manche Eigenschaften damit treffend beschreiben und begründen. Symmetrieeigenschaften, Nullstellen und das Verhalten der Graphen im Unendlichen liefern uns zusätzliche Hilfen beim Überblick.

Aufgaben

1 *Zum Wiederholen – Geraden und Parabeln*

Die Graphen ganzrationaler Funktionen ersten Grades ($f(x) = ax + b$) und zweiten Grades ($f(x) = ax^2 + bx + c$) sind Geraden und Parabeln.

a) Skizzieren und beschreiben Sie das unterschiedliche Aussehen der Graphen und erläutern Sie Zusammenhänge mit den jeweiligen Koeffizienten a, b, c.

b) Welche Informationen über den Graphen können Sie aus der Scheitelpunktform einer quadratischen Funktion gewinnen?

c) Welche Eigenschaften der Parabeln kann man mithilfe der Ableitungen begründen?

Begriffe, die im Bericht auftreten sollten:
- Streckung/Stauchung
- Steigung
- Symmetrie
- y-Achsenabschnitt
- nach oben/unten offen
- Scheitelpunkt (Hochpunkt/Tiefpunkt)
- Nullstellen

$f(x) = a(x - x_s)^2 + y_s$
→ Formelsammlung

2 *Typen von Graphen ganzrationaler Funktionen dritten Grades*

a) Wie sehen Graphen von ganzrationalen Funktionen dritten Grades aus? Versuchen Sie, die vielen Beispiele aus den vorangegangenen Lernabschnitten nach unterscheidbaren Typen zu ordnen. Skizzieren Sie die charakteristischen Formen und beschreiben Sie sie mit dem Vokabular für Graphen.

b) Hilfe bei der Typisierung kann die erste Ableitung leisten. Der Graph der Ableitung einer ganzrationalen Funktion dritten Grades $f(x) = ax^3 + bx^2 + cx + d$ ($a > 0$) ist immer vom gleichen Typ, nämlich eine nach oben geöffnete Parabel. Bezüglich der Lage im Koordinatensystem kann man allerdings drei Fälle unterscheiden:

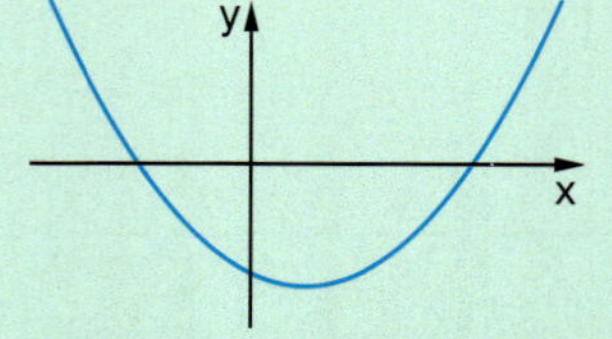

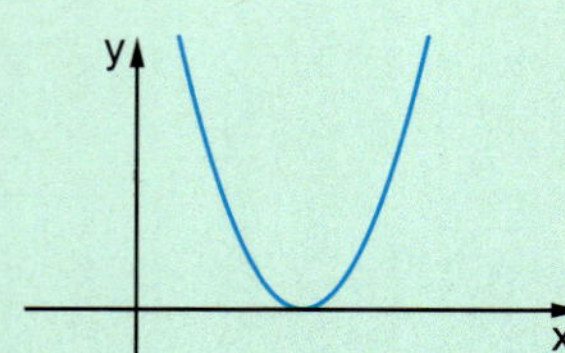

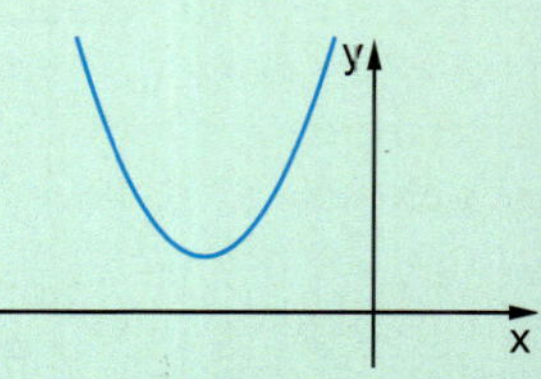

Worin liegen die Unterschiede? Skizzieren Sie zu jedem Ableitungsgraphen einen zugehörigen Graphen der Funktion f. Wie unterscheiden sich die drei Typen? Beschreiben und vergleichen Sie mit Ihren Ergebnissen aus dem Aufgabenteil a).

c) Was ändert sich an den drei Typen der Graphen von f, wenn in dem Funktionsterm $ax^3 + bx^2 + cx + d$ der Koeffizient $a < 0$ ist?

3 *Graphen aus der Ferne betrachtet – wohin geht es auf dem Weg ins Unendliche?*
Die Graphen von vier ganzrationalen Funktionen dritten Grades f_1, f_2, f_3 und f_4 sind in drei immer größer werdenden Fenstern dargestellt (Zoom Out).
$f_1(x) = 0{,}2x^3$ $f_2(x) = 0{,}2x^3 + 2x - 3$ $f_3(x) = 0{,}2x^3 + x^2 - 2$ $f_4(x) = 0{,}2x^3 - x - 2$

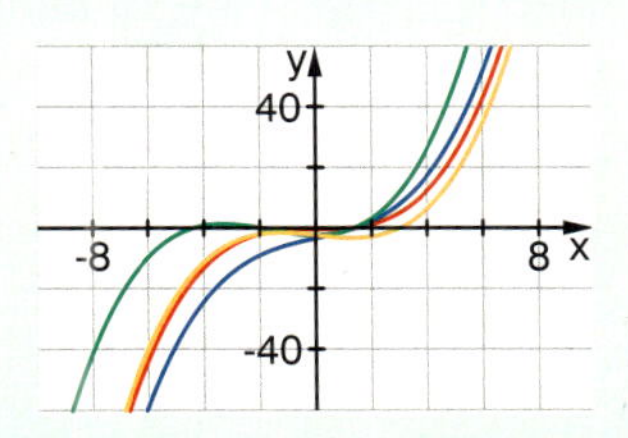

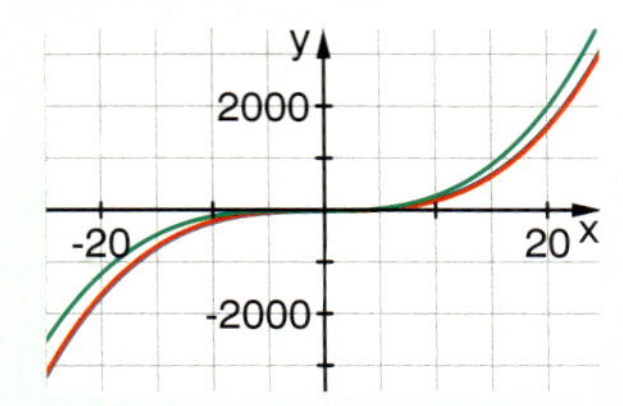

Zeichnen Sie die Bilder mit Ihrem GTR. Was können Sie beobachten? Beschreiben Sie die Veränderungen. Welcher der Funktionsgraphen verändert sein Aussehen am wenigsten? Wie verändert sich das Aussehen der anderen?

4 *Funktionsgraphen spiegeln – was passiert?*

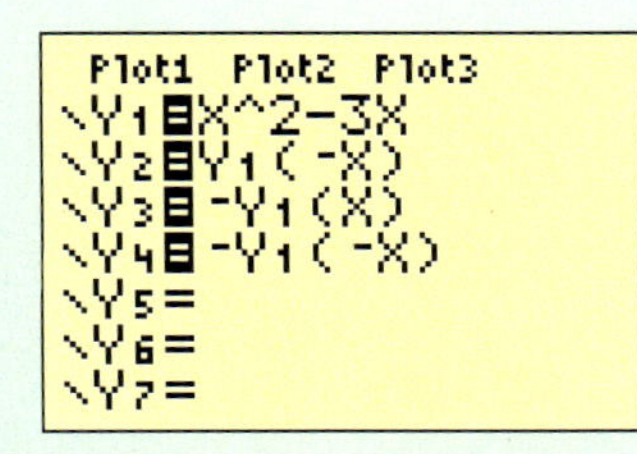

a) Berechnen Sie die Funktionsterme zu y_2, y_3 und y_4 und ordnen Sie die Graphen den Funktionen zu. Beschreiben Sie, wie man geometrisch jeweils den Graphen von y_2, y_3 und y_4 aus dem Graphen von y_1 erzeugen kann.

Geometrische Fachbegriffe:
Achsenspiegelung
Punktspiegelung

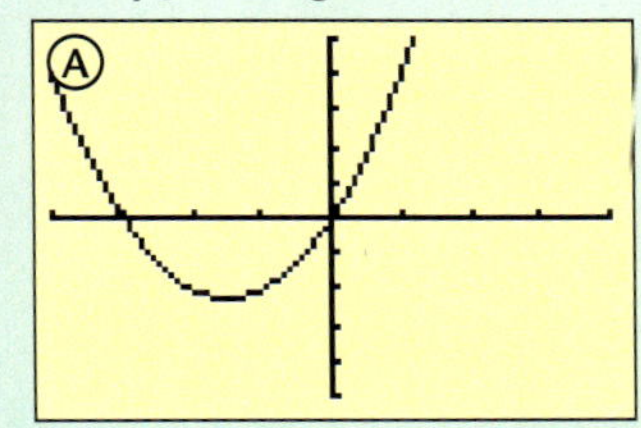

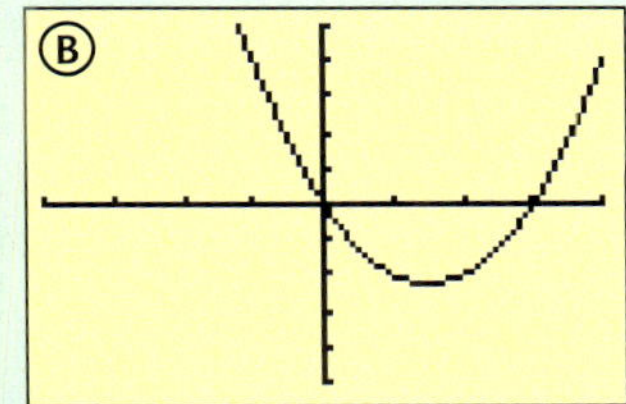

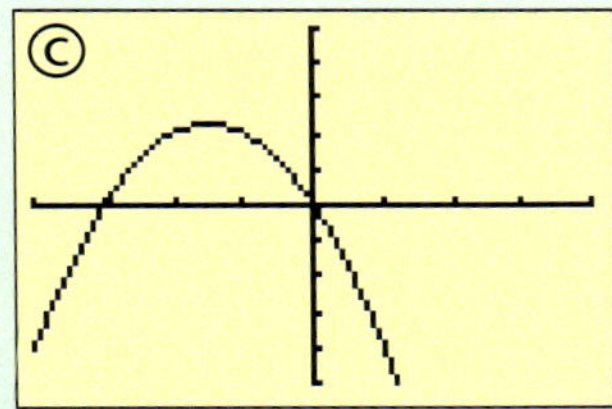

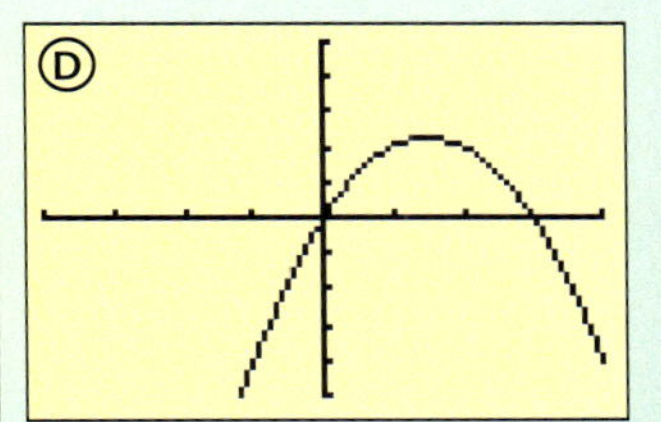

b) Geben Sie in Ihrem Rechner für y_1 jeweils die verschiedenen Funktionsterme ein. Die anderen Funktionen y_2, y_3 und y_4 bleiben wie oben im Display angegeben.

$y_1 = x^3 - x^2$ $y_1 = x^3 - x$ $y_1 = x^4 - x^2 + 1$ $y_1 = x^4 - x^3 + x^2$

Schauen Sie sich in jedem der Fälle die Graphen der vier Funktionen y_1 bis y_4 an. In einigen Fällen gibt es Überraschungen. Versuchen Sie diese mithilfe des Graphen und des Funktionsterms von y_1 zu erklären.

Hilfreich ist auch die Tabelle

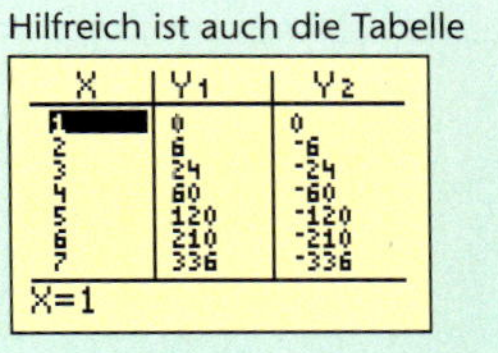

X	Y1	Y2
1	0	0
2	6	-6
3	24	-24
4	60	-60
5	120	-120
6	210	-210
7	336	-336

X=1

5 *Forschungsaufgabe: Nullstellen von ganzrationalen Funktionen dritten Grades*

Tipps:

Verschieben eines Graphen in y-Richtung liefert verschiedene Fälle.

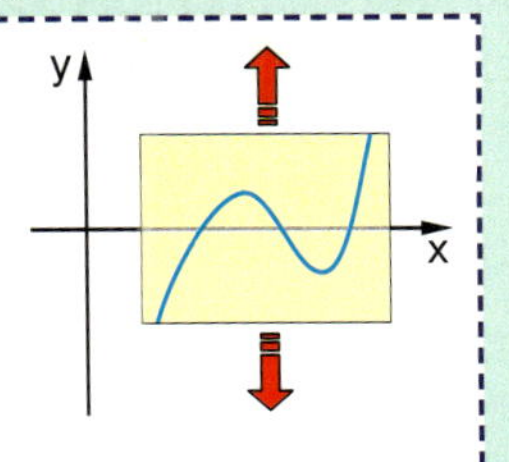

Bei manchen Funktionsgleichungen kann man sofort die Anzahl der Nullstellen erkennen.
$f(x) = (x - 1)(x + 2)(x + 5)$
$g(x) = (x - 1)^2(x + 1)$
$h(x) = (x + 2)^3$

Von quadratischen Funktionen wissen wir, dass sie höchstens zwei Nullstellen haben können und dass es Graphen mit keiner, mit einer und mit zwei Nullstellen gibt.
Wie sieht dies bei ganzrationalen Funktionen dritten Grades aus? Wie viele Nullstellen können höchstens auftreten?
Gibt es auch hier Beispiele mit keiner, einer, zwei oder mehr Nullstellen?
Stellen Sie einen Untersuchungsbericht zusammen. Belegen Sie Ihre Ergebnisse mit Beispielen und versuchen Sie zu begründen.

Basiswissen

Die Graphen ganzrationaler Funktionen dritten Grades lassen sich in charakteristische Typen klassifizieren.

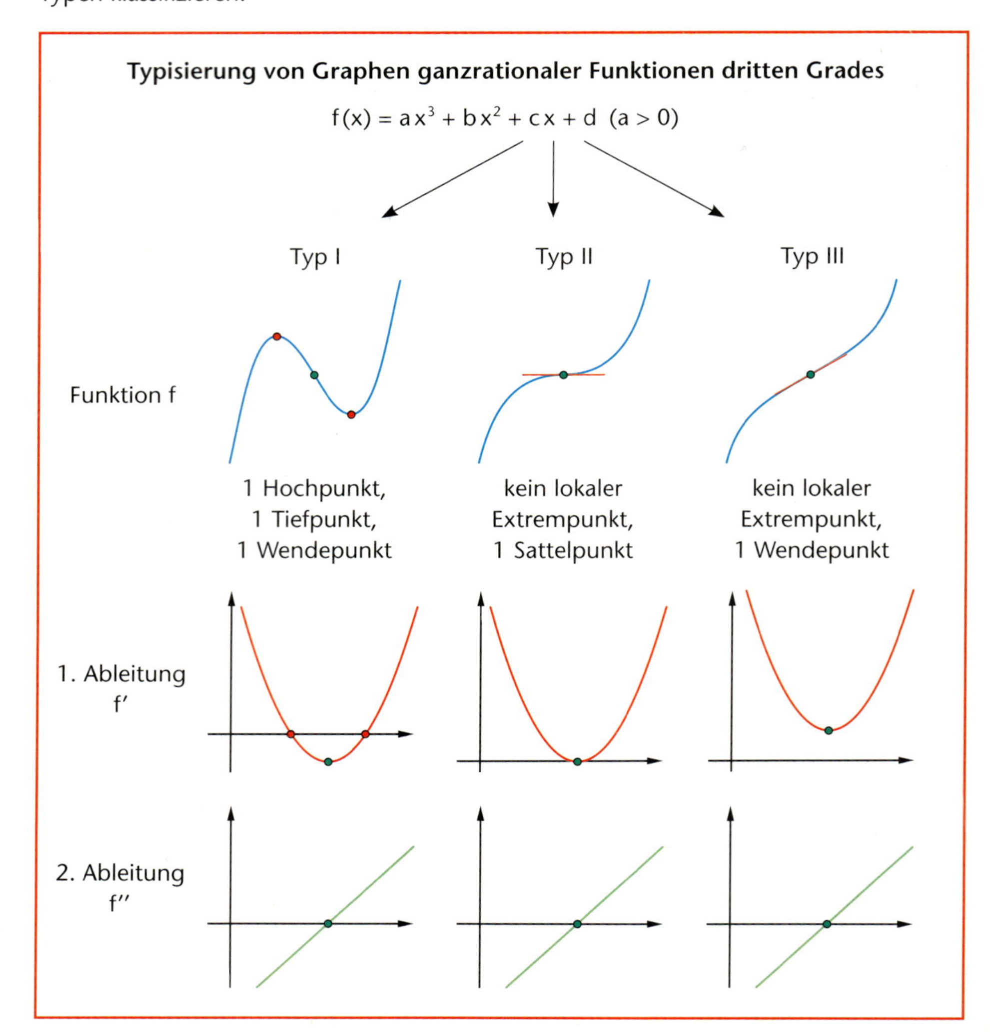

6 Erstellen Sie die gleiche Übersicht wie im Basiswissen für ganzrationale Funktionen dritten Grades mit $a < 0$.
Was ändert sich an den Graphen und den Beschreibungen unter den Typen?

Die Tangente im Wendepunkt wird als „**Wendetangente**" bezeichnet.

Präzisierung der Graphen vom Typ I:
- 1 Hochpunkt, 1 Tiefpunkt
- 1 Wendepunkt
- Wendetangente mit negativer Steigung
- Übergang im Wendepunkt von Rechtskurve zu Linkskurve

7 Die Beschreibungen unter den Graphentypen von f im Basiswissen können präzisiert werden.
a) Präzisieren Sie wie im Beispiel auch für Typ II und Typ III.
b) Geben Sie auch die präziseren Beschreibungen an, wenn $a < 0$.

Die Begründung in c) kann sowohl algebraisch mit den Termen der Ableitungen als auch geometrisch mit deren Graphen erfolgen.

8 a) Zeigen Sie, dass die folgenden drei Funktionen vom Typ I sind:
$f(x) = x^3 - 4x$ $g(x) = (x-1)(x+2)^2$ $h(x) = -0{,}5(x-2)^2(x+1) + 4$
b) Bestätigen Sie für diese Funktionen die Aussage:
Die Wendestelle liegt genau in der Mitte zwischen den beiden Extremstellen.
c) Gilt die Aussage für jede ganzrationale Funktion 3. Grades vom Typ I? Begründen Sie.

Übungen

9 Lässt sich aus der zweiten Ableitung der Typ der ganzrationalen Funktion dritten Grades erkennen? Erläutern Sie und begründen Sie Ihre Aussagen mit Skizzen.

10 Was halten Sie von den folgenden Überlegungen? Begründen Sie Ihre Meinung.

Wenn der Scheitelpunkt einer Parabel auf der x-Achse liegt, hat sie genau eine Nullstelle. Dann müsste es doch auch ganzrationale Funktionen vom Grad 3 geben, die genau einen Extrempunkt haben, oder?

Eine Gerade kann auch parallel zur x-Achse verlaufen. Dann müsste es doch auch ganzrationale Funktionen vom Grad 3 geben, die keinen Wendepunkt haben, oder?

11 *Die drei Graphentypen in einer Funktionenschar*
Die Bilder zeigen die Graphen zu drei Funktionen der Schar $f_k(x) = \frac{1}{3}x^3 - k \cdot x + k$.

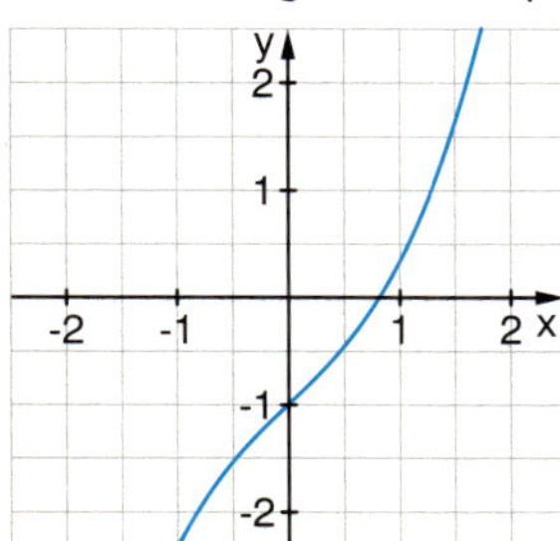

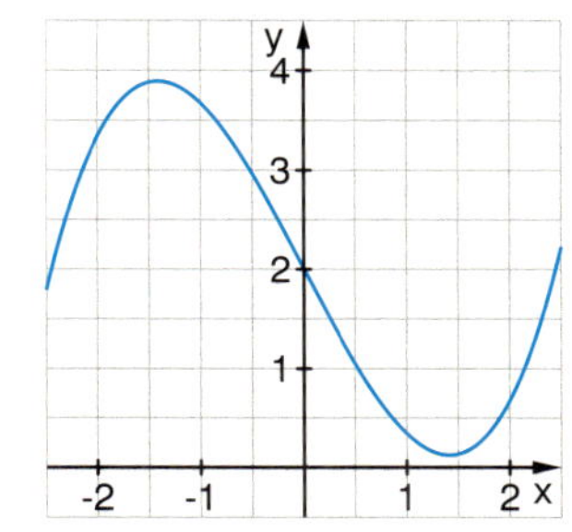

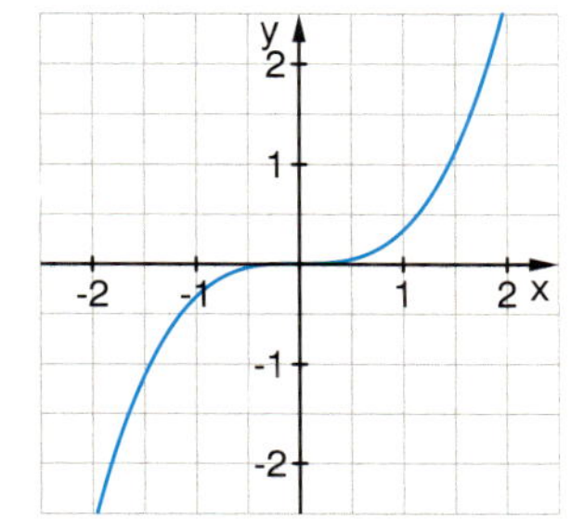

Ordnen Sie jedem Bild den zugehörigen Parameterwert k zu.

Dynamischer Übergang zwischen den drei Graphentypen

Mithilfe geeigneter Computersoftware können Sie den fließenden Übergang von einem Graphentypen in die anderen als „Film" erleben.

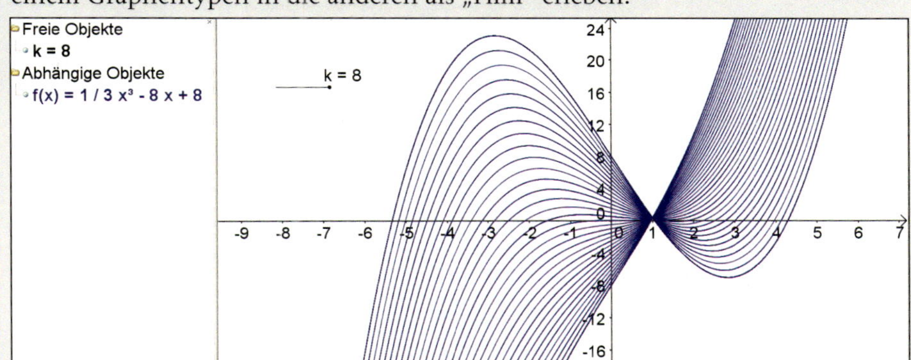

In dem Bild ist die Funktionenschar $f(x) = \frac{1}{3}x^3 - k \cdot x + k$ dargestellt. Der Wert von k kann über einen Schieberegler in bestimmten Schrittweiten verändert werden. Die „Metamorphose" der Graphen wird als „Spur" sichtbar.

12 Führen Sie das im Exkurs beschriebene Programm mit der an Ihrer Schule verfügbaren Software aus. Was halten Sie von der Beobachtung *„Die Extrempunkte verschmelzen zum Sattelpunkt"*? Formulieren Sie Ihre eigenen Eindrücke.

13 Bestätigen Sie mithilfe der charakteristischen Typen: *Alle Graphen von ganzrationalen Funktionen dritten Grades kommen entweder aus dem „negativ Unendlichen" und laufen schließlich ins „positiv Unendliche" oder sie kommen aus dem „positiv Unendlichen" und laufen schließlich ins „negativ Unendliche".*

Basiswissen

Weitere Eigenschaften charakterisieren die Graphen ganzrationaler Funktionen.

Verhalten im Unendlichen
Der Graph jeder ganzrationalen Funktion dritten Grades
$f(x) = ax^3 + bx^2 + cx + d$
verhält sich im Unendlichen wie der Graph von $g(x) = ax^3$.

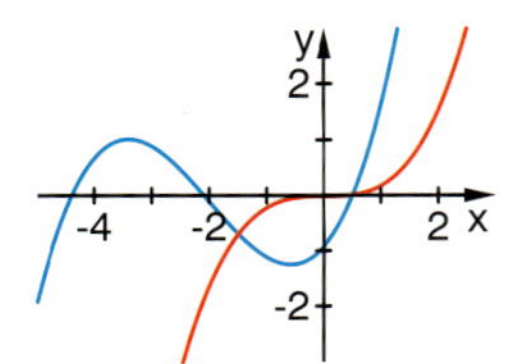

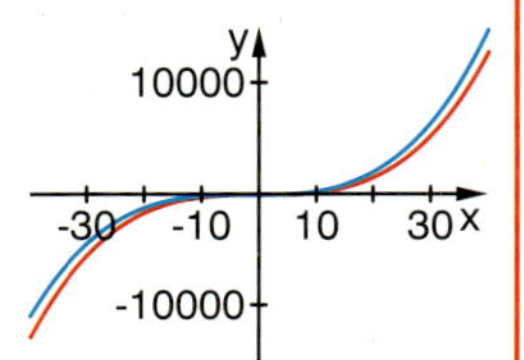

Besondere Symmetrien bei Funktionsgraphen

Der Graph einer Funktion f ist

punktsymmetrisch zum Koordinatenursprung, falls gilt $\mathbf{f(-x) = -f(x)}$ für alle x.

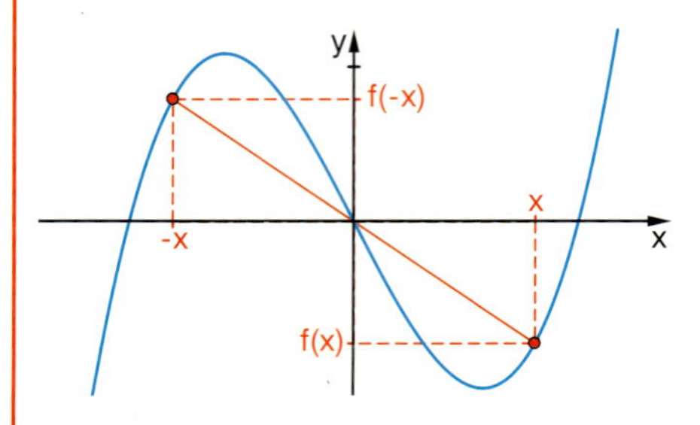

Wenn im Funktionsterm einer ganzrationalen Funktion dritten Grades nur Potenzen von x mit ungeraden Exponenten auftreten ($f(x) = ax^3 + cx$), so ist der Graph punktsymmetrisch zum Ursprung.

achsensymmetrisch zur y-Achse, falls gilt $\mathbf{f(-x) = f(x)}$ für alle x.

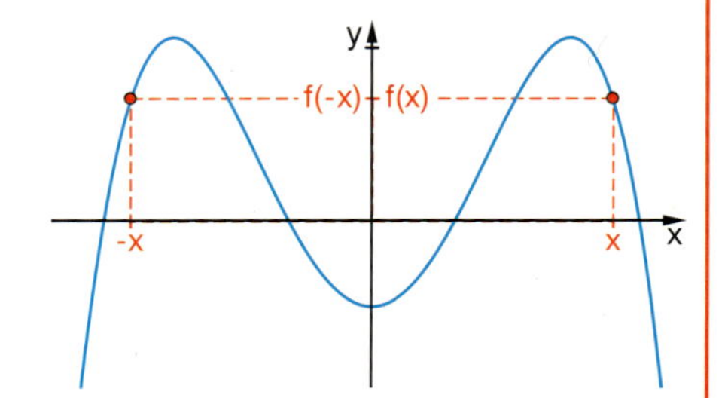

Wenn im Funktionsterm der ganzrationalen Funktion vierten Grades nur Potenzen von x mit geraden Exponenten auftreten ($f(x) = ax^4 + cx^2 + e$), so ist der Graph achsensymmetrisch zur y-Achse.

Übungen

14 a) Bestätigen Sie das im Basiswissen beschriebene Verhalten der Funktionen im Unendlichen an den zwei Beispielen.

A $f(x) = 2x^3 - 3x^2 + 1{,}5x + 4$
$g(x) = 2x^3$

B $f(x) = -0{,}5x^3 - x^2 + 2x - 10$
$g(x) = -0{,}5x^3$

Argumentieren Sie …
(1) durch Ausfüllen der Tabelle.

x	f(x)	g(x)
10^3	■	■
10^6	■	■
10^{12}	■	■
-10^3	■	■
-10^6	■	■
-10^{12}	■	■

(2) mithilfe der Graphen in verschiedenen Fenstern.

(3) durch geschicktes Ausklammern.

$f(x) = 2x^3 - 3x^2 + 1{,}5x + 4$

$f(x) = 2x^3\left(1 - \frac{1{,}5}{x} + \frac{0{,}75}{x^2} + \frac{2}{x^3}\right)$

Was geschieht mit der Klammer, wenn $|x|$ sehr große Werte annimmt?

b) Übertragen Sie die Argumentation mit dem Ausklammern auf die allgemeine Funktionsgleichung $f(x) = ax^3 + bx^2 + cx + d$.

15 Begründen Sie durch entsprechend geschicktes Ausklammern wie in Aufgabe 14:
Der Graph jeder ganzrationalen Funktion vierten Grades
$f(x) = ax^4 + bx^3 + cx^2 + dx + e$
verhält sich im Unendlichen wie der Graph von $g(x) = ax^4$.

Übungen

16 *Symmetrien bei den einfachen Potenzfunktionen*
a) Welche besonderen Symmetrien weisen die Potenzfunktionen $f(x) = x^n$ ($n \in \mathbb{N}$) auf? Inwieweit bestimmt der Exponent n die Art der Symmetrie?
b) Begründen Sie die im Basiswissen aufgeführten Sätze über die Symmetrien der speziellen ganzrationalen Funktionen dritten und vierten Grades.

17 a) Welche der Funktionen haben eine der beiden besonderen Symmetrien? Begründen Sie mithilfe der Funktionsterme.
$f_1(x) = x^2 - 4$ $f_2(x) = x^3 - 3x$ $f_3(x) = 2x^3 + 4x$ $f_4(x) = x^4 - 2x + 4$
$f_5(x) = 2x^4 - 3x^2 + 1$ $f_6(x) = -x^3 + 3x^2$ $f_7(x) = 2x^4 - x^2 + 5$ $f_8(x) = -3x^5 + x$
b) Überprüfen Sie die Symmetrien der jeweiligen ersten Ableitung. Gibt es einen Zusammenhang zwischen der Symmetrie des Funktionsgraphen und der des Ableitungsgraphen?

18 a) Welche der besonderen Symmetrien weisen die folgenden Funktionen jeweils auf? $f(x) = \sin(x)$ $g(x) = \frac{1}{x}$ $h(x) = |x|$ $s(x) = x + \frac{1}{x}$
Begründen Sie mithilfe der Funktionsterme.

19 a) Zeigen Sie, dass $f(x) = x^3 - 2x^2 - x + 2$ drei Nullstellen bei $x_1 = -1$, $x_2 = 1$ und $x_3 = 2$ hat.
b) Verschieben Sie den Graphen von f in y-Richtung und beobachten Sie, wie sich die Anzahl der Nullstellen verändert. Welche Fälle treten auf? Zeichnen Sie für jeden Fall einen Graphen.

Sortieren nach Nullstellen

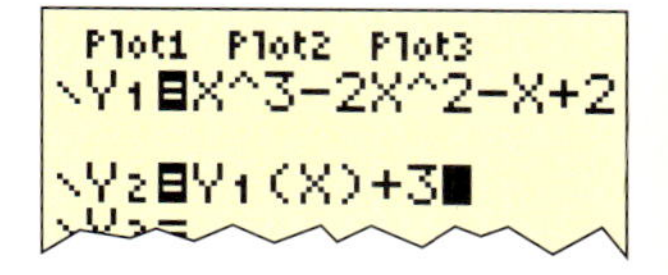

20 Geben Sie zu jedem im Basiswissen auf Seite 78 aufgeführten Funktionstyp an, wie viele Nullstellen er haben kann. Begründen Sie.

21 a) Zeigen Sie, dass alle Funktionen ganzrational vom Grad drei sind.
$f_1(x) = 2(x - 6)^3$
$f_2(x) = \frac{1}{2}x(x - 5)(x + 3)$
$f_3(x) = (x^2 + 1)(x - 2)$
$f_4(x) = -(x^2 - 1)(x - 2)$
$f_5(x) = -x^2(x + 10)$
$f_6(x) = -(x - 3)(x^2 + 2x + 1)$
b) Geben Sie jeweils alle Nullstellen der Funktion an. In welchen Fällen können Sie diese direkt aus dem Funktionsterm ablesen, in welchen Fällen müssen Sie noch weitere Überlegungen anstellen?

Linearfaktorzerlegung
Wenn x_1 eine Nullstelle einer ganzrationalen Funktion dritten Grades ist, dann lässt sich der Funktionsterm
$f(x) = ax^3 + bx^2 cx + d$
als Produkt darstellen:
$f(x) = a(x - x_1) \cdot g(x)$.

Dabei ist g(x) der Term einer quadratischen Funktion.
Der Faktor $(x - x_1)$ heißt Linearfaktor. Wenn sich g(x) wieder in ein Produkt zweier Linearfaktoren zerlegen lässt, so kann man daraus direkt die weiteren Nullstellen ablesen.

Ein Produkt a · b ist 0, wenn mindestens einer der Faktoren 0 ist.

22 Der Satz über die Linearfaktorzerlegung kann mit unseren Kenntnissen noch nicht bewiesen werden. Bestätigen Sie ihn mithilfe der Funktionsbeispiele aus Aufgabe 21.

23 Ein CAS-Rechner kann die Linearfaktorzerlegung einer ganzrationalen Funktion mit dem Befehl „factor(f(x),x)" ausführen.
a) Bestätigen Sie in den nebenstehenden Beispielen jeweils durch Ausmultiplizieren des Produktterms, dass diese Zerlegung korrekt erfolgt ist.
b) Bestimmen Sie in jedem Fall die Anzahl der Nullstellen und zeichnen Sie den Graphen.

Basiswissen

Der Graph einer ganzrationalen Funktion dritten Grades hat mindestens eine Nullstelle und höchstens drei Nullstellen. In der Linearfaktorzerlegung des Funktionsterms lässt sich dies unmittelbar erkennen.

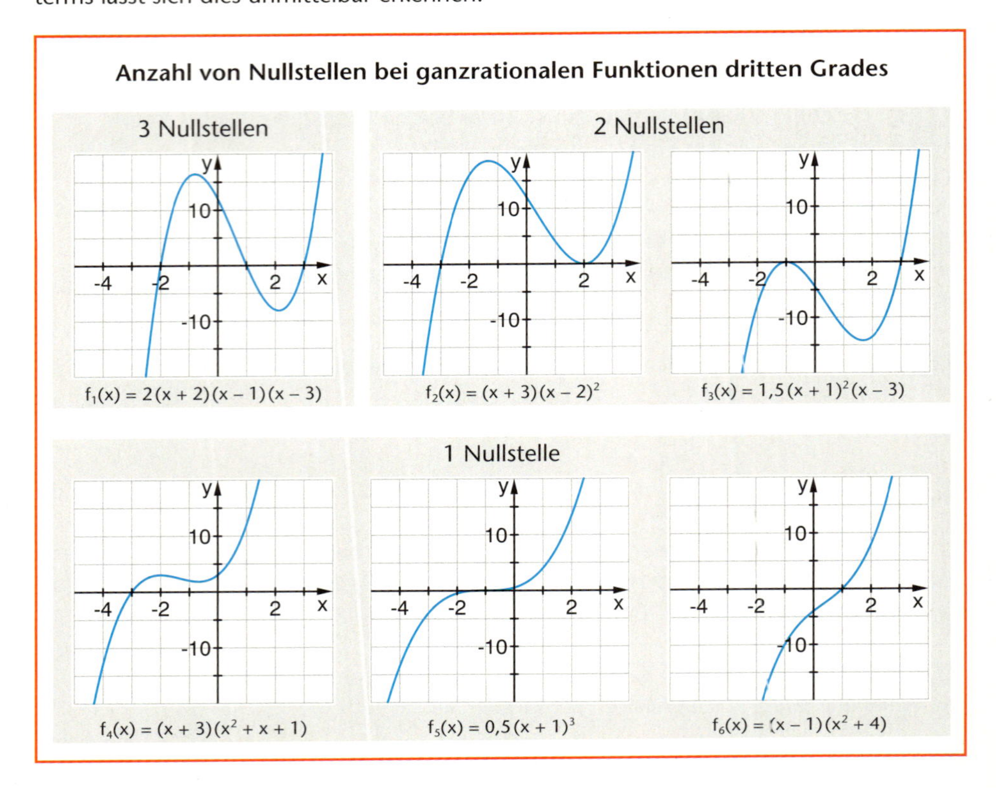

Übungen

24 Wie verändern sich die Graphen im Basiswissen, wenn Sie jeweils die Funktion $-f(x)$ anstelle von $f(x)$ zugrunde legen? Was bedeutet das für die Nullstellen? Skizzieren Sie zunächst Ihre Vermutung und überprüfen Sie dann mit dem GTR.

25 Geben Sie ganzrationale Funktionen dritten Grades mit folgenden Nullstellen an:
a) $x_1 = 4;\ x_2 = -2;\ x_3 = 7$ b) $x_1 = 3;\ x_2 = 8$ c) $x_1 = -3$
Skizzieren Sie jeweils mindestens zwei mögliche Kurvenverläufe.
Können Sie aus der Anzahl der Nullstellen der Funktion f auf die Anzahl der lokalen Extrempunkte des Graphen von f schließen?

26 a) Zeichnen Sie die Graphen der Funktion $f(x) = 0,5x^3 - x^2 - 2x + 4$ und ihrer Ableitung $f'(x)$. Wie viele Nullstellen haben jeweils f und f'?
b) Die Funktion $f(x)$ wird auf zwei verschiedene Arten variiert:
$g(x) = f(x) + k$; $(k = 3;\ -1;\ -5)$ $h(x) = s \cdot f(x)$; $(s = 0,5;\ 2;\ -0,5)$
Beschreiben Sie, wie sich dies jeweils auf die Anzahl und die Lage der Nullstellen der Funktion und ihrer Ableitung auswirkt. Begründen Sie.

27 Bestimmen Sie für die Funktionen f_1 bis f_6 im Basiswissen jeweils die erste Ableitung.
a) Was lässt sich über den Wert $f'(x)$ an den Nullstellen der Funktion jeweils aussagen?
b) Welchen Zusammenhang zu dem jeweiligen Funktionsgraphen bzw. zu dem Funktionsterm in der Produktform erkennen Sie?

Bei f_2 spricht man von einer **doppelten Nullstelle** bei $x = 2$, bei f_5 von einer **dreifachen Nullstelle** bei $x = -1$.

28 Warum hat jede ganzrationale Funktion dritten Grades mindestens eine Nullstelle? Argumentieren Sie auch mit dem Verhalten der Funktion im Unendlichen.

WERKZEUG

Bestimmung von Nullstellen

A Grafische Bestimmung mit dem GTR

Grafische Lösungen liefern immer gute Näherungen. Man weiß aber nicht ohne weitere Überlegungen, ob man alle Nullstellen gefunden hat. Wir zeichnen den Graphen in einer Fenstereinstellung, in der alle Nullstellen erkennbar sind.

(1) Trace und Zoom

Mithilfe der Trace-Funktion können Näherungswerte für die Nullstellen abgelesen werden. Zoomen in der Nähe der Nullstelle verbessert den Näherungswert.
Hilfreich kann hierbei auch die Tabelle sein.

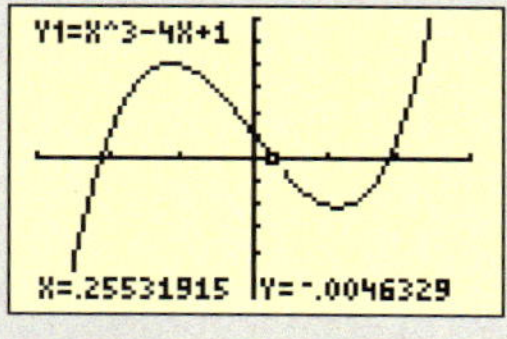

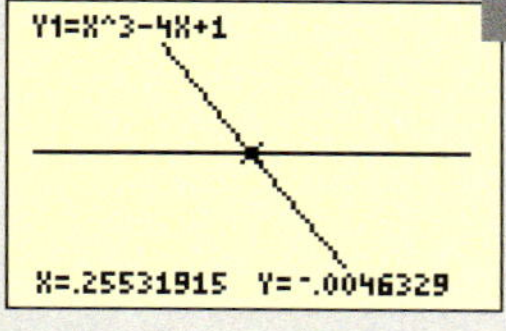

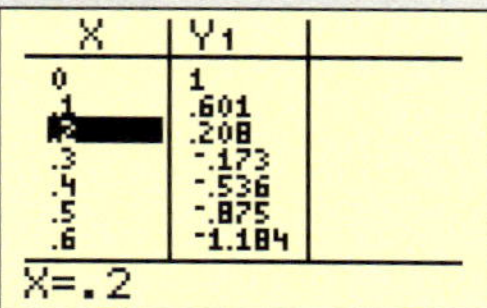

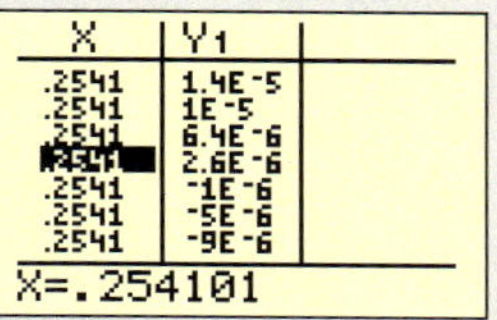

(2) Der Befehl Zero

Damit lassen sich im Grafikbildschirm direkt Näherungswerte für die Nullstellen bestimmen. Es müssen zunächst die Grenzen eines Intervalls angegeben werden, in dem die Nullstelle liegt.

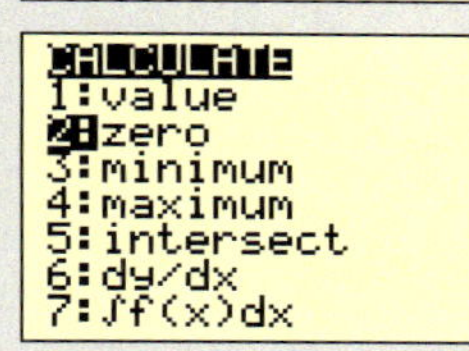

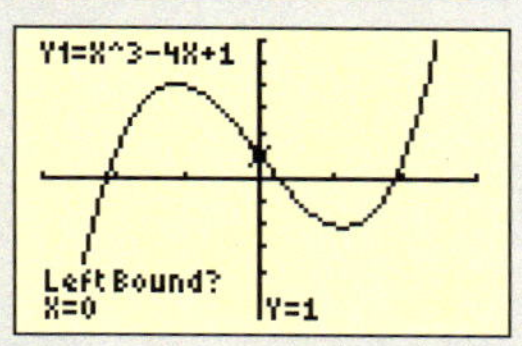

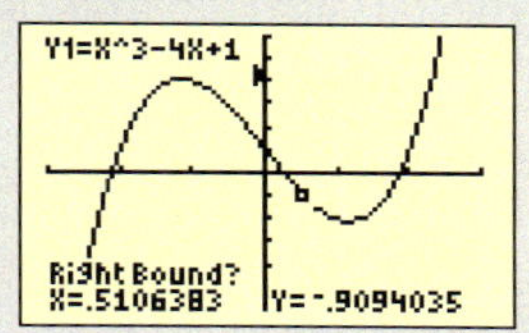

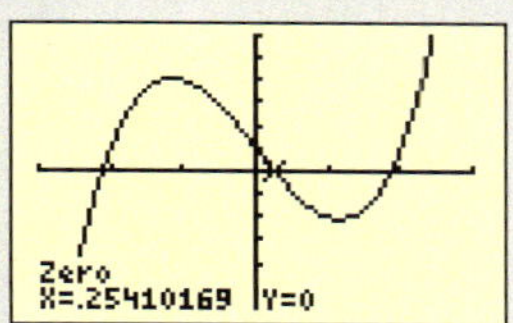

B Algebraisches Lösen der Gleichung f (x) = 0

Dies gelingt uns bei ganzrationalen Funktionen nur in Spezialfällen. Dafür kennt man dann aber die exakten Ergebnisse und auch die genaue Anzahl der Nullstellen.

(1) Linearer oder quadratischer Funktionsterm

$3x - 10 = 0$ Die lineare Gleichung hat die Lösung $x = \frac{10}{3}$.

$x^2 + 2x - 8 = 0$ Die quadratische Gleichung hat die Lösungen $x_1 = 2$ und $x_2 = -4$.

(2) Der Funktionsterm f (x) ist in der Produktform vorgegeben

$f(x) = (x - a) \cdot g(x) = 0$, wenn einer der Faktoren 0 ist.

$f(x) = 3(x + 1)(x - 2)(x - 3)$ Nullstellen bei $x_1 = -1$, $x_2 = 2$ und $x_3 = 3$

$f(x) = (x - 1)^2(x + 1)$ Nullstellen bei $x_1 = 1$ und $x_2 = -1$

$f(x) = (x + 3)(x^2 + x + 1)$ Nullstelle bei $x_1 = -3$

(3) Am Funktionsterm lässt sich eine Produktform erkennen

$f(x) = x^3 - 3x^2 = x^2(x - 3)$ Nullstellen bei $x_1 = 0$ und $x_2 = 3$

$f(x) = x^4 - 4x^2 + 4 = (x^2 - 2)^2$ Nullstellen bei $x_1 = \sqrt{2}$ und $x_2 = -\sqrt{2}$

Übungen

29 Bestimmen Sie bei den folgenden Funktionen die Nullstellen. Benutzen Sie in den geeigneten Spezialfällen auch die algebraische Lösung der Gleichung.

a) $f(x) = x \cdot (x - 5) \cdot \left(x + \frac{3}{2}\right)$
b) $f(x) = 5x^4 + 3x^3$
c) $f(x) = x^3 - 3x^2 - 2x$
d) $f(x) = 5 \cdot (x^2 + 1) \cdot (x - 1)^2$
e) $f(x) = x^4 - 2x^2 + 1$
f) $f(x) = (2x + 1) \cdot (7 - x^2)$
g) $f(x) = 4x^3 - 9x$
h) $f(x) = 9x^3 - 6x^2 + x$
i) $f(x) = 2x^3 + x^2 - 4x + 1$

Übungen

Kurvendiskussion „per Hand" ohne GTR

WERKZEUG

Wenn man keinen grafischen Taschenrechner zur Hand hat, kann man mit den im Basiswissen auf Seite 78 aufgeführten Kriterien zumindest für einfache ganzrationale Funktionen schnell die besonderen Punkte errechnen. Mithilfe dieser Punkte und der Kenntnisse über die Typen von Graphen ganzrationaler Funktionen lässt sich eine gute Skizze für den Verlauf des Graphen erstellen.

$f(x) = x^3 - 3x^2 = x^2(x - 3)$

Ableitungen bestimmen
$f'(x) = 3x^2 - 6x = 3x(x - 2)$
$f''(x) = 6x - 6 = 6(x - 1)$

Nullstellen
Aus der faktorisierten Darstellung lassen sich die Nullstellen direkt ablesen:
$N_1(0|0)$ und $N_2(3|0)$

Lokale Extrempunkte
Notwendige Bedingung: $f'(x) = 0$
$3x(x - 2) = 0$ liefert $x = 0$ oder $x = 2$.
Hinreichende Bedingung: $f''(0) = -6 < 0$
$f(0) = 0$, also: Hochpunkt $H(0|0)$
Hinreichende Bedingung: $f''(2) = 6 > 0$
$f(2) = -4$, also: Tiefpunkt $T(2|-4)$

Wendepunkte
Notwendige Bedingung: $f''(x) = 0$
$6(x - 1) = 0$ liefert $x = 1$.

Hinreichende Bedingung:
f'' hat an der Stelle 1 einen Vorzeichenwechsel.
$f(1) = -2$, also: Wendepunkt $W(1|-2)$

Einzeichnen der besonderen Punkte im Koordinatensystem

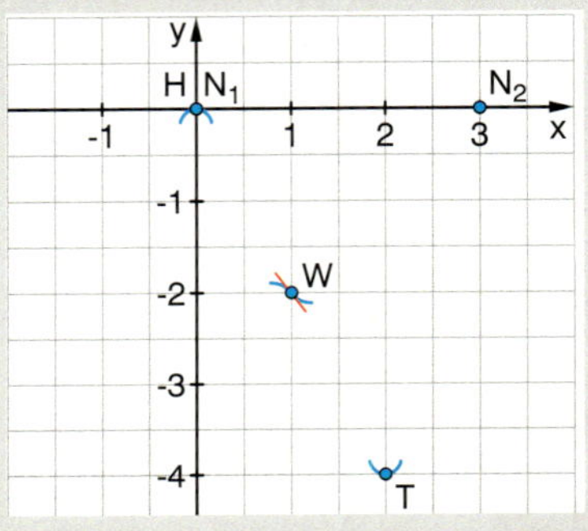

Skizzieren der Kurve

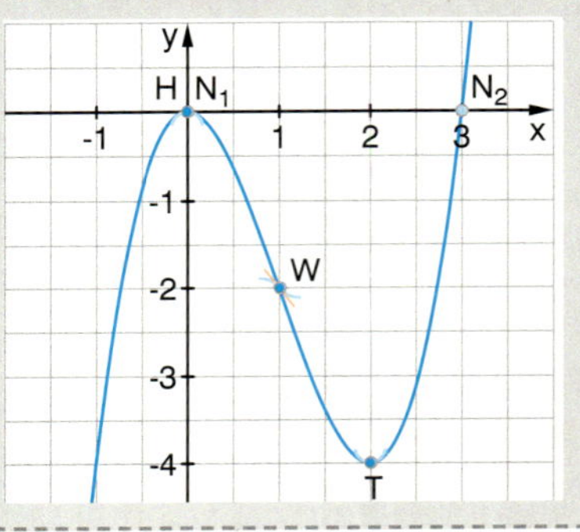

30 *Training zur Kurvendiskussion ohne GTR*
Führen Sie selbst eine Kurvendiskussion „per Hand" einschließlich der Skizze des Graphen durch. Nutzen Sie gegebenenfalls auch weitere am Funktionsterm erkennbare Eigenschaften des Graphen (z. B. Symmetrien).

a) $f(x) = \frac{1}{4}x^3 - 3x$ b) $f(x) = -x^3 + 6x^2 - 9x$ c) $f(x) = -\frac{1}{4}x^4 + x^3$

d) $f(x) = \frac{1}{3}x^4 - 2x^2$ e) $f(x) = x^3 - 3x^2 + 3x$ f) $f(x) = -\frac{1}{2}x^3 + \frac{3}{2}x^2 - 3x$

31 Auch das Skizzieren von Graphen will geübt sein. Übertragen Sie die Bilder ins Heft und verbinden Sie die Punkte durch eine entsprechende Skizze.

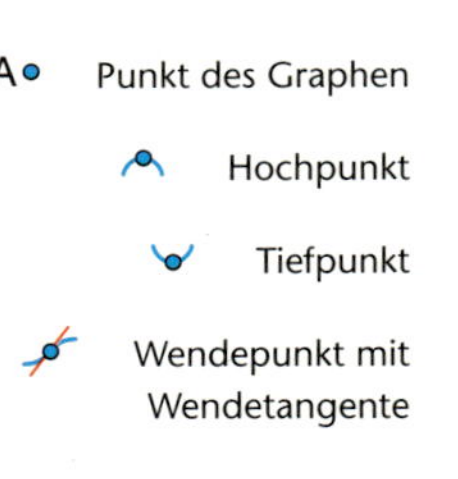

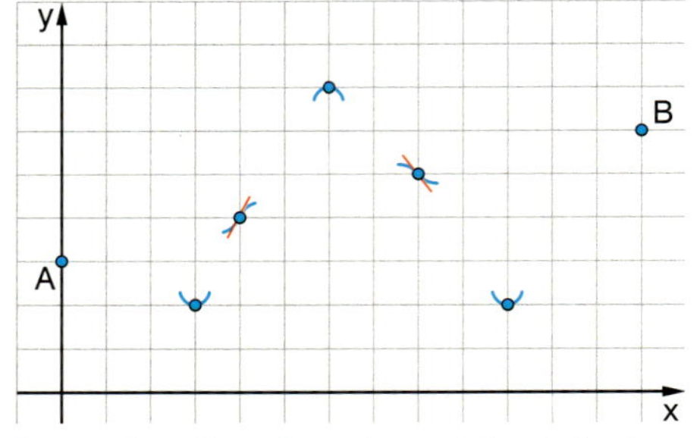

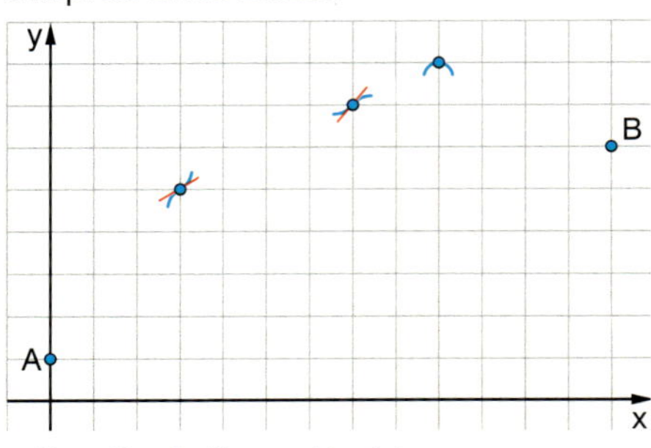

Entwerfen Sie selbst eine solche Aufgabe und stellen Sie sie Ihrem Nachbarn.

Aufgaben

32 *Ganzrationale Funktionen vom Grad vier – die Vielfalt wächst*

Die Mutter der ganzrationalen Funktionen vom Grad vier ist $f(x) = x^4$.
Wie sehen die Graphen ihrer „Verwandten" $f(x) = ax^4 + bx^3 + cx^2 + dx + e$ aus?
Wie viele verschiedene Typen gibt es? Drei davon sind schon abgebildet.

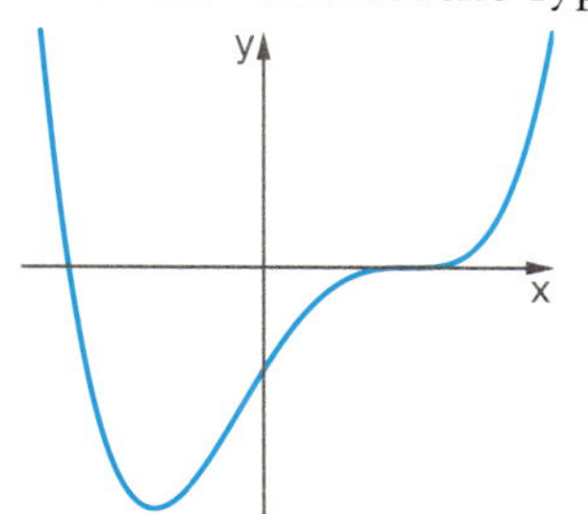

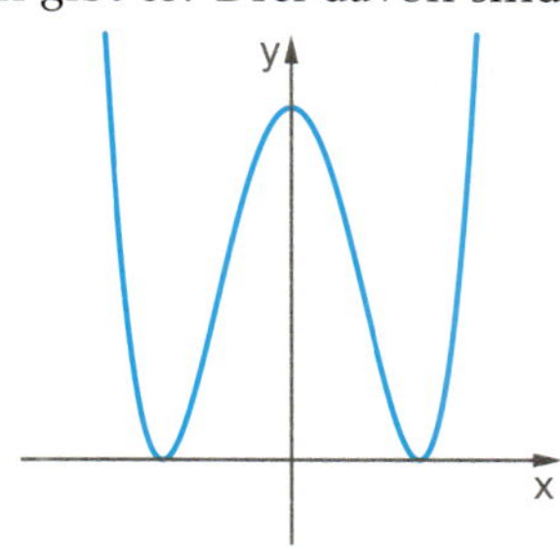

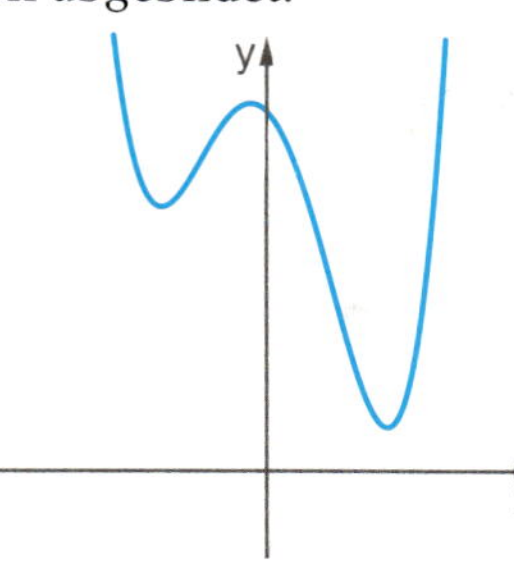

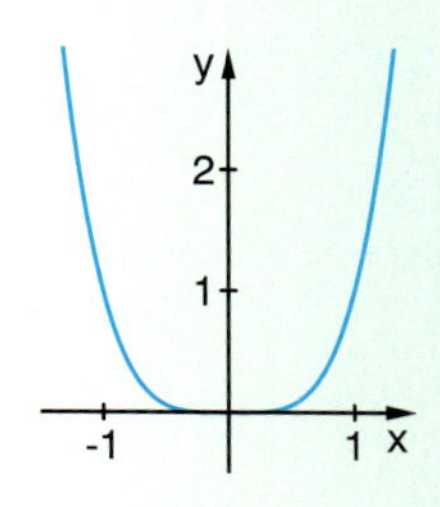

Wie viele lokale Extrempunkte kann es geben, wie viele Wendepunkte, wie viele Nullstellen? Wie verhalten sich die Funktionen im Unendlichen, welche besonderen Symmetrien gibt es?

Forschungsaufgabe

Die Arbeitskarten geben Anregungen, dies – ähnlich wie bei den ganzrationalen Funktionen dritten Grades – auf mehreren Wegen zu erforschen.

Gruppenarbeit

Experimentieren am Term

$f(x) = x^k \cdot (x + 2)^l \cdot (x - 1)^m \cdot (x - 3)^n$

Wählen Sie k, l, m, n jeweils so, dass eine ganzrationale Funktion vom Grad vier entsteht. Skizzieren Sie jeweils die Graphen und sortieren Sie nach gleichartigen Typen.
Wählen Sie auch verschiedene Kriterien nach denen Sie sortieren:
- charakteristische Form des Graphen
- Anzahl der Nullstellen
- Extrempunkte und Wendepunkte
- Symmetrien
- …

Von der Ableitung zur Funktion

Die Ableitungen f' sind ganzrationale Funktionen dritten Grades. Mit dem Wissen darüber können Sie Aussagen über Extrem- und Wendepunkte der Funktion f machen. Skizzieren Sie dazu mögliche Typen und Ableitungen.

(siehe „Sortieren nach Nullstellen" Seite 209)

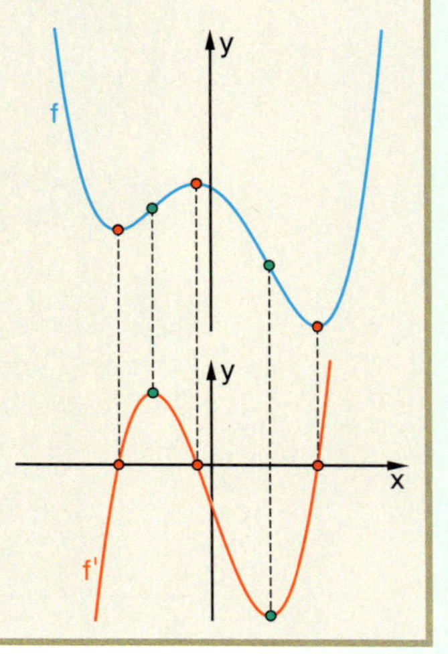

Experimentieren am Graphen

Untersuchen Sie die Funktionenschar

$f_t(x) = \frac{1}{4}x^4 - \frac{2}{3}tx^3 + tx^2$

für Werte des Parameters t zwischen −5 und 5 auf besondere Punkte.
Skizzieren Sie alle verschiedenen Typen, die auftreten.
Untersuchen Sie auch rechnerisch mithilfe der Ableitungen, wie viele Extrem- und Wendepunkte es jeweils gibt.

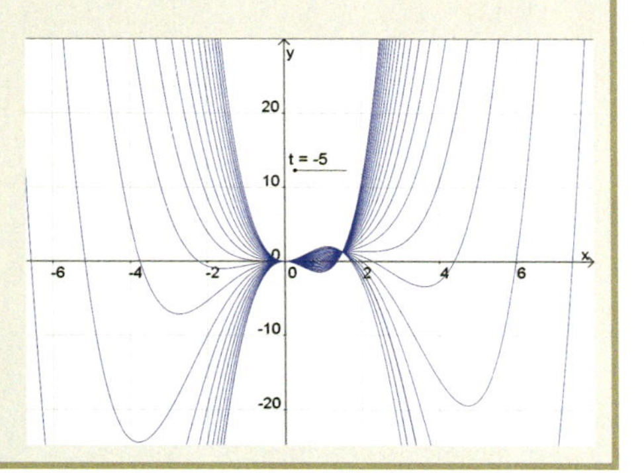

Schreiben Sie einen ausführlichen Forschungsbericht, in dem Sie alle gefundenen Typen und ihre Eigenschaften und Besonderheiten dokumentieren. Tabellen und Übersichten verdeutlichen die Muster.

Forschungsbericht

Aufgaben

Wo die Bilder täuschen können

33 *Verschiedene Bilder – eine Funktion (1)*

a) Lena, Nils und Merle haben jeweils eine Grafik zu $f(x) = x^4 - 5x^3 + 2x^2 + 8x$ erzeugt und streiten sich nun, ob alle Grafiken richtig sind und welche am besten ist.

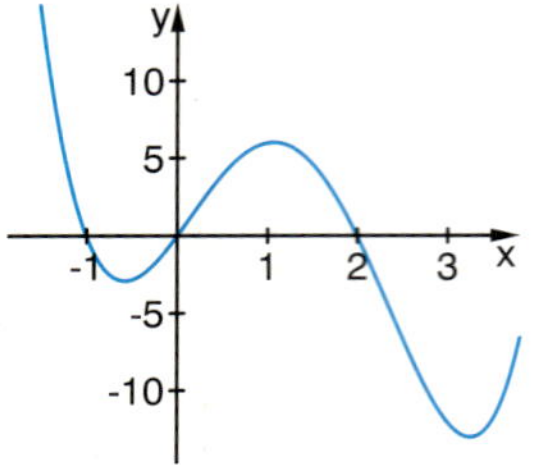

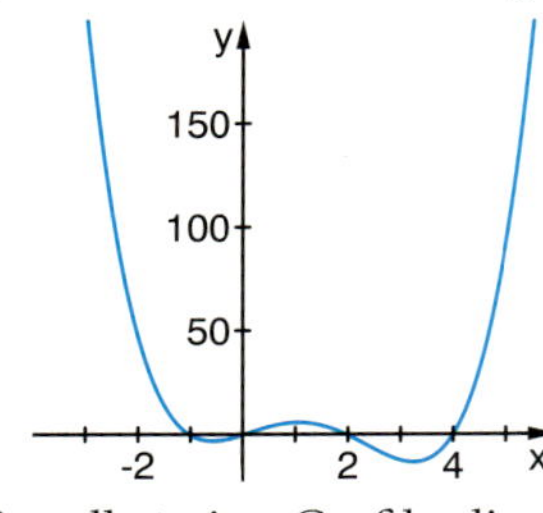

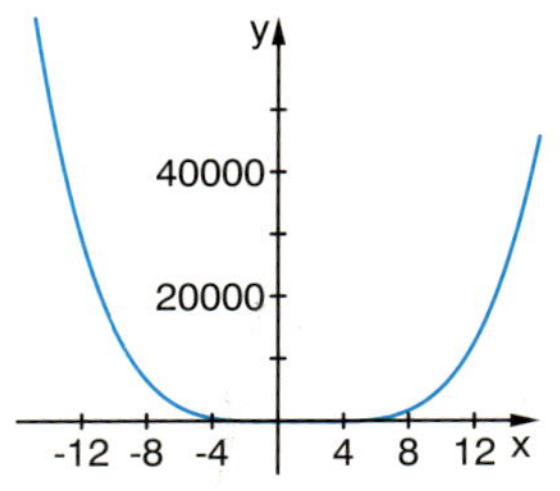

Was meinen Sie? Erstellen Sie selbst eine Grafik, die den Funktionstyp möglichst gültig präsentiert.

b) Die Grafiken gehören alle zu der Funktion $f(x) = 0{,}1x^3 - 2{,}1x^2 + 2x$.

Manchmal benötigt man zwei Grafiken, um alles Charakteristische einer Funktion zu zeigen.

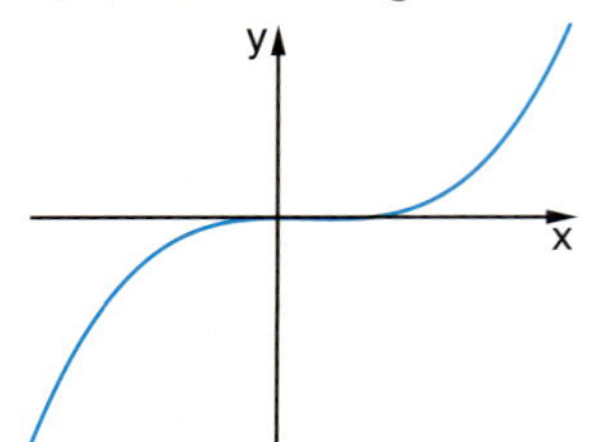

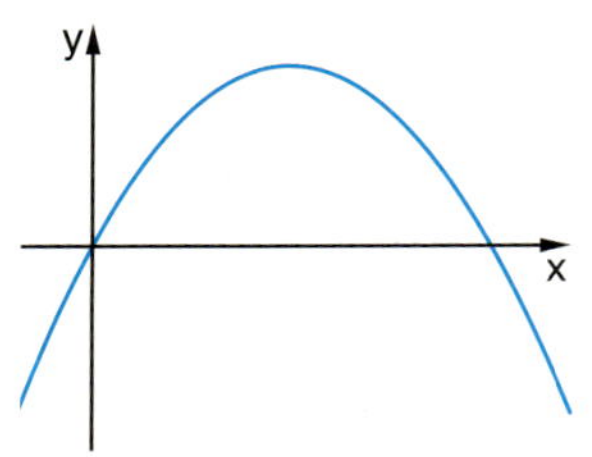

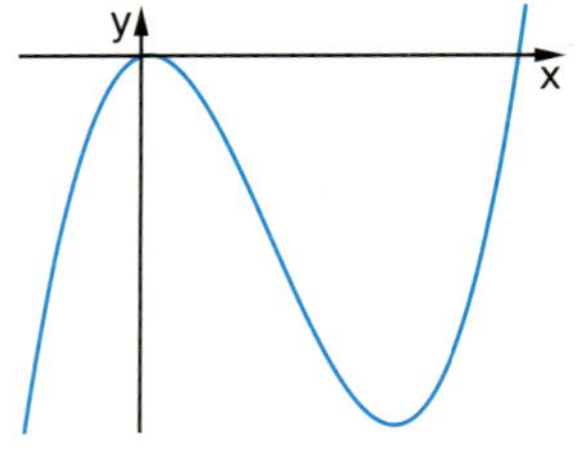

Finden Sie zu jeder Grafik eine passende Skalierung.
Erstellen Sie selbst eine möglichst aussagekräftige Grafik zu der Funktion.

34 *Verschiedene Bilder – eine Funktion (2)*

Zu jeder Funktion ist ein Graph gezeigt.
Beschreiben Sie, in welcher Hinsicht die Bilder falsch oder irreführend sind.

$f_1(x) = x^3 - 12x^2 + 20x$ $\quad f_2(x) = x^4 - 10x^3 - 7x^2 + 76x - 60$ $\quad f_3(x) = 2x^3 - 6x^2 + 12x$

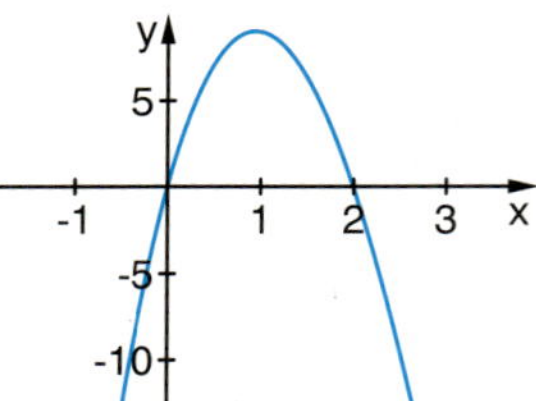

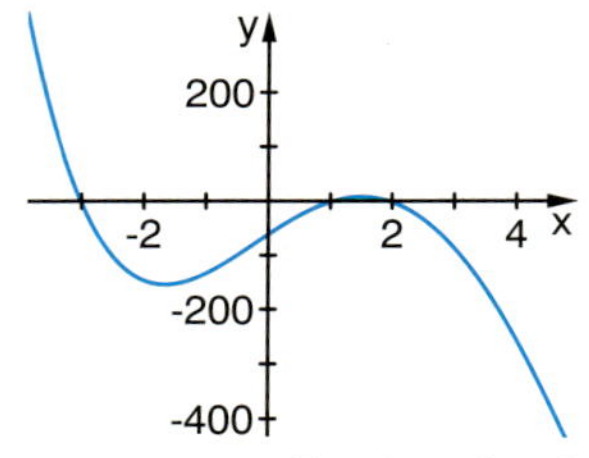

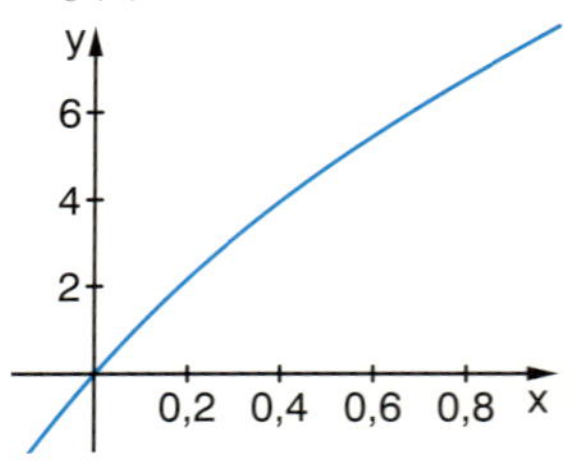

Skizzieren Sie zu jeder Funktion eine Grafik, die alle charakteristischen Eigenschaften der Funktion zeigt.

35 Gegeben sind zwei „Zwillingspaare" von Funktionen. Die darunter stehende Grafik gehört jeweils zu einem der beiden Zwillinge.

Wo Bilder trügerisch sind, können Rechnungen Klarheit verschaffen.

Wo Rechnungen versagen, können Bilder helfen.

Können Sie herausfinden, zu welchem? Skizzieren Sie den jeweils anderen Zwillingspartner. Untersuchen und beschreiben Sie die Unterschiede der einzelnen Zwillingspartner bezüglich charakteristischer Punkte. Benutzen Sie dabei sowohl grafische als auch rechnerische Methoden.

A: $f_1(x) = x^4 - 0{,}1x^2 + 1$
$\quad f_2(x) = x^4 + 0{,}1x^2 + 1$

B: $f_3(x) = x^4 + 0{,}1x^3 + x$
$\quad f_4(x) = x^4 + 0{,}1x^2 + x$

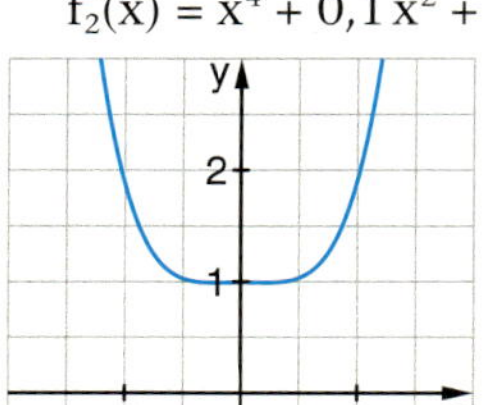

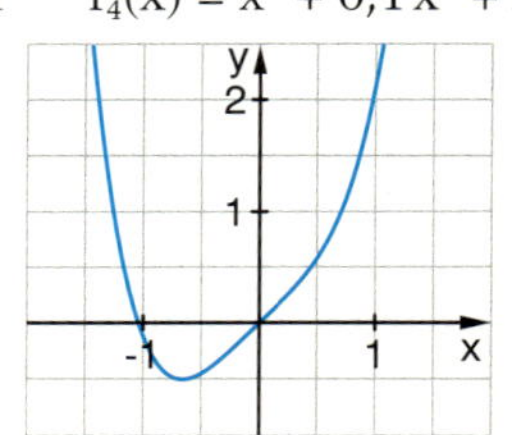

2.4 Optimieren

Was Sie erwartet

Wenn Sie einen Gegenstand möglichst günstig erwerben möchten, wenn Sie mit einer Anstrengung so viel wie möglich erreichen wollen, wenn Sie nur ein minimales Risiko auf sich nehmen wollen, immer dann versuchen Sie zu optimieren. Aber nicht nur im täglichen Leben versuchen wir häufig, etwas möglichst schnell, gut oder kurz zu machen, auch in der Natur, in der Wissenschaft oder im Wirtschaftsleben ist Optimieren angesagt. Die Mathematik hat in ihrer langen Geschichte immer wieder zur Lösung von Optimierungsproblemen beigetragen. Dabei spielte zunächst die Geometrie eine entscheidende Rolle.
Immer dann, wenn sich Vorgänge und Situationen durch Funktionen modellieren lassen, können wir Optimierungsprobleme auch mit den Verfahren der Differenzialrechnung bearbeiten. Dabei geraten die besonderen Punkte (lokale und globale Extrempunkte, Wendepunkte als Punkte extremaler Steigung) in den Blickpunkt. Bei Problemen mit konkret vorgegebenen Daten helfen Tabellen und Graphen, bei allgemeinen Fragestellungen kann man auf die Sätze und Kalküle der Differenzialrechnung zurückgreifen.

Bienen bauen ihre Waben mit minimalem Materialaufwand und maximaler Stabilität.

Aufgaben

1 *Optimale Schachtel*

Die Schachteln werden nach einem einfachen Verfahren hergestellt: An allen vier Ecken eines quadratischen Pappbogens (20 cm × 20 cm) werden gleich große Quadrate herausgeschnitten, die verbleibenden Randflächen werden dann hoch gefaltet. Wie hängt das Volumen der Schachtel von der Seitenlänge x der ausgeschnittenen Quadrate ab? Gibt es eine Schachtel mit optimalem Volumen?

a) Einen ersten Überblick können Sie mit selbst gebastelten Schachteln und einer Tabelle erhalten. Die Übertragung der Tabellenwerte in ein Koordinatensystem liefert eine Vermutung über die optimale Schachtel.

Seitenlänge x in cm	1	2	3	■
Volumen in cm³	■	■	■	■

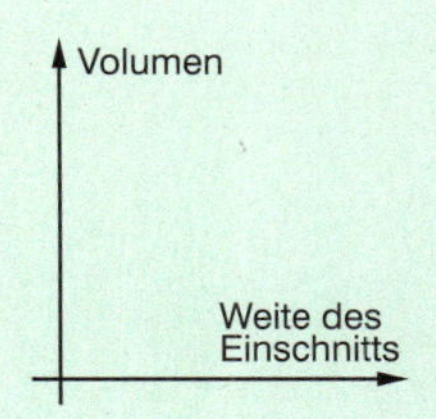

b) Wenn es gelingt, eine Formel für das Volumen **V** zu finden, die von der Einschnittweite **x** abhängt, kann man das maximale Volumen rechnerisch bestimmen. Bestimmen Sie eine solche Volumenfunktion und damit das maximal mögliche Volumen.

c) Eine Firma soll aus verschieden großen quadratischen Pappbögen oben offene Schachteln mit möglichst großem Fassungsvermögen herstellen. Erarbeiten Sie eine Empfehlung über die Einschnittweite.

Aufgaben

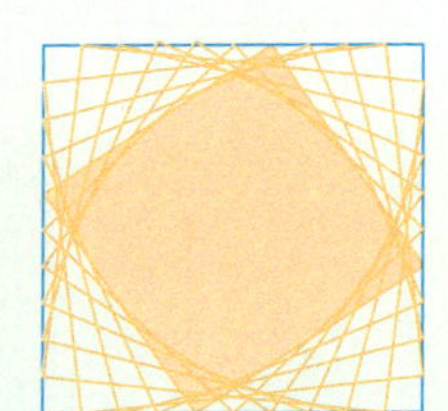

2 *Quadrate im Quadrat*
Auf den Seiten eines gegebenen Quadrates (k = 5 cm) werden immer dieselben Strecken x abgetragen, wenn man das Quadrat gegen den Uhrzeigersinn durchläuft. Auf diese Weise werden einem Quadrat andere Quadrate einbeschrieben.

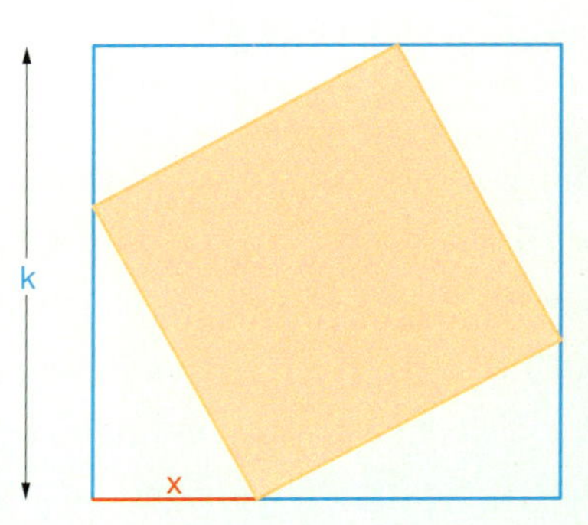

Welches dieser Quadrate hat den kleinsten Flächeninhalt?

Es gibt unterschiedliche Lösungswege. Vergleichen Sie Ihre Ansätze.

(A) Man ermittelt die Seitenlänge des inneren Quadrates in Abhängigkeit von x …

(B) Wenn das Quadrat minimalen Flächeninhalt hat, müssen die Dreiecke maximalen Flächeninhalt haben …

Wie sieht die Lösung für ein Ausgangsquadrat mit beliebiger Seitenlänge k aus?

3 *Optimierung bei der Lagerhaltung*
Ein TV-Großhändler möchte eine optimale Strategie für die Lagerhaltung eines beliebten Fernsehgerätes entwickeln. Nach vorliegenden Erfahrungen und Schätzungen kann er davon ausgehen, dass im kommenden Jahr etwa 2500 Geräte verkauft werden.
Er kann diese Geräte in bestimmten Stückzahlen beim Hersteller bestellen und im eigenen Lager bereit halten.

Bestellkosten
Jede Bestellung verursacht Kosten. Da sind einmal die variablen Bestellkosten, die für jedes bestellte Gerät anfallen (Verpackung, Fracht) und damit abhängig sind vom Umfang der Bestellung. Sie betragen 9 € pro Gerät. Daneben gibt es Kosten, die unabhängig von der bestellten Stückzahl pauschal bei jeder Bestellung anfallen (Buchung, Büro), sie betragen 20 €. Häufige Bestellungen kleinerer Mengen drücken zwar die Lagerkosten, dafür müssen aber höhere Bestellkosten aufgewendet werden.

Lagerkosten
Die jeweils gelieferten Geräte bewahrt der Händler bis zum endgültigen Verkauf in seinem Warenlager auf. Hierfür entstehen Kosten (Miete des Lagerraums, Versicherung, …). Deshalb ist er bemüht, das Lager nicht unnötig groß zu halten.
In unserem Falle betragen die im Jahr anfallenden Lagerkosten 10 € pro Gerät.

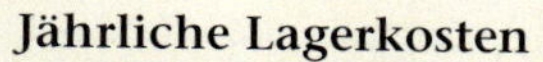

Jährliche Lagerkosten

Zur Berechnung der im Jahr anfallenden Lagerkosten müssen die pro Gerät anfallenden Lagerkosten von 10 € mit der durchschnittlichen Anzahl der im Jahr zu lagernden Geräte multipliziert werden.

Wie groß ist diese durchschnittliche Anzahl?

Wenn man voraussetzt, dass man im Jahr n Bestellungen von jeweils x Geräten tätigt und die Geräte über das Jahr mit einer etwa konstanten Rate verkauft werden, so beträgt diese durchschnittliche Anzahl gerade $\frac{x}{2}$.

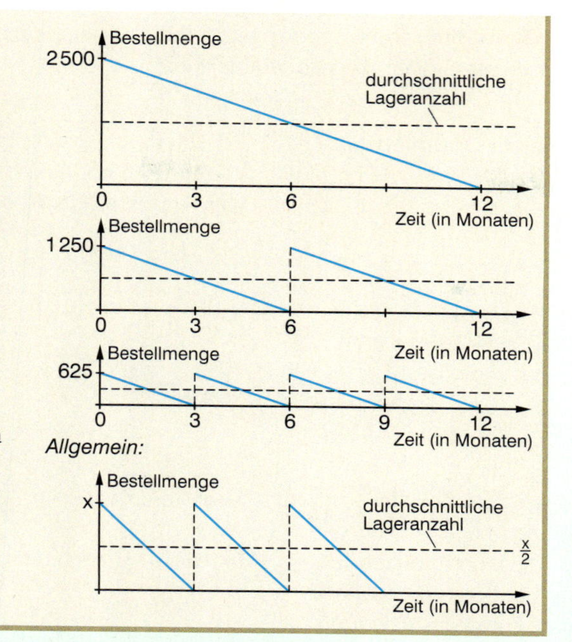

In welchen Mengeneinheiten und wie oft soll bestellt werden, damit die Gesamtkosten möglichst gering sind?

Die entscheidende Frage

Geben Sie zunächst eine Schätzung nach Gefühl ab. Wählen Sie dann einen der folgenden Lösungsansätze. Vergleichen Sie Ihre Ergebnisse.

Tabelle und Graph

Zahl der Bestellungen pro Jahr $\frac{2500}{x}$	Stückzahl einer Bestellung x	Lagerkosten pro Jahr $\frac{x}{2} \cdot 10$	Bestellkosten pro Jahr $(20 + 9x) \cdot \frac{2500}{x}$	Gesamtkosten pro Jahr $K(x)$
1	2500	12 500 €	22 520 €	35 020 €
2	1250	■	22 540 €	■
5	500	2500 €	■	■
...	250	■	■	■
...	■	■	■	■

Übertragen Sie die Tabelle ins Heft und füllen Sie sie vollständig aus.
Zeichnen Sie die Punkte $(x \mid K(x))$ in ein Koordinatensystem.

Funktionsterm

Stellen Sie einen Funktionsterm für die Funktion $x \rightarrow K(x)$ auf, die jeder Stückzahl x einer Bestellung die Gesamtkosten pro Jahr $K(x)$ zuordnet. Bestimmen Sie dann das Minimum dieser Funktion im sinnvollen Definitionsbereich.

Etwas zum Nachdenken

Für das übernächste Jahr ist mit einer Steigerung des Verkaufs auf das Vierfache (10 000 Geräte) zu rechnen, alle anderen Bedingungen bleiben gleich.
Der Manager überlegt:

„Wenn wir nun auch die Stückzahl jeder Bestellung auf das Vierfache erhöhen, so bleiben unsere Gesamtkosten für Bestellung und Lagerung wiederum minimal."

Hat er recht? Prüfen Sie mit einer der obigen Strategien nach.

Bei der hier vorgenommenen Modellierung des Problems ist eine entscheidende Voraussetzung, dass die Nachfrage für die Geräte über das ganze Jahr in etwa konstant ist. Gibt es noch andere wichtige Annahmen?

Basiswissen

Optimierungsprobleme, die mithilfe einer Funktion modelliert werden können, lassen sich oft mit der gleichen Strategie lösen.

Lösungsstrategie bei Optimierungsaufgaben

Bei einem Kegel soll die Mantellinie s 10 cm lang sein. Wie müssen der Grundkreisradius und die Höhe gewählt werden, damit der Kegel maximales Volumen hat?

1. Erfassen des Problems

- Welche Größen kommen vor? Fertigen Sie evtl. eine Skizze an und beschriften Sie sie passend.
- Welche Größe soll optimiert werden?

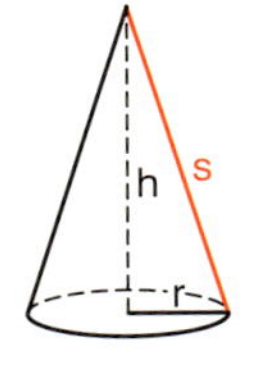

s = 10 cm

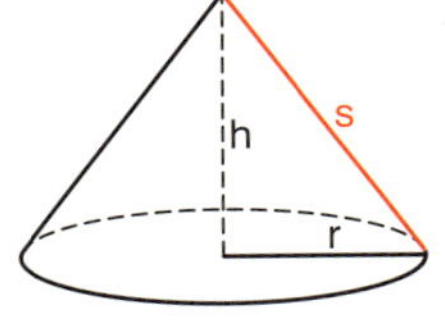

2. Herstellen eines funktionalen Zusammenhangs

- Wie lässt sich die zu optimierende Größe aus den anderen berechnen?
- Stellen Sie eine Funktionsgleichung auf. Zahlenbeispiele/Tabelle helfen dabei.
- Drücken Sie die zu optimierende Größe in Abhängigkeit von nur einer Variablen aus (*Zielfunktion*). Nutzen Sie dazu weitere Informationen des Aufgabentextes bzw. geometrische oder andere Zusammenhänge (*Nebenbedingungen*).
- Legen Sie einen sinnvollen Bereich für die verbleibende Variable fest.

Kegelvolumen: $V(r, h) = \frac{1}{3}\pi \cdot r^2 \cdot h$

*Im Funktionsterm kommen zunächst noch **zwei** Variablen vor.*

Nebenbedingung: $h^2 + r^2 = 10^2$ $\qquad r^2 = 100 - h^2$

Einsetzen liefert die Zielfunktion:

$V(h) = \frac{1}{3}\pi(100 - h^2) \cdot h = \frac{100}{3}\pi \cdot h - \frac{1}{3}\pi \cdot h^3$

*Im Funktionsterm kommt nur noch **eine** Variable vor.*

sinnvoller Bereich: $0 < h < 10$

3. Bestimmen des Extremwertes

Bestimmen Sie den Extremwert der Zielfunktion mithilfe

- der Wertetabelle oder
- des Funktionsgraphen oder
- der Ableitung

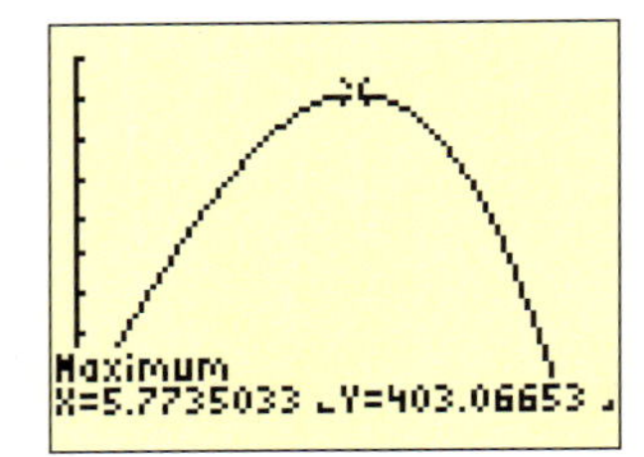

X	Y1
5.5	401.73
5.6	402.53
5.7	402.97
5.8	403.05
5.9	402.77
6	402.12
6.1	401.1

X=5.8

$V(h) = \frac{10^2}{3}\pi \cdot h - \frac{1}{3}\pi \cdot h^3$

$V'(h) = \frac{10^2}{3}\pi \cdot - \pi \cdot h^2 \quad V''(h) = -2\pi h$

$V'(h) = 0$ liefert $h = \frac{1}{\sqrt{3}} \cdot 10 \approx 5{,}77$ und

$r = \sqrt{\frac{2}{3}} \cdot 10 \approx 8{,}16 \quad \left(V''\left(\frac{10}{\sqrt{3}}\right) < 0\right)$

Damit erhält man als maximales Kegelvolumen 403 cm³.

Mit der Ableitung kann das Problem oft auch für einen allgemein vorgegebenen Parameter gelöst werden.

Allgemein vorgegebene Mantellinie s:

$V(h) = \frac{s^2}{3}\pi \cdot h - \frac{1}{3}\pi \cdot h^3$

$V'(h) = \frac{s^2}{3}\pi - \pi \cdot h^2 \quad V''(h) = -2\pi h$

$V'(h) = 0$ liefert $h = \frac{1}{\sqrt{3}} \cdot s$ und

$r = \sqrt{\frac{2}{3}} \cdot s \quad \left(V''\left(\frac{s}{\sqrt{3}}\right) < 0\right)$

4. Interpretation des Ergebnisses

Bei jeder vorgegebenen Mantellänge s ist bei maximalem Volumen das Verhältnis $\frac{r}{h} = \sqrt{2}$.

Beispiele

A *Rechtecke unter Funktionsgraphen*

Die Parabel mit der Gleichung $f(x) = -\frac{1}{3}x^2 + 12$ umschließt mit der x-Achse ein Flächenstück. In dieses Stück werden Rechtecke eingebaut.

a) Welches Rechteck hat den maximalen Flächeninhalt?

b) Hat das maximale Rechteck immer dieselbe Breite, wenn die Parabel nach oben verschoben wird?

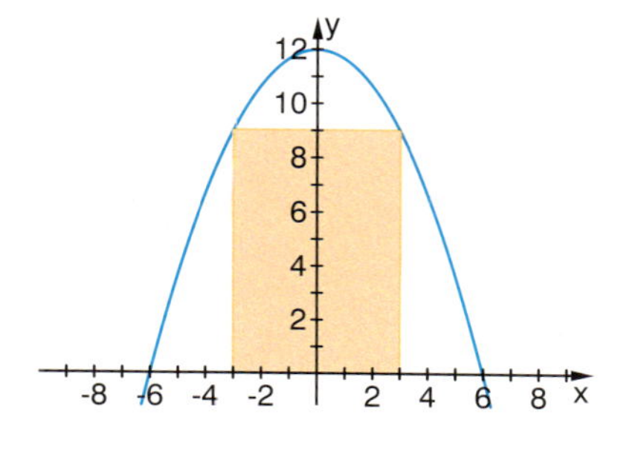

Nullstellen von f:
$x_1 = -6 \quad x_2 = 6$

Lösung:

a) Zunächst legt man die Größe fest, die optimiert werden soll. Wir wählen t als halbe Breite des Rechtecks. Ein sinnvoller Bereich für t ist: $0 < t < 6$

Die Höhe des Rechtecks ist dann die y-Koordinate von f(x) an der Stelle t. Damit erhält man für den Flächeninhalt: $A(t) = 2t \cdot \left(-\frac{1}{3}t^2 + 12\right)$, also: $A(t) = -\frac{2}{3}t^3 + 24t$

Die Höhe des Rechtecks ist zunächst die zweite variable Größe, die Funktionsgleichung von f liefert hier die Nebenbedingung.

Eine grafisch-tabellarische Untersuchung von A(t) liefert den Hochpunkt (3,46 | 55,426). Das Rechteck mit maximalem Flächeninhalt ist ca. 6,92 breit und hat einen Flächeninhalt von ca. 55,426.

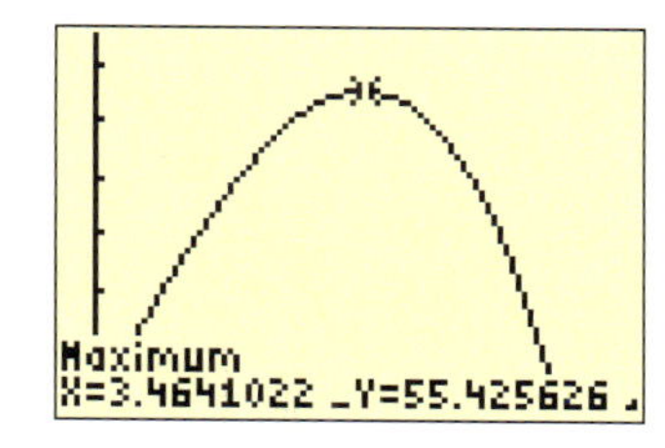

X	Y1
3.43	55.418
3.44	55.422
3.45	55.424
3.46	55.426
3.47	55.425
3.48	55.424
3.49	55.421

X=3.46

b) Mit $f(x) = -\frac{1}{3}x^2 + k$ erhält man für die Fläche des Rechtecks $A(t) = -\frac{2}{3}t^3 + 2kt$

$A'(t) = -2t^2 + 2k = 0 \quad \Rightarrow \quad t = \sqrt{k}; \quad A(\sqrt{k}) = \frac{4}{3}k\sqrt{k}$

Die Breite des Rechtecks hängt von **k** ab, sie wächst wie $y = \sqrt{x}$.

B *Kosten, Umsatz und Gewinn*

Eine Firma hat durch Untersuchungen festgestellt, dass die Kosten einer Fischplatte in Abhängigkeit der Anzahl x an zubereiteten Platten durch die Funktion $K(x) = 0{,}2x^2 + 1000$ beschrieben werden können (x: Anzahl; K(x): Kosten in €). Sie verkauft die Platten für 36 €.

Die Modellierung passt nur, wenn alle Fischplatten verkauft werden.

Wie viele Fischplatten muss die Firma verkaufen, um Gewinn zu machen?
Wie hoch ist der maximale Gewinn?

Für den Umsatz U gilt: $U(x) = 36x$

Der Gewinn G kann dann durch die Differenz aus Umsatz und Kosten berechnet werden:

$G(x) = U(x) - K(x)$

$G(x) = 36x - (0{,}2x^2 + 1000)$

$G(x) = -0{,}2x^2 + 36x - 1000$

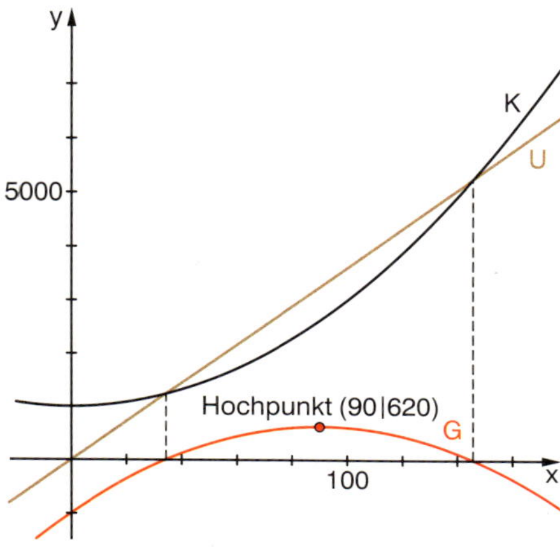

Im Bereich $34{,}3 < x < 145{,}7$ ist $G(x) > 0$. Die Firma muss mindestens 35 und darf höchsten 145 Fischplatten verkaufen, um Gewinn zu machen.

Maximaler Gewinn:

$G'(x) = -0{,}4x + 36 = 0$

$\Rightarrow \; x = 90; \quad G(90) = 620$

Wenn 90 Fischplatten verkauft werden, macht die Firma einen maximalen Gewinn von 620 €.

Übungen

4 *Schachteln mit maximalem Volumen*

Aus einem rechteckigen Stück Pappe mit den Seitenlängen 16 cm und 8 cm wird

a) eine oben offene Schachtel

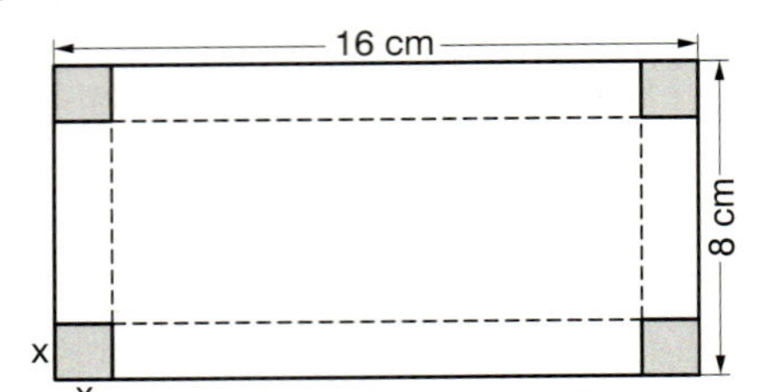

b) eine Schachtel mit Deckel

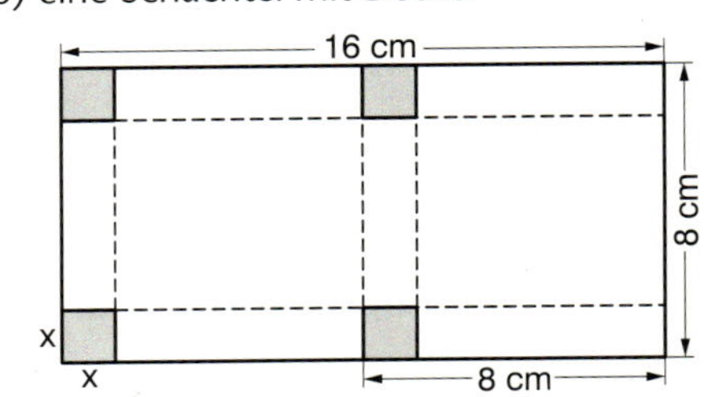

hergestellt, indem man die grauen Quadrate (Seitenlänge x) ausschneidet und dann längs der gestrichelten Linien faltet. Wie muss die Seitenlänge x der auszuschneidenden Quadrate gewählt werden, damit eine Schachtel mit größtem Volumen entsteht?

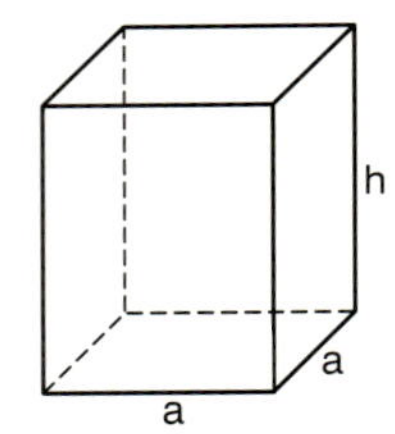

5 *Minimale Oberfläche*

a) Welcher Quader mit quadratischer Grundfläche und einem Volumen von 1000 cm^3 hat eine minimale Oberfläche?

b) Wie sieht das Ergebnis für einen Quader mit quadratischer Grundfläche bei einem anderen Volumen V aus?

6 *Optimale Fläche einzäunen*

Goldgräber Joe kann sich mit einem 100 m langen Seil ein rechteckiges Stück Land abstecken. Dabei ist er natürlich an einer möglichst großen Fläche interessiert.

a)

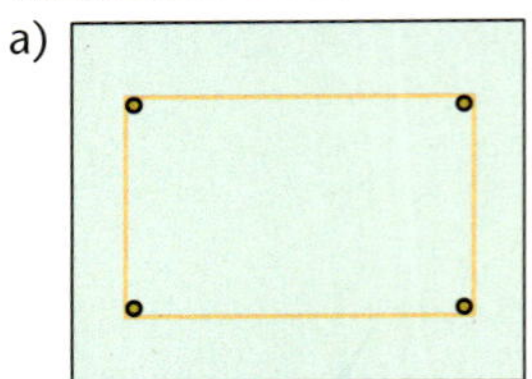

Das Seil muss alle vier Seiten umschließen.

b)

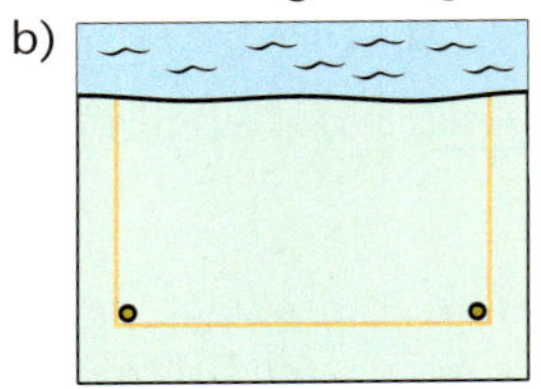

Eine Seite wird vom Fluss begrenzt.

c)

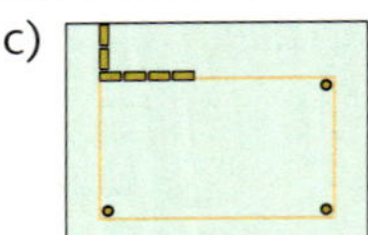

Eine Mauer von 20 m Länge kann zur Abgrenzung mit benutzt werden.

7 *Isoperimetrisches Problem*

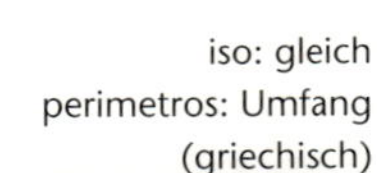
iso: gleich
perimetros: Umfang
(griechisch)

a) Beweisen Sie dies für den allgemeinen Fall mithilfe der Optimierungsstrategie.

> Unter allen umfangsgleichen Rechtecken hat das Quadrat den größten Flächeninhalt.

Pierre de Fermat (1601–1665)

b) Bei *Pierre de Fermat* tritt das Problem in nebenstehender Formulierung auf. Erläutern Sie, warum dies dasselbe Problem ist.

> Die Strecke $\overline{AB}$ ist im Punkt T so zu teilen, dass das Rechteck mit den Seiten $\overline{AT}$ und $\overline{TB}$ ein Maximum wird.

c) Fermat stellte noch ein weiteres Problem.
Lösen Sie das Problem.

> Die Strecke $\overline{AB}$ ist so zu teilen, dass das Produkt der Quadrate über $\overline{AT}$ und $\overline{TB}$ ein Maximum wird.

d) Variieren Sie das Problem von Fermat in c), indem Sie *„Produkt der Quadrate"* durch *„Summe der Quadrate"*, *„Differenz der Quadrate"* und *„Quotient der Quadrate"* ersetzen.

Übungen

8 *„Umgekehrtes" isoperimetrisches Problem*

a) Vergleichen Sie die nebenstehende Aussage mit der Aussage in Aufgabe 7 a). Warum spricht man hier von dem umgekehrten isoperimetrischen Problem?

> Unter allen flächengleichen Rechtecken hat das Quadrat den minimalen Umfang.

b) Zeigen Sie am Beispiel eines Rechtecks mit dem Flächeninhalt 40 cm², dass die Aussage gilt.

c) Beweisen Sie die Aussage für ein beliebiges Rechteck mit dem Flächeninhalt A.

9 *Stadion*

Ein Sportstadion mit einer 400-m-Laufbahn soll so angelegt werden, dass das Fußballfeld möglichst groß ist. Die beiden Kurven sollen Halbkreise sein.

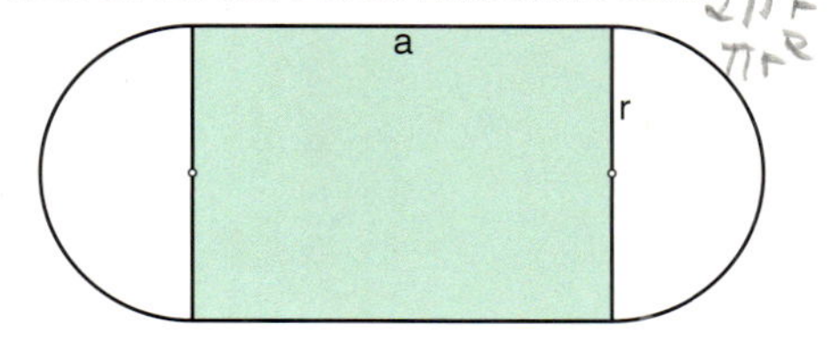

Entsprechen die Maße des Fußballfeldes den offiziellen Vorgaben der FIFA?

10 *Windschutz am Strand*

Ein Windschutz aus Segeltuch hat eine Rückwand, ein Dach und zwei quadratische Seitenwände. Zur Herstellung stehen 8 m² Segeltuch zur Verfügung. Bei welchen Maßen wird der Innenraum des Unterstandes maximal?

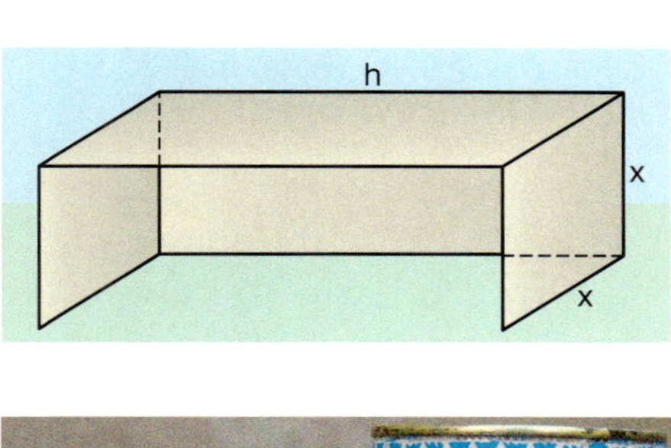

11 *Optimale Dose*

Die abgebildeten Konservendosen haben beide ein Füllvolumen von 580 cm³, aber ihre Form ist unterschiedlich.
Die hohe Form der Würstchendose ist durch den Inhalt vorgegeben. Die Lychees erzwingen aber keine bestimmte Form.
Ähnlich ist es bei Suppendosen oder Dosen für Gemüse oder Obst. Der Hersteller ist in solchen Fällen daran interessiert, möglichst wenig Material für die Herstellung zu verbrauchen.

r = 4,2 cm h = 10,7 cm r = 3,6 cm h = 14,3 cm

a) Vergleichen Sie den Materialverbrauch für die beiden Dosen.

b) Wie müssen Höhe und Durchmesser eines Zylinders mit 580 cm³ Volumen gewählt werden, so dass seine Oberfläche minimal ist? Vergleichen Sie diesen optimalen Wert mit denen der Dosen.

c) Ändert sich das optimale Verhältnis von Durchmesser und Höhe bei einem Zylinder mit einem kleineren oder größeren Volumen?

d) Wird der minimale Materialverbrauch größer oder kleiner, wenn man statt der zylinderförmigen Dose einen Quader mit quadratischer Grundfläche wählt? Schätzen Sie und rechnen Sie dann nach (siehe Aufgabe 5).

Die Modellierung der Dose durch einen Zylinder ist vereinfacht. In Wirklichkeit muss beim Materialverbrauch noch der Falz berücksichtigt werden, durch den Deckel und Boden mit dem Mantel verbunden sind.

Deckel Falz
Dose

Übungen

12 *Optimale Tüten*

Formen Sie aus einem kreisförmigen Stück Papier mit Radius 10 cm eine kegelförmige Tüte mit maximalem Volumen. Schneiden Sie den Kreis längs eines Radius ein und formen Sie durch Überlappen die Tüte (Kegelmantel). (Das Beispiel im Basiswissen Seite 88 kann Ihnen beim Optimieren helfen)

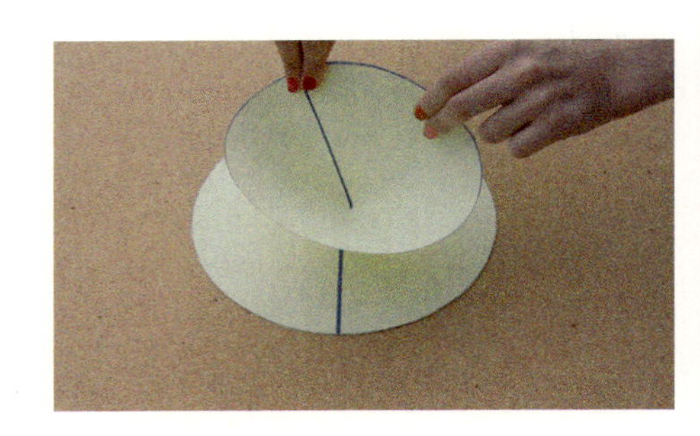

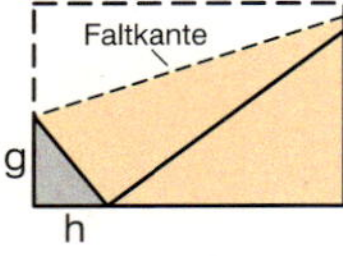

13 *Papierfalten*

Legen Sie ein DIN-A4-Blatt (ca. 21 cm × 30 cm) mit der längeren Kante nach unten vor sich hin. Falten Sie das Blatt nun so, dass die obere linke Ecke genau auf dem unteren Blattrand liegt. Wie muss man falten, damit das grau gefärbte Dreieck einen möglichst großen Flächeninhalt hat?

Probieren schafft Überblick:
Falten Sie viele Dreiecke, messen Sie, rechnen Sie und erzeugen Sie eine Tabelle.

g	h	Flächeninhalt des Dreiecks $A = \frac{1}{2} g h$
■	■	■

Übertragen Sie die Punkte (g | A) in ein Koordinatensystem.

Funktionaler Zusammenhang:
Der Flächeninhalt A lässt sich als Funktion von g darstellen: $A = A(g)$.

Das Dreieck ist rechtwinklig.

Für die Hypotenuse gilt: $c = 21 - g$

Nebenbedingung:
$g^2 + h^2 = (21 - g)^2$

14 *Rechtecke unter Funktionen*

Es werden Rechtecke untersucht, bei denen zwei Seiten auf den Koordinatenachsen liegen und ein Eckpunkt auf dem Funktionsgraphen im 1. Quadranten.

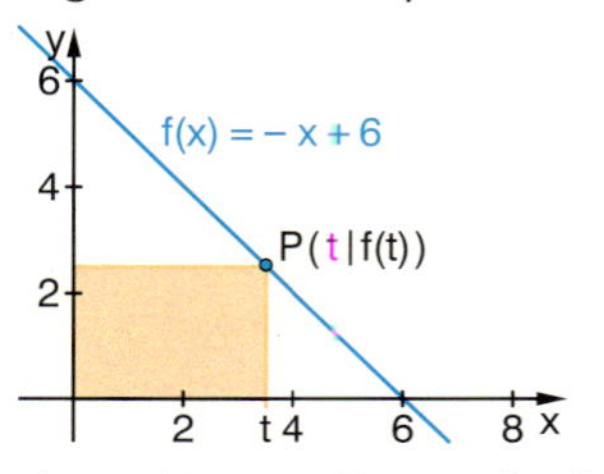

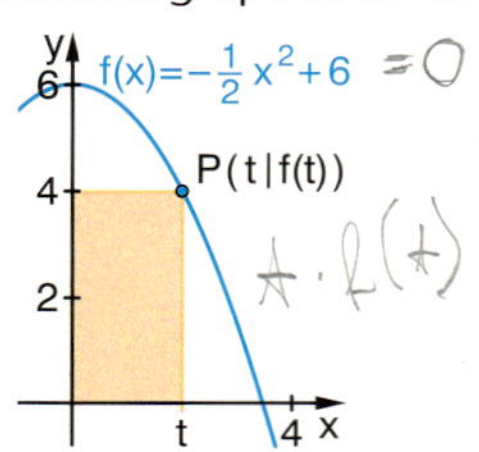

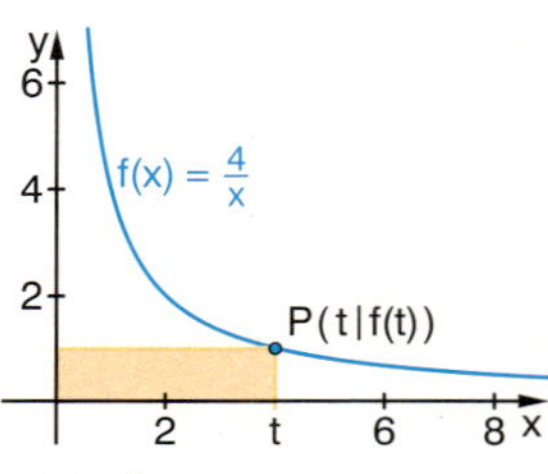

In zwei Fällen werden Sie Überraschendes feststellen.

a) Bestimmen Sie jeweils die Rechtecke mit maximalem Flächeninhalt.
b) Bestimmen Sie jeweils die Rechtecke mit minimalem Umfang.
c) Erstellen Sie selbst eine solche Aufgabe mit einer geeigneten Funktion.

Achtung: Das Maximum kann auch am Rand des Definitionsbereichs liegen.

15 *Mathematischer Bruch einer Glasscheibe*

Aus einer Fensterscheibe mit den Maßen a = 3 dm und b = 6 dm ist ein Stück herausgebrochen, dessen Rand durch eine Parabel g(x) beschrieben werden kann.
Aus dem Reststück soll eine möglichst große rechteckige Platte herausgeschnitten werden.
Suchen Sie die maximale Fläche der Glasplatte, wenn die Parabel die Gleichung

$g(x) = 4 - x^2$ $\quad h(x) = 3 - x^2$ $\quad$ hat.

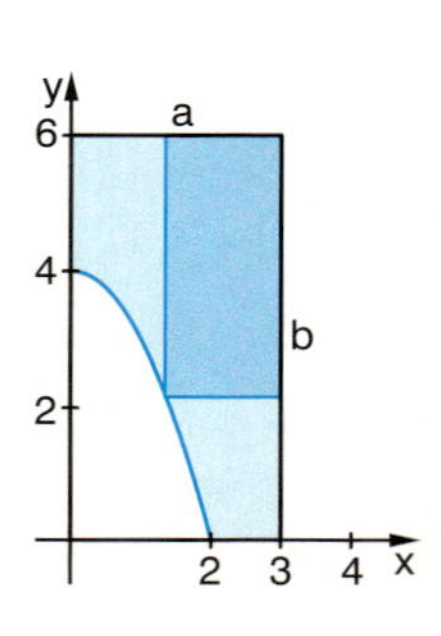

Übungen

16 *Gewinnmaximierung*

Die Firma Stilus-Stifte hat eine neue Sorte von Bleistiften entwickelt. Von der Kalkulationsabteilung wurde eine Kostenfunktion

K: *produzierte Stückzahl (in Tausend)* → *entstehende Kosten (in €)*

aufgestellt, die die laufenden Kosten pro Maschine und Tag (Fest- , Material-, Energie- und Lohnkosten) berücksichtigt: $K(x) = 2x^3 - 18x^2 + 62x + 32$.

a) Beschreiben Sie dem Abteilungsleiter, der wenig von Mathematik versteht, den Graphen hinsichtlich seiner Bedeutung für die Produktionskosten. Erklären Sie insbesondere die Bedeutung des Wendepunktes.

b) Pro 1000 Bleistifte ist am Markt ein Preis von 50 € erzielbar. In welchem Stückzahlbereich wird Gewinn erwirtschaftet? Wo ist dieser am größten?

Zu Kosten, Umsatz und Gewinn siehe Beispiel B.

17 *Kosten, Umsatz und Gewinne*

Produktionskosten können auf unterschiedliche Weise entstehen.
Entsprechend werden sie durch unterschiedliche Funktionen modelliert.

(1) $K_1(x) = 0{,}5x + 1$
$U_1(x) = 0{,}8x$

(2) $K_2(x) = 0{,}01x^3 + 1$
$U_2(x) = 1{,}5x$

(3) $K_3(x) = 0{,}2x^3 - 1{,}2x^2 + 2{,}4x + 1$
$U_3(x) = 1{,}4x$

(4) $K_4(x) = 0{,}1x^3 - 0{,}6x^2 + 1{,}7x + 1$
$U_4(x) = 2x$

Vergleichen Sie insbesondere die Kostenfunktion bei (3) und (4).

a) Erstellen Sie zu jeder Kosten- und Umsatzfunktion eine aussagekräftige Skizze. Beschreiben und vergleichen Sie jeweils die Entwicklung der Produktionskosten in Abhängigkeit von der produzierten Menge.
Welche der Kostenfunktionen erscheinen Ihnen sinnvoll? Begründen Sie.

b) Ermitteln Sie zu den Kosten- und Umsatzfunktionen den Gewinnbereich und den maximalen Gewinn.

18 *Parfüm*

Je teurer ein Produkt verkauft wird, desto weniger kann abgesetzt werden.
Welchen Preis sollte eine Firma ansetzen?
Für den Absatz eines exklusiven Parfüms modellieren drei Teams die Preis-Absatz-Funktion für Packungspreise bis 200 € auf je unterschiedliche Weise (x: Packungspreis; y: absetzbare Packungsanzahl):

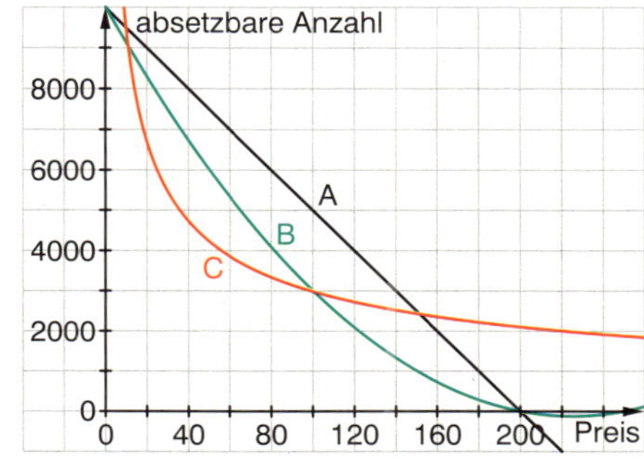

$P_1(x) = -50x + 10\,000$

$P_2(x) = 0{,}2x^2 - 90x + 10\,000$

$P_3(x) = \frac{30\,000}{\sqrt{x}}$

a) Begründen Sie, dass alle drei Modelle sinnvoll sind und ordnen Sie die Graphen den Funktionen zu. Beschreiben Sie das Kaufverhalten nach den drei Modellen.

b)

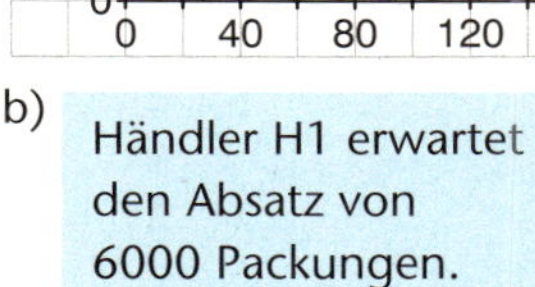

Händler H1 erwartet den Absatz von 6000 Packungen.

Händler H2 möchte mindestens 320 000 € mit dem Parfüm umsetzen.

Händler H3 will das Parfüm für 200 € anbieten.

Was sagen Sie den Händlern? Benutzen Sie dabei jedes der drei Modelle.

c) Welche Umsätze lassen sich erzielen? Bei welchem Preis macht die Firma maximalen Umsatz? Erstellen Sie zu jedem Modell einen Bericht und vergleichen Sie anschließend die Ergebnisse mit Ihren Mitschülern.

Übungen

19 *Stühle*

Eine Möbelfirma stellt u. a. Stühle her. Die Produktionskosten K hängen von der an einem Tag produzierten Menge x ab. Es werden maximal 300 Stühle produziert.

In betriebsinternen Untersuchungen ist folgende Kostenfunktion entwickelt worden:

$K(x) = x^3 - 3x^2 + 6x + 1$ (x in Hundert Stück, K(x) in Zehntausend Euro).

a) Skizzieren Sie K(x) und beschreiben Sie die Entwicklung der Produktionskosten in Abhängigkeit von der Stückzahl. Welche Bedeutung hat der Schnittpunkt mit der y-Achse?

b) Wo ist die Änderung der Kosten am geringsten?

c) Der Umsatz kann mit $U_p(x) = p \cdot x$ beschrieben werden (p in 100 €).
Welche Bedeutung hat der konstante Faktor p?
Die Bilder zeigen die Kosten, den Umsatz und den Gewinn für drei verschiedene Werte von p. Geben Sie die Funktionsgleichung für den Gewinn an.

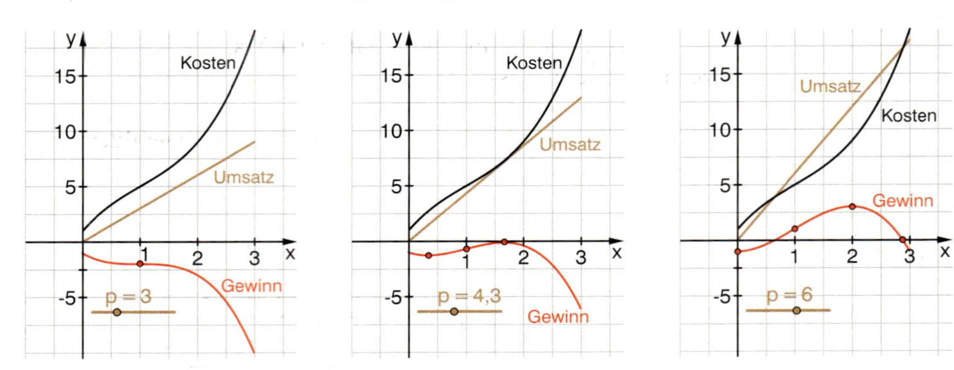

Beschreiben Sie anhand der Bilder die Gewinnentwicklung in Abhängigkeit von p.
Welche Voraussetzungen werden bei allen Berechnungen hier gemacht?

Das Modell gilt nur für eine Produktion von maximal 300 Stühlen.

d) Der Betriebschef möchte wissen, für welche Produktionsmenge bei verschiedenen Verkaufspreisen jeweils der höchste Gewinn erzielt wird und für welche Produktionsmenge der Gewinn am stärksten zunimmt.

Übertragen Sie die Tabelle ins Heft und füllen Sie sie aus.

Verkaufspreis	Gewinnzone (Anzahl verkaufter Stühle)	maximaler Gewinn	stärkste Gewinnzunahme
300	■	■	■
450	■	■	■
600	■	■	■
700	■	■	■
p	■	■	■

Erstellen Sie abschließend eine Expertise für den Betriebschef.

In der Expertise sollte enthalten sein:
- Empfehlung für Produktionsmengen
- mögliche Gewinne
- Was können die Berechnungen nicht berücksichtigen?
- Unter welchen Voraussetzungen kann es die Gewinne nur geben?

Projekt

Milchtüten

Getränke werden in verschiedenen Verpackungen angeboten. Kartons haben den Vorteil, dass sie leicht und wieder verwertbar sind.

Überlegen Sie sich, was für den Hersteller, den Verkäufer und den Kunden alles wichtig und interessant bezüglich der Gestalt von Milchtüten ist.

Für die 1-Liter-Frischmilchtüte gibt es zwei verschiedene Formen. Besorgen Sie sich von jeder Sorte eine Tüte.

Tüte mit Giebel

Tüte ohne Giebel

Ermitteln Sie die Maße (Breite und Füllhöhe) einer Milchtüte und deren Volumen bis zur Füllgrenze.

Liefern die realen Maße eine Tüte mit minimalem Materialaufwand?
Welche Breite b und welche Höhe h muss die optimale Tüte haben?

Schneiden Sie beide Tüten auf und zeigen Sie, dass man jeweils die abgebildeten Schnittmuster (Netze) erhält.

arbeitsteilige Gruppenarbeit

Gruppe A

Tüte mit Giebel

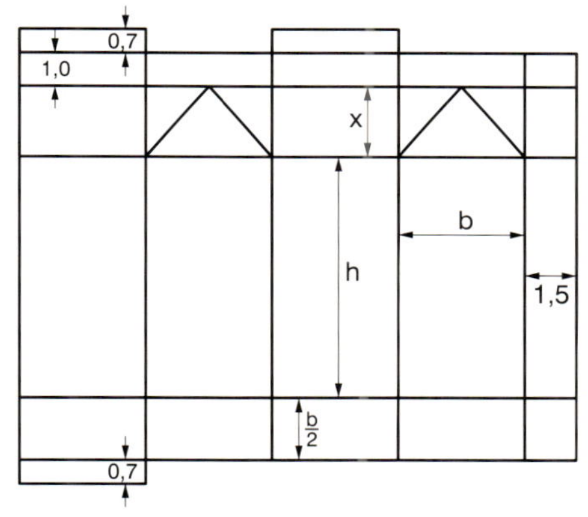

Gruppe B

Tüte ohne Giebel

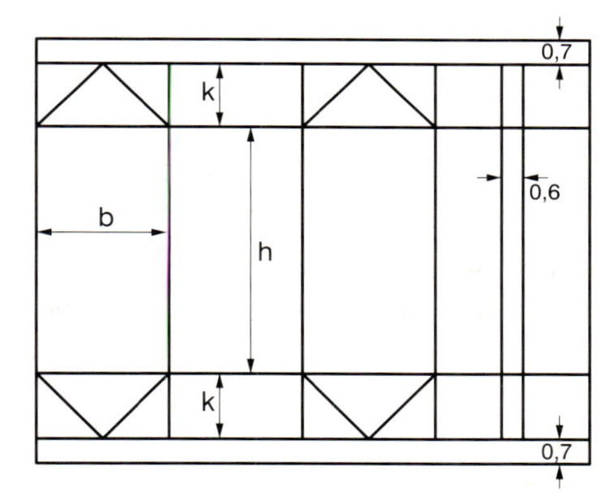

Der Materialverbrauch für den Giebel hängt von der Steilheit des Giebels ab. Veranschaulichen Sie sich dies am Schnittmuster, indem Sie es wieder zur Tüte zusammenfalten.
Ermitteln Sie einen angemessenen Winkel durch Messen und bestimmen Sie damit x in Abhängigkeit von b.

Warum kann für k sinnvollerweise die halbe Breite der Tüte angenommen werden?

Für den Boden und den Deckel wird mehr Material als notwendig benutzt. Warum ist das sinnvoll? Erklären Sie damit, dass die optimale Milchtüte wesentlich schlanker als der Würfel ist.

x

b

$\cos(\alpha) = \frac{\text{Ankathete}}{\text{Hypotenuse}}$

Erstellen Sie jeweils eine Formel für den Materialverbrauch in Abhängigkeit von einer Variablen und bestimmen Sie den minimalen Bedarf.
Vergleichen Sie mit den Maßen und dem Materialbedarf der realen Milchtüte.

Das Volumen ist jeweils fest vorgegeben.

Welche der beiden Tüten bevorzugen Sie? Sammeln Sie jeweils Argumente für und gegen jede Tüte.

Aufgaben

20 *Optimieren ohne Differenzialrechnung*

Extremwertaufgaben haben Menschen lange vor der Entwicklung der Differenzialrechnung gelöst. Es muss also noch andere Wege zur Lösung solcher Probleme geben. Meistens waren es geometrische Methoden, die häufig zu eleganten Lösungen führten, manchmal aber auch einfache algebraische Ansätze.
In den nächsten Aufgaben werden Sie etwas von diesen Methoden an bekannten und neuen Problemen kennen lernen und selbst ausprobieren können.

Unter allen umfangsgleichen Rechtecken hat das Quadrat den größten Flächeninhalt.

(A) *Isoperimetrisches Problem*

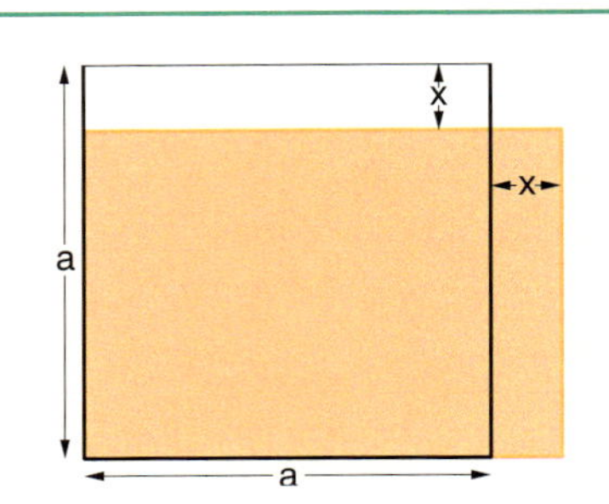

Zeigen Sie, dass das gefärbte Rechteck für jedes x den gleichen Umfang hat wie das Quadrat.

Geometrischer Beweis

Zeigen Sie, dass der Flächeninhalt des oberen (weißen) Rechtecks immer größer ist als der des rechten (gelben) Rechtecks und begründen Sie damit, dass das Quadrat unter allen umfangsgleichen Rechtecken den maximalen Flächeninhalt hat.

Algebraischer Beweis

Geben Sie einen Term für den Flächeninhalt des gefärbten Rechtecks an und begründen Sie damit, dass dieser für jeden Wert von x kleiner als der Flächeninhalt des Quadrates ist.

Welches der inneren Quadrate hat den kleinsten Flächeninhalt?

(B) *Quadrate im Quadrat*

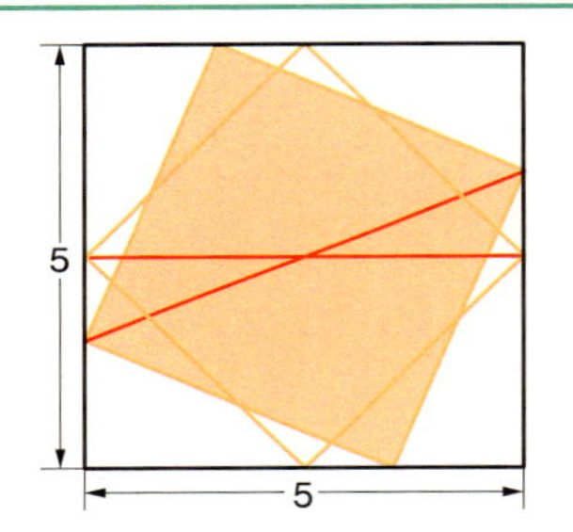

Vergleichen Sie die Diagonalen der Quadrate.

Was wissen Sie über die Beziehungen der Seitenlängen von rechtwinkligen Dreiecken?

Warum ist damit das Problem auch für beliebige Ausgangsquadrate beantwortet?

(C) Zu den „Quadraten im Quadrat“ kann man auch das ‚umgekehrte‘ Problem formulieren:

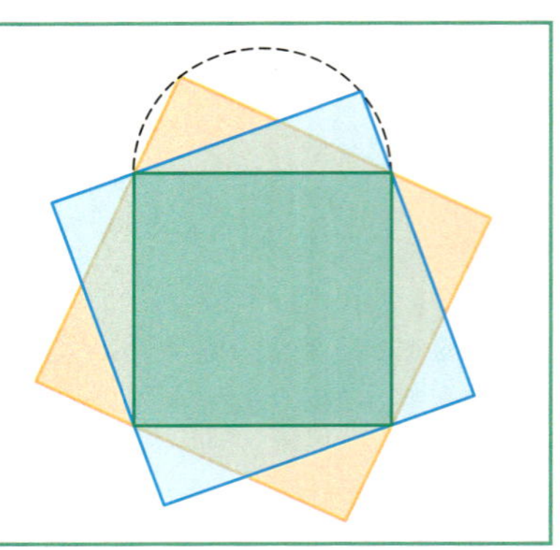

Zu einem gegebenen festen Quadrat sollen Quadrate konstruiert werden, die das Quadrat umschreiben. Welches dieser Quadrate hat einen maximalen Flächeninhalt?

Zeichnen Sie ein Quadrat ABCD und konstruieren Sie einige umbeschriebene Quadrate.
(Hinweis: Satz des Thales)

(D) Welches unter allen Rechtecken in einem gegebenen festen Kreis hat den maximalen Flächeninhalt?

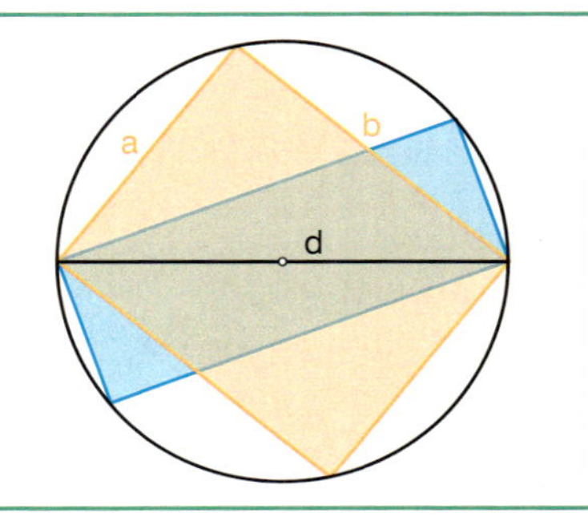

Vergleichen Sie die Dreiecke in der Abbildung und benutzen Sie den Thalessatz.

Aufgaben

21 *Viele Wege zum Ziel*

Hier können Sie an einem Problem verschiedene Lösungsmethoden ausprobieren und diese dann miteinander vergleichen.

Das Problem

Einem gleichseitigen Dreieck werden Rechtecke einbeschrieben. Welches dieser Rechtecke hat einen maximalen Flächeninhalt?

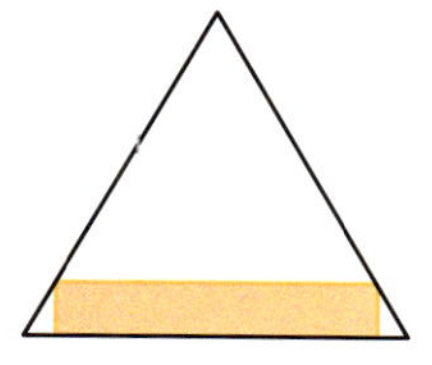
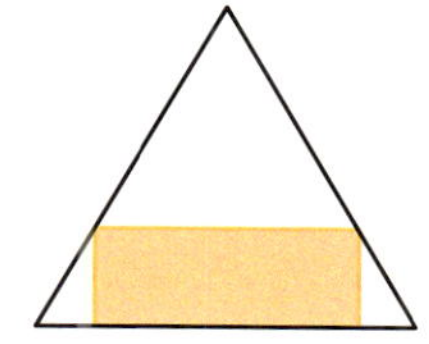
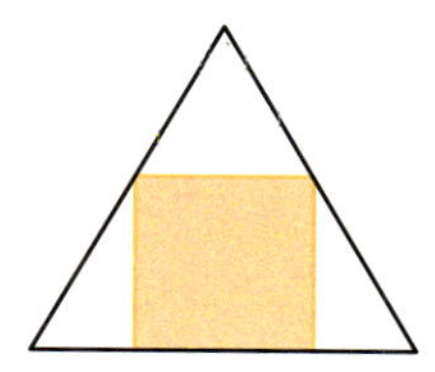
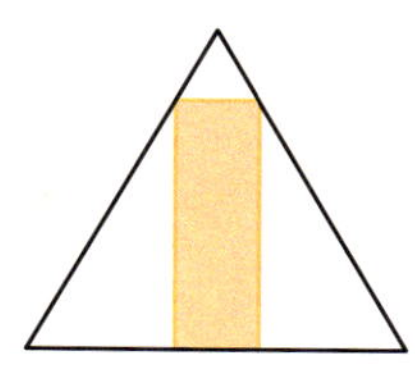

Die Lösungen

(A) Funktionaler Weg:

Beschreiben Sie die Seiten durch lineare Funktionen.

Tipps für mögliche Wege:

Höhe des Dreiecks in Abhängigkeit von a bestimmen	Koordinaten der Eckpunkte in Abhängigkeit von a angeben	Steigung von g(x) bestimmen

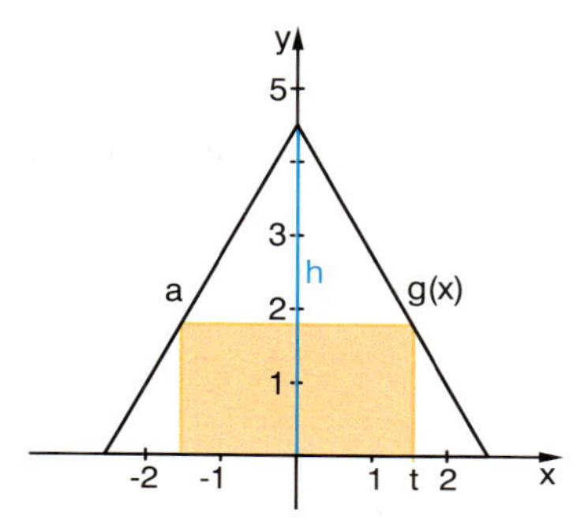

(B) Algebraisch-geometrischer Weg:

- Bestimmen Sie h in Abhängigkeit von a.
- Geben Sie einen Term für den Flächeninhalt des Rechtecks in Abhängigkeit von x und y an.
- Die Ähnlichkeit der Dreiecke COB und PQB liefert eine Nebenbedingung für y.

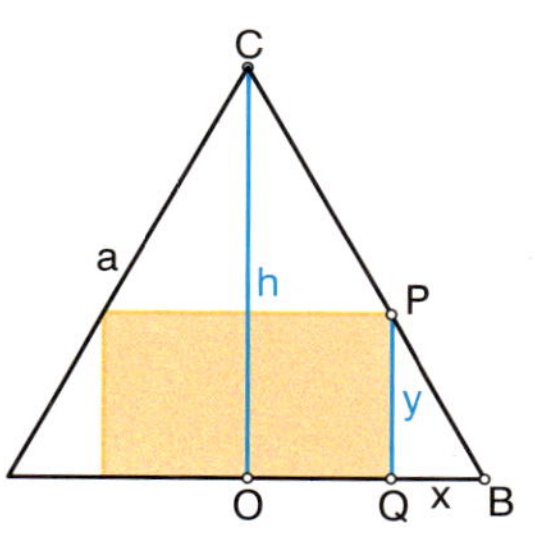

(C) Geometrischer Weg:

Bilder ohne Worte

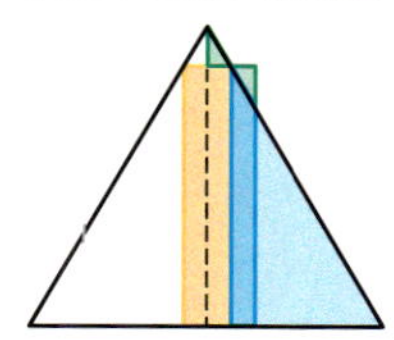
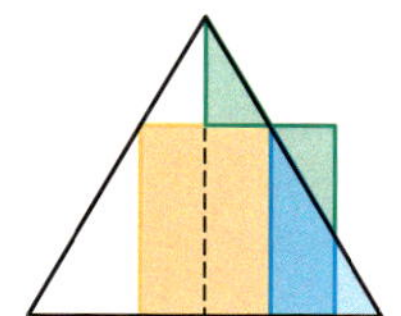
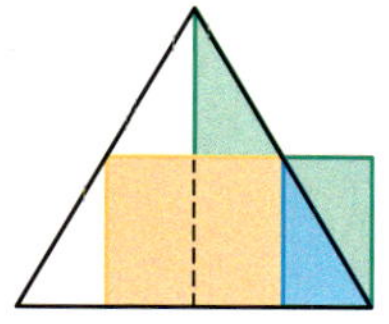
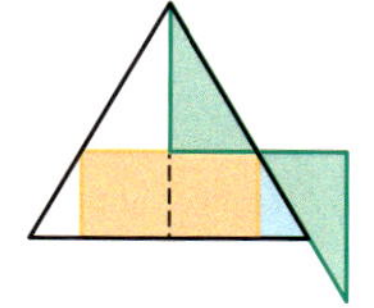
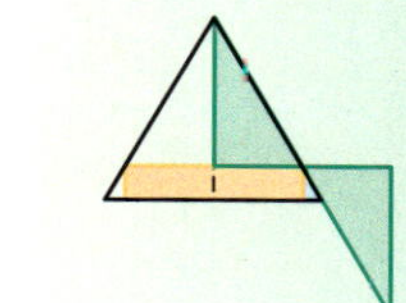

Begründen Sie, dass die Summe aus dem Flächeninhalt eines grünen Dreiecks und des blauen Dreiecks immer mindestens so groß wie der halbe Inhalt des gelben Rechtecks ist. Wann sind sie gleich groß?

Reflexion

Vergleichen Sie die Lösungswege:

- Welche Kenntnisse und Verfahren müssen Sie bei den einzelnen Wegen abrufen?
- Welche Wege können einfach abgearbeitet werden, bei welchen benötigt man „zündende Ideen“?
- Welcher Weg ist für Sie am einfachsten?
- Welchen Weg finden Sie am schönsten?

CHECK UP

Wichtige Funktionen und ihre Ableitungen

f(x)	f′(x)	f(x)	f′(x)
x^2	$2x$	$\sqrt{x}$	$\frac{1}{2\sqrt{x}}$
x^3	$3x^2$	$\frac{1}{x}$	$-\frac{1}{x^2}$
x^4	$4x^3$	$\sin(x)$	$\cos(x)$

Ableitungsregeln

Potenzfunktion $f(x) = x^n$ mit natürlichem Exponenten n	$f(x) = x^n$ $f'(x) = n \cdot x^{n-1}$
Ein **konstanter Summand** fällt beim Ableiten weg.	$f(x) = g(x) + c$ $f'(x) = g'(x)$
Ein **konstanter Faktor** bleibt beim Ableiten erhalten.	$f(x) = a \cdot g(x)$ $f'(x) = a \cdot g'(x)$
Eine **Summe** von zwei Funktionen hat als Ableitung die **Summe der beiden Ableitungen.**	$f(x) = g(x) + h(x)$ $f'(x) = g'(x) + h'(x)$

Ganzrationale Funktionen

Eine Funktion
$f(x) = a_n x^n + a_{n-1} x^{n-1} + \ldots + a_1 x + a_0$
($a_i \in \mathbb{R}$ und $a_n \neq 0$)
heißt ganzrationale Funktion n-ten Grades.
Ihre Ableitung ist eine ganzrationale Funktion vom Grad n – 1:
$f'(x) = a_n \cdot n x^{n-1} + a_{n-1} \cdot (n-1) x^{n-2} + \ldots + a_2 \cdot 2x + a_1$

Tangentengleichung

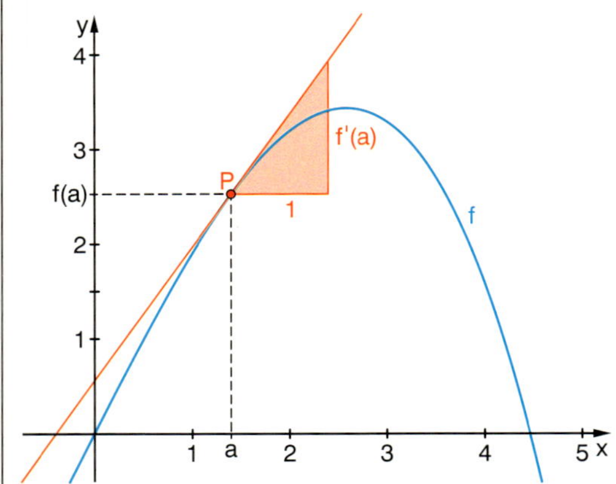

Die Tangente an den Graphen der Funktion f im Punkt P(a | f(a)) hat die Gleichung

$$y = f'(a)(x - a) + f(a).$$

1 a) Geben Sie die Funktionsterme zu den skizzierten Graphen an. Bestimmen Sie die Ableitungsfunktionen und skizzieren Sie deren Graphen.

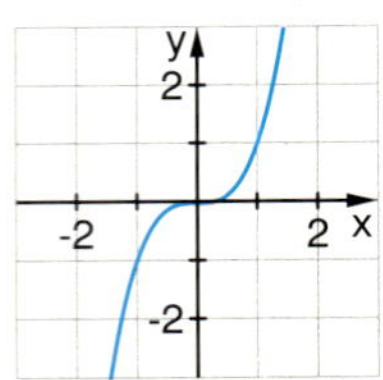

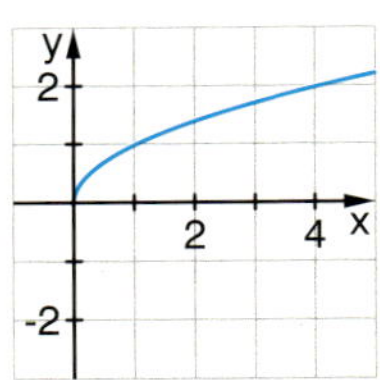

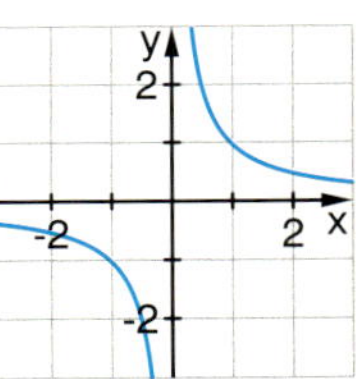

b) Die Graphen der Ableitungen dreier Funktionen sind skizziert. Skizzieren Sie die Graphen der zugehörigen Funktionen.

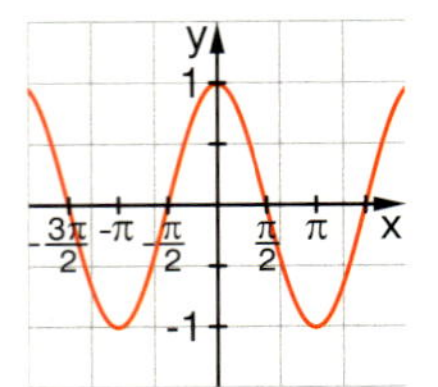

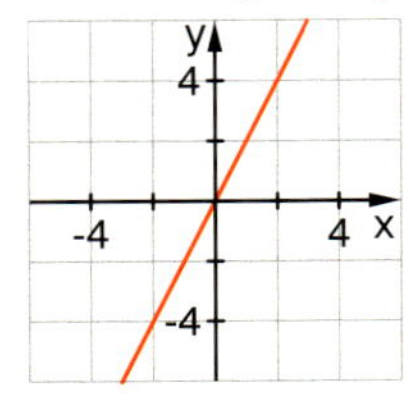

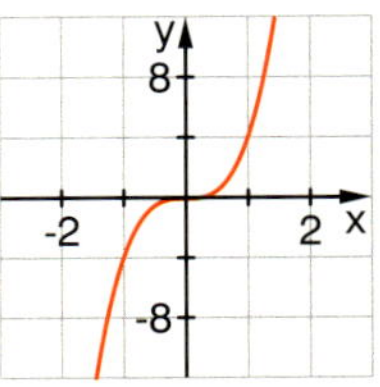

2 a) Berechnen Sie die Ableitungen der Funktionen $f_n(x) = x^n$ für n = 2, 3, 4, 5 und 6.
b) In welchem Verhältnis stehen die Steigungen dieser Funktionen jeweils an den Stellen $x = \frac{1}{2}$, x = 1 und x = 2?

3 Bestimmen Sie die Ableitungen zu den Funktionen.
a) $f(x) = x^3 + 5$ b) $f(x) = \frac{3}{x}$ c) $f(x) = 2 - 0{,}5\sqrt{x}$
d) $f(x) = x^2 + \frac{1}{x}$ e) $f(x) = 3x^3 - x^2 + 1$ f) $f(x) = 2x + \sin(x)$
g) $f(x) = ax^2 - bx + c$ h) $f(x) = \frac{1}{3}x + 2$ i) $f(t) = 10t^2 - t + 1$

4 Bestimmen Sie die Ableitung einer ganzrationalen Funktion vierten Grades $f(x) = ax^4 + bx^3 + cx^2 + dx + e$ (a, b, c, d, e $\in \mathbb{R}$ und $a \neq 0$).

5 Gegeben ist die Funktion $f(x) = x^2 - 4x$.
a) Bestimmen Sie die Steigung der Kurve in den Schnittpunkten mit den Koordinatenachsen.
b) Wo hat der Graph die Steigung 6 bzw. –2 bzw. 3?
c) Wo hat der Graph eine waagerechte Tangente?

6 a) Für welche x-Werte haben die Graphen von $f(x) = x^2$ und $g(x) = x^3$ parallele Tangenten?
b) Wie groß sind jeweils die Steigungen in den Schnittpunkten von f und g?

7 Bestimmen Sie jeweils die Gleichung der Tangente im Punkt P(a | f(a)).
a) $f(x) = 0{,}5x^2 + 1$; a = 1 b) $f(x) = \frac{2}{x}$; a = 1
c) $f(x) = 2\sin(x)$; a = 0

8 Zeigen Sie, dass die Tangente an den Graphen von $f(x) = x^3$ im Punkt P(a | f(a)) die Gleichung $y = 3a^2x - 2a^3$ hat.

9 a) Zeigen Sie: Die Tangente an den Graphen von $f(x) = x^2$ in P(2 | f(2)) ist parallel zur Sekante durch A(1 | f(1)) und B(3 | f(3)).
b) Gilt die Aussage von a) auch für $f(x) = x^3$?

10 a) Bestimmen Sie rechnerisch die Koordinaten der lokalen Extrempunkte und des Wendepunktes der Funktion $f(x) = x^3 - 3x^2 + 4$. Skizzieren Sie den Graphen.
b) Geben Sie jeweils die Intervalle an, in denen f streng monoton wachsend bzw. streng monoton fallend ist.
c) Begründen Sie: Der Graph geht im Wendepunkt von einer Rechtskrümmung in eine Linkskrümmung über.

11 Welche Aussagen liefern die abgebildeten Graphen der Ableitungen f′ und f″ über den Graphen der zugehörigen Funktion f? Skizzieren Sie den Graphen von f.

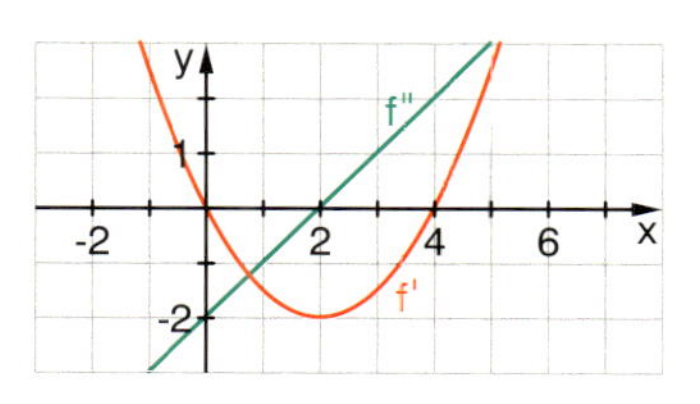

12 Die Funktion f ist eine ganzrationale Funktion dritten Grades. Welche der folgenden Aussagen sind wahr? Begründen Sie.
(I) f hat mindestens einen Hochpunkt.
(II) f hat höchstens zwei lokale Extrema.
(III) f hat genau einen Wendepunkt.
(IV) Wenn f an der Stelle x einen Tiefpunkt hat, dann ist $f'(x) = 0$.
(V) Der Graph von f ist im ganzen Definitionsbereich linksgekrümmt.

13 Begründen Sie mithilfe des Graphen von f′:
(a) f hat genau einen Wendepunkt.
(b) Die Tangente im Wendepunkt von f hat eine negative Steigung.
(c) Der Graph von f ist vom Typ III.
(d) f ist überall streng monoton fallend.

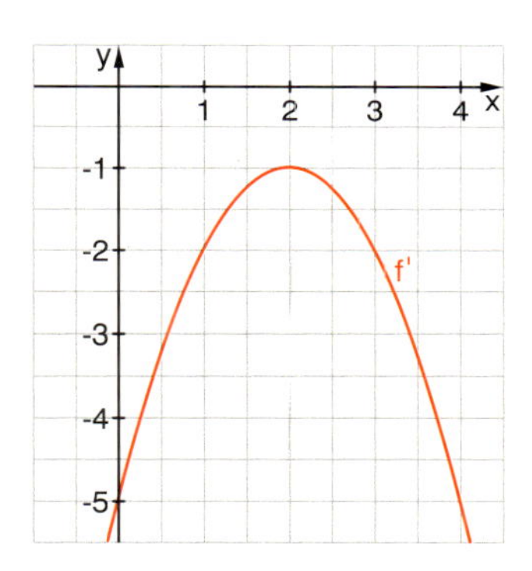

14 Begründen Sie mit dem Verhalten im Unendlichen: Jede ganzrationale Funktion dritten Grades hat mindestens eine Nullstelle.

15 Welche der folgenden Funktionen weisen eine der nebenstehenden besonderen Symmetrien auf?
a) $f(x) = 2x^3 - 4x$ b) $f(x) = x^3 + 2x^2$
c) $f(x) = x^4 + 2x^2 + 1$ d) $f(x) = x^4 - x$

16 a) Bestimmen Sie für die in Aufgabe 15 aufgeführten Funktionen jeweils alle Nullstellen.
b) Entscheiden Sie alleine mithilfe der Funktionsgleichungen, wie viele Extrempunkte und Wendepunkte die Funktionen jeweils haben.
c) Welche Funktionen haben einen Sattelpunkt?

17 Begründen Sie: Der Graph einer ganzrationalen Funktion dritten Grades mit genau zwei Nullstellen ist vom Typ I.

CHECK UP

Zusammenhang Funktion und Ableitung

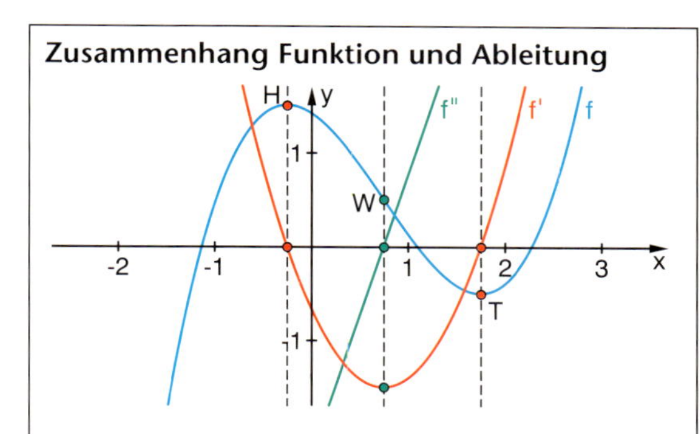

Funktion f	Ableitungen
wachsend	$f'(x) > 0$
fallend	$f'(x) < 0$
lokales Extremum	$f'(x)$ hat Vorzeichenwechsel oder $f'(x) = 0$ **und** $f''(x) \neq 0$
linksgekrümmt	$f''(x) > 0$
rechtsgekrümmt	$f''(x) < 0$
Wendepunkt	$f''(x)$ hat Vorzeichenwechsel oder $f'(x)$ hat lokales Extremum

Graphen ganzrationaler Funktionen 3. Grades

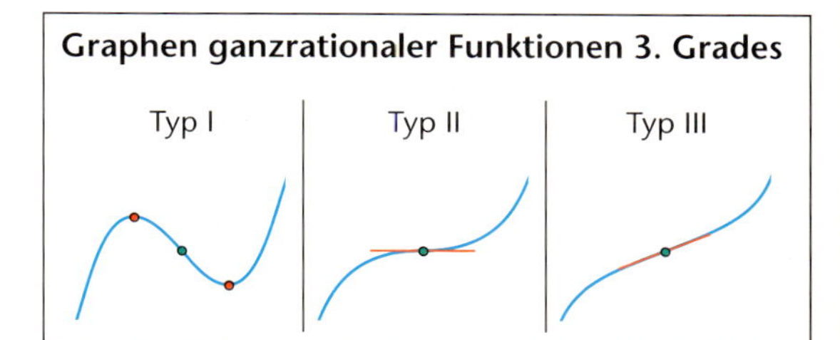

Verhalten im Unendlichen
Der Graph jeder ganzrationalen Funktionen 3. Grades $f(x) = ax^3 + bx^2 + cx + d$ verhält sich im Unendlichen wie der Graph zu $g(x) = ax^3$.

Besondere Symmetrien

achsensymmetrisch zur y-Achse

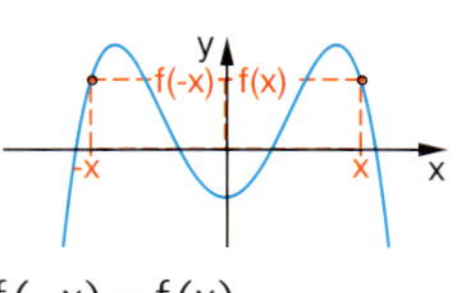

$f(-x) = f(x)$

punktsymmetrisch zum Ursprung

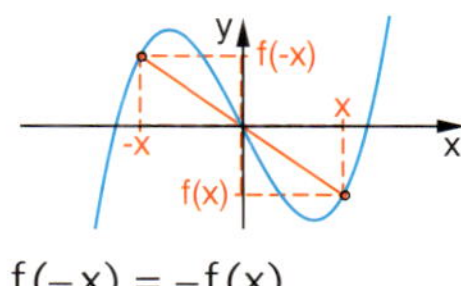

$f(-x) = -f(x)$

Nullstellen
Eine ganzrationale Funktion dritten Grades hat mindestens eine und höchstens drei Nullstellen.

CHECK UP

Strategie bei Optimierungsaufgaben

1. Fertigen Sie eine Skizze mit Bezeichnungen der Variablen an.
2. Geben Sie die zu optimierende Größe als Funktion der Variablen an (Zielfunktion).
3. Nutzen Sie die Beziehung zwischen den Variablen (Nebenbedingung), um die Zielfunktion als Funktion einer Variablen darzustellen.
4. Bestimmen Sie den Extremwert der Zielfunktion mithilfe
   der Tabelle oder
   dem Graphen oder
   der Ableitung.
5. Überprüfen und interpretieren Sie das Ergebnis im Sachzusammenhang.

Anwendungsbereiche zum Optimieren

Geometrie/Verpackungen
Maximaler Flächeninhalt/Volumen bei vorgegebenem Umfang/Oberflächeninhalt
Minimaler Umfang/Oberflächeninhalt bei vorgegebenem Flächeninhalt/Volumen

Wirtschaft
Minimierung der Kosten bei der Lagerhaltung
Gesamtkosten = Bestellkosten + Lagerkosten

Maximierung des Gewinns bei gegebener Kostenfunktion und Umsatzfunktion

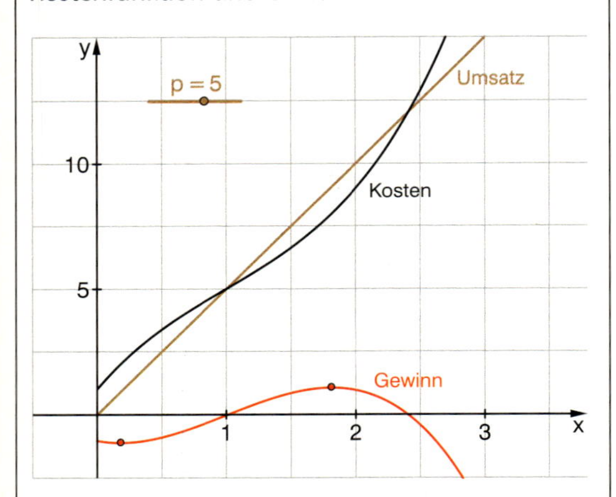

Kostenfunktion K(x)
Umsatzfunktion U(x) = p · x
Gewinnfunktion G(x) = U(x) − K(x)
x Stückzahl, p Preis/Stück

18 a) Bestimmen Sie die Maße eines Quaders mit quadratischer Grundfläche und der Oberfläche 24 m^2, wenn das Volumen maximal sein soll.
b) Bleibt die Form des Quaders die gleiche, wenn man von einem anderen Wert der Oberfläche ausgeht?

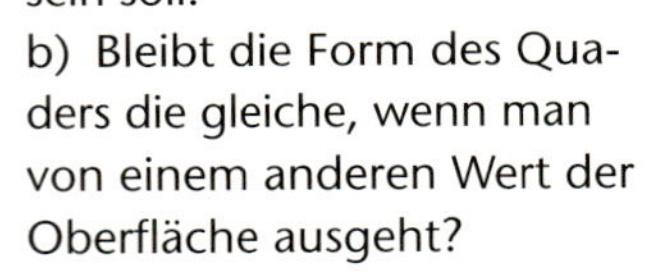

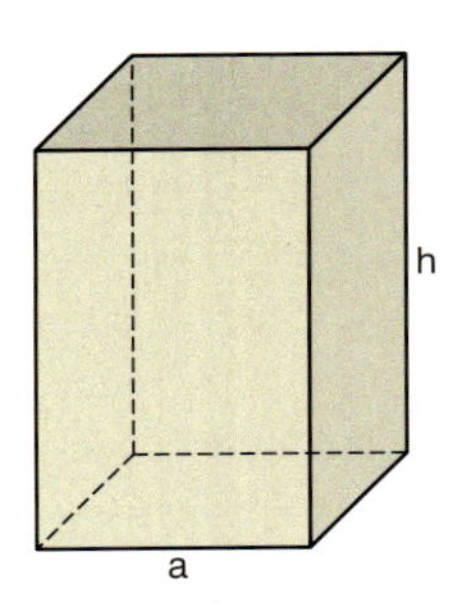

19 Ein Gewölbegang hat einen Querschnitt von der Form eines Rechtecks mit aufgesetztem Halbkreis. Der Umfang des Querschnitts ist mit U = 10 m fest vorgegeben. Wie muss das Gewölbe gestaltet werden, damit die Querschnittsfläche möglichst groß wird?

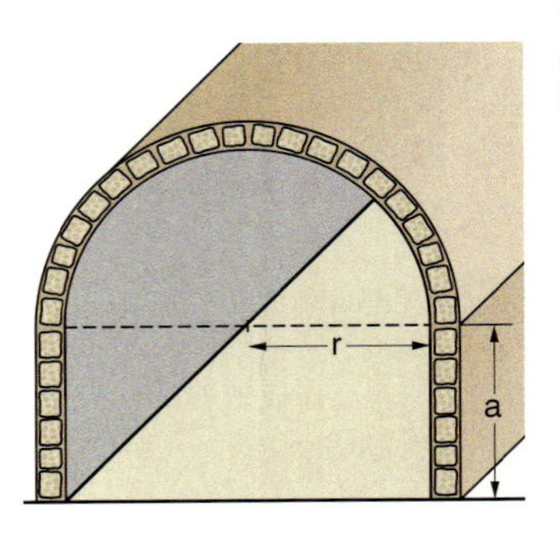

20 Ein Supermarkt-Manager möchte eine optimale Strategie für die Lagerhaltung des Orangensafts entwickeln. Nach vorliegenden Erfahrungen schätzt er, dass im kommenden Jahr etwa 1200 Mengeneinheiten mit einer gleichbleibenden Rate verkauft werden. Der Manager plant über das Jahr verteilt mehrere Bestellungen von gleicher Größe beim Zulieferer.

Die Bestellkosten für jede Lieferung betragen 75 €.
Die für ein Jahr anfallenden Lagerkosten betragen 8 € pro Mengeneinheit.

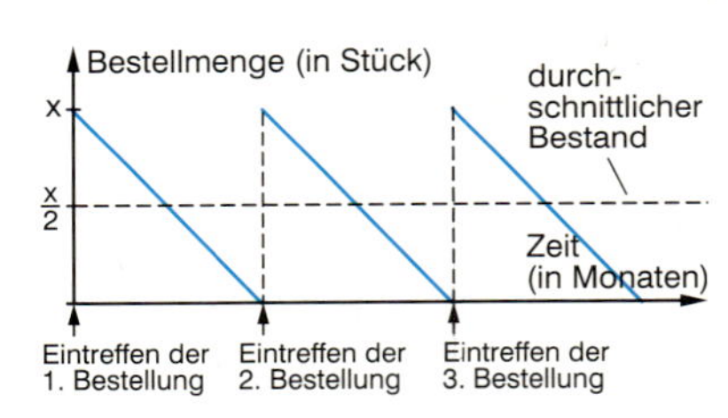

In welchen Mengeneinheiten und wie oft soll bestellt werden, damit die Gesamtkosten möglichst gering sind?

21 Die Firma Flamingo produziert Radiergummis. Dabei entstehen Kosten, die durch die Kostenfunktion
$K(x) = 2{,}5\,x^3 - 16\,x^2 + 60\,x + 10$
(Stückzahl x in 100, Kosten K in €) beschrieben werden. Marktanalysen zeigen, dass je 100 Stück zu einem Preis von 40 € abgesetzt werden können.
In welchem Bereich kann Gewinn erwirtschaftet werden?
Bei welcher Stückzahl ist dieser maximal?
Wie groß ist der maximale Gewinn?

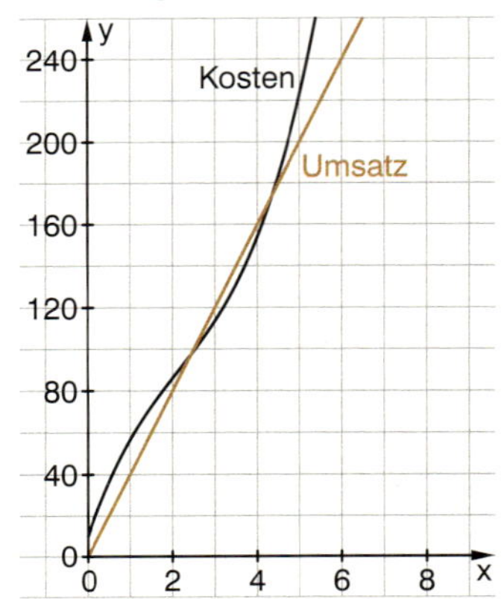

Sichern und Vernetzen – Vermischte Aufgaben zum Kapitel

Training

1 Berechnen Sie die Ableitungsfunktion.
a) $f(x) = 0{,}2x^3 + 4x^2 - 5$ b) $f(x) = -3x^4 + 6x^2 - 2x$ c) $f(x) = \frac{4}{x}$ d) $f(x) = 0{,}2 \cdot \sqrt{x}$
e) $f(x) = ax^4 + bx^2 + c$ f) $f(x) = mx + b$ g) $f(u) = 3u^3 - 2u^2$ h) $A(r) = \pi r^2$

2 Jeder Graph der Funktionen hat einen Hochpunkt und einen Tiefpunkt.
$f_1(x) = x^3 + 6x^2 + 9x$ $f_2(x) = \frac{1}{9}x^3 - x^2$ $f_3(x) = 2x^3 - 15x^2 + 36x - 24$ $f_4(x) = x^3 - 12x$
Bestimmen Sie rechnerisch die Koordinaten dieser Punkte. Geben Sie das Krümmungsverhalten in diesen Punkten an und skizzieren Sie mit diesen Informationen den Graphen.

3 Welche Funktion hat an der Stelle a = 2 die größte Steigung, welche die kleinste Steigung? Ordnen Sie die Funktionen nach der Größe der Steigung an der Stelle 2.
$f_1(x) = 1 + 6x - x^2$ $f_2(x) = -x^3 + 12x - 4$ $f_3(x) = 2x^2 + \frac{4}{x}$ $f_4(x) = 3\sin(x)$ $f_5(x) = x^4 - 6$

4 In welchen Punkten haben die Tangenten an die Graphen die Steigung 1?
a) $f(x) = 0{,}5x^2$ b) $f(x) = \frac{2}{x}$ c) $f(x) = \sin(x) + 2$ d) $f(x) = \frac{1}{3}x^3 - 3x + 2$

5 $f(x) = 0{,}25x^4 - 1{,}5x^2 + 2$. Bestätigen Sie rechnerisch:
a) Der Graph von f ist symmetrisch zur y-Achse.
b) Der Graph hat in P(2|0) eine Tangente, die parallel ist zur Geraden $y = 2x - 2$.
c) Der Graph hat in Q(−1|f(−1)) einen Wendepunkt mit der Wendetangente $y = 2x + 2{,}75$.
d) Der Graph hat zwei Tiefpunkte und einen Hochpunkt.

6 Bestimmen Sie die Intervalle, in denen $f(x) = x^3 - 6x^2 + 9x - 2$ streng monoton steigt bzw. fällt und in denen f linksgekrümmt bzw. rechtsgekrümmt ist.

7 Welche Eigenschaften treffen jeweils in den angegebenen Punkten zu?
(1) lokales Maximum (2) lokales Minimum
(3) $f'(x) > 0$ (4) $f''(x) < 0$
(5) Wendepunkt (6) Maximum
(7) f ist fallend (8) f′ ist steigend

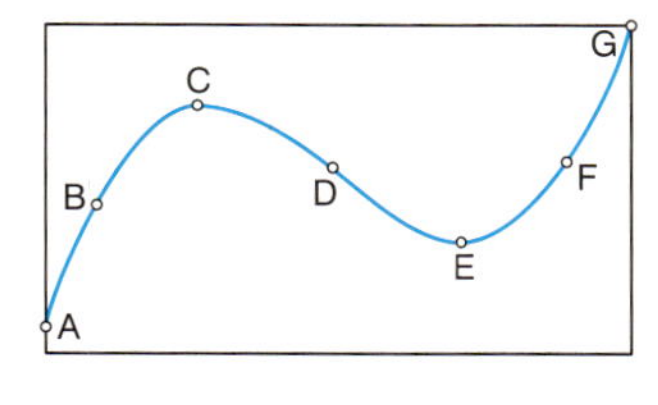

8 Ordnen Sie den Funktionen die passenden Graphen zu. Begründen Sie.
$f(x) = (x-1)(x+2)^2$ $g(x) = (x-1)^2(x+2)$ $h(x) = 0{,}5x(x^2-1)$ $k(x) = 0{,}2(x-1)^3$

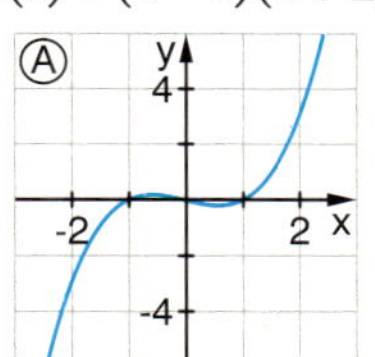

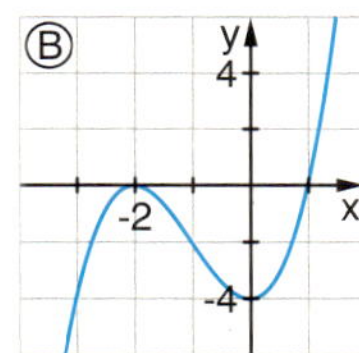

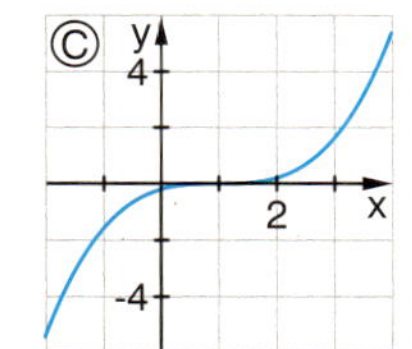

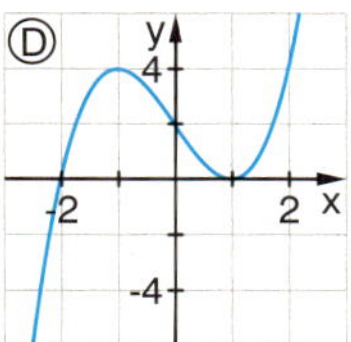

9 $f(x) = \frac{2}{x} + 2$

Bestätigen Sie rechnerisch: Die Tangenten in den Punkten A(1|f(1)) und B(−3|f(−3)) schneiden sich im Punkt P(3|0).

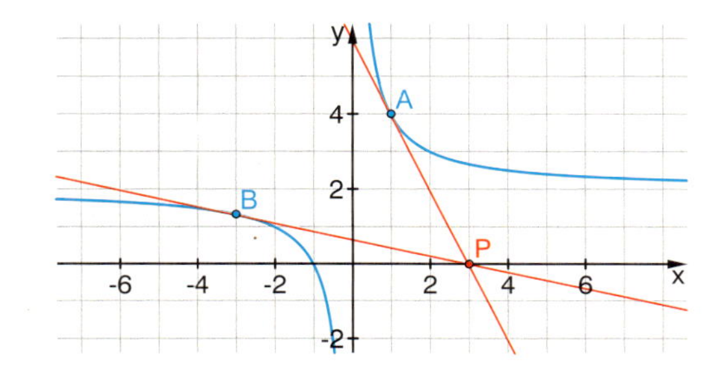

Verstehen von Begriffen und Verfahren

10 Die Funktion f sei eine ganzrationale Funktion dritten Grades.
Welche der Aussagen sind wahr? Begründen Sie.

(I) f hat mindestens einen Hochpunkt.

(II) f hat höchstens zwei lokale Extremwerte.

(III) f hat genau einen Wendepunkt.

(IV) Wenn f an der Stelle x einen Tiefpunkt hat, dann ist $f'(x) = 0$.

(V) Wenn $f'(x) = 0$, dann hat f an der Stelle x einen relativen Extremwert.

(VI) Der Graph von f ist im ganzen Definitionsbereich linksgekrümmt.

11 a) Begründen Sie: Die Bedingung $f'(a) = 0$ ist zwar notwendig, aber nicht hinreichend für ein lokales Extremum an der Stelle a. Geben Sie eine hinreichende Bedingung an.
b) Geben Sie eine notwendige und hinreichende Bedingung dafür an, dass der Graph einer Funktion f eine Gerade ist. Finden Sie mehrere Möglichkeiten?

12 Wahr oder falsch? Begründen Sie Ihre Entscheidung.
a) Die Extremstellen der ersten Ableitung sind immer Nullstellen der zweiten Ableitung.
b) Ein Graph ohne Extrempunkte ist eine Gerade.
c) Zwischen einem Hochpunkt und einem Tiefpunkt einer ganzrationalen Funktion dritten Grades liegt immer ein Wendepunkt.
d) Liegt an der Stelle b ein lokaler Extrempunkt, so ist $f''(b) \neq 0$.
e) Aus den Ableitungen einer Funktion kann man nicht die Nullstellen ablesen.
f) Es gibt Funktionen dritten Grades, die genau ein lokales Extremum haben.
g) Jeder Sattelpunkt ist auch ein Wendepunkt.

13 a) Eine ganzrationale Funktion dritten Grades hat die Nullstellen -1, -2 und 4. An welchen Stellen liegen die lokalen Extrema und der Wendepunkt?
b) Können Sie aus den gegebenen Informationen auch die Funktionswerte an diesen Stellen bestimmen? Begründen Sie.

14 $f(x) = x^3 + 6x^2 - 3ax + 1$
Bestimmen Sie jeweils einen Wert von a, so dass der Graph von f
a) einen Sattelpunkt b) zwei lokale Extrema
c) einen Wendepunkt mit positiver Steigung der Wendetangente hat.

15 Zeichnen Sie für jeden der Fälle A bis D einen passenden Funktionsgraphen mit dem Punkt $(a|f(a))$.

	$f'(a) > 0$	$f'(a) < 0$
$f''(a) > 0$	A	B
$f''(a) < 0$	C	D

16 Finden Sie zum Graphen die Funktionsgleichung.

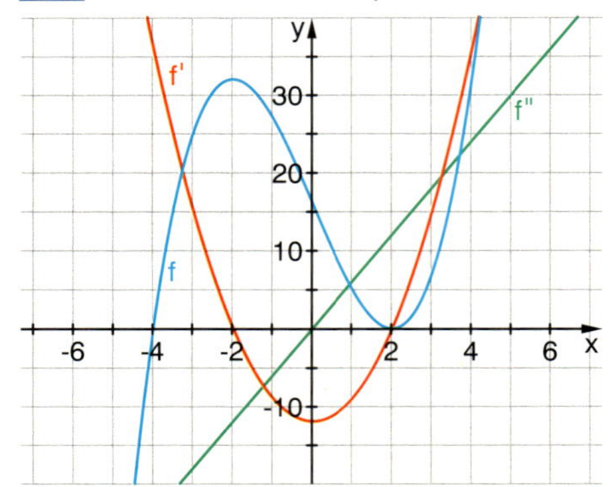

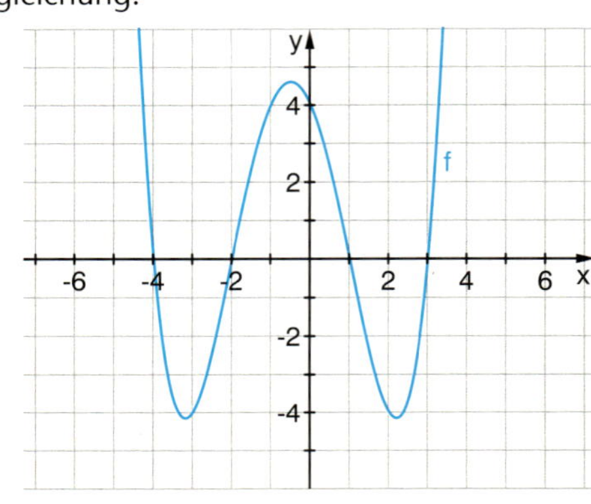

Anwenden und Modellieren

17 *Temperaturverlauf*

In einer Wetterstation wird die Lufttemperatur von einem elektronischen Messgerät erfasst. Die aufgezeichnete Temperaturkurve an einem Sommertag kann im Bereich von 5.00 Uhr am Morgen bis 21.00 Uhr am Abend recht gut durch eine ganzrationale Funktion dritten Grades modelliert werden.
$f(x) = -0{,}009\,x^3 + 0{,}21\,x^2 + 8$

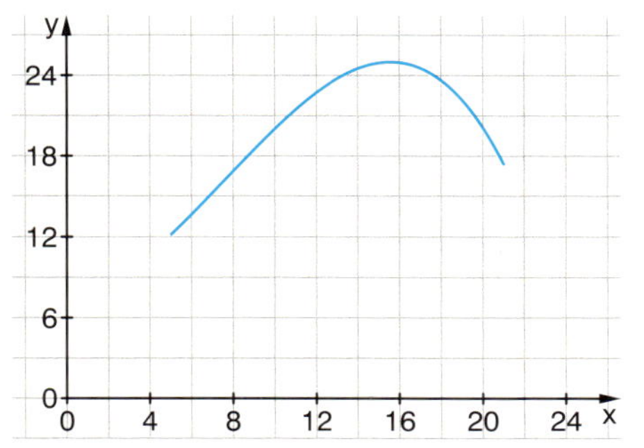

a) Beschreiben Sie den Temperaturverlauf in dem angegebenen Bereich. Gehen Sie dabei auch auf die Änderungsrate ein.
b) Beantworten Sie mithilfe der Modellfunktion die folgenden Fragen:
In welchem Bereich steigt die Temperatur, in welchem Bereich fällt sie? Zu welchem Zeitpunkt ist die momentane Änderungsrate am größten, wie groß ist sie?
Vergleichen Sie die Änderungsraten zu Beginn und Ende des angegebenen Bereichs.
c) Wie könnte die Kurve vor 5.00 und nach 21.00 aussehen? Begründen Sie, dass die Modellfunktion für diese Bereiche nicht geeignet ist.

18 *Fallende Steine im astronomischen Vergleich*

Die Gleichungen für den freien Fall auf den Planeten Erde, Mars und Jupiter unterscheiden sich:
$s(t)_{Erde} = 4{,}9\,t^2$ $\quad s(t)_{Mars} = 1{,}86\,t^2$ $\quad s(t)_{Jupiter} = 11{,}44\,t^2$ (s in Metern, t in Sekunden)
Wie lange dauert es auf den verschiedenen Planeten, bis ein Stein im freien Fall eine Geschwindigkeit von 16,6 m/s (ca. 100 km/h) erreicht?
Aus welcher Höhe muss er mindestens fallen? Schätzen Sie zuerst.

19 Die Produktionskosten können auf verschiedene Weise modelliert werden.
(x: produzierte Stückzahl in 1000; y: Kosten in 100 000 €)

A $K(x) = 0{,}5\,x$

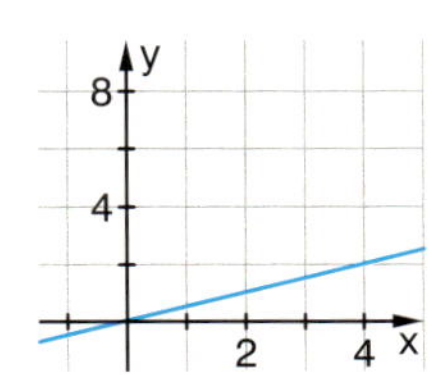

B $K(x) = 0{,}1\,x^2 + 0{,}5$

C $K(x) = \sqrt{x} + 1$

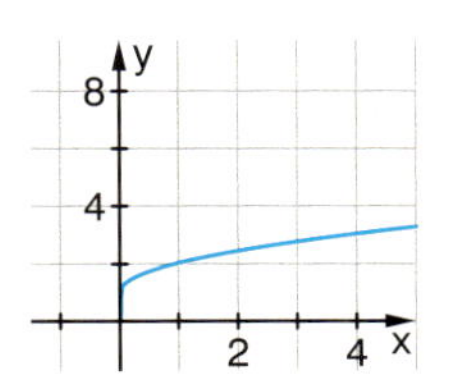

D $K(x) = 0{,}2\,x^3 - 1{,}2\,x^2 + 2{,}4\,x + 0{,}4$

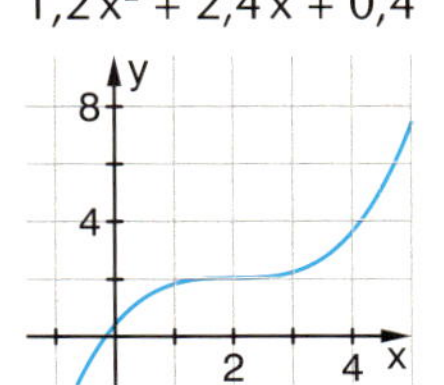

E $K(x) = 0{,}1\,x^3 - 0{,}6\,x^2 + 1{,}7\,x + 1{,}2$

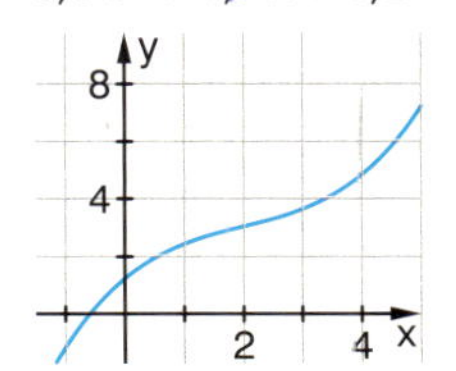

a) Beschreiben Sie jeweils die Entwicklung der Produktionskosten in Abhängigkeit der produzierten Stückzahl. Benutzen Sie dabei sowohl die Änderung der Kosten als auch die Änderung der Änderung der Kosten. Skizzieren Sie jeweils die Änderung der Kosten und die Änderungen des Wachstums der Produktionskosten, bestimmen Sie dazu die entsprechenden Ableitungen.
b) Vergleichen Sie die Funktionen. Welche erscheinen Ihnen sinnvoll zur Beschreibung der Produktionskosten in Abhängigkeit der produzierten Menge zu sein?

20 Ein Farmer hat 1500 \$ zur Verfügung, um zwei gleiche rechteckige Landstücke an einem Fluss „E-förmig" einzugrenzen. Das Material für die Begrenzungen parallel zum Fluss kostet 6 \$ pro Meter, das Material für die drei zum Fluss senkrechten Teile kostet 5 \$ pro Meter.
Finden Sie die Abmessungen, für die die gesamte Fläche möglichst groß wird.

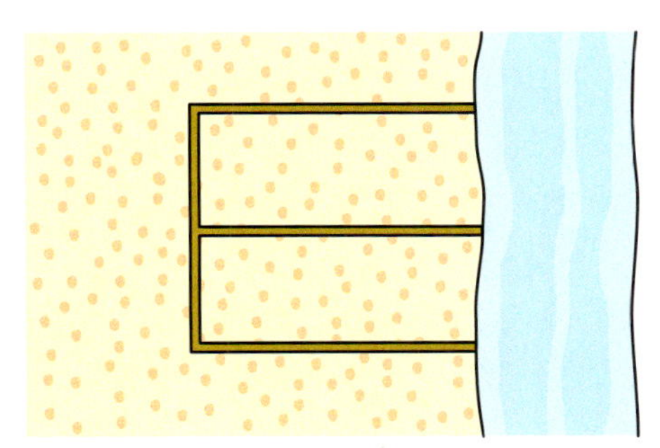

Kommunizieren und Präsentieren

21 *Skizzieren, Erläutern und Begründen*

a) Erläutern Sie mithilfe einer Skizze, dass eine Funktion, die in einem Punkt eine waagerechte Tangente hat und dort linksgekrümmt ist, in diesem Punkt ein Minimum hat.
b) Geben Sie ein Beispiel für eine Funktion an, deren Graph in einem Punkt eine waagerechte Tangente aber kein lokales Extremum hat.
c) Begründen Sie, dass eine ganzrationale Funktion dritten Grades mindestens eine und höchstens drei Nullstellen haben kann. Skizzieren Sie einen Graphen mit genau zwei Nullstellen.
d) Die Ableitung einer ganzrationalen Funktion hat in einem Intervall ausschließlich positive Werte, aber die Ableitung ist in diesem Intervall streng monoton fallend. Skizzieren Sie mögliche Graphen einer solchen Funktion und ihrer Ableitung und kennzeichnen Sie das Intervall.

22 *Eigenschaften von Funktionsgraphen*

a) Stellen Sie die beiden Bedingungen „waagerechte Tangente“ und „linksgekrümmt“ jeweils durch eine Gleichung/Ungleichung dar.
b) Nennen Sie zwei unterschiedliche Charakterisierungen von Wendepunkten.
c) Können bei einer ganzrationalen Funktion genau zwei Wendepunkte zwischen einem Hoch- und einem Tiefpunkt liegen?
d) Welche Fragestellungen können zu der Gleichung $f'(x) = 0$ gehören?
e) Gibt es Funktionen vierten Grades, die keine Wendepunkte haben?
f) Von den Kreisen ist bekannt, dass eine Tangente den Kreis berührt, aber ihn nicht schneidet. Erläutern Sie an einem Beispiel, dass man diese Aussage nicht auf beliebige Funktionsgraphen übertragen kann. Geben Sie auch ein Beispiel für einen Funktionsgraphen an, bei dem die Aussage zutrifft.

23 *Wissen erläutern*

a) Stellen Sie die bekannten Ableitungsregeln zusammen und erläutern Sie jede durch ein Beispiel.

b) Zeigen Sie an einem Beispiel, dass man die Ableitungsregel für Potenzfunktionen nicht auf Exponentialfunktionen übertragen kann.

c) Stellen Sie durch ein Beispiel dar, dass man die Ableitung eines Produktes zweier Funktionen nicht allgemein als Produkt der Ableitungen berechnen kann.

Forschungsaufgaben

Schreiben Sie Ihren eigenen **Forschungsbericht.** Er kann auch Ihre Wege zur Lösung und Begründungen enthalten.

24 Wenn eine ganzrationale Funktion dritten Grades zwei lokale Extrema hat, dann liegt zwischen den Extremstellen eine Wendestelle. Lässt sich Genaueres über die Lage der Wendestelle aussagen? Probieren Sie an Beispielen und stellen Sie eine Vermutung auf. Gilt die Vermutung allgemein? Sie können algebraisch oder geometrisch mit der Ableitung argumentieren.

25 Zeichnen Sie an den Graphen der Funktion $f(x) = (x + 3)(x - 2)(x - 4)$ die Tangenten in den beiden Punkten, deren x-Wert jeweils in der Mitte zwischen zwei Nullstellen liegt. Sie können beobachten, dass diese Tangenten jeweils durch die dritte Nullstelle verlaufen. Trifft diese Beobachtung auch bei anderen ganzrationalen Funktionen dritten Grades mit drei Nullstellen zu?

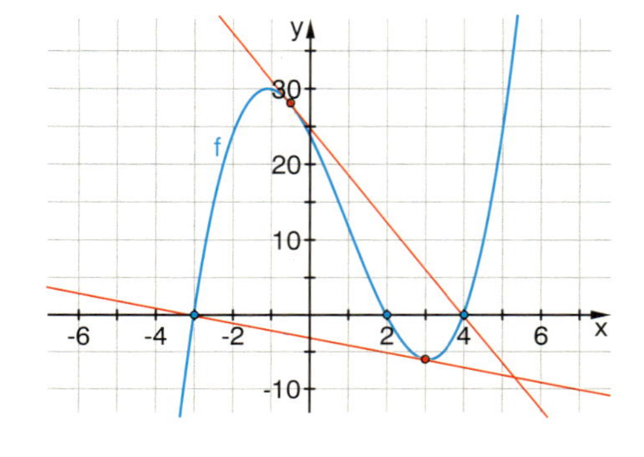

3 Modellieren mit Funktionen – Kurvenanpassung

Mit Funktionen können sowohl mathematische Probleme als auch reale Situationen beschrieben und wirkungsvoll bearbeitet werden. Dabei leisten die bisher erarbeiteten Begriffe und Sätze der Differenzialrechnung wertvolle Hilfe. Während wir bisher von der gegebenen Funktion ausgegangen sind und über die Zusammenhänge mit ihren Ableitungen die Eigenschaften und besonderen Merkmale erkundet haben, gehen wir jetzt den umgekehrten Weg. Zu Bedingungen und Eigenschaften, die sich aus dem vorliegenden Problem ergeben, wird eine passende Funktion gesucht.

3.1 Funktionen beschreiben und modellieren Wirklichkeit

Der Ausschnitt der Reichstagskuppel kann im Umriss durch eine Parabel modelliert werden.

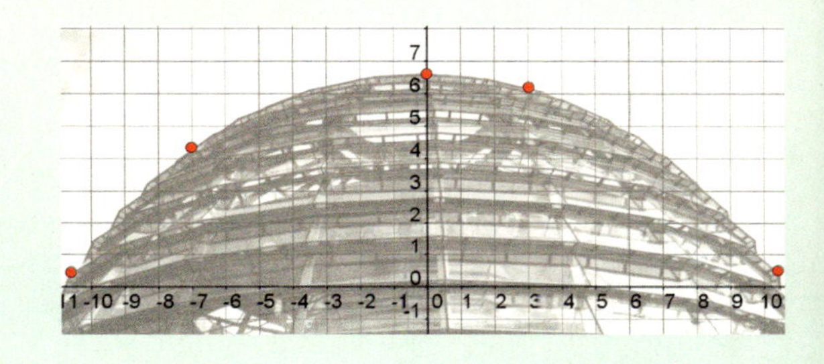

3.2 Mathematischer Werkzeugkasten – Lösen linearer Gleichungssysteme mit dem Gauß-Algorithmus

Lineare Gleichungssysteme werden übersichtlich in einer Matrix notiert.
Die Matrix wird in eine Diagonalform überführt, aus der man die Lösungen direkt ablesen kann.

$$\begin{bmatrix} 3 & -6 & 12 & -21 \\ 3 & -5 & 2 & -27 \\ 2 & 1 & -2 & -4 \end{bmatrix} \rightarrow \begin{bmatrix} 1 & 0 & 0 & -3 \\ 0 & 1 & 0 & 4 \\ 0 & 0 & 1 & 1 \end{bmatrix}$$

3.3 Bestimmung ganzrationaler Funktionen zu vorgegebenen Daten und Eigenschaften

Der Metallbecher lässt sich als Rotationskörper einer ganzrationalen Funktion 3. Grades beschreiben.

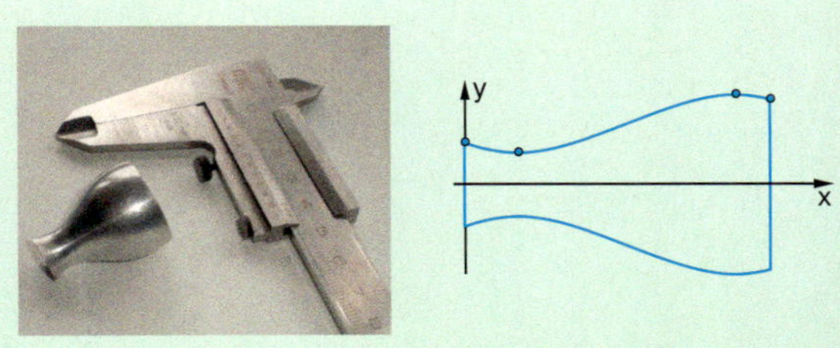

3.4 Spezielle Kurvenanpassung durch Spline-Interpolation

Kubische Splines bestehen aus stückweise aneinander gesetzten Polynomen dritten Grades.

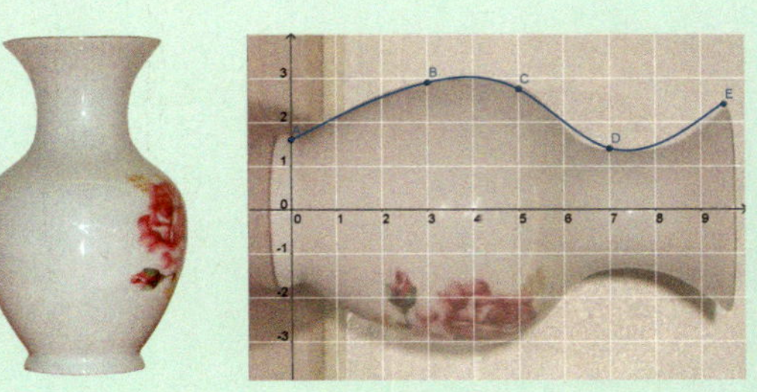

3.1 Funktionen beschreiben und modellieren Wirklichkeit

Was Sie erwartet

Viele Sachverhalte lassen sich durch Funktionsgleichungen beschreiben. Häufig lassen sich diese aus zugrunde liegenden Gesetzmäßigkeiten herleiten. Hierfür benötigt man Expertenwissen im jeweiligen Sachbereich. Eine weitere Möglichkeit, eine passende Funktionsgleichung zu finden, ist die Kurvenanpassung. Man geht von gegebenen oder gemessenen Daten aus und stellt diese zunächst durch Punkte $P(x\,|\,y)$ im Koordinatensystem dar. Wenn man aus der Grafik zu den Messwerten eine Vermutung über einen einfachen funktionalen Zusammenhang gewinnt, bestimmt man mit geeigneten Verfahren eine passende Funktionsgleichung. Mithilfe eines Funktionenplotters kann man sich direkt von der „Güte" der Anpassung des Graphen an die vorgegebenen Punkte überzeugen. Von der guten Passung des Funktionsgraphen kann man in der Regel nicht darauf schließen, dass die Funktionsgleichung eine zugrunde liegende Gesetzmäßigkeit beschreibt.

Aufgaben

Rund 23 Meter hoch und 40 Meter breit ist die Kuppel des Reichstagsgebäudes in Berlin. Sie wurde 1999 nach einem Entwurf des Architekten Sir Norman Foster gebaut.

1 *Die Reichstagskuppel in Berlin – eine Parabel?*

Ein Koordinatengitter wird über das Bild der Kuppel gelegt. Damit werden einige Punkte auf der Peripherie der Kuppel im Koordinatensystem bestimmt:

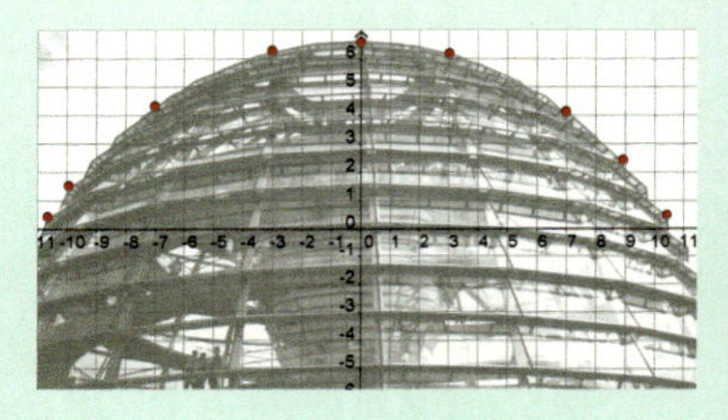

$P_1(0\,|\,6{,}66)$ $P_2(-3{,}02\,|\,6{,}29)$ $P_3(-7{,}02\,|\,4{,}33)$
$P_4(-9{,}94\,|\,1{,}53)$ $P_5(-10{,}65\,|\,0{,}44)$ $P_6(3{,}02\,|\,6{,}19)$
$P_7(6{,}99\,|\,4{,}14)$ $P_8(8{,}93\,|\,2{,}43)$ $P_9(10{,}42\,|\,0{,}49)$

Passen Sie eine Parabel nach einer der folgenden Strategien an die Punkte an. Vergleichen Sie Ihre Ergebnisse.

Strategie A $f(x) = a\,x^2 + c$
Grafische Anpassung durch Variation der Parameter a und c

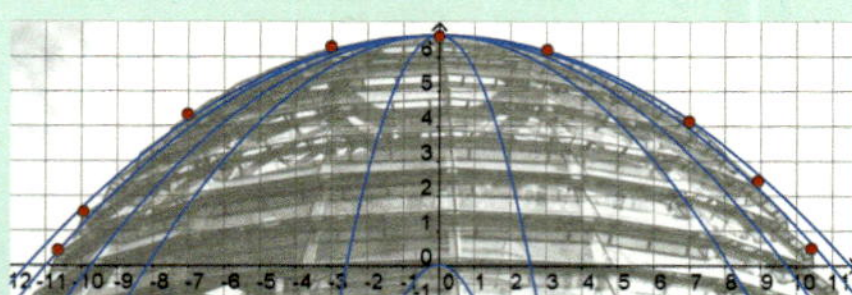

Mit dem DGS kann die Kuppel als Hintergrundbild in das Koordinatensystem gelegt werden. Die Variation der Parameter kann dynamisch über Schieberegler erfolgen.

Strategie B $f(x) = a\,x^2 + c$
Rechnerische Bestimmung der Parameter über ein Gleichungssystem

(1) $a \cdot 0 + c = 6{,}66$
(2) $a \cdot 6{,}99^2 + c = 4{,}14$

Einsetzen von zwei verschiedenen Punkten in die Funktionsgleichung. Es entsteht ein Gleichungssystem, aus dem die Parameter a und c bestimmt werden können.

Strategie C Regressionskurve $f(x) = a\,x^2 + b\,x + c$ mit dem GTR

Informieren Sie sich, wie Sie auf Ihrem Rechner Wertepaare und Regressionskurven darstellen können. Mehr Informationen über Regressionskurven finden Sie auf Seite 112 in diesem Lernabschnitt.

L1	L2	L3 3
0	6.66	
-3.02	6.29	
-7.02	4.33	
-9.94	1.53	
-10.65	.44	
3.02	6.19	
6.99	4.14	

Eingabe der Punkte in eine Datentabelle

EDIT CALC TESTS
1:1-Var Stats
2:2-Var Stats
3:Med-Med
4:LinReg(ax+b)
5:QuadReg
6:CubicReg

Bestimmung der Regressionskurve

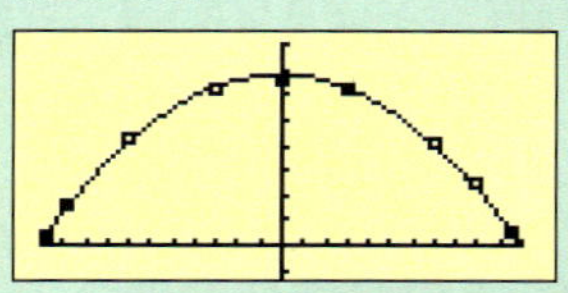

Plotten der Punkte und der Regressionsfunktion

2 *CO_2-Gehalt der Luft*

In der Tabelle ist die Entwicklung des CO_2-Gehalts in der Atmosphäre von 1960 bis 1982 in Zweijahresstufen festgehalten.

Jahr	1960	1962	1964	1966	1968	1970	1972	1974	1976	1978	1980	1982
x	0	1	2	3	4	5	6	7	8	9	10	11
CO_2-Gehalt in ppm	316	318	319	320	322	325	327	330	331	334	337	340

Aufgaben

ppm: parts per million (Teilchen pro Million)

a) *Grafik zu den Messwerten*
Stellen Sie die Daten auf Ihrem GTR grafisch dar.
Wer die Dramatik des Anstiegs von CO_2 herausstellen will, wird auf das linke Diagramm schauen, wer alles ganz harmlos findet, nach rechts.

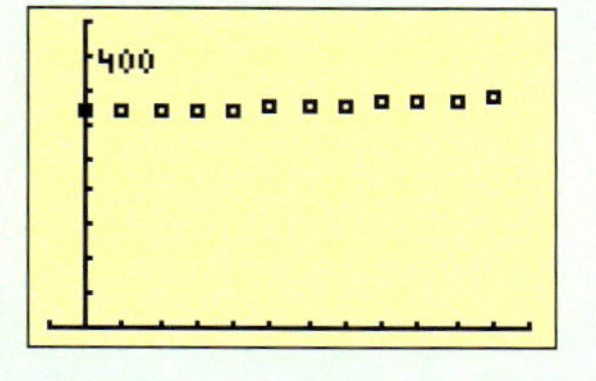

b) *Funktionsanpassung durch Regression*
Wie wachsen aber die Werte in dem tabellierten Zeitraum? Lässt sich eine Funktion an die Daten anpassen?
Bestimmen Sie mit Ihrem GTR die Regressionskurven nach einem linearen, einem quadratischen und einem exponentiellen Modell.

Mehr Informationen über Regressionskurven finden Sie auf Seite 112 in diesem Lernabschnitt.

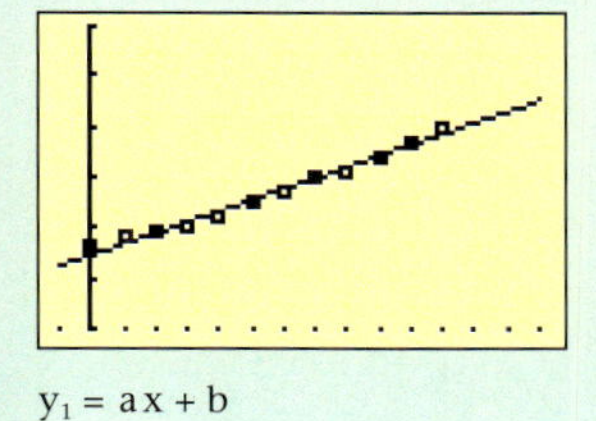

$y_1 = ax + b$

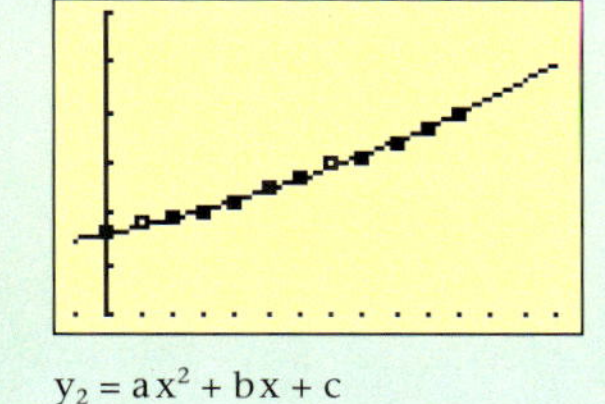

$y_2 = ax^2 + bx + c$

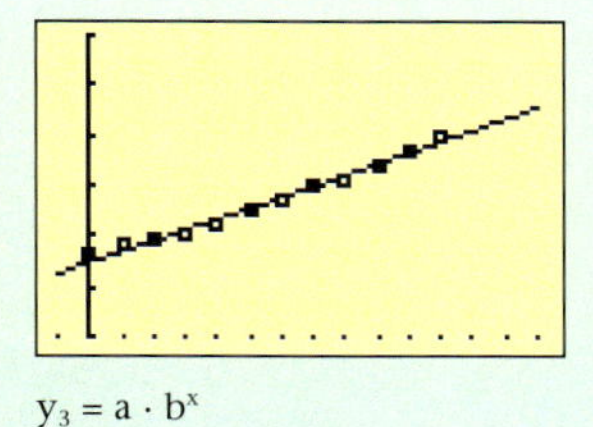

$y_3 = a \cdot b^x$

c) *Bewertung der Modelle*
Wann hat sich der CO_2-Gehalt – bzgl. 1980 – verdoppelt? Was sagen unsere drei Modelle dazu?
Da die Messreihe 1982 aufhört, können wir nach aktuellen Daten schauen. Im Internet finden wir für das Jahr 2007 einen CO_2-Anteil von 385 ppm. Welches Modell passt am besten zu dieser Zahl?

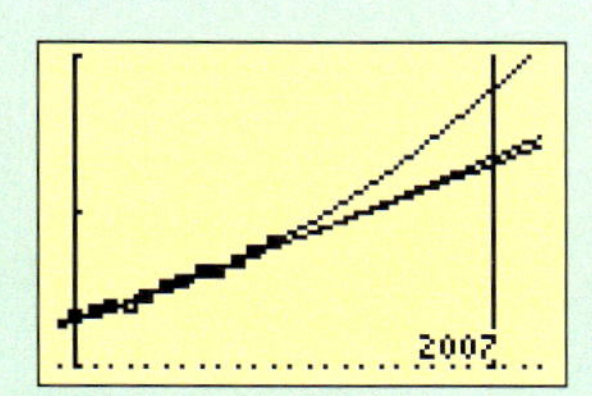

Unsere Prognosen stehen auf sehr schwachen Füßen, da wir bei der Modellierung ausschließlich auf eine funktionale Anpassung eines kleinen Datenauszugs geachtet haben.

Kohlendioxid in der Atmosphäre

Der Kohlendioxidgehalt in der Atmosphäre steigt – und zwar schneller als bislang befürchtet. Er gilt als der wichtigste Indikator des Klimawandels. Zu Beginn der industriellen Revolution lag er bei 280 Teilchen pro Million (ppm), 2006 wurden 381 ppm erreicht. Mit einer stetigen Zunahme der CO_2-Konzentration haben sich viele Menschen längst abgefunden – zumindest für die Gegenwart. Die Forschung arbeitet mit Nachdruck an der Entwicklung passender Modelle zur Beschreibung des Klimawandels. Dabei muss eine Fülle komplexer Zusammenhänge berücksichtigt werden.

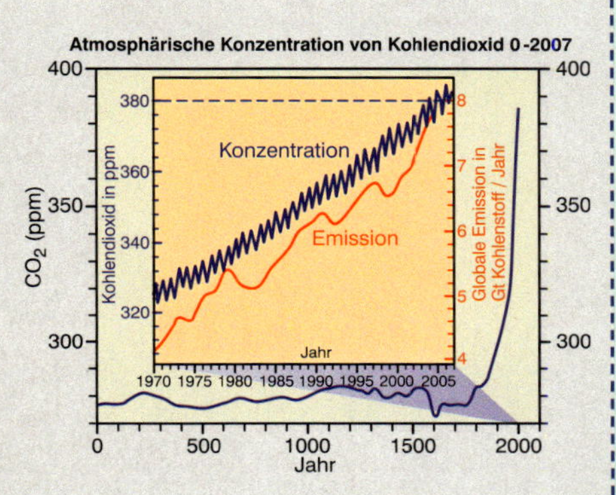

Basiswissen

Strategien zum Modellieren mit Funktionen

Ausgangslage

Der Zusammenhang zwischen zwei Größen wird durch eine Kurve oder Tabelle vorgegeben. Kann er mithilfe einer bekannten Funktion beschrieben werden?

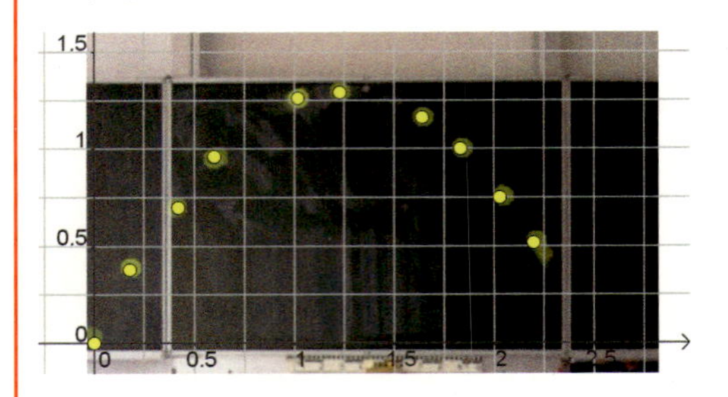

	x	y
1	0	0
2	0,18	0,38
3	0,42	0,7
4	0,6	0,96
5	1,02	1,26
6	1,23	1,29
7	1,64	1,16
8	1,83	1
9	2,03	0,75
10	2,2	0,52

Mit Videoanalyse wird die Flugbahn eines Tennisballs aufgezeichnet. Einzelne Punkte der Kurve werden im geeigneten Koordinatensystem identifiziert.

Funktionskandidat

Aus dem Graphen wird ein Kandidat für eine passende Funktion vermutet.

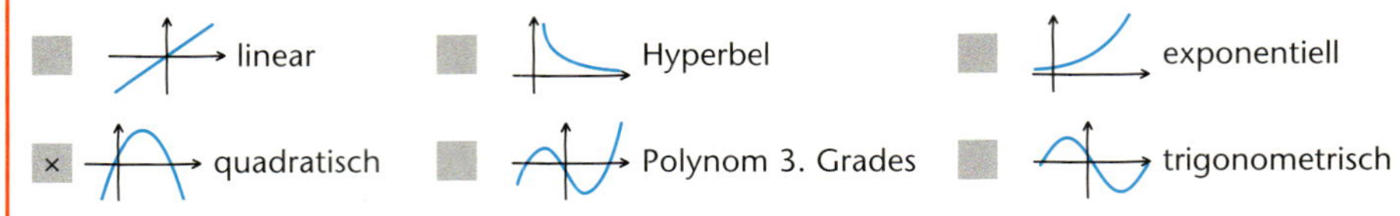

Funktionsgleichung mit Parametern

Die Funktionsgleichung wird mit Parametern formuliert: $y = a x^2 + b x + c$
Wegen $P_1(0|0)$ ist $c = 0$, also gilt $y = a x^2 + b x$.

Strategien zur Berechnung der Parameter

Mithilfe einer geeigneten Strategie wird die Funktionsgleichung bestimmt.

Strategie A: Grafische Anpassung

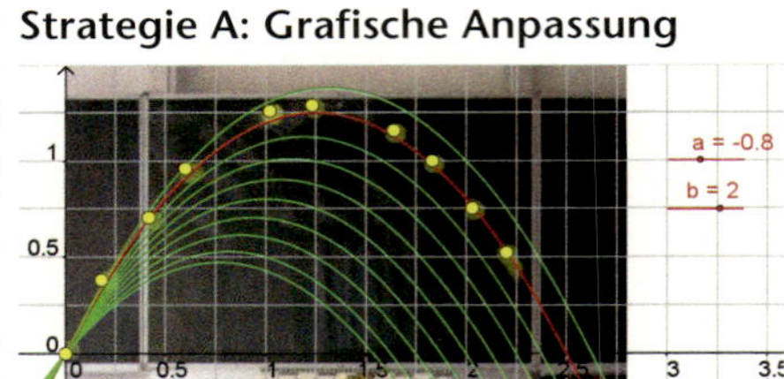

Strategie B: Berechnung der Parameter

Einsetzen von zwei weiteren Punkten liefert ein Gleichungssystem für die Parameter a und b.

P_5: $1{,}02^2 a + 1{,}02 b = 1{,}26$

P_8: $1{,}83^2 a + 1{,}83 b = 1{,}00$

Lösung des Gleichungssystems:

$a = -0{,}85;\ b = 2{,}1 \Rightarrow y = -0{,}85 x^2 + 2{,}1 x$

weitere Informationen über Regressionskurven auf Seite 60

Strategie C: Bestimmung einer Regressionsfunktion mit dem GTR

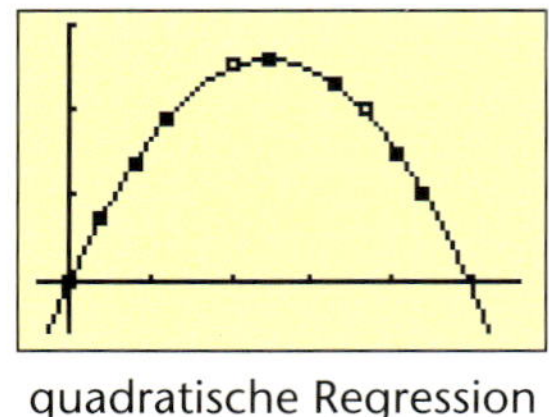

quadratische Regression

```
QuadReg
 y=ax²+bx+c
 a=-.8402802962
 b=2.078541398
 c=.00714028
```

$y = -0{,}8403 x^2 + 2{,}08 x + 0{,}07$

Güte der Anpassung

Der eingezeichnete Funktionsgraph vermittelt eine Einschätzung über die Güte der Anpassung.

Interpretation der Modellierung

Der so gefundene funktionale Zusammenhang beschreibt in der Regel keinen gesetzmäßigen Zusammenhang zwischen den beiden Größen.
In manchen Fällen kann man ihn mit Expertenwissen begründen (z. B. Parabelform bei Brückenbögen aus Vorgaben der Statik oder Parabelkurve beim schiefen Wurf), in anderen Fällen ist der Zusammenhang nur rein statistisch.

Übungen

3 *Bögen und Funktionsgraphen*

a) Bestimmen Sie passende Funktionsgraphen zur Beschreibung der Bögen. Führt der Ansatz mit einer Parabel in jedem Fall zu einem befriedigenden Ergebnis? Versuchen Sie es gegebenenfalls mit einer anderen Funktion.

Zum Ausmessen von Punkten scannen Sie die Bilder und fügen sie in ein Grafikprogramm ein.

Es geht auch „händisch", indem Sie eine Gitterfolie über das (vergrößerte) Bild legen.

Einfache Straßenbrücke in der Pfalz

Unterführung an der Hohenzollernbrücke in Köln

Berliner Bogen in Hamburg

Moderne Einkaufspassage in Hamburg

b) Modellieren Sie einen Bogen von einem eigenen Foto. Wählen Sie eine möglichst unverzerrte Frontalaufnahme.

Sie finden auch Bilder im Internet, dazu exakte Daten und weitere Details.

4 *Funktionsgraphen ohne Koordinatensystem*

Die folgenden Gefäße entstehen durch Rotation aus den vorgegebenen Ausschnitten von Funktionsgraphen einfacher Funktionen.
Bestimmen Sie passende Funktionsgleichungen.

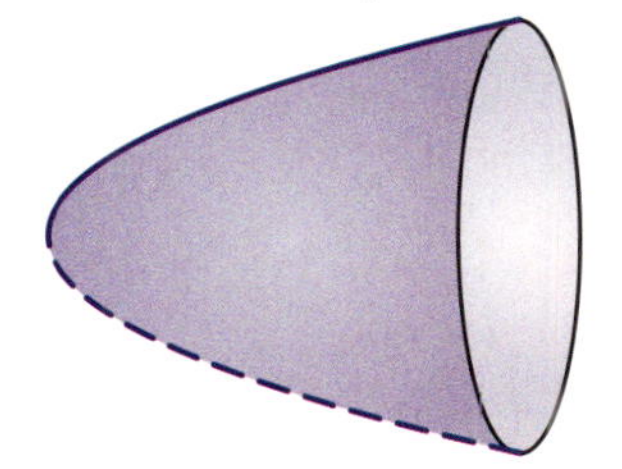

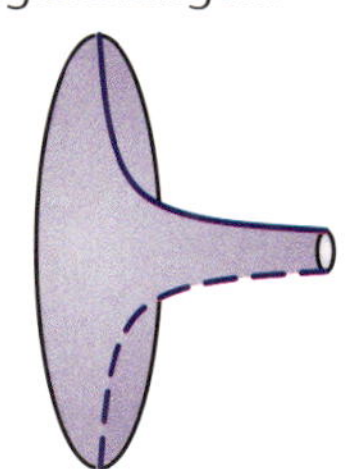

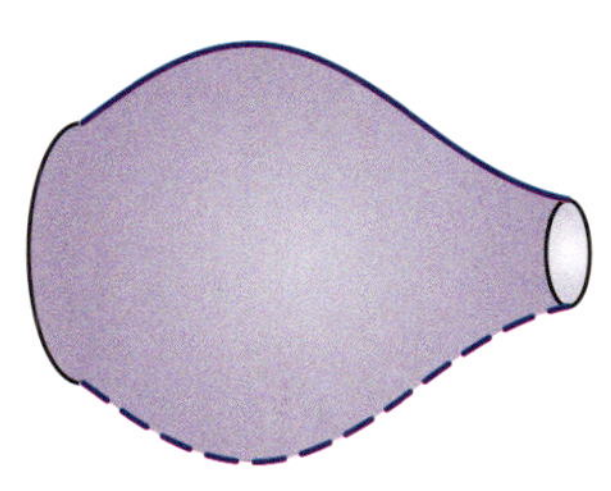

GRUNDWISSEN

Welche der folgenden Aussagen sind wahr?

1 Die Funktion $f(x) = \sqrt{x}$ hat keinen lokalen Extremwert und keinen Wendepunkt.

2 Die Funktion $g(x) = \frac{5}{x}$ ist streng monoton fallend für alle $x > 0$.

3 Es gibt ganzrationale Funktionen dritten Grades, die genau zwei Nullstellen haben.

4 Der Graph einer ganzrationalen Funktion vierten Grades hat immer einen tiefsten Punkt.

Übungen

Nr.	x-Koordinate	y-Koordinate
1	-9,147	1,402
2	-8,041	2,729
3	-6,713	4,205
4	-5,533	5,459
5	-4,352	6,492
6	-3,246	7,229
7	-2,139	7,672
8	-1,033	7,893
9	0	8,041
10	1,107	7,893
11	2,066	7,598
12	3,024	7,082
13	3,983	6,418
14	4,942	5,459
15	5,901	4,426
16	6,713	3,246
17	7,672	1,918
18	8,557	0,295

Steigung m einer Geraden (Tangente): $m = \tan(\alpha)$

5 *Aufschlagparabel beim Volleyball*

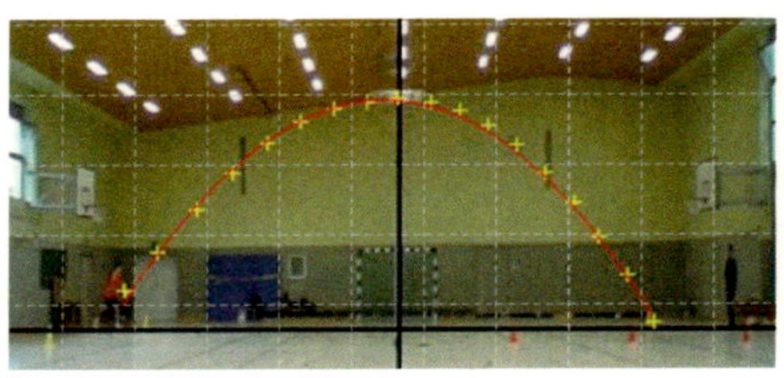

Mit der Videokamera wurde ein Volleyballaufschlag aufgenommen. Die Daten wurden in Tabelle und Bild festgehalten. Lässt sich die Flugbahn durch den Graphen einer quadratischen Funktion beschreiben?

a) Wählen Sie aus der Tabelle drei Punkte aus und bestimmen Sie damit eine Funktionsgleichung. Passt der Graph zu den Messpunkten? Vergleichen Sie mit dem Graphen der entsprechenden quadratischen Regression, die Ihnen der Rechner liefert.

b) Mit welchem Anfangswinkel erfolgt der Aufschlag, unter welchem Winkel trifft der Ball wieder auf dem Hallenboden auf? Schätzen Sie mithilfe des obigen Graphen und berechnen Sie die Winkel mithilfe der ermittelten Funktionsgleichungen.

In Tabellenkalkulations- und statistischen Anwenderprogrammen oder auf dem GTR/CAS-Rechner sind diese Verfahren verfügbar.

Regressionskurven

Ausgangspunkt sind die Tabelle und die grafische Darstellung (Streudiagramm) von gemessenen Wertepaaren zweier Größen. Man vermutet einen funktionalen Zusammenhang (wenn die Punkte z. B. in etwa auf einer Geraden oder einer Parabel liegen). Selbst wenn ein eindeutiger funktionaler Zusammenhang zwischen den Messgrößen zugrunde liegt, so liegen die Punkte in der Regel nicht exakt auf dem zugehörigen Graphen. Man versucht nun, eine Funktion zu finden, die möglichst gut zu den gegebenen Punkten passt. Dies gelingt oft schon recht gut durch Einzeichnen einer solchen Kurve „per Augenmaß". In der Regressionsrechnung wird die Kurve nach bestimmten Methoden berechnet, häufig nach der Methode der kleinsten Fehlerquadrate. Dabei werden die Parameter der vermuteten Funktionsvorschrift so bestimmt, dass die Summe der Quadrate der lotrechten Abweichungen der Punkte von der Ausgleichskurve minimiert wird.

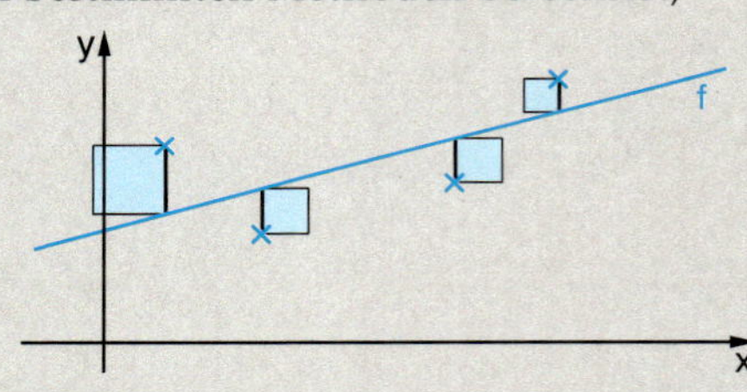

Funktionsanpassung mit dem GTR

```
EDIT CALC TESTS
4↑LinReg(ax+b)
5:QuadReg
6:CubicReg
7:QuartReg
8:LinReg(a+bx)
9:LnReg
0:ExpReg
```

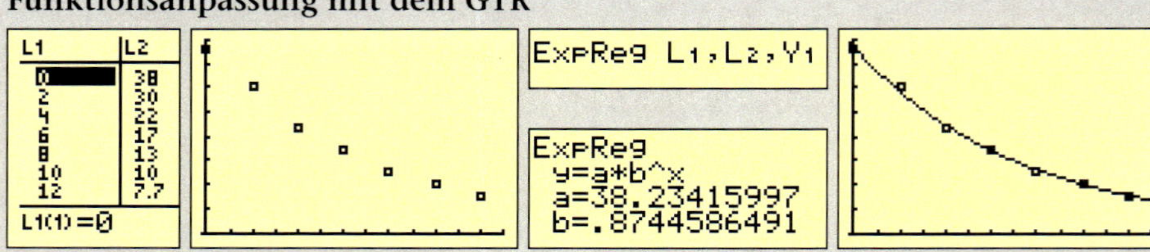

Die Messdaten werden in Listen festgehalten und als Streudiagramm dargestellt. Die vom Rechner bestimmte exponentielle Regressionskurve passt sich gut an die Daten an.

6 *Temperaturverlauf*

Zeit in Stunden	Temp. in °C
0	1,2
4	6,2
8	13,9
12	20,3
16	17
20	6,1
24	1,4

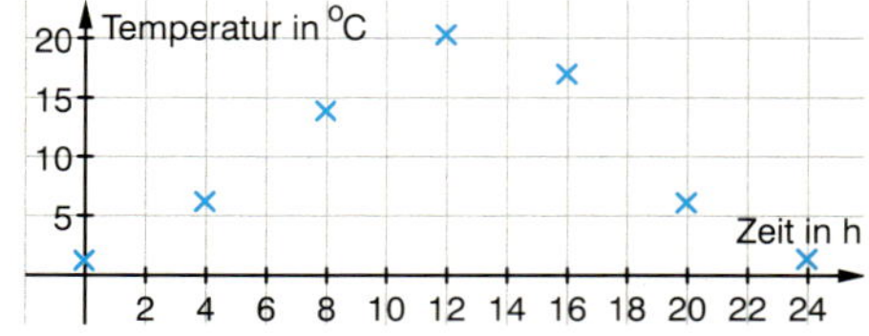

An einem Oktobertag wurden im Vierstundentakt die in der Tabelle angegebenen Temperaturen (in °C) gemessen.

a) Welchen funktionalen Zusammenhang vermuten Sie aufgrund der Darstellung im Streudiagramm? Übertragen Sie das Diagramm in Ihr Heft und zeichnen Sie eine Ausgleichskurve „per Augenmaß" ein. Vergleichen Sie mit der vom Rechner ermittelten Regressionskurve $y = 9{,}5 \cdot \sin(0{,}26x - 1{,}66) + 10{,}8$ (Bogenmaß einstellen).

b) Bestimmen Sie eine eigene Temperaturkurve für einen Tag an Ihrem Heimatort.

Übungen

7 *How hot is Death Valley?*

Die Daten (average maximum) sind einmal im Stabdiagramm und einmal im Streudiagramm mit der Regressionskurve $y = 14 \cdot \sin(0{,}5x - 2) + 32$ dargestellt.

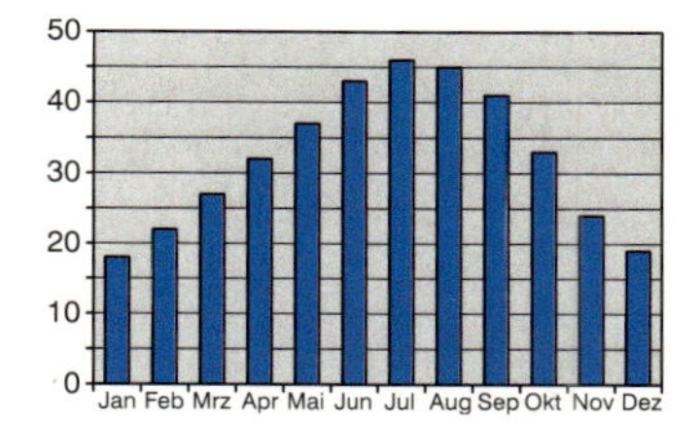

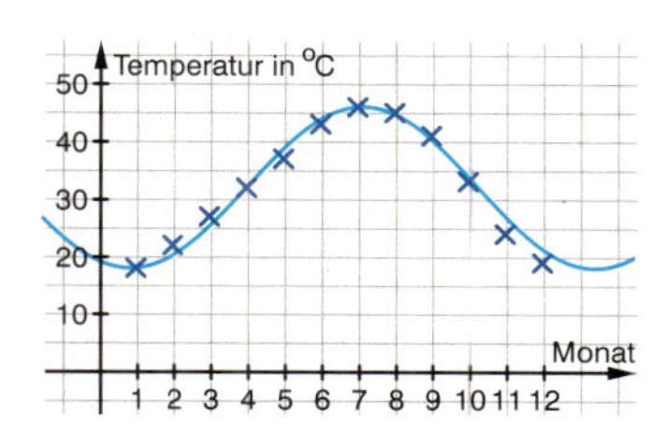

How hot is Death Valley?

	average maximum	record maximum
January	65° F (18° C)	89° F (32° C)
February	72° F (22° C)	97° F (36° C)
March	80° F (27° C)	102° F (39° C)
April	90° F (32° C)	111° F (44° C)
May	99° F (37° C)	122° F (50° C)
June	109° F (43° C)	128° F (53° C)
July	115° F (46° C)	134° F (57° C)
August	113° F (45° C)	127° F (53° C)
September	106° F (41° C)	123° F (50° C)
October	92° F (33° C)	113° F (45° C)
November	76° F (24° C)	97° F (36° C)
December	65° F (19° C)	88° F (31° C)

a) Welche Darstellung ist Ihrer Meinung nach angemessen?
Welche Information liefert die Regressionskurve? Kann sie sinnvoll interpretiert werden?
b) Zeichnen Sie auch für die Daten „record maximum" ein Stab- und ein Streudiagramm. Vergleichen Sie mit den obigen Darstellungen.

8 *Auch schwere Vögel können fliegen*

Die Tabelle zeigt die Masse und die Flügelfläche bei verschiedenen Vogelarten.
a) Zeichnen Sie ein Streudiagramm (x-Achse: Masse, y-Achse: Flügelfläche).
Gesucht sind Funktionen, die gut zu den Messwerten passen. Vergleichen Sie verschiedene passende Funktionen. Formulieren Sie eine Beziehung zwischen Masse und Flügelfläche.
b) Wie groß müsste die Masse eines Vogels mit 500 cm^2 Flügelfläche sein?
Wie groß müsste die Flügelfläche eines Vogels sein, der 300 g wiegt?
Ein Blaureiher wiegt 2100 g und hat eine Flügelfläche von 4450 cm^2. Passen diese Werte noch in etwa zu Ihren Funktionen?

Vogel	Masse	Flügelfläche
Spatz	25 g	87 cm^2
Schwalbe	47 g	186 cm^2
Amsel	78 g	245 cm^2
Star	93 g	190 cm^2
Taube	143 g	357 cm^2
Krähe	440 g	1344 cm^2
Möwe	607 g	2006 cm^2

Blaureiher

9 *Reaktionsgeschwindigkeit*

Aus einer Natriumthiosulfatlösung wird durch Salzsäure Schwefeldioxid entwickelt unter gleichzeitiger Abscheidung von Schwefel.

$$Na_2S_2O_3 + 2\,HCl \rightarrow 2\,NaCl + H_2O + SO_2\uparrow + S\downarrow$$

Dieses Ausfällen von Schwefel führt zu einer Trübung der Lösung. Gemessen werden kann nun die Reaktionszeit t (in Sekunden) bis zu einem gewissen Grad der Trübung bei verschiedenen Konzentrationen c (in mol/Liter) der Natriumthiosulfatlösung. Die Messwerte sind in der Tabelle und im Streudiagramm festgehalten.
Zeigen Sie, dass eine Funktion
$c = \frac{a}{t} + b$
gut an die Messwerte angepasst werden kann. Bestimmen Sie geeignete Parameter a und b.

„Chemieexperten" können die Fachbegriffe und die Reaktionsgleichung für „Laien" erläutern.

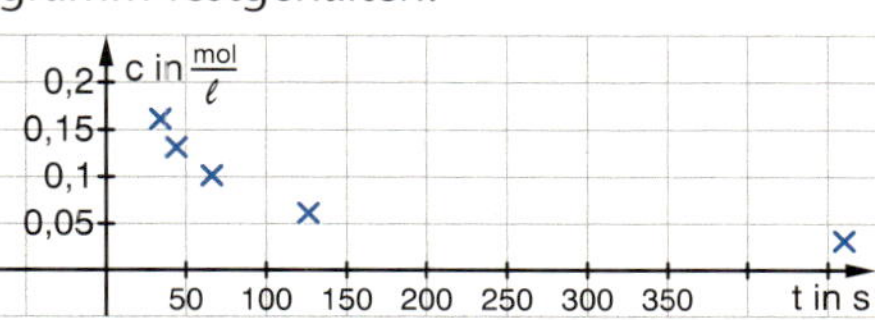

t in s	c in $\frac{mol}{l}$
35	0,16
45	0,128
67	0,096
127	0,064
461	0,032

10 *Formel aus Kurvenanpassung*

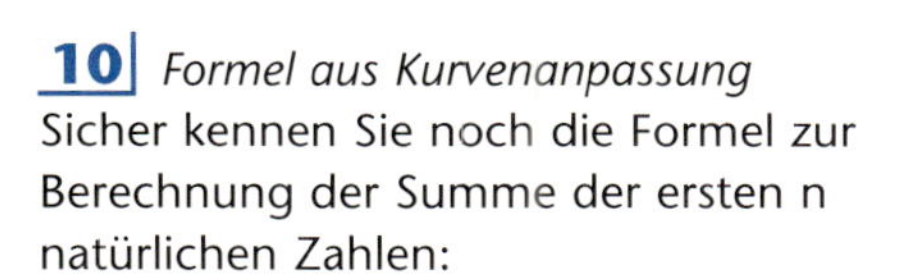

Sicher kennen Sie noch die Formel zur Berechnung der Summe der ersten n natürlichen Zahlen:
$1 + 2 + 3 + \ldots + n = S(n)$.
Wenn nicht, so können Sie die Formel mithilfe einer quadratischen Kurvenanpassung leicht bestimmen.

n	Summe
0	0
1	1
2	3
3	6
4	10
5	15
6	21

Übungen

Modellfindung mithilfe der Ableitung

Bei der Anpassung von Kurven können neben vorgegebenen Kurvenpunkten auch andere Informationen herangezogen werden, z. B. die Steigung an bestimmten Stellen. Beim Ansatz der Funktionsgleichung kommt die erste Ableitung ins Spiel.

Steigung m einer Geraden (Tangente): $m = \tan(\alpha)$

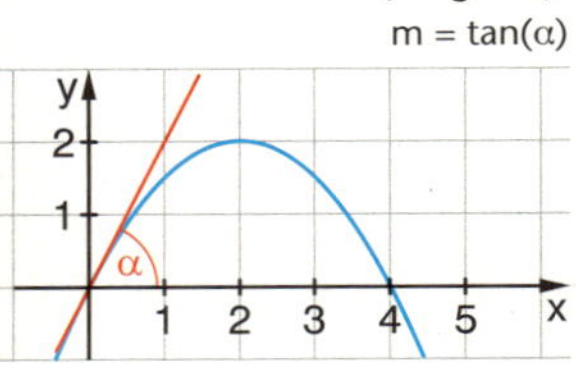

11 *Brückenbogen*

Die Müngstener Brücke wird von zwei parabelförmigen Stahlbögen gestützt.

Der untere Bogen trifft an der linken Auflage P(0|0) in einem Winkel von 60,4° auf, der Punkt Q(50 m|59,3 m) liegt auf dem Bogen. Bestimmen Sie mit diesen Angaben die Gleichung der Modellfunktion. Wie hoch liegt demnach der Scheitelpunkt des Bogens über der Auflagestelle und welche Spannweite hat der Bogen?

12 *Kugelstoßen*

Die Bahn der Kugel beim Kugelstoßen ist wie die Flugbahn beim Volleyballaufschlag parabelförmig.

Eine Kugel wird aus einer Höhe von 1,80 m unter einem Winkel von 42° gegen die Horizontale abgestoßen. Die Stoßweite beträgt 8,40 m. Bestimmen Sie mit diesen Angaben die Gleichung der Modellfunktion.
Wie groß ist die maximale Höhe der Flugbahn? In welchem Winkel trifft die Kugel auf dem Boden auf?

13 *Springbrunnenparabel in Parameterdarstellung*

Physiker beschreiben die parabelförmige Bahnkurve beim Wasserstrahl eines Springbrunnens durch zwei voneinander unabhängige Komponenten in x-Richtung und in y-Richtung. Mit dem GTR lässt sich die Kurve in Parameterdarstellung aufzeichnen.

$x(t) = v \cdot \cos(\alpha) \cdot t$
$y(t) = v \cdot \sin(\alpha) \cdot t - \frac{1}{2} g t^2$

α: Austrittswinkel in °
v: Austrittsgeschwindigkeit in m/s
g: Erdbeschleunigung, $g \approx 10\ \text{m/s}^2$

```
Plot1 Plot2 Plot3
\X1T=5.5*cos(70)
*T
 Y1T=5.5*sin(70)
*T-5T²
\X2T=
 Y2T=
\X3T=
```

Informieren Sie sich über Parameterdarstellung auf Ihrem GTR.

Mit dem Paar (x(t)|y(t)) wird die Position eines Wasserteilchens zum Zeitpunkt t beschrieben. Die aufeinanderfolgenden Werte ergeben die Bahnkurve.
Am Rand des Springbrunnens (Durchmesser 4 m) befinden sich die Düsen, aus denen das Wasser in einem Winkel von 70° austritt. Wie groß muss die Austrittsgeschwindigkeit v sein, damit der Parabelbogen ungefähr im Mittelpunkt des Brunnens endet?

a) Versuchen Sie zunächst eine Lösung durch grafisches Probieren am GTR, indem Sie in beiden Parametergleichungen die Geschwindigkeit v gleichermaßen variieren.
b) Entwickeln Sie aus den beiden Parametergleichungen die Funktionsgleichung

$$y(x) = \tan\alpha \cdot x - \frac{g}{2 \cdot v^2 \cdot (\cos\alpha)^2} \cdot x^2$$

Bestätigen Sie damit Ihre in a) gefundenen Werte und die Parabelkurve.

Lösen Sie $x = v \cdot \cos(a) \cdot t$ nach t auf und setzen Sie das Ergebnis für t in die Gleichung $y = v \cdot \sin(\alpha) \cdot t - \frac{1}{2} g t^2$ ein.

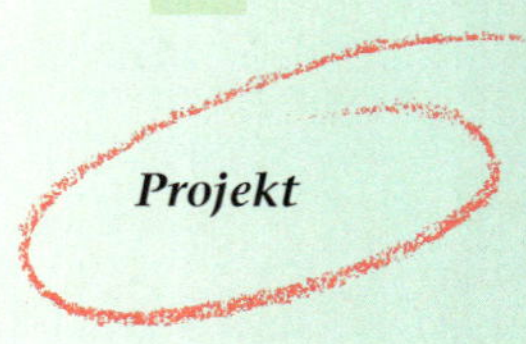

Eine Flasche mit Leck

In eine PET-Flasche mit einem möglichst großen zylindrischen Bereich wird am unteren Rand mit einem heißen Nagel ein Loch in die Wand gebrannt und seitlich ein Papierstreifen aufgeklebt. Die Flasche wird mit Wasser gefüllt und während sie ausläuft, wird in bestimmten Zeitabständen der Wasserstand auf dem Papierstreifen markiert.
Welchen funktionalen Zusammenhang erwarten Sie zwischen Zeit t und Höhe h des Wasserstandes?

Experiment

Führen Sie das Experiment selbst durch und protokollieren Sie die Messwerte übersichtich in einer Tabelle. Den Nullpunkt der Skala bildet der Wasserstand, wenn kein Wasser mehr ausläuft. Die Zeitintervalle zwischen den einzelnen Messungen sollten so gewählt werden, dass man mindestens 12 Messwertpaare aufnehmen kann. Wenn Sie das Experiment nicht durchführen können, so benutzen Sie das folgende Versuchsprotokoll eines entsprechenden Experiments.

Nr.	1	2	3	4	5	6	7	8	9	10	11	12
Zeit (s)	0	5	10	15	20	25	30	35	40	45	50	55
Höhe (cm)	11,4	10,1	8,6	7,3	6,3	5,2	4,0	3,2	2,5	1,8	0,9	0,6

Auswertung

Stellen Sie die ersten acht Messwerte in einem Diagramm auf dem GTR dar. Die übrigen Messwerte dienen später zur Kontrolle des Modells.

Versuchen Sie eine Funktionsanpassung mit verschiedenen Modellen. Vergleichen Sie diese miteinander.

Lineares Modell: $y = m x + b$
Quadratisches Modell: $y = a x^2 + b x + c$
Exponentielles Modell: $y = a \cdot b^x$

Welches Modell scheint Ihnen am besten geeignet? Welche Gründe sprechen für Ihre Entscheidung? Sie können Ihre Entscheidung auch daran ausrichten, wie gut mit dem Modell jeweils die letzten vier Werte der Tabelle erfasst werden.
Ab welchem Zeitpunkt läuft kein Wasser mehr aus?

Aus einem Physikbuch für Fortgeschrittene

Das empirisch gefundene Modell lässt sich auch theoretisch herleiten.

A: Querschnittsfläche der Flasche
Q: Querschnittsfläche des Loches
h_0: Anfangshöhe des Wasserstandes (zur Zeit $t = 0$)
g: Erdbeschleunigung

Die potenzielle (Lage-) Energie der oberen Schicht wird in kinetische Energie des ausströmenden Wassers umgewandelt. Aus diesem Ansatz lässt sich die Gleichung $h(t) = \left(\sqrt{\frac{Q \cdot g}{2A}} \cdot t - \sqrt{h_0}\right)^2$ herleiten.

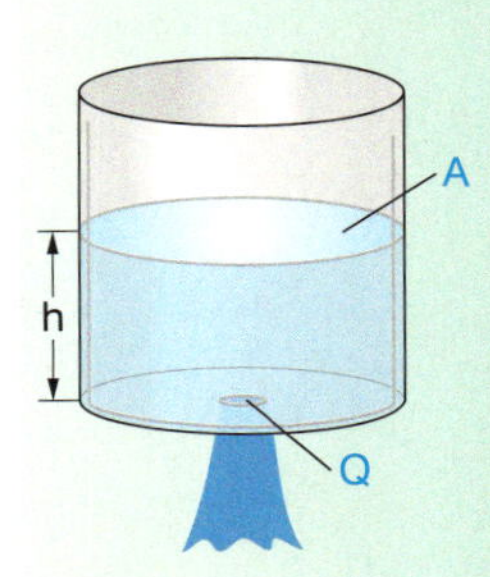

Aufgaben

14 *Modell und Wirklichkeit - Ronaldos Meisterschuss*

Im Nachrichtenmagazin DER SPIEGEL erschien am 11.1.2010 der folgende Artikel:

FUSSBALL

Ronaldos Schusskunst

Bevor er einen direkten Freistoß schießt, tritt der portugiesische Fußballprofi Cristiano Ronaldo drei, vier Schritte hinter den Ball zurück, baut sich breitbeinig wie ein Westernheld auf und fixiert mit entschlossenem Blick das Tor. Die gegnerische Mauer in 9,15 Meter Entfernung ist in der Regel kein Hindernis für den Stürmer von Real Madrid: Für ihn ist es ein Duell Schütze gegen Torhüter. Wie raffiniert er seine Kunstschüsse tritt, haben nun zwei spanische Biomechaniker der Universitäten von Castilla-La Mancha und von Elche anhand des phantastischen Tors analysiert, das Ronaldo vorigen Dezember beim Champions-League-Spiel in Marseille aus 35 Meter Distanz erzielte. Unhaltbar war der Schuss nicht wegen seiner Wucht; die Durchschnittsgeschwindigkeit, in welcher der Ball 1,44 Sekunden durch die Luft flog, war mit 87 Kilometern pro Stunde relativ gering. Doch phänomenal war die Flugbahn des Balls. Der Abflugwinkel betrug 25 Grad, in 2,53 Meter Höhe passierte er die Mauer, mit steigender Tendenz. Hätte die Kugel sich im erwartbaren Neigungswinkel gesenkt, wäre sie nach Erkenntnissen der Wissenschaftler über das 2,44 Meter hohe Tor geflogen. Doch plötzlich verließ der Ball seine vorhersehbare Kurve, fiel steil nach unten ab und überquerte in 1,88 Meter Höhe die Torlinie. Das Geheimnis liegt in Ronaldos Schusstechnik: Er verpasst dem Ball einen Effet, so dass er in Flugrichtung rotiert, ähnlich dem Topspin beim Tennis. Je stärker der Drall, desto abrupter fällt irgendwann der Ball herab – ein Alptraum für jeden Torwart.

AUGENKLICK/FIRO SPORTPHOTO

Meisterschuss

Cristiano Ronaldos Freistoßtor beim Spiel Olympique Marseille gegen Real Madrid am 8. Dez. 2009

Flugzeit: **1,44 Sekunden**
Mittlere Geschwindigkeit: **87 km/h**

erwartbare Flugbahn des Balls ohne Effet

tatsächliche Flugbahn des Balls mit Effet

25°

35 Meter

Welche Modelle lagen den Erkenntnissen der Wissenschaftler zugrunde? Versuchen Sie mit Ihren Kenntnissen und den Daten im Bericht eine eigene Modellierung des Freistoßes. Verwenden Sie verschiedene Modellansätze und vergleichen Sie. Welche Daten lassen sich gut durch ihre Modelle beschreiben, welche nicht? Gehen Sie auch auf Schwächen und Grenzen der Modelle ein.

Daten aus dem Bericht

Abschusswinkel $\alpha = 25°$

Entfernung zum Tor $d = 35$ m

(mittlere) Geschwindigkeit $v = 87$ km/h $= 24{,}2$ m/s

Flughöhe des Balles über der Mauer $h_M = 2{,}53$ m

Höhe des Balles bei Überquerung der Torlinie $h_E = 1{,}88$ m

Daten aus dem Fußball-Lexikon

Mindestabstand der Mauer vom Freistoßpunkt: 9,15 m

Torhöhe: 2,44 m

Daten aus der Physik:

Erdbeschleunigung: $g = 9{,}81$ m/s² (≈ 10 m/s²)

Modellansätze

A Parabel aus Abschusswinkel und Geschwindigkeit

Parameterdarstellung: $x(t) = v \cdot \cos(\alpha) \cdot t$

$y(t) = v \cdot \sin(\alpha) \cdot t - \frac{1}{2} g t^2$

x-y-Darstellung: $y(x) = \tan\alpha \cdot x - \frac{g}{2 \cdot v^2 \cdot (\cos\alpha)^2} \cdot x^2$

B Parabel aus drei Punkten

$y = ax^2 + bx + c$

C Parabel aus zwei Punkten und Ableitung

$y = ax^2 + bx + c \qquad y' = 2ax + b$

Skizzen aus der „Modellierungswerkstatt“:

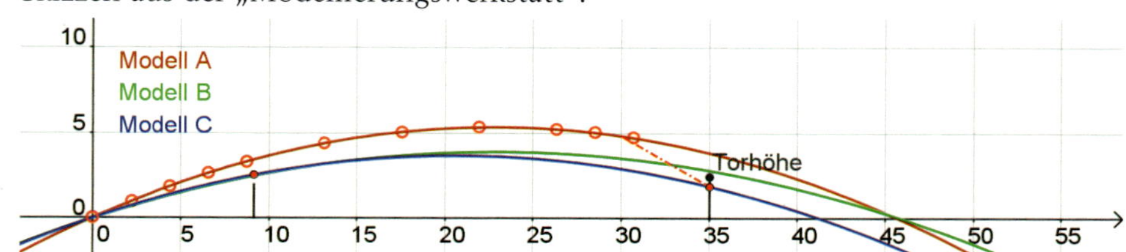

3.2 Gauß-Algorithmus zum Lösen linearer Gleichungssysteme

Was Sie erwartet

Die Bestimmung einer Polynomfunktion zu gegebenen Eigenschaften erfordert oft das Lösen eines linearen Gleichungssystems (LGS). Zur Berechnung der Koeffizienten eines Polynoms zweiten Grades $y = ax^2 + bx + c$ benötigt man drei Gleichungen. Bei einem Polynom dritten Grades muss man bereits vier Parameter mit vier Gleichungen bestimmen. Der Umfang des Gleichungssystems wächst mit dem Grad des Polynoms. Dementsprechend wird auch das Lösungsverfahren sehr aufwändig und fehleranfällig.
Nach dem Mathematiker Gauß ist ein Verfahren benannt, das wegen seiner schematischen Organisation auf den Computer übertragen werden kann. Heute kann dieses Verfahren auch auf einem grafikfähigen Taschenrechner genutzt werden.

CARL FRIEDRICH GAUß
1777–1855

Aufgaben

1 *Gauß-Algorithmus am Beispiel*
Es soll das Polynom zweiten Grades $y = ax^2 + bx + c$ bestimmt werden, dessen Graph durch die Punkte $A(-1|6)$, $B(2|3)$ und $C(3|6)$ verläuft.
1. Schritt: Einsetzen der Koordinaten der Punkte in die allgemeine Gleichung der Parabel liefert drei Gleichungen mit den drei Variablen a, b und c.

(3-3)-System

Einsetzen $A(-1|6)$ (1) $a - b + c = 6$
Einsetzen $B(2|3)$ (2) $4a + 2b + c = 3$
Einsetzen $C(3|6)$ (3) $9a + 3b + c = 6$

2. Schritt: Umformen des Gleichungssystems in ein gestaffeltes Gleichungssystem mithilfe der Äquivalenzumformungen.

Ein gestaffeltes Gleichungssystem ist ein System in Dreiecksform.

Äquivalenzumformungen verändern die Lösungsmenge nicht.

Multiplikation einer Gleichung auf beiden Seiten **mit einer reellen Zahl** ungleich Null.

Addition zweier Gleichungen und anschließendes Ersetzen einer Gleichung durch das Ergebnis.

(1) $a - b + c = 6$
(2) $4a + 2b + c = 3$ $4 \cdot (1) + (-1) \cdot (2) \rightarrow$ Gleichung (2*)
(3) $9a + 3b + c = 6$ $9 \cdot (1) + (-1) \cdot (3) \rightarrow$ Gleichung (3*)

(1) $a - b + c = 6$
(2*) $-6b + 3c = 21$
(3*) $-12b + 8c = 48$ $(-2) \cdot (2^*) + (3^*) \rightarrow$ Gleichung (3**)

(1) $a - b + c = 6$
(2*) $-6b + 3c = 21$
(3**) $2c = 6$

3. Schritt: Die Lösung des Gleichungssystems kann nun schrittweise von unten nach oben ermittelt werden:

$2c = 6$, also $c = 3$
$-6b + 3 \cdot 3 = 21$, also $b = -2$
$a - (-2) + 3 = 6$, also $a = 1$

a) *Rechenprobe*: Setzen Sie die errechneten Werte für a, b und c in die drei Gleichungen ein. *Problemprobe:* Wie lautet die Gleichung der gesuchten Funktion? Liegen die drei Punkte A, B und C auf dem Graphen der ermittelten Funktion?
b) Bestimmen Sie nach dem obigen Verfahren das Polynom zweiten Grades, dessen Graph durch die Punkte $P(1|4)$, $Q(2|9)$ und $R(3|18)$ verläuft.
c) Übertragen Sie das Verfahren auf die Bestimmung des Polynoms dritten Grades, dessen Graph durch die Punkte $P(-1|-3{,}5)$, $Q(1|-2{,}5)$, $R(2|-5)$ und $S(4|-1)$ verläuft.

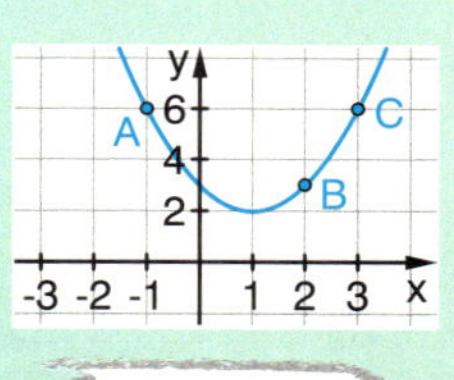

Lösung zu c)
$0{,}5x^3 - 2x^2 - 1$

Basiswissen

Lineare Gleichungssysteme lassen sich systematisch mit dem Gauß-Algorithmus lösen.

Der Gauß-Algorithmus in Kurzfassung

Das Gleichungssystem wird in eine **Matrix** übertragen. Dazu werden alle Informationen, die selbstverständlich sind, weggelassen. Nur die Koeffizienten werden notiert. Wichtig ist, dass die Koeffizienten, die zur gleichen Variablen gehören, in die gleiche Spalte geschrieben werden.

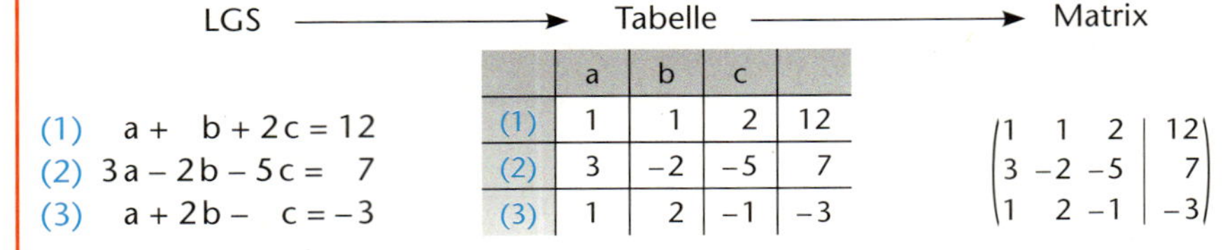

(1) $a + b + 2c = 12$
(2) $3a - 2b - 5c = 7$
(3) $a + 2b - c = -3$

	a	b	c	
(1)	1	1	2	12
(2)	3	−2	−5	7
(3)	1	2	−1	−3

$$\left(\begin{array}{ccc|c} 1 & 1 & 2 & 12 \\ 3 & -2 & -5 & 7 \\ 1 & 2 & -1 & -3 \end{array}\right)$$

Dreiecksform: unterhalb der Diagonalen stehen nur Nullen

Durch Äquivalenzumformungen wird die Matrix in die Dreiecksform überführt:

$$\left(\begin{array}{ccc|c} 1 & 1 & 2 & 12 \\ 3 & -2 & -5 & 7 \\ 1 & 2 & -1 & -3 \end{array}\right) \begin{array}{l} \cdot(-3) \;\; \cdot(-1) \\ \cdot 1 \;\; + \\ \cdot 1 \;\; + \end{array} \quad \left(\begin{array}{ccc|c} 1 & 1 & 2 & 12 \\ 0 & -5 & 11 & -29 \\ 0 & 1 & -3 & -15 \end{array}\right) \begin{array}{l} \cdot 1 \\ \cdot 5 \;\; + \end{array} \quad \left(\begin{array}{ccc|c} 1 & 1 & 2 & 12 \\ 0 & -5 & -11 & -29 \\ 0 & 0 & -26 & -104 \end{array}\right)$$

Nicht jedes lineare Gleichungssystem hat genau eine Lösung. (siehe Übung 8)

Durch Rückwärtseinsetzen werden die Variablen bestimmt:

$-26c = -104$, also $c = 4$
$-5b - 11 \cdot 4 = -29$, also $b = -3$
$a - 3 + 2 \cdot 4 = 12$, also $a = 7$

Die **Lösung des LGS** ist das Zahlentripel $(a; b; c) = (7; -3; 4)$.

Das Verfahren lässt sich auf größere Gleichungssysteme übertragen. Auch hier wird die Matrix mit passenden Äquivalenzumformungen in eine Dreiecksform überführt. Der Rechenaufwand wird dann entsprechend höher.

Beispiel

A Lösen Sie das Gleichungssystem mit dem Gauß-Algorithmus.

$$\begin{aligned} x_2 + x_3 &= -1 \\ 2x_1 + 3x_2 - 2x_3 &= 0 \\ -x_1 + 2x_2 + 3x_2 &= -5 \end{aligned}$$

Lösung:

Matrix des Gleichungssystems

$$\left(\begin{array}{ccc|c} 0 & 1 & 1 & -1 \\ 2 & 3 & -2 & 0 \\ -1 & 2 & 3 & -5 \end{array}\right)$$

Vertauschen der 1. und 2. Zeile. 0 steht an passender Stelle.

$$\left(\begin{array}{ccc|c} 2 & 3 & -2 & 0 \\ 0 & 1 & 1 & -1 \\ -1 & 2 & 3 & -5 \end{array}\right) \begin{array}{l} \cdot 1 \\ \\ \cdot 2 \;\; + \end{array}$$

Multiplikation der 3. Zeile mit 2 und anschließend Addition der 1. Zeile.

$$\left(\begin{array}{ccc|c} 2 & 3 & -2 & 0 \\ 0 & 1 & 1 & -1 \\ 0 & 7 & 4 & -10 \end{array}\right) \begin{array}{l} \\ \cdot(-7) \\ \cdot 1 \;\; + \end{array}$$

Multiplikation der 2. Zeile mit (–7) und anschließend Additon zur 3. Zeile.

$$\left(\begin{array}{ccc|c} 2 & 3 & -2 & 0 \\ 0 & 1 & 1 & -1 \\ 0 & 0 & -3 & -3 \end{array}\right)$$

Rückwärts einsetzen

$-3c = -3$, also $c = 1$
$b + 1 = -1$, also $b = -2$
$2a + 3 \cdot (-2) - 2 = 0$, also $a = 4$

Das System hat die Lösung $(4; -2; 1)$.

Übungen

2 *Training per Hand*

Wenden Sie den Gauß-Algorithmus an, um die Gleichungssysteme zu lösen.

a) $x + y + z = 2$; $x - y + 2z = -3$; $2x + y + z = 3$

b) $x + y - z = -2$; $2x + y + z = 5$; $-x + 2y - z = 3$

c) $2x - y + z = 1$; $x + 2y + 4z = 2$; $x - y + 3z = -3$

Lösungen:
(–1; 3; 4)
(1; 2; –1)
(2; 2; –1)

3 *Training per Hand*

Übersetzen Sie zunächst die Matrix in ein Gleichungssystem und lösen Sie dann mithilfe des Gauß-Algorithmus.

a) $\left(\begin{array}{rrr|r} 1 & 2 & 1 & 1 \\ 2 & 1 & -1 & -1 \\ -1 & 2 & 2 & 1 \end{array}\right)$ b) $\left(\begin{array}{rrr|r} 1 & 2 & 1 & 1 \\ 1 & 1 & -1 & 2 \\ 0 & 2 & 1 & 4 \end{array}\right)$ c) $\left(\begin{array}{rrr|r} 3 & -2 & 4 & 5 \\ 4 & 6 & -1 & 9 \\ 5 & -4 & 3 & 4 \end{array}\right)$

Zur Kontrolle:
Die Lösungen in ungeordneter Reihenfolge

Lösungen:
(1; 1; 1)
(1; –1; 2)
(–3; 3; –2)

4 *Zeilentausch*

In Beispiel A auf der vorherigen Seite wurde zu Beginn des Verfahrens ein Zeilentausch (Vertauschen der Gleichungen (1) und (2)) vorgenommen.

a) Warum war hier ein Zeilentausch sinnvoll?

b) Begründen Sie, dass ein Zeilentausch die Lösungsmenge des linearen Gleichungssystems nicht verändert.

5 *Gauß-Algorithmus beim (4-4)-System*

4-4-System:
4 Gleichungen mit 4 Unbekannten

$$\begin{aligned} 2a + 3b - c + 5d &= 11 \\ b + 3c - d &= 1 \\ 4a - 2b - 2d &= 0 \\ a + b + c + d &= 4 \end{aligned}$$

Die Schritte zur Überführung in die Dreiecksform erfolgen hier analog zu denen beim (3-3)-System: Zunächst werden in der ersten Spalte drei Nullen erzeugt, dann zwei in der zweiten Spalte und schließlich eine in der dritten Spalte. Dann ist die Dreiecksform erreicht.

Füllen Sie bei der Notation der Äquivalenzumformungen die Lücken (Faktoren, mit denen die jeweiligen Gleichungen multipliziert werden) aus und führen Sie die Äquivalenzumformungen selbst durch.

$$\begin{array}{l} (1) \\ (2) \\ (3) \\ (4) \end{array} \left(\begin{array}{rrrr|r} 2 & 3 & -1 & 5 & 11 \\ 0 & 1 & 3 & -1 & 1 \\ 4 & -2 & 0 & -2 & 0 \\ 1 & 1 & 1 & 1 & 4 \end{array}\right)$$

Übertragen des Gleichungssystems in die Matrix.

$$\begin{array}{l} (1) \\ (2) \\ (3^*) \\ (4^*) \end{array} \left(\begin{array}{rrrr|r} 2 & 3 & -1 & 5 & 11 \\ 0 & 1 & 3 & -1 & 1 \\ 0 & -8 & 2 & -12 & -22 \\ 0 & 1 & -3 & 3 & 3 \end{array}\right)$$

(1) wird übernommen
(2) wird übernommen, da 0 bereits vorhanden
(–2) · (1) + (3)
(1) – ■ · (4)

$$\begin{array}{l} (1) \\ (2) \\ (3^{**}) \\ (4^{**}) \end{array} \left(\begin{array}{rrrr|r} 2 & 3 & -1 & 5 & 11 \\ 0 & 1 & 3 & -1 & 1 \\ 0 & 0 & 26 & -20 & -14 \\ 0 & 0 & -6 & 4 & 2 \end{array}\right)$$

(1) wird übernommen
(2) wird übernommen
■ · (2) + ■ · (3*)
■ · (2) + ■ · (4*)

$$\begin{array}{l} (1) \\ (2) \\ (3^{**}) \\ (4^{***}) \end{array} \left(\begin{array}{rrrr|r} 2 & 3 & -1 & 5 & 11 \\ 0 & 1 & 3 & -1 & 1 \\ 0 & 0 & 26 & -20 & -14 \\ 0 & 0 & 0 & -8 & -16 \end{array}\right)$$

(1) wird übernommen
(2) wird übernommen
(3**) wird übernommen
3 · (3**) + ■ · (4**)

Geben Sie die Lösung an und machen Sie die Probe.

Übungen

Erweiterte Koeffizientenmatrix: In die letzte Spalte schreibt man die rechte Seite der Gleichungen.

LGS mit dem grafikfähigen Taschenrechner lösen

WERKZEUG

Mit einem grafikfähigen Taschenrechner oder einem Computer-Algebra-System lässt sich die Lösungsmenge eines LGS schnell bestimmen. Dazu gibt man die „erweiterte Koeffizientenmatrix" mithilfe des Matrix-Editors ein.

```
NAMES MATH EDIT
1:[A] 3×4
2:[B]
3:[C]
4:[D]
5:[E]
6:[F]
7↓[G]
```

Mit **3 × 4** wird der Typ der Matrix festgelegt: 3 Zeilen, 4 Spalten

```
MATRIX[A] 3 ×4
[3   -6   12
[3   -5   2
[2   1    -2

2,3=2
```

2, 3 kennzeichnet die Position der Zahl in der 2. Zeile und der 3.Spalte

$3a - 6b + 12c = -21$
$3a - 5b + \;\;2c = -27$
$2a + \;\;b - \;\;2c = -4$

Koeffizientenmatrix

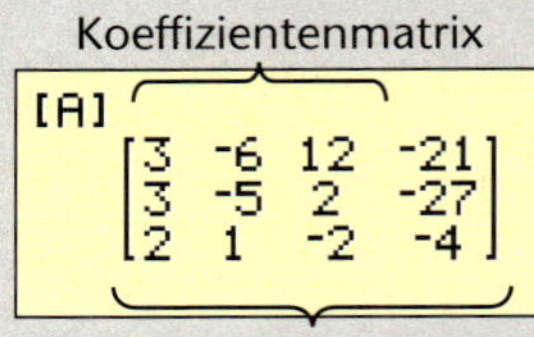

Erweiterte Koeffizientenmatrix

Mit dem Befehl ***ref*** erzeugt man eine **Dreiecksform**, aus der man die Lösungen durch Rückwärtseinsetzen bestimmen kann.

$a - 2b + 4c = -7$
$b - 2c = 2$
$c = 1$

```
ref([A])
   [1  -2  4  -7]
   [0  1  -2   2]
   [0  0   1   1]
```

Der GTR besitzt einen weiteren Befehl ***rref,*** mit dem man aus der Koeffizientenmatrix eine **Diagonalform** erzeugt, aus der man das Ergebnis direkt ablesen kann.

$a = -3$
$b = 4$
$c = 1$

```
rref([A])
   [1 0 0 -3]
   [0 1 0  4]
   [0 0 1  1]
```

6 *Training mit dem GTR*

Bestimmen Sie die Lösungen der Gleichungssysteme aus den Übungen 2 und 3 mit dem GTR. Vergleichen Sie gegebenenfalls mit Ihren händisch ermittelten Lösungen.

7 *Von der Dreiecksform zur Diagonalform*

a) Zeigen Sie, dass die Matrix in die angegebene Dreiecksform überführt werden kann. Geben Sie die dabei vorgenommenen Umformungsschritte an. Überprüfen Sie auch mithilfe des GTR .

$$\left(\begin{array}{ccc|c} 1 & 1 & -1 & 2 \\ 1 & -2 & 1 & 1 \\ 1 & -1 & 2 & 1 \end{array}\right) \longrightarrow \left(\begin{array}{ccc|c} 1 & 1 & -1 & 2 \\ 0 & 3 & -2 & 1 \\ 0 & 2 & -3 & 1 \end{array}\right) \longrightarrow \left(\begin{array}{ccc|c} 1 & 1 & -1 & 2 \\ 0 & 3 & -2 & 1 \\ 0 & 0 & 5 & -1 \end{array}\right)$$

b) Aus der Dreiecksform der Matrix lässt sich durch geeignete Äquivalenzumformungen auch die Diagonalform herstellen. Geben Sie die dabei vorgenommenen Umformungsschritte an. Überprüfen Sie mit dem GTR.

$$\left(\begin{array}{ccc|c} 1 & 1 & -1 & 2 \\ 0 & 3 & -2 & 1 \\ 0 & 0 & 5 & -1 \end{array}\right) \rightarrow \left(\begin{array}{ccc|c} 1 & 1 & -1 & 2 \\ 0 & 3 & -2 & 1 \\ 0 & 0 & 1 & -\frac{1}{5} \end{array}\right) \rightarrow \left(\begin{array}{ccc|c} 1 & 1 & -1 & 2 \\ 0 & 1 & 0 & \frac{1}{5} \\ 0 & 0 & 1 & -\frac{1}{5} \end{array}\right) \rightarrow \left(\begin{array}{ccc|c} 1 & 1 & 0 & \frac{9}{5} \\ 0 & 1 & 0 & \frac{1}{5} \\ 0 & 0 & 1 & -\frac{1}{5} \end{array}\right) \rightarrow \left(\begin{array}{ccc|c} 1 & 0 & 0 & \frac{8}{5} \\ 0 & 1 & 0 & \frac{1}{5} \\ 0 & 0 & 1 & -\frac{1}{5} \end{array}\right)$$

8 *Nicht immer gibt es eine eindeutige Lösung*

Auch die aus der Mittelstufe bekannten (2-2)-Systeme lassen sich mit dem Gauß-Algorithmus bearbeiten.
Zu den vier Gleichungssystemen wurde mithilfe von *rref* die Diagonalform erstellt. Zusätzlich wurden die Graphen zu den einzelnen Gleichungen dargestellt.
Ordnen Sie jeweils die drei passenden Karten (Gleichungssystem, Matrix, Graph) einander zu.

Ein lineares Gleichungssystem kann
- genau eine,
- unendlich viele oder
- keine Lösung haben.

① $2x + y = 3$; $7x + y = 1$

② $-x + y = 3$; $6x + y = -2$

③ $-x - y = -2$; $x + y = 2$

④ $2x + y = 4$; $2x + y = -3$

Ⓐ $\begin{pmatrix} 1 & 0{,}5 & 0 \\ 0 & 0 & 1 \end{pmatrix}$

Ⓑ $\begin{pmatrix} 1 & 0 & -\frac{2}{5} \\ 0 & 1 & \frac{19}{5} \end{pmatrix}$

Ⓒ $\begin{pmatrix} 1 & 1 & 2 \\ 0 & 0 & 0 \end{pmatrix}$

Ⓓ $\begin{pmatrix} 1 & 0 & -\frac{5}{7} \\ 0 & 1 & \frac{16}{7} \end{pmatrix}$

Ⅰ
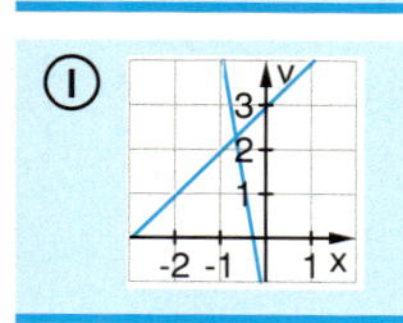

Ⅱ
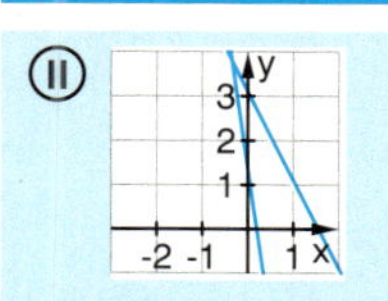

Ⅲ
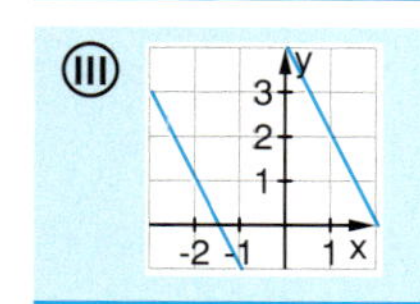

Ⅳ
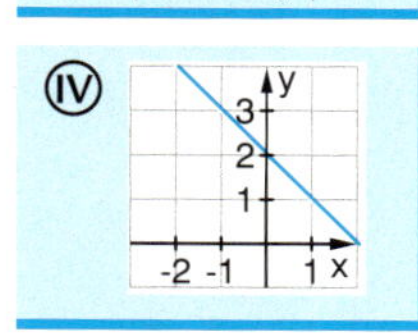

Wie erkennt man an der Diagonalform der Matrix die gegenseitige Lage der beiden Geraden im Koordinatensystem?

9 *Parabel zu drei Punkten*

In jedem der drei Fälle soll die Parabel $y = ax^2 + bx + c$ so bestimmt werden, dass der Graph durch die drei gegebenen Punkte verläuft.
Die Einträge in den letzten beiden Spalten der Tabelle sind etwas durcheinander geraten. Sortieren Sie richtig und begründen Sie mithilfe der Diagonalform der jeweiligen Matrix.

Punkte	Matrix (LGS)	Lösung	Grafik
(−2|0) (1|2) (2|4)	$\left(\begin{array}{ccc\|c} 4 & -2 & 1 & 0 \\ 1 & 1 & 1 & 2 \\ 4 & 2 & 1 & 4 \end{array}\right) \xrightarrow{rref} \left(\begin{array}{ccc\|c} 1 & 0 & 0 & \frac{1}{3} \\ 0 & 1 & 0 & 1 \\ 0 & 0 & 1 & \frac{2}{3} \end{array}\right)$	Es gibt keine Lösung	
(−2|−1) (1|2) (2|3)	$\left(\begin{array}{ccc\|c} 4 & -2 & 1 & -1 \\ 1 & 1 & 1 & 2 \\ 4 & 2 & 1 & 3 \end{array}\right) \xrightarrow{rref} \left(\begin{array}{ccc\|c} 1 & 0 & 0 & 0 \\ 0 & 1 & 0 & 1 \\ 0 & 0 & 1 & 1 \end{array}\right)$	$f(x) = x + 1$	
(2|3) (−1|2) (2|−1)	$\left(\begin{array}{ccc\|c} 4 & 2 & 1 & 3 \\ 1 & -1 & 1 & 2 \\ 4 & 2 & 1 & -1 \end{array}\right) \xrightarrow{rref} \left(\begin{array}{ccc\|c} 1 & 0 & 0{,}5 & 0 \\ 0 & 1 & -0{,}5 & 0 \\ 0 & 0 & 0 & 1 \end{array}\right)$	$f(x) = \frac{1}{3}x^2 + x + \frac{2}{3}$	

10 *Fragen zum Verstehen des Gauß-Algorithmus*

a) Ein Zeilentausch verändert die Lösungsmenge eines LGS nicht. Gilt das auch bei einem Spaltentausch?

b) Warum muss zur schematischen Ausführung des Gauß-Algorithmus in dem Gleichungssystem ein Zeilentausch vorgenommen werden?

$$\left(\begin{array}{ccc|c} 0 & 2 & 1 & 4 \\ 1 & 1 & -1 & 2 \\ 1 & 2 & 1 & 1 \end{array}\right)$$

c) Man könnte aus der oberen Matrix auch die nebenstehende Diagonalform herleiten.
Was sind nun die Lösungen?

$$\left(\begin{array}{ccc|c} 0 & 0 & 1 & -2 \\ 0 & 1 & 0 & 3 \\ 1 & 0 & 0 & -3 \end{array}\right)$$

Ist Gauß der Erfinder des Gauß-Algorithmus?

Wie oft in der Mathematikgeschichte, wurde das nach Gauß benannte Lösungsverfahren von ihm nicht als Erstem entwickelt. Bereits vor über 2000 Jahren verwendeten chinesische Mathematiker Zahlenschemata zur Lösung linearer Gleichungssysteme. In einem für die Ausbildung von Beamten geschriebenen Buch („Chiu Chang Suan Shu“ – Mathematik in neun Büchern) traten Beispiele für (3-3)-Systeme auf, die in einer der Matrix ähnlichen Kurzform notiert wurden und durch Überführung in eine Dreiecksform gelöst wurden. In der neuzeitlichen europäischen Mathematik wurden zunächst andere effektive Verfahren (Determinanten) zur Lösung linearer Gleichungssysteme entwickelt, bevor Gauß dann in seinen umfangreichen Arbeiten zur angewandten Mathematik der Verwendung von Dreiecksmatrizen großes Gewicht verlieh. Dies geschah insbesondere im Rahmen der Regressionsrechnung mit der „Methode der kleinsten Quadrate“, die heute auch mit seinem Namen verbunden ist.

3 Garben guter Ernte, 2 Garben mittlerer und 1 Garbe schlechter Ernte geben 39 dou;
2 Garben guter, 3 Garben mittlerer und 1 Garbe schlechter Ernte 34 dou;
1 Garbe guter, 2 Garben mittlerer und 3 Garben schlechter Ernte 26 dou.

Aufgaben

11 *Alte Aufgabe in neuem Gewand*
Übersetzen Sie das im Exkurs gegebene Beispiel aus dem chinesischen Buch in ein Gleichungssystem und bestimmen Sie die Lösung.

12 *Die Tennisballpyramide – Mit Polynom und LGS zur Formel*
Tennisbälle werden in der Form eines gleichseitigen Dreiecks angeordnet, so dass sich darauf eine Pyramide aufbauen lässt. Erste Experimente verdeutlichen den stufenweisen Aufbau der Pyramiden und die schnell wachsende Anzahl von benötigten Tennisbällen.

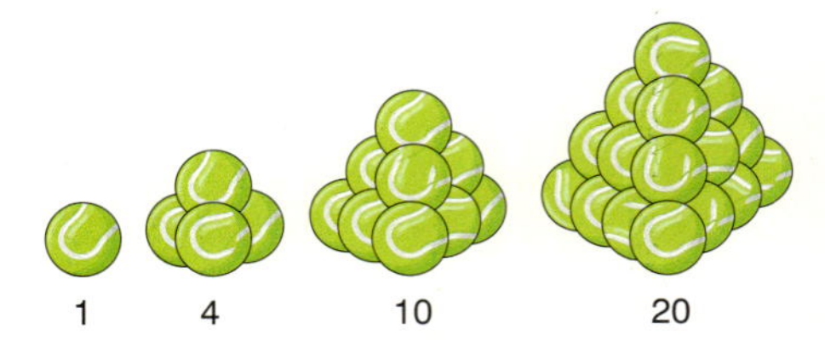

In der Tabelle ist die notwendige Anzahl von Tennisbällen für die ersten zehn Aufbaustufen festgehalten. Wie viele Bälle benötigt man für eine Pyramide der 50. Stufe? Passen die Bälle einer Pyramide der 100. Stufe auf einen Kleintransporter?

Stufen	Bälle
1	1
2	4
3	10
4	20
5	35
6	56
7	84

Die Darstellung der Tabellenwerte in einem Koordinatensystem (x-Achse: Stufenzahl, y-Achse: Anzahl der Bälle) könnten zum Graphen einer ganzrationalen Funktion passen.

Versuchen Sie, eine Kurvenanpassung für ein Polynom mit möglichst niedrigem Grad zu erstellen.

Falls dies gelingt, liefert die Funktionsgleichung die gesuchte Formel für die Anzahl benötigter Tennisbälle für eine n-stufige Pyramide ($x = n$).

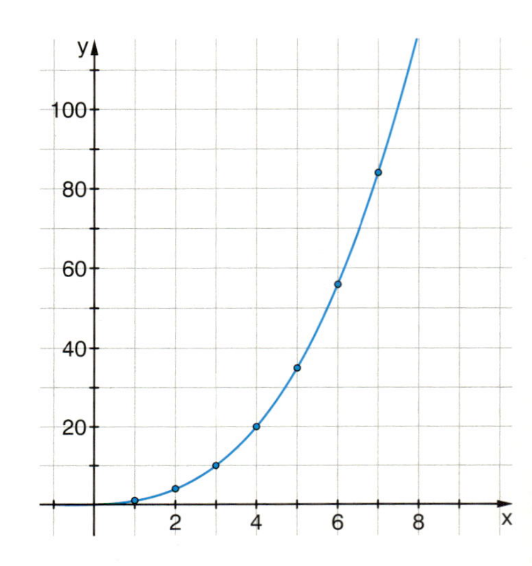

$y = ax^2 + bx + c$ oder
$y = ax^3 + bx^2 + cx + d$
oder …

3.3 Bestimmung ganzrationaler Funktionen zu vorgegebenen Daten und Eigenschaften

Was Sie erwartet

Sie haben sich bereits mit den Zusammenhängen zwischen Funktion und Ableitung beschäftigt. Viele charakteristische Eigenschaften wie Monotonie oder Krümmungsverhalten oder auch besondere Punkte wie lokale Extrempunkte oder Wendepunkte lassen sich über diese Zusammenhänge aufspüren und begründen. Im Folgenden werden wir den umgekehrten Weg gehen. Aus vorgegebenen charakteristischen Eigenschaften einer Funktion werden die Funktionsgleichung und der vollständige Graph der Funktion ermittelt. Dabei konzentrieren wir uns in diesem Lernabschnitt auf ganzrationale Funktionen. Mit der Vielfalt ihrer Funktionsgraphen lassen sich eine Fülle innermathematischer Problemstellungen und außermathematischer Anwendungssituationen beschreiben. Die Übersetzung der Eigenschaften in Funktionsgleichungen führt zu einem linearen Gleichungssystem, das wir mit dem Verfahren des Gauß-Algorithmus auch in komplexeren Fällen mithilfe des GTR sicher lösen können.

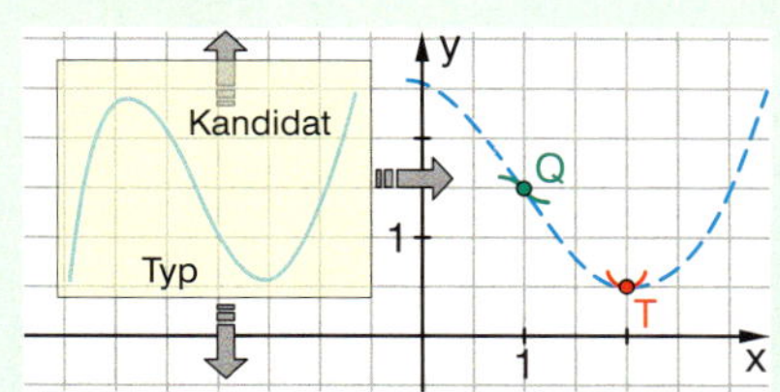

Aufgaben

1 *Bedingungen für den Funktionsgraphen*

a) Welche der angegebenen Eigenschaften werden jeweils von den Funktionsgraphen erfüllt? Gibt es Graphen, die alle vier Eigenschaften erfüllen?

„Steckbrief" der Funktion

(I) Der Punkt P(0|1) liegt auf dem Graphen.	(II) An der Stelle 0 hat der Graph die Steigung 2.	(III) An der Stelle 2 hat der Graph die Steigung 0.	(IV) An der Stelle 0 hat der Graph einen Wendepunkt.

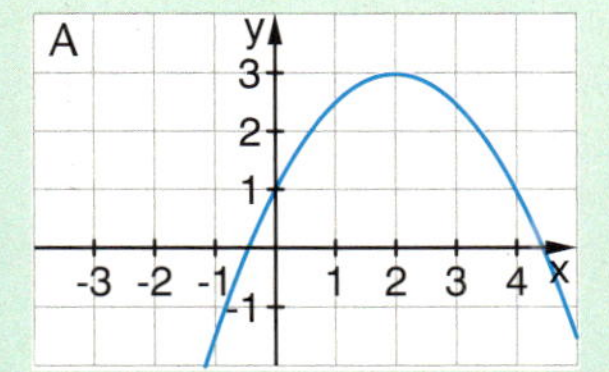

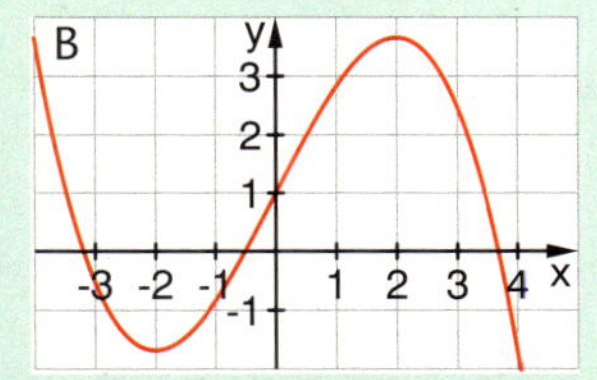

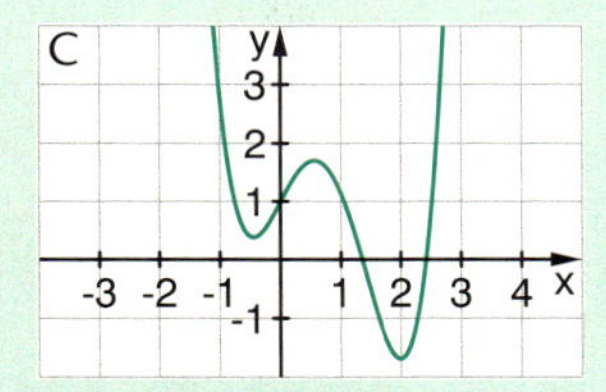

b) Man kann auch versuchen, eine ganzrationale Funktion dritten Grades $f(x) = ax^3 + bx^2 + cx + d$ zu bestimmen, deren Graph die obigen Eigenschaften erfüllt. Dazu werden die geometrischen Eigenschaften in algebraische Bedingungen (Gleichungen) übersetzt. Es entsteht ein Gleichungssystem mit vier Gleichungen für die vier unbekannten Koeffizienten a, b, c und d.

Die angegebenen vier Bedingungen führen zu vier Gleichungen. Dies legt den Ansatz mit einer ganzrationalen Funktion dritten Grades nahe.

	I	II	III	IV
Bedingung	$f(0) = 1$	■	■	$f''(0) = 0$
Gleichung	$a \cdot 0^3 + b \cdot 0^2 + c \cdot 0 + d = 1$	■	$3a \cdot 2^2 + 2b \cdot 2 + c = 0$	■

Schreiben Sie die fehlenden Bedingungen und Gleichungen auf und lösen Sie das Gleichungssystem. Zeichnen Sie den Graphen der ganzrationalen Funktion dritten Grades und vergleichen Sie mit dem Graphen in Bild B.

c) Begründen Sie, warum es keine ganzrationale Funktion zweiten Grades geben kann, deren Graph die obigen vier Eigenschaften erfüllt.

Aufgaben

2 *Übergänge – mit und ohne Ruck*

Zwei geradlinige, zueinander parallel verlaufende Gleisstücke sollen durch ein Teilstück miteinander verbunden werden. Wie sollte diese Verbindung gestaltet sein, damit die Übergänge möglichst glatt und störungsfrei verlaufen?

a) Bei der Modellbahn stehen gerade und kreisförmig gebogene Gleise zur Verfügung. Es ist klar, dass eine geradlinige Verbindung nicht in Frage kommt.

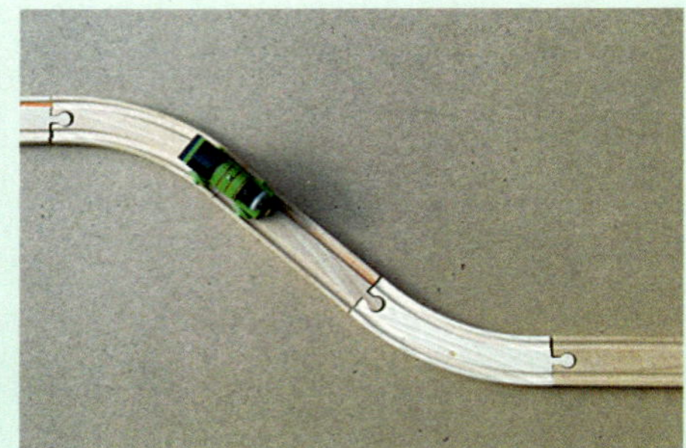

Welche der beiden hier konstruierten Übergänge würden Sie bevorzugen? Warum?

b) Obwohl bei beiden Varianten die Übergänge jeweils knickfrei verlaufen – beim Übergang Gerade-Bogen und Bogen-Bogen sind die Tangenten jeweils gleich –, spürt man beim Führen des Wagens an diesen Stellen einen Ruck. Wie ist dies zu erklären?

c) Beide oben abgebildeten Varianten mit den kreisförmigen Gleisstücken ähneln dem Teilstück eines Graphen einer ganzrationalen Funktion 3. Grades um den Wendepunkt. Bestimmen Sie die Gleichung einer solchen Funktion so, dass an den beiden Übergängen zu den Geraden keine Knicke auftreten.

Ansatz:
$y = a x^3 + b x$
(wegen Punktsymmetrie des Graphen zum Ursprung)

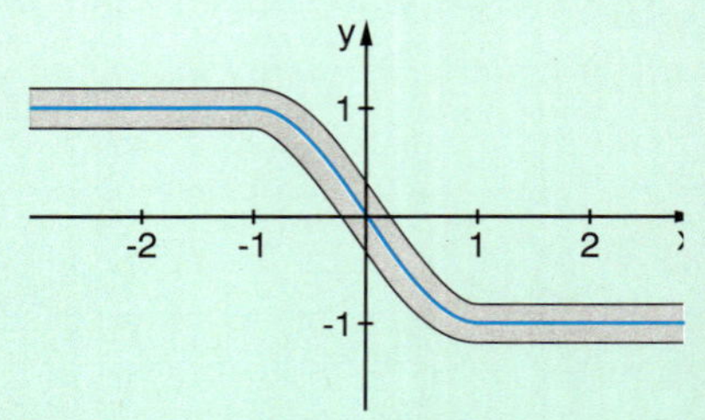

Wenn Sie die Verbindung in der Form eines Polynoms dritten Grades gestalten, so verspüren Sie im Wendepunkt keinen Ruck mehr, wohl aber noch an den beiden Übergängen von den Geraden zu der Kurve. Sie können dies durch Experimente mit Modellautos am Kurvenlineal oder durch Abfahren der Polynombahn mit dem Roller auf dem Schulhof selbst ausprobieren.

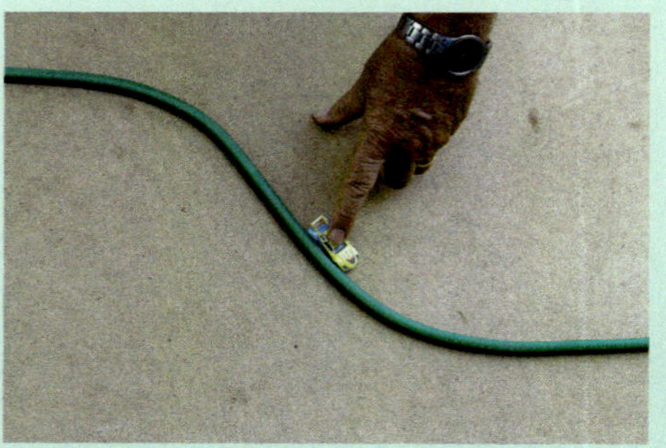

d) Der Ruck hat etwas mit der Krümmung an dem jeweiligen Übergang zu tun. Er wird deshalb auch als „Krümmungsruck" bezeichnet. Vergleichen Sie an den Übergangsstellen jeweils die Werte der zweiten Ableitung für die Gerade und das Polynom. Wenn Sie die Verbindung in der Form eines Polynoms fünften Grades $f(x) = a x^5 + b x^3 + c x$ gestalten, so können Sie die Bedingung $f''(-1) = f''(1) = 0$ berücksichtigen. Bestimmen Sie die Gleichung eines solchen Polynoms und zeichnen Sie den Graphen der Verbindung. Der Ruck findet nun nicht mehr statt. Vielleicht können Sie dies mit einer der oben vorgeschlagenen Varianten selbst erfahren.

Ein Maß für die Krümmung κ einer Kurve an der Stelle x ist durch die folgende Gleichung gegeben:

$$\kappa(x) = \frac{f''(x)}{\left(\sqrt{1 + (f'(x))^2}\right)^3}$$

Mehr darüber am Ende dieses Lernabschnitts auf Seite 82

κ: griechischer Buchstabe kappa

Strategie zur Lösung von Steckbriefaufgaben

Basiswissen

Gesucht ist eine ganzrationale Funktion mit den Eigenschaften:
Der Funktionsgraph geht durch die Punkte P(2|1) und Q(1|3).
In P hat der Graph ein lokales Minimum, in Q wechselt er das Krümmungsverhalten.

In Anwendungssituationen muss man die Ausgangslage erst in ein **Modell** übersetzen. Dabei entsteht so ein Steckbrief.

Die Eigenschaften werden im Koordinatensystem dargestellt

und in Funktionsschreibweise notiert.

(1) $f(2) = 1$ (2) $f(1) = 3$
(3) $f'(2) = 0$ (4) $f''(1) = 0$

Ein passender Kandidat wird benannt.
Ein Polynom dritten Grades könnte die Eigenschaften erfüllen.

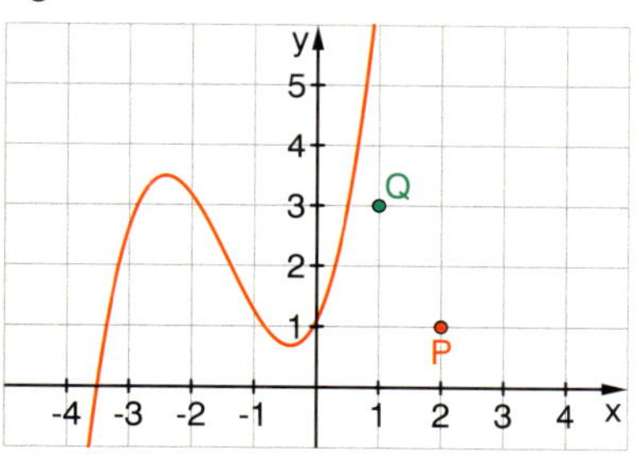

$f(x) = ax^3 + bx^2 + cx + d$
$f'(x) = 3ax^2 + 2bx + c$
$f''(x) = 6ax + 2b$

Ein erster Ansatz geht von der Anzahl der Bedingungen aus:
n Bedingungen
→ Polynom vom Grad n – 1

Die gegebenen Eigenschaften werden in Gleichungen für die Koeffizienten des Polynoms übersetzt.

(1) $8a + 4b + 2c + d = 1$
(2) $a + b + c + d = 3$
(3) $12a + 4b + c = 0$
(4) $6a + 2b = 0$

Das Gleichungssystem wird mit dem Gauß-Algorithmus in die Diagonalform gebracht und gelöst.

$$\begin{pmatrix} 8 & 4 & 2 & 1 & 1 \\ 1 & 1 & 1 & 1 & 3 \\ 12 & 4 & 1 & 0 & 0 \\ 6 & 2 & 0 & 0 & 0 \end{pmatrix} \longrightarrow \begin{pmatrix} 1 & 0 & 0 & 0 & 1 \\ 0 & 1 & 0 & 0 & -3 \\ 0 & 0 & 1 & 0 & 0 \\ 0 & 0 & 0 & 1 & 5 \end{pmatrix} \quad \begin{matrix} a = 1 \\ b = -3 \\ c = 0 \\ d = 5 \end{matrix}$$

Die Funktionsgleichung wird erstellt: $f(x) = x^3 - 3x^2 + 5$

Der Graph der Funktion wird gezeichnet

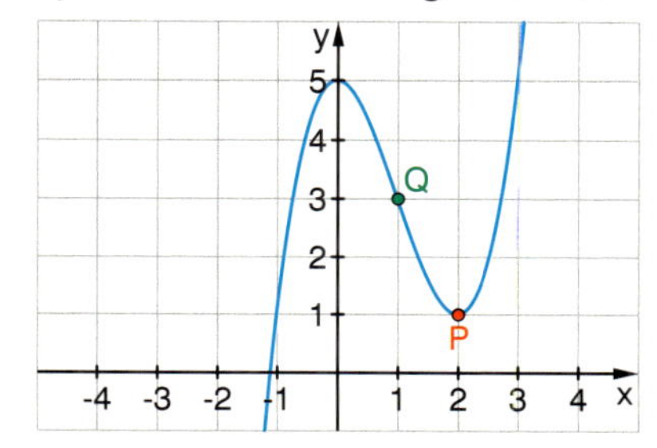

und es wird überprüft, ob alle Eigenschaften erfüllt sind.

Wenn der Steckbrief das Ergebnis einer Modellierung ist, so muss auch überprüft werden, ob der Graph eine Lösung des Ausgangsproblems darstellt. → **Problemprobe**

Beispiele

A *Innermathematischer Steckbrief*

Gesucht ist eine ganzrationale Funktion, die im Punkt P(0|0) einen Sattelpunkt hat, an der Stelle x = 3 eine Nullstelle und durch den Punkt Q(2|−2) verläuft.

Lösung:

Informationen grafisch und algebraisch festhalten und Kandidaten bestimmen

Dies legt als Kandidaten eine Funktion 4ten Grades nahe, denn es kommen 5 Parameter vor.

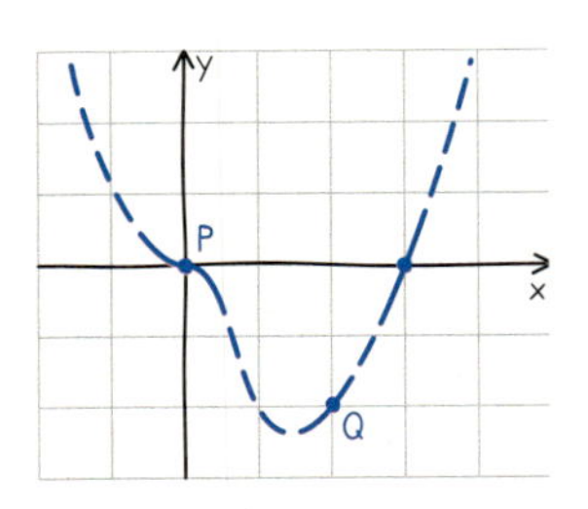

Der Steckbrief liefert fünf Bedingungen:

(1) $f(0) = 0$
(2) $f'(0) = 0$
(3) $f''(0) = 0$
(4) $f(3) = 0$
(5) $f(2) = -2$

Ein Polynom 4. Grades könnte die Bedingungen erfüllen.
Die Bedingungen liefern fünf Gleichungen für die fünf Parameter a, b, c, d und e.

$f(x) = ax^4 + bx^3 + cx^2 + dx + e$
$f'(x) = 4ax^3 + 3bx^2 + 2cx + d$
$f''(x) = 12ax^2 + 6bx + 2c$

Man kann natürlich auch das Gleichungssystem in eine Matrix übersetzen und mit dem GTR lösen:

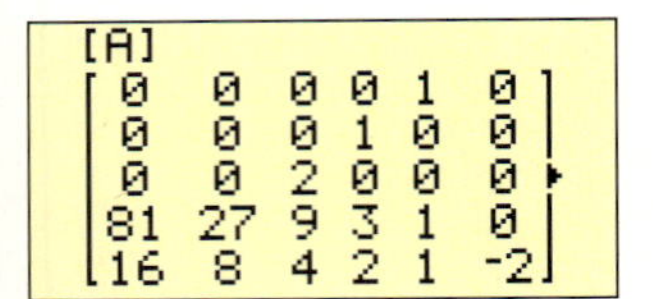


```
rref([A])
[1 0 0 0 0  .25]
[0 1 0 0 0 -.75]
[0 0 1 0 0   0 ]
[0 0 0 1 0   0 ]
[0 0 0 0 1   0 ]
```

Gleichungssystem aufstellen und lösen, Funktionsgleichung erstellen und zugehörigen Graphen zeichnen

Aus den ersten drei Bedingungen folgt: e = 0, d = 0, c = 0
Es bleiben dann noch zwei Gleichungen für die Koeffizienten a und b.

$81a + 27b = 0,$ also $b = -3a$
$16a + 8b = -2,$ also $16a - 24a = -2$

Damit erhält man $a = \frac{1}{4}$ und $b = -\frac{3}{4}$.

Funktionsgleichung: $f(x) = \frac{1}{4}x^4 - \frac{3}{4}x^3$
Der Graph erfüllt die geforderten Eigenschaften.

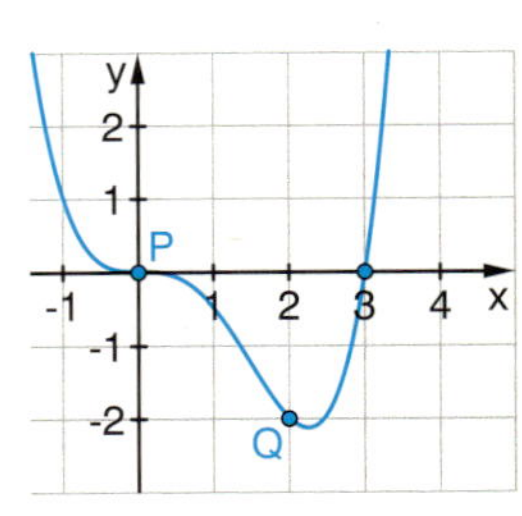

B *Steckbrief aus einer Situation – Modellierung*

Lässt sich der Metallbecher als Rotationskörper einer ganzrationalen Funktion beschreiben?

Lösung

Von der Form her kommt als Kandidat ein Polynom 3. Grades in Frage ($f(x) = ax^3 + bx^2 + cx + d$).
Der Becher wird daher an vier charakteristischen Stellen vermessen, die Messwerte (in mm) werden notiert.

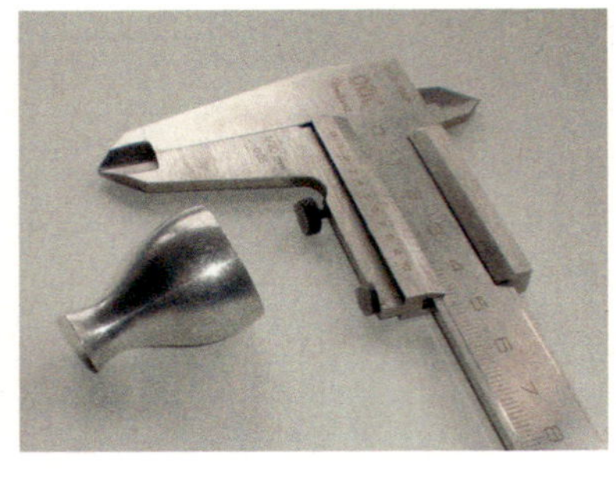

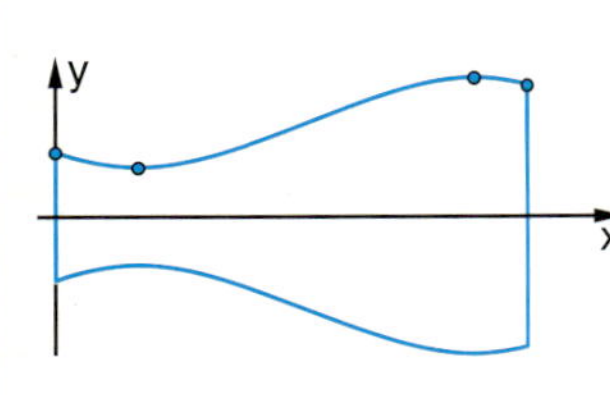

0	5	24	30
6,3	5	11,9	11,6

Es liegen vier Bedingungen vor:

(1) $f(0) = 6{,}3$
(2) $f(5) = 5$
(3) $f(24) = 11{,}9$
(4) $f(30) = 11{,}6$

Für die Koeffizienten ergibt sich durch Einsetzen der Punkte ein (4-4)-Gleichungssystem.

Das Gleichungssystem wurde mit dem GTR gelöst, die Werte für a, b und c sind gerundet.

$$\begin{pmatrix} 0 & 0 & 0 & 1 & 6{,}3 \\ 5^3 & 5^2 & 5 & 1 & 5 \\ 24^3 & 24^2 & 24 & 1 & 11{,}9 \\ 30^3 & 30^2 & 30 & 1 & 11{,}6 \end{pmatrix} \longrightarrow \begin{pmatrix} 1 & 0 & 0 & 0 & 0{,}0014 \\ 0 & 1 & 0 & 0 & 0{,}0670 \\ 0 & 0 & 1 & 0 & -0{,}5597 \\ 0 & 0 & 0 & 1 & 6{,}3 \end{pmatrix}, \text{ also}$$

$a \approx -0{,}0014$
$b \approx 0{,}067$
$c \approx -0{,}56$
$d = 6{,}3$

Damit erhält man $f(x) = -0{,}0014x^3 + 0{,}067x^2 - 0{,}56x + 6{,}3$.
Der untere Ast lässt sich durch $g(x) = -f(x)$ (Spiegelung an x-Achse) beschreiben.
Der aus dem Graphen von f entstehende Rotationskörper modelliert die Form des Bechers sehr gut.

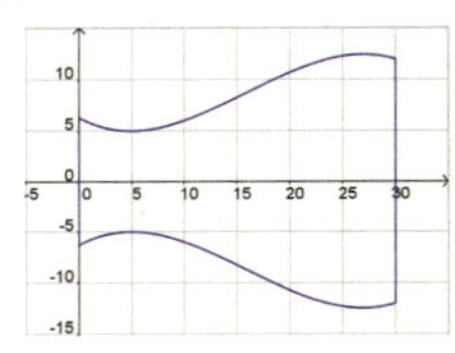

Übungen

3 *Steckbriefe mit Vorgabe des Kandidaten*

a) Der Graph einer ganzrationalen Funktion 3. Grades verläuft durch den Ursprung und hat die Nullstellen $x_1 = -2$ und $x_2 = 4$. Die Tangente an der Stelle $x = 2$ hat die Steigung $m = -2$.
b) Der Graph einer ganzrationalen Funktion 3. Grades geht durch den Punkt $A(1|4)$, hat an der Stelle $x = 4$ einen lokalen Extremwert und in $P(3|6)$ einen Wendepunkt.
c) Eine ganzrationale Funktion 4. Grades hat im Ursprung einen Wendepunkt mit der x-Achse als Tangente und in $W(1|-1)$ einen weiteren Wendepunkt.

Die Aufgaben 3 und 4 vermitteln Erfahrungen zum Ausfüllen und Erweitern der Tabelle in Aufgabe 5.

4 *Steckbriefe ohne Vorgabe des Kandidaten*

Gesucht ist jeweils eine ganzrationale Funktion mit den folgenden Eigenschaften.

a) $P(0|1)$ liegt auf dem Graphen, $Q(1|4)$ ist ein Hochpunkt des Graphen. Der Graph hat an der Stelle $x = 4$ eine horizontale Tangente.

b) Der Graph hat bei 5 einen Hochpunkt. Der Punkt $(1|1)$ liegt auf dem Graphen. Der Graph hat an der Stelle $x = 3$ einen Wendepunkt.

c) Der Graph hat in $H(-2|3)$ einen Hochpunkt, in $T(1|1)$ einen Tiefpunkt und einen weiteren Hochpunkt mit der x-Koordinate 2.

d) Der Graph hat einen Sattelpunkt $S(1|5)$, einen Tiefpunkt $T(2|2)$ und einen Hochpunkt bei $x = 4$.

Die Anzahl der Bedingungen/Gleichungen liefert einen Hinweis auf den Grad des Polynoms, dieser ist aber nicht immer zwingend.

5 *Übersetzungstabelle*

a) Füllen Sie die Tabelle vollständig aus.

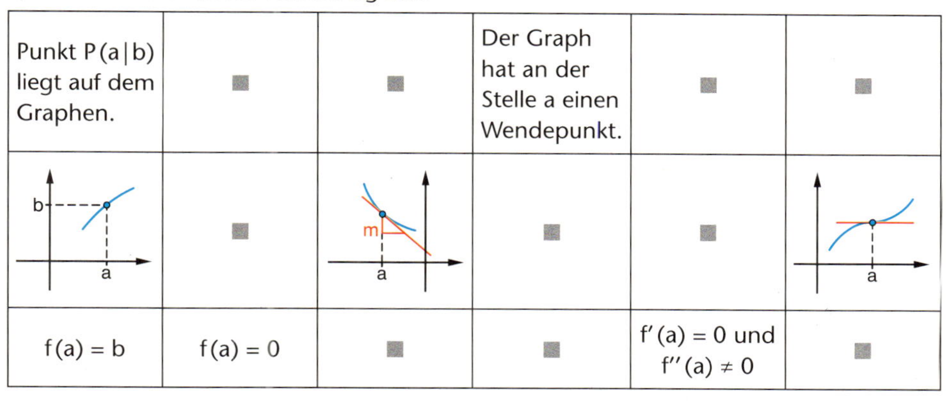

Punkt $P(a\|b)$ liegt auf dem Graphen.	■	■	Der Graph hat an der Stelle a einen Wendepunkt.	■	■
(Graph: b, a)	■	(Graph: m, a)	■	■	(Graph: a)
$f(a) = b$	$f(a) = 0$	■	■	$f'(a) = 0$ und $f''(a) \neq 0$	■

In jeder Spalte wird eine Eigenschaft des Graphen einer ganzrationalen Funktion in Wort, Bild und Gleichung festgehalten.

b) Ergänzen Sie die Tabelle durch weitere Eigenschaften. Vergleichen Sie mit den Ergebnissen anderer und erstellen Sie eine gemeinsame, möglichst umfangreiche Tabelle.

Die Tabelle kann bei den Übungen in diesem Kapitel hilfreich sein.

6 *Dichte Information*

Welches zur y-Achse symmetrische Polynom 4. Grades geht durch $A(0|2)$ und hat in $B(1|0)$ ein Minimum?

Die Symmetrie verringert die Anzahl der zu bestimmenden Parameter.

7 *Grafische Steckbriefe*

Durch die Abbildung ist jeweils der Graph einer ganzrationalen Funktion gegeben. Bestimmen Sie eine passende Funktionsgleichung.

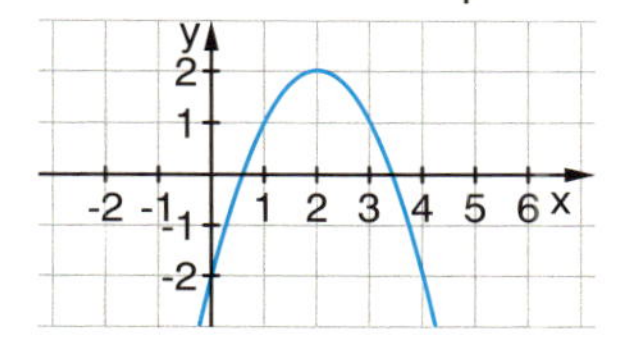

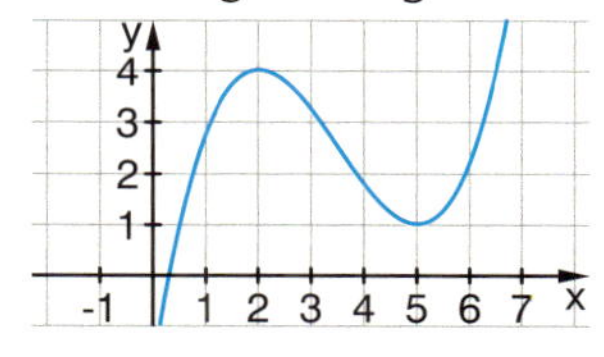

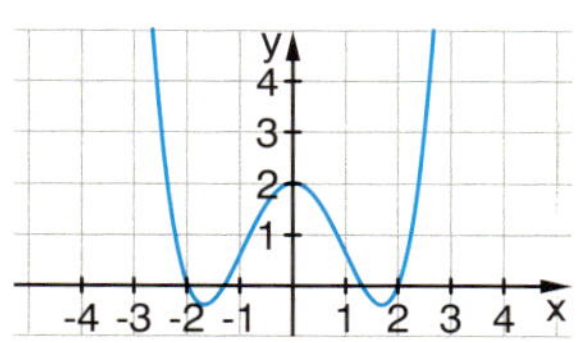

Übungen

8 *Widersprüchliche Zeugenaussagen?*

Gesucht ist eine ganzrationale Funktion dritten Grades, deren Graph an der Stelle $x = 1$ einen Extrempunkt und an der Stelle $x = 0$ einen Sattelpunkt hat.

9 *Viele Kandidaten*

a) Begründen Sie anhand der Abbildung, dass der nebenstehende Graph eines Polynoms die folgenden Gleichungen erfüllt:
$f'(1) = 0$, $f'(5) = 0$, $f''(3) = 0$ und $f(3) = 2$

b) Wenn Sie mit dem passenden Gleichungssystem die Koeffizienten des Polynoms bestimmen, erleben Sie eine Überraschung. Finden Sie eine Erklärung für dieses Phänomen?

c) Suchen Sie mithilfe des Ergebnisses aus b) eine zum Graphen passende Funktionsgleichung.

10 *Steckbrief ohne Kandidat*

Eine ganzrationale Funktion 3. Grades soll in $(1|1)$ einen Wendepunkt, an der Stelle -2 einen Hochpunkt und an der Stelle 2 einen Tiefpunkt haben. Wie erklärt sich die Besonderheit des Ergebnisses?

11 *Reichhaltige Steckbriefe*

a) Skizzieren Sie jeweils einen Funktionsgraphen mit den gegebenen Eigenschaften.

(I)
$f(-2) = 8$
$f(0) = 4$
$f(2) = 0$
$f'(x) > 0$ für $|x| > 2$
$f'(2) = f'(-2) = 0$
$f'(x) < 0$ für $|x| < 2$
$f''(x) < 0$ für $x < 0$
$f''(x) > 0$ für $x > 0$

(II)

x	y	Graph
$x < 2$		fallend, linksgekrümmt
2	1	horizontale Tangente
$2 < x < 4$		steigend, linksgekrümmt
4	4	Wendepunkt
$4 < x < 6$		steigend, rechtsgekrümmt
6	7	horizontale Tangente
$x > 6$		fallend, rechtsgekrümmt

b) Bestimmen Sie jeweils eine ganzrationale Funktion möglichst niedrigen Grades mit den obigen Eigenschaften. Vergleichen Sie deren Graphen mit Ihrer Skizze.

KURZER RÜCKBLICK

1 Ordnen Sie den Eigenschaften die jeweils passenden Funktionen zu:
a) Der Graph ist achsensymmetrisch zur y-Achse.
b) Der Graph ist punktsymmetrisch zum Koordinatenursprung.
$f_1(x) = x^3 - 3$ $\quad f_2(x) = 2 \cdot x^4 - 3$
$f_3(x) = -3x^4 + x^2$ $\quad f_4(x) = -2x^3 + 8x$

2 Markieren Sie auf der x-Achse alle Stellen mit $|x| < 1{,}5$.

3 Geben Sie den Funktionsterm einer Ursprungsgeraden an, die die Steigung von 50 % (100 %, 200 %) hat. Wie groß ist der Steigungswinkel jeweils?

12 *Steckbrief eindeutig?*

a) Bestimmen Sie eine ganzrationale Funktion f zweiten Grades mit $f(0) = 5$, $f'(2) = 0$ und $f''(2) = 1$. Begründen Sie, dass es genau eine solche Funktion gibt.

b) Zeigen Sie, dass die beiden Funktionen $g_1(x) = 0{,}25x^3 - x^2 + x + 5$ und $g_2(x) = \frac{x^3}{3} - 1{,}5x^2 + 2x + 5$ ebenfalls zu dem obigen Steckbrief passen, wenn man auch Funktionen dritten Grades zulässt.
Finden Sie weitere passende ganzrationalen Funktionen dritten Grades?

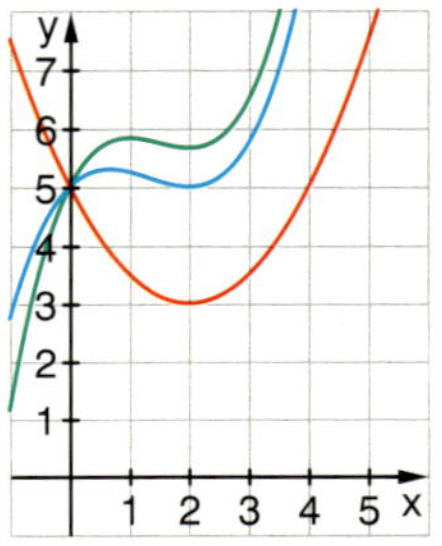

Übungen

13 *Funktionenscharen*

a) Bestimmen Sie die Schar aller ganzrationalen Funktionen dritten Grades mit den Nullstellen -2, 2 und 4. Was lässt sich über die Lage des Wendepunktes und der lokalen Extrempunkte der Schar aussagen?

b) Bestimmen Sie die Schar aller ganzrationalen Funktionen dritten Grades, deren Wendepunkt auf der y-Achse liegt. Was lässt sich über die Lage der lokalen Extrempunkte aussagen?

14 *Steckbrief mit vielen Kandidaten*

Zeigen Sie, dass alle Graphen der Funktionenschar

$f_a(x) = a \cdot x^4 - \left(\frac{8}{3}a + \frac{1}{6}\right)x^3 + 2x + 1$

die folgenden Eigenschaften erfüllen:

$f_a(0) = 1$, $f_a'(0) = 2$, $f_a'(2) = 0$ und $f_a''(0) = 0$

Versuchen Sie, dies auch durch Lösen eines Gleichungssystems (vier Gleichungen für fünf Koeffizienten a, b, c, d und e) zu bestätigen.

Ansatz: $f(x) = ax^4 + bx^3 + cx^2 + dx + e$

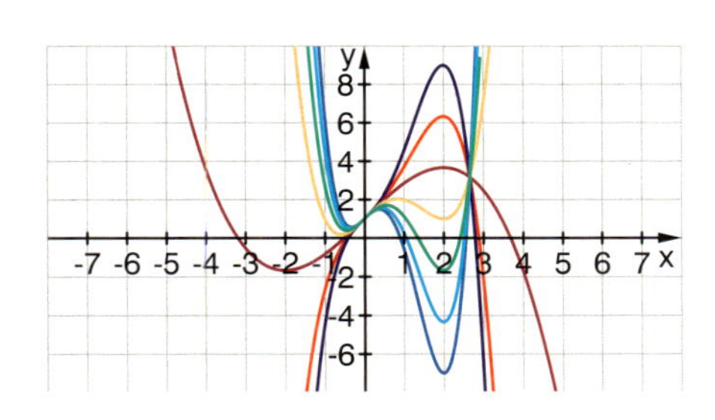

15 *Der Graph bestimmt die Vorzeichen der Koeffizienten*

Was kann man über die Koeffizienten a, b, c, d und e der Funktion $f(x) = ax^4 + bx^3 + cx^2 + dx + e$ aussagen, wenn f die Form des abgebildeten, zur y-Achse symmetrischen Graphen hat?

Begründen Sie, welche der Koeffizienten positiv, negativ oder Null sein müssen.

Geben Sie auch ein Beispiel für eine passende Funktionsgleichung an.

16 *Ganzrationale Garageneinfahrt*

Die Tiefgarage des Hauses ist nur über eine abschüssige Zufahrt zu erreichen. Der Übergang soll möglichst „glatt" verlaufen und die maximale Steigung soll nicht zu groß sein, so dass sie von einem normalen PKW zu bewältigen ist.

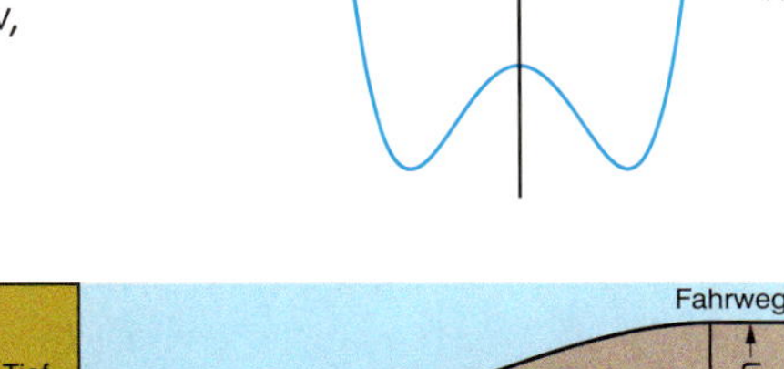

Entwerfen Sie eine Planung mithilfe eines geeigneten Funktionsgraphen. Vergleichen Sie Ihre Lösung mit denen anderer.

GRUNDWISSEN

1 Welche der folgenden Aussagen treffen für eine ganzrationale Funktion ersten (zweiten, dritten, vierten) Grades zu? Der Graph hat auf jeden Fall …

A keine lokalen Extrempunkte **B** keine Wendepunkte **C** keine Sattelpunkte.

2 Skizzieren Sie den Graphen einer ganzrationalen Funktion, für die gilt: Ihre erste Ableitungsfunktion hat genau drei Nullstellen, die zweite Ableitungsfunktion an diesen Stellen ist von Null verschieden. Wie viele Krümmungswechsel hat der Graph?

3 Geben Sie ein Beispiel an: Funktion f hat in a keinen Extrempunkt, es gilt $f'(a) = 0$.

Übungen

17 *„Ganzrationale Renovierung" der Wasserrutsche*

Die Wasserrutsche am Kinderbecken ist etwas in die Jahre gekommen. Sie soll durch eine Rutsche mit dem grafischen Design eines Polynoms 3. Grades ersetzt werden. Zwei Varianten werden vorgeschlagen:

I: Die Rutsche schließt in C und B knickfrei an die waagerechten Stücke an.

II: Das Polynomdesign reicht von C bis D und weist im Anfangs- und Endpunkt jeweils die Steigung 0 auf.

Da die Rutsche für Kinder genutzt wird, darf die maximale Steigung 120 % nicht überschreiten.

AB = 4 m; AC = 2 m; BD = 0,5 m

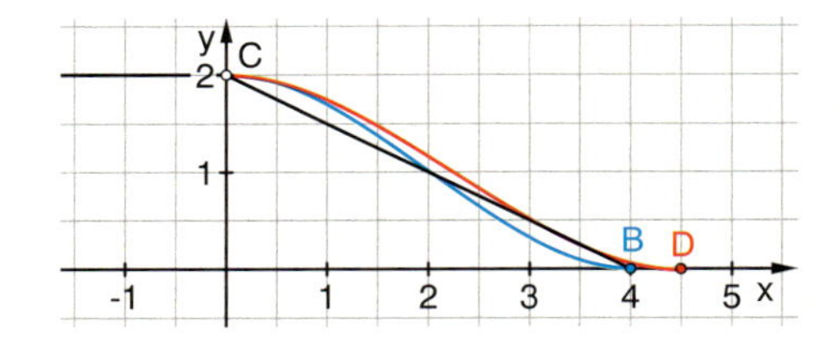

18 *Profil einer Skischanze*

Beim Neujahrsspringen 2008 wurde die erst kurz zuvor fertiggestellte Olympiaschanze in Garmisch eingeweiht. Aufgrund des unten abgebildeten Profils wird deutlich, dass sowohl der Anlauf als auch der Aufsprunghügel durch jeweils eine Funktion beschrieben werden können. Hierbei soll der Ursprung des Koordinatensystems am Ende des Schanzentisches T liegen.

Aufbau einer Skischanze
Der **Anlauf** wird meist auf einem künstlichen Turm errichtet, bei sogenannten Naturschanzen direkt am Berghang.
Der **Schanzentisch** ist der Bereich, in dem der Absprung erfolgt. Üblicherweise ist er ca. 10 Grad nach unten geneigt.
Die **Aufsprungbahn** ist der Bereich, in dem normalerweise der Aufsprung erfolgt. Sie ist näher am Schanzentisch konvex und weiter zum Auslauf hin konkav gekrümmt.
Der Übergang zwischen den beiden Krümmungen ist der **K-Punkt** (kritischer Punkt, Konstruktionspunkt oder Kalkulationspunkt). Wenn dieser übersprungen wird, erfolgt der Aufsprung im flacher werdenden Gelände und wird dadurch immer schwieriger zu stehen.

(Quelle: www.wikipedia.de)

Die genauen Daten:
Der Anlauf beginnt im Punkt A(–110 | 48,79) und der Schanzentisch hat den Steigungswinkel –11°.
Aufsprunghügel:
Hangbeginn B(0 | –3,14);
Aufsprungpunkt z. B. P(95,4 | –53,56);
Kalkulationspunkt K(107,9 | –62,6);
Ende des Hanges U(178,7 | –86)
(Alle Koordinatenangaben in Meter)

a) Bestimmen Sie beide Funktionsgleichungen.

b) Wie steht es mit der Sicherheit?
Die Funktionsgleichung $f_t(x) = -0{,}006 \cdot x^2 + t \cdot x$ beschreibt näherungsweise die Flugbahn eines Skispringers. Für welche t endet der Sprung vor bzw. hinter dem Kalkulationspunkt?

c) Die Sprünge beeindrucken immer wieder auch durch die Höhe des Fluges über dem Aufsprunghügel. Welche maximale Höhe erreicht ein Springer nach der oben gegebenen Modellgleichung, wenn er genau im Kalkulationspunkt landet? Wie wirkt es sich auf die maximale Höhe aus, wenn der Sprung 5 m über den K-Punkt hinausführt?

Spielen und Gestalten mit ganzrationalen Funktionen

Übungen

19 *Bögen durch ganzrationale Funktionen beschreiben*

Verzierung über Fensterrahmung

Verzierung über Fensterrahmung

Fledermausgaube im Reetdach

Überdachung Bahnhofspassage

Symmetrie nutzen

Funktionen abschnittsweise definieren und passend aneinandersetzen

20 *Moderne Architektur mit ganzrationalen Funktionen nachbilden*

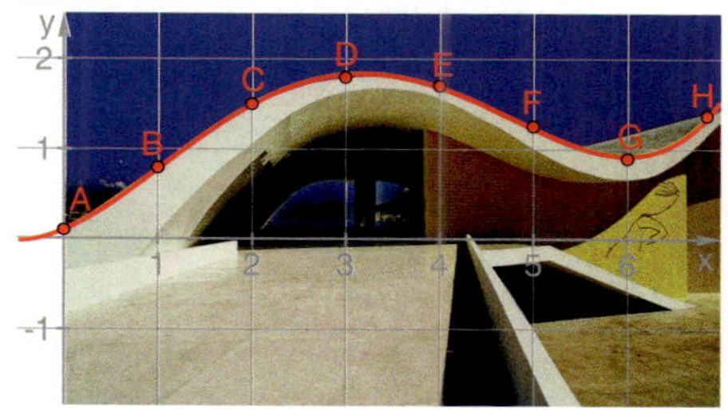

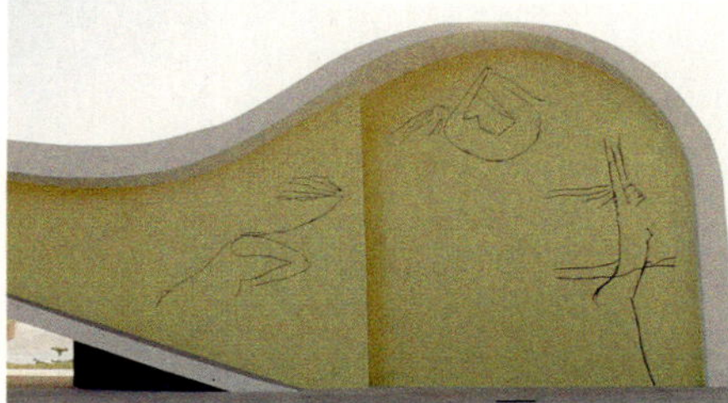
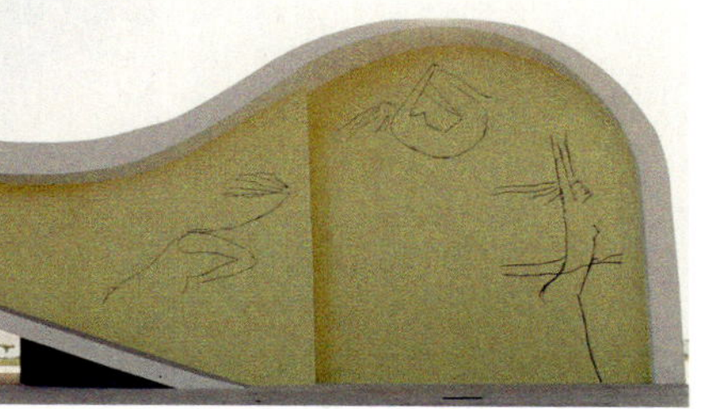

Das Volkstheater in Niteroi in Brasilien wurde von Oscar Niemeyer entworfen und 2007 eröffnet.

Ein Bogen wurde bereits im DGS vermessen.
A(0 | 1)
B(1 | 0,8)
C(2 | 1,5)
D(3 | 1,8)
E(4 | 1,7)
F(5 | 1,25)
G(6 | 0,9)
H(6,85 | 1,37)

Das Auditorium von Teneriffa ist eine Konzert- und Kongresshalle in Santa Cruz de Tenerife. Sie wurde vom spanischen Architekten Santiago Calatrava entworfen.

Ein kleines Projekt in Teamarbeit: Eine Umriss-Skizze entsteht mithilfe der Graphen von abschnittsweise definierten Funktionen auf dem Bildschirm.

21 *Malen mit ganzrationalen Funktionen*

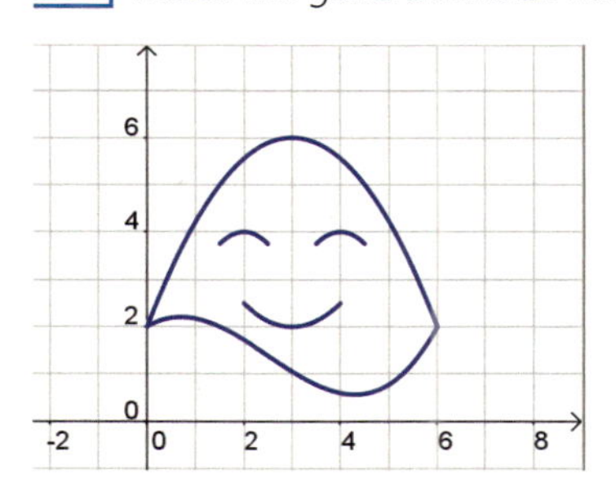

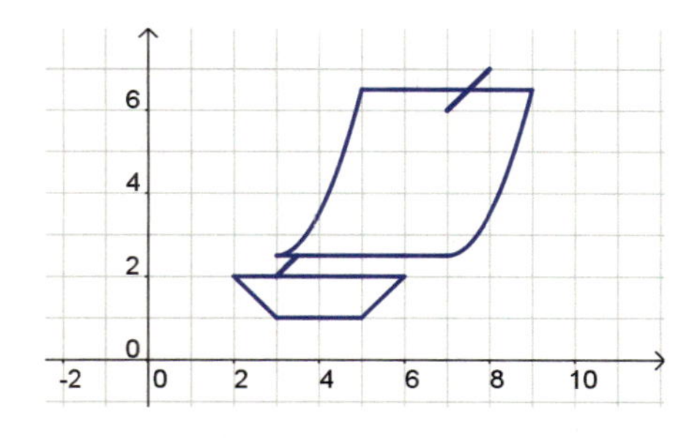

Auch hieraus entsteht ein Bild auf dem Display:

$y1 = -\frac{1}{2}(x-8)^2 + 10$, für $6 < x < 13$
$y2 = -x + 12$, für $8 < x < 9$
$y3 = x$, für $3 < x < 4$
$y4 = 3$, für $3 < x < 9$
$y5 = -(x-6)^2 + 8$, für $4 < x < 8$
$y6 = (x-6)^2 + 2$, für $5 < x < 7$

Übungen

Biegelinien

Durch Gewichte belastete Gegenstände, z. B. ein Balken, biegen sich durch. Die dabei entstehende Biegelinie kann durch Graphen ganzrationaler Funktionen beschrieben werden.

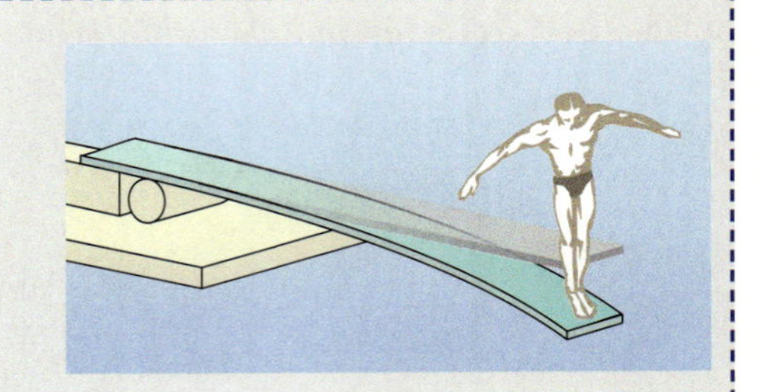

22 *Biegelinien 1*

Auf dem Foto ist ein Metallstreifen (eine Blattfeder) am linken Ende waagerecht eingespannt, während das rechte Ende durch ein Gewichtsstück belastet wird und frei herunterhängt. Durch die Projektion der Blattfeder auf Koordinatenpapier wurde die Kurve aufgezeichnet. Die Koordinaten von drei Punkten konnten dabei gut abgelesen werden.

Eigene Experimente
„Physikexperten" können durch Variieren der Blattfedern oder der Gewichtsstücke verschiedene Biegekurven zum Modellieren bereitstellen.

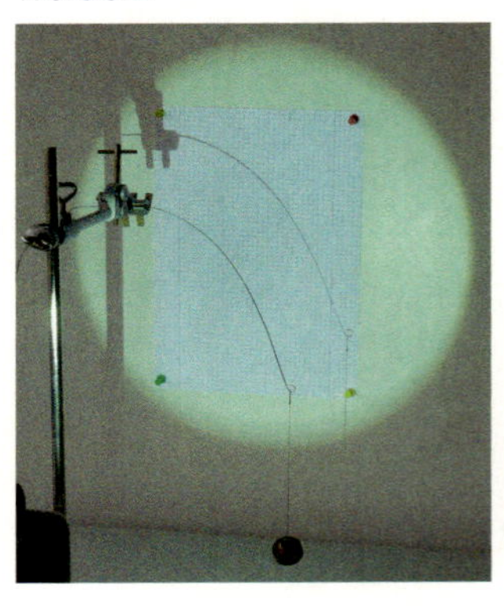

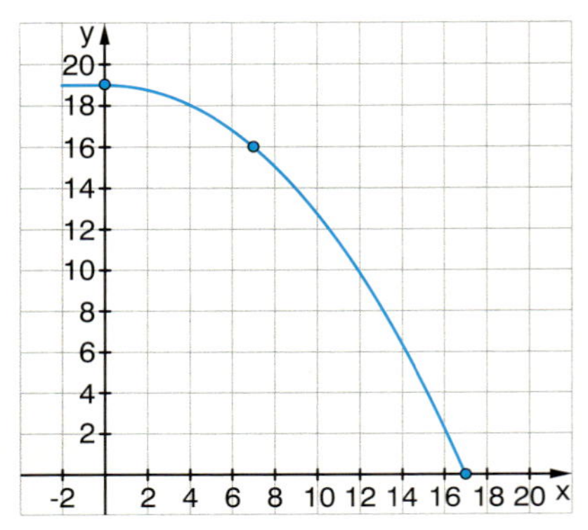

A(0|19); B(7|16); C(17|0)

Nach der physikalischen Theorie müsste die Biegelinie wie der Graph einer ganzrationalen Funktion dritten Grades verlaufen. Bestimmen Sie mit den vorgegebenen Punkten und der Einspannbedingung eine solche Funktion und vergleichen Sie mit dem Projektionsbild. Welche Fehlerquellen könnten für eventuelle leichte Abweichungen verantwortlich sein?

23 *Biegelinien 2*

Ein Metallstab (Träger) biegt sich bei Belastung durch. Die Form der so entstehenden Kurve hängt davon ab, wie der Stab eingespannt ist.
Die Kurve soll durch den Graphen einer geeigneten Funktion modelliert werden.
Im Folgenden werden drei verschiedene Situationen dargestellt.
In allen Fällen ist der horizontale Abstand zwischen den Befestigungspunkten 50 cm.

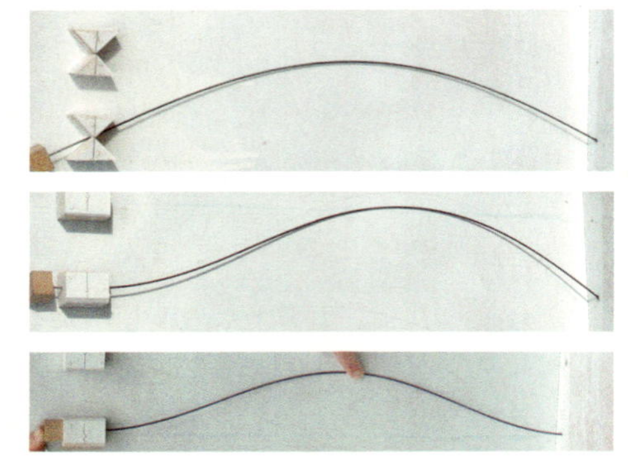

Bei Kurve 1 liegt der höchste Punkt in der Mitte 8 cm über der waagerechten Geraden durch die Befestigungspunkte.

Bei Kurve 2 liegt der höchste Punkt 32 cm in horizontaler Richtung und 9 cm in vertikaler Richtung vom linken Befestigungspunkt.

Bei Kurve 3 liegt der höchste Punkt in der Mitte 5 cm höher als die Befestigungspunkte.

Stellen Sie in allen drei Fällen die Kurve mit geeigneten Funktionsgraphen dar. Beschreiben, begründen und bewerten Sie Ihre Lösung.

Übungen

Sanfte Übergänge

Beim Straßen- und Schienenbau besteht ein Problem in dem Übergang von einer geraden Strecke zu einer Kurve. Bei der Modelleisenbahn wird einfach an die geraden Gleisstücke ein Kreisbogen angeschlossen.

Wenn man genau hinsieht, stellt man fest, dass die Modellbahn beim Überfahren dieser Anschlussstelle einen ziemlichen Ruck erfährt. Dieser Ruck ist leicht erklärbar. Stellen Sie sich vor, Sie fahren mit einem Fahrrad auf einer ganz schmalen Kreisbahn (Kreidelinie). Dazu muss der Lenker in einer konstanten Position eingeschlagen sein. Auf der geraden Strecke steht der Lenker gerade. Bei dem Übergang muss nun der Lenker ruckartig aus der Kurvenstellung in die gerade Stellung gebracht werden.

Beim Straßen- und Schienenbau ist unter anderem also darauf zu achten, dass die Krümmung der Streckenführung sich nicht ruckartig ändert. Dabei müssen auch die Straßenbreite oder das Fahrverhalten bei hohen Geschwindigkeiten, bei plötzlichem Beschleunigen oder Abbremsen berücksichtigt werden.

In der Realität wird das Problem auf verschiedene Weise gelöst. Dabei helfen auch mathematische Kurven, wie z. B. die Klothoide. Sie wird als Übergangsbogen bei Kurven im Straßen- und Eisenbahnbau eingesetzt. Ihr Krümmungsverlauf nimmt linear zu und dient einer ruckfreien Fahrdynamik.
Wenn wir in einer wenig realistischen Betrachtung die Streckenverläufe als Linien (ohne Breite) ansehen, so lassen sich diese durch Funktionsgraphen modellieren. In einfachen Fällen kann man die Ruckfreiheit dann dadurch erreichen, dass die Funktionen an den Übergängen in ihrer ersten und zweiten Ableitung übereinstimmen.

Klothoide

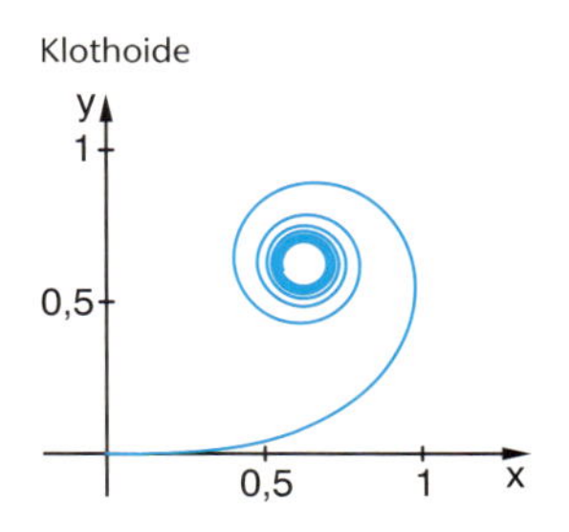

Die Klothoide lässt sich nicht als Funktionsgraph beschreiben. Die Parameterdarstellung vermittelt einen Eindruck der Komplexität.

$$\begin{pmatrix} x \\ y \end{pmatrix} = a\sqrt{\pi}\int_0^t \begin{pmatrix} \cos\frac{\pi\xi^2}{2} \\ \sin\frac{\pi\xi^2}{2} \end{pmatrix} d\xi$$

24 *Vereinfachte Modellierung von Übergängen mit ganzrationalen Funktionen*
In den folgenden Situationen sollen gute Übergangsbögen zwischen A und B gefunden werden. In d) soll dieser Bogen durch den Punkt C verlaufen.

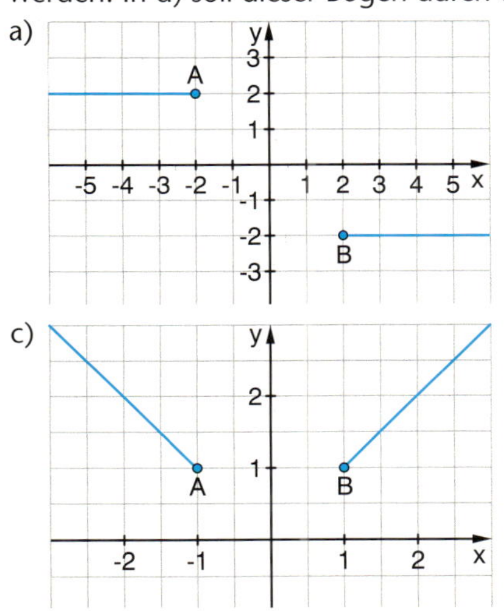

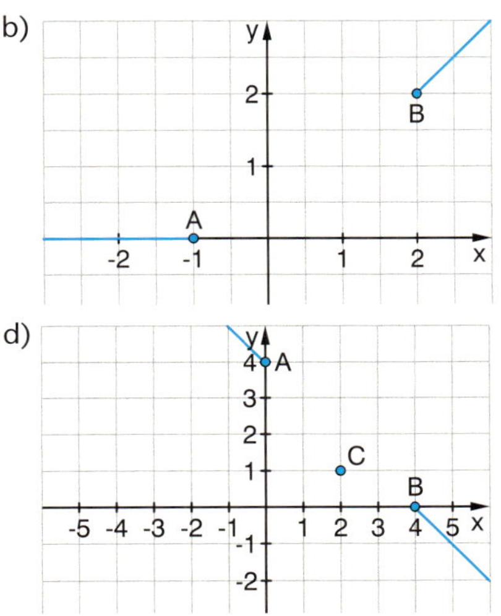

Aufgaben

25 *Krümmung eines Funktionsgraphen und die zweite Ableitung*

Die erste Ableitung einer Funktion ist ein Maß für die Steigung einer Kurve – die zweite Ableitung gibt uns Aufschluss darüber, ob der Graph rechts- oder linksgekrümmt ist. Ist der Wert der zweiten Ableitung an einer Stelle x_0 auch ein Maß für die Krümmung des Graphen an dieser Stelle? Entscheiden Sie erst nach Beantwortung aller folgenden Fragen.

a) Welches Krümmungsmaß hat Ihrer Meinung nach eine Gerade? Wird dies durch den Wert der zweiten Ableitung einer linearen Funktion bestätigt?

b) Welches Krümmungsmaß hat Ihrer Meinung nach der Graph einer ganzrationalen Funktion dritten Grades im Wendepunkt? Wird dies durch den Wert der zweiten Ableitung an der Wendestelle bestätigt?

c) An welcher Stelle hat Ihrer Meinung nach die Normalparabel die größte Krümmung? Was sagt die zweite Ableitung?

Wege zum Krümmungsmaß

Welche Kugel passt ins Glas?

Wir stellen uns ein Glas mit parabelförmigem Längsschnitt vor. In dieses Glas legen wir eine kleine Kugel. Es ist unmittelbar klar, dass – je nach Radius der Kugel – der tiefste Punkt des Glases von der Kugel berührt wird oder nicht. Eine sehr kleine Kugel berührt den tiefsten Punkt, eine große Kugel bleibt „im Glas stecken“.

Wir suchen den Radius der Kugel, die gerade noch den tiefsten Punkt des Glases berührt. Diese Kugel schmiegt sich offenbar besonders gut im tiefsten Punkt an das Glas an. Wenn man den Längsschnitt betrachtet, könnte man von dem Schmiegekreis an die Parabel im Ursprung sprechen. Die Krümmung dieses Kreises kann dann als Maß für die Krümmung der Parabel an der Stelle Null gelten.

Wie kann man Krümmung messen?

Die Grundidee folgt einer Analogie zur Steigung. Die Steigung einer Kurve wird auf die Steigung einer geeignet gewählten Kurve konstanter Steigung (Gerade) zurückgeführt.

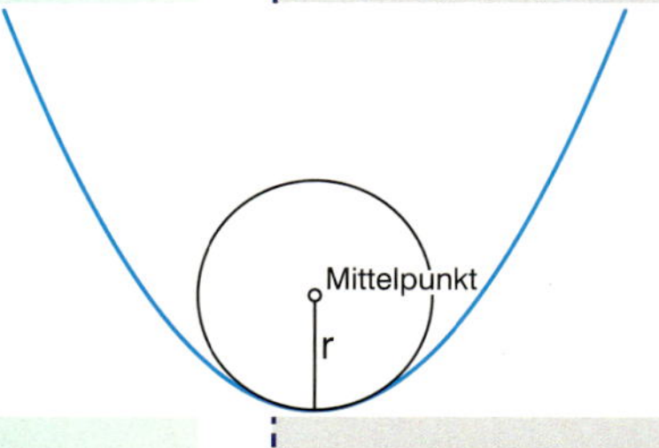

In gleicher Weise wird man die Krümmung einer Kurve auf die einer geeigneten Kurve konstanter Krümmung zurückführen. Solche Kurven sind Kreise. Ziel ist also die Bestimmung des Kreises, der sich – wieder in Analogie zur Steigung – optimal an die Kurve anschmiegt (Schmiegekreis). Da Kreise mit zunehmendem Radius r geringere Krümmung haben, ist $\kappa = \frac{1}{r}$ eine sinnvolle Definition der Krümmung.

Wie findet man das Krümmungsmaß?

Es gibt verschiedene Wege der theoretischen Herleitung, darunter auch solche, die ohne Krümmungskreise auskommen. Auf jeden Fall benötigt man dazu einige Hilfsmittel der Analysis, die uns hier noch nicht zur Verfügung stehen (siehe Kap. 4). Ein Maß für die Krümmung κ einer Kurve an der Stelle x ist durch die folgende Formel gegeben: $\kappa(x) = \frac{f''(x)}{\left(\sqrt{1 + (f'(x))^2}\right)^3}$

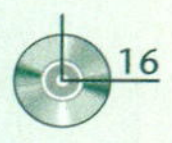

Mithilfe der Computersoftware (DGS) können Sie im Folgenden einen anschaulich unterstützten Weg zur Bestimmung des Krümmungsmaßes in einfachen Fällen erarbeiten.

Aufgaben

26 *Krümmungskreise an die Parabel im Punkt P*

Die Konstruktionsidee:
Der Schmiegekreis soll die Parabel in P(a | f(a)) berühren. Deshalb muss der Radius senkrecht auf der Tangente in P stehen, d.h. der Mittelpunkt muss auf der Normalen in P liegen. Aber wo genau? Wir bestimmen einen Punkt Q(a + h | f(a + h)), der nahe an P liegt und konstruieren auch darin die Normale. Die beiden Normalen schneiden sich im Punkt A, den wir zunächst als Mittelpunkt eines Kreises durch P wählen. Wenn wir nun Q immer besser an P annähern, so nähert sich unser Kreis immer besser dem gesuchten Schmiegekreis an.

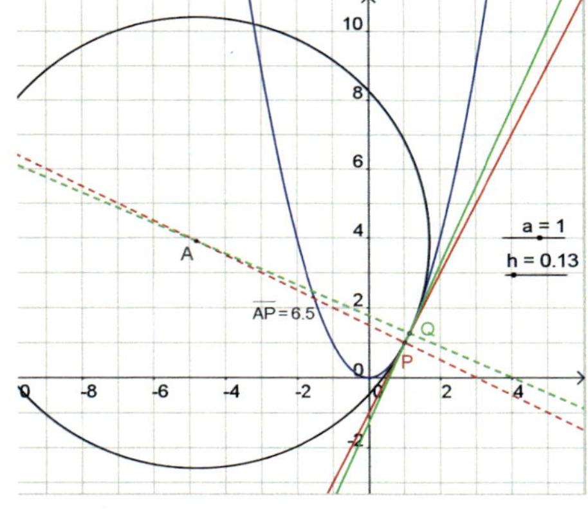

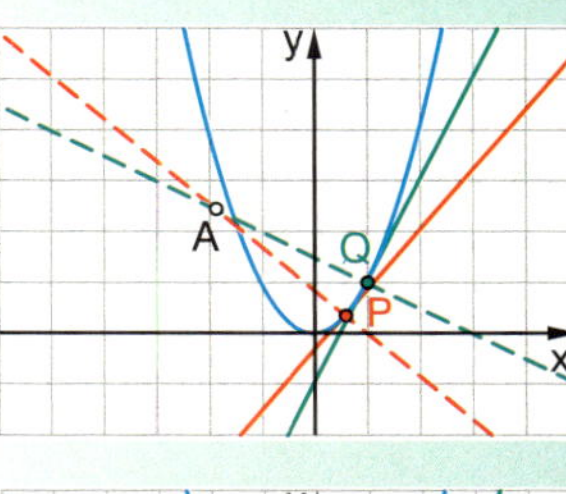

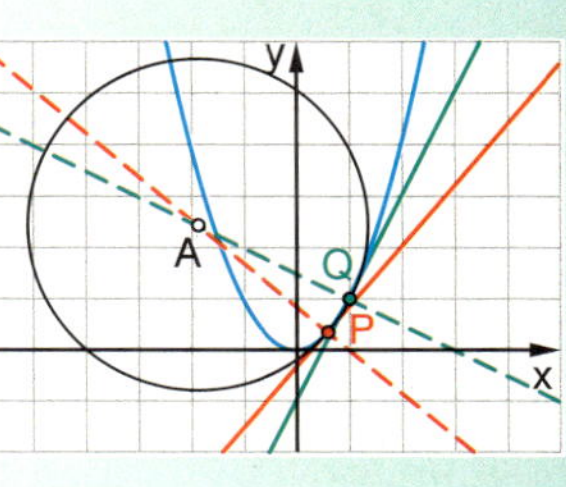

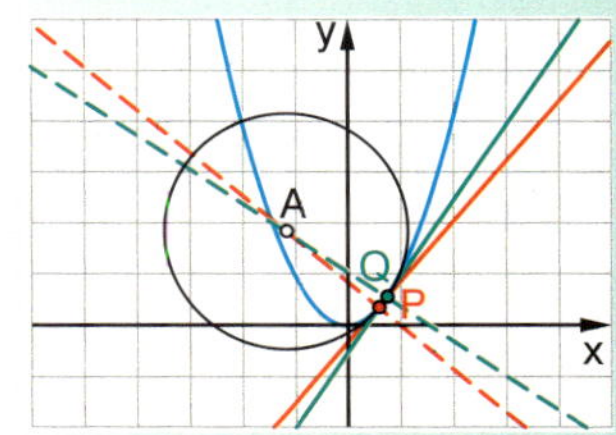

a) Führen Sie die Konstruktion für den Punkt P(1 | 1) der Normalparabel aus. Wie verändern sich Mittelpunkt und Radius, wenn h sich der Null nähert? Stellt sich ein Grenzwert ein? Experimentieren Sie mit weiteren Punkten der Normalparabel. Berechnen Sie jeweils Näherungswerte für die Radien r und das Krümmungsmaß $\frac{1}{r}$. Vergleichen Sie Ihre Ergebnisse mit denen, die Sie durch Einsetzen in die Krümmungsformel erhalten.

b) Bestimmen Sie Mittelpunkt und Radius der Krümmungskreise für ausgewählte Punkte auch rechnerisch. Wer es sich zutraut, kann es auch allgemein für einen beliebigen Punkt P(a | f(a)) versuchen.

27 *Krümmungsfunktion*

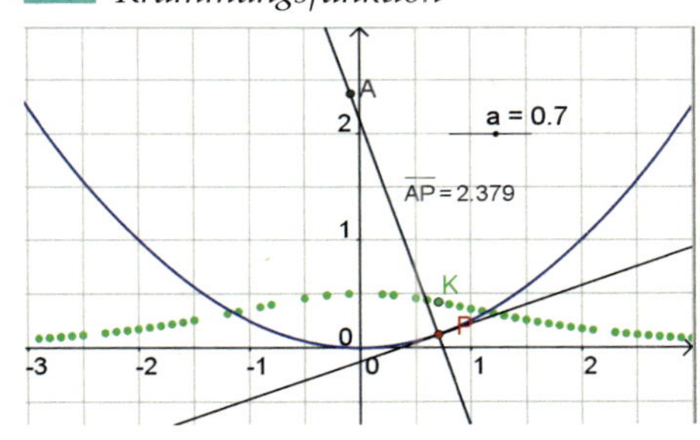

Im Bild wurde gemäß der Konstruktion in Aufgabe 26 für viele Punkte P(a | f(a)) der Parabel $f(x) = \frac{1}{4}x^2$ näherungsweise (h = 0,001) der Radius des Krümmungskreises bestimmt und daraus die Krümmung $\kappa(a)$ berechnet. Die eingezeichnete Spur der Punkte $K(a \mid \kappa(a))$ charakterisiert näherungsweise die Krümmungsfunktion g(x).

a) Beschreiben Sie den Verlauf des Krümmungsgraphen. Stimmt er mit Ihrer Vorstellung des Krümmungsverhaltens der vorgegebenen Funktion f überein? Überprüfen Sie den eingetragenen Wert $\kappa(0)$ rechnerisch.

b) Zeichnen Sie für die vorgegebene Funktion f den Graphen von $g(x) = \frac{f''(x)}{\left(\sqrt{1 + (f'(x))^2}\right)^3}$ und vergleichen Sie mit der Näherungskurve in a).

c) Sie können mit dem passenden Programm auf der CD auch die näherungsweisen Krümmungsgraphen für andere Funktionen f aufzeichnen. Welche Kurven erwarten Sie für $f_1(x) = 0{,}2x^3$ und $f_2(x) = 0{,}2x^4$? Überprüfen Sie mit dem Programm.

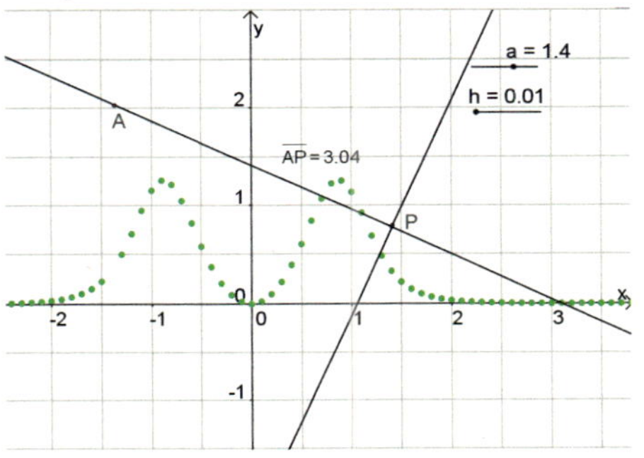

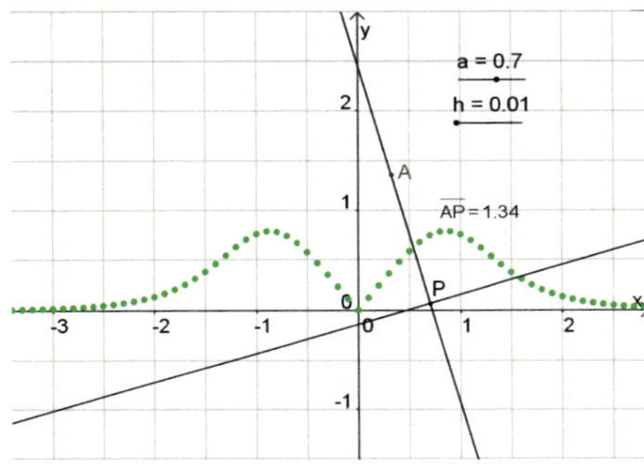

Experimentieren Sie auch mit anderen Funktionen.

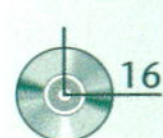

Aufgaben

Forschungsaufgabe

28 *Approximation der Sinusfunktion im Intervall $[-\pi, \pi]$ durch Polynome*

Der Ausschnitt des Sinusgraphen weist eine gewisse Ähnlichkeit mit einem entsprechenden Ausschnitt des Graphen einer ganzrationalen Funktion dritten Grades auf.

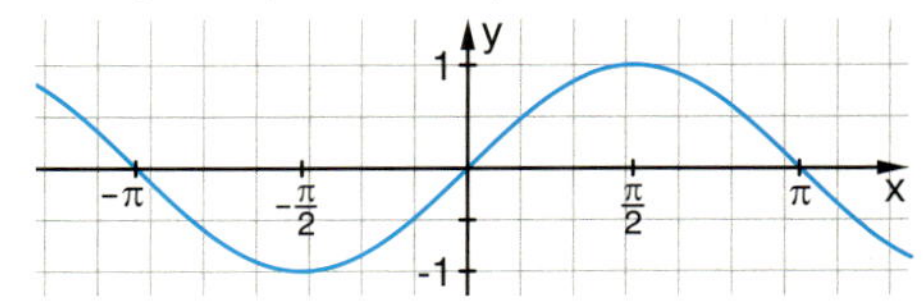

a) Überprüfen Sie, wie „gut" die nach den folgenden Steckbriefen erstellten Polynome dritten Grades die Sinusfunktion im Intervall $[-\pi, \pi]$ approximieren. Nach welchen Kriterien beurteilen Sie die Güte der Approximation?

Steckbriefe

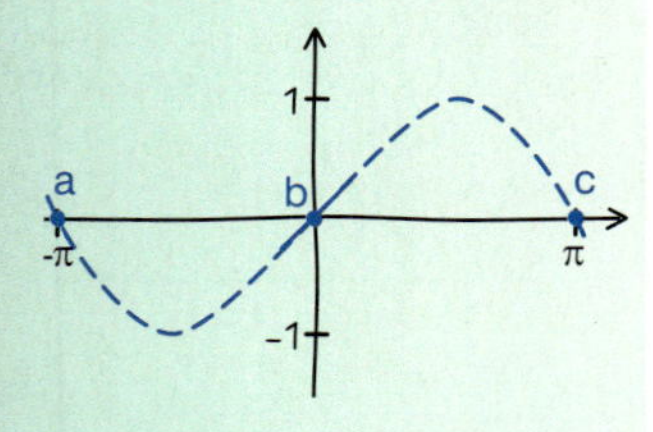

(I) Der Graph hat Nullstellen an den Stellen $a = -\pi$, $b = 0$ und $c = \pi$. Die Tangente im Punkt $(0|0)$ hat die Steigung 1.

(II) Der Graph hat im Punkt $(0|0)$ eine Tangente mit der Steigung 1 und an den Stellen $\frac{-\pi}{2}$ und $\frac{\pi}{2}$ jeweils horizontale Tangenten.

(III) Der Graph hat im Punkt $(0|0)$ einen Wendepunkt, die Steigung der Wendetangente ist 1. Der Graph hat eine weitere Nullstelle an der Stelle $c = \pi$.

Regressionskurve

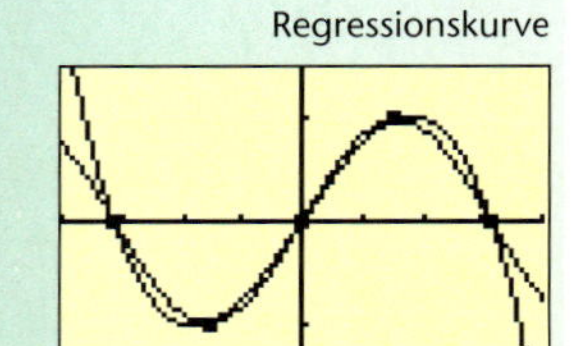

b) Mit dem GTR ist die kubische Regression durch fünf Punkte (Nullstellen und Extrempunkte) ausgeführt. Vergleichen Sie diese Approximation mit denen aus a). Untersuchen Sie, ob sich die Approximation durch Erhöhung der Anzahl der Punkte verbessern lässt.

L1	L2	L3
0	0	------
1.5708	1	
3.1416	0	
-1.571	-1	
-3.142	0	
------	------	

L2(5) =0

```
CubicReg
 y=ax³+bx²+cx+d
 a=-.0860037901
 b=7.4464395E-7
 c=.8488253707
 d=-1.336247E-6
```

Wachsende Steckbriefe mit Fokus auf die Stelle Null

c) Im Folgenden nutzen wir zur Polynomapproximation ausschließlich die Information, die uns die Sinusfunktion und die fortgesetzten Ableitungen an der Stelle Null liefern ($f(0) = 0$, $f'(0) = 1$, $f''(0) = 0$, $f'''(0) = -1$, $f^{(4)}(0) = 0$, …). Wir gehen schrittweise vor. Mit der Anzahl der Informationen erhöhen wir den Grad des Polynoms.

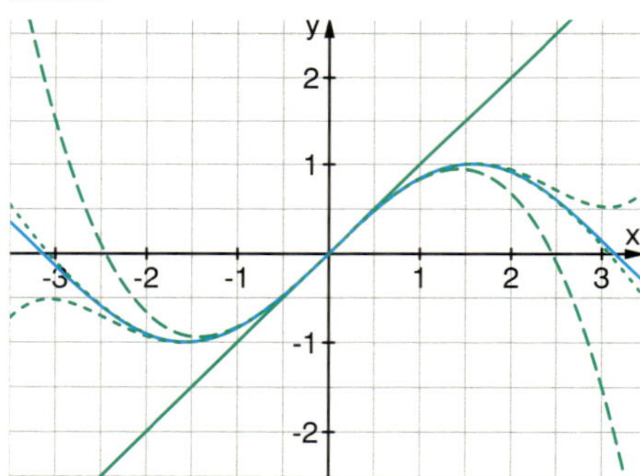

Der Start mit $f(0) = 0$ und $f'(0)=1$ führt uns zu einem Polynom 1. Grades $f_1(x) = x$. Der Graph von f_1 ist die Tangente an den Sinusgraphen im Punkt $O(0|0)$. In der nahen Umgebung von O werden die Sinuswerte durch diese Gerade gut approximiert.
Im dritten Schritt haben wir bereits vier Bedingungen $f(0) = 0$, $f'(0) = 1$, $f''(0) = 0$, $f'''(0) = -1$. Dies führt uns zu einem Polynom 3. Grades.

Führen Sie die nächsten Approximationsschritte bis zum Polynom 7. Grades durch und zeichnen Sie jeweils die Graphen. Beobachten und beschreiben Sie die Entwicklung. Erkennen Sie eine Gesetzmäßigkeit bei der Bildung der Funktionsterme? Versuchen Sie damit eine Vorhersage für das Polynom 9. Grades zu machen.

Informieren Sie sich im Lexikon oder im Internet über „Taylorentwicklung"
$\sin(x) = x - \frac{x^3}{3!} + \frac{x^5}{5!} \pm \ldots = \sum_{k=0}^{\infty} (-1)^k \frac{x^{2k+1}}{(2k+1)!}$

29 *Kosinusfunktion*

Führen Sie die Untersuchungen von Aufgabe 28 c) analog für die Kosinusfunktion im Intervall $[-\pi, \pi]$ aus. Vergleichen Sie die Entwicklung mit der bei der Sinusfunktion.

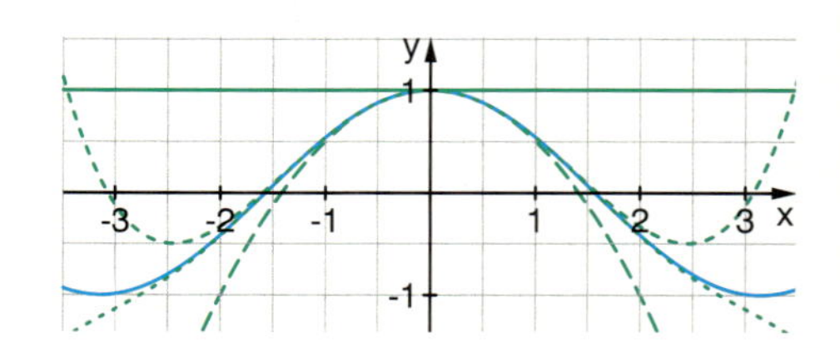

3.4 Spezielle Kurvenanpassung durch Spline-Interpolation

Designer entwerfen Formen von Gegenständen häufig in freier Skizze und stellen manchmal auch ein gebautes Modell her. Soll der Gegenstand allerdings industriell produziert werden, so ist eine mathematische Beschreibung seiner Form notwendig, da die Fertigung computergestützt erfolgt (CAD). Um die Form so gut wie möglich zu beschreiben, sind manchmal mehrere Anläufe notwendig. Der erste Ansatz kann oft noch durch Änderungen oder neue Ansätze verbessert werden; Kritik wird zum Motor des Fortschritts. Der Prozess, bei dem versucht wird, immer bessere Anpassungen an die Realität zu finden, heißt Modellbildung.
Sie werden in diesem Unterkapitel das mehrmalige Durchlaufen eines solchen Modellbildungszyklus am Beispiel des Modellierens einer Vasenform erfahren. Dabei werden Sie schon bekannte Methoden vielfältig anwenden, schließlich aber auch eine neue, sehr leistungsfähige Methode kennenlernen.

Was Sie erwartet

CAD: Computer aided design

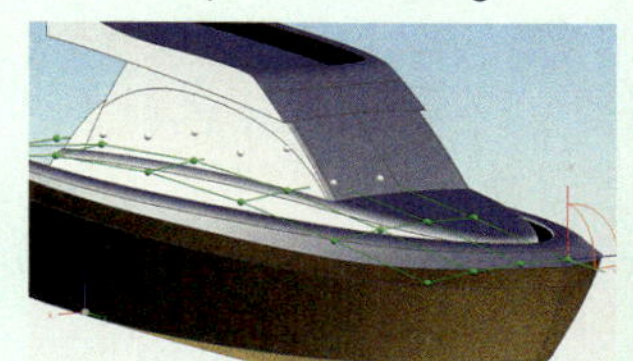

Aufgabe

Gruppenarbeit

1 Ein Designer konstruiert in freier Skizze eine Vasenform. Für die computergestützte, industrielle Fertigung soll die Form durch eine geeignete Kurve beschrieben werden. Zunächst wird das Profil in einem Koordinatensystem abgetragen (der Sockel wird dabei zunächst weggelassen). Die Skalierung muss nicht in cm sein.

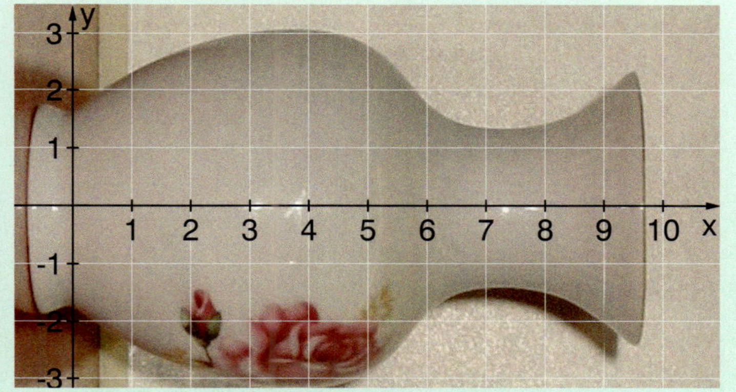

Kurve durch ausgewählte Punkte

Die folgenden Punkte sind ausgelesen:

	A	B	C	D	E
x-Koord.	0	3	5	7	9,5
y-Koord.	1,6	2,9	2,75	1,4	2,4

Modell 1

Wiederholung bekannter Verfahren

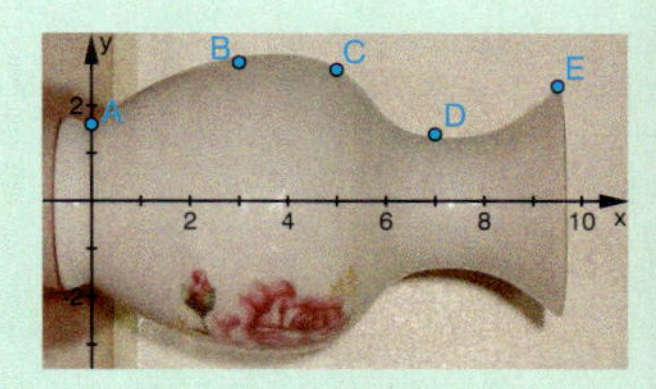

Es gibt nur eine sinnvolle Regression.

Sie haben verschiedene Verfahren kennengelernt, wie man Messpunkte mit geeigneten Funktionen anpassen kann:
(A) Bestimmung des Polynoms über ein Gleichungssystem
(B) Regressionsfunktionen

Bestimmen Sie passende Polynome und Regressionsfunktionen.
Benutzen Sie bei der Interpolation vier oder fünf Punkte.

Vergleichen Sie die verschiedenen Lösungen. Ist die Vasenform damit gut erfasst?

Modellkritik

Aufgabe

Wenn Formen mit dem Computer konstruiert werden sollen (CAD), muss das natürlich nach einem festen Verfahren (algorithmisch) geschehen. Mithilfe gewisser Informationen (hier: Stützpunkte) muss nach festen Regeln eine Lösungsfunktion bestimmt werden können.
Mit dem Modell 1 findet man zwar manchmal recht gut passende Funktionen, man kann aber über die Güte des Modells vorweg wenig aussagen und muss durch Probieren ein geeignetes finden. Die bisherigen Strategien lässt also kein Verfahren nach festen Regeln zu.

Ein neuer Lösungsansatz

Ein neuer Ansatz ist, nicht eine Funktion durch alle Punkte zu finden, sondern je zwei Punkte durch eine Funktion zu verbinden, so dass sich die Lösungsfunktion aus mehreren Teilfunktionen zusammensetzt. Jede Teilfunktion ist ein Interpolationspolynom durch zwei Punkte (stückweise Interpolation).

Modell 2

Verbindung durch Polynome ersten Grades (Geradenstücke)
Lesen Sie einige Punkte ab und verbinden Sie diese durch Geradenstücke.

Modellkritik

Was halten Sie von diesem Modell?

Modell 3

Verbindung durch Parabelstücke
Wir wollen den Ansatz von Modell 2 verbessern, indem wir jeweils zwei benachbarte Punkte durch Parabelstücke (statt durch Geradenstücke) verbinden.
Dabei sollen aufeinandertreffende Parabelstücke knickfrei ineinander übergehen.

Für jede Parabel werden daher drei Bedingungen benötigt: Jeweils zwei Stützpunkte und die Knickfreiheit an der linken Anschlussstelle, d. h. die ersten Ableitungen der aufeinandertreffenden Parabelstücke müssen an der Übergangsstelle gleich sein.
Bei der ersten Parabel muss am linken, freien Rand noch eine passende Steigung bestimmt werden. Die mittlere Steigung zwischen A und B liefert einen sinnvollen Wert.

$m_{AB} = \frac{2{,}9 - 1{,}6}{3 - 0} \approx 0{,}433$

Die Funktion f setzt sich stückweise aus quadratischen Teilfunktionen zusammen:

$$f(x) = \begin{cases} f_{AB}(x) = a_1x^2 + b_1x + c_1 & \text{für } 0 \le x < 3 \\ f_{BC}(x) = a_2x^2 + b_2x + c_2 & \text{für } 3 \le x < 5 \\ f_{CD}(x) = a_3x^2 + b_3x + c_3 & \text{für } 5 \le x < 7 \\ f_{DE}(x) = a_4x^2 + b_4x + c_4 & \text{für } 7 \le x \le 9{,}5 \end{cases}$$

Bestimmen Sie alle Teilfunktionen mit Verwendung der Punkte A, B, C, D und E von Seite 37 und fertigen Sie eine Skizze an. Überprüfen Sie jedes Parabelstück.

Stückweise definierte Funktionen mit dem GTR:

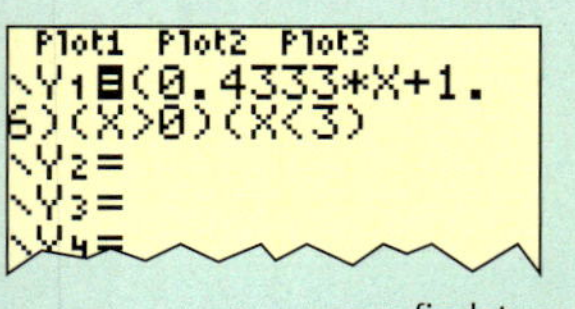

• >,< usw. findet man z. B. im TEST-Menü

$$\left.\begin{array}{l} f_{AB}(0) = 1{,}6 \\ f_{AB}(3) = 2{,}9 \\ f'_{AB}(0) = 0{,}433 \end{array}\right\} \longrightarrow \begin{pmatrix} 0 & 0 & 1 & 1{,}6 \\ 9 & 3 & 1 & 2{,}9 \\ 0 & 1 & 0 & 0{,}433 \end{pmatrix} \xrightarrow{rref} \begin{pmatrix} 1 & 0 & 0 & \\ 0 & 1 & 0 & 0{,}433 \\ 0 & 0 & 1 & 1{,}6 \end{pmatrix} \Rightarrow f_{AB}(x) = 0{,}433x + 1{,}6$$

$$\begin{array}{l} f_{BC}(3) = 2{,}9 \\ f_{BC}(5) = 2{,}75 \\ f'_{BC}(3) = f'_{AB}(3) = 0{,}433 \end{array} \longrightarrow \begin{pmatrix} 9 & 3 & 1 & 2{,}9 \\ 25 & 5 & 1 & 2{,}75 \\ 6 & 1 & 0 & 0{,}433 \end{pmatrix} \xrightarrow{rref} \begin{pmatrix} 1 & 0 & 0 & -0{,}254 \\ 0 & 1 & 0 & 1{,}957 \\ 0 & 0 & 1 & -0{,}685 \end{pmatrix}$$

$$\Rightarrow f_{BC}(x) = -0{,}254x^2 + 1{,}957x - 0{,}685$$

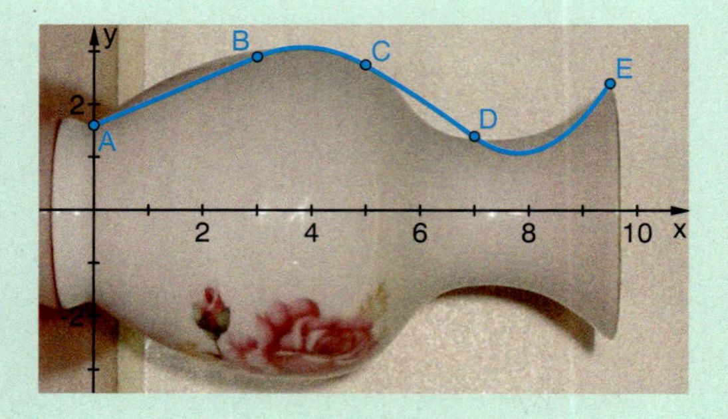

Warum erhält man als erste Funktion immer eine Gerade?

Aufgabe

Variation:
Beginnen Sie mit der Parabel durch die Punkte A, B und C und verbinden Sie dann knickfrei weiter.

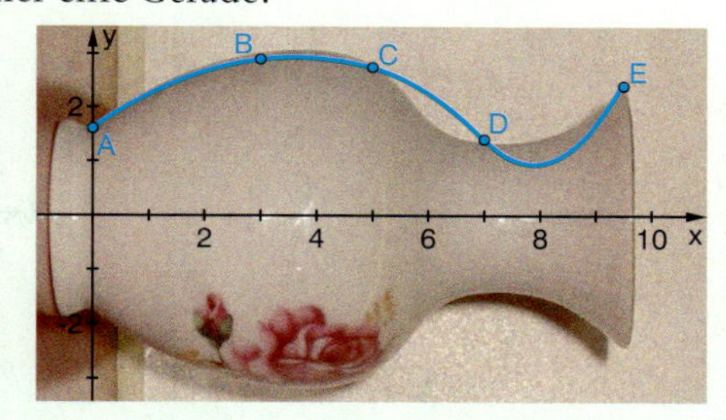

Modellkritik

Wie bei Modell 2 haben wir hier einen einheitlichen Algorithmus. Leider ist das Ergebnis nicht zufriedenstellend: Der Graph der ermittelten Funktion weicht am Vasenhals zu stark von der tatsächlichen Form ab, die Krümmung passt nicht.

Modell 4

Verbindung durch Polynome dritten Grades – ***Spline-Interpolation***

Wenn man mit Parabeln das Krümmungsverhalten nicht angemessen modellieren kann, muss zusätzlich die zweite Ableitung ins Spiel kommen. Wir fordern deshalb auch die Übereinstimmung der zweiten Ableitungen an den Übergangsstellen (Stützpunkten).

Jeweils zwei benachbarte Punkte werden jetzt durch ganzrationale Funktionen 3. Grades knickfrei und mit gleichem Krümmungsverhalten in den Stützpunkten verbunden.

Bei der ersten und vierten Teilfunktion geben wir dem Krümmungsverhalten am linken bzw. rechten freien Rand den Wert null. Das entspricht einer geradlinigen Fortsetzung an den Enden.

Es werden die Punkte A, B, C, D und E benutzt.
Wegen der Fülle an Variablen und Zahlen ist eine systematische Kennzeichnung der Variablen wichtig.

$$f(x) = \begin{cases} f_{AB}(x) = a_1x^3 + b_1x^2 + c_1x + d_1 \\ f_{BC}(x) = a_2x^3 + b_2x^2 + c_2x + d_2 \\ f_{CD}(x) = a_3x^3 + b_3x^2 + c_3x + d_3 \\ f_{DE}(x) = a_4x^3 + b_4x^2 + c_4x + d_4 \end{cases}$$

Wenn man die Bedingungen aufstellt und versucht, die erste Funktion zu ermitteln, fällt auf, dass dies nicht mehr auf die gleiche Weise geht wie bei den Parabeln, also sukzessive hintereinander, zuerst $f_{AB}(x)$, dann $f_{BC}(x)$ usw. In einer Bedingung steckt immer schon eine weitere Funktion, für deren Bestimmung wiederum eine weitere Funktion benötigt wird. Erst alle Bedingungen zusammen ermöglichen die Berechnung aller Funktionen, man muss also alle Bedingungen auf einmal auswerten und eine große Matrix bilden.

Jede der vier Funktionen verläuft durch zwei Punkte und wir erhalten daher acht Bedingungen. Die Knickfreiheit in den drei inneren Punkten B, C und D liefert weitere drei, das Krümmungsverhalten in den fünf Stützpunkten zusätzlich fünf Bedingungen.
Wir erhalten also 16 Gleichungen. Das entspricht 16 Zeilen in der Matrix des Gleichungssystems.
Wegen der Einheitlichkeit der Matrixeingabe müssen die Gleichungen der Form $f'_{AB}(3) = f'_{BC}(3)$ in $f'_{AB}(3) - f'_{BC}(3) = 0$ umgeformt werden.

Bedingung	a_1	b_1	c_1	d_1	a_2	b_2	c_2	d_2	a_3	b_3	c_3	d_3	a_4	b_4	c_4	d_4	rechte Seite
$f_{AB}(0) = 1{,}6$	0	0	0	1	0	0	0	0	0	0	0	0	0	0	0	0	1,6
$f_{AB}(3) = 2{,}9$																	
$f_{BC}(3) = 2{,}9$	0	0	0	0	27	9	3	1	0	0	0	0	0	0	0	0	2,9
$f_{BC}(5) = 2{,}75$																	
$f_{CD}(5) = 2{,}75$	0	0	0	0	0	0	0	0	125	25	5	1	0	0	0	0	
$f_{CD}(7) = 1{,}4$	0	0	0	0	0	0	0	0	343	49	7	1	0	0	0	0	1,4
$f_{DE}(7) = 1{,}4$																	
$f_{DE}(9{,}5) = 2{,}4$																	
$f'_{AB}(3) - f'_{BC}(3) = 0$	27	6	1	0	−27	−6	−1	0	0	0	0	0	0	0	0	0	0
$f'_{BC}(5) - f'_{CD}(5) = 0$																	
$f'_{CD}(7) - f'_{DE}(7) = 0$																	
$f''_{AB}(0) = 0$	0	2	0	0	0	0	0	0	0	0	0	0	0	0	0	0	0
$f''_{AB}(3) - f''_{BC}(3) = 0$	18	2	0	0	−18	−2	0	0	0	0	0	0	0	0	0	0	0
$f''_{BC}(5) - f''_{CD}(5) = 0$																	
$f''_{CD}(7) - f''_{DE}(7) = 0$																	
$f''_{DE}(9{,}5) = 0$																	

Eingabe von f(x) in den GTR: (Y1, Y2, Y3, Y4 sind die vier Teilfunktionen)

```
Plot1 Plot2 Plot3
.6227X²-14.6595X
+44.0348
\Y5=(Y1)(X≥0)(X<
3)+(Y2)(X≥3)(X<5
)+(Y3)(X≥5)(X<7)
+(Y4)(X≥7)(X<9.5
)
```

Übertragen Sie die Tabelle und füllen Sie diese vollständig aus. Der innere Teil der Tabelle entspricht der Matrix des Gleichungssystems.
Zeigen Sie, dass man nach Auswertung der Matrix (Diagonalisierung/Gauß-Verfahren) folgende stückweise definierte Funktion erhält:

$$f(x) = \begin{cases} -0{,}0100x^3 + 0{,}5240x + 1{,}6 & \text{für } 0 \le x < 3 \\ -0{,}0364x^3 + 0{,}2369x^2 - 0{,}1867x + 2{,}3107 & \text{für } 3 \le x < 5 \\ 0{,}1227x^3 - 2{,}1493x^2 + 11{,}7446x - 17{,}5747 & \text{für } 5 \le x < 7 \\ -0{,}0569x^3 + 1{,}6227x^2 - 14{,}6595x + 44{,}0348 & \text{für } 7 \le x \le 9{,}5 \end{cases}$$

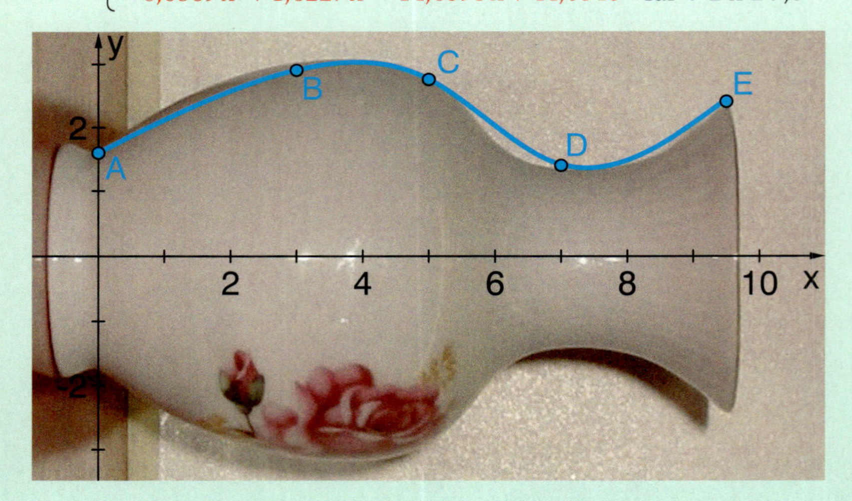

Modellkritik

Beurteilen Sie die Qualität dieses Modells und vergleichen Sie mit den anderen Modellen. Beschreiben Sie, was zu tun ist, um mit diesem Modell noch bessere Ergebnisse zu erhalten. Wie kann man den Sockel mit berücksichtigen?

Basiswissen

Ein wichtiges Ziel in vielen Anwendungen der Mathematik ist die Beschreibung einer vorgegebenen Kurve (z. B. Kotflügel, Maschinenbauteile, Möbelformen) durch eine geeignete mathematische Funktion.

Kurvenanpassung durch Spline-Interpolation

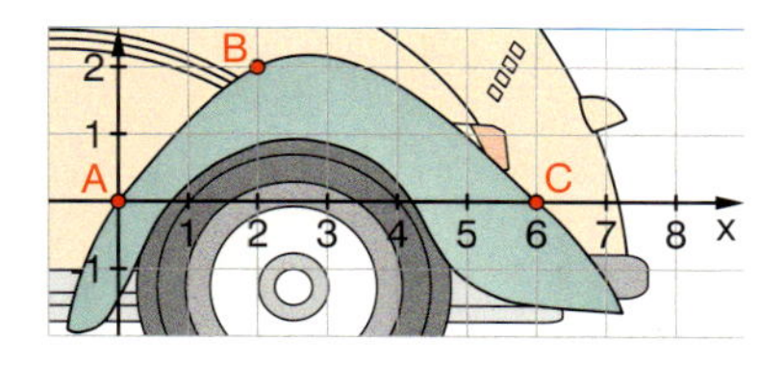

(1) Sinnvolles Koordinatensystem einführen und Kurvenpunkte ablesen.
$P_1(0|0)$, $P_2(2|2)$, $P_3(6|0)$

(2) Zwischen den einzelnen Datenpunkten werden Funktionen höchstens dritten Grades mit folgenden Eigenschaften (A)–(D) konstruiert:

$f(x) = ax^3 + bx^2 + cx + d$
$f'(x) = 3ax^2 + 2bx + c$
$f''(x) = 6ax + 2b$

Eigenschaft	Bedingung	1. Teilfunktion f_1				2. Teilfunktion f_2				rechte Seite
		a_1	b_1	c_1	d_1	a_2	b_2	c_2	d_2	
(A) Die Funktion verläuft durch beide Datenpunkte.	$f_1(0) = 0$	0	0	0	1	0	0	0	0	0
	$f_1(2) = 2$	8	4	2	1	0	0	0	0	2
	$f_2(2) = 2$	0	0	0	0	8	4	2	1	2
	$f_2(6) = 0$	0	0	0	0	216	36	6	1	0
(B) Die Verbindung in den Datenpunkten ist knickfrei.	$f'_1(2) - f'_2(2) = 0$	12	4	1	0	−12	−4	−1	0	0
(C) An den Verbindungsstellen stimmen die zweiten Ableitungen überein.	$f''_1(2) - f''_2(2) = 0$	12	2	0	0	−12	−2	0	0	0
(D) Am linken und rechten Ende ist der Graph ungekrümmt.	$f''_1(0) = 0$	0	2	0	0	0	0	0	0	0
	$f''_2(6) = 0$	0	0	0	0	36	2	0	0	0

(3) Mithilfe des Gauß-Verfahrens (Diagonalisierung der Matrix, die beim Aufstellen der Tabelle entsteht) erhält man als Lösungsfunktion:

$$f(x) = \begin{cases} -\frac{1}{16}x^3 + \frac{5}{4}x & 0 \le x < 2 \\ \frac{1}{32}x^3 - \frac{9}{16}x^2 + \frac{19}{8}x - \frac{3}{4} & 2 \le x \le 6 \end{cases}$$

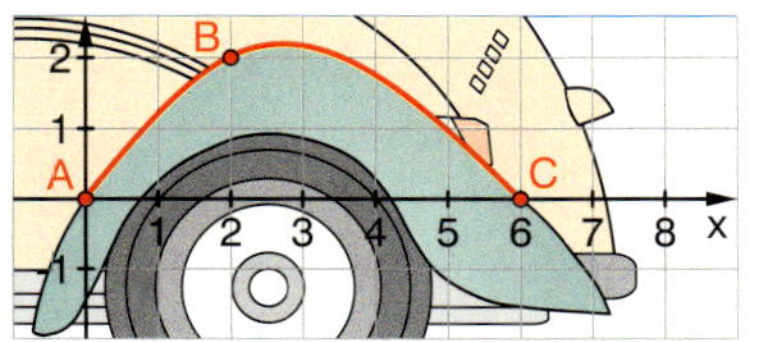

Eine solche Funktion verbindet die Datenpunkte miteinander und besitzt dabei eine minimale Gesamtkrümmung. Sie wird **Spline** (engl.: dünne Latte/Straaklatte, vgl. Seite **42**) oder **Splinefunktion** genannt.

Übungen

2 Zeigen Sie, dass $sp(x) = \begin{cases} \frac{2}{75}x^3 - \frac{4}{15}x & 0 \le x \le 5 \\ -\frac{2}{15}x^3 + \frac{12}{5}x^2 - \frac{184}{15}x + 20 & 5 < x \le 6 \end{cases}$

die Splinefunktion zu den Stützpunkten A(0|0), B(5|2) und C(6|4) ist und $int(x) = \frac{4}{15}x^2 - \frac{14}{15}x$ ein Interpolationspolynom.
Skizzieren Sie beide Funktionen und vergleichen Sie ihren Kurvenverlauf.

3 Füllen Sie die Tabelle jeweils vollständig aus und bestimmen Sie die Splinefunktion.

a) A(–2|0), B(0|2), C(8|0)

	a_1	b_1	c_1	d_1	a_2	b_2	c_2	d_2	
	–8			1	0	0	0	0	
	0	0	0	1	0	0	0	0	2
$f_2(0) = 2$									
$f_2(8) = 0$							8	1	0
	0	0	1	0					
$f''_1(0) - f''_2(0) = 0$					0	–2	0	0	0
	–12								
						2	0	0	0

b) Geben Sie die Koordinaten der Stützpunkte an.

	a_1	b_1	c_1	d_1	a_2	b_2	c_2	d_2	
	0	0	0	1	0	0	0	0	–2
		9	3	1	0	0	0	0	4
						9	3	1	4
						25			3
$f'_1(3) - f'_2(3) = 0$	27	6	1	0					
					–18	–2	0	0	0
	0								0
					30	2	0	0	0

Splines im Schiffsbau

Die Form eines Schiffsrumpfes hat erhebliche Auswirkungen auf die Geschwindigkeit und den Energieverbrauch von Schiffen. Gegenüber einer massiven Bauweise haben Konstruktionen mit Quer- und Längslattungen einen erheblichen Gewichtsvorteil. Beim Bau von Schiffen wurden früher *Straaklatten* (engl.: *spline* = dünne Latte) benutzt, um eine optimale Form für den Schiffsrumpf zu finden. Dabei wurden leicht biegbare Latten um Befestigungspunkte gelegt, die durch das Konstruktionsprinzip des Schiffes vorgegeben waren.
Die Latten nehmen aufgrund ihrer Elastizität von selbst eine Form an, die am wenigsten Biegeenergie erfordert und damit insgesamt die geringste Krümmung aufweist. Da auf beiden Seiten der äußeren Stützpunkte keine Verformung stattfindet, verlaufen die herausragenden Enden der Latten dort geradlinig, also ungekrümmt. Hierin liegt die Begründung dafür, dass im Modell an den Enden keine Krümmung angesetzt wird, also $f''(x) = 0$ gilt.

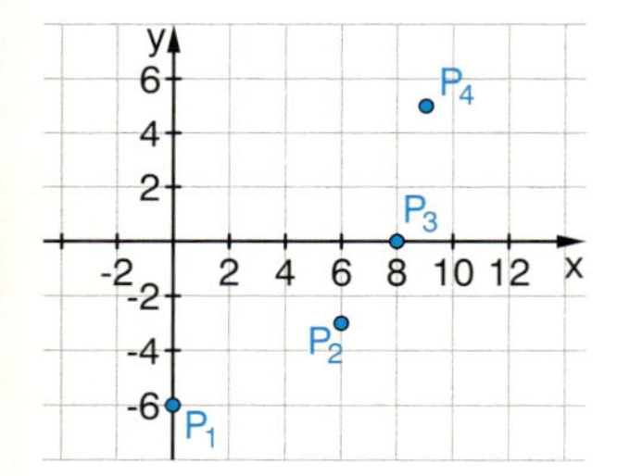

4 Die Befestigungspunkte sind $P_1(0|-6)$, $P_2(6|-3)$, $P_3(8|0)$ und $P_4(9|5)$. Bestimmen Sie die Splinefunktion und skizzieren Sie diese.

Hinweis:
Wenn man die Bedingungen in der Reihenfolge der Teilfunktionen ordnet, hat die Matrix ein klares Muster:
Im grauen Bereich sind alle Einträge 0.
Übertragen Sie die Matrix und tragen Sie in der linken Spalte die Bedingungen ein.

Bedingungen	1. Funktion				2. Funktion				3. Funktion				
$f_1(0) = -6$													
$f_1(6) = -3$													
$f_1''(0) = 0$													
$f_1'(6) - f_2'(6) = 0$													
$f_1''(6) - f_2''(6) = 0$													
$f_2(6) = -3$													
$f_2(8) = 0$													
$f_2'(8) - f_3'(8) = 0$													
$f_2''(8) - f_3''(8) = 0$													
$f_3(8) = 0$													
$f_3(9) = 0$													
$f_3''(9) = 0$													

Übungen

5 *Splines selber bauen und berechnen*

Partnerarbeit

Besorgen Sie sich Kunststoffstreifen (ca. 50 cm lang) und legen Sie diese um die Nägel eines Geo-Bretts.

Bauanleitung für ein Brett: quadratische Sperrholzplatte (50 cm), Nägel im Raster von 5 cm.

a) Benutzen Sie zunächst vier Nägel, dann auch fünf.
Bestimmen Sie die zugehörigen Splinefunktionen. Skizzieren Sie diese und vergleichen Sie mit dem Modell.

Menschen mit Ausdauer können auch einen Spline durch sechs Punkte bauen.

b) Verbinden Sie zwei Nägel parallel zur y-Achse. Warum lässt sich damit keine Splinefunktion mit dem obigen Verfahren berechnen? Haben Sie eine Idee, wie man das trotzdem hinbekommt?

Ein Beispiel:

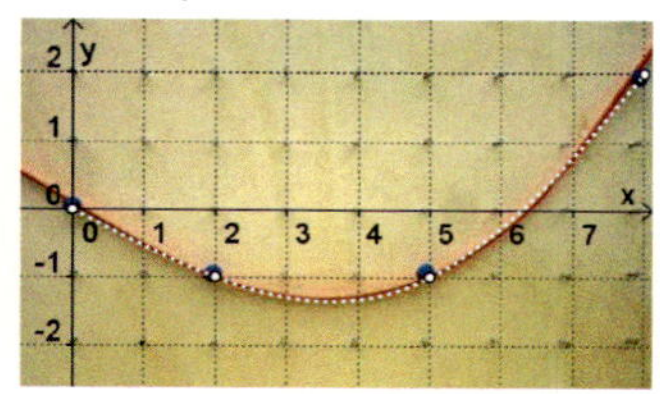

$f_1(x) = \frac{1}{74}x^3 - \frac{41}{74}x$ für $0 \le x < 2$

$f_2(x) = \frac{11}{666}x^3 - \frac{2}{111}x^2 - \frac{115}{222}x - \frac{8}{333}$ für $2 \le x < 5$

$f_3(x) = -\frac{17}{666}x^3 + \frac{68}{111}x^2 - \frac{815}{222}x + \frac{1742}{333}$ für $5 \le x \le 8$

Das Ergebnis wurde mit einem CAS erzielt, mit einem GTR erhält man oft nur dezimale Ergebnisse.

6 *Die Ableitung verschafft weitere Einsicht*

Rechts sehen Sie einen quadratischen Spline (grün) und einen kubischen Spline (rot) zu den Punkten A(0|0), B(1|2), C(4|1) und D(7|3).
Die zugehörigen Gleichungen sind:

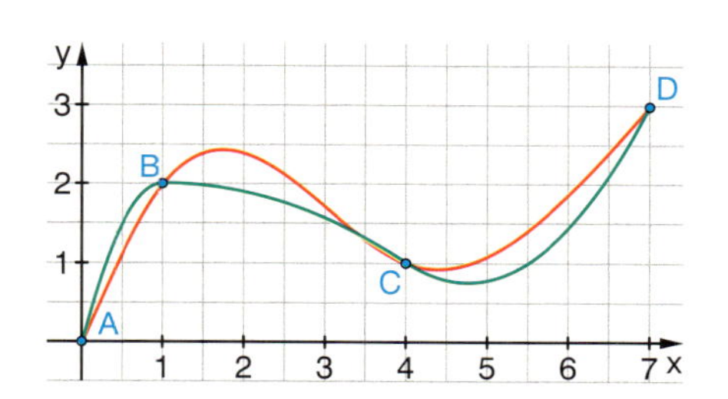

Beim quadratischen Spline ist f′(0) = 4 gesetzt worden.

$$qu(x) = \begin{cases} -2x^2 + 4x & \text{für } 0 \le x < 1 \\ -\frac{1}{9}x^2 + \frac{2}{9}x + \frac{17}{9} & \text{für } 1 \le x < 4 \\ \frac{4}{9}x^2 - \frac{38}{9}x + \frac{97}{9} & \text{für } 4 \le x \le 7 \end{cases}$$

$$sp(x) = \begin{cases} -\frac{31}{87}x^3 + \frac{205}{87}x & \text{für } 0 \le x < 1 \\ \frac{46}{261}x^3 - \frac{139}{87}x^2 + \frac{344}{87}x - \frac{139}{261} & \text{für } 1 \le x < 4 \\ -\frac{5}{87}x^3 + \frac{35}{29}x^2 - \frac{632}{87}x + \frac{1255}{87} & \text{für } 4 \le x \le 7 \end{cases}$$

Skizzieren Sie jeweils in einem Koordinatensystem die ersten beiden Ableitungen zu beiden Splines. Vergleichen Sie die Grafiken und begründen Sie damit noch einmal, warum die kubischen Splines „glattere" Lösungen liefern.

KURZER RÜCKBLICK

1 Skizzieren Sie die Funktionen:
$f(x) = 2x - 3$
$g(x) = \frac{1}{4}x^2 - 4$
$h(x) = \sqrt{x + 3}$

2 Berechnen Sie f(1) für die Funktion
$f(x) = x^2 - 2x + 3$.

3 Es sei $f(x) = (x - 2)^2$.
Geben Sie f(x) für $x = 2k + 1$ an.

4 Bestimmen Sie die x-Koordinate des Scheitelpunktes: $y = x(x - 4)$.

5 Lösen Sie die Gleichung: $2x + 4 = 10 + \frac{1}{2}x$

Aufgaben

7 Ursprünglich hatten Kajaks keine Flossen und mussten allein durch Verlagerung des Körpergewichts gelenkt werden. Erst ab 1850 erkannte man den Vorteil einer Flosse unter dem Boot.

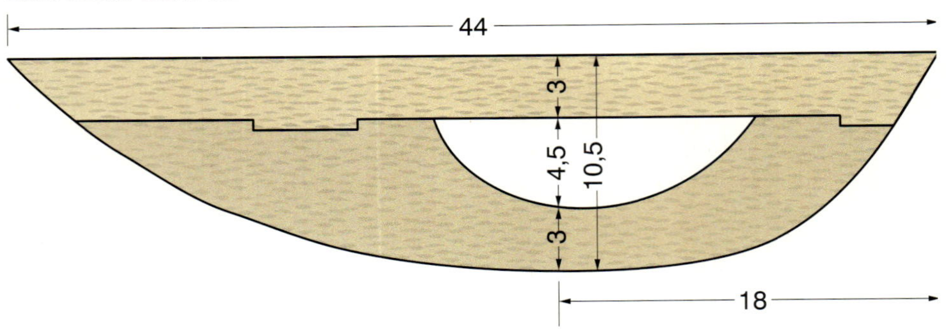

Das Bild zeigt eine Flosse, die industriell hergestellt werden soll. Für CAD soll die Form durch einen Spline modelliert werden. Übertragen Sie die Skizze in ein geeignetes Koordinatensystem. Berücksichtigen Sie die angegebenen Maße, lesen Sie einige Punkte aus und konstruieren Sie einen geeigneten Spline.
Zusatzaufgabe: Modellieren Sie auch die Öffnung in der Flosse.

Gruppenarbeit

POUL KJÆRHOLM
1929–1980

Eine Möglichkeit ist die Konstruktion von 3 Splines mit jeweils 4 Stützpunkten.

8 Der dänische Möbeldesigner Poul Kjærholm gehört zu den wichtigsten Vertretern des legendären dänischen Designs. 1965 entwickelte er die Liege „Hammock PK 24". Ihre Liegefläche ist aus Korbgeflecht oder Leder und der Rahmen aus Stahl. Die Form dieser Liege soll für die industrielle Fertigung als Splinefunktion konstruiert werden.

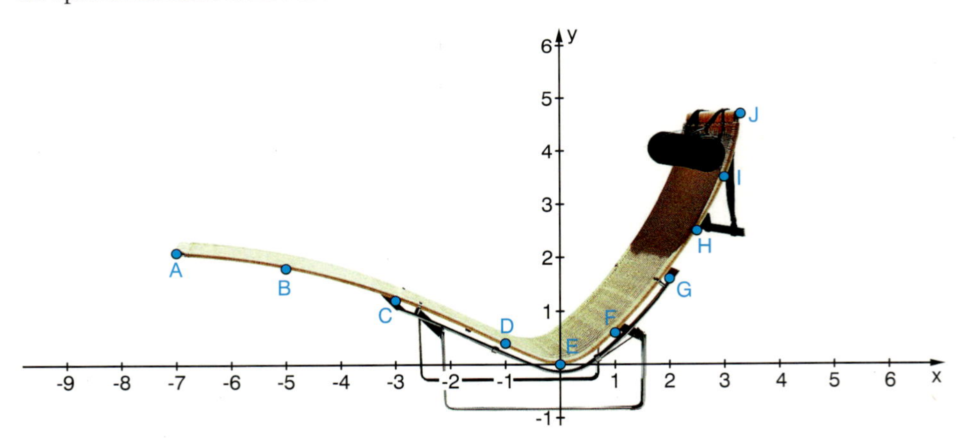

	A	B	C	D	E	F	G	H	I	J
x	−7	−5	−3	−1	0	1	2	2,5	3	3,3
y	2,1	1,8	1,2	0,4	0	0,6	1,6	2,5	3,5	4,7

a) Ein Spline mit allen 10 Stützpunkten würde ein riesiges Gleichungssystem ergeben (Wie viele Zeilen und Spalten hätte die Matrix?). Praktischer ist da ein Zusammensetzen der Kurve aus mehreren Splines. Verabreden Sie zunächst eine Anzahl von Splines und der jeweiligen Stützpunkte. Beginnen Sie dann von links.
Bei der Konstruktion der Splines wurde bisher am Anfang und am Ende eine lineare Fortsetzung angesetzt. Warum ist das hier nicht sinnvoll? Formulieren Sie eine adäquate Bedingung für den zweiten Spline und berechnen Sie diesen. Führen Sie eine entsprechende Bestimmung für die weiteren Splines durch.
b) Vergleichen Sie die verschiedenen Lösungen im Kurs.

CHECK UP

Modellieren mit Funktionen – Kurvenanpassung

1 Die Tyne Bridge in Newcastle (Großbritannien) wird von zwei Stahlbögen gestützt.

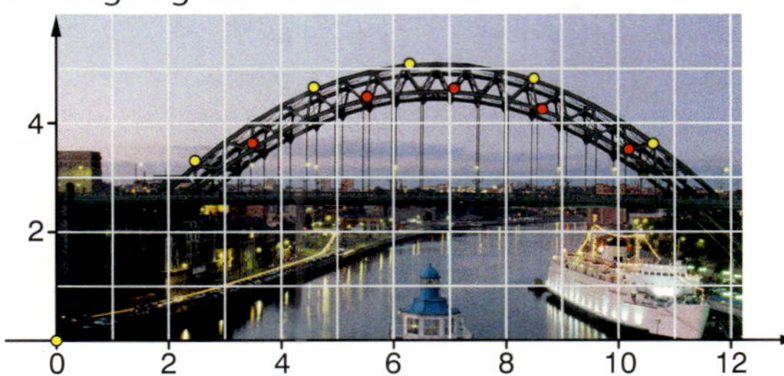

Es wurden einige Punkte für beide Bögen vermessen.
oberer Bogen: A(0|0); B(2,47|3,31); C(4,58|4,66); D(6,29|5,09); E(8,5|4,82); F(10,62|3,62)
unterer Bogen: G(3,49|3,64); H(5,53|4,49); I(7,08|4,64); J(8,65|4,26); K(10,19|3,52)
Beschreiben Sie die beiden Bögen jeweils durch einen passenden Funktionsgraphen.

2 a) Zeichnen Sie die Punkte aus der Tabelle in ein Koordinatensystem.

n	1	2	3	4	5
Q(n)	1	5	14	30	55

Überprüfen Sie, ob die Punkte auf dem Graphen einer ganzrationalen Funktion 3. Grades liegen.
b) Mit $Q(n) = 1^2 + 2^2 + 3^2 + \ldots + n^2$ bezeichnen wir die Summe der ersten n Quadratzahlen. Bestätigen Sie mit einigen Stichproben, dass auch alle weiteren Punkte (n|Q(n)) die Funktionsgleichung erfüllen.

3 Bestimmen Sie die Gleichung einer ganzrationalen Funktion, deren Graph durch die gegebenen Punkte verläuft.
a) A(1|3); B(2|5,5); C(4|13,5)
b) A(−1|3); B(1|−1); C(2|−6)
c) A(−2|−5); B(2|3); C(4|1)

4 Die Graphen zweier ganzrationaler Funktionen sind gegeben. Bestimmen Sie jeweils eine passende Funktionsgleichung.

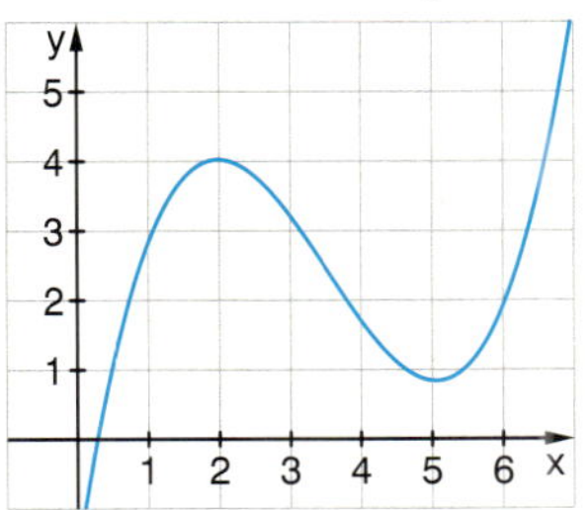

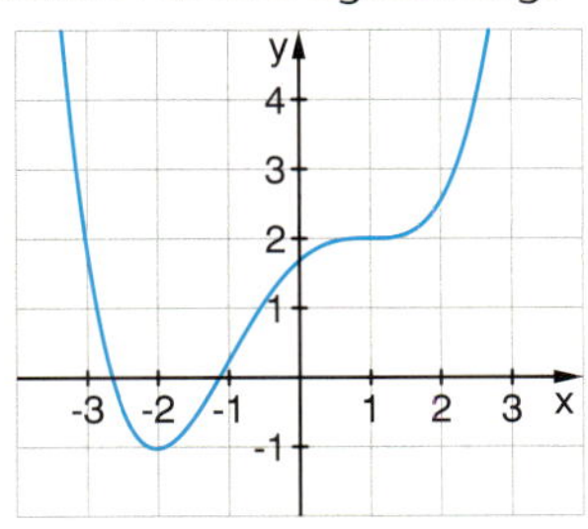

5 Der Graph einer Funktion hat einen Sattelpunkt (1|5), einen Tiefpunkt (2|2) und einen Hochpunkt bei x = 4. Bestimmen Sie die Funktionsgleichung.

6 Der Graph einer Funktion hat einen Hochpunkt (−2|3), einen Tiefpunkt (1|1) und einen weiteren Hochpunkt mit der x-Koordinate 2. Bestimmen Sie eine Funktionsgleichung. Wie lautet die y-Koordinate des zweiten Hochpunktes?

Strategie beim Modellieren mit Funktionen
1. Vorgegebene Daten im Koordinatensystem erfassen
2. Aus den Punkten einen Kandidaten für einen passenden Funktionstyp vermuten
3. Allgemeine Funktionsgleichung (mit Parametern) angeben
4. Parameter bestimmen
   - durch grafische Anpassung
   - mithilfe eines Gleichungssystems
   - durch eine Regressionsfunktion
5. Graphen zeichnen und überprüfen, ob er zu den vorgegebenen Daten passt

Kandidaten für den Funktionstyp

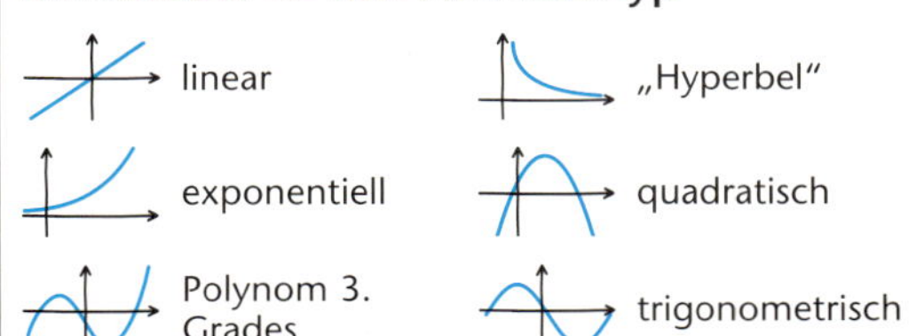

Ganzrationale Funktionen vom Grad n
$f(x) = a_n x^n + a_{n-1} x^{n-1} + a_{n-2} x^{n-2} + \ldots + a_1 x + a_0$
$a_i \in \mathbb{R}, n \in \mathbb{N}$

Strategie zur Lösung von Steckbriefaufgaben zu ganzrationalen Funktionen
(1) Eigenschaften im Koordinatensystem darstellen

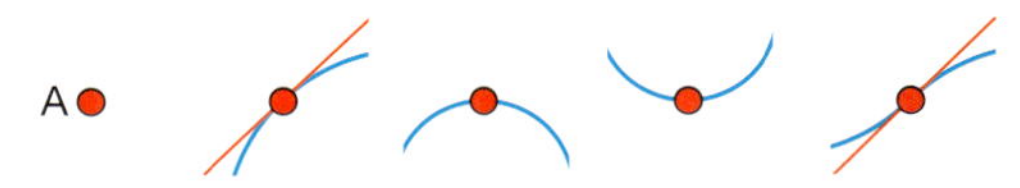

(2) Passenden Kandidaten suchen
Erste Orientierung:
Anzahl der Bedingungen n → Grad (n − 1)
(3) Eigenschaften in Gleichungen für die Koeffizienten des Polynoms übersetzen
(4) Gleichungssystem lösen
(5) Funktionsgleichung angeben
(6) Graphen zeichnen
(7) Probe:
Erfüllt der Graph alle Bedingungen?

CHECK UP

Modellieren mit Funktionen – Kurvenanpassung

Übersetzungstabelle

geometrische Eigenschaft	algebraische Übersetzung
P(a|b) liegt auf dem Graphen.	$f(a) = b$
An der Stelle a ist ein lokaler Extrempunkt.	$f'(a) = 0$
An der Stelle a hat der Graph die Steigung m.	$f'(a) = m$
An der Stelle a ist ein Wendepunkt.	$f''(a) = 0$
An der Stelle a ist ein Sattelpunkt.	$f'(a) = 0$ $f''(a) = 0$

Gauß-Algorithmus

Durch Äquivalenzumformungen wird eine Matrix in die Dreiecksform überführt.

$$\left(\begin{array}{ccc|c} 0 & 1 & 1 & -1 \\ 2 & 3 & -2 & 0 \\ -1 & 2 & 3 & -5 \end{array}\right)$$

Vertauschen von Zeile 1 und Zeile 2

$$\left(\begin{array}{ccc|c} 2 & 3 & -2 & 0 \\ 0 & 1 & 1 & -1 \\ -1 & 2 & 3 & -5 \end{array}\right) \begin{array}{l} \cdot 1 \\ \\ \cdot 2 \end{array} +$$

Multiplikation der Zeile 3 mit 2 und Addition mit Zeile 1

$$\left(\begin{array}{ccc|c} 2 & 3 & -2 & 0 \\ 0 & 1 & 1 & -1 \\ 0 & 7 & 4 & -10 \end{array}\right) \begin{array}{l} \\ \cdot (-7) \\ \cdot 1 \end{array} +$$

Multiplikation von Zeile 2 mit –7 und Addition zu Zeile 3

$$\left(\begin{array}{ccc|c} 2 & 3 & -2 & 0 \\ 0 & 1 & 1 & -1 \\ 0 & 0 & -3 & -3 \end{array}\right)$$

Viele Kandidaten – Kurvenschar

Die vier Bedingungen $f(0) = 0$, $f(-2) = 0$, $f(2) = 0$, $f''(0) = 0$ führen mit dem Ansatz eines Kandidaten 3. Grades $f(x) = ax^3 + bx^2 + cx + d$ zu der Matrix:

$$\begin{pmatrix} 0 & 0 & 0 & 1 & 0 \\ 0 & 2 & 0 & 0 & 0 \\ 8 & 4 & 2 & 1 & 0 \\ -8 & 4 & -2 & 1 & 0 \end{pmatrix} \xrightarrow{\text{rref}} \begin{pmatrix} 1 & 0 & \frac{1}{4} & 0 & 0 \\ 0 & 1 & 0 & 0 & 0 \\ 0 & 0 & 0 & 1 & 0 \\ 0 & 0 & 0 & 0 & 0 \end{pmatrix}$$

Lösung: $d = 0$, $b = 0$, $c = 4a$

Man erhält die Kurvenschar $f(x) = ax^3 - 4ax$.

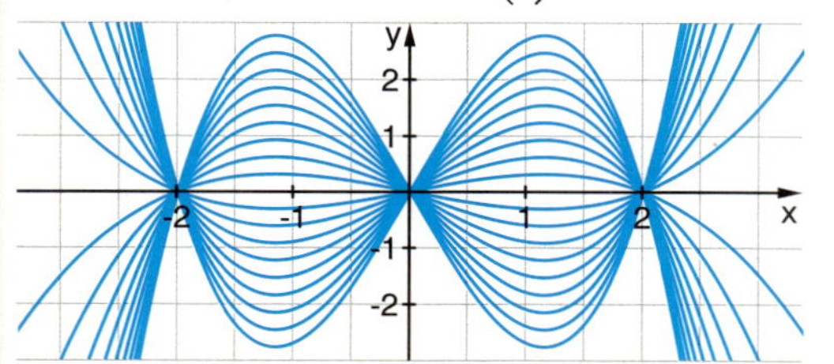

7 Übersetzen Sie jede der Eigenschaften eines Graphen in eine Gleichung und begründen Sie die Übersetzung.

a) Der Graph hat bei $x = 5$ einen Hochpunkt.

b) Der Punkt (1 | 1) liegt auf dem Graphen.

c) Der Graph hat bei $x = 3$ einen Wendepunkt.

Finden Sie eine ganzrationale Funktion f, die alle drei Bedingungen erfüllt.

8 Finden Sie möglichst viele Gleichungen, die bei diesem Funktionsgraphen erfüllt sind.

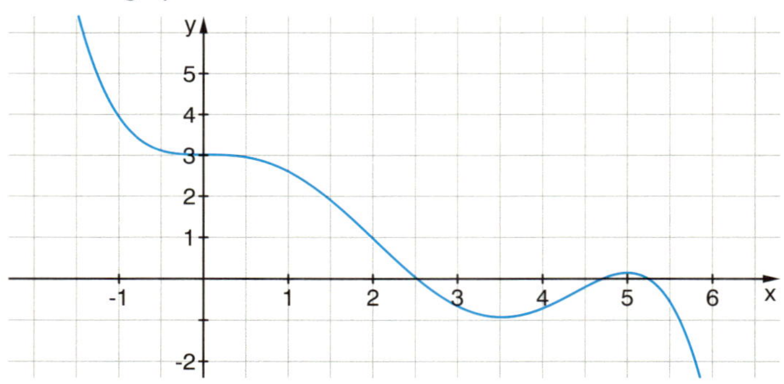

Stellen Sie ein Gleichungssystem für die Koeffizienten einer ganzrationalen Funktion geeigneten Grades auf.

Liefert die Lösung des Gleichungssystems den obigen Funktionsgraphen?

9 Lösen Sie die Gleichungssysteme mithilfe des Gauß-Verfahrens per Hand und überprüfen Sie die Lösung jeweils mit dem GTR.

a)
$$\begin{aligned} x - y + 2z &= 1 \\ 2x + y - z &= 3 \\ x + y - z &= 2 \end{aligned}$$

b)
$$\begin{aligned} 2x + y - z &= 2 \\ x + 2y + z &= 1 \\ 2x - y + 3z &= -10 \end{aligned}$$

10 Mit der abgebildeten Matrix wurden die Koeffizienten einer ganzrationalen Funktion berechnet, deren Graph durch die Punkte P, Q und R gehen soll. Zeichnen Sie die Punkte und den Graphen im Koordinatensystem.

[A]
$$\begin{bmatrix} 1 & 1 & 1 & 5 \\ 9 & 3 & 1 & 1 \\ 16 & 4 & 1 & 3 \end{bmatrix}$$

rref([A])
$$\begin{bmatrix} 1 & 0 & 0 & \frac{4}{3} \\ 0 & 1 & 0 & -\frac{22}{3} \\ 0 & 0 & 1 & 11 \end{bmatrix}$$

11 Die Abbildung zeigt eine Schar von ganzrationalen Funktionen 4. Grades. Welche Eigenschaften haben alle Funktionen dieser Schar gemeinsam? Ermitteln Sie die Funktionsgleichung der Schar. Welche der Funktionen hat ein Maximum in P(1 | 1)?

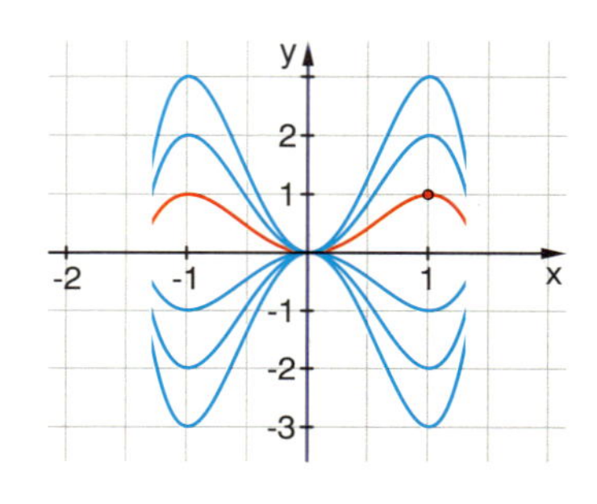

12 Der geschwungene Giebel eines alten Hauses lässt sich durch eine ganzrationale Funktion 4. Grades modellieren. Die oberen Ecken des eingebauten Fensters befinden sich in den Wendepunkten der Funktion.

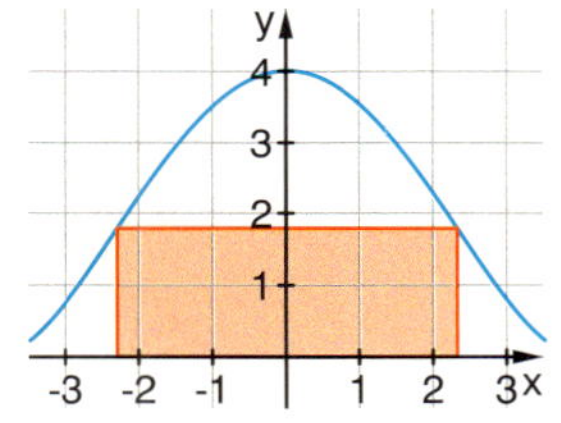

Wie groß ist die Fläche des Fensters (Maße in m)? Schätzen und rechnen Sie.

13 Kostenfunktionen K(x) beschreiben die Herstellungskosten für eine bestimmte Ware in Abhängigkeit von der produzierten Stückzahl x. Sie können oft durch eine ganzrationale Funktion 3. Grades modelliert werden. Trifft dies für die folgende Kostentabelle zu?

x	10	20	30	40
K(x)	1035	1140	1165	1230

Bei welcher Stückzahl ist die Zunahme der Produktionskosten am größten?

14 Zwischen den Graphen der Funktion $f(x) = x^2$ im Intervall [0; 2] und $g(x) = 2x - 7$ im Intervall [4; 6] soll ein Übergang modelliert werden.

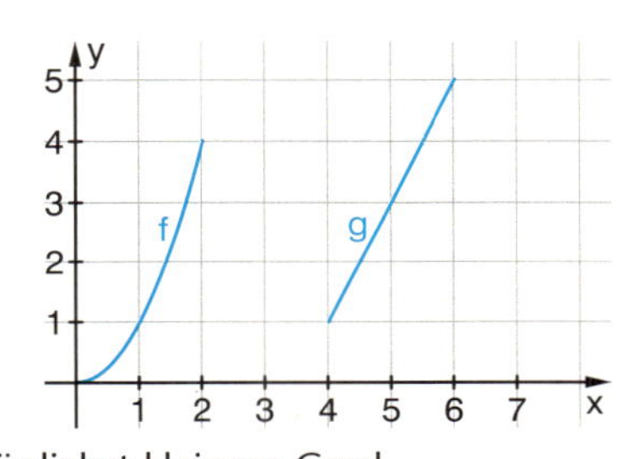

a) Modellieren Sie den Übergang knickfrei durch eine ganzrationale Funktion von möglichst kleinem Grad.
b) Überprüfen Sie, ob Ihre Modellierung auch ruckfrei ist.

15 Zwei gradlinige Autobahnstücke lassen sich durch die Geraden $y = x$ und $y = -x$ beschreiben. Die beiden Autobahnen sollen zwischen den Punkten $P(-1|1)$ und $Q(1|1)$ verbunden werden.

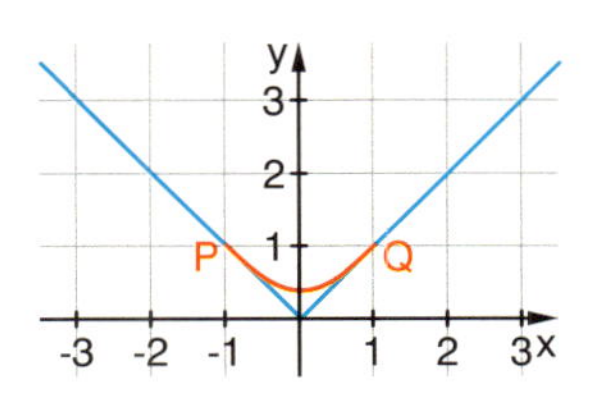

a) Nennen Sie die Kriterien, die für problemlose Übergänge zu beachten sind und berechnen Sie eine Funktion, die das Verbindungsstück beschreibt.
b) Berechnen Sie mit der Formel für die Krümmung die Krümmungen der ermittelten Funktion in den Punkten P und Q und im Punkt $(0|f(0))$.

$$k(x_0) = \frac{f''(x_0)}{\left(\sqrt{(f'(x_0))^2 + 1}\right)^3}$$

16 Übersetzen Sie die nebenstehenden Anforderungen A bis D für Spline-Funktionen in mathematische Bedingungen für die Funktionen f_1 und f_2. Zeigen Sie, dass die Funktion f diese Bedingungen in dem Übergangspunkt B und am Anfangs- und Endpunkt erfüllt.

CHECK UP

Modellieren mit Funktionen – Kurvenanpassung

Anwendungen

Mithilfe ganzrationaler Funktionen lassen sich funktionale Zusammenhänge aus Natur und Wirtschaft gut modellieren.

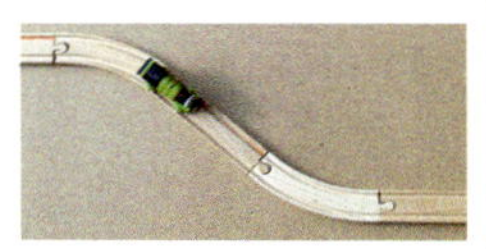

Insbesondere lassen sich damit Forderungen an glatte Kurvenverläufe (ohne Knicke) und ruckfreie Übergänge (ohne Krümmungsänderung) berücksichtigen.

Spline-Interpolation

Je zwei benachbarte Punkte werden durch ganzrationale Funktionen 3. Grades knickfrei und mit gleichen Krümmungsverhalten in den Stützpunkten verbunden.

Verfahren am Beispiel mit 3 Stützpunkten:

(1) Sinnvolles Koordinatensystem einführen und Kurvenpunkte ablesen

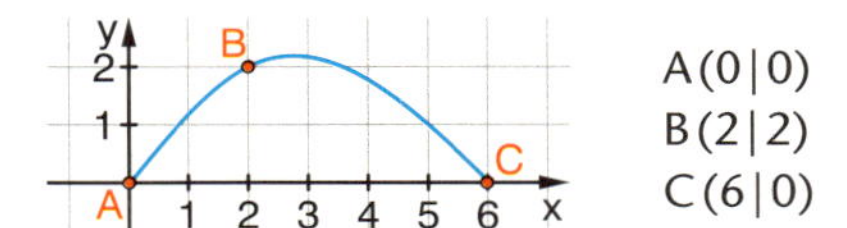

A(0|0)
B(2|2)
C(6|0)

(2) Zwischen den einzelnen Datenpunkten werden zwei Funktionen f_1 und f_2 höchstens dritten Grades mit folgenden Eigenschaften konstruiert:

(A) Die Funktionen verlaufen jeweils durch zwei benachbarte Datenpunkte.
(B) Die Verbindung in den Datenpunkten ist knickfrei.
(C) An den Verbindungsstellen stimmen die zweiten Ableitungen überein.
(D) Am linken und rechten Ende ist der Graph ungekrümmt.

(3) Die Bedingungen werden in Gleichungen für die Koeffizienten der Funktionen übersetzt. Die Lösung des Gleichungssystems liefert die aus beiden Funktionen zusammengesetzte Spline-Funktion.

$$f(x) = \begin{cases} -\frac{1}{16}x^3 + \frac{5}{4}x & 0 \le x < 2 \\ \frac{1}{32}x^3 - \frac{9}{16}x^2 + \frac{19}{8}x - \frac{3}{4} & 2 \le x < 6 \end{cases}$$

Training

Sichern und Vernetzen – Vermischte Aufgaben

1 *Übersetzungen*

Ordnen Sie den Beschreibungen die passenden Gleichungen zu.

(1) Der Graph von f ist symmetrisch zur y-Achse.	(2) f hat an der Stelle a eine Wendestelle.	(3) f hat an der Stelle a einen lokalen Extremwert.
(4) Die Tangente im Punkt $(a \mid f(a))$ hat die Steigung 2.	(5) f hat an der Stelle a einen Sattelpunkt.	(6) f ist punktsymmetrisch zum Ursprung.
(7) Der Graph von f schneidet die x-Achse an der Stelle a.	(8) Der Graph von f berührt an der Stelle a die x-Achse.	(9) Die Wendetangente von f an der Stelle a hat die Gleichung $y = 2x - 1$.

(A) $f(a) = 0$
(B) $f(x) = f(-x)$
(C) $f(a) = 0$ und $f'(a) = 0$
(D) $f(x) = -f(-x)$
(E) $f''(a) = 0$
(F) $f'(a) = 0$
(G) $f'(a) = 2$ und $f''(a) = 0$
(H) $f'(a) = 2$
(I) $f'(a) = 0$ und $f''(a) = 0$

2 *Steckbriefe für ganzrationale Funktionen mit Angabe des Grades*

a) Eine Parabel verläuft durch die Punkte $A(-1 \mid -6)$, $B(1 \mid 0)$ und $C(3 \mid -2)$.

b) Die Funktion mit der Gleichung $f(x) = ax^3 + bx^2 + c$ hat im Wendepunkt $(-1 \mid 1)$ die Steigung -3.

c) Eine Funktion 3. Grades hat im Ursprung die Tangente mit der Gleichung $y = 2x$ und den Wendepunkt $(3 \mid -2)$.

d) Der Graph einer ganzrationalen Funktion 4. Grades hat im Punkt $P(1 \mid 1)$ die Steigung 2 und im Punkt $Q(0 \mid 0)$ einen Sattelpunkt.

3 *Steckbriefe ohne Angabe des Grades*

a) Der Graph von f hat den Hochpunkt $(1 \mid 3)$ und den y-Achsenabschnitt -1 sowie die Wendestelle 2.

b) Finden Sie eine ganzrationale Funktion, die in $(-1 \mid 3)$ einen Sattelpunkt und in $(1 \mid -5)$ einen Tiefpunkt hat.

4 *Passende Funktionsgleichung gesucht*

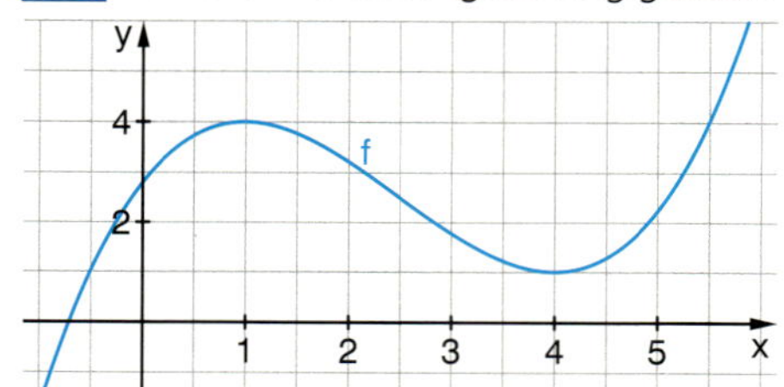

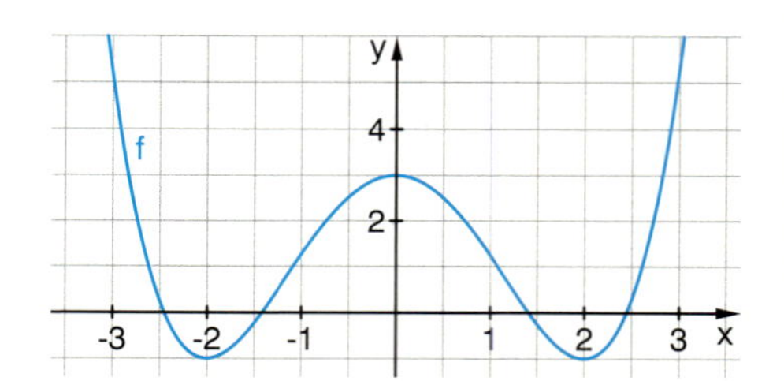

5 *Funktionenschar und ein spezieller Vertreter*

a) Die Graphen einer Schar ganzrationaler Funktionen 3. Grades sind punktsymmetrisch zum Ursprung und gehen durch den Punkt $P(3 \mid 0)$. Bestimmen Sie die Gleichung der Schar mit einem Parameter.

b) Bestimmen Sie die Gleichung der Scharkurve, auf der der Punkt $Q\left(2 \,\middle|\, \frac{32}{9}\right)$ liegt.

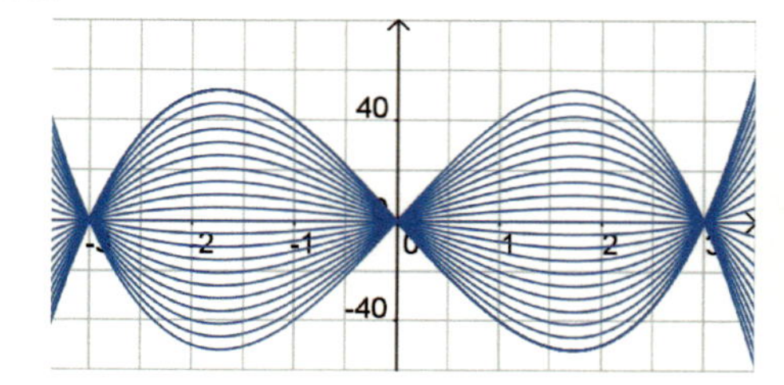

Verstehen von Begriffen und Verfahren

6 *Wahr oder falsch?*
Entscheiden und begründen Sie jeweils.

(A) Zur Bestimmung der Gleichung einer Funktion 4. Grades benötigt man mindestens fünf Bedingungen.

(B) Eine Funktion mit einem Sattelpunkt und einem Tiefpunkt hat mindestens den Grad 4.

(C) Die Beschreibung „S(2|3) ist Sattelpunkt der Funktion" führt auf zwei algebraische Gleichungen.

(D) „Bei x = 3 liegt ein Hochpunkt vor" lässt sich zu $f'(3) = 0$ und $f''(3) < 0$ übersetzen.

(E) Durch drei Punkte lässt sich immer eine Parabel legen.

(F) Es kann sein, dass man zu fünf Bedingungen eine passende Funktion 3. Grades finden kann.

7 *Eine Bedingung – viele Ursachen*
Welche geometrische Aussage über den Graphen kann zu der Gleichung $f'(2) = 0$ gehören? Finden Sie möglichst viele Aussagen.

8 *Vier Bedingungen und viele Polynome 3. Grades*
a) Warum lässt sich aus den Eigenschaften „Wendepunkt (2|2), Hochpunkt $(1|y_H)$, Tiefpunkt $(3|y_T)$" keine Funktion 3. Grades eindeutig bestimmen?
b) Geben Sie eine weitere Bedingung an, so dass eine eindeutige Bestimmung der Funktionsgleichung möglich ist.

9 *Rückschlüsse*
Was können Sie über die Lösung des Gleichungssystems aussagen, wenn sich daraus die folgenden Diagonalformen der Matrizen ergeben?

a) $\left(\begin{array}{ccc|c} 1 & 0 & 0 & 0 \\ 0 & 1 & 0 & 2 \\ 0 & 0 & 0 & 1 \end{array}\right)$ b) $\left(\begin{array}{ccc|c} 1 & 0 & 0 & -1 \\ 0 & 1 & 0 & 2 \\ 0 & 0 & 1 & 1 \end{array}\right)$ c) $\left(\begin{array}{ccc|c} 1 & 0 & 0 & 3 \\ 0 & 1 & 0 & 2 \\ 0 & 0 & 1 & 0 \end{array}\right)$ d) $\left(\begin{array}{ccc|c} 1 & 0 & 4 & 1 \\ 0 & 1 & 2 & 2 \\ 0 & 0 & 0 & 0 \end{array}\right)$

Was bedeutet dies jeweils, wenn das ursprüngliche Gleichungssystem zum Finden der Koeffizienten einer ganzrationalen Funktion zweiten Grades aufgestellt wurde?

10 *Kandidaten für einen Graphen*
Begründen Sie, dass der Graph nicht durch eine Gleichung 3. Grades beschrieben werden kann. Geben Sie verschiedene Argumente an.
Bestimmen Sie den Grad, den die Funktionsgleichung mindestens haben muss.
Finden Sie eine passende Funktionsgleichung.

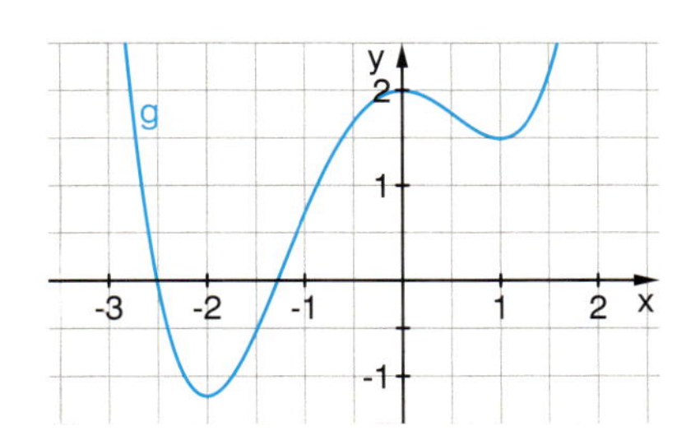

11 *Eigenschaften einer Funktionenschar*
Gegeben ist die Funktionenschar mit der Gleichung $f(x) = ax^3 + bx^2 + cx + d$, $a \neq 0$.
Zeigen Sie, dass jede Funktion der Schar genau eine Wendestelle besitzt.
Unter welcher Bedingung liegt der zugehörige Wendepunkt auf der y-Achse?
Welcher Zusammenhang muss zwischen den Parametern a, b, c und d bestehen, damit der Wendepunkt ein Sattelpunkt ist?

12 *Funktionenschar*
Bestimmen Sie alle Polynomfunktionen 3. Grades $f(x) = ax^3 + bx^2 + cx + d$ deren Graph zum Koordinatenursprung punktsymmetrisch ist und an der Stelle 0 die Steigung 1 hat. Zeigen Sie, dass die Funktionen mit $a > 0$ keine Extrempunkte besitzen.

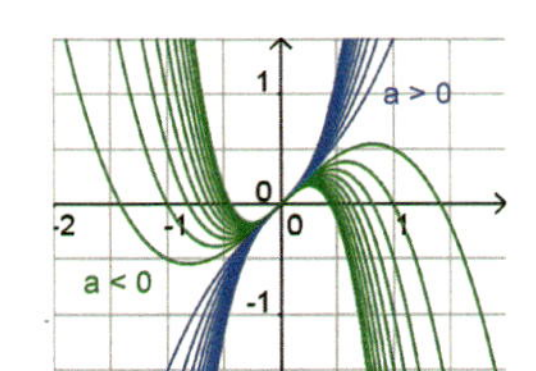

Anwenden und Modellieren

13 *Rotationskörper*

Eine Vase hat folgendes Aussehen: Die Vase ist 18 cm hoch. Der obere innere Rand ist ein Kreis mit dem Durchmesser 13,6 cm. Die Bodenfläche innen ist ein Kreis mit dem Durchmesser 8 cm. An der schmalsten Stelle (5 cm über der Bodenfläche) hat die Vase einen Innendurchmesser von 7 cm.
Die Vasenform lässt sich durch die Rotation einer passenden Kurve um die x-Achse simulieren.

Legen Sie ein Koordinatensystem sinnvoll fest und bestimmen Sie eine ganzrationale Funktion dritten Grades, deren Graph den oberen Verlauf der Kontur der Vase beschreibt
(Lösen des Gleichungssystems mit GTR).

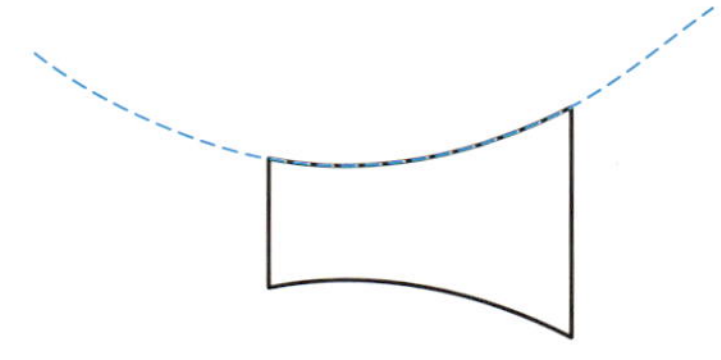

14 *Umsatzentwicklung*

Durch den Graphen wird näherungsweise die Umsatzentwicklung eines Unternehmens im Laufe von 5 Jahren dargestellt. Die Umsätze sind in Millionen Euro angegeben. Bestimmen Sie eine Funktionsgleichung. Interpretieren Sie die Bedeutung des Wendepunktes und die relativ geringe Steigung der Wendetangente im Sachzusammenhang.

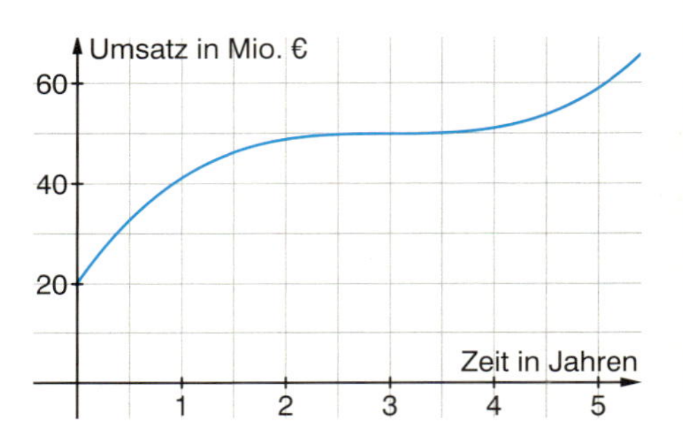

15 *Temperaturverlauf*

An einem Tag wurden die Temperaturen zu jeder Stunde gemessen. Durch die Messpunkte wurde ein möglichst gut passender Funktionsgraph als Ausgleichskurve gelegt. Gesucht ist eine Funktionsgleichung für diese Kurve.
Finden Sie verschiedene Funktionstypen und vergleichen Sie.

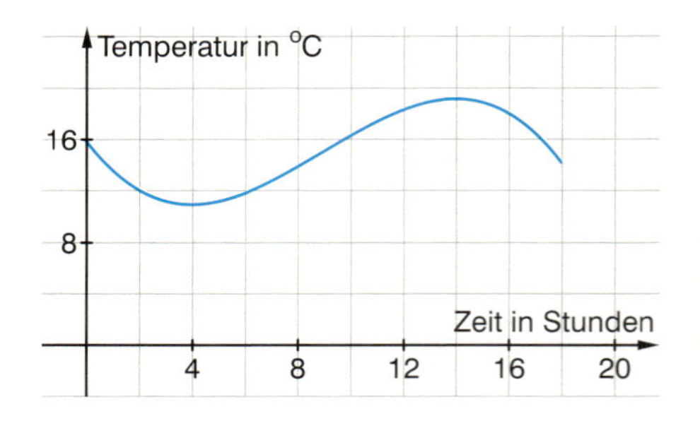

16 *Biegelinie*

Ein 2 m langes Regalbrett, das auf der ganzen Länge gleichmäßig belastet wird, liegt an beiden Enden frei auf. In der Mitte ist das Brett um 8 cm durchgebogen. Ermitteln Sie eine Gleichung der Biegelinie. Wie groß ist die Neigung des Regalbrettes an den Enden?

Hinweis: An einem freien Ende liegt ein Wendepunkt vor. Ein gleichmäßig belastetes Brett wird durch eine Funktion 4. Grades beschrieben.

Anwenden und Modellieren

17 *Knickfrei, aber nicht ruckfrei*

Gegeben ist die Parabel $f(x) = 0{,}5x^2 + x + 1$ im Bereich von $-\infty < x \leq 2$.
Setzen Sie die Parabel für $x > 2$ knickfrei durch eine Gerade fort.
Begründen Sie, dass es nicht möglich ist, die Parabel an dieser Stelle ruckfrei durch eine Gerade fortzusetzen.

18 *Übergang*

Eine gerade Straße durch den Punkt $A(-4|4)$ endet im Punkt $B(-2|2)$. Die Fortsetzung der Straße ist der Teil der x-Achse, der rechts vom Punkt $C(2|0)$ liegt.

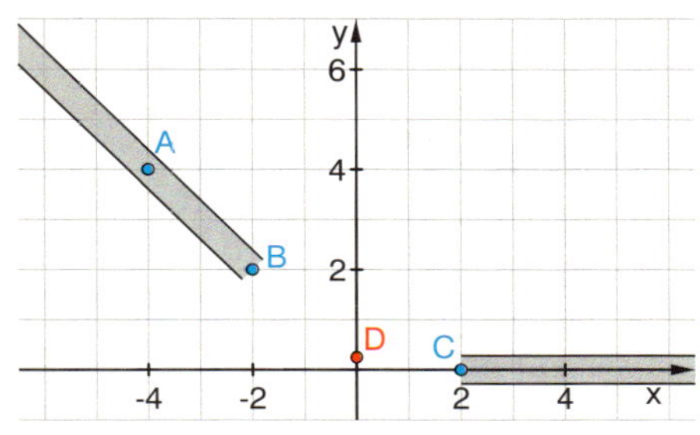

a) Bestimmen Sie die Verbindungskurve von B und C, die durch den Punkt $D(0|0{,}25)$ verläuft und in welche die beiden geraden Straßenteile tangential einmünden.
b) Bestimmen Sie die Wendepunkte der von Ihnen ermittelten Funktion. Welche Schlüsse lassen sich aus der Lage der Wendepunkte für das Durchfahren der Verbindungskurve in den Anschlussstellen ziehen?

19 *Sinus- und Polynomfunktion*

Die Abbildung zeigt den Graphen der Sinusfunktion und einer Polynomfunktion 3. Grades. An den Stellen 0; $\frac{\pi}{2}$; π; $\frac{3\pi}{2}$ und 2π stimmen die Werte der beiden Funktionen überein.
Ordnen Sie begründet die beiden Graphen den Funktionen zu. Ermitteln Sie den Term der Polynomfunktion.

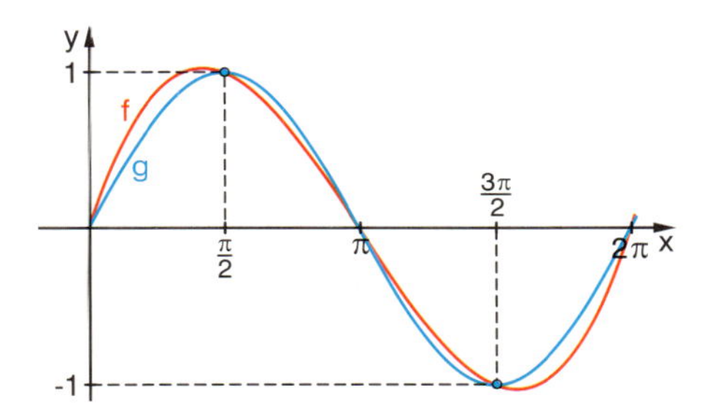

20 *Verschiedene Modellierungen*

Für eine industrielle Fertigung muss die Kontur eines Holztisches mit CAD erfasst werden. Der Tisch wird dazu um 90° gedreht. Es soll mit den Punkten $A(0|0)$, $B(3|-0{,}5)$ und $C(5|0{,}5)$ gearbeitet werden. Bestimmen Sie drei Modelle und vergleichen Sie die Güte der Anpassung.
(I) Polynom von kleinstmöglichem Grad
(II) Polynom mit Zusatzbedingung $f'(0) = 0$
(III) Spline mit $f'(0) = 0$

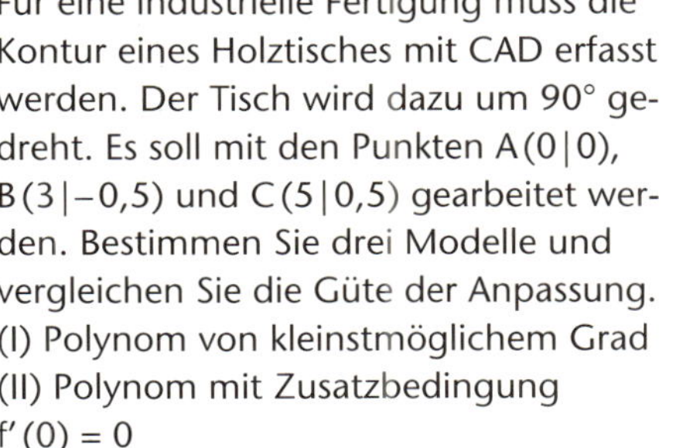

Tabelle zu (III):	1. Funktion f_{AB}				2. Funktion f_{BC}				
Bedingung	a_1	a_2	a_3	a_4	b_1	b_2	b_3	b_4	z
$f_{AB}(0) = 0$	0	0	0	1	0	0	0	0	0
$f_{AB}(3) = -1{,}25$	■	■	■	■	■	■	■	■	■
■	0	0	0	0	27	9	3	1	−1,25
$f_{BC}(5) = 1$	■	■	■	■	■	■	■	■	■
$f'_{AB}(3) - f'_{BC}(3) = 0$	■	■	■	■	■	■	■	■	■
■	18	2	0	0	■	■	■	■	0
$f'_{AB}(0) = 0$	■	■	■	■	■	■	■	■	■
■	■	■	■	■	30	2	■	■	0

zur Hilfe Tabelle vollständig ausfüllen

Kommunizieren und Präsentieren

21 *Regressionskurven*

Untersuchen Sie, welche Möglichkeiten für Regressionsfunktionen Ihr Taschenrechner zulässt und wie man diese mit dem Rechner ermitteln kann. Erstellen Sie dazu eine Übersicht mit konkreten Beispielen und präsentieren Sie diese.

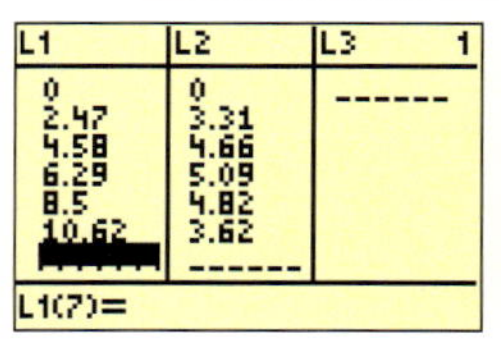

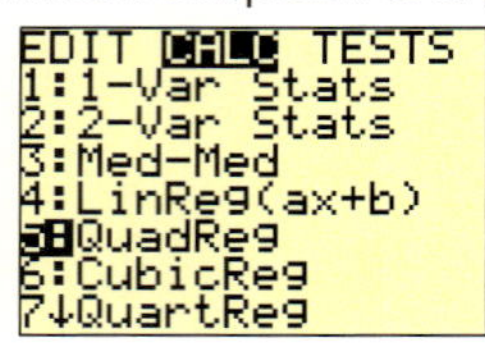

QuadReg
y=ax²+bx+c
a=-.111363874
b=1.510182171
c=.0845131368
R²=.9971075496

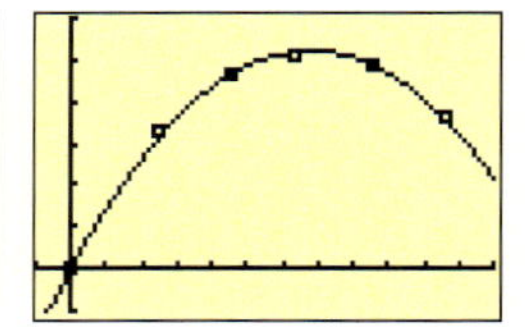

22 *Vergleich von Kurvenanpassungen*

Vergleichen Sie die Kurvenanpassung durch Regression mit der Anpassung durch eine ganzrationale Funktion über das Lösen des Gleichungssystems. Wo liegen die Unterschiede, wo die Vor- und Nachteile der beiden Verfahren?

23 *Bögen nachbilden*

Das Tor im Bild hat im oberen Bereich eine gebogene Querverbindung, die mathematisch modelliert werden soll. Beschreiben Sie anhand der Abbildungen unten die verwendeten Modellansätze. Diskutieren Sie die Qualität der Ergebnisse und nennen Sie Verbesserungsmöglichkeiten.

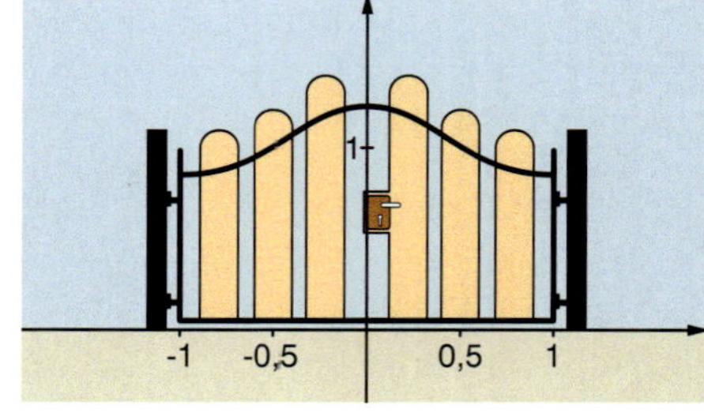

Die Stützpunkte sind:
A(−1 | 0,85), B(−0,5 | 1), C(0 | 1,23), D(0,5 | 1), E(1 | 0,85)

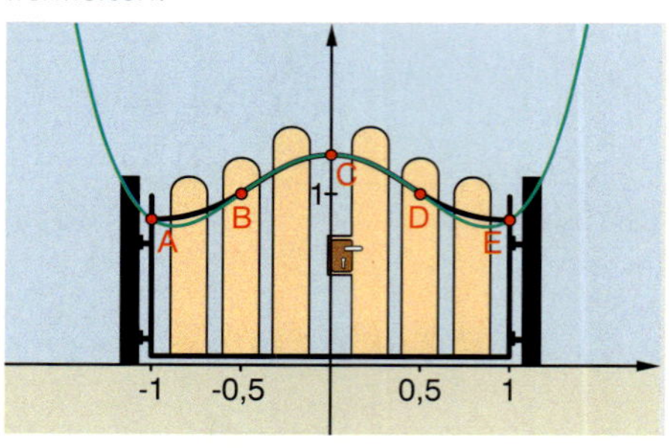

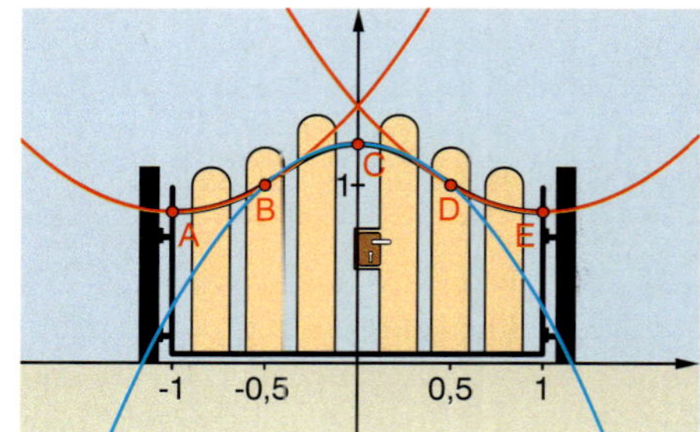

Modellieren Sie den Torbogen nach einer Methode Ihrer Wahl.
Stellen Sie Ihr Ergebnis vor und vergleichen Sie mit den Modellierungen anderer Gruppen.

24 *Steckbriefe mit und ohne Lösung*

Formulieren Sie je eine Steckbriefaufgabe, die
a) zu einer eindeutigen Lösung führt.
b) unlösbar ist.
c) zu einer Kurvenschar mit einem Parameter führt.
Beschreiben und begründen Sie jeweils Ihren Lösungsweg.

25 *Krümmung*

Demonstrieren Sie mithilfe der CD einen anschaulichen Weg zur Bestimmung eines Krümmungsmaßes. Gehen Sie dabei auch auf die Konstruktion des Krümmungskreises und die Krümmungsfunktion ein.

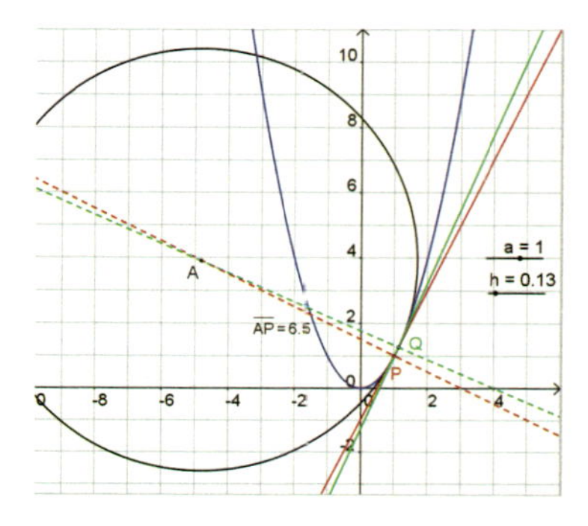

4 Folgen – Reihen – Grenzwerte

Bei der Einführung der Differenzialrechnung spielte der Grenzwert eine wesentliche Rolle. Um die momentane Änderungsrate an einer Stelle zu bestimmen, wurden Folgen von Differenzenquotienten beziehungsweise Sekantensteigungen betrachtet. Aus der Entwicklung solch einer Folge ließ sich dann der Grenzwert intuitiv ablesen. Dabei lag die Vorstellung zugrunde, dass die Folge immer weiter („unendlich“) fortgesetzt wird.
Auf eine mathematisch präzisere Beschreibung des Grenzwertbegriffs wurde bisher jedoch verzichtet. Mathematiker haben Jahrhunderte dafür benötigt, eine solche Beschreibung zu entwickeln. In diesem Kapitel soll ein Einblick in diese Entwicklung gegeben und der Grenzwertbegriff präzisiert werden. Die Zahlenfolgen dienen dabei als Instrument zur Beschreibung unendlicher Prozesse.

4.1 Folgen beschreiben iterative Prozesse

Mit Zahlenfolgen lassen sich gut Prozesse beschreiben, die aus der Aufeinanderfolge von einzelnen Schritten bestehen. Aus der expliziten oder rekursiven Gleichung und mithilfe geeigneter grafischer Darstellungen lassen sich Erkenntnisse über das Langzeitverhalten der Folge gewinnen.

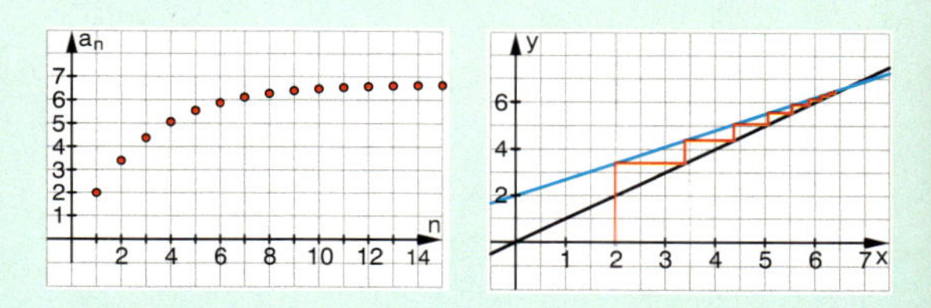

4.2 Grenzwerte bei Folgen

Der Grenzwertbegriff wird bislang intuitiv verwendet. Mithilfe der Zahlenfolgen kann dieser Begriff präzise definiert werden.

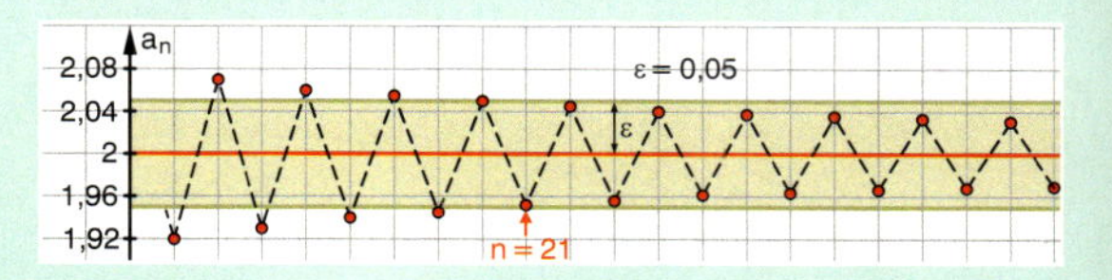

4.3 Grenzwerte bei Funktionen

Der Grenzwertbegriff bei Zahlenfolgen führt zum Funktionsgrenzwert. Mit seiner Hilfe können auch wichtige Eigenschaften wie Differenzierbarkeit und Stetigkeit präziser gefasst werden.

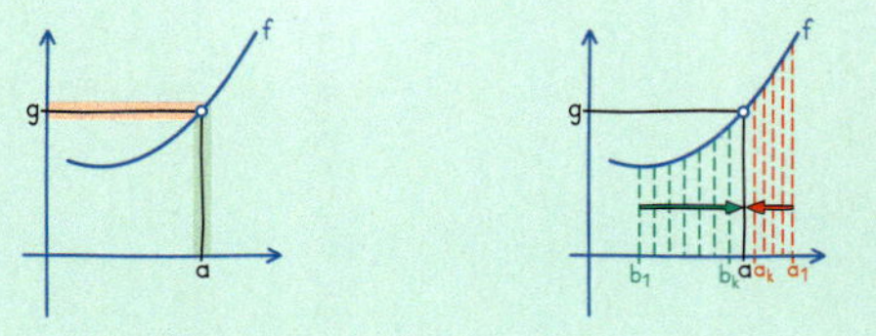

4.4 Folgen und Gleichungen

Nicht alle Gleichungen lassen sich algebraisch lösen. Mithilfe bestimmter Folgen lassen sich effektive Verfahren entwickeln, mit denen gute Näherungswerte für Lösungen gefunden werden können.

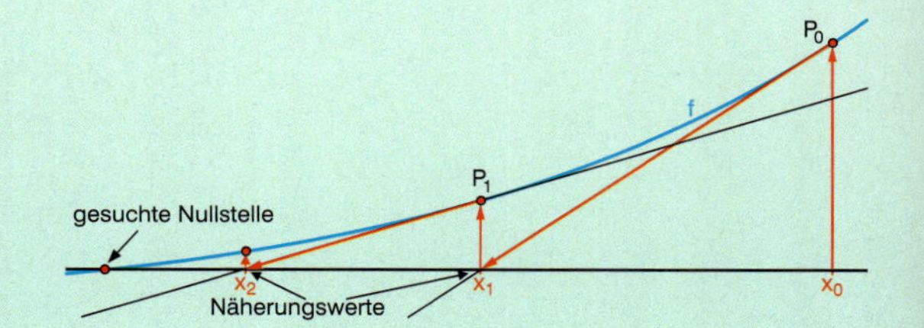

4.1 Folgen beschreiben iterative Prozesse

Was Sie erwartet

Mit Funktionen und Graphen lassen sich viele Situationen und Vorgänge beschreiben bzw. modellieren. Folgen können als spezielle Funktionen mit dem Definitionsbereich $\mathbb{N} = \{0, 1, 2, \ldots\}$ aufgefasst werden. Mit ihnen lassen sich besonders gut Prozesse beschreiben, die aus der Aufeinanderfolge von einzelnen Schritten bestehen. Typische Beispiele dafür sind Wachstumsprozesse, bei denen sich eine Größe von Jahr zu Jahr verändert, die Annäherung des Flächeninhalts eines Kreises durch die Einbeschreibung von Vielecken mit immer größer werdender Eckenzahl oder auch einfach die Entwicklung bestimmter Zahlenmuster von Stufe zu Stufe.

Aufgaben

1 *Die Quadratpflanze*

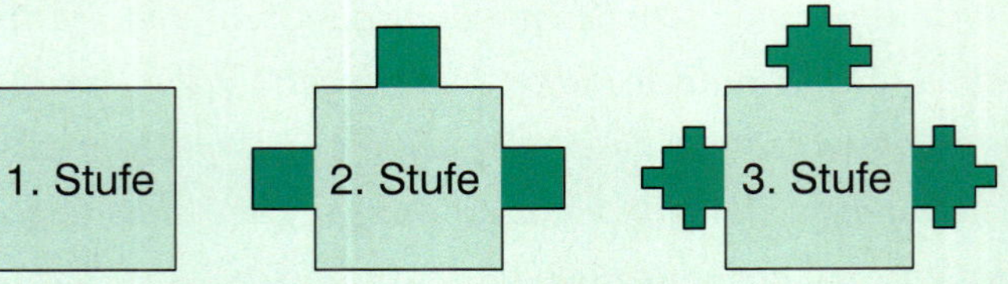

Die Quadratpflanze wächst schrittweise von Jahr zu Jahr nach einer genauen Vorschrift. Die ersten vier Stufen sind abgebildet. Man sagt ihr eine seltsame Eigenschaft nach:
Umfang und Flächeninhalt werden von Stufe zu Stufe immer größer. Während der Umfang über alle Grenzen wächst, bleibt der Flächeninhalt immer unter einer festen Schranke. Im Unendlichen würde dies dann bedeuten, dass wir zur Umgrenzung einer Fläche mit endlichem Flächeninhalt eine unendlich lange Schnur benötigen.
Kann das sein?

a) *Erster Überblick durch Ausfüllen der Tabelle*
Starten Sie mit einem Quadrat der Seitenlänge 1.

Stufe n	1	2	3	4	5	6	7	8
Umfang u	4	■	8	■	12	■	■	■
Flächeninhalt A	1	$\frac{4}{3}$	■	■	$\frac{121}{81}$	■	■	■

b) *Mehr Werte durch Rekursionsformeln*
Bestätigen Sie die folgenden Rekursionsformeln mit Ihren Tabellenwerten.

(lat. *recurrere* „zurücklaufen")

$u(n) = u(n-1) + 2,\ n \geq 2,\ u(1) = 4;$ $\quad A(n) = \frac{1}{3} \cdot A(n-1) + 1,\ n \geq 2,\ A(1) = 1$

Finden Sie auch eine Begründung (Herleitung) der beiden Formeln?

c) *Der GTR als Instrument zur Beobachtung der Langzeitentwicklung*
Auf Ihrem GTR können Sie diese „Rekursionsformeln" im Folgenmodus eingeben und damit die passenden Tabellen und die zugehörigen Graphen erzeugen.

```
Plot1 Plot2 Plot3
nMin=1
·u(n)=u(n-1)+2
 u(nMin)={4}
·v(n)=1/3v(n-1)+
1
 v(nMin)={1}
·w(n)=
```

n	u(n)	v(n)
1	4	1
2	6	1.3333
3	8	1.4444
4	10	1.4815
5	12	1.4938
6	14	1.4979
7	16	1.4993

n=1

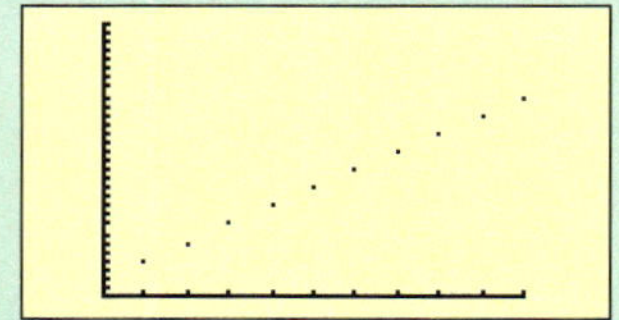

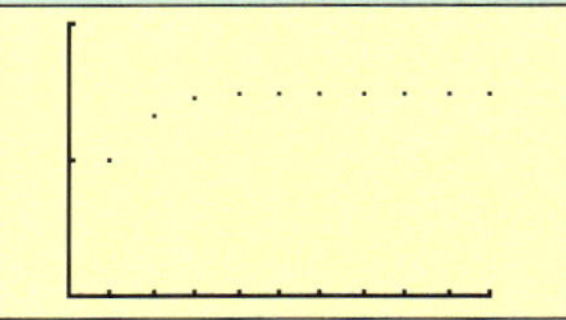

Beschreiben Sie damit das Langzeitverhalten beider Folgen. Lässt sich damit die oben angeführte Eigenschaft der Quadratpflanze im Unendlichen bestätigen? Wie groß wird der Flächeninhalt?

Aufgaben

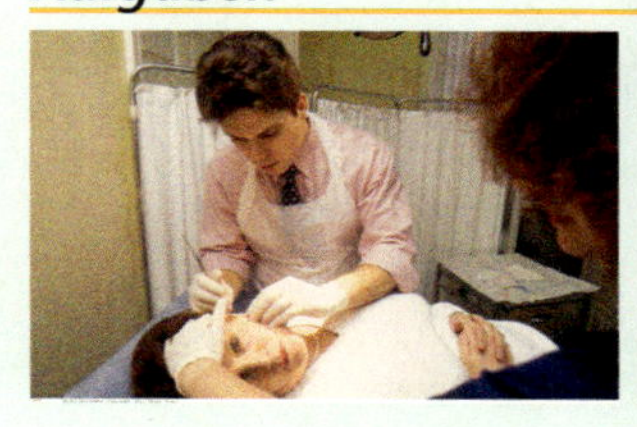

2 *Medikamentenaufnahme und -abbau*

Bei kleineren operativen Eingriffen wird ein Anästhetikum in einer Dosis von 400 mg gespritzt. Dieses Medikament wird im Körper des Patienten dann hauptsächlich über die Niere wieder abgebaut. Bei normaler Nierenfunktion werden stündlich etwa 20 % des im Blut vorhandenen Medikaments entfernt.

a_1) Welcher der beiden Graphen beschreibt den Abbau in den ersten 10 Stunden zutreffend? Begründen Sie.

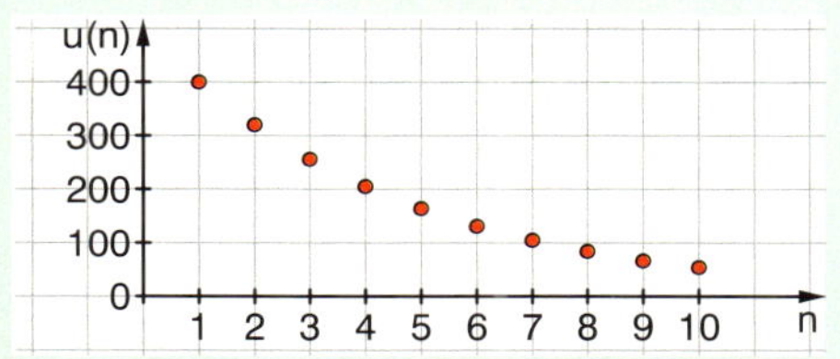

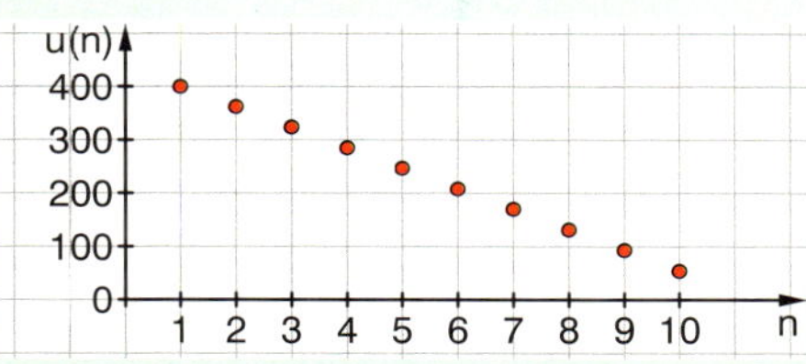

a_2) Der Abbauprozess lässt sich mit einer Zahlenfolge beschreiben, bei der zu jeder Stunde die noch vorhandene Dosis notiert wird. Zeigen Sie, dass man die Folgenglieder mit den beiden folgenden Formeln berechnen kann.

rekursiv:
$u(1) = 400$
$u(n) = u(n-1) - 0{,}2 \cdot u(n-1),\ n \geq 2$

explizit:
$u(n) = 0{,}8^{n-1} \cdot 400,\ n \geq 1$

```
Plot1 Plot2 Plot3
∖u(n)=u(n-1)-0.2
u(n-1)
 u(nMin)={400}
∖v(n)=0.8^(n-1)*
400
 v(nMin)=
∖w(n)=
```

Auf Ihrem GTR können Sie im Folgenmodus beide Formeln eingeben und damit Tabellen und Graphen erzeugen.

Benutzen Sie Tabellen oder Graphen zur Beantwortung der Fragen:
Nach wie vielen Stunden ist über die Hälfte der Ausgangsdosis abgebaut?
Wie groß ist die Restdosis 24 Stunden nach der Injektion?

Bei der Verabreichung von Antibiotika stellt sich ein anderes Problem: Die Dosis des Medikaments im Blut muss über einen längeren Zeitraum auf einem bestimmten Mindestlevel gehalten werden. Dieser Level muss einerseits groß genug sein, um die Bakterien effektiv zu bekämpfen, andererseits darf er eine Grenze nicht überschreiten, damit der Patient keine schädlichen Nebenwirkungen erleidet.

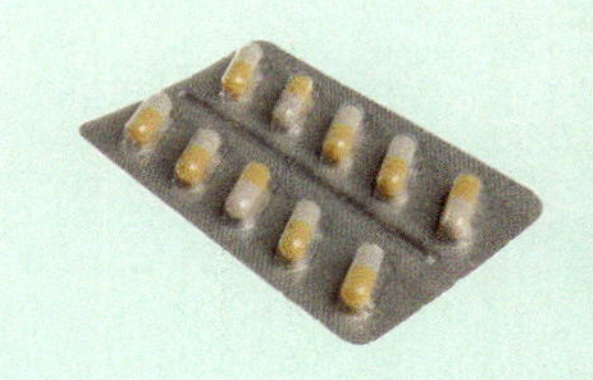

Bei einem bestimmten Antibiotikum wird in einer Stunde ungefähr die Hälfte der Dosis im Körper abgebaut. Die Anfangsdosis beträgt 500 mg, alle vier Stunden wird eine neue Tablette mit 500 mg verabreicht.

b_1) Begründen Sie: Direkt nach Einnahme der zweiten Tablette (vier Stunden nach der Anfangsdosis) befindet sich eine Dosis von $(0{,}5^4 \cdot 500 + 500)$ mg im Blut.
Wie groß ist die Dosis direkt nach Einnahme der dritten Tablette?
Füllen Sie die folgende Tabelle aus:

Einnahme n-te Tablette	1	2	3	4	5	6
Dosis u(n) in mg	500	531,25	■	■	■	■

Was vermuten Sie bei Fortsetzung der Tabelle?

b_2) Warum stellen die Werte in der Tabelle jeweils die maximale im Körper befindliche Dosis des Medikaments dar? Veranschaulichen Sie mit einer Grafik auf dem GTR, dass sich diese maximalen Werte offensichtlich stabilisieren und einen festen Wert nicht überschreiten. Wie groß ist dieser Wert ungefähr?

```
Plot1 Plot2 Plot3
 nMin=1
∖u(n)=500+0.5^4*
u(n-1)
 u(nMin)={500}
∖v(n)=
 v(nMin)=
∖w(n)=
```

b_3) Die minimale Dosis des Medikaments im Körper ist jeweils vier Stunden nach Einnahme der letzten Tablette (unmittelbar vor Einnahme der neuen Tablette) vorhanden. Erstellen Sie einen Graphen, der diese minimale Dosis über einen längeren Zeitablauf zeigt. Gibt es einen Wert, der nicht unterschritten wird?

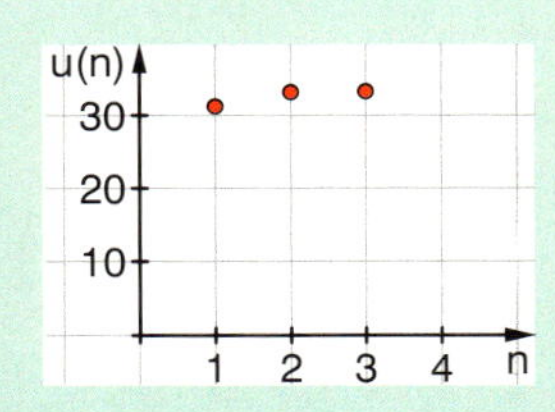

Aufgaben

3 *Iterative Erzeugung von Folgen und das „Spinnwebdiagramm"*

a) Geben Sie auf Ihrem Taschenrechner eine positive Zahl als Startwert ein und drücken Sie wiederholt die Wurzeltaste. Notieren Sie nacheinander die auf dem Display entstehenden Zahlen.

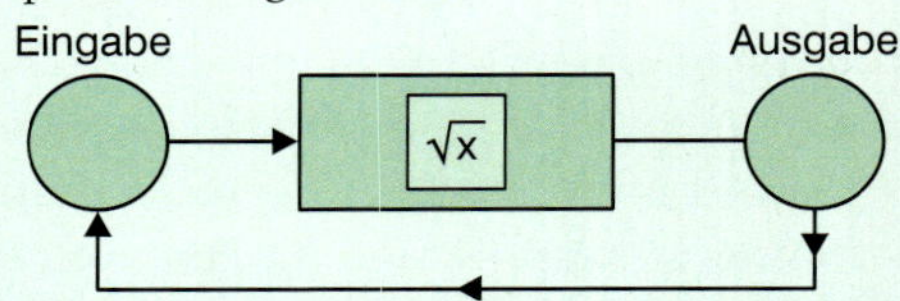

5 → 2,236067978 → 1,495348781 → 1,222844545 → 1,105823017 → …
0,2 → 0,447213596 → 0,668740305 → 0,817765434 → …

Was beobachten Sie? Vergleichen Sie Ihre Werte mit denen Ihrer Nachbarn. Welche Entwicklung vermuten Sie, wenn Sie die Wurzeltaste sehr häufig drücken? Ist diese Entwicklung abhängig vom Startwert?

b) Das in a) angewandte Verfahren erzeugt eine Zahlenfolge, die Bildungsvorschrift ist rekursiv durch die Wurzelfunktion gegeben: $x_n = \sqrt{x_{n-1}}$.
Die Werte der rekursiv definierten Folge können auch grafisch ermittelt werden. In einem sogenannten „Spinnwebdiagramm" kann der Prozess anschaulich dargestellt werden.

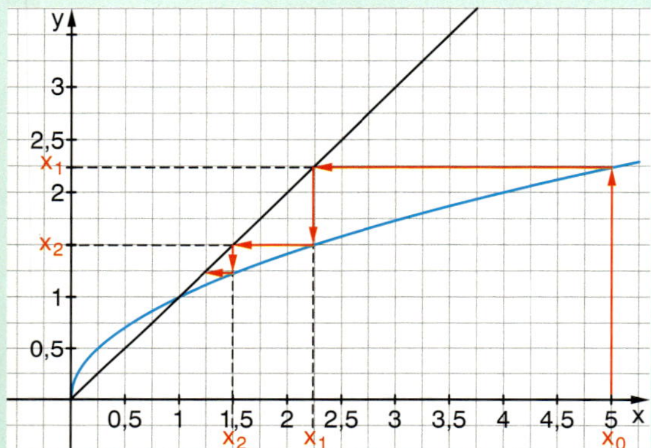

Anleitung für die grafische Iteration:
Zeichnen Sie den Graphen von $g(x) = \sqrt{x}$ und die erste Winkelhalbierende $y = x$ in ein x-y-Koordinatensystem.
Tragen Sie den Startwert x_0 auf der x-Achse ein.
Auf dem Graphen von g kann $x_1 = g(x_0)$ als Funktionswert abgelesen werden. Übertragen Sie mithilfe der Winkelhalbierenden x_1 auf die x-Achse.
Auf dem Graphen von g kann $x_2 = g(x_1)$ als Funktionswert abgelesen werden. Übertragen Sie mithilfe der Winkelhalbierenden x_2 auf die x-Achse.
….

Die Folgenglieder entstehen einmal sukzessive auf der x-Achse, zum anderen wird die Entwicklung in einem „Zickzackweg" nachgezeichnet.
Führen Sie die grafische Iteration um einige Schritte fort. Auf welchen Punkt läuft der „Zickzackweg" zu? Wie ändern sich die Folgenwerte in der Nähe dieses Punktes? Passt dies zu Ihren Beobachtungen und Vermutungen aus Aufgabe a)?

Aufruf von „Trace":

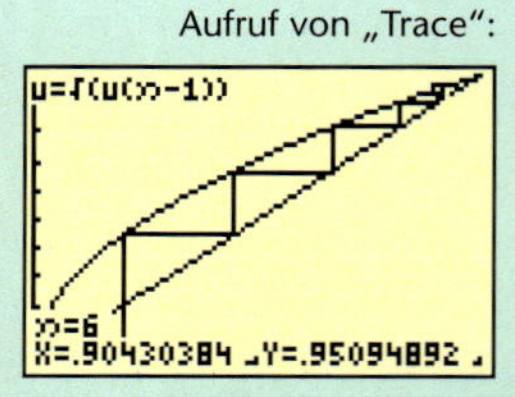

(Startwert $x_0 = 0,2$)

c) Die grafische Iteration lässt sich auch auf dem GTR darstellen:
1. Folgendefinition eingeben (Rekursionsformel),
2. Format umstellen auf WEB anstelle von TIME,
3. Mit der „Trace"-Funktion grafische Iteration aufrufen.

Untersuchen Sie mithilfe der grafischen Iteration die Folgen bei anderen Rekursionsformeln.

$g(x) = 0,5x + 1$ $(u(n) = 0,5 \cdot u(n-1) + 1)$
$g(x) = 1,5x - 2$ $(u(n) = 1,5 \cdot u(n-1) - 2)$

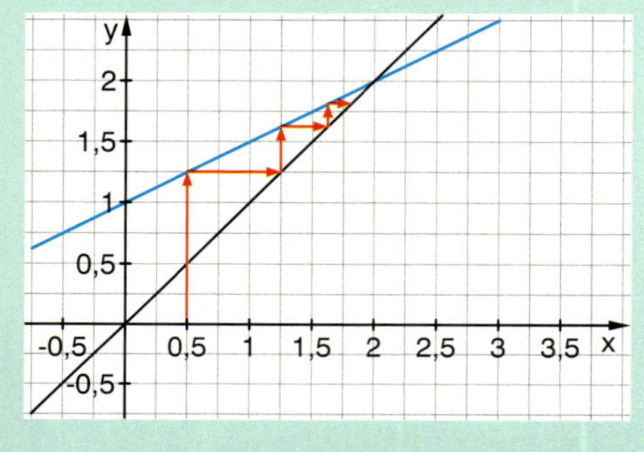

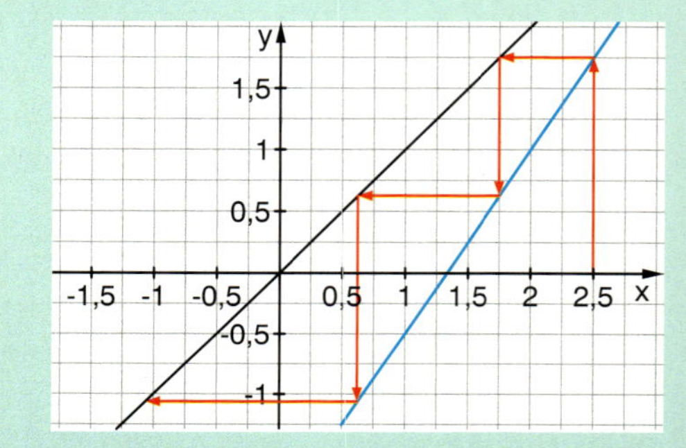

Basiswissen

Mit Zahlenfolgen lassen sich mathematische Prozesse beschreiben und reale Vorgänge modellieren. Die Folge 1, 3, 5, 7, … beschreibt die Folge der ungeraden Zahlen, durch die Folge 1000 €; 1020 €; 1040,40 €; 1061,21 €, … wird das jährliche Anwachsen eines Sparkontos mit 1000 € Startkapital und 2 % Verzinsung (mit Zinseszins) modelliert. Folgen können als Funktionen mit Definitionsbereich $\mathbb{N}$ aufgefasst werden. Sie können in aufzählender Schreibweise $a_0, a_1, a_2, \ldots$, in Tabellen oder in Graphen dargestellt werden. Für die mathematische Untersuchung sind vor allem die Folgen von Interesse, deren Glieder sich nach einem Bildungsgesetz (einer Formel) bestimmen lassen.

Festlegung und Darstellung von Folgen

Explizite Festlegung
Das n-te Folgenglied kann direkt mit einer Formel berechnet werden.
$\mathbf{a_n = f(n)}$

$a_n = 2n + 1,\ n \geq 0$
1, 3, 5, 7, …
$b_n = \frac{1}{n},\ n \geq 1$
$1, \frac{1}{2}, \frac{1}{3}, \frac{1}{4}, \frac{1}{5}, \ldots$
$c_n = 1000 \cdot 1{,}02^n,\ n \geq 0$
1000; 1020; 1040,40; …

Rekursive Festlegung
Das n-te Folgenglied kann aus dem vorhergehenden mithilfe der Rekursionsformel berechnet werden.
$\mathbf{a_n = g(a_{n-1})}$
Der Startwert wird angegeben.

$a_n = a_{n-1} + 2,\ n \geq 1$, Startwert $a_0 = 1$
1, 3, 5, 7, …
$b_n = \frac{n-1}{n} \cdot b_{n-1},\ n \geq 2$, Startwert $b_1 = 1$
$1, \frac{1}{2}, \frac{1}{3}, \frac{1}{4}, \frac{1}{5}, \ldots$
$c_n = c_{n-1} \cdot 1{,}02,\ n \geq 1$, Startwert $c_0 = 1000$
1000; 1020; 1040,40; …

Im Gegensatz zur expliziten Formel kann man hier nicht direkt das n-te Folgenglied berechnen, man muss sich von Schritt zu Schritt vorwärtsarbeiten.

Folgen lassen sich in Tabellen und Graphen übersichtlich darstellen.
Der GTR ist hierfür das geeignete Werkzeug.

Tabelle
Nach Eingabe der Formel (explizit oder rekursiv) kann die Tabelle aufgerufen werden. Der Startwert und die Schrittweite werden vorher festgelegt.

```
Plot1 Plot2 Plot3
 nMin=0
·.u(n)=1000*1.02^
n
 u(nMin)=
·.v(n)=1.02*v(n-1
)
 v(nMin)={1000}
```

n	u(n)	v(n)
1	1020	1020
2	1040.4	1040.4
3	1061.2	1061.2
4	1082.4	1082.4
5	1104.1	1104.1
6	1126.2	1126.2
7	1148.7	1148.7

Press + for ΔTbl

Graph (Zeitdiagramm)
Nach Eingabe der Formel (explizit oder rekursiv) und dem Startwert für die Folge kann der Graph gezeichnet werden. Ein geeignetes Fenster wird vorher eingestellt. Der Graph besteht aus einzelnen Punkten.

```
WINDOW
↑PlotStep=1
 Xmin=0
 Xmax=20
 Xscl=5
 Ymin=1000
 Ymax=1500
 Yscl=100
```

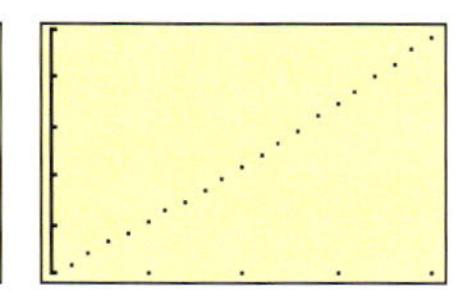

Graph (Spinnwebdiagramm)
Für die rekursive Festlegung kann ein besonderer Graph gezeichnet werden. Dabei lässt sich die Entwicklung der Folgenglieder in einem „Zickzackweg" anschaulich aufzeichnen (Grafische Iteration).

$x_n = \sqrt{x_{n-1}}$, Startwert $x_0 = 0{,}2$

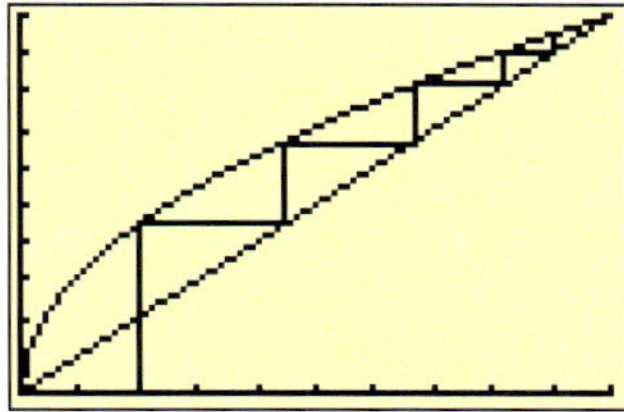

Anleitung zur grafischen Iteration, siehe Aufgabe 3, Seite 156

Übungen

4 *Ein „Test" zum Einstieg*

Ergänzen Sie die nächsten drei Zahlen.

a) 1, 2, 4, 7, ... b) 1, 4, 9, 16, ... c) 8, 5, 2, –1, ...

d) 5, 10, 20, 40, ... e) $1, \frac{1}{2}, \frac{1}{3}, \frac{1}{4}, \ldots$ f) 3, 10, 5, 13, 7, 16, ...

Beschreiben Sie, nach welchem Schema Sie jeweils vorgegangen sind.

5 *Geometrische Erzeugung von Zahlenfolgen*

Es geht in der Bilderfolge jeweils um die Schnittpunkte der Geraden.

Wie viele Schnittpunkte erwarten Sie im nächsten Bild?
Wie viele erwarten Sie im 10. Bild?

In ein gleichseitiges Dreieck mit der Seitenlänge 1 wird das Mittendreieck gezeichnet, in dieses wieder das Mittendreieck usw.

Wie entwickeln sich Umfang und Flächeninhalt der gelben Dreiecke? Welche Werte haben diese im 10. Schritt?

6 *Fortsetzung von Folgen*

Für vier Folgen sind jeweils die ersten Folgenglieder angegeben.

(a_n): 2, 7, 12, ...; (b_n): $1, \frac{1}{2}, \frac{1}{4}, \ldots$; (c_n): 1, 2, 5, 10, ...; (d_n): 100; 105; 110,25; ...

a) Geben Sie jeweils die nächsten drei Folgenglieder an.

b) Beschreiben Sie das Bildungsgesetz jeweils mit Ihren Worten und mit einer Formel (explizit oder rekursiv). Bestimmen Sie damit jeweils das 20. Folgenglied. Vergleichen Sie Ihre Lösung mit denen anderer.

c) Welche der Folgen könnte eine Spareinlage mit Zinseszins modellieren?

7 *Je drei gehören zusammen*

Eine der Folgen beschreibt die „Dreieckszahlen"

n

n + 1

Zu jeder angefangenen Folge gehört jeweils eine der aufgeführten expliziten und rekursiven Formeln. Ordnen Sie einander zu. Geben Sie bei der Rekursionsformel auch jeweils den Startwert a_1 an.

Folgenanfang	Explizite Formel	Rekursionsformel
(1) 1, 3, 6, 10, ...	(a) $a_n = 2^{n-1}$	(A) $a_n = 0{,}9 \cdot a_{n-1}$
(2) 100; 90; 81; 72,9; ...	(b) $a_n = 2^n - 1$	(B) $a_n = a_{n-1} + n$
(3) 1, 2, 4, 8, ...	(c) $a_n = \frac{1}{2} \cdot n(n+1)$	(C) $a_n = 0{,}5 \cdot a_{n-1}$
(4) $1, \frac{1}{2}, \frac{1}{4}, \frac{1}{8}, \ldots$	(d) $a_n = 100 \cdot 0{,}9^{n-1}$	(D) $a_n = 2a_{n-1}$
(5) 1, 3, 7, 15, ...	(e) $a_n = 2^{1-n}$	(E) $a_n = 2a_{n-1} + 1$

8 *Graphen und Formeln*

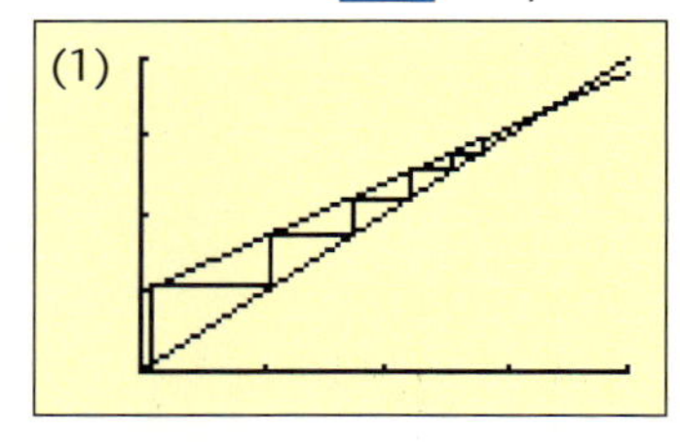

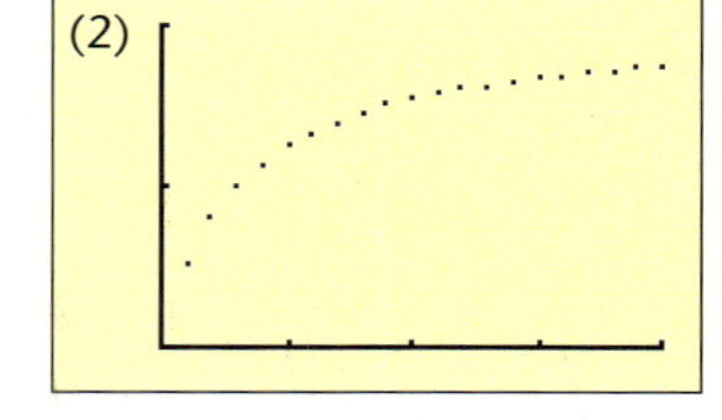

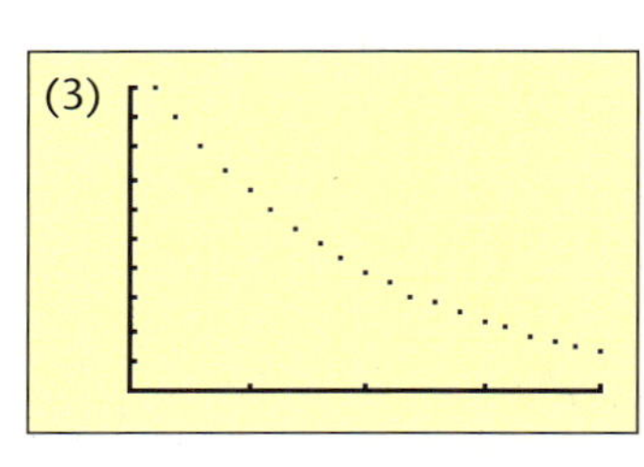

(I) $a_n = \frac{2n}{n+3}$ (II) $a_n = 0{,}9 \cdot a_{n-1}$, $a_1 = 100$ (III) $a_n = 0{,}7 \cdot a_{n-1} + 10$, $a_1 = 1$

a) Je ein Graph gehört zu einer der Formeln. Finden Sie die passenden Paare.

b) Beschreiben Sie in jedem Fall die Entwicklung der Folgenglieder.

Übungen

9 *„Langzeitverhalten" von Folgen*

Die in den Graphen und Tabellen dargestellten Folgen (a_n), (b_n) und (c_n) zeigen unterschiedliches Langzeitverhalten.

$a_n = 0{,}5 \cdot a_{n-1} + 5,\ a_1 = 1$
$b_n = -b_{n-1} + 5,\ b_1 = 1$
$c_n = 1{,}2 \cdot c_{n-1} + 1,\ c_1 = 1$

Eine Folge hat einen Grenzwert.	Eine Folge wächst über alle Grenzen.	Eine Folge wechselt zwischen zwei Werten hin und her (in einem 2-er-Zyklus).

a) Welche Folge hat die jeweilige Eigenschaft? Ordnen Sie die Bilder, Tabellen und Rekursionsformeln nach dem Langzeitverhalten.

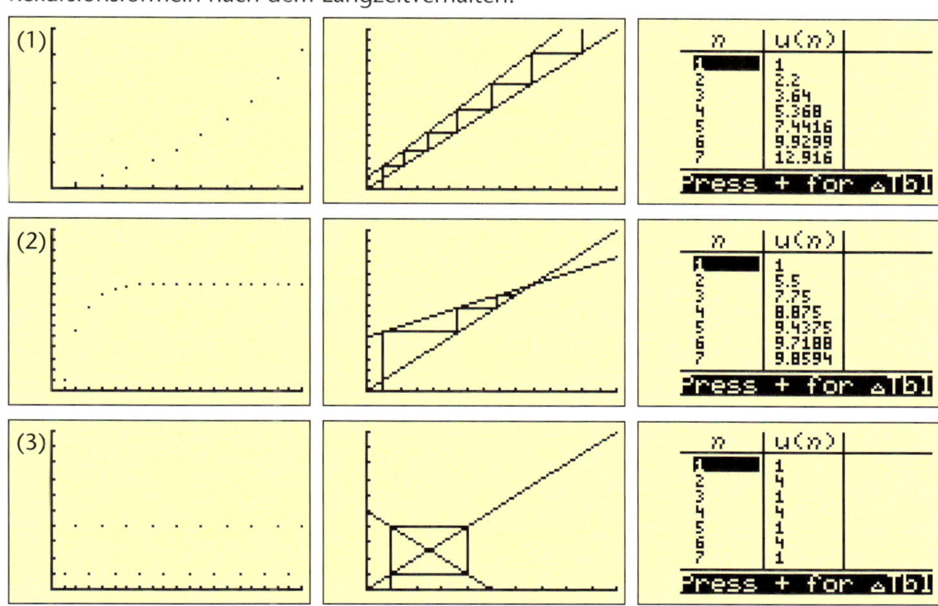

b) Beschreiben Sie, wie man die Eigenschaft jeweils in dem Zeitdiagramm, in dem Spinnwebdiagramm und in der Tabelle erkennen kann. Können Sie das Langzeitverhalten bereits an der Rekursionsformel erkennen?

10 *Medikament*

Eine Patientin nimmt täglich eine Tablette mit 5 mg eines Medikamentes ein. Im Laufe eines Tages werden im Körper 40 % abgebaut und ausgeschieden.
Wie viel Milligramm des Medikamentes befinden sich unmittelbar nach der Einnahme am 1., 2., 3., ... Tag im Körper der Patientin?
Stellen Sie die Zahlenfolge in einer Tabelle und grafisch dar. Interpretieren Sie das Langzeitverhalten der Folge im Sachzusammenhang.

11 *Sparverträge*

Ein Kapital von 1000 € wird zu Jahresbeginn auf ein Sparkonto einbezahlt.
Die beiden unten beschriebenen Sparvarianten stehen zur Auswahl. Vergleichen Sie die Entwicklung des Kapitals nach den beiden Varianten in einer Tabelle. Welche Empfehlung können Sie als Berater geben?

Variante A
Das Kapital wächst mit einem festen Zinssatz von 5 %. Die Zinsen werden am Jahresende dem Kapital hinzugefügt. Zusätzlich wird am Ende jeden Jahres ein Bonusbetrag von 30 € gezahlt.

Variante B
Das Kapital wächst mit einem festen Zinssatz von 3 %. Die Zinsen werden am Jahresende dem Kapital hinzugefügt. Zusätzlich wird am Ende jeden Jahres ein Bonusbetrag von 100 € gezahlt.

Übungen

12 *Entwicklung eines Waldbestandes*

Ein Kiefernwald hat einen Bestand von 1200 gesunden Bäumen. Man muss damit rechnen, dass auf Grund von Schadstoffeinflüssen jährlich etwa 20% der gesunden Bäume erkranken. Deshalb beschließt man, jährlich 150 neue Bäume zu pflanzen. Wie wird sich der Bestand an gesunden Bäumen in den nächsten Jahren entwickeln, wenn man davon ausgeht, dass sich die Schadensrate über viele Jahre nicht verändert?

13 *Zwei spezielle Typen von Folgen*

a) Stellen Sie die ersten 10 Folgenglieder für die nebenstehenden Beispiele einer arithmetischen und einer geometrischen Folge dar.
Bestätigen Sie für diese Beispiele die im Lexikon aufgeführten Eigenschaften mithilfe der jeweiligen Rekursionsformel. Wie lauten die expliziten Formeln für die beiden Beispielfolgen?
b) Ergänzen Sie die Lexikoneinträge jeweils durch die allgemeine Darstellung des jeweiligen Folgentyps in aufzählender Form, mit der Rekursionsformel und der expliziten Formel.

Aus dem Lexikon:
Bei **arithmetischen Folgen** ist die Differenz zweier benachbarter Folgenglieder konstant.

$$a_n - a_{n-1} = d$$

Bsp.: 1, 5, 9, 13, 17, ...

Bei **geometrischen Folgen** ist der Quotient zweier benachbarter Folgenglieder konstant.

$$\frac{a_n}{a_{n-1}} = q$$

Bsp.: 1, 2, 4, 8, 16, ...

14 *Der Folgendetektiv – von der Tabelle zur Formel*

Bestimmen Sie in den beiden Tabellen jeweils die fehlenden Größen.
Geben Sie auch jeweils die rekursive und explizite Darstellung an.

Arithmetische Folge

	a_n	a_1	n	d
a)	■	4	6	5
b)	27	■	4	8
c)	71	16	■	5
d)	69	9	21	■

Geometrische Folge

	a_n	a_1	n	q
e)	■	3	4	2
f)	567	■	5	3
g)	245	5	■	7
h)	3,125	100	6	■

15 *Der Folgendetektiv – vom Graphen zur Formel*

Ordnen Sie den Spinnwebdiagrammen die passenden geometrischen Folgen zu. Beschreiben Sie das Langzeitverhalten der einzelnen Folgen.

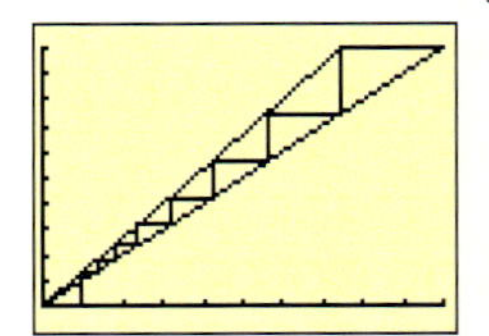
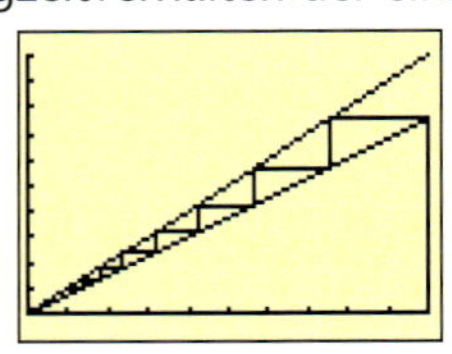
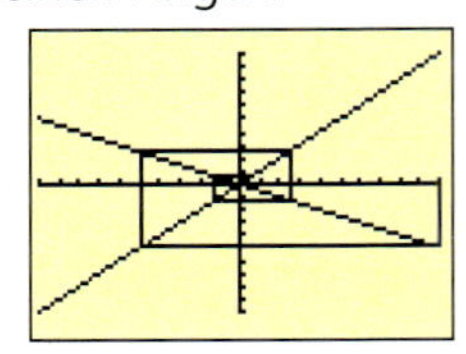

$a_n = \frac{3}{4} a_{n-1}$, $a_1 = 1$
$b_n = \frac{4}{3} b_{n-1}$, $b_1 = 1$
$c_n = -\frac{1}{2} c_{n-1}$, $c_1 = 1$

GRUNDWISSEN

1 Zeichnen Sie die Graphen zu den Funktionenpaaren.
a) $f_1(x) = x - 2$ und $f_2(x) = |x - 2|$ b) $g_1(x) = 4 - x^2$ und $g_2(x) = |4 - x^2|$
Beschreiben Sie jeweils die Unterschiede.

2 $f(x) = x^3$ $f_1(x) = 0{,}5 \cdot f(x)$ $f_2(x) = f(x - 2)$ $f_3(x) = f(x) + 2$ $f_4(x) = -f(x)$
Zeichnen Sie die Graphen und beschreiben Sie die geometrischen Abbildungen, mit denen die Graphen von f_1, f_2, f_3 und f_4 jeweils aus dem Graphen von f hervorgehen.

Übungen

Forschungsaufgabe

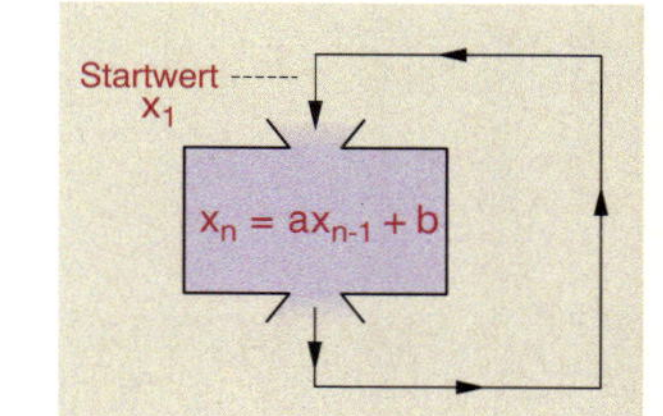

16 *Iterationen an linearen Funktionen*

Untersuchen Sie das Langzeitverhalten der Folgen mit der Rekursionsformel $x_n = a \cdot x_{n-1} + b$ für die in der Tabelle angegebenen Werte für a und b.

Probieren Sie dabei jeweils auch verschiedene Startwerte.

a	0,5	1,5	−1	1	0,75	0,6	1,4
b	4	2	3	1	−3	0	0

Gibt es verschiedene „Typen" für das Langzeitverhalten? Ist dies vom Startwert abhängig? Wie hängt es von den Werten für a und b ab? Wie kann man gegebenenfalls den Grenzwert ermitteln?
Welche Bedeutung hat der Schnittpunkt der Winkelhalbierenden mit dem Graphen von $g(x) = ax + b$ im Spinnwebdiagramm?
Schreiben Sie einen Forschungsbericht über Ihre Erkenntnisse.

Fachvokabular zur Beschreibung des Langzeitverhaltens
konvergent, divergent, alternierend, zyklisch, konstant
Für das Spinnwebdiagramm
Fixpunkt (anziehend, abstoßend)
Einwärtstreppe, -spirale
Auswärtstreppe, -spirale

Die „Gaußsche Summenformel"

Als Neunjährigem wurde GAUSS in der Schule von seinem Lehrer zur Beschäftigung die Aufgabe gestellt, alle ganzen Zahlen von 1 bis 100 zu addieren. GAUSS fand die Lösung sehr schnell. Er stellte sich die Summe zweimal untereinander geschrieben vor, einmal von 1 bis 100 und einmal von 100 bis 1. Er addierte alle untereinander stehenden Paare. Damit erhielt er 100 · 101. Die Hälfte davon lieferte die gewünschte Summe 5050.

$$\begin{array}{l} 1 + 2 + 3 + 4 + \dots + 99 + 100 \\ 100 + 99 + 98 + 97 + \dots + 2 + 1 \\ \hline 101 + 101 + 101 + 101 + \quad\; + 101 + 101 \end{array}$$

17 *Die Summe der natürlichen Zahlen*

Aus der Folge der natürlichen Zahlen 1, 2, 3, ... entsteht sukzessive eine Folge von Summen

$S_1 = \mathbf{1}$
$S_2 = 1 + 2 = \mathbf{3}$
$S_3 = 1 + 2 + 3 = \mathbf{6}$
...
$S_{100} = 1 + 2 + 3 + \dots + 99 + 100 = \mathbf{5050}$
...

a) Schreiben Sie die ersten 10 Folgenglieder auf. Bestimmen Sie mithilfe der Methode von GAUSS S_{50} und S_{200}.
b) In der Formelsammlung findet man die Formel
$S_n = 1 + 2 + 3 + \dots + (n-1) + n = \frac{1}{2}n \cdot (n+1)$.

Begründen Sie diese mit der Methode von GAUSS.

Wenn man die Glieder einer Zahlenfolge (a_n) addiert, erhält man eine **Reihe**.
Diese Reihe wird als Folge der Teilsummen definiert.
$S_1 = a_1$
$S_2 = a_1 + a_2$
$S_3 = a_1 + a_2 + a_3$
...
$S_n = a_1 + a_2 + a_3 + \dots + a_{n-1} + a_n$
Die Teilsumme S_n ist eine endliche Reihe.
Wenn man sich die Summation immer fortgesetzt denkt, entsteht eine unendliche Reihe

18 *Summenfolgen und Zahlenmuster*

Die Folgen (q_n): 1, 4, 9, 16, ... und (r_n): 2, 6, 12, 20, ... entstehen jeweils als Teilsummen einfacher arithmetischer Zahlenfolgen.
a) Setzen Sie die Folgen jeweils bis zum 10. Folgenglied fort.
b) Welche der folgenden Formeln beschreibt q_n, welche r_n?
Wie lässt sich dies mit einem ähnlichen Ansatz wie bei der Gaußschen Summenformel begründen?
(1) $S_n = n^2$, (2) $S_n = n(n+1)$
c) Die Griechen haben die Formeln – einschließlich der Gaußschen Summenformel – für die Teilsummen aus geometrischen Mustern abgeleitet. Für n = 3 sind die Muster in der Randspalte aufgeführt.
Setzen Sie die Muster für n = 4 und n = 5 fort und begründen Sie damit die Formeln.

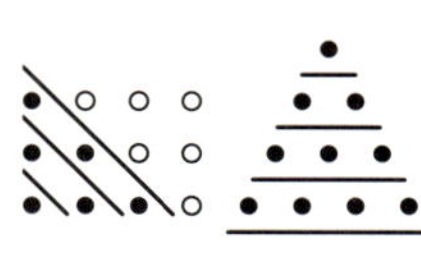
Dreieckszahlen

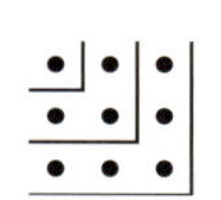
Quadratzahlen

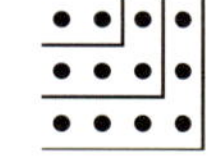
Rechteckszahlen

Das Märchen vom Reiskorn und dem Schachbrett

Im alten Persien erzählten sich die Menschen einst dieses Märchen: Es war einmal ein kluger Höfling, der seinem König ein kostbares Schachbrett schenkte. Der König war über den Zeitvertreib sehr dankbar und sprach er zu seinem Höfling: „Sage mir, wie ich dich zum Dank für dieses wunderschöne Geschenk belohnen kann. Ich werde dir jeden Wunsch erfüllen." „Nichts weiter will ich, als dass Ihr das Schachbrett mit Reis auffüllen möget. Legt ein Reiskorn auf das erste Feld, zwei Reiskörner auf das zweite Feld, vier Reiskörner auf das dritte, acht auf das vierte und so fort." Der König war erstaunt über soviel Bescheidenheit und ordnete sogleich die Erfüllung des Wunsches an. Sofort traten Diener mit einem Sack Reis herbei und schickten sich an, die Felder auf dem Schachbrett nach den Wünschen des Höflings zu füllen. Bald stellten sie fest, dass ein Sack Reis gar nicht ausreichen würde und ließen noch mehr Säcke aus dem Getreidespeicher holen. 64 Felder hatte das Schachspiel. Schon das zehnte Feld musste für den Höfling mit 512 Körnern gefüllt werden. Beim 21. Feld waren es schon über eine Million Körner. Und lange vor dem 64. Feld stellten die Diener fest, dass es im ganzen Reich des Königs nicht genug Reiskörner gab, um das Schachbrett aufzufüllen.

Auf der Ausstellung „mathema" in Berlin wurde die Anzahl der Reiskörner auf dem 51. Feld in einer Montage vor dem Funkturm veranschaulicht

Übungen

19 *Reiskörner auf dem Schachbrett*

Wie viele Reiskörner mussten insgesamt zusammengetragen werden?
Der Lösungsweg führt über eine Reihe $S_{64} = 1 + 2 + 4 + 8 + 16 + \ldots + 2^{63}$.

Zur Berechnung dieser Teilsumme verraten wir eine tragende Idee:
Wir multiplizieren S^{64} mit dem Faktor 2, schreiben dann geschickt untereinander und subtrahieren die beiden Summen gliedweise.

$$\begin{array}{rl} S_{64} = & 1 + 2 + 4 + 8 + \ldots + 2^{62} + 2^{63} \\ -\quad 2 \cdot S_{64} = & \quad\;\, 2 + 4 + 8 + \ldots + 2^{62} + 2^{63} + 2^{64} \\ \hline S_{64} - 2 \cdot S_{64} = & 1 \qquad\qquad\qquad\qquad\qquad - 2^{64} \end{array}$$

a) Berechnen Sie nun die Gesamtanzahl der Reiskörner auf dem Schachbrett. Versuchen Sie dies zu veranschaulichen.

b) Zeigen Sie mit der oben angewandten Subtraktionsmethode, dass für die aus einer geometrischen Folge $b_n = q^{n-1}$, $n \geq 1$ gebildete Reihe die Formel gilt:
$S_n = 1 + q + q^2 + q^3 + \ldots + q^{n-1} = \frac{1-q^n}{1-q}$.

Die geometrische Reihe

Addiert man die Glieder einer geometrischen Folge (b_n) mit $b_n = a \cdot q^{n-1}$, so erhält man eine **geometrische Reihe**

$$a + a \cdot q + a \cdot q^2 + a \cdot q^3 + \ldots.$$

Für die Teilsumme S_n gilt:

$S_n = a + aq + aq^2 + aq^3 + \ldots + aq^{n-1}$

$S_n = a \cdot \frac{1-q^n}{1-q}$

Beispiel:

Aus der geometrischen Folge
$b_n = 5 \cdot 2^{n-1}$; (b_n): 5, 10, 20, 40, 80, …
entsteht die geometrische Reihe
$5 + 10 + 20 + 40 + 80 + \ldots.$
Für die Teilsumme S_n gilt:

$S_n = 5 + 10 + 20 + 40 + \ldots + 5 \cdot 2^{n-1}$
$= 5 \cdot \frac{1-2^n}{1-2} = 5 \cdot (2^n - 1)$

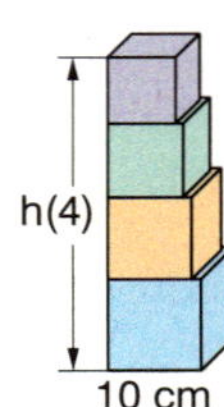

20 *Wächst der Turm in den Himmel?*

Ein Turm aus Würfeln soll gebaut werden. Jeder nachfolgende Würfel hat nur noch neun Zehntel der Höhe des vorhergehenden Würfels.

a) Wie hoch ist der Turm aus 20 Würfeln, wenn der erste Würfel eine Kantenlänge von 10 cm hat? Welches Volumen hat der Turm dann erreicht?

b) Wie hoch wird der Turm, wenn man den Prozess unendlich fortsetzt?

Übungen

21 *Begründung der Summenformel für die geometrische Reihe*
Schauen Sie sich in Aufgabe 19 „Reiskörner auf dem Schachbrett" den Lösungsweg zur Berechnung von S_{64} an. Begründen Sie analog dazu, dass für die Teilsumme einer allgemeinen geometrischen Reihe $S_n = a + a \cdot q + a \cdot q^2 + a \cdot q^3 + \ldots + a \cdot q^{n-1}$ gilt:
$S_n - q \cdot S_n = a - a \cdot q^n$ und begründen Sie damit die allgemeine Summenformel.

22 *Halbierungswachstum*
Aus einem Einheitsquadrat entstehen durch fortgesetzte Halbierung jeweils die eingefärbten Rechtecke und Quadrate. Diese werden als Mosaik wie in dem Bild an das Quadrat angelegt. In dem Bild sind es zusammen mit dem Ausgangsquadrat 7 Flächenstücke.

1 $\frac{1}{2}$ $\frac{1}{4}$ $\frac{1}{8}$ $\frac{1}{16}$

a) Wie groß ist der gesamte Flächeninhalt nach diesen sieben Schritten?
b) Welchen Flächeninhalt vermuten Sie nach 1000 Schritten? Begründen Sie geometrisch und rechnerisch.

23 *Sparvertrag und geometrische Reihe*
Eddi Clever schließt einen Sparvertrag mit seiner Bank ab. Zu Beginn eines jeden Jahres zahlt er 1000 € ein. Der Zinssatz beträgt 6,25 %. Die Zinsen werden ebenfalls zu Beginn eines Jahres dem Kapital zugeschlagen. K_n sei das Kapital zu Beginn des n-ten Jahres nach Einzahlung der Sparrate und Übertragung der Zinsen.
a) Geben Sie K_1, K_2, K_3 und K_{10} an und zeigen Sie, dass es sich hierbei um eine geometrische Reihe handelt. Wie groß ist das Kapital zu Beginn des 20. Jahres?
b) Vergleichen Sie das Kapital zu Beginn des 20. Jahres, wenn einmal die Sparrate halbiert und der Zinssatz auf 7,25 % angehoben wird und zum anderen die Sparrate verdoppelt und der Zinssatz auf 5,25 % gesenkt wird.

24 *Voraussage des Langzeitverhaltens der geometrischen Reihe*
Eine geometrische Reihe ist durch die Parameter a (Startwert) und q vollständig festgelegt. Kann man an diesen beiden Parametern bereits das Langzeitverhalten der Folge (S_n) erkennen?
a) Probieren Sie es für die beiden Beispiele
(I) $a = 3$, $q = \frac{4}{5}$ und (II) $a = 2$, $q = \frac{5}{4}$
aus, indem Sie die Werte jeweils in die Formel $S_n = a \cdot \frac{1 - q^n}{1 - q}$ einsetzen.

Formulieren Sie Ihre Vermutungen und überprüfen Sie diese mit anderen Beispielen.
b) Bestätigen Sie an den beiden Beispielen, dass sich die geometrische Reihe auch rekursiv definieren lässt als $S_{n+1} = q \cdot S_n + a$. Begründen Sie dies auch allgemein.
c) In den Bildern sind die Spinnwebdiagramme für die beiden Beispiele gezeichnet.

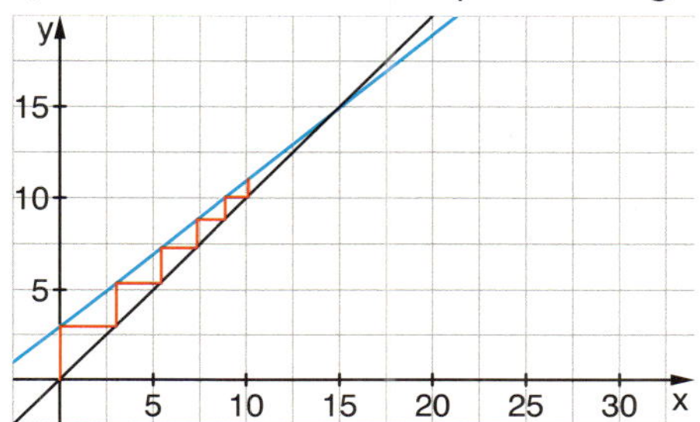

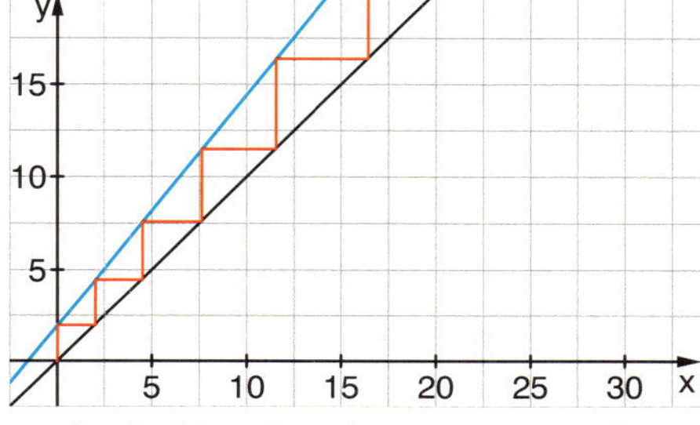

„Einwärtstreppe"
„Auswärtstreppe"

Erläutern Sie, wie man das Langzeitverhalten aus den beiden Geraden g_1: $y = x$ und g_2: $y = q \cdot x + a$ direkt erkennen kann. Kann man gegebenenfalls auch den Grenzwert der Teilsummenfolge (S_n) mithilfe der beiden Geraden bestimmen?

Übungen

25 *Die Koch-Schneeflocke*

Bereits 1904 „erfand" der schwedische Mathematiker HELGE VON KOCH eine seltsame Kurve, die er durch wiederholtes Anwenden einer einfachen Konstruktion erzeugte.
Starten Sie mit einem gleichseitigen Dreieck (Stufe 0).

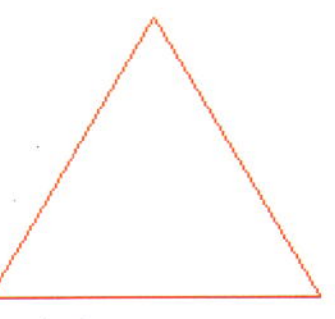

Stufe 0

Konstruktion
- Teile jede Seite in drei gleich lange Strecken.
- Zeichne auf der mittleren Strecke ein gleichseitiges Dreieck.
- Entferne die Grundseite des kleineren Dreiecks.

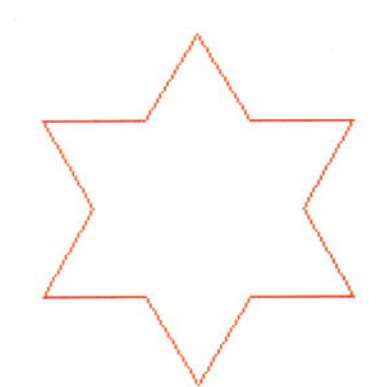

Stufe 1

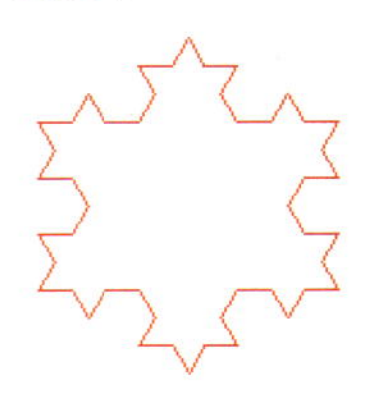

Stufe 2

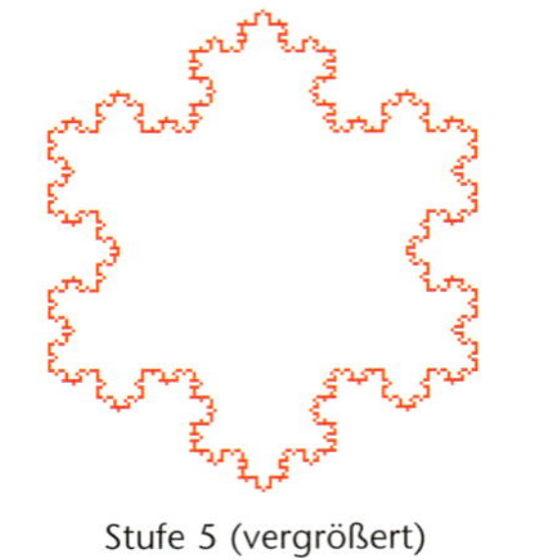

Stufe 5 (vergrößert)

Es entsteht eine „Flocke" mit 12 gleich langen Seiten (Stufe 1). Auf jede Seite der Stufe 1 wird nun wieder die Konstruktion angewendet, es entsteht eine Schneeflocke der Stufe 2 usw.
Wie entwickelt sich der Umfang dieser Schneeflocke?
a) Zeichnen Sie selbst die dritte Stufe der Entwicklung. Starten Sie in der Stufe 0 mit einer Seitenlänge von 1 dm.
b) Zeigen Sie, dass die Entwicklung des Umfangs durch eine geometrische Folge beschrieben werden kann. Beschreiben Sie die Eigenschaften dieser Folge, insbesondere das Langzeitverhalten.
c) Wie entwickelt sich nach Ihrer Schätzung der Flächeninhalt der Schneeflocke?

26 *Das Sierpinski-Dreieck*

Zeichnen Sie ein gleichseitiges Dreieck mit der Seitenlänge 1 dm (Stufe 0).
Verbinden Sie die Mittelpunkte der Dreieckseiten, so dass vier kleine gleichseitige Dreiecke entstehen. „Entfernen" Sie das mittlere kleine Dreieck. Es bleiben drei kleine kongruente Dreiecke übrig (Stufe 1).

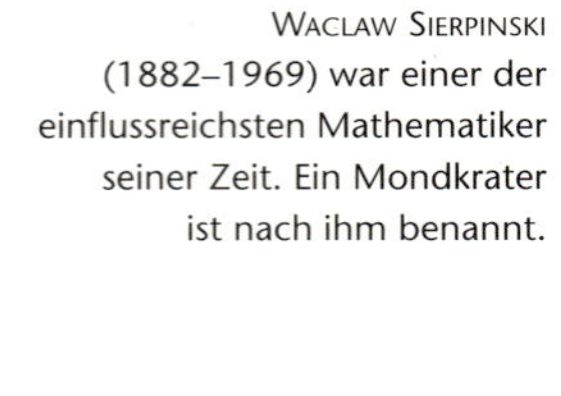

WACLAW SIERPINSKI (1882–1969) war einer der einflussreichsten Mathematiker seiner Zeit. Ein Mondkrater ist nach ihm benannt.

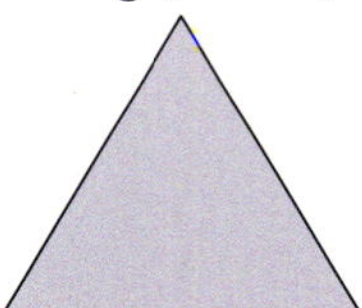

Stufe 0 Stufe 1

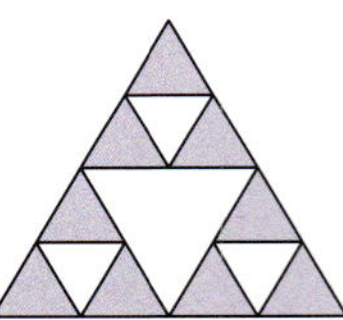

Stufe 2

Wiederholen Sie dann die Konstruktion für jedes der verbleibenden kleinen Dreiecke. Setzen Sie das Verfahren in den nächsten Stufen fort.

a) Zeichnen Sie die Sierpinski-Dreiecke der Stufen 3 und 4. Welche Stufe ist bei dem bunt eingefärbten Sierpinski-Dreieck erreicht?
b) Wie verändert sich der Flächeninhalt der verbleibenden Dreiecke von Stufe zu Stufe? Beschreiben Sie dies in Worten und mithilfe einer passenden Folge.
c) Wie groß ist der Flächeninhalt in der Stufe 10? Wird der Flächeninhalt irgendwann kleiner als 0,01 dm^2?
d) Was vermuten Sie als „Grenzwert" des Flächeninhalts, wenn Sie das Verfahren immer weiter fortsetzen? Finden Sie überzeugende Argumente für Ihre Vermutung.

4.2 Grenzwerte

Was Sie erwartet

Bei der Einführung in die Differenzialrechnung spielt der Grenzwert bei der Definition der momentanen Änderungsrate und der Ableitung von Funktionen eine entscheidende Rolle. Dabei genügt im Wesentlichen ein intuitives Verständnis dieses Begriffes. Bei dem Versuch einer präziseren Fassung des Grenzwertbegriffes stößt man rasch auf Probleme im Umgang mit dem Unendlichen, wie sie schon bei den Griechen intensiv diskutiert wurden. Mithilfe der Zahlenfolgen können wir uns an den heutigen Stand einer präziseren Fassung des Grenzwertbegriffes heranarbeiten.

Aufgaben

1 *Ein berühmtes Paradoxon mit dem Unendlichen*

Achilles und die Schildkröte

Achilles ist ein mutiger Wettläufer. Sich seines Sieges sicher, tritt er einen Wettlauf gegen eine Schildkröte an. Er gewährt ihr einen Vorsprung und sie läuft los.
Der griechische Philosoph ZENON VON ELEA (495–430 v. Chr.) behauptet, dass Achilles das Rennen nicht gewinnen kann, er könne die Schildkröte gar nicht einholen.
Er argumentiert so:
„Wenn Achilles losläuft, ist die Schildkröte wegen ihres Vorsprungs ein paar Schritte voraus. Bis Achilles diesen Vorsprung aufgeholt hat, ist die Schildkröte wiederum ein Stück weiter, auch wenn der Vorsprung nun kleiner ist. Bis Achilles diesen neuen Vorsprung aufgeholt hat, ist die Schildkröte wiederum ein kleines Stück weiter. Auch dieses Stück holt Achilles in kurzer Zeit auf, aber dann ist die Schildkröte wiederum ein Stück weiter. Dieses Spiel setzt sich unendlich fort. Der Vorsprung der Schildkröte wird zwar immer kleiner, aber trotzdem bleibt die Schildkröte vorne. Also wird Achilles die Schildkröte nie einholen."

Was halten Sie von dieser Argumentation? Worin besteht das „Paradoxe"?
Bei der Aufarbeitung helfen konkrete Angaben.

Konkretisierung

Wir nehmen einmal an, dass Achilles zehnmal schneller ist als die Schildkröte, er läuft mit einer Geschwindigkeit $v_A = 10\,\frac{m}{s}$, die Schildkröte mit $v_K = 1\,\frac{m}{s}$.
Der Anfangsvorsprung sei $s_0 = 100$ m.

Grafische Darstellung

$s = s_0 + v \cdot t$

Welche Bedeutung hat der Schnittpunkt der beiden Geraden?

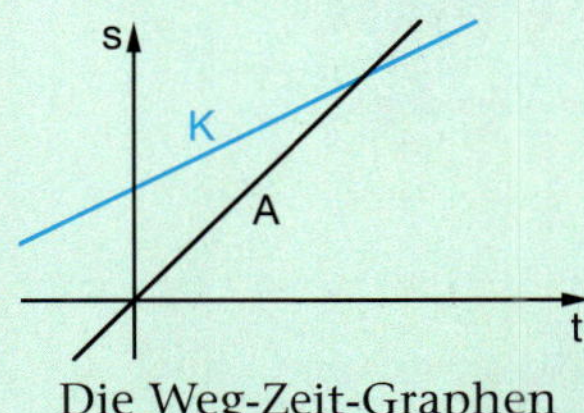

Die Weg-Zeit-Graphen

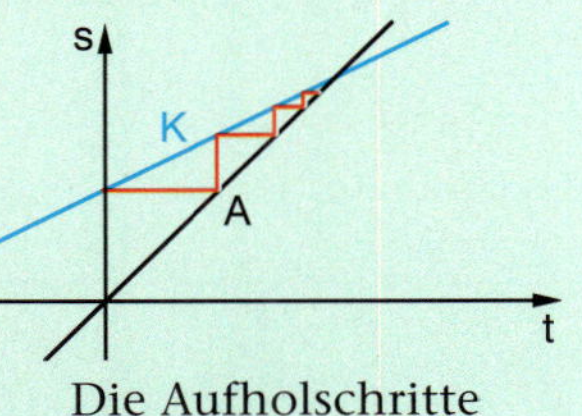

Die Aufholschritte

„ZOOM"

Rechnen

Hier sind mehrere geometrische Reihen versteckt.

s_A bzw. s_K ist der zurückgelegte Weg von Achilles bzw. der Schildkröte zum Zeitpunkt t.

Zeit t in s	0	10	11	11,1
s_A in m	0	100	110	111
s_K in m	100	110	111	111,1

Aufgaben

2 *Eine Diskussion um den Grenzwert*

$$0,\overline{9} \stackrel{?}{=} 1$$

Ist das Gleichheitszeichen hier korrekt oder müsste es nicht durch ≈ ersetzt werden?

a) Was meinen Sie? Finden Sie Argumente für Ihre Entscheidung und diskutieren Sie diese mit anderen.
b) Schauen Sie sich das folgende Streitgespräch zwischen den Vertretern unterschiedlicher Auffassungen an. Welche Argumentation überzeugt Sie mehr?

A: Das Gleichheitszeichen kann nicht zutreffen.
Egal, wie viele Neunen ich hinschreibe, es bleibt immer ein kleiner Unterschied d zu 1.
bei 10 Neunen: $1 - 0,9999999999 = 0,0000000001$ $\quad d = \left(\frac{1}{10}\right)^{10}$
bei 100 Neunen: $1 - 0,9999 \ldots 999 = 0,0000 \ldots 001$ $\quad d = \left(\frac{1}{10}\right)^{100}$
bei n Neunen: $\quad d = \left(\frac{1}{10}\right)^{n}$

B: Das Gleichheitszeichen ist korrekt.
Du behauptest also, dass $0,\overline{9}$ echt kleiner ist als 1.
Das bedeutet doch, dass es auf der Zahlengeraden zwischen $0,\overline{9}$ und 1 einen positiven Abstand d gibt.
Gib mir einen solchen Abstand vor:

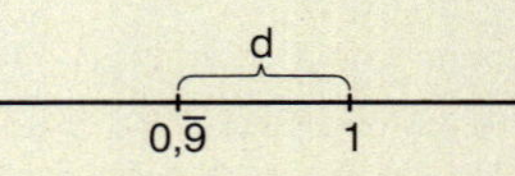

z. B. $d = \left(\frac{1}{10}\right)^{1000}$: Dann schreibe ich 1001 Neunen hinter das Komma und damit ist der Abstand unterschritten.

z. B. $d = \left(\frac{1}{10}\right)^{1000000}$: Dann schreibe ich 1000001 Neunen hinter das Komma und damit ist auch dieser Abstand unterschritten.

Gleichgültig, welchen noch so kleinen Abstand d du mir vorgibst, ich kann immer ein Teilstück von $0,\overline{9}$ angeben, dessen Abstand zu 1 kleiner ist als d.
Also kann es keinen positiven Abstand zwischen $0,\overline{9}$ und 1 geben und damit ist $0,\overline{9} = 1$.

3 *Strategien zur Suche nach dem Grenzwert*

a) Welchen Grenzwert hat die Folge (a_n) mit $a_n = 0,7 \cdot a_{n-1} + 2$; $a_1 = 2$?
Beschreiben Sie Ihren Lösungsweg und begründen Sie.
b) Die Folge (a_n) lässt sich in einer Tabelle und in einem Graphen darstellen.

Genaueres zum Spinnwebdiagramm, siehe Aufgabe 3 in 4.1

n	a_n
1	2
2	3,4
3	4,38
4	5,066
5	5,5462
6	5,8823

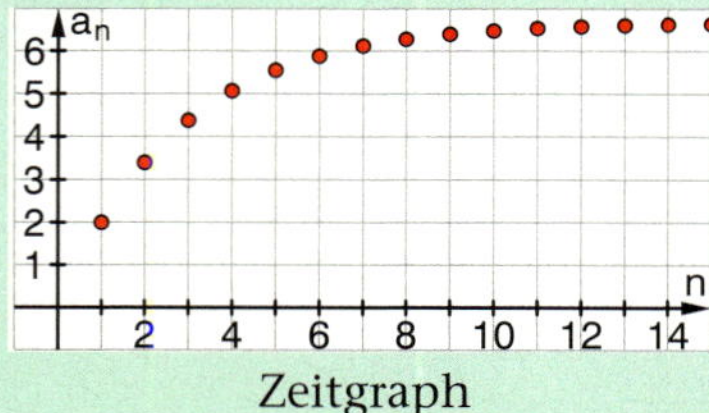

Zeitgraph

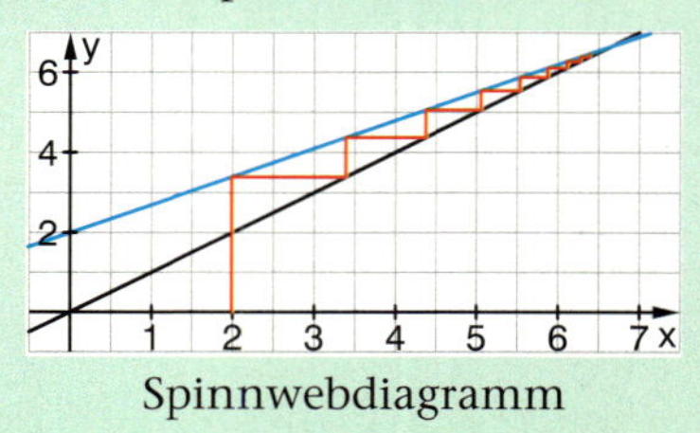

Spinnwebdiagramm

Erläutern Sie, wie man mithilfe dieser Darstellungen den Grenzwert erkennen kann. Welche Bedeutung hat im Spinnwebdiagramm der Schnittpunkt der beiden Geraden g_1: $y = x$ und g_2: $y = 0,7x + 2$?
c) Wenden Sie jeweils eine passende Strategie zur Bestimmung der Grenzwerte der drei Folgen an.

$b_n = \frac{2+n}{n}$ $\qquad c_n = 0,4 \cdot c_{n-1}$; $c_1 = 8$ $\qquad d_n = 0,7 + 0,5 \cdot d_{n-1}$; $d_1 = 2$

Basiswissen

Obwohl die unendliche Fortsetzung einer Zahlenfolge nur gedacht und nicht hingeschrieben werden kann, lässt sich der Grenzwert einer Folge in verschiedenen Exaktheitsstufen „definieren".

Grenzwert einer Zahlenfolge

mit Worten

Die Zahl g ist Grenzwert der Folge (a_n), …

… wenn a_n mit wachsendem n der Zahl g beliebig nahe kommt.

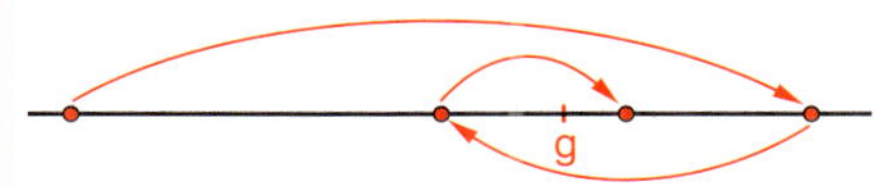

Die Zahl 2 ist Grenzwert der Folge $a_n = 2 + (-1)^n \cdot \frac{1}{n}$.

Für wachsendes n wird $\left|(-1)^n \cdot \frac{1}{n}\right|$ beliebig klein. Der Ausdruck $2 + (-1)^n \cdot \frac{1}{n}$ kommt der Zahl 2 beliebig nahe.
1; 2,5; 1,666; 2,25; 1,8; 2,166; …

anschaulich

… wenn für jeden noch so kleinen vorgegebenen ε-Streifen um den Grenzwert g die Folgenglieder schließlich alle innerhalb des Streifens liegen.

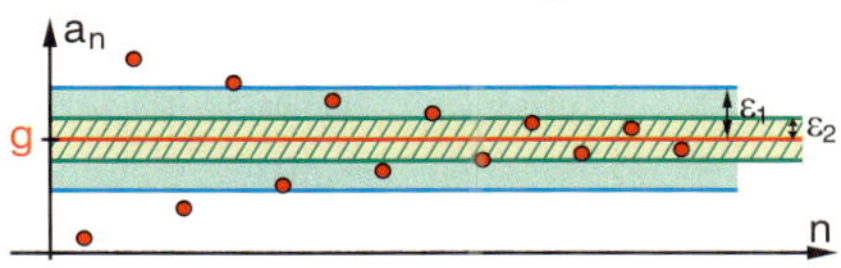

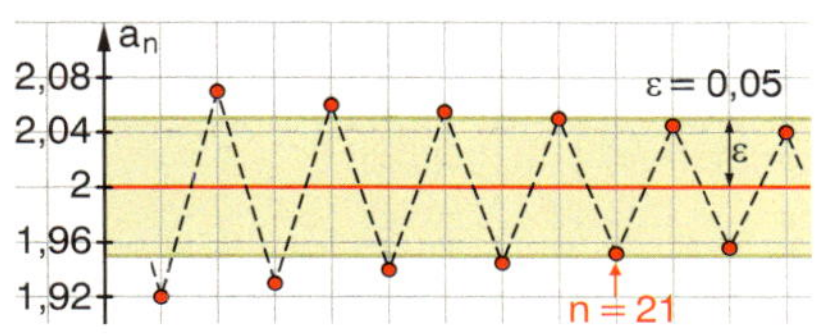

Ein Streifen der Breite 0,1 (ε = 0,05) um die Zahl 2 ist vorgegeben. Für $n \geq 21$ liegen alle Folgenglieder innerhalb des Streifens.

fachsprachlich

… wenn man zu jeder vorgegebenen Genauigkeit $\varepsilon > 0$ eine Zahl n_0 angeben kann, ab der alle weiteren Folgenglieder um weniger als ε von g abweichen.

Zu jedem $\varepsilon > 0$ gibt es ein $n_0(\varepsilon)$, so dass für alle $n > n_0(\varepsilon)$ gilt: $|a_n - g| < \varepsilon$.

Sei ε = 0,001 die vorgegebene Genauigkeit. Für alle n > 1000 gilt:
$\left|2 + (-1)^n \cdot \frac{1}{n} - 2\right| = \frac{1}{n} < \frac{1}{1000}$.

$$\left|2 + (-1)^n \cdot \frac{1}{n} - 2\right| < \varepsilon$$
$$\frac{1}{n} < \varepsilon$$
$$n > \frac{1}{\varepsilon}$$

Zu jedem $\varepsilon > 0$ gibt es ein $n_0(\varepsilon)$, nämlich $n_0(\varepsilon) = \frac{1}{\varepsilon}$, so dass für alle $n > n_0(\varepsilon)$ gilt: $|a_n - 2| < \varepsilon$.

Man schreibt: $\lim\limits_{n \to \infty} a_n = g$
und spricht:
„Limes a_n für n gegen unendlich ist g".

$$\lim_{n \to \infty}\left(2 + (-1)^n \cdot \frac{1}{n}\right) = 2$$

Beispiele

A Zeige in den drei Exaktheitsstufen, dass $\lim\limits_{n \to \infty}\left(\frac{n+3}{n}\right) = 1$ erfüllt ist.

Tabelle

Beobachtung: Mit wachsendem n kommt a_n der Zahl 1 beliebig nahe.

n	100	1000	10000	100000
$\frac{n+3}{n}$	1,03	1,003	1,0003	1,00003

ε-Streifen

Ein ε-Streifen mit ε = 0,03 (0,003) wird vorgegeben. Für $n \geq 101$ (1001) liegen alle weiteren Folgenglieder im jeweiligen ε-Streifen.
Für jeden noch so schmalen ε-Streifen findet man eine solche Zahl n_0:

Ungleichung

$$\left|\frac{n+3}{n} - 1\right| < \varepsilon \Leftrightarrow 1 + \frac{3}{n} - 1 < \varepsilon \Leftrightarrow \frac{3}{n} < \varepsilon \Leftrightarrow n > \frac{3}{\varepsilon}$$

Zu jedem $\varepsilon > 0$ gibt es ein $n_0(\varepsilon)$, nämlich $n_0(\varepsilon) = \frac{3}{\varepsilon}$, so dass für alle $n > \frac{3}{\varepsilon}$ gilt: $|a_n - g| < \varepsilon$.

Beispiele

B *Kann eine Folge zwei verschiedene Grenzwerte haben?*

Die Antwort ist: Nein.
Das lässt sich mit der ε-Streifen-Definition beweisen:
Wir nehmen an, dass die Folge (a_n) zwei verschiedene Grenzwerte g_1 und g_2 hat. Dann muss zwischen g_1 und g_2 ein positiver Abstand d vorhanden sein.
Wir wählen nun einen kleinen ε-Streifen mit $\varepsilon < \frac{d}{2}$.
Dann müssen ab einem gewissen n_0 alle Folgenglieder in diesem ε-Streifen um g_1 und gleichzeitig in dem ε-Streifen um g_2 liegen. Dies kann aber nicht sein, also ist unsere Annahme falsch.

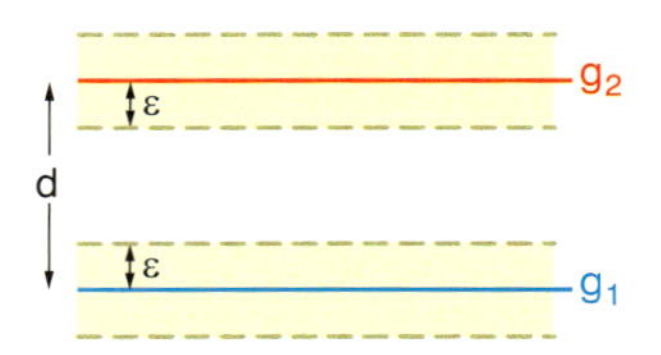

Übungen

$a_n = \frac{1}{n}$ ist der „Prototyp" einer Nullfolge.

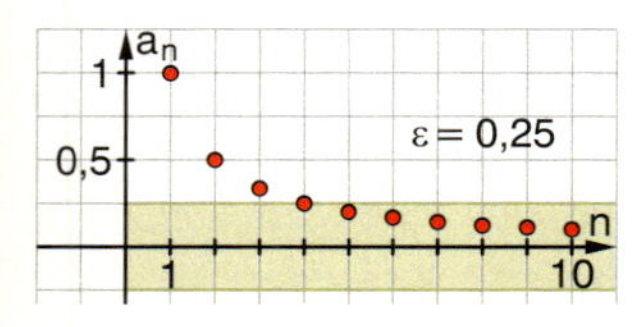

4 *Nullfolgen*

Schreiben Sie die Definitionen im Basiswissen Seite 115 für eine Nullfolge um. Benutzen Sie als Beispiel die Folge $a_n = \frac{3}{n}$. Welche Definitionen und welche Berechnungen in der Beispielspalte werden für diesen Spezialfall einfacher?

Eine Folge mit dem Grenzwert 0 heißt **Nullfolge**.

5 *Konvergente Folgen und ε-Streifen*

a) Welche der Folgen sind konvergent? Geben Sie für diese Folgen den Grenzwert an.

$a_n = \frac{n+1}{n}$ $\quad b_n = 0{,}1 \cdot b_{n-1};\ b_1 = 4$

$c_n = 10 \cdot 1{,}02^n$ $\quad d_n = (-1)^n \cdot \frac{5}{n}$

$e_n = \left(\frac{4}{3}\right)^n$ $\quad f_n = 0{,}9 \cdot f_{n-1};\ f_1 = 1$

b) Sei nun $\varepsilon = \frac{1}{100}$ gewählt. Bestimmen Sie für jede der konvergenten Folgen jeweils ein n_0, ab dem alle weiteren Folgenglieder in diesem ε-Streifen um den Grenzwert liegen.

Tipp:
Es sind drei Nullfolgen darunter.

Eine Folge, die einen Grenzwert hat, heißt **konvergent**.
Eine nicht konvergente Folge heißt **divergent**.

6 *Eine andere Definition*

Ist diese Definition mit den Definitionen im Basiswissen verträglich? Vergleichen Sie insbesondere mit der anschaulichen Definition des ε-Streifens.

g ist **Grenzwert** einer Folge, wenn in einem beliebig kleinen ε-Streifen um den Grenzwert g immer unendlich viele Folgenglieder und außerhalb nur endlich viele Folgenglieder liegen.

7 *Grenzwerte ermitteln*

Gegeben sind die Folgen $a_n = \frac{(-1)^n}{2n}$ und $b_n = \frac{n}{2n+1}$.

a) Ermitteln Sie die Grenzwerte a und b der beiden Folgen.
b) Geben Sie die Grenzwerte in der Limes-Schreibweise an.
c) Es ist ε = 0,00001 gewählt. Ab welchem n_0 liegen jeweils alle weiteren Folgenglieder in diesem ε-Streifen um den Grenzwert a bzw. b?
d) Weisen Sie nach, dass 0,25 kein Grenzwert von einer der Folgen sein kann.

8 *Wo steckt der Fehler?*

a) Behauptung:
Die Folge $a_n = \frac{10}{100n+1}$ hat den Grenzwert 0,1.
Beweis:
Ich lege einen kleinen ε-Streifen (ε = 0,1) um 0,1. Dann liegen alle Folgenglieder in diesem ε-Streifen um 0,1.

b) Behauptung:
Die Folge $a_n = (-1)^n$ hat den Grenzwert 1.
Beweis:
Ab $n_0 = 1$ liegen unendlich viele Folgenglieder in jedem noch so kleinen ε-Streifen um 1.

Übungen

9 *Grenzwert bei geometrischen Folgen*
Bestätigen Sie die nebenstehende Aussage an geeigneten Beispielen. Finden Sie auch eine allgemeine Begründung?
Was gilt für eine geometrische Folge mit $|q| = 1$?

> Eine **geometrische Folge** (a_n): $a_n = a_1 q^{n-1}$ mit $|q| < 1$ ist eine Nullfolge, mit $|q| > 1$ ist sie divergent.

10 *Grenzwert bei arithmetischen Folgen*
Kann eine arithmetische Folge $a_n = a_1 + (n-1) \cdot d$ konvergent sein? Begründen Sie.

11 *Bewertungen*
Die Folge $a_n = \frac{1}{n}$ ist eine Nullfolge. Welche der folgenden Beschreibungen passen gut zur präzisen Definition dieses Grenzwertes, welche weisen Schwächen auf?
a) $\frac{1}{n}$ kommt mit wachsendem n der 0 immer näher.
b) $\frac{1}{n}$ kommt mit wachsendem n der 0 beliebig nahe.
c) $\frac{1}{n}$ kommt der 0 immer näher, erreicht sie aber nie.
d) $\frac{1}{n}$ strebt gegen 0 für n gegen unendlich.

Stellen Sie eine Rangfolge auf und vergleichen Sie mit den Ergebnissen und Begründungen anderer.

12 *Grenzwerte bestimmen durch Anwenden der Grenzwertsätze*
a) Folgen mit einfachen expliziten Formeln kann man meist sofort ansehen, ob sie konvergent sind und sich auch der Grenzwert sofort ablesen lässt.
Erproben Sie dies an den folgenden Beispielen:
$a_n = \frac{1}{n}$ $\quad b_n = \left(\frac{1}{2}\right)^n$ $\quad c_n = 1{,}2^n$ $\quad d_n = 3 - \frac{1}{n}$ $\quad e_n = \frac{(-1)^n}{2n}$ $\quad f_n = n^2 + 1$

b) Bei komplexeren Formeln hilft oft eine geeignete Termumformung, mit deren Hilfe man dann den Grenzwert aus der algebraischen Verknüpfung von Einzeltermen erkennen kann.
Welche Grenzwertsätze wurden in dem Beispiel angewendet?

> *Beispiel:*
> $$x_n = \frac{2n^3 + n}{n^3 - n^2}$$
> Wir klammern die höchste vorkommende Potenz n^3 aus und kürzen:
> $$x_n = \frac{2 + \frac{1}{n^2}}{1 - \frac{1}{n}}$$
> Der Zähler hat den Grenzwert 2, der Nenner den Grenzwert 1:
> $$\lim_{n \to \infty} x_n = \frac{2}{1} = 2$$

> **Grenzwertsätze**
> Die Folgen (a_n) und (b_n) seien konvergent mit $\lim\limits_{n \to \infty} a_n = a$ und $\lim\limits_{n \to \infty} b_n = b$.
>
> Dann gelten:
>
> **Summenregel/Differenzregel**
> $$\lim_{n \to \infty} (a_n \pm b_n) = \lim_{n \to \infty} a_n \pm \lim_{n \to \infty} b_n = a \pm b$$
> **Produktregel**
> $$\lim_{n \to \infty} (a_n \cdot b_n) = \lim_{n \to \infty} a_n \cdot \lim_{n \to \infty} b_n = a \cdot b$$
> **Quotientenregel**
> $$\lim_{n \to \infty} \left(\frac{a_n}{b_n}\right) = \lim_{n \to \infty} a_n : \lim_{n \to \infty} b_n = a : b,$$
> falls $b \neq 0$ und $b_n \neq 0$ für alle n.

c) Bestimmen Sie auf gleiche Weise die Grenzwerte der Folgen:
$a_n = \frac{n^2 - 2n + 1}{2n^2 + 1}$ $\quad b_n = \frac{4n^3 - 2n^2}{0{,}5n^4 - n^2 + 3n}$ $\quad c_n = \frac{n}{n^2 + 1}$ $\quad d_n = \frac{(n+1)^2}{5n^2}$

13 *Noch zwei Grenzwertsätze*
Begründen Sie mithilfe der Grenzwertsätze die beiden folgenden Regeln:
(1) $\lim\limits_{n \to \infty} (c \cdot a_n) = c \cdot \lim\limits_{n \to \infty} a_n$ $\qquad$ (2) $\lim\limits_{n \to \infty} (a_n)^2 = \left(\lim\limits_{n \to \infty} a_n\right)^2$
Welche Voraussetzung muss für die Folge (a_n) gelten?

Übungen

14 *Anwenden der Grenzwertsätze*

Stellen Sie eine Vermutung für den Grenzwert der Folgen durch Einsetzen großer Zahlen für n auf und bestätigen Sie Ihre Vermutung mithilfe der Grenzwertsätze.

$a_n = \frac{\sqrt{n}}{n}$ $\qquad b_n = 5 \cdot \left(1 + \frac{1}{n}\right)^2$ $\qquad c_n = 3 \cdot \frac{1 + 0{,}2^n}{1 - 0{,}2}$

15 *Grenzwert der geometrischen Reihe*

Bestätigen Sie die Summenformel für die geometrische Reihe mithilfe der Teilsummenformel für die geometrische Reihe und der Grenzwertsätze.

> **Summenformel** für die **geometrische Reihe:**
> Für $-1 < q < 1$ hat die geometrische Reihe
> $a + a \cdot q + a \cdot q^2 + a \cdot q^3 + \ldots$
> den Grenzwert $\frac{a}{1-q}$.

Zwei bekannte Probleme aus neuer Sicht

$0{,}\overline{9} \overset{?}{=} 1$

16 In Aufgabe 2, Seite 114 wurde die nebenstehende Frage ausführlich diskutiert.
$0{,}\overline{9}$ lässt sich als Grenzwert einer geometrischen Reihe schreiben:

$0{,}9 = 0{,}9 + 0{,}9 \cdot \frac{1}{10} + 0{,}9 \cdot \frac{1}{100} + 0{,}9 \cdot \frac{1}{1000} + \ldots$

Bestimmen Sie den Grenzwert dieser geometrischen Reihe.
Nehmen Sie Stellung zu der Frage.

17 Zeigen Sie, dass sich hinter den Folgen

(a_n): 10; 11; 11,1; 11,11; 11,111; …
(b_n): 100; 110; 111; 111,1; 111,11; …

jeweils eine geometrische Reihe verbirgt.
Bestimmen Sie die Grenzwerte dieser beiden geometrischen Reihen.
Beide Reihen spielten in Aufgabe 1 bei dem Problem „Achilles und die Schildkröte" eine Rolle. Erscheint das Paradoxon damit unter einem neuen Licht?

18 *Noch einmal zum ε-Streifen*

Ab welchem Glied einer geometrischen Reihe mit $a = 2$ und $q = \frac{1}{3}$ weicht die Folge der Teilsummen um weniger als $\frac{1}{1000}$ vom Grenzwert ab?

19 *Unendlich viele Teilstücke fügen sich zu einem Ganzen*

Halbkreisschlange	Quadrattreppe	Dreieckstreppe
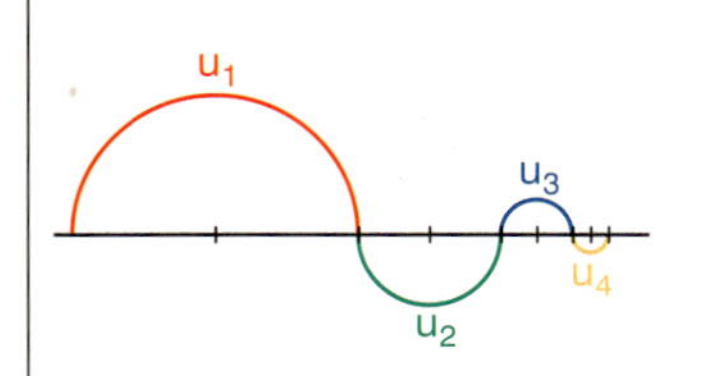	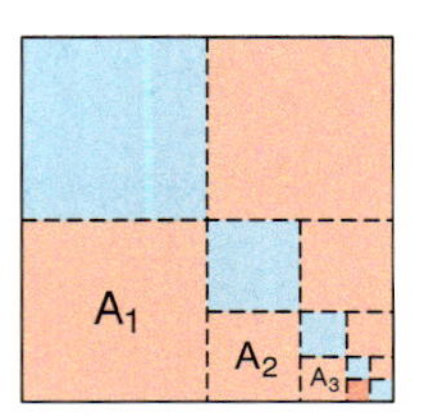	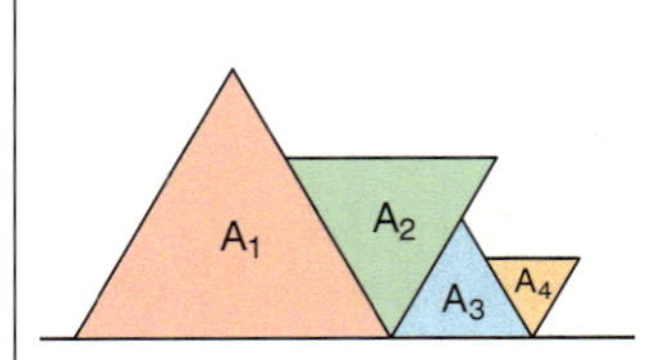
Die Radien der aneinandergefügten Halbkreise werden von Schritt zu Schritt halbiert.	Die Seitenlängen der aneinandergefügten Quadrate werden von Schritt zu Schritt halbiert.	Die Seitenlängen der aneinandergefügten gleichseitigen Dreiecke werden von Schritt zu Schritt auf $\frac{2}{3}$ der vorhergehenden Länge verkürzt.

In allen drei Fällen wird der Prozess unendlich fortgesetzt.
Welche Gesamtlänge erreicht die Halbkreisschlange und welchen Gesamtflächeninhalt erreichen jeweils die beiden Treppen?
Geben Sie zunächst Ihre Vermutung an und berechnen Sie dann die Grenzwerte.

Übungen

Fixpunktverfahren

Spinnwebdiagramm

20 *Von der rekursiven Darstellung zum Grenzwert der geometrischen Reihe*

a) Zeigen Sie, dass sich die geometrische Reihe $1 + \frac{1}{2} + \frac{1}{4} + \frac{1}{8} + \ldots$ auch rekursiv beschreiben lässt durch die Teilsummenfolge $s_n = \frac{1}{2} \cdot s_{n-1} + 1$, $s_1 = 1$.

b) *Fixpunktverfahren:* Die Konvergenz dieser Folge zeigt sich im Spinnwebdiagramm dadurch, dass der Zickzackweg in den Schnittpunkt der beiden Geraden hineinläuft. Dieser Schnittpunkt wird auch als „anziehender Fixpunkt" bezeichnet, weil sich in seiner Nähe die aufeinanderfolgenden Folgenglieder immer weniger unterscheiden.
Der Schnittpunkt der beiden Geraden g_1: $y = x$ und g_2: $y = 0{,}5x+1$ liefert den Grenzwert.

Berechnen Sie diesen Grenzwert.

c) Bestimmen Sie mit dem Verfahren aus b) auch den Grenzwert der geometrischen Reihe aus Aufgabe 16.

21 *Ein zweiter Weg zur Grenzwertformel*

Zeigen Sie, dass man mit dem Fixpunktverfahren für eine allgemeine geometrische Reihe $a + a \cdot q + a \cdot q^2 + a \cdot q^3 + \ldots$ mit $|q| < 1$ zu der Formel $\frac{a}{1-q}$ für den Grenzwert gelangt.

22 *Zurück zur Quadratpflanze*

In Aufgabe 1 des Lernabschnitts 3.1 (Seite 102) wurde Ihnen die „Quadratpflanze" vorgestellt und dabei eine überraschende Eigenschaft präsentiert.

Umfang und Flächeninhalt werden von Stufe zu Stufe immer größer. Während der Umfang über alle Grenzen wächst, bleibt der Flächeninhalt immer unter einer festen Schranke. Bei einem unendlich fortgesetzten Prozess würde dies dann bedeuten, dass wir zur Umgrenzung einer Fläche mit endlichem Flächeninhalt eine unendlich lange Schnur benötigen.

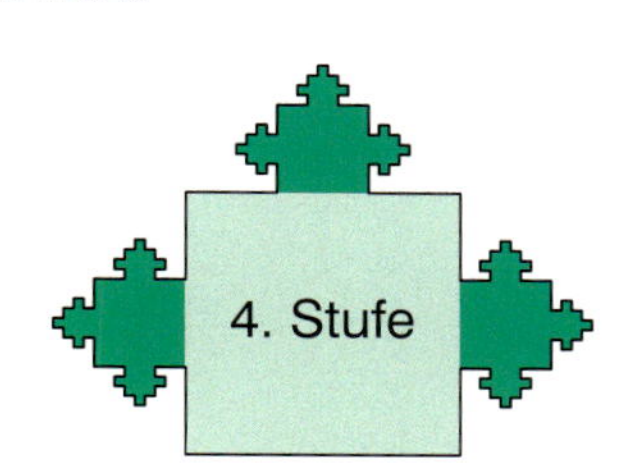

Mit den Kenntnissen aus diesem Lernabschnitt können Sie dies nun begründen.
Zeigen Sie, dass sich die Entwicklung des Umfangs und des Flächeninhalts mit den Rekursionsformeln $u(n) = u(n-1) + 2$, $u(1) = 4$ und $A(n) = \frac{1}{3} \cdot A(n-1) + 1$, $A(1) = 1$ beschreiben lässt und bestimmen Sie den Grenzwert für den Flächeninhalt der Quadratpflanze im Unendlichen.
Bestätigen Sie diesen Wert auch mit der Summenformel für die geometrische Reihe.

23 *Anziehende Fixpunkte als Grenzwerte*

Bestimmen Sie mit dem Fixpunktverfahren die Grenzwerte der Folgen:

$a_n = \sqrt{a_{n-1}}$, $a_1 = 0{,}2$

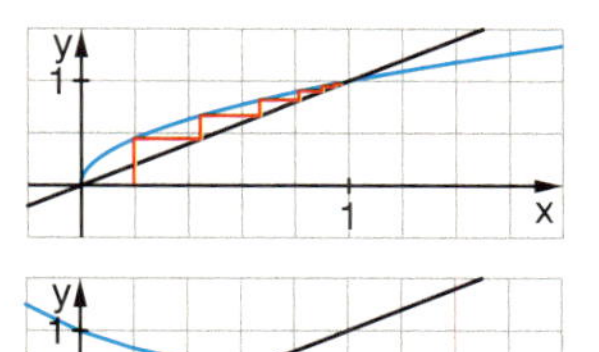

$b_n = \frac{1}{1 + b_{n-1}}$, $b_1 = 1{,}2$

$c_n = \frac{1}{2}\left(c_{n-1} + \frac{3}{c_{n-1}}\right)$, $c_1 = 8$

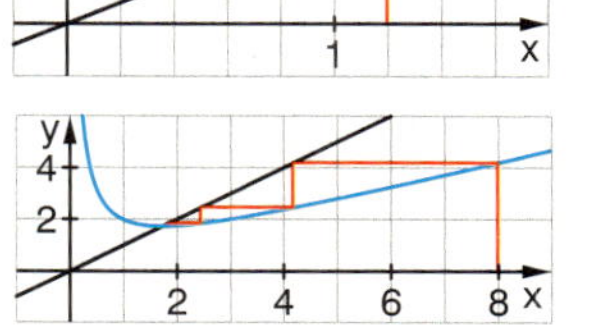

KURZER RÜCKBLICK

1 Welche der folgenden Gleichungen haben
– keine Lösung, – genau eine Lösung,
– genau zwei Lösungen,
– mehr als zwei Lösungen?

a) $x^2 - 2 = -2$ b) $x^3 - x = 0$
c) $2x - 1 = x^2$ d) $x^2 - 2 = x + 1$

Verdeutlichen Sie jeweils an Graphen.

2 Bestimmen Sie für die Funktion $f(x) = x^2$ die Stelle x, für die gilt:
$f'(x) = \frac{f(2) - f(0)}{2}$.

Übungen

24 *Die harmonische Reihe*

Im Zusammenhang mit der geometrischen Reihe, wie auch beim Problem mit Achilles und der Schildkröte, haben wir die erstaunliche Entdeckung gemacht, dass eine streng monoton wachsende Folge durchaus einen Grenzwert haben kann.
Ein Grund für dieses zunächst überraschende Ergebnis ist sicher darin zu sehen, dass die Zuwächse von Teilsumme zu Teilsumme immer geringer werden.
Letzteres trifft auf die sogenannte harmonische Reihe ebenfalls zu.

Harmonische Reihe: $1 + \frac{1}{2} + \frac{1}{3} + \frac{1}{4} + \frac{1}{5} + \frac{1}{6} + \frac{1}{7} + \frac{1}{8} + \frac{1}{9} + \ldots$

Hat diese Reihe einen Grenzwert?

Hier noch drei weitere Folgenglieder für größere n:
$H_{500} = 6{,}79$
$H_{1000} = 7{,}49$
$H_{10000} = 9{,}79$

a) Berechnen Sie die ersten 100 Glieder der Teilsummenfolge H_n.
Ihr GTR liefert Ihnen die Tabelle und den Graphen über die Rekursionsformel
$H_n = H_{n-1} + \frac{1}{n}$, $H_1 = 1$.

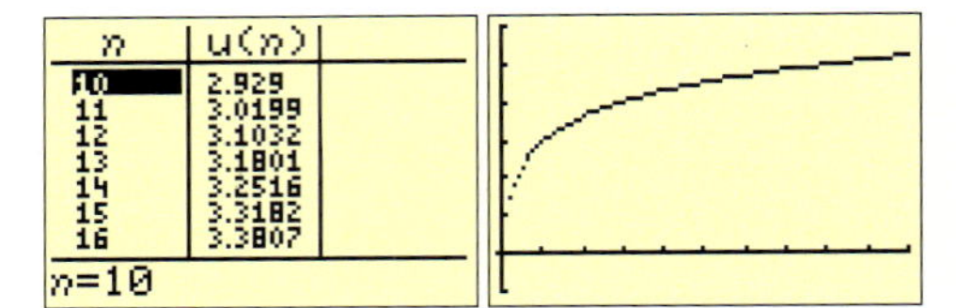

Können Sie damit die Frage nach dem Grenzwert beantworten?
b) Ein Umschreiben der Reihe mit Klammern hilft weiter:

$$1 + \frac{1}{2} + \left(\frac{1}{3} + \frac{1}{4}\right) + \left(\frac{1}{5} + \frac{1}{6} + \frac{1}{7} + \frac{1}{8}\right) + \left(\frac{1}{9} + \ldots + \frac{1}{16}\right) + \left(\frac{1}{17} \right. + \ldots$$

Da $\frac{1}{3}$ größer ist als $\frac{1}{4}$, ist der erste Klammerausdruck $\frac{1}{3} + \frac{1}{4}$ größer als $\frac{1}{4} + \frac{1}{4} = \frac{1}{2}$. Zeigen Sie, dass auch der zweite und der dritte Klammerausdruck größer als $\frac{1}{2}$ sind. Schreiben Sie den vierten Klammerausdruck vollständig hin und zeigen Sie, dass auch dieser größer als $\frac{1}{2}$ ist.
c) Die weiteren Klammerausdrücke werden immer länger, aber für jeden dieser Ausdrücke gilt, dass er größer als $\frac{1}{2}$ ist. Begründen Sie damit, dass die harmonische Reihe größer ist als $1 + \frac{1}{2} + \frac{1}{2} + \ldots$ und somit divergiert.

Paradoxien des Unendlichen

Der Umgang mit unendlichen Reihen hat so seine Tücken, besonders dann, wenn man die aus dem Endlichen gewohnten Rechengesetze und Klammerregeln einfach auf das Unendliche überträgt. In dem 1851 veröffentlichten Werk von BERNHARD BOLZANO „Paradoxien des Unendlichen" wird dies an dem nebenstehenden Beispiel verdeutlicht:

Betrachten wir die Reihe
$S = a - a + a - a + a - \ldots$
und gruppieren wir die Glieder einerseits so:
$S = (a - a) + (a - a) + (a - a) + \ldots$
$= 0 + 0 + 0 + \ldots = 0$
und andererseits in der folgenden Art:
$S = a - (a - a) - (a - a) - (a - a) - \ldots$
$= a - 0 - 0 - 0 \ldots = a.$
Eine dritte Gruppierung ergibt:
$S = a - (a - a + a - a + \ldots) = a - S$,
also $2 \cdot S = a$ oder $S = \frac{a}{2}$

Hier haben wir also eine unendliche Reihe mit offensichtlich drei verschiedenen Grenzwerten. Nach unserer im Basiswissen aufgeführten Definition ist dies nicht möglich, keiner der drei Werte erfüllt z. B. die Grenzwertdefinition mithilfe des ε-Streifens. In der Zeit vor BOLZANO waren die Begriffe der Konvergenz oder Divergenz noch nicht präzise gefasst. Sogar LEIBNIZ, der zugleich mit NEWTON als Begründer der Differenzial- und Integralrechnung gilt, wurde von dem eigenartigen Verhalten dieser besonderen Reihe befremdet. Er schloss, dass der tatsächliche Grenzwert der Reihe gleich dem Mittelwert $\frac{a}{2}$ sei, da die Grenzwerte 0 und a gleichwahrscheinlich seien.

BERNHARD BOLZANO
1781–1848

4.3 Grenzwerte bei Funktionen

Was Sie erwartet

Funktionen können ebenso wie Folgen Grenzwerte besitzen. Für das Verhalten der Funktionen im Unendlichen können die Überlegungen und Verfahren zu den Grenzwerten von Folgen weitgehend übertragen werden.
Bei der Einführung der Differenzialrechnung spielten aber auch Grenzwerte von Funktionen an bestimmten „kritischen“ Stellen eine wesentliche Rolle, wie zum Beispiel bei der Bestimmung der Ableitung an einer Stelle $x = a$ mithilfe des Differenzenquotienten $\frac{f(x) - f(a)}{x - a}$, welcher an dieser Stelle zwar nicht definiert ist, aber dessen Grenzwert $\lim\limits_{x \to a} \frac{f(x) - f(a)}{x - a}$ die Ableitung an der Stelle a definiert. Dabei wurde der Grenzwertbegriff mehr oder weniger intuitiv benutzt. Ähnlich wie bei den Folgen lässt sich nun auch der Grenzwert von Funktionen präzisieren. Damit lassen sich dann Eigenschaften von Funktionen wie Stetigkeit und Differenzierbarkeit präziser fassen.

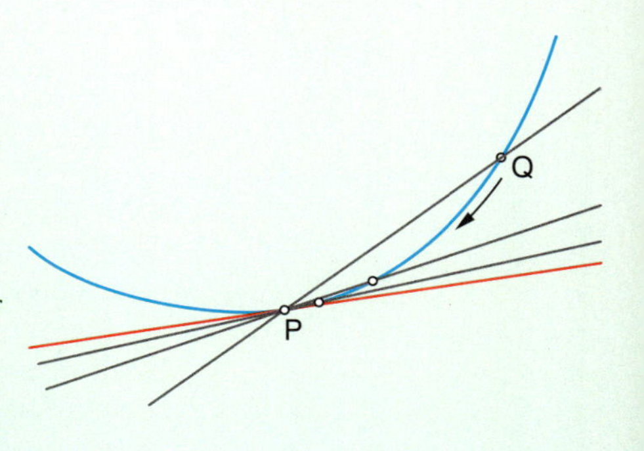

Aufgaben

1 *Verhalten von Funktionen im Unendlichen*
Im Folgenden sind Ausschnitte der Graphen von vier Funktionen dargestellt.

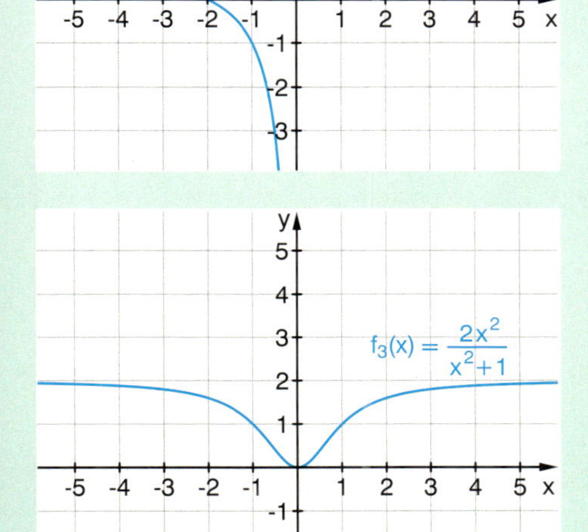

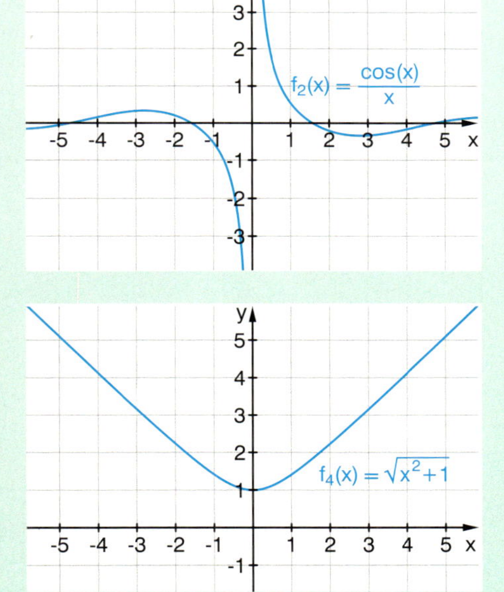

a) Untersuchen Sie das Verhalten dieser Funktionen für sehr große und für sehr kleine x-Werte.
Bestimmen Sie gegebenenfalls die „Grenzwerte“ $\lim\limits_{x \to \infty} f(x)$ und $\lim\limits_{x \to -\infty} f(x)$.
Beschreiben Sie Ihr Vorgehen und begründen Sie Ihre Entscheidungen.
b) Stimmen die gefundenen Grenzwerte $\lim\limits_{x \to \infty} f(x)$ mit den Folgengrenzwerten $\lim\limits_{n \to \infty} f(n)$ überein?
c) Schauen Sie sich nochmals die Definitionen für den Grenzwert einer Folge im Basiswissen des vorigen Lernabschnitts an. Versuchen Sie, diese auf den Grenzwert einer Funktion für $x \to \infty$ zu übertragen.

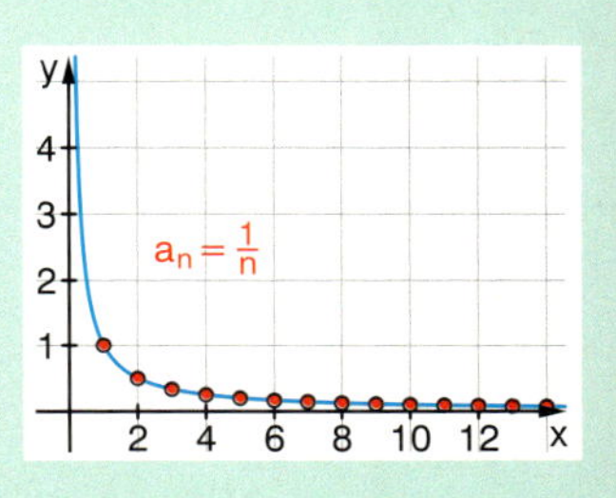

Aufgaben

2 *Verhalten von Funktionen an kritischen Stellen*

a) Zu den vier Funktionen sind die Graphen skizziert.

$f_1(x) = \frac{x^2-4}{x-2}$ $f_2(x) = \frac{x+1}{|x+1|}$

$f_3(x) = \frac{\sin(x)}{x}$ $f_4(x) = \frac{1}{x-2}$

Ordnen Sie Gleichungen und Graphen einander passend zu.

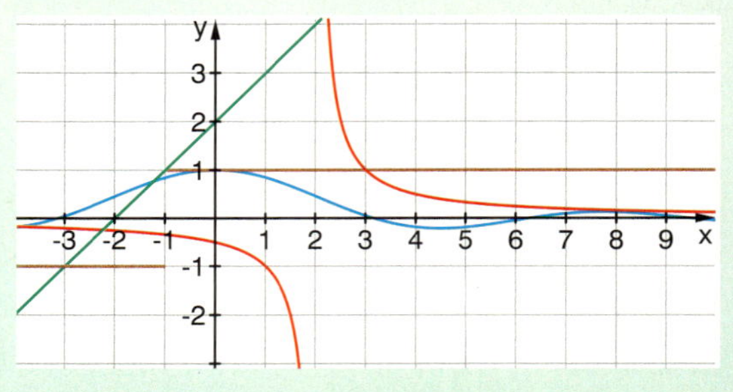

b) Begründen Sie, dass jede der vier Funktionen jeweils an einer Stelle x = a nicht definiert ist. Geben Sie diese Stellen an.
Bei welchen Funktionen kann man dies im Graphen unmittelbar erkennen?

c) Welche der Funktionen haben Ihrer Meinung nach an der Stelle x = a einen Grenzwert?
Wie kommen Sie zu Ihrer Vermutung?
Prüfen Sie Ihre Vermutung jeweils, indem Sie für x einmal die Glieder der Folge $\left(a + \frac{1}{n}\right)$ und zum anderen die Glieder der Folge $\left(a - \frac{1}{n}\right)$ einsetzen und die so entstehenden Folgen $f\left(a + \frac{1}{n}\right)$ und $f\left(a - \frac{1}{n}\right)$ auf Grenzwerte untersuchen.

„Herantasten" an die Definitionslücke von rechts und von links

Beispiel:

$u(n) = f_3\left(\frac{1}{n}\right) = \frac{\sin\frac{1}{n}}{\frac{1}{n}}$

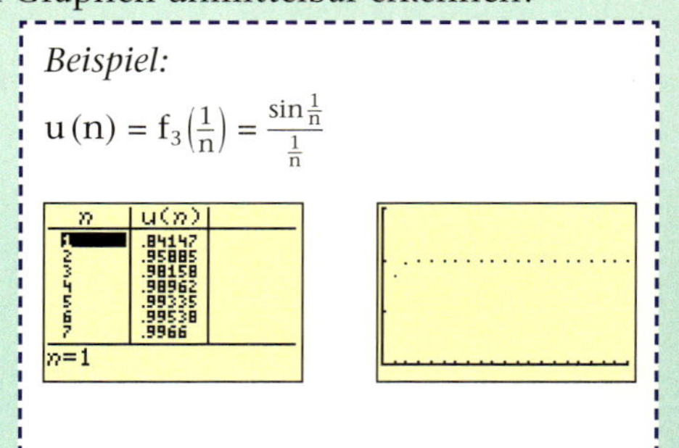

n	u(n)
1	.84147
2	.95885
3	.98158
4	.98962
5	.99335
6	.99538
7	.9966

n=1

Basiswissen

Funktionen können wie Zahlenfolgen im Unendlichen einen Grenzwert aufweisen.

Grenzwert einer Funktion für $x \to \infty$

Die Zahl g ist Grenzwert der Funktion f(x) für $x \to \infty$, wenn es für jeden noch so schmalen ε-Streifen um g ein x_0 gibt, so dass für alle $x > x_0$ die Funktionswerte f(x) innerhalb dieses ε-Streifens liegen.

$$\lim_{x \to \infty} f(x) = g$$

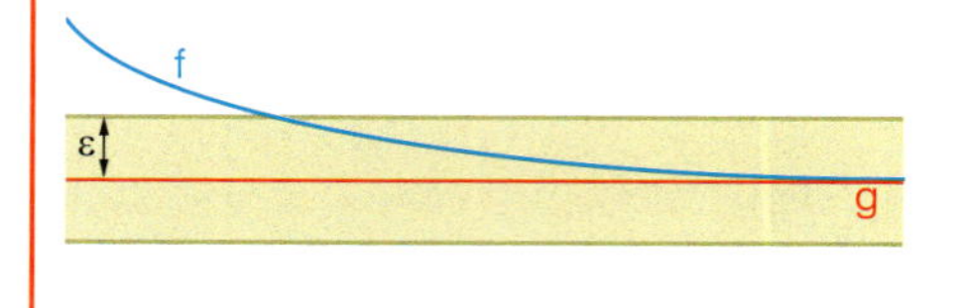

Die Zahl 1 ist Grenzwert der Funktion $f(x) = 1 + \frac{\sin(x)}{x}$ für $x \to \infty$.

Ein ε-Streifen um 1 mit $\varepsilon = \frac{1}{10^n}$ (n sei eine beliebige natürliche Zahl) ist vorgegeben.

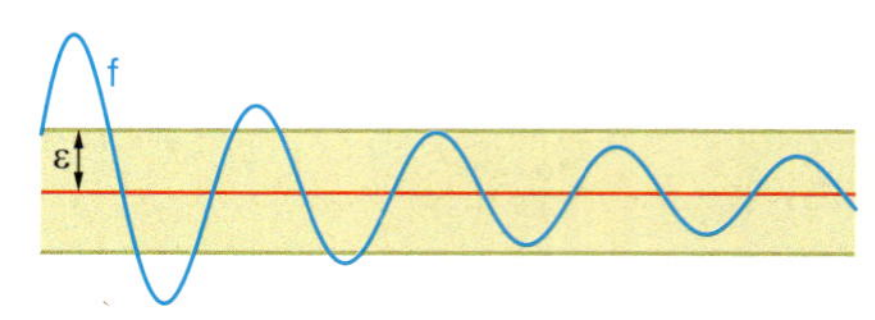

$x_0 = 10^n$. Für alle $x > 10^n$ liegen die Funktionswerte f(x) innerhalb des ε-Streifens um 1.

Neben dem Verhalten für $x \to \infty$ ist hier auch das Verhalten für $x \to -\infty$ von Interesse.

Übungen

3 *Grenzwert einer Funktion für $x \to -\infty$*

Beschreiben Sie, wie im Basiswissen, den Grenzwert einer Funktion für $x \to -\infty$.
Wählen Sie als Beispiel die Funktion $g(x) = \frac{3x+1}{x}$, $x \neq 0$.

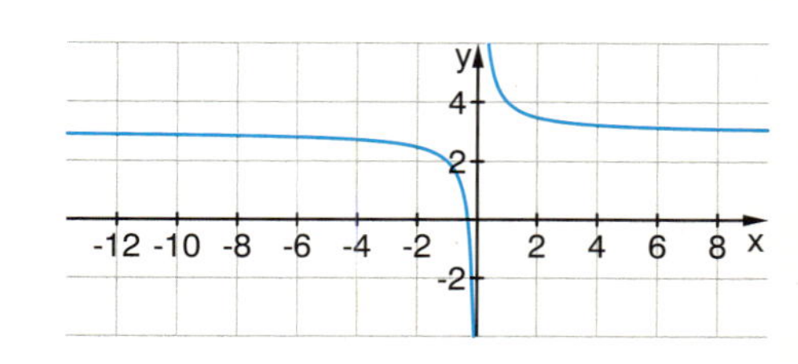

Übungen

4 *Grenzwert bei Folgen und Funktionen*
Warum lässt sich die nebenstehende Definition des Folgengrenzwertes nicht einfach auf den Funktionsgrenzwert übertragen?

> g ist **Grenzwert einer Folge**, wenn in einem beliebig kleinen ε-Streifen um den Grenzwert g immer unendlich viele Folgenglieder und außerhalb nur endlich viele liegen.

5 *Verhalten von Funktionen im Unendlichen*
a) Welche der Funktionen haben Grenzwerte für $x \to \infty$ bzw. $x \to -\infty$? Geben Sie diese gegebenenfalls an.

$f_1(x) = \frac{1}{x^2}$ $\qquad$ $f_2(x) = x + \frac{1}{x}$ $\qquad$ $f_3(x) = \frac{x}{x^2 - 1}$ $\qquad$ $f_4(x) = \frac{x^2 + x + 1}{x^2 + 1}$

6 *Satz und Umkehrung*
a) Ist der nebenstehende Satz gültig? Begründen Sie.
b) Zeigen Sie am Beispiel $f(x) = \sin(x)$ und $a_n = (4n + 1) \cdot \pi$, dass die Umkehrung des Satzes nicht gültig ist.

> Wenn $\lim\limits_{x \to \infty} f(x) = g$ gilt, dann ist auch $\lim\limits_{n \to \infty} f(a_n) = g$ für eine gegen unendlich strebende Folge (a_n) erfüllt.

7 *Grenzwerte bei ganzrationalen Funktionen*
Begründen Sie, dass es keine ganzrationale Funktion vom Grad $n \geq 1$ gibt, die für $x \to \infty$ einen Grenzwert hat. Gilt dies auch für $x \to -\infty$?

8 *Verhalten einer Funktion in der Nähe einer Stelle a*
Die Funktionen $f(x) = \frac{\sin(x)}{x}$ und $g(x) = \frac{\cos(x)}{x}$ sind beide an der Stelle $a = 0$ nicht definiert. Beschreiben Sie das unterschiedliche Verhalten der beiden Funktionen, wenn x der Stelle a beliebig nahe kommt. In welchem der beiden Fälle würden Sie von einem Grenzwert sprechen?

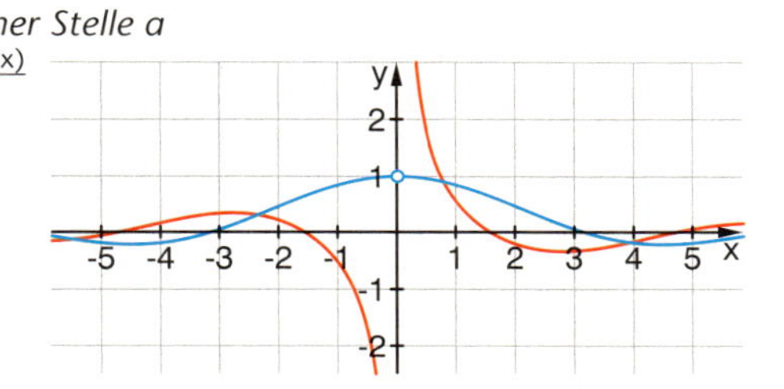

Basiswissen

Bei Funktionen kann man, anders als bei Folgen, auch von einem Grenzwert an der Stelle a sprechen.

Der Grenzwert einer Funktion an der Stelle a

Eine Funktion f(x) hat an der Stelle a den Grenzwert g: $\lim\limits_{x \to a} f(x) = g$,

anschaulich

… wenn die Differenz $|f(x) - g|$ beliebig klein gemacht werden kann, indem man x nur nahe genug an a rücken lässt.

D_f: Definitionsbereich der Funktion f

fachsprachlich unter Verwendung des Folgengrenzwertes

… wenn *jede* gegen a konvergente Folge (x_n) ($x_n \in D_f$ und $x_n \neq a$ für alle n) eine gegen g konvergente Bildfolge $f(x_n)$ besitzt:

$$\left(\underbrace{\lim_{n \to \infty} x_n = a}_{\text{Grenzwert der Folge}} \Rightarrow \underbrace{\lim_{n \to \infty} f(x_n) = g}_{\text{Grenzwert der Bildfolge}}\right) \Leftrightarrow \underbrace{\lim_{x \to a} f(x) = g}_{\text{Grenzwert der Funktion für } x \to a}$$

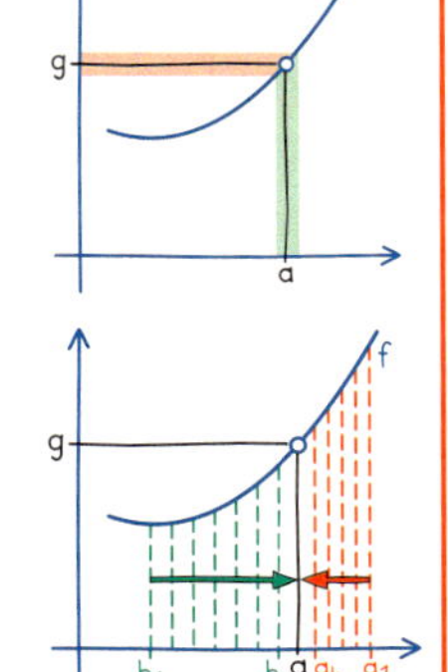

Beispiel

A Die Funktionen $f(x) = \frac{x^2}{x}$ und $g(x) = \frac{|x|}{x}$ sind beide an der Stelle $x = 0$ nicht definiert.
Zeigen Sie mithilfe der Definition, dass $\lim\limits_{x \to 0} f(x) = 0$ erfüllt ist und dass $\lim\limits_{x \to 0} g(x)$ nicht existiert.

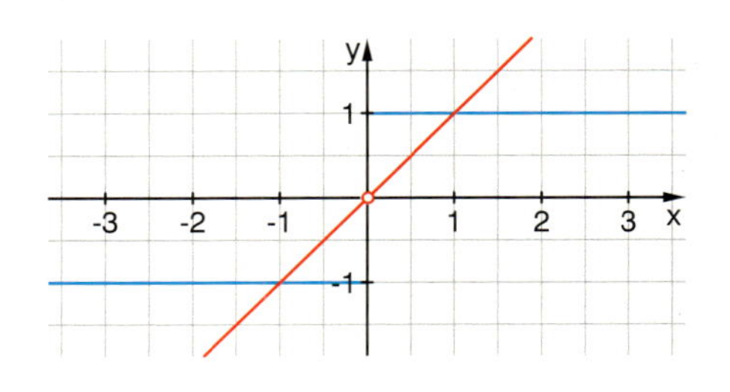

Lösung:
An den Graphen erkennt man sofort, dass 0 der Grenzwert von f an der Stelle $x = 0$ ist und dass der Grenzwert von g an der Stelle $x = 0$ nicht existiert.

Nachweis für die Funktion f:
Wir wählen eine beliebige Folge (a_n) mit $\lim\limits_{n \to \infty} a_n = 0$ und $a_n \neq 0$ für alle n.

Dann ist $\lim\limits_{n \to \infty} f(a_n) = \lim\limits_{n \to \infty} \frac{a_n^2}{a_n} = \lim\limits_{n \to \infty} a_n = 0$.

Nachweis für die Funktion g:
Wir wählen zwei verschiedene Folgen mit dem Grenzwert null: $a_n = \frac{1}{n}$, $b_n = -\frac{1}{n}$.

Dann gelten $\lim\limits_{n \to \infty} g(a_n) = \lim\limits_{n \to \infty} \frac{\left|\frac{1}{n}\right|}{\frac{1}{n}} = 1$ und $\lim\limits_{n \to \infty} g(b_n) = \lim\limits_{n \to \infty} \frac{\left|-\frac{1}{n}\right|}{-\frac{1}{n}} = -1$.

Damit haben wir zwei Nullfolgen gefunden, für die die Bildfolgen gegen verschiedene Grenzwerte konvergieren. Ein Grenzwert existiert also nach Definition nicht.

Übungen

9 *Existenz von Funktionsgrenzwerten*
Für welche der Funktionen existiert ein Grenzwert für $x \to a$? Begründen Sie Ihre Entscheidung wie im Beispiel A mithilfe der Definition.

$f_1(x) = \frac{|x^2 - 1|}{x - 1}$, $a = 1$ $\qquad f_2(x) = \frac{x^2 - 4}{x - 2}$, $a = 2$, $\qquad f_3(x) = \frac{1}{x - 2}$, $a = 2$

10 *Existiert ein Grenzwert für $x \to 0$?*
Nebenstehend ist der Graph der Funktion $f(x) = \sin\left(\frac{1}{x}\right)$ in einer Umgebung von 0 gezeichnet.
Existiert $\lim\limits_{x \to 0} \sin\left(\frac{1}{x}\right)$?

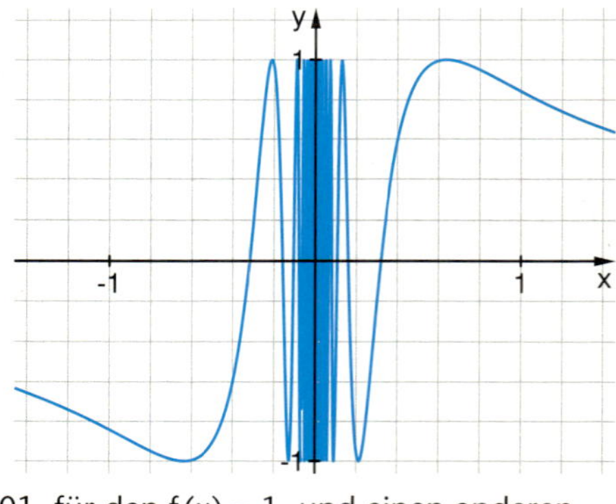

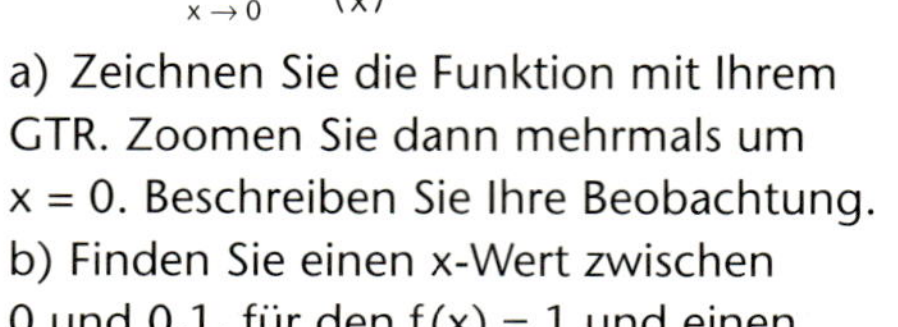

a) Zeichnen Sie die Funktion mit Ihrem GTR. Zoomen Sie dann mehrmals um $x = 0$. Beschreiben Sie Ihre Beobachtung.
b) Finden Sie einen x-Wert zwischen 0 und 0,1, für den $f(x) = 1$ und einen anderen x-Wert, für den $f(x) = -1$ gilt?
c) Finden Sie einen x-Wert zwischen 0 und 0,01, für den $f(x) = 1$, und einen anderen x-Wert, für den $f(x) = -1$ gilt?
d) Können Sie Werte für x zwischen 0 und jeder noch so kleinen positiven Zahl finden, für die $f(x) = 1$ und $f(x) = -1$ erfüllt sind?
Wie können Sie nun das Verhalten von $\sin\left(\frac{1}{x}\right)$ für $x \to 0$ beschreiben?
Existiert hierfür der Grenzwert?

Für $x = \frac{2}{\pi \cdot (4n + 1)}$, $n \in \mathbb{Z}$, gilt $\sin\left(\frac{1}{x}\right) = 1$.

Für $x = \frac{2}{\pi \cdot (4n + 3)}$, $n \in \mathbb{Z}$, gilt $\sin\left(\frac{1}{x}\right) = -1$.

KURZER RÜCKBLICK

1 Überprüfen Sie jeweils, ob die drei Punkte auf einer Parabel liegen:
a) $P(1|0)$ $Q(2|3)$ $R(-3|8)$
b) $P(1|1)$ $Q(-1|1)$ $R(-3|10)$
c) $P(1|0)$ $Q(2|5)$ $R(-3|-20)$
In welchem Fall liegen sie auf einer Geraden?

Übungen

11 *Funktionsgraphen mit „Sprüngen" und mit „Knicken"*

Bei gleichmäßigem Flüssigkeitszulauf in Gefäße haben wir die Füllgraphen (Zeit $\rightarrow$ Füllhöhe) und die Geschwindigkeitsgraphen (Zeit $\rightarrow$ Füllhöhenänderung) gezeichnet. Bei Kugel (A) haben diese Graphen „gute" Eigenschaften: Man kann sie mit dem Stift glatt (ohne Knick) und ohne Abzusetzen (ohne Sprung) durchzeichnen.

a) Begründen Sie mithilfe der Gefäßform C die Knickstelle und die Sprungstelle in den beiden zugehörigen Graphen. Argumentieren Sie dabei auch mit der Änderungsrate.

b) Begründen Sie den Knick im Geschwindigkeitsgraphen zu Gefäß B. Argumentieren Sie dabei auch mit der Beschleunigung (Änderungsrate der Geschwindigkeit).

c) Zeichnen Sie zu allen drei Gefäßformen jeweils einen Beschleunigungsgraphen. Vergleichen Sie Ihre Ergebnisse.

d) Skizzieren Sie eine Gefäßform, bei der der Füllgraph drei Knicke aufweist. Wie sieht der zugehörige Geschwindigkeitsgraph aus?

Gefäßform	Füllgraph	Geschwindigkeitsgraph
A		
B		
C		

Stetigkeit und Differenzierbarkeit bei Funktionen

Die meisten haben eine intuitive Vorstellung über diese Eigenschaften:

Intuitive Vorstellung

Eine Funktion ist stetig, wenn man den Graphen in einem Zug durchzeichnen kann, ohne den Stift abzusetzen, d.h., es darf kein Sprung auftreten.

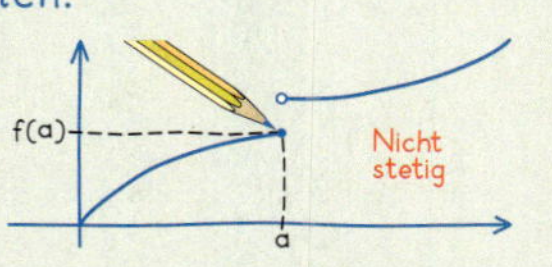

Eine Funktion ist differenzierbar, wenn man den Graphen in einem Zug durchzeichnen kann und kein „Knick" auftritt.

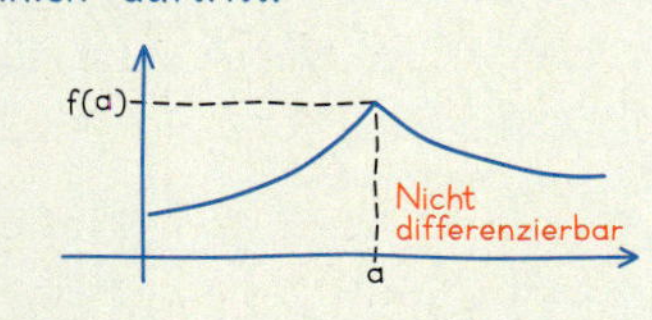

Wie oft in der Mathematik sind diese Vorstellungen nützlich, sie genügen aber nicht den Ansprüchen an eine formale Definition, die auch dann greift, wenn die Vorstellung nicht ausreicht, wie etwa im Beispiel in Aufgabe 10.
Mithilfe des Funktionsgrenzwerts können wir eine formale Definition finden.

Definition mithilfe des Grenzwerts

Die Funktion f ist **stetig an der Stelle x = a** ($a \in D_f$), falls der Grenzwert der Funktion für $x \rightarrow a$ existiert und gleich dem Funktionswert an dieser Stelle ist.

$$\lim_{x \to a} f(x) = f(a)$$

Eine Funktion f wird **stetig** genannt, falls sie an jeder Stelle ihres Definitionsbereichs stetig ist.

Die Funktion f ist **differenzierbar an der Stelle x = a** ($a \in D_f$), falls der Grenzwert des Differenzenquotienten an dieser Stelle existiert.

$$\lim_{x \to a} \frac{f(x) - f(a)}{x - a} = f'(a)$$

Eine Funktion f wird **differenzierbar** genannt, falls sie an jeder Stelle ihres Definitionsbereichs differenzierbar ist.

Aufgaben

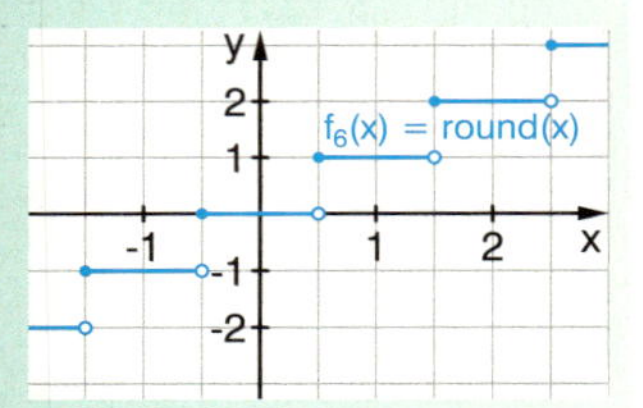

12 *Stetige und differenzierbare Funktionen?*

a) Zeichnen Sie jeweils den Graphen der Funktion in einem geeigneten Ausschnitt. Entscheiden Sie, ob die Funktion stetig ist.
Bestimmen Sie gegebenenfalls die Unstetigkeitsstellen und begründen Sie.
b) Entscheiden Sie, ob die Funktion differenzierbar ist. Bestimmen Sie gegebenenfalls die Stellen, an denen die Funktion nicht differenzierbar ist, und begründen Sie.

$f_1(x) = 0{,}5x^3 - 2x$ $\quad$ $f_2(x) = |x - 2|$ $\quad$ $f_3(x) = \begin{cases} \frac{|x|}{x}, & x \neq 0 \\ 1, & x = 0 \end{cases}$

$f_4(x) = \begin{cases} \frac{1}{x}, & x \neq 0 \\ 0, & x = 0 \end{cases}$ $\quad$ $f_5(x) = \begin{cases} \frac{\sin(x)}{x}, & x \neq 0 \\ 1, & x = 0 \end{cases}$ $\quad$ $f_6(x) = \text{round}(x)$

$f_7 = \sin(x)$ $\quad$ $f_8 = |x^2 - 4|$ $\quad$ $f_9 = |\cos(x)|$

13 *Stetigkeit und Differenzierbarkeit*

Die Differenzierbarkeit ist eine „stärkere" Eigenschaft einer Funktion als die Stetigkeit. Es gilt der Satz: Wenn eine Funktion an der Stelle a differenzierbar ist, dann ist sie an dieser Stelle auch stetig. Zeigen Sie an einem geeigneten Gegenbeispiel, dass die Umkehrung dieses Satzes nicht gilt.

Die Stetigkeit ist eine notwendige Bedingung für die Differenzierbarkeit, aber keine hinreichende Bedingung.

14 *Stetigkeit und Nullstelle*

a) Veranschaulichen Sie die Aussage des Satzes an einer Skizze.
Begründen Sie, warum die Stetigkeit als Voraussetzung gefordert ist.
b) Begründen Sie mithilfe dieses Satzes, dass eine ganzrationale Funktion dritten Grades mindestens eine Nullstelle hat.

Der Nullstellensatz von Bolzano
Wenn die Funktion f stetig ist auf dem Intervall $I = [a, b]$ und $f(a) < 0$ und $f(b) > 0$ erfüllt sind, dann gibt es ein $x_0 \in I$ mit $f(x_0) = 0$.

Der Nullstellensatz ist ein Spezialfall des „Zwischenwertsatzes." Informieren Sie sich im Internet.

15 *Mathematik und Sprache*

Viele Begriffe der Mathematik sind der Alltagssprache entnommen. Deren vielfältige Bedeutungen werden in der Mathematik dann allerdings auf eindeutige Definitionen reduziert. Hier einige Beispiele für die Verwendung von „Grenzwert" und „stetig" in der Alltagsprache.

Für die klassische Betrachtung der Naturwissenschaften gilt: Die Natur macht keine Sprünge. Danach verlaufen zahlreiche Naturvorgänge stetig.

Sein Verhalten in dieser Situation muss schon als grenzwertig bezeichnet werden.

Wird der Grenzwert von 0,001 mg/l überschritten, darf die Substanz nicht mehr verkauft werden.

Stetige Veränderungen und Marktanpassungen sind heute Bedingung für die Überlebensfähigkeit von Organisationen aller Art.

Der Umsatz geht stetig nach oben.

Gebühren bei Postsendungen verändern sich nicht stetig.

Der Wasserstand nähert sich dem Grenzwert von 10 Metern.

Finden Sie selbst ähnliche Verwendungen von „Grenzwert" und „stetig" aus Ihrer Erfahrung. Bewerten Sie die „Nähe" zur mathematischen Bedeutung der Begriffe.

4.4 Folgen und Gleichungen

Was Sie erwartet

Beim mathematischen Arbeiten mit Problemen müssen oft Gleichungen gelöst werden. Nicht alle Gleichungen lassen sich algebraisch lösen durch Äquivalenzumformungen oder mit einer Lösungsformel, wie z. B. der pq-Formel bei quadratischen Gleichungen. Mithilfe bestimmter Folgen lassen sich effektive Verfahren entwickeln, mit denen gute Näherungswerte für Lösungen gefunden werden können.
Dieser Lernabschnitt ist gut zum Selbststudium geeignet.

Aufgaben

1 *Wurzeln mit Folgen bestimmen – Heron-Verfahren*
Quadratwurzeln $\sqrt{a}$ können bestimmt werden, indem mit dem GTR oder einem Funktionenplotter die positive Nullstelle von $f(x) = x^2 - a$ durch „Zoomen" oder Tabellenverfeinerung angenähert wird. Es wird damit eine Näherungslösung der Gleichung $x^2 - a = 0$ ermittelt.

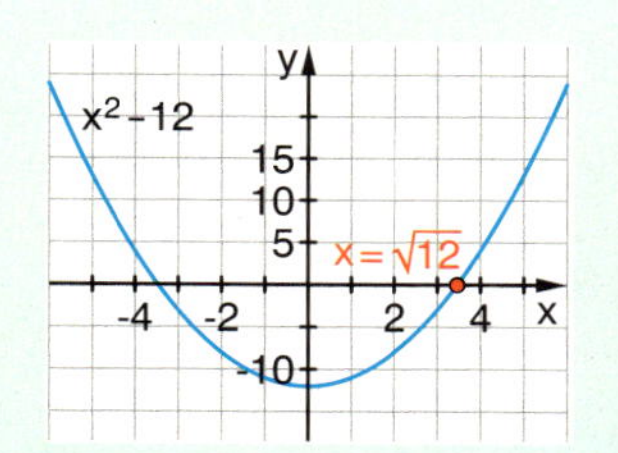

Ein anderes Verfahren zur Bestimmung von Quadratwurzeln ist ungefähr 2000 Jahre alt und stammt aus einer Formelsammlung von HERON VON ALEXANDRIA.

HERON VON ALEXANDRIA
(1. Jh. n. Chr.)

Geometrische Idee
$\sqrt{a}$ ist Kantenlänge des Quadrats mit Flächeninhalt a.
Es werden Rechtecke mit demselben Flächeninhalt a schrittweise immer „quadratischer" gemacht.

Rechenverfahren für Flächeninhalt a

1. Start mit beliebigem Rechteck mit Flächeninhalt a und Seiten x_0 und $y_0 = \frac{a}{x_0}$.
2. Seitenlänge des neuen Rechtecks ist der Mittelwert aus den beiden alten Seiten, also: $x_1 = \frac{1}{2}(x_0 + y_0)$.

Iteration

„Die eine zu groß, die andere zu klein, nehmen wir die Mitte, wird wohl besser sein."

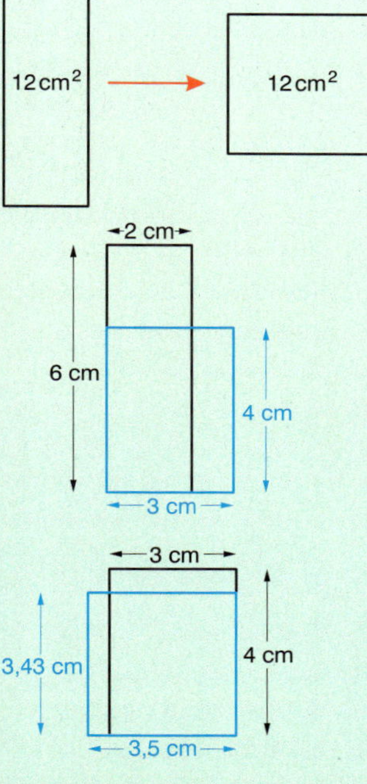

a) Führen Sie das Verfahren für a = 12 durch und bestimmen Sie weitere Rechtecke und damit Näherungswerte für $\sqrt{12}$.

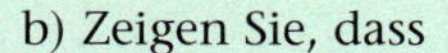

b) Zeigen Sie, dass
$x_n = \frac{1}{2}\left(x_{n-1} + \frac{12}{x_{n-1}}\right)$, $x_0 > 0$
die passende Iterationsformel zur Bestimmung der Lösung von $x^2 - 12 = 0$ ist.

```
Plot1 Plot2 Plot3
nMin=0
·u(n)■1/2(u(n-1)
+12/u(n-1))
 u(nMin)■{2}
```

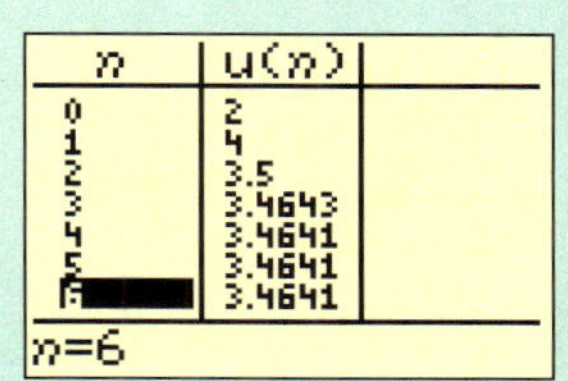

c) Bestimmen Sie mit dem Verfahren $\sqrt{70}$, $\sqrt{250}$ und $\sqrt{2500}$.
Variieren Sie jeweils die Startwerte und vergleichen Sie die Iterationsverläufe.
Vergleichen Sie dieses Verfahren mit dem „Zoomen".

Aufgaben

2 *Das Newton-Verfahren*

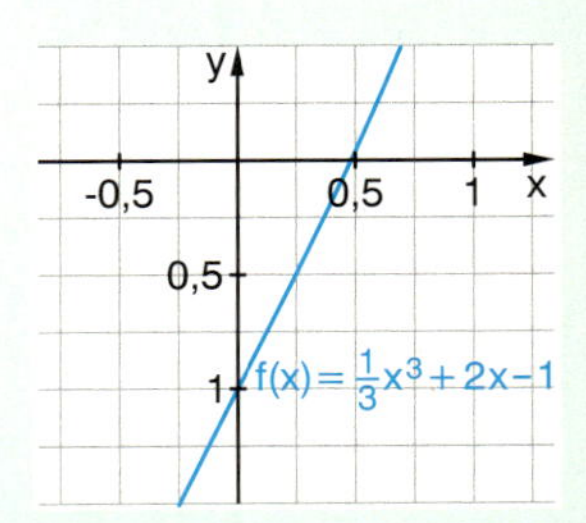

a) Lineare und quadratische Gleichungen lassen sich durch Äquivalenzumformungen lösen. Für die Gleichung $\frac{1}{3}x^3 + 2x - 1 = 0$ ist Ihnen wahrscheinlich keine Lösungsformel bekannt.
Geben Sie mit dem nebenstehenden Graphen nach Augenmaß eine Lösung an.

In (kleinen) Umgebungen von Punkten P(a | f(a)) ist die Tangente in P eine gute Näherung an den Graphen von f.

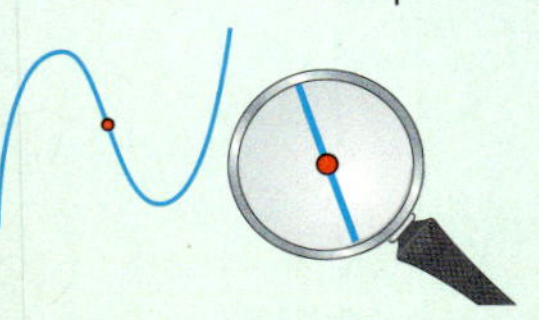

b) Gleichungen der Form $f(x) = 0$ lassen sich grafisch näherungsweise behandeln, indem man die Nullstelle von $f(x)$ sucht.
Tangenten können nun dabei helfen, schnell und bequem gute Näherungswerte zu erhalten. Dabei hilft die charakteristische Eigenschaft von Tangenten an Funktionsgraphen.

Geometrische Konstruktion

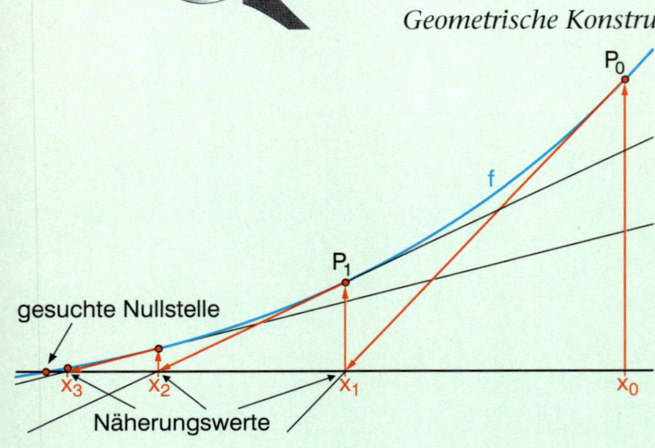

Man wählt einen Startwert x_0 in der Nähe der gesuchten Nullstelle.
Man ersetzt f in der Nähe dieser Stelle x_0 durch eine Tangente an den Graphen von f im zugehörigen Punkt $P_0(x_0 | f(x_0))$.
Die Nullstelle dieser Tangente liefert einen ersten Näherungswert x_1.
Man bestimmt die Tangente an den Graphen von f im Punkt $P_1(x_1 | f(x_1))$.
Die Nullstelle dieser Tangente liefert einen zweiten Näherungswert x_2.
Man bestimmt die Tangente an den Graphen von f im Punkt $P_2(x_2 | f(x_2))$.
Die Nullstelle dieser Tangente...

Diese geometrische Konstruktion führt zu einer Folge (x_n), die normalerweise gegen eine Nullstelle der Funktion konvergiert.
Für diese Folge können wir eine Rekursionsformel herleiten.

c) Begründen Sie mit der nebenstehenden Skizze die Beziehung

$$f'(x_{n-1}) = \frac{f(x_{n-1})}{x_{n-1} - x_n}.$$

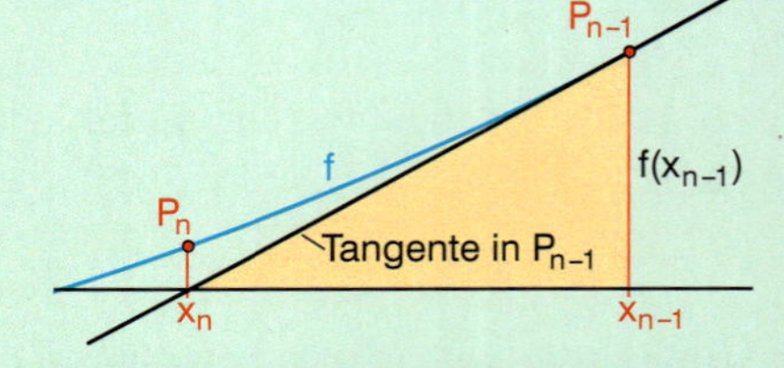

Rekursionsformel

Leiten Sie daraus die Formel zur Bestimmung der nächsten Näherungswerte her:

$$x_n = x_{n-1} - \frac{f(x_{n-1})}{f'(x_{n-1})}$$

Füllen Sie die Tabelle für $f(x) = \frac{1}{3}x^3 + 2x - 1$ aus.
Bestimmen Sie damit die Lösung der Gleichung auf 6 Nachkommastellen genau.
Starten Sie dann noch einmal mit $x_0 = 0$.

n	x_{n-1}	$f(x_{n-1})$	$f'(x_{n-1})$	x_n
1	1	■	3	■
2	0,5555	■	■	■
3	■	■	■	■
4	■	■	■	■
...	■	■	■	■

d) Geben Sie die Rekursionsformel im Sequence-Modus in Ihren GTR (oder in eine Tabellenkalkulation) ein. Bestimmen Sie dann jeweils eine Tabelle zu verschiedenen Startwerten.
Was beobachten Sie? Vergleichen Sie mit den Experimenten anderer.

```
∴u(n)■u(n-1)-(1/
3u(n-1)^3+2u(n-1
)-1)/(u(n-1)²+2)
```

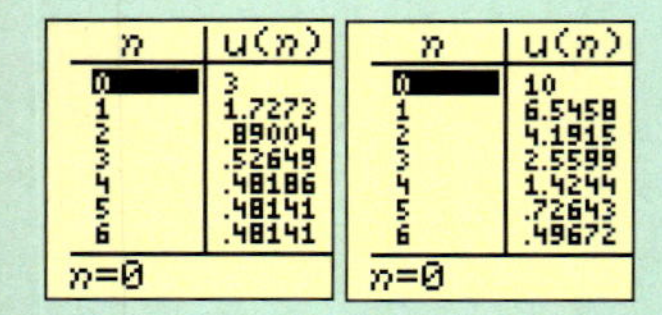

Basiswissen

Das **Newton-Verfahren** ist ein schnelles Iterationsverfahren zur näherungsweisen Bestimmung der Lösung einer Gleichung des Typs $f(x) = 0$.
Lösungen der Gleichung sind die Nullstellen von $f(x)$.

Gleichungen lösen mit dem Newton-Verfahren

Die Funktion f wird an einer Stelle x_0 durch ihre Tangente an den Graphen von f im Punkt $(x_0 \mid f(x_0))$ ersetzt, deren Nullstelle x_1 dann den ersten Näherungswert ergibt. Die Tangente an den Graphen von f im neuen Punkt $(x_1 \mid f(x_1))$ erzeugt den nächsten Näherungswert x_2 usw.

Rechenverfahren

Gleichung: $f(x) = 0$, Startwert: x_0
Iterationsvorschrift:

$$x_n = x_{n-1} - \frac{f(x_{n-1})}{f'(x_{n-1})}$$

x_0 ist vorgegeben.

$$x_1 = x_0 - \frac{f(x_0)}{f'(x_0)}$$

$$x_2 = x_1 - \frac{f(x_1)}{f'(x_1)} \dots$$

Grafische Darstellung

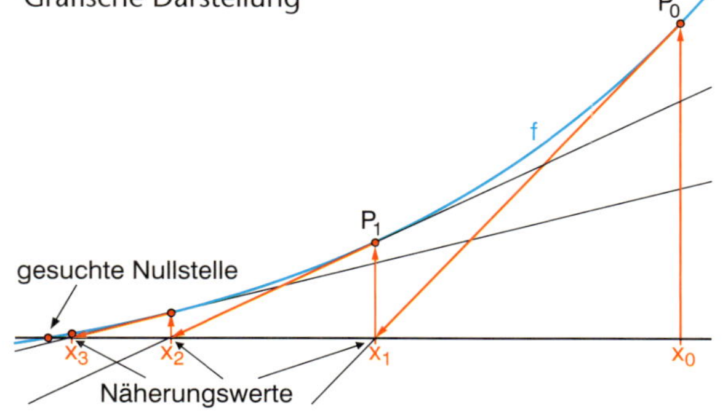

Beispiel

A Lösen Sie die Gleichung $x^3 - x + 1 = 0$ mithilfe des Newton-Verfahrens.

Lösung:
Wir skizzieren zunächst den Graphen der zugehörigen ganzrationalen Funktion dritten Grades $f(x) = x^3 - x + 1$. Der Graph verdeutlicht, dass nur eine Nullstelle vorliegt. Diese liegt zwischen –2 und –1.

Startwert: $x_0 = -1$
$f(x) = x^3 - x + 1$; $f'(x) = 3x^2 - 1$

$$x_n = x_{n-1} - \frac{x_{n-1}^3 - x_{n-1} + 1}{3x_{n-1}^2 - 1} = \frac{2x_{n-1}^3 - 1}{3x_{n-1}^2 - 1}$$

```
Plot1 Plot2 Plot3
nMin=0
\u(n)■(2u(n-1)^3
-1)/(3u(n-1)²-1)
 u(nMin)■{-1}
\v(n)=
 v(nMin)=
```

n	u(n)
0	-1
1	-1.5
2	-1.348
3	-1.325
4	-1.325
5	-1.325
6	-1.325

u(n)=-1.32471796

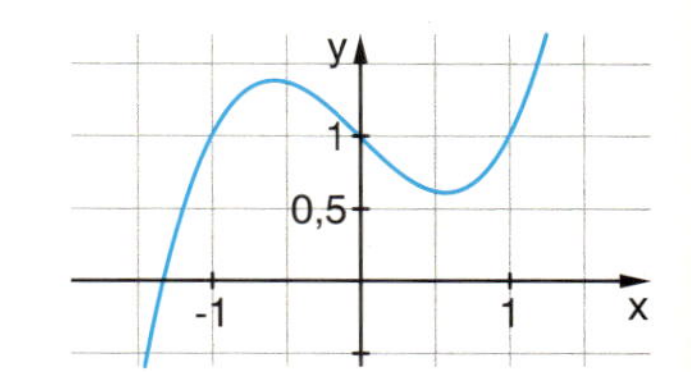

GRUNDWISSEN

1 Welche Terme sind äquivalent?
Welche beschreiben eine lineare Funktion, welche eine quadratische?

(1) $2 + \frac{x-1}{x}$ (2) $\frac{1}{2}x - \frac{x}{3} + 1$ (3) $\frac{x+6}{6}$

(4) $\frac{1}{2}(x-2)^2 - 2$ (5) $\frac{3x-1}{x}$ (6) $\frac{x^2 - 4x}{2}$

2 Ordnen Sie den Gleichungen die passende Grafik zu und begründen Sie anhand der Grafik die Anzahl der Lösungen.
Welche Gleichung können Sie nicht algebraisch lösen?

(1) $\frac{1}{2}x^3 - x = x + 1$

(2) $\frac{1}{10}x^2 - \frac{2}{5}x - \frac{1}{2} = x + 1$

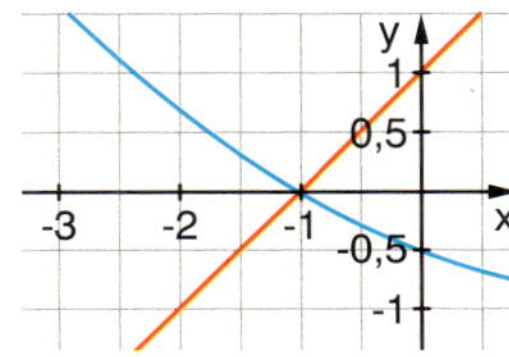

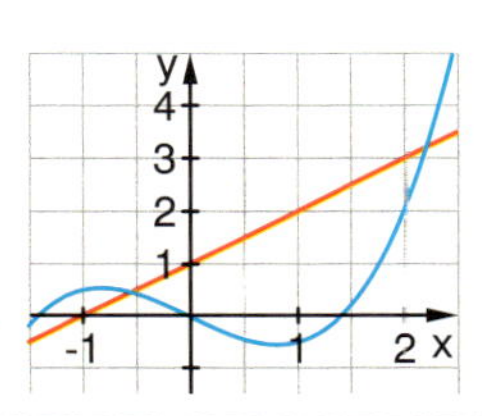

Übungen

3 *Training*

a) Bestimmen Sie mit dem Newton-Verfahren die Lösung folgender Gleichungen auf sechs Nachkommastellen genau. Begründen Sie, dass es jeweils genau eine Lösung gibt. Variieren Sie die Startwerte. Erhalten Sie immer dieselbe Lösung?

(1) $\frac{1}{10}x^3 - x + 4 = 0$

(2) $x^3 = x^2 - 2x + 2$

(3) $\cos(x) = x$

(4) $2\sin(x) + x - 1 = 0$

b) Was halten Sie nach Ihren Erfahrungen aus a) von der Aussage:
Das Newton-Verfahren ist sehr fehlerfreundlich: Man kann schlecht starten, zwischendurch Fehler machen und landet trotzdem am Ziel.

4 *Ein ungünstiger Startwert*

Im Beispiel A wurde das Newton-Verfahren auf die Gleichung $x^3 - x + 1 = 0$ mit dem Startwert $x_0 = -1$ angewendet. Was passiert, wenn man den Startwert $x_0 = 1$ verwendet?

5 *Heron und Newton*

a) In Aufgabe 1 wurde das Heronverfahren zur Wurzelbestimmung mit der Iterationsformel $x_n = \frac{1}{2}\left(x_{n-1} + \frac{a}{x_{n-1}}\right)$ vorgestellt. Führen Sie das Verfahren für a = 3 durch.
b) Lösen Sie die Gleichung $x^2 - 3 = 0$ mit dem Newton-Verfahren.
Vergleichen Sie die beiden Iterationsverfahren.

6 *Höhere Wurzeln mit Newton*

a) $\sqrt[3]{a}$ ist Lösung der Gleichung $x^3 - a = 0$. Zeigen Sie, dass $x_n = \frac{2x_{n-1}^3 + a}{3x_{n-1}^2}$ die Iterationsformel nach dem Newton-Verfahren zur Bestimmung von $\sqrt[3]{a}$ ist.
Bestimmen Sie damit Näherungswerte für $\sqrt[3]{35}$, $\sqrt[3]{120}$ und $\sqrt[3]{2850}$.
b) Entwickeln Sie eine entsprechende Formel für $\sqrt[k]{a}$ und bestimmen Sie $\sqrt[8]{1000}$.

7 *Wer ist schneller?*

a) Mithilfe einer Intervallschachtelung kann man Folgen erzeugen, die zu beliebig genauen Näherungswerten für die Zahl $\sqrt{12}$ führen. Setzen Sie die Intervallschachtelung um drei weitere Schritte fort. Geben Sie ein Maß für die dann erreichte „Genauigkeit" des Näherungswertes an.

$3 < \sqrt{12} < 4$
$3{,}4 < \sqrt{12} < 3{,}5$
$3{,}46 < \sqrt{12} < 3{,}47$
…

b) Lösen Sie die Gleichung $x^2 - 12 = 0$ mit dem Newton-Verfahren einmal mit dem Startwert 3 und einmal mit dem Startwert 4. Welche Genauigkeit für den Näherungswert von $\sqrt{12}$ haben Sie jeweils nach sechs Iterationsschritten erreicht?

8 *Eine historische Aufgabe mit dem GTR gelöst*

François Viète behandelte in seiner Schrift „De numerosa potestatem adfectarum resolutione" als 15. Problem die folgende Gleichung $x^5 - 5x^3 + 500x = 7\,905\,504$.
Er konnte selbstverständlich nicht das Newton-Verfahren einsetzen, da ihm die Differenzialrechnung noch nicht zur Verfügung stand.
a) Erstellen Sie eine aussagekräftige Grafik und bestimmen Sie die Lösung mit dem Newton-Verfahren.
b) François Viète wird oft auch als „Vater der modernen Algebra" bezeichnet.
Recherchieren Sie im Mathematik-Lexikon oder im Internet über das mathematische Wirken von Viète.
Finden Sie darin eine Begründung für die oben angegebene Bezeichnung?

Franoçois Viète
(1540–1603)

Übungen

9 *Newton scheitert*

Manchmal kann beim Newton-Verfahren Seltsames passieren.

a) Füllen Sie die Tabelle aus. Erklären Sie anschaulich das Scheitern und finden Sie die richtigen Lösungen.

	(1) $x^3 - x = 0$; $x_0 = \frac{1}{\sqrt{5}}$	(2) $\frac{1}{3}x^3 - 4x + 1 = 0$; $x_0 = 2$	(3) $x^3 - x + 3 = 0$; $x_0 = 0$
Tabelle	■	n: 0, 1, 2, 3, 4; u(n): 2, ERROR, ERROR, ERROR, ERROR	■
Funktionsgraph mit Tangenten	y; $x_0 = \frac{1}{\sqrt{5}}$; -1; $-x_0$; 1; x	■	■
n-x_n-Graph der Folge	■	■	

b) Finden Sie noch andere Beispiele, in denen das Newton-Verfahren versagt?

10 *Forschungsaufgabe*

a) Wenn Gleichungen mehrere Lösungen haben, müssen die Startwerte geeignet gewählt werden, um eine bestimmte Lösung zu erreichen. Verschaffen Sie sich durch Skizzen der Funktionsgraphen zunächst einen Überblick über die Anzahl der Lösungen. Bestimmen Sie dann die einzelnen Lösungen durch Wahl geeigneter Startwerte. Experimentieren Sie!

(1) $x^3 = -x^2 + 2x + 1$ (2) $\frac{1}{10}x^5 = x^3 + 1$ (3) $x^3 + x^2 - 6x - 6 = 0$

b) Finden Sie „Einzugsbereiche" für Startwerte, die jeweils zur selben Lösung führen.

Eine Lösung zu (3):

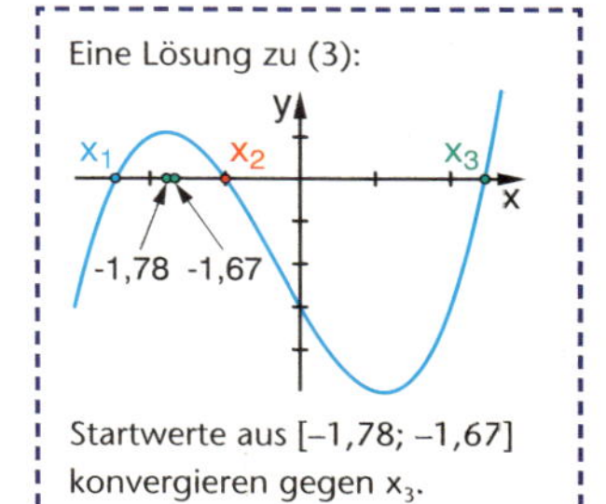

Startwerte aus [–1,78; –1,67] konvergieren gegen x_3.

Das Newton-Fraktal

Wenn eine Gleichung mehrere Lösungen hat, gibt es Einzugsbereiche, in denen die Startwerte für die zugehörigen Lösungen liegen. Nach unmittelbarer Anschauung und Erwartung sind diese Einzugsbereiche zusammenhängende Intervalle um die jeweilige Nullstelle der Funktion. Eine genauere Untersuchung zeigt aber, dass die Einzugsbereiche viel komplizierter sind. Wenn man ganz genau hinschaut, kann man feststellen, dass hier sogar das **„Chaos"** herrscht. Es tritt nämlich das Phänomen der **Selbstähnlichkeit** auf. Wenn man einen kleinen Ausschnitt auf der x-Achse vergrößert („zoomt"), treten dieselben Muster auf wie in dem großen Ausschnitt: Im Kleinen sieht es aus wie im Großen.

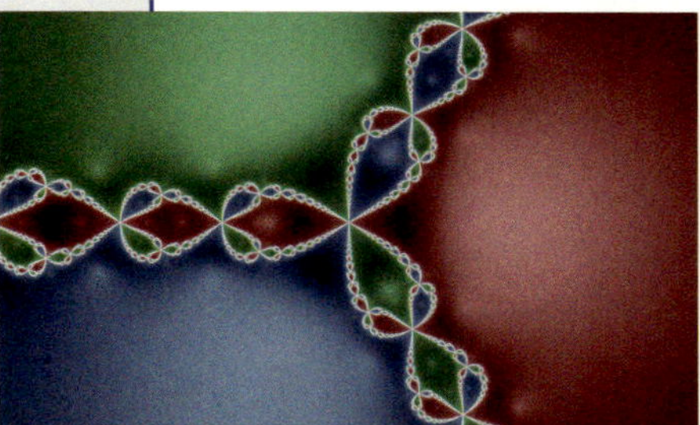

Newton-Fraktal im Komplexen

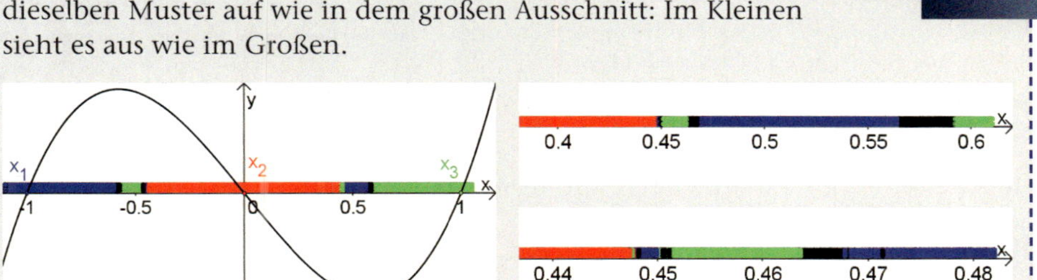

Die Bilder zeigen dieses Phänomen am Beispiel der Gleichung $x^3 - x = 0$ mit den Lösungen $x_1 = -1$; $x_2 = 0$; $x_3 = 1$

Aufgaben

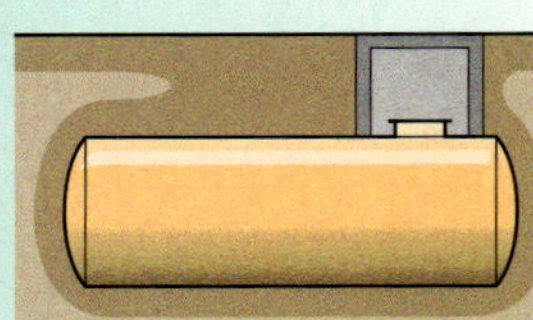

Die Volumeneinheiten sind jeweils in m^3 ($1\ m^3 = 1000\ l$) und die Längeneinheiten in m angegeben.

11 *Newton-Verfahren in der Anwendung*

Eine Firma stellt kugelförmige und zylinderförmige Öltanks her, die 10000 Liter fassen. Die zylinderförmigen Tanks werden liegend verwendet. Im Innern der Tanks soll ein Kontakt angebracht werden, der bei nur noch 1000 Liter vorhandener Ölmenge ein Warnsignal als Aufforderung für das Nachfüllen gibt.
In welcher Höhe h muss dieser Kontakt sowohl beim kugelförmigen Tank als auch beim liegenden zylinderförmigen Tank angebracht werden?

a) Bestimmen Sie dazu die Innenradien der beiden Tanks so, dass Sie jeweils 10000 l fassen. Die Länge des Zylinders soll 5 m betragen.

b) Zeigen Sie mithilfe der aufgeführten Lösungsskizzen, dass man zu den folgenden Gleichungsansätzen kommt:

$\frac{\pi}{3} \cdot h^2 \cdot (4{,}01 - h) = 1$ $\qquad$ $\alpha - \sin(\alpha) - \frac{\pi}{5} = 0$

Für das Volumen eines Kugelabschnitts der Höhe h findet man in der Formelsammlung:

$V = \frac{\pi}{3} h^2 (3r - h)$

r
h

Das Volumen eines Zylinderabschnitts wird durch die Querschnittsfläche A des Kreisabschnitts bestimmt. Mit dem Öffnungswinkel α (im Bogenmaß) ergeben sich damit

$A = \frac{r^2}{2} \cdot (\alpha - \sin\alpha)$ und

$V = A \cdot 5$.

Für die gesuchte Höhe gilt $h = r\left(1 - \cos\left(\frac{\alpha}{2}\right)\right)$.

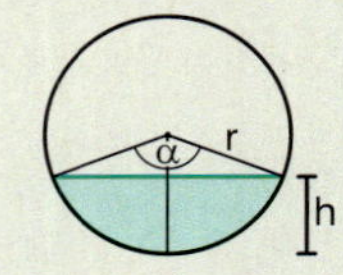

c) Lösen Sie die Gleichungen mit dem Newton-Verfahren und geben Sie die jeweils gesuchten Höhen für die Kontakte an.

12 *Eine historische Anmerkung*

Die in diesem Lernabschnitt verwendete Form des Newton-Verfahrens stammt von Joseph Raphson aus dem Jahr 1697. Newton benutzte in der Originalschrift, in der er das nach ihm benannte Verfahren entwickelte, einen anderen Ansatz.

Er untersuchte dort die Funktion $f(x) = x^3 - 2x - 5$ auf Nullstellen.
Er benutzt als erste Näherung $x = 2$, macht dann den Ansatz $x = 2 + h$ und rechnet $f(2 + h)$ aus.

```
■ y1(2 + h)                h^3 + 6·h^2 + 10·h - 1
```

Da h sehr klein ist, sind die Ausdrücke h^3 und h^2 noch wesentlich kleiner. Newton streicht sie deswegen weg und löst die übrig bleibende Gleichung $10h - 1 = 0$. Für $h = 0{,}1$ ist $x = 2{,}1$ mit $f(2{,}1) = 0{,}061$ der erste Näherungswert für die Nullstelle.

Im nächsten Schritt wählt er den Ansatz $x = 2{,}1 - h$.
Dann bestimmt er $f(2{,}1 - h)$ usw.

Der nächste Näherungswert ist 2,0945514817.

6 *The Method of* Fluxions,

Reſolution of affected Equations may be compendiouſly perform'd in Numbers, and then I ſhall apply the ſame to Species.

20. Let this Equation $y^3 - 2y - 5 = 0$ be propoſed to be reſolved, and let 2 be a Number (any how found) which differs from the true Root leſs than by a tenth part of itſelf. Then I make $2 + p = y$, and ſubſtitute $2 + p$ for y in the given Equation, by which is produced a new Equation $p^3 + 6p^2 + 10p - 1 = 0$, whoſe Root is to be ſought for, that it may be added to the Quote. Thus rejecting $p^3 + 6p^2$ becauſe of its ſmallneſs, the remaining Equation $10p - 1 = 0$, or $p = 0{,}1$, will approach very near to the truth. Therefore I write this in the Quote, and ſuppoſe $0{,}1 + q = p$, and ſubſtitute this fictitious Value of p as before, which produces $q^3 + 6{,}3q^2 + 11{,}23q + 0{,}061 = 0$. And ſince $11{,}23q + 0{,}061 = 0$ is near the truth, or $q = -0{,}0054$ nearly, (that is, dividing 0,061 by 11,23, till ſo many Figures ariſe as there are places between the firſt Figures of this, and of the principal Quote excluſively, as here there are two places between 2 and 0,005) I write $-0{,}0054$ in the lower part of the Quote, as being negative; and ſuppoſing $-0{,}0054 + r = q$, I ſubſtitute this as before. And thus I continue the Operation as far as I pleaſe, in the manner of the following Diagram :

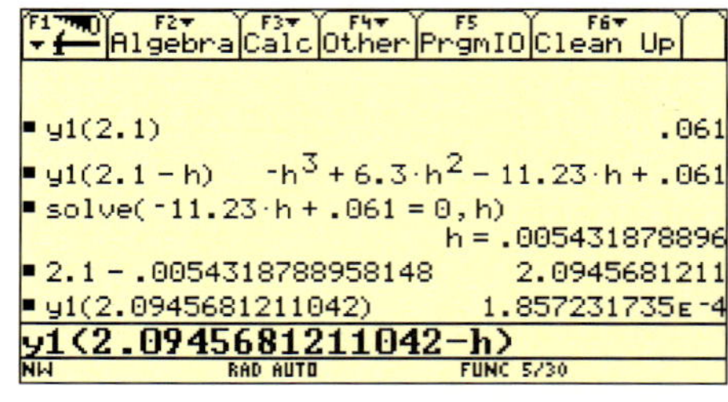

a) Führen Sie das Verfahren (möglichst mit einem CAS) weitere 2 Schritte durch.

b) Zeigen Sie, dass dieses Verfahren von den Werten her mit dem hier behandelten Vorgehen übereinstimmt.

CHECK UP

Folgen – Reihen – Grenzwerte

1 Ermitteln Sie jeweils fünf weitere Folgenglieder und geben Sie ein möglichst einfaches Bildungsgesetz für die Zahlenfolgen an.
a) 1; 7; 13; 19; … b) 1; 2; 6; 24; 120; … c) 0,6; 0,66; 0,666; …
d) 4; 2; 0; –2; …

2 Zu jeder Folge gehören eine explizite und eine rekursive Formel. Geben Sie bei der Rekursionsformel auch jeweils den Startwert a_1 an. Übertragen Sie die Tabelle in Ihr Heft und ergänzen Sie sie.

Aufzählung	Explizite Formel	Rekursionsformel
■	■	$a_{n+1} = a_n + n;\quad a_1 = 1$
■	$a_n = 3 \cdot n - 2{,}5;$ $n_{Start} = 1$	■
108; 72; 48; 32; $\frac{211}{3}$; …	■	■

3 Geben Sie für die Folgen ein Bildungsgesetz an.
a) Der Startwert ist 4. Das nächste Folgenglied ist immer das 1½-Fache seines Vorgängers.
b) Würfelzahlen

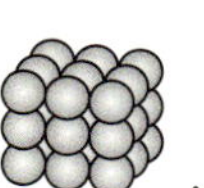
…

4 Berechnen Sie jeweils die ersten 10 Folgenglieder. Stellen Sie diese im Zeitdiagramm dar.
$a_n = \frac{4n+2}{n}$ $\qquad b_{n+1} = b_n + 0{,}5 \cdot (20 - b_n),\ b_1 = 4$
Beschreiben Sie das Langzeitverhalten.

5 Die Folgen (a_n) und (b_n) sind rekursiv definiert:
$a_{n+1} = -2a_n,\ a_1 = 1$ und $b_{n+1} = 0{,}5\, b_n + 3,\ b_1 = 1$
Erstellen Sie zu beiden Folgen ein passendes Spinnwebdiagramm. Was lässt sich mit den Diagrammen über das Langzeitverhalten der Folgen vermuten?

6 Untersuchen Sie an Beispielen, welchen Einfluss der Startwert auf die Folge (a_n) mit $a_{n+1} = 0{,}4a_n + 10$ hat. Begründen Sie Ihre Beobachtungen mit den passenden Spinnwebdiagrammen.

7 *Arithmetische Folgen gesucht*
Bestimmen Sie jeweils das 100. Folgenglied.
a) $a_1 = 0{,}5;\ a_2 = 3$ b) $d = 10$ und $a_{12} = 134$ c) $a_1 = -1,\ a_5 = 19$

8 *Geometrische Folgen gesucht*
Bestimmen Sie jeweils das Bildungsgesetz und das 10. Folgenglied.
a) $a_1 = 3;\ a_2 = 12$ b) $q = \frac{3}{2};\ a_1 = 8$ c) $a_1 = -1;\ a_4 = 27$

9 Ein Einheitsquadrat wird durch eine Diagonale in zwei Dreiecke zerlegt. In eines der Dreiecke wird ein Quadrat einbeschrieben. Der Vorgang wird beliebig oft wiederholt. Wie groß wird die Gesamtfläche aller Dreiecke?

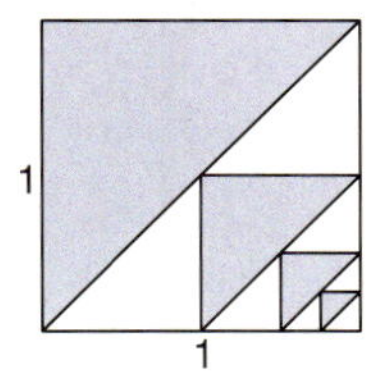

10 Im Kasten sehen Sie den Graphen der Folge $a_n = (-1)^n \cdot \frac{1}{n}$.
a) Ist die Folge konvergent?
b) Wie lässt sich mit der Ungleichung $\left|(-1)^n \cdot \frac{1}{n}\right| < \frac{1}{10}$ erklären, dass für $n \geq 11$ alle Folgenglieder im gewählten ε-Streifen liegen?
c) Ab welchem Folgenglied liegen allen weiteren Folgenglieder in einem ε-Streifen mit $\varepsilon = 0{,}001$?

Folgen lassen sich verschieden darstellen:
Aufzählung: 1, 4, 9, 16, 25, …
Tabelle:

n	1	2	3	4	5	…
a_n	1	4	9	16	25	…

Mit einem Bildungsgesetz:
explizit: $a_n = n^2$
rekursiv: $a_{n+1} = a_n + 2n + 1,\ a_1 = 1$
Graph:

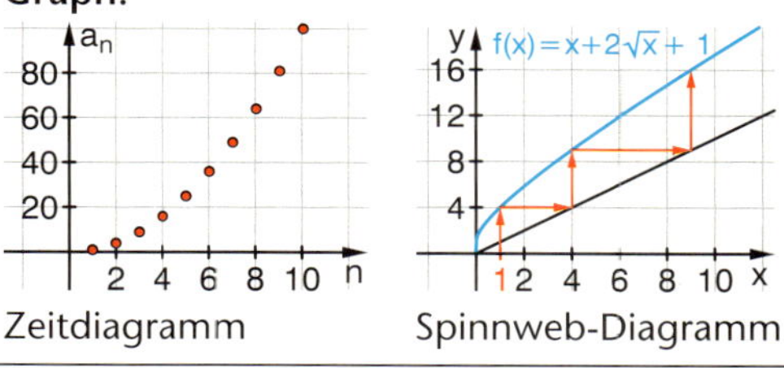

Zeitdiagramm — Spinnweb-Diagramm

Zwei spezielle Folgen
arithmetische Folge: $a_{n+1} - a_n = d$
Die Differenz zweier aufeinander folgender Glieder ist konstant.
Bsp.: 1, 5, 9, 13, 17, … $a_1 = 1;\quad d = 4$

geometrische Folge: $\frac{a_{n+1}}{a_n} = q$
Der Quotient zweier aufeinander folgender Glieder ist konstant.
Bsp.: 1, 2, 4, 8, 16, … $a_1 = 1;\quad q = 2$

Geometrische Reihe
Addiert man die Glieder einer geometrischen Folge (a_n) mit $a_n = a_1 \cdot q^{n-1}$, so erhält man eine **geometrische Reihe**
$a_1 + a_1 \cdot q + a_1 \cdot q^2 + a_1 \cdot q^3 + \ldots$
Für die Teilsumme S_n gilt:
$S_n = a_1 + a_1q + a_1q^2 + a_1q^3 + \ldots + a_1q^{n-1} = a_1 \cdot \frac{1-q^n}{1-q}$
Für $|q| < 1$ ist S_n konvergent: $\lim\limits_{n\to\infty} S_r = \frac{a_1}{1-q}$

Grenzwert einer Zahlenfolge
g ist Grenzwert der Folge (a_n), wenn a_n mit wachsendem n der Zahl g beliebig nah kommt.
Schreibweise: $\lim\limits_{n\to\infty} a_n = g$

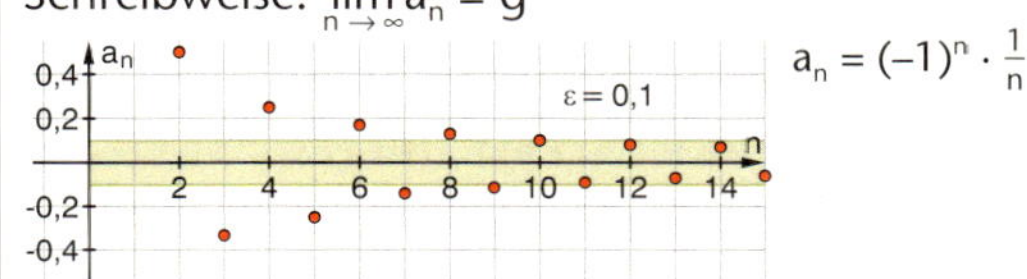

Für n = 11 liegt das erste Folgenglied innerhalb des ε-Streifens. Eine Folge, die einen Grenzwert hat, heißt **konvergente Folge**. Andernfalls nennt man sie **divergent**. Folgen mit dem Grenzwert 0 heißen **Nullfolgen**.

CHECK UP

Folgen – Reihen – Grenzwerte

Grenzwertsätze
Sind die Folgen (a_n) und (b_n) konvergent mit den Grenzwerten a und b, so gilt:
Summenregel/Differenzregel
$\lim\limits_{n \to \infty}(a_n \pm b_n) = \lim\limits_{n \to \infty} a_n \pm \lim\limits_{n \to \infty} b_n = a \pm b$
Produktregel
$\lim\limits_{n \to \infty}(a_n \cdot b_n) = \lim\limits_{n \to \infty} a_n \cdot \lim\limits_{n \to \infty} b_n = a \cdot b$
Quotientenregel
$\lim\limits_{n \to \infty}(a_n \div b_n) = \lim\limits_{n \to \infty} a_n : \lim\limits_{n \to \infty} b_n = a : b$, falls $b \neq 0$

Grenzwert einer Funktion im Unendlichen
Die Zahl g ist Grenzwert der Funktion f(x) für $x \to \infty$, wenn es für jeden noch so kleinen ε-Streifen um g einen Wert x_1 gibt, so dass für alle $x > x_1$ die Funktionswerte f(x) innerhalb dieses ε-Streifens liegen.
Wir schreiben: $\lim\limits_{x \to \infty} f(x) = g$

Grenzwert einer Funktion an der Stelle a
Eine Funktion f(x) hat an der Stelle a den Grenzwert g, wenn der Abstand $|f(x) - g|$ beliebig klein gemacht werden kann, indem man x nur nahe genug an a rücken lässt.
Wir schreiben: $\lim\limits_{x \to a} f(x) = g$

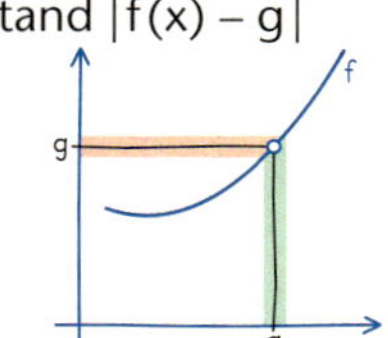

Die Funktion f ist **stetig an der Stelle x = a,** $(a \in D_f)$, falls der Grenzwert der Funktion für $x \to a$ existiert und gleich dem Funktionswert an dieser Stelle ist.
Wir schreiben: $\lim\limits_{x \to a} f(x) = f(a)$
Eine Funktion f heißt **stetig**, falls sie an jeder Stelle ihres Definitionsbereichs stetig ist.
Intuitive Vorstellung:
Man kann den Graphen ohne abzusetzen durchzeichnen. Er hat keine Sprünge, Stufen oder isolierten Punkte.

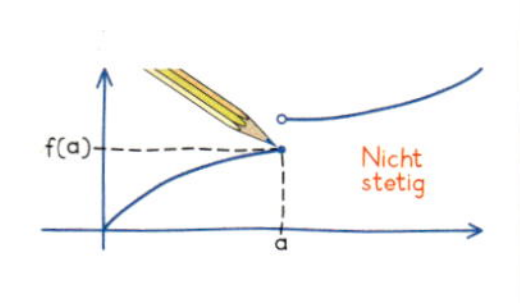

Newton-Verfahren
Gleichungen der Form f(x) = 0 werden mithilfe von Tangenten iterativ gelöst.
Startwert: x_0
Iterationsvorschrift:

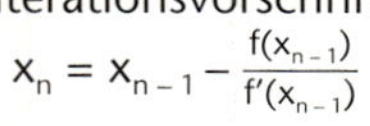

$x_n = x_{n-1} - \frac{f(x_{n-1})}{f'(x_{n-1})}$

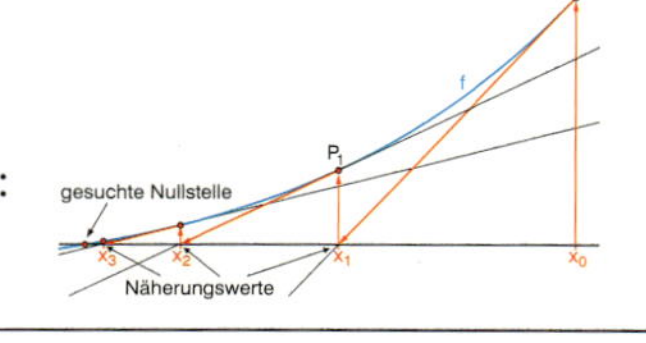

11 Gegeben ist die Folge (a_n) durch die Rekursionsformel $a_{n+1} = k \cdot a_n + b$ mit den Parametern k und b. Von welchem Parameter hängt es ab, ob die Folge konvergiert oder nicht? Stützen Sie Ihre Aussage mit entsprechenden Beispielen und verdeutlichen Sie sie an den passenden Spinnwebdiagrammen.

12 Von der Folge (a_n) weiß man, dass sie konvergent ist und unendlich viele negative Folgenglieder hat. Ihr Grenzwert sei g. Welche der folgenden Aussagen ist wahr?
(A) Dann ist auch notwendig $g < 0$ (B) Es ist jedenfalls $g \leq 0$
(C) Es kann auch $g > 0$ sein.

13 *Grenzwerte gesucht*
Bestimmen Sie, falls möglich, die Grenzwerte.
(I) $\lim\limits_{n \to \infty} \frac{1}{3^n}$ (II) $\lim\limits_{n \to \infty} \frac{n+1}{2n}$ (III) $\lim\limits_{n \to \infty} \frac{3n+1}{n-3}$
(IV) $\lim\limits_{n \to \infty} \frac{2n^2 - 6n}{5n^2}$ (V) $\lim\limits_{n \to \infty} \frac{2n^3 + (-1)^n}{10n}$

14 Welche der Funktionen haben an der angegebenen Stelle x = a einen Grenzwert? Geben Sie diesen gegebenenfalls an.
a) $f(x) = \frac{x}{x+2}$, a = 0 b) $f(x) = \frac{x^2 - 4}{x - 2}$, a = 2 c) $f(x) = \frac{3x - 9}{2x - 6}$, a = 3

15 Gegeben ist die abschnittsweise definierte Funktion:
$$f(x) = \begin{cases} 0{,}5x + 1 & x < 2 \\ -\frac{1}{8}x^2 + x + 1{,}5 & x \geq 2 \end{cases}$$

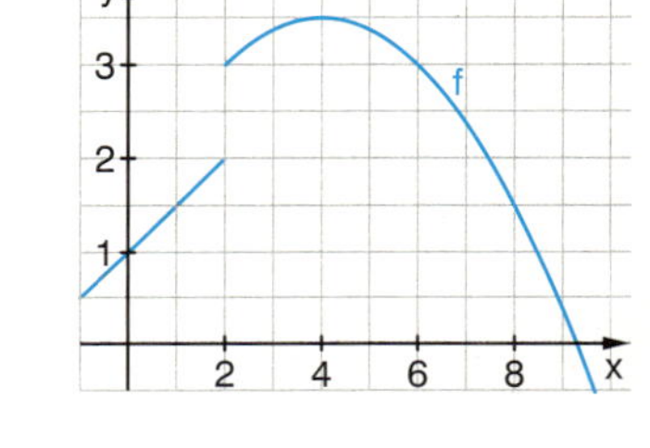

a) Welche der folgenden Aussagen sind wahr? Begründen Sie.
(A) f ist stetig.
(B) f ist an der Stelle x = 3 stetig.
(C) f ist an der Stelle x = 2 stetig.
b) Die Funktion g ist für x < 2 durch 0,5 x + 2 und sonst wie die Funktion f definiert. Ist die Funktion g stetig?

16 Ein Jogger läuft in 90 Minuten von A nach B. Nach einer kurzen Pause läuft er den gleichen Weg in genau der gleichen Zeit zurück. Gibt es einen Ort auf der Strecke, den er sowohl auf dem Hin- als auch auf dem Rückweg nach derselben Zeit erreicht? (Tipp: Skizzieren Sie jeweils einen Weg-Zeit-Graphen in das gleiche Koordinatensystem).
Was hat das Problem mit der Stetigkeit einer Funktion zu tun?

17 Bestimmen Sie mit dem Newton-Verfahren einen Näherungswert für die Lösung der Gleichung:
a) $x - \cos(x) = 0$; $x_0 = 0$ b) $x^3 + 3x^2 - 6x - 8 = 0$; $x_0 = -3$

18 a) Führen Sie vier Schritte des Newton-Verfahrens für die Funktion $f(x) = x^3 - 2x + 2$ sowohl mit Startwert 0 als auch mit Startwert 1 aus.
Erklären Sie mithilfe der Abbildung, was dabei Überraschendes geschieht.
b) Wählen Sie einen geeigneten Startwert und berechnen Sie die Nullstelle.

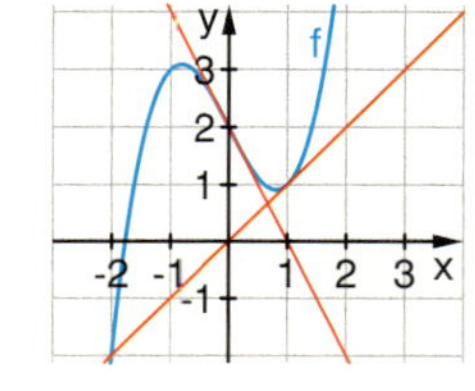

Sichern und Vernetzen – Vermischte Aufgaben

Training

1 Bestimmen Sie jeweils die ersten 10 Folgenglieder.

$a_n = 200 \cdot 1{,}05^{n-1}$ $\quad$ $b_n = n^2 - 20n$ $\quad$ $c_n = c_{n-1} + 0{,}2$; $c_1 = 10$ $\quad$ $d_n = d_{n-1} \cdot 4$; $d_1 = -3$

2 Ordnen Sie jedem Bildungsgesetz den passenden Graphen zu.

(I) $a_n = (-1)^n \cdot \frac{20}{n}$ $\quad$ (II) $a_n = (-1)^{n+1} \cdot \frac{20}{n}$ $\quad$ (III) $a_n = (-1) \cdot \frac{20}{n}$ $\quad$ (IV) $a_n = (-1)^n \cdot 20$

(A) 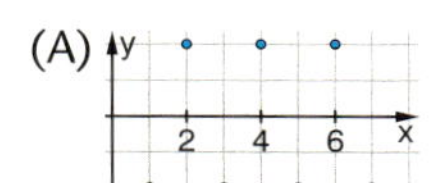

(B) 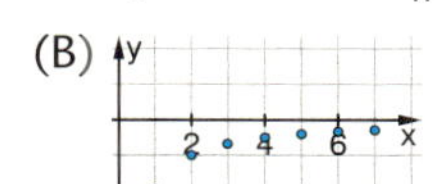

(C) 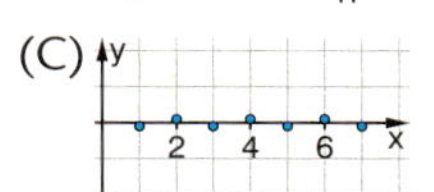

(D) 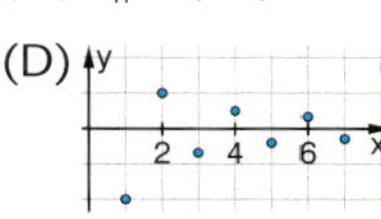

3 Geben Sie eine explizite und eine rekursive Darstellung der Folge der Potenzen von 3, also (a_n): 3, 9, 27, … an.

4 a) Finden Sie das 9. Folgenglied: −8; 4; −2; 1; …

b) Bilden Sie eine geometrische Folge mit $a_1 = 0{,}2$ und $a_5 = 125$.

c) Finden Sie die nächsten 5 Folgenglieder und das Bildungsgesetz: 3; 4,3; 5,6; …

d) Finden Sie das 35. Folgenglied der Folge: −5; −1; 3; …

5 *Geometrische oder arithmetische Folge?*

Entscheiden Sie und finden Sie die nächsten fünf Folgenglieder.

a) −9; −2; 5; … $\quad$ b) x; 2x; 3x; … $\quad$ c) 4; 2; 1; … $\quad$ d) a; a^2; a^3; …

6 Gegeben ist die geometrische Folge (a_n): 3; −6; 12; −24; 48; −96; …

Bestimmen Sie das Bildungsgesetz explizit und rekursiv.

Zeigen Sie mithilfe der Summenformel S_n, dass die Summe der ersten acht Folgenglieder −255 beträgt.

7 a) Zeichnen Sie zu der rekursiv definierten Folge $a_n = \sqrt{2a_{n-1}}$, $a_1 = 1$ ein Zeitdiagramm und ein Spinnwebdiagramm.

b) Vermuten Sie mithilfe der Graphen den Grenzwert der Folge.

c) Finden Sie eine explizite Darstellung und begründen Sie damit den vermuteten Grenzwert.

8 Welche Folgen sind konvergent? Bestimmen Sie gegebenenfalls den Grenzwert.

a) $a_n = \frac{1-n+n^2}{n+1}$ $\quad$ b) $a_n = \frac{1-n+n^2}{n(n+1)}$ $\quad$ c) $a_n = \frac{n^2}{n^3-2}$ $\quad$ d) $a_n = \frac{n^3-2}{n^2}$

e) $a_n = \frac{1}{1+(-2)^n}$ $\quad$ f) $a_n = \sqrt{1 + \frac{n+1}{n}}$ $\quad$ g) $a_n = n - 1$ $\quad$ h) $a_n = \frac{n^3-2}{n^2} - (n-1)$

9 Gegeben ist die Folge $a_n = \frac{n-2}{n-1}$, $n > 1$. Bestimmen Sie eine Zahl n_0 so, dass $|a_n - 1| < \varepsilon$ für alle $n \geq n_0$ gilt, wenn $\varepsilon = \frac{1}{10}$ bzw. $\varepsilon = \frac{1}{100}$ ist.

10 Bestimmen Sie die Grenzwerte.

a) $\lim\limits_{x \to +\infty} \frac{4-x^2}{3+4x^2}$ $\quad$ b) $\lim\limits_{x \to +\infty} \frac{2x}{x(x+1)}$ $\quad$ c) $\lim\limits_{x \to -\infty} \frac{2+3x}{4x}$

11 Zeigen Sie, dass die Funktion $f(x) = |x - 1|$ an der Stelle $x = 1$ nicht differenzierbar ist.

12 Berechnen Sie mit dem Newton-Verfahren Näherungswerte für die Nullstellen der Funktionen $f(x) = x^3 - x - 5$ und $g(x) = 2\sin(x) - x$.

13 Bestimmen Sie mithilfe des Newton-Verfahrens $\sqrt[3]{50}$ und $\sqrt[5]{100}$.

Verstehen von Begriffen und Verfahren

14 Es sei g der Grenzwert einer Folge (a_n). Welche der folgenden Aussagen sind wahr? Begründen Sie Ihre Entscheidungen.

(I) In jedem noch so kleinen ε-Streifen um g liegen unendlich viele Glieder der Folge.

(II) Es gibt einen sehr schmalen Streifen um g, in dem nur endlich viele Glieder der Folge liegen.

(III) Die Folge kann neben g noch einen zweiten Grenzwert haben, der von g verschieden ist.

15 Wahr oder falsch? Begründen Sie Ihre Entscheidung.

(A) Wenn eine geometrische Reihe konvergiert, dann muss die zugehörige geometrische Folge eine Nullfolge sein.

(B) Eine Folge, die von Glied zu Glied ihr Vorzeichen wechselt, kann keinen Grenzwert haben.

(C) Eine Reihe $S_n = a_1 + a_2 + \ldots + a_n$, bei der alle $a_i > 0$ sind, kann keinen Grenzwert haben.

(D) Es gibt Zahlenfolgen, die konvergent und divergent zugleich sind.

16 Finden Sie zur Folge $a_n = \frac{1}{n}$ je eine Folge (b_n), so dass für die Folge $c_n = \frac{a_n}{b_n}$ gilt:
a) Nullfolge b) Folge mit dem Grenzwert 2 c) divergente Folge

17 Durch $a_n = a \cdot q^{n-1}$ sei eine geometrische Folge gegeben.
a) Begründen Sie, dass die Folge (a_n) für $0 < q < 1$ konvergent und für $q > 1$ divergent ist. Was gilt für $q = 1$ und $q = -1$?
b) Es seien $a = 4$ und $q = 0{,}2$. Bilden Sie die zugehörige geometrische Reihe S_n und begründen Sie, dass diese konvergiert. Bestimmen Sie den Grenzwert.

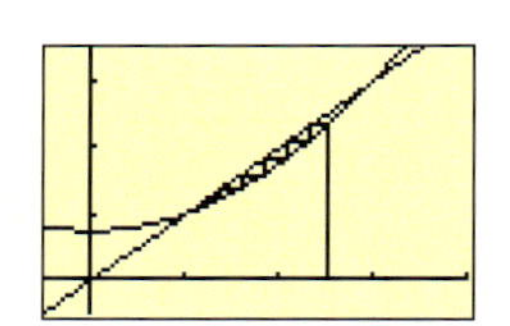

18 *Forschungsaufgabe*
Untersuchen Sie mithilfe des Spinnwebdiagramms, für welche Startwerte $a_1 \in \mathbb{R}$ die rekursiv definierte Folge $a_n = 0{,}25 \cdot (a_{n-1}^2 + 3)$ konvergiert.

19 Der Flächeninhalt des vierfarbigen Trapezes sei 1 FE.

   … 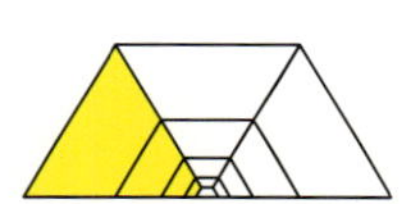

a) Begründen Sie, dass sich die Summe der Flächeninhalte der gelben Trapeze mit der geometrischen Reihe $S_n = \frac{1}{4} + \left(\frac{1}{4}\right)^2 + \left(\frac{1}{4}\right)^3 + \ldots + \left(\frac{1}{4}\right)^n$ berechnen lässt.
b) Welchen Grenzwert vermuten Sie aufgrund der zeichnerischen Darstellung? Begründen Sie mithilfe der geometrischen Reihe.

20 Beschreiben Sie die folgenden Symbole mit Ihren Worten und erläutern Sie jeweils an einem geeigneten Beispiel.

(I) $a_n \to \infty$ für $n \to \infty$	(II) $f(x) \to \infty$ für $x \to a$	(III) $\lim\limits_{n \to \infty} u_n = g$	(IV) $\lim\limits_{x \to \infty} f(x) = g$
(V) $\lim\limits_{x \to a} f(x) = g$	(VI) $\lim\limits_{x \to a} \frac{f(x) - f(a)}{x - a} = f'(a)$	(VII) $S_n = a_1 + a_2 + \ldots + a_n$	(VIII) $x_n = x_{n-1} - \frac{f(x_{n-1})}{f'(x_{n-1})}$

21 *Stetigkeit und Differenzierbarkeit*
Zwei Autos fahren in ihrem individuellen Stil von A nach B auf der gleichen Strecke. Sie starten in A zur gleichen Zeit und kommen auch zeitgleich nach 2 Stunden in B an.
a) Gibt es einen Ort auf der Strecke, den beide zur gleichen Zeit passieren?
b) Gibt es einen Zeitpunkt, zu dem beide mit der gleichen Geschwindigkeit fahren?

Anwenden und Modellieren

22 Ein Kapital von 1000 € wird zu Beginn des Jahres auf ein Bankkonto eingezahlt, der Zinssatz beträgt 5 %. Die Zinsen werden am Jahresende dem Kapital zugeschlagen. Zeigen Sie, dass die Kontostände zu Beginn der einzelnen Jahre eine geometrische Folge bilden, und berechnen Sie die ersten fünf Glieder dieser Folge. Nach wie vielen Jahren hat sich das Kapital verdoppelt?

23 *Finanzmathematik – Tilgungsplan*
Eine Bank bietet einen Kredit über 2500 € mit einer Laufzeit von 2 Jahren an (Zinssatz 10,5 % p. a., monatliche Rate 115,94 €). Der Schuldenstand a_n für den n-ten Monat lässt sich mit der Folge (a_n) bestimmen:
$a_n = \left(1 + \frac{0{,}105}{12}\right) \cdot a_{n-1} - 115{,}94,\ a_0 = 2500$
Sind die Restschulden nach einem Jahr größer oder kleiner als 1250 €? Begründen Sie. Zeichnen Sie ein passendes Zeitdiagramm.

24 Eine gleichseitige „Dreieckspflanze“ wächst und bekommt jeden Tag neue „Blätter“ hinzu. Untersuchen Sie, ob
a) die Folge der Flächeninhalte
b) die Folge der Umfänge
einen Grenzwert hat und wie groß dieser gegebenenfalls ist.

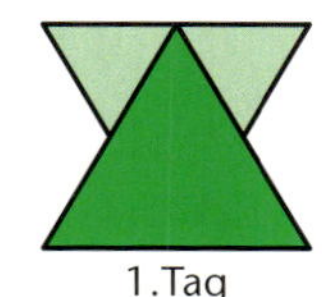

25 Das Griffbrett der E-Gitarre ist in Bünde unterteilt. Drückt man mit dem Finger zwischen zwei Bünden auf die Saite, so schwingt nur noch ein Teil der Saite. Je kürzer der schwingende Teil einer Saite ist, umso höher der Ton.
Die Abstände zweier benachbarter Bünde von der unteren Saitenbefestigung verhalten sich wie $\sqrt[12]{2} : 1$. Der Abstand des obersten Bundes von der unteren Seitenbefestigung beträgt 62,5 cm.

Berechnen Sie die Folge (a_n) der Abstände der Bünde von der unteren Saitenbefestigung und die Folge (b_n) der Abstände zwischen den benachbarten Bünden.

26 Das DIN-Format eines rechteckigen Papiers ist so festgelegt, dass beim Halbieren des Blattes (Halbieren der jeweils längeren Seite) ein kleineres Rechteck entsteht, das dem vorherigen ähnlich ist. So entsteht aus dem DIN-A0-Blatt ein DIN-A1-Blatt, daraus ein DIN-A2-Blatt usw.. Das Ausgangsformat ist das Format DIN A0. Das Blatt hat eine Fläche von 1 m² und ein Seitenverhältnis von $1 : \sqrt{2}$.
a) Welchen Flächeninhalt hat ein DIN A6-Blatt (Postkarte)? Wie groß ist die bedeckte Fläche, wenn man die Blätter der ersten 100 DIN-Größen nebeneinander legt? Wächst die Fläche mit der wachsenden Anzahl der DIN-Größen über alle Grenzen?
b) Zeigen Sie, dass die längere Seite des DIN A0-Blattes die Seitenlänge $a_0 = \sqrt[4]{2}$ m $\approx 118{,}9$ cm, die kürzere Seite die Seitenlänge $b_0 = \frac{1}{\sqrt[4]{2}}$ cm $\approx 84{,}1$ cm hat.
Bestimmen Sie die nächsten vier Glieder der Folgen (a_n) und (b_n). Welche Seitenmaße hat demnach ein DIN A4-Blatt? Überprüfen Sie Ihren errechneten Wert durch Nachmessen. Welche Seitenlängen hat ein DIN A20-Blatt?

DIN A2 bis DIN A6

Kommunizieren und Präsentieren

27 Achilles und die Schildkröte veranstalten einen Wettlauf. Achilles läuft mit einer Geschwindigkeit von 9 m/s, die Schildkröte mit 0,9 m/s. Die Schildkröte erhält einen Vorsprung von 90 m.

a) Stellen Sie den Weg-Zeit-Ablauf für beide in einem Weg-Zeit-Diagramm dar.

b) Stellen Sie die Funktionsgleichungen für beide Bewegungen auf und berechnen Sie den Schnittpunkt der beiden Geraden. Welche Bedeutung hat dieser Schnittpunkt für den Wettlauf?

c) Schildern Sie die Argumentation des Zenon zu dem Wettlauf. Füllen Sie dazu die folgende Tabelle aus und benutzen Sie diese zur Argumentation.

	Vorsprung Schildkröte	Zeit zum Aufholen	Gesamtweg	Gesamtzeit
1	90 m	10 s	90 m	10 s
2	9 m	■	■	■
...	■	■	■	■

Welcher Wert ergibt sich durch Aufsummieren in der letzten Spalte? Berechnen Sie diesen mit der Summenformel der geometrischen Reihe. Vergleichen Sie mit dem Ergebnis aus b) und kommentieren Sie dies.

28 *Spiralen*

Aus den Bildern geht hervor, wie die beiden Spiralen schrittweise konstruiert werden.

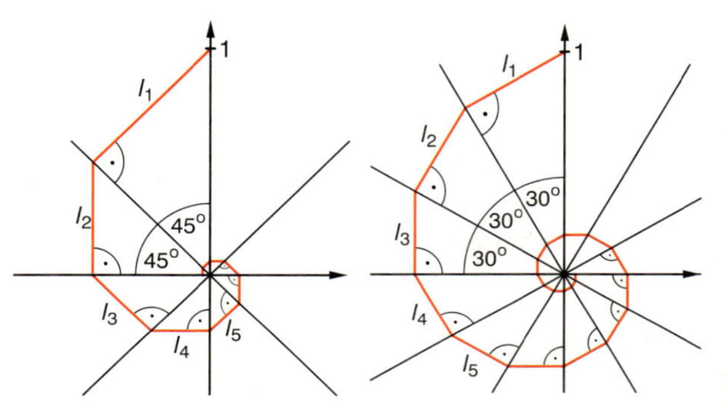

a) Welche der Spiralen hat nach dem 5. Schritt die größere Länge? Wie groß ist der Unterschied? Schätzen Sie zunächst und rechnen Sie dann nach.

b) In Gedanken können Sie die Konstruktion beider Spiralen beliebig lange fortsetzen. Beschreiben Sie den Prozess und das entstehende Bild mit eigenen Worten. Wie entwickelt sich jeweils die Länge bei beiden Spiralen? Können Sie Ihre Vermutung durch Zahlenwerte belegen?

29 Schreiben Sie einen mathematischen Aufsatz zum Newton-Verfahren. Gehen Sie dabei auf das Ziel und die Grundidee ein und leiten Sie die Iterationsformel her. Erläutern Sie das grafische und das numerische Vorgehen zusätzlich an einem selbst gewählten Beispiel. Gehen Sie auch auf Besonderheiten und Grenzen des Verfahrens ein.

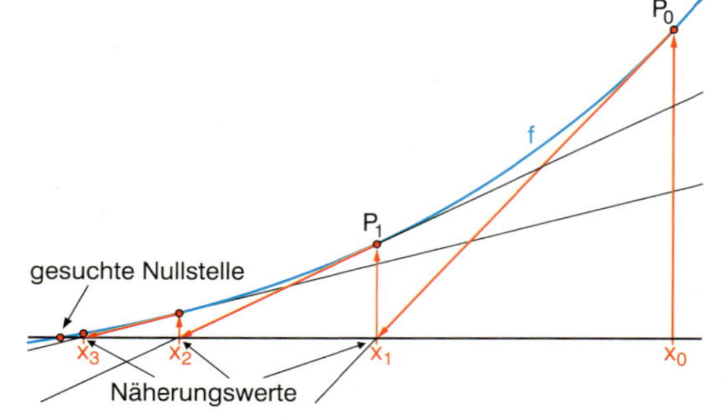

30 *Wann scheitert das Newton-Verfahren?*

In einem Mathematik-Lexikon steht:

> Das Newton-Verfahren zur Bestimmung von Nullstellen einer differenzierbaren Funktion kann versagen, wenn die Nullstelle noch zu weit vom Startwert der Iteration entfernt ist und der Graph starke Schwankungen zeigt.

Zeichnen Sie eine passende Kurve, anhand derer Sie die Aussage aus dem Lexikon erläutern.

5 Integralrechnung

Mit Integralen lässt sich aus dem Geschwindigkeitsdiagramm eines Autos der zurückgelegte Weg konstruieren, aber auch der Mittelwert einer Funktion auf einem gegebenen Intervall bestimmen. Man kann damit die Fläche zwischen zwei Kurvenstücken oder das Volumen eines Rotationskörpers berechnen.

Was ist das Integral und welche inner- und außermathematischen Probleme werden mit der Integralrechnung bearbeitet? Zu diesen Fragestellungen werden Sie in diesem Kapitel Antworten finden und die dazu notwendigen Begriffe und Verfahren entwickeln und verstehen.

5.1 Von der Änderungsrate zur Bestandsfunktion

In der Differenzialrechnung lässt sich zu einer Funktion f(x) an jeder Stelle die momentane Änderungsrate f′(x) bestimmen. Kennt man umgekehrt die momentane Änderungsrate f′(x) an jeder Stelle, so lässt sich daraus die zugehörige Funktion f(x) rekonstruieren. In Sachzusammenhängen beschreiben die Funktionswerte zu jedem Zeitpunkt den „Bestand" der Größe, der von den Änderungsraten bis zu diesem Zeitpunkt „bewirkt" wurde.

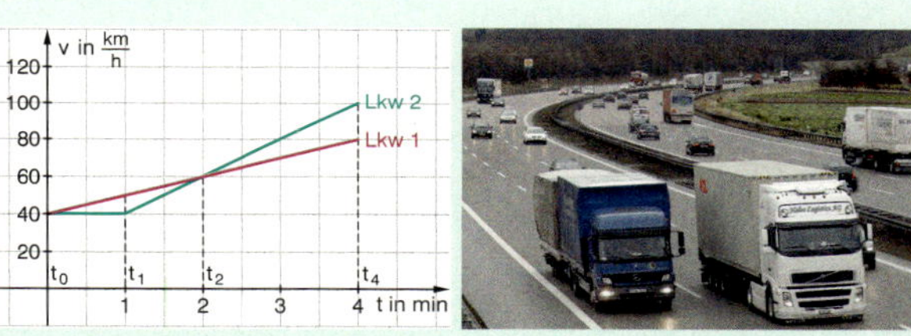

Aus den Geschwindigkeitsdiagrammen zweier Lkw lässt sich ein Überholvorgang rekonstruieren.

5.2 Integralfunktion, Stammfunktion und Hauptsatz der Differenzial- und Integralrechnung

Die allgemeinen Begriffe und Sätze begründen die Zusammenhänge der Integralrechnung mit der Differenzialrechnung und führen zum Kalkül der Integralrechnung.

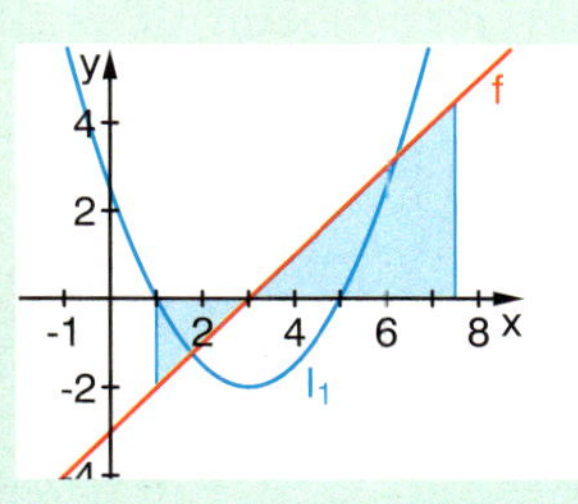

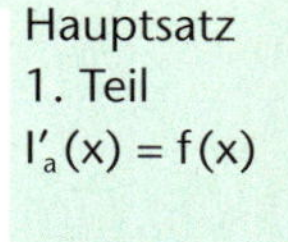

Hauptsatz

1. Teil

$I'_a(x) = f(x)$

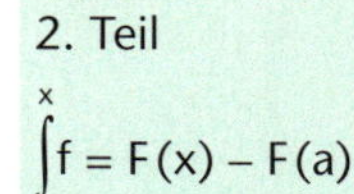

2. Teil

$\int_a^x f = F(x) - F(a)$

5.3 Anwendungen der Integralrechnung

Mithilfe von Integralen kann man zum Beispiel

- geometrische Größen auch dort berechnen, wo keine elementaren Formeln zur Verfügung stehen.
- von der Änderungsrate auf den „Bestand" schließen, auch wenn die Änderungsrate nicht konstant ist.
- die mittlere Tagestemperatur aus einer Temperaturkurve bestimmen.

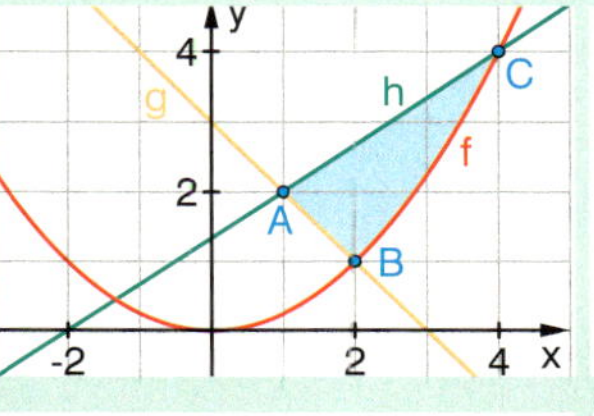

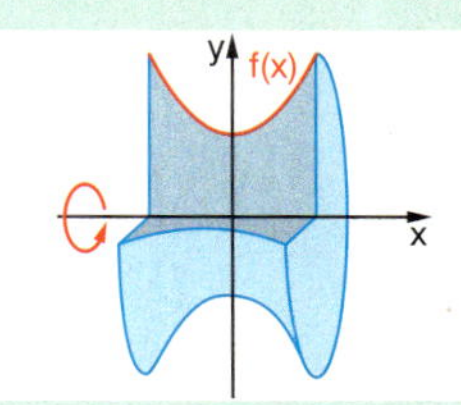

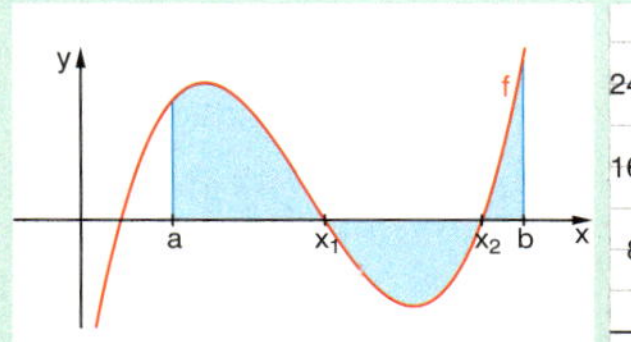

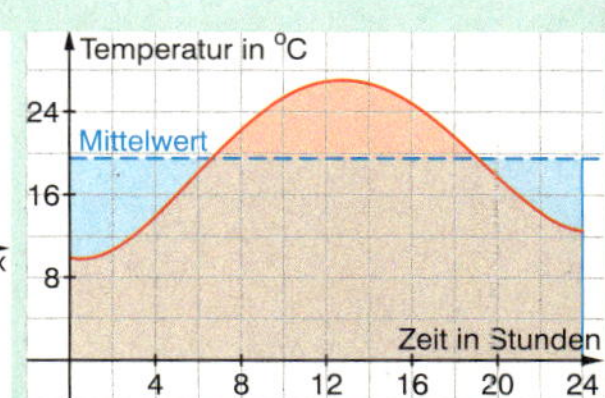

5.1 Von der Änderungs- zur Bestandsfunktion

Was Sie erwartet

Mithilfe der Ableitungsfunktion kann man das Änderungsverhalten einer Funktion beschreiben. Damit können viele interessante und wichtige Probleme bearbeitet und gelöst werden. Häufig ist jedoch nicht die Funktion bekannt, sondern nur deren Änderungsverhalten. Aus der Kenntnis des Änderungsverhaltens soll dann auf die ursprüngliche Funktion geschlossen werden.

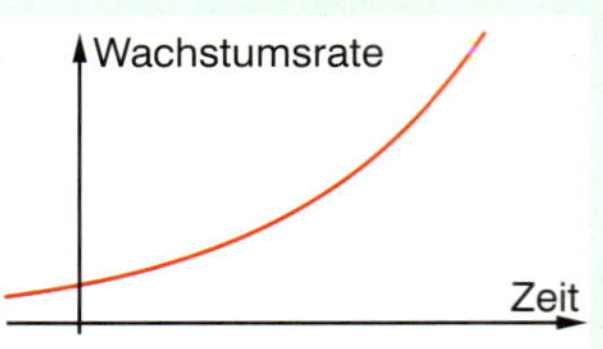

Ein Biologe kennt die Wachstumsraten einer Population über einen bestimmten Zeitraum. Er möchte die Funktion finden, die die Anzahl der Individuen in dieser Population in Abhängigkeit von der Zeit beschreibt.

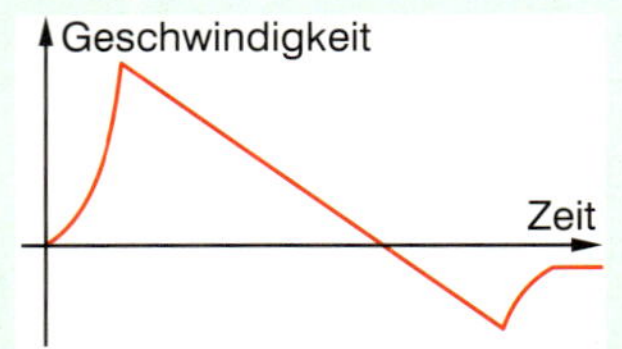

Eine Physikerin kennt den Geschwindigkeitsverlauf einer senkrecht nach oben geschossenen Rakete und möchte die Funktion ermitteln, die die Höhe der Rakete in Abhängigkeit von der Zeit beschreibt.

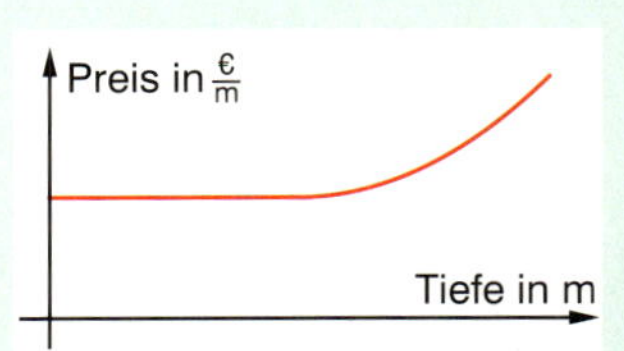

Bei der Nutzung von Erdwärme werden häufig bis zu 3 km tiefe Bohrungen durchgeführt. Experten können die Kosten für eine Bohrung pro Meter in Abhängigkeit von der erreichten Tiefe abschätzen. Damit wollen sie die Funktion ermitteln, die der Tiefe der Bohrung die Gesamtkosten der Bohrung zuordnet.

In den dargestellten Fällen wird eine Funktion f gesucht, deren Änderungsratenfunktion f′ uns bekannt ist. Wie dies gelingt und wie man diesen Prozess der Rekonstruktion der Funktion f aus der Änderungsratenfunktion f′ geometrisch interpretieren kann, ist Inhalt des folgenden Lernabschnitts.

Aufgaben

1 *Der Zufluss liefert die Füllmengen – ein vereinfachtes Beispiel*

a) In der nebenstehenden Abbildung ist der Zufluss und Abfluss von Wasser in einer Badewanne dargestellt. Interpretieren Sie den Graphen im Sachzusammenhang und mit entsprechenden mathematischen Fachbegriffen.

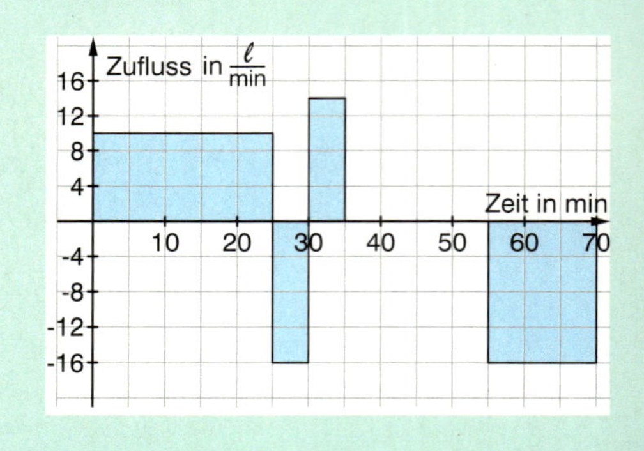

b) Erstellen Sie eine Tabelle mit der Füllmenge (dem „Bestand") der Badewanne nach 5 (10, … 70) Minuten. Stellen Sie die Füllmenge der Badewanne in Abhängigkeit von der Zeit dar. Vergleichen Sie diesen Graphen mit dem Graphen in der Abbildung. Was fällt Ihnen auf?

c) *Geometrische Interpretation:* Zur Berechnung der Füllmenge nach 5 Minuten muss das Produkt $5 \cdot 10$ berechnet werden. Das Produkt kann als Flächeninhalt des entsprechenden Rechtecks in der Grafik interpretiert werden. Interpretieren Sie geometrisch entsprechend die Füllmenge nach 20 (25, 30, 70) Minuten.

Aufgaben

2 *Fahren mit einem Elektroauto*

Sie sind von einem Pkw-Hersteller beauftragt worden, die Fahrt eines neuen Pkw mit Elektroantrieb zu analysieren. Sie verfügen über das mit Telemetrie aufgezeichnete Geschwindigkeit-Zeit-Diagramm des beschleunigten Fahrzeugs.

a) Beschreiben Sie den Verlauf der Fahrt.

b) Welche Strecke legt das Fahrzeug von der 20. bis zur 30. Sekunde zurück? Interpretieren Sie Ihr Ergebnis geometrisch mithilfe des gefärbten Rechtecks.

c) Sie wollen herausfinden, welche Strecke das Fahrzeug in den ersten 20 Sekunden zurücklegt. Auf welches Problem stoßen Sie? Schätzen Sie den in den ersten 20 Sekunden zurückgelegten Weg. Vergleichen Sie die Ergebnisse und die Verfahren in Ihrem Kurs.

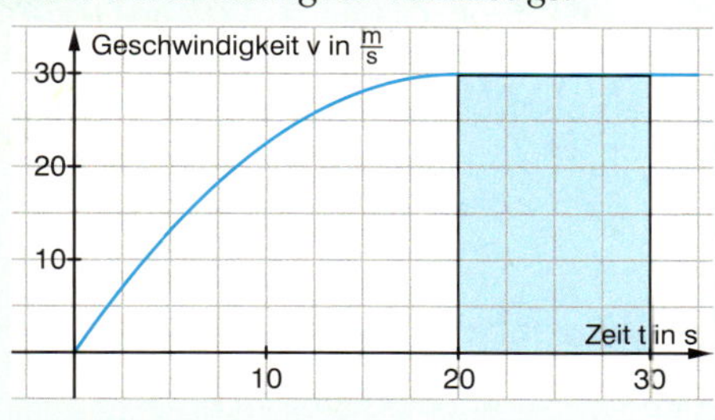

d) In einem Physikbuch finden Sie:

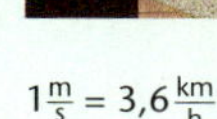

> Der zurückgelegte Weg in dem Zeitintervall $[t_1; t_2]$ ist die Fläche unter der Kurve im Geschwindigkeit-Zeit-Diagramm.

Passt diese Aussage für das Zeitintervall [0; 20]?
Begründen Sie mithilfe der folgenden Bildsequenz, dass die Behauptung aus dem Physikbuch auch für nicht konstante Geschwindigkeiten gilt.

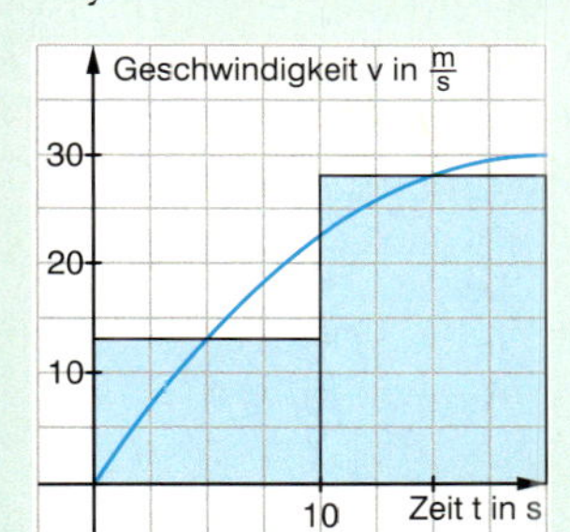

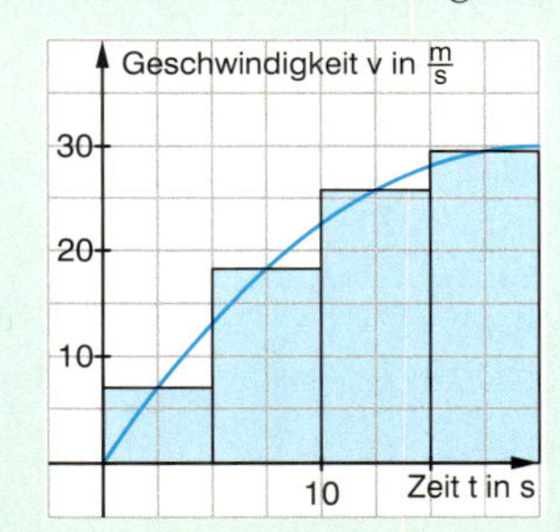

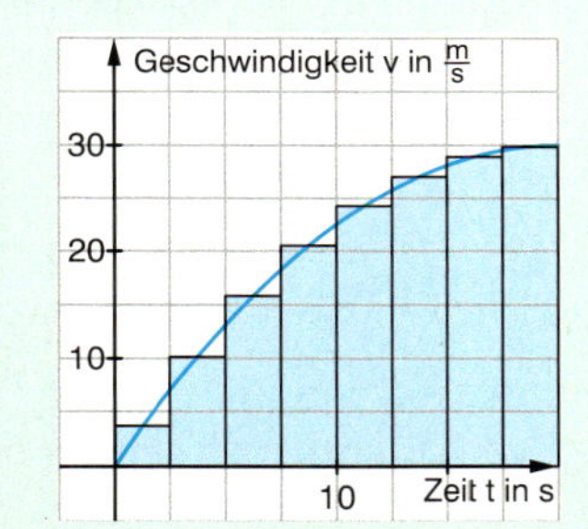

e) Zum Geschwindigkeit-Zeit-Diagramm kann man das Weg-Zeit-Diagramm skizzieren, indem man zu verschiedenen Zeiten t den bis dahin zurückgelegten Weg ermittelt. Dieser entspricht der jeweiligen Fläche unter der Kurve im Geschwindigkeit-Zeit-Diagramm. Skizzieren Sie für das Elektroauto das Weg-Zeit-Diagramm.

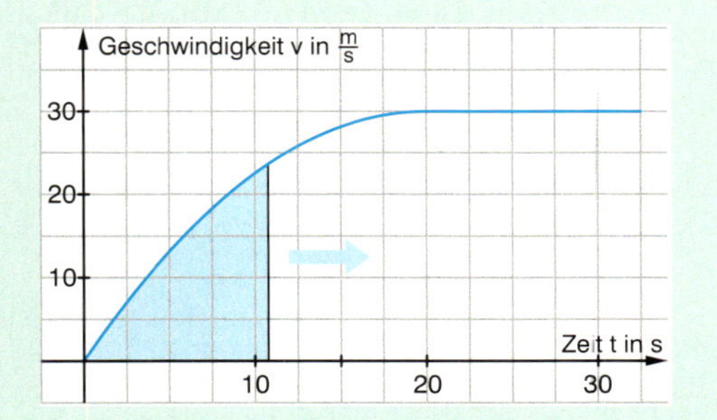

Solche Bilder können Sie auch mit dem entsprecheneden Werkzeug auf der CD erzeugen.

3 *Gewinn – Verlust*

Im Geschäftsbericht einer Firma wird der Gewinnzufluss in den vergangenen 18 Monaten in einem Diagramm dargestellt.

a) Interpretieren Sie das Diagramm.

b) Schätzen Sie mithilfe des Diagramms den gesamten Gewinn der Firma in den dargestellten 18 Monaten.

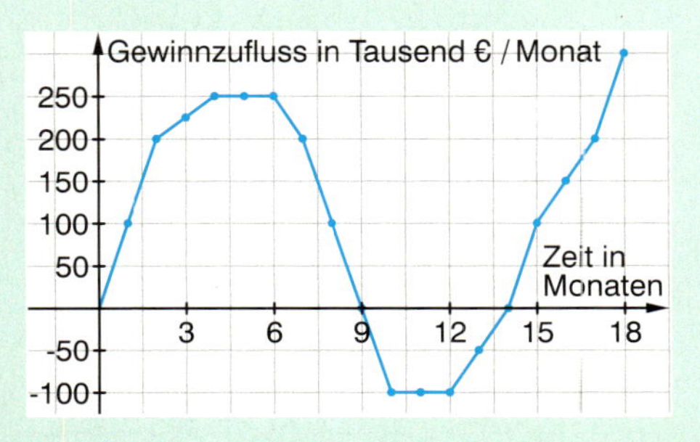

Basiswissen

integrare (lateinisch): erneuern, wiederherstellen

In der Differenzialrechnung lässt sich zu einer gegebenen Funktion f(x) an jeder Stelle die momentane Änderungsrate f'(x) bestimmen.

Ableiten: $f(x) \longrightarrow f'(x)$

Kennt man umgekehrt die momentane Änderungsrate f'(x) an jeder Stelle, so lässt sich daraus die zugehörige Funktion f(x) rekonstruieren.

Integrieren: $f(x) \longleftarrow f'(x)$

In Sachzusammenhängen beschreiben die Funktionswerte von f zu jedem Zeitpunkt den „Bestand" der Größe, der von den Änderungsraten bis zu diesem Zeitpunkt „bewirkt" wurde.

Rekonstruktion der Bestandsfunktion aus der Änderungsratenfunktion

Berechnung des Bestandes

für konstante Änderungsraten — für variable Änderungsraten

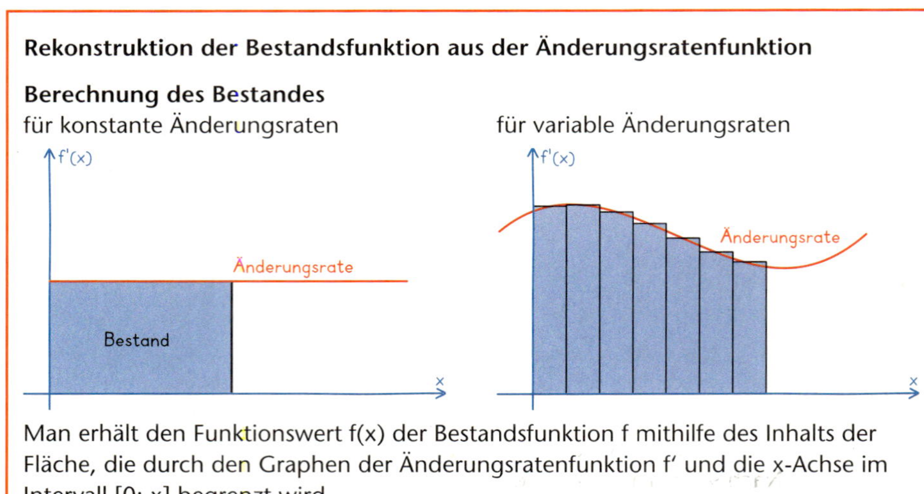

Man erhält den Funktionswert f(x) der Bestandsfunktion f mithilfe des Inhalts der Fläche, die durch den Graphen der Änderungsratenfunktion f' und die x-Achse im Intervall [0; x] begrenzt wird.

Positive Änderungsraten bewirken eine Zunahme des Bestandes, negative Änderungsraten eine Abnahme.

Liegen also Flächen unterhalb der x-Achse, dann zählt der Flächeninhalt negativ, sonst positiv. Man spricht hier von **orientierten Flächeninhalten**.

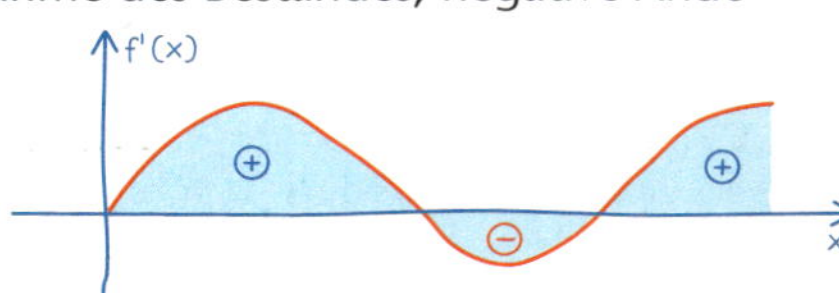

Ermitteln der Bestandsfunktion am Beispiel des Zuflusses eines Wasserbeckens (Änderungsrate des Wasserbestandes)

Änderungsratenfunktion f'

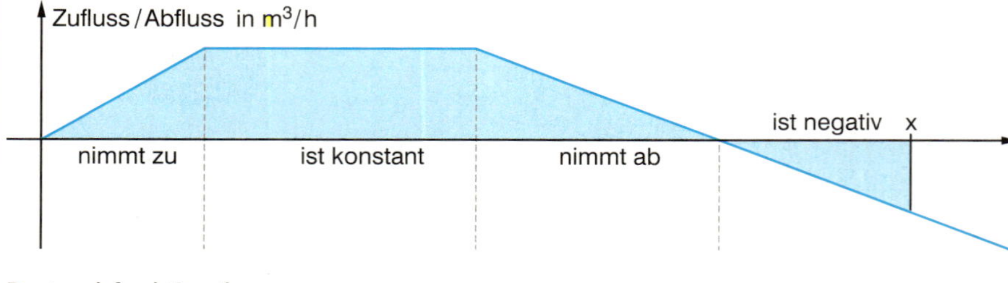

Bestandsfunktion f

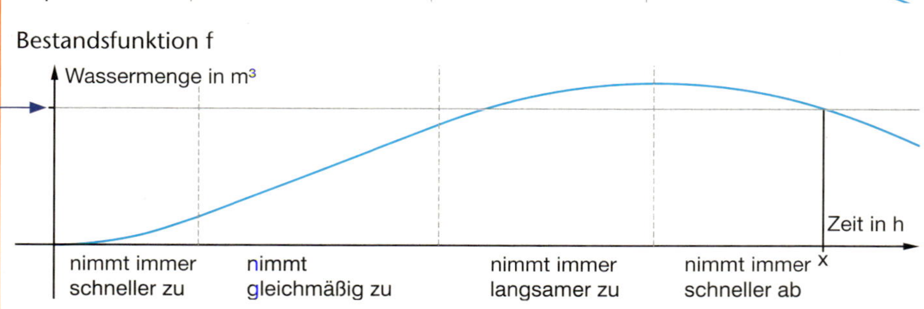

Der Bestand f(x) entspricht dem orientierten Inhalt der oben blau gekennzeichneten Fläche.

Beispiele

Informieren Sie sich über **Kaltwasserraketen** im Internet.

Eine einfache Kaltwasserrakete

A Eine Wasserrakete wird senkrecht nach oben abgeschossen. Der rechte Graph zeigt das Geschwindigkeit-Zeit-Diagramm des Raketenfluges für die vertikale Geschwindigkeit.

a) Interpretieren Sie das Geschwindigkeit-Zeit-Diagramm. Beschreiben Sie dazu den Flug der Rakete möglichst präzise. Markante Zeitpunkte sind t = 0 s, 2 s, 5 s und 9 s.

b) Skizzieren Sie den Verlauf des Höhe-Zeit-Diagramms. Schätzen Sie zunächst die maximale Höhe, die die Rakete erreicht.

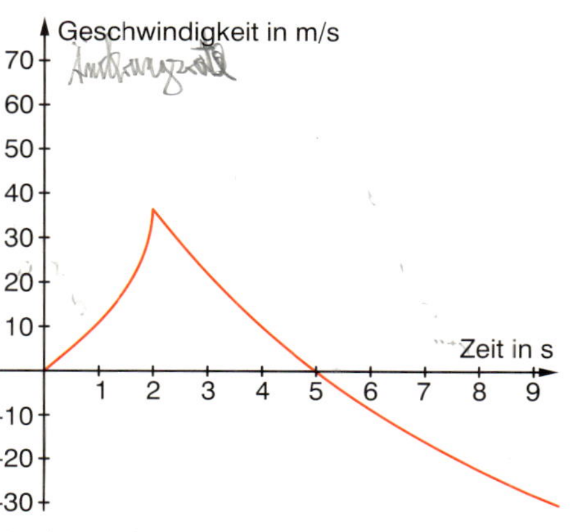
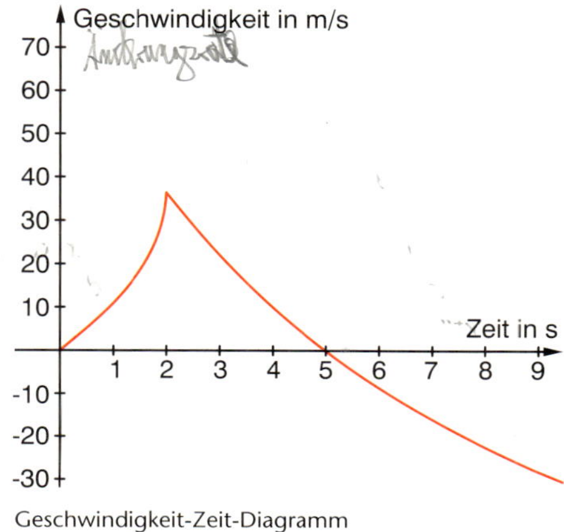

Geschwindigkeit-Zeit-Diagramm

Lösung: a) Die Rakete wird während der ersten zwei Sekunden des Fluges beschleunigt. In dieser Phase nimmt die Geschwindigkeit zu. In den nächsten drei Sekunden nimmt die Geschwindigkeit ab, bis sie zum Zeitpunkt t = 5 s den Betrag 0 hat. Zu diesem Zeitpunkt hat die Rakete die maximale Höhe erreicht. Ab dann ist die Geschwindigkeit negativ und wird zunehmend kleiner. Die Rakete fällt also immer schneller. Nach 9 s schlägt die Rakete auf dem Boden auf.

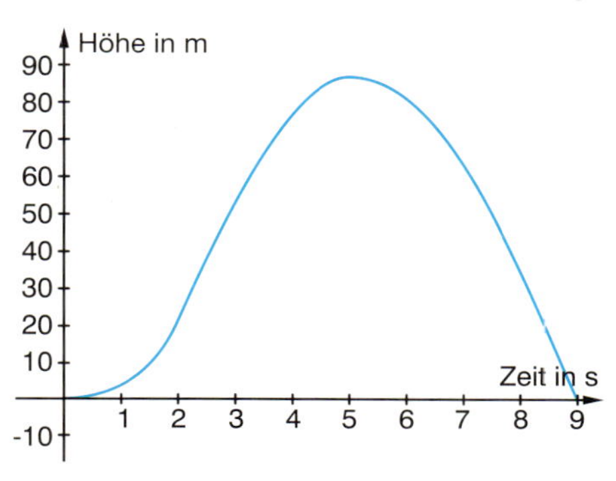

Höhen-Zeit-Diagramm

b) **Höhe der Rakete zum Zeitpunkt t:** Orientierter Inhalt der Fläche im Geschwindigkeit-Zeit-Diagramm von 0 bis t

Maximale Höhe: Inhalt der Fläche zwischen dem Geschwindigkeitsgraphen und der Zeit-Achse im Intervall von 0 bis 5: ca. 85 m

B Früher war die Geschwindigkeit eines Schiffes einfacher zu messen als der zurückgelegte Weg.

Die Geschwindigkeit eines Schiffes wird alle 15 Minuten gemessen und in einer Tabelle registriert. Schätzen Sie, welche Strecke der Tanker von 10.00 bis 12.00 Uhr zurückgelegt hat.

Uhrzeit	10.00	10.15	10.30	10.45	11.00	11.15	11.30	11.45	12.00
Geschw. (sm/h)	25	22	17	10	5	5	10	19	24

sm: Seemeile
1 sm = 1852 m

Lösung: Die gegebenen Werte sind in das Diagramm eingetragen. Da es keine zusätzlichen Informationen über die Geschwindigkeit des Schiffes zwischen den Messungen gibt, verbinden wir die Messpunkte durch Streckenzüge. Der zurückgelegte Weg kann mithilfe der Fläche unter dem Graphen geschätzt werden.

Die Gesamtfläche wird als Summe der Flächeninhalte von Trapezen berechnet.
Jedes der Trapeze ist 0,25 LE breit.
Berechnung:

$$A = 0{,}25 \cdot \left(\tfrac{1}{2}(25 + 22) + \tfrac{1}{2}(22 + 17) + \tfrac{1}{2}(17 + 10) + \tfrac{1}{2}(10 + 5) + \tfrac{1}{2}(5 + 5) + \tfrac{1}{2}(5 + 10) + \tfrac{1}{2}(10 + 19) + \tfrac{1}{2}(19 + 24)\right) = 28{,}125$$

Interpretation:
Das Schiff legte von 10.00 bis 12.00 Uhr etwa 28 sm zurück.

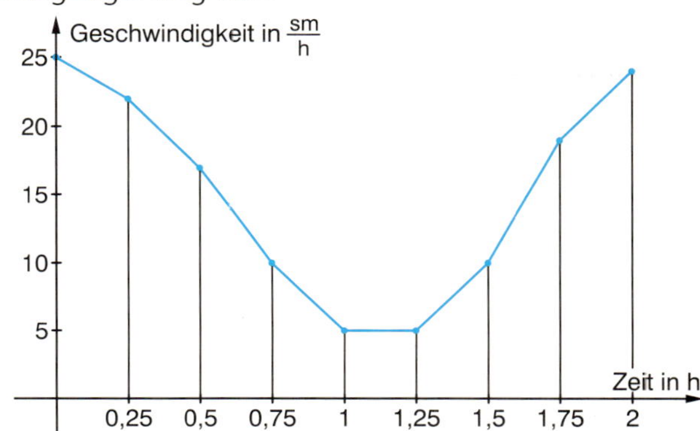

Übungen

4 *Zufluss bekannt, Bestand gesucht*

Rekonstruieren Sie aus dem Graphen der Zuflussrate von Wasser in ein Becken den Graphen der Bestandsfunktion (Wassermenge im Becken in Abhängigkeit von der Zeit). Gehen Sie dabei davon aus, dass das Becken zu Beginn leer ist.

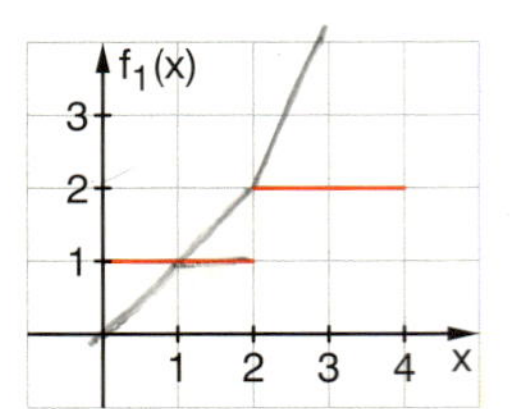

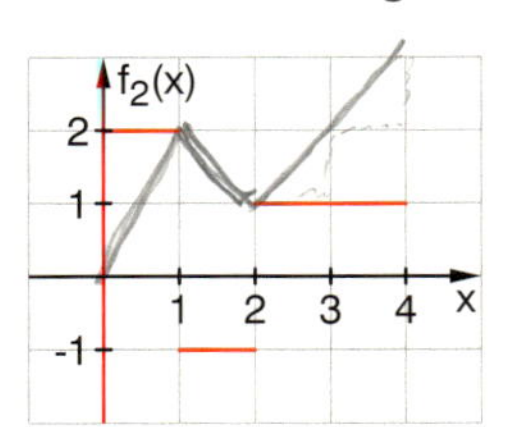

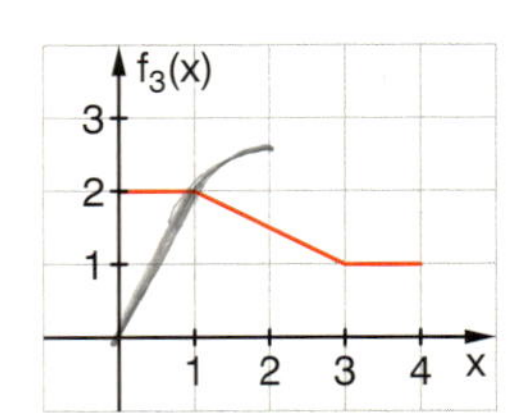

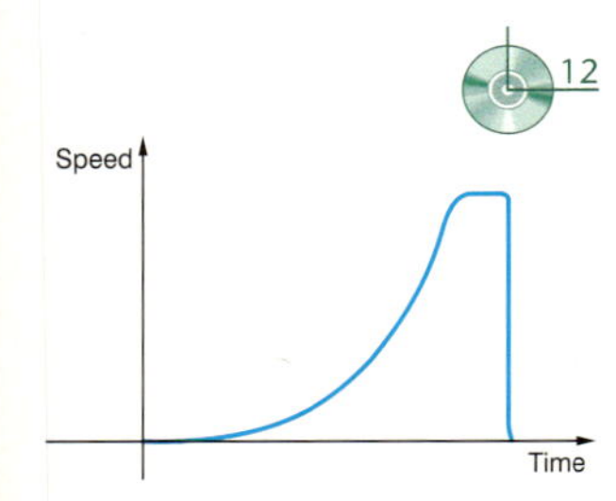

5 *A Ball on a hill – Ein Ball am Abhang*

a) Betrachten Sie den Graphen und beschreiben Sie den dargestellten Sachverhalt.

b) Welche Bedeutung hat der Inhalt der Fläche unterhalb des Graphen?

c) Skizzieren Sie den Graphen der zugehörigen Bestandsfunktion und interpretieren Sie ihn für die Situation.

6 In einem Pumpspeicherkraftwerk wird in Zeiten von „Stromüberschuss" Wasser in einen Speichersee gepumpt. Im Bedarfsfall fließt Wasser aus dem Speichersee durch die stromerzeugenden Turbinen ab, um Spitzen des Stromverbrauches aufzufangen. In der Abbildung ist der Zufluss über 24 Stunden dargestellt.

oberer Speichersee des Koepchenwerkes bei Herdecke, NRW

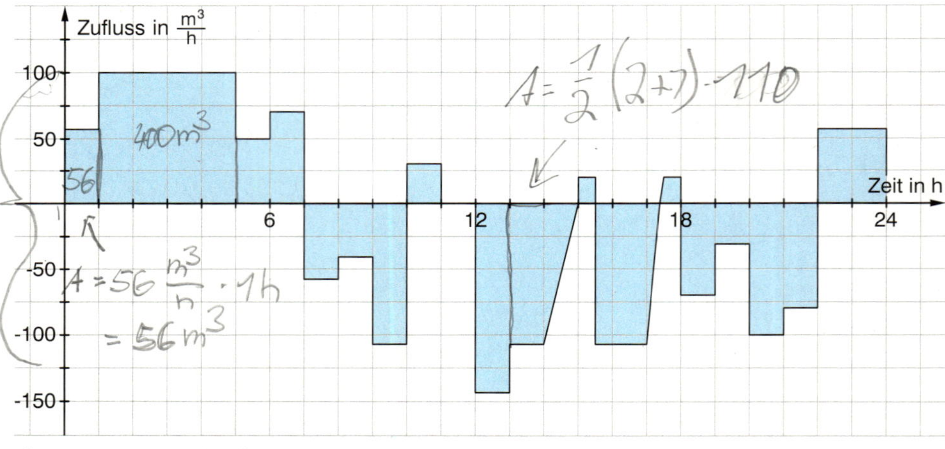

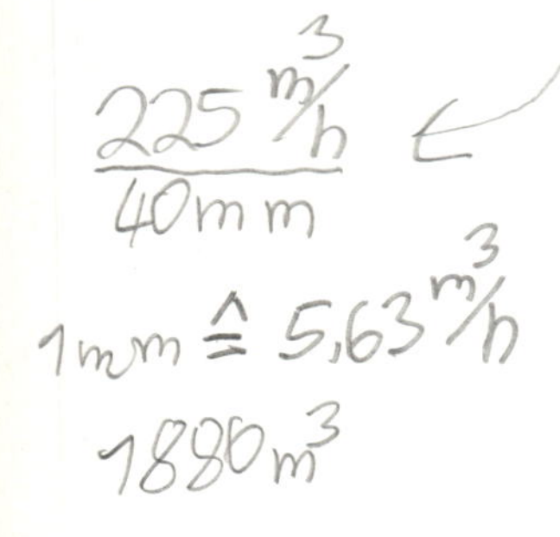

a) Interpretieren Sie das Diagramm.

b) Schätzen Sie mit dem Diagramm die Wassermenge, um die sich die Gesamtwassermenge in den dargestellten 24 Stunden verändert hat.

c) Skizzieren Sie einen Graphen, der zu jedem Zeitpunkt die zugeflossene Wassermenge seit Beginn der Messung darstellt.

GRUNDWISSEN

1 Beantworten Sie jeweils anhand eines geeigneten Beispiels:

a) Was ist die grafische Bedeutung der Ableitung einer Funktion?

b) Was ist die physikalische Bedeutung der Ableitung einer Funktion?

2 Ergänzen Sie die Lücken in folgender Tabelle.

f(x)	$x^3 - 2x^2 + 1$	■	■	sin (x)	$\sqrt{x}$	■
f'(x)	■	2x	sin (x)	■	■	$3x^2 + 1$

7 *Geschwindigkeit-Zeit-Diagramm eines Rennwagens*

von 0 auf 100 km/h: 3,4 s;
von 100 auf 160 km/h: 3,4 s;
von 160 auf 200 km/h: 2,9 s;
von 200 auf 300 km/h: 13,6 s

Zeichnen Sie ein mögliches Geschwindigkeit-Zeit-Diagramm für den beschleunigenden Rennwagen. Welche Strecke legt er zurück, bis er 300 km/h schnell ist?

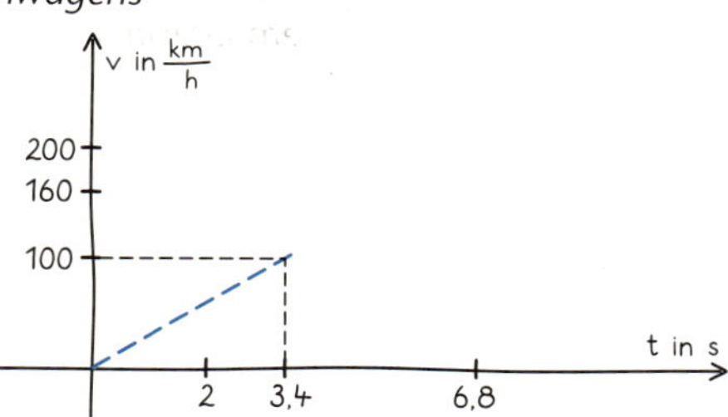

Übungen

8 *Fahrtenschreiber*

Überholvorgänge von Lkw können sehr lange dauern. Ein Lkw 1 überholt zum Zeitpunkt t_0 den neben ihm fahrenden Lkw 2. Der folgende Graph zeigt das Geschwindigkeit-Zeit-Diagramm und gibt Aufschluss über die weitere Fahrt.

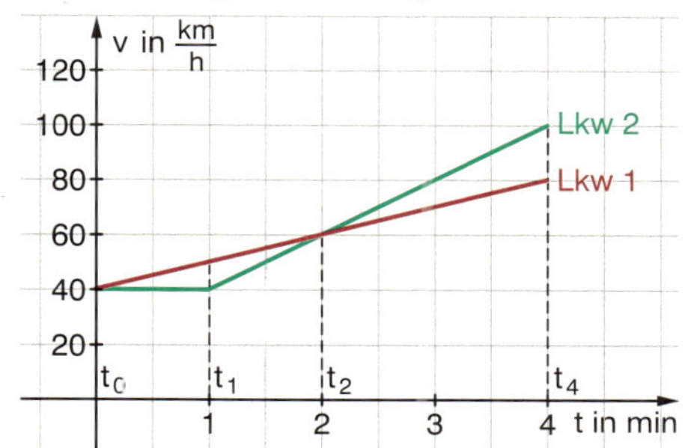

a) Beschreiben Sie die Fahrt der beiden Lkw anhand des Diagramms.
Skizzieren Sie für beide Lkw den Graphen der Bestandsfunktion.

b) Begründen Sie, dass Lkw 1 zum Zeitpunkt t_1 die größere Strecke zurückgelegt hat.

c) Überholt Lkw 2 den Lkw 1 innerhalb des gegebenen Zeitintervalls $[t_0; t_4]$?

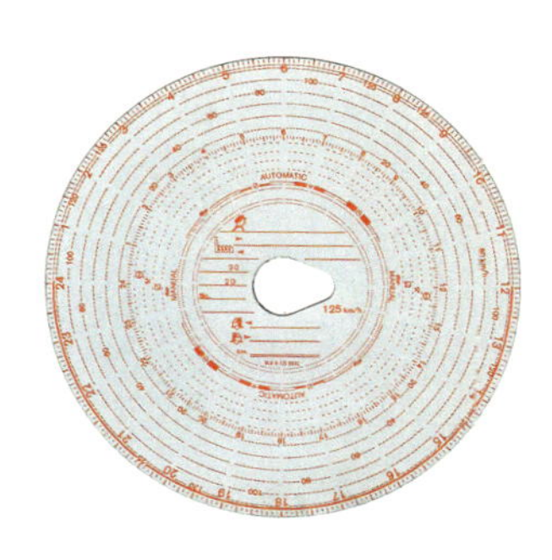

Elefantenrennen

Das Oberlandesgericht Hamm urteilte am 29.10.2008: „Das Überholen durch einen Lkw (sog. „Elefantenrennen") ist nur ahndungswürdig, wenn ein solcher Vorgang wegen zu geringer Differenzgeschwindigkeit eine unangemessene Zeitspanne in Anspruch nimmt. ...
Als Faustregel für einen noch regelkonformen Überholvorgang ist von einer Dauer von maximal 45 Sekunden auszugehen.
Unter Berücksichtigung der Länge eines zu überholenden Fahrzeugs von knapp 25 m und den vor und nach dem Überholen vorgeschriebenen Sicherheitsabständen von jeweils 50 m entspricht dies einer Geschwindigkeit von 80 km/h für das überholende und einer solchen von 70 km/h für das zu überholende Fahrzeug."

9 *Elefantenrennen*

Überprüfen Sie, ob die Aussagen aus dem Text zutreffen. Die passenden Geschwindigkeit-Zeit-Diagramme und die Flächen unter den Graphen helfen dabei.

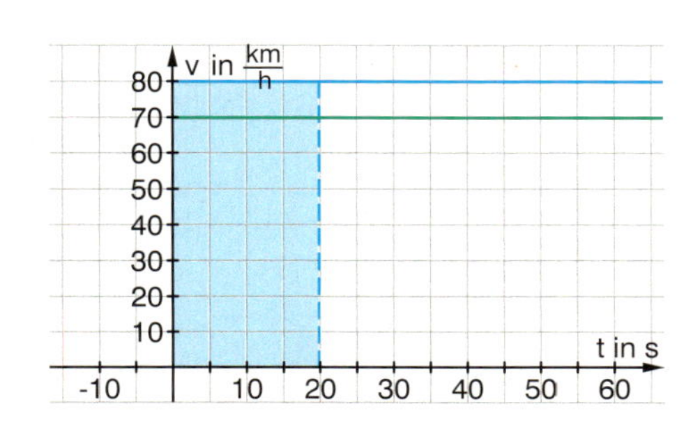

Übungen

Ein Ausflug in die Wirtschaftswissenschaften

Häufig ist bekannt, wie sich z. B. der Gewinnzufluss in einem Geschäftsbereich mit der Zeit entwickelt. Man kann mit dieser Information den Gesamtgewinn über eine bestimmte Zeitspanne berechnen.

Beispiel 1: Angenommen, der Gewinn wächst mit einer konstanten „Zuflussrate" von 10 000 € pro Jahr. Der Gesamtgewinn (Bestand) nach 3 Jahren beträgt $3 \cdot 10\,000\text{ €} = 30\,000\text{ €}$. Diese Berechnung kann man grafisch mit dem Inhalt der Rechteckfläche veranschaulichen.

Beispiel 2: Eine typische Kurve einer Gewinnentwicklung in Abhängigkeit von der Zeit ist in der unteren Grafik dargestellt. Den Gesamtgewinn in diesem Fall kann man als Inhalt der Fläche unter der Kurve des Gewinnzuflusses interpretieren und berechnen.

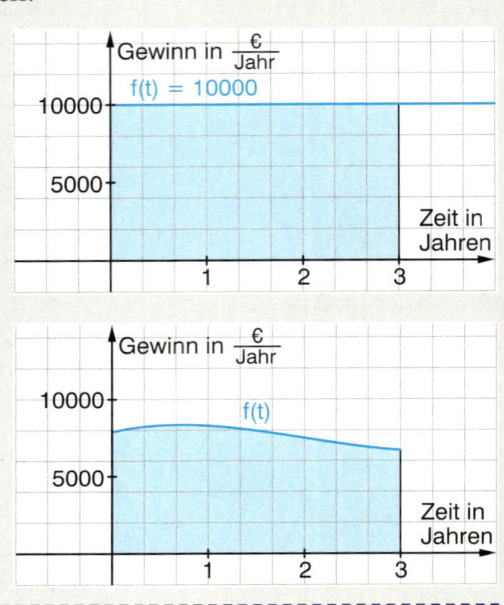

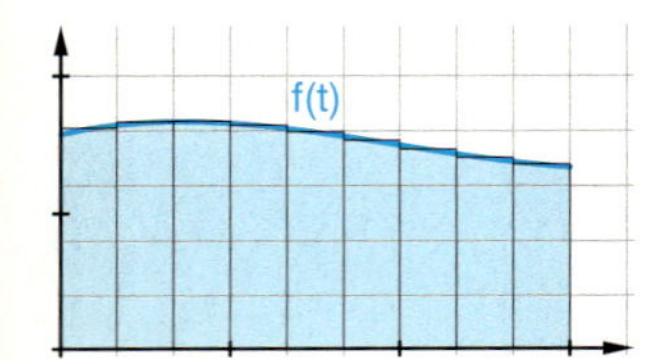

10 *Nichtkonstanter Gewinnzufluss*

Erläutern Sie anhand des nebenstehenden Bildes, weshalb der Gesamtgewinn dem Inhalt der Fläche unter dem Graphen in dem Gewinnzufluss-Zeit-Diagramm entspricht.

11 *Wie entwickelt sich der Gesamtgewinn?*

Der Gewinn einer Firma in Abhängigkeit von der Zeit wird für die ersten drei Jahre prognostiziert.

a) Wie entwickelt sich der Gewinnzufluss? Stellen Sie markante Punkte heraus.

b) Erstellen Sie eine Tabelle für die Entwicklung des Gesamtgewinns und zeichnen Sie damit die zugehörige Funktion.

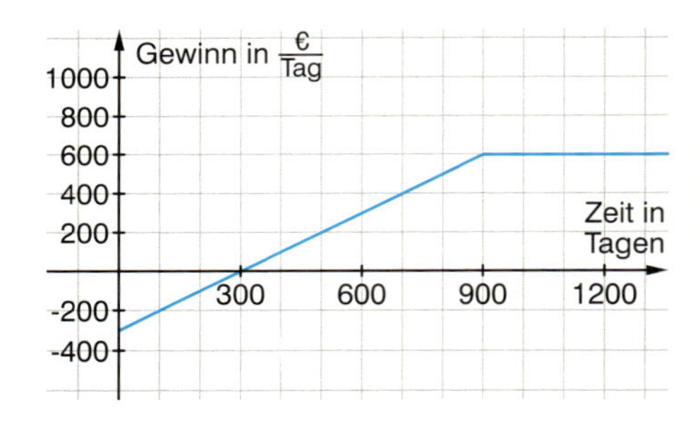

12 *„Vorausschauende" Ersatzteilproduktion*

Ein Hersteller von Fernsehgeräten will die Produktion einer Modellreihe einstellen. Damit er die im Lager vorhandenen Geräte dieses Modells noch verkaufen kann und um Kunden, die bereits die entsprechenden Fernseher besitzen, nicht zu verärgern, sollen in diesem Jahr alle Ersatzteile produziert werden, die in den nächsten 10 Jahren voraussichtlich benötigt werden.

Bekannt ist, dass sich die Nachfragerate nach Netzteilen für die Geräte (in Stückzahl pro Jahr) durch die Funktion $f'(t) = 200 \cdot 0{,}85^t$ gut modellieren lässt.

Entwickeln Sie ein Verfahren, mit dem Sie abschätzen können, wie viele dieser Netzteile produziert und eingelagert werden müssen, damit die Nachfrage für die nächsten 10 Jahre befriedigt werden kann.

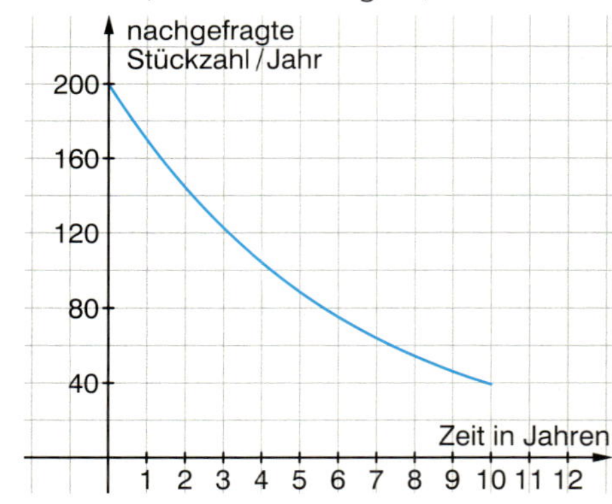

Bestandsberechnungen für Daten und Funktionen mit der Trapezformel

WERKZEUG

Änderungsraten können tabellarisch gegeben, mit einer Funktion beschrieben oder grafisch dargestellt sein. Der zugehörige Bestand entspricht der Fläche unter dem Graphen der Änderungsratenfunktion.

Ist die Änderungsrate als Tabelle gegeben, so liegt es nahe, die Funktion als Streckenzug darzustellen (siehe Beispiel B). Die Fläche unter dem Graphen setzt sich dann aus den Flächeninhalten von Trapezen zusammen.

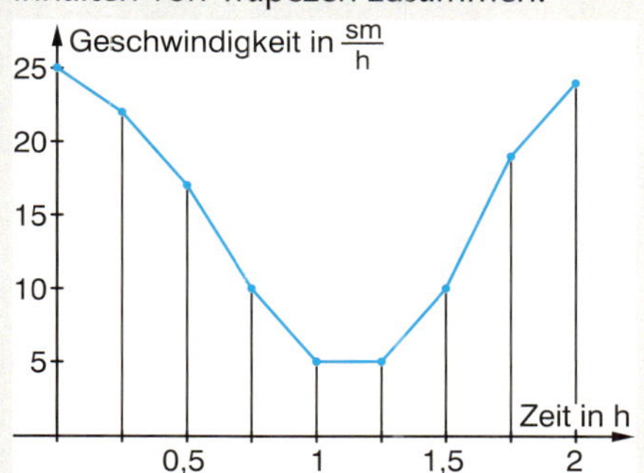

Ist die Änderungsrate als Funktion gegeben, kann man den gewünschten Bereich (z. B. von 0 bis 10) in **gleichbreite** vertikale Streifen einteilen. Die Fläche unter dem Graphen kann man dann näherungsweise als Summe der Flächeninhalte der Trapeze berechnen.

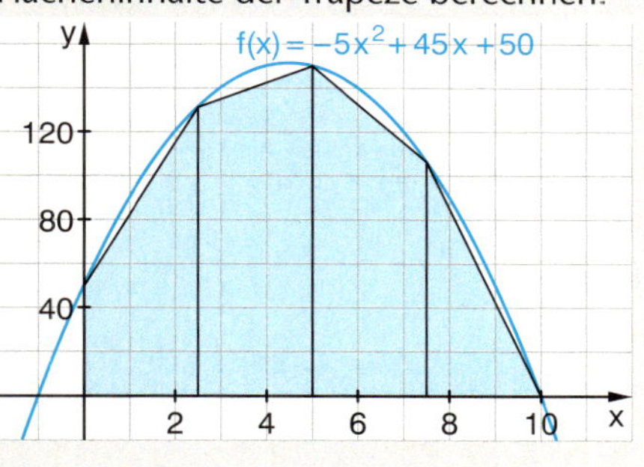

Trapezformel

Anzahl der Trapeze: n

gleiche „Höhe" für jedes Trapez: Δx

Die Summe der Flächeninhalte aller Trapeze:

$\Delta x\left(\frac{1}{2}f(x_0) + f(x_1) + f(x_2) + \ldots + f(x_{n-1}) + \frac{1}{2}f(x_n)\right)$

Sie liefert einen Näherungswert für den Inhalt der Fläche, die der Funktionsgraph mit der x-Achse im Intervall [0; b] einschließt. Je größer die Anzahl der Trapeze, desto besser die Näherung.

Übungen

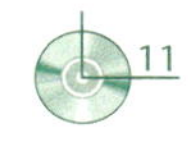

13 *Anwenden der Trapezformel*

a) In der Grafik oben rechts wird die Trapezformel am Beispiel der Funktion $f(x) = -5x^2 + 45x + 50$ dargestellt. Berechnen Sie einen Näherungswert für die Fläche unter dem Graphen der Funktion von 0 bis 10. Verwenden Sie zur Berechnung zunächst 4 und dann 10 Trapeze.

b) Begründen Sie, warum in der Trapezformel der Faktor $\frac{1}{2}$ bei f(0) und $f(x_n)$ auftritt.

14 *Wasserabfluss*

Die Wassermenge, die durch eine Abflussrinne geflossen ist, kann man mithilfe der Durchflussrate abschätzen, die man zu verschiedenen Zeitpunkten gemessen hat.

Zeit	6:00	9:00	12:00	15:00	18:00	21:00	24:00	3:00	6:00
m^3/min	5	8	12,5	14	13	10,5	6	8	7

15 *Geförderte Gasmenge*

Die Förderrate (Änderungsrate der Fördermenge) einer Gasquelle nimmt zunächst stark zu und dann mit der Zeit wegen des nachlassenden Gasdruckes wieder ab. Die Förderrate wird mit der Funktion $g(t) = \frac{4t}{t^2+1}$ modelliert. Dabei ist t die Zeit in Jahren und g(t) die Förderrate in Millionen m^3 pro Jahr. Ermitteln Sie näherungsweise mit der Trapezformel die Gasmenge, die die Quelle in 12 Jahren liefert. Verwenden Sie dazu 12 Trapeze.

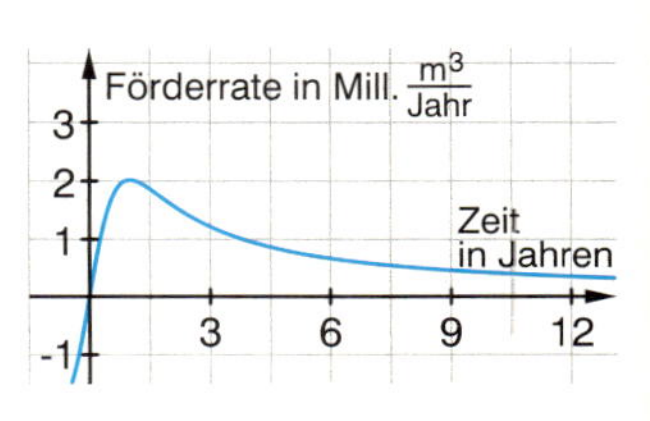

Übungen

16 In der oberen Reihe finden Sie die Graphen der Änderungsratenfunktionen f′ und darunter die der dazugehörigen Bestandsfunktionen f.

a) Finden Sie die passenden Paare.

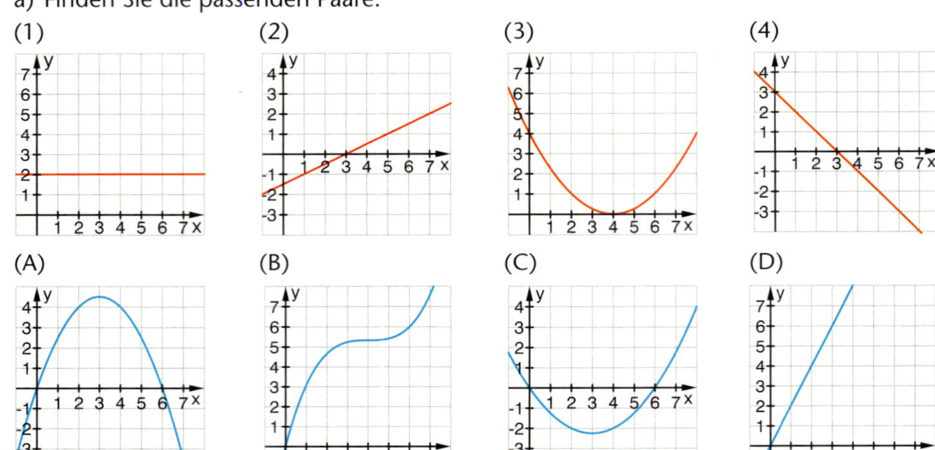

b) Geben Sie zu den Graphen der Änderungsraten jeweils den passenden Funktionsterm f′(x) an. Bestimmen Sie dann auch die Funktionsterme f(x) der jeweils zugehörenden Bestandsfunktion. Begründen Sie Ihre Ergebnisse. Hilft Ihnen dabei neben dem Graphen auch der Funktionsterm f′(x)?

Basiswissen

Der Begriff „Aufleiten" bezeichnet anschaulich die Umkehrung des Ableitens an den Funktionstermen. Er gehört nicht zur mathematischen Fachsprache.

Funktionsterme für die Bestandsfunktion finden

Ist für die Änderungsfunktion $y = f'(x)$ der Funktionsterm gegeben, so gelingt in vielen Fällen die Rekonstruktion der Bestandsfunktion durch Umkehren des Ableitens. Man sucht einen Term f(x), dessen Ableitung f′(x) ergibt.

Änderungsfunktion
$f'(x) = -0{,}5x + 2$
↓ „Aufleiten"
$f(x) = -0{,}25x^2 + 2x$
Bestandsfunktion

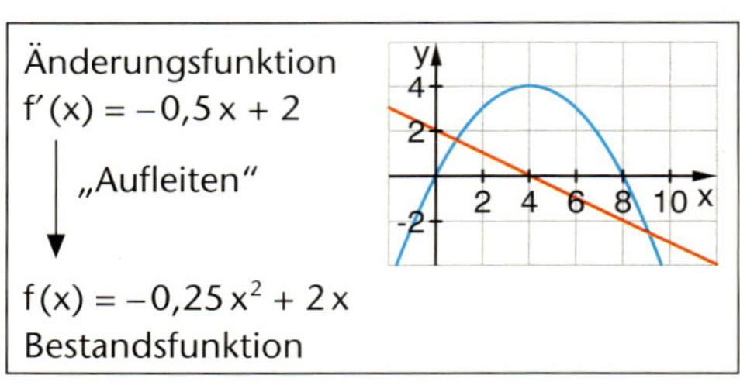

Der beim „Aufleiten" von f′(x) gefundene Term f(x) ist nicht eindeutig. Auch $g(x) = f(x) + c$ mit einer Konstanten c hat als Ableitung f′(x). Die Konstante c wird erst durch die Anfangsbedingung („Wie groß ist der Anfangsbestand f(0)?") eindeutig festgelegt.

Übungen

17 *„Aufleiten"*

Die Zuflussrate f′ in einem Wasserbecken steigt im Zeitraum von 0 bis 6 Minuten gemäß der Funktionsgleichung $f'(t) = 20 + 12t$ (Zeit t in min und Zuflussrate f′(t) in l/min).

a) Bestimmen Sie die Bestandsfunktion für die zugeflossene Wassermenge.

b) Welche Wassermenge ist nach 4 Minuten zugeflossen? Nach welcher Zeit sind 250 Liter zugeflossen?

18 *Funktionsgleichungen für Bestandsfunktionen finden*

$f'_1(x) = 1 + 0{,}5x$

$f'_2(x) = -0{,}5x^2 + 3$

$f'_3(x) = 0{,}1x^3 + 0{,}5x$

14

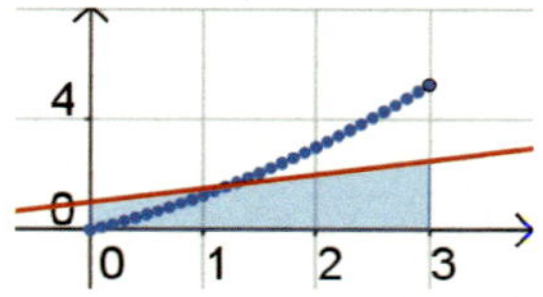

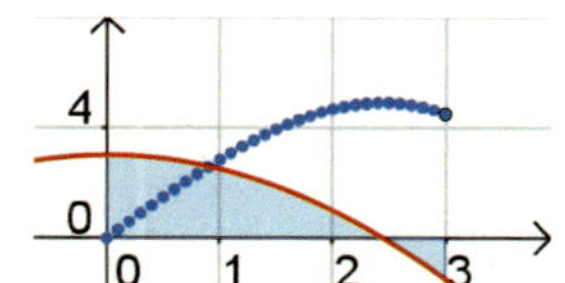

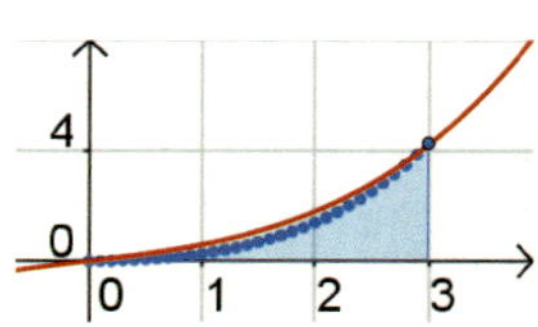

a) Zu den drei Änderungsfunktionen f'_1, f'_2 und f'_3 wurden die zugehörigen Bestandsfunktionen aufgezeichnet. Bestimmen Sie die Funktionsgleichungen der Bestandsfunktionen.

b) Lösen Sie eigene solche Aufgaben durch Experimentieren mit der CD.

Vom Nutzen der Bestandsfunktion in der Physik

Das Weg-Zeit-Gesetz beim freien Fall $s(t) = 5t^2$ diente als Beispiel bei der Entwicklung des Begriffs der zugehörigen Momentangeschwindigkeit $s'(t) = v(t) = 10t$. Die dabei zugrundeliegende Beschleunigung ist die Änderungsrate der Geschwindigkeit. Man erhält sie als Ableitung der Geschwindigkeit: $s''(t) = a(t) = 10$. Die Beschleunigung beim freien Fall ist also konstant etwa 10 m/s².

Weg → Geschwindigkeit → Beschleunigung

Durch Integrieren können wir nun allein aus der Kenntnis der konstanten Beschleunigung die Weg-Zeit-Funktion für eine gleichmäßig beschleunigte Bewegung rekonstruieren: Die Geschwindigkeit ergibt sich als Bestand der Beschleunigung, der zurückgelegte Weg wiederum als Bestand der Geschwindigkeit.

Beschleunigung → Geschwindigkeit → Weg

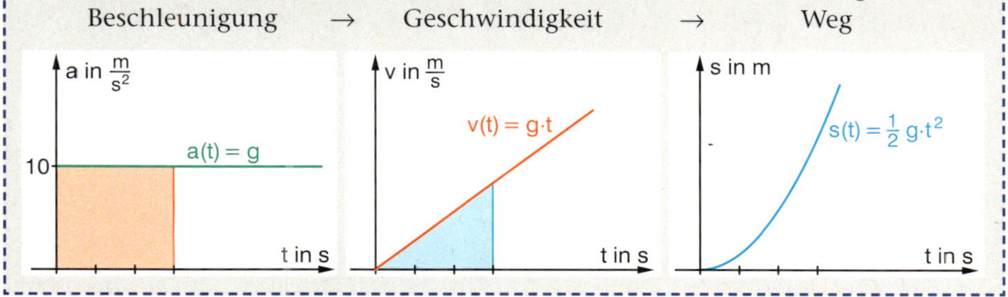

Übungen

Der genauere Wert für die Fallbeschleunigung auf der Erde ist g = 9,81 m/s².

19 *Freier Fall auf dem Mond*

Eine Schraube fällt auf dem Mond aus einer Höhe von 1,4 Meter. Wann und mit welcher Geschwindigkeit erreicht die Schraube die Oberfläche des Mondes? Vergleichen Sie mit dem gleichen Vorgang auf der Erde.

Die Fallbeschleunigung auf dem Mond beträgt 1,67 m/s².

20 *Wachsende Beschleunigung*

Ein Testfahrzeug startet zum Zeitpunkt t = 0 mit einer linear ansteigenden Beschleunigung $a(t) = 1{,}2 \cdot t$ $\left(t \text{ in s, } a \text{ in } \frac{m}{s^2}\right)$. Welchen Weg hat es nach 5 s zurückgelegt?

Eine interessante Anwendung – Der digitale Wurfspeer

Das Fraunhofer-Institut Magdeburg hat einen „digitalen Wurfspeer" entwickelt, mit dessen Hilfe man durch Sensoren den Beschleunigungsverlauf des Speeres während der Anlauf- und Abwurfphase erfassen kann. Die Geschwindigkeit des Speeres ergibt sich als Fläche in dem Beschleunigung-Zeit-Diagramm und kann z. B. mithilfe der Trapezformel berechnet werden.

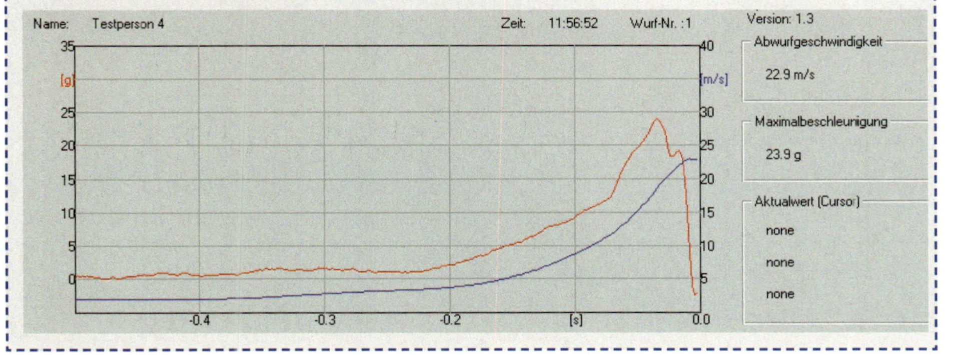

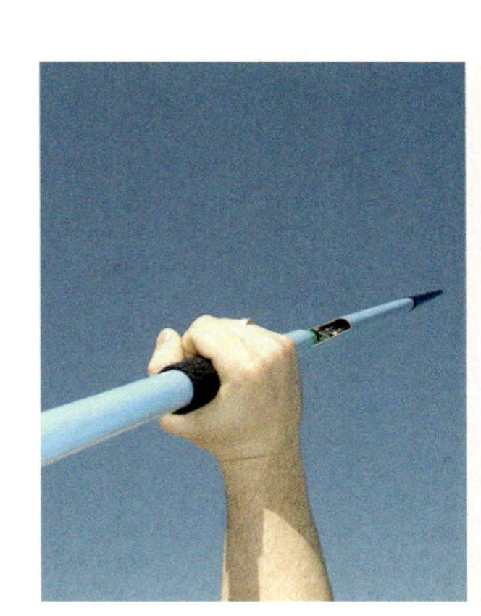

5.2 Integralfunktion, Stammfunktion und Hauptsatz der Differenzial- und Integralrechnung

Was Sie erwartet

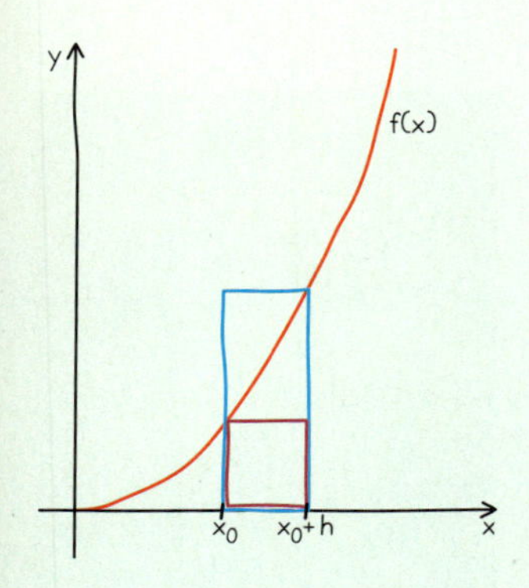

Im vorigen Lernabschnitt haben Sie in Sachzusammenhängen zu vorgegebener Änderungsfunktion die zugehörige Bestandsfunktion rekonstruiert. Die rekonstruierten Funktionswerte wurden dabei als orientierte Flächeninhalte interpretiert und berechnet oder einfach durch „Aufleiten" des Ableitungsterms gewonnen.

In diesem Lernabschnitt wird dies vertieft. Dabei lösen wir uns zunächst von den Sachzusammenhängen. Anstelle der Änderungsfunktion gehen wir von einer beliebigen Funktion f aus und gewinnen daraus die sogenannte Integralfunktion. Sie beschreibt den orientierten Flächeninhalt unter dem Graphen einer Funktion f von einer beliebigen festen linken Grenze a bis zu einer beliebigen variablen rechten Grenze x. Diese Integralfunktion hat als Ableitung wiederum die Funktion f, sie ist „Stammfunktion" von f. Dies ist die wesentliche Aussage, die im Hauptsatz der Differenzial- und Integralrechnung festgehalten wird. Dieser Satz liefert auch eine Methode zur rechnerischen Bestimmung von Integralen. Am Ende des Lernabschnitts wird das Integral als Grenzwert von Produktsummen definiert. Dadurch erschließen sich viele weitere Anwendungen.

Aufgabe

1 *Integralfunktion – Eine Verallgemeinerung der Bestandsfunktion*

a) Vergleichen Sie die Beschreibung der Ihnen bereits bekannten Bestandsfunktion mit der Beschreibung der Integralfunktion. Welche Gemeinsamkeiten und welche Unterschiede stellen Sie fest?

Bestandsfunktion
Die Bestandsfunktion wird aus dem gegebenen Änderungsverhalten des Bestandes „rekonstruiert". Geometrisch kann man den Funktionswert der Bestandsfunktion an der Stelle x als orientierten Flächeninhalt unter der Änderungsratenfunktion von 0 bis x interpretieren.

Integralfunktion
Die Integralfunktion wird aus einer gegebenen Berandungsfunktion f(x) gewonnen. Den orientierten Flächeninhalt unter der Berandungsfunktion f(x) von a bis x kann man als Funktion von x auffassen. Diese Funktion wird als Integralfunktion $I_a(x)$ zu f bezeichnet.

b) Gegeben ist die Berandungsfunktion $f(x) = -x(x-2)(x-5)$. Welche der eingezeichneten Funktionsgraphen g, h und k könnten der Graph der Integralfunktion $I_1(x)$ sein? Begründen Sie Ihre Entscheidung.

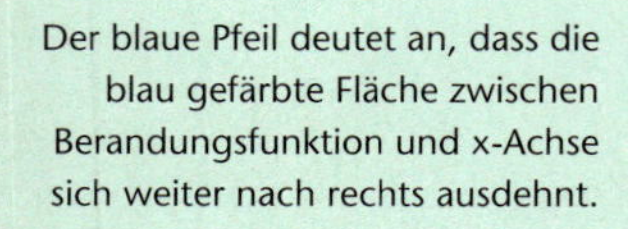
Der blaue Pfeil deutet an, dass die blau gefärbte Fläche zwischen Berandungsfunktion und x-Achse sich weiter nach rechts ausdehnt.

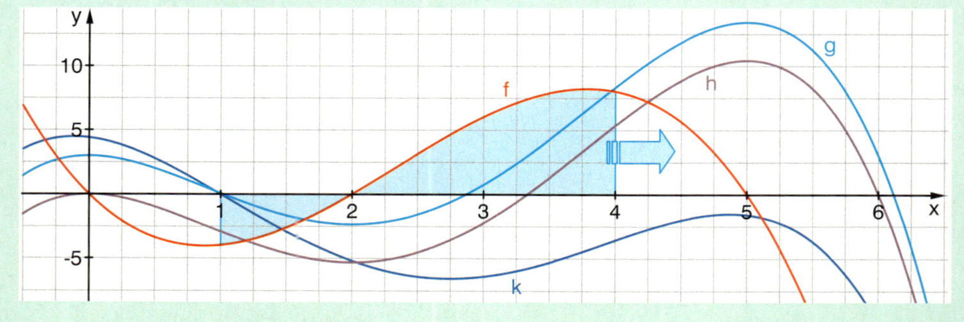

Integralfunktion

Die Integralfunktion $I_a(x)$ zu einer Funktion $f(x)$ ordnet jedem $x > a$ den orientierten Inhalt der Fläche zu, die von dem Graphen zu f und der x-Achse im Intervall $[a; x]$ eingeschlossen wird. Auf der CD finden Sie das Werkzeug „Integralfunktion". Dort können Sie eine Funktion $f(x)$ und einen Wert a eingeben und den Graphen zeichnen lassen. Zu diesem Graphen wird dann der Graph der Integralfunktion gezeichnet.

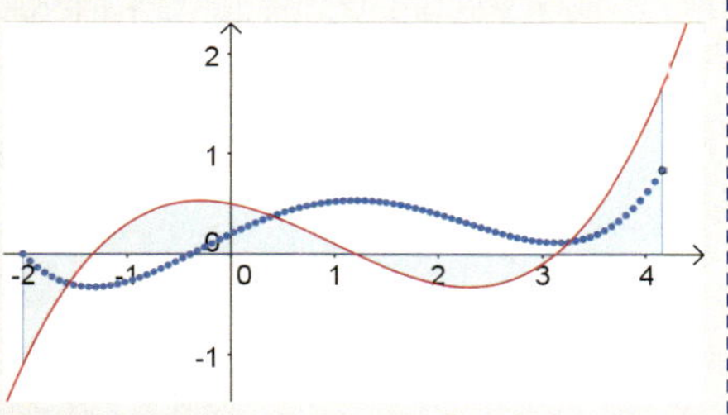

Berandungsfunktion:
$f(x) = 0{,}1x^3 - 0{,}3x^2 - 0{,}2x + 0{,}5$
Integralfunktion: $I_{-2}(x)$

Auch mit dem GTR oder dem CAS-Rechner können Sie die Graphen von Integralfunktionen zu gegebenen Berandungsfunktionen f(x) zeichnen.

Aufgabe

2 *Erkundung der Integralfunktion*

a) Welche Rolle spielt die linke Grenze a bei der Integralfunktion $I_a(x)$?

(1) Zur Berandungsfunktion $f(x) = 3x^2 - 2x - 5$ wurden die drei Integralfunktionen $I_{-1}(x)$, $I_0(x)$ und $I_1(x)$ gezeichnet und in einer Tabelle festgehalten. Wie unterscheiden sich diese?

x	$I_{-1}(x)$	$I_0(x)$	$I_1(x)$
−1	0	–	–
0	−3	0	–
1	−8	−5	0
2	−9	−6	−1
3	0	3	8
4	25	28	33
5	72	75	80

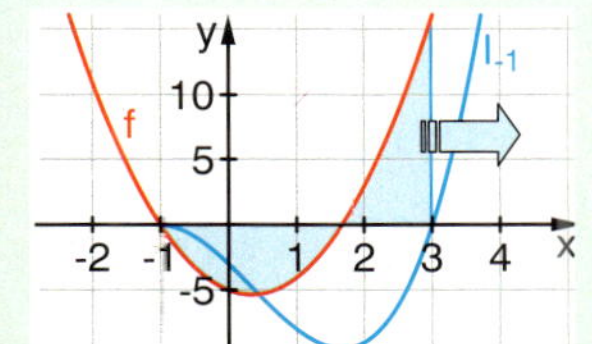

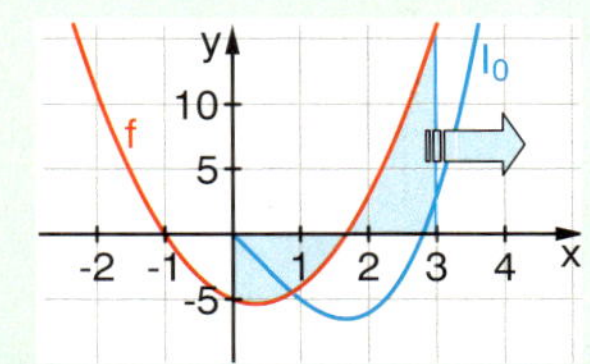

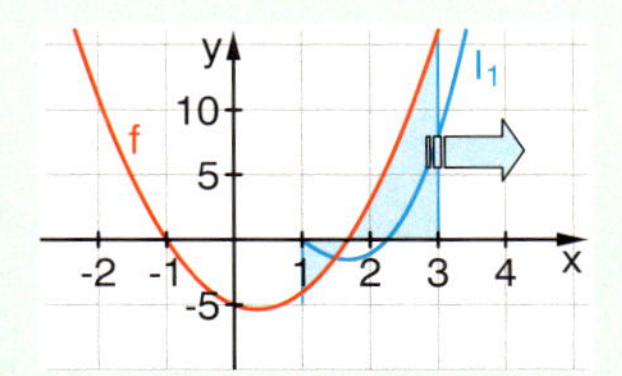

(2) Begründen Sie allgemein mithilfe des orientierten Flächeninhalts:
Für $a < b$ gilt $I_a(x) = I_b(x) + c$. Dabei ist c eine konstante reelle Zahl.

Welche geometrische Bedeutung hat die Konstante c?

b) Welcher Zusammenhang besteht zwischen der Integralfunktion $I_a(x)$ und der Berandungsfunktion $f(x)$?

(1) Haben Sie bereits erste Ideen oder Vermutungen? Schauen Sie noch einmal im vorigen Lernabschnitt bei der Bestimmung der Bestandsfunktion nach. Auch die obigen Bilder und die Tabelle zu den drei Integralfunktionen können helfen.

Mit der CD können Sie überprüfen, ob Sie richtig liegen.

(2) Zur Berandungsfunktion $f(x)$ sind die Graphen der zugehörigen Integralfunktionen $I_0(x)$ und $I_1(x)$ dargestellt. Bestimmen Sie jeweils die Funktionsgleichungen von $I_0(x)$ und $I_1(x)$. Welchen Zusammenhang zwischen $f(x)$ und der jeweiligen Integralfunktion erkennen Sie? Bestätigt dies Ihre Vermutungen?

(3) Experimentieren Sie mit der Software und ermitteln Sie Integralfunktionen $I_a(x)$ zu gegebenen Berandungsfunktionen $f(x)$. Stützen Ihre Ergebnisse Ihre Vermutung aus Aufgabenteil (1)?

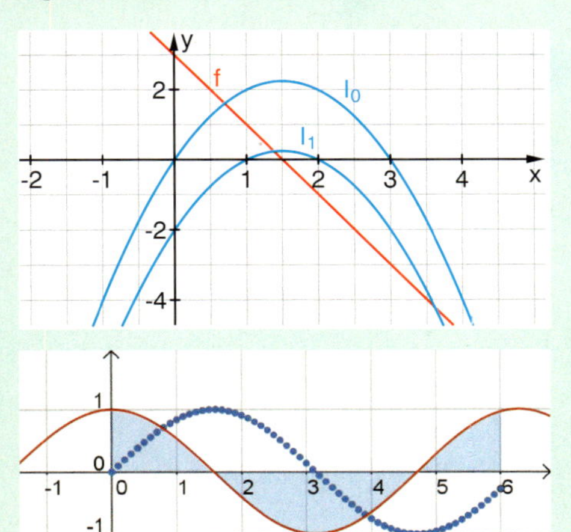

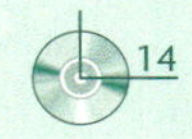

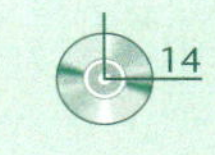

Basiswissen

Mit der Definition der Integralfunktion können wir einen zentralen Satz der Differenzial- und Integralrechnung formulieren.

Man schreibt für die Integralfunktion $I_a(x)$ auch $\int_a^x f$

Sprechweise: „Integral von f von a bis x"

Integralfunktion

Definition

Eine Berandungsfunktion $f(x)$ ist auf dem Intervall $[a; d]$ definiert.
Die Funktion, die jedem $x \in [a; d]$ den orientierten Inhalt der Fläche zuordnet, die $f(x)$ mit der x-Achse zwischen a und x einschließt, nennt man
Integralfunktion $I_a(x)$ zu $f(x)$.

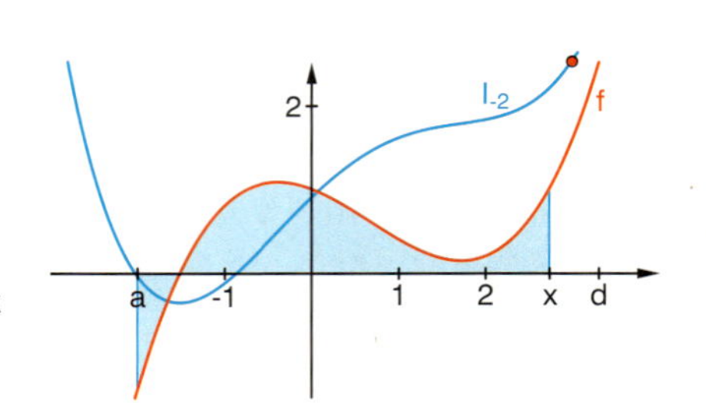

Wichtige Eigenschaften

a < b < d

- Es gilt die Anfangsbedingung $I_a(a) = 0$.
- Die Integralfunktionen $I_a(x)$ und $I_b(x)$ zur selben Berandungsfunktion $f(x)$ unterscheiden sich um eine Konstante c: $I_a(x) = I_b(x) + c$

Zwischen Integralfunktion $I_a(x)$ und Berandungsfunktion $f(x)$ besteht ein wichtiger Zusammenhang.

2. Teil des Hauptsatzes, siehe Seite 155

Hauptsatz der Differenzial- und Integralrechnung (1. Teil)
Ist die Berandungsfunktion $f(x)$ in $[a; b]$ stetig, so ist die zugehörige Integralfunktion $I_a(x)$ dort differenzierbar und es gilt $I'_a(x) = f(x)$.

Beispiele

A Könnte der blaue Graph k der Graph der Integralfunktion $I_{-3}(x)$ zur Berandungsfunktion $f(x) = x^2 - 4$ sein?
a) Argumentieren Sie geometrisch anhand des Verlaufs der beiden Graphen.
b) Ermitteln Sie algebraisch die Integralfunktion $I_{-3}(x)$.

Lösung:

a) *Geometrische Argumentation*

Der blaue Graph könnte vom Verlauf her zum orientierten Flächeninhalt unter dem Graphen von f(x) passen:

1. $I_{-3}(-3) = 0$. Diese Eigenschaft erfüllt der Graph k.
2. $f(x)$ ist auf $[-3; -2[$ positiv, fallend. Der orientierte Flächeninhalt ist also zunächst positiv und wächst. Allerdings wird die Zunahme geringer (Rechtskurve des blauen Graphen). Bei $x = -2$ hat $I_{-3}(x)$ ein lokales Maximum, Graph k ebenfalls.
3. $f(x)$ ist auf $]-2; 2[$ negativ. Der orientierte Flächeninhalt wird also kleiner, die blaue Kurve fällt. An der Stelle (etwa bei $x = -0{,}8$), an der die Fläche unter der Achse gleichgroß der Fläche über der Achse ist, ist der orientierte Flächeninhalt 0. Die blaue Kurve schneidet die x-Achse.
4. An der Stelle $x = 2$ hat $I_{-3}(x)$ ein lokales Minimum, ab dann ist $f(x) > 0$. Die blaue Kurve steigt wieder.

b) *Algebraische Bestimmung der Integralfunktion $I_{-3}(x)$*

Mögliche Kandidaten: Da nach dem Hauptsatz $I_{-3}'(x) = f(x)$, kommen für $I_{-3}(x)$ die Funktionen $g(x) = \frac{1}{3}x^3 - 4x + c$ in Frage. Die Integralfunktion ist somit noch nicht eindeutig bestimmt.

Berechnung der Konstanten c aus der Anfangsbedingung $I_{-3}(-3) = 0$:

$\frac{1}{3}(-3)^3 - 4(-3) + c = 0 \Rightarrow c = -3$

Somit ist $I_{-3}(x) = \frac{1}{3}x^3 - 4x - 3$.

Beispiele

B a) Ermitteln Sie die Gleichungen der Integralfunktionen $I_0(x)$ und $I_1(x)$ zu der Berandungsfunktion $f(x) = x - 3$.

b) Bestimmen Sie mit beiden Integralfunktionen den orientierten Flächeninhalt im Intervall [1;4].

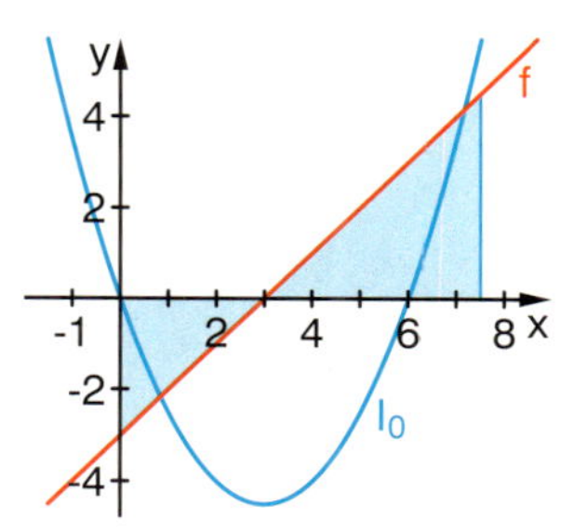

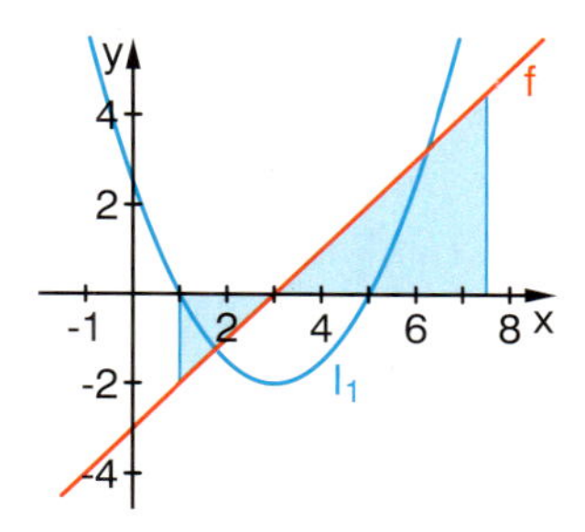

$\int_1^4 f$

Lösung:

a) Man vermutet anhand der beiden Bilder, dass die Integralfunktionen quadratische Funktionen sind mit der Gleichung $I(x) = a x^2 + b x + c$. Da nach dem Hauptsatz jeweils $I'(x) = x - 3$ gilt, muss $a = \frac{1}{2}$ und $b = -3$ sein, also $I(x) = 0{,}5\,x^2 - 3x + c$.

Aus $I_0(0) = 0$ folgt $c = 0$ und damit $I_0(x) = 0{,}5\,x^2 - 3x$.

Aus $I_1(1) = 0$ folgt $0{,}5 \cdot 1 - 3 \cdot 1 + c = 0$, also $c = 2{,}5$ und damit $I_1(x) = 0{,}5\,x^2 - 3x + 2{,}5$.

b) Aus den Bildern wird ersichtlich, dass der orientierte Flächeninhalt sich mit I_0 als Differenz berechnen lässt:

$I_0(4) - I_0(1) = (0{,}5 \cdot 16 - 3 \cdot 4) - (0{,}5 \cdot 1 - 3 \cdot 1) = -4 + 2{,}5 = -1{,}5.$

Mit I_1 kann der orientierte Flächeninhalt direkt als $I_1(4)$ berechnet werden:

$I_1(4) = 0{,}5 \cdot 16 - 3 \cdot 4 + 2{,}5 = -1{,}5$

Kontrolle mit 14

Übungen

3 *Vom Bild zur Integralfunktion*

In dem Diagramm sind die Graphen einer Berandungsfunktion rot und einer zugehörigen Integralfunktion blau gezeichnet.

a) Bestimmen Sie die Gleichungen der beiden Funktionen.

b) Vergleichen Sie den Graphen der gezeichneten Integralfunktion mit dem Graphen von $I_0(x)$.

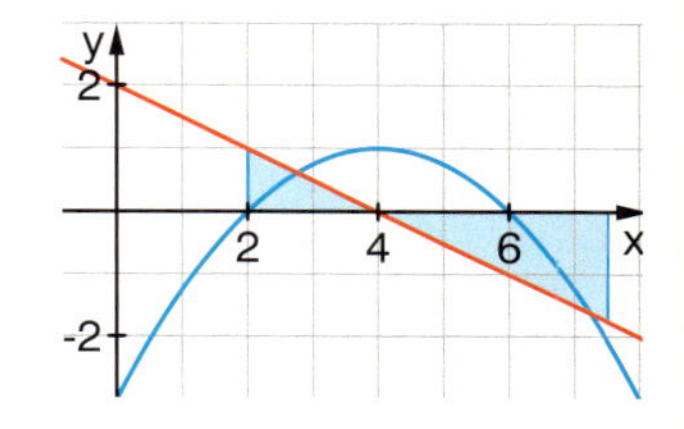

4 *Terme zu Integralfunktionen*

Gegeben ist die Berandungsfunktion $f(x) = x^2 - 4x$. Die Integralfunktion $I_0(x)$ ist mit $\frac{1}{3}x^3 - 2x^2$ angegeben.

a) Überprüfen Sie, ob die angegebene Funktionsgleichung für $I_0(x)$ stimmt.

b) Bestimmen Sie $I_{-2}(x)$ und $I_3(x)$.

c) Berechnen Sie den orientierten Flächeninhalt unter dem Graphen von f in den Grenzen von 1 bis 4.

5 *Übersetzen und Begründen*

a) Übersetzen Sie die nebenstehenden Aussagen in die Schreibweise mit dem Integralzeichen.

b) Begründen Sie die aufgeführten Eigenschaften.

Eigenschaften der Integralfunktion

(1) $I_a(a) = 0$

(2) Für $a < b < x$ gilt:

$I_a(x) = I_b(x) + k$ (k konstant)

(3) Für $a < b < c$ gilt: $I_a(c) = I_a(b) + I_b(c)$

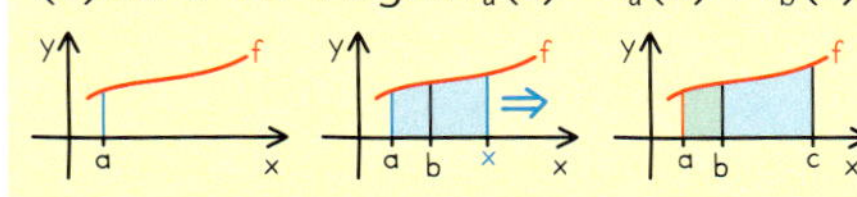

Übersetzung von (2):

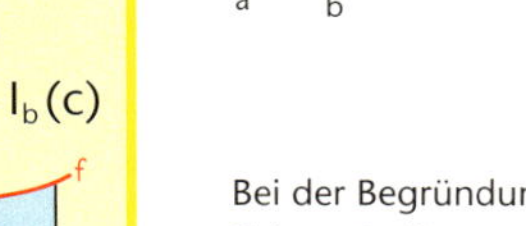

Bei der Begründung können die Skizzen helfen.

6 Welche der Aussagen über die Integralfunktionen zu der Berandungsfunktion f(x) sind richtig? Begründen Sie.

a) $I_0(0) = 0$ b) $I_a(a) = 0$

c) $I_a(x)$ ist stets positiv.

d) $I_a(x)$ ist stets ungleich 0.

e) $I_0(x) = I_1(x) + d$ (d konstant)

f) $I_a(b) = S_2 + S_1$ (S_1, S_2 Flächeninhalte)

g) $I_a(b) = S_2 - S_1$

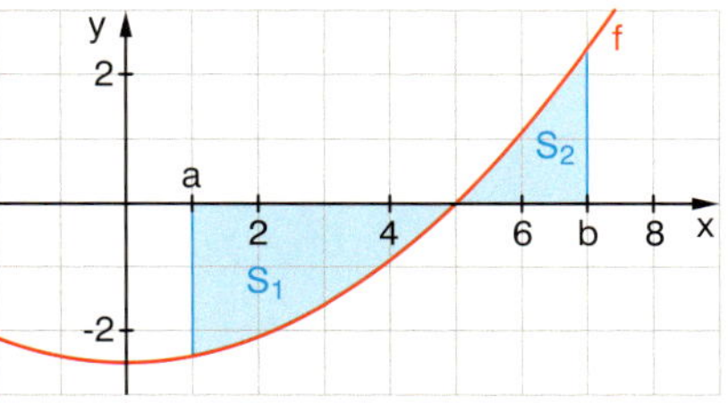

Ein anschaulicher „Beweis" des Hauptsatzes

Den Zugang zur Ableitung finden wir über den Differenzenquotienten.
Der Differenzenquotient von $I_a(x)$ an der Stelle x ist
$\frac{I_a(x+h) - I_a(x)}{h}$.

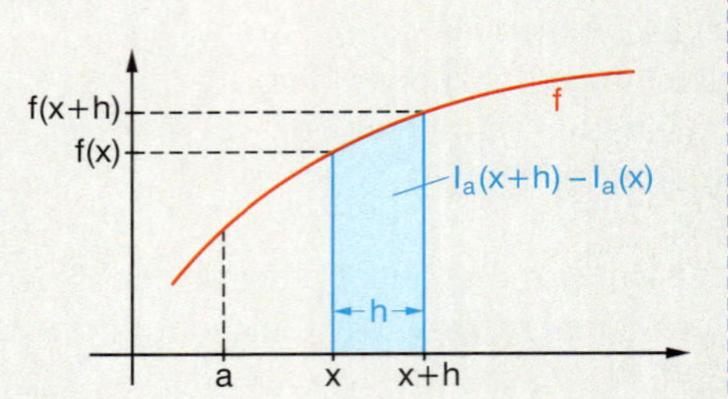

Der Zähler des Differenzenquotienten kann als Inhalt des Flächenstücks unter dem Graphen von f von x bis x + h interpretiert werden. Dieses Flächenstück lässt sich durch Rechteckflächen abschätzen. Wenn f monoton wächst, gilt:
$f(x) \cdot h \le I_a(x+h) - I_a(x) \le f(x+h) \cdot h$

Wenn wir diese Ungleichung durch h dividieren ($h > 0$), so erhalten wir eine Abschätzung für den oben angegebenen Differenzenquotienten, der die mittlere Änderungsrate von I_a im Intervall $[x\,;\,x+h]$ beschreibt: $f(x) \le \frac{I_a(x+h) - I_a(x)}{h} \le f(x+h)$

Beim Grenzübergang für $h \to 0$ strebt $f(x+h)$ gegen $f(x)$ (wegen der Stetigkeit von f). Der entsprechende Grenzwert des Differenzenquotienten ist die Änderungsrate $I_a'(x)$ an der Stelle x. Damit gilt
$f(x) \le \lim\limits_{h \to 0} \frac{I_a(x+h) - I_a(x)}{h} \le f(x)$ und somit $I_a'(x) = f(x)$.

Übungen

7 *Lesen, Wiedergeben und Verstehen*
Schauen Sie sich den Beweis genau an. Versuchen Sie, die einzelnen Schritte zu verstehen und schreiben Sie den Beweis dann ohne die Vorlage in Ihren eigenen Worten auf. Wo ist Ihre Argumentation ausführlicher, wo zeigt sie Lücken?

8 *Genauer hingeschaut*
Bei dem obigen Beweis des Hauptsatzes wurde von der Stetigkeit von f(x) Gebrauch gemacht. Angenommen, f(x) hat eine Sprungstelle an der Stelle x_0 (siehe Abbildung). Skizzieren Sie die zugehörige Integralfunktion. Begründen Sie, warum die Integralfunktion I_0 an der Stelle x_0 nicht differenzierbar ist.

Zur Erinnerung:
$I_a'(x) = f(x)$
und
$I_a(a) = 0$

9 *Stimmt die Integralfunktion?*
Überprüfen Sie, welche der angegebenen Integralfunktionen richtig sind.
a) $f(x) = x + 1$ $\quad I_0(x) = 0{,}5x^2 + x$; $\quad I_1(x) = 0{,}5x^2 + x - 1{,}5$
b) $f(x) = x^2 + 2x$ $\quad I_0(x) = \frac{1}{3}x^3 + x^2 + 4$; $\quad I_{-3}(x) = \frac{1}{3}x^3 + x^2$
c) $f(x) = 3$ $\quad I_0(x) = 3$; $\quad I_0(x) = 3x$; $\quad I_2(x) = 3x$

10 Berechnen Sie die Integralfunktion zu der Berandungsfunktion f(x).
a) $f(x) = 3x - 1$; $\quad I_0(x), I_3(x)$
b) $f(x) = \sin(x)$; $\quad I_0(x), I_\pi(x)$
c) $f(x) = 4x^3 + x - 2$; $\quad I_0(x), I_{-2}(x)$
d) $f(x) = -\frac{1}{x^2}$; $\quad I_2(x)$

11 *Orientierter Flächeninhalt von a bis b*
Berechnen Sie den orientierten Flächeninhalt zwischen dem Graphen von f(x) und der x-Achse im Intervall von a bis b.
a) $f(x) = x^2 - 5$ $\quad a = 1, b = 4$
b) $f(x) = x^3 - 3x^2$ $\quad a = 0, b = 3$
c) $f(x) = x^3 - 3x^2$ $\quad a = 2, b = 4$
d) $f(x) = 2x - 1$ $\quad a = 1, b = 3$
Interpretieren Sie jeweils das Ergebnis an dem Graphen der betreffenden Funktion.

Übungen

12 *Stammfunktionen*

a) $f(x) = 3x^2 - 2x + 1$. Welche der folgenden Funktionen sind Stammfunktionen zu $f(x)$?

$F_1(x) = x^3 - x^2 + x \quad F_2(x) = x^3 - x^2 + x + 7$

$F_3(x) = x^3 - x + 1 \quad F_4(x) = \int_0^x f \quad F_5(x) = \int_2^x f$

> **Definition Stammfunktion:**
> Eine Funktion $F(x)$ heißt Stammfunktion zu $f(x)$, wenn $F'(x) = f(x)$ gilt.

b) Zeigen Sie allgemein:

> Wenn $F(x)$ Stammfunktion zu $f(x)$ ist, dann ist auch jede Funktion $F(x) + c$ (c Konstante) Stammfunktion zu $f(x)$.

Basiswissen

Was hat die Stammfunktion $F(x)$ mit der Integralfunktion $I_a(x) = \int_a^x f$ zu tun?
Für $I_a(x)$ kommen nur Stammfunktionen in Frage: $I_a(x) = F(x) + c$
Mit der bekannten Bedingung $I_a(a) = 0$ wird die Konstante c festgelegt:
$I_a(a) = F(a) + c \Rightarrow c = -F(a)$
Dieser Zusammenhang liefert eine Methode zur Berechnung von Integralen.

Hauptsatz der Differenzial- und Integralrechnung (2. Teil)
Zu jeder stetigen Berandungsfunktion $f(x)$, die auf dem Intervall $[a; b]$ definiert ist, kann man die Integralfunktion $I_a(x) = \int_a^x f$ finden, indem man eine beliebige Stammfunktion $F(x)$ zu $f(x)$ sucht.

Dann gilt: $\quad \mathbf{I_a(x) = \int_a^x f = F(x) - F(a)} \quad$ für $x \in [a; b]$

Für den **orientierten Flächeninhalt** unter $f(x)$ in den Grenzen a und b gilt:

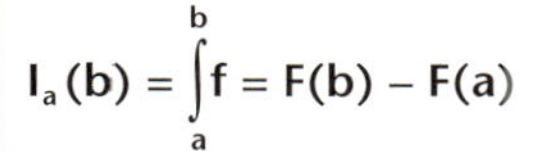

$$\mathbf{I_a(b) = \int_a^b f = F(b) - F(a)}$$

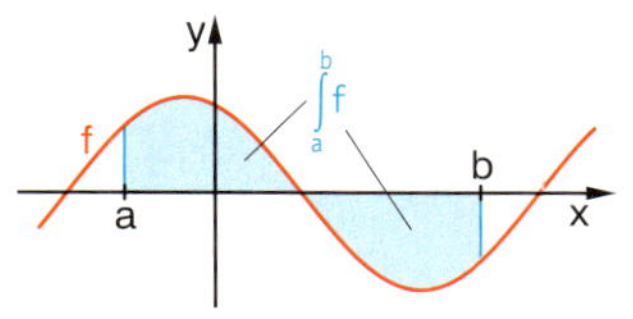

Sprechweise für $\int_a^b f$:
„Integral von f von a bis b"
Es wird auch als **bestimmtes Integral** bezeichnet. Die Berandungsfunktion f heißt **Integrand**.

Beispiele

C Bestimmen Sie eine Stammfunktion zu $f(x) = x^n$
Lösung: Umkehrung der Ableitung
Die Stammfunktion muss – bis auf eine additive Konstante c – eine Potenzfunktion vom Grad $n + 1$ sein, damit die Ableitung wieder vom Grad n ist. Da die Ableitung von x^{n+1} aber $(n + 1) \cdot x^n$ ist, wählen wir als Stammfunktion $F(x) = \frac{1}{n+1} \cdot x^{n+1}$.
Probe durch Ableiten: $F'(x) = \frac{1}{n+1} \cdot (n + 1) \cdot x^n = x^n = f(x)$
Auch $F(x) + c$ für jede Konstante c ist Stammfunktion zu $f(x)$.

D Wie lautet die Integralfunktion $I_2(x)$ zu der Berandungsfunktion $f(x) = 8x^3 - 2x + 3$?
Lösung:
Eine Stammfunktion lautet $F(x) = 2x^4 - x^2 + 3x$, also gilt $F(2) = 32 - 4 + 6 = 34$.
Damit ergibt sich $I_2(x) = F(x) - F(2) = 2x^4 - x^2 + 3x - 34$.

E Bestimmen Sie den orientierten Inhalt der Fläche zwischen dem Graphen zu $f(x) = x^2 - 5x + 4$ und der x-Achse in den Grenzen 3 und 6.
Lösung: Anwendung des Hauptsatzes
Eine Stammfunktion zu $f(x)$ ist $F(x) = \frac{1}{3}x^3 - \frac{5}{2}x^2 + 4x$. Zu berechnen ist $F(6) - F(3)$.
Man schreibt:

$$\int_3^6 f = [F(x)]_3^6 = \left[\tfrac{1}{3}x^3 - \tfrac{5}{2}x^2 + 4x\right]_3^6 = \left(\tfrac{1}{3} \cdot 6^3 - \tfrac{5}{2} \cdot 6^2 + 4 \cdot 6\right) - \left(\tfrac{1}{3} \cdot 3^3 - \tfrac{5}{2} \cdot 3^2 + 4 \cdot 3\right)$$

$= 6 - (-1{,}5) = 7{,}5 \qquad$ Der gesuchte orientierte Flächeninhalt beträgt 7,5 FE.

Die Schreibweise
$[F(x)]_3^6 = \left[\frac{1}{3}x^3 - \frac{5}{2}x^2 + 4x\right]_3^6$
dient der übersichtlichen Darstellung der notwendigen Rechenschritte.

Übungen

13 *Überprüfen Sie, ob die angegebene Funktion F(x) Stammfunktion zu f(x) ist.*

a) $F(x) = 2x + 4;\ f(x) = 2$
b) $F(x) = 2x + 4 + 5;\ f(x) = 2$
c) $F(x) = 3x^2 + 4x + 2;\ f(x) = 6x + 4$
d) $F(x) = 0{,}5x^3;\ f(x) = 0{,}5x^2$

Formeln und Regeln zum Bestimmen von Stammfunktionen

Zum Bestimmen von Stammfunktionen muss man **„aufleiten"**, d.h. das Ableiten (Differenzieren) umkehren.
F(x), G(x), H(x) ist jeweils Stammfunktion zu f(x), g(x), h(x).

Wichtige Funktionen

Funktion f(x)	Stammfunktion F(x)
$2x$	x^2
$3x^2$	x^3
$\frac{1}{x^2}$	$\frac{-1}{x}$
$\frac{1}{2\sqrt{x}}$	$\sqrt{x}$
$\sin(x)$	$-\cos(x)$

Regeln

	Funktion	Stammfunktion
Potenzregel	x^n	$\frac{1}{n+1}x^{n+1}$
konstanter Faktor	$g(x) = a \cdot f(x)$	$G(x) = a \cdot F(x)$
Summenregel	$h(x) = f(x) + g(x)$	$H(x) = F(x) + G(x)$

Regeln in Stichworten:
konstanter Faktor – konstante Faktoren bleiben beim „Aufleiten" erhalten.
Summenregel – Summen von Funktionen werden summandenweise „aufgeleitet".

14 *Training 1: Stammfunktionen gesucht*

a) $f(x) = x^3 - 2x + 1$
b) $f(x) = x + \sin(x)$
c) $f(x) = 3\sqrt{x}$
d) $f(x) = 4x^6$
e) $f(x) = 3a \cdot \sin(x)$
f) $f(x) = \frac{1}{\sqrt{x}}$

15 *Training 2: Stammfunktionen gesucht*

Gelegentlich muss man den Funktionsterm zunächst umformen.

a) $f(x) = \sqrt{x} + x$
b) $f(x) = (x-1)(x-3)$
c) $f(x) = 3x^2 - 4x + 5$
d) $f(x) = (x+2)^2$
e) $f(x) = ax \cdot (4x - 2)$
f) $f(x) = (x-a)^2$

16 *Begründung für Integrationsregeln*

In dem obigen Werkzeugkasten sind die Integrationsregeln „konstanter Faktor" und „Summenregel" aufgeführt.

a) Formulieren Sie beide Regeln als Satz mit Voraussetzung und Behauptung und begründen Sie mithilfe der entsprechenden Regeln der Differenzialrechnung.

b) Verdeutlichen Sie die beiden Regeln geometrisch mithilfe der Bilder.

$\int_a^x k \cdot f = k \cdot \int_a^x f \qquad \int_a^x (f+g) = \int_a^x f + \int_a^x g$

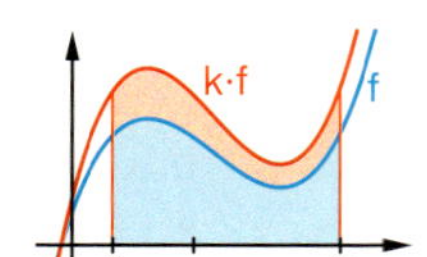

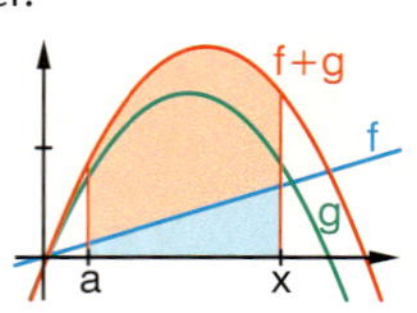

17 *Berechnung von Integralen*

Wenden Sie den Hauptsatz der Differenzial- und Integralrechnung an.

a) $\int_1^2 4x^3$
b) $\int_{-1}^1 (9x^2 - 1)$
c) $\int_0^{\frac{\pi}{2}} \sin(x)$
d) $\int_1^3 \frac{1}{x^2}$
e) $\int_0^4 x(x-1)$
f) $\int_1^{25} \frac{1}{\sqrt{x}}$

Übungen

18 *Eine weitere Integrationsregel*

Formulieren Sie die folgende Gleichung in Worten und begründen Sie die Korrektheit mithilfe des Bildes.

$$\int_a^b (-f) = -\int_a^b f$$

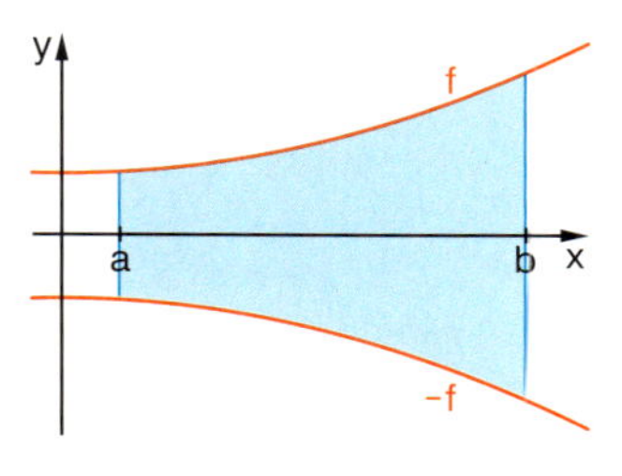

19 *Eine bekannte Formel*

Welche bekannte Formel verbirgt sich hinter $\int_0^a b$ mit $b > 0$?

Veranschaulichen Sie Ihre Antwort auch mithilfe einer Skizze.

20 *Ein erster Näherungswert für Integrale*

a) Erläutern und begründen Sie die unter dem Bild stehende Abschätzung.

b) Bestimmen Sie mit der Abschätzung für folgende Integrale einen Näherungswert. Skizzieren Sie zunächst die Funktion im Intervall. Bestimmen Sie auch, wo möglich, den genauen Wert mithilfe des Hauptsatzes.

(1) $\int_2^4 ((x-3)^3 + 2)$ (2) $\int_{1,5}^{4,5} (x^3 - 9x^2 + 24x - 15)$ (3) $\int_1^2 2^x$

$m \cdot (b-a) \le \int_a^b f \le M \cdot (b-a)$

$f(x) \ge 0$ für alle $x \in [a; b]$

In einem Fall kennen Sie keine Stammfunktion. In einem anderen Fall erhält man sogar den genauen Wert. Finden Sie eine Begründung?

Unterschiedliche Integrationsvariablen

Übungsaufgabe aus einem Lehrbuch:

> Wenden Sie den Hauptsatz der Differenzial- und Integralrechnung an.
>
> a) $\int_1^2 4x^3 dx$ b) $\int_{-1}^{1} (5x^2 - 1)\,dx$
>
> c) $\int_0^5 (10t + 3)\,dt$ d) $\int_0^{\frac{\pi}{2}} \sin(u)\,du$

Integralbestimmung mit einem CAS:

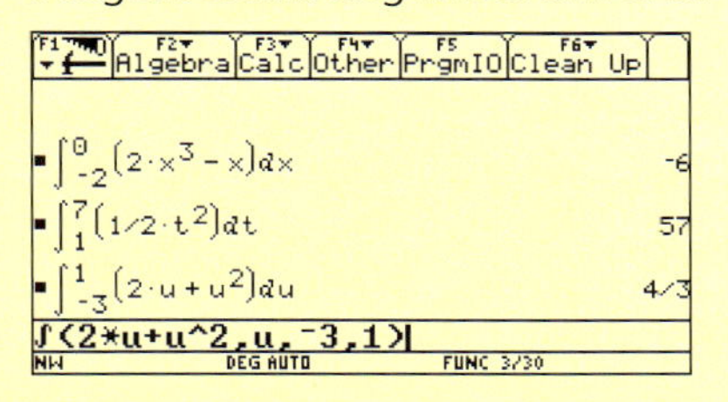

Die Variable, nach der integriert wird, kann unterschiedlich heißen. Deswegen muss ihr Name beim Arbeiten mit einem CAS angegeben werden. Mit dem angehängten „dx", „dt" oder „du" wird sie im Integralausdruck gekennzeichnet.

Weiteres über das „dx" erfahren Sie auf Seite 212. Wir werden im Folgenden diese Schreibweise überwiegend benutzen.

21 *Unterschiedliche Integrationsvariablen*

a) Bestimmen Sie die obigen Integrale aus dem Lehrbuch und vollziehen Sie die Ergebnisse des CAS nach. Kennzeichnen Sie jeweils die zugehörigen orientierten Flächeninhalte.

b) Bestimmen Sie die folgenden Integrale.

(1) $\int_0^1 (tx^2 + 2)\,dx$ (2) $\int_0^1 (tx^2 + 2)\,dt$ (3) $\int_{-1}^{1} (ax - a)\,dx$ (4) $\int_{-1}^{1} (ax - a)\,da$

c) Rechts sehen Sie einige Berechnungen mit dem CAS. Leiten Sie die Lösungen ohne GTR her.
Wie kommt es zu der Fehlermeldung?

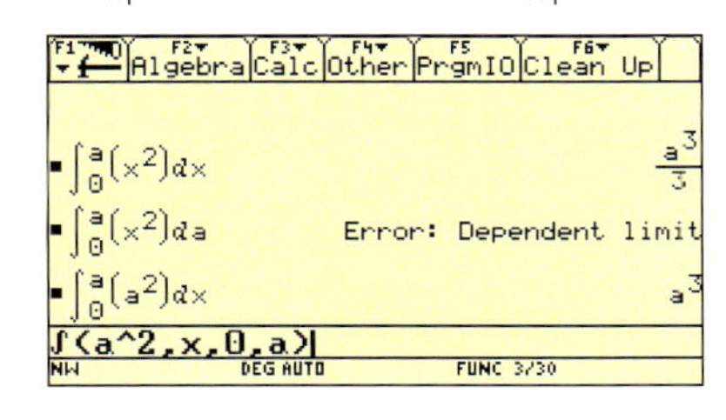

Bekannte Anwendungen mit den neuen Kenntnissen bearbeiten

Übungen

Bearbeiten Sie die nächsten drei Aufgaben mithilfe des Hauptsatzes und entsprechender Stammfunktionen.

22 Die Zuflussgeschwindigkeit von Wasser in ein Becken wird durch die Funktion $v(t) = 5t - t^2$ in der Zeit von $t = 0$ bis $t = 5$ modelliert.
Dabei wird v in m^3/h angegeben und t in Stunden.
a) Beschreiben Sie, wie sich die Zuflussgeschwindigkeit mit der Zeit ändert.
b) Wie lautet die Funktionsgleichung, mit der man die Wassermenge darstellen kann, die in der Zeitspanne von 0 bis t zugeflossen ist?
c) Berechnen Sie, welche Wassermenge in den ersten 4 Stunden zugeflossen ist.

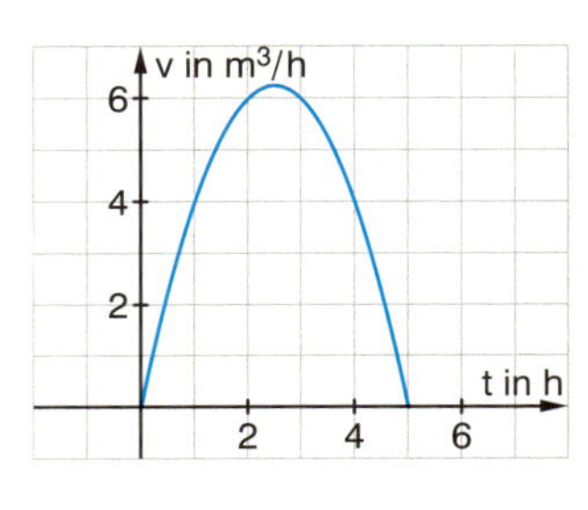

23 *Gewinnentwicklung*
Die Gewinnentwicklung in € pro Woche beim Verkauf eines neuen Produktes wird in den ersten 12 Monaten mit der Funktion $f(x) = -20x^3 + 240x^2 - 1200$ beschrieben (siehe Diagramm).
Die Zahlen auf der Zeitachse geben jeweils das Ende des entsprechenden Monats an.
a) Beschreiben Sie den Verlauf der Gewinnentwicklung.
b) Ermitteln Sie den Gesamtgewinn in den ersten vier Monaten und vom Beginn des zweiten Monats bis zum Ende des zehnten Monats.

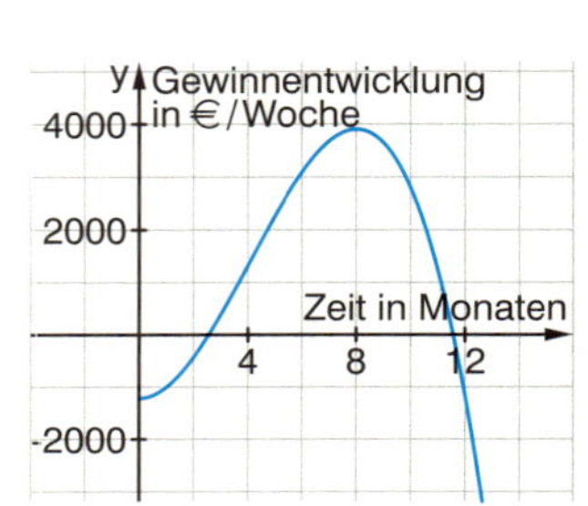

Hilfe und Kontrolle mit der CD 13

24 Die Funktionsterme für die Zuflussrate $f'(x)$ sind hier abschnittsweise notiert:
$f'_1(x) = 10$ im Intervall $[0; 4]$
$f'_2(x) = -5x + 30$ im Intervall $[4; 7]$
$f'_3(x) = -5$ im Intervall $[7; 10]$
Wie sehen die Terme der zugehörigen Bestandsfunktionen $f_1(x)$, $f_2(x)$ und $f_3(x)$ in den einzelnen Abschnitten aus? Zeigen Sie, dass diese an den Übergangsstellen der Intervalle jeweils die gleiche Steigung haben.

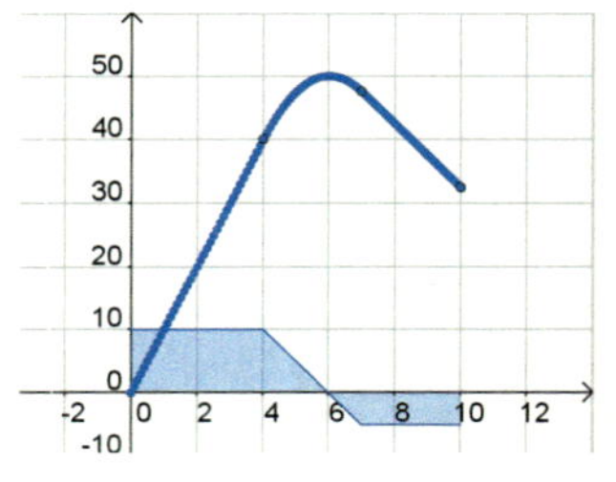

Aufgaben zum Begriffsverständnis

f(x) ist eine stetige Funktion.

25 Welche der folgenden Aussagen sind wahr? Stützen Sie Ihre Entscheidung jeweils anhand eines Beispiels und begründen Sie.
a) Wenn f(x) punktsymmetrisch zum Ursprung ist,
dann gilt: $\int_{-a}^{a} f = 0$ $(a > 0)$
b) Wenn f(x) achsensymmetrisch zur y-Achse ist,
dann gilt: $\int_{-a}^{a} f = 2 \cdot \int_{0}^{a} f$ $(a > 0)$

26 Es gilt $F'(x) = f(x)$. Veranschaulichen Sie jeden der angegebenen Werte möglichst in beiden Diagrammen. Vergleichen Sie Ihre Ergebnisse mit denen anderer.

(1) $f(a)$ (2) $\int_a^b f(x)\,dx$ (3) $F'(a)$ (4) $F(b) - F(a)$ (5) $\frac{F(b) - F(a)}{b - a}$

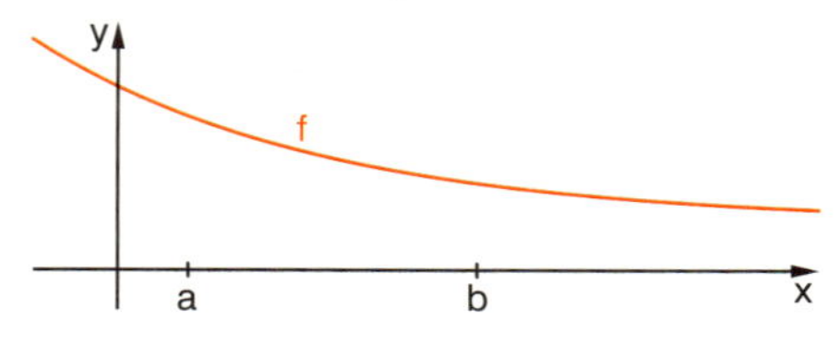

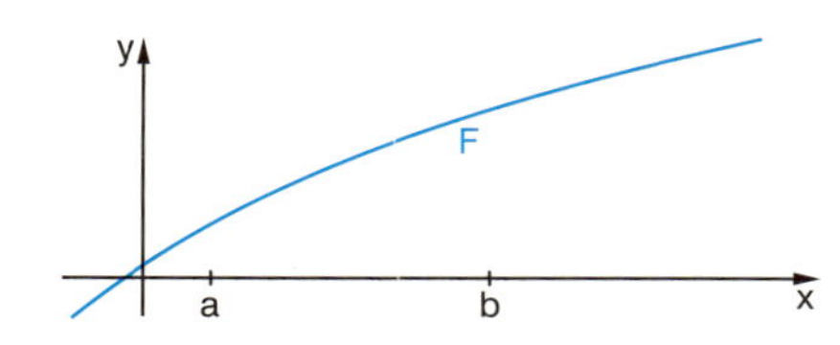

Das Integral als Grenzwert von Produktsummen

Bei der Definition des Integrals haben wir auf den anschaulichen Begriff des Flächeninhalts zurückgegriffen. Lässt sich das Integral – ähnlich wie dies beim Begriff der Ableitung der Fall war – durch eine analytische Definition präzisieren? Mit den folgenden Aufgaben wird ein Weg skizziert, wie dies mithilfe von Produktsummen gelingt.

Die Ableitung als Grenzwert von Quotienten
Bei der Einführung der Änderungsrate einer Funktion wurde diese als Steigung einer Sekante bzw. einer Tangente veranschaulicht. Der geometrisch anschauliche Prozess des Übergangs von der Sekanten- zur Tangentensteigung konnte mithilfe des algebraischen Terms des Differenzenquotienten präzisiert werden: Die Ableitung wurde als Grenzwert einer Folge von Differenzenquotienten definiert.

$$f'(a) = \lim_{h \to 0} \frac{f(a+h) - f(a)}{h}$$

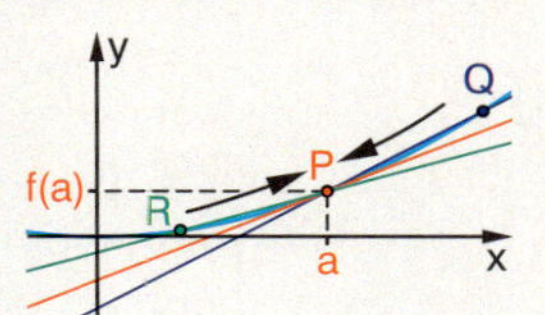

Übungen

27 *Obersummen und Untersummen*
Der Inhalt A der Fläche zwischen dem Graphen von $f(x)=x^2$ und der x-Achse im Intervall $[0;1]$ wird durch Rechtecksummen angenähert.

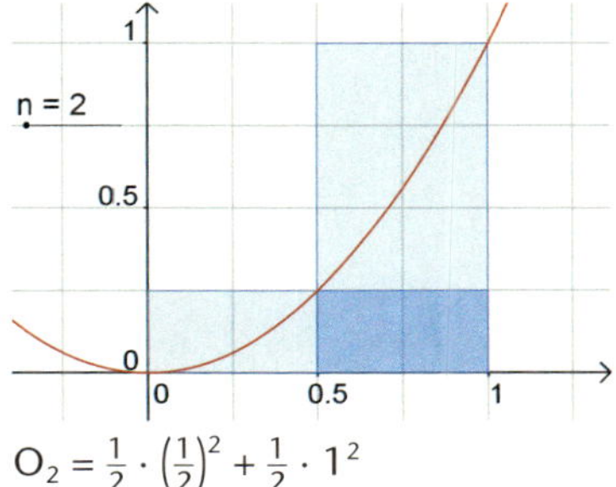

$O_2 = \frac{1}{2} \cdot \left(\frac{1}{2}\right)^2 + \frac{1}{2} \cdot 1^2$

$U_2 = \frac{1}{2} \cdot 0^2 + \frac{1}{2} \cdot \left(\frac{1}{2}\right)^2$

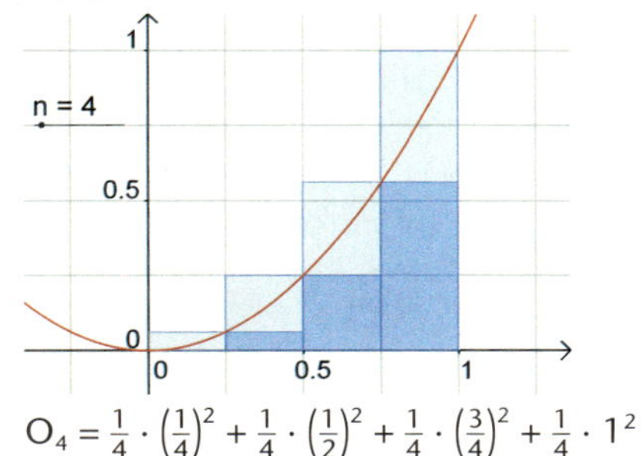

$O_4 = \frac{1}{4} \cdot \left(\frac{1}{4}\right)^2 + \frac{1}{4} \cdot \left(\frac{1}{2}\right)^2 + \frac{1}{4} \cdot \left(\frac{3}{4}\right)^2 + \frac{1}{4} \cdot 1^2$

$U_4 = \frac{1}{4} \cdot 0^2 + \frac{1}{4} \cdot \left(\frac{1}{4}\right)^2 + \frac{1}{4} \cdot \left(\frac{1}{2}\right)^2 + \frac{1}{4} \cdot \left(\frac{3}{4}\right)^2$

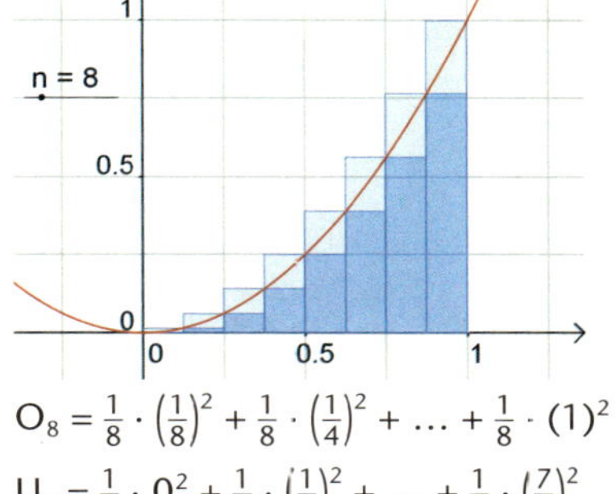

$O_8 = \frac{1}{8} \cdot \left(\frac{1}{8}\right)^2 + \frac{1}{8} \cdot \left(\frac{1}{4}\right)^2 + \ldots + \frac{1}{8} \cdot (1)^2$

$U_8 = \frac{1}{2} \cdot 0^2 + \frac{1}{8} \cdot \left(\frac{1}{8}\right)^2 + \ldots + \frac{1}{8} \cdot \left(\frac{7}{8}\right)^2$

a) Erläutern Sie die Bildfolge und die darunter stehenden Produktsummen für die Obersummen O_n und Untersummen U_n und berechnen Sie diese.
Begründen Sie, dass $U_n < A < O_n$ gilt.

b) Begründen Sie die beiden Formeln.

$O_n = \frac{1}{n} \cdot \left(\frac{1}{n}\right)^2 + \frac{1}{n} \cdot \left(\frac{2}{n}\right)^2 + \ldots + \frac{1}{n} \cdot \left(\frac{n}{n}\right)^2$

$U_n = \frac{1}{n} \cdot (0)^2 + \frac{1}{n} \cdot \left(\frac{1}{n}\right)^2 + \ldots + \frac{1}{n} \cdot \left(\frac{n-1}{n}\right)^2$

Geben Sie die Formeln in den CAS-Rechner ein und berechnen Sie damit O_{100} und U_{100}.

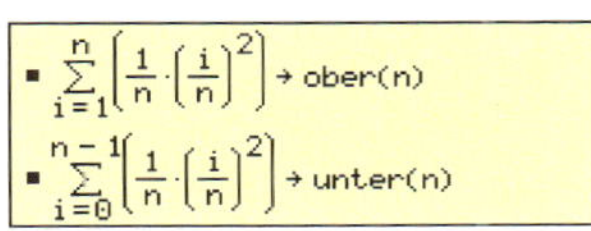

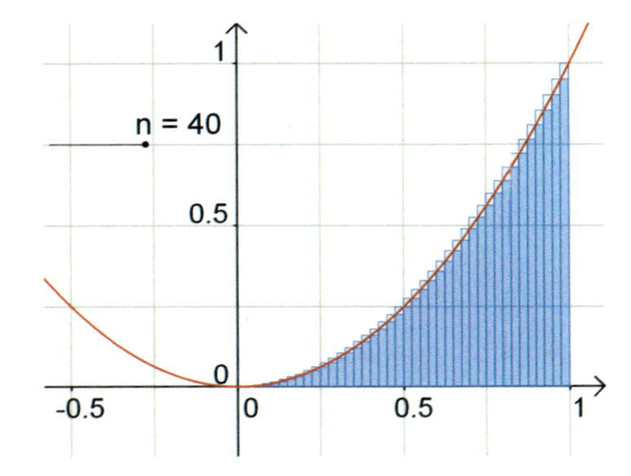

Welche Werte erwarten Sie für O_{1000} und U_{1000}?
Anschaulich ist klar, dass sowohl die Untersummen als auch die Obersummen beliebig nahe an den Flächeninhalt $A = \frac{1}{3}$ herankommen. Das CAS berechnet den Grenzwert ganz ohne Anschauung.

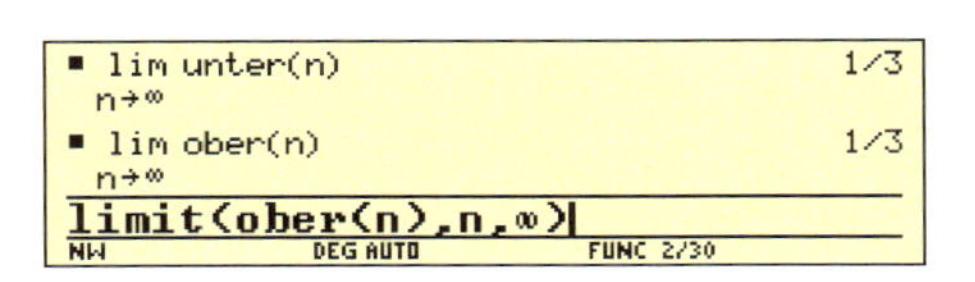

Mit dem Summenzeichen Σ erreicht man eine kurze Darstellung der aus vielen Summanden bestehenden Summe.

Informieren Sie sich über die genaue Syntax auf dem GTR oder CAS.

Übungen

Aus der Formelsammlung:
Für die Summe der ersten n Quadratzahlen gilt:
$1 + 4 + 9 + \ldots + n^2 = \frac{n(n+1)(2n+1)}{6}$

28 *Ein Beweis für den Grenzwert von O_n für $f(x) = x^2$*

In der Obersumme ist die Summe der ersten n Quadratzahlen versteckt.

$$O_n = \frac{1}{n} \cdot \left(\frac{1}{n}\right)^2 + \frac{1}{n} \cdot \left(\frac{2}{n}\right)^2 + \ldots + \frac{1}{n} \cdot \left(\frac{n}{n}\right)^2 = \frac{1}{n^3} \cdot (1^2 + 2^2 + \ldots + n^2)$$

$$= \frac{1}{n^3} \cdot \frac{n(n+1)(2n+1)}{6} = \frac{1}{6} \cdot 1 \cdot \left(1 + \frac{1}{n}\right) \cdot \left(2 + \frac{1}{n}\right).$$

Für $n \to \infty$ gilt $\frac{1}{n} \to 0$.

Damit bleibt in dem letzten Term nur noch $\frac{1}{6} \cdot 1 \cdot 1 \cdot 2 = \frac{1}{3}$. Also gilt $\lim\limits_{n \to \infty} O_n = \frac{1}{3}$.

Führen Sie die entsprechenden Termumformungen für die Untersumme $U_n = \frac{1}{n} \cdot (0)^2 + \frac{1}{n} \cdot \left(\frac{1}{n}\right)^2 + \ldots + \frac{1}{n} \cdot \left(\frac{n-1}{n}\right)^2$ durch und zeigen Sie, dass auch $\lim\limits_{n \to \infty} U_n = \frac{1}{3}$.

29 *Grenzwertprozesse veranschaulichen*

Das in Aufgabe 28 behandelte Beispiel lässt sich in mehreren Aspekten verallgemeinern. Anstelle der Funktion $f(x) = x^2$ nehmen wir eine beliebige stetige Funktion. Anstelle des Intervalls $[0; 1]$ nehmen wir ein beliebiges Intervall $[a; b]$.

Die gewählte Funktion darf auf dem gewählten Intervall steigend oder fallend sein und auch negative Funktionswerte annehmen.

Auf der CD sind verschiedene Arten von Produktsummen programmiert. Veranschaulichen Sie damit die ersten Schritte bis zum Grenzwert für verschiedene Funktionen und Grenzen. Bei feinen Unterteilungen erhalten Sie damit gute Näherungen für die jeweiligen Grenzwerte.

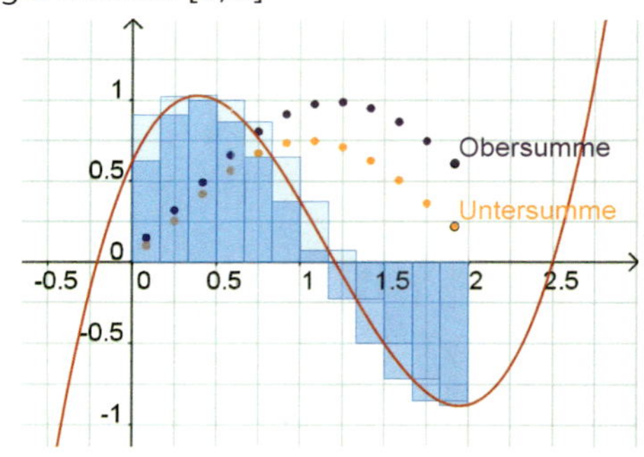

Funktion und Intervallgrenzen
f(x) = 0.5*x^2
[a;b] -2 2
Verfahren
Linksseitig
Rechtsseitig
Mitte
Trapez

Auf der CD werden statt Ober- und Untersummen rechtsseitige und linksseitige Summen gezeichnet.

Eine analytische Definition des bestimmten Integrals

Wir betrachten eine stetige Funktion f auf dem Intervall $[a; b]$. Das Intervall teilen wir in n Teilintervalle auf. Der Einfachheit halber sollen alle die gleiche Breite $\Delta x = \frac{b-a}{n}$ haben.

In jedem dieser Teilintervalle wählen wir eine Stelle x_i. Nun bilden wir die Produktsumme:

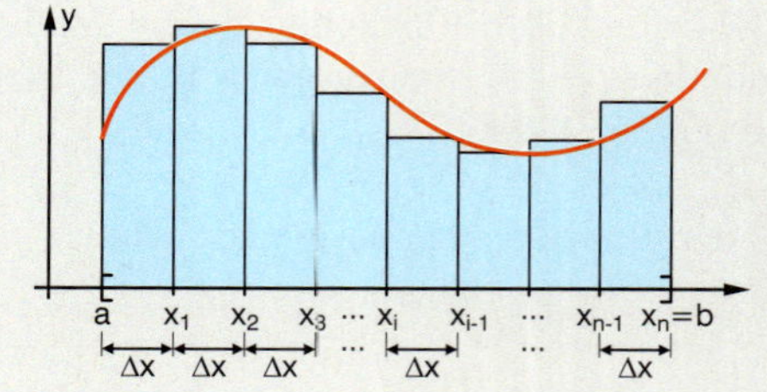

$$s_n = f(x_1) \cdot \Delta x + f(x_2) \cdot \Delta x + \ldots + f(x_n) \cdot \Delta x = \sum_{k=1}^{n} f(x_k) \cdot \Delta x$$

Der Grenzwert dieser Produktsumme liefert eine Definition des bestimmten Integrals:

$$\lim_{n \to \infty} \sum_{k=1}^{n} f(x_k) \cdot \Delta x = \int_a^b f(x)\,dx$$

Diese Definition des Integrals bildete sich in der Entwicklung der Analysis erst recht spät heraus. Sie ist – allerdings in einer noch allgemeineren Fassung – mit dem Mathematiker BERNHARD RIEMANN (1826 – 1866) verbunden.

Damit lässt sich auch eine plausible Erklärung für die Schreibweise $\int f(x)\,dx$ geben:

Das Integralzeichen kann man als langgezogenes S deuten, das sich aus dem Summenzeichen entwickelt hat. Das Zeichen dx steht für das beliebig kleine Δx. Die Produktsumme kann als Summe der (orientierten) Flächeninhalte $f(x) \cdot dx$ kleiner Rechteckstreifen interpretiert werden. In den Anwendungen spielt diese Interpretation eine große Rolle.

BERNHARD RIEMANN
(1826 – 1866)

30 *Produktsummen bei der Volumenberechnung von Rotationskörpern*

Die Fläche unter der Funktion $f(x) = \sqrt{x}$ im Intervall $[0 ; 4]$ rotiert um die x-Achse. Damit entsteht ein Rotationskörper, in diesem Falle ein Paraboloid.

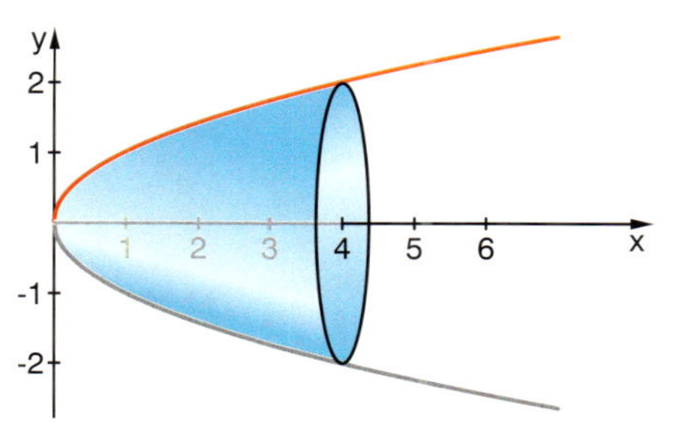

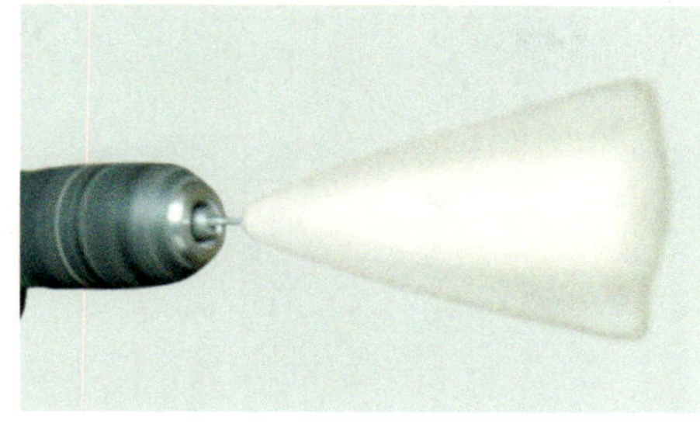

Wie kann man das Volumen eines solchen Paraboloids bestimmen?

Hier greifen wir auf ein Näherungsverfahren zurück, das schon bei der Volumenberechnung von Pyramide und Kegel zum Erfolg führte. Wir zerlegen die rotierende Fläche in schmale Rechteckstreifen. Bei der Rotation entstehen daraus Zylinderscheiben, deren Volumen jeweils berechnet werden kann: $V = \pi \cdot r^2 \cdot h$.
In unserem Fall ist der Radius der k-ten Zylinderscheibe gerade der Funktionswert $f(x_k)$, die Höhe entspricht der Scheibendicke Δx.

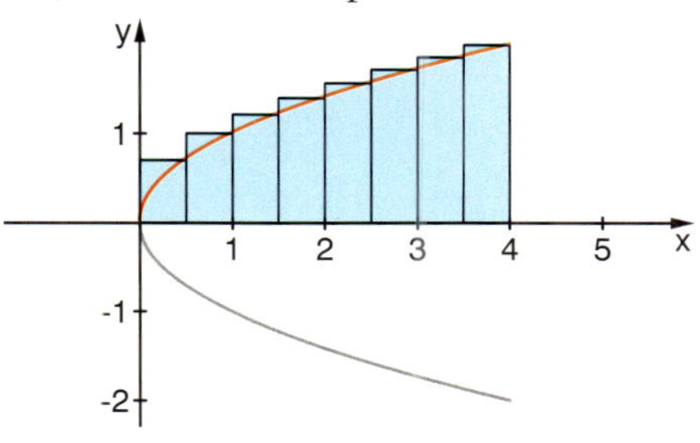

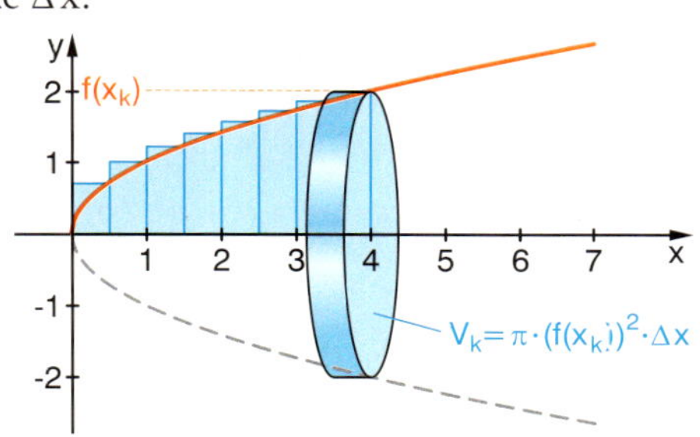

Die Produktsumme

$$V_n = \pi \cdot (f(x_1))^2 \cdot \Delta x + \pi \cdot (f(x_2))^2 \cdot \Delta x + \ldots + \pi \cdot (f(x_n))^2 \cdot \Delta x = \pi \cdot \sum_{k=1}^{n} (f(x_k))^2 \cdot \Delta x$$

liefert mit wachsendem n einen immer besseren Näherungswert für das Rotationsvolumen.

a) Berechnen Sie Näherungswerte für das Volumen des Rotationsparaboloids im Intervall $[0;4]$ für die Zerlegung in vier (acht) Scheiben.

b) Mit dem CAS können Sie weitere Näherungswerte für feinere Zerlegungen und schließlich auch den Grenzwert der Produktsummen für $n \to \infty$ berechnen.

▪ $\pi \cdot \sum_{k=1}^{n}\left(\frac{4}{n}\cdot\left(y1\left(\frac{4\cdot k}{n}\right)\right)^2\right) \to vol(n)$	Done
▪ vol(64)	$\frac{65\cdot\pi}{8}$
▪ $\lim_{n\to\infty} vol(n)$	$8\cdot\pi$
limit(vol(n),n,∞)	

Aus den vorhergehenden Überlegungen weiß man aber auch, dass dieser Grenzwert das bestimmte Integral für die Funktion $g(x) = (f(x))^2$ ist.

Es gilt: $V = \pi \cdot \lim\limits_{n \to \infty} \sum_{k=1}^{n} (f(x_k))^2 \cdot \Delta x = \pi \int_a^b (f(x))^2 \, dx$

Berechnen Sie das Volumen für das oben beschriebene Rotationsparaboloid mithilfe des bestimmten Integrals.

c) Wenn die Fläche unter der Funktion $f(x) = x$ im Intervall $[0 ; 2]$ um die x-Achse rotiert, so entsteht ein Kegel als Rotationskörper. Berechnen Sie das Volumen dieses Kegels mithilfe des passenden bestimmten Integrals. Vergleichen Sie mit der Berechnung über die bekannte Formel $V_{Kegel} = \frac{1}{3}\pi \cdot r^2 \cdot h$.

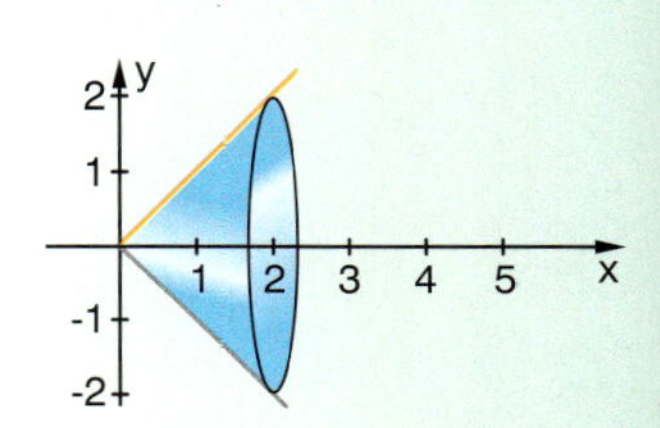

5.3 Anwendungen der Integralrechnung

Was Sie erwartet

Die Integralrechnung findet in unterschiedlichen Gebieten ihre Anwendung.

A Mithilfe von Integralen kann man geometrische Größen auch dort berechnen, wo keine elementaren Formeln zur Verfügung stehen.

Flächeninhalte krummlinig begrenzter Flächen

Volumina von Rotationskörpern

Längen von Kurven

B Mithilfe der Integralfunktion können wir von der Änderungsrate auf den „Bestand" schließen, auch wenn die Änderungsrate nicht konstant ist.

Aus der Zuflussrate bei einem Stausee wird auf die vorhandene Wassermenge geschlossen.

Aus der Geschwindigkeit lässt sich der zurückgelegte Weg berechnen.

Von den Bohrkosten pro Meter kann man auf die Gesamtkosten einer Tiefenbohrung schließen.

C Mit dem Integral lässt sich der Mittelwert bei einer sich kontinuierlich verändernden Größe berechnen, z. B. die mittlere Tagestemperatur aus einer aufgezeichneten Temperaturkurve.

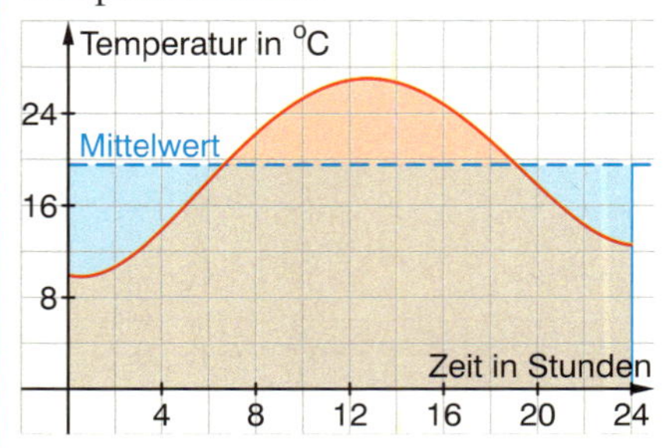

D Die Integralrechnung findet auch Anwendung in den Sozial- und Wirtschaftswissenschaften. So lässt sich z. B. ein Koeffizient definieren, der ein Maß für das Ungleichgewicht in der Einkommensverteilung in einer Bevölkerung ist.

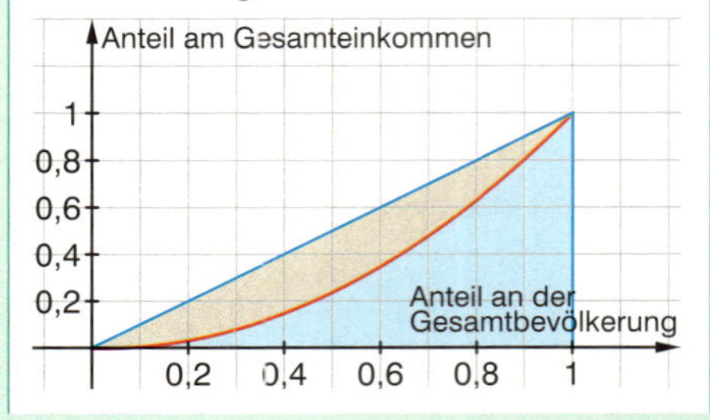

Einen Teil dieser Anwendungen haben Sie bereits bei der Einführung in den beiden vorangegangenen Lernabschnitten kennengelernt. In diesem Abschnitt werden diese erweitert. Dabei werden die zuvor erarbeiteten theoretischen Zusammenhänge – insbesondere der Hauptsatz der Differenzial- und Integralrechnung – von Nutzen sein. Allerdings lassen sich nicht für alle funktionalen Zusammenhänge passende Terme für Stammfunktionen finden. Dann greifen wir auf numerische Näherungen mithilfe der Rechner und der vorhandenen Software zurück.

Berechnung von Flächeninhalten

Aufgaben

1 *Fläche zwischen dem Graphen der Funktion $f(x) = -x^2 + 2x + 3$ und der x-Achse auf verschiedenen Intervallen [a; b]*

Berechnen Sie jeweils den Flächeninhalt der gefärbten Fläche.

(1)

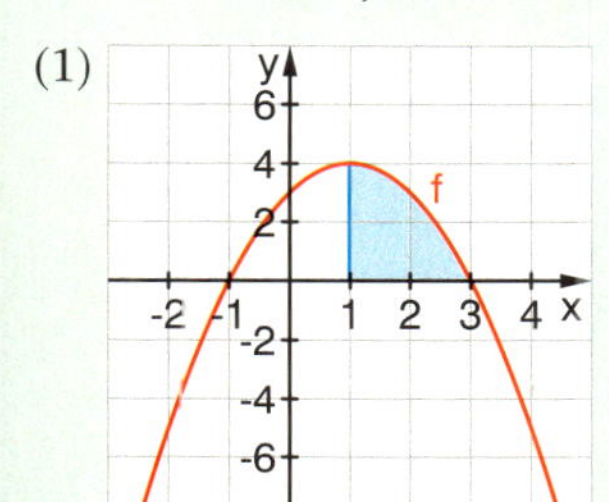

(2)

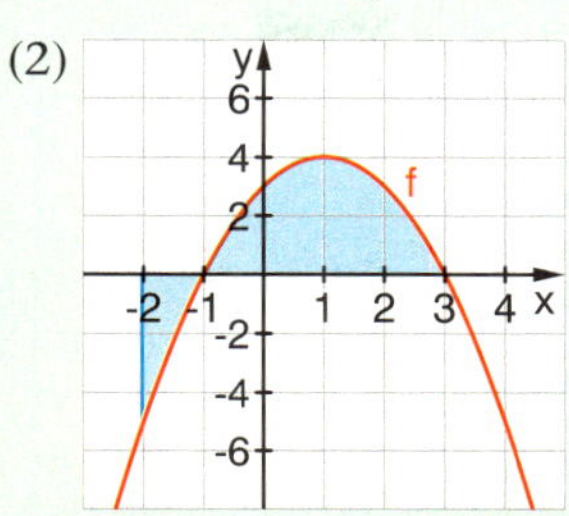

(3)

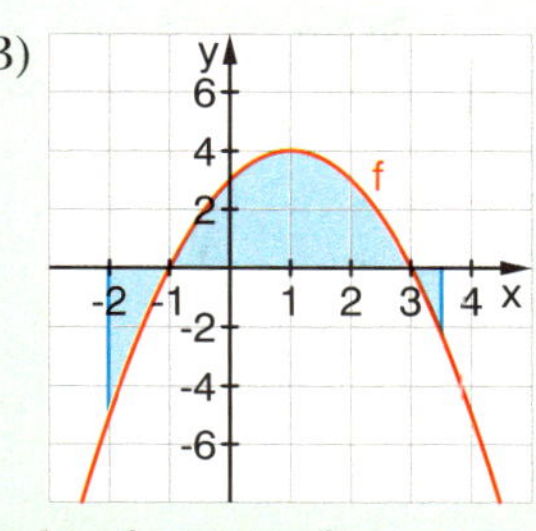

Dokumentieren Sie Ihre Lösungswege. Welche Probleme sind aufgetreten? Versuchen Sie das Verfahren zur Berechnung des Inhalts der Fläche, die ein Graph auf dem Intervall [a; b] mit der x-Achse einschließt, als Folge von einzelnen Berechnungsschritten darzustellen.

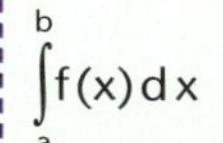

$\int_a^b f(x)\,dx$ liefert den orientierten Flächeninhalt. Wie unterscheidet sich dieser jeweils von dem gesuchten Flächeninhalt?

2 *Fläche zwischen zwei Graphen*

Anhand der folgenden Aufgabensequenz können Sie durch schrittweises Vorgehen eine Strategie zur Berechnung der Fläche zwischen den Graphen zweier Funktionen im Intervall [a; b] entwickeln.

(I) *Einfacher Spezialfall*

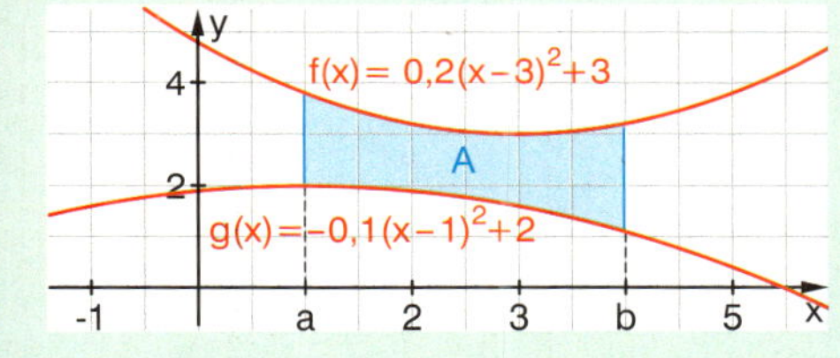

Es gilt $f(x) \geq g(x) \geq 0$ in [a; b].
Begründen Sie, dass für den Inhalt A der gefärbten Fläche gilt:

$$A = \int_a^b (f(x) - g(x))\,dx$$

Die angegebenen Funktionsgleichungen sind zur Entwicklung der Strategie nicht notwendig, können aber für die Probe nützlich sein.

(II) *1. Verallgemeinerung*

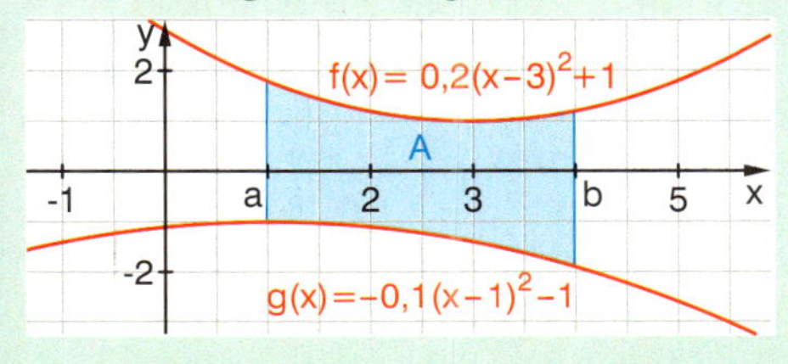

(III) *2. Verallgemeinerung*

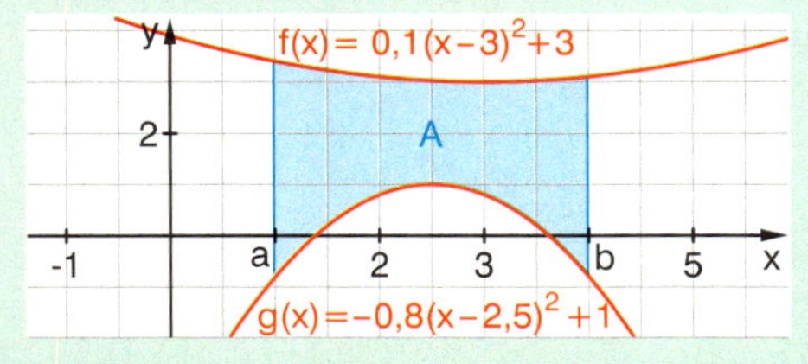

a) Was hat sich von (I) zu (II) und von (II) zu (III) jeweils verändert? Inwiefern kann man von Verallgemeinerungen sprechen? Begründen Sie, dass auch in (II) und (III) für den Inhalt der gefärbten Fläche $A = \int_a^b (f(x) - g(x))\,dx$ gilt.

(IV) *3. Verallgemeinerung*

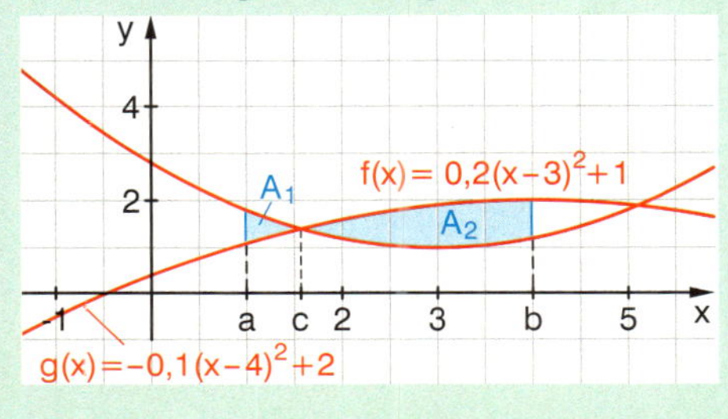

b) Was hat sich in (IV) im Vergleich zu (III) verändert? Wieso kann man den Flächeninhalt A der schraffierten Fläche nicht mit $\int_a^b (f(x) - g(x))\,dx$ berechnen?

Beschreiben Sie eine Strategie, mit der man den gesuchten Flächeninhalt A richtig berechnen kann.

Basiswissen

Das Integral $\int_a^b f(x)\,dx$ gibt den orientierten Inhalt der Fläche zwischen dem Graphen der Funktion f und der x-Achse auf dem Intervall [a; b] an. Damit lassen sich die Inhalte der von Graphen begrenzten Flächen berechnen.

Flächenberechnung mit dem Integral

Inhalt A der Fläche zwischen dem Graphen einer Funktion und der x-Achse

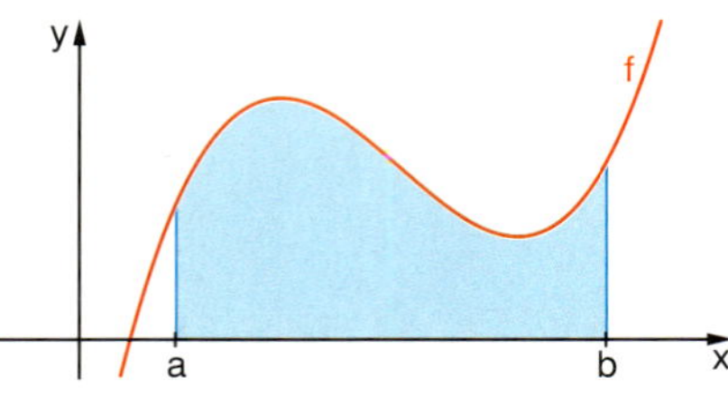

Der Graph der Funktion f liegt auf dem gesamten Intervall [a; b] oberhalb der x-Achse ($f(x) \geq 0$) oder unterhalb der x-Achse ($f(x) \leq 0$). Dann gilt:

$$A = \left|\int_a^b f(x)\,dx\right|$$

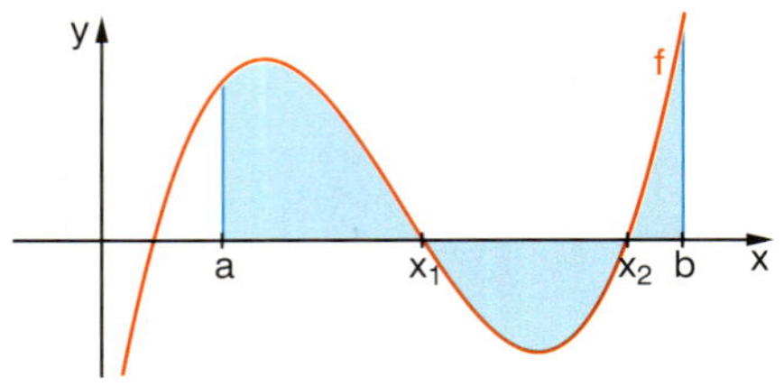

Der Graph der Funktion f hat auf dem Intervall [a; b] Nullstellen (z. B. x_1 und x_2), d. h. er liegt teilweise oberhalb und teilweise unterhalb der x-Achse. Dann gilt:

$$A = \left|\int_a^{x_1} f(x)\,dx\right| + \left|\int_{x_1}^{x_2} f(x)\,dx\right| + \left|\int_{x_2}^{b} f(x)\,dx\right|$$

Von Nullstelle zu Nullstelle integrieren, Beträge addieren

Faustregel:

Von Schnittstelle zu Schnittstelle integrieren, Beträge addieren

Inhalt A der Fläche zwischen den Graphen zweier Funktionen f(x) und g(x)

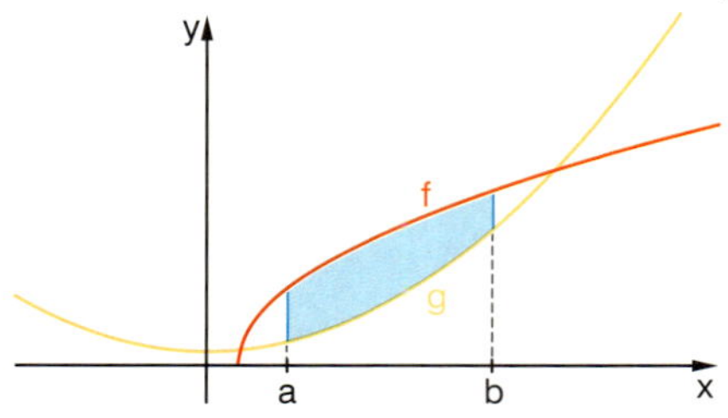

Liegt auf dem gesamten Intervall [a; b] der Graph von f oberhalb des Graphen von g ($f(x) \geq g(x)$) oder unterhalb des Graphen von g ($f(x) \leq g(x)$), dann gilt:

$$A = \left|\int_a^b (f(x) - g(x))\,dx\right|$$

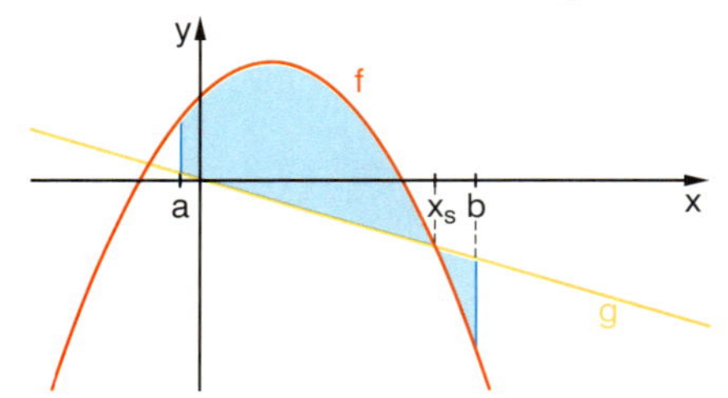

Schneiden sich die Graphen der beiden Funktionen f und g im Intervall [a; b] (z. B. an der Stelle x_s), dann gilt:

$$A = \left|\int_a^{x_s} (f(x) - g(x))\,dx\right| + \left|\int_{x_s}^{b} (f(x) - g(x))\,dx\right|$$

Beispiele

A Berechnen Sie die Fläche zwischen dem Graphen von $f(x) = x^3 - 7x^2 + 6x + 25$ und der x-Achse auf dem Intervall [1; 5].

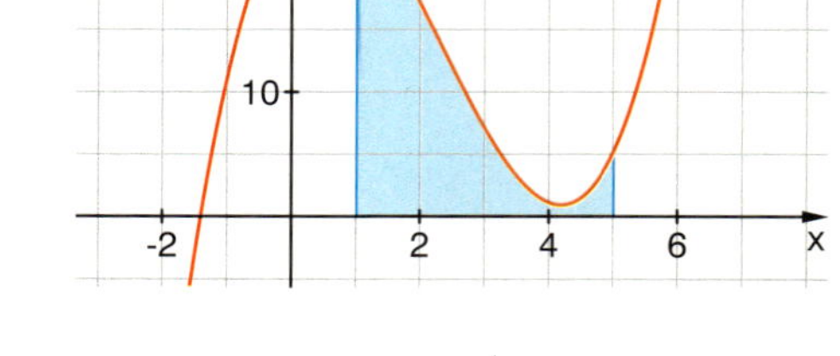

Lösung:

Der Graph der Funktion liegt in dem Intervall [1; 5] oberhalb der x-Achse. Der gesuchte Flächeninhalt ist:

$$A = \int_1^5 (x^3 - 7x^2 + 6x + 25)\,dx$$

Stammfunktion: $F(x) = \frac{1}{4}x^4 - \frac{7}{3}x^3 + 3x^2 + 25x$ $F(1) = 25\frac{11}{12}$ $F(5) = 64\frac{7}{12}$

Hauptsatz der Differenzial- und Integralrechnung, 2. Teil

Dann gilt: $A = |F(5) - F(1)| = \left|64\frac{7}{12} - 25\frac{11}{12}\right| = 38\frac{8}{12}$

Der gesuchte Flächeninhalt A beträgt $38\frac{2}{3}$ Flächeneinheiten.

Beispiele

B Welchen Inhalt hat die Fläche, die von den Graphen der Funktionen $f(x) = x^2 - 1$ und $g(x) = x + 1$ eingeschlossen wird?

Lösung:
Die Schnittstellen kann man aus der Grafik ablesen oder durch Gleichsetzen der Funktionsterme ermitteln:
$x^2 - 1 = x + 1 \Rightarrow x_1 = -1;\ x_2 = 2$
Der Graph von f liegt im Intervall [−1; 2] unterhalb des Graphen von g ($f(x) \le g(x)$).
Gesuchter Flächeninhalt:

$$A = \left|\int_{-1}^{2} (f(x) - g(x))\,dx\right| = \int_{-1}^{2} (g(x) - f(x))\,dx = \int_{-1}^{2} ((x + 1) - (x^2 - 1))\,dx = \int_{-1}^{2} (-x^2 + x + 2)\,dx$$

Stammfunktion: $F(x) = -\frac{1}{3}x^3 + \frac{1}{2}x^2 + 2x$ $\quad A = F(2) - F(-1) = \frac{10}{3} - (-\frac{7}{6}) = \frac{9}{2}$
Der gesuchte Flächeninhalt beträgt A = 4,5 Flächeneinheiten.

C Welchen Inhalt hat die Fläche, die von den Graphen der Funktionen $f(x) = x^3 - 2x^2 - 7x + 6$ und $g(x) = x + 6$ eingeschlossen wird?

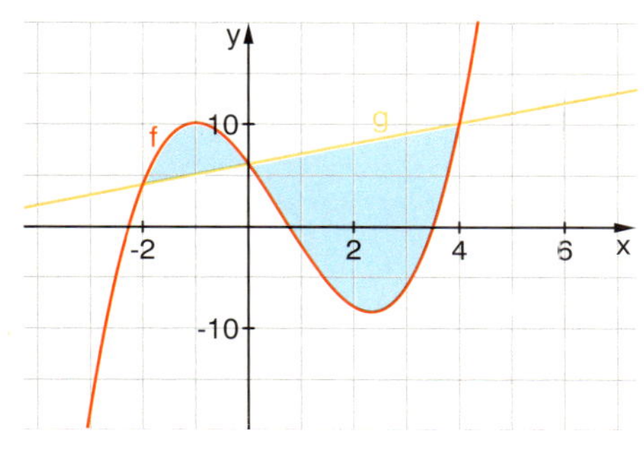

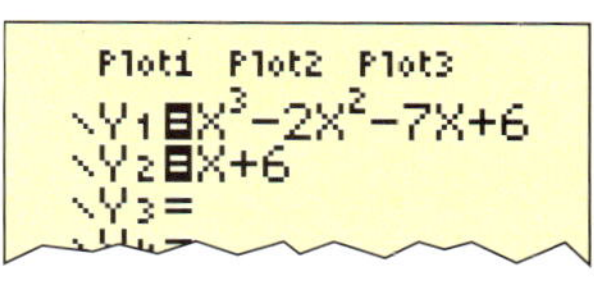

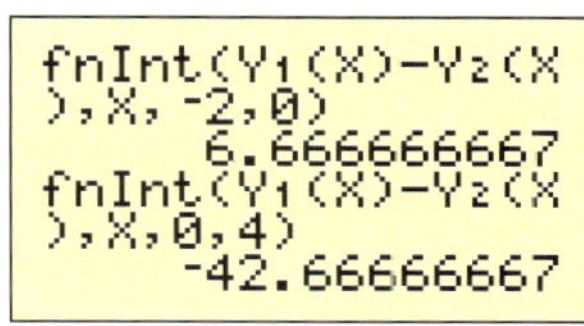

Lösung:
Ermitteln der Schnittstellen aus der Grafik oder aus der Gleichung $f(x) = g(x)$:
$x^3 - 2x^2 - 7x + 6 = x + 6$
$\Leftrightarrow x(x^2 - 2x - 8) = 0$
$\Rightarrow x_1 = 0;\ x_2 = 4;\ x_3 = -2$
Es müssen zwei Integrale ausgewertet und deren Beträge addiert werden:

$$I_1 = \int_{-2}^{0} (x^3 - 2x^2 - 8x)\,dx = \left[\tfrac{1}{4}x^4 - \tfrac{2}{3}x^3 - 4x^2\right]_{-2}^{0} = \frac{20}{3}$$

$$I_2 = \int_{0}^{4} (x^3 - 2x^2 - 8x)\,dx = \left[\tfrac{1}{4}x^4 - \tfrac{2}{3}x^3 - 4x^2\right]_{0}^{4} = -\frac{128}{3}$$

$$A = |I_1| + |I_2| = \frac{148}{3} = 49{,}\overline{3}$$

Übungen

3 *Schätzen und rechnen*
Schätzen Sie jeweils den Inhalt der gefärbten Fläche und rechnen Sie nach.

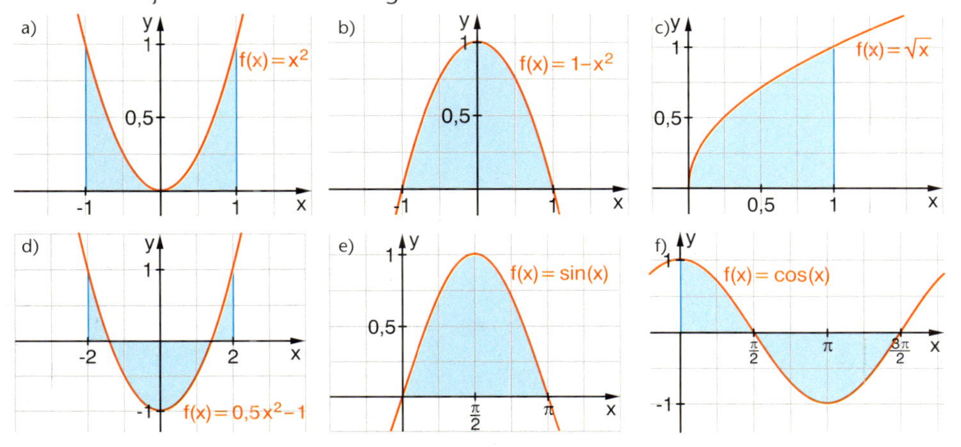

Übungen

4 *Skizzieren, schätzen und rechnen*
Schätzen und berechnen Sie jeweils den Inhalt der Fläche, die von dem Graphen von f und der x-Achse im Intervall [a; b] eingeschlossen wird.

a) $f(x) = x^2 + x - 2$; $a = -1$, $b = 3$
b) $f(x) = 4 - x^2$; $a = -4$, $b = 4$
c) $f(x) = \cos(x)$; $a = 0$, $b = 2\pi$
d) $f(x) = \frac{1}{x^2}$; $a = 1$, $b = 4$
e) $f(x) = -x^3 - x$; $a = -2$, $b = 2$
f) $f(x) = \sin(x)$; $a = -\pi$, $b = \pi$

5 *Integral und Flächeninhalt 1*
In den Bildern gibt $I_0(k) = \int_0^k (-3x^2 + 4)\,dx$ den Inhalt der blau gefärbten Fläche für verschiedene Werte von $k \neq 0$ an.
a) Vergleichen Sie die entsprechenden Werte des Integrals jeweils mit dem Inhalt der gefärbten Flächen.
b) Finden Sie ein $k \neq 0$, für das $I_0(k) = 0$ gilt. Zeichnen Sie dazu das entsprechende Bild und interpretieren Sie dieses bezüglich des Flächeninhalts.

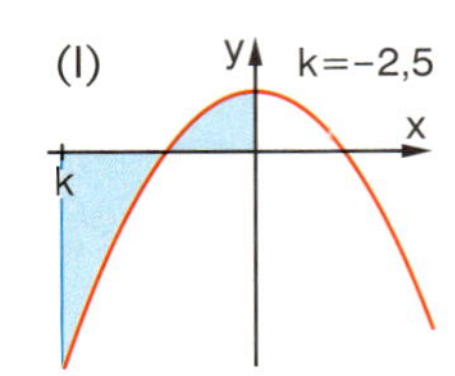

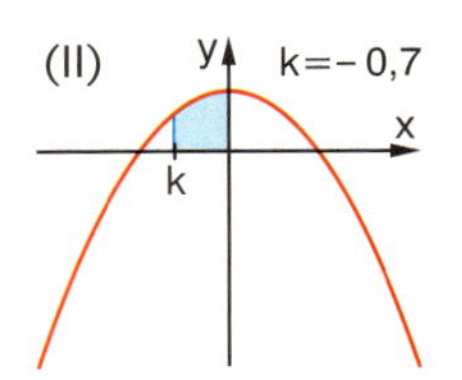

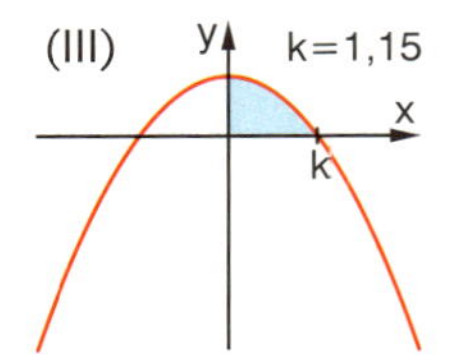

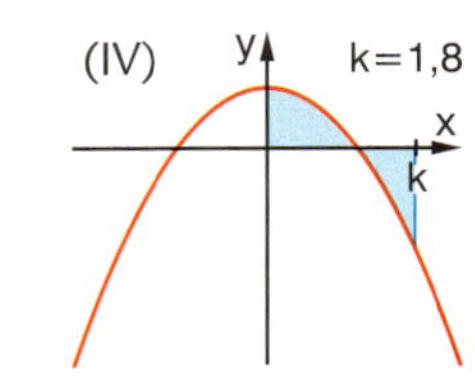

6 *Integral und Flächeninhalt 2*

In einigen Fällen gelingt der Vergleich ohne Rechnen.

Vergleichen Sie den Wert des Integrals $\int_a^b f(x)\,dx$ jeweils mit dem Flächeninhalt unter dem Graphen von f auf dem Intervall [a; b].

a) $f(x) = x^2 - 1$; $a = -2$, $b = 2$
b) $f(x) = x^3$; $a = -1$, $b = 2$
c) $f(x) = 0{,}2x^4 - x^2$; $a = -3$, $b = 0$
d) $f(x) = x^3 - x$; $a = -1$, $b = 1$
e) $f(x) = x^2 - 2x + 1$; $a = -2$, $b = 2$

7 *Integral und Flächeninhalt 3*
Die Funktion $f(x) = 0{,}5x^3 - 0{,}5x^2 - 3x$ hat drei Nullstellen a, b und c mit $a < b < c$.
Berechnen Sie $\int_a^c f(x)\,dx$ und den Inhalt der Fläche, die von dem Graphen von f und der x-Achse eingeschlossen wird. Vergleichen Sie die Ergebnisse und interpretieren Sie diese geometrisch.

8 *Integral und Flächeninhalt bei einer Parabelschar*
Gegeben ist die Parabelschar f_t mit $f_t(x) = tx^2 + 2$.
a) Skizzieren Sie einige Parabeln der Schar und geben Sie Nullstellen und Scheitelpunkt an.
b) Bestimmen Sie das Integral $I_0(3) = \int_0^3 f_t(x)\,dx$.
c) Für welche Werte von t gibt $I_0(3)$ den Inhalt der Fläche an, die der Graph von f_t mit der x-Achse im Intervall [0; 3] einschließt? Interpretieren Sie den Fall $I_0(3) = 0$. Interpretieren Sie den Fall $t = 0$.
Was bedeutet es geometrisch, wenn $I_0(3) < 0$ ist?

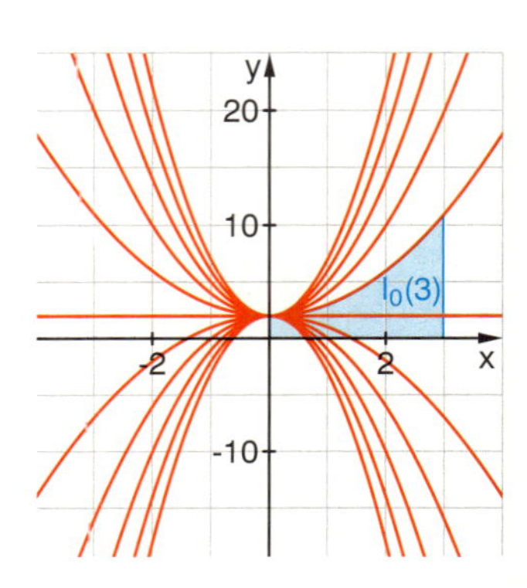

9 *Parabelschar*
a) Ermitteln Sie für die Funktionenschar $f_k(x) = x^2 - k$ die Funktion, deren Graph mit der x-Achse eine Fläche mit dem Inhalt $\frac{9}{2}$ Flächeneinheiten einschließt.
b) Bestimmen Sie $k > 0$ so, dass die drei Flächenstücke, die der Graph von f mit der x-Achse im Intervall [−2; 2] einschließt, gleich groß sind.

Übungen

10 *Flächen zwischen Graphen*

Berechnen Sie die von den Graphen eingeschlossenen gefärbten Flächen.

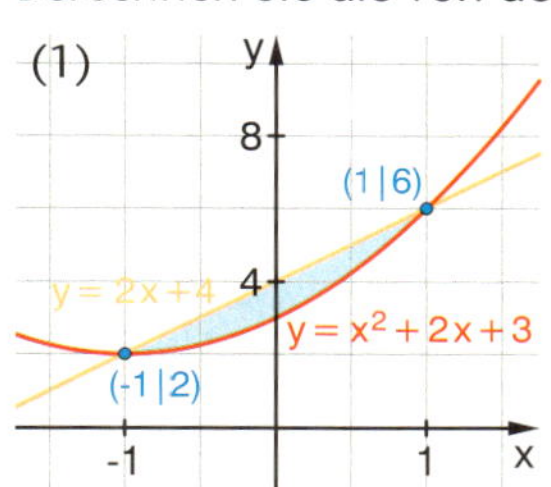

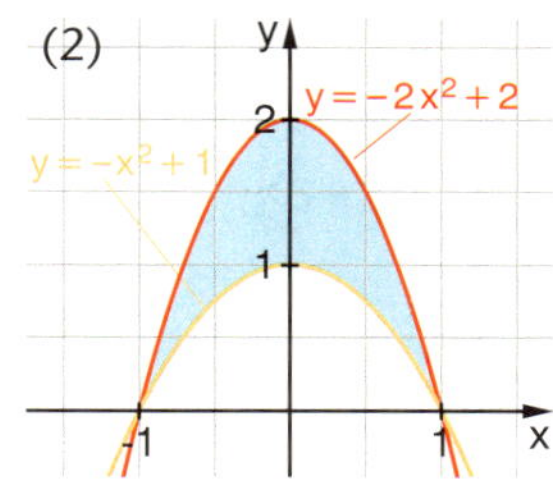

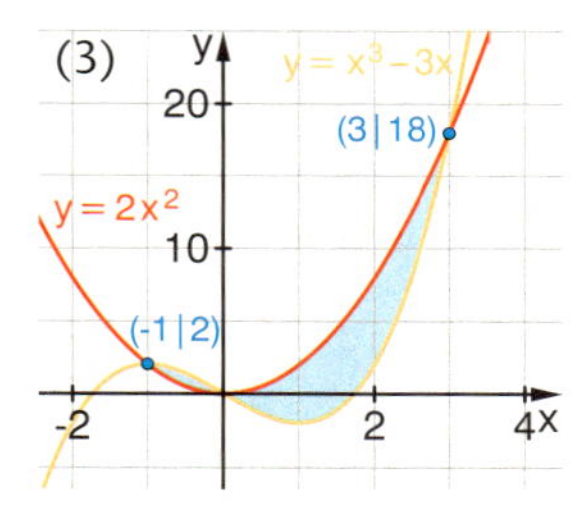

11 *Skizzieren und berechnen*

Die Graphen der Funktionen f und g schließen Flächen ein. Zeichnen Sie die Graphen und berechnen Sie die von ihnen eingeschlossenen Flächen.

a) $f(x) = 6 - 0{,}5x^2$; $g(x) = 2$

b) $f(x) = 0{,}75x^2 - 6$; $g(x) = 1{,}5x$

c) $f(x) = 0{,}5x^2 + x + 2$; $g(x) = 2x + 6$

d) $f(x) = x^3$; $g(x) = 2x - x^2$

e) $f(x) = x^2 - 1$; $g(x) = x + 1$

f) $f(x) = x^2(x - 3)$; $g(x) = x - 3$

g) $f(x) = 0{,}25x^4 - 2x^2 + 4$; $g(x) = k$ (k ist der y-Wert des Hochpunktes des Graphen von f)

12 *Flächenvergleich*

a) Suchen Sie in jedem der Fälle eine Funktion h, deren Graph mit der x-Achse eine Fläche einschließt, die denselben Inhalt hat wie die von den Graphen f und g eingeschlossene Fläche. Begründen Sie.

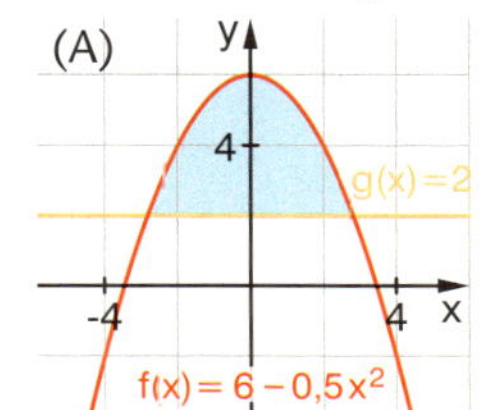

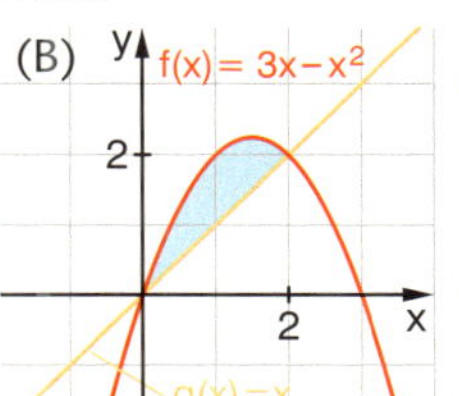

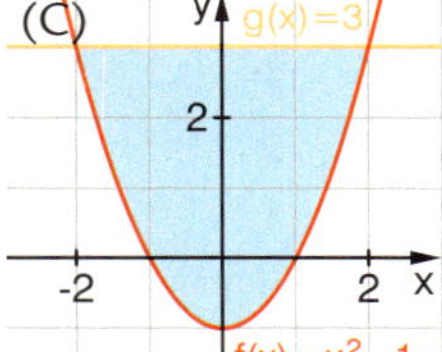

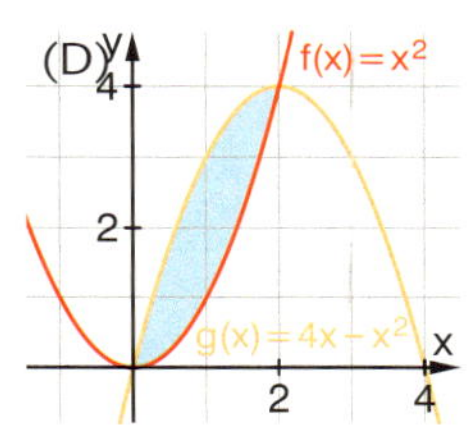

Eine Lösung:

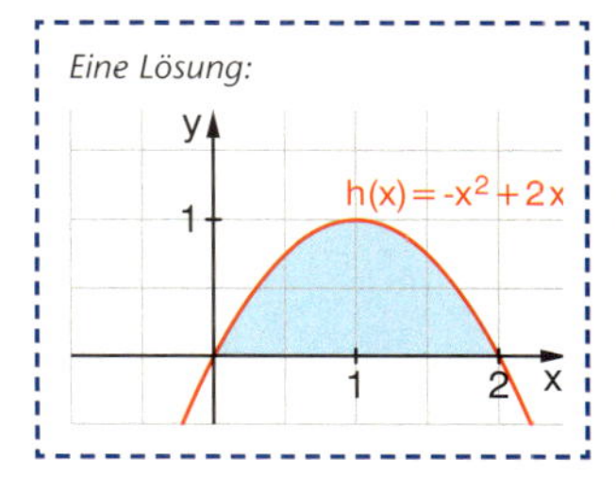

b) Erörtern Sie folgenden Satz:

> Die Bestimmung des Inhalts der Fläche zwischen zwei Funktionen kann immer auch als Bestimmung der Fläche zwischen einer Funktion und der x-Achse interpretiert werden.

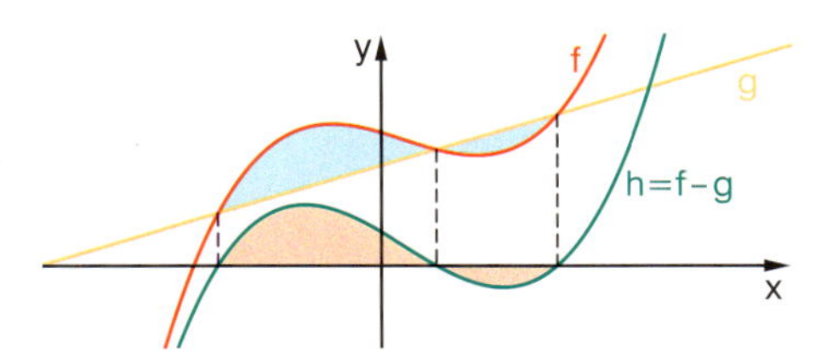

13 *Kurvendiskussion und Flächeninhalte*

Gegeben sei die Funktion $f(x) = \frac{1}{3}x^3 - 2x^2 + 3x$.

a) Ermitteln Sie den Inhalt der von der Kurve und der positiven x-Achse eingeschlossenen Fläche.

b) Bestimmen Sie den Inhalt der von der y-Achse, der Kurve und der Tangente im Kurvenpunkt $P(1\,|\,f(1))$ eingeschlossenen Fläche.

c) Zeigen Sie, dass die Kurve und die Gerade g durch den Ursprung und den Wendepunkt $W(x_w\,|\,f(x_w))$ eine Fläche mit dem Inhalt $\frac{4}{3}$ Flächeneinheiten einschließen. Wo taucht eine Fläche gleichen Inhalts noch einmal auf? Skizzieren und begründen Sie.

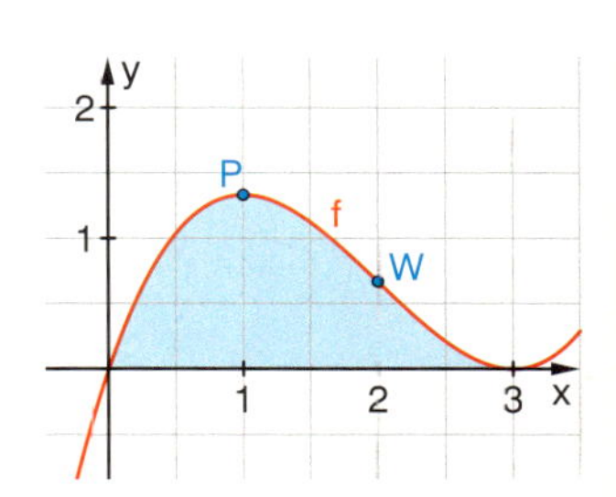

14 *Wandernder Streifen*

Der Funktionsgraph zu $f(x) = x^2 - \frac{1}{6}x^3$ und die x-Achse begrenzen im ersten Quadranten des Koordinatensystems ein Flächenstück. Ein zur y-Achse paralleler Streifen der Breite b = 3 soll so gelegt werden, dass er aus diesem Flächenstück einen möglichst großen Teil ausschneidet. Wie ist der Streifen zu legen?

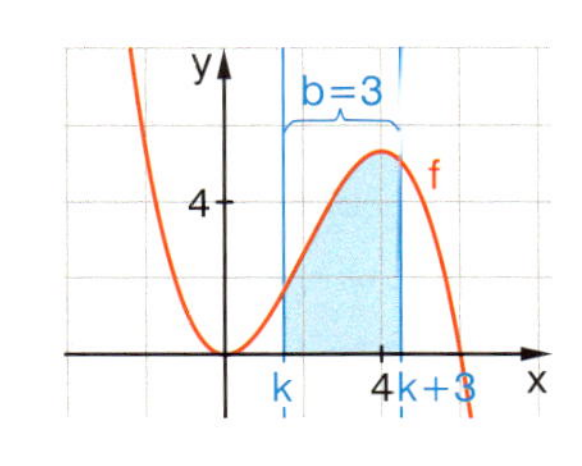

Übungen

15 *Kurven in enger Nachbarschaft*
Gegeben sind die Funktionen $f(x) = -4x^2 + 8x$ und $g(x) = -0{,}25x^4 + 2x$.
a) Skizzieren Sie die Graphen von f und g mit einem Funktionenplotter oder dem GTR und bestimmen Sie jeweils den Inhalt der Fläche, die der Graph von f bzw. der Graph von g mit der x-Achse einschließt.
b) Wie groß ist die Fläche, die f und g oberhalb der x-Achse einschließen?
c) Schließen die Graphen von f und g auch unterhalb der x-Achse noch Flächen ein? Zoomen Sie das Bild, bestimmen Sie eventuelle weitere Schnittstellen grafisch und bestimmen Sie den Inhalt der Flächen.

16 *Parabelhalbierung mithilfe passender Geraden*
Halbieren Sie die Fläche, die der Graph von f(x) mit der x-Achse einschließt. Versuchen Sie es mithilfe einer Skizze per Augenmaß und rechnen Sie nach.
a) $f(x) = 9 - x^2$ Halbieren durch eine Parallele zur x-Achse
b) $f(x) = 3x - 0{,}5x^2$ Halbieren durch eine Ursprungsgerade

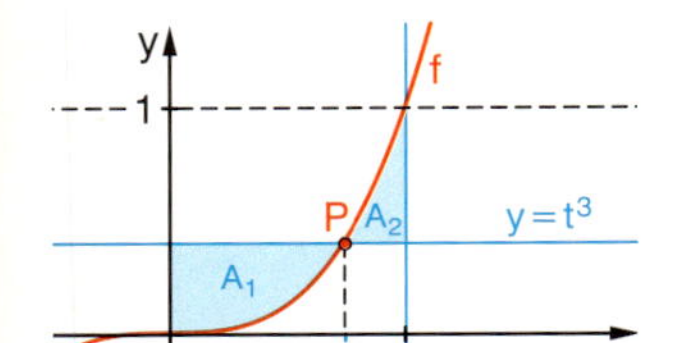

17 *Flächenstücke*
Es sei die Funktion f mit $f(x) = x^3$ gegeben. Eine Parallele zur x-Achse soll jeweils konstruiert werden, so dass gilt:
a) $A_1 = A_2$ b) $A_1 + A_2$ ist minimal

18 Die Graphen der Funktionen $f(x) = x^2$ und $g(x) = 6 - x^2$ schließen eine Fläche ein. In diese Fläche wird ein Rechteck so gelegt, dass die Rechteckseiten parallel zu den Achsen verlaufen. Welche Koordinaten müssen die Eckpunkte des Rechtecks haben, damit der Flächeninhalt des Rechtecks maximal wird? Vergleichen Sie den Inhalt des Rechtecks mit dem Inhalt der von den Graphen umschlossenen Fläche.

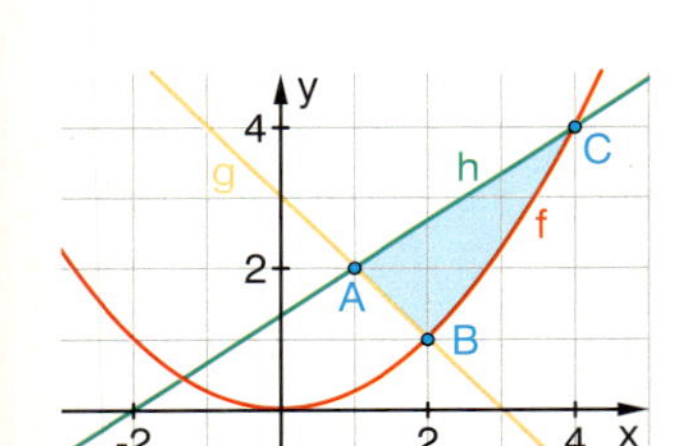

19 *Puzzeln*
Entwickeln und formulieren Sie eine Strategie zur Bestimmung des Inhalts der gefärbten Fläche. Finden Sie unterschiedliche Strategien?
Bestimmen Sie den Flächeninhalt. Machen Sie zunächst einen Überschlag.
$f(x) = \frac{1}{4}x^2$; $g(x) = 3 - x$; $h(x) = \frac{2}{3}x + \frac{4}{3}$

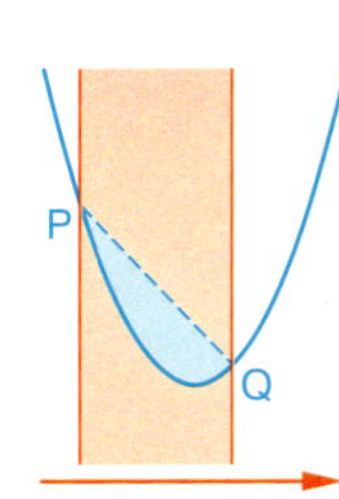

20 *Parabelsegmente*
a) Verschiebt man einen Streifen mit festgelegter Breite parallel zur Symmetrieachse einer Parabel, schneidet dieser Streifen die Parabel in zwei Punkten P und Q. Diese beiden Punkte legen ein Parabelsegment fest (Bild links). Beschreiben Sie die Form des Segments, wenn der Streifen von links nach rechts wandert. In welcher Position des Streifens vermuten Sie den maximalen Flächeninhalt?
b) Im Bild rechts sind zu $f(x) = x^2$ drei Segmente skizziert. Die zugehörigen Geraden haben die Gleichungen
$g_1(x) = 4$; $g_2(x) = 2x + 3$; $g_3(x) = 4x$.
Zeigen Sie, dass die Segmente zu den Streifen gleicher Breite gehören und ermitteln Sie jeweils den zugehörigen Flächeninhalt. Was fällt auf? Vergleichen Sie mit Ihrer ursprünglichen Vermutung.
Konstruieren Sie zwei weitere Segmente gleicher Breite nach eigener Wahl und prüfen Sie Ihre (neue) Vermutung.

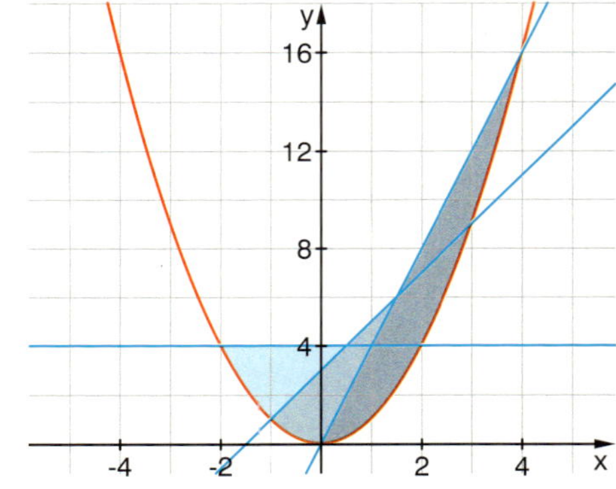

c) Gilt die in b) gefundene Eigenschaft für beliebige Parabeln $f_k(x) = kx^2$ und jede Breite des Segments? Wer gerne weiter forschen möchte, sollte ein CAS (oder entsprechende Software) zuhilfe nehmen.

Übungen

21 *Die Flächenformel von ARCHIMEDES für ein Parabelsegment*

ARCHIMEDES fand eine Formel für ein Parabelsegment: *Die Fläche unter dem Parabelbogen ist zwei Drittel der Fläche des Rechtecks aus der Höhe h und der Breite b der Basis der Parabel.*

a) Berechnen Sie mit dem Integral jeweils die Fläche, die die Parabel mit der x-Achse einschließt für $f(x) = 8 - 2x^2$ bzw. $g(x) = 6 - x - x^2$. Bestätigt dies die Formel?

b) Begründen Sie die Formel mithilfe der Integralrechnung allgemein für eine Parabel der Form $f(x) = h - ax^2$.

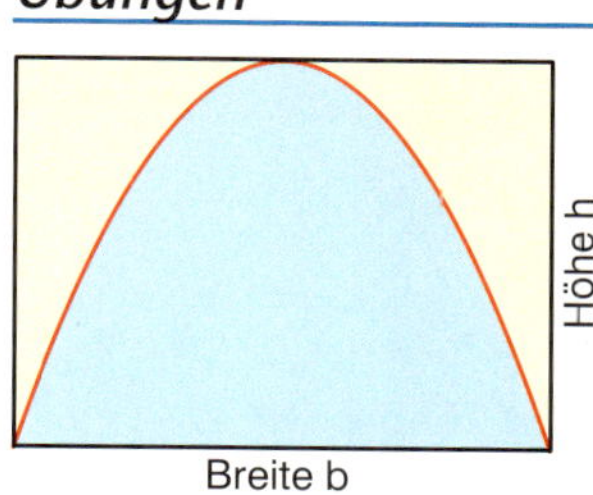

22 *Flächen bei Kreisen und Ellipsen mit Integralen bestimmen*

Mithilfe der Integralrechnung lassen sich auch die Flächeninhalte von Kreisen und Ellipsen bestimmen, vorausgesetzt, man kennt die passenden Funktionsgleichungen.

Aus der Formelsammlung:

Kreis: $A = \pi \cdot r^2$ **Ellipse:** $A = \pi \cdot ab$

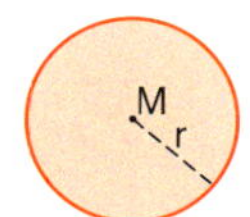

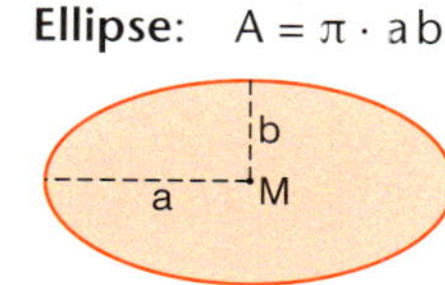

Es sind a und b die Halbachsen der Ellipse.

a) Bestätigen Sie an Beispielen, dass der Graph von $f(x) = \sqrt{r^2 - x^2}$ einen Halbkreis mit dem Radius r und dem Mittelpunkt M(0|0) und der Graph von $g(x) = b \cdot \sqrt{1 - \frac{x^2}{a^2}}$ eine Halbellipse mit dem Mittelpunkt M(0|0) und den Halbachsen a und b darstellen.

b) Bestimmen Sie die Flächeninhalte von Kreisen mit verschiedenen Radien (z. B. 1, 2 und 4) und von Ellipsen mit verschiedenen Halbachsen (z. B. a = 3, b = 2) mit dem Integral und vergleichen Sie mit den Werten aus der Formel.

c) Bestimmen Sie den Flächeninhalt des abgebildeten Kreisabschnitts.

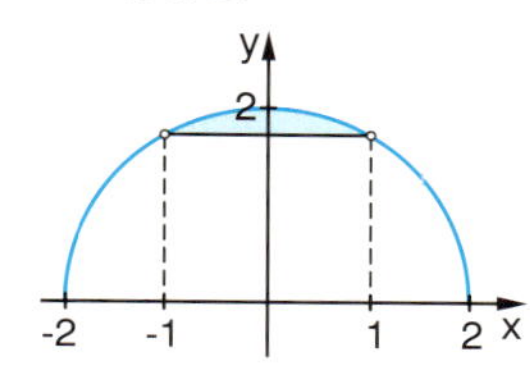

Einsatz von GTR, CAS oder CD zum Zeichnen der Graphen und Berechnen der Integrale

23 *Schmuckstücke im Parabeldesign*

Die von Parabeln begrenzten Flächen werden mit einer dünnen Schicht Weißgold belegt. Bei welchem Schmuckstück fallen die höchsten Materialkosten an?

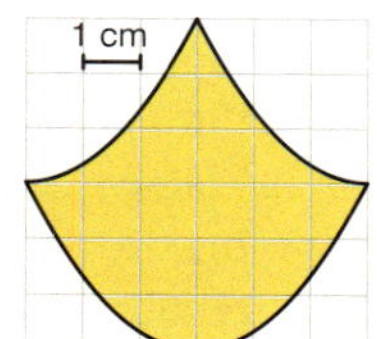

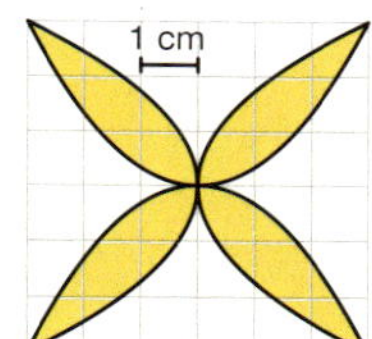

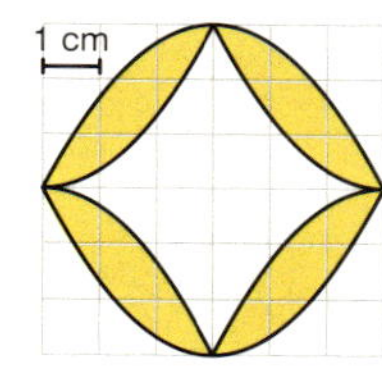

24 *Schmetterlingsflügel*

Das Bild im Diagramm zeigt einen seltenen Schmetterling aus der Familie der Bläulinge. Helena, die von Schmetterlingen begeistert ist, möchte den Flächeninhalt seines Hinterflügels anhand des Fotos möglichst genau bestimmen.

a) Beschreiben Sie die Methode, die Helena gewählt hat. Worauf muss sie beim Drehen des Bildes geachtet haben?

b) Helena wählt zur Modellierung die folgenden Punkte am Flügelrand: A(−4|0), B(−3|1,5), C(−1|3), D(2,4|3) und E(4|0) für die Funktion f, sowie A(−4|0), F(−3|−3), G(0|−6), H(2|−7) und E(4|0) für die Funktion g. Sie experimentiert und stellt fest, dass ganzrationale Funktionen 4. Grades den Flügelrand gut wiedergeben können. Bestimmen Sie f und g.

c) Ermitteln Sie den Flächeninhalt des Flügels. Vergleichen Sie mit anderen Objekten, die ungefähr den gleichen Flächeninhalt haben.

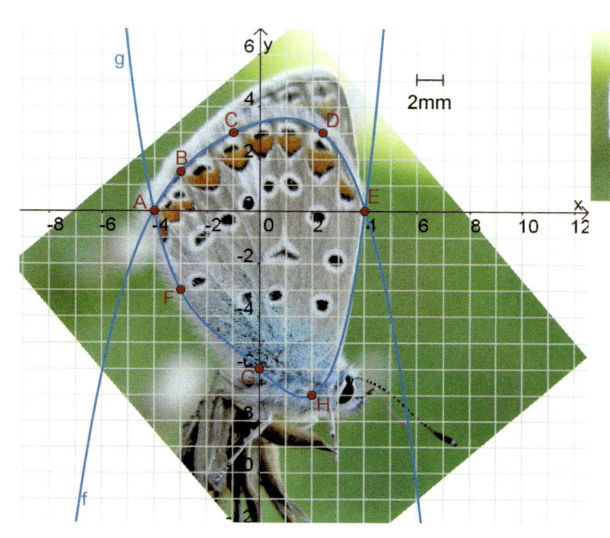

Übungen

Rekonstruktion aus Änderungen

25 *Eine Quelle versiegt*

Wegen mangelnder Regengüsse versiegt eine Quelle. Die Geschwindigkeiten, mit denen das Wasser an verschiedenen Tagen aus der Quelle sprudelt, lassen sich folgender Tabelle entnehmen:

Zeit in Tagen	0	2	4	6	8	10
Wasser sprudelt in l/min	400	385	335	305	260	240

a) Schätzen Sie die Wassermenge, die die Quelle am ersten Tag der Messung liefert. Ermitteln Sie eine Funktionsgleichung, die den obigen Sachverhalt möglichst gut abbildet und bestimmen Sie damit die Wassermenge, die die Quelle am 15. Tag liefert.
b) Berechnen Sie die gesamte Wassermenge, die von der Quelle in 10 Tagen geliefert wird. Wie viel Wasser wird die Quelle bis zum Versiegen noch liefern?

26 *Pflanzenbestand*

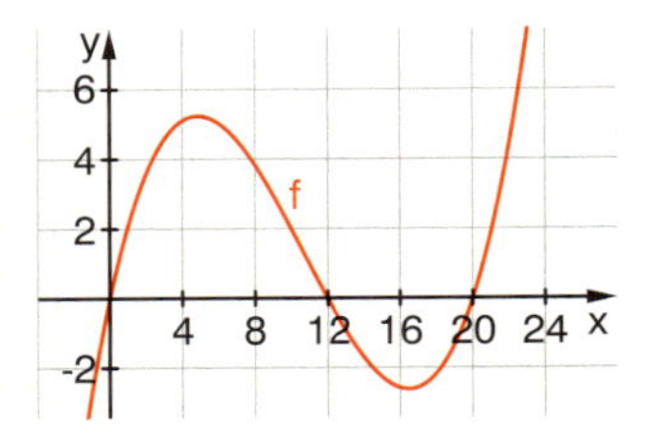

Die Zuwachsrate eines Pflanzenbestandes wird durch folgende Funktion in einem Zeitraum von 20 Jahren modelliert:
$f(x) = 0{,}01 \cdot x \cdot (x - 12) \cdot (x - 20)$
a) Bestimmen und begründen Sie anhand des Graphen, in welchen Zeiträumen der Bestand zunimmt bzw. abnimmt.

b) Wann ist der Bestand maximal?

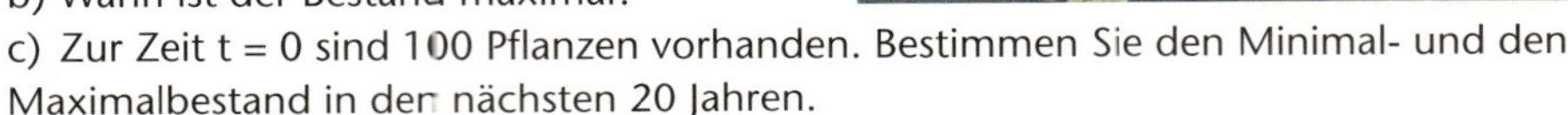

c) Zur Zeit t = 0 sind 100 Pflanzen vorhanden. Bestimmen Sie den Minimal- und den Maximalbestand in den nächsten 20 Jahren.

27 *Helikopter*

Die Funktionen modellieren die Steig- bzw. Sinkgeschwindigkeit von drei Helikoptern innerhalb eines einminütigen Fluges (t: Zeit in s, f(t): Steiggeschwindigkeit in m/s).

$f_1(t) = 0{,}0005 \cdot t \cdot (t - 20) \cdot (t - 60)$
$f_2(t) = 0{,}0005 \cdot t \cdot (t - 30) \cdot (t - 60)$
$f_3(t) = 0{,}0005 \cdot t \cdot (t - 40) \cdot (t - 60)$

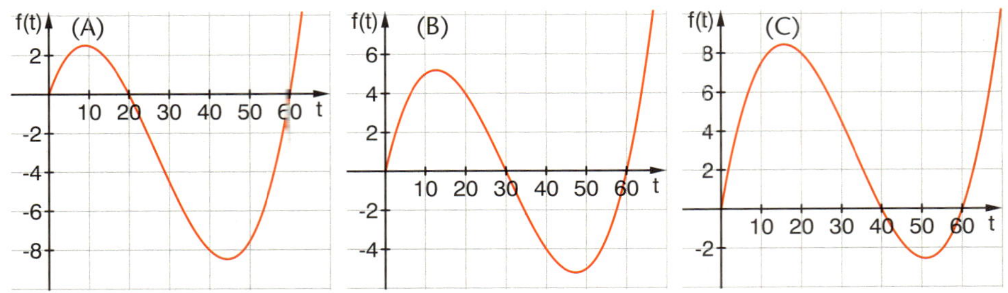

a) Ordnen Sie den Graphen die passende Funktionsgleichung zu und beschreiben Sie den jeweiligen Flug. Welche Bedeutung haben die Nullstellen und die Extrempunkte? Nennen Sie Gemeinsamkeiten und Unterschiede zwischen den Funktionen. Welcher Helikopter landet in der Ausgangshöhe?
b) Welche Höhe haben die Helikopter eine Minute nach dem Start erreicht? Wie groß ist die maximal erreichte Höhe jedes Helikopters?

Übungen

28 *Wasser im Keller*

Familie Backhaus macht sich Sorgen: Nach einem starken Regen steht Wasser im Keller. Um den Schaden zu beheben, wird die Wasserpumpe eingesetzt.

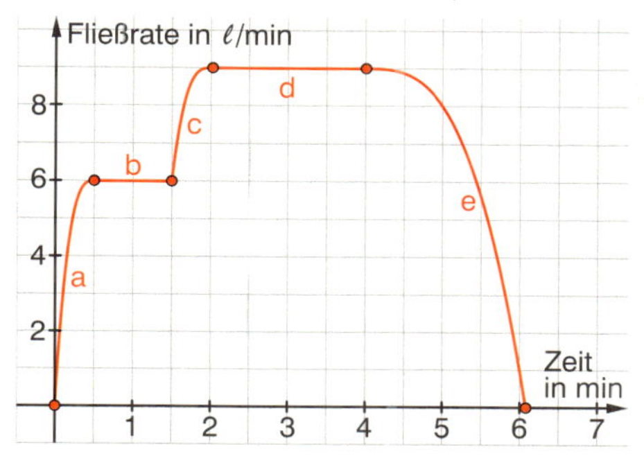

a) Erläutern Sie das Diagramm im Sachzusammenhang. Beschreiben Sie insbesondere die verschiedenen Phasen des Wasserpumpens und geben Sie die entsprechenden Zeitintervalle an.

b) Erklären Sie, wie man anhand des Diagramms die Menge des abgepumpten Wassers zu verschiedenen Zeitpunkten bestimmen kann.

c) Zeigen Sie, dass die nebenstehenden Funktionen passende mathematische Modelle für die einzelnen Phasen darstellen. Bestimmen Sie damit rechnerisch die Menge des Wassers, das insgesamt abgepumpt wurde.

$a(x) = 48x^3 - 72x^2 + 36x$
$b(x) = 6$
$c(x) = 24x^3 - 144x^2 + 288x - 183$
$d(x) = 9$
$e(x) = -x^3 + 12x^2 - 48x + 73$

29 *„Schweinezucht" oder „Medikament für Ferkel"*

In Ländern mit intensiver Schweinehaltung tritt bei neugeborenen Ferkeln häufig eine Erkrankung (Kokzidiose) auf, die durch Parasiten verursacht wird. Auch nach dem Abklingen der akuten Erkrankung bleiben viele Tiere im Wachstum hinter gesunden Tieren zurück. Neben den hygienischen Maßnahmen kann vorbeugend ein Medikament eingesetzt werden. Es wird den Ferkeln einmal im Alter von drei bis fünf Tagen verabreicht.

Ferkel A und Ferkel B aus einem Wurf wiegen bei ihrer Geburt jeweils 1,2 kg. Ferkel B wird an seinem 3. Lebenstag das Medikament verabreicht, Ferkel A bleibt unbehandelt. Am fünften Lebenstag wiegen Ferkel A 2000 g und Ferkel B 1900 g. Welche Unterschiede ergeben sich laut Diagramm für die beiden Ferkel?

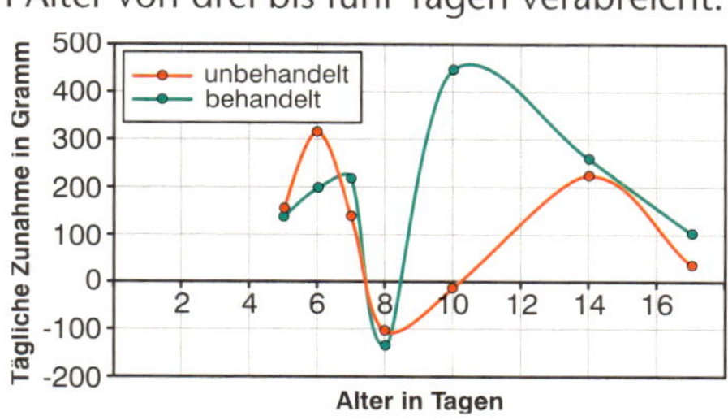

a) Schraffieren Sie jeweils die Fläche, die zwischen dem Graphen und der Zeitachse im Zeitintervall [5; 17] eingeschlossen wird. Interpretieren Sie diese Flächen im Sachkontext. Welche Bedeutung haben die Inhalte der Flächen, die unterhalb der Zeitachse liegen?

b) Skizzieren Sie, wie sich das Gewicht der Ferkel in den ersten 17 Tagen entwickelt.

c) Die Funktionen f_A und f_B beschreiben die tägliche Gewichtszunahme der beiden Ferkel A und B. Erläutern Sie die Bedeutung der Integralfunktionen $\int_5^x f_A(t)\,dt$ und $\int_5^x f_B(t)\,dt$ in Bezug auf die Sachsituation. Welche wirtschaftliche Bedeutung hat die Differenz der beiden Integralfunktionen $\int_5^x f_A(t)\,dt - \int_5^x f_B(t)\,dt$?

Volumina von Rotationskörpern

Übungen

30 *Kegelstumpf als Rotationskörper*

Die Fläche, die von dem Graphen von $f(x) = 0{,}5\,x$ und der x-Achse im Intervall $[1; 3]$ eingeschlossen wird, rotiert um die x-Achse. Dabei entsteht ein Kegelstumpf.

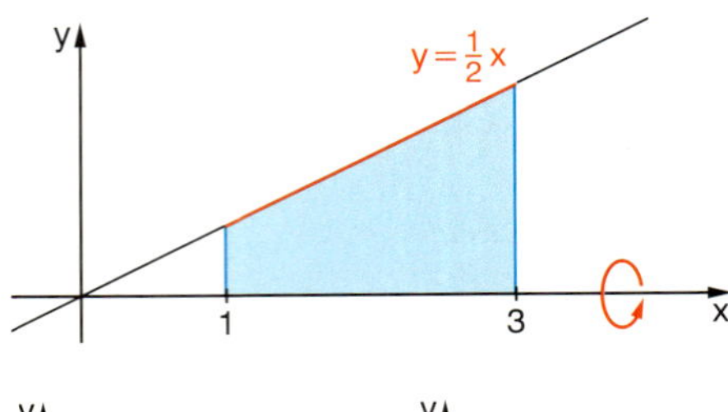

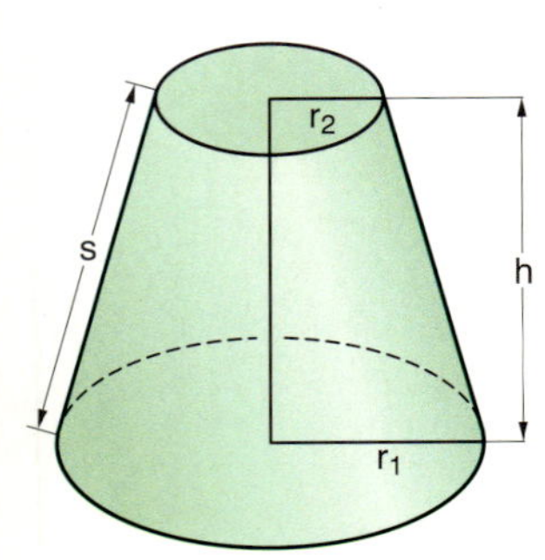

$V = \frac{1}{3}\pi \cdot h(r_1^2 + r_1 \cdot r_2 + r_2^2)$

a) Geben Sie die Radien r_1 und r_2 der beiden Kreise und die Höhe h des Kegelstumpfes an.

b) Wie groß ist das Volumen des Kegelstumpfes? Bestimmen Sie jeweils die Summe der Volumina der beiden roten und der beiden blauen Zylinderscheiben. Schätzen Sie damit das Volumen des Kegelstumpfes ab. Vergleichen Sie mit dem Wert aus der Formel.

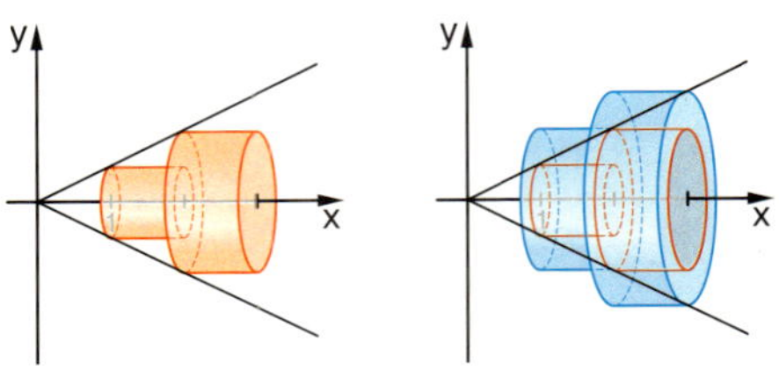

c) Begründen Sie: Wenn man das Intervall $[1; 3]$ in n gleichlange Teilintervalle unterteilt und dann das Volumen mit der Summe der entsprechenden n Zylinderscheiben abschätzt, dann erhält man mit wachsendem n immer bessere Näherungswerte für das Volumen des Kegelstumpfes.

Basiswissen

Berechnung des Volumens eines Rotationskörpers mit dem Integral

Die Fläche unter dem Graphen von f im Intervall $[a; b]$ rotiert um die x-Achse. Wir unterteilen das Intervall in n kleine Abschnitte der Breite $\Delta x = \frac{b-a}{n}$. Jeder der dadurch entstehenden Rechteckstreifen der „Höhe" $f(x_i)$ erzeugt bei der Rotation eine Zylinderscheibe. Die Summe der Volumina dieser Zylinderscheiben liefert dann einen guten Näherungswert für das Volumen des Rotationskörpers.

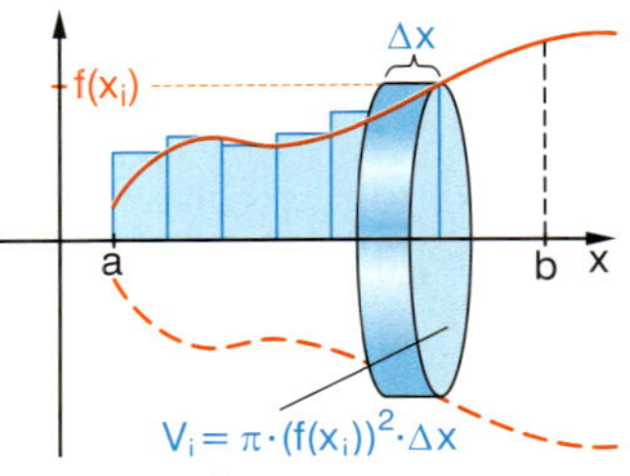

Vergleichen Sie mit Seite 213 aus Kapitel 5.2.

$$V \approx \pi \cdot (f(x_1))^2 \cdot \Delta x + \pi \cdot (f(x_2))^2 \cdot \Delta x + \ldots + \pi \cdot (f(x_n))^2 \cdot \Delta x = \pi \cdot \sum_{k=1}^{n} (f(x_k))^2 \cdot \Delta x$$

Der Grenzwert dieser Produktsummen kann als Integral berechnet werden.

$$V = \pi \int_a^b (f(x))^2\,dx$$

Beispiele

D Berechnen Sie das Volumen des Kegelstumpfes aus Aufgabe 30 mit dem Integral.

Lösung: $V = \pi \cdot \int_1^3 (0{,}5\,x)^2\,dx = 0{,}25\,\pi \cdot \left[\frac{1}{3}x^3\right]_1^3 = 0{,}25\,\pi \cdot \left(9 - \frac{1}{3}\right) = \frac{13}{6}\pi \approx 6{,}8$

E Skizzieren Sie die Form des Körpers, der durch Rotation der Fläche unter dem Graphen von $f(x) = x^2 + 1$ im Intervall $[-1; 1]$ entsteht. Bestimmen Sie sein Volumen.

Lösung:

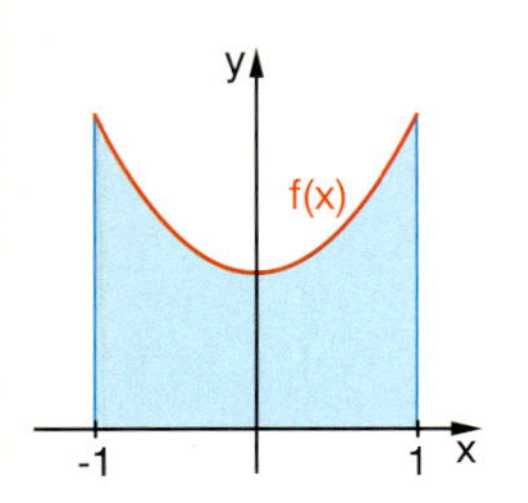

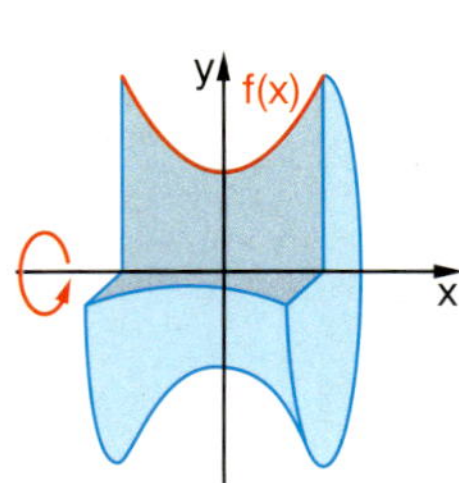

$$V = \pi \int_{-1}^{1} (x^2 + 1)^2\,dx = 2\pi \int_0^1 (x^4 + 2x^2 + 1)\,dx$$

$$= 2\pi\left[\frac{1}{5}x^5 + \frac{2}{3}x^3 + x\right]_0^1$$

$$= 2\pi\left(\frac{1}{5} + \frac{2}{3} + 1\right)$$

$$= \frac{56}{15}\pi \approx 11{,}7$$

Übungen

31 *Rotationskörper skizzieren und berechnen*

Skizzieren Sie ein Bild des Körpers, der bei Rotation der Fläche unter dem Graphen von f im Intervall [a; b] um die x-Achse entsteht. Berechnen Sie sein Volumen.

a) $f(x) = 0{,}5\,x^2 \quad a = 1;\ b = 2$

b) $f(x) = \sqrt{2x} \quad a = 0;\ b = 4$

c) $f(x) = 2x^3 - 6x^2 + 4x - 0{,}5 \quad a = 0{,}5;\ b = 1{,}5$

32 *Potenzfunktionen*

a) Berechnen Sie jeweils das Volumen des Körpers, der bei Rotation der Fläche unter dem Graphen der Potenzfunktion um die x-Achse im Intervall [0; 1] entsteht.

$f_1(x) = x \qquad f_2(x) = x^2 \qquad f_3(x) = x^3$

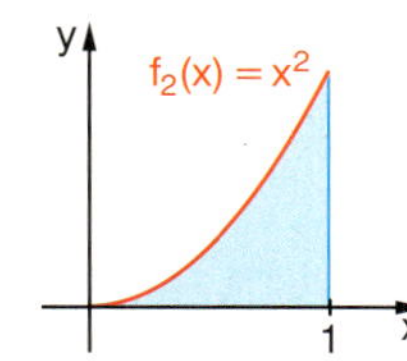

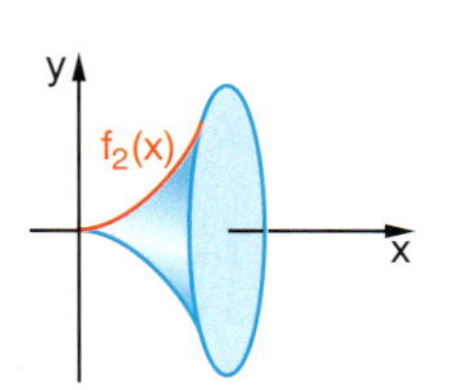

b) Wie entwickeln sich die Volumina der Rotationskörper mit dem Exponenten? Vergleichen Sie mit der Entwicklung der Inhalte der entsprechenden Flächen.

33 *Hohlkörper 1*

Skizzieren Sie den Drehkörper, der bei Rotation der blau gefärbten Fläche um die x-Achse entsteht. Berechnen Sie das Volumen dieses Körpers.

Begründen Sie, warum der Term $\pi \cdot \int_0^4 (f(x) - g(x))^2$ nicht das richtige Ergebnis liefert.

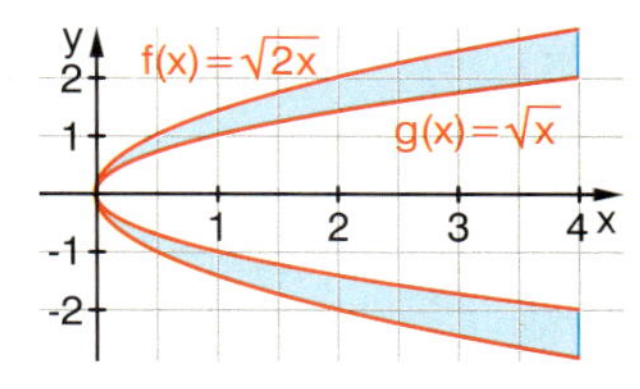

34 *Hohlkörper 2*

Berechnen Sie das Volumen der Drehkörper, die bei Rotation der blau gefärbten Fläche um die x-Achse entstehen.

a)

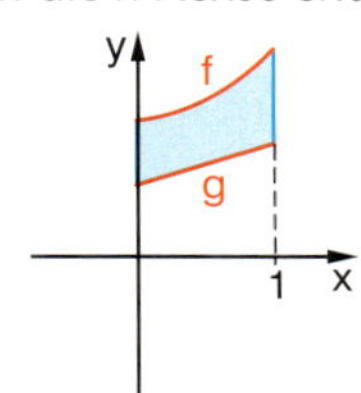

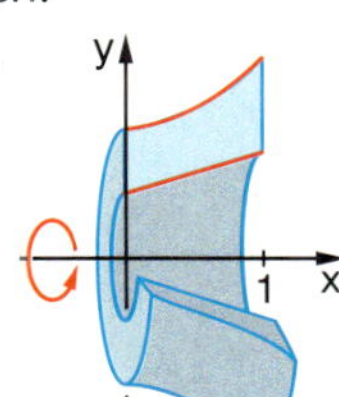

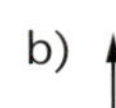
b)

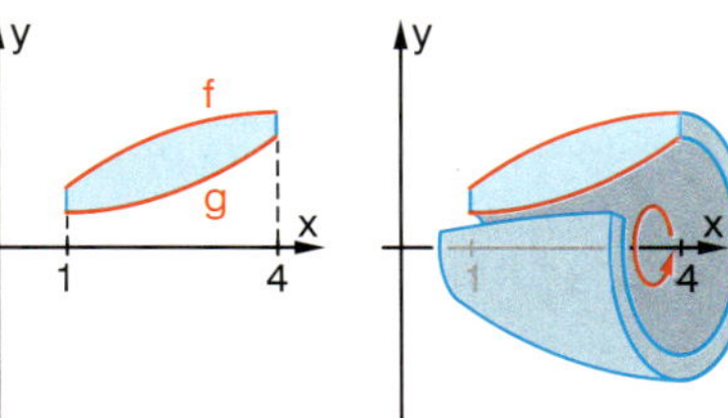

Werten Sie die Integrale mit dem GTR oder der CD aus.

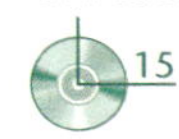

zu a): $f(x) = x^2 + 2$
$g(x) = \frac{1}{2}x + 1$

zu b): $f(x) = 2x - \frac{1}{4}x^2$
$g(x) = \frac{1}{4}x^2 - \frac{1}{2}x + \frac{5}{4}$

35 *Drehparaboloid im Becherglas*

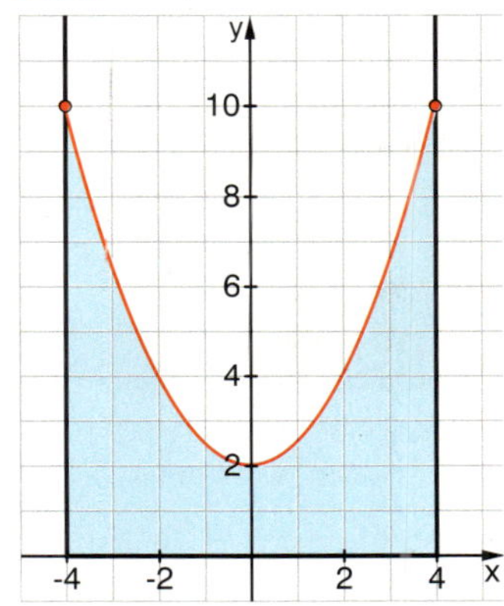

Wenn ein Becherglas in Rotation versetzt wird, dann drückt sich die Flüssigkeit am Rand hoch und es bildet sich ein Paraboloid aus. In der Skizze ist der Querschnitt des Paraboloids bei einer bestimmten Drehgeschwindigkeit aufgezeichnet.

Lesen Sie die Gleichung der Randparabel im Querschnittsbild ab. Bestimmen Sie dann das Volumen des Wassers im Becherglas. Wie hoch stand das Wasser im Becherglas im Ruhezustand?

Tipp: Die Integralformel für das Rotationsvolumen gilt nur für die Rotation einer Fläche um die x-Achse. Deshalb muss man die Umkehrfunktion zur quadratischen Funktion finden.

Bestimmung der Umkehrfunktion zu $y = ax^2 + b$:

1. Gleichung nach x auflösen: $ax^2 = y - b \Rightarrow x = \sqrt{\frac{y}{a} - \frac{b}{a}}$

2. Variablen x und y tauschen: $y = \sqrt{\frac{x}{a} - \frac{b}{a}}$

Übungen

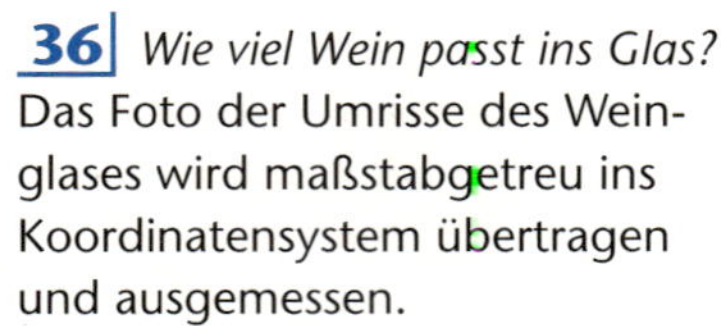

36 *Wie viel Wein passt ins Glas?*
Das Foto der Umrisse des Weinglases wird maßstabgetreu ins Koordinatensystem übertragen und ausgemessen.
a) Schätzen Sie das Fassungsvermögen des Weinglases mithilfe von ein- und umbeschriebenen Zylinderscheiben ab.

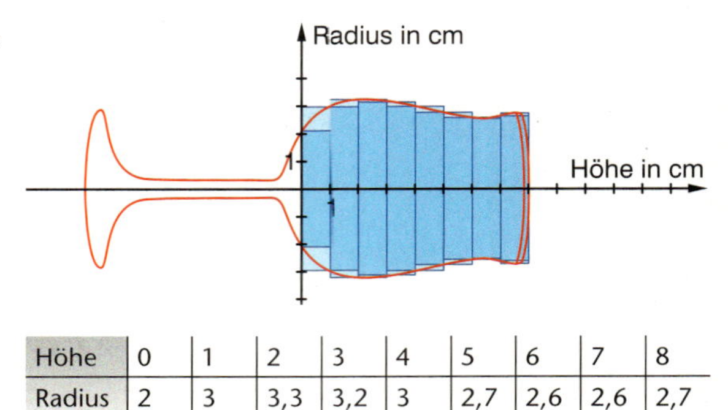

Höhe	0	1	2	3	4	5	6	7	8
Radius	2	3	3,3	3,2	3	2,7	2,6	2,6	2,7

b) Die Randkurve des Glases lässt sich recht gut durch den Graphen einer ganzrationalen Funktion dritten Grades modellieren. Ermitteln Sie die Gleichung einer solchen Funktion mit einer geeigneten Methode (siehe Kapitel 2) und bestimmen Sie das Volumen des Rotationskörpers mit dem Integral. Vergleichen Sie mit Ihren Schätzwerten.
c) Bestimmen Sie nach der gleichen Methode das Fassungsvermögen von Gläsern Ihrer Wahl. Hier können Sie die Genauigkeit Ihrer Ergebnisse mit Umschütten des Inhalts in einen Messbecher experimentell überprüfen.

37 *Volumen eines Weinfasses*
Von JOHANNES KEPLER (1571–1630) stammt die folgende Formel zur Berechnung des Volumens eines Weinfasses:
$V = \frac{\pi}{15} \cdot h \cdot (8R^2 + 4Rr + 3r^2)$
Für eine parabelförmige Berandung liefert diese Formel den gleichen Wert wie unsere Integralformel für das Rotationsvolumen.

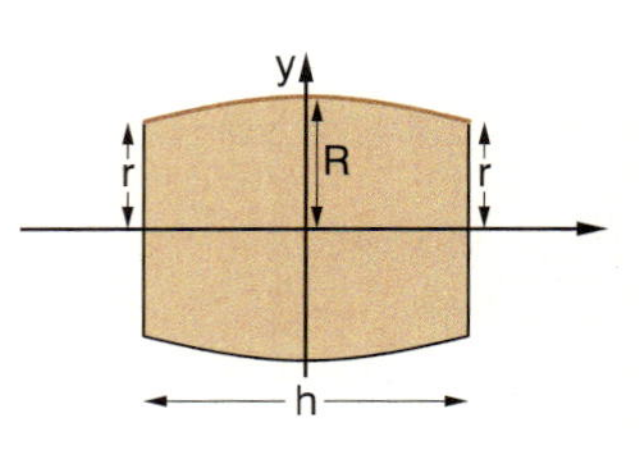

a) Bestätigen Sie die Aussage für ein Fass mit R = 5, r = 4 und h = 12 (Länge in dm).
b) Begründen Sie die Keplerformel allgemein mithilfe des Integrals.

Tipp zu b): Ermitteln Sie die Parabelgleichung $y = -ax^2 + R$ mithilfe des Punktes $P\left(\frac{h}{2} \middle| r\right)$

Kepler und die Weinfässer

Im Jahre 1613 kauft JOHANNES KEPLER einen Vorrat Wein in Fässern. Einige Tage später kommt der Kaufmann und misst nach, wie viel Wein KEPLER gekauft hat. Dazu benutzt er eine Visierrute, die er in die horizontal liegenden Fässer steckt, schräg vom Spundloch bis zum Boden. Er liest dann direkt von der Visierrute den Inhalt des Fasses ab und berechnet danach den Preis. KEPLER war nicht überzeugt davon, dass die Methode mit der Rute zutreffend sei. Das Problem, den Inhalt von fassartigen Körpern zu bestimmen, reizte ihn so sehr, dass er eine tiefgehende infinitesimal-geometrische Studie darüber anstellte, deren Resultate er 1615 publizierte. In diesen Büchern spricht er über Inhalte von Rotationskörpern von Kegelschnittsegmenten.

Er kommt zu der Schlussfolgerung, dass man mit der Visierrute einen guten Näherungswert für den Inhalt österreichischer Weinfässer bestimmen kann.
Der besondere Wert der Keplerschen Studien liegt darin, dass er neue Methoden zur Inhaltsberechnung von geometrischen Figuren entwickelte. Seine Methoden wurden von vielen Mathematikern des 17. Jahrhunderts studiert und dann auch weiterentwickelt. Sie bildeten einen wichtigen Baustein in der damaligen Entwicklung der Infinitesimalrechnung.

JOHANNES KEPLER
1571–1630

Berechnung von Bogenlängen mit dem Integral

Übungen

38 *Wie lang ist ein Parabelstück?*

Einen ersten Näherungswert für die Länge des Parabelstücks zu $f(x) = 0{,}25\,x^2$ im Intervall $[-8;8]$ erhält man z. B. durch Auslegen mit Streichhölzern. Damit ist auch bereits die Idee für ein mathematisches Näherungsverfahren da:

Wegen der Symmetrie genügt es, die Länge des rechten Parabelastes im Intervall $[0;8]$ zu berechnen. Das Intervall wird in vier gleichlange Teilstücke der Breite $\Delta x = 2$ zerlegt.

a) Begründen Sie mithilfe der Skizze, dass sich mit der Länge L des Streckenzugs

$$L = \sqrt{(\Delta x)^2 + (f(2) - f(0))^2} + \sqrt{(\Delta x)^2 + (f(4) - f(2))^2} + \ldots + \sqrt{(\Delta x)^2 + (f(8) - f(6))^2}$$

ein Näherungswert für die Länge des Parabelastes ergibt. Berechnen Sie diesen.

b) Begründen Sie, dass sich die Länge des Streckenzuges für eine feinere Unterteilung des Intervalls immer besser an die gesuchte Bogenlänge annähert.

Basiswissen

Berechnung der Bogenlänge mit dem Integral

Wir unterteilen das Intervall $[a;b]$ in n kleine Abschnitte der Breite $\Delta x = \frac{b-a}{n}$.
Die Bogenlänge wird dann durch die Länge eines Streckenzuges angenähert:

$$L \approx \sum_{k=0}^{n-1} \sqrt{(x_{k+1} - x_k)^2 + (f(x_{k+1}) - f(x_k))^2} = \sum_{k=0}^{n-1} \left(\sqrt{1 + \left(\frac{f(x_{k+1}) - f(x_k)}{x_{k+1} - x_k}\right)^2} \cdot (x_{k+1} - x_k) \right)$$

Der Grenzwert dieser Produktsummen kann als Integral berechnet werden.

Dieses gibt die Bogenlänge an: $L = \int_a^b \sqrt{1 + (f'(x))^2}\,dx$

Skizze zu Aufgabe 38a):

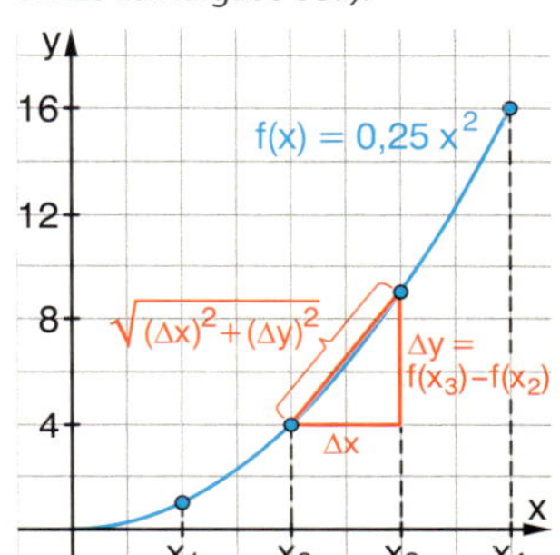

Beispiel

F Vergleichen Sie die Bogenlängen von $f(x) = x^2$ und $g(x) = x^3$ im Intervall $[0;1]$.

Lösung:

Die numerische Auswertung der Integrale ergibt für g(x) im Intervall $[0;1]$ einen um 0,069 LE längeren Bogen als für f(x).

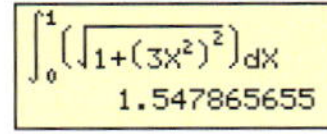

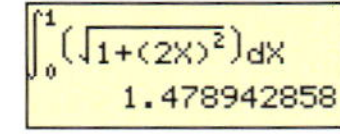

Übungen

39 *Training*

Bestimmen Sie die Bogenlängen der Graphen von f über dem Intervall $[a;b]$.

a) $f(x) = 2 - 0{,}5\,x^2 \quad a = -2;\ b = 2$

b) $f(x) = \frac{1}{x} \quad a = 1;\ b = 10$

c) $f(x) = x^{\frac{3}{2}} \quad a = 0;\ b = 1$

40 *Kabellängen bei einer Hängebrücke*

Die Hauptkabel einer Hängebrücke weisen die Form einer Parabel auf. Der Scheitel der Parabel befindet sich 5 m, die seitliche Aufhängung an den Pylonen 35 m über der Fahrbahn. Die Spannweite beträgt 128 m. Wie lang ist ein Hauptkabel?

Bei der Golden Gate Bridge in San Francisco ist die Höhe der Pfeiler über der Fahrbahn etwa 150 m, die Pfeiler sind 1280 m voneinander entfernt.

Uneigentliche Integrale

Übungen

$\int_1^{50} (1/(x^2))dx$

.98

41 *Wenn Flächen nicht ganz dicht sind...*

a) Füllen Sie die Tabelle aus. Äußern Sie eine Vermutung über die Entwicklung der Flächeninhalte für $k \to \infty$. Es sind $f(x) = \frac{1}{x^2}$ und $g(x) = \frac{1}{\sqrt{x}}$ gewählt.

k	5	10	50	100	1000
$\int_1^k f(x)\,dx$	■	■	■	■	■
$\int_1^k g(x)\,dx$	■	■	■	■	■

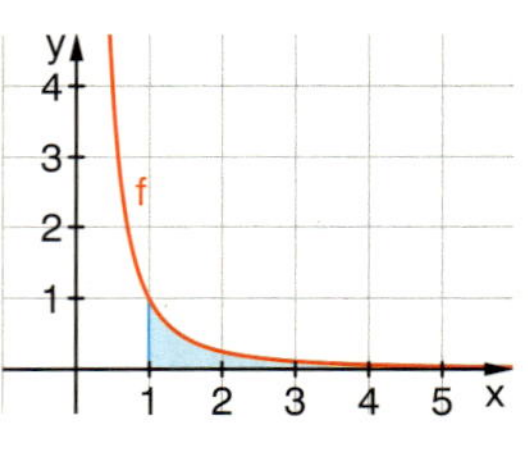

Die Potenzregel beim Integrieren gilt auch für rationale Exponenten.

b) Bestimmen Sie jeweils die Integralfunktion $I_1(k) = \int_1^k f(x)\,dx$ zu f und g.

Welcher Graph gehört zu welcher Integralfunktion? Untersuchen Sie die Entwicklung des Flächeninhalts mithilfe der Funktionsterme und Graphen von $I_1(k)$ für $k \to \infty$. Beschreiben Sie die Besonderheiten.

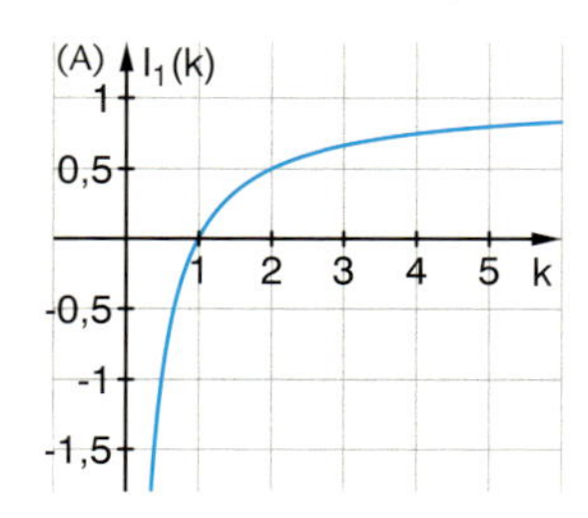

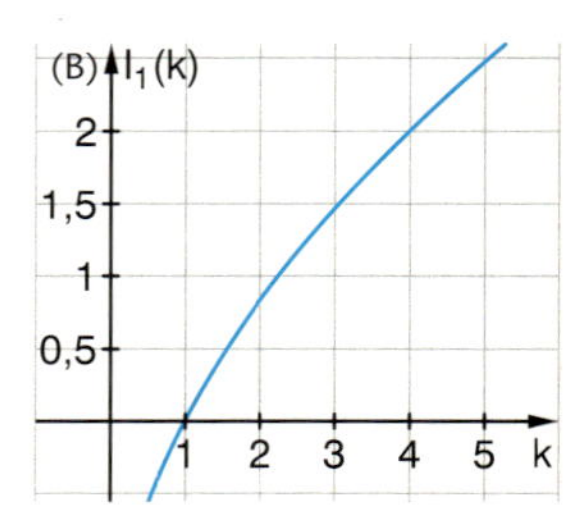

Basiswissen

Mithilfe der Integralrechnung können auch Flächen, die „ins Unendliche offen" sind, untersucht werden. Unbeschränkte Flächen können entstehen, wenn

(1) eine Integrationsgrenze „unendlich" ist.

$\int_a^{\infty} f(x)\,dx$

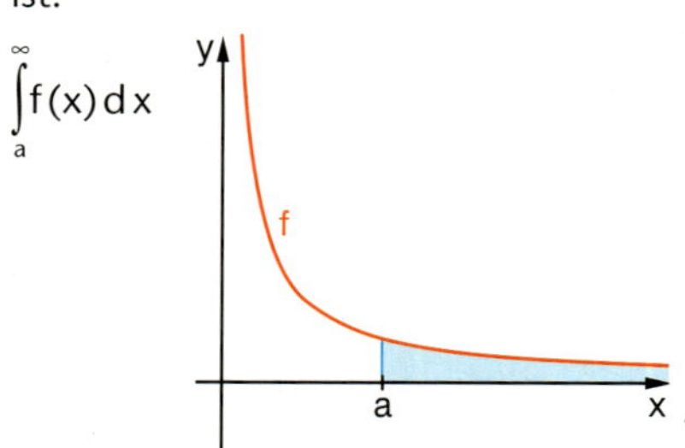

(2) der Integrand f(x) im Integrationsintervall unbeschränkt ist.

$\int_a^{0} f(x)\,dx$

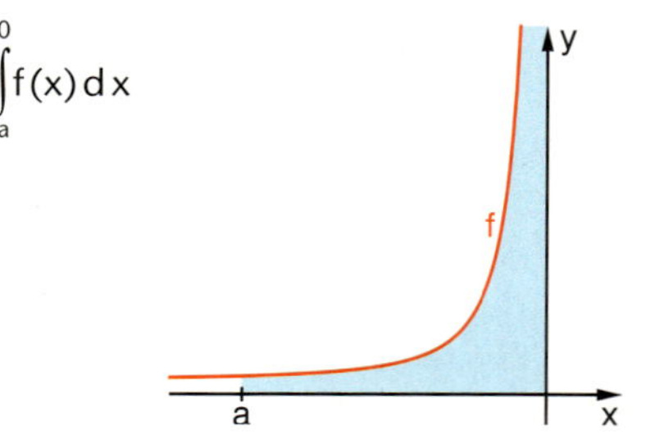

Hinweis:

$\int_a^b f(x)\,dx = -\int_b^a f(x)\,dx$

Die zugehörigen Integrale heißen **Uneigentliche Integrale**.

Man untersucht diese Integrale, indem man prüft, ob folgende Grenzwerte existieren:

$\lim\limits_{c \to \infty} \int_a^c f(x)\,dx$ $\qquad$ $\lim\limits_{c \to b} \int_a^c f(x)\,dx$

Beispiel: $f(x) = \frac{1}{x^2}$

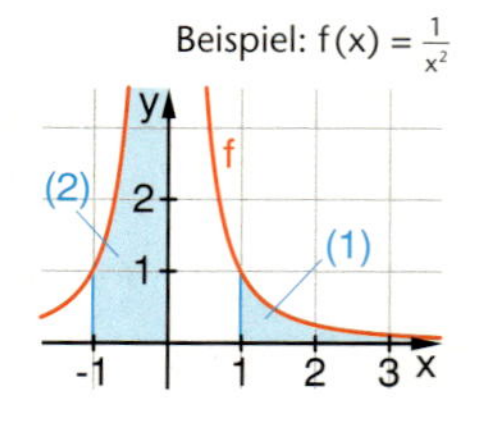

$\int_1^c \frac{1}{x^2}\,dx = \left[-\frac{1}{x}\right]_1^c = -\frac{1}{c} + 1 \Rightarrow \lim\limits_{c \to \infty}\left(-\frac{1}{c} + 1\right) = 1$

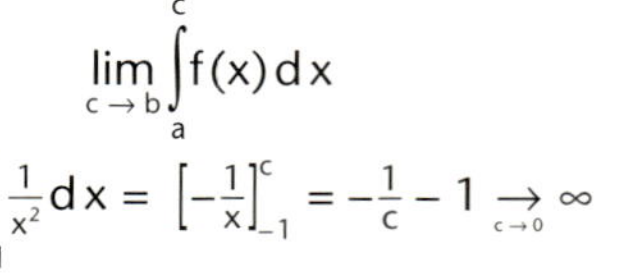

$\int_{-1}^c \frac{1}{x^2}\,dx = \left[-\frac{1}{x}\right]_{-1}^c = -\frac{1}{c} - 1 \underset{c \to 0}{\longrightarrow} \infty$

Existieren diese Grenzwerte nicht, dann sagt man auch, dass das uneigentliche Integral nicht existiert.

Übungen

42 Untersuchen Sie, ob die uneigentlichen Integrale $\int_2^{\infty} f(x)\,dx$ und $\int_1^{0} f(x)\,dx$ existieren.

Geben Sie gegebenenfalls ihren Wert an. Fertigen Sie Skizzen an.

a) $f(x) = \frac{2}{\sqrt{x}}$ $\qquad$ b) $f(x) = \frac{1}{x^3}$ $\qquad$ c) $f(x) = \frac{4}{\sqrt{x^3}}$ $\qquad$ d) $f(x) = \frac{3}{x^2} + 1$

Übungen

43 *Von unendlich zu endlich*

In den Übungen 41 und 42 haben Sie erfahren, dass eine ins Unendliche offene Fläche einen endlichen Inhalt haben, aber auch über alle Grenzen wachsen kann.
Untersuchen Sie mit dem GTR für verschiedene Werte von k mit $\frac{1}{2} < k < 2$ die Entwicklung von $\int_1^c x^{-k}\,dx$ für $c \to \infty$. Finden Sie den Übergang von unbegrenztem Wachstum des Flächeninhalts zu einem endlichen Wert?
Ein CAS bestimmt das Integral für den allgemeinen Fall. Gelingt Ihnen eine Beantwortung der Frage mithilfe des Lösungsterms?
Erzeugen Sie selbst den Term für das Integral.

$\lim\limits_{c \to \infty} \int_1^c \frac{1}{x^2}\,dx = \lim\limits_{c \to \infty} \int_1^c x^{-2}\,dx = 1$

$\int_1^c \frac{1}{\sqrt{x}}\,dx = \int_1^c x^{-\frac{1}{2}}\,dx \to \infty$ für $c \to \infty$

$\int_1^{10000} (x^{-0.8})\,dx$ 26.54786722 $\int_1^{10000} (x^{-1.4})\,dx$ 2.437202839

■ $\int_1^c (x^{-k})\,dx$ $\frac{1}{k-1} - \frac{c^{1-k}}{k-1}$
∫(x^(-k),x,1,c)
NW RAD AUTO FUNC 1/30

44 *Wo steckt der Fehler?*

Nehmen Sie Stellung zu der Rechnung und der Anmerkung.

Rechnen: $\int_{-1}^{1} \frac{1}{x^2}\,dx = \left[-\frac{1}{x}\right]_{-1}^{1} = -2$

Anmerkung: Die Fläche liegt doch oberhalb der x-Achse?

Eine Skizze hilft.

45 *Seltsame Technik*

Was wird nebenstehend untersucht? Warum muss das zweite GTR-Ergebnis falsch sein?

Wenn bei einem GTR bei Rechnungen Werte auftreten, die sehr nahe bei 0 liegen, dann rundet der GTR auf 0 und rechnet damit weiter. Dadurch kann das Ergebnis vollständig verändert werden.

$\int_1^{10^7} (1/x^2)\,dx$ .9999999

$\int_1^{10^8} (1/x^2)\,dx$ 6.976039036E-6

46 *Seltsame Phänomene*

a)

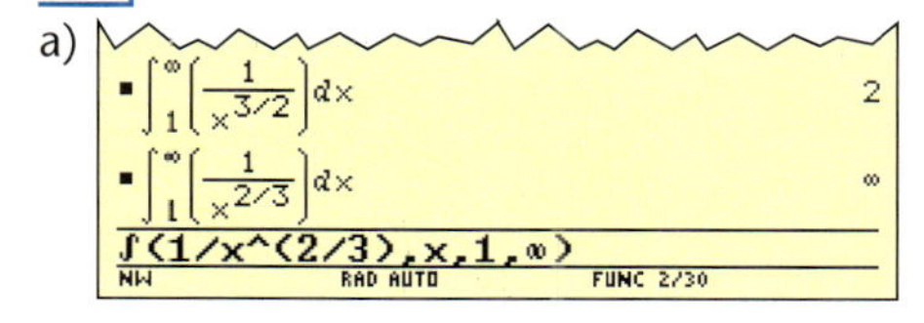

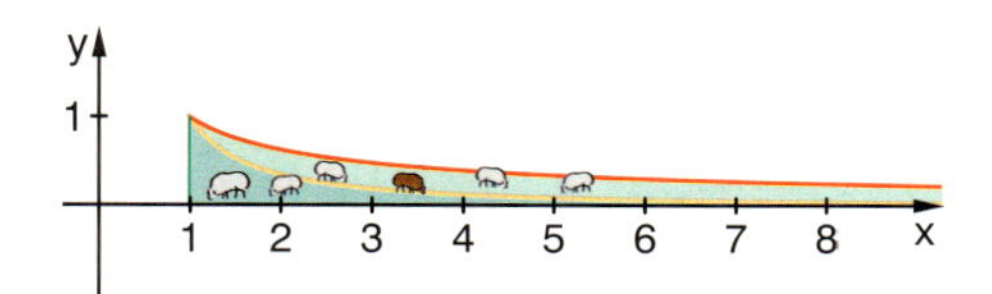

Obwohl das Schaf nur 2 m² Platz zum Weiden hat, reicht kein Zaun dieser Welt aus, um die Weide einzuzäunen. Wenn man den Zaun aber nur ein wenig nach außen versetzt, haben unendlich viele Schafe genug Platz zum Weiden.

Erläutern Sie den Text mithilfe der obigen Rechnungen und Skizze.

b) Die Abbildung zeigt die Entstehung der „Torricelli-Trompete" als Rotationskörper.
Sie hat eine unendlich große Oberfläche, aber ein endliches Volumen.
Weisen Sie das Ergebnis für das Volumen nach.
Formulieren Sie einen ähnlich paradoxen Satz wie in Teilaufgabe a).

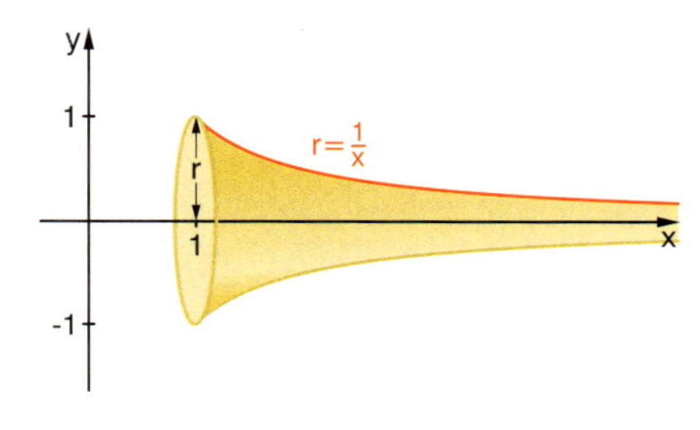

EVANGELISTA TORRICELLI (1608–1647)

paradox: scheinbar widersprüchlich

Das Integral als Mittelwert einer Funktion in einem Intervall

Übungen

47 *Mittlere Tagestemperatur*

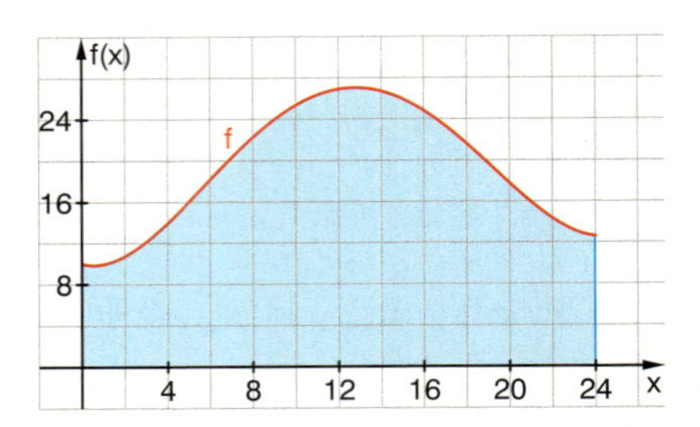

Der Temperaturschreiber hat an einem heißen Sommertag die Temperaturkurve aufgezeichnet. Sie lässt sich in guter Näherung durch eine ganzrationale Funktion 4. Grades modellieren:
$f(x) = 0{,}0008\,x^4 - 0{,}04\,x^3 + 0{,}525\,x^2 - 0{,}51\,x + 10$
(x: Zeit in Stunden, f(x): Temperatur in °C)

Wie groß ist die durchschnittliche Temperatur an diesem Tag?
Berechnen Sie auf zwei verschiedenen Wegen:

(A) Bestimmen Sie aus der Kurve die Temperaturwerte in der Mitte jedes Stundenintervalls und berechnen Sie aus diesen 24 Werten das arithmetische Mittel.

(B) Berechnen Sie das Integral

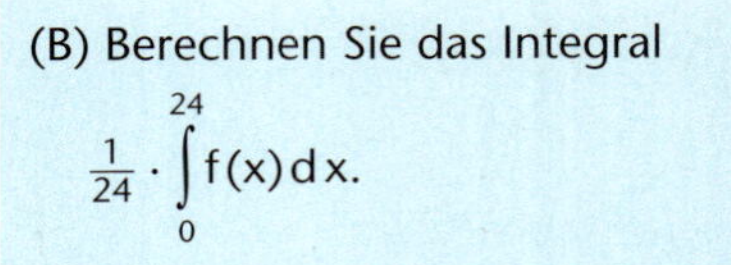

$\frac{1}{24} \cdot \int_0^{24} f(x)\,dx.$

Vergleichen Sie die beiden Werte. Welcher ist Ihrer Meinung nach der bessere Wert für die mittlere Temperatur an diesem Tag? Begründen Sie mit dem Bild auf dem Rand den Zusammenhang zwischen beiden Mittelungsverfahren.

Basiswissen

Mithilfe des Integrals kann die vertraute Definition des arithmetischen Mittelwertes von Daten auf den Fall übertragen werden, dass die Daten kontinuierlich durch eine Funktion gegeben sind.

Mittelwert einer Funktion auf einem Intervall
Der Mittelwert einer stetigen Funktion $y = f(x)$ im Intervall $[a; b]$ ist gleich dem Wert des Integrals von f, dividiert durch die Länge des Intervalls.

$$y_m = \frac{1}{b-a}\int_a^b f(x)\,dx$$

Geometrische Interpretation
Der Flächeninhalt unter dem Graphen wurde in ein flächeninhaltsgleiches Rechteck mit der Höhe y_m und der Breite $b - a$ verwandelt.

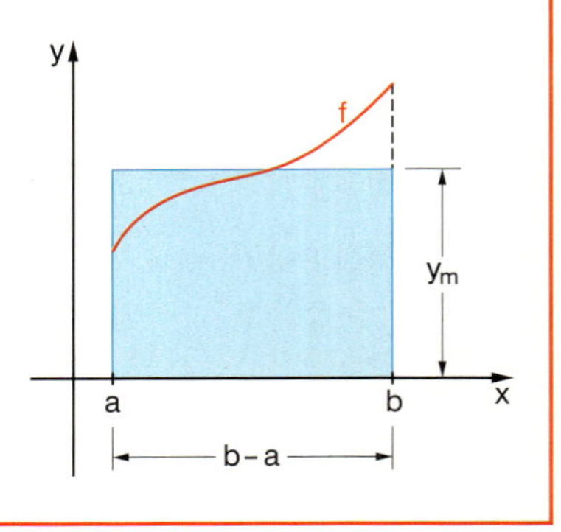

Beispiel

G *Quadratzahlen*
Berechnen Sie den Mittelwert der ersten vier Quadratzahlen und vergleichen Sie mit dem Integral $\frac{1}{4} \cdot \int_0^4 x^2\,dx$. Interpretieren Sie die beiden Werte geometrisch.

Lösung:
arithmetisches Mittel: $\frac{1+4+9+16}{4} = 7{,}5$

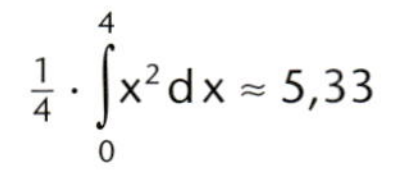

$\frac{1}{4} \cdot \int_0^4 x^2\,dx \approx 5{,}33$

Geometrische Interpretation

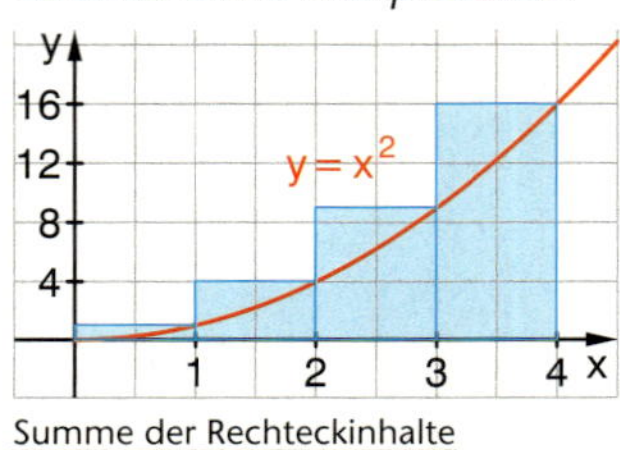

$\frac{\text{Summe der Rechteckinhalte}}{4}$

Geometrische Interpretation

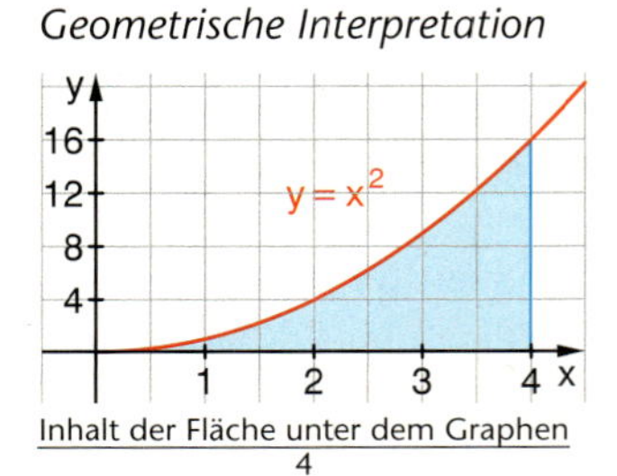

$\frac{\text{Inhalt der Fläche unter dem Graphen}}{4}$

Übungen

48 *Schätzen und rechnen*

Bestimmen Sie die Mittelwerte der Funktionen über dem Intervall [0; 1].

a) $f(x) = x^2$ b) $f(x) = 1 - x^2$ c) $f(x) = \sin(x)$

d) $f(x) = \cos(x)$ e) $f(x) = 2^x$ f) $f(x) = \sqrt{1 - x^2}$

49 *Flächenschrumpfung*

Die fünf Potenzfunktionen $f_0(x) = x^0$, $f_1(x) = x^1$, $f_2(x) = x^2$, $f_3(x) = x^3$ und $f_4(x) = x^4$ schließen im Intervall [0; 1] jeweils mit der x-Achse eine Fläche ein, die mit wachsender Potenz immer kleiner wird. Im Folgenden sind diese Flächen und darunter jeweils das flächeninhaltsgleiche Rechteck gezeichnet.

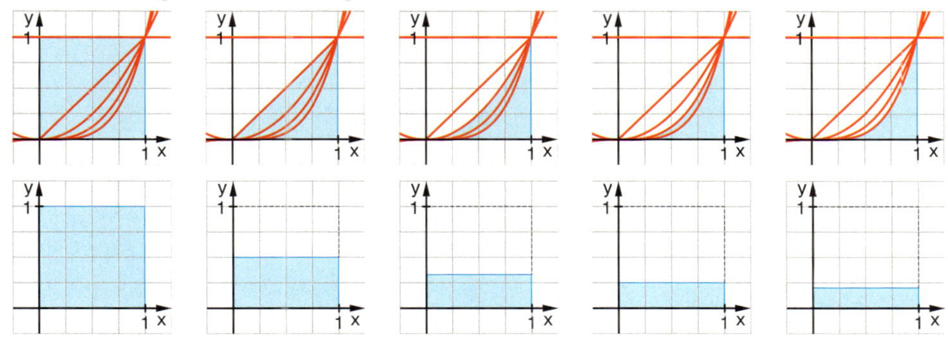

a) Geben Sie für die unteren Rechtecke jeweils die Höhe an.

b) Beschreiben Sie die Folge der Höhen h_n. Für welche Potenz x^n ist $h_n < \frac{1}{1000}$?

50 *Ungewöhnlicher Temperaturverlauf*

In einer 12-Stunden-Periode wird der Temperaturverlauf durch den Graphen der Funktion $f(x) = 8{,}33 + 2{,}22x - 0{,}19x^2$ beschrieben (x: Zeit in Stunden, f(x): Temperatur in °C). Wie groß war die mittlere Temperatur in dieser Periode? In welcher Region, in welcher Jahreszeit und in welcher Zeitperiode kann eine solche Temperaturkurve aufgenommen worden sein?

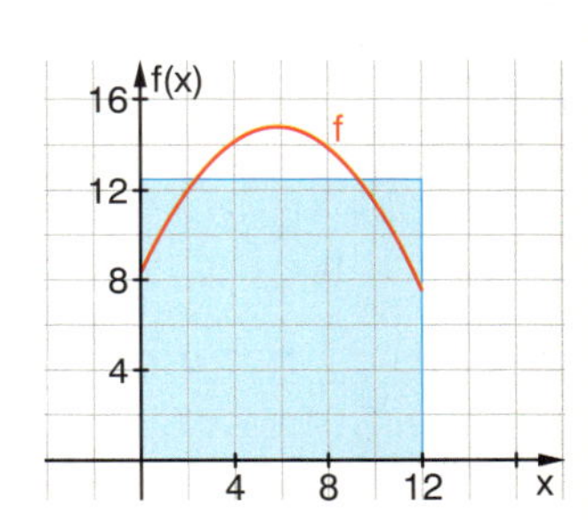

51 *Lagerhaltungskosten*

Durchschnittliche Lagerhaltungskosten

Der Funktionsmittelwert wird in der Wirtschaft zum Beispiel bei der Berechnung von Lagerhaltungskosten verwendet. Falls L(x) die Anzahl der Einheiten eines bestimmten Produkts ist, das eine Firma am Tag x auf Lager hält, dann gibt der Mittelwert L_M von L(x) über eine bestimmte Zeitperiode $a < x < b$ die mittlere Anzahl der pro Tag gelagerten Produkteinheiten an. Falls K_L die Lagerhaltungskosten für eine Einheit pro Tag (in €) angibt, dann berechnen sich die durchschnittlichen täglichen Lagerhaltungskosten in dem Zeitintervall [a; b] durch $L_M \cdot K_L$.

Ein Großhändler erhält alle 30 Tage eine Sendung von 1200 Kisten Pralinenschachteln. Diese verkauft er an die Einzelhändler. x Tage nach Erhalt der Sendung beträgt die Anzahl der Kisten, die noch im Lager sind, $L(x) = \frac{4}{3}(x - 30)^2 = \frac{4}{3}x^2 - 80x + 1200$. Wie groß sind die durchschnittlichen täglichen Lagerkosten, wenn die täglichen Lagerkosten für eine Kiste 35 Cent betragen?

52 *Schnelles Tippen an der Tastatur*

Die Schreibgeschwindigkeit eines geübten Schreibers (Typist) mit der Computertastatur über ein 4-Minuten-Intervall wird durch die Gleichung $v(t) = 324 - 29t - 4t^2$ beschrieben (t: Zeit in min, v(t): Anzahl der Anschläge pro Minute).

a) Vergleichen Sie die Geschwindigkeiten zu Beginn und Ende des Zeitintervalls.

b) Bestimmen Sie die mittlere Schreibgeschwindigkeit über dem Zeitintervall.

c) Wie viele Anschläge hat der Typist in dem Zeitintervall getippt?

Flächen in Wirtschaftswissenschaft und Sozialwissenschaft

Lorenzkurve und Gini-Koeffizient

Wie ist das Einkommen oder das Vermögen in der Bevölkerung eines Landes verteilt? Wie kann man z. B. entscheiden, ob das Vermögen in einem Land gerechter verteilt ist als in einem anderen? Solche Fragen sind für Wirtschaftsfachleute und Politiker bedeutsam. Die beiden Statistiker MAX OTTO LORENZ und CORRADO GINI haben dazu ein Modell entwickelt, das in den Sozialwissenschaften häufig benutzt wird. Dazu wird eine Funktion **L (x)** konstruiert **(Lorenzkurve)**, die den Zusammenhang zwischen dem Bevölkerungsanteil (x-Achse) und dem Anteil am Einkommen (y-Achse) beschreibt.

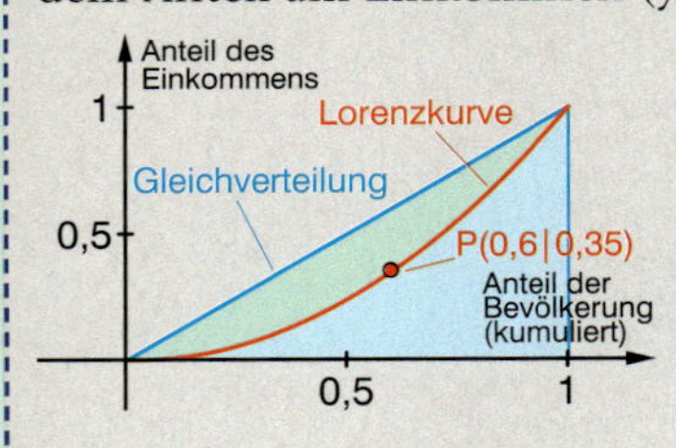

Der Punkt P gehört zu der Information: 60 % der Bevölkerung besitzen 35 % des verfügbaren Einkommens. Das blaue Geradenstück ist auch eine Lorenzkurve. Sie stellt die gleichmäßige Verteilung des Einkommens in der Bevölkerung dar. Ein Maß für die Stärke der Abweichung der konkreten Einkommensverteilung von der gleichmäßigen Verteilung ist der **Gini-Koeffizient G**:
Er wird definiert als Verhältnis des Inhalts der Fläche zwischen der blauen und der roten Kurve zu dem Flächeninhalt des Dreiecks unter der blauen Kurve.

Aufgaben

53 *Gerechte und ungerechte Verteilungen*

Extreme Positionen: allen gehört alles einem gehört alles

a) Begründen Sie, dass die Gerade $y = x$ als Lorenzkurve die „vollkommen gerechte Verteilung" angibt. Welcher Gini-Koeffizient gehört dazu?
b) Welcher Gini-Koeffizient gehört zu der größtmöglichen „Ungerechtigkeitsverteilung"? Wie sieht die zugehörige Lorenzkurve aus?

54 *Gini-Koeffizient als Integral*

a) Zeigen Sie, dass die Integralformel die Berechnung des Gini-Koeffizienten liefert. Die Lorenzkurve wird mit L (x) bezeichnet.

$$G = \left(\int_0^1 (x - L(x))\,dx\right) : \tfrac{1}{2} = 2\int_0^1 (x - L(x))\,dx$$

Für das Ermitteln einer Lorenzkurve müssen die y-Werte aufaddiert (kumuliert) werden. Ein Messpunkt bei den Vollzeitbeschäftigten ist z. B. (0,3 | 13,4).

Durch Dezile (lat. „Zehntelwerte") wird die Verteilung in 10 gleich große Teile zerlegt.

b) Ermitteln Sie zu den in der Tabelle angegebenen Verteilungen jeweils eine passende Lorenzkurve und den dazugehörigen Gini-Koeffizienten.
Als Lorenzkurve können Polynomfunktionen benutzt werden. Finden Sie eine geeignete Funktion. Benutzen Sie Funktionen mit unterschiedlichem Grad.
Einkommensverteilungen 2005:

Dezil	1.	2.	3.	4.	5.	6.	7.	8.	9.	10.
vollzeitbeschäftigte Arbeitnehmer	2,5	4,7	6,2	7,4	8,4	9,0	10,5	12,6	14,9	23,1
Arbeitnehmer insgesamt	0,5	1,6	2,9	5,3	7,4	9,8	11,8	14,4	17,8	23,4

Quelle: SOEP: Bundesministerium für Arbeit und Soziales (BMAS): Lebenslagen in Deutschland

Werkzeuge (vgl. Kap. 2)
- Regressionsfunktionen
- Auswahl geeigneter Messwerte, Aufstellen und Lösen des Gleichungssystems
- Experimente mit einem Funktionenplotter

Regression:

L1	L2	L3 1
.1	.03	------
.2	.07	
.3	.13	
.4	.21	
.5	.29	
.6	.39	
.7	.5	

L1(1) = .1

QuadReg
y=ax²+bx+c
a=.6547619048
b=.2654761905
c=-.0057142857

Interpolationspolynom:
$L(x) = a x^2 + b x + c$
A (0,1 | 0,025); B (0,5 | 0,29); C (0,9 | 0,77)

$$\Rightarrow \begin{pmatrix} 0{,}01 & 0{,}1 & 1 & 0{,}025 \\ 0{,}25 & 0{,}5 & 1 & 0{,}29 \\ 0{,}81 & 0{,}9 & 1 & 0{,}77 \end{pmatrix}$$

$$\underset{\text{"rref"}}{\Rightarrow} \begin{pmatrix} 1 & 0 & 0 & 0{,}671875 \\ 0 & 1 & 0 & 0{,}259375 \\ 0 & 0 & 1 & -0{,}00765 \end{pmatrix}$$

Funktionenplotter:
$L(x) = a x^2 + b x + c$

a = 0,65
b = 0,3
c = 0
y, 1,2, 0,8, 0,4, 0,4, 0,8, 1,2, x

Aufgaben

55 *Streckenzug anstelle von Funktionsgraphen*

In den Sozialwissenschaften wird meist das „Polygonzugmodell" verwendet, also die geradlinige Verbindung der Messpunkte durch einen Streckenzug.
Leiten Sie die Formel zur Berechnung des Gini-Koeffizienten nach der Polygonzugmethode her.

$$G = F_{Dreieck} - F_{Trapeze}$$
$$= \frac{1}{2} - \frac{1}{2} \cdot \sum_{i=0}^{n} (x_{i+1} - x_i) \cdot (y_{i+1} + y_i)$$

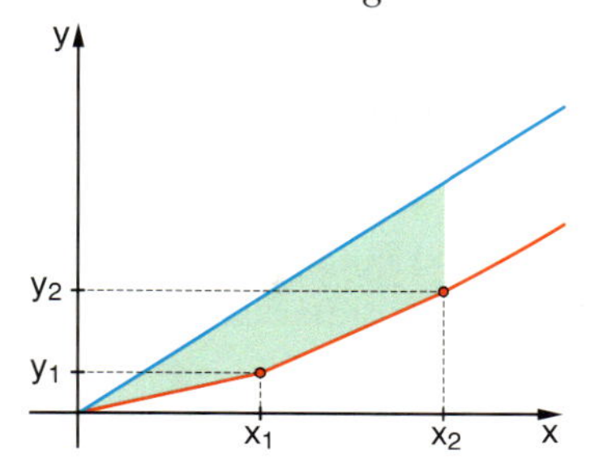

$(x_0 | y_0) = (0 | 0)$
$(x_{n+1} | y_{n+1}) = (1 | 1)$
Vergleichen Sie mit Trapezsummen in 4.1, S. 147

Bestimmen Sie damit die Gini-Koeffizienten zur Einkommenstabelle aus Aufgabe 54. Vergleichen Sie die Werte nach den beiden Methoden.

56 *Gini-Koeffizienten werden in verschiedenen Sachsituationen benutzt*

Ein Markt wird von 4 Anbietern beherrscht:

Firma	A	B	C	D
Anteile	10 %	20 %	30 %	40 %

Umsatz von Einzelhandelsunternehmen:

Umsatz in 10 000 €	0–10	10–50	50–100	100–300
Anzahl	200	300	250	250

Das Einkommen von 500 Angestellten eines Betriebes:

Bruttolohn in €	bis 500	500–1000	1000–1500	1500–2000	2000–2500
Anzahl	75	100	100	200	25

kumulierte Werte berücksichtigen

Nachfrage und Angebot – Konsumentenrente

Angebotsfunktion
In der Regel wird ein Produzent umso mehr produzieren, je höher der Preis einer Ware ist. Ist die Produktionsmenge x hoch, so ist dies ein Zeichen dafür, dass ein guter Preis erzielt werden kann. Die Funktion $p = f(x)$, die diesen Zusammenhang zwischen Produktionsmenge x (gemessen in Mengenheiten ME) und Preis p (gemessen in €/ME) beschreibt, heißt **Angebotsfunktion**. Sie ist in der Regel monoton steigend.

Nachfragefunktion
Das Interesse der Käufer ist entgegengesetzt zu dem des Produzenten. Sie werden in der Regel umso weniger kaufen, je höher der Preis ist. Die Funktion $p = g(x)$, die diesen Zusammenhang zwischen Nachfragemenge x und Preis p beschreibt, heißt **Nachfragefunktion**. Sie ist in der Regel monoton fallend.

Marktgleichgewicht
Die Nachfrage- und Angebotsfunktion schneiden sich im Punkt $G(x_0 | p_0)$. Dieser stellt das Gleichgewicht zwischen Angebot und Nachfrage dar. Bei dem Preis p_0 ist die von den Konsumenten nachgefragte Anzahl x_0 an Mengeneinheiten des Produktes so groß wie die Anzahl der Einheiten, die der Produzent bereit ist, auf den Markt zu bringen. Dieser Preis wird als **Marktpreis** bezeichnet.

Konsumentenrente
Offensichtlich sind Konsumenten laut der Nachfragefunktion aber auch bereit, einen höheren Preis als p_0 zu bezahlen. Der Gesamtbetrag, der von allen Konsumenten „gespart" wird, wenn sie das Produkt zu dem Preis p_0 kaufen, der niedriger ist als der Preis, den sie maximal zu zahlen bereit wären, nennt man **Konsumentenrente K**. Er entspricht offensichtlich gerade dem Inhalt der blau gefärbten Fläche.

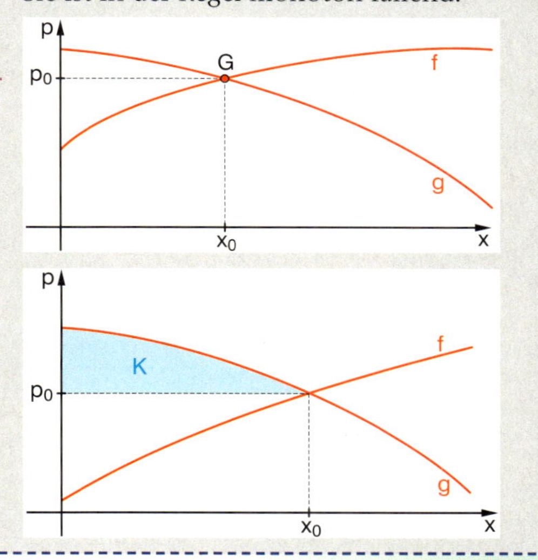

Aufgaben

57 *Konsumentenrente als Integral*

Zeigen Sie, dass die Integralformel die Berechnung der Konsumentenrente liefert.

$$K = \int_0^{x_0} g(x)\,dx - x_0 \cdot p_0$$

Zum Verstehen der Begriffe und Verfahren beschränken wir uns hier bei den Aufgaben auf sehr vereinfachte Modellsituationen.
In Wirklichkeit sind die Angebots- und Nachfragefunktion meist diskreter Natur und in Form komplexer Tabellen gegeben.

58 *Einfaches Modell*

Die Angebots- und Nachfragefunktion sind gegeben durch
$f(x) = 2x + 2$ und $g(x) = 18 - 0{,}5x^2$.
Welche Einnahmen erzielt der Produzent, wenn er zum Marktpreis p_0 verkauft?
Wie groß ist in diesem Fall die Konsumentenrente?

Abschöpfung der Konsumentenrente

Falls es dem Produzenten möglich ist, eine Ware zunächst deutlich über dem Marktpreis anzubieten und dann erst den Preis in bestimmten Stufen abzusenken, kann er einen Teil der Konsumentenrente abschöpfen. Ein solches Vorgehen kann häufig beobachtet werden, wenn zum Beispiel neue attraktive Modelle bei Fernsehgeräten, Computern oder Mobiltelefonen auf dem Markt erscheinen.

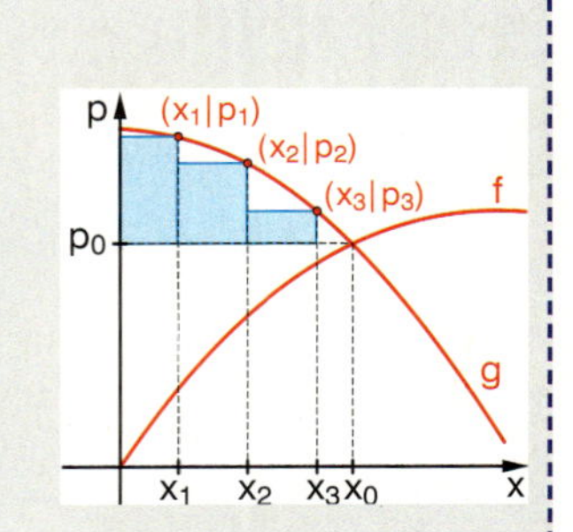

59 *Stufenweises Absenken des Preises auf den Marktpreis*

a) Berechnen Sie den Anteil der Abschöpfung an der Konsumentenrente für die Angebots- und Nachfragefunktion aus Aufgabe 58, wenn die Ware zunächst für 16 €/ME angeboten und erst dann auf den Marktpreis abgesenkt wird.
b) Wie verändert sich dieser Anteil, wenn die Ware zunächst für 17,50 €/ME angeboten wird und dann stufenweise über 16 €/ME und 13,50 €/ME auf den Marktpreis von 10 €/ME abgesenkt wird?

60 *Optimierung*

Die Angebots- und Nachfragefunktion sind gegeben durch $f(x) = x$ und $g(x) = 12 - x^2$.
a) Bestimmen Sie den Marktpreis p_0 und die zugehörige Stückzahl x_0.
b) Nehmen Sie an, dass der Produzent in der Lage ist, die Ware zusätzlich zu einem höheren Preis $p_1 > p_0$ anzubieten. Bestimmen Sie p_1 so, dass dadurch ein möglichst großer Anteil an der Konsumentenrente abgeschöpft wird.

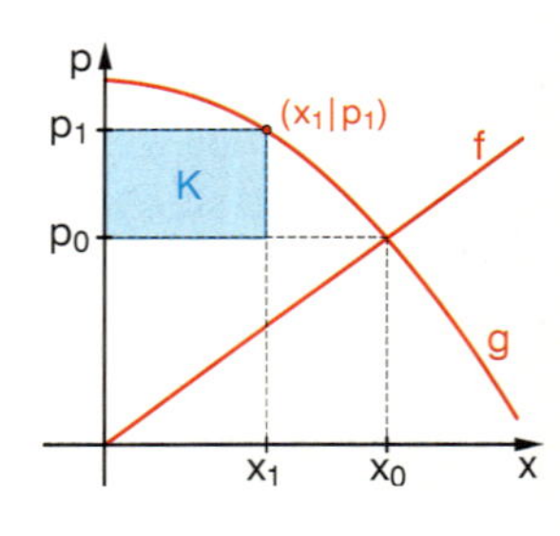

Produzentenrente

Die Produzenten, die bereit gewesen wären, zu einem niedrigeren Preis als dem Marktpreis zu verkaufen, haben aufgrund des erzielten Marktpreises eine Mehreinnahme zu verbuchen. Diese Mehreinnahme wird als **Produzentenrente** P bezeichnet.

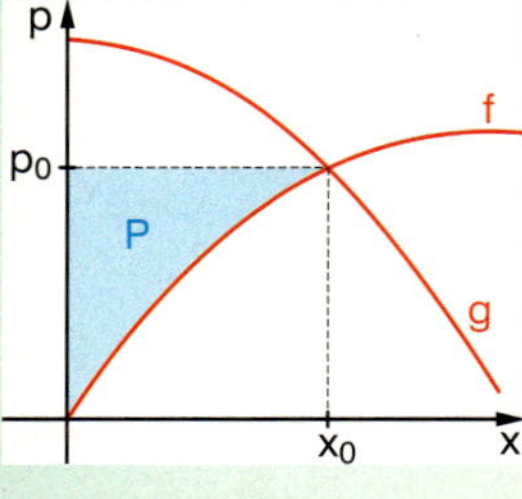

$$P = x_0 \cdot p_0 - \int_0^{x_0} f(x)\,dx$$

61 *Produzentenrente als Integral*

Zeigen Sie, dass die Produzentenrente durch die Formel P berechnet werden kann. Berechnen Sie die Produzentenrente für die Angebots- und Nachfragefunktion aus Aufgabe 58.

CHECK UP

Integralrechnung

1 *Zufluss im Wasserbecken*

Die Grafik zeigt Zu- und Abfluss in einem Wasserbecken. Skizzieren Sie die zugehörige Bestandsfunktion. Was beschreibt diese Funktion?

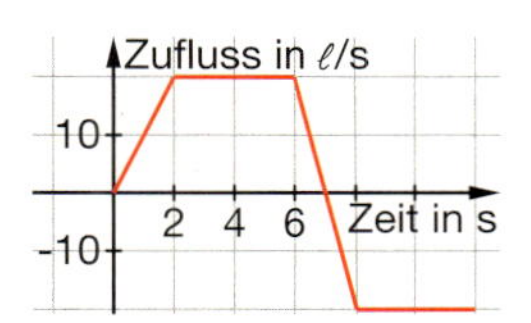

2 *Rekonstruktion*

Rekonstruieren Sie grafisch aus der gegebenen Änderungsratenfunktion die Funktion der Gesamtänderung (Bestandsfunktion).

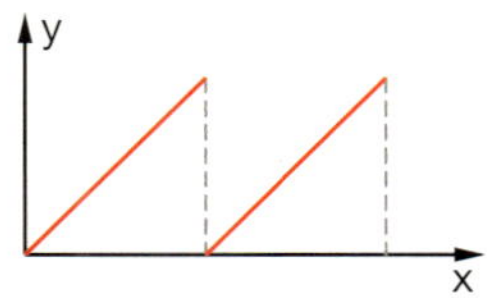

Erfinden Sie eine Situation, die dazu passt. Machen Sie deutlich, was in dieser Situation jeweils die Rolle der Änderungsratenfunktion und der Bestandsfunktion spielt.

3 *Von der Geschwindigkeit zum Weg*

In der Tabelle ist der Geschwindigkeitsverlauf eines Autos während einer Stunde aufgezeichnet (t in min; v in $\frac{km}{h}$).

t	0	5	10	15	20	25	30	35	40	45	50	55	60
v	20	65	90	35	95	80	50	60	35	80	90	75	25

a) Schätzen Sie, wie weit das Auto in dieser Stunde ungefähr gefahren ist.

b) Berechnen Sie einen Näherungswert mithilfe der Trapezmethode und vergleichen Sie mit Ihrem Schätzwert.

c) Skizzieren Sie eine „Kurve", die in etwa die Messwerte der Tabelle erfasst. Skizzieren Sie dazu den Graphen der zugehörigen Bestandsfunktion.

4 *Gärungsprozess*

Der Graph zeigt die Gärungsgeschwindigkeit für Traubenmost (in Liter CO_2 pro Tag). Er kann beschrieben werden durch die Funktion:

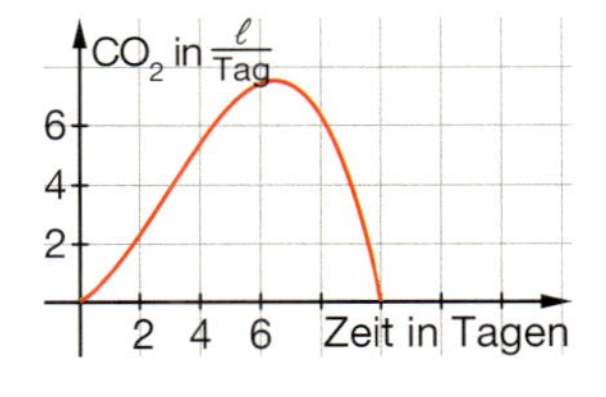

$f'(x) = -0{,}04\,x^3 + 0{,}34\,x^2 + 0{,}64\,x$

a) Beschreiben Sie den Gärungsprozess anhand des Graphen.

b) Geben Sie den Funktionsterm und den Graphen der zugehörigen Bestandsfunktion an. Welche Größe wird damit beschrieben?

c) Welche Menge an CO_2 wurde insgesamt in den 10 Tagen produziert?

5 *Bestands- und Integralfunktion*

Begründen Sie: Die Bestandsfunktion ist eine spezielle Integralfunktion. Was ist das Spezielle daran?

6 *Integralfunktionen*

a) In dem Bild sind die Graphen einer Berandungsfunktion f(x) und einer zugehörigen Integralfunktion $I_1(x)$ dargestellt. Bestimmen Sie die Gleichungen der beiden Funktionen.

b) Vergleichen Sie die Graphen von $I_0(x)$ und $I_2(x)$ mit dem der gezeichneten Integralfunktion.

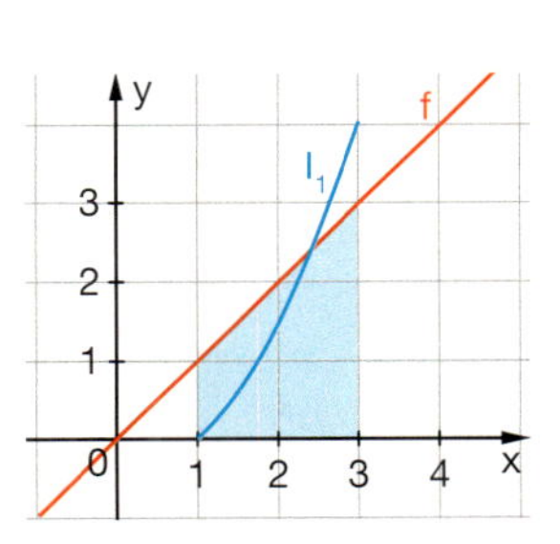

Bestandsfunktion: Rekonstruktion aus dem Änderungsverhalten

Die Bestandsfunktion f(x) wird aus dem gegebenen Änderungsverhalten f'(x) des Bestandes „rekonstruiert".

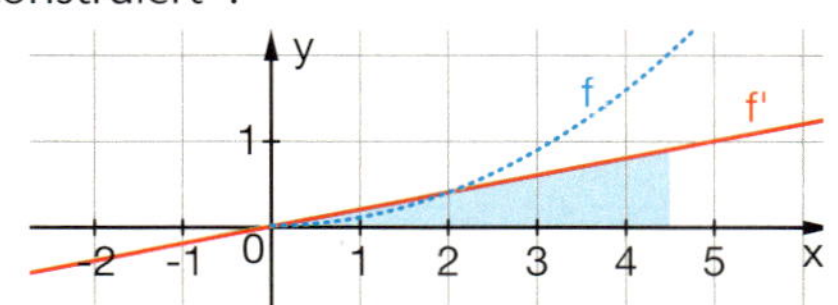

Geometrisch kann man den Funktionswert der Bestandsfunktion an der Stelle x als **orientierten Flächeninhalt** unter dem Graphen der Änderungsratenfunktion von 0 bis x interpretieren.

Änderungsrate	Bestandsgröße
Geschwindigkeit in $\frac{m}{s}$	zurückgelegter Weg in m
Zuflussrate	Wassermenge
Gewinnzufluss	Gesamtgewinn

Trapezformel

Die Summe der Flächeninhalte aller Trapeze

$\Delta x \cdot \left(\frac{1}{2}f(0) + f(x_1) + f(x_2) + \ldots + f(x_{n-1}) + \frac{1}{2}f(b)\right)$

liefert einen Näherungswert für den Inhalt der Fläche, die der Funktionsgraph mit der x-Achse im Intervall [0 ; b] einschließt. Je größer die Anzahl der Trapeze, desto besser die Näherung.

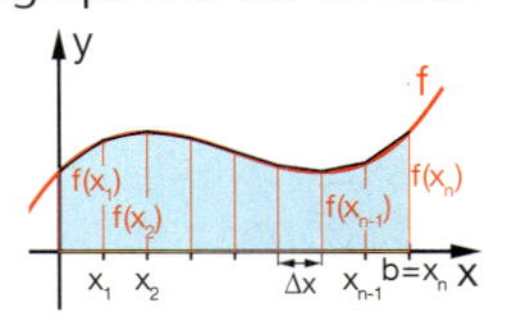

Integralfunktion

Eine Berandungsfunktion f(x) ist auf dem Intervall [a ; b] definiert. Die Funktion, die jedem $x \in [a ; b]$ den orientierten Inhalt der Fläche zuordnet, die f(x) mit der x-Achse zwischen a und x einschließt, nennt man **Integralfunktion $I_a(x)$ zu f(x).**

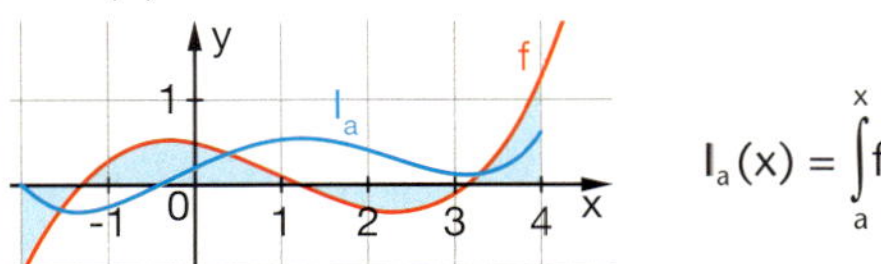

$$I_a(x) = \int_a^x f$$

Eigenschaften der Integralfunktion

(1) $I_a(a) = 0$

(2) Für $a < b < x$ gilt: $I_a(x) = I_b(x) + k$; k konstant

(3) Für $a < b < c$ gilt: $I_a(c) = I_a(b) + I_b(c)$

CHECK UP

Integralrechnung

Stammfunktion
Eine Funktion F(x) heißt Stammfunktion zu f(x), wenn $F'(x) = f(x)$ erfüllt ist.

Wichtige Stammfunktionen

f(x)	c	x^n	$\frac{1}{x^2}$	$\frac{1}{2\sqrt{x}}$	sin(x)
F(x)	$c \cdot x$	$\frac{1}{n+1}x^{n+1}$	$-\frac{1}{x}$	$\sqrt{x}$	$-\cos(x)$

Integrationsregeln

Konstanter Faktor
$$\int_a^x k \cdot f = k \cdot \int_a^x f$$

Summenregel
$$\int_a^x (f+g) = \int_a^x f + \int_a^x g$$

Hauptsatz der Differenzial- und Integralrechnung

1.Teil: $I_a'(x) = f(x)$.

2.Teil: $I_a(x) = \int_a^x f = F(x) - F(a)$

Für den **orientierten Flächeninhalt** unter f(x) in den Grenzen a und b gilt:

$$\int_a^b f = F(b) - F(a)$$

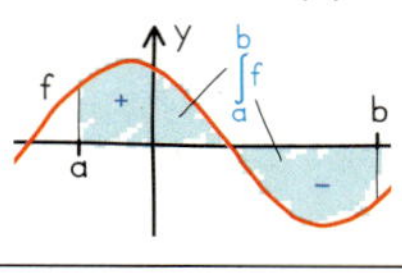

Flächenberechnung mit dem Integral
Fläche zwischen Kurve und x-Achse:
„Von Nullstelle zu Nullstelle integrieren und jeweils den Betrag nehmen"

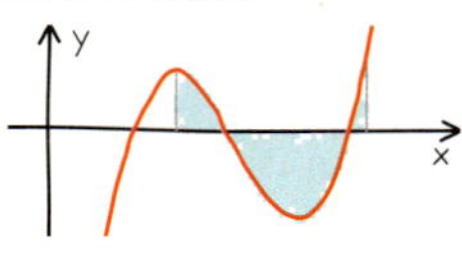

$$A = \left|\int_a^{x_1} f(x)\,dx\right| + \left|\int_{x_1}^{x_2} f(x)\,dx\right| + \left|\int_{x_2}^{b} f(x)\,dx\right|$$

Fläche zwischen zwei Kurven:
„Differenzfunktion von Schnittstelle zu Schnittstelle integrieren und jeweils den Betrag nehmen"

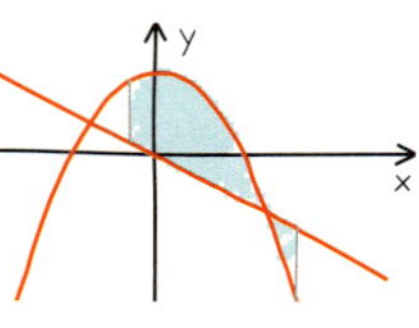

$$A = \left|\int_a^{x_s} (f(x) - g(x))\,dx\right| + \left|\int_{x_s}^{b} (f(x) - g(x))\,dx\right|$$

Integral als Grenzwert von Produktsummen

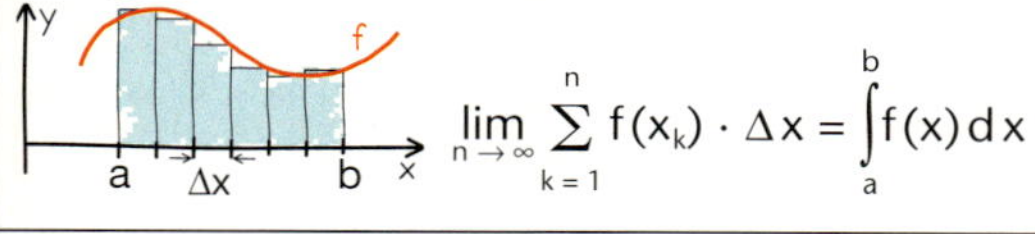

$$\lim_{n\to\infty} \sum_{k=1}^{n} f(x_k) \cdot \Delta x = \int_a^b f(x)\,dx$$

7 *„Aufleiten" und Ableiten*

a) Finden Sie Stammfunktionen zu f(x).

$f_1(x) = 3$ $\quad f_2(x) = 3x - 2$ $\quad f_3(x) = x(x-1)^2$

$f_4(x) = \frac{1}{\sqrt{x}}$ $\quad f_5(x) = -\frac{4}{x^2}$ $\quad f_6(x) = \cos(x)$

b) Geben Sie zu den folgenden Stammfunktionen F(x) jeweils die Ableitungsfunktion f(x) an.

$F_1(x) = x^2$ $\quad F_2(x) = 4x$

$F_3(x) = 2x^3 - \sin(x)$ $\quad F_4(x) = -6x^3 + 0{,}5x^2 - 2x + 3$

8 *Viele Stammfunktionen zu einer Funktion*

Begründen Sie: Wenn F(x) eine Stammfunktion zu f(x) ist, dann ist auch $F(x) + c$, $c \in \mathbb{R}$ eine Stammfunktion zu f(x).

9 *Veranschaulichen und Begründen*

Die Integrationsregel für den konstanten Faktor k wird auch in der folgenden Form formuliert: $\int_a^b k \cdot f(x)\,dx = k \cdot \int_a^b f(x)\,dx$

a) Veranschaulichen Sie dies anhand einer Skizze.

b) Beweisen Sie die Regel mithilfe des Hauptsatzes der Differenzial- und Integralrechnung.

10 *Orientierte Flächeninhalte*

Ⓘ
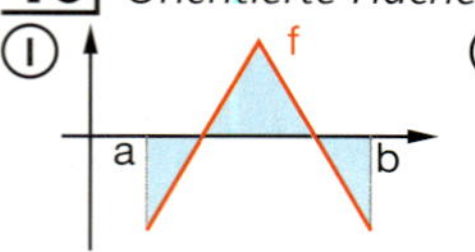

Ⓘⓘ
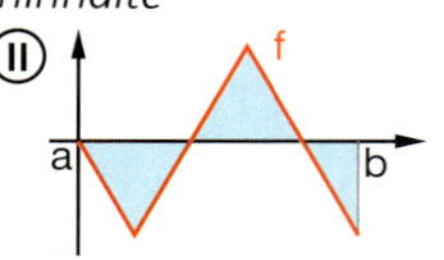

Ⓘⓘⓘ
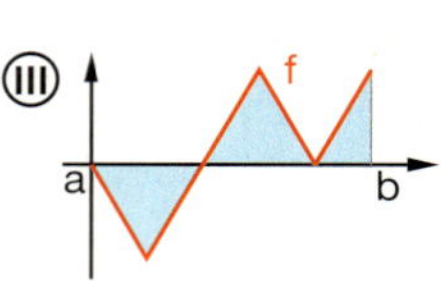

a) Prüfen Sie jeweils, ob $\int_a^b f(x)\,dx$ kleiner, größer oder gleich 0 ist.

b) Berechnen Sie den orientierten Flächeninhalt zwischen dem Graphen von f(x) und der x-Achse im Intervall [a ; b].

(1) $f(x) = 3x + 1$, [2 ; 3] $\quad$ (2) $f(x) = 2 - x^2$, [−2 ; 2]

Flächenberechnungen

11 Bestimmen Sie den Inhalt der Fläche, die der Graph von f(x) im Intervall [a ; b] mit der x-Achse einschließt.

a) $f(x) = x^3 - x$, [−1 ; 2] $\quad$ b) $f(x) = 0{,}5x^3 - x^2 - 4x$, [−2 ; 4]

12 Vergleichen Sie das Integral von f in den Grenzen zwischen a und b mit dem Flächeninhalt unter dem Graphen von f im Intervall [a ; b].

a) $f(x) = x^3$, [−2 ; 2] $\quad$ b) $f(x) = 0{,}25x^4 - x^2$, [−2 ; 0]

c) $f(x) = 1 - \sqrt{x}$, [0 ; 4]

13 Welchen Inhalt schließen die Graphen der Funktionen f und g zwischen ihren Schnittstellen ein?

a) $f(x) = 6 - x$; $g(x) = x^2 - 6x + 10$

b) $f(x) = 5 - 0{,}5x^2$; $g(x) = x^2 + 3x + 0{,}5$

14 Durch den Wendepunkt des Graphen von $f(x) = x^3 - 3x^2$ wird eine Parallele zur y-Achse gezogen. Diese Parallele zerlegt die Fläche, die der Graph von f mit der x-Achse einschließt, in zwei Teilflächen. In welchem Verhältnis stehen die Inhalte der beiden Teilflächen zueinander?

15 *Vokabellernen*

Beim Auswendiglernen von Vokabeln wird die Lernrate (Anzahl der neu gelernten Wörter pro Minute) durch die Funktionsgleichung $L(t) = -0{,}009\,t^2 + 0{,}2\,t$ beschrieben.

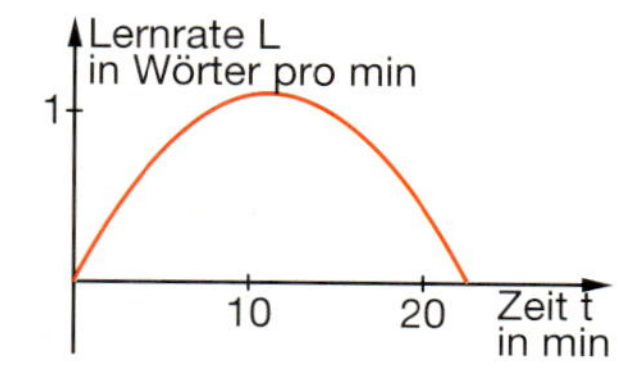

a) Beschreiben Sie den Lernvorgang anhand des Graphen.
b) Wie viele Wörter wurden in den ersten 10 Minuten gelernt, wie viele Wörter bis zum Zeitpunkt, an dem die Lernrate auf null gesunken ist?

16 *Rotationskörper*

Die Fläche zwischen den Graphen der Funktionen $f(x) = x^2$ und $g(x) = \sqrt{x}$ rotiert um die x-Achse. Beschreiben Sie die Form des dabei entstehenden Rotationskörpers und berechnen Sie sein Volumen.

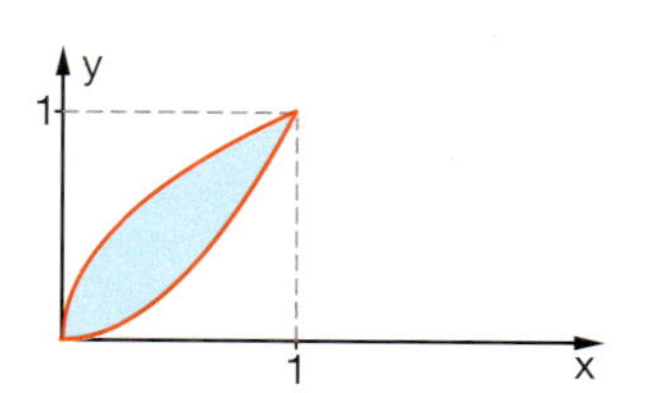

17 *Länge eines Hauptkabels bei der Golden Gate Bridge*

Bei der Golden Gate Bridge in San Francisco ist die Höhe der Pfeiler über der Fahrbahn etwa 150 m, die Pfeiler sind etwa 1280 m voneinander entfernt.

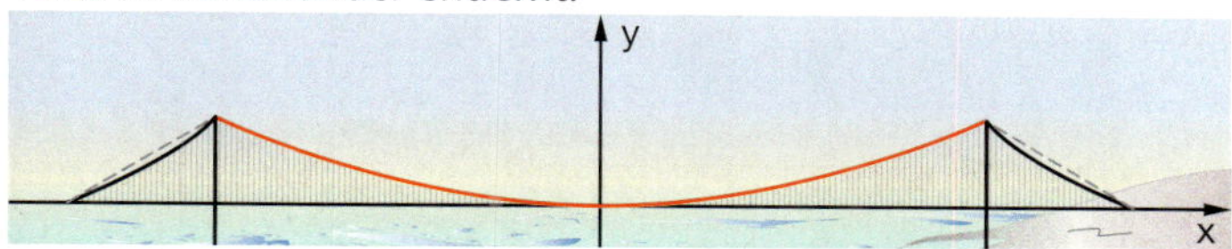

Zeigen Sie, dass das parabelförmig durchhängende Hauptseil durch die Funktion $f(x) = 0{,}000\,37\,x^2$ modelliert werden kann. Schätzen Sie die Länge des Hauptkabels und überprüfen Sie mit dem Integral (GTR).

18 *Uneigentliche Integrale*

Existieren die beiden Grenzwerte $\lim\limits_{c \to \infty} \int_a^c f(x)\,dx$ mit $a > 0$ und $\lim\limits_{c \to 0} \int_b^c f(x)\,dx$ mit $b < c < 0$ für die Funktion $f(x) = \frac{2}{x^2}$?

Stützen Sie Ihre Vermutungen durch konkrete Berechnungen für verschiedene obere Grenzen c und begründen Sie dann mithilfe der Stammfunktion.

19 *Ein schöner Herbsttag*

Der Temperaturverlauf an einem Herbsttag kann gut durch die Funktion
$f(x) = -0{,}01\,x^3 + 0{,}3\,x^2 - 1{,}3\,x + 4$
modelliert werden.

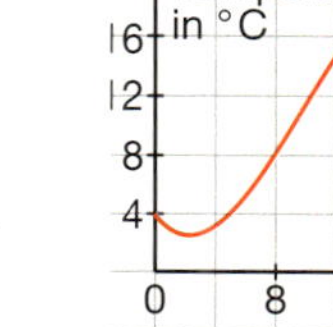

Beschreiben Sie den Graphen des Temperaturdiagramms und bestimmen Sie die Maximal- und Minimaltemperatur.
Berechnen Sie die durchschnittliche Temperatur mithilfe des Integrals und vergleichen Sie mit $\frac{(x_{min} + x_{max})}{2}$.

CHECK UP

Integralrechnung

Rekonstruktion aus Änderungen

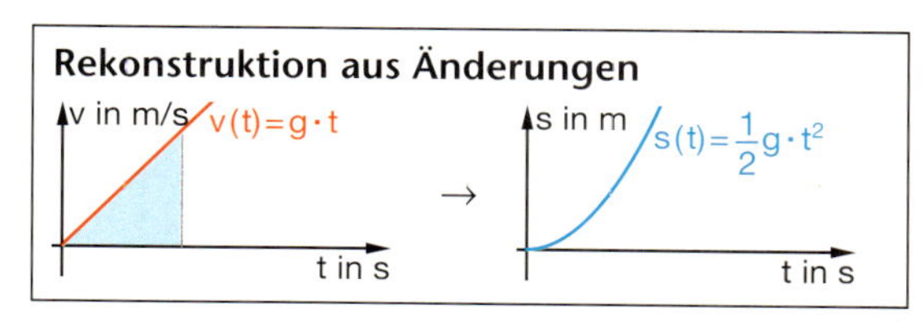

Berechnung der Volumina von Rotationskörpern

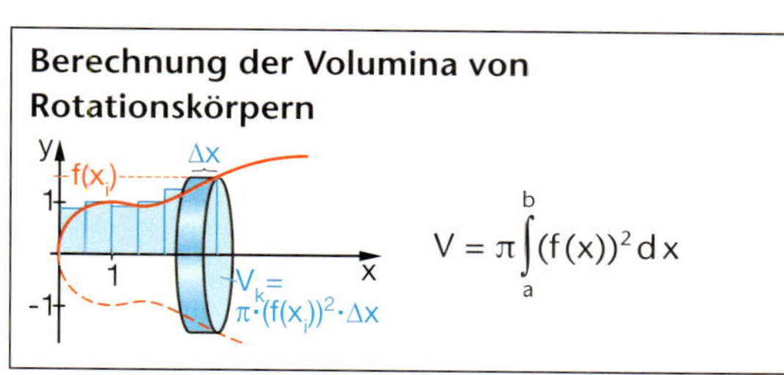

$$V = \pi \int_a^b (f(x))^2\,dx$$

Berechnung von Bogenlängen

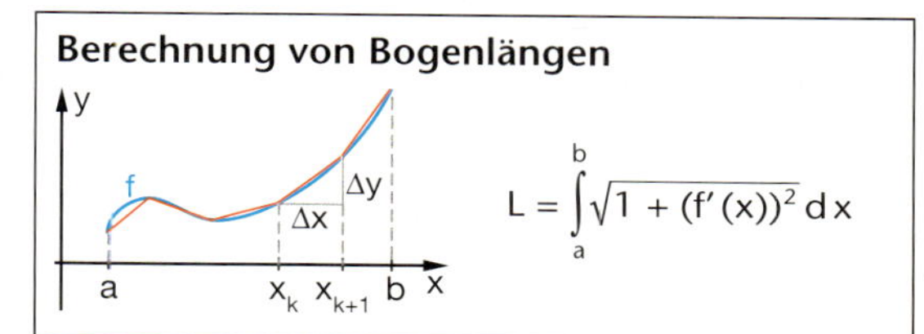

$$L = \int_a^b \sqrt{1 + (f'(x))^2}\,dx$$

Uneigentliche Integrale

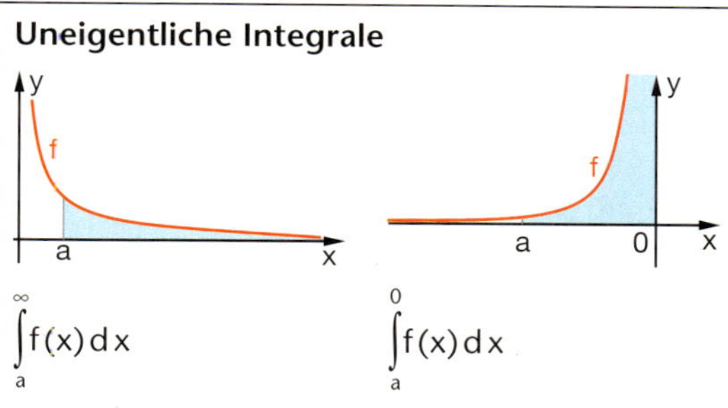

$$\int_a^\infty f(x)\,dx \qquad \int_a^0 f(x)\,dx$$

Man untersucht diese Integrale, indem man überprüft, ob die Grenzwerte existieren.

$$\lim_{c \to \infty} \int_a^c f(x)\,dx \qquad \lim_{c \to 0} \int_a^c f(x)\,dx$$

Mittelwert einer Funktion auf einem Intervall

Der Mittelwert einer stetigen Funktion f(x) im Intervall [a ; b]:

$$y_m = \frac{1}{b-a} \int_a^b f(x)\,dx$$

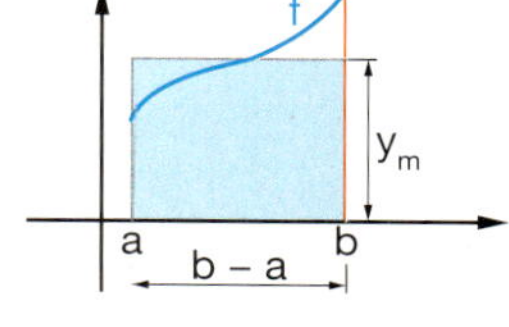

Der Flächeninhalt unter dem Graphen wurde in ein flächeninhaltsgleiches Rechteck mit der Höhe y_m und der Breite $(b - a)$ verwandelt.

Sichern und Vernetzen – Vermischte Aufgaben

Training

1 *Funktionen und Stammfunktionen*

a) Bestimmen Sie jeweils den fehlenden Eintrag.

Funktion f(x)	$x+1$	■	$x(x^2-1)$	$\sqrt{x}$	■	$\cos(x)$	■
Stammfunktion F(x)	■	$0{,}5x^2-4$	■	■	$\sqrt{x}$	■	$\cos(x)$

b) Finden Sie jeweils eine Stammfunktion.

(1) $f(x) = 2x + t$ (2) $f(t) = 2t + x$ (3) $f(x) = a(x-b)^2$ (4) $f(x) = x^2(x-b)$

2 *Integralfunktion abschnittsweise definiert*

Die Funktion f(x) einer Zuflussrate ist abschnittsweise definiert. In den Bildern ist jeweils der Graph der zugehörigen Bestandsfunktion g(x) gezeichnet.

(A)

$f_1(x) = $ ■, $0 \le x < 2$

$f_2(x) = 5 - x$, $2 \le x < 6$

$f_3(x) = $ ■, $6 \le x \le 10$

(B)

$f_1(x) = 0{,}5x^2$, $0 \le x < 2$

$f_2(x) = $ ■, $2 \le x < 4$

$f_3(x) = $ ■, $4 \le x < 8$

$f_4(x) = $ ■, $8 \le x \le 10$

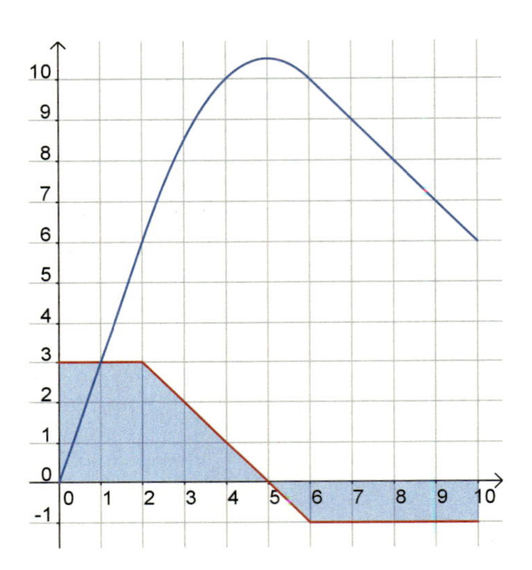

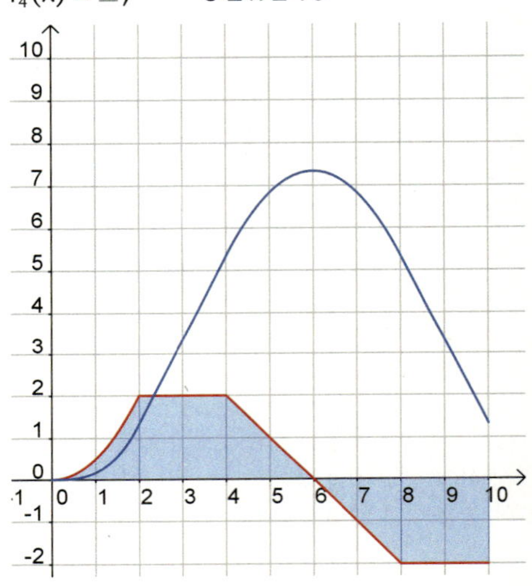

a) Bestimmen Sie jeweils die zugehörigen Funktionsgleichungen von f(x) und g(x) in den entsprechenden Abschnitten.

b) In welchen Abschnitten ist g monoton steigend, in welchen monoton fallend? Begründen Sie mithilfe der Zuflussrate.

3 *Integrale bestimmen*

Es sei $\int_a^b f(x)\,dx = c$ gegeben.

Bestimmen Sie jeweils den fehlenden Eintrag und fertigen Sie zu jeder Teilaufgabe eine aussagekräftige Skizze an.

Es sind verschiedene Einträge möglich.

a)	a	b	c	f(x)
(1)	1	3	■	$3x^2-1$
(2)	−2	■	7	$2x-2$
(3)	■	1	−15	$4x^3$
(4)	0	2	6	$mx+n$

b)	a	b	c	f(x)
(1)	−3	1	■	x^3-4x
(2)	−2	■	0	$5x^4-3x^2$
(3)	■	2	$\frac{5}{3}$	$x^2-\frac{1}{2}x$
(4)	−1	2	9	$3kx^2+t$

Flächeninhalte bestimmen

4 Ermitteln Sie jeweils den Inhalt der blauen Fläche.

(1)

(2)
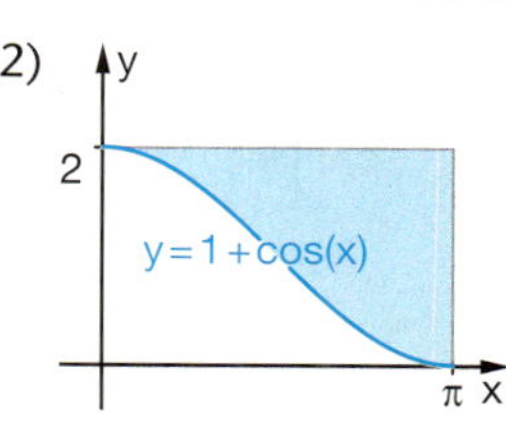

(3)
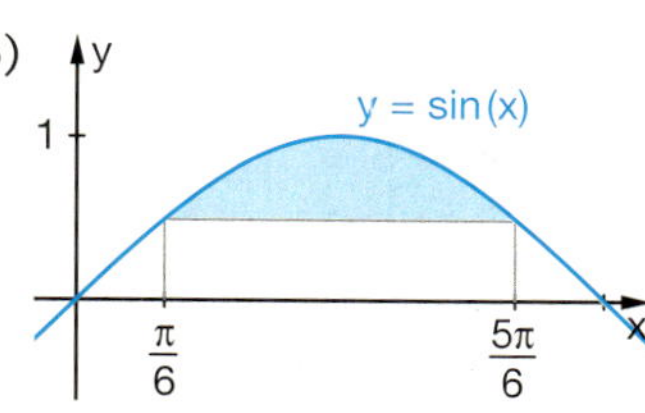

(4)

(5)
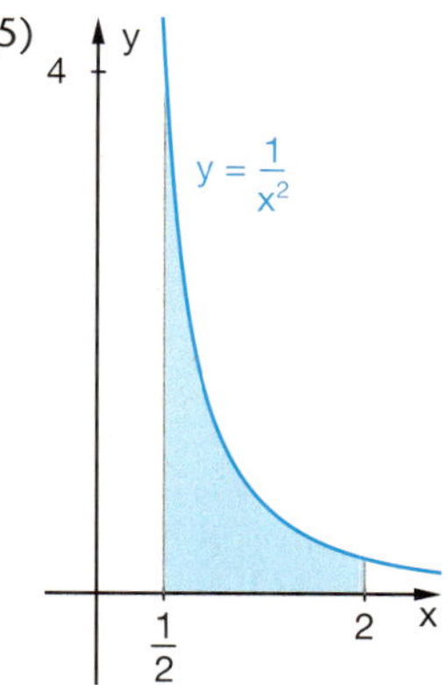

(6)
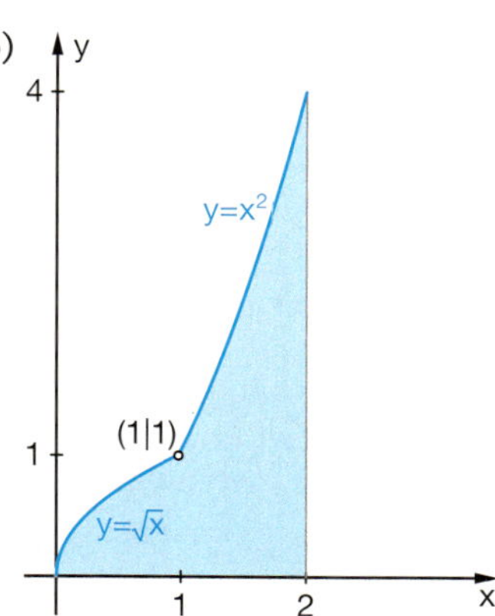

5 Ermitteln Sie den Inhalt der Fläche, die f mit der x-Achse einschließt.

a) $f(x) = 9 - x^2$ b) $f(x) = x^3 - x$ c) $f(x) = x^3 + \frac{3}{2}x^2 - 10x$

d) $f(x) = x(x-1)(x+3)$ e) $f(x) = 2x + x^2$ f) $f(x) = (x^2 - 9)(x^2 + 1)$

6 Ermitteln Sie den Inhalt der Fläche, die f und g einschließen.

a) $f(x) = -\frac{1}{2}x^2 + 4$, $g(x) = x^2 + 1$ b) $f(x) = x^2 - 1$, $g(x) = x + 1$ c) $f(x) = x^3 + x^2 - 6x$, $g(x) = -4x$ d) $f(x) = x^2(x-3)$, $g(x) = x - 3$

Aufgabe 6, 7 und 9:
GTR, CAS oder CD benutzen

7 Bestimmen Sie den Inhalt des abgebildeten Flächenstücks, das von den Graphen der folgenden drei Funktionen begrenzt wird:

$f_1(x) = -0{,}5(x-1)^2 + 2$

$f_2(x) = -0{,}5(x+1)^2 + 2$

$g(x) = \frac{(x-3)(x+3)}{3}$

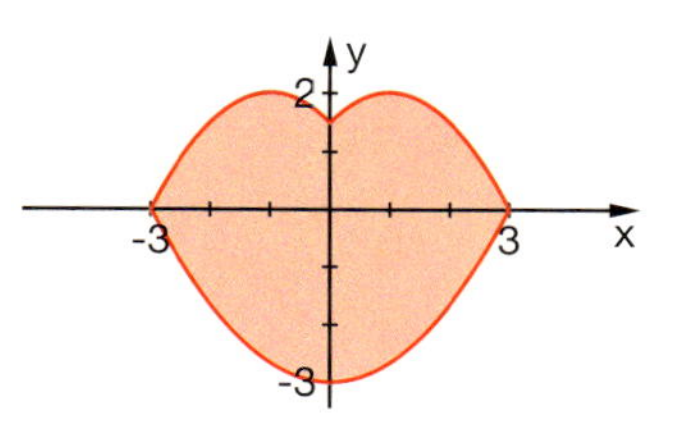

8 *Flächeninhalte und Mittelwerte*

Berechnen Sie jeweils den Inhalt der Fläche unter dem Graphen und den Mittelwert der Funktion im Intervall [a ; b].

a) $f(x) = 0{,}5x^2$, [0 ; 2] b) $g(x) = \frac{1}{x^2}$, [0,5 ; 2] c) $h(x) = \cos(x)$, [1 ; 2]

9 *Bogenlänge, Flächeninhalt und Rotationsvolumen*

Berechnen Sie jeweils im Intervall [a ; b] die Länge des Bogens, den Inhalt der Fläche unter dem Graphen und das Rotationsvolumen, wenn die Fläche um die x-Achse rotiert.

a) $f(x) = x^2$, [1 ; 2] b) $g(x) = \sqrt{x}$, [1 ; 2] c) $h(x) = \sin(x)$, [0 ; π]

Verstehen von Begriffen und Verfahren

10 *Lastkähne*

Die Abbildung zeigt das Geschwindigkeit-Zeit-Diagramm der Lastkähne Luise und Kurt, die auf dem Küstenkanal in die gleiche Richtung fahren.

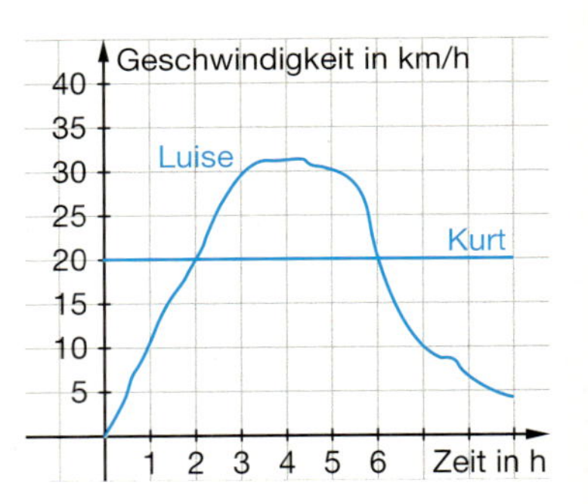

a) Beschreiben Sie die Fahrten von Luise und Kurt in dem gegebenen Zeitintervall.

b) Wann ist Luise vorn, wann Kurt? Wie sieht das nach neun Stunden aus? Wie weit sind beide dann gefahren?

11 Welches Objekt hat in den 10 Sekunden den größten Weg zurückgelegt?

(A)
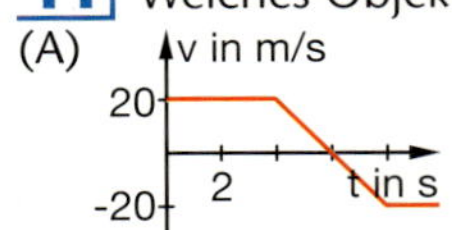

(B)
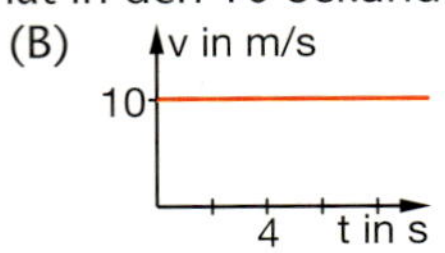

(C)
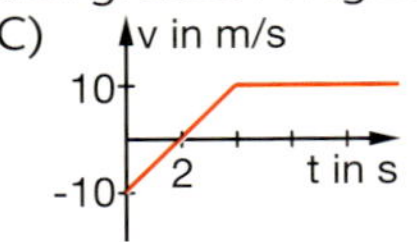

(D)
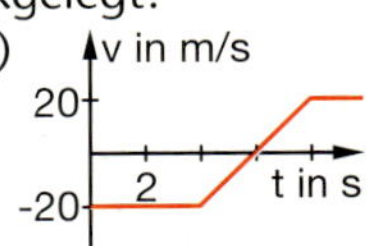

12 *Aus einem amerikanischen Lehrbuch*

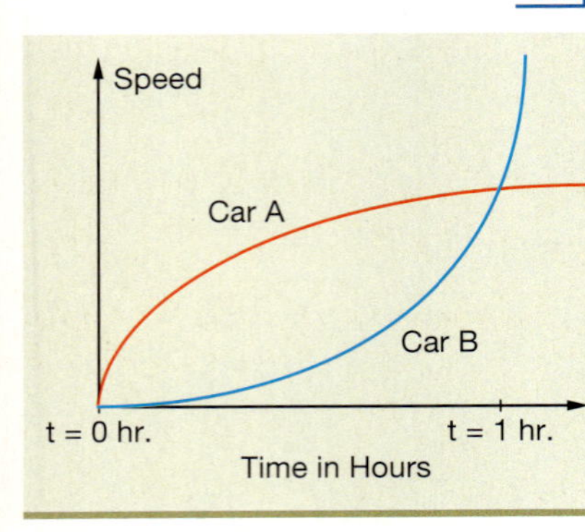

The given graph represents velocity vs. time for two cars. Assume that the cars start from the same position and are traveling in the same direction.

a) State the relationship between the position of car A and that of car B at t = 1 hr. Explain.

b) State the relationship between the velocity of car A and that of car B at t = 1 hr. Explain.

c) State the relationship between the acceleration of car A and that of car B at t = 1 hr. Explain.

d) How are the positions of the two cars related during the time interval between t = 0.75 hr and t = 1hr? (That is, is one car pulling away from the other?) Explain.

13 *Begriffe*

Ordnen Sie der Größe nach.

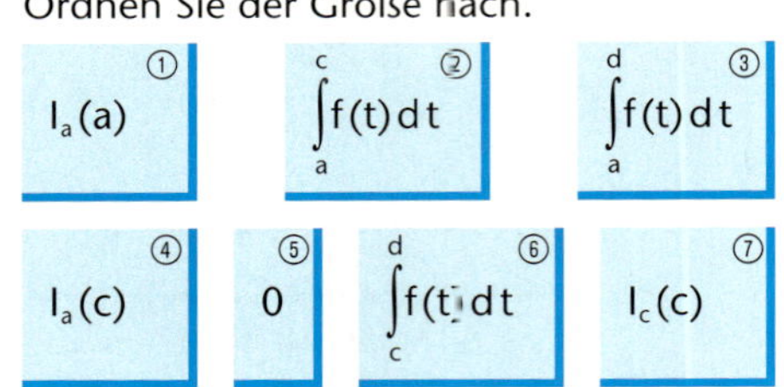

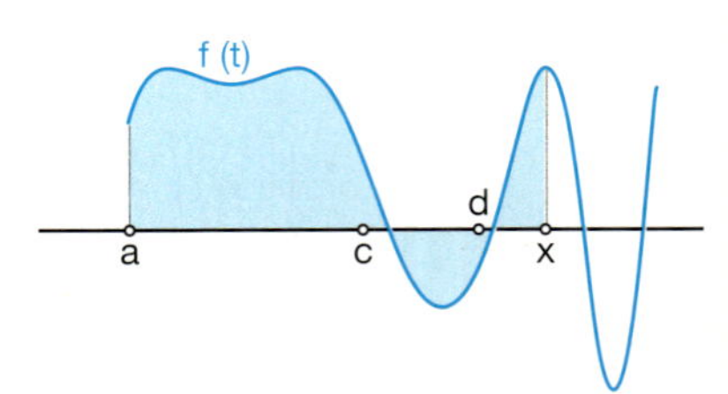

14 *Terme veranschaulichen*

Die Funktion F(x) ist eine Stammfunktion von f(x). Veranschaulichen Sie die Terme am Graphen von f.

y, f, a, b, x

a) $f(b) - f(a)$

b) $\frac{f(b) - f(a)}{b - a}$

c) $F(b) - F(a)$

d) $\frac{F(b) - F(a)}{b - a}$

e)
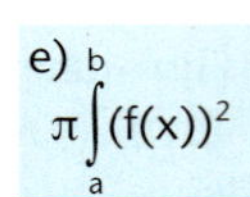
$\pi \int_a^b (f(x))^2$

f)
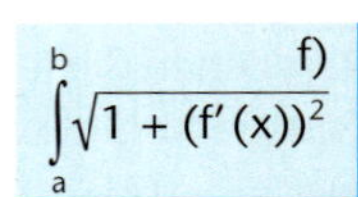
$\int_a^b \sqrt{1 + (f'(x))^2}$

15 *Veranschaulichen und begründen*

a) Geben Sie jeweils Intervalle [a ; b] mit a < 0 und b > 0 so an, dass für $f(x) = x^3 - 4x$ gilt:

(1) $\int_a^b f(x)\,dx > 0$ (2) $\int_a^b f(x)\,dx = 0$ (3) $\int_a^b f(x)\,dx < 0$

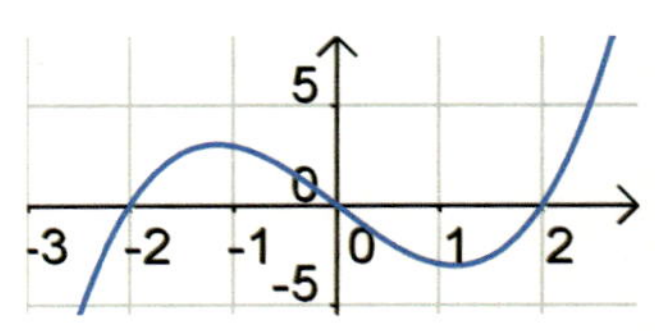

Veranschaulichen und begründen Sie durch Skizzen.

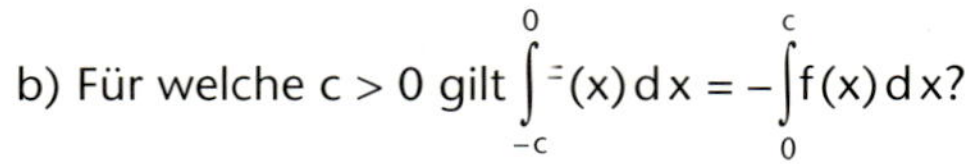
b) Für welche c > 0 gilt $\int_{-c}^{0} f(x)\,dx = -\int_0^c f(x)\,dx$?

16 Welche der Aussagen sind wahr? Begründen Sie.

(A) Es gilt stets $\int_a^b f(x)\,dx = \int_b^a f(x)\,dx$.

(B) Jede Integralfunktion $\int_a^x f(t)\,dt$ ist eine Stammfunktion.

(C) Jede Stammfunktion ist eine Integralfunktion.

(D) Für $a < b < c$ gilt: $\int_a^b f(x)\,dx + \int_b^c f(x)\,dx = \left|\int_a^b f(x)\,dx\right| + \left|\int_b^c f(x)\,dx\right|$

17 *Wie alles zusammen passt*

Die Geschwindigkeit eines Körpers kann durch die Funktionsgleichung $v(t) = -\frac{1}{2}t^2 + \frac{5}{2}t + 3$ im Intervall $[0; 4]$ beschrieben werden.

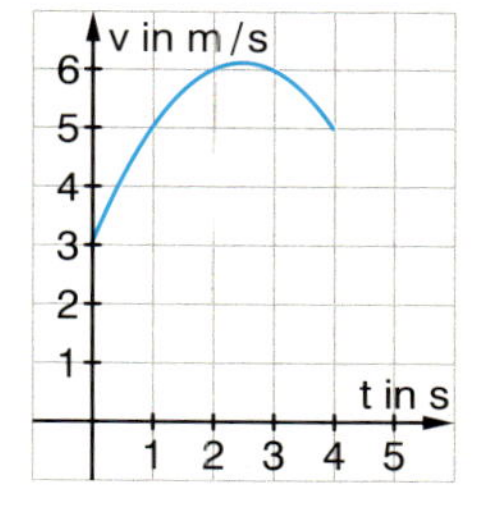

a) Bestimmen Sie die Anfangs- und die Endgeschwindigkeit des Körpers. Berechnen Sie die durchschnittliche Geschwindigkeit des Körpers im gegebenen Zeitintervall mithilfe eines Integrals. Veranschaulichen Sie den Wert im Geschwindigkeit-Zeit-Diagramm.

b) Rekonstruieren Sie aus der Geschwindigkeit-Zeit-Funktion die zugehörige Weg-Zeit-Funktion $s(t)$ im Intervall $[0; 4]$. Welche Wegstrecke legt der Körper im angegebenen Zeitintervall zurück?

c) Berechnen Sie die durchschnittliche Geschwindigkeit mithilfe des Differenzenquotienten $\frac{s(4) - s(0)}{4 - 0}$. Veranschaulichen Sie den Wert im Weg-Zeit-Diagramm.

d) Passen a) und c) zusammen? Begründen Sie.

18 *Rotationsintegral*

Ist f eine in $[a; b]$ stetige Funktion, so entsteht bei Rotation (um die x-Achse) der Fläche zwischen dem Schaubild von f und der x-Achse über $[a; b]$ ein Körper mit dem Rauminhalt

$$V = \pi \int_a^b (f(x))^2\,dx.$$

a) Begründen Sie anhand einer Skizze, warum hinter dem Integralzeichen das Quadrat von $f(x)$ steht und woher der Faktor π kommt.

b) Berechnen Sie mithilfe der obigen Formel das Volumen des Rotationskörpers für $f(x) = \sqrt{9 - x^2}$ im Intervall $[-3; 3]$.

c) Berechnen Sie das Integral $V = \pi \int_2^3 (f(x))^2\,dx$. Von welchem Körper wird damit das Volumen berechnet?

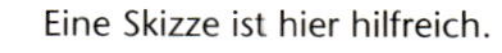
Eine Skizze ist hier hilfreich.

19 *Vergleichen von Flächen, Bogenlängen und Rotationsvolumina*

a) Die Graphen der Funktionen $f(x) = \sqrt{x}$ und $g(x) = 2\sqrt{x}$ schließen jeweils mit der x-Achse im Intervall $[0; 2]$ eine Fläche A_f bzw. A_g ein. Vergleichen Sie die Flächeninhalte.

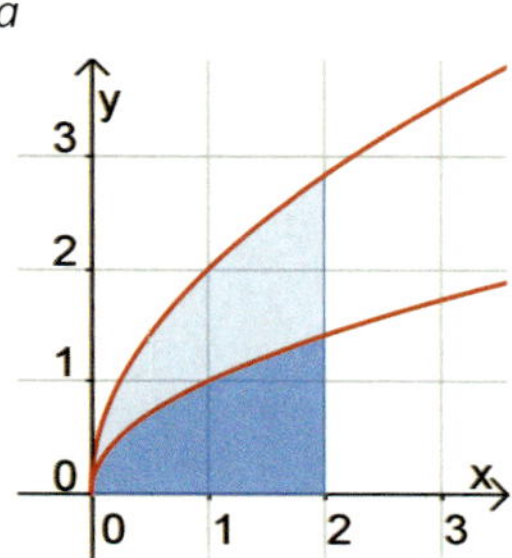

b) Was vermuten Sie über das Verhältnis der Rotationsvolumina, wenn die beiden Flächen um die x-Achse rotieren? Überprüfen Sie durch Nachrechnen.

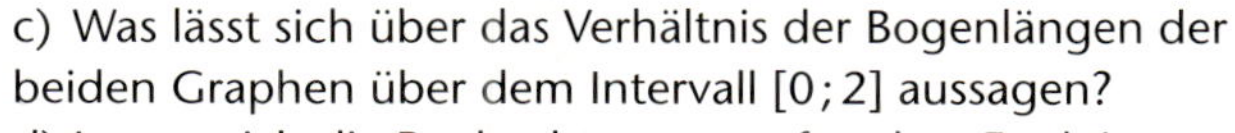
c) Was lässt sich über das Verhältnis der Bogenlängen der beiden Graphen über dem Intervall $[0; 2]$ aussagen?

d) Lassen sich die Beobachtungen auf andere Funktionen $f(x)$ und $g(x) = 2 \cdot f(x)$ übertragen?

Anwenden und Modellieren

20 *Von der Emissionsrate zum Gesamtausstoß*

Nach einem Unfall in einer Fabrik tritt ein giftiges Gas aus. Von der Werksfeuerwehr wird die abnehmende Emissionsrate des Gases in mg/min gemessen.

Zeit in min	60	120	180	240
Gasemission in $\frac{mg}{min}$	9,0	2,4	0,8	0,1

Man will nun abschätzen, welche Gasmenge innerhalb der ersten 4 Stunden in etwa freigesetzt wurde. Erläutern Sie Ihr Vorgehen. Was können Sie zur Genauigkeit Ihres Schätzwertes sagen?

21 *Datenübertragung*

kbit ist die Einheit zur Messung der Datenmenge.

Wenn mit einem Computer Daten aus dem Internet geladen werden, kann man auf dem Bildschirm ständig die Übertragungsrate ablesen. Der Wert der Übertragungsrate ist in der Regel nicht konstant. Die Übertragungsrate wird in kbit/s gemessen.

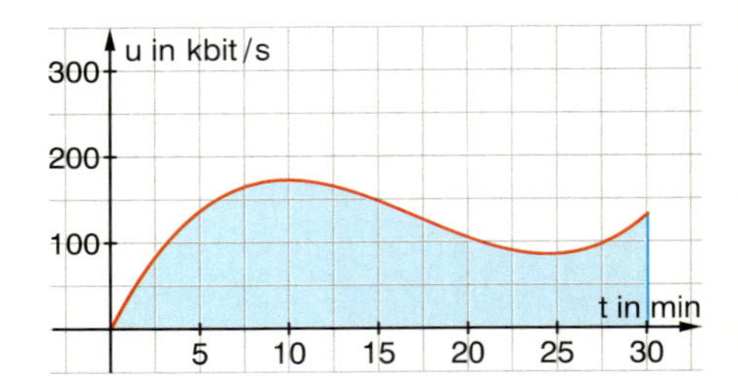

Bei einem Ladevorgang ergab sich eine Übertragungsratenfunktion mit der Gleichung $u(t) = 20 \cdot \left(\frac{t^3}{360} - \frac{t^2}{7} + 2t + 2\right)$. Der Übertragungsvorgang dauerte 30 Sekunden.
Wie groß waren die minimale und die maximale Übertragungsrate während des Vorgangs? Wie groß war die durchschnittliche Übertragungsrate?
Wie groß war die gesamte übertragene Datenmenge? Zu welchem Zeitpunkt war die Hälfte der Datenmenge übertragen?

22 *Von der Beschleunigung zum Weg*

Zeit t in Sekunden
Geschwindigkeit v(t) in m/s
Weg s(t) in Meter
$s(0) = 0$, $v(0) = 0$
1 m/s = 3,6 km/h

Ein Sportwagen beschleunigt aus dem Stand ($t = 0$) bis zum Erreichen der Höchstgeschwindigkeit ($t = t_1$) mit der abnehmenden Beschleunigung
$a(t) = 5 - 0{,}25\,t + 0{,}003125\,t^2$.
Dann ist $a(t_1) = 0$.
Wie lange beschleunigt das Auto?
Wie groß ist die Höchstgeschwindigkeit?
Welche Strecke hat das Auto bis zum Erreichen der Höchstgeschwindigkeit zurückgelegt?

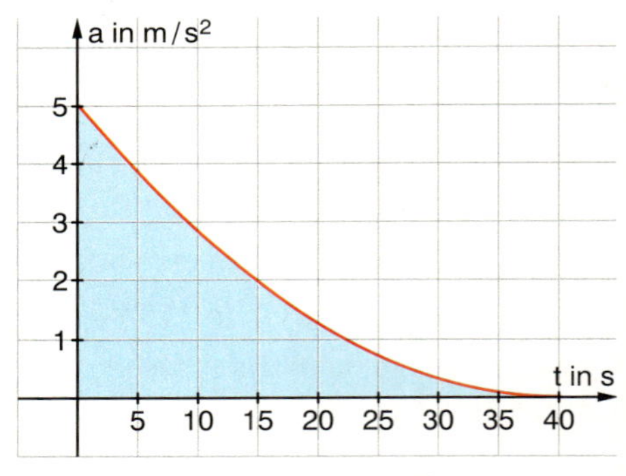

Wie groß ist die Durchschnittsgeschwindigkeit im Beschleunigungsintervall?

23 *Stickstofftank*

Ein Stickstofftank soll betankt werden.
Die Funktion $f(t) = -\frac{1}{3}t^3 + 4t + 2$ gibt die Füllrate in 10 Liter pro Minute an.
Zu Beginn des Vorgangs enthält der Tank noch 20 Liter. Aus Sicherheitsgründen wird dieser nur zu 92 % befüllt, welche erreicht sind, wenn die Füllrate auf null abgesunken ist.
Wie lange dauert die Betankung und wie groß ist das gesamte Fassungsvermögen des Tanks?

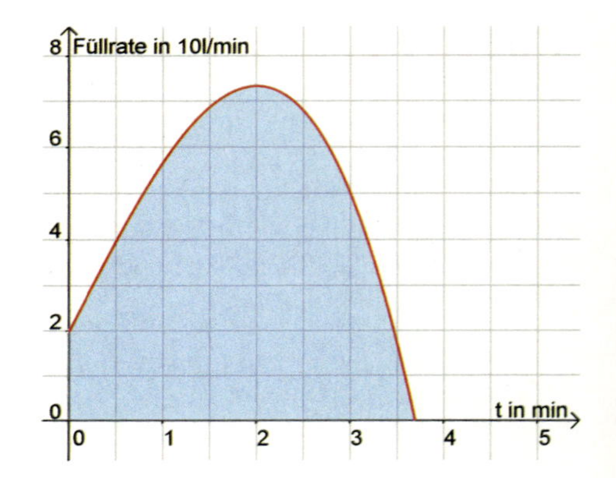

24 *„Ein Straußenei entspricht 25 bis 35 Hühnereiern." – Kann das sein?*

a) Die Berandung des Straußeneis kann durch drei Parabeln modelliert werden. Die Parabel g im Bild verläuft durch die Punkte B, C und D: $g(x) = -0{,}21x^2 + 1{,}02x + 0{,}67$
Bestimmen Sie die noch fehlenden Parabeln f(x) (durch die Punkte A und B) und h(x) (durch die Punkte D und E). Die Steigungen dieser Parabeln in den Stoßpunkten B und D sollen jeweils mit denen der Parabel g übereinstimmen.

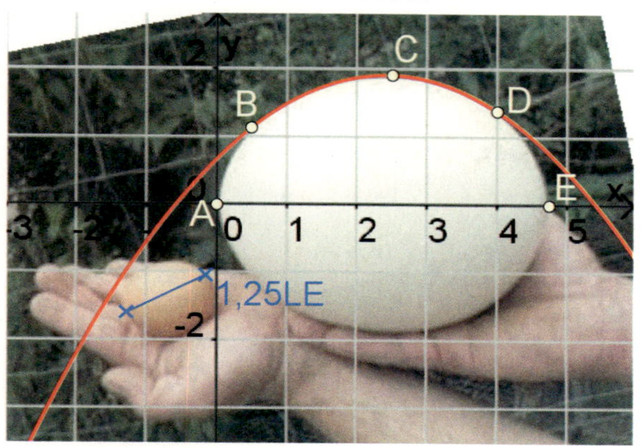

A(0|0), B(0,5|1,12), C(2,5|1,9), D(4|1,38), E(4,75|0)
Das kleine Hühnerei liefert den Maßstab: Wir nehmen an, dass das Hühnerei 5 cm lang ist, das entspricht 1,25 LE im Bild. Damit folgt: 1 LE ≙ 4 cm.

b) Berechnen Sie das Volumen des Straußeneis und vergleichen Sie mit dem Volumen des Hühnereis, das ungefähr 40 cm³ beträgt.

25 *Wurzelbecher nach Maß*

Ein Becher entsteht durch Rotation der blau gefärbten Fläche um die x-Achse. Welche Höhe h muss der Becher haben, damit das Rotationsvolumen ungefähr 200 cm³ beträgt?

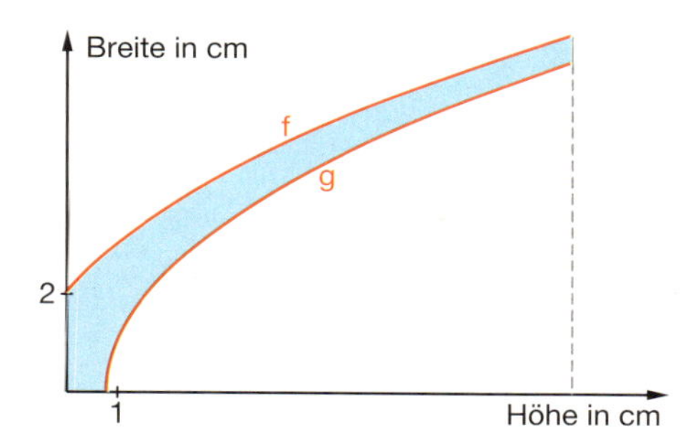

Die beiden Funktionen lauten:
$f(x) = \sqrt{5x + 4}$
$g(x) = \sqrt{5x - 4}$

26 *Pulverturm in Oldenburg*

Der Pulverturm in Oldenburg ist ein letztes Andenken an die mittelalterliche Stadtbefestigung. Heute finden in dem ehemaligen Pulverlager und Eiskeller Kunstausstellungen statt.

a) Mithilfe der nebenstehenden Daten kann die Kuppel als Rotationskörper modelliert werden. Welchen Rauminhalt nimmt das Gebäude ein?

b) Man will den Inhalt des Innenraums abschätzen und weiß, dass die Mauer im zylindrischen Teil ca. 1,5 m und im Kuppeldach 0,25 m dick ist. Welche Schwierigkeiten treten im mathematischen Verfahren auf?

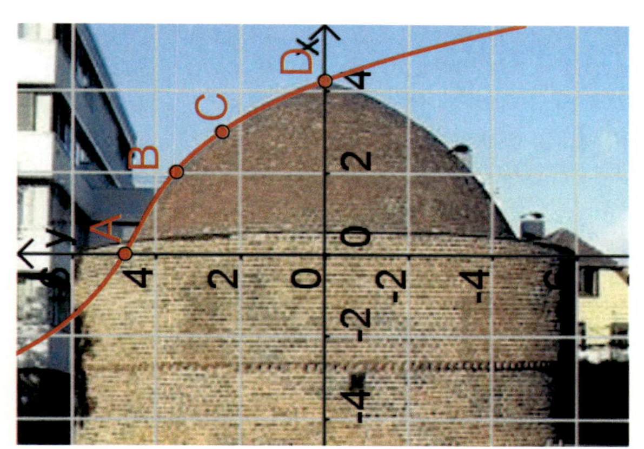

Der Durchmesser des zylindrischen Teils (des Geschützturms) beträgt ca. 12 m. Die Punkte A(0|4,75), B(2|3,54), C(3|2,44) und D(4,25|0) liegen auf dem Kuppeldach.
Begründen Sie die besondere Wahl der Lage des Koordinatensystems (x-Achse senkrecht).

Kommunizieren und Präsentieren

27 *Begriffe und Formeln*

In den Feldern finden Sie viele Begriffe und Formeln, die bei der Einführung und Anwendung des Integrals aufgetaucht sind. Ergänzen Sie diese und ordnen Sie sie in einer Mind-Map. Erläutern Sie anschließend wichtige Teile dieser Mind-Map an charakteristischen Beispielen.

Integralfunktion	Bestandsfunktion	Uneigentliches Integral	$\int_a^b f = F(b) - F(a)$
$L = \int_a^b \sqrt{1 + (f'(x))^2}\,dx$	$\lim\limits_{n \to \infty} \sum_{k=1}^{n} f(x_k) \cdot \Delta x = \int_a^b f(x)\,dx$		Summenregel $\int_a^x (f + g) = \int_a^x f + \int_a^x g$
Flächeninhalte	$I_a(x) = \int_a^x f$	Hauptsatz der Differenzial- und Integralrechnung	
Rotationsvolumen	Rekonstruktion aus dem Änderungsverhalten	$I_a'(x) = f(x)$	Grenzwert von Produktsummen
Trapezformel	$\int_a^x f = F(x) - F(a)$	Mittelwert einer Funktion	
$y_m = \frac{1}{b-a}\int_a^b f(x)\,dx$	Bogenlänge		$\lim\limits_{c \to \infty} \int_a^c f(x)\,dx$

28 *Forschungsaufgabe*

a) Zeichnen Sie den Graphen von $f(x) = x^3 - 3x^2$. Ermitteln Sie die Koordinaten des Hochpunktes $H(a|f(a))$, des Tiefpunktes $T(b|f(b))$ und des Wendepunktes $W(c|f(c))$.

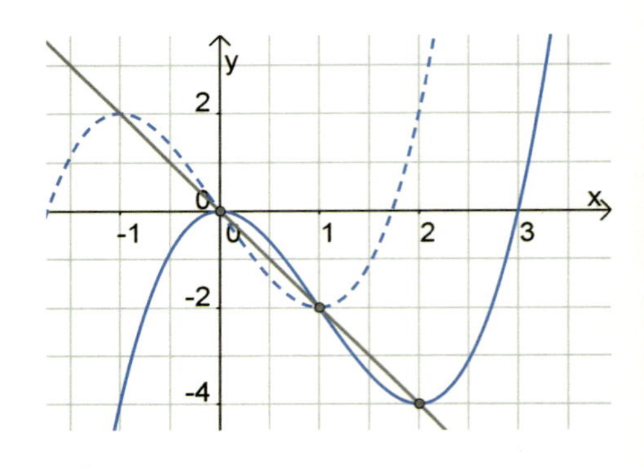

Zeichnen Sie die Gerade g durch die Punkte H und T und bestimmen Sie deren Gleichung $y = g(x)$. Hat die Gerade g einen weiteren Schnittpunkt mit dem Graphen von f? Bestimmen Sie gegebenenfalls dessen Koordinaten.
Berechnen Sie dann das Integral $\int_a^b (f(x) - g(x))\,dx$.
Überrascht Sie das Ergebnis?

b) Führen Sie die gleichen Schritte mit der Funktion $f_1(x) = x^3 + 9x^2 + 16x - 7$ durch. Welche Ergebnisse erwarten Sie?

c) Formulieren Sie eine Vermutung, die auf alle Funktionen dritten Grades mit Hoch- und Tiefpunkt zutrifft. Versuchen Sie einen Beweis Ihrer Vermutung. Informieren Sie sich dazu nochmals über Transformationen der Graphen und Symmetrieeigenschaften im Koordinatensystem.

6 Erweiterung der Differenzialrechnung

Den Kern dieses Kapitels bildet der erste Lernabschnitt, in dem es um Ableitungsregeln geht. Diese werden hier nun auch für Produkte, Quotienten und die Verkettung von Funktionen behandelt. Im dritten und vierten Lernabschnitt werden diese Ableitungsregeln bei der Untersuchung rationaler und trigonometrischer Funktionen angewendet. Dabei werden auch Funktionenscharen betrachtet.

Zur Untersuchung von Funktionenscharen und speziellen Ortskurven stellt der Lernabschnitt 6.2 Methoden und Strategien bereit.

6.1 Neue Ableitungsregeln – Produkt-, Quotienten-, Kettenregel

Mithilfe der Produktregel, der Quotientenregel und der Kettenregel lassen sich die Ableitungen zusammengesetzter Funktionen aus den Ableitungen der Grundfunktionen berechnen. Damit lassen sich auch weitere Anwendungen – z.B. beim Optimieren – mit den Mitteln der Differenzialrechnung erschließen. In einfachen Fällen kann man auch Regeln für das Finden von Stammfunktionen angeben.

Kettenregel

$k(x) = f(g(x))$
$k'(x) = f'(g(x)) \cdot g'(x)$

$x \to g(x) \to f(g(x))$

f: äußere Funktion
g: innere Funktion

6.2 Funktionenscharen und Ortskurven

Funktionsterme mit Parametern führen zu Funktionenscharen. Besondere Punkte der Funktionen einer Schar liegen auf **Ortskurven**, mit deren Hilfe man die Schar oft genauer beschreiben und charakterisieren kann.

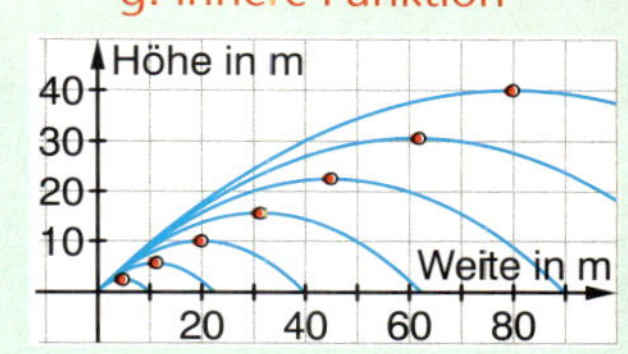

Flugbahnen eines Golfballs

6.3 Rationale Funktionen

Wenn man den Quotienten aus zwei Polynomen bildet, erhält man einen neuen Funktionstyp, eine **rationale Funktion**. An deren Graphen lassen sich vielfältige neue Muster entdecken. Dabei bewähren sich die Untersuchungsmethoden mithilfe der Ableitungen.
Interessante Kurvenscharen und Ortskurven treten auch in Anwendungssituationen auf.

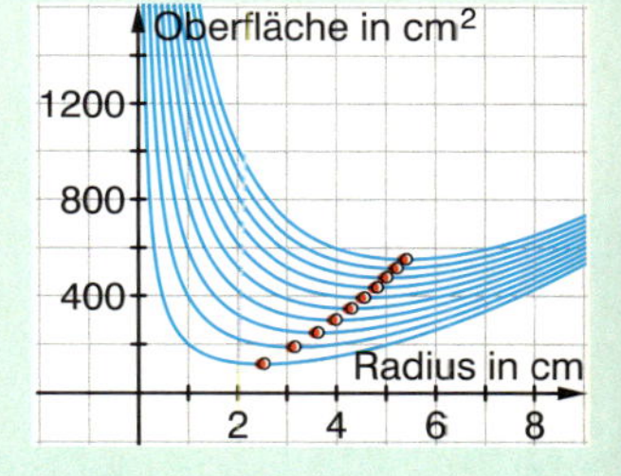

Materialverbrauch für eine Konservendose

6.4 Trigonometrische Funktionen

Besondere Bedeutung kommt den trigonometrischen Funktionen für die Modellierung periodischer Vorgänge zu.
Die dabei wichtigen Eigenschaften wie Amplitude, Periodenlänge oder Phasenverschiebung tauchen als Parameter in den entsprechenden Modellfunktionen auf.
Mithilfe der Ableitungen dieser Funktionen lassen sich Aussagen über Geschwindigkeit und Beschleunigung der periodischen Vorgänge treffen.

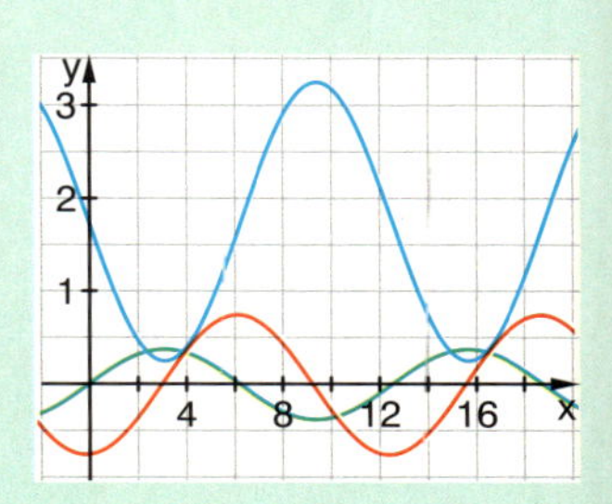

Ebbe im Hafen

6.1 Neue Ableitungsregeln – Produkt-, Quotienten-, Kettenregel

Was Sie erwartet

Ableitungsregeln erlauben eine schnelle Berechnung der Ableitung, ohne jedes Mal auf die Definition der Ableitung über den Grenzwert des Differenzenquotienten zurückgreifen zu müssen. Mit den Ihnen bisher bekannten Regeln lässt sich die Ableitung jeder ganzrationalen Funktion bestimmen, da diese durch Multiplikation mit konstanten Faktoren und Addition aus Potenzfunktionen entsteht. Andere Funktionen entstehen durch Multiplikation, Division oder die Verkettung von einfachen Grundfunktionen. Für diese Verknüpfungen von Funktionen lassen sich ebenfalls entsprechende Ableitungsregeln herleiten.

Aufgaben

1 *Zusammenbauen – Verknüpfen von Funktionen*

Die beiden Funktionen $g(x) = \sin(x)$ und $h(x) = 0{,}5x + 1$ werden auf verschiedene Weisen miteinander verknüpft.

Dadurch entstehen neue Funktionen:

$s(x) = g(x) + h(x)$	Summe
$p(x) = g(x) \cdot h(x)$	Produkt
$q(x) = \frac{g(x)}{h(x)}$	Quotient

Rechts finden Sie die Graphen der drei Funktionen jeweils zusammen mit den Graphen der Ausgangsfunktionen.

a) Entscheiden Sie ohne Nutzung des GTR, welcher Graph zu welcher Funktion gehört. Können Sie den Kurvenverlauf jeweils erklären? Beschreiben Sie Besonderheiten.

b) Geben Sie die jeweiligen Funktionsterme von s(x), p(x) und q(x) an. Bestimmen Sie, soweit es gelingt, die Ableitungen „per Hand" und überprüfen Sie mit der Sekantensteigungsfunktion. Warum gelingt die algebraische Bestimmung der Ableitung nicht immer?

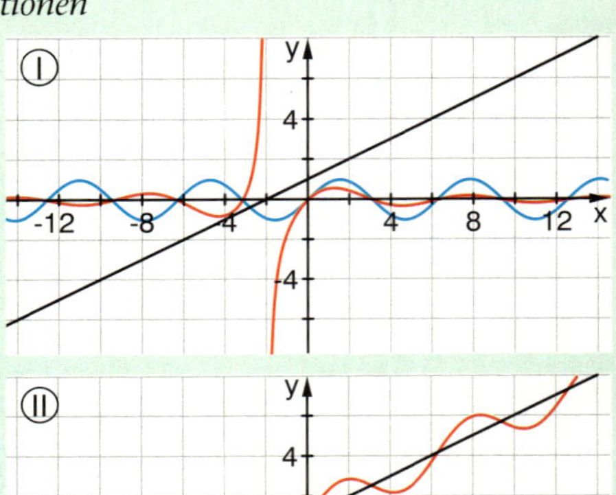

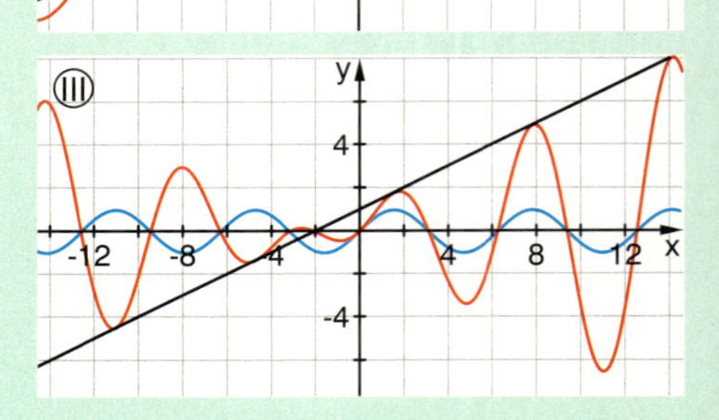

GRUNDWISSEN

Formulieren Sie die folgenden Ableitungsregeln in Worten und geben Sie jeweils ein Beispiel an.

Konstanter Summand	Konstanter Faktor	Summe
$f(x) = g(x) + c$	$f(x) = a \cdot g(x)$	$f(x) = g(x) + h(x)$
$f'(x) = g'(x)$	$f'(x) = a \cdot g'(x)$	$f'(x) = g'(x) + h'(x)$

Bestimmen Sie die Ableitung von $f(x) = 3x^5 - 2x^3 + 1$ und geben Sie an, welche Ableitungsregeln Sie dabei im Einzelnen benutzt haben.

Aufgaben

2 *Verketten*

Die Verkettung ist eine ganz besondere „Verknüpfung" zweier Funktionen f und g. Hierbei werden die Funktionen hintereinander ausgeführt, d. h. zuerst wird mit g der Funktionswert g(x) ermittelt und auf diesen Funktionswert wird dann die Funktion f angewendet.

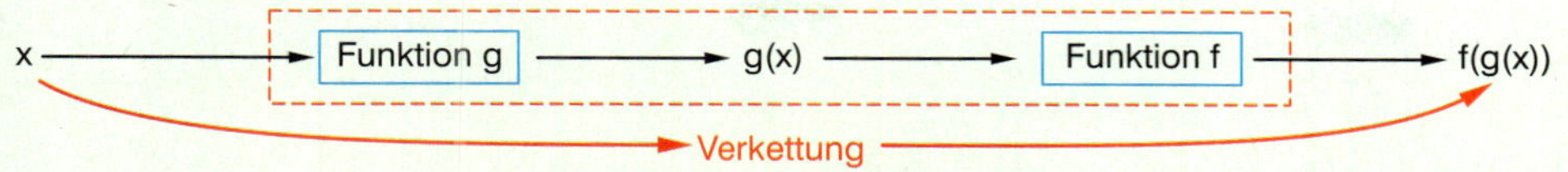

Beispiel: $f(x) = x^2$; $g(x) = x + 1$

Es gibt zwei Möglichkeiten, f mit g zu verketten. Man kann zunächst g ausführen und dann auf das Ergebnis f anwenden oder umgekehrt.

x	f(x)	g(f(x))
−3	9	10
−1	■	2
0	■	■
2	■	■
4	■	■
a	■	■

x	g(x)	f(g(x))
−3	■	■
−1	■	■
0	■	■
2	3	9
4	■	■
a	■	■

x → f(x) → g(f(x))

x → g(x) → f(g(x))

a) Füllen Sie die Tabelle aus. Ergänzen Sie die Tabelle ggf. mit weiteren x-Werten und skizzieren Sie damit die Graphen von g(f(x)) und f(g(x)).
Wie lauten die Funktionsgleichungen von g(f(x)) bzw. f(g(x))?

b) Man kann die Hintereinanderausführung auch mit dem GTR durchführen. Überprüfen Sie damit a).
Untersuchen Sie die Verkettungen von $f_1(x) = 2x + 1$; $f_2(x) = \sin(x)$; $f_3(x) = x^2$. Wählen Sie jeweils zwei Funktionen aus, erzeugen Sie die Graphen der Hintereinanderausführungen und bestimmen Sie die Funktionsterme (insgesamt also sechs Funktionen). Überprüfen Sie die Ergebnisse mit dem GTR.

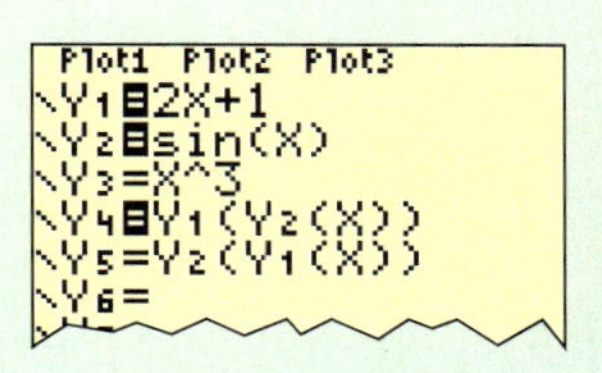

3 *Mit Knobeln und Puzzeln zur Produktregel*

In dem Bild sind die Graphen der Funktionen $f(x) = \sqrt{x}$ und $g(x) = x^2 + 1$, der Produktfunktion $p(x) = f(x) \cdot g(x)$ und der Sekantensteigungsfunktion zu p:

$\text{msek}(x) = \frac{p(x + 0{,}00001) - p(x)}{0{,}00001}$ dargestellt.

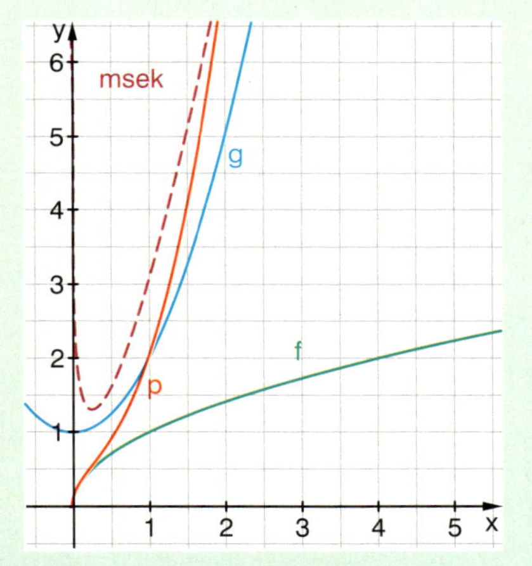

Mit dem GTR oder der Computersoftware können Sie das Bild in einem passenden Ausschnitt selbst erzeugen.

a) Lässt sich die Ableitung der Produktfunktion $p(x) = f(x) \cdot g(x)$ nach der einfachen Ableitungsregel $p'(x) = f'(x) \cdot g'(x)$ berechnen?
Überprüfen Sie durch Vergleich mit der Sekantensteigungsfunktion.

So einfach wie bei der Summe von Funktionen ist es offensichtlich nicht.

b) Wie sieht die richtige Ableitungsregel für das Produkt zweier Funktionen aus? Soviel sei verraten: Bei der Ableitung p'(x) spielen sowohl die Funktionswerte f(x) und g(x), als auch die Ableitungswerte f'(x) und g'(x) eine Rolle. Für die obigen Funktionen können Sie diese vier Werte an einer Stelle berechnen, ebenso einen sehr guten Näherungswert für p'(x) mithilfe der Sekantensteigungsfunktion.

Füllen Sie die Tabelle vollständig aus. Versuchen Sie, die vier Funktions- und Ableitungswerte an der Stelle 1 mithilfe von Addition und Multiplikation so zusammenzusetzen, dass sich der Wert msek(1) ergibt.

x	f(x)	g(x)	f'(x)	g'(x)	msek(x)
1	1	2	0,5	2	~3
4	■	■	■	■	20,25
9	■	■	■	■	■
	■	■	■	■	■

$1 + 2 \cdot 0{,}5 + 2 \neq 3$
ein misslungener Versuch

Es kann verschiedene Möglichkeiten geben.

Formulieren Sie Ihr Ergebnis als vorläufige Ableitungsregel und überprüfen Sie mit den Werten der weiteren Zeilen der Tabelle.

Aufgaben

4 *Ein Blick in die Formelsammlung*

Die „Produktregel“ und die „Quotientenregel“ sind in Kurzform als Merkregeln aufgeführt.

$y = u\,v$

$y' = u'v + u\,v'$ **(Produktregel)**

$y = \frac{u}{v}$ $(v \neq 0)$

$y' = \frac{u'v - u\,v'}{v^2}$ **(Quotientenregel)**

a) Formulieren Sie die Regeln in ausführlicher Notation, also mit

$p(x) = f(x) \cdot g(x)$ und $q(x) = \frac{f(x)}{g(x)}$.

b) Wenden Sie die Regeln auf folgende Funktionen an:

$f(x) = (x^2 - 2x) \cdot (5x - 4)$; $g(x) = \frac{x^2}{x+1}$; $h(x) = x \cdot \sin(x)$; $i(x) = \frac{x^3 - 3x}{x}$

$\text{msek}(x) = \frac{f(x + 0{,}001) - f(x)}{0{,}001}$

→ GTR oder CD

Überprüfen Sie Ihre Ergebnisse auf dem Rechner mithilfe der Sekantensteigungsfunktion. In zwei Fällen können Sie auch durch eine vorangehende Termumformung der Ausgangsfunktion die Ableitung mit bekannten Regeln finden und damit die Überprüfung vornehmen.

c) Dennis bestimmt die Ableitung von $f(x) = \frac{x^4}{x}$ mit der Quotientenregel, Mesut mit der Produktregel und Laura behauptet, dass sie dazu keine der beiden Regeln braucht. Wie geht das? Zeigen Sie, dass alle drei zu dem gleichen Ergebnis kommen.

$\frac{d}{dx}$ bedeutet: Leiten Sie den Term in der Klammer nach x ab.

5 *Kettenregel mit CAS entdecken*

Mit dem CAS wurden einige Ableitungen von verketteten Funktionen berechnet.

Algebra | Calc | Other | PrgmIO | Clean Up

$\frac{d}{dx}(\sin(x^2))$ $2 \cdot x \cdot \cos(x^2)$

$\frac{d}{dx}(\sin(x^3))$ $3 \cdot x^2 \cdot \cos(x^3)$

$\frac{d}{dx}(\sin(x^4))$ $4 \cdot x^3 \cdot \cos(x^4)$

a) Erkennen Sie ein Muster? Formulieren Sie eine Ableitungsregel für verkettete Funktionen.

$f(g(x))' = \ldots$

Überprüfungsmöglichkeiten: CAS, Sekantensteigungsfunktion, Termumformung

b) Überprüfen Sie Ihre gefundene Regel an folgenden Funktionen:

$f(x) = \cos(x^2)$ $g(x) = (x^3 - 2x)^4$ $h(x) = \sqrt{4x^2}$

6 *Differenzenquotienten zeigen den Weg zur Kettenregel*

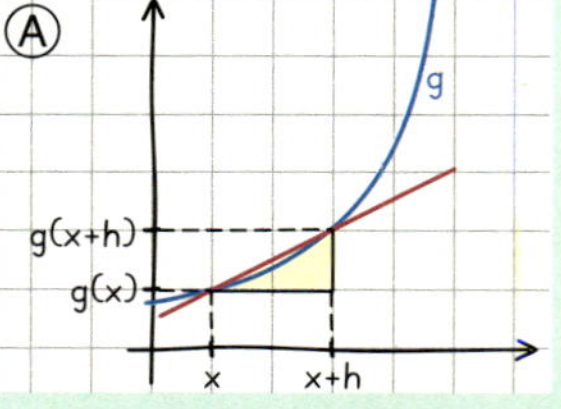

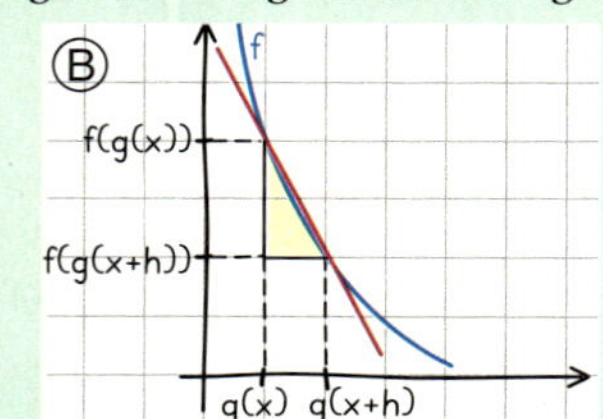

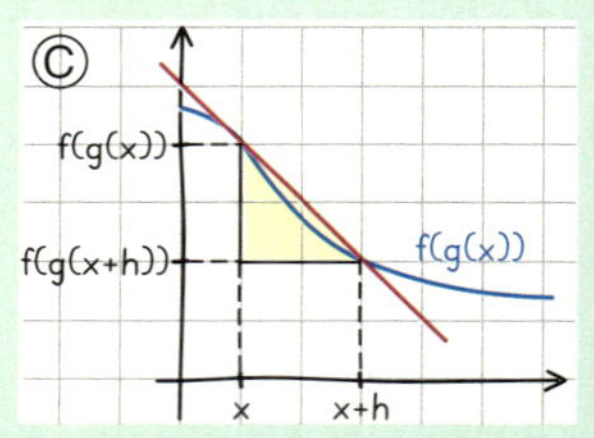

Der Differenzenquotient der Verkettungsfunktion $k(x) = f(g(x))$ lässt sich in der Form $\frac{f(g(x+h)) - f(g(x))}{h}$ aufschreiben. Für kleine Werte von h liefert er einen guten Näherungswert für die Steigung der verketteten Funktion k an der Stelle x. Formt man den Differenzenquotienten geschickt um, so kommen auch die Steigung von g an der Stelle x und die Steigung von f an der Stelle g(x) ins Spiel:

$$\frac{f(g(x+h)) - f(g(x))}{h} = \frac{f(g(x+h)) - f(g(x))}{h} \cdot \frac{g(x+h) - g(x)}{g(x+h) - g(x)} \quad \text{(Multiplikation mit 1)}$$

$$= \frac{f(g(x+h)) - f(g(x))}{g(x+h) - g(x)} \cdot \frac{g(x+h) - g(x)}{h} \quad \text{(Die Nenner werden getauscht.)}$$

a) Ordnen Sie den Quotienten jeweils ein passendes Bild zu.

b) Aus der Gleichung $\frac{f(g(x+h)) - f(g(x))}{h} = \frac{f(g(x+h)) - f(g(x))}{g(x+h) - g(x)} \cdot \frac{g(x+h) - g(x)}{h}$ können Sie eine Regel vermuten, wie man die Ableitung einer verketteten Funktion aus den Ableitungen der Einzelfunktionen gewinnen kann. Formulieren Sie Ihre Vermutung und wenden Sie diese Regel auf das Beispiel $k(x) = (x^2 + 1)^3$ an.

Vergleichen Sie mit der Ableitung des äquivalenten Funktionsterms $x^6 + 3x^4 + 3x^2 + 1$

Basiswissen

Durch Multiplikation, Division und Verkettung (Hintereinanderausführung) von Funktionen entstehen neue Funktionen. Für diese gibt es Ableitungsregeln.

Verknüpfungen von Funktionen und ihre Ableitungen

Produkt *von Funktionen:* $\mathbf{p(x) = f(x) \cdot g(x)}$

Produktregel *für die Ableitung:* $\mathbf{p'(x) = f'(x) \cdot g(x) + f(x) \cdot g'(x)}$

Term

$f(x) = x^2 - 1{,}5$

$g(x) = 0{,}5x - x^2$

$p(x) = (x^2 - 1{,}5) \cdot (0{,}5x - x^2)$

$p'(x) = 2x(0{,}5x - x^2) + (x^2 - 1{,}5)(0{,}5 - 2x)$

Tabelle

x	f(x)	g(x)	p(x)	p'(x)
−2	2,5	−5	−12,5	31,25
−1	−0,5	−1,5	0,75	1,75
0	−1,5	0	0	−0,75
1	−0,5	−0,5	0,25	−0,25
2	2,5	−3	−7,5	−20,75

Graph

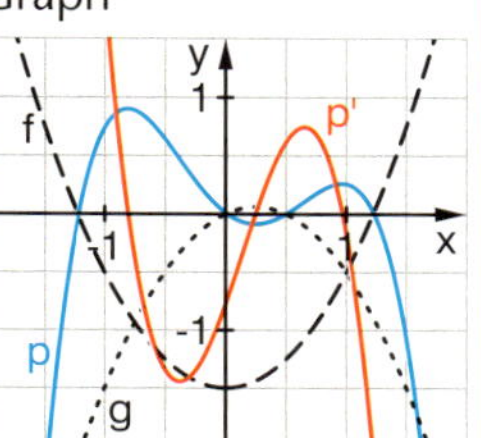

Merkregel

$y = uv$
$y' = u'v + uv'$

Quotient *von Funktionen:* $\mathbf{q(x) = \frac{f(x)}{g(x)}}$ $(g(x) \neq 0)$.

Quotientenregel *für die Ableitung:* $\mathbf{q'(x) = \frac{f'(x) \cdot g(x) - f(x) \cdot g'(x)}{(g(x))^2}}$

Term

$f(x) = x^2$

$g(x) = 2x + 1$

$q(x) = \frac{x^2}{(2x+1)}$

$q'(x) = \frac{2x(2x+1) - x^2 \cdot 2}{(2x+1)^2}$

Tabelle

x	f(x)	g(x)	q(x)	q'(x)
−2	4	−3	−1,33	0,44
−1	1	−1	−1	0
0	0	1	0	0
1	1	3	0,33	0,44
2	4	5	0,8	0,48

Graph

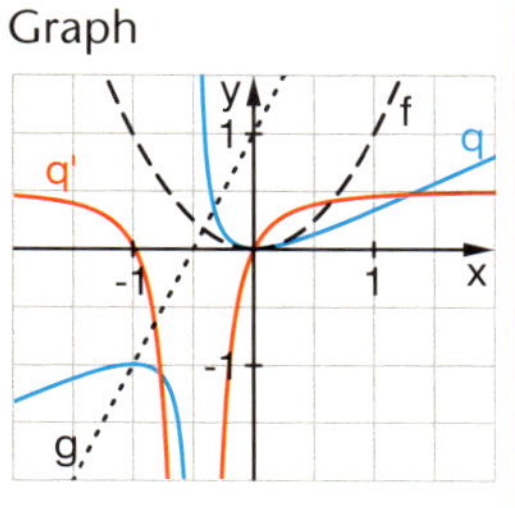

Merkregel

$y = \frac{u}{v}$ $(v \neq 0)$
$y' = \frac{u'v - uv'}{v^2}$

Verkettung *von Funktionen:* $\mathbf{k(x) = f(g(x))}$

Kettenregel *für die Ableitung:* $\mathbf{k'(x) = f'(g(x)) \cdot g'(x)}$

$x \rightarrow g(x) \rightarrow f(g(x))$

f: äußere Funktion

g: innere Funktion

Term

$f(x) = \sin(x)$

$g(x) = 0{,}2x^2$

$k(x) = \sin(0{,}2x^2)$

$k'(x) = \cos(0{,}2x^2) \cdot 0{,}4x$

Tabelle

x	f(x)	g(x)	k(x)	k'(x)
−2	−0,91	0,8	0,72	−0,56
−1	−0,84	0,2	0,20	−0,39
0	0	0	0	0
1	0,84	0,2	0,20	0,39
2	0,91	0,8	0,72	0,56

Graph

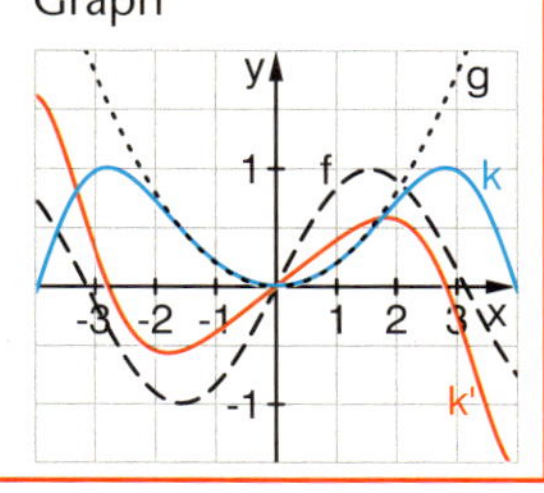

Beispiele

A Bestimmen Sie die Ableitungen der folgenden Funktionen durch Anwenden der passenden Ableitungsregeln:

$p(x) = x^3 \cdot x^5$ $\quad q(x) = \frac{x^2}{x^3}$ $(x \neq 0)$ $\quad k(x) = (2x^2 - x^3)^2$

Lösung:

p(x) ist das Produkt der Funktionen $f(x) = x^3$ und $g(x) = x^5$ $\quad f'(x) = 3x^2,\ g'(x) = 5x^4$

Anwenden der Produktregel: $p'(x) = 3x^2 \cdot x^5 + x^3 \cdot 5x^4 = 3x^7 + 5x^7 = 8x^7$

q(x) ist der Quotient der Funktionen $u(x) = x^2$ und $v(x) = x^3$ $\quad u'(x) = 2x,\ v'(x) = 3x^2$

Anwenden der Quotientenregel: $q'(x) = \frac{2x \cdot x^3 - x^2 \cdot 3x^2}{(x^3)^2} = -\frac{x^4}{x^6} = -\frac{1}{x^2}$

k(x) ist die Verkettung z(w(x)) der Funktionen $w(x) = (2x^2 - x^3)$ und $z(x) = x^2$.

$w'(x) = 4x - 3x^2,\ z'(x) = 2x$

Anwenden der Kettenregel: $k'(x) = 2 \cdot (2x^2 - x^3)(4x - 3x^2) = 6x^5 - 20x^4 + 16x^3$

Beispiele

B *Produktregel und Kettenregel bei Extremwertbestimmung*

Der Punkt C des Rechtecks liegt auf dem Graphen von $y = \sqrt{1-x}$, $0 < x < 1$. Welchen maximalen Flächeninhalt kann das Rechteck erreichen?

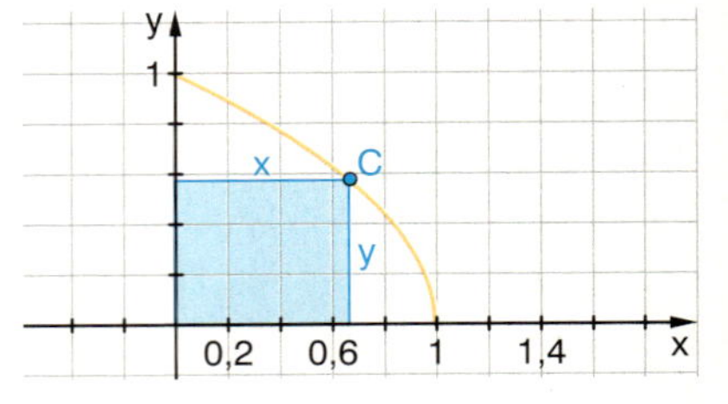

Lösung:

Der Flächeninhalt des Rechtecks ist gegeben durch $A(x) = x \cdot y = x\sqrt{1-x}$.

A(x) ist das Produkt zweier Funktionen $f(x) = x$ und $g(x) = \sqrt{1-x}$. Die Ableitung A′(x) können wir mit der Produktregel berechnen, bei der Ableitung von g(x) benötigen wir zusätzlich die Kettenregel:

$g(x) = u(v(x))$ mit $u(x) = \sqrt{x}$ und $v(x) = 1 - x$

$A'(x) = \sqrt{1-x} \cdot 1 + x \cdot \frac{-1}{2\sqrt{1-x}} = \frac{2-3x}{2\sqrt{1-x}}$

$A'(x) = 0$ genau dann, wenn $2 - 3x = 0$, also bei $x = \frac{2}{3}$.

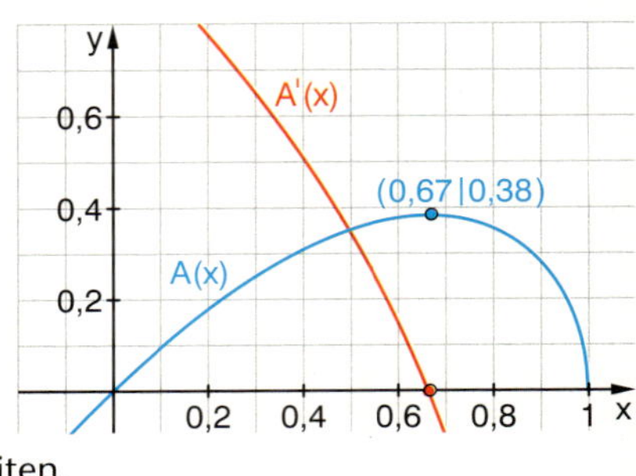

A(x) hat bei $x = \frac{2}{3}$ im gegebenen Intervall ein absolutes Maximum, wie an den Graphen zu sehen ist. Der Flächinhalt des Rechtecks beträgt dort $A\left(\frac{2}{3}\right) = \frac{2}{3}\sqrt{1-\frac{2}{3}} \approx 0{,}385$ Flächeneinheiten.

Übungen

7 *Bekanntes in neuem Kleid*

Zeigen Sie, dass sich die Faktorregel als Spezialfall der Produktregel ergibt mit $u(x) = a$ und $v(x) = g(x)$

Faktorregel
$f(x) = a \cdot g(x) \Rightarrow f'(x) = a \cdot g'(x)$
„Ein konstanter Faktor bleibt beim Ableiten erhalten."

8 *Training – Ableiten nach Regeln*

Bestimmen Sie die Ableitungsterme zu den folgenden Funktionen. Geben Sie jeweils die benutzten Ableitungsregeln an.

a) $y = x^3 \cdot (x^2 - 1)$
b) $y = (4 - 3x)^4$
c) $y = \frac{5x^3 + 2x^2}{x^2}$
d) $y = \frac{x^2 + 1}{x}$
e) $y = \frac{2x - 1}{x^2}$
f) $y = \frac{x^2}{2x - 1}$
g) $y = x^2 \cdot \sqrt{x}$
h) $y = \sqrt{1 + x^2}$
i) $y = \sin(2x)$
j) $y = \sin(x) \cdot 2x$
k) $y = \sin(x) \cdot \cos(x)$
l) $y = \sin(2x^2 + 1)$

In einigen Fällen gibt es verschiedene Möglichkeiten zur Bestimmung des Ableitungsterms.
(z. B. bei a): Produktregel oder Ausmultiplizieren und Summenregel)

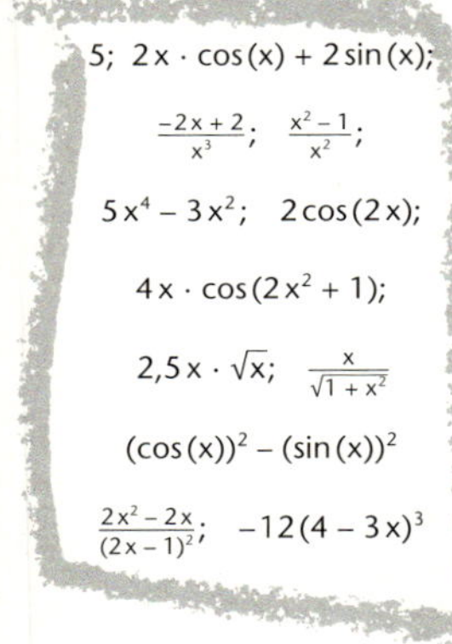

KURZER RÜCKBLICK

1 Lösen Sie die Gleichung $3x - 4 = 5$.

2 Multiplizieren Sie $(2x - 1)(x + 3)$.

3 Schreiben Sie auf einen Bruchstrich $\frac{a}{b} + \frac{b}{a}$.

4 Gegeben ist die Funktion mit der Gleichung $f(x) = 2x^2 - x + 1$. Berechnen Sie $f(1 + h)$.

5 Lösen Sie die Gleichung $V = \pi \cdot r^2 \cdot h$ nach h auf. Beschreiben Sie die inhaltliche Bedeutung der Gleichung.

6 Berechnen Sie die ersten beiden Ableitungen: $f(x) = 4x^3 - \frac{1}{3}x^2 + 2x - 1$.

7 Lösen Sie die Gleichung $3x^2 - 27 = 0$.

Übungen

9 *Die Ableitungsregeln in Worten*

a) Welche der Ableitungsregeln aus dem Basiswissen ist hier formuliert?

b) Formulieren Sie auch die beiden anderen Ableitungsregeln in Worten.

> *Bilde die Ableitung der äußeren Funktion f an der Stelle g(x) und multipliziere mit der Ableitung der inneren Funktion g an der Stelle x.*

10 *Mit Ableitungsregeln und GTR*

Aus den beiden Funktionen $f(x) = x^3$ und $g(x) = 2x - 1$ werden die Funktionen $p(x) = f(x) \cdot g(x)$, $k_1(x) = f(g(x))$ und $k_2(x) = g(f(x))$ gebildet.

In dem Bild sind die Graphen der Ableitungen $p'(x)$, $k_1'(x)$ und $k_2'(x)$ zu den Funktionen farbig gezeichnet.

Welcher Graph gehört zu welcher Ableitungsfunktion?

11 *Wo steckt der Fehler?*

Bei vier der sechs Aufgaben haben sich Fehler eingeschlichen.

Finden und benennen Sie diese und korrigieren Sie.

a) $y = 3x \cdot \sqrt{x} \Rightarrow y' = 3x \cdot \sqrt{x} + 3 \cdot \frac{1}{2\sqrt{x}}$

b) $y = \frac{x-2}{x} \Rightarrow y' = \frac{(x-2) \cdot 1 - 1 \cdot x}{x^2}$

c) $y = \sqrt{x^2 + 2} \Rightarrow y' = \frac{1}{2\sqrt{x}} \cdot 2x$

d) $y = x^2 \sin(x) \Rightarrow y' = 2x\sin(x) + x^2\cos(x)$

e) $y = (x^2 + 3)^5 \Rightarrow y' = 5x^2 \cdot 2x$

f) $y = \frac{x^3}{2x+1} \Rightarrow y' = \frac{(2x+1) \cdot 3x^2 - 2x^3}{(2x+1)^2}$

Funktionsvorschrift als Handlungsanweisung

WERKZEUG

Bei der Verkettung von Funktionen $f(g(x))$ passieren häufig Fehler. Oft wird nicht beachtet, dass die innere Funktion g auf das Argument x angewendet wird, die äußere Funktion f aber auf das Argument $g(x)$.

$$x \xrightarrow{g} g(x) \xrightarrow{f} f(g(x))$$

Daraus resultierende Fehler können vermieden werden, wenn man die Funktionsvorschrift als Handlungsanweisung formuliert, also z. B. statt $g(x) = 2x + 1$: *„Verdopple und addiere dann 1"* und statt $f(x) = x^2$: *„Quadriere"*

$f(g(x))$: $x \xrightarrow[\text{Verdopple und addiere 1}]{g} 2x + 1 \xrightarrow[\text{Quadriere}]{f} (2x+1)^2$

$g(f(x))$: $x \xrightarrow[\text{Quadriere}]{f} x^2 \xrightarrow[\text{Verdopple und addiere 1}]{g} 2x^2 + 1$

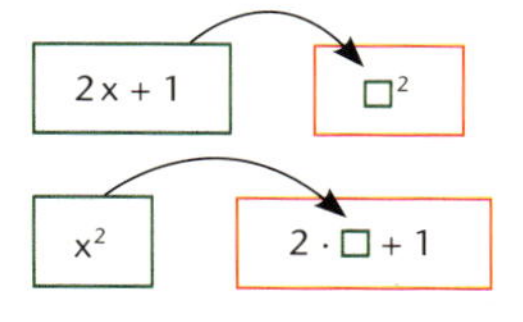

Zusätzlich hilft die Fragestellung „Was muss ich zuerst ausführen" mit der leicht zu merkenden Antwort: „Von innen nach außen", d.h. zuerst die innere Funktion anwenden und dann die äußere Funktion.

12 *Verketten mit Handlungsanweisungen*

Formulieren Sie im Folgenden die Funktionen f und g als Handlungsanweisungen und bilden Sie damit jeweils die Verkettungen $f(g(x))$ und $g(f(x))$. Bestimmen Sie dann auch die Ableitungen der Verkettungen.

$f(x)$	$\sqrt{x}$	$x - 5$	$\sin(x)$	$ax + b$	$(x+2)^2$
$g(x)$	$x^2 + 4$	x^2	$3x$	x^4	$\sqrt{x}$

Übungen

13 *Einzelinformationen*

Gegeben sind folgende Werte der Funktionen $g(x)$, $g'(x)$, $h(x)$ und $h'(x)$:

x	g(x)	g'(x)	h(x)	h'(x)
−1	3	4	2	5
0	4	−3	1	3
2	0	2	0	−1

Berechnen Sie daraus $f(x)$ und $f'(x)$ an den Stellen −1, 0 und 2 für:

$f_1(x) = g(x) + h(x)$ $\quad f_2(x) = g(x) \cdot h(x)$ $\quad f_3(x) = g(h(x))$ $\quad f_4(x) = h(g(x))$

Die Berechnung ist nicht immer möglich. Warum?

14 *Grafische Informationen*

Die jeweils notwendigen Funktions- und Ableitungswerte können Sie an den Graphen ablesen.

In dem Koordinatensystem sind die Graphen der Funktionen $g(x)$ und $h(x)$ sowie die Tangente t an den Graphen von $h(x)$ an der Stelle 1 abgebildet.

a) Füllen Sie die folgende Tabelle nur mithilfe der Grafik vollständig aus.

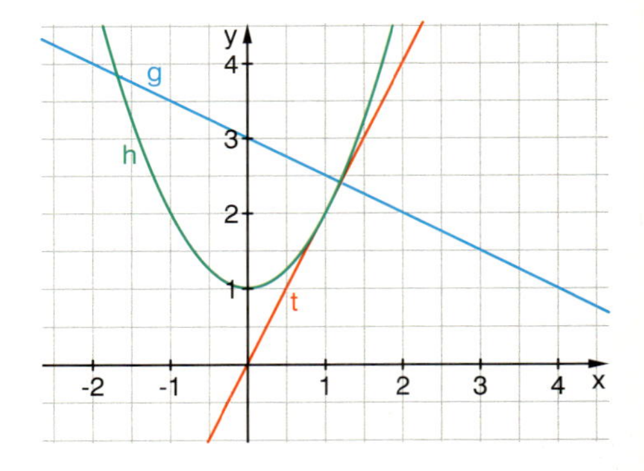

	$f(x) = 3 \cdot g(x)$	$h(x)$	$f(x) = g(x) + h(x)$	$f(x) = g(x) \cdot h(x)$	$f(x) = g(h(x))$
f(0)	9	■	■	■	2,5
f'(0)	■	■	−0,5	■	■
f(1)	■	2	■	5	■
f'(1)	■	■	■	■	■

b) Bestimmen Sie die Funktionsgleichungen von g und h und überprüfen Sie damit die gefundenen Werte in der Tabelle.

15 *Ableitungen finden ohne Funktionsterm*

a) f ist eine Funktion mit der Ableitung $f'(x) = \frac{1}{x}$.
Finden Sie die Ableitung von $x \cdot f(x) - x$.

b) $f(x)$ ist eine Funktion mit der Ableitung $f'(x) = \frac{1}{1 + x^2}$.
Finden Sie die Ableitung von $\frac{f(x)}{1 + x^2}$.

16 *Verkettung mit Betragsfunktion*

Die Ableitungsregeln können nur an den Stellen angewendet werden, an denen die Einzelfunktionen differenzierbar sind.

$g(x) = 4 - 2x$, $\quad h(x) = |x|$

a) Bestimmen Sie die Ableitungen von $g(h(x))$ und $h(g(x))$ jeweils an den Stellen a = 3 und b = −3.

b) Zeigen Sie, dass $h(g(x))$ an der Stelle c = 2 nicht differenzierbar ist.
Gilt dies auch für $g(h(x))$?
Wie sieht es an der Stelle d = 0 aus?

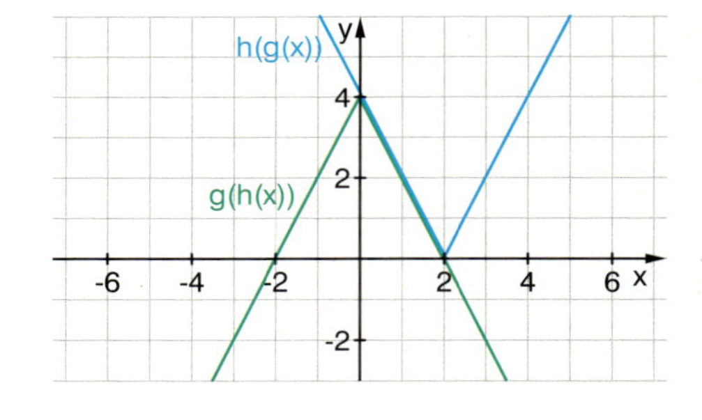

17 *Verknüpfung von drei Funktionen*

Tipp:
zu a) Schreiben Sie das Produkt als $(u \cdot v) \cdot w$ und wenden Sie zweimal die Produktregel an.

a) Finden Sie eine Ableitungsregel für $p(x) = f(x) \cdot g(x) \cdot h(x)$.
Überprüfen Sie an $p(x) = (x^2 - 1) \cdot (x^2 + 1) \cdot x$.

b) Finden sie eine Ableitungsregel für $k(x) = f(g(h(x)))$.
Überprüfen Sie am Beispiel $k(x) = (\sqrt{2x + 1})^2$.

Übungen

18 *Symmetrien bei Funktion und Ableitung*

Ist der Graph von f achsensymmetrisch zur y-Achse, so ist der Graph von f' punktsymmetrisch zum Ursprung.

Ist der Graph von f punktsymmetrisch zum Ursprung, so ist der Graph von f' achsensymmetrisch zur y-Achse.

a) Bestätigen Sie die beiden Aussagen jeweils an den Graphen von Funktion und Ableitung:
$f_1(x) = x^4 - x^2$ $f_2(x) = x^3 + x$ $f_3(x) = \frac{1}{x}$ $f_4(x) = \frac{1}{x^2 + 1}$ $f_5(x) = \sin(x)$
b) Begründen Sie beide Aussagen geometrisch mit der Steigung der Tangenten jeweils an den Stellen x und −x.
c) Beweisen Sie beide Aussagen mithilfe der Kettenregel.
Tipp: Jeweils Ableiten von beiden Seiten der charakterisierenden Gleichung:
$(f(x))' = (f(-x))'$ bzw. $(f(x))' = (-f(-x))'$

Zur Erinnerung

Achsensymmetrie zur y-Achse

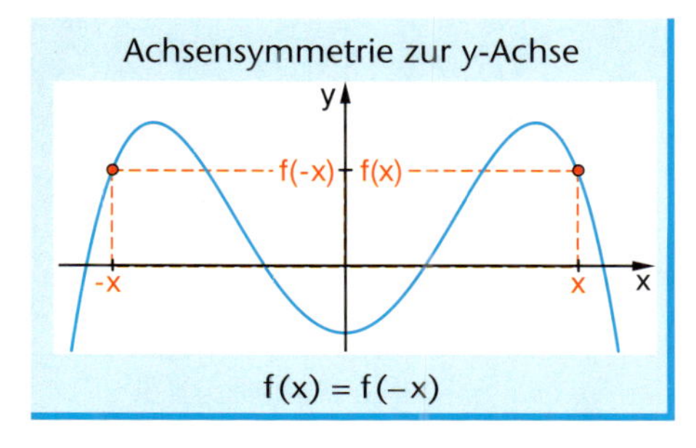

$f(x) = f(-x)$

Punktsymmetrie zum Ursprung

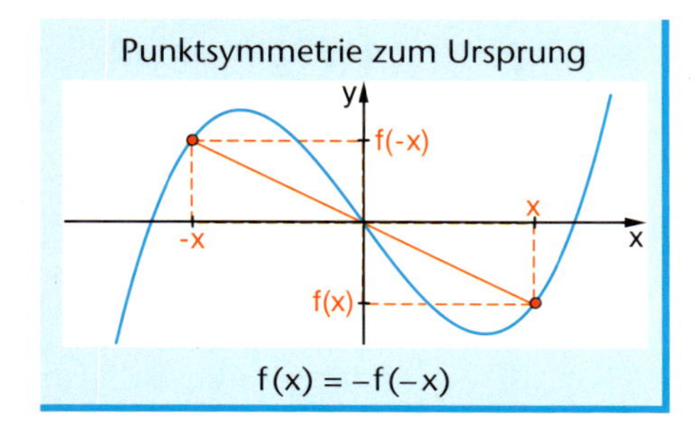

$f(x) = -f(-x)$

19 *Steigung der Tangente am Kreis – geometrisch und analytisch*

In dem Bild ist die Tangente an den Graphen von $f(x) = \sqrt{25 - x^2}$ im Punkt $P(x | f(x))$ gezeichnet.
a) Bestimmen Sie die Steigung der Tangente mithilfe der Beziehung, dass die Tangente in P senkrecht zum Radius ist.
b) Bestätigen Sie Ihr Ergebnis mithilfe der Ableitung f'(x).

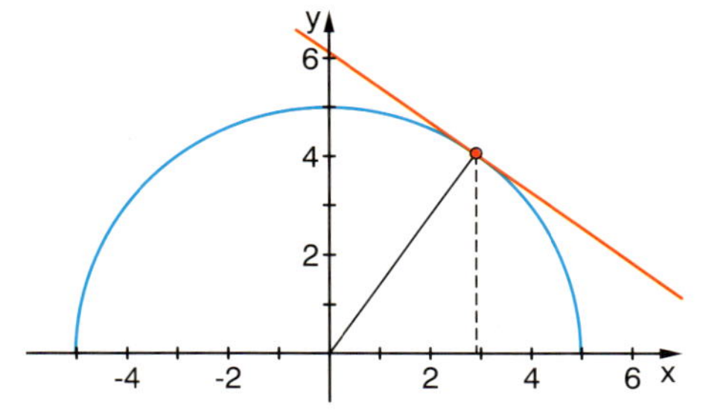

Zur Erinnerung:
Bedingung für „senkrecht"
$m_1 \cdot m_2 = -1$

20 *Wahr oder falsch?*

Überprüfen Sie an den Beispielen den Satz „Falls der Graph von g an der Stelle a eine waagrechte Tangente hat, dann hat auch der Graph der Funktion k an dieser Stelle eine waagrechte Tangente."
a) $k(x) = (g(x))^2$ b) $k(x) = \sqrt{g(x)}$ c) $k(x) = (x^2 + 1) \cdot g(x)$
Begründen Sie jeweils Ihre Entscheidung.

21 *Minimaler Abstand Punkt – Parabel*

a) Welcher Punkt P auf der Parabel $y = 0{,}5x^2$ hat den kürzesten Abstand vom Punkt $Q(6 | 0)$?
Tipp: Der Abstand $d = \overline{PQ}$ lässt sich mithilfe der Abstandsformel $d = \sqrt{(x_P - x_Q)^2 + (y_P - y_Q)^2}$ als Funktion d(x) darstellen. Von dieser Funktion kann das Minimum bestimmt werden.
b) Zeigen Sie mit dem Ergebnis aus a), dass die Gerade QP senkrecht ist zur Tangente an die Parabel in P.

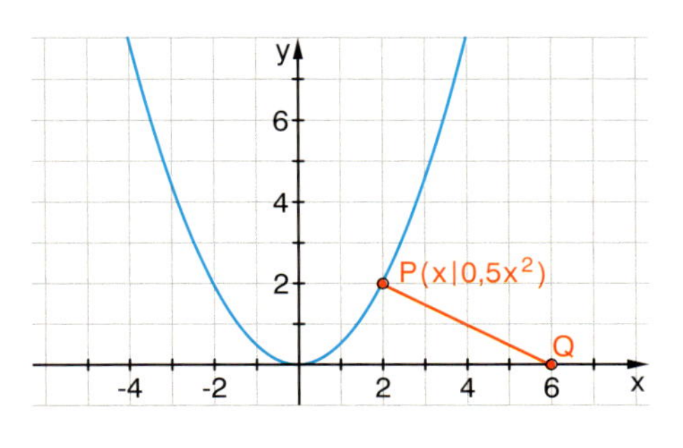

GTR

Übungen

Anwendungen

$V = \frac{4}{3}\pi r^3$

22 *Die mathematisch schmelzende Eiskugel*

Eine Eiskugel vom Radius 5 cm schmilzt in der Sonne, so dass der Radius mit einer Rate von 0,2 mm/min abnimmt.
Mit welcher Rate nimmt das Volumen nach 5 (10, 15) min ab?
Ab welchem Zeitpunkt ist der Betrag der Änderungsrate des Volumens kleiner als $0{,}001\ \frac{cm^3}{min}$?

Wichtige Formeln:
$v = \frac{s}{t}$ $t = \frac{s}{v}$
v Geschwindigkeit, s Weg, t Zeit

23 *Der schnellste Weg*

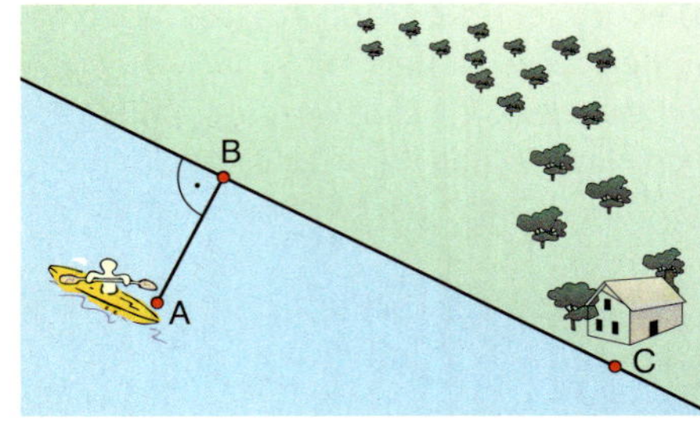

Ein Ruderer befindet sich auf einem See im Punkt A, der 2 km lotrecht vom Punkt B am Ufer entfernt ist. Er muss möglichst schnell das Haus im Punkt C am Ufer erreichen. Seine Rudergeschwindigkeit beträgt 3 km/h, zu Fuß kann er 5 km/h zurücklegen. Die Entfernung $\overline{BC}$ beträgt 6 km.

a) Welche Zeit benötigt er, wenn er direkt zu C rudert? Vergleichen Sie mit der Zeit für den Weg A-B-C.

b) Welchen Punkt D am Ufer sollte er ansteuern, wenn er möglichst schnell nach C gelangen will? Bestimmen Sie die Länge dieses Weges A-D-C und die benötigte Zeit.

Abstand zwischen zwei Punkten P und Q:
$d = \sqrt{(x_P - x_Q)^2 + (y_P - y_Q)^2}$

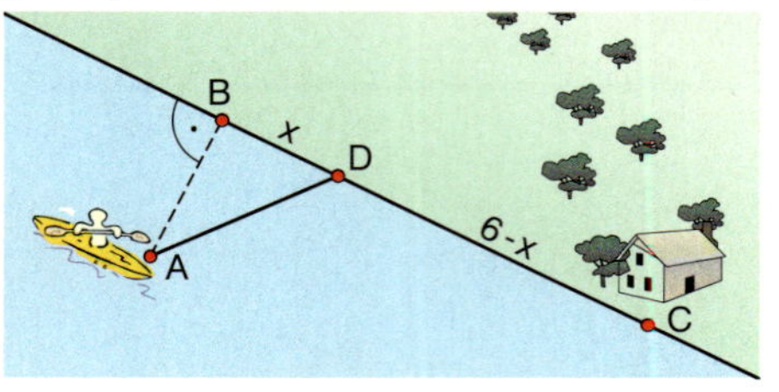

Tipp: Die benötigte Zeit lässt sich als Funktion von x darstellen.

$$f(x) = \frac{\sqrt{2^2 + x^2}}{3} + \frac{6 - x}{5}$$

c) Beantworten Sie die Fragen a) und b) für einen durchtrainierten Sportler, der 12 km/h rudert und 20 km/h joggt.

24 *Ein Lehrsatz aus der Wirtschaftswissenschaft*

„Für die Anzahl x der produzierten Mengeneinheiten, für die die durchschnittlichen Produktionskosten minimal sind, sind die durchschnittlichen Kosten gleich den Grenzkosten."

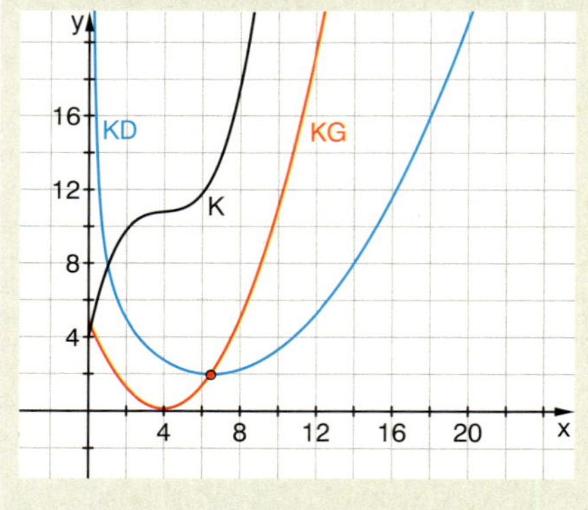

Die Kostenfunktion K(x) gibt alle **Kosten** an, die anfallen, wenn eine Menge x eines Gutes produziert wird.

Unter den Durchschnittskosten KD(x) versteht man den Quotienten aus den Kosten und der produzierten Menge x.

Unter den Grenzkosten KG(x) versteht man den Grenzwert des Quotienten aus der Änderung der Kosten und der zugehörigen Änderung der Mengen.

$KD(x) = \frac{K(x)}{x}$
$KG(x) = K'(x)$

a) Bestätigen Sie den Satz für die Kostenfunktion $K(x) = 0{,}1x^3 - 1{,}2x^2 + 4{,}9x + 4$. Bei welcher Menge x sind die durchschnittlichen Kosten minimal und wie groß sind dabei die Kosten?

b) Begründen Sie die Aussage des Lehrsatzes mit den Werkzeugen der Differenzialrechnung für eine beliebige differenzierbare Kostenfunktion K(x).

Beweis der Produktregel mit dem Differenzenquotienten

Das Finden von Ableitungsregeln und das Beweisen derselben sind zwei verschiedene Dinge. Das Beweisen wird meist erst dann in Angriff genommen, wenn man die Regel schon kennt und von ihrer Richtigkeit überzeugt ist. Zum Beweis ist eine exakte Formulierung der Aussage – vor allem die genaue Formulierung der Voraussetzungen – von entscheidender Bedeutung.

Produktregel in der Wenn-Dann-Formulierung:
Wenn $p(x) = f(x) \cdot g(x)$ im Intervall I und $f(x)$ und $g(x)$ im Intervall I differenzierbar sind, dann ist auch $p(x)$ im Intervall I differenzierbar, und es gilt $p'(x) = f'(x) \cdot g(x) + f(x) \cdot g'(x)$.

Beweis mithilfe des Differenzenquotienten:
Es ist zu zeigen:

$$\lim_{h \to 0} \frac{p(x+h) - p(x)}{h} = \lim_{h \to 0} \frac{f(x+h) - f(x)}{h} \cdot g(x) + f(x) \cdot \lim_{h \to 0} \frac{g(x+h) - g(x)}{h}$$

Dies gelingt, wenn wir den Zähler des Differenzenquotienten trickreich umformen:

$$\frac{p(x+h) - p(x)}{h} = \frac{f(x+h)g(x+h) - f(x)g(x)}{h} = \frac{f(x+h)g(x+h) - f(x+h)g(x) + f(x+h)g(x) - f(x)g(x)}{h}$$

$$= f(x+h)\frac{g(x+h) - g(x)}{h} + g(x)\frac{f(x+h) - f(x)}{h}.$$

In dem letzten Ausdruck lässt sich der Grenzübergang $h \to 0$ nun durchführen und führt dann direkt zu der behaupteten Formel.

Übungen

25 *Zum Verstehen des Beweises zur Produktregel*
- Erläutern Sie, dass in der ersten Zeile des Beweises „Es ist zu zeigen …" die Formel der Produktregel versteckt ist.
- Warum wird die trickreiche Umformung des Zählers vorgenommen?
- An welcher Stelle wird in dem Beweis die Voraussetzung der Differenzierbarkeit von f und g benötigt?
- An welcher Stelle wird im Beweis auch die Stetigkeit der Funktion f im Intervall I verlangt?

26 *Beweis der Kettenregel mithilfe des Differenzenquotienten*
a) Schreiben Sie die Kettenregel $k'(x) = f'(g(x)) \cdot g'(x)$ als Wenn-Dann-Satz. An welchen Stellen muss f differenzierbar sein?
b) Versuchen Sie einen Beweis mithilfe des Differenzenquotienten.

Eine Hilfe zur Umformung des Differenzenquotienten finden Sie in Aufgabe 6 dieses Lernabschnitts.

27 *Wissen schafft Wissen*
Beweisen Sie die nebenstehende Ableitungsregel
- mithilfe der Kettenregel.
- mithilfe der Quotientenregel.

Ableitung für die reziproke Funktion

$$f(x) = \frac{1}{g(x)} \Rightarrow f'(x) = -\frac{g'(x)}{(g(x))^2}$$

28 *Potenzregel für negative Exponenten*
Leiten Sie mithilfe der Ableitungsregel für die reziproke Funktion die Potenzregel für negative Exponenten her.

Potenzregel für negative Exponenten

$$f(x) = x^{-n} \Rightarrow f'(x) = -n \cdot x^{-n-1} \quad (n \in \mathbb{N})$$

Zur Erinnerung: $x^{-n} = \frac{1}{x^n}$

29 *Ein anderer Beweis der Quotientenregel*
Beweisen Sie die Quotientenregel mithilfe der Ableitungsregel für die reziproke Funktion und der Produktregel.

$\frac{f(x)}{g(x)} = f(x) \cdot \frac{1}{g(x)}$

Integrationsregeln zum Finden von Stammfunktionen

Für einige elementare Funktionen finden wir recht leicht eine Stammfunktion. Wie sieht dies aber bei zusammengesetzten Funktionen aus? Gibt es hier ähnlich wie bei den Ableitungsregeln auch entsprechende Integrationsregeln? In Kapitel 4 haben wir diese Fragen für einfache Verknüpfungen von Funktionen positiv beantwortet.

Verknüpfung	Ableitung	Stammfunktion
konstanter Faktor $f(x) = c \cdot g(x)$ Beispiel: $f(x) = 5 \cdot x^2$	 $f'(x) = c \cdot g'(x)$ $f'(x) = 5 \cdot 2x = 10x$	 $F(x) = c \cdot G(x)$ $F(x) = 5 \cdot \frac{x^3}{3} = \frac{5}{3}x^3$
Addition $f(x) = g(x) + h(x)$ Beispiel: $f(x) = x^2 + \sin(x)$	$f'(x) = g'(x) + h'(x)$ $f'(x) = 2x + \cos(x)$	$F(x) = G(x) + H(x)$ $F(x) = \frac{x^3}{3} - \cos(x)$

Für das Produkt, den Quotienten oder die Verkettung von Funktionen ist dies nicht so einfach. Man kann in einigen Spezialfällen zwar mithilfe geschickter Interpretation der Produktregel (*partielle Integration*) oder der Kettenregel (*Integration durch Substitution*) zu Stammfunktionen gelangen, aber anders als bei der Ableitung gelingt dies nicht generell. Der nebenstehende Ausdruck eines CAS-Rechners zeigt Erfolg und Mißerfolg.

$\int (x \cdot \sin(x))dx \quad \sin(x) - x \cdot \cos(x)$
$\int \sin(x^2)dx \quad \int \sin(x^2)dx$
∫(sin(x^2),x)
NH RAD AUTO FUNC 2/30

Übungen

30 *Stammfunktionen bei einfachen Verkettungen*

Mit dem CAS-Rechner wurden zu drei Funktionen direkt die Stammfunktionen berechnet.

a) Bestätigen Sie dies durch Ableiten.

b) Zeigen Sie, dass es sich bei allen drei Funktionen um eine Verkettung $f(g(x))$ handelt. Geben Sie jeweils die äußere Funktion $f(x)$ und die innere Funktion $g(x)$ an. Was fällt Ihnen dabei auf?

F1 F2 Algebra F3 Calc F4 Other F5 PrgmIO F6 Clean Up
$\int ((3 \cdot x + 2)^4)dx \quad \frac{(3 \cdot x + 2)^5}{15}$
$\int \sin(1/2 \cdot x - 1)dx \quad -2 \cdot \cos\left(\frac{x}{2} - 1\right)$
$\int \left(\frac{1}{\sqrt{5 \cdot x + 1}}\right)dx \quad \frac{2 \cdot \sqrt{5 \cdot x + 1}}{5}$
∫(1/√(5*x+1),x)
NH RAD AUTO FUNC 3/30

c) Finden Sie (ohne CAS) Stammfunktionen zu den folgenden Funktionen.

$y_1(x) = (0{,}2x + 2)^3$ $\quad y_2(x) = \cos(3x)$ $\quad y_3(x) = \frac{1}{(x-5)^2}$ $\quad y_4(x) = \sqrt{2x}$

Überprüfen Sie Ihre Ergebnisse durch Ableiten. Beschreiben Sie Ihren Lösungsweg.

Basiswissen

Wenn bei einer verketteten Funktion $f(x) = g(h(x))$ die innere Funktion $h(x)$ eine lineare Funktion ist, so gibt es eine Regel zur Bestimmung der Stammfunktion.

Integrationsregel für Verkettung mit linearer Funktion

		Beispiel:
Funktion	$f(x) = g(ax + b)$	$f(x) = \sin(2x + 1)$
Stammfunktion	$F(x) = \frac{1}{a} \cdot G(ax + b)$	$F(x) = \frac{1}{2}(-\cos(2x + 1))$

Übungen

31 *Kurzes Training*

Bei welchen Funktionen können Sie mit der angegebenen Regel eine Stammfunktion finden? Bestimmen Sie diese und prüfen Sie mithilfe der Ableitung.

a) $f(x) = (2x - 4)^5$ b) $f(x) = (4 - x^2)^5$ c) $f(x) = \cos(x + \pi)$ d) $f(x) = \frac{1}{(x+2)^2}$

e) $f(x) = \frac{1}{(1-2x)^2}$ f) $f(x) = \frac{1}{1-2x^2}$ g) $f(x) = \sqrt{3x + 4}$ h) $f(x) = \sqrt{x^3 + 4}$

Die Ableitung der Umkehrfunktion

Am besten ist die Umkehrfunktion von der Wurzelfunktion her vertraut.
Die Funktion $\bar{f}(x) = \sqrt{x}$ ist die Umkehrfunktion zu der Funktion $f(x) = x^2$ $(x > 0)$.

Rechnerisch erhält man die Gleichung der Umkehrfunktion, indem man die Funktionsgleichung $y = x^2$ nach x auflöst und dann die Variablen x und y vertauscht:

$$x = \sqrt{y} \rightarrow y = \sqrt{x}.$$

Den Graphen der Umkehrfunktion erhält man, indem man den Graphen der Funktion an der Winkelhalbierenden spiegelt.

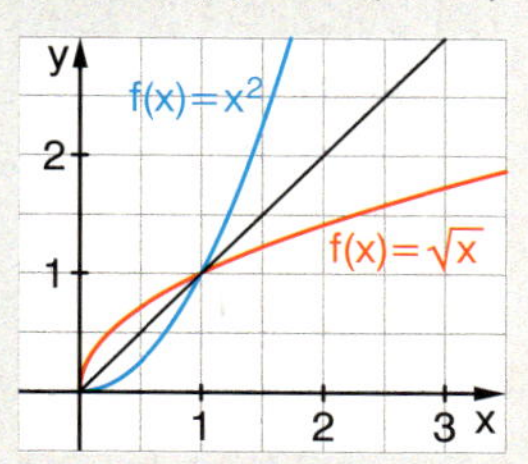

Die Umkehrfunktion $\bar{f}$ hat die Eigenschaft, dass sie die Wirkung der Funktion f rückgängig macht:

$$x \xrightarrow{f} f(x) \xrightarrow{\bar{f}} x, \text{ d.h. } \bar{f}(f(x)) = x$$

Wenn $\bar{f}$ Umkehrfunktion zu f ist, dann ist auch f Umkehrfunktion zu $\bar{f}$:

$$x \xrightarrow{\bar{f}} \bar{f}(x) \xrightarrow{f} x, \text{ d.h. } f(\bar{f}(x)) = x$$

Mit dieser Beziehung und der Kettenregel können wir nun eine Formel für die Ableitung der Umkehrfunktion herleiten:

Wir leiten auf beiden Seiten ab: $f'(\bar{f}(x)) \cdot \bar{f}'(x) = 1$ und erhalten damit die

Ableitung der Umkehrfunktion $\bar{f}'(x) = \frac{1}{f'(\bar{f}(x))}$, falls $f'(\bar{f}(x)) \neq 0$ gilt.

Weitere Voraussetzung für die Anwendung der „Umkehrregel" ist, dass f an der Stelle $\bar{f}(x)$ differenzierbar ist.

Übungen

Ableitung der Umkehrfunktion
$\bar{f}$ sei die Umkehrfunktion zu f.
Dann gilt $\bar{f}'(x) = \frac{1}{f'(\bar{f}(x))}$, falls $f'(\bar{f}(x)) \neq 0$.

32 *Ableitung der Wurzelfunktion mit der Umkehrregel*
Bestätigen Sie durch Anwenden der Umkehrregel, dass $(\sqrt{x})' = \frac{1}{2\sqrt{x}}$.

33 *Funktionen und Umkehrfunktionen*
a) Ordnen Sie Funktion f und Umkehrfunktion g passend zu.

$f_1(x) = 2x + 4$ $\quad f_2(x) = 4x^2$ $\quad f_3(x) = \frac{1}{x}$ $\quad f_4(x) = \sqrt{x + 2}$

$g_1(x) = 0{,}5\sqrt{x}$ $\quad g_2 = x^2 - 2$ $\quad g_3(x) = 0{,}5x - 2$ $\quad g_4(x) = \frac{1}{x}$

b) Bilden Sie jeweils die Ableitung von Funktion und Umkehrfunktion und bestätigen Sie damit die Ableitungsregel für die Umkehrfunktion.

34 *Ableitung der beliebigen Wurzelfunktion*
$\bar{f}(x) = \sqrt[n]{x}$ ist die Umkehrfunktion zu $f(x) = x^n$ $(x > 0)$.

a) Zeigen Sie mithilfe der Umkehrregel $\bar{f}'(x) = \frac{1}{n \cdot (\sqrt[n]{x})^{n-1}}$.

b) Bestätigen Sie mit der Formel aus a), dass man die Ableitung von $g(x) = x^{\frac{1}{n}}$ auch durch Anwenden der Potenzregel $g'(x) = \frac{1}{n} \cdot x^{\frac{1}{n}-1}$ erhalten kann.

35 *Potenzregel für gebrochene Exponenten*
Zeigen Sie, dass man auch die Ableitung von $f(x) = x^{\frac{m}{n}}$ durch Anwenden der Potenzregel gewinnen kann:

$f'(x) = \frac{m}{n} \cdot x^{\frac{m}{n}-1}$

Der Anfang ist gemacht: $(x^{\frac{m}{n}})^n = x^m$

Ableiten auf beiden Seiten:

$n \cdot (x^{\frac{m}{n}})^{n-1} \cdot (x^{\frac{m}{n}})' = m \cdot x^{m-1}$

$(x^{\frac{m}{n}})' = \frac{m \cdot x^{m-1}}{n \cdot (x^{\frac{m}{n}})^{n-1}}$

Die Leibniz-Notation für die Ableitung

Wir haben die Ableitung einer Funktion $y = f(x)$ bisher durch die Verwendung eines Strichs dargestellt: $y' = f'(x)$. Eine andere Schreibweise für die Ableitung geht auf den Philosophen und Mathematiker LEIBNIZ zurück.
Im Differenzenquotienten $\frac{y_2 - y_1}{x_2 - x_1} = \frac{\Delta y}{\Delta x}$ einer Funktion $y = f(x)$ kann man den Nenner als Differenz Δx von x-Werten und den Zähler als Differenz Δy von y-Werten ansehen.

Zur Berechnung der Ableitung überlegte LEIBNIZ: *Nähert sich der eine x-Wert dem anderen, so werden Δx und Δy immer kleiner. Schließlich erhält man „unendlich kleine Größen".*
LEIBNIZ bezeichnete diese mit dx und dy und nannte sie *Differenziale*. Die Zahl, der sich der Quotient $\frac{\Delta y}{\Delta x}$ nähert, wurde als Quotient dieser Differenziale angesehen, mit $\frac{dy}{dx}$ bezeichnet und *Differenzialquotient* genannt.

Verglichen mit unserer Schreibweise gilt also: $\frac{dy}{dx} = f'(x)$.

Diese Überlegung ist nicht unproblematisch. Was sind unendlich kleine Größen? Wie kann man aus ihnen einen Quotienten berechnen?
Obwohl LEIBNIZ dies nicht näher erklären konnte und obwohl diese Schreibweise vielfach kritisiert wurde, verwendet man sie auch heute noch, weil sie sich in Anwendungen (z. B. in der Physik) als äußerst nützlich erweist.

Man darf $\frac{dy}{dx}$ auf keinen Fall als Bruch ansehen, vielmehr als Anweisung („Operator"), die Funktion $y = f(x)$ nach der Variablen x abzuleiten. Das Symbol hat nur als Ganzes einen Sinn – man liest deshalb „dy nach dx".

Auf modernen CAS-Rechnern findet man diese Schreibweise, hier wird der Differenzialoperator „d nach dx" auf die Funktion $f(x)$ angewendet.

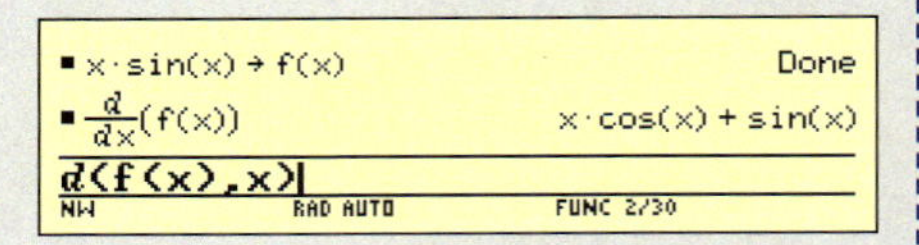

Aufgaben

36 *Die Ableitungsregeln in der Leibniz-Notation*

Setzen Sie $g(x) = u$

a) In dieser Notation kann sich mancher die Kettenregel einfacher merken und anwenden: $\frac{dy}{dx} = \frac{dy}{du} \cdot \frac{du}{dx}$.

Identifizieren Sie die einzelnen Terme mit denen in der gewohnten Darstellung der Kettenregel: $y' = (f(g(x))' = f'(g(x)) \cdot g'(x)$.

b) Formulieren Sie die Produktregel für $y = u \cdot v$ und die Quotientenregel für $y = \frac{u}{v}$ in der Leibniznotation

37 *Anwenden der Ableitungsregeln in der Leibniz-Notation*

Bestimmen Sie die Ableitungen unter Verwendung der Leibniz-Notation

a) $y = x \cdot \cos(x)$ b) $y = \frac{1}{3x^2 - 4}$

c) $y = \sqrt{x^3 + 5}$ d) $y = \sin(2x^2 + 1)$

Beispiel: $y = \sin(x^2)$
Setze $y = \sin(u)$ mit $u = x^2$
Dann ist $\frac{dy}{du} = \cos(u)$ und $\frac{du}{dx} = 2x$
Also $\frac{dy}{dx} = (\cos(u)) \cdot 2x = 2x \cdot \cos(x^2)$

38 *Recherchieren und referieren*

Finden Sie mehr über GOTTFRIED WILHELM LEIBNIZ und seine Arbeit heraus und stellen Sie einen Bericht zusammen.

Eine Frage der Priorität

GOTTFRIED WILHELM LEIBNIZ

* 1.7.1646
† 14.11.1716

SIR ISAAC NEWTON

* 4.1.1643
† 31.3.1727

LEIBNIZ fand seinen Differenzialkalkül auf der Suche nach Tangenten, Maxima und Minima bei elementaren (d. h. ableitbaren) Funktionen. Dies sind genau die Fragestellungen, die auch heute im Analysisunterricht im Zentrum stehen.
Er entwarf dazu ein Kalkül (Calculus), d. h. Regeln, die unseren heutigen Ableitungsregeln entsprechen und die er so notierte:

$$d\,x^a = a \cdot x^{a-1}$$

$$d\sqrt[b]{x^a} = \frac{a}{b} \cdot \sqrt[b]{x^{a-b}}$$

LEIBNIZ notierte dazu: *„Kennt man, wenn ich so sagen soll, den obigen Algorithmus dieses Kalküls, den ich Differentialrechnung nenne, so lassen sich alle anderen Differentialgleichungen durch ein gemeinsames Rechnungsverfahren finden, es lassen sich die Maxima und Minima sowie die Tangenten erhalten, ohne dass es dabei nötig ist, Brüche oder Irrationalitäten oder andere Verwicklungen zu beseitigen, was nach den bisher bekannt gegebenen Methoden doch geschehen musste."*

NEWTON kam von der Physik. Er betrachtete die Bewegung eines Punktes (auf einer Kurve) mit einer bestimmten Geschwindigkeit während eines gleichmäßig fließenden Zeitparameters t. Somit „fließen" die Koordinaten x, y (Fluenten) der Kurvenpunkte. Ihre Geschwindigkeiten $\dot{x}$ und $\dot{y}$ sind dann die Fluxionen. Er konnte alle Infinitesimalrechnungen mithilfe unendlicher Reihen und deren Grenzwerten ausführen.
Bis heute ist folgende Einstellung in der Analysis maßgeblich:

„Wenn daher irgendwann im Folgenden um der leichteren Verständlichkeit willen die Ausdrücke „unendlich klein" oder „verschwinden" oder „letzte" gebraucht werden, bezogen auf Größen, so muss man sich hüten, darunter dem Ausmaß nach bestimmte Größen zu verstehen, und sie in allen Fällen auffassen als Größen, die unbegrenzt abnehmen."

Eine der berühmtesten Auseinandersetzungen zwischen zwei Naturwissenschaftlern ist der Streit zwischen LEIBNIZ und NEWTON über die Erstentdeckung der Infinitesimalrechnung, der sog. „Prioritätsstreit".
Historische Forschungen belegen: NEWTON entdeckte seinen Infinitesimalkalkül bereits um 1665, also etwa zehn Jahre vor LEIBNIZ. Allerdings beschritten beide Forscher unabhängig voneinander ganz unterschiedliche Wege, die dann zum gleichen Ergebnis führten. Warum wurde dennoch gestritten?
LEIBNIZ hatte seine Ergebnisse als erster veröffentlicht. Zuvor hatte aber NEWTON in einem Brief an LEIBNIZ eine Idee zur Infinitesimalrechung formuliert – allerdings nur in verschlüsselter Form. Später wurde LEIBNIZ beschuldigt, er habe in Kenntnis der Newtonschen Schriften und nur mit deren Hilfe „seine eigene" Infinitesimalrechnung entwickelt. LEIBNIZ wollte dies nicht auf sich sitzen lassen.

Dieser Streit beeinflusste die naturwissenschaftlichen Arbeiten auf dem europäischen Festland und der britischen Insel nachhaltig, ohne dass sich die Kontrahenten jemals persönlich gegenüber standen.

PHILOSOPHIÆ
NATURALIS
PRINCIPIA
MATHEMATICA.

Autore J S. NEWTON, Trin. Coll. Cantab. Soc. Matheseos Professore Lucasiano, & Societatis Regalis Sodali.

IMPRIMATUR.
S. PEPYS, Reg. Soc. PRÆSES.
Julii 5. 1686.

LONDINI,
Jussu Societatis Regiæ ac Typis Josephi Streater. Prostant Venales apud Sam. Smith ad insignia Principis Walliæ in Cœmiterio D. Pauli, aliosq; nonnullos Bibliopolas. Anno MDCLXXXVII.

LEIBNIZ Veröffentlichung enthält in der Einleitung den Satz:
In welcher klar gezeiget wird, dass nicht Herr Neuton, sondern der Herr von Leibnitz Erfinder des Calculi differentialis sey.

6.2 Funktionenscharen und Ortskurven

Was Sie erwartet

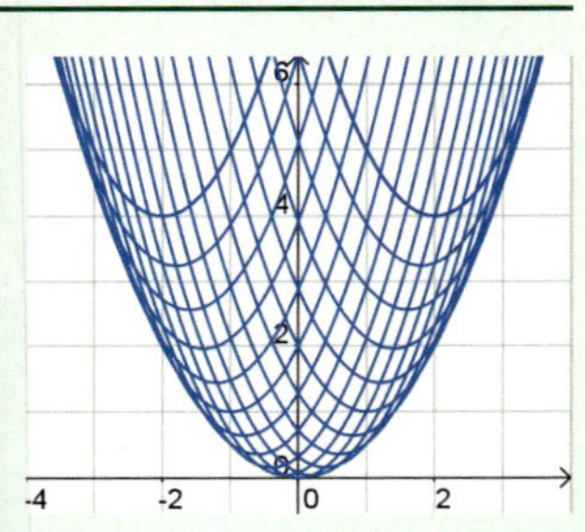

Quadratische Funktionen werden durch Funktionsterme $f(x) = ax^2 + bx + c$ beschrieben. a, b und c sind hierbei Parameter. Sie stehen also für gewisse Zahlen. Variiert man bei Funktionen einen (oder auch mehrere) Parameter, so erhält man Funktionenscharen. An solchen Funktionenscharen kann man sowohl in innermathematischen als auch in außermathematischen Anwendungen bestimmte Eigenschaften entdecken und untersuchen – beispielsweise die Lage von lokalen Extrempunkten der einzelnen Kurven der Schar. Diese Lage lässt sich manchmal mit einfachen Ortskurven beschreiben. Zur Bestimmung dieser Ortskurven gibt es verschiedene Verfahren, bei denen die Parameterdarstellung von Funktionen hilfreich ist.

Aufgaben

1 *Parabelmuster 1*

a,b,c: Parameter

Die allgemeine Form einer Parabelgleichung ist $f(x) = ax^2 + bx + c$. Wie wirkt sich die Veränderung eines Parameters auf die Gestalt und Lage der Parabeln aus, wenn die zwei anderen Parameter fest gewählt werden?

a) Ordnen Sie den Graphen die passende Funktionsgleichung zu. Die Parameter sind jeweils aus dem Intervall [−5; 5] gewählt. Stellen Sie eine eigene Skizze der Graphen her und beschreiben Sie die Lage der Parabeln in Abhängigkeit des Parameters.

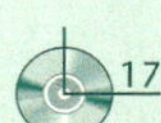

(1) $f_a(x) = ax^2 + x + 1$ (2) $f_b(x) = x^2 + bx + 1$ (3) $f_c(x) = x^2 + x + c$

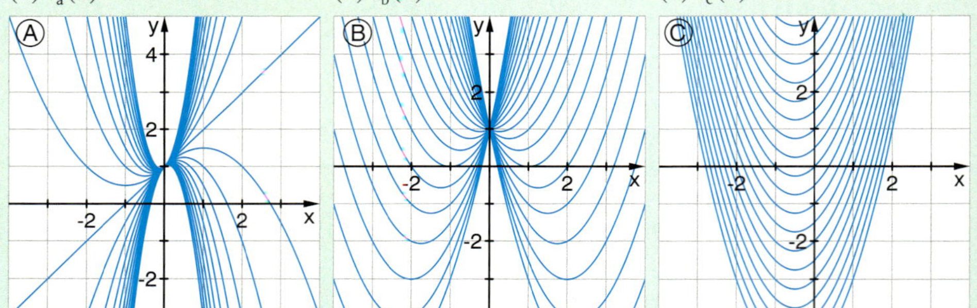

Der Scheitelpunkt in (1) ist $\left(-\frac{1}{2a} \middle| -\frac{1}{4a} + 1\right)$

b) Markieren Sie in Ihrer Zeichnung jeweils die Scheitelpunkte. Beschreiben Sie deren Koordinaten in Abhängigkeit des Parameters.

c) Gelingt Ihnen das Aufstellen einer passenden Gleichung für die Ortskurve, auf der die Scheitelpunkte liegen? Sie können es auf verschiedenen Wegen probieren.

Zu Funktion (1)

Skizzieren mehrerer Punkte und Kurvenanpassung (siehe 2.1)

a	x-Koord. x(a)	y-Koord. y(a)
−2	$\frac{1}{4}$	$\frac{9}{8}$
$\frac{1}{2}$	−1	$\frac{1}{2}$
4	$-\frac{1}{8}$	$\frac{15}{16}$
…		

Rechnung:

$x = -\frac{1}{2a} \Rightarrow a = -\frac{1}{2x}$

$\Rightarrow y = -\frac{1}{4\left(-\frac{1}{2x}\right)} + 1$

$y = 0{,}5x + 1$

Aufgaben

2 *Der Preis beeinflusst die Nachfrage*

Im vergangenen Jahr kosteten die Eintrittskarten für die Theateraufführung des Gymnasiums 6 €. Es kamen 300 Besucher. In diesem Jahr möchte man einen größeren Gewinn erzielen und beabsichtigt, die Eintrittspreise zu erhöhen. Man vermutet, dass bei einer Erhöhung um je 1 € ungefähr 30 Besucher weniger kommen, bei einer entsprechenden Senkung um 1 € ungefähr 30 Besucher mehr.

a) Erläutern Sie, dass $E(x) = (6 + x)(300 - 30x)$ eine angemessene Modellierung für die Einnahmen ist. Für welche Preisänderung erhält man die größten Einnahmen?

b) Untersuchen Sie folgende Fragen:

(1) Welchen Einfluss hat der ursprüngliche Preis? Kann unter Annahme eines anderen ursprünglichen Preises eine Preissenkung zu höheren Einnahmen führen?
(2) Dass 30 Zuschauer mehr oder weniger kommen, war eine Schätzung. Wie sieht die Entwicklung der Einnahmen aus, wenn dieser Wert größer oder kleiner ist? Kann man höhere Einnahmen erzielen, wenn man den Eintrittspreis senkt?

Gehen Sie immer von ursprünglich 300 Besuchern aus.

Um diese Fragen zu untersuchen, müssen für den ursprünglichen Preis bzw. die Anzahl der Besucher Parameter benutzt werden, die man variieren kann. Damit erhält man Funktionenscharen.

(1) $E_p(x) = (p + x) \cdot (300 - 30x)$

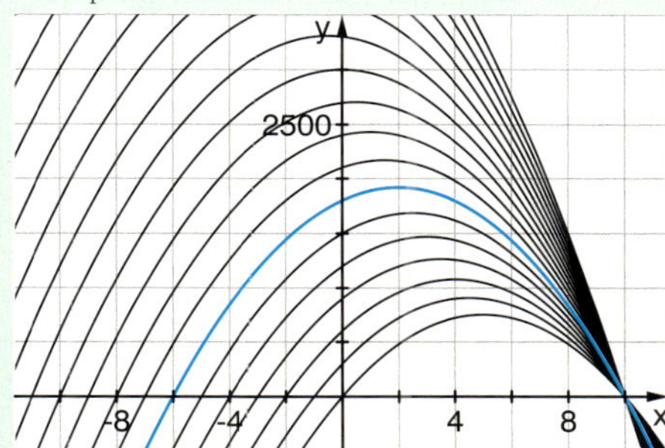

(2) $E_b(x) = (6 + x) \cdot (300 - b \cdot x)$

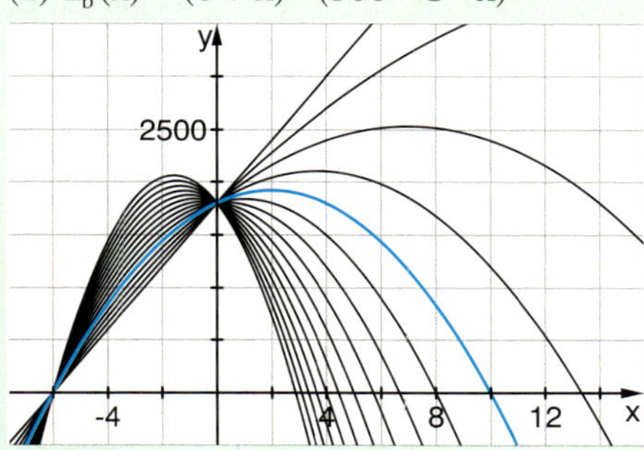

Die Bilder zeigen die Scharen. Gelingt Ihnen eine Angabe der zugehörigen Parameterwerte? (Tipp: Benutzen Sie die Achsenschnittpunkte). Welche Bedeutung haben jeweils die Achsenschnittpunkte?
Bei welcher Preisänderung werden jeweils die Einnahmen maximal? Wie hoch sind dann die maximalen Einnahmen?

Eine Berechnung zu (2) mit CAS:

F1 F2 Algebra | F3 Calc | F4 Other | F5 PrgmIO | F6 Clean Up

■ $(x+6)\cdot(300-b\cdot x) \to y1(x)$ — Done
■ $\text{solve}\left(\frac{d}{dx}(y1(x)) = 0, x\right)$ — $x = \frac{-3\cdot(b-50)}{b}$
■ $y1\left(\frac{-3\cdot(b-50)}{b}\right)$ — $\frac{9\cdot(b+50)^2}{b}$

NW RAD AUTO FUNC 3/30

Scheitelpunkt in Abhängigkeit der Parameter

c) Für den Veranstalter ist der Zusammenhang zwischen Preisänderung und maximalen Einnahmen bzw. Anzahl der zusätzlichen Besucher und maximalen Einnahmen interessant. Füllen Sie die Tabellen aus.

p	x_{max}	$E_p(x_{max})$
■	■	■
4	3	1470
6	2	1920
■	■	■

b	x_{max}	$E_b(x_{max})$
■	■	■
30	2	1920
40	0,75	1822,5
■	■	■

Skizzieren Sie jeweils mehrere Punkte $(x_{max} \mid E_p(x_{max}))$. Beschreiben Sie die Entwicklung der maximalen Einnahmen
(1) in Abhängigkeit des ursprünglichen Preises p.
(2) in Abhängigkeit der unterschiedlichen Zu- bzw. Abnahme der Zuschauerzahlen b.

Im Modus der Parameterdarstellung von Funktionen können Sie mit dem GTR die Punkte direkt darstellen.
(→ siehe Werkzeug Seite 263)

Basiswissen

Funktionsterme mit Parametern führen zu Funktionenscharen. Besondere Punkte der Funktionen einer Schar liegen auf **Ortskurven**, mit deren Hilfe man die Schar oft genauer beschreiben und charakterisieren kann.

Ortskurven bei Funktionenscharen

Beispiel:

Die Flugbahn eines Golfballs kann für einen Abschlagwinkel von 45° und unterschiedliche Abschlag-Geschwindigkeiten v sehr vereinfacht durch folgende Funktionenschar modelliert werden:

$f_v(x) = -\frac{10}{v^2}x^2 + x$

v: Abschlaggeschwindigkeit in m/s
x: Flugweite in m
$f_v(x)$: Flughöhe in m

Die Scheitelpunkte geben die maximale Höhe des Balls in Abhängigkeit von v an. Auf welcher Ortskurve liegen die Scheitelpunkte (Hochpunkte) der Kurvenschar? Um dies festzustellen, bestimmt man die Nullstellen der Ableitungsfunktion in Abhängigkeit von v:

$$f_v'(x) = -\frac{20}{v^2}x + 1 = 0 \Rightarrow x_{max} = \frac{v^2}{20} \Rightarrow y_{max} = f_v\left(\frac{v^2}{20}\right) = \frac{v^2}{40} \Rightarrow HP\left(\frac{v^2}{20}\middle|\frac{v^2}{40}\right)$$

Jeder Wert des Parameters v legt einen Punkt $(x_{max} | y_{max})$ fest.

v	x_{max}	y_{max}
0	0	0
5	1,25	0,625
10	5	2,5
15	11,25	5,625
20	20	10
25	31,25	15,625
30	45	22,5

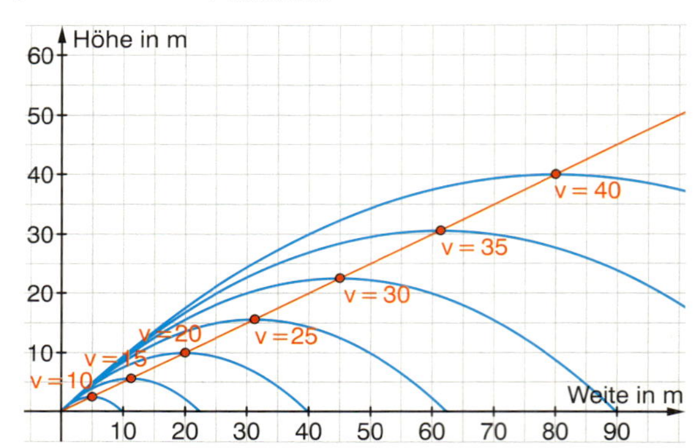

Die Punkte $(x(v) | y(v))$ erzeugen eine Kurve, wenn v die reellen Zahlen oder ein bestimmtes Intervall durchläuft.
Diese Ortskurve kann auf zwei Arten angegeben werden:

Das Paar $(x(v) | y(v))$ definiert eine **Parameterdarstellung** der Kurve, die sich auf dem GTR direkt zeichnen lässt.

$\mathbf{x(v) = \frac{v^2}{20};\ y(v) = \frac{v^2}{40}}$

v ist in diesem Falle der Parameter der Kurve. Er durchläuft die Zahlen des vorgegebenen Intervalls.
x(v) und y(v) sind die Koordinaten der Punkte auf der Kurve.

Mit **Parameterelimination** lässt sich eine Funktionsgleichung in der gewohnten Form y = f(x) bestimmen:

1. $x = \frac{v^2}{20} \Rightarrow v = \pm\sqrt{20x}$ — Gleichung für x-Koordinate nach Parameter auflösen

2. $y = \frac{\sqrt{20x}^2}{40}$ — Einsetzen für Parameter in Gleichung für y-Koordinate

$\mathbf{y = \frac{1}{2}x}$

Beispiel

A Gegeben ist die Funktionenschar $f_t(x) = \frac{1}{3}x^3 - 2tx^2$. Bestimmen Sie die Ortskurve der lokalen Extremwerte.

Lösung:

Notwendige Bedingung für lokalen Extremwert: $f'(x) = 0$

$f'(x) = x^2 - 4tx = x(x - 4t)$

$x(x - 4t) = 0 \Rightarrow x = 0$ oder $x = 4t$

Für $t \neq 0$ ist diese Bedingung auch hinreichend ($f''(x) = 2x - 4t$, $f''(0) \neq 0$ und $f''(4t) \neq 0$).

Der Punkt (0|0) ist bei jeder Scharkurve mit $t \neq 0$ lokaler Extrempunkt.

Der andere Extrempunkt liegt an der Stelle $x = 4t$. Der zugehörige y-Wert ist

$f_t(4t) = -\frac{32t^3}{3}$.

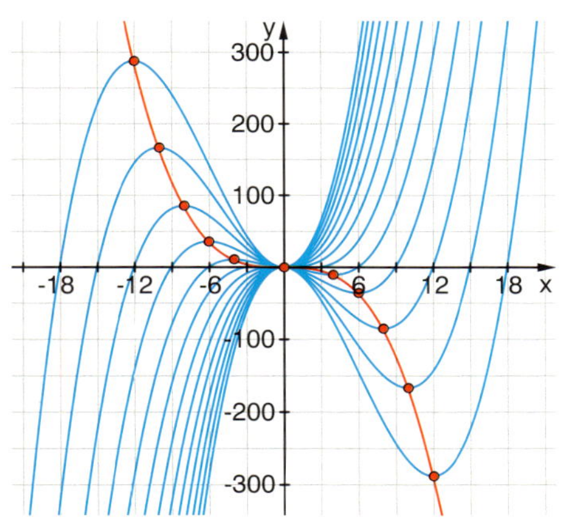

Für t = 0 liegt in (0|0) ein Sattelpunkt der Ortskurve vor.

Ortskurve in Parameterdarstellung:

$x(t) = 4t;\ y(t) = -\frac{32t^3}{3}$

Funktionsgleichung der Ortskurve durch Parameterelimination:

$x = 4t \Rightarrow t = \frac{x}{4} \Rightarrow y = \frac{-32\left(\frac{x}{4}\right)^3}{3}$

$y = -\frac{1}{6}x^3$

Parameterdarstellung auf dem GTR

WERKZEUG

Modus „par" einstellen

```
NORMAL SCI ENG
FLOAT 0123456789
RADIAN DEGREE
FUNC PAR POL SEQ
CONNECTED DOT
SEQUENTIAL SIMUL
```

Eingabe der beiden Parametergleichungen in „y="

```
Plot1 Plot2 Plot3
\X1T=T²/20
 Y1T=T²/40
\X2T=
```

Festlegen des Fensters

```
WINDOW
 Tmin=0
 Tmax=40
 Tstep=.5
 Xmin=-10
 Xmax=100
 Xscl=10
↓Ymin=-10
 Ymax=50
 Yscl=10
```

Einstellen des Intervalls und der Schrittweite mit der Punkte berechnet werden.

Je kleiner tstep, desto langsamer entsteht der Graph.

Tabelle

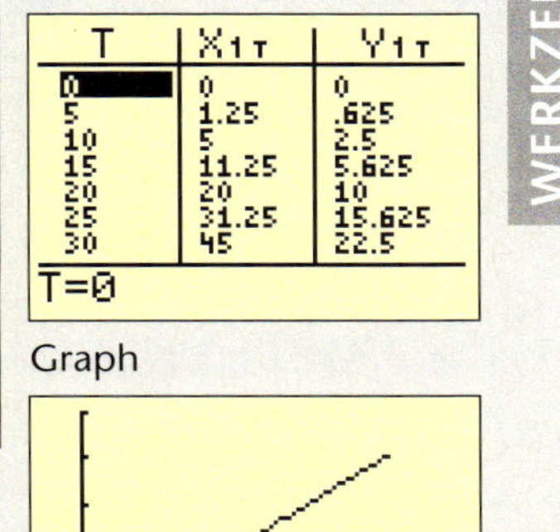

T	X1T	Y1T
0	0	0
5	1.25	.625
10	5	2.5
15	11.25	5.625
20	20	10
25	31.25	15.625
30	45	22.5

T=0

Graph

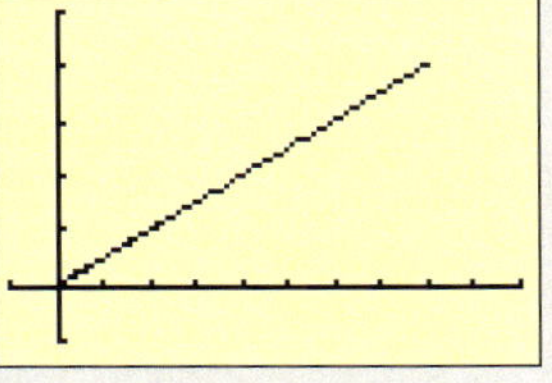

Der GTR „versteht" nur t als Namen des Parameters.

Übungen

3 *Untersuchung einer Funktionenschar*

Gegeben ist die Funktionenschar $f_t(x) = \frac{1}{3}x^3 - 2tx^2$

a) Welche der Funktionen verläuft durch P(1|2)?

b) Wo schneiden die Funktionen die Achsen?

c) Wie groß ist die Steigung an der Stelle x = 1?

d) An welchen Stellen haben die Graphen die Steigung 1?

e) Auf welcher Ortskurve liegen die Wendepunkte?

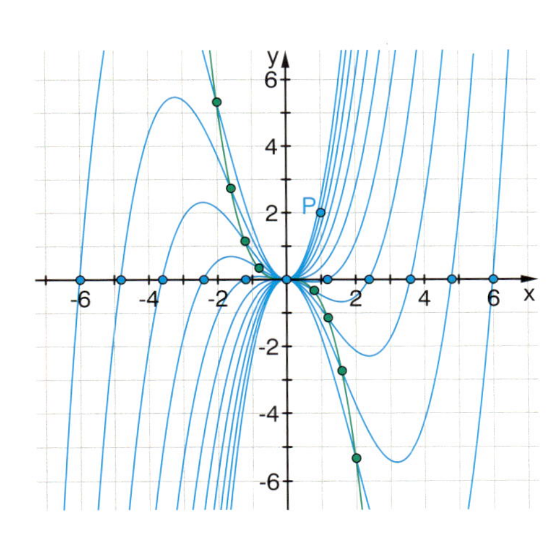

Übungen

Gruppenarbeit und Präsentation der Ergebnisse

4 *Untersuchung verschiedener Kurvenscharen*

a) Erstellen Sie zu jeder Schar eine aussagekräftige Grafik und beschreiben Sie die Graphen in Abhängigkeit des Parameters.
Welche der Funktionen verlaufen durch den Punkt $P(-2|4)$?

$f_a(x) = x^2 - ax$ $\quad$ $f_b(x) = \frac{1}{b}x^2 - x$ $\quad$ $f_c(x) = x^3 - cx$ $\quad$ $f_d(x) = \frac{1}{2}x^4 - dx^2$

b) Beantworten Sie für jede Schar die folgenden Fragen.
(1) Wie groß ist die Steigung im Schnittpunkt mit der y-Achse?
(2) An welchen Stellen haben die Funktionen die Steigung –2?
(3) Auf welcher Kurve liegen die Extrempunkte?
(4) Auf welcher Kurve liegen die Wendepunkte (falls welche existieren)?

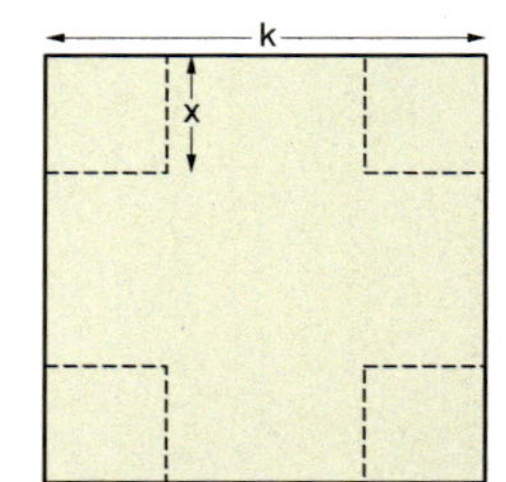

5 *Optimieren 1*

Eine Firma soll aus verschieden großen quadratischen Pappbögen mit der Kantenlänge k oben offene Schachteln mit möglichst großem Fassungsvermögen herstellen.
a) Begründen Sie, dass $V_k(x) = x \cdot (k - 2x)^2$ eine passende Formel für das Volumen in Abhängigkeit der Kantenlänge k ist.
b) Ermitteln Sie das maximal mögliche Volumen in Abhängigkeit von k.
c) Die Firma möchte eine Tabelle haben, in der zu vorgegebener Größe des Pappbogens sowohl Einschnittweite als auch maximales Volumen angegeben werden. Ergänzen Sie die abgebildete Tabelle. Erstellen Sie auch eine grafische Darstellung, die das maximale Volumen in Abhängigkeit der Einschnittweite zeigt.
Wie viel Pappe benötigt man mindestens, um ein Volumen von $1000\ cm^3$ zu erzeugen?

Kantenlänge k des Pappbogens (in cm)	Einschnitt-weite (in cm)	Maximales Volumen (in cm³)
5	■	■
10	■	■
…	■	■
30	5	2000
…	■	■

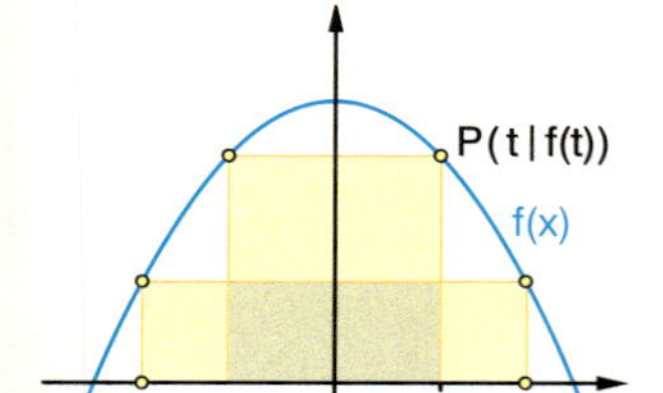

6 *Optimieren 2*

$f_a(x) = -ax^2 + 12$ $\quad$ $f_b(x) = -\frac{1}{3}x^2 + b$

a) Beschreiben Sie jeweils die Parabeln in Abhängigkeit von a bzw. b.
b) Die Parabeln umschließen für $a > 0$ bzw. $b > 0$ mit der x-Achse ein Flächenstück. In dieses Stück werden Rechtecke eingebaut, deren Größe von t abhängt. Welches dieser Rechtecke hat einen maximalen Flächeninhalt? Ermitteln Sie für jede der Parabeln die Ortskurve der Extrempunkte der Flächeninhaltsfunktion.

GRUNDWISSEN

1 Lösen Sie die Gleichungen nach jeder Variablen auf:
a) $ax - 2 = 3x$ $\quad$ b) $3(x^2 - a) = a$ $\quad$ c) $(x - 3)(x - k) = 0$

2 Geben Sie jeweils einen Funktionsterm an:

a) 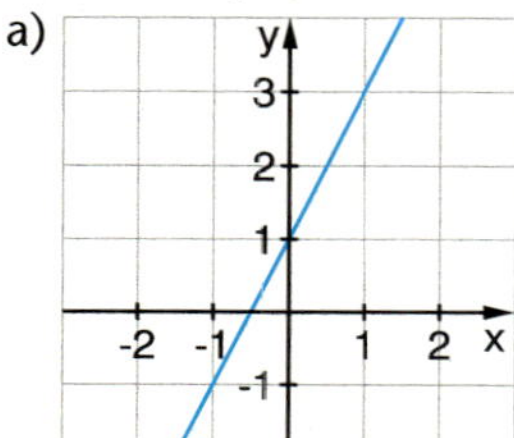

b) 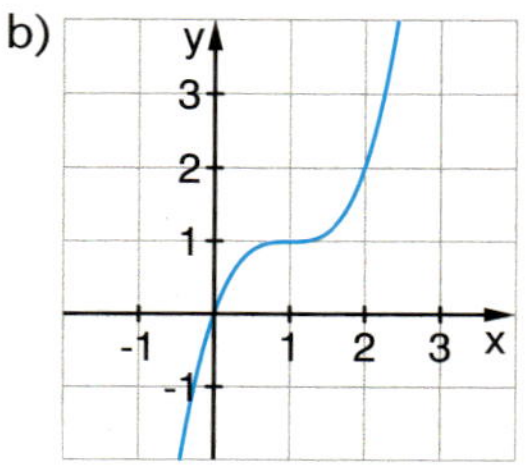

c) 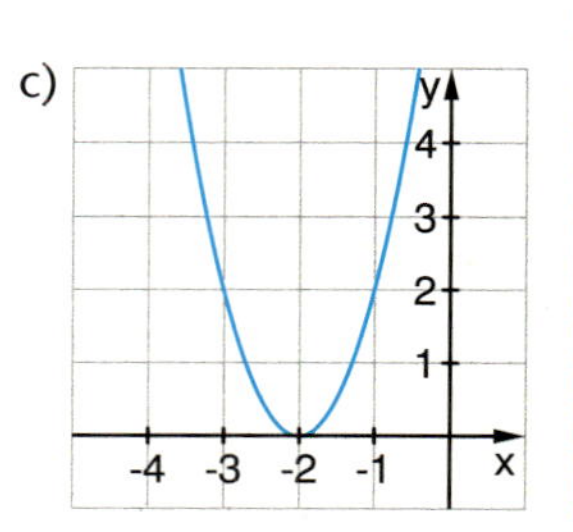

3 Wahr oder falsch?
a) –a ist immer negativ.
b) Polynomfunktionen vom Grad 3 haben immer einen Wendepunkt.

Übungen

7 *Bewegte Punkte oder: Kurven und Kurvenstücke*

Der Punkt $P(x|y)$ bewegt sich im Koordinatensystem in Abhängigkeit vom Parameter t. Skizzieren Sie jeweils die „Flugbahn" der Punkte auf dem Display Ihres Rechners mithilfe der Parameterdarstellung in den angegebenen Intervallen für t.

a) $P(t+1|t^2)$; $-2 \le t \le 3$
b) $P(2t+4|t-1)$; $t \ge -1$
c) $P(\cos(t)|\sin(t))$; $0 \le t \le \pi$
d) $P(3t+1|9t^2)$; $-1 \le t \le 1$
e) $P\left(\frac{1}{t}+1\middle|\frac{1}{t^2}\right)$; $-1 \le t \le 1$
f) $P(\sin(t), t)$; $-\frac{\pi}{2} \le t \le \frac{\pi}{2}$

Die Bewegung lässt sich mithilfe eines Schiebereglers oder durch Einstellen der Option *animate* oder *path* auf dem GTR simulieren.

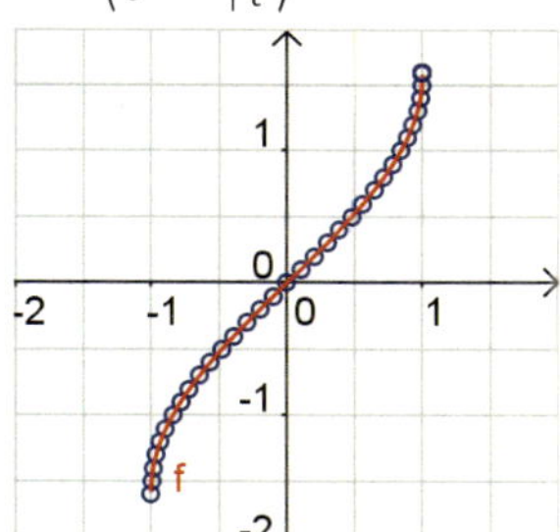

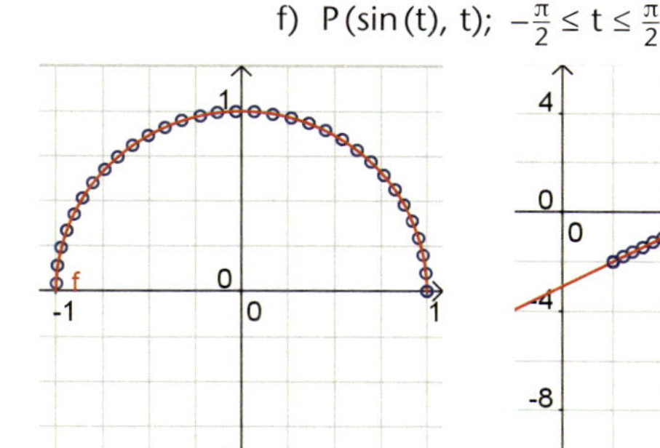

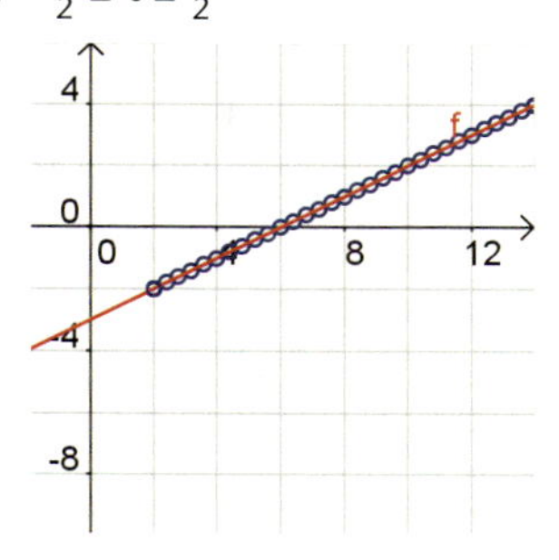

Ermitteln Sie, soweit möglich, die zugehörige Funktionsgleichung $f(x) = y$ und das entsprechende Intervall für x.

Drei Ortskurven gehören zu derselben Funktionsgleichung.

8 *Vielfältige Muster – auch selbst erzeugen*

a) Die Abbildungen zeigen zwei Parabelscharen. Ordnen Sie jeder Schar die passende Funktionsgleichung zu. Geben Sie die Ortskurve der Scheitelpunkte an. Dies ist ohne Rechnung möglich.

(1) $f_t(x) = (x - \cos(t))^2 + \sin(t)$
(2) $f_k(x) = (x - k)^2 + k^2$

Zeichnen Sie die Graphen auf Ihrem eigenen GTR/Rechner.

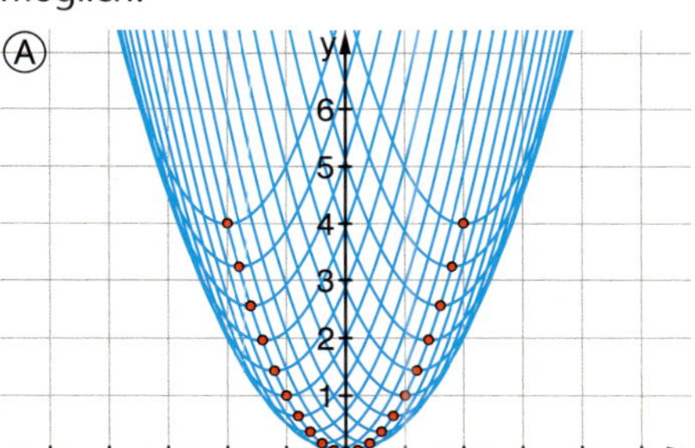

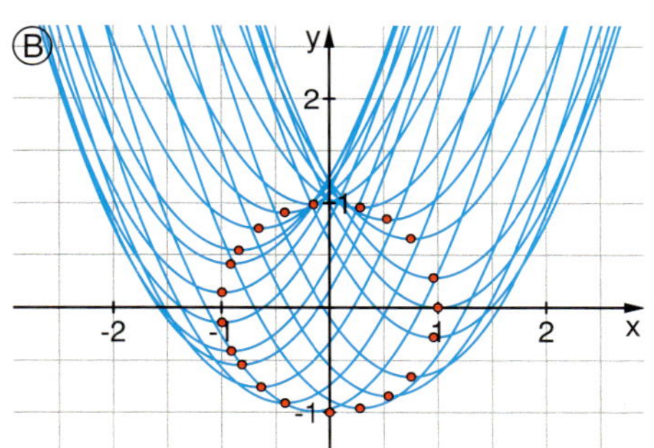

b) Die Parabeln in Ⓐ werden anscheinend wiederum von einer Parabel eingehüllt. Finden Sie für diese eine Funktionsgleichung?

9 *Eine seltsame Ortskurve*

a) Beschreiben Sie die Graphen von

$f_t(x) = \frac{x^2}{2t} - tx \quad (t \neq 0)$

in Abhängigkeit von dem Parameter t.

b) Bestimmen Sie jeweils die Gleichung der Tangente im Schnittpunkt mit der y-Achse.

c) Ermitteln Sie in Abhängigkeit von t den Inhalt der Fläche, die von der Parabel und der x-Achse begrenzt wird. Für welche Werte von t beträgt der Flächeninhalt 162 FE?

d) Ermitteln Sie die Ortskurve der Scheitelpunkte. Beschreiben Sie die Besonderheiten der Ortskurve.

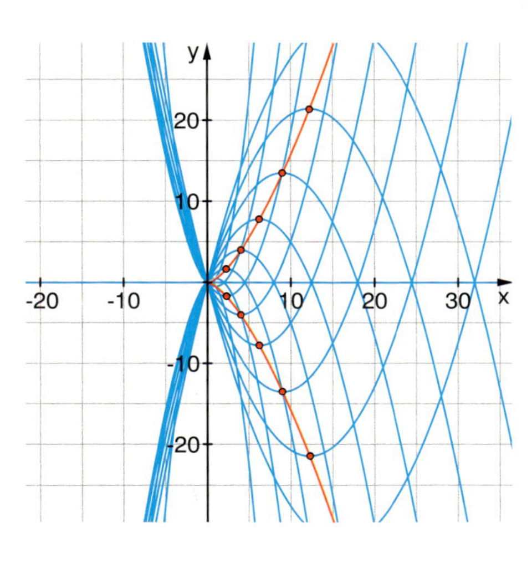

Anwendungen der Parameterdarstellung von Kurven

Viele Kurven können als Graphen von Funktionen $y = f(x)$ erzeugt werden.
Die Darstellung von Kurven in Parameterform stellt eine allgemeinere, sehr effektive Möglichkeit dar. Sie hat vielfältige Anwendungen.

1. Anwendung in der Physik

Wenn t die Zeit ist, so ist die Parameterdarstellung

$x(t) = v \cdot t \cdot \cos(\alpha)$

$y(t) = v \cdot t \cdot \sin(\alpha) - 5t^2 + h$

ein (vereinfachtes) Modell für die Flugbahn einer Kugel beim Kugelstoß.

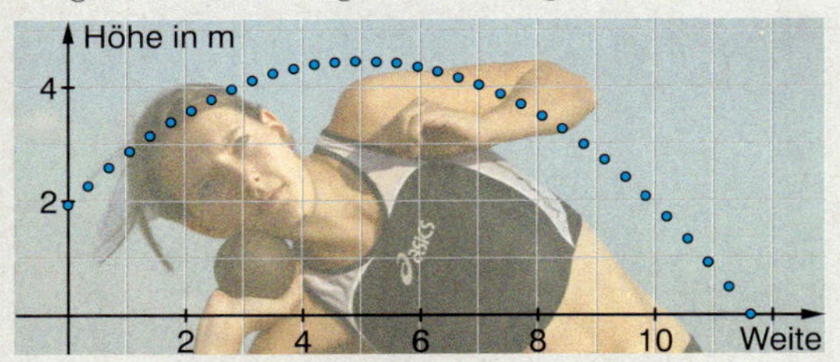

Abstoßgeschwindigkeit v: 10 m/s; Abstoßwinkel α: 45°; Abstoßhöhe h: 1,9 m

2. Anwendungen in der Mathematik

Auch elementare Kurven, die keine Funktionen sind, können einfach dargestellt werden.

K: $x(t) = 2 \cdot \cos(t)$, $y(t) = 2 \cdot \sin(t)$; $0 \le t \le 2\pi$ (Kreis)

E: $x(t) = 2 \cdot \cos(t) + 4$, $y(t) = \sin(t) + 3$; $0 \le t \le 2\pi$ (Ellipse)

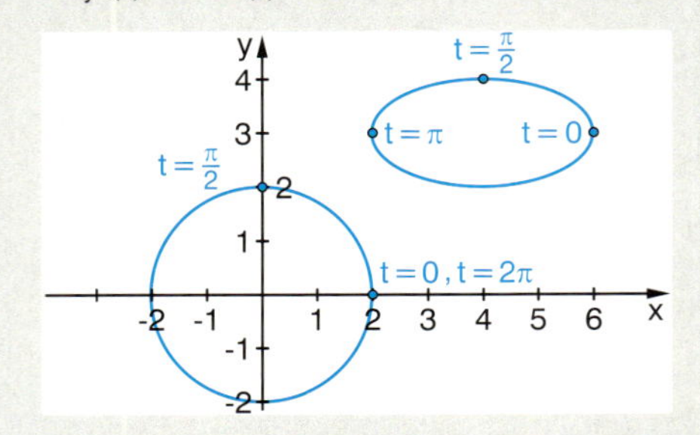

3. Funktionen und Parameterdarstellungen

(1) Jede Funktion lässt sich in Parameterform darstellen.

$f(x) = x^2 + 1 \rightarrow K_1: \begin{matrix} x(t) = t \\ y(t) = t^2 + 1 \end{matrix}; \; t \in \mathbb{R}$

(2) Zu jeder Funktion gibt es verschiedene Parameterdarstellungen

$K_2: \begin{matrix} x(t) = t \\ y(t) = t^2 \end{matrix}$ $\qquad K_3: \begin{matrix} x(t) = t - 1 \\ y(t) = t^2 - 2t + 1 \end{matrix}$

K_2 und K_3 stellen $f(x) = x^2$ dar.

4. Parameterdarstellungen in Vektorform

Die vektorielle Darstellung einer Geraden ist auch eine Parameterform:

$x(t) = 1 + 3t$

$y(t) = 2 + t$

$\vec{x} = \begin{pmatrix} 1 \\ 2 \end{pmatrix} + t \begin{pmatrix} 3 \\ 1 \end{pmatrix} = \begin{pmatrix} 1 + 3t \\ 2 + t \end{pmatrix}$

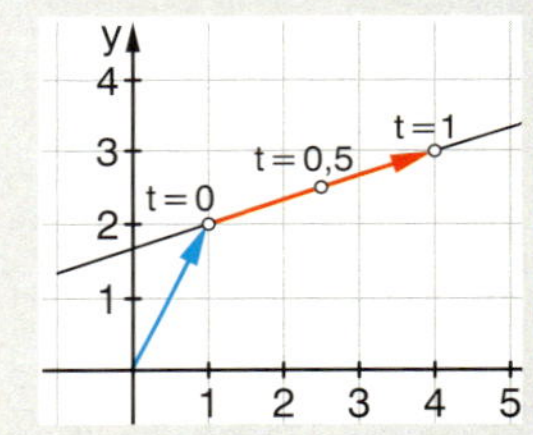

Aufgaben

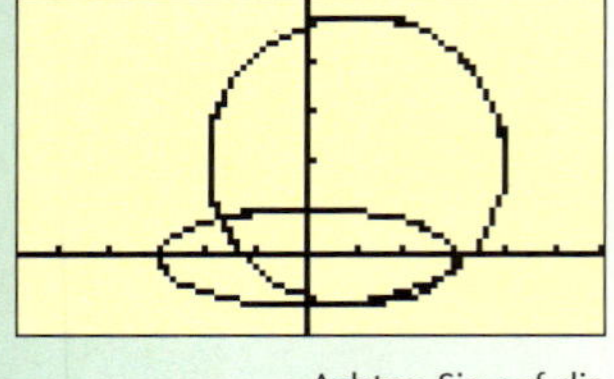

Achten Sie auf die Fenstereinstellung

10 *Kreise, Ellipsen und Spiralen im Koordinatensystem*

a) Oben im Exkurs sind die Parametergleichungen für einen Kreis und eine Ellipse angegeben. Wie müssen Sie die Gleichungen ändern, damit
- ein Kreis mit dem Mittelpunkt $M(1|2)$ und dem Radius 3,
- eine Ellipse mit dem Mittelpunkt im Ursprung und den Halbachsen $a = 3$ und $b = 1$

gezeichnet wird?
Überprüfen Sie mit dem GTR.

b) Welche Bilder entstehen bei der folgenden Parameterdarstellung?
$x(t) = 0{,}2t \cdot \sin(t)$, $y(t) = 0{,}2t \cdot \cos(t)$ $\quad 0 \le t \le 6\pi$
Experimentieren Sie auch mit anderen Faktoren anstelle von 0,2.

11 *Die Parameterdarstellung einer Zykloide*

Zeichnen Sie mit dem GTR die Kurve zur Parameterdarstellung.

$x(t) = t - \sin(t)$

$y(t) = 1 - \cos(t)$;

$0 \le t \le 4\pi$

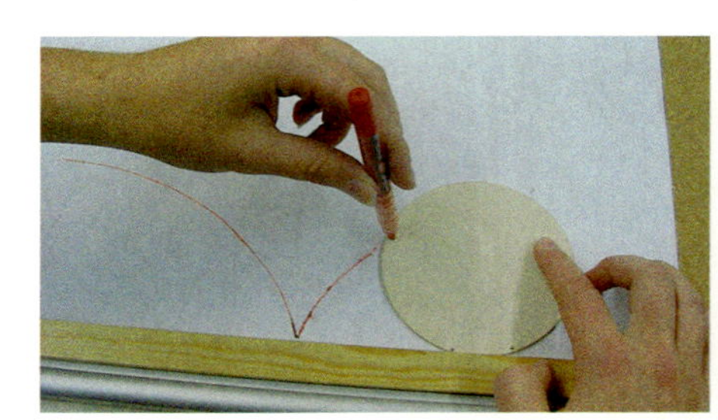

6.3 Rationale Funktionen

Was Sie erwartet

Sie haben ganzrationale Funktionen mit Methoden der Analysis untersucht. Wenn man solche Funktionen addiert oder multipliziert, erhält man wiederum Funktionen des gleichen Typs. Wenn man aber den Quotienten aus zwei Polynomen bildet (z. B. $f(x) = \frac{x^3 + 2x + 1}{x^2 - 1}$), so erhält man einen neuen Funktionstyp, eine „rationale Funktion". Bei der Untersuchung der rationalen Funktionen stößt man auf neuartige Eigenschaften, an den Graphen lassen sich vielfältige neue Muster entdecken. Natürlich treten solche Funktionen auch in Anwendungssituationen auf.

Aufgaben

1 *Funktionenpuzzle*

a) Ordnen Sie den Funktionstermen die passende Grafik zu.

Eine alte Bekannte:

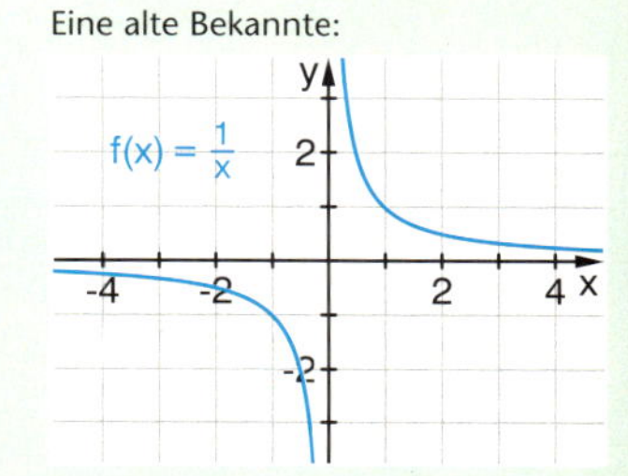

(1) $f(x) = \frac{x+1}{x-2}$	(2) $f(x) = \frac{x^2}{x-1}$	(3) $f(x) = \frac{x-1}{x^2}$
(4) $f(x) = \frac{1}{x^2-1}$	(5) $f(x) = \frac{x^2-1}{x}$	(6) $f(x) = \frac{1}{x^2+1}$

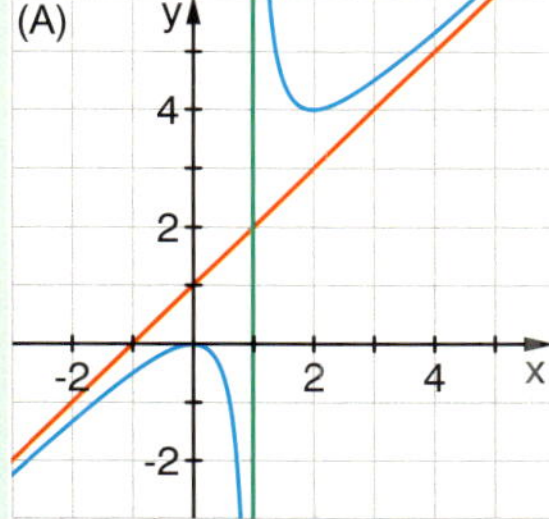

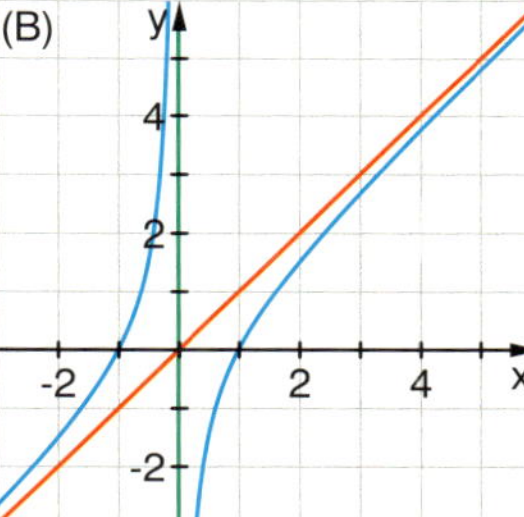

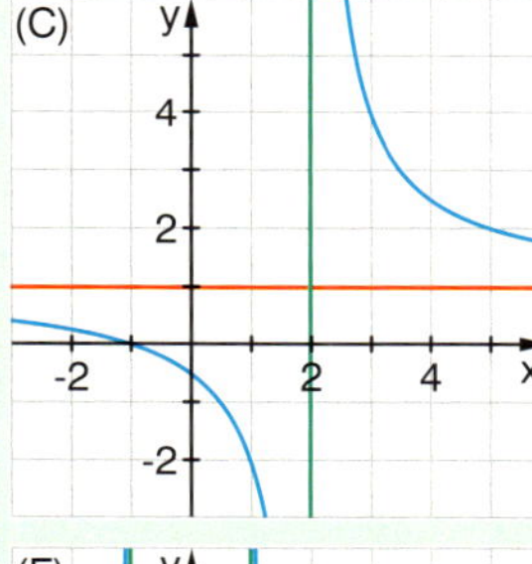

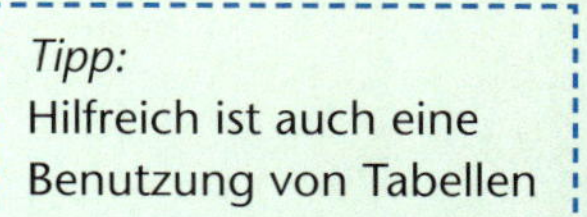

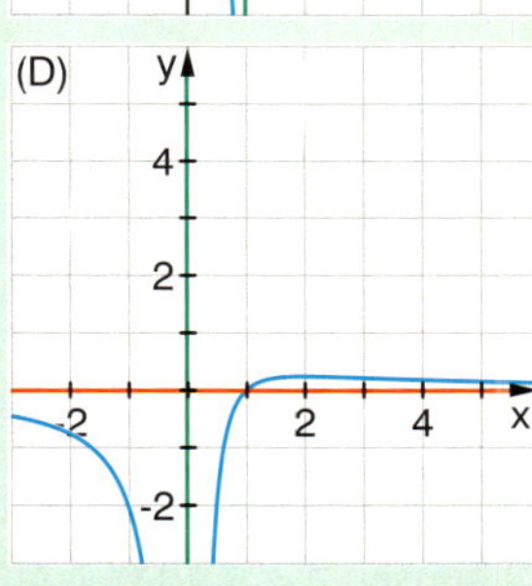

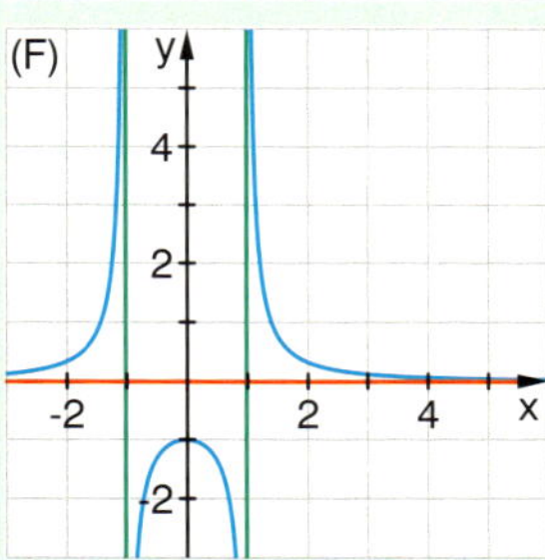

Beschreiben Sie jeweils den grafischen Verlauf. Benutzen Sie dazu auch die roten und grünen Geraden. Können Sie die Lage der grünen Geraden bereits an dem zum Graphen gehörigen Funktionsterm erkennen?

Division durch 0?

b) Die folgenden Darstellungen gehören auch zu den Funktionen (1)–(6). Ordnen Sie zu. Versuchen Sie damit Erklärungen für das Verhalten der Funktionen für $x \to \pm\infty$ zu geben.

Beispiel zu (9)
$f(x) = 1 + \frac{3}{x-2}$: Weil $\frac{3}{x-2}$ für $x \to \infty$ gegen 0 strebt, gilt für sehr große x: $f(x) \approx 1$. Also strebt $f(x)$ für $x \to \infty$ gegen den Wert 1.

Hauptnenner bilden

(7) $f(x) = \frac{1}{x} - \frac{1}{x^2}$	(8) $f(x) = \frac{1}{(x+1)(x-1)}$	(9) $f(x) = 1 + \frac{3}{x-2}$
(10) $f(x) = x - \frac{1}{x}$	(11) $f(x) = x + 1 + \frac{1}{x-1}$	(12) $f(x) = \frac{x^2+2}{x^2+1} - 1$

Aufgaben

2 *Konservendosen*

Ausgangssituation

Eine Standardkonservendose hat ein Volumen von 425 ml. Es wird eine einfache Modellierung der Dosen durch einen Zylinder vorgenommen.

Für das Volumen gilt dann immer:
$V = \pi r^2 h = 425\ cm^3$

Für den Materialaufwand (Blech) gilt:
$O(r, h) = 2\pi r^2 + 2\pi r h$, O in cm^2

Der Materialbedarf hängt also zunächst vom Radius und der Höhe ab, man kann eben breite, flache Dosen bauen, aber auch schmale, hohe Dosen mit demselben Volumen.

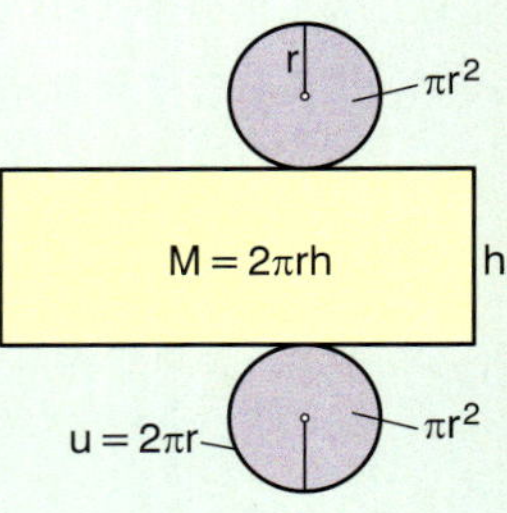

Mit der Vorgabe des festen Volumens ist aber noch ein Zusammenhang zwischen dem Radius r und der Höhe h gegeben: $h = \frac{425}{\pi r^2}$.
Wenn man dies in die Formel für den Materialaufwand einsetzt, erhält man eine Funktion, die nur noch von r abhängt: $O(r) = 2\pi r^2 + \frac{850}{r}$

Extremwertproblem

Wenn man das Netz der Oberfläche betrachtet, erhält man für $r \to 0$ fast ein Rechteck, für $r \to \infty$ fast zwei Kreise.

a) Die Abbildung zeigt den Graphen zu O(r). Beschreiben Sie, wie sich der Materialbedarf für immer schmaler werdende Dosen ($r \to 0$) und immer breiter werdende Dosen ($r \to \infty$) verändert. Welche Rolle spielt dabei die rot gezeichnete Parabel $y = 2\pi r^2$?

b) Bestimmen Sie den minimalen Materialbedarf.

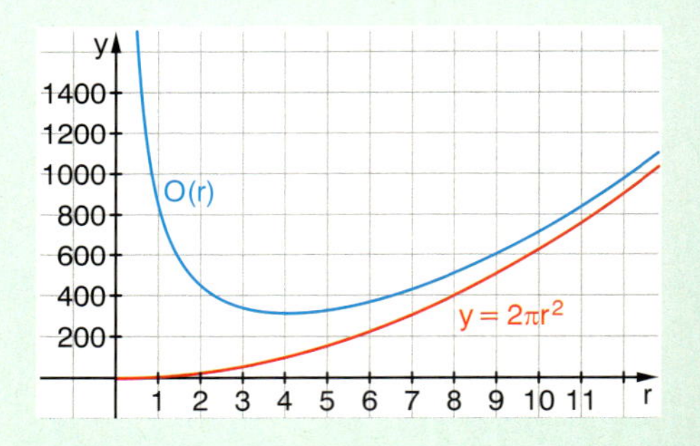

c) Es gibt Konservendosen mit verschiedenen Volumina V.
Zeigen Sie, dass man für den Materialverbrauch folgende Funktionenschar erhält:
$O_V(r) = 2\pi r^2 + \frac{2V}{r} = \frac{2\pi r^3 + 2V}{r}$

Verallgemeinerung

Die Abbildung zeigt Funktionen für verschiedene Volumina.
(V = 100, 200, …, 1000)

Beschreiben Sie, wie sich diese Kurven mit größer werdendem Volumen verändern.
Zeigen Sie, dass man mit $r_{min} = \sqrt[3]{\frac{V}{2\pi}}$ für den minimalen Materialverbrauch $O_V(r_{min}) = \frac{3V}{\sqrt[3]{\frac{V}{2\pi}}}$ erhält.

Parameterelimination
Parameterdarstellung

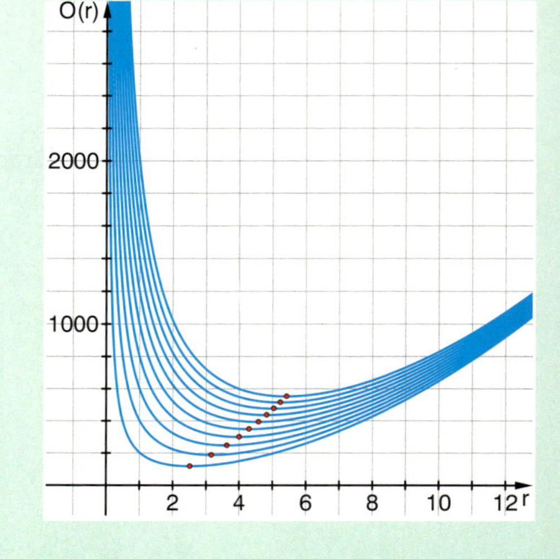

Die roten Punkte kennzeichnen für jedes Volumen V den minimalen Materialverbrauch.

Bestätigen Sie, dass die Ortskurve dieser Minima die Gleichung $y = 6\pi r^2$ erfüllt.

Wenn man Quotienten von ganzrationalen Funktionen p (x) und q (x) bildet, erhält man eine neue Funktionenklasse, die **rationalen Funktionen** $f(x) = \frac{p(x)}{q(x)}$.

Basiswissen

Manchmal werden rationale Funktionen auch gebrochen-rationale Funktionen genannt.

Muster bei Graphen rationaler Funktionen

Polstellen

Rationale Funktionen sind an den Nullstellen des Nennerpolynoms nicht definiert. An diesen Stellen streben die Funktionswerte im Allgemeinen gegen ∞ oder –∞. Solche Stellen heißen **Polstellen**. Die Anzahl der Polstellen hängt von der Anzahl der Nullstellen des Nenners ab.

Die Nullstellen des Nennerpolynoms sind **Definitionslücken** der rationalen Funktion.

(A) *Nennerpolynom linear* – eine Polstelle

$f(x) = \frac{3}{x-2}$, $x_p = 2$

Wenn die x-Werte gegen 2 streben, strebt der Nenner gegen 0.

Wenn diese Annäherung von links geschieht, streben die Funktionswerte gegen –∞. Wenn die Annäherung von rechts geschieht, streben sie gegen ∞.

In einem solchen Fall spricht man von einem Pol mit Vorzeichenwechsel.

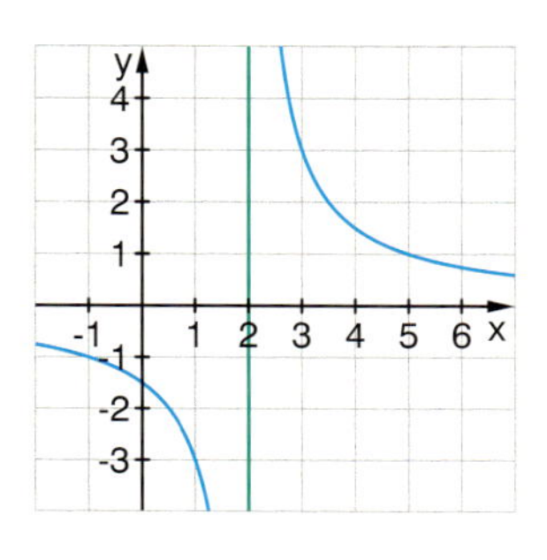

(B) *Nennerpolynom quadratisch*

(a) 2 Polstellen

$f(x) = \frac{8}{x^2-4}$;

$x_{p1} = -2$, $x_{p2} = 2$

mit Vorzeichenwechsel

(b) eine Polstelle

$f(x) = \frac{3}{(x-2)^2}$; $x_p = 2$

ohne Vorzeichenwechsel

(c) keine Polstelle

$f(x) = \frac{5}{x^2+1}$

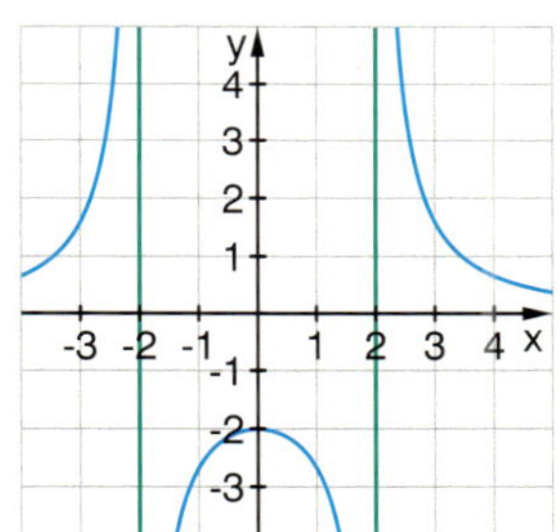

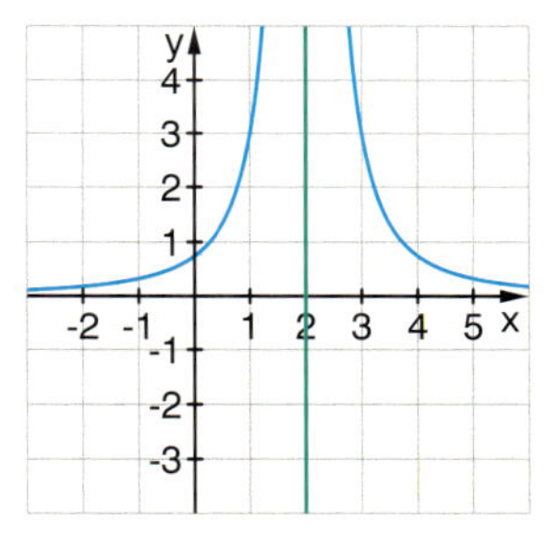

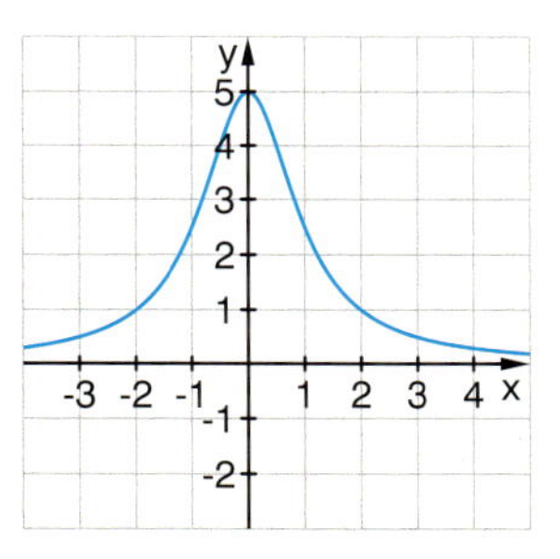

Asymptoten

Für x gegen ∞ und –∞ nähern sich die Graphen häufig einer Geraden an. Diese Gerade heißt **Asymptote**.

(a) $f(x) = \frac{4}{x^2+2}$

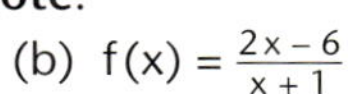

(b) $f(x) = \frac{2x-6}{x+1}$

(c) $f(x) = \frac{2x^2-3}{x}$

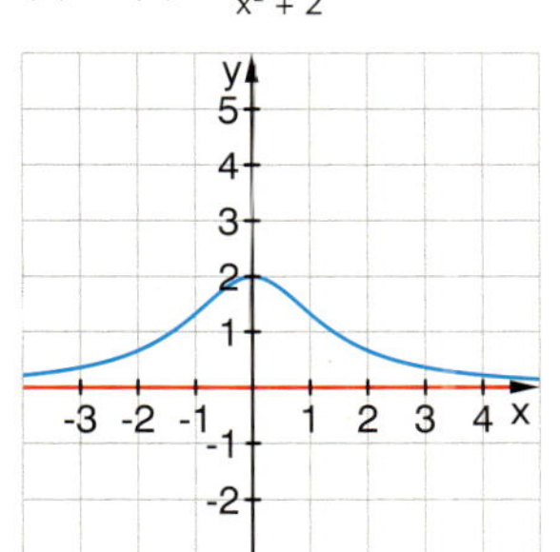

Asymptote: $y = 0$

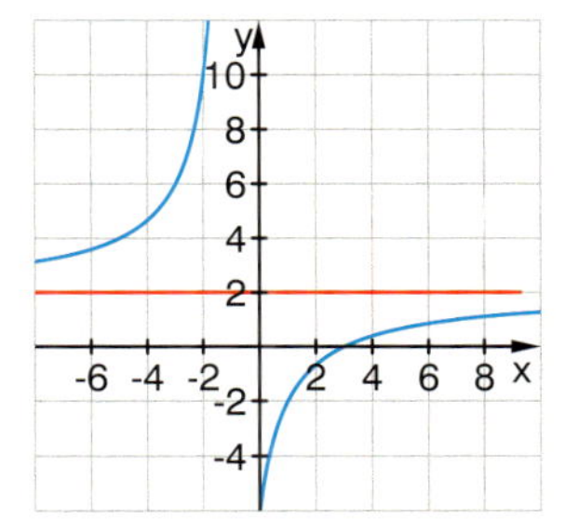

Asymptote: $y = 2$

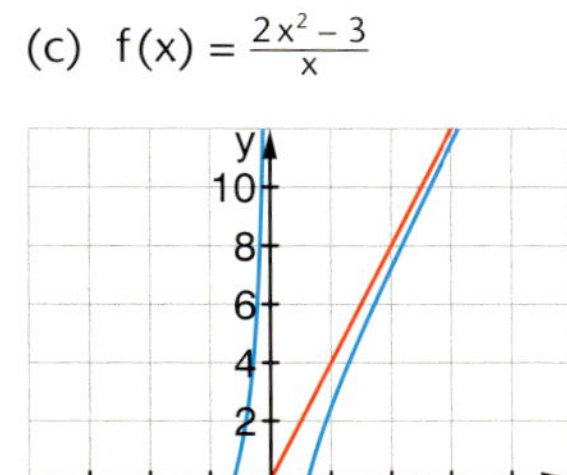

Asymptote: $y = 2x$

Die Parallelen zur y-Achse in den Polstellen werden auch als „senkrechte Asymptoten" bezeichnet.

Beispiele

A a) Untersuchen Sie das Verhalten von $f(x) = \frac{3x-6}{x+2}$ an der Definitionslücke und bestimmen Sie die waagerechte Asymptote.

b) Zeigen Sie, dass auch $f(x) = 3 - \frac{12}{x+2}$ gilt. Begründen Sie damit das asymptotische Verhalten.

Lösung:

a) Definitionslücke bei $x = -2$. Dort ist der Nenner 0.

Bei Annäherung an $x = -2$ von links strebt $f(x)$ gegen ∞
z. B. $(f(-2{,}01) = \frac{-12{,}03}{-0{,}01} = 1207)$.

Bei Annäherung an $x = -2$ von rechts strebt $f(x)$ gegen $-\infty$
z. B. $(f(-1{,}99) = \frac{-11{,}97}{0{,}01} = -1179)$.

Die waagerechte Asymptote ist $y = 3$, weil für sehr große x ($x \to \infty$) bzw. sehr kleine x ($x \to -\infty$) im Zähler „-6" und im Nenner „$+2$" betragsmäßig verschwindend klein gegenüber „$3x$" bzw. „x" werden, so dass dann $f(x) \approx \frac{3x}{x} = 3$ gilt.

b) $3 - \frac{12}{x+2} = \frac{3(x+2)}{x+2} - \frac{12}{x+2} = \frac{3x+6-12}{x+2} = \frac{3x-6}{x+2}$

Für $x \to \pm\infty$ strebt $\frac{12}{x+2}$ gegen 0, also $f(x) = 3 - \frac{12}{x+2}$ gegen 3.

Zur Polynomdivision siehe Seite 276

Mit dem CAS können wir die Termgleichheit durch Polynomdivision $\frac{3x-6}{x+2}$ überprüfen.

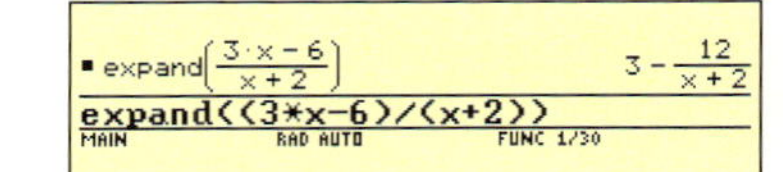

B $f(x) = \frac{4}{(x-2)^2}$ hat eine Polstelle ohne Vorzeichenwechsel.

Geben Sie eine Begründung dafür. Vergleichen Sie mit $g(x) = \frac{4}{x-2}$.

Lösung:

Polstelle $x = 2$. Wegen des Quadrats im Nenner ist der Nenner immer positiv.
$f(x)$ strebt damit an der Stelle 2 gegen $+\infty$. Dies gilt sowohl, wenn x von links als auch wenn x von rechts gegen 2 strebt.

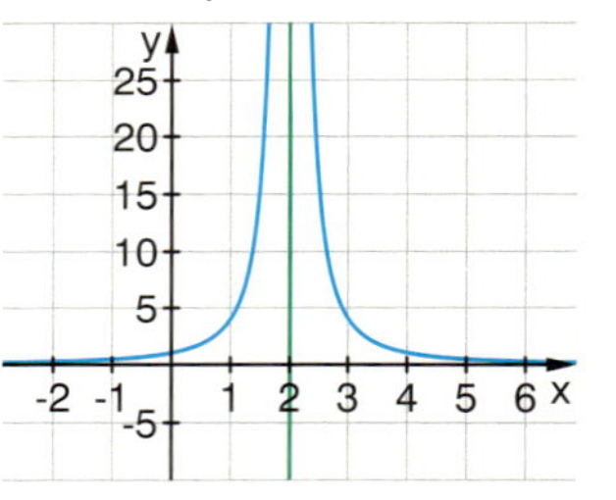

$f(x) = \frac{4}{(x-2)^2} = \frac{4}{(x-2)(x-2)}$.

Das Nennerpolynom von $f(x)$ hat zweimal dieselbe Nullstelle. $x = 2$ ist eine doppelte Nullstelle des Nenners. Bei $g(x)$ tritt diese Nullstelle nur einmal auf.
Der Nenner von g ist links der Polstelle negativ, rechts davon positiv.

> Tritt ein Linearfaktor in einem Polynom zweimal auf, spricht man von einer **doppelten Nullstelle**.
>
> *Beispiel:*
> $f(x) = x \cdot (x-3)^2 \cdot (x+1)$
> $x = 3$ ist doppelte Nullstelle.

Übungen

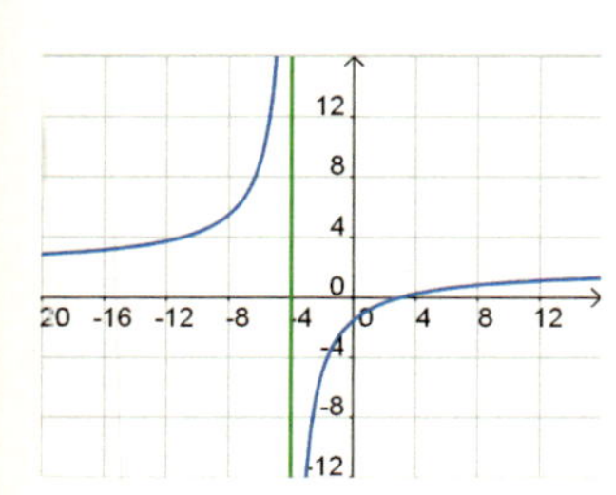

3 *Training*

Geben Sie jeweils die Polstellen und Asymptoten an.

a) $f(x) = \frac{2x-6}{x+4}$ b) $f(x) = \frac{-x}{2x+6}$ c) $f(x) = \frac{4x+8}{x}$

d) $f(x) = 3 + \frac{2}{4x-1}$ e) $f(x) = \frac{x}{x^2-4}$ f) $f(x) = \frac{3x}{x^2+4}$

Überzeugen Sie sich durch die Probe am Graphen.

Übungen

4 *Vom Graphen zum Funktionsterm*

a) Lesen Sie aus den Grafiken Polstellen und Asymptoten ab.

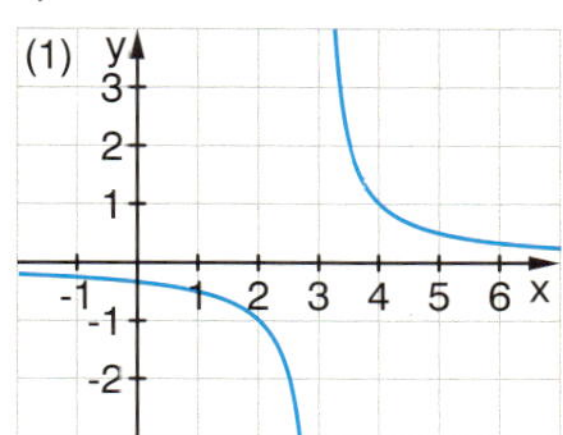

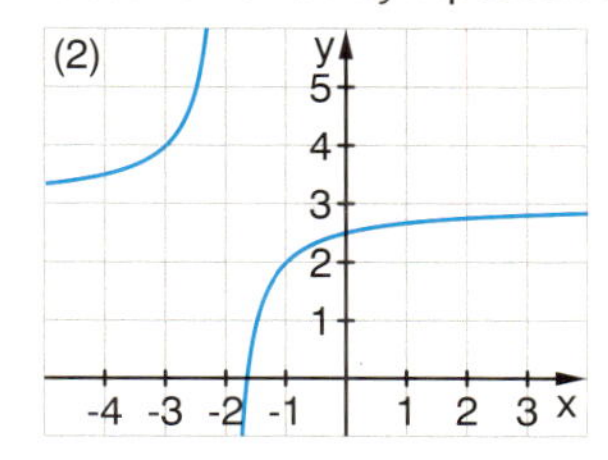

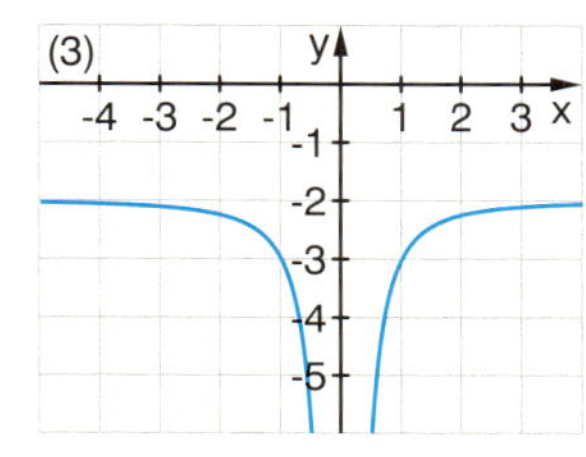

b) Ordnen Sie den Graphen die passenden Funktionsgleichungen zu.

$f(x) = \frac{-2x^2 - 1}{x^2}$ $\qquad g(x) = \frac{1}{x - 3}$ $\qquad h(x) = \frac{3x + 5}{x + 2}$

5 *Polstellen am Term ablesen*

a) Geben Sie nur mithilfe des Funktionsterms die Polstellen an. Entscheiden Sie auch jeweils, ob es sich um Polstellen mit oder ohne Vorzeichenwechsel handelt.

$f(x) = \frac{2}{x^2 \cdot (x + 5) \cdot (x - 1)^3}$ $\qquad g(x) = \frac{-x}{2(x^2 + 6x + 9)(x - 4)}$

b) Fertigen Sie jeweils per Hand eine grobe Skizze an. Vergleichen Sie mit dem Graphen des GTR.

6 *Steckbriefe I*

Finden Sie zu den Eigenschaften einen oder auch zwei passende Funktionsterme?

a) Eine rationale Funktion hat zwei Polstellen ohne Vorzeichenwechsel, und ihr Nennerpolynom ist vom Grad 3.

b) Eine rationale Funktion hat nur eine Polstelle mit Vorzeichenwechsel, und das Nennerpolynom ist vom Grad 3.

c) Eine rationale Funktion hat nur eine Polstelle ohne Vorzeichenwechsel, und das Nennerpolynom ist vom Grad 3.

7 *Steckbriefe II*

a) Geben Sie jeweils zwei rationale Funktionen an, die die angegebenen Polstellen und Asymptoten haben. Überprüfen Sie mit dem GTR.

(1) Polstelle: $x_p = 4$
Asymptote: $y = -2$

(2) Polstelle: $x_p = -3$
Asymptote: $y = 0$

(3) Polstellen: $x_{p1} = -3$; $x_{p2} = 3$
Asymptote: $y = 0$

b) Finden Sie zu (1) eine Funktion, die eine Nullstelle bei $x = 3$ hat.
Finden Sie zu (2) und (3) jeweils eine Funktion, die durch den Punkt $(5 | 1)$ verläuft.

c) Verändern Sie die Funktionsterme zu (1)–(3) so, dass die Pole keinen Vorzeichenwechsel haben.

Zum Knobeln

GRUNDWISSEN

1 Geben Sie jeweils ein Beispiel für eine Polynomfunktion an, die die angegebene Bedingung erfüllt:

a) Grad 4 und achsensymmetrisch zur y-Achse

b) 2 Nullstellen, davon eine bei $x = 2$ und eine bei $x = -3$

c) Grad 3 und zwei Extrempunkte

2 Bestimmen Sie Nullstellen, Extrem- und Wendepunkte von $f(x) = 2x^3 - 6x$.

3 Beschreiben Sie die Graphen von $f(x) = x^n$ für $n \in \mathbb{N}$.

Übungen

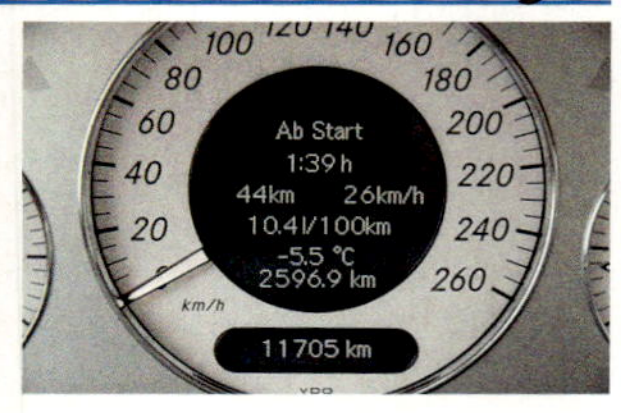

Antiproportionalität
Eine Zuordnung $x \rightarrow y$ ist antiproportional, wenn das Produkt $x \cdot y$ konstant ist.
$x \cdot y = c$

8 *Bekanntes unter neuem Blickwinkel*

In der Tabelle ist dargestellt, wie weit man bei einem bestimmten Benzinverbrauch auf 100 km mit einer Tankfüllung kommt.

- Füllen Sie die Tabelle aus und begründen Sie, dass es sich um Antiproportionalität handelt.
- Wie viele Liter passen in den Tank?
- Erstellen Sie eine passende Grafik.
- Erstellen Sie eine entsprechende Tabelle und Grafik, wenn der Tank 40 l beziehungsweise 100 l fasst.

Benzinverbrauch auf 100 km in l	Reichweite in km
5	1200
8	750
■	900
15	■
x	■
■	y

9 *Vertreter einer Funktionenschar*

a) Antiproportionale Zuordnungen werden durch die Funktionenschar $f_c(x) = \frac{c}{x}$ charakterisiert. Zeichnen und beschreiben Sie die Graphen dieser Funktionenschar.

b) Bestimmen Sie zu den Grafiken die passenden Werte für c.

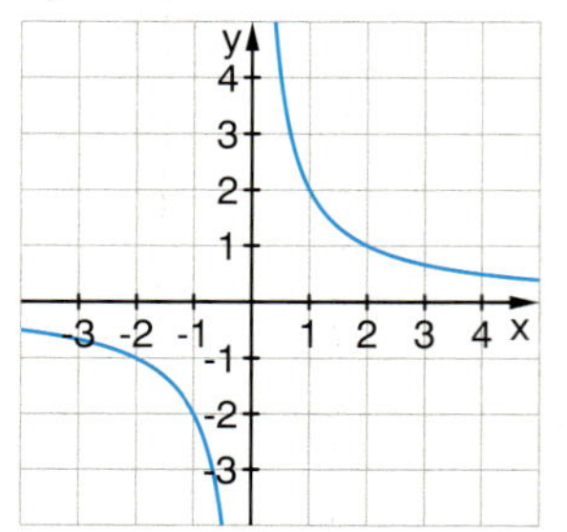

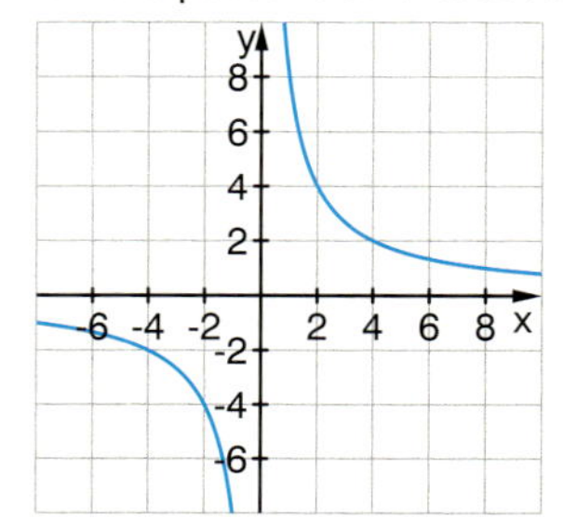

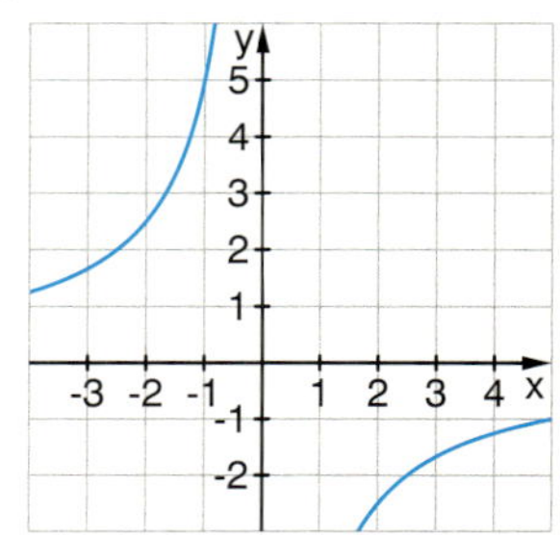

10 *Funktionenlabor*

Auch Potenzfunktionen $f(x) = x^{-n}$, $n \in \mathbb{N}$ sind rationale Funktionen.
Skizzieren Sie für verschiedene Werte von n die Graphen der Funktionen $f_n(x) = \frac{1}{x^n}$; $n \in \mathbb{N}$.

Beschreiben Sie den Verlauf in Abhängigkeit von n. Was haben alle Funktionen gemeinsam, worin unterscheiden Sie sich? Vergleichen Sie mit $f(x) = x^n$.

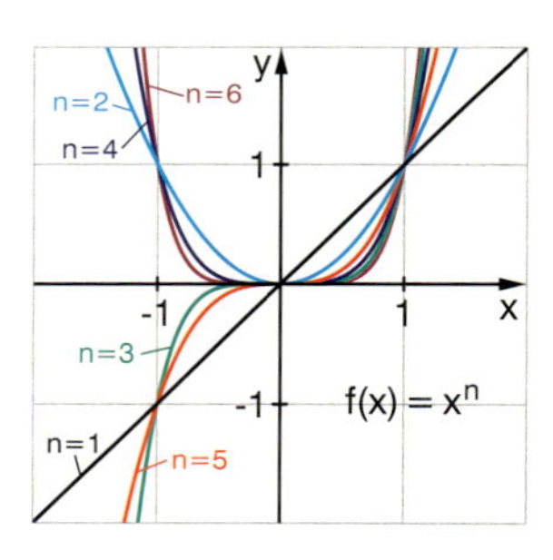

Hinweise:
- Der GTR verbindet Punkte immer geradlinig.
- Der GTR berechnet Funktionswerte immer in gewissen Abständen der x-Werte.

Je nach Modell des GTR können die Bilder etwas unterschiedlich aussehen.

11 *Vorsicht Technik 1*

Rechts sehen Sie zwei GTR-Bilder der Funktion $f(x) = \frac{1}{x-1}$.

Beschreiben Sie jeweils den Fehler in der Darstellung. Finden Sie eine Erklärung dafür?

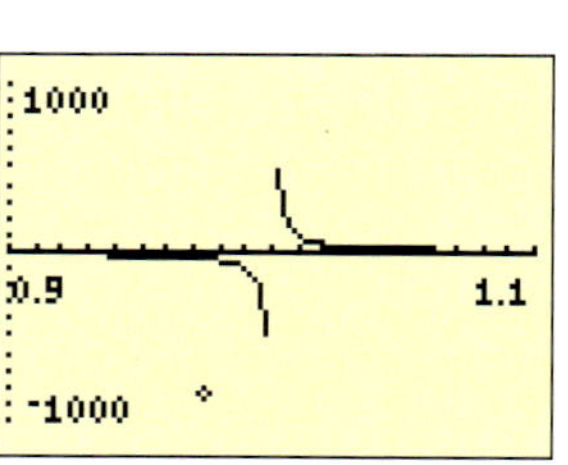

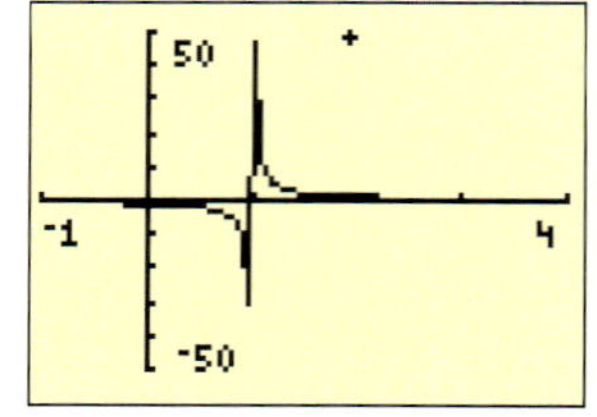

12 *Vorsicht Technik 2*

Jemand hat zu $f(x) = \frac{3x-1}{x+1}$ folgende Tabelle erzeugt.

Begründen Sie, warum die Tabelle fehlerhaft ist.
Können Sie die Ausgabe erklären?

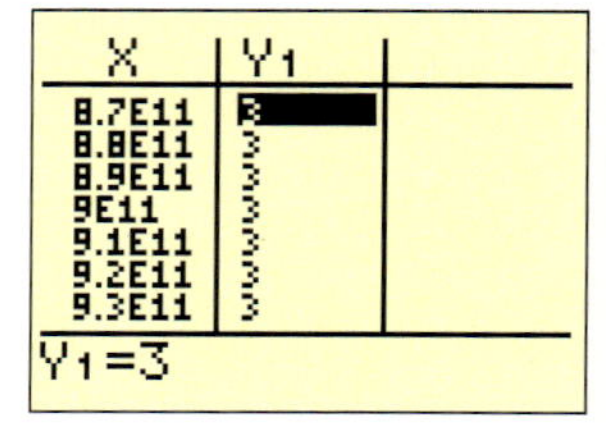

$8E11 = 8 \cdot 10^{11}$

Übungen

13 *Symmetrien am Graphen erkennen*

a) Ordnen Sie zunächst ohne Benutzung eines GTR den Funktionsgleichungen die passenden Graphen zu. Welche Symmetrien lassen sich am Graphen erkennen?

(1) $f(x) = \frac{1}{x^2 - 4}$ (2) $f(x) = \frac{x}{x^2 - 4}$ (3) $f(x) = \frac{x^3}{x - 1}$

(4) $f(x) = \frac{x^2 - 4}{x}$ (5) $f(x) = \frac{x^4 - 4}{x^2}$

Tipp: Schnittpunkte mit den Koordinatenachsen beachten.

(A)

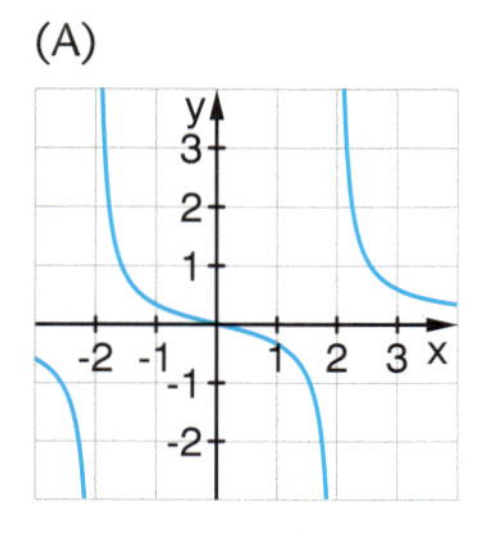

(B)

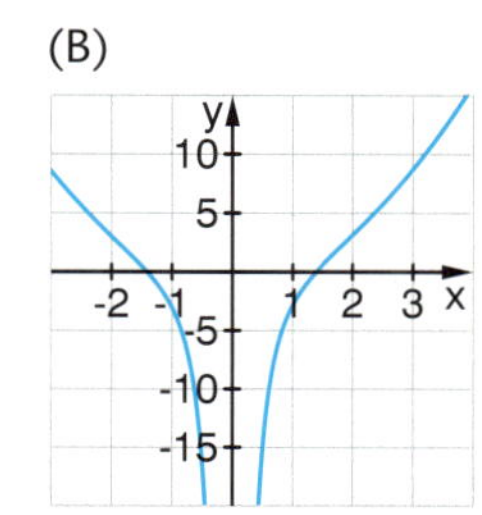

(C)

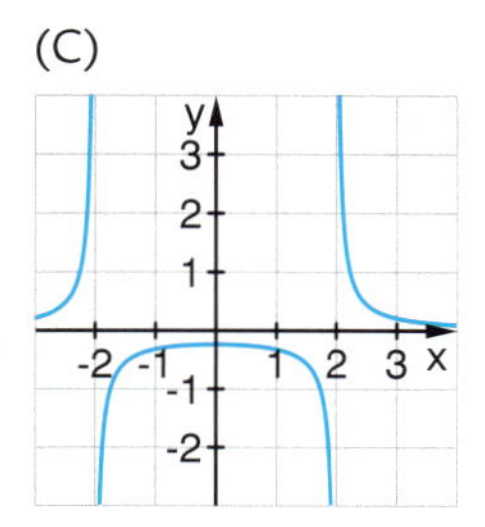

(D)

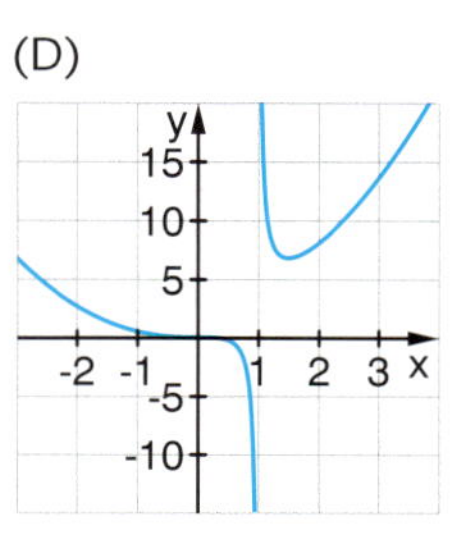

(E)

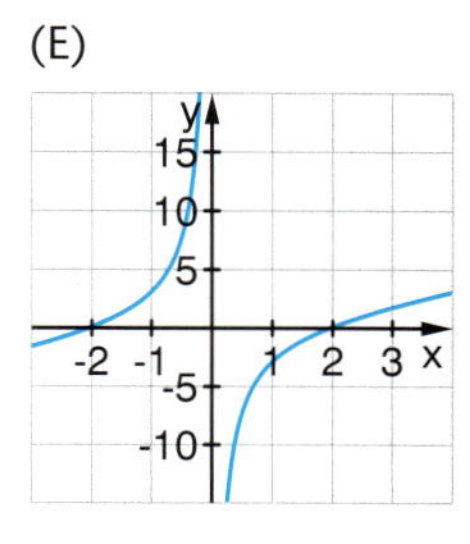

b) Weisen Sie die Symmetrie mithilfe der nebenstehenden Kriterien nach.

Für Funktionen f(x) gilt:
(1) f **achsensymmetrisch** zur y-Achse $\Leftrightarrow f(-x) = f(x)$
(2) f **punktsymmetrisch** zu $(0|0) \Leftrightarrow f(-x) = -f(x)$

14 *Symmetrien am Term erkennen*

Symmetrien von ganzrationalen Funktionen p(x) können Sie an den Funktionstermen erkennen:

(1) Achsensymmetrie zur y-Achse: p(x) hat nur gerade Exponenten.
(2) Punktsymmetrie zu (0|0): p(x) hat nur ungerade Exponenten.

Eine achsensymmetrische Funktion heißt entsprechend **gerade Funktion**, eine punktsymmetrische **ungerade Funktion**.

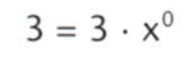

Gibt es solche einfachen Kriterien auch bei rationalen Funktionen?

a) Füllen Sie die Tabelle aus. Skizzieren Sie dazu die Funktionen $f(x) = \frac{p(x)}{q(x)}$ und geben Sie die Art der Symmetrie an, falls eine vorliegt.

	$p_1(x) = x^4 - 1$ gerade	$p_2(x) = x^3 - x$ ungerade	$p_3(x) = x^2 - 4x$
$q_1(x) = x^2 - 2$ gerade	■	Punktsymmetrie	■
$q_2(x) = x^5 - 2x$ ungerade	■	■	■
$q_3(x) = x^3 - 2$	■	■	■

Beispiel:
$f(x) = \frac{p_2(x)}{q_1(x)}$

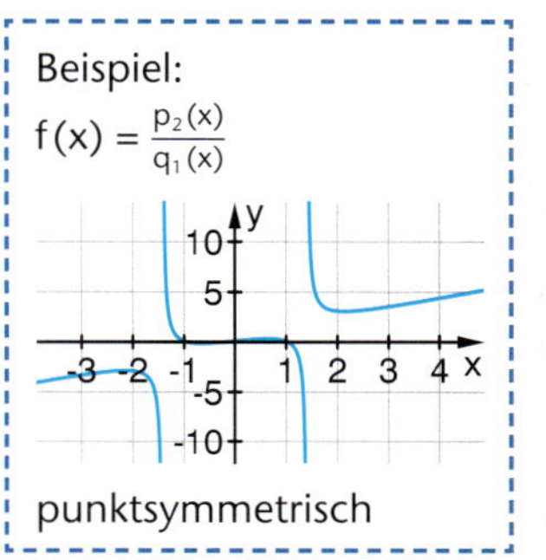

punktsymmetrisch

b) Formulieren Sie Zusammenhänge zwischen den Polynomen p(x) und q(x) und dem Symmetrieverhalten von f(x).

Ein Zusammenhang:

Wenn das Zählerpolynom gerade ist und das Nennerpolynom ungerade, liegt Punktsymmetrie bezüglich (0|0) vor.

Beispiel:
$f(-x) = \frac{p_2(-x)}{q_1(-x)} = \frac{-p_2(x)}{q_1(x)} = -f(x)$

c) Weisen Sie die Symmetrien der in a) gebildeten Funktionen wie in Übung 13 nach und vergleichen Sie mit Ihren Einträgen in der Tabelle und Ihren Vermutungen in b).

Übungen

```
Plot1 Plot2 Plot3
\Y1=1/X
\Y2=Y1+2
\Y3=Y1(X-2)
\Y4=-Y1(X)
\Y5=Y1(-X)
\Y6=4*Y1(X)
\Y7=
```

15 *Wenn man schiebt, spiegelt und streckt …*

Die Grafik zeigt die Graphen zu y_1, y_2, y_3, …, y_6.

a) Welcher Graph gehört zu welcher Funktion? (Bei zwei Funktionen entsteht das gleiche Bild.)

b) Beschreiben Sie mithilfe der in der Überschrift erwähnten geometrischen Abbildungen, wie die Graphen zu y_2 bis y_6 aus dem Graphen zu y_1 entstehen. Welche Auswirkungen haben diese Abbildungen auf die Polstellen bzw. Asymptoten?

c) Wie sehen die Graphen zu $y_7 = \frac{1}{y_1}$ und $y_8 = y_1(y_1(x))$ aus? Finden Sie eine Erklärung dafür.

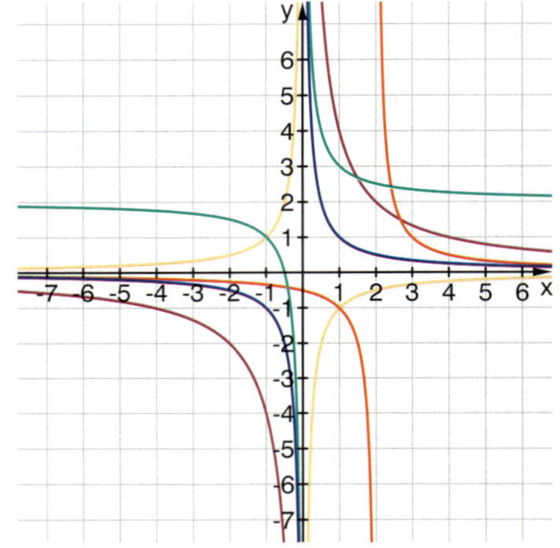

16 *Variation von Aufgabe 15*

Ersetzen Sie in Aufgabe 15 y_1 durch $y_1 = \frac{1}{x^2}$ und führen Sie die gleichen Untersuchungen durch.

17 *Auswählen aus einer Funktionenschar*

Zeichnen Sie die Funktionenschar zu $f(x) = \frac{1}{x^n}$ für n = 1, 2, 3, … 10.

a) Welche der Funktionen erfüllen die angegebene Bedingung?

(1) Der Punkt (2 | 0,25) gehört zu f.

(2) Die Steigung an der Stelle $x = 1$ ist -1

(3) Der Graph ist achsensymmetrisch zur y-Achse.

(4) Der Graph ist für $x < 0$ streng monoton fallend.

Begründen Sie jeweils mithilfe der Funktionsterme und ggf. deren Ableitungstermen.

b) Zeigen Sie mithilfe der Ableitungen, dass die Funktionen $f(x) = \frac{1}{x^n}$ keine Extrem- und keine Wendepunkte besitzen.

18 *Tangenten an zwei historische Kurven*

Wie die Kurven zu ihren Namen kamen, können sie in den Exkursen auf Seite 281 nachlesen.

a) *„The witch of Agnesi"*

So wird der Graph zur Funktion $y = \frac{8}{x^2 + 4}$ bezeichnet.

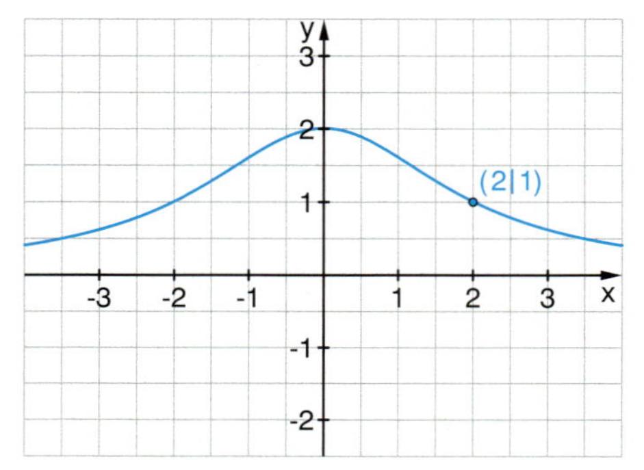

Begründen Sie: Die Kurve hat keine Polstellen und die Asymptote $y = 0$. Bestimmen Sie die Tangente an die Kurve im Punkt P(2 | 1).

b) *„Newtons Serpentine"*

So wird der Graph zur Funktion $y = \frac{4x}{x^2 + 1}$ bezeichnet.

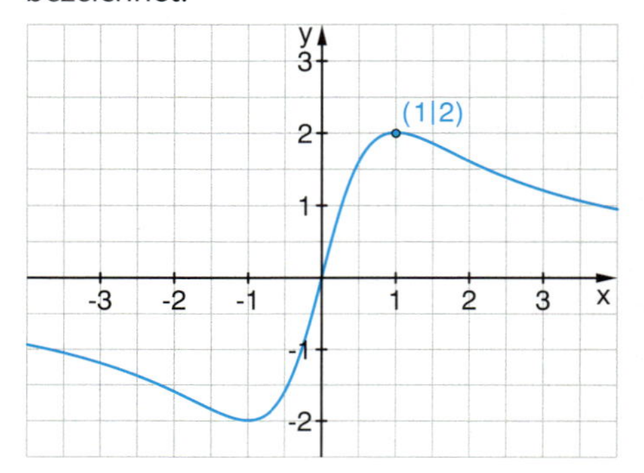

Begründen Sie: Die Kurve hat keine Polstellen und die Asymptote $y = 0$. Bestimmen Sie die Tangente an die Kurve im Punkt P(1 | 2).

Übungen

19 *Eine neue Art von Definitionslücke*

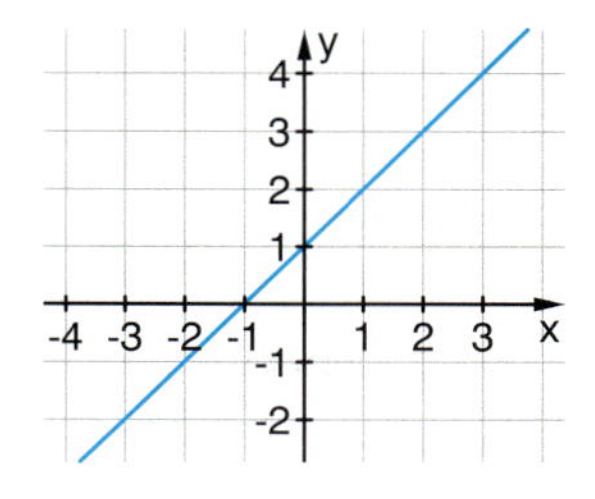

a) Ein erster Blick auf den Funktionsterm von $f(x) = \frac{x^2 - 1}{x - 1}$ lässt eine Polstelle bei $x = 1$ vermuten, der Graph sieht aber ganz anders aus!
- Geben Sie einen Funktionsterm $g(x)$ für die Gerade in der Abbildung an.
- Untersuchen Sie die Tabelle zu $f(x)$ in der Nähe von $x = 1$ und beschreiben Sie das Verhalten von f für $x \to 1$.

b) Durch welche Termumformung lässt sich $f(x)$ in $g(x)$ überführen?

Definition
Eine Definitionslücke heißt **stetig ergänzbar**, wenn die Funktionswerte von rechts und links gegen dieselbe Zahl streben.

Satz
Wenn eine rationale Funktion eine stetig ergänzbare Definitionslücke hat, ist diese immer auch Nullstelle des Zählerpolynoms.

Beispiel: $f(x) = \frac{2x^2 - 4x}{x - 2}$ hat eine stetig ergänzbare Definitionslücke bei $x = 2$.

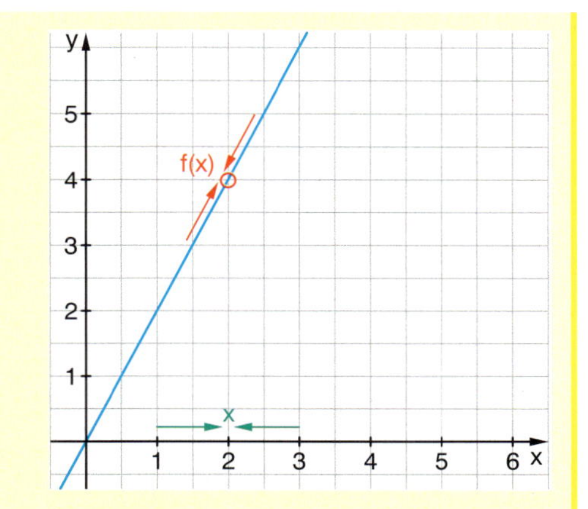

Eine stetig ergänzbare Definitionslücke wird auch als **„hebbare Lücke"** bezeichnet.

20 *Definitionslücken*

a) Bestimmen Sie jeweils die Art der Definitionslücke (Polstelle, hebbare Lücke).

(1) $f(x) = \frac{x^2 - x}{2x}$ (2) $f(x) = \frac{x^2 - 5x + 6}{(x - 2)(x + 3)}$ (3) $f(x) = \frac{x^3 - 8}{x^2 - 4}$

b) Die Umkehrung zum Satz auf der gelben Karte lautet: *Wenn eine Definitionslücke einer rationalen Funktion auch Nullstelle des Zählerpolynoms ist, dann ist sie stetig ergänzbar.*

Überprüfen Sie die Gültigkeit am Beispiel $f(x) = \frac{x^2 - 4}{(x - 2)^2}$.

21 *Annäherung an Kurven für $x \to \pm\infty$*

a) Jeweils zwei der Funktionsterme sind äquivalent. Welche Grafik gehört zu welchen Funktionen? Ordnen Sie zu.

$f_1(x) = \frac{-x^4 + 2x^2}{x^2 - 1}$ $f_2(x) = \frac{x^3 + 1}{x}$ $f_3(x) = x^3 - x + \frac{1}{x}$

$f_4(x) = x^2 + \frac{1}{x}$

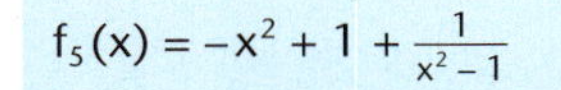

$f_5(x) = -x^2 + 1 + \frac{1}{x^2 - 1}$ $f_6(x) = \frac{x^4 - x^2 + 1}{x}$

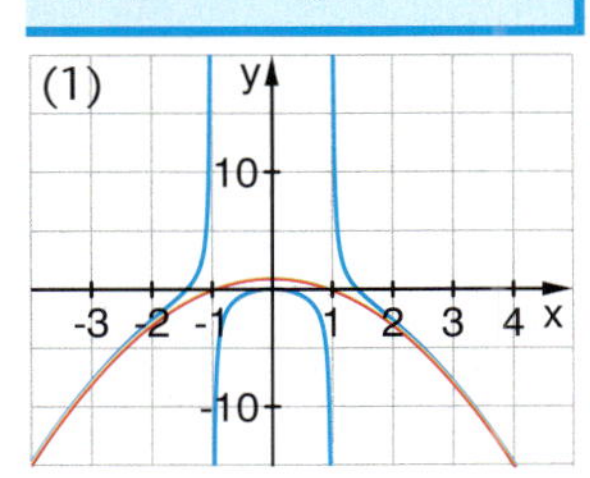

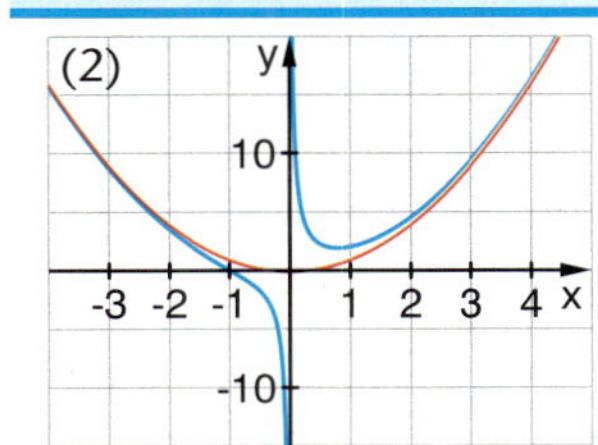

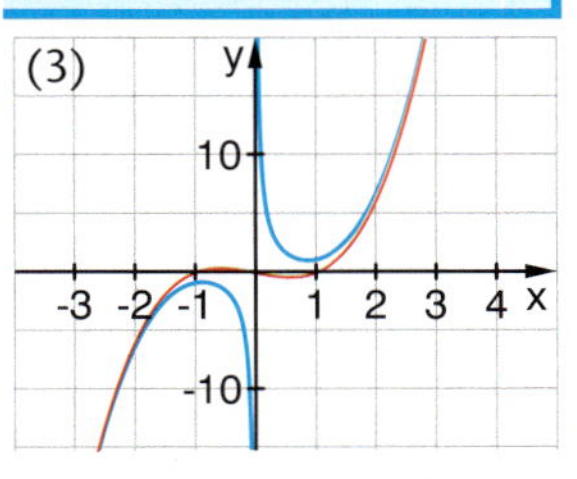

b) Beschreiben Sie jeweils das Verhalten für x gegen $\pm\infty$. Erklären Sie dieses Verhalten jeweils anhand des Funktionsterms.

c) Wie müssen Zähler- und Nennerpolynom einer rationalen Funktion gebaut sein, damit sich deren Graph für x gegen $\pm\infty$ an eine Parabel annähert?
Geben Sie ein eigenes Beispiel an.

Tipp zu b): Einer der beiden äquivalenten Funktionsterme eignet sich hierfür besonders.

Darstellung einer rationalen Funktion als Summe einer ganzrationalen und einer echt gebrochenen-rationalen Funktion

Bei den Bruchzahlen unterscheidet man *echte Brüche* (z. B. $\frac{3}{7}$), bei denen der Zähler kleiner als der Nenner ist, von *unechten Brüchen* wie $\frac{18}{7}$. Letztere lassen sich dann als gemischte Zahl $\left(2\frac{4}{7}\right)$ bzw. als Summe einer ganzen Zahl und eines echten Bruchs darstellen $\left(2 + \frac{4}{7}\right)$.

echt gebrochen-rational
Grad Zählerpolynom kleiner Grad Nennerpolynom

In gleicher Weise können auch rationale Funktionen, bei denen der Grad des Zählerpolynoms größer als der des Nennerpolynoms ist, als Summe einer ganzrationalen Funktion und einer echt gebrochen-rationalen Funktion dargestellt werden.

$$f(x) = p(x) \quad + \frac{1}{q(x)}$$

Beispiel: $f(x) = \frac{x^2 - 2}{2x - 4} = \frac{1}{2}x + 1 + \frac{1}{x - 2}$

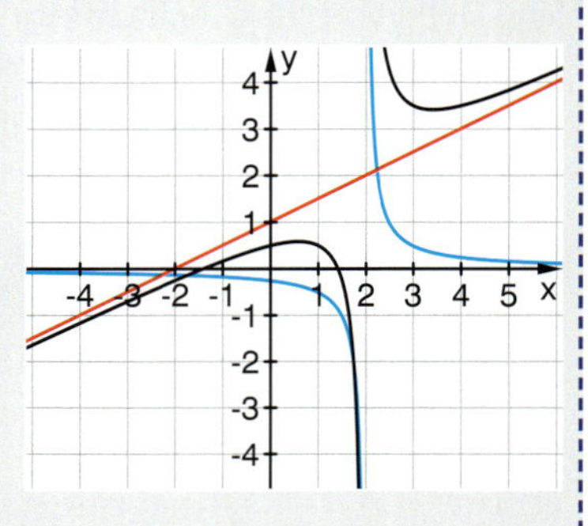

Der Vorteil dieser Darstellung liegt darin, dass man am ganzrationalen Teil das asymptotische Verhalten für $x \to \pm\infty$ direkt ablesen kann und am echt gebrochen-rationalen das Verhalten an der Definitionslücke.
Mit diesem Wissen erhält man schon einen guten Überblick über den Verlauf des Graphen.

Polynomdivision

WERKZEUG

Ist die Darstellung einer rationalen Funktion in der Form *„Polynom + echt gebrochen-rational"* gegeben, lässt sich daraus die Standarddarstellung $\frac{p(x)}{q(x)}$ durch bekannte Termumformungen („Hauptnenner bilden") erzeugen.
Für die umgekehrte Umformung benötigt man ein neues Verfahren, die Polynomdivision.

Im Internet können Sie sich ausführlich über die Polynomdivision informieren.

So wie man beim Übergang von $\frac{18}{7}$ zu $2\frac{4}{7}$ die Division 18 : 7 durchführen muss, müssen hier die beiden Polynome p(x) und q(x) dividiert werden.

Es gibt hierfür einen Algorithmus, der an das bekannte Verfahren der schriftlichen Division angelehnt ist:

$$18 : 7 = 2 + \frac{4}{7}$$
$$\underline{-14}$$
$$4$$

$$(x^2 - 2) : (2x - 4) = \frac{x}{2} + 1 + \frac{2}{2x - 4} = \frac{x}{2} + 1 + \frac{1}{x - 2}$$
$$\underline{-(x^2 - 2x)} \qquad \frac{x}{2} \cdot (2x - 4)$$
$$2x - 2$$
$$\underline{-(2x - 4)} \qquad 1 \cdot (2x - 4)$$
$$2$$

Heute können wir die Polynomdivision mit dem CAS durchführen.

F1 | F2 Algebra | F3 Calc | F4 Other | F5 PrgmIO | F6 Clean Up

- propFrac(18/7) $\quad 2 + 4/7$
- propFrac$\left(\frac{x^2 - 2}{2 \cdot x - 4}\right)$ $\quad \frac{1}{x - 2} + \frac{x}{2} + 1$
- propFrac$\left(\frac{x^3 - 3 \cdot x^2 + 2}{x - 3}\right)$ $\quad \frac{2}{x - 3} + x^2$

MAIN RAD AUTO FUNC 3/30

So geht es auch:

F1 | F2 Algebra | F3 Calc | F4 Other | F5 PrgmIO | F6 Clean Up

- expand$\left(\frac{x^2 - 2}{2 \cdot x - 4}\right)$ $\quad \frac{1}{x - 2} + \frac{x}{2} + 1$
- expand$\left(\frac{x^3 - 3 \cdot x^2 + 2}{x - 3}\right)$ $\quad \frac{2}{x - 3} + x^2$

Übungen

22 *Anwenden Polynomdivision*

Führen Sie zu den folgenden rationalen Funktionen die Polynomdivision durch.

a) $\frac{x^2 - 6x + 9}{x - 3}$ b) $\frac{x^4 - 5x^2 + 4}{x + 2}$ c) $\frac{x^4 - 16}{x - 2}$ d) $\frac{x^3 - 6x^2 + 11x - 6}{x - 2}$

Beschreiben Sie dann anhand der Terme das Verhalten für $x \to \pm\infty$.
Überprüfen Sie grafisch mit dem GTR.

Übungen

23 *Orientieren und Vermuten*

Im Folgenden sind vier rationale Funktionen als Summe einer ganzrationalen Funktion und einer echt gebrochen-rationalen Funktion dargestellt.

$f_1(x) = -x - \frac{1}{x+2}$ $\quad f_2(x) = x^2 + \frac{2}{x-3}$ $\quad f_3(x) = 5 + \frac{2}{x-4}$ $\quad f_4(x) = \frac{1}{2}x^3 + \frac{1}{x^2}$

Ohne GTR

Skizzieren Sie zunächst den ganzrationalen Teil und den echt gebrochen-rationalen und dann damit den groben Verlauf von f. Markieren Sie Bereiche, in denen der Verlauf noch nicht eindeutig ist.

Welche Aussagen lassen sich über Anzahl und Lage von Extrem- und Wendepunkten machen? Erzeugen Sie dazu auch die Darstellung in der Form $\frac{p(x)}{q(x)}$.

Beispiel:

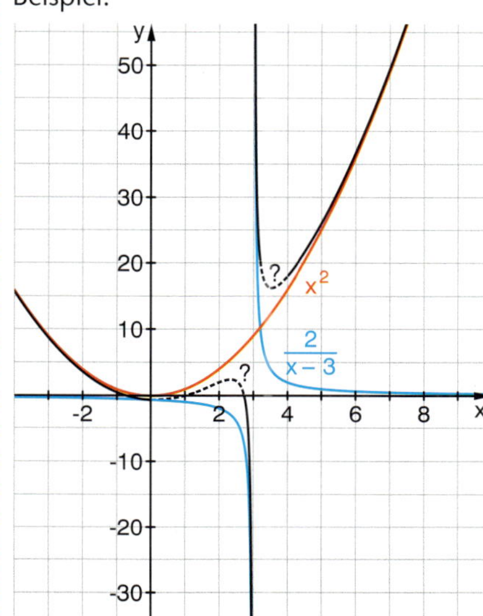

$f_2(x) = x^2 + \frac{2}{x-3}$

Darstellung in der Form $\frac{p(x)}{q(x)}$:

$f(x) = \frac{x^3 - 3x^2 + 2}{x-3}$

Berechnung des Schnittpunkts mit der y-Achse:

$f(0) = -\frac{2}{3}$

Es gibt wohl einen Tiefpunkt an einer Stelle zwischen 3 und 4 und einen Wendepunkt zwischen 0 und 3.

Über den Verlauf zwischen 0 und 3 lässt sich noch wenig aussagen, eventuell existiert dort ein Hochpunkt bei ca. (2|2).

Überprüfen Sie Ihre Vermutungen mithilfe des GTR.

24 *Funktionsuntersuchung 1 per Hand*

Skizzieren Sie die Graphen der Funktionen ohne GTR.

$f_1(x) = \frac{4}{x^2+1}$ $\quad f_2(x) = \frac{4}{x^2-1}$ $\quad f_3(x) = \frac{2x^2}{2x-4}$ $\quad f_4(x) = \frac{2x+2}{x-2}$

Hilfreich ist es, dazu vorher die Definitionslücken und das asymptotische Verhalten für $x \to \infty$ zu untersuchen und die Achsenschnittpunkte zu bestimmen.

KURZER RÜCKBLICK

1 Lösen Sie die Gleichungen:
a) $x(2x + 6) = 0$ b) $2x^3 = 12$

2 *Die Preissteigerung hat abgenommen*
Skizzieren Sie ein Zeit-Preis-Diagramm.

3 Schreiben Sie auf einen Bruchstrich:
$\frac{1}{a} + \frac{1}{a^2}$

4 Berechnen Sie f(2) für die Funktion
$f(x) = x^2 - 2x + 3$

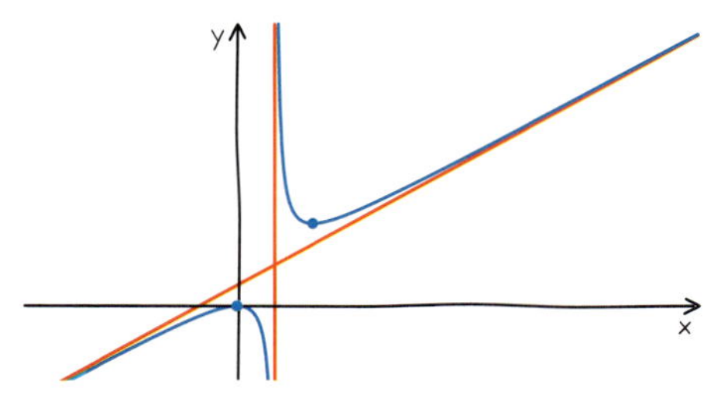

Wenn Sie in bestimmten Bereichen lokale Extrempunkte oder Wendepunkte vermuten, so können Sie deren Lage mithilfe der Ableitungen berechnen.
Kontrollieren Sie Ihre Ergebnisse mit dem GTR.

Zur Kontrolle sind die Terme der zweiten Ableitungen angegeben:

$\frac{8 \cdot (3 \cdot x^2 - 1)}{(x^2+1)^3}$ $\quad \frac{12}{(x-2)^3}$ $\quad \frac{8}{(x-2)^3}$ $\quad \frac{8 \cdot (3x^2+1)}{(x^2-1)^3}$

Übungen

25 *Funktionsuntersuchung 2*

a) Zeigen Sie, dass $f(x) = \frac{ax + b}{cx + d}$ für $a \neq 0$ und $c \neq 0$ immer ein „kreuzförmiges" Aussehen hat. Geben Sie dazu Nullstelle, Polstelle und waagerechte Asymptote an und zeigen Sie, dass keine Extrem- und Wendepunkte existieren.

b) Zeigen Sie, dass für $a \cdot d = b \cdot c$ eine hebbare Definitionslücke vorliegt.

26 *Funktionsuntersuchung 3*

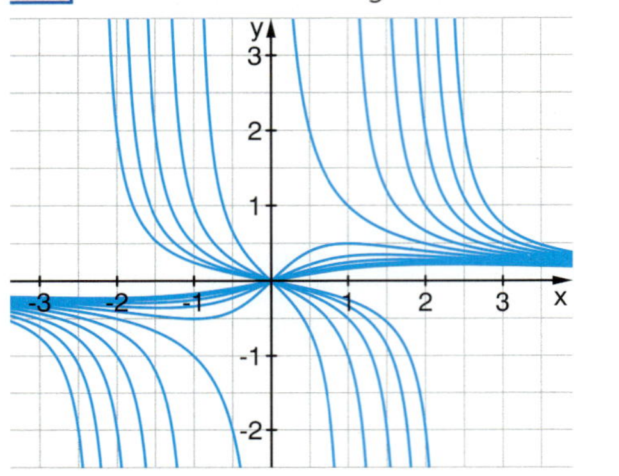

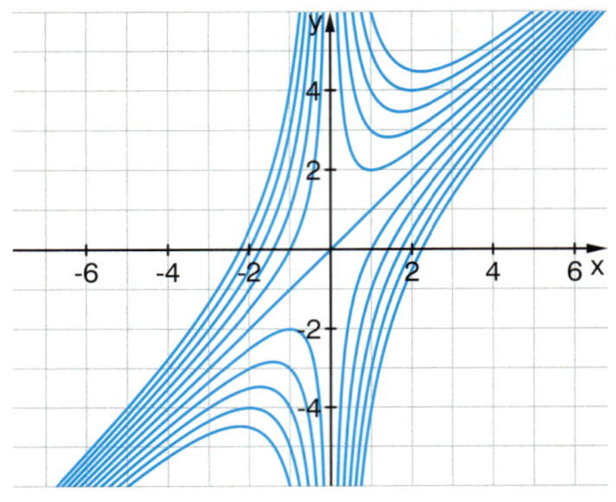

a) Zu welchen Funktionenscharen gehören die beiden Bilder?

$f_1(x) = \frac{1}{x^2 + k}$ $\quad f_2(x) = \frac{x}{x^2 - k}$ $\quad f_3(x) = \frac{x^2 - k}{x}$ $\quad f_4(x) = \frac{x^3 - k}{x}$

Versuchen Sie zunächst eine Zuordnung ohne Benutzung eines GTR oder Funktionenplotters.

b) Stellen Sie von den beiden anderen Scharen entsprechend aussagekräftige Bilder her ($-5 \leq k \leq 5$). Machen Sie dazu passende Fallunterscheidungen.

27 *Untersuchungen für Experten*

Hier empfiehlt sich arbeitsteilige Gruppenarbeit

a) Bestimmen Sie zu allen Funktionenscharen aus Übung 26 jeweils Polstellen, Asymptoten, Nullstellen und Extrempunkte in Abhängigkeit von k.

b) Auf welchen Kurven liegen jeweils die Extrem- beziehungsweise Wendepunkte? Skizzieren Sie diese in den Scharbildern.

Beispiel für $f_2(x) = \frac{x}{x^2 - k}$:

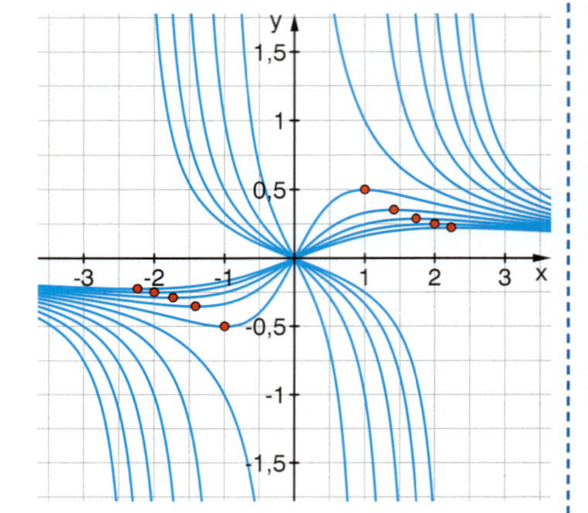

Polstellen
$k > 0$: $x = \sqrt{k}$ und $x = -\sqrt{k}$
$k = 0$: $x = 0$ $\quad$ $k < 0$: keine Polstellen

Nullstelle $\quad$ **Asymptote**
$x = 0$ $\quad$ $y = 0$

Extrempunkte
$k \geq 0$: keine $\quad$ $k < 0$: HP $\left(\sqrt{-k} \,\middle|\, -\frac{\sqrt{-k}}{2k}\right)$
TP $\left(-\sqrt{-k} \,\middle|\, \frac{\sqrt{-k}}{2k}\right)$

Wendepunkte
$k \geq 0$: WP $(0|0)$
$k < 0$: $WP_1\ (0|0)$ $\quad$ $WP_{2,3}\left(\mp\sqrt{-3k} \,\middle|\, \pm\frac{\sqrt{-3k}}{4k}\right)$

Ortskurve der Hochpunkte
(a) Parameterelimination:
$x = \sqrt{-k} \Rightarrow k = -x^2 \Rightarrow y = \frac{1}{2x}$

(b) Parameterdarstellung:
$x(k) = \sqrt{-k}$; $\quad y(k) = -\frac{\sqrt{-k}}{2k}$

Ortskurve der Wendepunkte $x(k) = \mp\sqrt{-3k}$ $\quad y(k) = \pm\frac{\sqrt{-3k}}{4k}$

Übungen

28 *Verkauf von Laptops*

Die Grafik zeigt die Anzahl verkaufter Laptops im Verlauf der Zeit. (x: Zeit in Jahren, y: Stückzahl in 100 000)

a) Welche der beiden Funktionen $L_1(x) = \frac{a \cdot x}{x + b}$ bzw. $L_2(x) = \frac{a \cdot x}{x^2 + b}$ ist ein geeignetes Modell? Begründen Sie Ihre Auswahl allein anhand des Funktionsterms. Warum muss $b > 0$ gelten?

b) Zeigen Sie, dass für $b = 1$ und $a = 2$ maximal 100 000 Laptops verkauft werden. Zu welchem Zeitpunkt ist dies der Fall?

c) Interpretieren Sie die Verkaufszahlen im zeitlichen Verlauf jeweils in Abhängigkeit des Parameters.

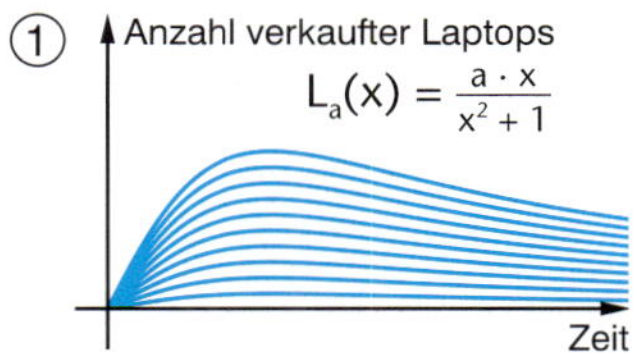

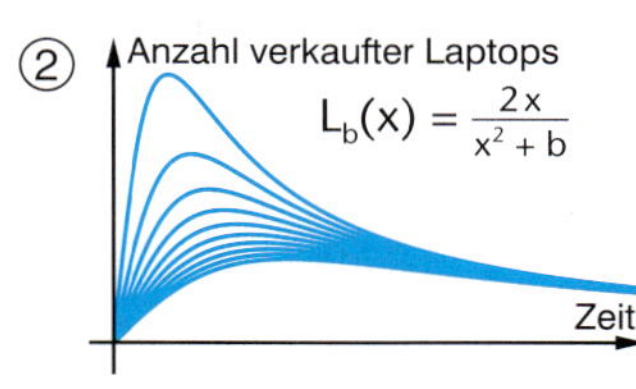

29 *Eine Grafik aus der Zeitung*

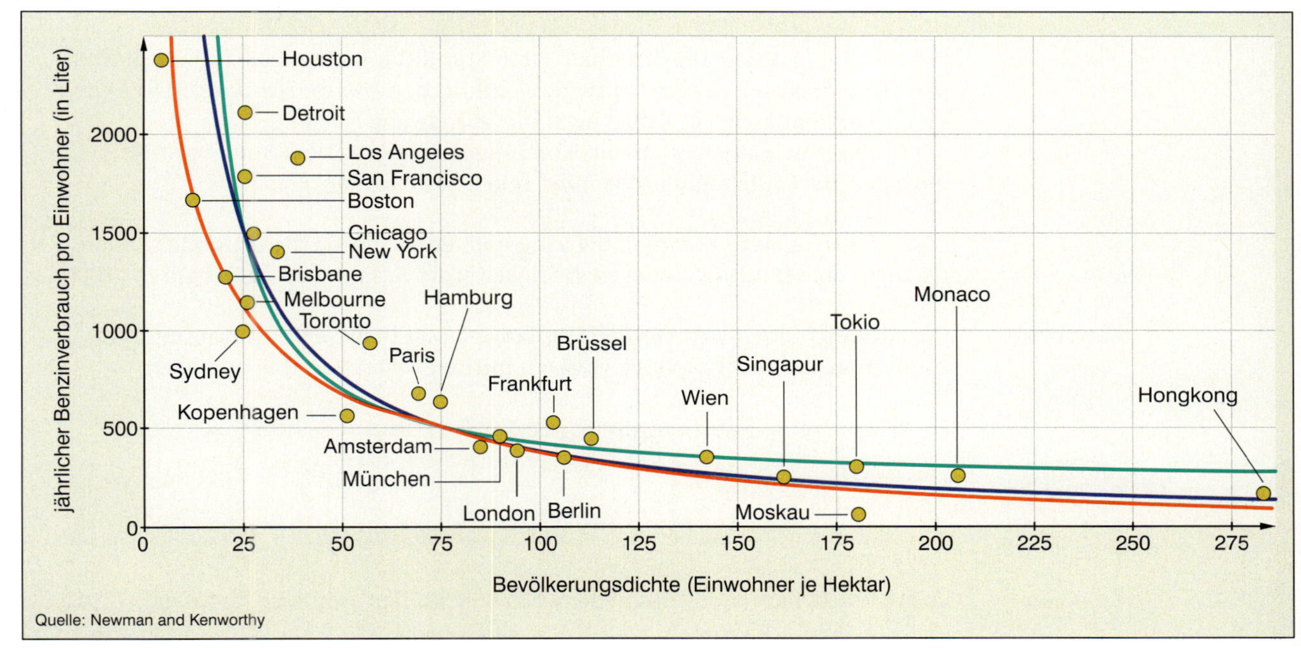

a) Beschreiben Sie den Zusammenhang zwischen der Bevölkerungsdichte und dem Benzinverbrauch, der in der Grafik dargestellt ist. Welche Informationen lassen sich daraus z. B. für Detroit und Monaco ziehen? Beschreiben Sie die Unterschiede zwischen diesen beiden Städten. Finden Sie eine Erklärung.

b) In der Grafik sind verschiedene Ausgleichskurven zu den Daten eingezeichnet. Vergleichen Sie die Kurven. Finden Sie einen Funktionstyp, der diese Kurven beschreibt.

c) Zwei Institute A und B beschreiben die Situation mit verschiedenen Modellen:

$$A(x) = \frac{38\,000}{x} \qquad B(x) = \frac{20\,000}{x - 10} + 200$$

Vergleichen Sie die Modelle. Deuten Sie Polstellen und Asymptoten im Sachzusammenhang. Welches Modell erscheint Ihnen sinnvoller?

d) Erzeugen Sie eigene Modelle des Typs $f(x) = \frac{a}{x} + c$, indem Sie zum Beispiel zwei Ihnen geeignet erscheinende Städte auswählen. Erläutern Sie anhand ihrer Ergebnisse, wie die unterschiedlichen Kurven der Grafik zustande gekommen sein könnten.

Tipp:
Chicago: $(25 | 1500)$
Singapur: $(160 | 250)$ $\quad y = \frac{a}{x} + c$

$$\left.\begin{array}{l} \frac{a}{25} + c = 1500 \\ \frac{a}{160} + c = 250 \end{array}\right\} \Rightarrow \begin{array}{l} a = 37037 \\ c = 18{,}52 \end{array}$$

Aufgaben

30 *Fahrzeugdurchsatz*

Auf einer zweispurigen Autobahn befindet sich eine Baustelle. Der Verkehr muss einspurig geführt werden. Man möchte einen möglichst großen Fahrzeugdurchsatz erreichen. Spontan könnte man meinen, dass die Autos möglichst schnell fahren sollen. Ist das tatsächlich so?

Modellbildung

Es leuchtet unmittelbar ein, dass *Geschwindigkeit* und *Abstand* eine zentrale Rolle spielen. Ziel ist ein möglichst großer *Fahrzeugdurchsatz*.

Modellannahmen

Sinnvolle, wenn auch vereinfachende Annahmen sind:

1. Alle Autos fahren gleich schnell.
2. Alle Wagen halten denselben Sicherheitsabstand A ein.

Modellansatz

Die Anzahl an Autos, die innerhalb einer Stunde eine Messstelle (z. B. Beginn der Baustelle) passieren, ist ein sinnvolles Maß für den *Fahrzeugdurchsatz*. Der Durchsatz N wird dann also in Fahrzeugen pro Stunde angegeben.
Er errechnet sich als Quotient aus Kolonnenlänge L und dem mittleren Abstand d zwischen zwei aufeinanderfolgenden Autos, also: $N = \frac{L}{d}$.

Kolonnenlänge L in $\frac{m}{h}$

L ist die Länge einer Kolonne, die innerhalb einer Stunde die Baustelle passiert.
L hängt von der mittleren Geschwindigkeit v der Kolonne ab und es gilt $L = 1000 \cdot v$.

Abstand d in m

Der Abstand d setzt sich aus der Autolänge k und dem Sicherheitsabstand A zusammen. Für die Autolänge wird ein mittlerer Wert von 6 m angesetzt.

Für den Sicherheitsabstand gibt es verschiedene Faustregeln:

(1) 2-Sekundenregel $A_1(v) = \frac{v}{1{,}8}$

(2) „Halbe-Tacho-Regel“ $A_2(v) = \frac{v}{2}$

(3) Bremsweg $A_3(v) = \frac{v^2}{100}$

v in km/h und A in m

Damit erhält man drei verschiedene Modelle für den Fahrzeugdurchsatz:

$N_1(v) = \frac{1000v}{6 + \frac{v}{1{,}8}} = \frac{9000v}{5v + 54}$

$N_2(v) = \frac{1000v}{6 + \frac{v}{2}} = \frac{2000v}{v + 12}$

$N_3(v) = \frac{1000v}{6 + \frac{v^2}{100}} = \frac{100\,000v}{v^2 + 600}$

Modellauswertung

a) Skizzieren Sie jedes Modell und interpretieren Sie die Graphen im Kontext. Bestimmen Sie jeweils den maximalen Durchsatz. Beschreiben Sie die qualitativen Unterschiede der Modelle. Erklären Sie diese auch mithilfe der Funktionsterme. Geben Sie eine Empfehlung unter Berücksichtigung des Unfallrisikos.

Modellvalidierung

Nach empirischen Untersuchungen (Messungen) wird der optimale Durchsatz bei ca. 50 km/h erreicht. Vergleichen Sie diesen Wert mit den drei Modellen.

Modellvariationen

b) Wie wirken sich die folgenden Modellvariationen auf die Optimierung aus?

(1) Es wird die mittlere Fahrzeuglänge k variiert.
z. B. k = 5 m

(2) Im Modell N_3 wird beim Sicherheitsabstand noch die Schrecksekunde berücksichtigt.
In dieser Sekunde legt das Auto $\frac{v \cdot 1000}{3600}$ m zurück.
Damit gilt: $A = \frac{v^2}{100} + \frac{v}{3{,}6}$

The witch of Agnesi

Einer der ersten Texte, die Differential- und Integralrechnung und Beziehungen zur Analytischen Geometrie behandeln, stammt von der italienischen Mathematikerin Maria Gaetana Agnesia aus dem Jahr 1740. Sie setzte sich schon im Alter von 9 Jahren mit einem Essay für eine höhere Bildung von Frauen ein. Bekannt ist sie heute für eine glockenförmige Kurve, die aus einer geometrischen Konstruktion entsteht und die sie 1748 unter dem Namen *„Versiera"* („Wendekurve") veröffentlichte. Was hat diese Kurve aber mit einer Hexe (*witch*) zu tun?

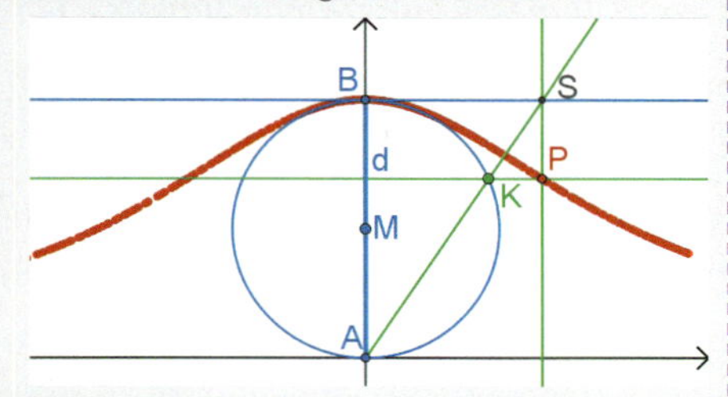

Der englische Geistliche und Mathematiker John Colson (1680–1760) verwechselte bei seiner Übersetzung ins Englische *„versiera"* mit *„awersiera"*, was damals im Italienischen „Hexe" bedeutete.

Konstruktion der Kurve mit einem DGS:
- Kreis mit Mittelpunkt in $\left(0\middle|\frac{d}{2}\right)$ durch A(0|0)
- freier Punkt K auf Kreis und Halbgerade AK
- Parallele zur x-Achse durch B
- Schnittpunkt S von Halbgerade und Parallele
- P als Schnittpunkt von Parallele zur y-Achse durch S und Parallele zur x-Achse durch K

Aufgaben

31 *Wendepunkte bei der „Versiera"*

Die Versiera-Kurven lassen sich in Abhängigkeit vom Kreisdurchmesser beschreiben:

$f_d(x) = \frac{d^3}{x^2 + d^2}$

a) Skizzieren Sie für $0 < d < 6$ einige Kurven der Schar.

b) Bestimmen Sie für $d = 2$ die Wendepunkte und die Wendetangente.

Die Serpentine von Newton

Isaac Newton hat in seinem Werk *Curves* von 1710 vielfältige mathematische Kurven untersucht und klassifiziert. Schon 1701 beschäftigte er sich mit einer Kurve, die bei einer geometrischen Konstruktion entsteht und wegen ihres schlangenförmigen Aussehens *„Serpentine"* genannt wird: Wenn **K** auf dem Kreis bewegt wird, erzeugt der Punkt **P** die Kurve. Der Verlauf hängt dabei vom Kreisradius **r** und dem Abstand **a** einer selbstgewählten Parallelen zur x-Achse ab.

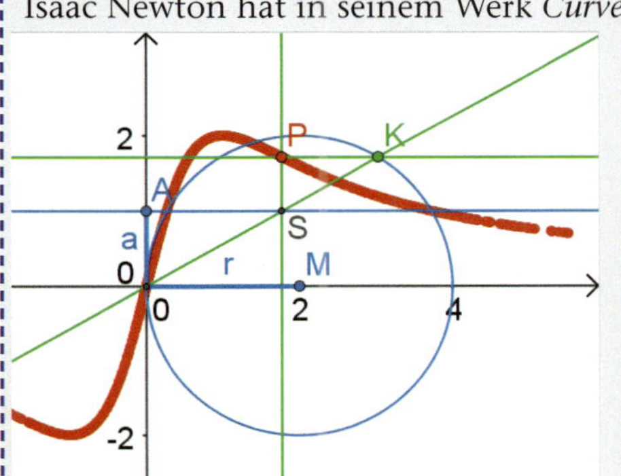

Konstruktion der Kurve mit einem DGS:
- Kreis durch (0|0) mit Mittelpunkt (r|0)
- Parallele zur x-Achse mit Abstand a
- freier Punkt K auf Kreis
- Schnittpunkt S von Gerade OK und Parallele zur x-Achse
- Senkrechte zur x-Achse durch S
- Parallele zur x-Achse durch K
- P als Schnittpunkt von Parallele zur x-Achse durch K und Senkrechte zur x-Achse durch S

32 *Viele „Serpentines"*

a) Die allgemeine Gleichung für die Serpentine lautet: $f(x) = \frac{2arx}{x^2 + a^2}$.
Für $r = 2$ und $a = 1$ erhält man $f(x) = \frac{4x}{x^2 + 1}$. Skizzieren Sie f.

b) Erzeugen Sie eigene Bilder der Kurvenscharen.

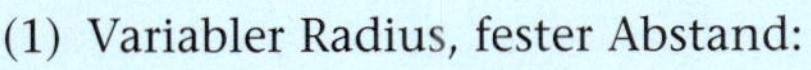
(1) Variabler Radius, fester Abstand:

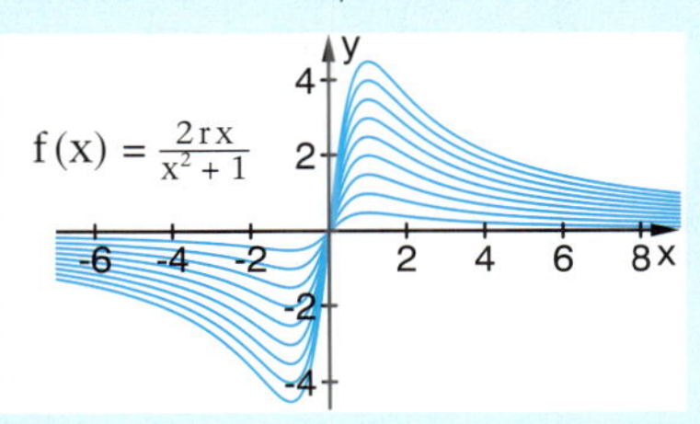

(2) Fester Radius, variabler Abstand:

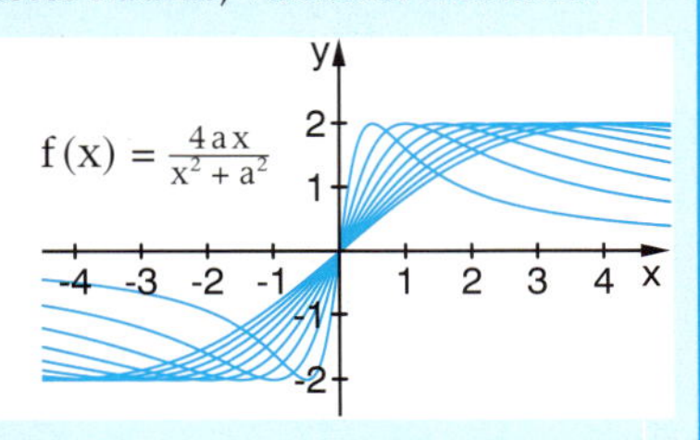

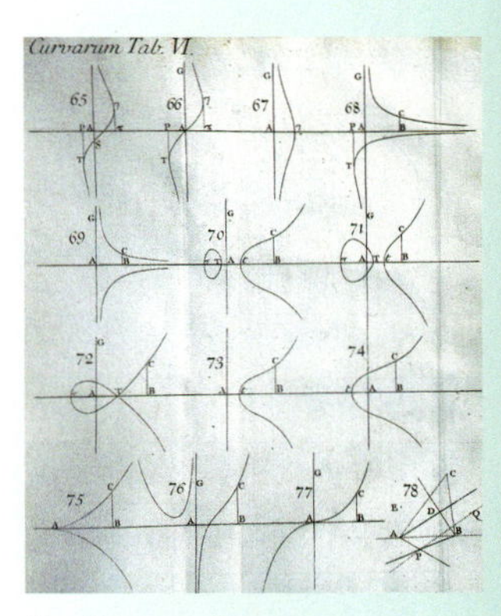

Eine Seite aus *Curves*

6.4 Trigonometrische Funktionen

Was Sie erwartet

Die trigonometrischen Funktionen zeichnen sich durch eine Eigenschaft besonders aus, sie sind periodisch. Dies trifft auch auf ihre Ableitungen zu. Die Graphen dieser Funktionen führen – vor allem bei Funktionenscharen – zu interessanten Mustern, die sich wesentlich von denen der ganzrationalen und rationalen Funktionen unterscheiden. Diese Muster werden noch reichhaltiger, wenn man die Verknüpfung von trigonometrischen Funktionen mit anderen einfachen Funktionen betrachtet. Dabei kann man auf seltsame Funktionen stoßen, deren Eigenschaften nicht mehr aus der Anschauung der Graphen ersichtlich sind.
Besondere Bedeutung kommt den trigonometrischen Funktionen für die Modellierung periodischer Vorgänge in der Realität und im Physik-Labor zu. Die dabei wichtigen Eigenschaften wie Amplitude, Periodenlänge oder Phasenverschiebung tauchen als Parameter in den entsprechenden Modellfunktionen auf. Mithilfe der Ableitungen dieser Funktionen lassen sich dann auch Aussagen über Geschwindigkeit und Beschleunigung der periodischen Vorgänge treffen.

Aufgaben

1 *Funktionenpuzzle – Transformationen der Sinusfunktion*

a) Ordnen Sie den Funktionsgleichungen die passenden Graphen zu.

$f_1(x) = 2\sin(x)$ $f_2(x) = \sin(2x)$ $f_3(x) = \sin\left(x - \frac{\pi}{2}\right)$ $f_4(x) = \sin(x) + 1$

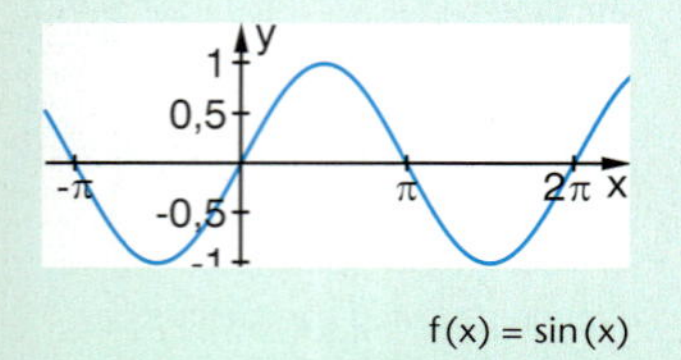

f(x) = sin(x)

Transformationen: Verschiebungen in x- oder y-Richtung
Streckungen/Stauchungen in x- oder y-Richtung

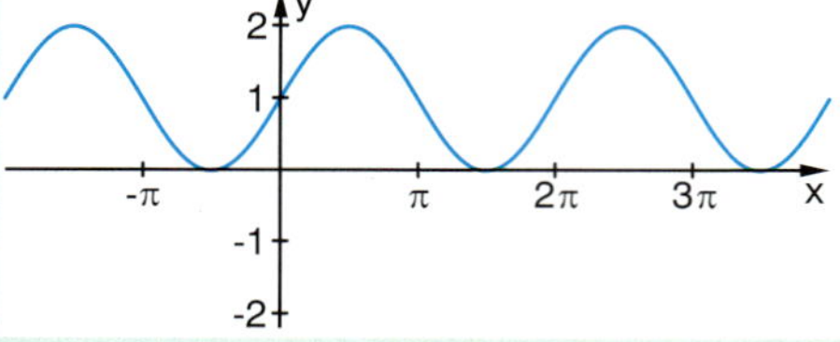

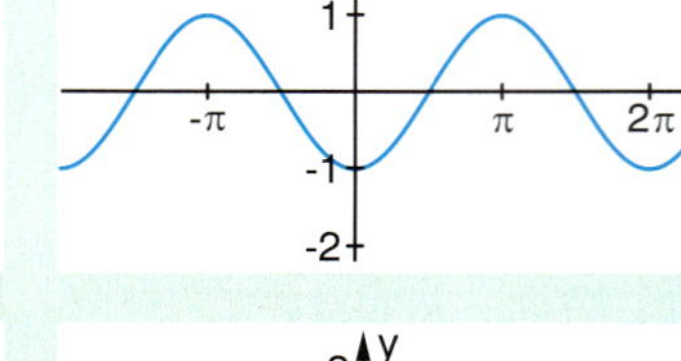

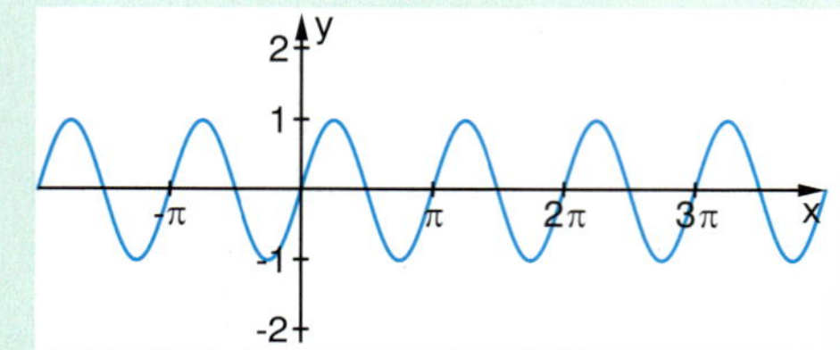

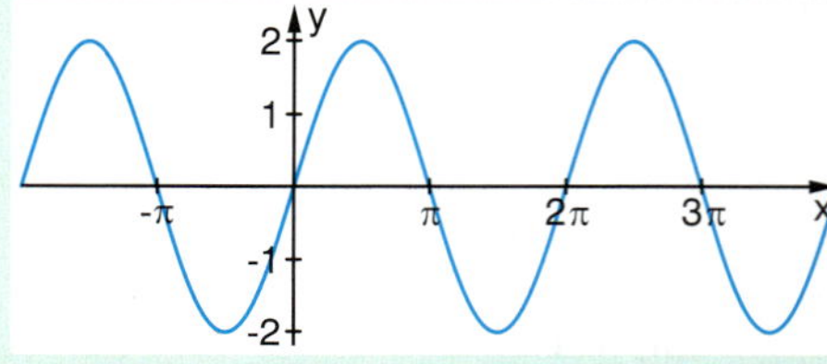

Beschreiben Sie, durch welche Transformationen die einzelnen Graphen jeweils aus dem Graphen der einfachen Sinusfunktionen hervor gehen.

b) Bei zweien der Funktionsgraphen ist die maximale Steigung 1, bei zwei anderen ist die maximale Steigung 2. Bestimmen Sie die beiden Funktionspaare und begründen Sie. Wie unterscheiden sich jeweils die Graphen der Ableitungen zwischen den Paaren?

Zwei Ableitungsfunktionen sind dargestellt. Zu welchen Funktionen gehören sie?

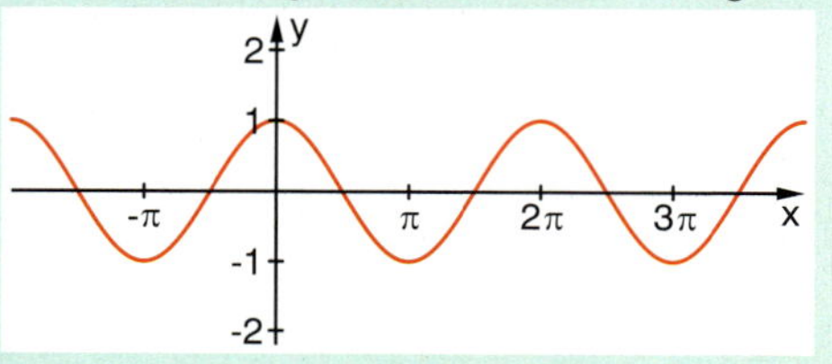

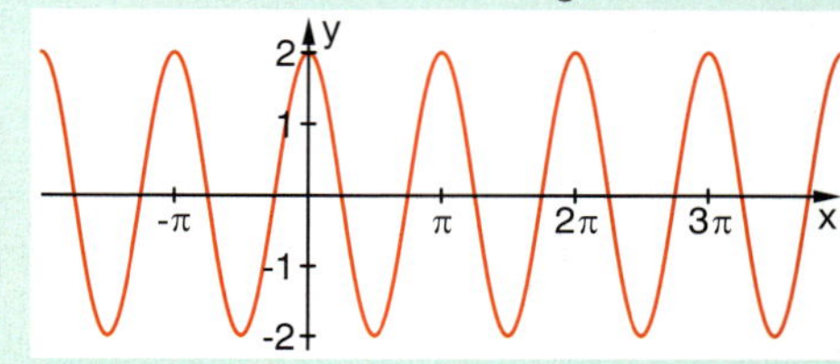

2 *Muster bei der Verknüpfung von Sinusfunktionen mit anderen Funktionen*

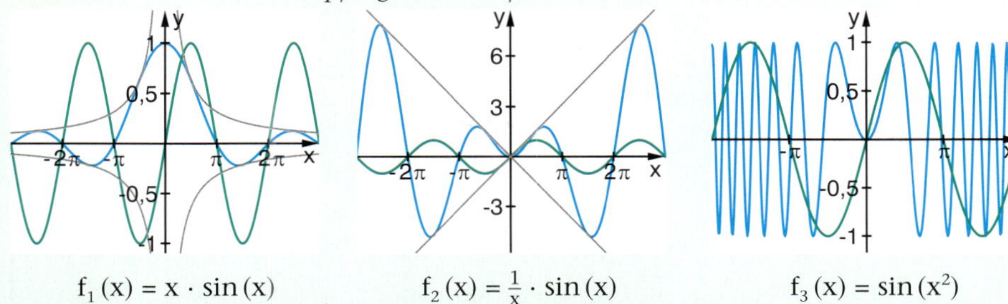

$f_1(x) = x \cdot \sin(x)$ $\quad$ $f_2(x) = \frac{1}{x} \cdot \sin(x)$ $\quad$ $f_3(x) = \sin(x^2)$

Welches Bild gehört zu welcher Funktionsgleichung? Erklären Sie, wie die Graphen aus der Sinusfunktion entstehen. Wie verändern sich jeweils die Periodenlängen und die Amplituden mit wachsendem $|x|$?
Wie sehen die Graphen der Ableitungen der obigen Funktionen aus? Skizzieren Sie zunächst Ihre Vermutung und überprüfen Sie dann mit dem GTR.

3 *Modellieren periodischer Vorgänge*

Bestimmt haben Sie irgendwo schon eine schwingende Figur beobachten können. Insbesondere kleine Kinder haben ihre helle Freude an diesem Phänomen. In der Physik wird es etwas nüchterner oft als Beispiel für die harmonische Schwingung behandelt.

Die an der Feder befestigte Ziege schwingt periodisch auf und ab. Die Bewegung lässt sich durch eine Sinusfunktion f(t) modellieren, indem man die Entfernung y von der Decke als Funktion der Zeit aufträgt.
Für eine vollständige Periode werden 1,6 s benötigt. Zum Zeitpunkt t = 0 s hat y den größten Wert von 8 dm, der kleinste Wert von y beträgt 2 dm.

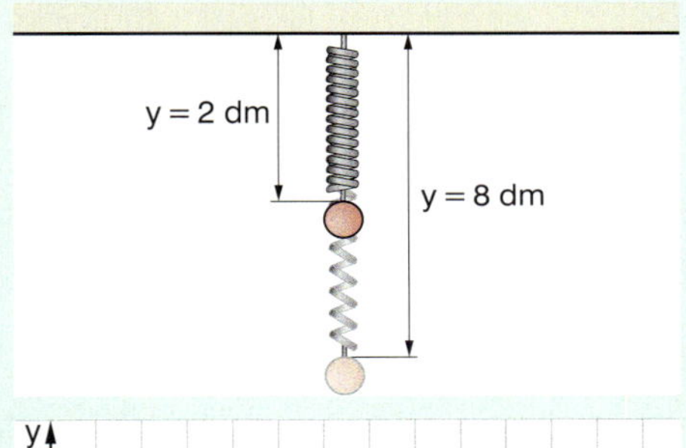

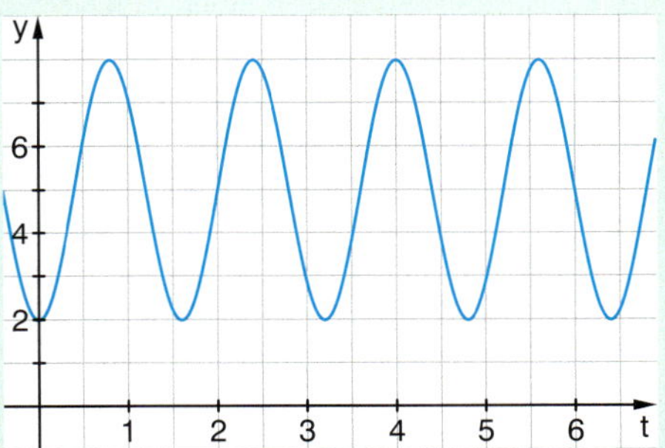

a) Zeigen Sie, dass die Funktionsgleichung $f(t) = 3 \cdot \sin\left(1{,}25\pi t + \frac{\pi}{2}\right) + 5$ zu den angegebenen Daten passt. Informieren Sie sich dazu auf der nächsten Seite im Basiswissen über die Begriffe Amplitude, Periode, Phasenverschiebung und begründen Sie damit den Funktionsansatz.

In Wirklichkeit passt das Modell nur dann, wenn die Schwingung immer wieder neu angeregt wird. Ansonsten wird die Amplitude immer kleiner.

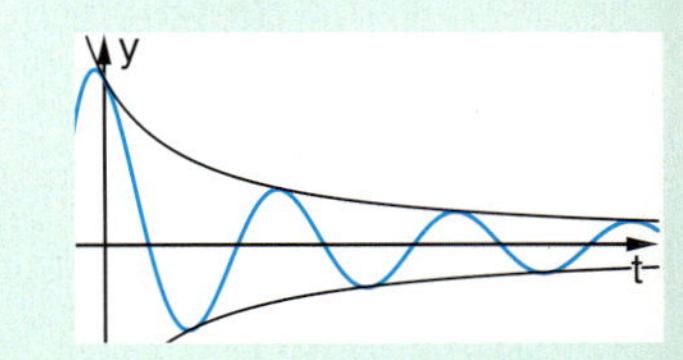

b) Beantworten Sie die folgenden Fragen zunächst mithilfe des Graphen der Modellfunktion (Schätzwerte). Bestimmen Sie die erste und die zweite Ableitung der Modellfunktion und überprüfen Sie damit Ihre Antworten.
(i) Wie schnell bewegt sich die Katze zu den Zeitpunkten $t_1 = 1$ s; $t_2 = 1{,}5$ s und $t_3 = 1{,}7$ s? Zu welchen dieser Zeitpunkte bewegt sie sich aufwärts, zu welchen abwärts?
(ii) Welche maximale Geschwindigkeit erreicht die Katze? Zu welchen Zeitpunkten ist dies der Fall? Gibt es auch Zeitpunkte, an denen die Geschwindigkeit 0 ist?
(iii) Zu welchen Zeitpunkten ist die Beschleunigung (Änderung der Geschwindigkeit) maximal?
c) Beschreiben Sie den Schwingungsvorgang nun mit Ihren Worten. Benutzen Sie dabei die Begriffe Amplitude, Periode, Geschwindigkeit und Beschleunigung.

Basiswissen

Die Sinusfunktion ist der Prototyp einer periodischen Funktion. Deren Ableitungen sind wieder periodische Funktionen.

Sinusfunktion und ihre Ableitungen

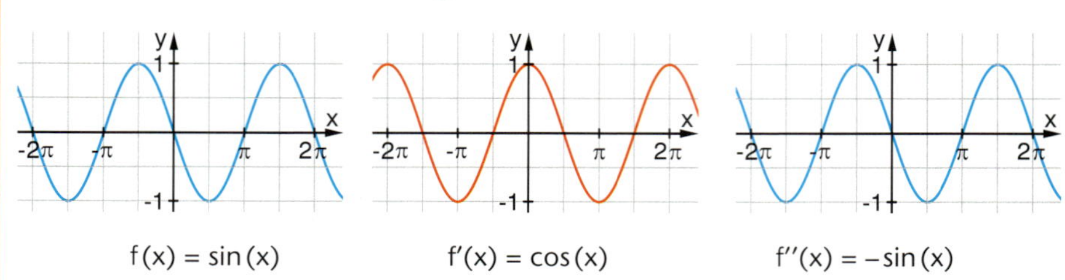

$f(x) = \sin(x)$ $f'(x) = \cos(x)$ $f''(x) = -\sin(x)$

Aus dem Graphen der Sinusfunktion $f(x) = \sin(x)$ lässt sich durch Verschieben und Strecken entlang der Achsen der Graph der allgemeinen Sinusfunktion gewinnen.

Gleichung der **allgemeinen Sinusfunktion** $f(x) = a \cdot \sin(b(x - c)) + d$

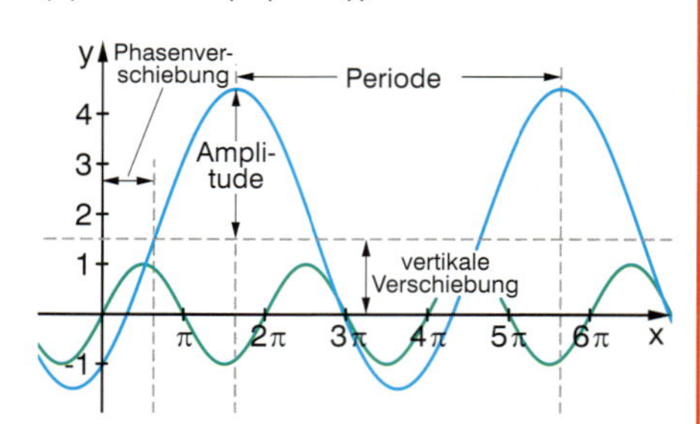

a ist die vertikale Streckung.
Die *Amplitude* ist $|a|$.

je größer b, desto kleiner die Periodenlänge

b ist die horizontale Streckung.
Die *Periode* ist $\frac{2\pi}{b}$.

d ist die *vertikale Verschiebung* der Sinusfunktion.

c ist die horizontale Verschiebung.
(Phasenverschiebung)

Eine Reihe periodischer Vorgänge in der realen Welt lassen sich mithilfe der allgemeinen Sinusfunktion modellieren. Mit der ersten und zweiten Ableitung gewinnt man Aufschluss über Geschwindigkeiten und Beschleunigung bei diesen Vorgängen.

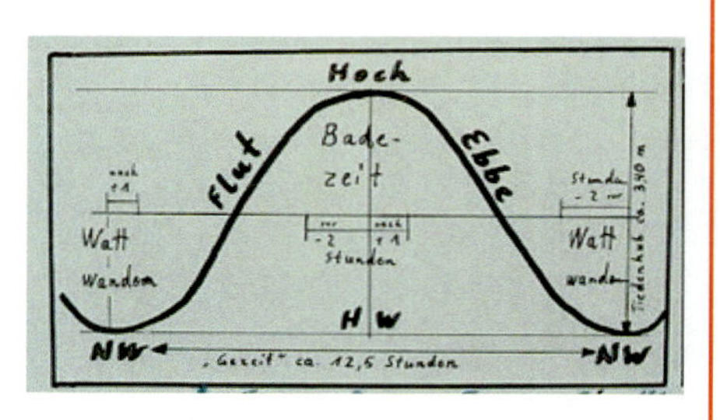

Beispiele

A *Charakteristische Größen bei der allgemeinen Sinusfunktion*

Bestimmen Sie Amplitude, Periode, Phasenverschiebung und vertikale Verschiebung für die periodische Funktion $f(x) = 2 \cdot \sin(0{,}5(x - \pi)) - 1$. Zeichnen Sie die Graphen der Funktion und ihrer ersten Ableitung. Geben Sie die Nullstellen, die lokalen Extrempunkte und die Wendepunkte der Funktion im Intervall [0; 4] an.

Lösung:

Die Amplitude ist 2, die Periode $\frac{2\pi}{0{,}5} = 4\pi$. Die Phasenverschiebung ist π, die vertikale Verschiebung ist -1.

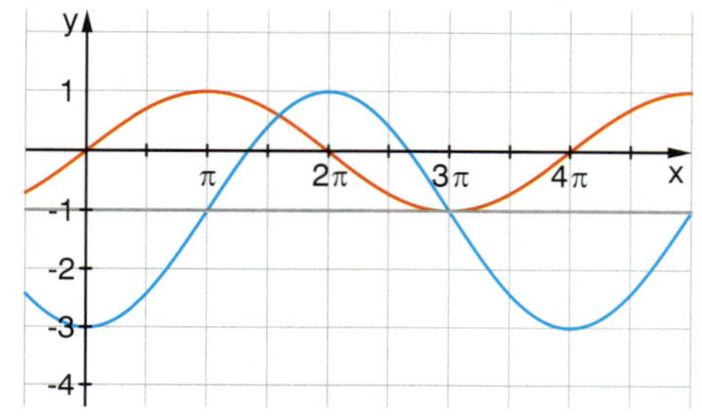

Die Ableitung findet man mit Anwendung der Kettenregel:

$f'(x) = 2 \cdot \cos(0{,}5(x - \pi)) \cdot 0{,}5$
$\quad = \cos(0{,}5(x - \pi))$

Die Nullstellen von f liegen an den Stellen $1\frac{1}{3}\pi$ und $2\frac{2}{3}\pi$.

Die lokalen Extrempunkte von f liegen an den Nullstellen von f':

Tiefpunkte: $(0|-3)$ und $(4\pi|-3)$; Hochpunkt: $(2\pi|1)$

Die Wendepunkte von f liegen an den Extremstellen von f': $(\pi|-1)$ und $(3\pi|-1)$.

Beispiele

B *Ebbe und Flut*

Der Wasserstand am Inselhafen sinkt und steigt im Rhythmus von Ebbe und Flut. Die Messwerte über einige Tage können durch eine sinusförmige Modellfunktion erfasst werden:
$f(t) = 1{,}5\sin\left(\frac{2\pi}{12{,}6}(t - 6{,}3)\right) + 1{,}75$ (t in h, f(t) in m)

a) Wie hoch ist der Wasserstand zum Zeitpunkt t = 0? Fällt oder sinkt der Wasserstand zu diesem Zeitpunkt und mit welcher Geschwindigkeit?

b) Wann ist der Wasserstand maximal, wann minimal? Wie hoch ist der Unterschied zwischen Höchst- und Tiefststand?

c) Wie groß ist die maximale Geschwindigkeit der Wasserstandsbewegung?

Lösung:

Zur Beantwortung der Fragen bilden wir zunächst die Ableitungen f′ und f″ und zeichnen die Graphen der Funktion und ihrer Ableitungen.

$f'(t) = \frac{3\pi}{12{,}6}\cos\left(\frac{2\pi}{12{,}6}(t - 6{,}3)\right)$

$f''(t) = -\frac{6\pi^2}{12{,}6^2}\sin\left(\frac{2\pi}{12{,}6}(t - 6{,}3)\right)$

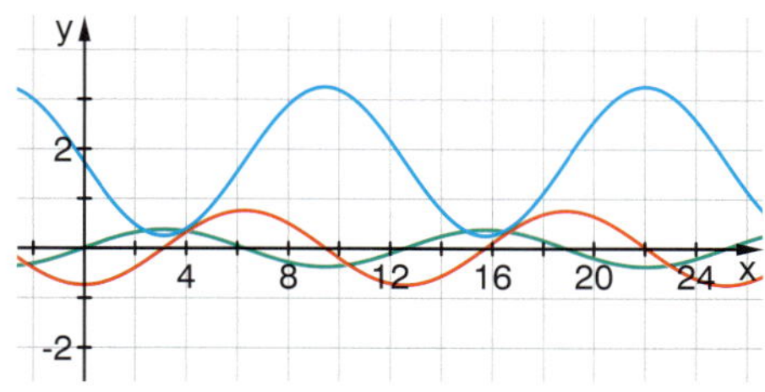

a) $f(0) \approx 1{,}75$. Der Wasserstand zum Zeitpunkt 0 ist etwa 1,75 m. Am Graphen erkennt man bereits, dass der Wasserstand hier sinkt.
$f'(0) \approx -0{,}75$, die Geschwindigkeit beträgt etwa 0,75 m/h.

b) Die Extremstellen kann man an den Nullstellen der ersten Ableitung ablesen. Tiefststand bei $t_1 \approx 3{,}15$ h, Höchststand bei $t_2 \approx 9{,}45$ h. Der Unterschied $d = f(t_2) - f(t_1)$ lässt sich auch aus der Amplitude a ablesen: $d = 2a = 2 \cdot 1{,}5$. Der Unterschied zwischen Höchst- und Tiefststand beträgt also 3 m.

c) Die maximale Geschwindigkeit wird jeweils an den Wendepunkten von f erreicht, dort ist $f''(t) = 0$. Dies ist z.B. bei $t \approx 6{,}3$ s der Fall. $f'(6{,}3) \approx 0{,}75$. Die maximale Geschwindigkeit beträgt also etwa 0,75 m/h.

Übungen

4 *Sinusfunktionen und ihre Ableitungen*

Ordnen Sie den Graphen der Sinusfunktionen die zugehörigen Ableitungsgraphen zu. Bestimmen Sie jeweils die Gleichungen der Funktionen und ihrer Ableitungen.

Funktionsgraphen

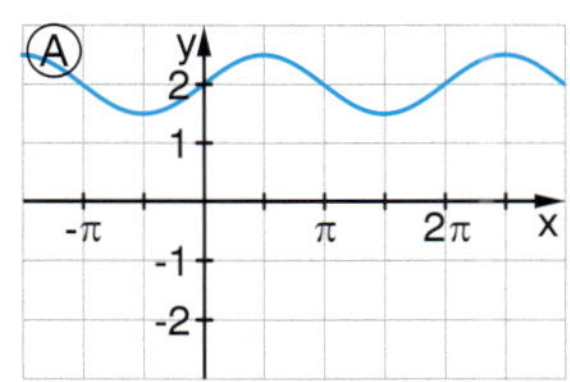

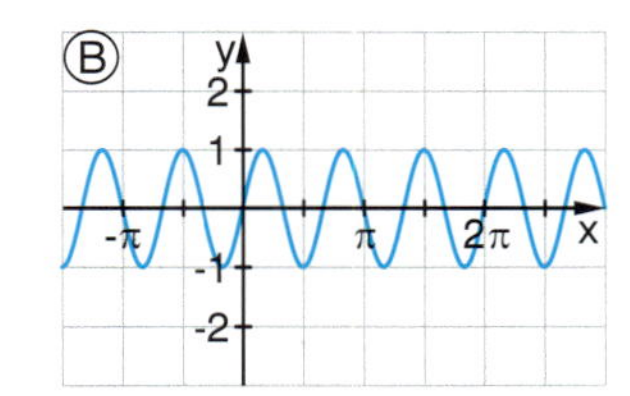

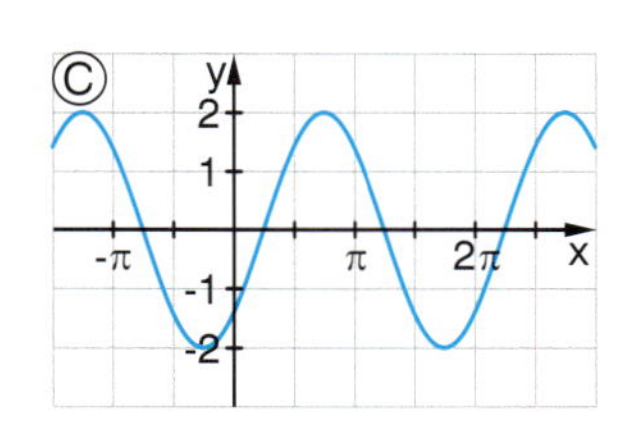

Ableitungsgraphen

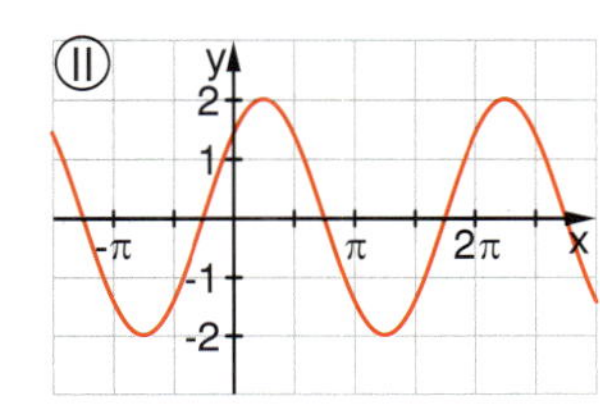

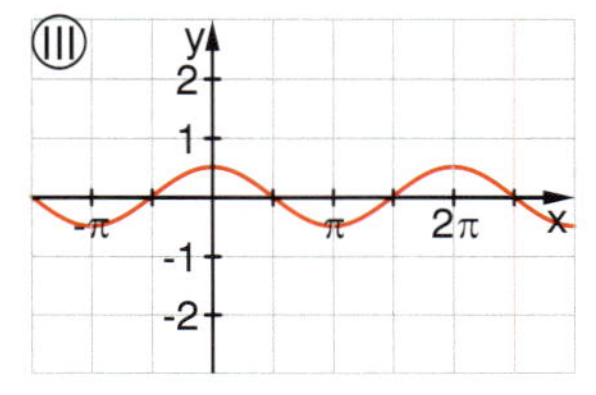

5 *Parameter von Winkelfunktionen und ihrer Ableitungen*

Bestimmen Sie die Ableitungen der Funktionen. Vergleichen Sie jeweils Amplitude, Periode, Phasenverschiebung und vertikale Verschiebung der Funktion und ihrer Ableitung.

a) $y = \sin(4x)$ b) $y = 3\cos(x)$ c) $y = \sin(2x)$ d) $y = -\cos(x)$
e) $y = 2\sin(3x)$ f) $y = 1{,}5\sin(x) + 2$ g) $y = -2\sin\left(x - \frac{\pi}{2}\right)$ h) $y = \sin^2(x)$

zu h)

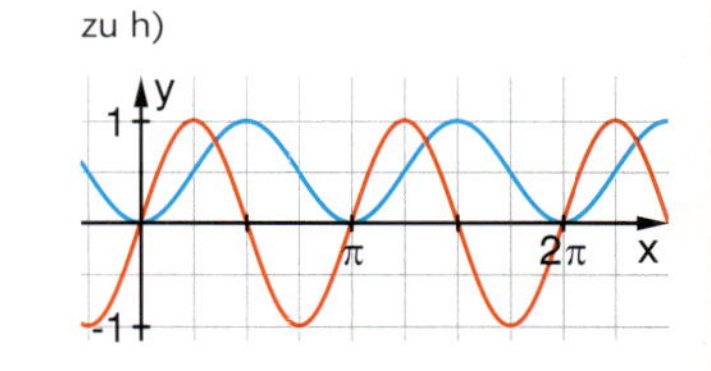

Übungen

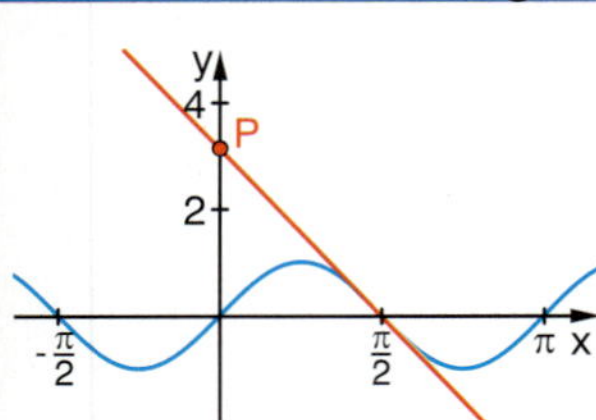

6 *Tangenten*

In welchem Punkt schneidet die Tangente an den Graphen von $f(x) = \sin(2x)$ an der Stelle $\frac{\pi}{2}$ die y-Achse? Wie verändert sich der Schnittpunkt, wenn man die Tangente an der gleichen Stelle an den Graphen von $g(x) = \sin(4x)$ legt?

7 *Vergleich maximaler Steigungen*

a) Wie groß ist die maximale Steigung der Funktion $f(x) = \sin(x)$?

b) Wie verändert sich die maximale Steigung der Sinusfunktion, wenn man
- die Amplitude verdoppelt (halbiert)?
- die Periode verdoppelt (halbiert)?

Schätzen Sie und überprüfen Sie durch Rechnen.

8 *Stammfunktionen*

Bestimmen Sie Stammfunktionen zu den angegebenen Funktionen.

a) $y = \sin(x)$ b) $y = \cos(x)$ c) $y = \sin(3x)$ d) $y = 3\sin(x)$
e) $y = \sin(x) + 2$ f) $y = \sin(x - \pi)$ g) $y = \sin(2(x - 1))$ h) $y = \sin(2x - 1)$

9 *Differenzieren und Integrieren der allgemeinen Sinusfunktion*

Welche Ableitung und welche Stammfunktion hat die Sinusfunktion
$f(x) = a \cdot \sin(b(x - c)) + d$?
Geben Sie an, welche Ableitungsregeln und welche Integrationsregeln Sie dabei verwendet haben.

10 *Vergleich von Flächeninhalten – Schätzen und Rechnen*

$\sin^2(x)$ steht für $(\sin(x))^2$

Vergleichen Sie die Flächeninhalte der Flächen, die die Graphen der Funktionen $f(x) = \sin(x)$, $g(x) = \sin(2x)$ und $h(x) = \sin^2(x)$ jeweils mit der x-Achse im Intervall $[0;\ 2\pi]$ einschließen.

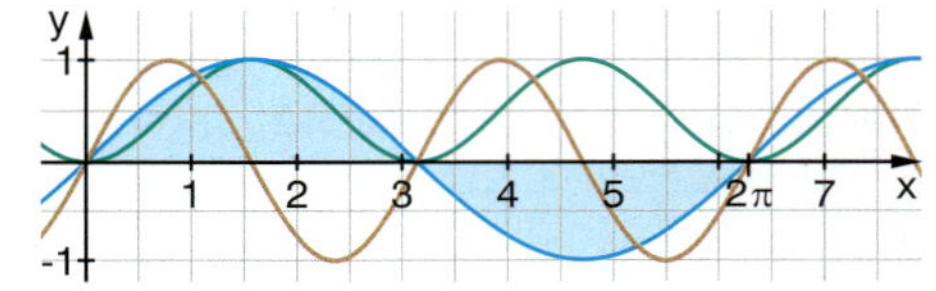

11 *Wahr oder falsch?*

Ⓐ Wenn $f(t)$ die Periodenlänge p hat, dann hat $f(rt)$ die Periodenlänge p/r.

Ⓑ $\cos(x)$ ist eine Stammfunktion zu $\sin(x)$.

Ⓒ Das Integral von $\sin(bx)$ von 0 bis 2π ist immer 0.

Ⓓ Die Ableitung einer Sinusfunktion $a \cdot \sin(bx)$ hat immer die gleiche Amplitude wie die Funktion.

Ⓔ Die Ableitung einer Sinusfunktion $\sin(bx)$ hat immer die gleiche Periode wie die Funktion.

Ⓕ Wenn sich die Amplitude einer Sinusfunktion verdoppelt, so verdoppelt sich auch der Flächeninhalt unter der Kurve in einer Periode.

GRUNDWISSEN

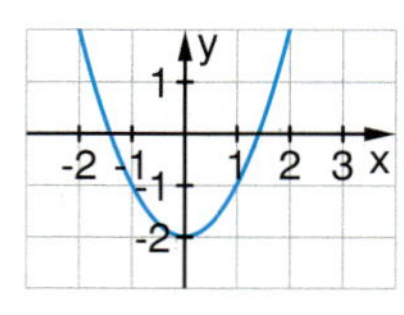

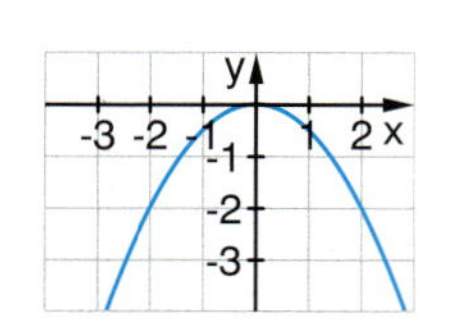

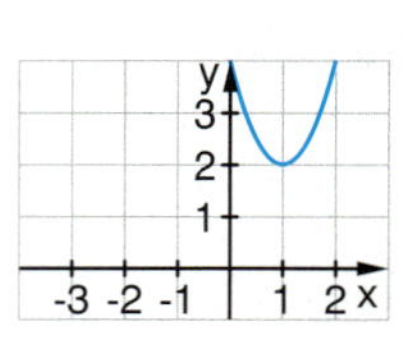

$f_1(x) = -0{,}5x^2$ $f_2(x) = x^2 - 2$ $f_3(x) = 2(x-1)^2 + 2$ $f_4(x) = (x+1)^2$

Welcher der Graphen gehört zu welcher Funktion? Beschreiben Sie jeweils, durch welche Transformationen die Graphen aus dem Graphen der Normalparabel $y = x^2$ entstehen.

Übungen

12 *Die Tangensfunktion und ihre Ableitung*

Die Funktion $y = \tan(x)$ lässt sich als Quotient von Sinus- und Kosinusfunktion darstellen.
Begründen Sie damit:

a) Die Tangensfunktion hat die Periode π. Sie ist an den Stellen $x = \pm(2n - 1) \cdot \frac{\pi}{2}$ nicht definiert. Dies sind Polstellen.

b) $\tan(x)' = \frac{1}{\cos^2(x)}$

c) An den Stellen $\pm n \cdot \pi$ liegen Wendepunkte vor. Die Wendetangenten haben die Steigung 1.

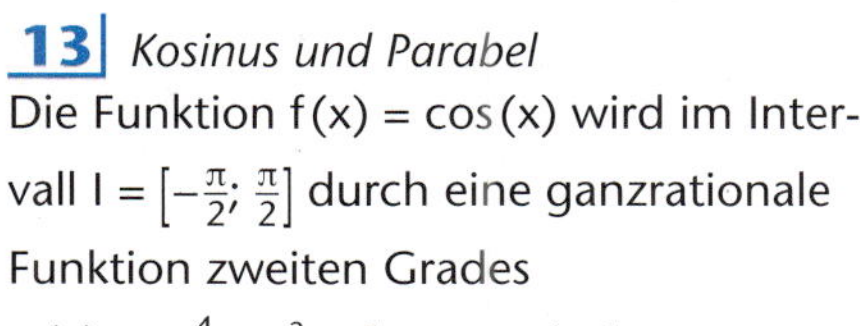

13 *Kosinus und Parabel*

Die Funktion $f(x) = \cos(x)$ wird im Intervall $I = \left[-\frac{\pi}{2}; \frac{\pi}{2}\right]$ durch eine ganzrationale Funktion zweiten Grades

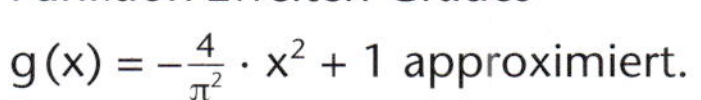

$g(x) = -\frac{4}{\pi^2} \cdot x^2 + 1$ approximiert.

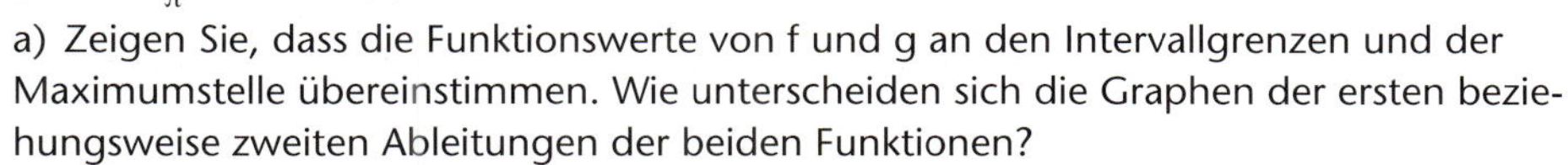

a) Zeigen Sie, dass die Funktionswerte von f und g an den Intervallgrenzen und der Maximumstelle übereinstimmen. Wie unterscheiden sich die Graphen der ersten beziehungsweise zweiten Ableitungen der beiden Funktionen?

Ableitungen sind wie ein Mikroskop bei Biologen: Man sieht Neues

b) Als Maß für die Güte der Approximation werden herangezogen:
(A) Die Differenz der Flächeninhalte der Flächen unter den Kurven in I.
(B) Die maximale Abweichung der Ordinaten $|f(x) - g(x)|$ in I.
Berechnen Sie diese Maße. Welches ist Ihrer Meinung als Gütemaß besser geeignet?

14 *Approximation von Sinus und Kosinus durch Taylor-Polynome*

Zeigen Sie am Rechner, dass die Funktionen $f(x) = \sin(x)$ und $g(x) = \cos(x)$ im Intervall $\left[-\frac{\pi}{2}; \frac{\pi}{2}\right]$ durch die Polynome

$f_1(x) = x - \frac{x^3}{3!} + \frac{x^5}{5!} - \frac{x^7}{7!}$ und

$f_2(x) = 1 - \frac{x^2}{2!} + \frac{x^4}{4!} - \frac{x^6}{6!}$

gut approximiert werden.
Bilden Sie die Ableitung von $f_1(x)$ und zeichnen Sie den Graphen. Was fällt Ihnen auf? Wie lässt sich das erklären?

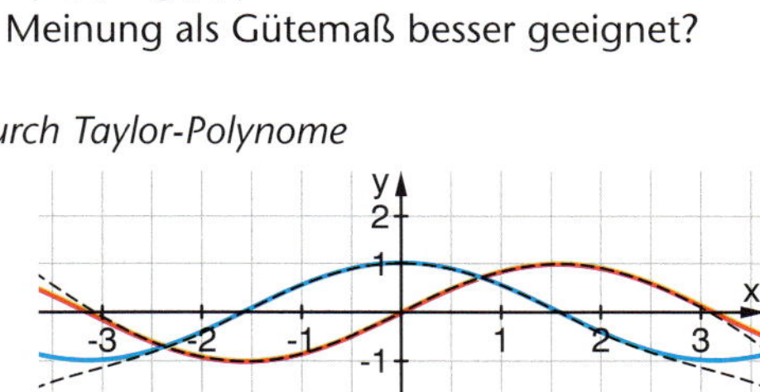

Vergleichen Sie 3.3, Aufgabe 28 c)

$n! = 1 \cdot 2 \cdot 3 \cdot \ldots \cdot n$
n-Fakultät

15 *Die Ableitung von der Ableitung von der Ableitung …*

Wenn man bei einer Polynomfunktion nacheinander die erste und die weiteren höheren Ableitungen bildet, so wird dies rechnerisch immer einfacher bis man schließlich $f^{(k)}(x) = 0$ erhält.

a) Beschreiben Sie, wie sich die Graphen dabei verändern.

b) Wie sieht dies bei der zusammengesetzten Funktion $g(x) = x \cdot \sin(x)$ aus? Zeichnen Sie zu dem Graphen der Funktion g(x) die Graphen der ersten vier Ableitungen und beschreiben Sie die Veränderungen.

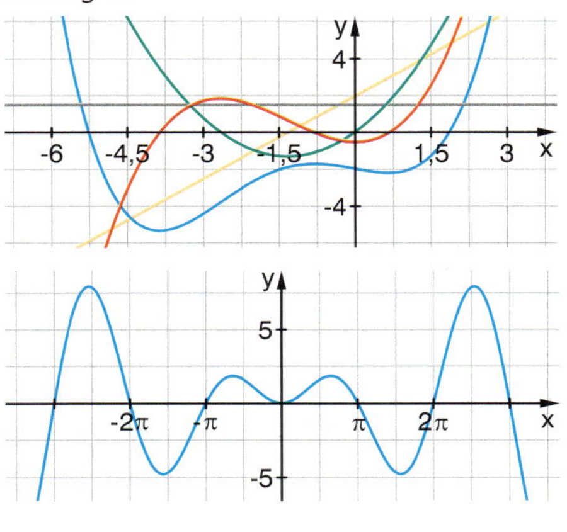

Übungen

Modellieren mit Winkelfunktionen

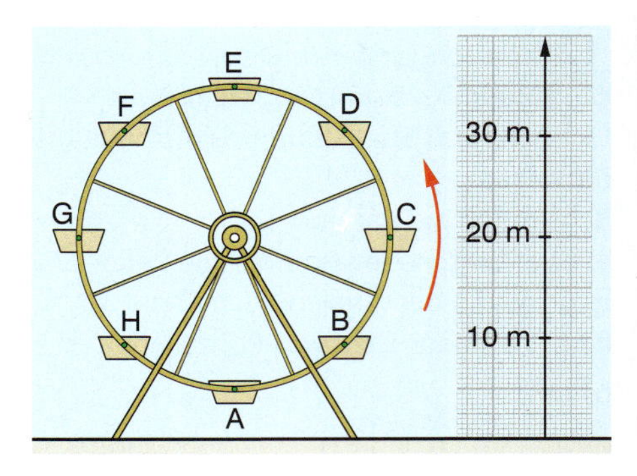

16 *Das Riesenrad*

Wenn man in der Gondel eines Riesenrads sitzt, so ändert sich die Höhe h(t) über dem Boden periodisch mit der Zeit. Dies lässt sich durch eine allgemeine Sinusfunktion modellieren.
$h(t) = 15 \cdot \sin\left(\frac{2\pi}{120}(t - 30)\right) + 20$
(h in m, t in s)
Zum Zeitpunkt t = 0 befindet sich die Gondel in der niedrigsten Position.

a) Zeichnen Sie den Graphen der Funktion. Wie groß ist der Durchmesser des Riesenrades, in welcher Zeit macht das Riesenrad eine Umdrehung?

b) Steigt oder sinkt die Gondel zum Zeitpunkt t = 80 s? Wie groß ist dabei die momentane Höhenänderung (vertikale Geschwindigkeit)?

c) Zu den Zeitpunkten, an denen sich die vertikale Geschwindigkeit am stärksten ändert (maximale Beschleunigung), stellt sich bei manchen ein flaues Gefühl im Magen ein. Zu welchen Zeitpunkten ist dies der Fall und wie groß ist dann die Beschleunigung?

17 *Tageslängen*

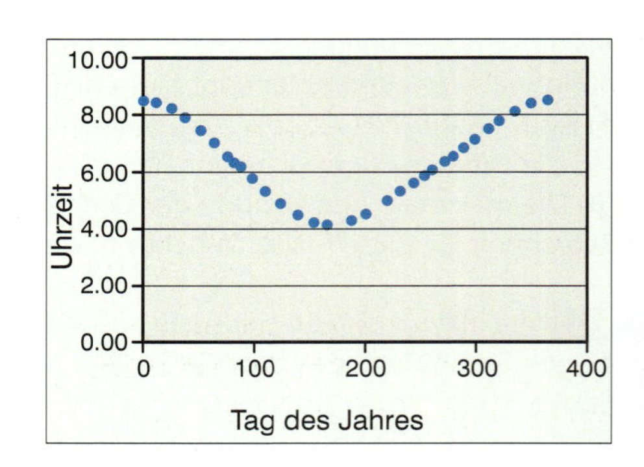

Aus eigener Erfahrung wissen Sie, dass sich die Zeiten für den Sonnenaufgang im Laufe des Jahres verändern. In dem nebenstehenden Diagramm sind die Sonnenaufgangszeiten in Kassel für das Jahr 2003 aufgetragen.

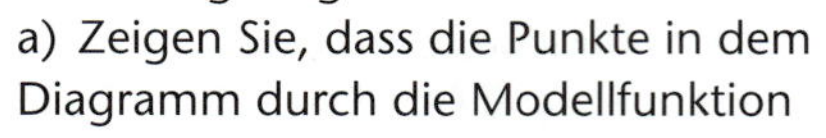

a) Zeigen Sie, dass die Punkte in dem Diagramm durch die Modellfunktion

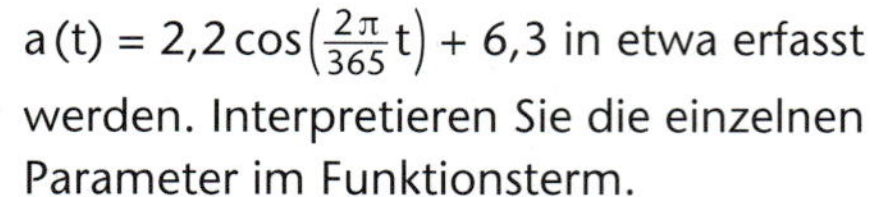

$a(t) = 2{,}2\cos\left(\frac{2\pi}{365}t\right) + 6{,}3$ in etwa erfasst werden. Interpretieren Sie die einzelnen Parameter im Funktionsterm.

b) An welchem Tag ist der Sonnenaufgang am frühesten, wann am spätesten? Wann ist die Änderungsrate besonders groß? Geben Sie diese Größe in einer passenden Maßeinheit an.

18 *Leuchtfeuerschein an der Mauer*

Ein Leuchtfeuer ist 10 km von der Küste entfernt und benötigt 30 s für eine Umdrehung. Der Lichtschein huscht entlang eines geraden Deiches an der Küste dahin.

a) Wie bewegt sich der Lichtschein Ihrer Meinung nach auf dem Deich? Beschreiben Sie die Bewegung mit Ihren eigenen Worten.

b) Zeigen Sie, dass sich die Entfernung d des Lichtscheins vom Punkt O auf dem Deich als Funktion der Zeit durch die Funktion $d(t) = 10\tan\left(\frac{2\pi}{30}t\right)$ modellieren lässt.

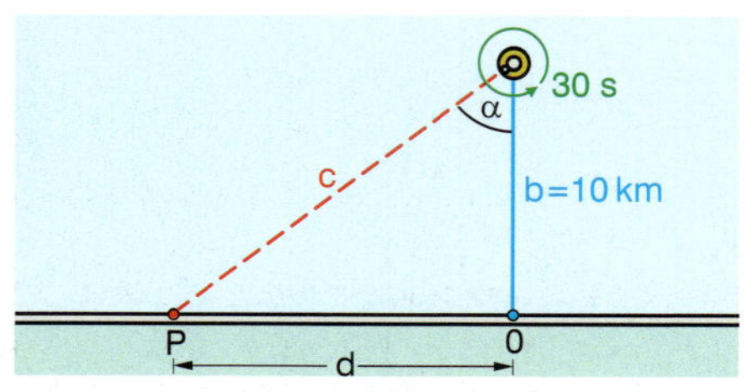

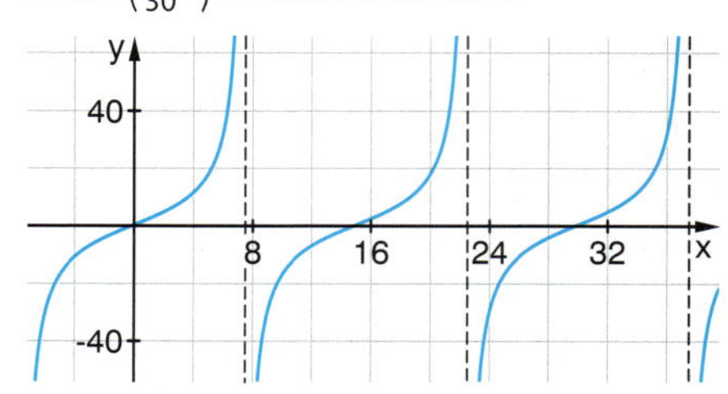

Was lässt sich über die Geschwindigkeit der Bewegung aussagen?
Stimmt die Modellierung mit Ihrer Beschreibung überein?

Übungen

Gleichungen, in denen Funktionen und ihre Ableitungen vorkommen, heißen **Differenzialgleichungen**.

19 *Eine Gleichung zwischen Funktion und zweiter Ableitung*

a) Zeigen Sie, dass die Sinusfunktion $f(x) = \sin(x)$ die Gleichung $f(x) + f''(x) = 0$ erfüllt. Gilt dies auch für die Kosinusfunktion?

b) Eine ähnliche Gleichung wird auch von der Funktion $g(t) = 2\sin(3t - 1)$ erfüllt. Finden Sie diese Gleichung.

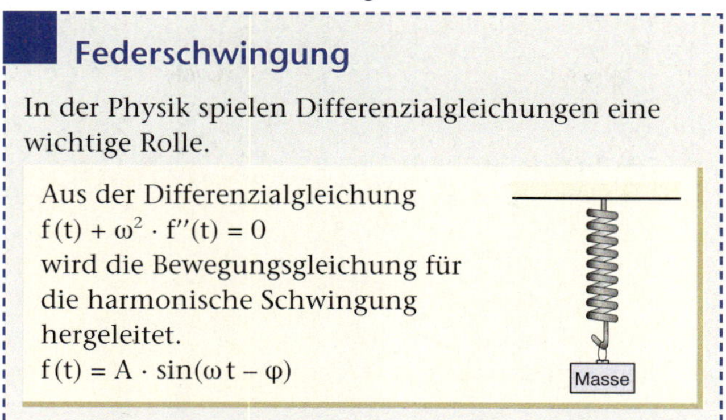

Federschwingung

In der Physik spielen Differenzialgleichungen eine wichtige Rolle.

Aus der Differenzialgleichung
$f(t) + \omega^2 \cdot f''(t) = 0$
wird die Bewegungsgleichung für die harmonische Schwingung hergeleitet.
$f(t) = A \cdot \sin(\omega t - \varphi)$

20 *Sinusscharen – Muster in der Vielfalt*

Die Scharen sind jeweils mit einem Parameter a gezeichnet, der Schieberegler geht von –5 bis 5 mit Schrittweite 1.

a) Welches Bild gehört zu welcher Funktion? Entscheiden und begründen Sie zunächst nur anhand der Bilder und überprüfen Sie dann mit dem Rechner.

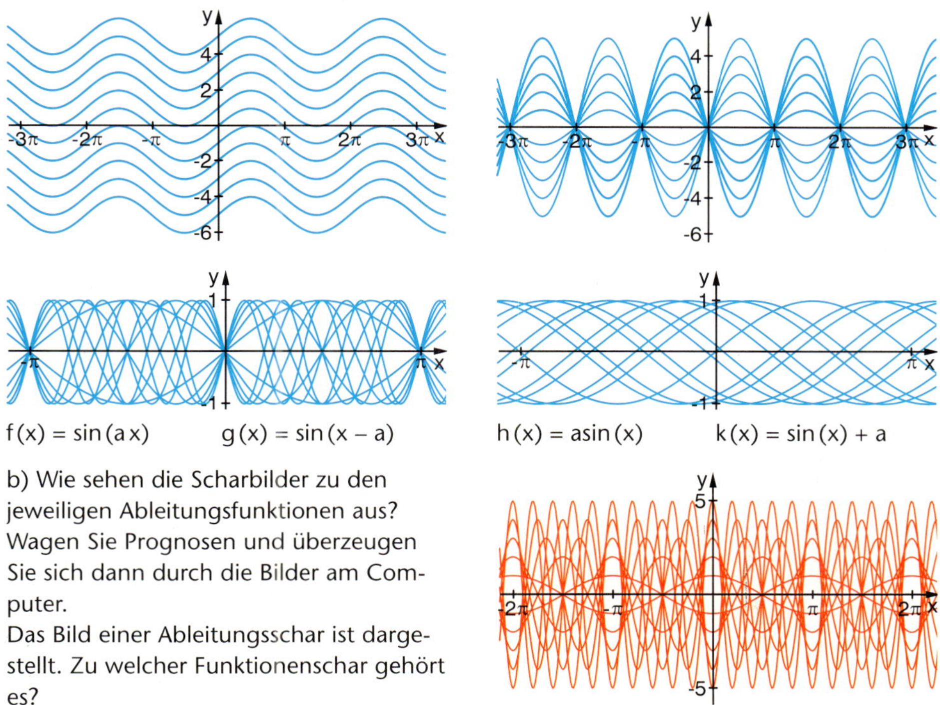

$f(x) = \sin(ax)$ $\quad g(x) = \sin(x - a)$ $\quad h(x) = a\sin(x)$ $\quad k(x) = \sin(x) + a$

b) Wie sehen die Scharbilder zu den jeweiligen Ableitungsfunktionen aus? Wagen Sie Prognosen und überzeugen Sie sich dann durch die Bilder am Computer.
Das Bild einer Ableitungsschar ist dargestellt. Zu welcher Funktionenschar gehört es?

21 *Scharen bei der Verknüpfung von Sinus mit linearen Funktionen*

Welches Bild gehört zu welcher Schar? Beschreiben Sie die Scharbilder.

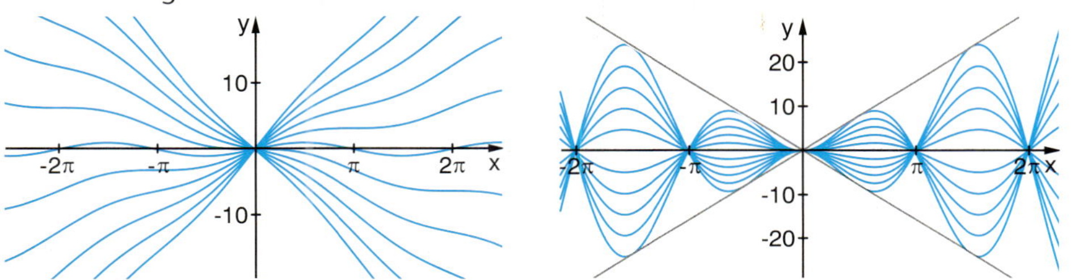

$f_a(x) = ax \cdot \sin(x)$

$f_b(x) = bx + \sin(x)$

Wie sehen die Scharbilder der Ableitungen aus? Schätzen und rechnen Sie.

Übungen

Wenn die Anschauung versagt

22 *Eine Lücke wird geschlossen*

„stetig ergänzen“ siehe Seite 275

a) Zeichnen Sie das nebenstehende Bild auf Ihrem Rechner. Der blau gezeichnete Graph gehört zur zusammengesetzten Funktion $f(x) = \frac{1}{x} \cdot \sin(x)$. Welche Funktionsgleichung hat der rote Graph?

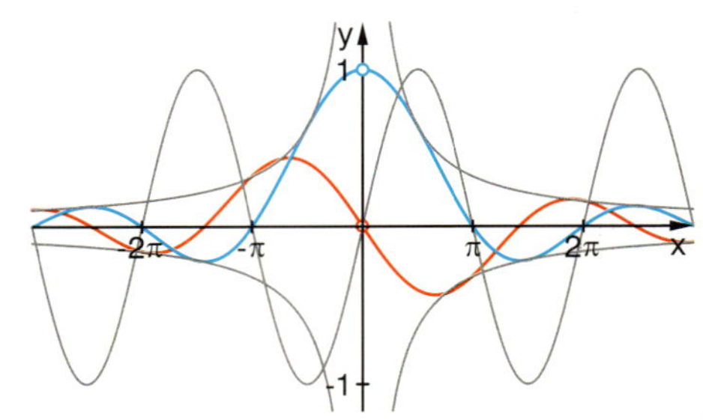

b) Die Funktion f hat an der Stelle 0 eine Definitionslücke. sin (x) wird in der Nähe von 0 immer kleiner, $\frac{1}{x}$ wird in der Nähe von 0 immer größer.

Ableitung von sin(x) an der Stelle 0

$$\lim_{h \to 0} \frac{\sin(0 + h) - \sin(0)}{h}$$

Existiert der Grenzwert von f (x) für $x \to 0$? Lässt sich damit f an der Stelle 0 stetig zu einer Funktion f_1 ergänzen? Ist f_1 dann an der Stelle 0 differenzierbar?

23 *Das Flattern um die Null – Die Verkettung der Sinus- mit der Hyperbelfunktion*

Die folgenden Bilder wurden mit dem Rechner erzeugt: Der Graph der Funktion $f(x) = \sin\left(\frac{1}{x}\right)$ wurde in einem Intervall um 0 gezeichnet, dann wurde die x-Achse zweimal mit dem Faktor 10 gezoomt.

Versuchen Sie auf Ihrem Rechner weitere Zoom-Stufen. Sie können auf Überraschungen gefasst sein.

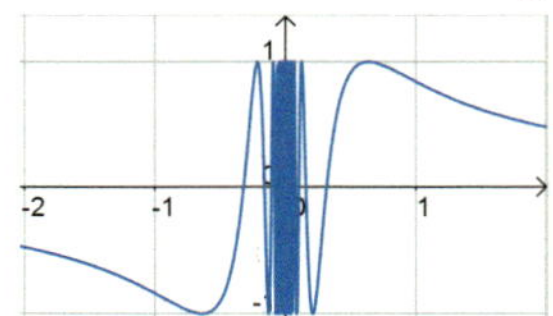

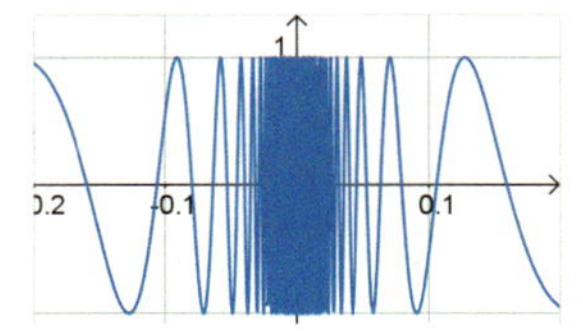

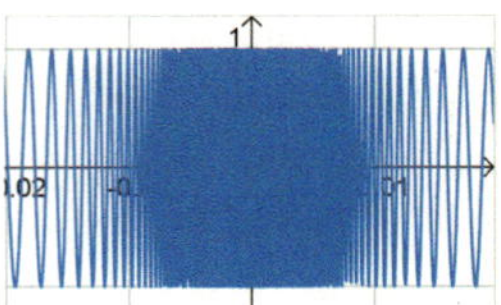

a) Finden Sie eine Erklärung für die schwarzen Streifen um die Null?

b) Was passiert, wenn man f (x) an den Stellen $x = \frac{1}{(2n-1) \cdot \frac{\pi}{2}}$, $n = 1, 2, 3, \ldots$ berechnet? Lässt sich damit begründen, dass sich f (x) an der Stelle 0 auf keinen Fall stetig ergänzen lässt?

c) Lässt sich die Funktion $g(x) = x \cdot \sin\left(\frac{1}{x}\right)$ an der Stelle 0 stetig ergänzen? Begründen Sie.

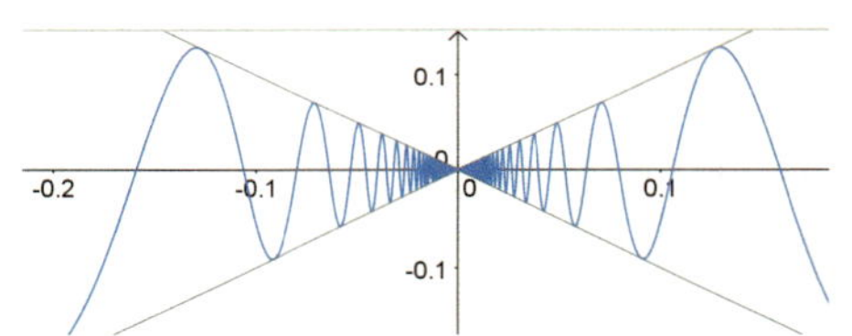

Grenzen der Anschauung – Notwendigkeit der Präzisierung

Bei den meisten der bisher untersuchten Funktionen ließen sich Begriffe wie „Stetigkeit“ und „Differenzierbarkeit“ anschaulich erklären.

Eine Funktion ist stetig, wenn sich der Graph in einem Zug ohne Abzusetzen durchzeichnen lässt.

Eine Funktion ist differenzierbar, wenn der Graph keine Knicke aufweist.

Beispiel für Unstetigkeit:

$$f(x) = \begin{cases} 1, & x \geq 0 \\ 0, & x < 0 \end{cases}$$

Beispiel für Nicht-Differenzierbarkeit:

$$f(x) = |x|$$

In der Entwicklung der Mathematik tauchten bereits im 18. Jahrhundert solch „pathologische“ Funktionen wie in den Aufgaben auf dieser Seite auf. Sie zwangen die Mathematiker zu einer exakteren Fassung der Begriffe Grenzwert, Stetigkeit, Differenzierbarkeit und Integrierbarkeit.

Ein anderes seltsames Beispiel ist die Kochkurve. Sie stellt im Grenzfall eine Kurve dar, die überall stetig aber nirgends differenzierbar ist.

siehe hierzu die Ausführungen in Abschnitt 3.3

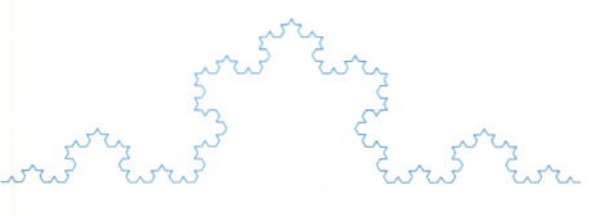

Kochkurve

Aliasing

Wir wissen, dass sich die Funktion $f(x) = \sin(nx)$ von der normalen Sinusfunktion dadurch unterscheidet, dass die Periodenlänge für $n > 1$ verkürzt wird. So vermuten wir im Intervall $[-\pi ; \pi]$ für $n = 2$ zwei Periodendurchgänge, für $n = 4$ vier und für $n = 6$ sechs Durchgänge. Unser GTR zeigt uns dies auch im Display.

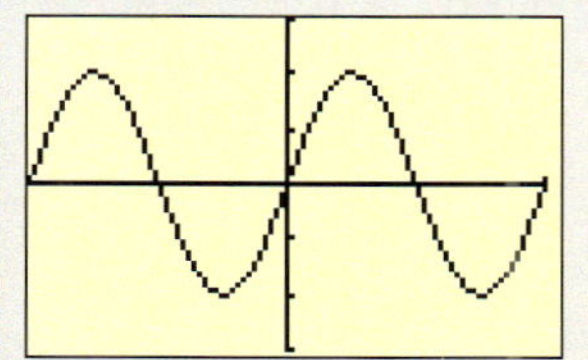

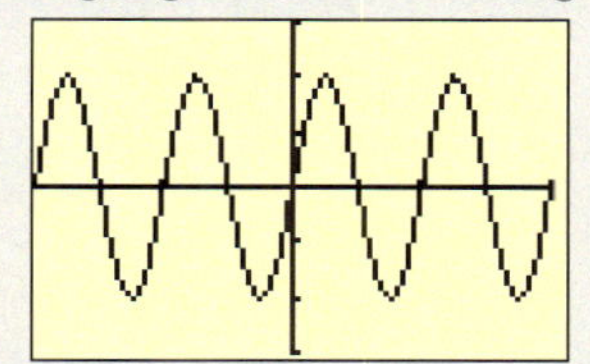

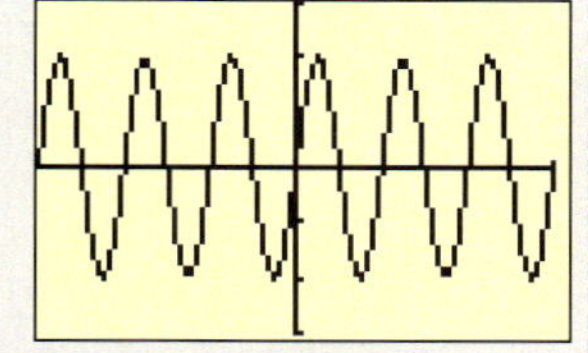

```
WINDOW
 Xmin=-3.141592…
 Xmax=3.1415926…
 Xscl=1.5707963…
 Ymin=-1.5
 Ymax=1.5
 Yscl=.5
↓Xres=1
```

Was passiert, wenn wir n deutlich vergrößern? Wir wollen unsere Erwartung durch das Experiment überprüfen und erleben Überraschungen.

sin (24 x) sin (48 x) sin (95 x)

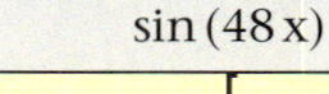

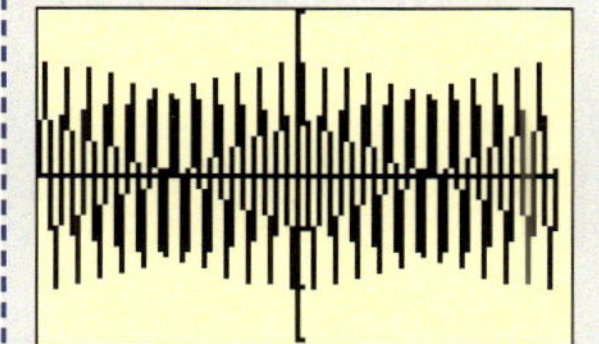

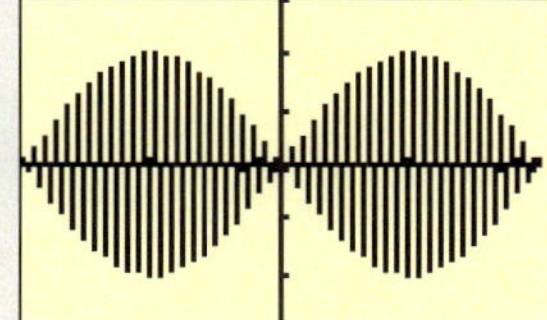

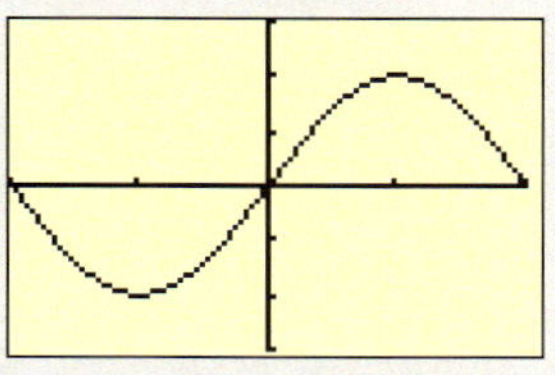

Alle Taschenrechner oder Funktionenplotter liefern solche und noch andere seltsame Bilder. Es hängt allerdings von dem Modell ab, das gerade benutzt wird. Die oben gezeigten Bilder wurden mit dem TI-84 im angegebenen Window erzeugt. Probieren Sie auf Ihrem Taschenrechner und vergleichen Sie die erzeugten Bilder mit denen Ihrer Mitschüler, die vielleicht andere Modelle benutzt haben.
Was ist das Fazit unserer Experimente?
Wir sollten unseren Taschenrechner nicht gleich wegwerfen. Aber wir müssen zur Kenntnis nehmen, dass er seine Grenzen hat und bei weitem nicht alle mathematischen Zusammenhänge adäquat darstellen kann.

Wie kommt es zu solchen Täuschungen bzw. fehlerhaften Darstellungen?
Jeder Computer und damit auch jeder Taschenrechner stellt jede Grafik aus Punkten zusammen. Je mehr und je kleiner diese Punkte sind, desto besser ist die Auflösung und desto realistischer ist das Bild, so hofft man jedenfalls. Es kann aber zu folgendem Effekt kommen:

Die maximale Punktzahl in horizontaler Richtung ist durch die Anzahl der Pixel des Bildschirms begrenzt.

Wenn der GTR einen Funktionsgraphen zeichnet, berechnet er zunächst einige Punkte und verbindet diese dann geradlinig (connected) beziehungsweise gar nicht (dot). Für sin (95 x) bestimmt er nun genau die Punkte, die augenscheinlich zu sin (x) gehören. Der GTR kann dann die dazwischen liegenden Bögen nicht erfassen, der Graph erscheint als Graph von sin (x).

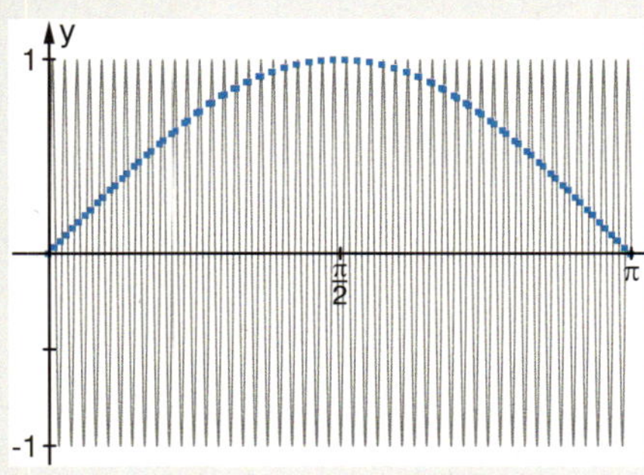

Alias-Effekt

Das Bild zu sin (24 x) zeigt, dass durch die Überlagerung der ursprünglichen periodischen Entwicklung mit der ‚neuen' infolge der besonderen Art der ‚Abtastung' auch ganz andersartige, neue Muster entstehen können. Hier sind es rautenförmige Figuren, die im connected-Modus besonders klar hervortreten.

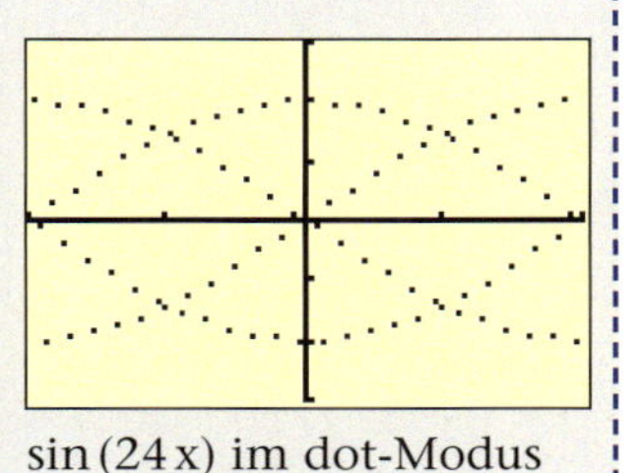

sin (24 x) im dot-Modus

CHECK UP

Erweiterung der Differenzialrechnung

Ableitungsregeln

Produktregel

$p(x) = f(x) \cdot g(x)$

$p'(x) = f'(x) \cdot g(x) + f(x) \cdot g'(x)$

Kurzform: $(uv)' = u'v + uv'$

Quotientenregel

$q(x) = \frac{f(x)}{g(x)}$, $g(x) \neq 0$

$q'(x) = \frac{f'(x) \cdot g(x) - f(x) \cdot g'(x)}{(g(x))^2}$

Kurzform: $\left(\frac{u}{v}\right)' = \frac{u' \cdot v - u \cdot v'}{v^2}$

Kettenregel

$k(x) = f(g(x))$

$k'(x) = f'(g(x)) \cdot g'(x)$

Merkregel

Ableitung der äußeren Funktion mal Ableitung der inneren Funktion

Einige besondere Ableitungsregeln

Ableitung für die **reziproke Funktion**

$f(x) = \frac{1}{g(x)} \Rightarrow f'(x) = -\frac{g'(x)}{(g(x))^2}$

Potenzregel für rationale Exponenten

$f(x) = x^{\frac{m}{n}} \Rightarrow f'(x) = \frac{m}{n} \cdot x^{\frac{m}{n}-1}$ $(m, n \in \mathbb{Z})$

Ableitung der **Umkehrfunktion**

$\bar{f}'(x) = \frac{1}{f'(\bar{f}(x))}$, falls $f'(\bar{f}(x)) \neq 0$

Integrationsregel – Lineare Substitution

$f(x) = g(ax + b) \Rightarrow F(x) = \frac{1}{a} \cdot G(ax + b)$

Ortskurven bei Funktionenscharen

Funktionsterme mit Parametern führen zu Funktionenscharen. Besondere Punkte der Funktionen einer Schar liegen auf **Ortskurven**.

Beispiel:

Funktionenschar

$f_t(x) = \frac{1}{3}x^3 - 2tx^2$

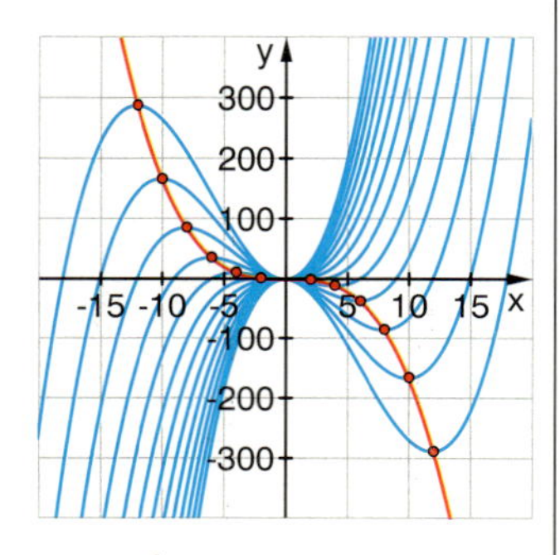

Ortskurve der Extrempunkte

Parameterdarstellung	Funktionsgleichung
$x(t) = 4t$, $y(t) = \frac{-32t^3}{3}$	$y = -\frac{1}{6}x^3$

1 Bestimmen Sie die Ableitung zur Funktion. Geben Sie die verwendete Regel an.

a) $f(x) = (x^2 + 1)(3x - 1)$ b) $f(x) = \frac{2x^2 - 1}{x + 2}$ c) $f(x) = (x^2 + 1)^3$

d) $f(x) = x \cdot \cos(x)$ e) $f(x) = \sin(3x - 1)$ f) $f(x) = \frac{\sin(x)}{x}$

g) $f(x) = \sqrt{3x^2 - 2x}$ h) $f(x) = \frac{x^2}{\sqrt{2x}}$ i) $f(x) = \sqrt{x} \cdot \sin(x)$

2 $f(x)$ ist eine Funktion mit $f'(x) = f(x)$. Bestimmen Sie jeweils die Ableitung der Funktion.

a) $g(x) = (f(x))^2$ b) $h(x) = \sqrt{f(x)}$ c) $k(x) = \frac{1}{f(x)}$

3 Bestimmen Sie, wenn möglich, je eine Stammfunktion zu den folgenden Funktionen. Überprüfen Sie Ihr Ergebnis durch Ableiten.

a) $f(x) = 4x + x^3$ b) $f(x) = \sin(2x + 1)$ c) $f(x) = (4 - 5x)^2$

d) $f(x) = (x^2 + 1)^2$ e) $f(x) = \cos(x^2 + 1)$ f) $f(x) = 4 \cdot \sqrt{3x - 1}$

4 Eine Funktion $f(x)$ hat den Extrempunkt $E(1\,|\,0)$. Weisen Sie nach, dass auch die Funktion $g(x) = x \cdot f(x)$ diesen Extrempunkt besitzt.

5 Gegeben ist die Funktionenschar $f_a(x) = -x^3 + 3ax^2$.

a) Wo liegen die Nullstellen der Funktionen? Welche der Funktionen hat an der Stelle $x = 1$ die Steigung 3?

b) Auf welcher Ortskurve liegen die Extrempunkte?

c) Auf welcher Ortskurve liegen die Wendepunkte?

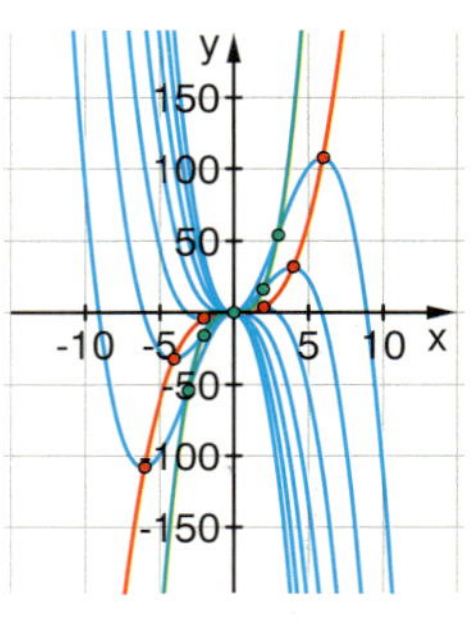

6 Gegeben ist die Parabelschar $f_a(x) = 4 - a^2x^2$, $a \neq 0$.

a) Berechnen Sie den Inhalt der Fläche zwischen einer Scharkurve und der x-Achse.

b) Kann dieser Flächeninhalt den Wert 1 haben? Begründen Sie.

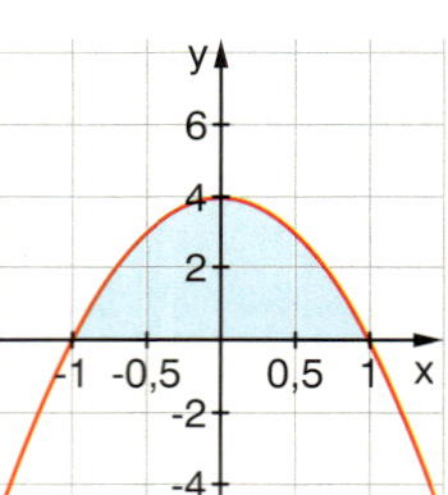

7 Gegeben ist die Funktionenschar $f_a(x) = \frac{2x}{x^2 + a}$.

Auf welcher Ortskurve liegen die Extrempunkte der Schar?

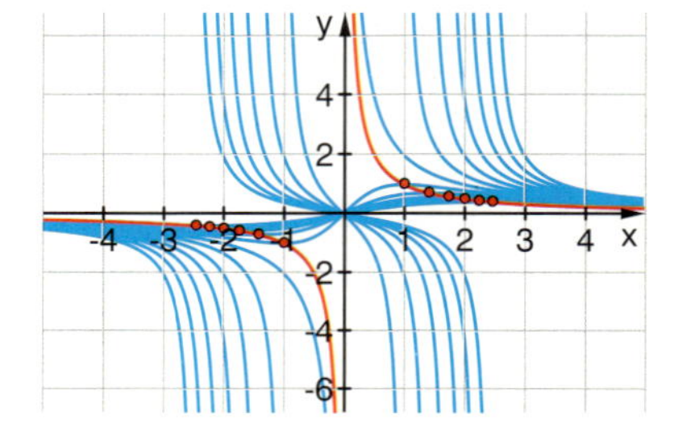

8 Geben Sie zu den folgenden rationalen Funktionen jeweils Nullstellen und Polstellen an. Gibt es hebbare Definitionslücken?

a) $f(x) = \frac{(x - 2)(x + 3)}{(x + 1)(x - 4)}$ b) $f(x) = \frac{x^2 + 1}{x^2 - 1}$ c) $f(x) = \frac{x^2 - 6x + 9}{x^2 - 3x}$

9 Bestimmen Sie für die folgenden Funktionen Polstellen, Asymptoten und Schnittpunkte mit den Koordinatenachsen. Skizzieren Sie die zugehörigen Graphen ohne GTR (Kontrolle mit GTR).

a) $f(x) = \frac{2}{3x - 4}$ b) $f(x) = \frac{2x - 5}{x + 3}$

c) $f(x) = \frac{4}{x^2 - 1}$ d) $f(x) = \frac{2x}{(x - 2)(x + 1)^2}$

10 Steckbriefe: Finden Sie passende Funktionsterme.

(A) Die Nullstellen sind –3 und 5, die Polstellen mit Vorzeichenwechsel sind –2 und 1.

(B) Die Polstelle ist 2, die Asymptote y = 3.

(C)

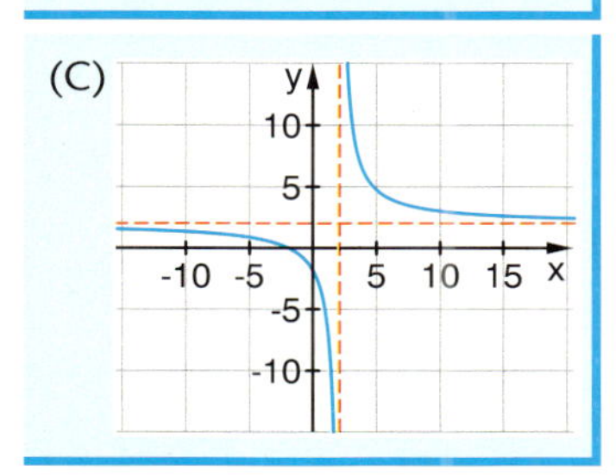

(D)

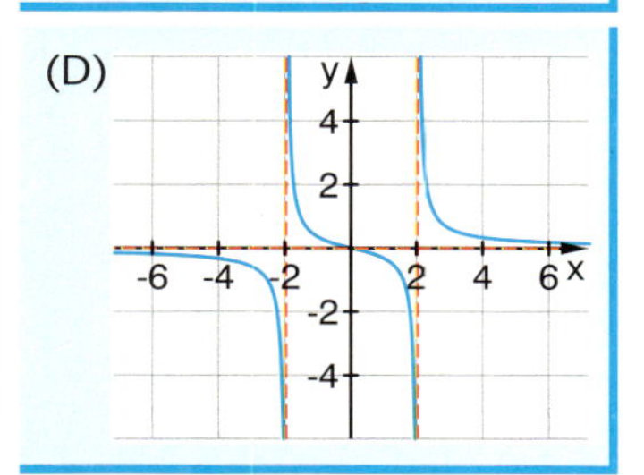

11 Gegeben ist die Funktion mit der Gleichung $f(x) = \frac{x^3}{x^2 - 3}$.

a) Welche Steigung hat der Graph von f an der Stelle x = 1?

b) An welchen Stellen hat der Graph von f waagerechte Tangenten?

c) In welchen Intervallen hat der Graph von f eine positive Steigung?

12 Geben Sie jeweils die Definitionslücken und deren Art (Polstelle, hebbare Lücke) an.

a) $f(x) = \frac{2x}{x^2 + x}$ b) $f(x) = \frac{x^2 + 6x + 8}{(x + 4)(x + 1)}$

13 Die Linse eines Fotoapparats hat eine Brennweite von 5 cm. Der Zusammenhang zwischen Brennweite f, Bildweite b und Gegenstandsweite g wird durch die Linsengleichung beschrieben: $\frac{1}{f} = \frac{1}{g} + \frac{1}{b}$

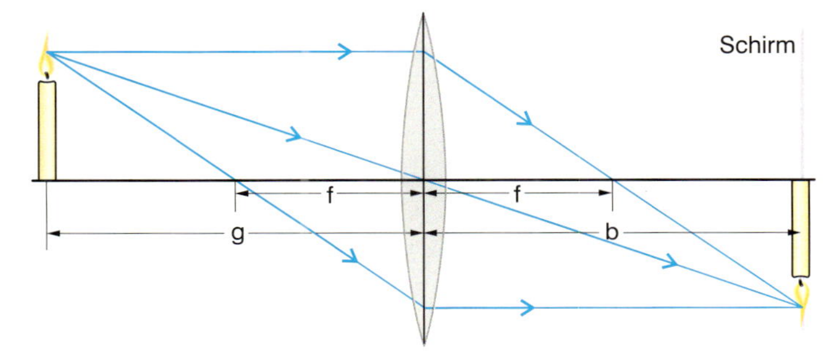

Der Abstand b zwischen Linse und Film kann zum Scharfstellen in einem Bereich von 5 – 10 cm variiert werden. Drücken Sie die Gegenstandsweite g als Funktion g(b) der Bildweite b aus. Zeichnen Sie den Graphen der Funktion g(b) und interpretieren Sie ihn im Sachzusammenhang.
Welche Bedeutung haben jeweils der Pol und die Asymptote?
In welchem Gegenstandsbereich kann scharf gestellt werden?

CHECK UP

Erweiterung der Differenzialrechnung

Rationale Funktionen

Quotienten von ganzrationalen Funktionen p(x) und q(x) bilden rationale Funktionen.

$f(x) = \frac{p(x)}{q(x)}$, $q(x) \neq 0$

Muster bei Graphen rationaler Funktionen

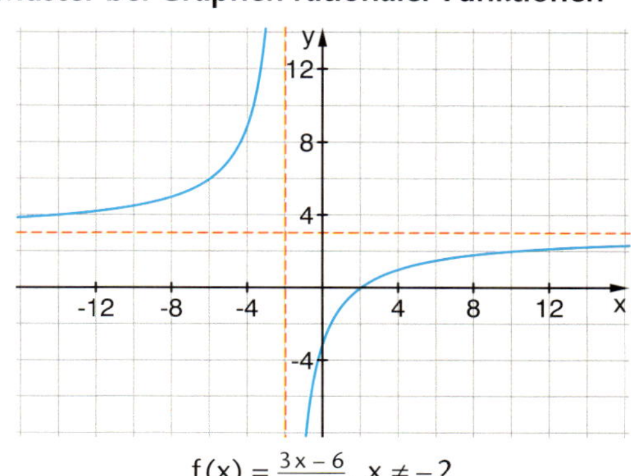

$f(x) = \frac{3x - 6}{x + 2}$, $x \neq -2$

Polstellen

Rationale Funktionen sind an den Nullstellen des Nennerpolynoms nicht definiert. An diesen Stellen streben die Funktionswerte im Allgemeinen gegen ∞ oder –∞.
Im Beispiel liegt bei x = –2 eine Polstelle mit Vorzeichenwechsel vor.

Asymptoten

Für x → ∞ und x → –∞ nähern sich die Graphen häufig einer Geraden an.
Im Beispiel ist die Gerade y = 3 eine Asymptote.

Stetig ergänzbare Definitionslücke

Eine Definitionslücke heißt **stetig ergänzbar** oder **hebbar**, wenn die Funktionswerte von rechts und links gegen denselben, festen Wert streben.

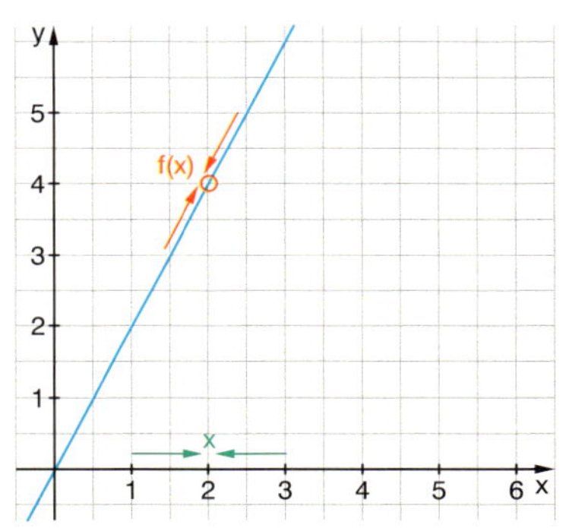

$f(x) = \frac{2x^2 - 4x}{x - 2}$ hebbare Definitionslücke bei x = 2

CHECK UP

Erweiterung der Differenzialrechnung

Sinusfunktion und Ableitungen

Die Sinusfunktion $f(x) = \sin(x)$ ist der Prototyp einer periodischen Funktion.

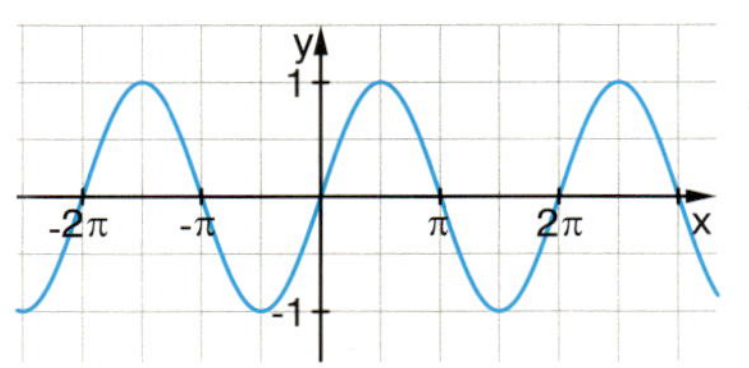

Deren Ableitungen sind wieder periodische Funktionen.

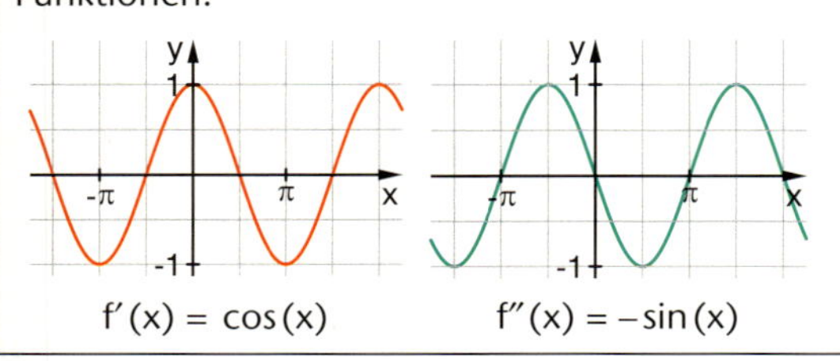

Gleichung der allgemeinen Sinusfunktion

$f(x) = a \cdot \sin(b(x - c)) + d$

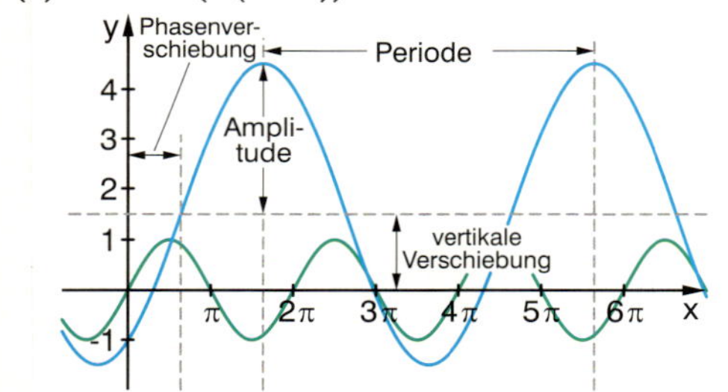

a ist die vertikale Streckung.	Die **Amplitude** ist $|a|$.
b ist die horizontale Streckung.	Die **Periode** ist $2\pi/b$.
d ist die vertikale Verschiebung.	Verschiebung der **Sinusachse**
c ist die horizontale Verschiebung.	**Phasenverschiebung**

Modellieren mit Sinusfunktionen

Eine Reihe periodischer Vorgänge lassen sich mithilfe der allgemeinen Sinusfunktion modellieren. Mit der ersten und zweiten Ableitung gewinnt man Aufschluss über Geschwindigkeit und Beschleunigung bei diesen Vorgängen.

14 Wahr oder falsch? Begründen Sie.

(A) $f(x) = \sin(x)$. Dann gilt $f(x) + f''(x) = 0$ für alle x.

(B) Die Funktionen sin(x) und cos(x) haben an der Stelle $x = \frac{3\pi}{4}$ die gleiche Steigung.

(C) $\int_0^{2\pi} \sin(x)\,dx = 0$

(D) $\int_{-\frac{\pi}{2}}^{\frac{\pi}{2}} \sin(x)\,dx = \int_{-\frac{\pi}{2}}^{\frac{\pi}{2}} \cos(x)\,dx$

15 Finden Sie die Funktionsgleichungen.

(A) Eine allgemeine Sinusfunktion hat die Amplitude 3, die Periode π und die Phasenverschiebung $\frac{\pi}{4}$. Die Sinusachse ist um 2 nach unten verschoben.

(B)

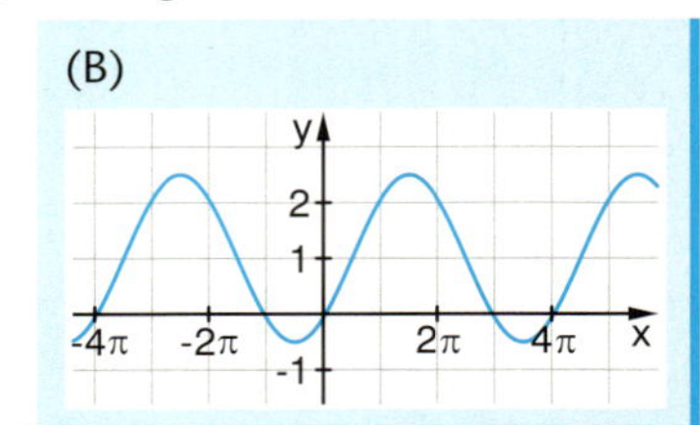

16 Gegeben ist die Funktion $f(x) = 2\sin(0{,}5x)$.

a) Geben Sie Amplitude a und Periode p der Funktion an und skizzieren Sie den Graphen im Intervall [0; p].

b) Geben Sie Extrem- und Wendepunkte in diesem Intervall an.

c) Wie groß ist die Fläche, die der Graph mit der x-Achse im Intervall $\left[0; \frac{p}{2}\right]$ einschließt?

17 Gegeben sind die Funktionen $f_a(x) = \sin(ax)$ für a = 1, 2 und 4.

a) Vergleichen Sie die Steigungen der Tangenten an der Stelle π.

b) Die Graphen schließen jeweils im Intervall [0; 2π] mit der x-Achse eine Fläche ein. Vergleichen Sie die Flächeninhalte.

18 a) Gegeben ist die Funktionenschar f_k durch $f_k(x) = kx + \sin(x)$ mit $0 \leq k \leq 2$. Beschreiben Sie den Kurvenverlauf in Abhängigkeit von k.

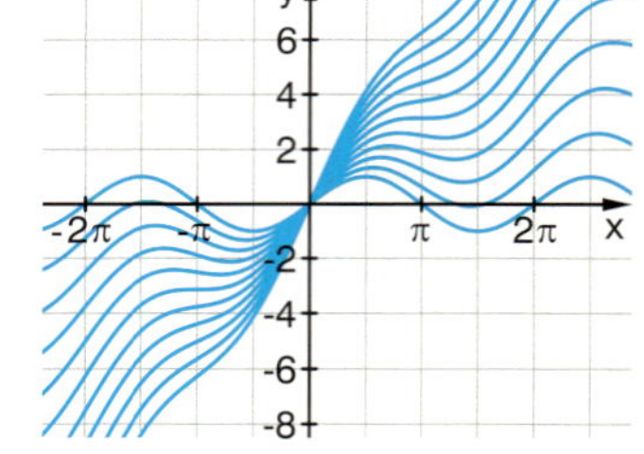

b) Bestimmen Sie $\int_0^{2\pi} f_k(x)\,dx$.

c) Die Tangente an den Graphen der Funktion f_k an der Stelle π wird mit t_k bezeichnet. Weisen Sie nach, dass sich alle Geraden t_k in einem Punkt schneiden. Veranschaulichen Sie das Problem anhand einer Skizze.

19 Der Verlauf der Tageslänge (Zeit zwischen Sonnenaufgang und Sonnenuntergang) in Frankfurt/Main im Jahr 2010 wird durch die Funktion $f(x) = 4{,}15\sin(0{,}0172(x - 80{,}35)) + 12{,}05$ modelliert (x: Tag des Jahres, f(x): Tageslänge in h).

a) Bestimmen Sie die Periode der Funktion.

b) Bestimmen Sie den längsten und den kürzesten Tag des Jahres. Wie lang sind sie?

c) An welchen Tagen des Jahres ist die momentane Änderungsrate der Tageslänge am größten?

Sichern und Vernetzen – Vermischte Aufgaben

1 Bestimmen Sie die Ableitungen. Geben Sie jeweils an, welche Ableitungsregeln Sie benutzt haben. Manchmal gibt es mehrere Möglichkeiten.

Training

a) $f(x) = x^2 \cdot x^3$ b) $f(x) = \sin(x) \cdot \cos(x)$ c) $f(t) = a \cdot \sin(\omega t - \varphi)$

d) $f(x) = (x^2 - 1)(x^2 + 1)$ e) $f(x) = (\sin(2x))^2$ f) $f(x) = (x^2)^3$

g) $f(x) = \sqrt[5]{x^2}$ h) $f(x) = \frac{x^2 - 4}{x^2 - 1}$ i) $f(x) = \frac{x^2}{x^3}$

2 Geben Sie eine Stammfunktion an.

a) $f(x) = (3x - 2)^3$ b) $f(x) = \sqrt{4 + 4x}$ c) $f(x) = 4 \cdot \cos(0{,}5x - \pi)$

3 Finden Sie den Fehler.

a) $f(x) = x^2 \cdot \sqrt{x} \Rightarrow f'(x) = 2x \cdot \frac{1}{2\sqrt{x}}$ b) $f(x) = \cos(2x + 1) \Rightarrow F(x) = \sin(x^2 + 1)$

4 Leiten Sie die folgenden Funktionen auf mindestens zwei verschiedenen Wegen ab. Geben Sie jeweils an, welche Ableitungsregeln Sie verwendet haben.

Finden Sie selbst solche Aufgaben.

a) $f(x) = \frac{1}{(x - 3)^2}$ b) $g(x) = \cos^2(x)$

c) $h(x) = \frac{1}{x} \cdot (1 - x^2)$ d) $k(x) = \sqrt{x} \cdot \sqrt{x + 1}$

5 Manchmal können Funktionen auch mehrfach verkettet sein. Ermitteln Sie durch mehrmaliges Anwenden der Kettenregel die Ableitung.

a) $f(x) = ((x^2 + 1)^2)^3$ b) $f(x) = \sin(\cos(x^2))$

6 Ordnen Sie den Graphen eine der Funktionsgleichungen zu.

(A)

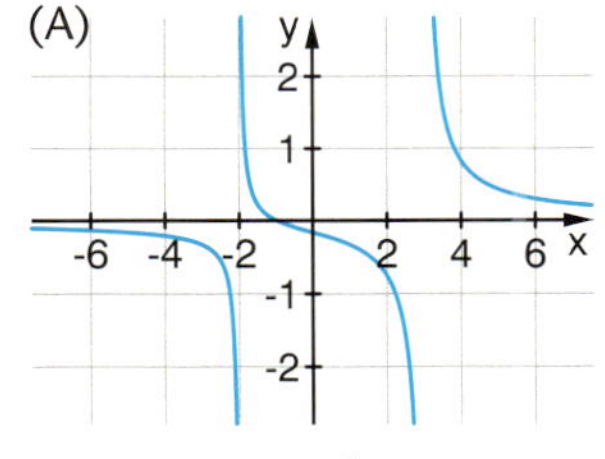

(B)

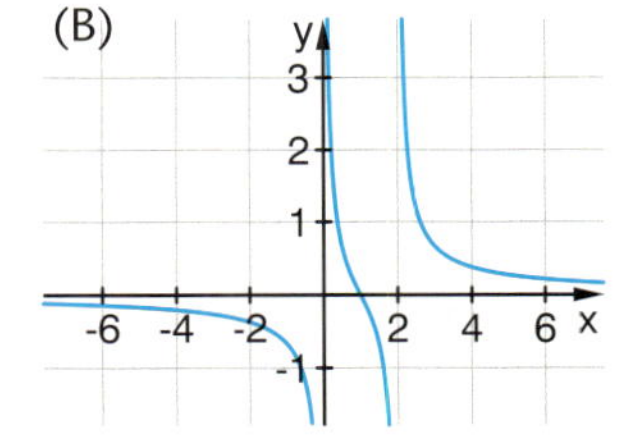

(C)

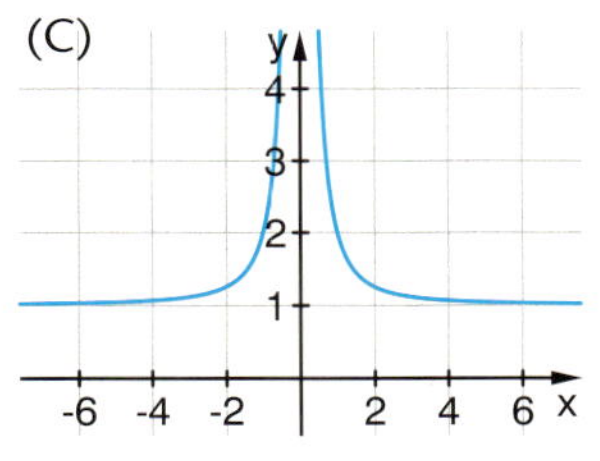

(1) $f(x) = \frac{x - 1}{x^2 \cdot (x - 2)}$ (2) $f(x) = \frac{x + 1}{(x - 3) \cdot (x + 2)}$ (3) $f(x) = \frac{2x^2 + 1}{x^2}$

(4) $f(x) = \frac{x^2 + 1}{x^2}$ (5) $f(x) = \frac{x - 1}{x \cdot (x - 2)}$ (6) $f(x) = \frac{x + 1}{(x + 3) \cdot (x - 2)}$

Skizzieren Sie zu den anderen Funktionsgleichungen ebenfalls die Graphen.

7 In der Abbildung sehen Sie die Graphen zu $f(x) = x \cdot \sin(x)$ und $g(x) = |x| \cdot \sin(x)$.
Welcher Graph gehört zu welcher Funktion?
Skizzieren Sie die Ableitungsfunktionen $f'(x)$ und $g'(x)$. Untersuchen Sie insbesondere die Ableitungen beider Funktionen an der Stelle $x = 0$.

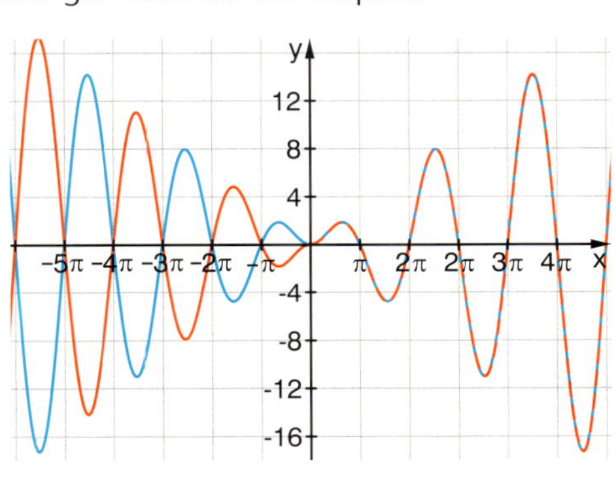

Verstehen von Begriffen und Verfahren

8 Von zwei Funktionen f und g kennt man die folgenden Funktionswerte:

$f(1) = 2$ $\quad f'(1) = -3$ $\quad g(1) = 0{,}5$ $\quad g'(1) = 2$

Berechnen Sie $h'(1)$ für folgende Funktionen:

a) $h(x) = 2 \cdot f(x) \cdot g(x)$ $\quad$ b) $h(x) = f(x) + x \cdot g(x)$ $\quad$ c) $h(x) = \frac{2f(x)}{1 + g(x)}$

9 Wahr oder falsch?

a) $\int_0^{2\pi} \sin(x)dx = \int_0^{2\pi} \sin(2x)dx$ $\quad$ b) $\left|\int_0^{\pi} \sin(x)dx\right| = \left|\int_0^{\pi} \sin(2x)dx\right|$ $\quad$ c) $\int_0^{2\pi} \sin\left(x + \frac{\pi}{2}\right)dx = 0$

10 a) Gegeben ist eine überall differenzierbare Funktion f. Begründen Sie, dass der Graph der Funktion $g(x) = x^2 \cdot f(x)$ an der Stelle $x = 0$ eine waagerechte Tangente hat.

b) Die Funktion $f(x)$ hat an der Stelle x_0 ein Maximum.
Zeigen Sie, dass die Funktion $g(x) = (f(x))^2$ an der Stelle x_0 eine waagerechte Tangente hat. Unter welcher Bedingung hat $g(x)$ an der Stelle x_0 auch ein Maximum?

11 Es sei f eine differenzierbare Funktion mit $f(4) = 3$, $f'(4) = 5$ und $f''(4) = -9$.

a) Bestimmen Sie die Gleichung der Tangente an $h(x) = 2 \cdot f(x) + 7$ an der Stelle $x = 4$.

b) Ist die Funktion $g(x) = \frac{x^2}{f(x)}$ an der Stelle $x = 4$ steigend oder fallend?

c) Welche Steigung hat die Funktion $k(x) = f(x^2)$ an der Stelle $x = 2$?

d) Geht der Graph der Funktion $s(x) = (f(x))^2$ rechts- oder linksgekrümmt durch den Punkt $(4|9)$?

12 Geben Sie Bedingungen für die Parameter a, b, c und d an, so dass die Funktion

$f(x) = \frac{(x-a)(x-b)}{(x-c)(x-d)}$

a) zwei Nullstellen und zwei Polstellen hat.

b) zwei Nullstellen und eine Polstelle hat.

c) eine Nullstelle, eine Polstelle und eine hebbare Definitionslücke hat.

13 Gegeben ist die Funktionenschar

$f_a(x) = \frac{2x}{x^2 + a}$.

a) Geben Sie die Polstellen und die Asymptote in Abhängigkeit von a an.

b) Weisen Sie rechnerisch nach:
Die Tangenten an die Graphen von $f_{-2}(x)$ und $f_2(x)$ im Ursprung stehen senkrecht aufeinander.

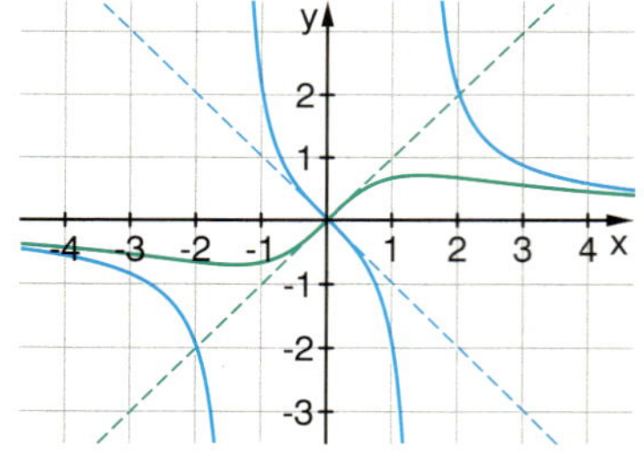

14 Die Abbildung zeigt drei Graphen der Funktionenschar

$f_k(x) = k \cdot (1 + \sin(kx))$ für $k \neq 0$.

a) Ermitteln Sie die zugehörigen Parameterwerte für die drei Graphen.

b) Geben Sie die Periode p in Abhängigkeit von k an.

c) Ermitteln Sie die Extrempunkte der Schar in Abhängigkeit von k im Intervall $[0; p]$.
Auf welchen Kurven liegen diese Punkte für $k > 0$?

d) Ermitteln Sie jeweils den markierten Flächeninhalt unter den Graphen von f_1 und f_2. Was fällt Ihnen auf? Geben Sie eine anschauliche Begründung.

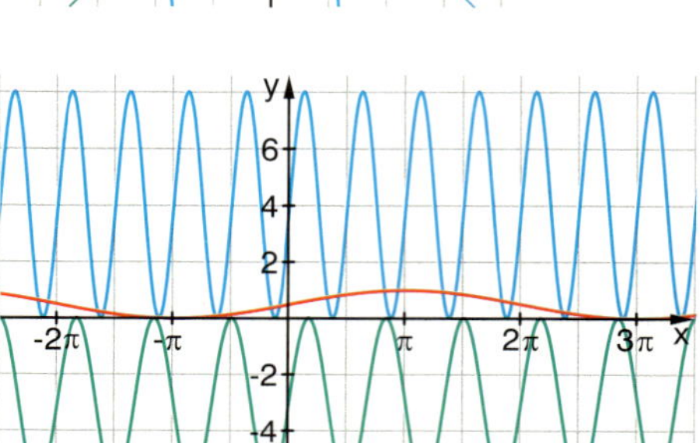

Anwenden und Modellieren

15 *Der optimale Flyer*

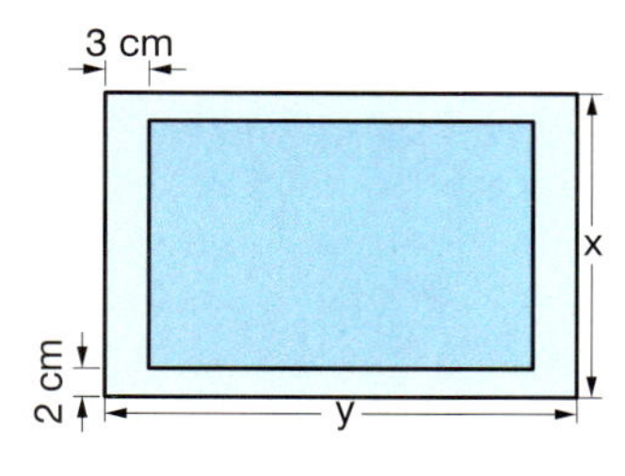

Beim Druck eines Flyers soll auf jeder Seite rechts und links ein Rand von je 3 cm, oben und unten ein Rand von je 2 cm berücksichtigt werden. Für den Druck soll pro Seite eine Fläche von 600 cm^2 zur Verfügung stehen.
Bei welchen Maßen x und y ist der Papierverbrauch am geringsten?

16 *Ein geometrisches Knobelproblem*

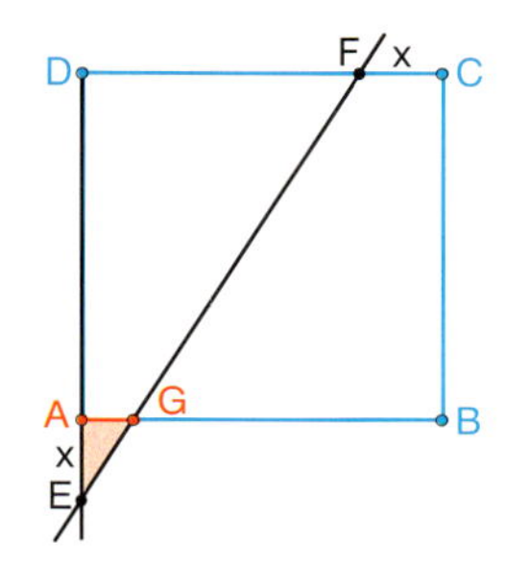

ABCD ist ein Quadrat mit der Seitenlänge 1. F liegt auf der Strecke $\overline{CD}$, E auf der Halbgeraden $\overline{DA}$ so, dass $|\overline{CF}| = |\overline{AE}| = x$. G ist der Schnittpunkt der Geraden AB und EF.
a) Bei welcher Lage von E hat die Strecke $\overline{AG}$ die größtmögliche Länge?
b) Bei welcher Lage von E hat das Dreieck AGE einen maximalen Flächeninhalt?

Schätzen Sie jeweils zuerst und rechnen Sie dann.

Tipp zum Rechnen:
$|\overline{AG}| = f(x) = \frac{x - x^2}{x + 1}$

17 *Mathematik auf der Minigolfbahn*

Die Abbildung zeigt die Seitenansicht einer Minigolfbahn, die eine Doppelwelle als Hindernis enthält (Längenangaben in Meter). Die Welle wird durch die Funktion f modelliert.

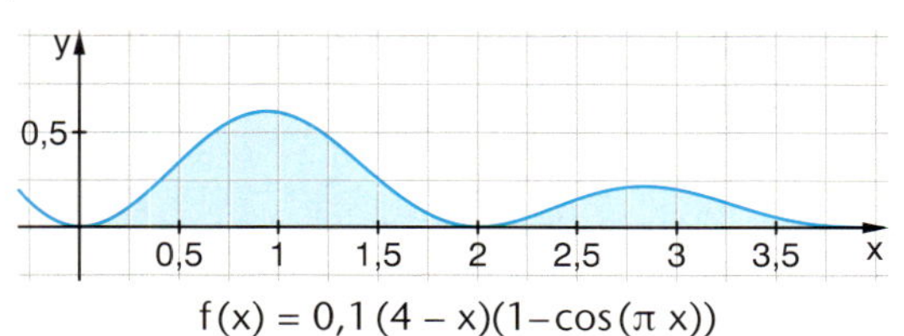

$f(x) = 0{,}1\,(4 - x)(1 - \cos(\pi\, x))$

a) Wie hoch liegt der höchste Punkt der Bahn? An welcher Stelle muss der Ball die größte Steigung überwinden?
b) Die Minigolfbahn ist 1,25 m breit. Nach einem schweren Regenguss steht das Wasser zwischen den beiden Wellen 5 cm hoch. Wie viel Liter Wasser haben sich dort gesammelt?
c) Ein Ball wird so fest geschlagen, dass er bei x = 0,5 tangential von der Bahn abhebt und im Punkt P(7 | 0) auf dem Boden landet. Bestimmen Sie die maximale Höhe des Balls auf seiner parabelförmigen Flugbahn.
d) Das Hindernis der Minigolfbahn soll im gleichen Bereich neu gestaltet werden. Das neue Hindernis soll drei jeweils 40 cm hohe Wellen erhalten. Am Anfang und am Ende soll das Hindernis waagerecht und auf gleicher Höhe wie bisher enden. Bestimmen Sie einen Term für eine Funktion, die den neuen Bahnverlauf beschreibt.

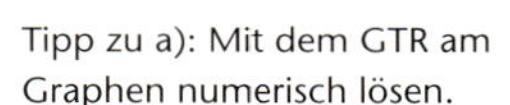

Tipp zu a): Mit dem GTR am Graphen numerisch lösen.

Hier empfiehlt sich der Einsatz von CAS.

Für Löser ohne CAS:
$\int(x \cdot \cos(\pi \cdot x))\,dx = \frac{\cos(\pi \cdot x)}{\pi^2} + \frac{x \cdot \sin(\pi \cdot x)}{\pi}$

18 *Funktionen beim Fotografieren*

Beim Fotografieren mit dünnen Linsen gilt für die Gegenstandsweite g und die Bildweite b die Linsengleichung. Die Brennweite der Linse beim Objektiv eines Fotoapparates wird mit f = 5 cm angegeben.

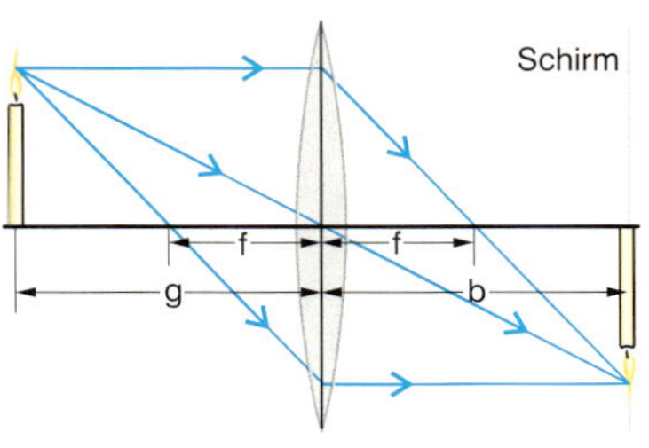

Linsengleichung:
$\frac{1}{f} = \frac{1}{g} + \frac{1}{b}$

a) Bestimmen Sie die Funktion g = g(b), die die Gegenstandsweite g als Funktion der Bildweite b beschreibt. Geben Sie auch die Funktion b = b(g) an, die die Bildweite b als Funktion der Gegenstandsweite g beschreibt.
Zeichnen Sie die Graphen der beiden Funktionen und zeigen Sie, dass g die Umkehrfunktion zu b ist.
b) Bestimmen Sie die Ableitungen von b und g und interpretieren Sie diese im Sachzusammenhang der Fotografie.

Kommunizieren und Präsentieren

19 Bilden Sie zu $f(x) = x \cdot \sin(x)$ die erste, zweite, dritte, … Ableitung. Zeichnen Sie die Graphen der Funktion und ihrer fortgesetzten Ableitungen. Erkennen Sie ein Muster in der Entwicklung der Terme und der Graphen? Beschreiben Sie dies.

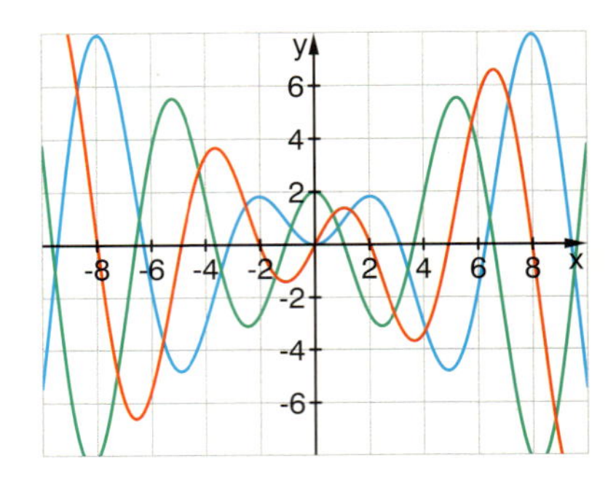

20 *Forschungsaufgabe – Funktionen mit besonderen Eigenschaften*

Die folgenden Funktionen mit dem Definitionsbereich $\mathbb{R}^+$ haben alle die Eigenschaft (*):
Für alle $x \in \mathbb{R}^+$ gilt: $f(x) = f\left(\frac{1}{x}\right)$

$f_1(x) = \sqrt{x} + \frac{1}{\sqrt{x}}$ $\qquad$ $f_2(x) = \frac{x^2 + 1}{x}$ $\qquad$ $f_3(x) = \sin\left(\frac{2}{x}\right) + 2\sin(x)\cos(x)$

Aus der Formelsammlung: $\sin(2x) = 2\sin(x)\cos(x)$

a) Bestätigen Sie die Aussage mithilfe eines Funktionenplotters und mithilfe der Funktionsterme.
b) Welche gemeinsame Eigenschaft haben die Funktionsgraphen an der Stelle $x = 1$? Begründen Sie Ihre Beobachtung mithilfe der Funktionsterme.
c) Zeigen Sie allgemein, dass die in b) beschriebene Eigenschaft für jede Funktion f mit der Eigenschaft (*) gilt.

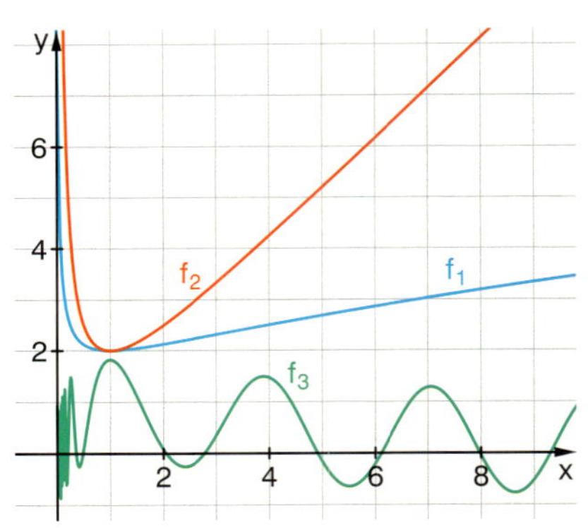

21 *Vielfaches Verketten zweier Funktionen*

Aus den Funktionen $f(x) = 1 - x$ und $g(x) = \frac{1}{x}$ lassen sich auf verschiedenen Wegen neue Funktionen durch Verketten erzeugen:

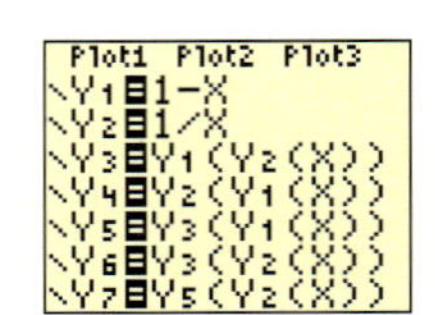

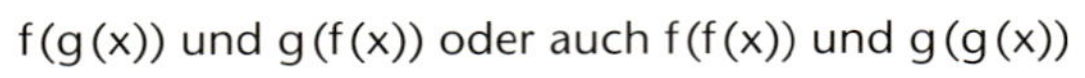
$f(g(x))$ und $g(f(x))$ oder auch $f(f(x))$ und $g(g(x))$

Das Spiel lässt sich fortsetzen, indem man diese neuen Funktionen wieder mit sich selbst verkettet oder auch mit den beiden Ausgangsfunktionen. Die so entstandenen Funktionen werden wieder mit den bisher erzeugten Funktionen verkettet und so weiter.
Man könnte nun meinen, dass auf diese Weise immer mehr neue Funktionen gebildet werden. Überraschenderweise werden aber nur wenige verschiedene Funktionen auf diese Weise erzeugt. Viele verschiedene Wege der Verkettung von f und g führen zu der gleichen Funktion.

Listen Sie die Graphen und Funktionsterme auf. Geben Sie für jeden Typ auch eine Darstellung als Verkettung von f und g an.

Wie viele verschiedene Funktionen gibt es (f und g eingeschlossen)? Woher wissen Sie, dass Sie alle Funktionen gefunden haben?

Welche Polstellen und welche Achsenabschnitte ergeben sich bei der Gesamtheit aller Funktionen? Gibt es lokale Extremwerte?

7 Exponentialfunktionen und ihre Anwendungen

Bei Einführung der zentralen Begriffe der Differenzialrechnung wurden zunächst überwiegend ganzrationale Funktionen betrachtet. In Kapitel 6 kamen dann die Klassen der rationalen und trigonometrischen Funktionen hinzu. In diesem Kapitel werden nun die Exponentialfunktionen und ihre Ableitungen genauer untersucht. Im Mittelpunkt stehen dabei die natürliche Exponentialfunktion und die besondere Eigenschaft ihrer Ableitung. Es wird gezeigt, dass deren Umkehrfunktion, die natürliche Logarithmusfunktion ln(x), Stammfunktion zur Funktion $\frac{1}{x}$ *ist.*
Neben innermathematischen Aspekten und Zusammenhängen wird auch die Verwendung der Exponentialfunktion bei der Modellierung von Wachstums- und Veränderungsprozessen behandelt. Dies geschieht bereits im ersten Lernabschnitt und wird im folgenden Lernabschnitt auf komplexere Beispiele ausgedehnt. Die Modellierung erfolgt hier mit den von den anderen Funktionsklassen schon vertrauten Methoden und Handwerkszeugen.

7.1 Änderungsverhalten bei Exponential- und Logarithmusfunktionen

Für die Ableitung einer Exponentialfunktion $f(x) = b^x$ kann die Ableitung nicht mit bisher erarbeiteten Verfahren und Regeln ermittelt werden. Über die Sekantensteigungsfunktion gewinnt man jedoch schnell Vermutungen zur zugehörigen Ableitungsfunktion, die dann auf verschiedenen Wegen bestätigt und begründet werden können.
Daraus ergibt sich auch ein Zugang zur Eulerschen Zahl e, zur natürlichen Exponentialfunktion e^x und zu deren Umkehrfunktion ln(x).

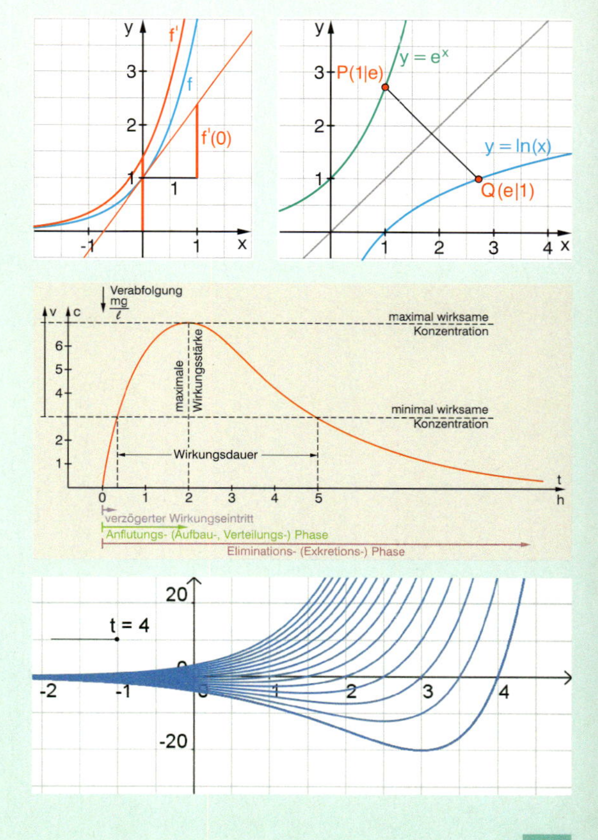

7.2 e-Funktionen in Realität und Mathematik

Wie ändert sich die Konzentration eines Wirkstoffs im Körper?
Wie entwickeln sich die Verkaufszahlen von Produkten?
Wie wachsen Tierpopulationen?
Wenn es um Änderungsprozesse geht, sind häufig Exponentialfunktionen geeignete Modelle zur Beschreibung. Anhand der Exponentialfunktion lassen sich die bisher erworbenen Kenntnisse über die Begriffe und Zusammenhänge der Analysis vertiefen und sichern. Auch treten hier wieder interessante Funktionenscharen auf.

7.1 Änderungsverhalten bei Exponential- und Logarithmusfunktionen

Was Sie erwartet

Mit Funktionen können Wachstumsprozesse beschrieben werden. Die wichtigste Funktionenklasse bilden dabei die Exponentialfunktionen. Bei einfachen Exponentialfunktionen $f(x) = a^x$ unterscheidet sich die Ableitung von der Funktion nur durch einen konstanten Faktor. Dieser hängt von der Basis a ab. Es gibt eine besondere Exponentialfunktion (mit der Basis e), durch die sich alle anderen Exponentialfunktionen und ihre Ableitungen darstellen lassen. Die Umkehrung dieser besonderen Exponentialfunktion führt zur natürlichen Logarithmusfunktion.

Aufgaben

1 *Wachstumsprozesse – linear und exponentiell*

a) Ordnen Sie den beschriebenen Wachstumsvorgängen (A – D) jeweils die passende Funktionsgleichung (1 – 4) und die zugehörige Grafik (a – d) zu.

(1) $y = -8x + 100$
(2) $y = 30 \cdot 0{,}82^x$
(3) $y = 100 \cdot 1{,}24^x$
(4) $y = 5 \cdot 1{,}03^x$

Ⓐ Eine Stadt mit 5 Millionen Einwohnern wächst jährlich um 3 %.

Ⓑ Bei einem jährlichen Zuwachs von p % stieg die Anzahl der Kaninchen in 5 Jahren von 100 auf fast 300.

Ⓒ Herr M. hat 100 g Alkohol zu sich genommen. Stündlich werden 8 g Alkohol abgebaut.

Ⓓ Nach Aufnahme von 30 mg eines Vitamins werden stündlich 18 % abgebaut.

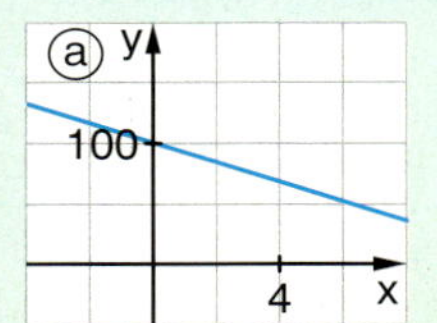

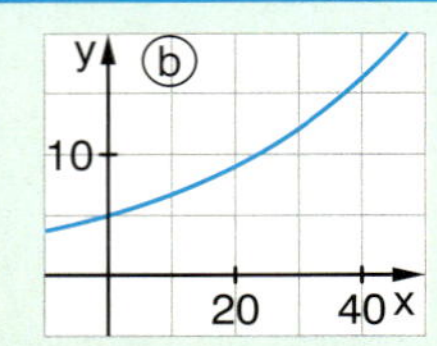

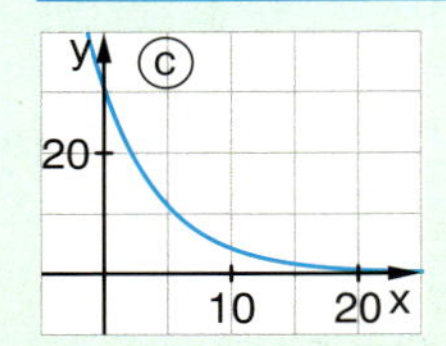

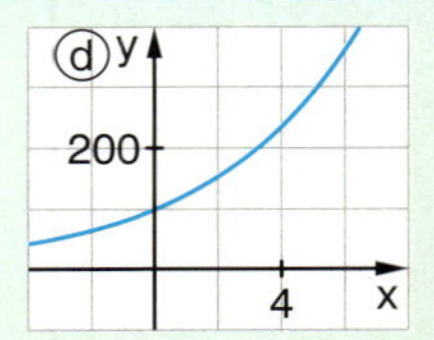

b) Beschreiben Sie in jedem der Fälle das Änderungsverhalten.

2 *Graphen einfacher Exponentialfunktionen – eine nützliche Wiederholung*

a) Die Graphen verschiedener Exponentialfunktionen sind unten dargestellt. Am linken Rand finden sie die zugehörigen Funktionsgleichungen. Welcher Graph gehört zu welcher Funktionsgleichung?

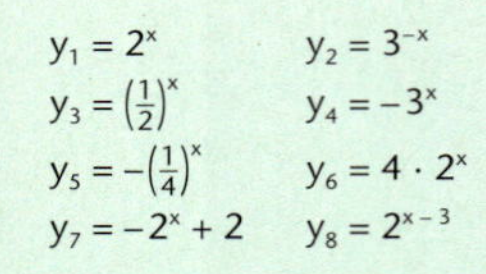

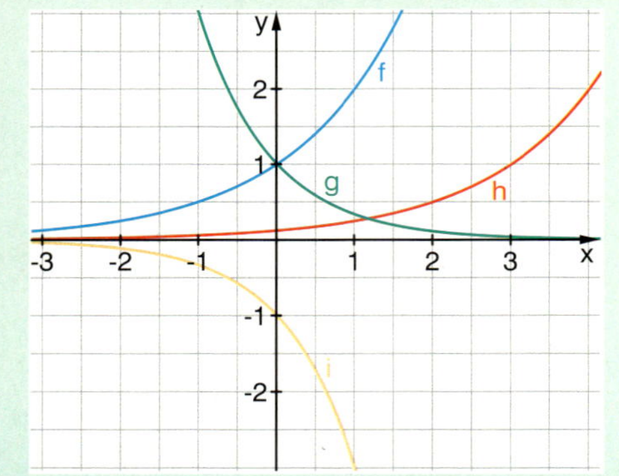

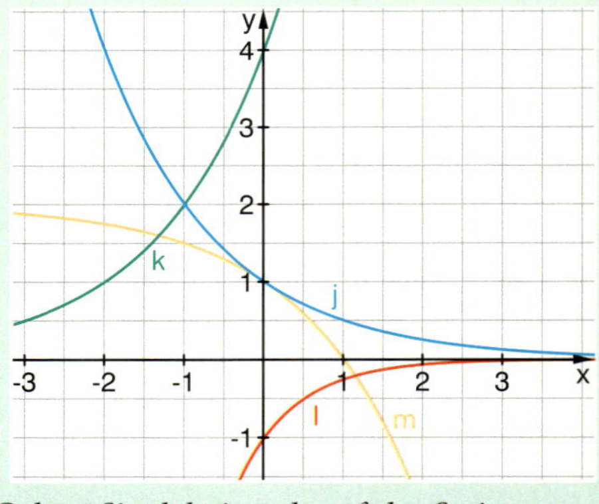

b) Beschreiben Sie die einzelnen Graphen. Gehen Sie dabei auch auf das Steigungsverhalten ein. Vergleichen Sie die Graphen zu ganzzahligen Basen mit denen zu gebrochenen Basen.

Aufgaben

3 *Ableitungen einfacher Exponentialfunktionen – ein grafischer Zugang über die Sekantensteigungsfunktion*

Wie sieht die Ableitung der Exponentialfunktion $f(x) = 2^x$ aus?
Ein erster Blick auf den Graphen verdeutlicht bereits: Die Tangentensteigungen werden mit wachsendem x immer größer.
Die Sekantensteigungsfunktion

$$\text{msek}(x) = \frac{2^{x+0{,}001} - 2^x}{0{,}001}$$

liefert eine gute Näherung für die Ableitungsfunktion.

Geeignete Werkzeuge zum Experimentieren: GTR, Tabellenkalkulation

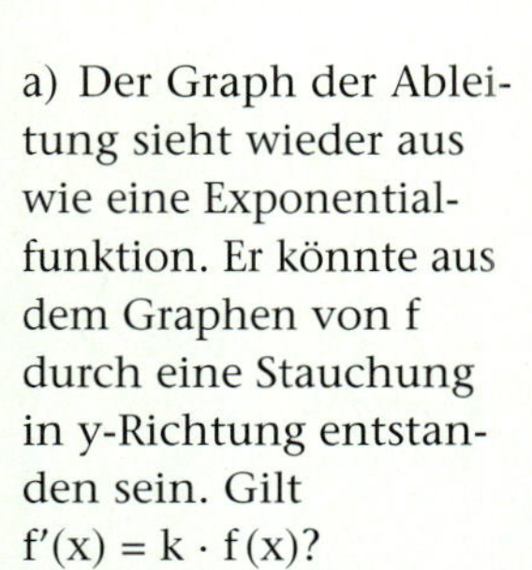

a) Der Graph der Ableitung sieht wieder aus wie eine Exponentialfunktion. Er könnte aus dem Graphen von f durch eine Stauchung in y-Richtung entstanden sein. Gilt $f'(x) = k \cdot f(x)$? Bestätigen Sie diese Vermutung durch Experimentieren und finden Sie damit einen guten Näherungswert für den Streckfaktor k der speziellen Exponentialfunktion $f(x) = 2^x$.

x	f(x)	msek(x)	k · f(x)
−2	0,25	0,17	■
−1,5	0,35	0,25	■
−1	0,50	0,35	■
−0,5	0,71	0,49	■
0	1,00	0,69	■
0,5	1,41	0,98	■
1	2,00	1,39	■
1,5	2,83	1,96	■
2	4,00	2,77	■

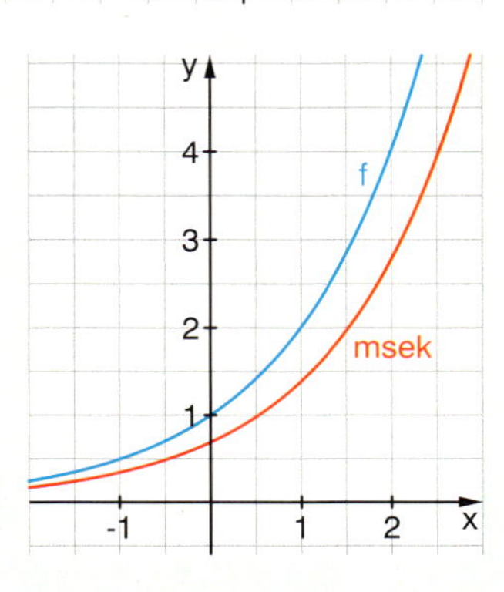

b) Ermitteln Sie auf gleiche Weise Näherungen der Ableitungen anderer Exponentialfunktionen (z. B. 3^x oder 5^x oder $\left(\frac{1}{2}\right)^x$).

4 *Die Ableitung einer Exponentialfunktion – ein algebraischer Zugang über den Differenzenquotienten*

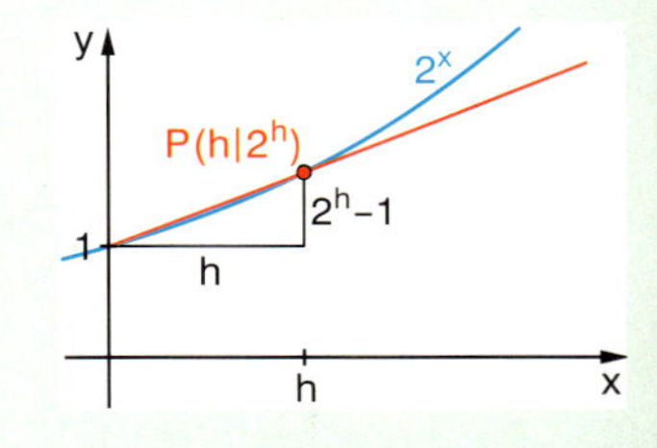

Wie sieht die Ableitung der Exponentialfunktion $f(x) = 2^x$ aus?
Führt der Ansatz mit dem Grenzwert des Differenzenquotienten zum Ziel?

$$\lim_{h \to 0} \frac{2^{x+h} - 2^x}{h} = \lim_{h \to 0} \frac{2^x \cdot 2^h - 2^x}{h} = \lim_{h \to 0} \frac{2^x(2^h - 1)}{h} = 2^x \cdot \lim_{h \to 0} \frac{2^h - 1}{h}$$

Der Ausdruck $\frac{2^h - 1}{h}$ lässt sich durch algebraische Umformung nicht mehr vereinfachen. Zudem ist der Grenzwert nicht unmittelbar ablesbar.

Hier hilft eine Interpretation weiter: $\lim\limits_{h \to 0} \frac{2^h - 1}{h} = \lim\limits_{h \to 0} \frac{2^{0+h} - 2^0}{h}$

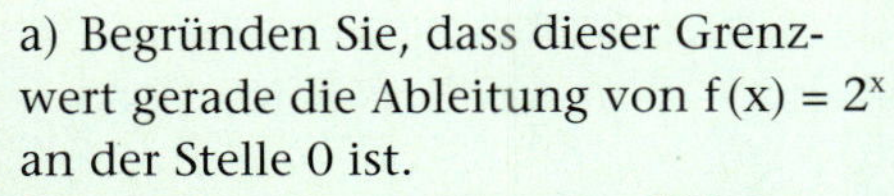

a) Begründen Sie, dass dieser Grenzwert gerade die Ableitung von $f(x) = 2^x$ an der Stelle 0 ist.
Bestimmen Sie einen guten Näherungswert für die Steigung von 2^x an der Stelle 0. Mit dem obigen Ansatz finden Sie damit auch einen Term für die Ableitung $f'(x)$.

$f'(0)$ = Steigung der Tangente in P(0|1)

h	$\frac{2^h-1}{h}$
−0,1	0,6697
−0,01	0,6908
−0,001	0,6929
−0,0001	0,6931

h	$\frac{2^h-1}{h}$
0,0001	0,6932
0,001	0,6934
0,01	0,6956
0,1	0,7177

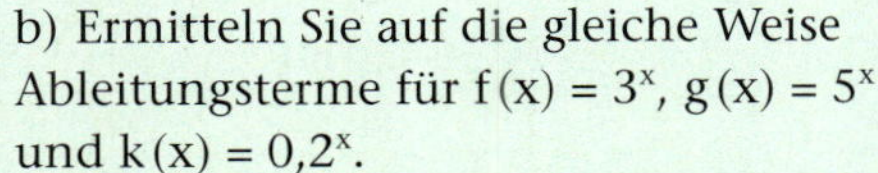

b) Ermitteln Sie auf die gleiche Weise Ableitungsterme für $f(x) = 3^x$, $g(x) = 5^x$ und $k(x) = 0{,}2^x$.
c) Verallgemeinern Sie Ihre Ergebnisse für eine Exponentialfunktion $f(x) = b^x$ mit $b > 0$.

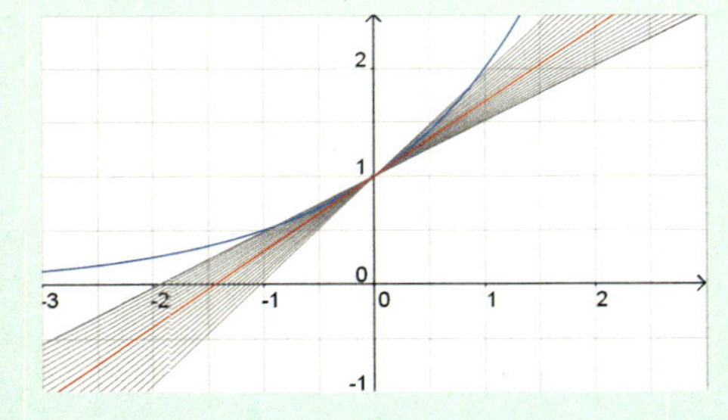

2

Basiswissen

Exponentialfunktionen haben ein besonderes Änderungsverhalten.

Ableitung einer Exponentialfunktion

Die Ableitung einer Exponentialfunktion $f(x) = b^x$ ($b > 0$) ist wieder eine Exponentialfunktion. Der Graph ist in y-Richtung gestreckt oder gestaucht und eventuell an der x-Achse gespiegelt.

Es gilt: $\mathbf{f'(x) = k \cdot b^x}$
Dabei ist k ein konstanter Streckfaktor, der nur von b abhängt.

$f(x) = 2^x$

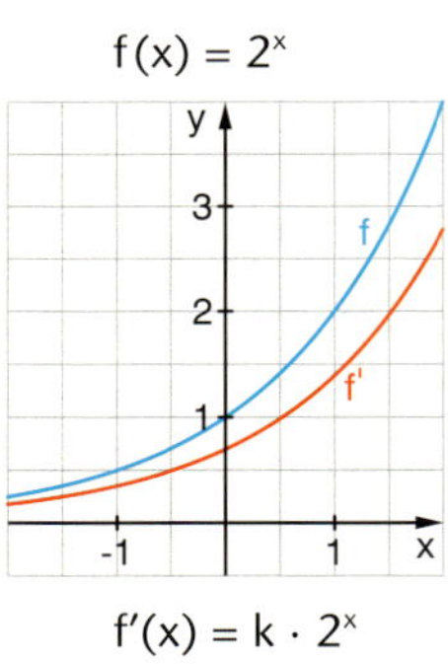

$f'(x) = k \cdot 2^x$
($k \approx 0{,}7$)

$f(x) = 4^x$

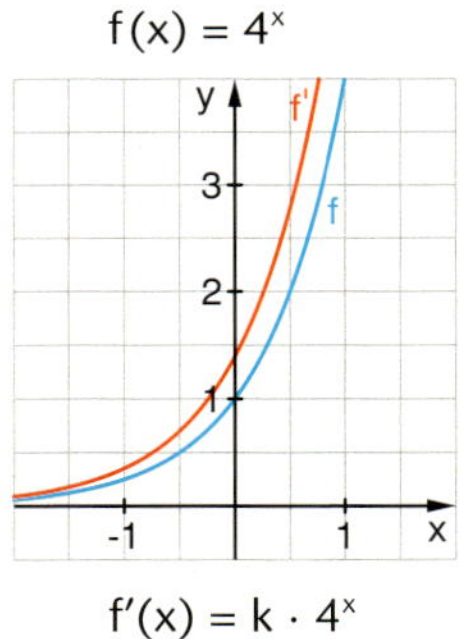

$f'(x) = k \cdot 4^x$
($k \approx 1{,}4$)

$f(x) = \left(\frac{1}{2}\right)^x$

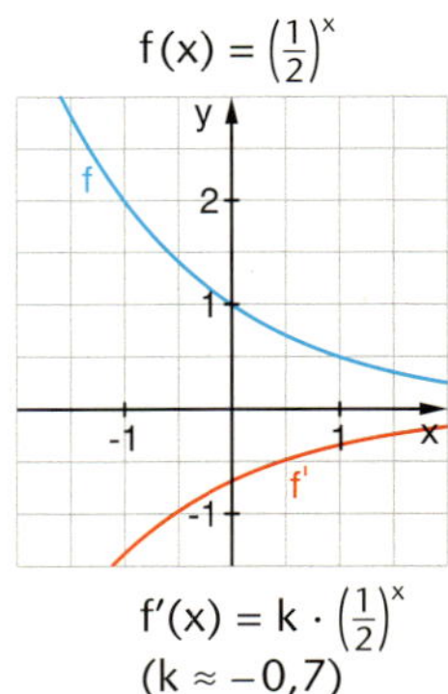

$f'(x) = k \cdot \left(\frac{1}{2}\right)^x$
($k \approx -0{,}7$)

Eine exakte Bestimmung des Streckfaktors k lernen Sie auf Seite 307 kennen.

Wie lässt sich der Streckfaktor k ermitteln?
An der Stelle 0 gilt: $f'(0) = k \cdot b^0 = k$
Der Streckfaktor k ist die Ableitung an der Stelle $x = 0$, er gibt also die Steigung von f im Schnittpunkt mit der y-Achse an.
$f(x) = b^x \Rightarrow f'(x) = f'(0) \cdot b^x$

Die Tangente in $P(0|1)$ hat die Gleichung $y = kx + 1$.

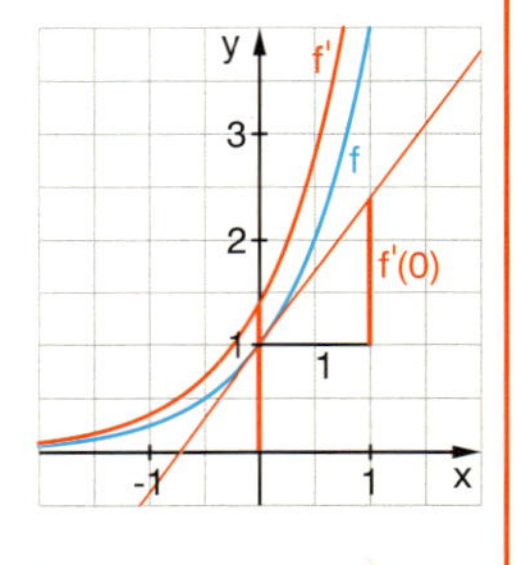

Beispiele

A Bestimmen Sie näherungsweise die Ableitung von $f(x) = 7^x$.

Lösung:
Die Ableitung hat die Form $f'(x) = k \cdot 7^x$. Für den Streckfaktor k gilt $k = f'(0)$.
k kann man auf verschiedene Arten bestimmen.

4, 1, 2

Weg A:
Man bestimmt den Wert einer Sekantensteigungsfunktion (mit kleinem Wert für h) an der Stelle $x = 0$.

$h = 0{,}0001$

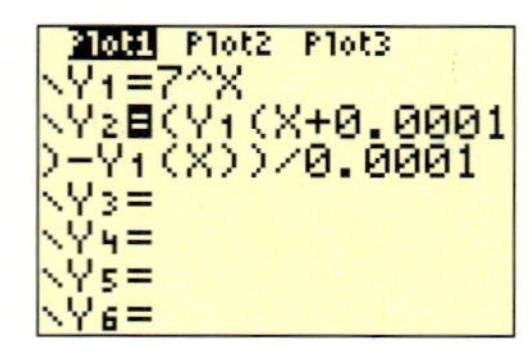

X	Y2
-1	.27801
0	1.9461
1	13.623
2	95.359
3	667.51
4	4672.6
5	32708

Y2=1.94609949

Weg B:
Man untersucht den Differenzenquotienten $\frac{7^h - 1}{h}$ zu den Punkten $(0|1)$ und $(h|7^h)$ für $h \to 0$.

h	$\frac{7^h - 1}{h}$
−0,01	1,9271
−0,001	1,9440
−0,0001	1,9457
0,0001	1,9461
0,001	1,9478
0,01	1,965

Auf beiden Wegen erhält man für die Ableitungsfunktion $f(x) \approx 1{,}946 \cdot 7^x$.

Beispiele

B Begründen Sie mithilfe der Ableitung:
Exponentialfunktionen $f(x) = b^x$ haben keine lokalen Extrempunkte.
Lösung: $f'(x) = k \cdot b^x \neq 0$, weil $b^x > 0$ und $k \neq 0$ gilt. $k = 0$ würde bedeuten, dass die Ableitung die x-Achse wäre, also die zugehörige Exponentialfunktion eine Parallele zur x-Achse. Das ist aber nicht möglich. Die notwendige Bedingung für einen lokalen Extrempunkt ($f'(x) = 0$) kann also nicht erfüllt werden, womit die hinreichende Bedingung automatisch wegfällt.

Übungen

5 *Ableitungen von Exponentialfunktionen für verschiedene Basen*
Ermitteln Sie wie in Beispiel A näherungsweise die Ableitung.
a) $f(x) = 3^x$ b) $f(x) = 10^x$ c) $f(x) = \left(\frac{1}{3}\right)^x$ d) $f(x) = \left(\frac{1}{10}\right)^x$

$f(x) = b^x$

Füllen Sie damit die Lücken in der Tabelle. Was fällt Ihnen auf?

Basis b	2	3	4	5	10	$\frac{1}{2}$	$\frac{1}{3}$	$\frac{1}{4}$	$\frac{1}{5}$	$\frac{1}{10}$
$f'(0) \approx$	0,69	■	1,39	1,61	■	−0,69	■	−1,39	−1,61	■

6 *Zweite Ableitung einer Exponentialfunktion*
a) Bestimmen Sie jeweils die zweite Ableitung von $f(x) = 2^x$ und $g(x) = \left(\frac{1}{2}\right)^x$. Zeichnen Sie die Graphen von f und g und ihren zweiten Ableitungen und vergleichen Sie.
b) Begründen Sie allgemein: Die zweite Ableitung einer Exponentialfunktion $y = b^x$ ist wieder eine Exponentialfunktion.

7 *Die Graphen von Funktion und Ableitungen verraten etwas über die Basis b*
Was lässt sich jeweils über die Basis b von $f(x) = b^x$ aussagen?

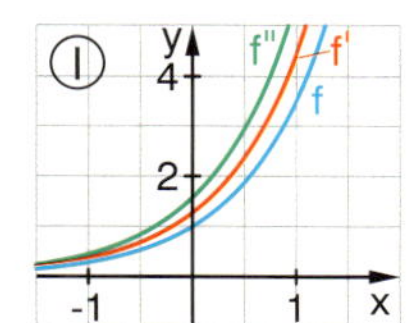

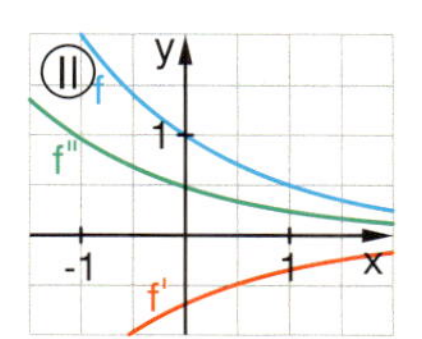

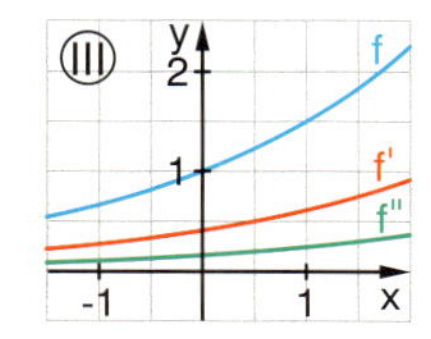

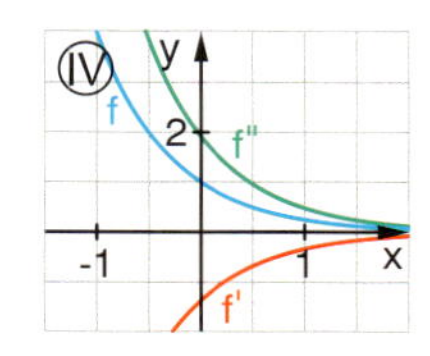

8 *Eigenschaften von Exponentialfunktionen*
a) Begründen Sie mithilfe der Ableitungen, dass Exponentialfunktionen keine Wendepunkte besitzen.
b) Untersuchen Sie mithilfe der Ableitungen das Monotonie- und das Krümmungsverhalten von Exponentialfunktionen.

9 Wenn man eine Exponentialfunktion ableitet, erhält man wieder eine Exponentialfunktion: Wenn $f(x) = b$, so gilt $f'(x) = k \cdot b^x$.
Gibt es eine Basis b, für die der Faktor $k = 1$ ist, für die also gilt $f'(x) = f(x)$?
Die Ergebnisse von Übung 5 lassen vermuten, dass diese Basis zwischen 2 und 3 liegt.
Ermitteln Sie mit einer der Methoden aus Beispiel A eine gute Näherung für die Basis b mit $f(x) = b^x = f'(x)$

Weg A
(mit Sekandensteigungsfunktion):

msek liegt unter f → Basis vergrößern

Weg B
(mit Differenzenquotient):

B3 =(B$2^$A3-1)/$A3

	A	B	C	D
1	b			
2	h	2	3	2,5
3	0,1	0,717735	1,161232	0,959582
4	0,01	0,695555	1,104669	0,920502
5	0,001	0,693387	1,099216	0,916711
6	0,0001	0,693171	1,098673	0,916333
7	0,00001	0,693150	1,098618	0,916295
[illegible]	[illegible]	[illegible]	[illegible]	[illegible]

Basiswissen

Unter den Exponentialfunktionen $f(x) = b^x$ gibt es eine mit einer besonderen Basis und besonderen Eigenschaften.

Die natürliche Exponentialfunktion
Die Exponentialfunktion $f(x) = e^x$
mit der Basis $e \approx 2{,}718281\ldots$ heißt
natürliche Exponentialfunktion.
Sie wird auch als e-Funktion bezeichnet.

Die besondere Eigenschaft der e-Funktion besteht darin, dass sie mit ihrer Ableitung übereinstimmt.

$f(x) = e^x \Rightarrow f'(x) = e^x$

Die Tangente der e-Funktion im Punkt $P(0|1)$ hat die Gleichung $y = x + 1$.

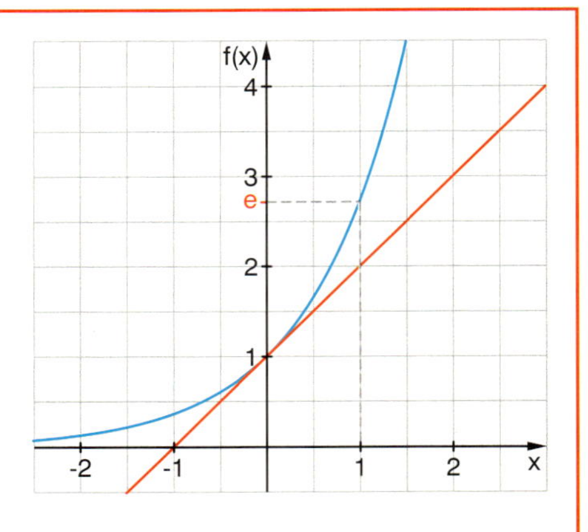

Mehr zum Zusammenhang zwischen a^x und e^x finden Sie auf Seite 307 ff.

Beispiel

C *Tangenten an e-Funktionen*

a) Vergleichen Sie die Graphen der Funktionen $f(x) = e^x$, $g(x) = e^{-x}$ und $h(x) = -e^x$.
b) Bestimmen Sie jeweils die Gleichungen der Tangenten an der Stelle 1.

Lösung:

a) Der Graph von g entsteht durch Spiegeln des Graphen von f an der y-Achse.
Der Graph von h entsteht durch Spiegeln des Graphen von f an der x-Achse.
b) Tangentengleichung t: $y = f'(a) \cdot (x - a) + f(a)$
Für $f(x) = e^x$ ist $f'(x) = e^x$. Also $f(1) = e$ und $f'(1) = e$ und damit t: $y = e(x - 1) + e = e \cdot x$
Für $g(x) = e^{-x}$ ist $g'(x) = -e^{-x}$ (Kettenregel). Also $g(1) = \frac{1}{e}$ und $g'(1) = -\frac{1}{e}$ und damit t:
$y = -\frac{1}{e}(x - 1) + \frac{1}{e} = -\frac{1}{e} \cdot x + \frac{2}{e}$
Für $h(x) = -e^x$ ist $f'(x) = -e^x$ (Faktorregel). Also $h(1) = -e$ und $h'(1) = -e$ und damit
t: $y = -e(x - 1) - e = -e \cdot x$

D *Ableitungen*

Bestimmen Sie die ersten beiden Ableitungen von $f(x) = x \cdot e^x$ und skizzieren Sie die Graphen von f, f' und f''.

Lösung: (Produktregel)
$f'(x) = 1 \cdot e^x + x \cdot e^x = (x + 1)e^x$
$f''(x) = 1 \cdot e^x + (x + 1) \cdot e^x = (x + 2)e^x$

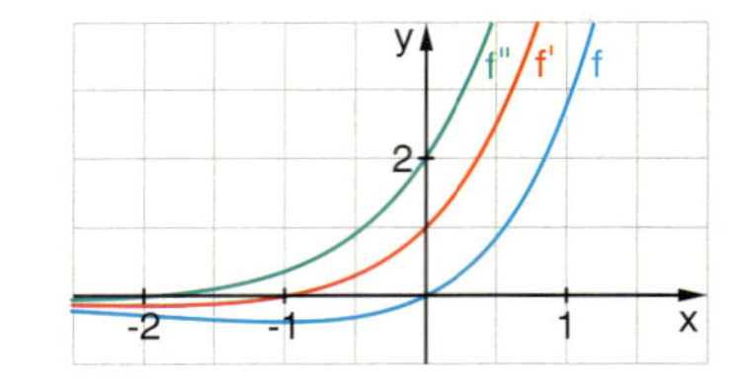

Die Eulersche Zahl e

e ≈ 2,71828 18284 59045 23536
02874 71352 66249 77572 47093
69995 95749 66967 62772 40766
30353 54759 45713 82178 52516
64274 27466 39193 20030 59921
81741 35966 29043 57290 03342
95260 59563 07381 32328 62794
34907 ....

Neben der Zahl π gehört die Zahl e zu den besonderen, merkwürdigen Zahlen der Mathematik. Während die Kreiszahl π in unmittelbarem Zusammenhang mit dem Kreis steht, taucht die Zahl e vor allem bei Wachstumsvorgängen auf, bei denen die momentane Änderungsrate proportional zum aktuellen Bestand ist.
Der in Basel geborene Mathematiker LEONHARD EULER hat Wesentliches zur Analyse dieser Zahl beigetragen. Die Zahl e wird heute auch *Eulersche Zahl* genannt.
So wie π ist auch e eine irrationale Zahl. Sie lässt sich nur näherungsweise bestimmen.

Übungen

Die Folge $a_n = \left(1 + \frac{1}{n}\right)^n$ und ihr Grenzwert spielen auch bei der stetigen Verzinsung eine Rolle (siehe Aufgabe 46).

10 *Die Zahl e als Grenzwert einer Folge*

a) Begründen Sie: Für hinreichend kleine Werte von h ist $\frac{e^h - 1}{h} \approx 1$ und damit $e^h \approx 1 + h$.
Für $h = \frac{1}{n}$ erhält man damit für große n die Näherungsformel $e \approx \left(1 + \frac{1}{n}\right)^n$.
b) Bestätigen Sie mit Ihrem Taschenrechner die angegebenen Tabellenwerte und setzen Sie die Tabelle bis zu einem Näherungswert fort, der auf sechs Stellen genau ist.

Mit der Folge $a_n = \left(1 + \frac{1}{n}\right)^n$ $(n \in \mathbb{N})$ lassen sich **Näherungswerte für die Eulersche Zahl e** berechnen.
Es gilt $\lim\limits_{n \to \infty} \left(1 + \frac{1}{n}\right)^n = e$

n	10	10^2	10^3	10^4	10^5
a_n	2,59	2,70	2,717	2,71815	2,718268

11 *Besondere Eigenschaft der e-Funktion*

Die e-Funktion $f(x) = e^x$ stimmt mit ihrer Ableitung überein. Zeigen Sie, dass alle Funktionen $g(x) = c \cdot e^x$ diese Eigenschaft haben. Untersuchen Sie auch die Funktionen $h(x) = e^{cx}$ und $d(x) = e^{x+c}$ bezüglich dieser Eigenschaft.

12 *Ableitungen von e-Funktionen*

a) Ordnen Sie die Funktionsgraphen den Funktionsgleichungen zu.

$f_1(x) = 2e^x$ $\quad f_2(x) = e^{2x}$
$f_3(x) = e^{x-2}$ $\quad f_4(x) = 0{,}5\,e^x - 3$

Durch welche geometrischen Abbildungen gehen diese jeweils aus dem Graphen von $f(x) = e^x$ hervor?
b) Bestimmen Sie die Ableitungen und zeichnen Sie deren Graphen.
c) Wie unterscheiden sich die Ableitungsgraphen von dem Graphen der Ableitung von $f(x) = e^x$?

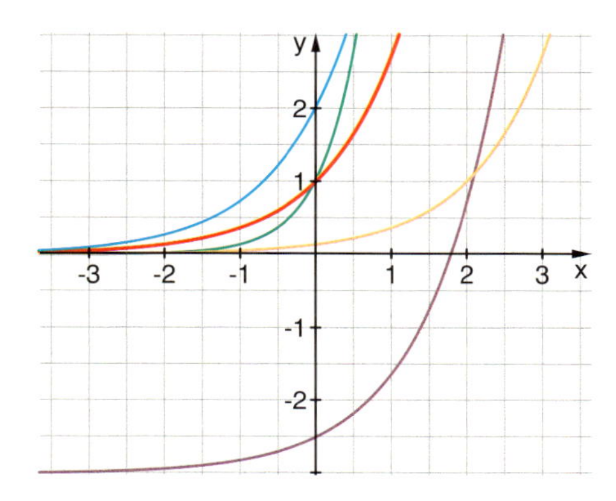

13 *Ableitungen*

Erläutern Sie, wie man den Graphen von $f(x) = e^x$ „bewegen" muss, um die Graphen der angegebenen Funktionen zu erzeugen. Geben Sie zudem die zugehörige Ableitung an.

a) $f(x) = -e^x + 5$ b) $f(x) = 0{,}1 \cdot e^{x+6}$ c) $f(x) = \left(\frac{1}{e}\right)^x - e$ d) $f(x) = -e^{-x}$

14 *Zusammengesetzte e-Funktionen ableiten*

Bestimmen Sie die Ableitung und geben Sie jeweils an, welche Ableitungsregeln Sie verwendet haben.

a) $f(x) = 4 \cdot e^{3x}$ b) $f(x) = e^{-x^2} + e^2$ c) $f(x) = 4 \cdot e^{2x} + 1$
d) $f(x) = \frac{5}{1 + e^x}$ e) $f(x) = 3\,e^{4x - x^2}$ f) $f(x) = \frac{1}{2}e^x + kx^2$
g) $f(x) = (k-1)e^{kx} - 2k$ h) $f(x) = x^2 \cdot e^x$

15 *Kurvenuntersuchung*

Bestimmen Sie mithilfe der Ableitungen die lokalen Extremwerte und Wendepunkte der Funktionen.

$f_1(x) = x \cdot e^x$ $\quad f_2(x) = x \cdot e^{-x}$
$f_3(x) = x^2 \cdot e^x$ $\quad f_4(x) = e^{\frac{1}{x}}$

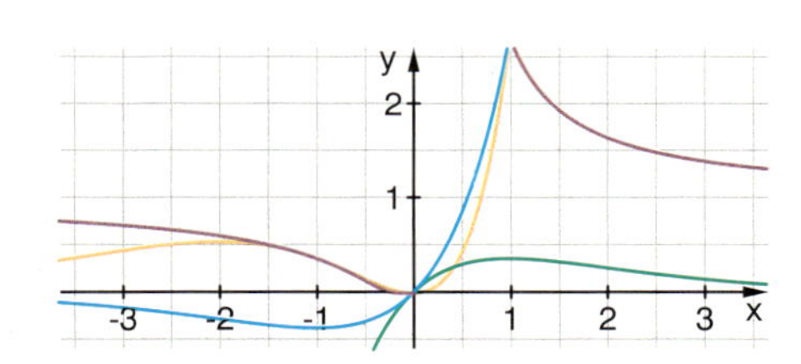

Übungen

16 *Zwei besondere Funktionen*

Bilden Sie jeweils die ersten beiden Ableitungen der Funktionen

$s_1(x) = \frac{1}{2} \cdot (e^x + e^{-x})$

$s_2(x) = \frac{1}{2} \cdot (e^x - e^{-x})$.

Was stellen Sie fest?

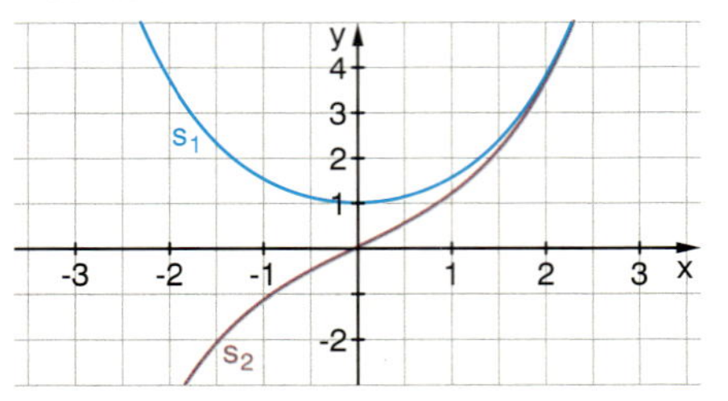

17 *Viele Ableitungen*

Wie lautet die n-te Ableitung der Funktion? Zeichnen Sie jeweils die Schar der ersten zehn Ableitungen.

a) $f(x) = 0{,}9 \cdot e^x$ b) $f(x) = x \cdot e^x$

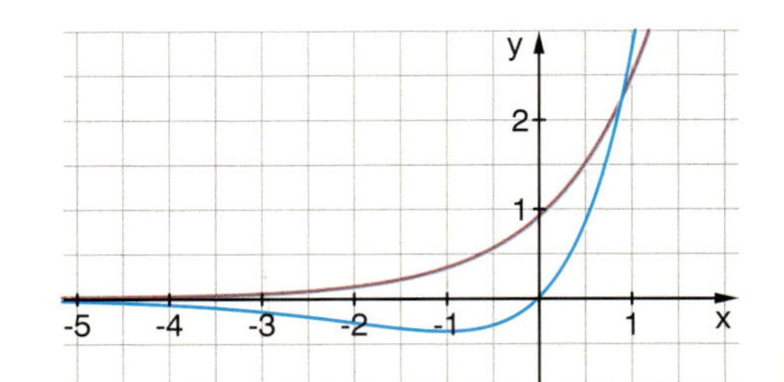

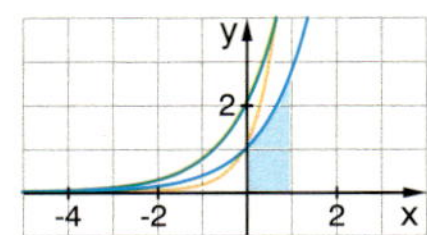

18 *Flächeninhalte – Schätzen und Rechnen*

Schätzen Sie jeweils ab, wie groß der Inhalt der Fläche ist, die der Graph von f im Intervall [0 ; 1] mit der x-Achse einschließt. Bestimmen Sie dann den Wert mithilfe des Integrals und vergleichen Sie.

a) $f(x) = e^x$ b) $f(x) = 2e^x$ c) $f(x) = e^{2x}$

19 *Stammfunktionen*

Ermitteln Sie zu $f(x) = a \cdot e^{kx}$ eine Stammfunktion F. Wie unterscheiden sich die Graphen von F und f?

20 *Exponentialgleichungen*

Lösen Sie die Gleichungen

(1) $e^x = 2$ (2) $e^x = 5$

(3) $e^x = 50$ (4) $e^x = 0{,}2$

a) durch Abschätzen/Probieren.

b) grafisch mit dem GTR oder Funktionenplotter.

c) mit der Taste **ln** auf dem Taschenrechner.

Natürlicher Logarithmus

Die Gleichung $e^x = a$ $(a > 0)$ wird durch die Umkehroperation, das Logarithmieren, gelöst.

$e^x = a \Rightarrow x = \ln(a)$

Der Logarithmus zur Basis e heißt **natürlicher Logarithmus**, er wird mit **ln** bezeichnet.

Es gilt $e^{\ln(a)} = \ln(e^a) = a$

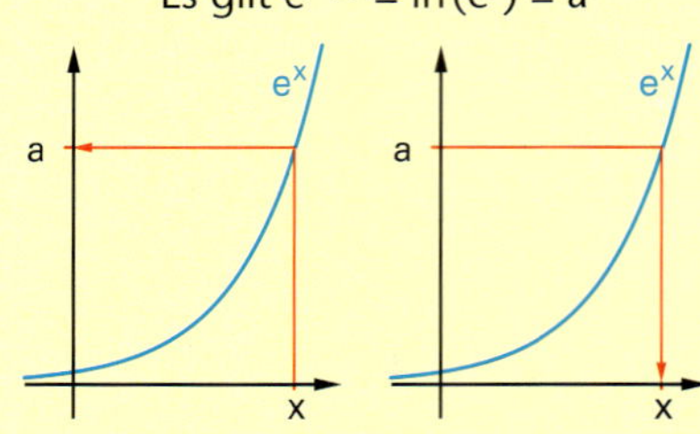

Zu x den Wert a finden: $a = e^x$

Zu a die Stelle x finden: $x = \ln(a)$

zwei Lösungen:
$x \geq -16$
$x \geq 14$

21 *Abschätzen*

Wie lautet die kleinste bzw. größte ganze Zahl x, für die Folgendes gilt?

a) $e^x > 1\,000\,000$ b) $e^x < 0{,}00001$

c) $e^x > 10^{-7}$ d) $e^x < 10^5$

22 *Steigungen*

Wie groß ist die Steigung der Funktion $f(x) = 2e^x$ an der Stelle $x = 3$?

An welcher Stelle hat die Funktion die Steigung 10?

23 *Experimentieren und Nachdenken*

Zeichnen Sie die Graphen der Funktionen $f_1(x) = e^{0{,}69x}$ und $f_2(x) = e^{1{,}1x}$ und ihrer Ableitungen. Vergleichen Sie mit den Graphen von $g_1(x) = 2^x$ und $g_2(x) = 3^x$ und ihren Ableitungen. Was fällt Ihnen auf? Finden Sie eine Erklärung für Ihre Beobachtung?

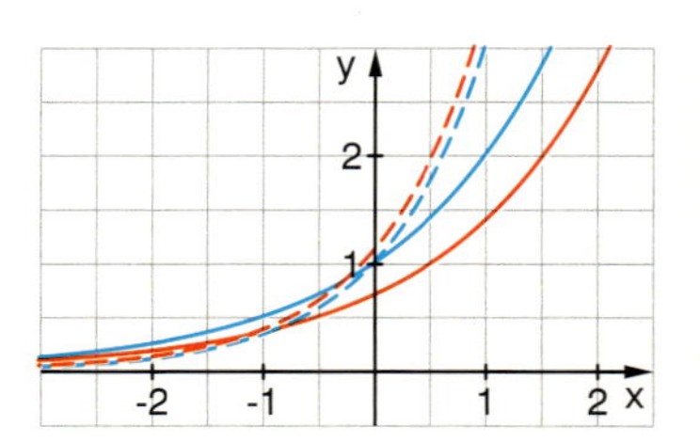

Basiswissen

Für die Vielfalt der Exponentialfunktionen braucht man nur eine Basis.

Darstellung von Exponentialfunktionen als e-Funktion

Jede Exponentialfunktion b^x lässt sich als Funktion zur Basis e darstellen.
$f(x) = b^x = (e^{\ln(b)})^x = e^{\ln(b)\cdot x}$

$$\mathbf{b^x = e^{\ln(b)\cdot x}}$$

Für die Ableitung von $f(x) = b^x$ gilt:
$f'(x) = \ln(b) \cdot e^{\ln(b)x} = \ln(b) \cdot b^x$

Beispiele:
$f(x) = 2^x = e^{\ln(2)x} \approx e^{0{,}6931\,x}$
$g(x) = \left(\frac{1}{2}\right)^x = e^{\ln\left(\frac{1}{2}\right)\cdot x} \approx e^{-0{,}6931\,x}$

$f'(x) = \ln(2) \cdot e^{\ln(2)x} \approx 0{,}6931 \cdot 2^x$
$g'(x) = \ln\left(\frac{1}{2}\right) \cdot e^{\ln\left(\frac{1}{2}\right)\cdot x} \approx -0{,}6931 \cdot \left(\frac{1}{2}\right)^x$

Der Streckfaktor k der Ableitung kann nun exakt ermittelt werden: $k = \ln(b)$

Beispiele

E *Bevölkerungswachstum als e-Funktion*

Eine Stadt mit 256 000 Einwohnern wächst jährlich um 1,5 %.
a) Geben Sie die Wachstumsfunktion mit der Basis e an.
b) Wie groß ist die Bevölkerung nach 10 Jahren? Wann ist sie auf 1 Million gewachsen?
c) Wie groß ist die Wachstumsgeschwindigkeit zu Beginn (nach 10 Jahren)?

Lösung:
a) Die Wachstumsfunktion ist $f(x) = 256\,000 \cdot 1{,}015^x$.
Darstellung mit Basis e: $f(x) = 256\,000 \cdot e^{\ln(1{,}015)x} \approx 256\,000 \cdot e^{0{,}0149x}$
b) $f(10) = 256\,000 \cdot e^{0{,}0149\cdot 10} = 256\,000 \cdot e^{0{,}149} \approx 297\,132$.
Nach 10 Jahren ist die Bevölkerung auf etwa 297 000 Personen gewachsen.
Für welches x gilt $f(x) = 10^6$? $256\,000 \cdot e^{0{,}0149x} = 10^6 \Rightarrow e^{0{,}0149x} = \frac{10^6}{256\,000}$

$$\Rightarrow \ln(e^{0{,}0149x}) = \ln\left(\frac{10^6}{256\,000}\right) \Rightarrow x = \frac{\ln\left(\frac{10^6}{256\,000}\right)}{0{,}0149} \approx 91{,}448.$$

Nach etwa 91 Jahren ist die Bevölkerung auf 1 Million gewachsen.
c) $f'(x) = 256\,000 \cdot 0{,}0149 \cdot e^{0{,}0149x} \Rightarrow f'(0) \approx 3814$, $f'(10) \approx 4427$
Die Wachstumsgeschwindigkeit beträgt zu Beginn ungefähr 3800 Einwohner/Jahr, nach 10 Jahren ungefähr 4400 Einwohner/Jahr.

Wachstumsfunktion mit der Basis e
$f(x) = A \cdot e^{kx}$
A: Anfangswert f(0)
k: Wachstumskonstante

Prozentuales Wachstum um 1,5 % führt zur Wachstumskonstante $k = \ln(1{,}015)$.

F Lösen Sie die Gleichungen.

Aufgabe	Lösung
(1) $2e^{3x} = 1000$	$e^{3x} = 500 \Rightarrow 3x = \ln(500) \Rightarrow x = \frac{\ln(500)}{3} \approx 2{,}0715$
(2) $e^{x-1} = \sqrt{e}$	$\frac{e^x}{e^1} = \sqrt{e} \Rightarrow e^x = e \cdot e^{\frac{1}{2}} = e^{\frac{3}{2}} \Rightarrow x = \frac{3}{2}$
(3) $e^x = x + 2$	Weil x sowohl als Exponent als auch als Basis auftritt, lässt sich die Gleichung nicht algebraisch lösen. Grafisch-numerische Lösung: $x_1 \approx -1{,}8414$ und $x_2 \approx 1{,}1462$ Wegen des charakteristischen Verlaufs von $y = e^x$ und $y = x + 2$ kann es keine weiteren Lösungen geben.

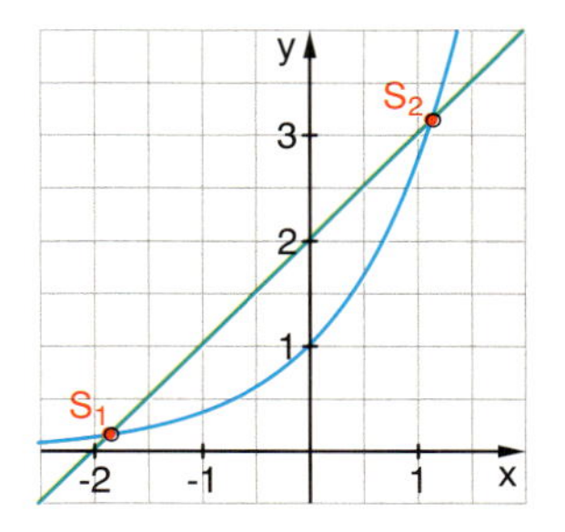

Übungen

24 *Logarithmen berechnen*

Wenden Sie die Rechengesetze an und bestätigen Sie mit dem Taschenrechner die Ergebnisse.

a) $\ln(3 \cdot e)$
b) $\ln\left(\frac{1}{e}\right)$
c) $\ln(e^3)$
d) $e^{\ln(100)}$
e) $e^{-\ln(2)}$
f) $\ln(\sqrt{e})$

Rechengesetze für Logarithmen

$\ln(a \cdot b) = \ln(a) + \ln(b)$ $(a > 0,\ b > 0)$
$\ln\left(\frac{a}{b}\right) = \ln(a) - \ln(b)$ $(a > 0,\ b > 0)$
$\ln(a^c) = c \cdot \ln(a)$ $(a > 0)$

$\ln(e^3) = 3$, denn $3 \cdot \ln(e) = 3 \cdot 1 = 3$

25 *Exponentialgleichungen lösen*

Lösen Sie die Gleichungen, wenn möglich algebraisch, und überprüfen Sie Ihre Ergebnisse grafisch.

a) $e^{2x} = 5$
b) $e^x + 2 = 6$
c) $0{,}25 \cdot e^{0{,}1x} + 4 = 100$
d) $e^{-x} + e = 2$
e) $4 \cdot \ln(x) - 8 = 0$
f) $e^x + x^2 = 0$

Beispiel:
$2e^{1{,}2x} + 3 = 20$
$2e^{1{,}2x} = 17$
$e^{1{,}2x} = 8{,}5$
$\ln(e^{1{,}2x}) = \ln(8{,}5)$
$1{,}2x = \ln(8{,}5)$
$x = \frac{\ln(8{,}5)}{1{,}2} \approx 1{,}783$

Weitere Anwendungen zu Wachstum und Zerfall in den Abschnitten 7.2 und 8.1

Anwendungsaufgaben zu Wachstum und Zerfall

Übungen

26 *Wachstum und Zerfall*

a) Geben Sie die Exponentialfunktionen mit der Basis e an, die folgende Wachstums- und Zerfallsprozesse beschreiben.

Wählen Sie einen beliebigen Anfangswert A.

(1) 4 % Zinsen/Jahr (mit Zinseszins)
(2) 12 % jährlicher Wertverlust
(3) Verdreifachung pro Jahr
(4) Halbierung pro Woche

b) Berechnen Sie, wann sich das Kapital in (1) gegenüber dem Anfangskapital verdoppelt hat bzw. der Wert in (2) nur noch halb so groß wie zu Beginn ist.

27 *Halbwertszeit*

a) Leiten Sie die Formel zur Bestimmung der Halbwertszeit mithilfe der Funktionsgleichung $f(t) = A \cdot e^{-kt}$ her.
Begründen Sie, dass diese Zeit umgekehrt proportional zur Zerfallskonstante k ist.

b) Zeigen Sie, dass für jeden Zeitpunkt t gilt: $f(t + t_H) = f(t)/2$
Erläutern Sie diese Gleichung im Sachzusammenhang.

Radioaktive Halbwertszeit
Der radioaktive Zerfall eines chemischen Elementes wird durch die Funktion $f(t) = A \cdot e^{-kt}$ $(k > 0)$ beschrieben. Der Faktor k heißt in diesem Fall *Zerfallskonstante.* Charakteristisch für den Zerfallsprozess ist auch die Halbwertszeit t_H.
Die Halbwertszeit t_H gibt an, in welcher Zeit sich die Menge der vorhandenen Substanz gerade halbiert.
$t_H = \frac{\ln(2)}{k}$

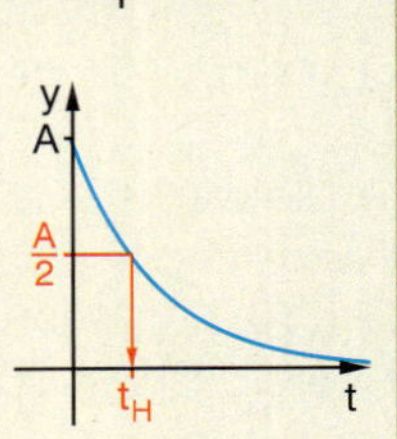

28 *Plutonium*

Nuklid	Halbwertszeit
^{235}U	704 Mio. Jahre
^{14}C	5730 Jahre
^{226}Ra	1602 Jahre
^{222}Rn	3,8 Tage
^{223}Th	0,6 Sekunden

Plutonium 239 ist ein verbreitetes Reaktorprodukt mit einer sehr kleinen Zerfallskonstante von $k = 285 \cdot 10^{-7}$/Jahr.

a) Geben Sie die Menge des noch vorhandenen Plutoniums als Funktion M(t) der Zeit t an, wenn die Ausgangsmenge A = M(0) = 20 g beträgt und zeichnen Sie den Graphen (t in Jahren).

b) Wie viel dieser Ausgangsmenge ist nach 1000 Jahren noch vorhanden? Wann ist die noch vorhandene Menge auf 1 Gramm geschrumpft?

c) Wie groß ist die Halbwertszeit von Plutonium?

29 *Verdopplungszeit*

Bei einem exponentiellen Wachstumsprozess $f(t) = A \cdot e^{kt}$ $(k > 0)$ heißt der Faktor k Wachstumskonstante. Die Verdopplungszeit t_D gibt an, in welcher Zeit sich die Menge der vorhandenen Substanz gerade verdoppelt.
Leiten Sie eine Formel zur Bestimmung der Verdopplungszeit t_D mithilfe der Funktionsgleichung $f(t) = A \cdot e^{kt}$ her. Vergleichen Sie mit der Formel für die Halbwertszeit bei einem Zerfallsprozess.

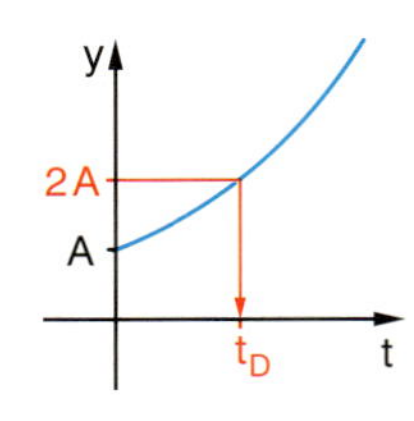

30 *Bevölkerungswachstum*

a) Eine Bevölkerung wächst gegenwärtig mit 1,7 % pro Jahr. Wie groß ist die Verdopplungszeit bei gleichbleibendem Wachstum?

b) Vergleichen Sie jeweils mit der Verdopplungszeit bei 1 % Wachstum pro Jahr und bei 2 % Wachstum pro Jahr.

c) Verdoppelt sich auch die Wachstumsgeschwindigkeit jeweils in der Zeit t_D?

31 *Wachstum einer Tierpopulation*

In der Tabelle ist das Wachstum einer Population von kleinen Säugetieren notiert.

Zeit in Monaten	0	2	6	10	11
Anzahl der Tiere	2	5	20	109	160

a) Zeigen Sie, dass das Wachstum durch die Funktion $f(x) = 1{,}39 \cdot e^{0{,}432x}$ recht gut modelliert werden kann.

b) Wie groß ist nach diesem Modell die Änderungsrate nach 8 Monaten?

Übungen

32 *Die Logarithmusfunktion*

Die Logarithmusfunktion $L(x) = \ln(x)$ ist die Umkehrung der natürlichen Exponentialfunktion $E(x) = e^x$.

a) Füllen Sie die Tabelle aus und erstellen Sie durch Vertauschen von x- und y-Wert in der Tabelle für $E(x)$ eine Tabelle für $L(x)$. Skizzieren Sie damit den Graphen von $L(x)$.

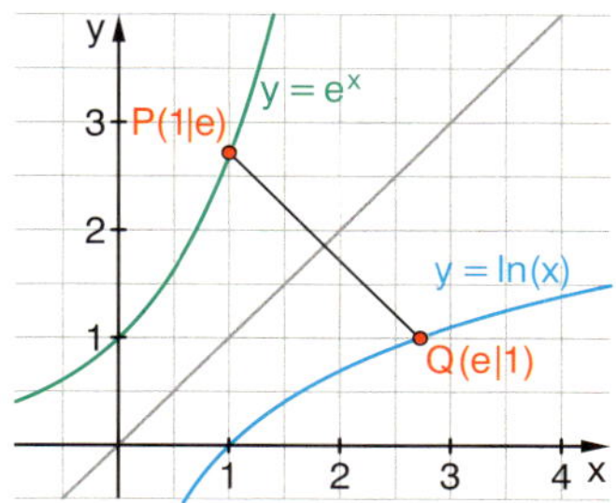

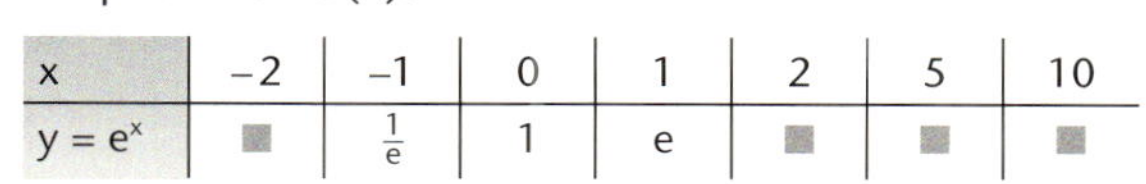

x	−2	−1	0	1	2	5	10
$y = e^x$	■	$\frac{1}{e}$	1	e	■	■	■

b) Überzeugen Sie sich, dass Sie den Graphen von $\ln(x)$ auch durch Spiegeln des Graphen von e^x an der ersten Winkelhalbierenden erhalten.

33 *Ableitung von ln(x)*

$f(x) = e^x$ hat eine sehr einfache Ableitung. Gilt das für die natürliche Logarithmusfunktion auch? Skizzieren Sie die Ableitung von $\ln(x)$ nach Augenmaß und mithilfe einer Sekantensteigungsfunktion bzw. mit der entsprechenden Funktion des GTR.
Welche Vermutung über den Ableitungsterm für $\ln(x)$ haben Sie? Überprüfen Sie diese mithilfe des Graphen und der Tabelle der Sekantensteigungsfunktion.

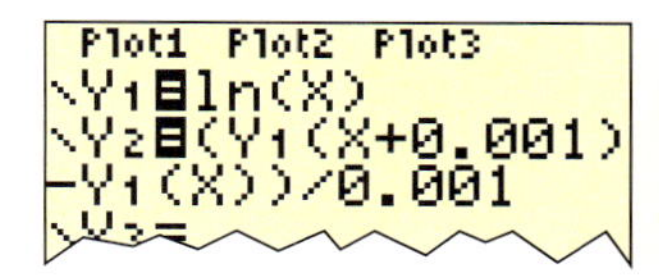

Basiswissen

Die natürliche Logarithmusfunktion und ihre Ableitung

Die Funktion $L(x) = \ln(x)$ ist die Umkehrfunktion von $E(x) = e^x$.
Sie heißt *natürliche Logarithmusfunktion*.
Sie ist für alle positiven reellen Zahlen definiert. Ihr Wertebereich sind alle reellen Zahlen. Es gilt:

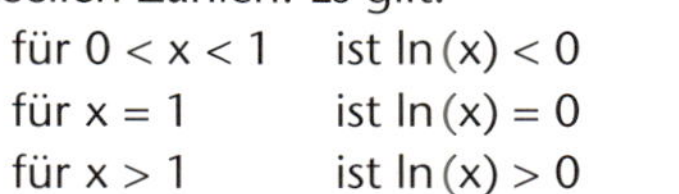

für $0 < x < 1$ ist $\ln(x) < 0$
für $x = 1$ ist $\ln(x) = 0$
für $x > 1$ ist $\ln(x) > 0$

Für die Ableitung von $L(x) = \ln(x)$ gilt:
$L'(x) = \frac{1}{x}$

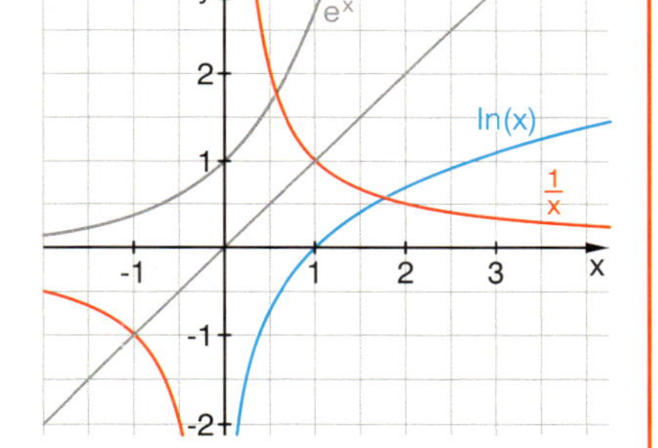

Zur Umkehrfunktion siehe Kap 6.1, Seite 257

Beispiele

G *Monotonie und Krümmungsverhalten der natürlichen Logarithmusfunktion*

Zeigen Sie, dass $L(x) = \ln(x)$ im ganzen Definitionsbereich streng monoton steigend und rechtsgekrümmt ist.

Lösung:

$L'(x) = \frac{1}{x} > 0$ für alle $x > 0$. Die Steigung ist also überall positiv. Daraus folgt die Monotonie.

$L''(x) = \frac{-1}{x^2} < 0$ für alle $x > 0$. Daraus folgt die Rechtskrümmung.

H *Begründung der Ableitungsregel*

Für die Funktion $E(x) = e^x$ und ihre Umkehrfunktion $L(x) = \ln(x)$ gilt: $E(L(x)) = x$
Ableiten auf beiden Seiten (mit Anwendung der Kettenregel):

$(e^{\ln(x)})' = 1$, also $\ln(x)' \cdot e^{\ln(x)} = 1$ und damit $\ln(x)' = \frac{1}{e^{\ln(x)}}$. Also gilt: $\ln(x)' = \frac{1}{x}$

Die Existenz der Ableitung von $L(x)$ wird hierbei vorausgesetzt.

Übungen

34 *Skizzieren des Graphen per Hand*

Geben Sie (ohne Benutzung des Taschenrechners) die Koordinaten von fünf Punkten der Logarithmusfunktion an. Skizzieren Sie damit den Graphen. Gelingt dies auch im negativen Wertebereich?

Übungen

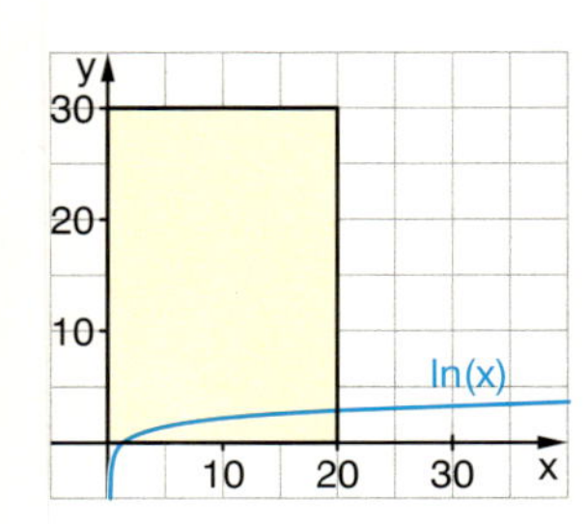

35 *Wächst ln(x) über alle Grenzen?*

a) Experimentieren Sie mit großen Werten von x.
Begründen Sie Ihre Vermutung geometrisch mit der Umkehrfunktion $y = e^x$.

b) Wie lang müsste die x-Achse sein, damit bei einer Skalierung 1 LE ≙ 1 cm der Graph der natürlichen Logarithmusfunktion 10 cm oberhalb der x-Achse angelangt ist?

c) Ein DIN A4 Blatt ist etwa 30 cm hoch. Wenn die Unterkante die x-Achse ist, wie lang müsste sie gezeichnet werden, damit der Graph von ln(x) die Oberkante des Blatts erreicht?
Wie oft könnte man dieses Stück der x-Achse um den Äquator wickeln?

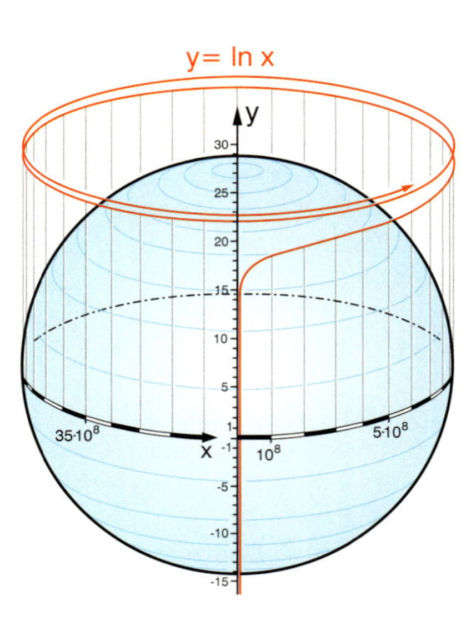

36 *Ein Wettrennen im Schnellwachsen und ein Wettrennen im Langsamwachsen*

a)

(1) Wird $y = e^x$ die Funktion $y = x^{10}$ noch einmal schneiden?

Ein CAS findet keinen weiteren Schnittpunkt, warnt aber:

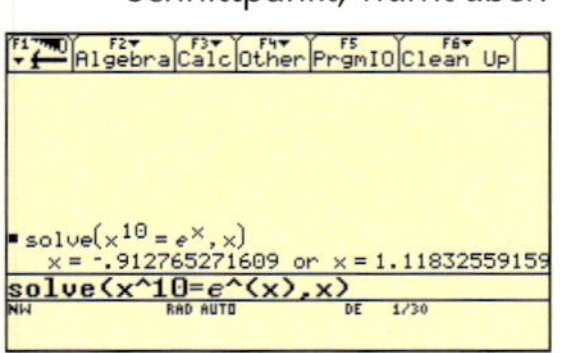

Benutzen Sie auch $y = x^{10} - e^x$ und Tabellen.

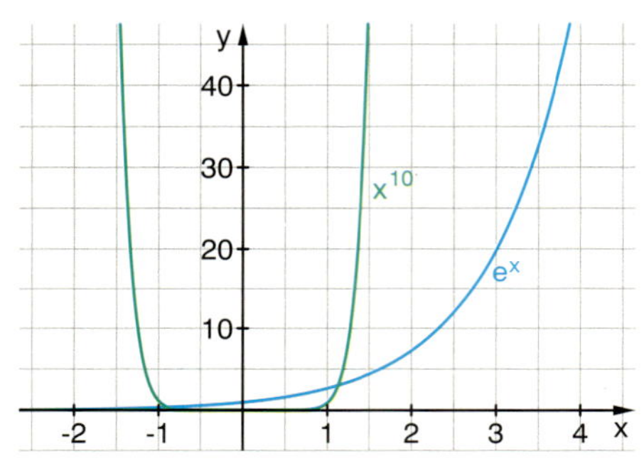

(2) Wird $y = \sqrt[10]{x}$ die Funktion $y = \ln(x)$ noch einmal schneiden?
Wo schneiden sie sich überhaupt das erste Mal?

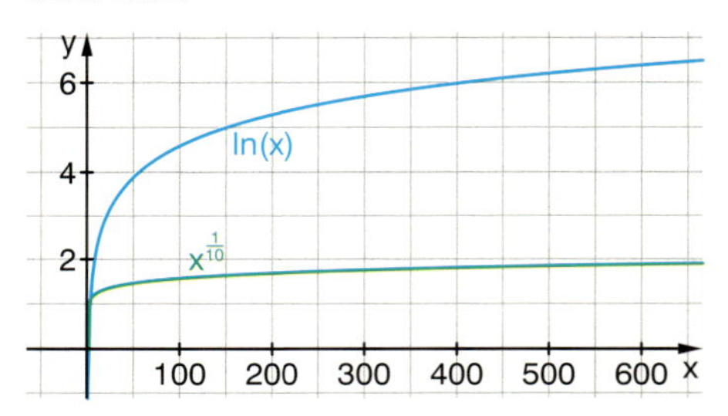

b) Wählen Sie andere Basen und Exponenten und vergleichen Sie die Funktionsgraphen mit denen aus a).

(1) Exponentialfunktionen mit a > 1 wachsen auf Dauer immer stärker als jede Potenzfunktion.

$$\lim_{x \to \infty} \frac{x^n}{a^x} = 0$$

(2) Logarithmusfunktionen wachsen auf Dauer immer langsamer als jede Wurzelfunktion

$$\lim_{x \to \infty} \frac{\ln(x)}{\sqrt[n]{x}} = 0$$

37 *Eine (überraschende?) Entdeckung*

a) Bilden Sie die Ableitungen der Funktionen $f_1(x) = \ln(x)$, $f_2(x) = \ln(2x)$, $f_3(x) = \ln(3x)$.
Was beobachten Sie? Welche Vermutung haben Sie für die Ableitung von $f_n(x) = \ln(n \cdot x)$? Begründen Sie die Vermutung algebraisch und mithilfe der Graphen.

b) Gilt die Vermutung auch für $f_a(x) = \ln(a \cdot x)$ mit $a \in \mathbb{R}$ und $a > 0$?

Logarithmengesetz:
$\ln(a \cdot b) = \ln(a) + \ln(b)$

38 *Ableitungen*

a) Bilden Sie die Ableitungen.

(1) $f(x) = \ln(3x)$ (2) $f(x) = 3 \cdot \ln(x)$ (3) $f(x) = \ln(x + 3)$ (4) $f(x) = 2 \cdot \ln(4x)$

(5) $f(x) = x \cdot \ln(x) - x$ (6) $f(x) = \frac{3x}{\ln(x)}$ (7) $f(x) = \frac{\ln(x)}{3x}$ (8) $f(x) = \ln(\sqrt{x})$

b) Zeichnen Sie die Graphen der Funktionen und der zugehörigen Ableitungen.
Welche der Funktionen haben lokale Extrempunkte? Bestimmen Sie diese.

Übungen

39 *Fehler gesucht*

Finden und beschreiben Sie die Fehler.

$f(x) = \ln(x^2)$ $\quad g(x) = x \cdot \ln(x)$ $\quad h(x) = \ln(x+2)$

$f'(x) = \frac{2}{x}$ $\quad g'(x) = 1$ $\quad h'(x) = \frac{1}{x}$

40 *Stammfunktionen*

Bestimmen Sie Stammfunktionen zu den folgenden Funktionen.

$f_1(x) = \frac{1}{x}$ $\quad f_2(x) = \frac{3}{x}$ $\quad f_3(x) = \frac{1}{x+3}$ $\quad f_4(x) = \frac{1}{2x}$ $\quad f_5(x) = \ln(x)$

In Übung 37 a) finden Sie Hilfe zu f_5.

Eine neue Stammfunktion – eine Lücke wird gefüllt

Mit den Ableitungen der Exponential- und Logarithmusfunktionen können wir alle uns bekannten Funktionen algebraisch ableiten. Natürlich kann der Rechenaufwand sehr hoch werden, aber es gibt für jede Funktion passende Regeln. Aus diesem Grund kann ein CAS auch sehr gut und sicher Ableitungen bilden. Beim umgekehrten Prozess („Auf-leiten") war das ganz anders. Oft ist es sehr schwer eine Stammfunktion zu finden, manchmal ist es sogar gar nicht möglich.
Mit $L'(x) = \frac{1}{x}$ als Ableitung der natürlichen Logarithmusfunktion $L(x) = \ln(x)$ haben wir aber nun auch eine früher aufgetretene Lücke geschlossen.

f(x)	...	x^4	x^3	x^2	x	1	x^{-1}	x^{-2}	x^{-3}	x^{-4}	...
F(x)	...	$\frac{1}{5}x^5$	$\frac{1}{4}x^4$	$\frac{1}{3}x^3$	$\frac{1}{2}x^2$	x	?	$-x^{-1}$	$-\frac{1}{2}x^{-2}$	$-\frac{1}{3}x^{-3}$	...

Das Bilden von Stammfunktionen bei Polynomen folgt in Anlehnung an die entsprechende Ableitungsregel nach einer einfachen Formel:

$$f(x) = x^n \Rightarrow F(x) = \frac{1}{n+1} \cdot x^{n+1}.$$

Für $n = -1$ ist diese Formel aber nicht definiert, so dass es damit unmöglich war, zu $y = x^{-1} = \frac{1}{x}$ eine Stammfunktion zu finden. Jetzt haben wir diese gefunden. Überraschend bleibt, dass hier die Ableitung einen ganz anderen Funktionstyp liefert.

Übungen

41 *Flächen unter der Hyperbel*

Die Hyperbel schließt mit der x-Achse im Intervall $\left[\frac{1}{e}; 1\right]$ eine Fläche A und im Intervall [1; e] eine Fläche B ein.

a) Schätzen Sie die Inhalte der Flächen A und B. Welche Fläche hat den größeren Inhalt?

b) Berechnen Sie die Flächen mit dem Integral. Wird Ihre Schätzung bestätigt?

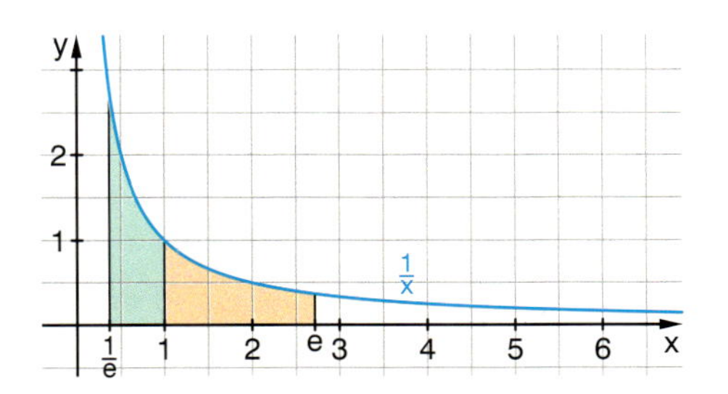

GRUNDWISSEN

1 Veranschaulichen Sie die Aussagen mit Graph oder Tabelle an einem Beispiel und begründen Sie mithilfe von Termumformungen (Potenzgesetze).

a) $\left(\frac{1}{a}\right)^{-x} = a^x$

b) Bei Exponentialfunktionen wächst der Funktionswert in gleich langen Intervallen immer um denselben Faktor.

2 Bestimmen Sie ohne technische Hilfsmittel jeweils die Ableitung. Ermitteln Sie eine Stammfunktion. Warum muss man die Funktionsterme dazu vorher umformen?

a) $f(x) = x \cdot (x^4 - 2x)$

b) $f(x) = \frac{x^3 - 1}{x^2}$

3 Vergleichen Sie die Graphen von $f(x) = x^2;\ x \geq 0$ und $g(x) = \sqrt{x}$. Bestimmen Sie jeweils die Ableitung und vergleichen Sie auch deren grafischen Verlauf.

Übungen

42 *Flächen mit unendlicher Begrenzung*

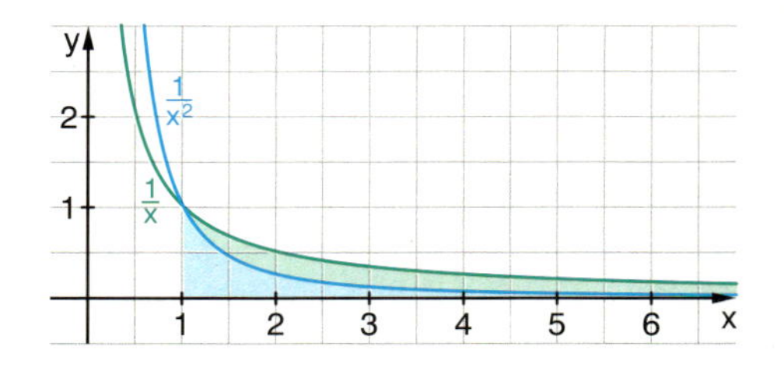

a) Berechnen Sie die Flächen unter den Graphen der Funktionen $f_1(x) = \frac{1}{x}$ und $f_2(x) = \frac{1}{x^2}$ im Intervall [1;100]. Vergleichen Sie.

b) Welche Flächeninhalte erwarten Sie im Intervall [1;1000]? Schätzen Sie und berechnen Sie.

c) Zeigen Sie, dass für t > 1 gilt:

$$\int_1^t \frac{1}{x}\,dx = \ln(t) \quad \text{und} \quad \int_1^t \frac{1}{x^2}\,dx = 1 - \frac{1}{t}.$$

Was folgt daraus für Flächeninhalte unter den Graphen im Intervall [1; t] für $t \to \infty$?

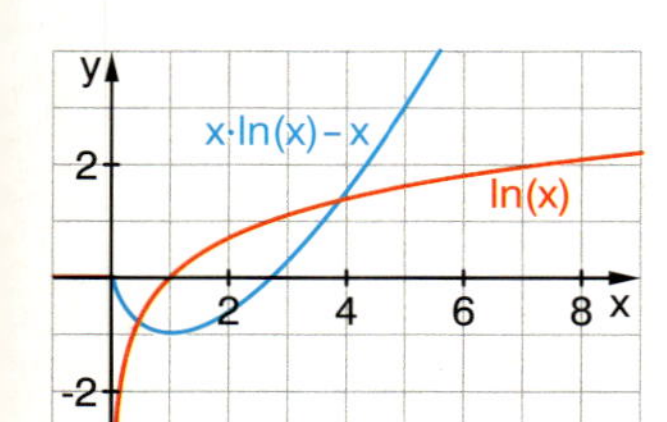

43 *Stammfunktion zu y = ln(x)*

> Die Funktion $F(x) = x \cdot \ln(x) - x$ ist eine **Stammfunktion zu $f(x) = \ln(x)$**.

a) Bestätigen Sie die nebenstehende Beziehung.

b) Zeigen Sie, dass F(x) genau ein lokales Minimum und keinen Wendepunkt hat. Berechnen Sie die Lage des Minimums.

c) Bestimmen Sie den Inhalt der Fläche, die vom Graphen von f(x) = ln(x) und der x-Achse im Intervall [1 ; 2] eingeschlossen wird. Vergleichen Sie mit dem Inhalt der Fläche, die von dem Graphen und der x-Achse im Intervall $\left[\frac{1}{2}; 1\right]$ eingeschlossen wird.

Ein spezielles Integrationsverfahren – partielle Integration

Wie findet man ohne CAS eine Stammfunktion zu y = ln(x)? Dies ist einer der Fälle, in denen das Verfahren *partielle Integration* zum Ziel führt. Dieses Integrationsverfahren wird aus der Produktregel der Differenzialrechnung abgeleitet.

Produktregel: $(u \cdot v)' = u' \cdot v + v' \cdot u$

beide Seiten integrieren: $u \cdot v = \int u'v + \int v'u$

> Integrationsregel: $\int v'u = u \cdot v - \int u'v$
> **Partielle Integration**

Die partielle Integration führt nur in Spezialfällen zum Ziel. In Beispiel 1 gelingt dies, weil die Stammfunktion zu e^x wieder e^x und die Ableitung von x die Konstante 1 ist. Bei der Anwendung auf ln(x) hilft ein Trick: $\ln(x) = \ln(x) \cdot 1$

Beispiel 1: $\int x \cdot e^x\,dx$

Setze: $u = x$ $\quad v' = e^x$

Dann ist: $u' = 1$ $\quad v = e^x$

$$\int x \cdot e^x\,dx = x \cdot e^x - \int 1 \cdot e^x\,dx = (x-1) \cdot e^x$$

Zu $f(x) = x \cdot e^x$ ist $F(x) = (x-1) \cdot e^x$ eine Stammfunktion.

Beispiel 2: $\int \ln(x)\,dx = \int \ln(x) \cdot 1\,dx$

Setze: $u = \ln(x)$ $\quad v' = 1$

Dann ist: $u' = \frac{1}{x}$ $\quad v = x$

$$\int \ln(x) \cdot 1\,dx = x \cdot \ln(x) - \int x \cdot \frac{1}{x}\,dx = x \cdot \ln(x) - x$$

Zu $f(x) = \ln(x)$ ist $F(x) = x \cdot \ln(x) - x$ eine Stammfunktion.

Übungen

44 *Es kommt auf die Wahl von u und v' an*

Setzen Sie im Beispiel $\int x \cdot e^x\,dx$ die Faktoren $u = e^x$ und $v' = x$ und versuchen Sie, das Verfahren der partiellen Integration anzuwenden. Warum führt dies nicht zum Ziel?

45 *Training*

Bestimmen Sie zu f(x) mithilfe partieller Integration eine Stammfunktion F(x). Zeichnen Sie jeweils die Graphen zu f und F.

a) $f(x) = x \cdot \ln(x)$ b) $f(x) = x \cdot \sin(x)$ c) $f(x) = x^2 \cdot e^x$ d) $f(x) = x^2 \cdot \sin(x)$

Bei c) und d) können Sie auf bereits bekannte Stammfunktionen zurückgreifen. Ansonsten müssen Sie das Verfahren zweimal anwenden.

46 *Stetige Verzinsung*

Die Zahl e taucht auch im Zusammenhang mit dem Problem der stetigen Verzinsung auf. Jakob Bernoulli formulierte dieses Problem bereits 1689:
Eine Summe Geldes sei auf Zinsen angelegt, dass in den einzelnen Augenblicken ein proportionaler Teil der Jahreszinsen zum Kapital geschlagen wird.
Bei einer einmaligen Verzinsung wächst bei einem (unrealistischen) Zinssatz von 100 % ein Kapital von 1 € nach einem Jahr auf das Doppelte an. Bei halbjährlicher Verzinsung erhält man am Ende des Jahres bereits 2,25 €.
a) Wie viel erhält man am Ende des Jahres bei monatlicher (minütlicher, sekündlicher) Verzinsung?
b) Was erhält man am Ende des Jahres, wenn unmittelbar in jedem Augenblick auch die Zinseszinsen gut geschrieben werden (stetige Verzinsung)?
c) Begründen Sie die nebenstehende Zinseszinsformel für die stetige Verzinsung.

Aufgaben

$(1 + 1) = 2$

$(1 + \frac{1}{2})(1 + \frac{1}{2}) = 2{,}25$

...

Zinseszinsformel bei stetiger Verzinsung:
$K(t) = K_0 \cdot e^{\frac{pt}{100}}$
K_0 Anfangskapital
t Zeit in Jahren
p jährlicher Zinssatz

47 *Die Zahl e als Grenzwert einer Reihe*

Die charakteristische Eigenschaft $f'(x) = f(x)$ von $f(x) = e^x$ hat zur Folge, dass auch die Werte der höheren Ableitungen an einer Stelle alle gleich sind:
$f(0) = f'(0) = f''(0) = \ldots = f^{(n)}(0) = 1$
a) Ermitteln Sie die ersten fünf Interpolationspolynome, also:
1. Gerade durch (0|1) mit Steigung 1
2. Parabel mit $f(0) = 1$, $f'(0) = 1$ und $f''(0) = 1$
3. ...

Bedingungen	Interpolationspolynom
$f(0) = 1$ und $f'(0) = 1$	$p(x) = 1 + x$
... und $f''(0) = 1$	■
... und $f'''(0) = 1$	$p(x) = 1 + x + \frac{1}{2}x^2 + \frac{1}{6}x^3$
... und $f^{(4)}(0) = 1$	■
... und $f^{(5)}(0) = 1$	■

Ansatz
5 Bedingungen:
$y = ax^4 + bx^3 + cx^2 + dx + e$

b) Zeichnen Sie jeweils die Graphen der Polynome und vergleichen Sie mit dem Graphen von $y = e^x$. Beschreiben Sie die Entwicklung.

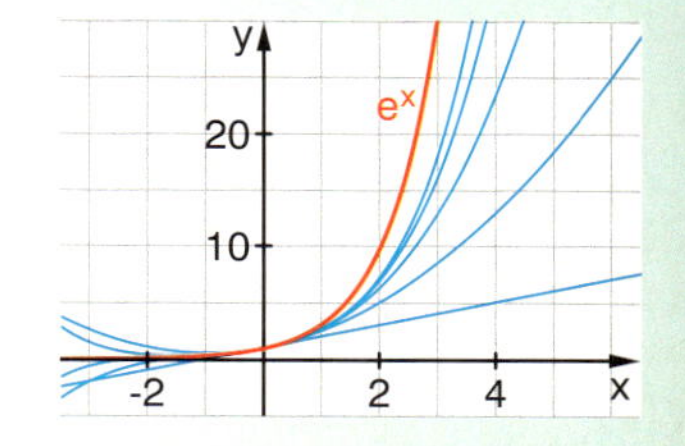

c) Die Polynome in der Tabelle sind die ersten Glieder einer Reihe (Taylorreihe), mit der man die natürliche Exponentialfunktion beliebig gut annähern kann.
Erläutern Sie, wie man damit die nebenstehende Näherungsformel für die Zahl e erhält. Berechnen Sie die Näherungswerte für n = 1(5,10).

$$e^x \approx 1 + x + \frac{x^2}{2} + \frac{x^3}{6} + \frac{x^4}{24} + \ldots \frac{x^n}{1 \cdot 2 \cdot 3 \ldots \cdot n} = \sum_{k=0}^{n} \frac{x^k}{k!}$$
$$\lim_{n \to \infty} \sum_{k=0}^{n} \frac{x^k}{k!} = e^x$$

$$e \approx 1 + 1 + \frac{1}{2} + \frac{1}{6} + \frac{1}{24} + \ldots \frac{1}{1 \cdot 2 \cdot 3 \ldots \cdot n} = \sum_{k=0}^{n} \frac{1}{k!}$$
$$\lim_{n \to \infty} \sum_{k=0}^{n} \frac{1}{k!} = e$$

Die Transzendenz der Eulerschen Zahl e

Die Zahl e wurde zuerst von Leonhard Euler in seiner Schrift *Mechanica* angegeben. Es ist unbekannt, ob die Bezeichnung sich auf ihren Entdecker bezieht oder auf den Begriff Exponentialfunktion.
Was ist e aber nun für eine Zahl? e ist eine irrationale Zahl. Sie lässt sich also nicht als Bruch darstellen. Dies hat e mit $\sqrt{2}$ gemeinsam.
e ist aber noch seltsamer. $\sqrt{2}$ ist Lösung der Gleichung $x^2 - 2 = 0$.
Zahlen, die Lösung einer Polynomgleichung $a_n x^n + a_{n-1} x^{n-1} + \ldots + a_1 x + a_0 = 0$ mit rationalen Koeffizienten sind, heißen *algebraische Zahlen*.
Es gibt keine solche Gleichung, deren Lösung e ist. e ist also keine algebraische Zahl, sie ist **transzendent**.
Die Kreiszahl π ist ein weiteres Beispiel für eine transzendente Zahl. Der Nachweis der Transzendenz einer Zahl ist eine echte mathematische Herausforderung. Für die Zahl e gelang dieser Nachweis zum ersten Mal im Jahr 1873 dem französischen Mathematiker Charles Hermite.

Charles Hermite
1822–1901

7.2 e-Funktionen in Realität und Mathematik

Was Sie erwartet

Mit e-Funktionen lassen sich vielfältige mathematische Probleme bearbeiten und reale Situationen beschreiben – insbesondere Wachstumsprozesse. Erste Beispiele dazu wurden bereits im vorigen Abschnitt bei der Einführung der e-Funktion und ihrer Ableitung behandelt. Hier werden nun weitere, vor allem auch komplexere Anwendungsprobleme aufgegriffen. Dabei werden die bereits erworbenen Kenntnisse und Methoden der Analysis trainiert und erweitert. Manche der hier dargestellten Wachstumsprobleme werden in Kapitel 8 unter anderem Blickwinkel vertieft. Darüber hinaus werden Scharen und Ortskurven behandelt. Hierbei werden die in Abschnitt 6.2 eingeführten Strategien wieder benötigt und trainiert.

Größe in m	Anzahl
1,6	2
1,62	2
1,64	5
1,66	7
1,68	14
1,7	20
1,72	32
1,74	45
1,76	69
1,78	76
1,8	60
1,82	41
1,84	30
1,86	22
1,88	17
1,9	5
1,92	2
1,94	2
1,96	2
1,98	1

Die GAUSS'SCHE Glockenkurve
Wie verteilt sich die Körpergröße von Männern?

Die Tabelle links zeigt das Ergebnis einer Untersuchung an 455 Männern.
Im Diagramm rechts ist es grafisch dargestellt. Es gibt viele Männer, die um 1,78 m groß sind und ganz wenige, die sehr klein oder sehr groß sind. Die Grafik hat ein typisches Aussehen für solche Verteilungen.

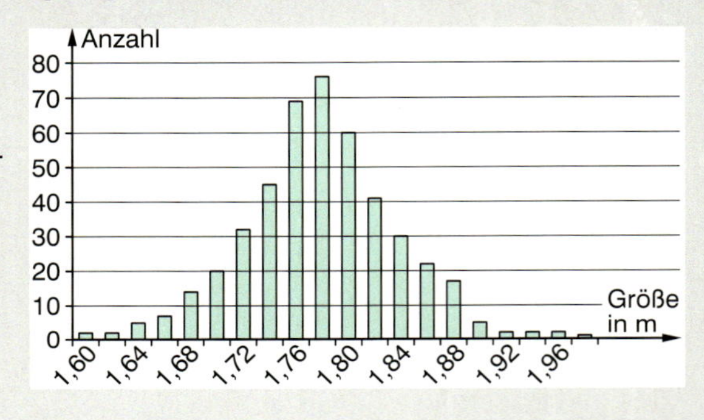

In der Stochastik werden theoretische Modelle entwickelt, die derartige Verteilungen beschreiben. Die zugehörigen Funktionen haben dann das charakteristische glockenförmige Aussehen. CARL FRIEDRICH GAUSS hat als erster solche Funktionen entwickelt und untersucht.

Aufgaben

1 *Eigenschaften der Glockenkurve*

Der Graph von $f(x) = e^{-\frac{1}{2}x^2}$ ist ein Beispiel für eine Glockenkurve.

a) Begründen Sie die Symmetrie und das Verhalten für $x \to \infty$. Begründen Sie, dass $(0|1)$ der Hochpunkt ist (dies geht auch ohne Rechnung). Bestimmen Sie die Wendepunkte und die Gleichungen der Tangenten in diesen Punkten.

b) Zu f können wir keine Stammfunktion angeben. Um die Fläche unter der Kurve im Intervall $[0;2]$ zu bestimmen, können wir z. B. die Glockenkurve durch einfache Funktionen annähern. Hier einige Tipps zur Bestimmung von Näherungskurven:

Wendetangenten benutzen	$y = bx^2 + 1$
$y = b\cdot(x-3)^2$	Punkte aus der Wertetabelle von f auslesen und Regressionsfunktionen (Polynomfunktion) auswählen.

Probieren Sie verschiedene Lösungswege und vergleichen Sie.

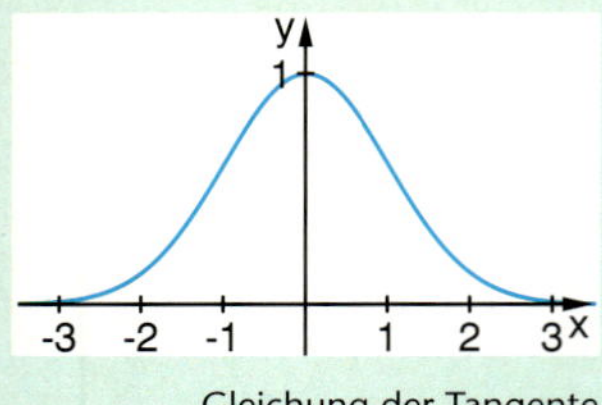

Gleichung der Tangente an der Stelle a:
$y = f'(a)\cdot(x-a) + f(a)$

Setzen Sie zur Kontrolle auch die CD ein.

13
15

2 *Konzentration eines Medikaments*

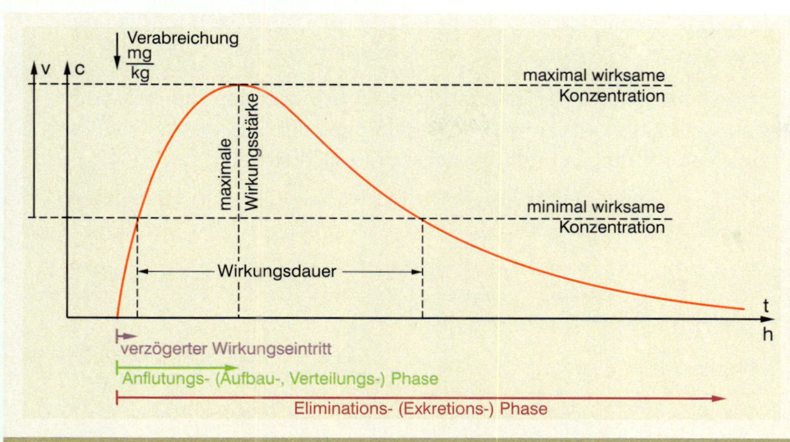

Aufgaben

Die Wirkung eines Medikaments hängt entscheidend von seiner Dosierung ab. Zu kleine Dosen entfalten oft keine Wirkung, zu hohe sind oft schädlich oder führen sogar zu Vergiftungen.
Die Abbildung zeigt den zeitlichen Verlauf der Konzentration eines Medikaments im Blut.
Pharmakologen verwenden zum Modellieren der Konzentration häufig Exponentialfunktionen.

a) Die Funktion $K(t) = t \cdot e^{-0,1 \cdot t}$ (t in h; K(t) in mg/kg) ist ein Modell für den zeitlichen Verlauf der Wirksamkeit eines Medikaments. Beschreiben Sie die in der Grafik eingetragenen Bereiche zu diesem Medikament. Die minimal wirksame Konzentration beträgt 3 mg/kg.
b) Zu welchem Zeitpunkt ist der Aufbau der Konzentration am stärksten, zu welchem der Abbau?
c) Wie hoch ist die durchschnittliche Konzentration während der gesamten Wirkungsdauer?
d) Andere Medikamente haben andere Eigenschaften. Beispielsweise kann die maximale Wirkungsstärke zum selben Zeitpunkt wie bei dem beschriebenen Medikament, aber in anderer Stärke erreicht werden. Skizzieren Sie einige passende Funktionen, auf die das zutrifft. Finden Sie einen Funktionsterm und weisen Sie nach, dass die von Ihnen gefundene Funktion die Bedingung erfüllt.

3 *Eine Funktionenschar*

Durch $f_k(x) = x - k \cdot e^x$ $(k \neq 0)$ ist eine Funktionenschar gegeben.
a) Drei Graphen zu den Parameterwerten k = −1, k = 0,2 und k = 1 sind dargestellt. Ordnen Sie die Parameterwerte k allein durch Überlegungen bezüglich des Funktionsterms den Kurven zu.
Begründen Sie, dass die Kurven sich für $x \to -\infty$ der Geraden y = x anschmiegen.

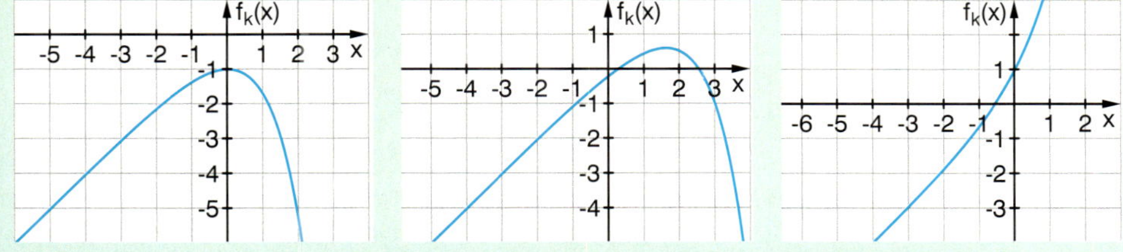

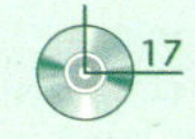

b) Skizzieren Sie einige Kurven der Schar f_k und untersuchen Sie die Anzahl der Nullstellen in Abhängigkeit von k. Warum lassen sich die Nullstellen nicht algebraisch ermitteln?

Es sind vier Fälle zu unterscheiden

c) Markieren Sie einige Hochpunkte in der Skizze aus b) und zeigen Sie, dass diese Punkte auf der Geraden y = x − 1 liegen. Bestimmen Sie dazu den Hochpunkt in Abhängigkeit von k. Der Übergang von „keiner Nullstelle" zu „zwei Nullstellen" lässt sich nun exakt angeben. Begründen Sie, dass es keine Wendepunkte gibt.
d) Bestimmen Sie die Gleichung der Tangentenschar im Punkt $B(1 | f_k(1))$. Welchen Punkt haben alle diese Tangenten gemeinsam?

Ortskurve der Hochpunkte

Gleichung der Tangente an der Stelle a:
$y = f'(a) \cdot (x - a) + f(a)$

Basiswissen

e-Funktionen treten in vielen Anwendungen auf. Im ersten Schritt müssen angemessene Modelle zu den Realsituationen aufgestellt werden, ehe dann mithilfe des Modells Fragestellungen mathematisch bearbeitet werden können.

Situation: Die Bekämpfung von sehr schnell wachsenden Schädlingsbeständen mit Pestiziden führt meist nicht zur sofortigen Abnahme und Beseitigung der Schädlinge, weil die Wirkung der eingesetzten Mittel erst mit der Zeit erfolgreich einsetzt.

Modell: $S(t) = e^{0,2t}(50 - e^{0,2t})$ (t: Zeit in Tagen, S(t): Anzahl der Schädlinge in 1000 Stück)
$= 50e^{0,2t} - e^{0,4t}$

Fragestellung	Antwort
Beschreibt die Funktion S(t) den zeitlichen Verlauf eines Schädlingbestandes nach Versprühen eines Pestizids (t = 0) angemessen? Wann sind nach diesem Modell die Schädlinge beseitigt?	**Graph zeichnen und beschreiben** 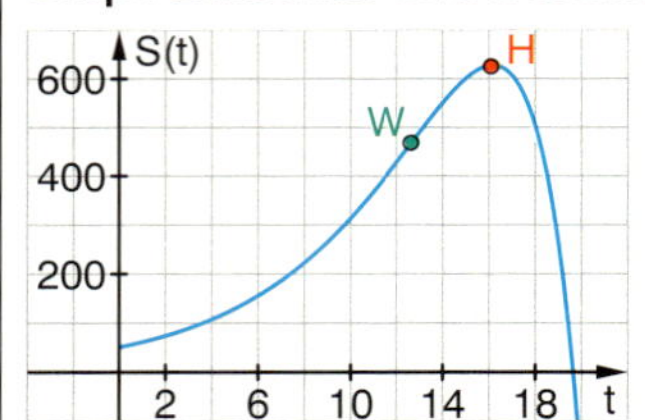 Die Population wächst zunächst, dann ($t \approx 16$) schnelle Abnahme, nach ca. 20 Tagen sind keine Schädlinge mehr vorhanden. Nullstelle: $t \approx 20$
Wann ist der Höchststand an Schädlingen vorhanden? Wann ist die Wachstumsgeschwindigkeit am größten?	**Charakteristische Punkte aus Graphen ablesen** Der Höchstand (Hochpunkt) sind ca. 620 000 Schädlinge nach 16 Tagen. Die maximale Wachstumsgeschwindigkeit ist nach 12–13 Tagen (Wendepunkt).
Jeder Schädling vertilgt pro Tag ca. 4 cm² Blattfläche. Wie viel Blattfläche wurde von den Schädlingen insgesamt gefressen?	**Integral unter Kurve bestimmen** (Anzahl der verzehrten Tagesportionen) $\int_0^{20} S(t)\,dt \approx 6000;\quad 4\text{ cm}^2 \cdot 1000 \cdot 6000 = 24\,000\,000\text{ cm}^2$ Es werden ca. 2400 m² Blattfläche gefressen.

Situation: Verschiedene Pestizide wirken bei Schädlingen unterschiedlich schnell und stark, was Einfluss auf das Wachstum der Schädlingspopulationen und den Zeitpunkt der Beseitigung hat.

Modell: $S_k(t) = e^{kt}(50 - e^{kt})$ (t: Zeit in Tagen, $S_k(t)$: Anzahl der Schädlinge in 1000 Stück)
$= 50e^{kt} - e^{2kt}$ $\quad 0 < k < 1$

Fragestellung	Antwort
Wie sehen verschiedene Kurven der Schar $S_k(t)$ aus? Wie lassen sich die Schädlingsbestände in Abhängigkeit von k beschreiben? Welche Bedeutung hat der Parameter k?	**Schar zeichnen und beschreiben** 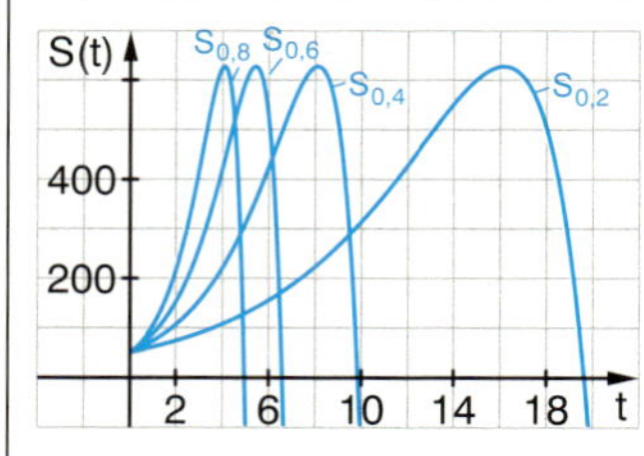 Je größer k ist, desto schneller wachsen die Bestände, sie sterben dann aber auch entsprechend früher aus. Das Maximum scheint unabhängig von k zu sein. k ist ein Maß dafür, wie schnell das Pestizid wirkt.
Wann liegt für die einzelnen Scharkurven in Abhängigkeit von k der maximale Schädlingsbestand vor?	**Hochpunkt mit Kriterien bestimmen** $S_k'(t) = 50k \cdot e^{kt} - 2k \cdot e^{2kt} = 2k \cdot e^{kt}(25 - e^{kt})$ $S_k'(t) = 0 \Rightarrow t = \frac{1}{k}\ln(25)$
Wie lange dauert es bis zur Beseitigung des Bestandes?	**Nullstelle:** $50 - e^{kt} = 0 \Rightarrow t = \frac{1}{k}\ln(50)$ Für $k \to 1$ strebt der Zeitpunkt der Beseitigung gegen $\ln(50) \approx 3{,}9$. Es gibt also mindestens 4 Tage lang Schädlinge.

Übungen

4 *Heuschreckenpopulation*

Eine Heuschreckenpopulation aus anfänglich 1000 Tieren wächst wöchentlich um 30%.

a) Geben Sie die Wachstumsfunktion in der Form $f(x) = A \cdot e^{kx}$ (x in Wochen) an. Wie viele Tiere sind es nach einem Monat? Wie viele nach einem halben Jahr? Wann sind es mehr als eine Million Tiere?

b) Die bisher größten Schwärme sind 1784 in Südafrika dokumentiert worden. Es sollen damals 300 Milliarden Insekten das Land bedeckt haben. Wann wäre die Heuschreckenpopulation nach dem Modell in a) so groß?

c) Ermitteln Sie die mittlere Änderungsrate der Population im ersten halben Jahr und nach den ersten zwei Jahren. Vergleichen Sie mit der momentanen Änderungsrate nach einem halben Jahr und nach zwei Jahren.

Lineares und Exponentielles Wachstum

Grundlegende Wachstumsformen sind das lineare und das exponentielle Wachstum.

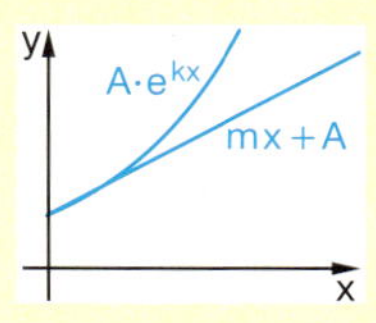

Lineares Wachstum lässt sich durch lineare Funktionen $f(x) = m \cdot x + A$ beschreiben, exponentielles Wachstum durch Exponentialfunktionen $f(x) = A \cdot e^{kx}$.

Die **momentane Änderungsrate** ist bei linearem Wachstum konstant: $f'(x) = m$.
Bei exponentiellem Wachstum ist sie zu jedem Zeitpunkt proportional zum vorhandenen Bestand: $f'(x) = k \cdot f(x)$.

5 *Radioaktiver Zerfall*

Tritium ist ein radioaktives Isotop des Wasserstoffs. Pro Jahr zerfallen 5,5% der ursprünglich vorhandenen Menge.

a) Ermitteln Sie die Zerfallsfunktion, wenn zu Beginn 200000 Teilchen vorhanden sind. Wie groß ist die Halbwertszeit? Wann sind alle Teilchen zerfallen?

b) Zeigen Sie, dass die Halbwertszeit unabhängig vom Anfangswert ist.

Information zur Halbwertszeit, siehe Seite 308

6 *Modellierung*

In unregelmäßigen Abständen (in Jahren) wird der Bestand einer seltenen Tierart gemessen. Zwei Institute modellieren die Bestandsentwicklung mit verschiedenen Funktionen:

Zeit	0	1	3	4	7
Anzahl	30	49	72	92	185

A: $f(x) = 30 \cdot e^{kx}$ B: $g(x) = ax^2 + bx + 30$

a) Bestimmen Sie für A und B passende Parameter. Vergleichen Sie Ihre Lösungen.

b) Wie viele Tiere werden es laut Institut A beziehungsweise B in 12 Jahren sein? Wann werden es jeweils über 1500 Tiere sein?

c) Ermitteln Sie für jedes Modell den Zeitraum, in dem sich der Bestand verdoppelt. Beschreiben Sie diesbezüglich Unterschiede zwischen den beiden Modellen.

7 *Parametervariationen*

a) In den Bildern sind Funktionenscharen zu $f(x) = A \cdot e^{kx}$ dargestellt, wobei jeweils einer der beiden Parameter A und k fest und der andere variabel ist. Bei welchem Bild ist A, bei welchem k fest?

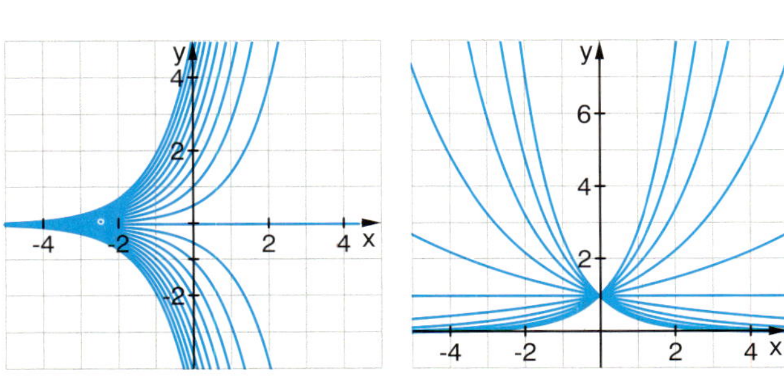

Beschreiben Sie, wie sich die Variation des anderen Parameters jeweils im Bild auswirkt.

b) Zeichnen und beschreiben Sie Funktionenscharen zu $f_k(x) = 2 \cdot e^{-kx}$ und $f_A(x) = A \cdot e^{-0{,}5x}$

Übungen

8 *Absatz eines TV-Geräts*

Ein TV-Gerät wird bei seiner Markteinführung 2000-mal verkauft. Umfragen haben ergeben, dass es maximal 20 000-mal verkauft werden kann und dass die Verkaufsrate zu Beginn am größten ist.

a) Erläutern Sie, dass es sich hierbei um begrenztes Wachstum handeln kann und dass das folgende Modell dazu passt.
$f(x) = -18 \cdot e^{-0{,}15x} + 20$
(x: Zeit in Monaten; f(x) Anzahl der verkauften Geräte in 1000 Stück)
Zeichnen Sie den Graphen dieser Modellfunktion.

b) Wie viele Geräte sind nach 10 Monaten verkauft? Wann ist die Hälfte der maximalen Anzahl verkauft?

Begrenztes Wachstum

„Die Bäume wachsen nicht in den Himmel" – es gibt meistens eine (Sättigungs- oder Kapazitäts-) Grenze des Wachstums.

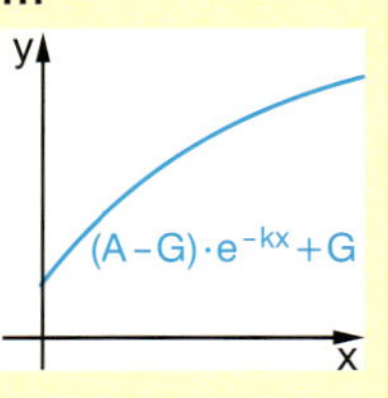

Begrenztes Wachstum wird durch $f(x) = (A - G) \cdot e^{-k \cdot x} + G$ beschrieben. Dabei ist A der Anfangsbestand, G die Sättigungsgrenze und $k > 0$ die Wachstumskonstante.
Häufig ist die Wachstumsgeschwindigkeit zu Beginn am stärksten und nimmt ab, wenn sich die Bestände der Grenze nähern. Die Wachstumskurve ist rechtsgekrümmt.

9 *Lungenuntersuchung*

Bei Lungenuntersuchungen muss man vollständig ausatmen und danach 5 Sekunden lang so tief wie möglich einatmen.

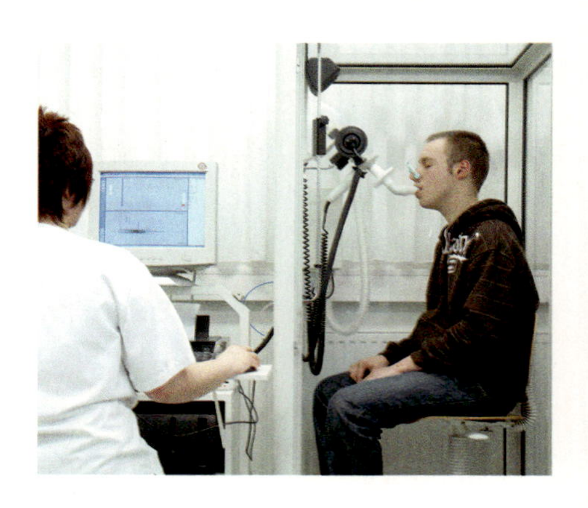

a) Bei zwei Personen lässt sich das Einatmen durch folgende Funktionen beschreiben:
$L_1(x) = 5 - 5e^{-x}$ und $L_2(x) = 4 - 4e^{-2{,}5x}$
(x: Zeit in s, L(x): Lungenvolumen in l)
Skizzieren Sie beide Modellfunktionen. Beschreiben und vergleichen Sie das jeweilige Einatmen. Wo liegt jeweils die Grenze und welche Bedeutung hat sie im Sachkontext?

b) Begründen Sie, auch mithilfe der Ableitung, dass das Änderungsverhalten am Anfang am stärksten ist und umso geringer wird, je näher das Volumen an die Sättigungsgrenze heran kommt.

c) Zu welchem Zeitpunkt haben beide Personen dieselbe Menge Luft eingeatmet? Vergleichen Sie die momentane Änderungsrate zu diesem Zeitpunkt.

d) Bei gesunden Menschen gilt allgemein $L(x) = V - Ve^{-kx}$, $k > 0$ als passendes Modell zur Beschreibung des Einatmens. Ordnen Sie begründet den Bildern eine der Schargleichungen zu. Erklären Sie die Bedeutung der Parameter k und V.

(1) $L_V(x) = V - Ve^{-x}$

(2) $L_k(x) = 6 - 6e^{-kx}$

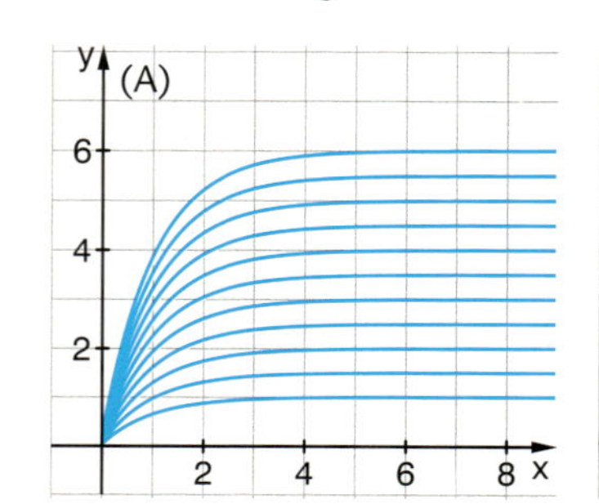

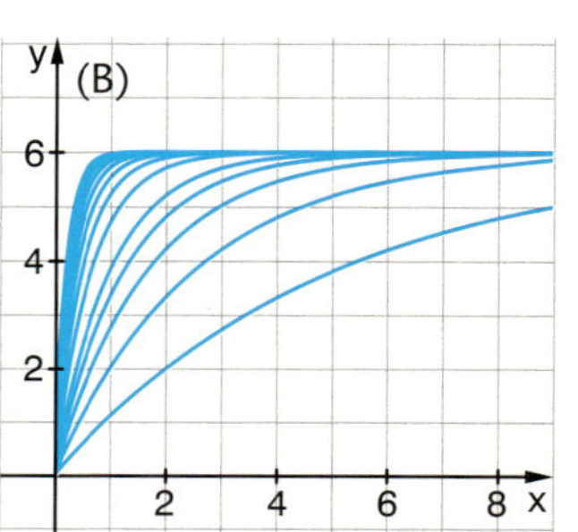

Übungen

10 *Wachstum von Kresse*

Kressepflanzen können 10 cm hoch wachsen. Es wird eine 1 cm hohe Pflanze eingepflanzt.

a) Zeigen Sie, dass

$$f(x) = \frac{10}{1 + 9 \cdot e^{-0,5x}}$$

(x: Zeit in Tagen; f(x): Höhe in cm) ein passendes Modell für den Wachstumsprozess ist. Gelingt Ihnen eine Begründung allein anhand des Funktionsterms?

Begründen Sie mithilfe einer Sekantensteigungsfunktion oder der Ableitung, dass das Wachstum s-förmig verläuft.

b) Ermitteln Sie mithilfe der Rechnung des CAS den Zeitpunkt maximalen Wachstums. Wie hoch ist die Pflanze dann?

Logistisches Wachstum

In vielen natürlichen Prozessen verläuft das Wachstum „s-förmig" wie in nebenstehender Abbildung.

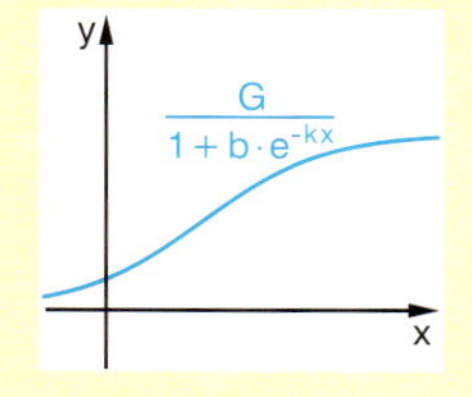

Diese Form des Wachstums wird durch $f(x) = \frac{G}{1 + b \cdot e^{-kx}}$ beschrieben.

Auch dieses Wachstum hat eine Sättigungsgrenze G. Hier nimmt die Wachstumsgeschwindigkeit zunächst zu und nimmt dann umso mehr ab, je näher der Bestand sich der Grenze nähert. Die Wachstumskurve hat einen Wendepunkt.

$$f'(x) = \frac{45\,e^{-0,5x}}{(1 + 9\,e^{-0,5x})^2}$$

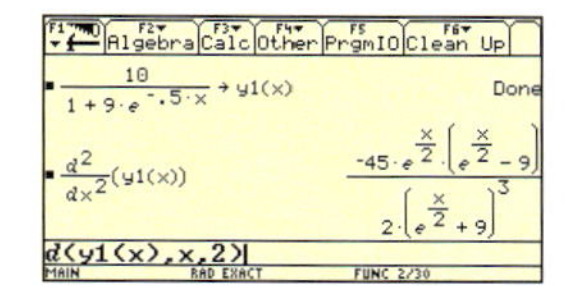

11 *Eine Tierpopulation*

In einem Reservat soll eine neue Tierart angesiedelt werden. Die drei Funktionenscharen beschreiben mögliche Populationsentwicklungen dieser Tierart (x: Zeit in Jahren; y: Anzahl in 100 Tieren).

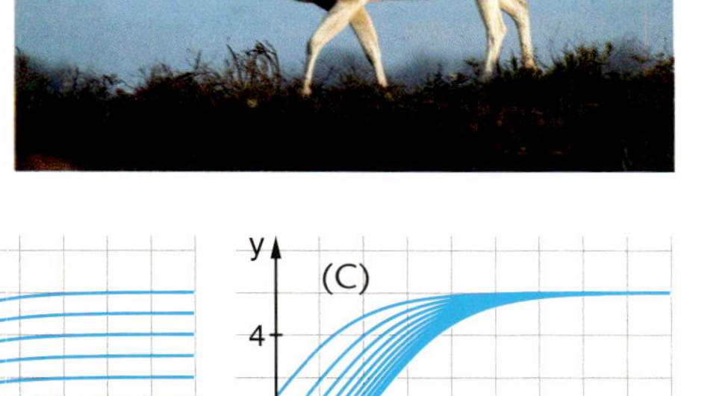

(1) $f_G(x) = \frac{G}{1 + 4e^{-0,5x}}$

(2) $f_b(x) = \frac{5}{1 + b \cdot e^{-0,5x}}$

(3) $f_k(x) = \frac{5}{1 + 4e^{-kx}}$

Prinzip: ein Parameter frei, die übrigen fest gewählt

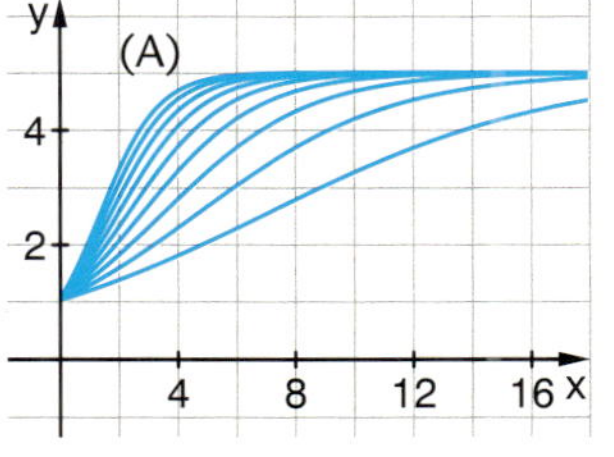

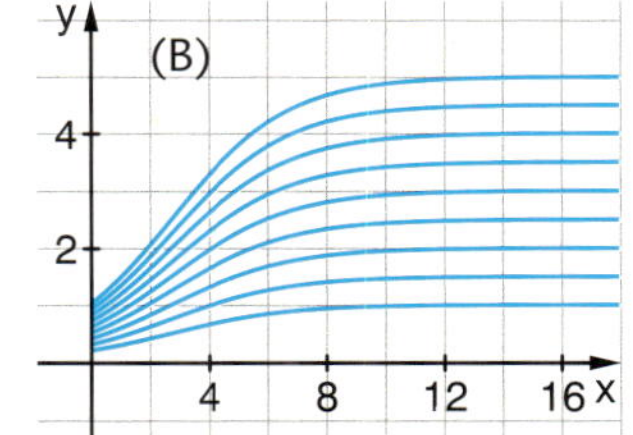

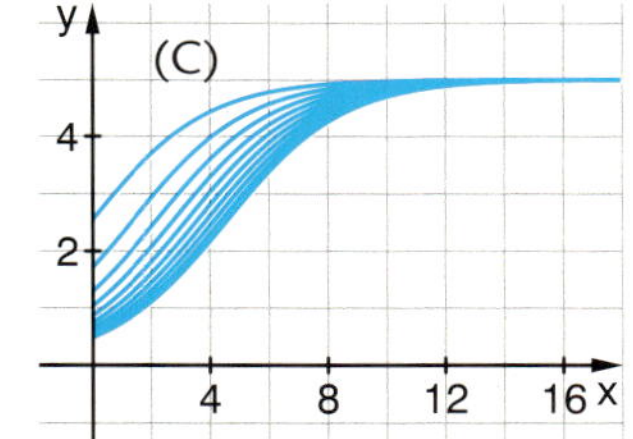

a) Ordnen Sie den Funktionsgleichungen begründet die Bilder zu und erzeugen Sie diese auch mit dem GTR oder einem Funktionenplotter.

b) Beschreiben Sie die Entwicklung der Population in Abhängigkeit des jeweiligen Parameters. Welche Handlungsoptionen haben die Mitarbeiter des Reservats, um Einfluss auf die Bestandsentwicklung zu nehmen? Ordnen Sie diesen Möglichkeiten die einzelnen Parameter G, k und A zu und beschreiben Sie die Entwicklung der Population in Abhängigkeit des jeweiligen Parameters.

c) Geben Sie jeweils die Kapazitätsgrenze und den Anfangsbestand an. Berechnen Sie mithilfe der angegebenen zweiten Ableitungen jeweils den Punkt, in dem die Zunahme des Bestandes maximal ist. Was fällt auf?

Ein Parameter steuert den unterschiedlichen Anfangsbestand zum Zeitpunkt x = 0.

(1) $f_G''(x) = \frac{-G\,e^{0,5x}(e^{0,5x} - 4)}{(e^{0,5x} + 4)^3}$

(2) $f_b''(x) = \frac{-5\,b\,e^{0,5x}(e^{0,5x} - b)}{4\,(e^{0,5x} + b)^3}$

(3) $f_k''(x) = \frac{-20\,k^2 e^{kx}\,(e^{kx} - 4)}{(e^{kx} + 4)^3}$

Übungen

12 *Sonnenblumen*

1919 untersuchten H. S. REED und R. H. HOLLAND das Wachstum von Sonnenblumen. Die Tabelle gibt ihre Messdaten an.

Zeit (in Tagen)	0	7	14	21	28	35	42	49	56	63	70	77	84
Höhe (in cm)	8	17,9	36,4	67,8	98,1	131,0	169,5	205,5	228,3	247,1	250,5	253,8	254,5

Tipp:
Erschließen Sie aus den Daten eine mögliche Grenze und aus der Formel sowie der Höhe zum Zeitpunkt $x = 0$ einen geeigneten Bereich für b.

Finden Sie geeignete Parameter G, b und k, so dass die Kurve f(x) zu den Daten passt.

$$f(x) = \frac{G}{1 + b \cdot e^{-kx}}$$

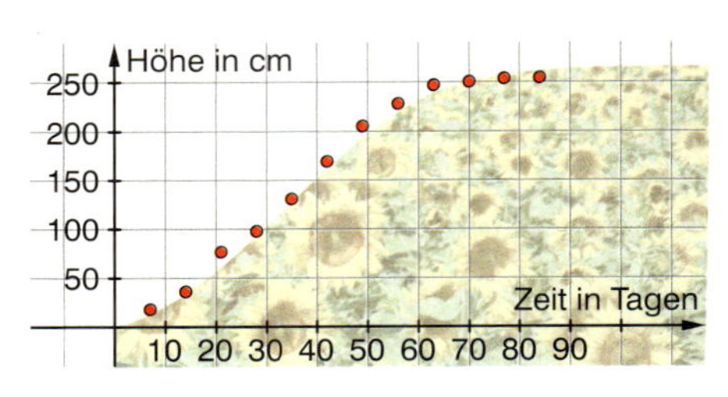

13 *„Wachstum mit Gift" oder „Grippe mit Heilung"*

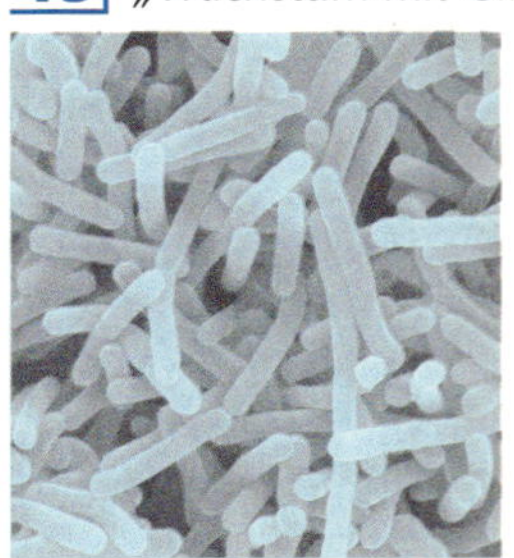

Das Modell des logistischen Wachstums ist nur dann angemessen, wenn die Bestände ständig wachsen. Wenn Bakterien in einer Petrischale aber den Nahrungsvorrat verbraucht haben, hält sich der Bestand nicht an der Grenze, sondern die Bakterien sterben. Wenn die Anzahl Infizierter während einer Grippewelle zunächst logistisch wächst, so kann mit diesem Modell aber nicht das anschließende Abebben der Grippewelle erklärt werden. Nach dem logistischen Modell würden Infizierte immer infiziert bleiben.

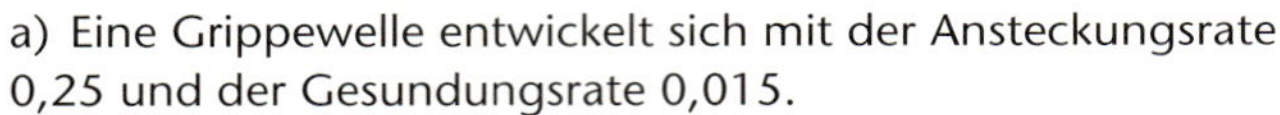

a) Eine Grippewelle entwickelt sich mit der Ansteckungsrate 0,25 und der Gesundungsrate 0,015.
Zeigen Sie durch eine Skizze, dass $f(x) = e^{0,25 \cdot x - 0,015 \cdot x^2}$ (x: Zeit in Tagen, f(x): Anzahl der Infizierten in 100 Personen) den Verlauf der Grippewelle angemessen beschreibt. Benutzen Sie auch die Ableitung.
Bestimmen Sie die maximale Anzahl an Infizierten und die Zeitpunkte maximaler Zu- bzw. Abnahme der Infizierten.

b) Die Funktionenschar $f_{g,s}(x) = e^{g \cdot x - s \cdot x^2}$ beschreibt den Verlauf der Grippewelle für unterschiedliche Ansteckungs- und Gesundungsraten.

Welche Bedeutung im Sachkontext haben Variationen der Parameter g und s?
Fertigen Sie aussagekräftige Skizzen zu folgenden Variationen an:
(1) $s = 0,02$; g variiert $\quad 0 < g < 0,4$
(2) $g = 0,25$; s variiert $\quad 0 < s < 0,05$
Beschreiben Sie jeweils die Auswirkungen der Variationen.
Ist es besser, die Ansteckungsrate zu verringern oder die Gesundungsrate zu erhöhen?

Eine Skizze:

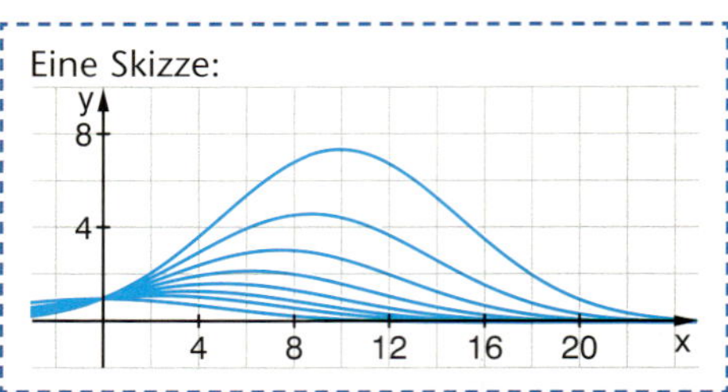

c) Ermitteln Sie jeweils die Punkte zu der maximalen Anzahl an Infizierten in Abhängigkeit von g beziehungsweise s.
Gelingt Ihnen eine Bestimmung der Ortskurve der Extrempunkte?
d) Welche Bedeutung haben g und s, wenn es sich um die Entwicklung von Bakterien in einer Petrischale handelt? Beschreiben Sie auch hier die Bedeutung und Auswirkungen von Variationen.

Innermathematisches Training

14 *Charakteristische Punkte*

Skizzieren Sie f. Bestimmen Sie jeweils die Schnittpunkte mit den Koordinatenachsen und die lokalen Extrempunkte.

a) $f(x) = 4x - e^x$
b) $f(x) = e^x - e \cdot x$
c) $f(x) = (e^x - 2)^2$
d) $f(x) = e^x + e^{-x}$
e) $f(x) = (x - 2) \cdot e^x$
f) $f(x) = (x^2 + 1) \cdot e^x$

15 *Ableitungen*

Bestimmen Sie jeweils die erste, zweite und dritte Ableitung. Erkennen Sie eine Gesetzmäßigkeit?

a) $f(x) = e^{kx}$
b) $f(x) = e^x + e^{-x}$
c) $f(x) = x \cdot e^x$
d) $f(x) = x^2 e^x$
e) $f(x) = e^x + x^2$

16 *Flächen*

Bestimmen Sie jeweils den Inhalt der gefärbten Fläche.

14
15

a)
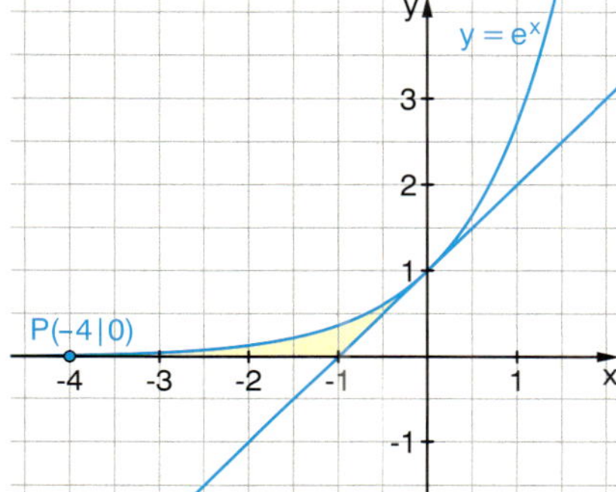

b)
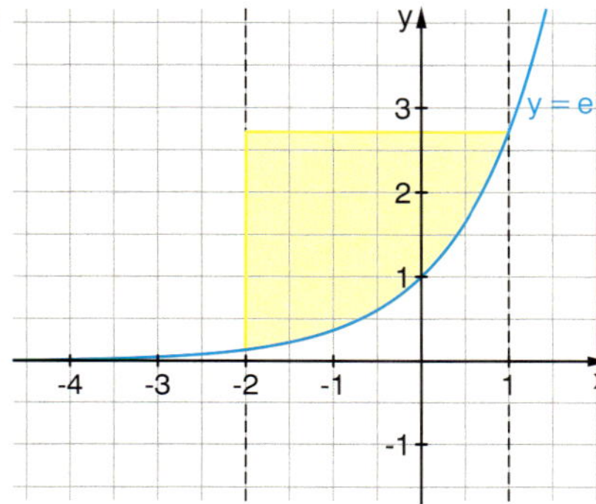

Einmal gelingt nur eine Näherungslösung.

c)
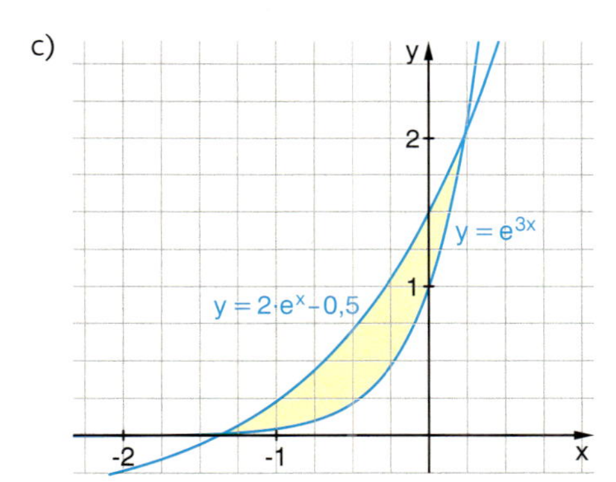

d)
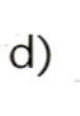
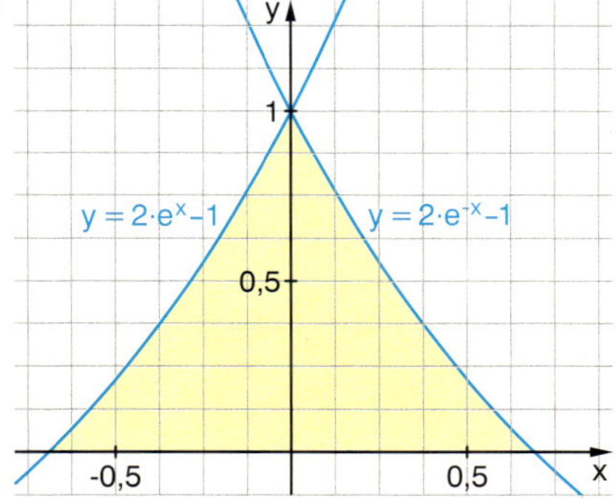

17 *Tangente*

Ermitteln Sie jeweils die Gleichung der Tangente in $(0|f(0))$ und $(2|f(2))$.

a) $f(x) = e^{2x}$
b) $f(x) = 2e^x$
c) $f(x) = e^x + x$
d) $f(x) = x - e^x$
e) $f(x) = x \cdot e^x$
f) $f(x) = \frac{e^x}{x}$

18 *Funktionenschar*

Gegeben ist die Funktionenschar $f_k(x) = e^x - kx$.

a) Welche Kurve verläuft durch $(1|4)$?
b) Wie lautet der Funktionswert an der Stelle 2? Welche Kurve schneidet dort die x-Achse?
c) Geben Sie für $k = 1$ alle Stammfunktionen an. Welche verläuft durch $(1|0)$?
d) Bestimmen Sie:

(1) $\int_{-1}^{1} f_k(x)\,dx$ (2) $\int_{-t}^{t} f_1(x)\,dx$

Stammfunktion

Integral

Innermathematisches Training

Übungen

19 *Nullstellen, Extrem- und Wendepunkte*

Skizzieren Sie jeweils die Paare von Funktionen und untersuchen Sie diese auf ihr Verhalten für $|x| \to \infty$, Nullstellen, Extrem- und Wendepunkte.

a) $f_1(x) = e^x + x$

$f_2(x) = e^x - 2x$

b) $g_1(x) = e^x + x^2$

$g_2(x) = e^x - x^2$

c) $h_1(x) = x^2 e^x$

$h_2(x) = x^3 e^x$

d) $k_1(x) = \frac{e^x}{x}$

$k_2(x) = \frac{e^x}{x^2}$

e) $l_1(x) = (e^x - 1)^2$

$l_2(x) = (e^x + 2)^2$

f) $m_1(x) = e^{x^2}$

$m_2(x) = e^{x^3}$

20 *Funktionenscharen und Ortskurven*

Fertigen Sie zunächst eine aussagekräftige Skizze der Funktionenscharen an. Beschreiben Sie die Kurven in Abhängigkeit des Parameters.

Bestimmen Sie Achsenschnittpunkte, Extrem- und Wendepunkte in Abhängigkeit des Parameters.

Bestimmen Sie – gegebenenfalls – die Ortskurven der Extrem- und Wendepunkte.

a) $f_t(x) = e^x + tx$

b) $f_a(x) = e^x + ax^2$

c) $f_n(x) = x^n e^x,\ n \in \mathbb{N}$

d) $f_m(x) = e^{x^m},\ m \in \mathbb{N}$

e) $f_k(x) = (x - k)e^x$

f) $f_s(x) = (e^x - s)^2$

GRUNDWISSEN

1 Skizzieren Sie zum Text passende Graphen.

a) Die Preise stiegen zunehmend weniger.

b) Die Größe des Algenteppichs nimmt zunehmend ab.

c) Die Population von anfänglich 50 Tieren nahm zunächst gleichmäßig zu, ehe sie sich nach 3 Jahren verringerte und bei ca. 100 Tieren einpendelte.

2 Bestimmen Sie

a) zu $f(x) = 2x^2$ alle Stellen mit der Steigung 1.

b) zu $f(x) = -x^3$ alle Stellen mit negativer Steigung.

c) zu $f(x) = \frac{1}{2}x^2 - 4x$ alle Stellen mit der Steigung a.

3 *Wahr oder falsch?*

Die Funktionen $f(x) = x^2$, $g(x) = x^3$, $h(x) = x^4$ haben an der Stelle $x = 0$ bzw. $x = 1$

a) denselben Funktionswert

b) dieselbe Steigung

c) dasselbe Krümmungsverhalten.

4 Geben Sie jeweils ohne Benutzung eines technischen Hilfsmittels eine Funktionsgleichung an:

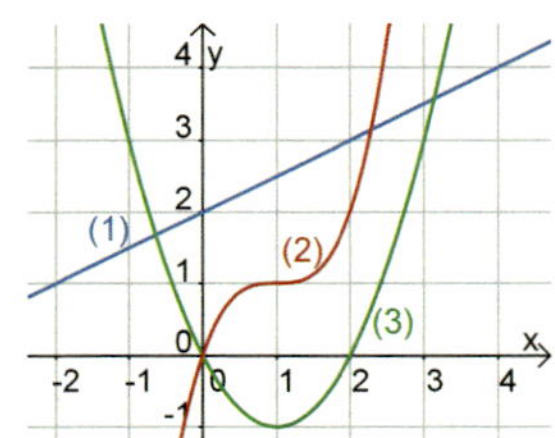

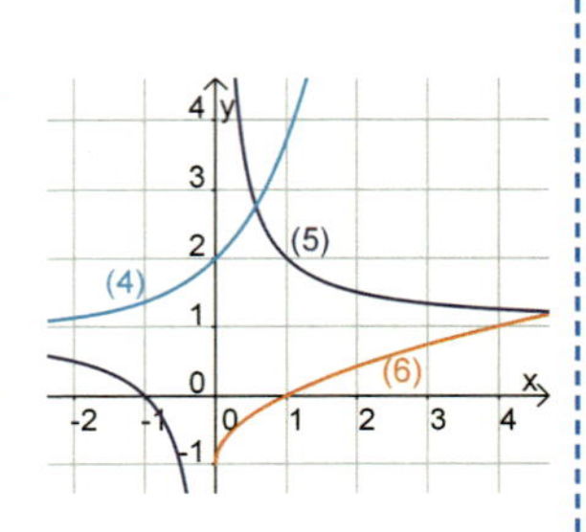

5 Nennen Sie die Asymptoten von Potenzfunktionen $f(x) = x^k$, $k \in \mathbb{Z}$ und Exponentialfunktionen $g(x) = b^x$.

Innermathematische Anwendungen

Übungen

21 *Tangenten und ein Extremwertproblem*

a) Wählen Sie verschiedene Punkte von $y = e^x$ und ermitteln Sie die Gleichungen der zugehörigen Tangenten. Wo schneiden diese die x-Achse?
Was fällt auf? Formulieren Sie eine Vermutung und erhärten Sie diese durch ein weiteres Beispiel. Beschreiben Sie damit, wie die Tangente an $y = e^x$ in einem Punkt geometrisch konstruiert werden kann.

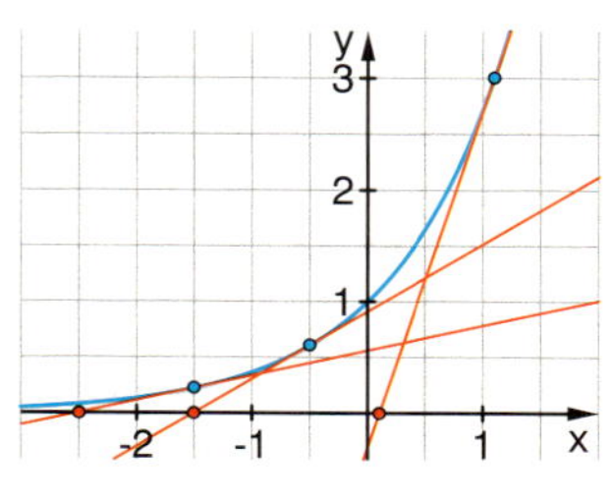

Partnerarbeit

b) Jede der Tangenten schließt mit den Koordinatenachsen ein Dreieck ein. Berechnen Sie für die in a) gewählten Punkte die Flächeninhalte dieser Dreiecke.

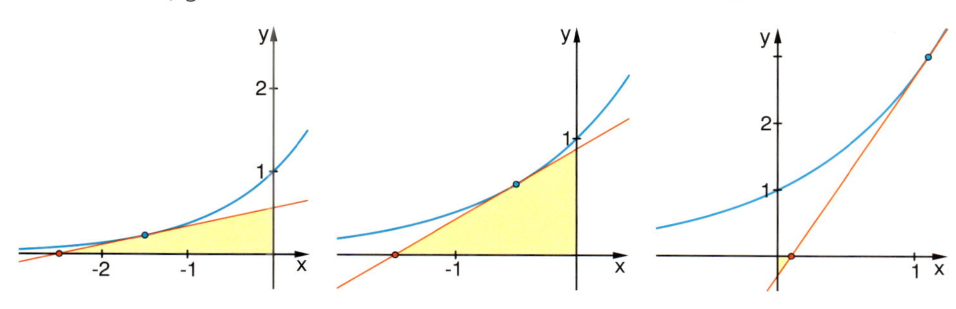

c) Beweisen Sie die Vermutung aus a) allgemein für den beliebigen Punkt $(t\,|\,e^t)$.
Zeigen Sie, dass $A(t) = (t-1)^2 \cdot e^t$ den Flächeninhalt für das Dreieck angibt, das die Tangente in $\frac{1}{2}(t\,|\,e^t)$ mit den Koordinatenachsen umschließt. Für welche Werte von t ist der Flächeninhalt maximal beziehungsweise minimal?

22 *Asymptoten, Extrempunkte und Flächen*

Gegeben ist die Funktion
$f(x) = e^{2x} - 2e^x + 1$.

a) Begründen Sie, dass $y = 1$ eine Asymptote für $x \to -\infty$ ist und dass für $x \to \infty$ die Funktionswerte $f(x)$ gegen ∞ streben.

b) Bestimmen Sie den Tief- und den Wendepunkt von $f(x)$.

c) Wo schneidet f die waagerechte Asymptote $y = 1$?
Ermitteln Sie jeweils den Inhalt der gefärbten Flächen.

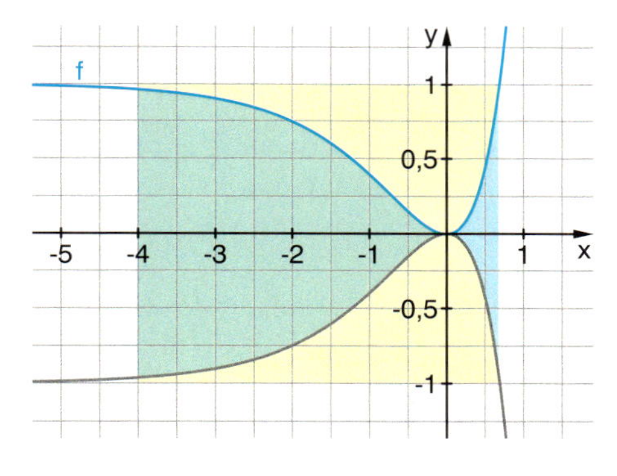

uneigentliches Integral

23 *Funktionenschar*

Die Abbildung zeigt Graphen der Funktionenschar $f_t(x) = (x-t) \cdot e^x$.

a) Erzeugen Sie das Bild mit dem GTR oder einem Funktionenplotter. Beschreiben Sie die Gestalt der Graphen in Abhängigkeit von t.

b) Welche der Kurven verläuft durch den Ursprung, welche durch $(1\,|\,1)$?
Welche Kurve hat an der Stelle $x = 0$ eine waagerechte Tangente? Welche Kurve hat an der Stelle $x = 1$ die Steigung 2?

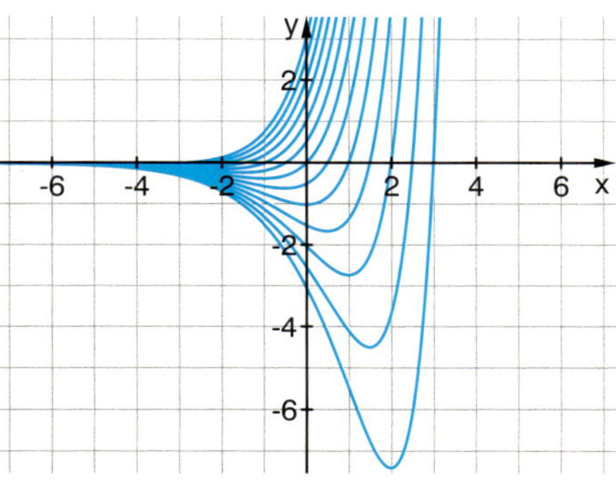

17

c) Welche Kurve hat an der Stelle $x = 0$ einen Krümmungswechsel?

d) Für welchen Wert von t wechselt die Steigung an der Stelle 1 ihr Vorzeichen?

e-Funktionen in der Realität

Übungen

24 *Wie schnell öffnet und schließt eine automatische Tür?*
Eine Tür mit einem automatischen Türöffner öffnet und schließt sich.
Die Abhängigkeit des Öffnungswinkels α von der Zeit t kann durch folgende Funktion beschrieben werden:

$$\alpha(t) = 200\,te^{-0,7t} \quad (t \text{ in s, } \alpha \text{ in } °)$$

Tür

α

Skizzieren Sie f und beschreiben Sie damit den Vorgang.
- Wann ist die Tür ganz geöffnet?
- Wann ist die Tür geschlossen?
- Wann ist die Schließbewegung am schnellsten?

25 *Verkauf von Kaffeeautomaten*

x: Zeit in Monaten
x = 0: Zeitpunkt der Markteinführung
y: Stückzahl in 1000/Monat

Zwei unterschiedliche Typen von Kaffeeautomaten werden gleichzeitig am Markt eingeführt. Auf der Grundlage von Umfragen und bisherigen Erfahrungen wird der Verkauf durch die beiden folgenden Funktionen modelliert:

Typ 1: $T_1(x) = 3x \cdot e^{-0,25x}$

Typ 2: $T_2(x) = 0,5x^2 \cdot e^{-0,25x}$

a) Skizzieren Sie jeweils die Verkaufsfunktionen. Beschreiben und vergleichen Sie die jeweiligen Absätze. Wo liegt ein wesentlicher Unterschied in der Modellierung des Absatzes der beiden Gerätetypen?
b) Bestimmen Sie jeweils die maximalen Absätze pro Monat und deren Zeitpunkt. Wann sind die Zunahme bzw. die Abnahme der Verkaufsraten jeweils maximal? Erklären Sie damit rechnerisch den qualitativen Unterschied in der Absatzentwicklung.
c) Wie viele Geräte werden nach den Modellen jeweils in den ersten 3 Monaten abgesetzt, wie viele in den ersten 2 Jahren? Interpretieren Sie das Ergebnis. Untersuchen Sie grafisch, wann von beiden Gerätetypen gleich viel abgesetzt wurde.

Stammfunktion zu T_1: $-12(x+4)e^{-0,25x}$
Stammfunktion zu T_2: $(-2x^2 - 16x - 64)e^{-0,25x}$

26 *Konzentration von Medikamenten*

vgl. Aufgabe 2

Die Konzentration eines Medikaments im Blut hängt vom Medikament, von der Konstitution des Patienten und von anderen Aspekten ab. Die folgenden Funktionenscharen beschreiben die Konzentration in Abhängigkeit gewisser Parameter. Skizzieren Sie jeweils die Schar und beschreiben Sie die Auswirkung der Parametervariation im Sachkontext.
Ermitteln Sie die Ortskurven der maximalen Konzentration und der maximalen Abnahme der Konzentration.

a) $K_t(x) = x \cdot e^{-tx}$, $t > 0$

b) $K_a(x) = a \cdot x \cdot e^{-0,02x}$, $0 < a \leq 2$

c) $K_b(x) = (x - b) \cdot e^{-0,02x}$, $b > 0$

Beispiel
Schar mit Ortskurven

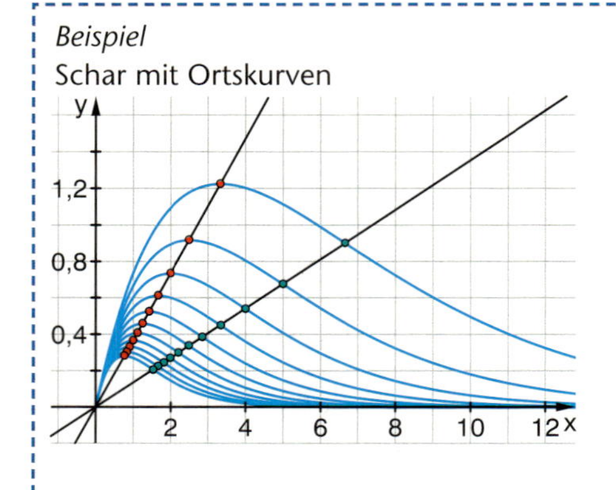

Bedeutung des Parameters:
Der Parameter beeinflusst die Höhe und den Zeitpunkt der maximalen Konzentration.

Extrempunkt: $\left(\frac{1}{k} \middle| \frac{1}{e \cdot k}\right)$

Wendepunkt: $\left(\frac{2}{k} \middle| \frac{2}{e^2 \cdot k}\right)$

Ortskurve der maximalen Konzentration: $y = \frac{x}{e}$

Ortskurve der maximalen Abnahme der Konzentration: $y = \frac{x}{e^2}$

Übungen

27 *Aus der Ökonomie*

Für Firmen ist häufig die Frage bedeutsam: Welcher Preis kann bei einer angestrebten Absatzmenge erzielt werden? Je mehr man absetzen will, desto geringer muss der Preis sein. Dieser Zusammenhang wird durch **Preisabsatzfunktionen P(x)** beschrieben. Darüber hinaus variieren die Absatzmöglichkeiten auch von Gebiet zu Gebiet.
Eine Firma hat aus früheren Erfahrungen und Umfragen in verschiedenen Ländern ein Modell erarbeitet, das den Preis $P_k(x)$ eines Produktes in Abhängigkeit vom angestrebten Absatz von x Einheiten/Tag durch folgende Funktion beschreibt:
$P_k(x) = 300 \cdot e^{-kx}$; $k > 0$ (x: Absatzmenge in Stück, $P_k(x)$: Preis in €)

a) Skizzieren Sie die Kurven zu den folgenden Werten von k.
$k = 0{,}01$; $k = 0{,}02$; $k = 0{,}03$; $k = 0{,}04$; $k = 0{,}05$
Beschreiben Sie die Entwicklung der Verkaufspreise in Abhängigkeit von der nachgefragten Menge.

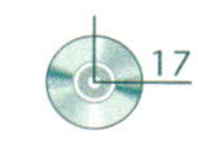

b) Die Bilder zeigen die Preisabsatzfunktion $P_k(x)$ und die Umsatzfunktion $U_k(x)$. Geben Sie die Umsatzfunktion $U_k(x)$ an. Was geben die roten und die blauen Punkte in den Bildern an? Berechnen Sie die roten und die blauen Punkte in Abhängigkeit von k.
Bestimmen Sie die Ortskurve der roten Punkte und interpretieren Sie diese im Sachzusammenhang.

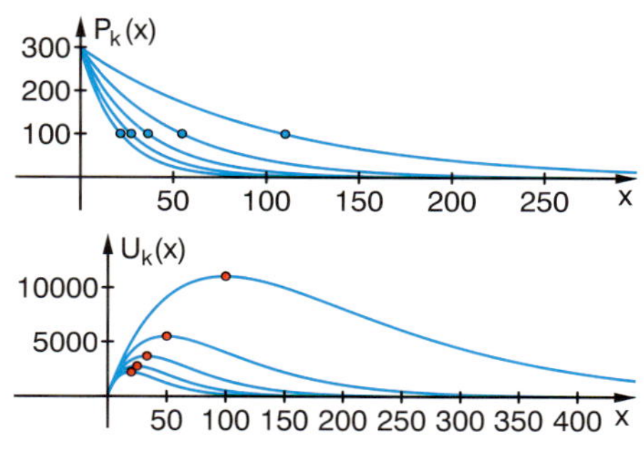

Umsatz = Preis · Menge

rote Punkte: $M\left(\frac{1}{k}\middle|\frac{300}{k \cdot e}\right)$

28 *Strahlentherapie*

Tumorerkrankungen werden häufig durch eine Strahlentherapie behandelt. Man kann sich vorstellen, dass dabei die Tumorzellen mit Strahlen „beschossen" werden. Damit eine Tumorzelle abstirbt, muss man bestimmte Stellen dieser Zelle treffen. Die durchschnittliche Größe einer solchen Stelle wird mit k bezeichnet.

a) Wenn es genügt, genau eine Stelle zu treffen, damit die Tumorzelle abstirbt, dann lässt sich der Zusammenhang zwischen der Dosis x und der Überlebensrate der Tumorzelle f(x) durch die Funktion $f(x) = e^{-kx}$ $(0 < k)$ modellieren.
Beschreiben Sie die Abhängigkeit der Überlebensrate von der Dosis.

Die Überlebensrate der Tumorzelle hängt in der Realität nicht nur von der Bestrahlung ab, sondern u. a. auch von der Beschaffenheit des Tumors selbst.

b) Wenn man annimmt, dass genau zwei Stellen in einer Zelle getroffen werden müssen, damit diese abstirbt, kann man für die Beschreibung des Zusammenhangs zwischen der Dosis und der Überlebensrate folgende Funktion benutzen:
$f(x) = 1 - \left(1 - e^{-kx}\right)^2$; $0 < k < 3$; $x \geq 0$

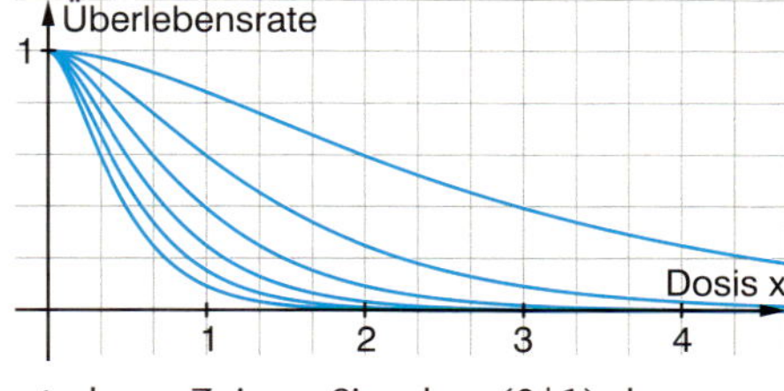

17

Ordnen Sie den Kurven passende Parameterwerte k zu. Zeigen Sie, dass (0 | 1) der Hochpunkt ist und untersuchen Sie das Verhalten für $x \to \infty$.
Bei welcher Dosis ist die Abnahme der Überlebensrate maximal? Wie hoch ist die Überlebensrate an dieser Stelle? Interpretieren Sie die Ergebnisse im Sachkontext.

$f''(x) = 2k^2 e^{-kx}\left(1 - 2e^{-kx}\right)$

c) Angenommen, es müssen n Stellen der Größe 1 in einer Zelle getroffen werden, dann beschreibt die Funktion $f_n(x) = 1 - \left(1 - e^{-x}\right)^n$ das Modell. Die Abbildung zeigt die Kurven für einige n. Interpretieren Sie die Grafik im Sachkontext.

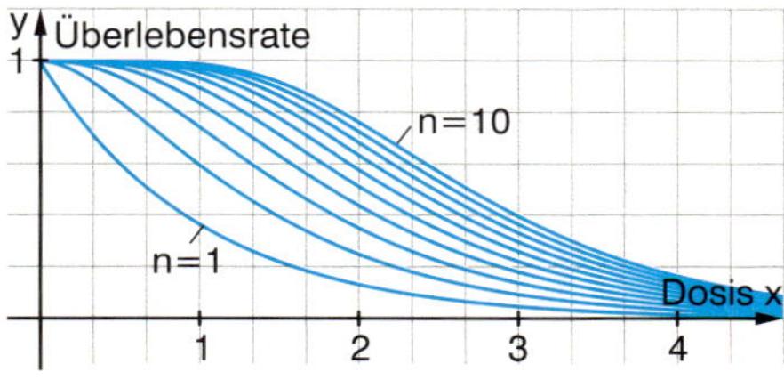

In dem Bereich der Dosis, in dem die Abnahme der Überlebensrate maximal ist, kann man durch kleine Änderungen der Dosis eine hohe Wirkung erzielen. Bei der Festlegung der Dosis spielen aber noch viele weitere Kriterien wie die Lage des Tumors oder der Zustand des Patienten eine Rolle.

Für einen hinreichenden Behandlungserfolg dürfen höchstens 50 % der Zellen überleben. Zeigen Sie, dass die notwendige Mindestdosis $x = -\ln\left(1 - \sqrt[n]{0{,}5}\right)$ ist.
Skizzieren Sie ein n-x-Diagramm und interpretieren Sie im Sachkontext.

Aufgaben

29 *Zwei Modelle einer Kette*

Eine frei hängende Kette nimmt unabhängig von der Aufhängung und der Länge eine parabelförmige Form an. Ist es auch eine Parabel?
Die Abbildung zeigt zwei nach Anschauung passende Graphen verschiedener Funktionstypen:

$P_a(x) = a x^2 + 1$; $K_k(x) = \frac{1}{2k}(e^{kx} + e^{-kx})$

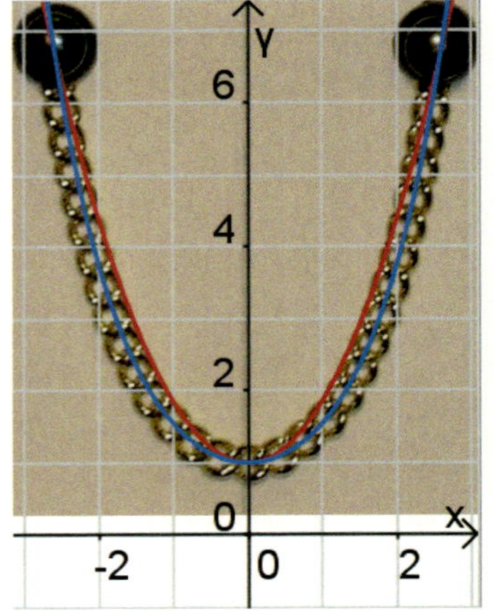

a) Bestimmen Sie jeweils einen passenden Wert für die Parameter a und k. Welche Kurve passt besser?
Zeichnen Sie beide zugehörigen Graphen und beschreiben Sie den unterschiedlichen Verlauf.
Präzisieren Sie die Unterschiede mithilfe der ersten und zweiten Ableitungen.

17

b) Skizzieren Sie die Schar von Kettenlinien K_k für $k > 0$. Bestimmen Sie den Tiefpunkt für beliebiges k. Zeigen Sie, dass es keine Wendepunkte gibt. Warum ist Letzteres vom Ausgangsproblem her klar?

Das Problem der hängenden Kette

Aus einem Manuskript von LEIBNIZ

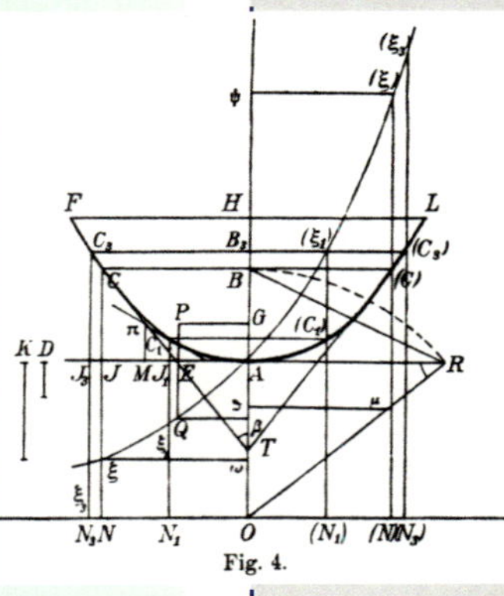

Das Problem, die Linie einer frei hängenden Kette durch eine Funktion zu beschreiben, taucht schon bei GALILEI auf. Er glaubte, dass die Kurve eine Parabel ist. HUYGENS wies dann als 17-jähriger nach, dass es keine Parabel sein kann.

Später (1690) wurde das Problem von LEIBNIZ, HUYGENS und JOHANN BERNOULLI gelöst. Sie konnten mit physikalisch-mathematischen Mitteln zeigen, dass die Kette folgende Bedingung erfüllen muss: $f''(x) = k \cdot \sqrt{1 + f'(x)^2}$.
Diese Bedingung wird aber nur von den Funktionen $K_k(x)$ erfüllt und nicht von Parabeln. Diese Funktionen heißen daher auch **Kettenlinien**.

Projekt

A–D sind einzelne Projektaufgaben, die weitgehend unabhängig voneinander behandelt werden können. Sie thematisieren sowohl innermathematische Eigenschaften der Kettenlinien als auch ihre Anwendbarkeit.

A *Anpassen von Polynomen an Kettenlinie*

Die Kettenlinie ist keine Parabel, hat aber eine ähnliche Form. Welche Parabel passt gut zur Kettenlinie? An der Stelle $x = 0$ sollen die Parabel und die Kettenlinie im Funktionswert und in den ersten beiden Ableitungen übereinstimmen.

Ansatz: $y = ax^2 + bx + c$

Eine bessere Anpassung an die Kettenlinie erhält man, wenn man Polynome höheren Grades ermittelt und dazu die entsprechende Übereinstimmung an der Stelle $x = 0$ auch in den höheren Ableitungen fordert. Warum werden in den Lösungen nur gerade Exponenten auftreten? Bestimmen Sie das Polynom vom Grad 4 und das vom Grad 6.
Wie lautet das Polynom vom Grad 8, wie das Polynom vom Grad n?

Ansatz: 5 Bedingungen: $y = ax^4 + bx^3 + cx^2 + dx + e$

Polynom 6. Grades: $f(x) = \frac{1}{6!}x^6 + \frac{1}{4!}x^4 + \frac{1}{2!}x^2 + 1$
$n! = 1 \cdot 2 \cdot \ldots \cdot n$

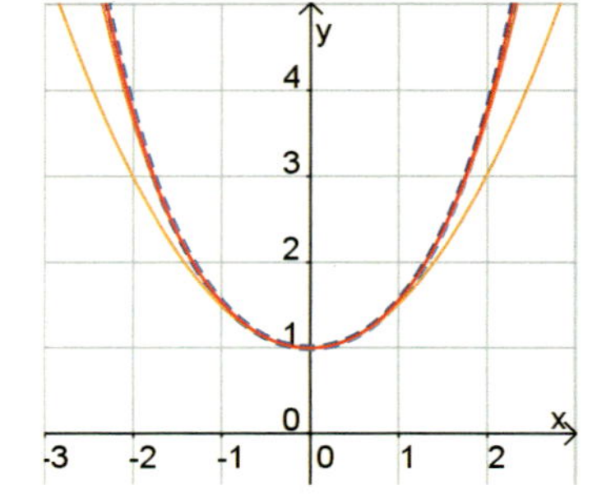

Aufgaben

B *Kettenlinien an Daten anpassen*

Finden Sie geeignete Parameterwerte für a, b und c, so dass die Kettenlinie gut zu der abgebildeten Kette passt. Benutzen Sie die Kettenlinie in folgender Darstellung:

$K(x) = \frac{1}{a}(e^{bx} + e^{-bx}) + c$

Am einfachsten gelingt dies mit einem Funktionenplotter. Mit einem CAS können Sie auch die Parameterwerte berechnen. Lesen Sie dazu zunächst neben dem Punkt $(0|1)$ noch zwei weitere Punkte ab. Lösen Sie dann das nichtlineare Gleichungssystem, das entsteht, wenn man die abgelesenen Koordinaten in die Funktionsgleichung einsetzt, mit dem Einsetzungsverfahren. Werten Sie dafür zunächst die Gleichung für den Punkt $(0|1)$ aus.

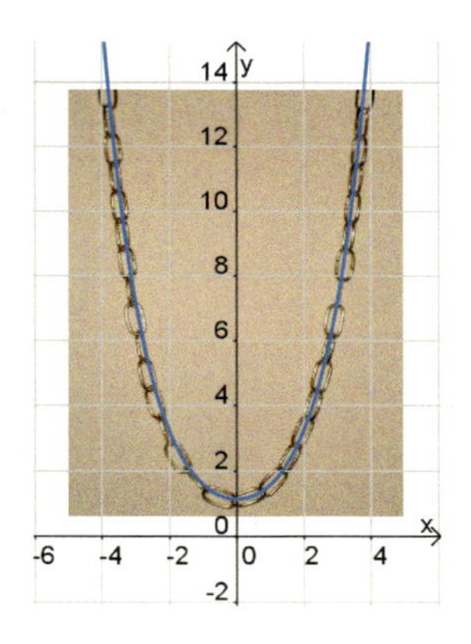

CAS

C *Kettenlinien und Parabeln unterscheiden*

Für Termexperten: Zeigen Sie, dass Kettenlinien $K_k(x) = \frac{1}{2k}(e^{kx} + e^{-kx})$ die Bedingung $f''(x) = c \cdot \sqrt{1 + f'(x)^2}$ erfüllen und die Parabeln $P_a(x) = ax^2 + 0{,}5$ nicht.

binomische Formel

D *Geometrische Konstruktion der Länge eines Kettenstücks*

a) Bestimmen Sie für $K(x) = \frac{1}{2}\left(e^x + e^{-x}\right)$ die
- Steigung an der Stelle a,
- den Flächeninhalt unter der Kurve in $[0;a]$,
- die Länge des Bogens in $[0;a]$

Vergleichen und interpretieren Sie die Ergebnisse.

b) Begründen Sie, dass $\overline{AQ} = K'(a)$ ist. Zeigen Sie damit und mit den Ergebnissen aus a), dass man die Länge eines Kettenstücks zwischen A und P als Strecke $s = \overline{AQ}$ geometrisch konstruieren kann. Wie lässt sich die Fläche unter dem Kettenstück in $[0;a]$ in ein flächengleiches Rechteck verwandeln?

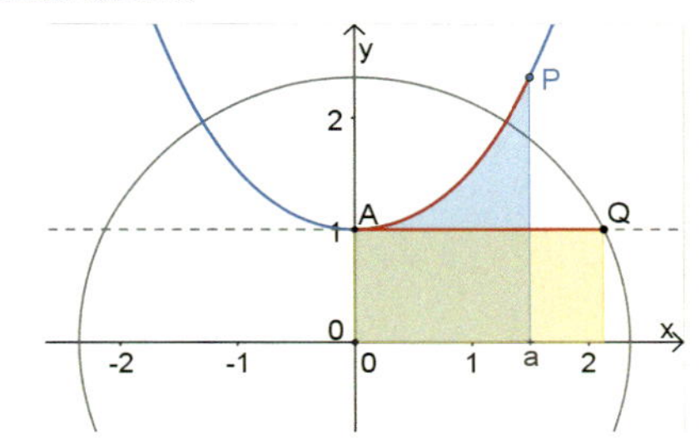

Konstruktionsbeschreibung zu Q:
(1) Kreis mit $r = K(a)$ und $M(0|0)$
(2) Parallele zur x-Achse durch den Tiefpunkt von K
(3) Schnittpunkt der Parallele mit dem Kreis

Bogenlänge von K in $[0; a]$:
$\int_0^a \sqrt{1 + K'(x)^2}\,dx$

Tipps:
- $K''(x) = K(x)$
- $K''(x) = \sqrt{1 + K'(x)^2}$
- Satz des Pythagoras

Brücken und Kettenlinien

Eventuell haben Sie schon einmal Brückenbögen mithilfe einer Parabel modelliert. Sind das nun eigentlich auch Kettenlinien?
Von der Form her passen sicher beide Kurventypen ganz gut. Mit mathematisch-physikalischen Methoden kann man aber zeigen, dass die Bögen bei Hängebrücken wie der Golden Gate Bridge angemessener mit Parabeln modelliert werden, frei hängende Hängebrücken, wie die Salbitbrücke, besser mit einer Kettenlinie. Wo liegt der Unterschied?
Bei den Straßenbrücken hängt an den Bögen eine sehr große Last, nämlich die Fahrbahn. Dies ist bei den frei hängenden Brücken nicht der Fall.

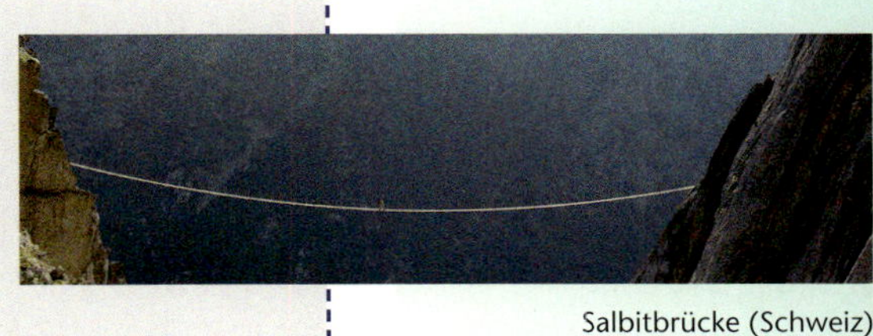

Salbitbrücke (Schweiz)

Golden Gate Bridge (USA)

CHECK UP

Exponentialfunktionen und ihre Anwendungen

Ableitung einer Exponentialfunktion
Die Ableitung von $f(x) = b^x$ ist wieder eine Exponentialfunktion.

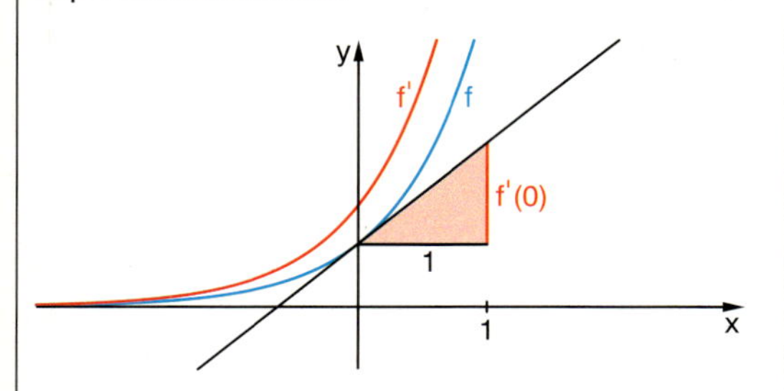

Der Graph von f′ ist im Vergleich zum Graphen von f in y-Richtung gestreckt. Der Streckfaktor ist gleich dem Wert der Ableitung von f an der Stelle $x = 0$.
Es gilt: $f'(x) = f'(0) \cdot b^x$

Natürliche Exponentialfunktion (e-Funktion)
Die besondere Eigenschaft der e-Funktion besteht darin, dass sie mit ihrer Ableitung übereinstimmt.

$f(x) = e^x$
$\Rightarrow f'(x) = e^x$
mit $e = 2{,}718\,281\ldots$

Die Tangente der e-Funktion im Punkt $P(0\,|\,1)$ hat die Gleichung $y = x + 1$.

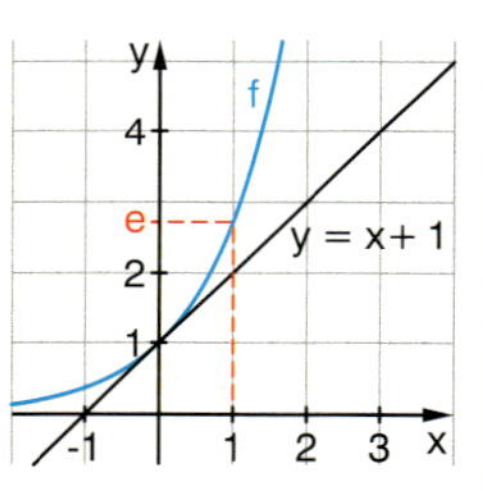

Natürlicher Logarithmus
Die Gleichung $e^x = a$ $(a > 0)$ wird durch die Umkehroperation, das **Logarithmieren** gelöst.
$e^x = a \Rightarrow x = \ln(a)$
Der Logarithmus zur Basis e heißt **natürlicher Logarithmus**. Er wird mit **ln** bezeichnet.
Es gilt: $e^{\ln(a)} = \ln(e^a) = a$

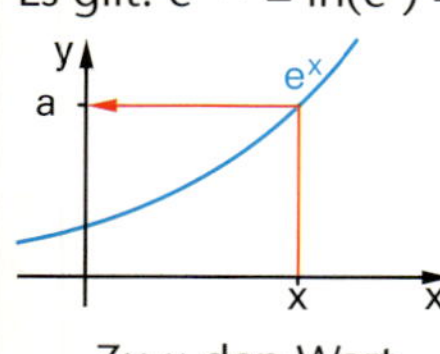

Zu x den Wert $a = f(x)$ finden: $a = e^x$

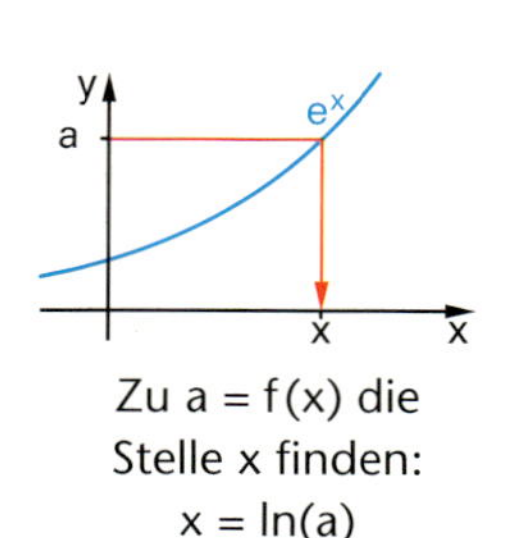

Zu $a = f(x)$ die Stelle x finden: $x = \ln(a)$

1 Die Abbildungen zeigen die Ableitungen zweier Exponentialfunktionen.
a) Was lässt sich jeweils über die Ausgangsfunktionen aussagen?
b) Warum gibt es keine Exponentialfunktion mit $f'(0) = 0$?

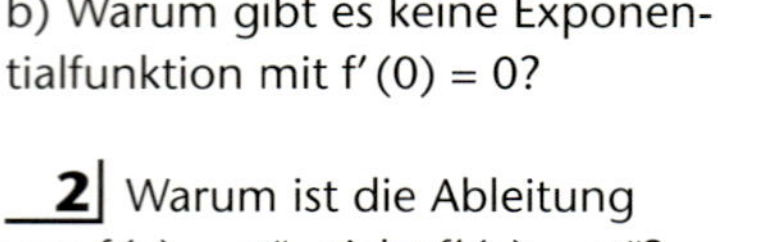

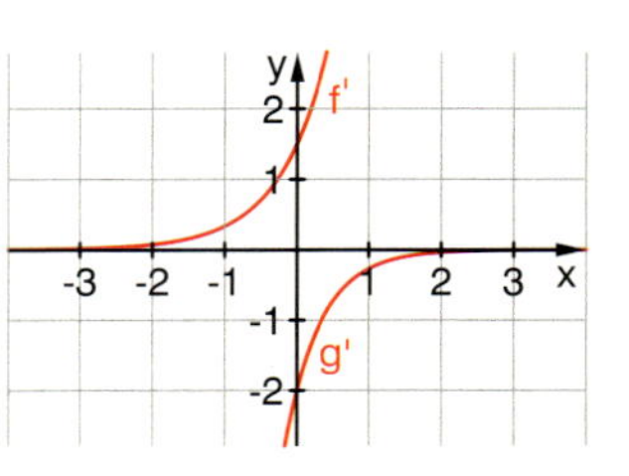

2 Warum ist die Ableitung von $f(x) = e^{-x}$ nicht $f'(x) = e^{-x}$?
a) Geben Sie eine Erklärung mithilfe der Ableitungsregeln.
b) Begründen Sie grafisch-geometrisch, dass $f'(x) = -e^{-x}$ gilt.

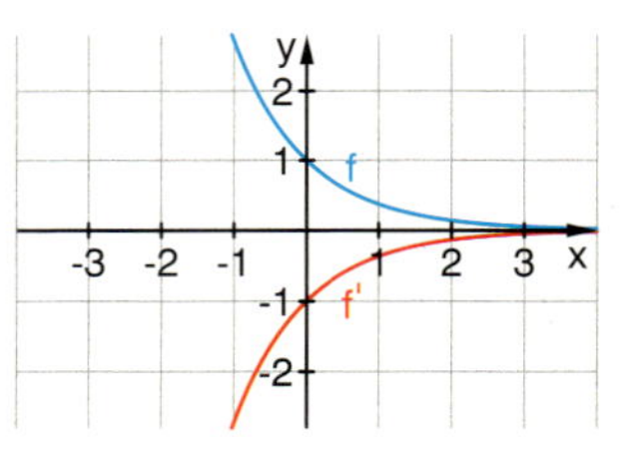

3 Geben Sie zu jedem Bild einen geeigneten Funktionsterm für f mit Basis e an. Benutzen Sie zur Überprüfung auch f′.

a) 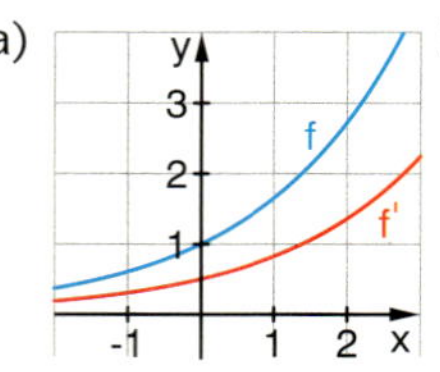

b) 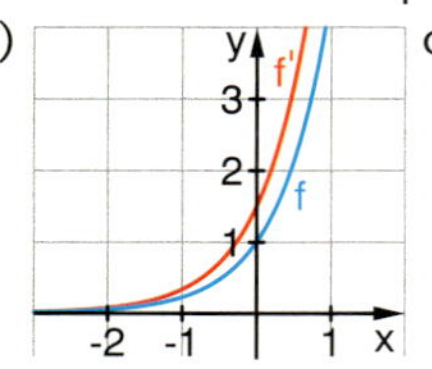

c) 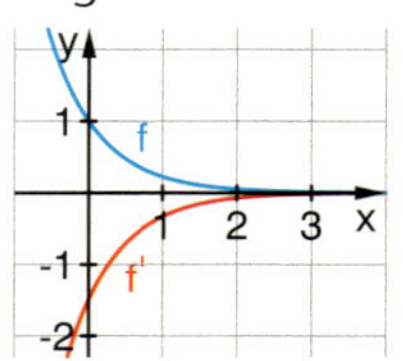

4 a) Geben Sie jeweils den Funktionsterm an, wenn man $f(x) = e^x$
(1) an der y-Achse spiegelt.
(2) an der x-Achse spiegelt.
(3) um 3 Einheiten in die negative x-Richtung verschiebt.
(4) um 2 Einheiten in die positive y-Richtung verschiebt.
b) Durch welche geometrischen Abbildungen lassen sich die Funktionen f, g und h aus $f(x) = e^x$ erzeugen?
$f(x) = e^{x-2} - 1$ $\quad g(x) = 3 \cdot e^{-x}$ $\quad h(x) = -2 \cdot e^{-x} + 1$

5 Ermitteln Sie jeweils die ersten beiden Ableitungen.
a) $f(x) = 3\,e^{0{,}5x}$
b) $f(x) = e^{2x} - x^2$
c) $f(x) = (2x + 1)\,e^x$
d) $f(x) = (x^2 - 1)\,e^x$
e) $f(x) = 3\ln(2x + 1)$
f) $f(x) = x\ln(x)$
g) $f(x) = \ln(x^2)$
h) $f(x) = e^{\sin(x)}$

6 Bestimmen Sie die Integrale und veranschaulichen Sie diese.
a) $\int_{-1}^{2} e^{-x}\,dx$
b) $\int_{1}^{8} \frac{2}{x}\,dx$
c) $\int_{0}^{k} e^{-x} + e^x\,dx$
d) $\int_{-1}^{2} e^x(1 - e^{-x})\,dx$
e) $\int_{0}^{2} e^{mx}\,dx$
f) $\int_{1}^{3} \frac{e^x + e^{-x}}{e^{-x}}\,dx$

CHECK UP

Exponentialfunktionen und ihre Anwendungen

7 Lösen Sie die Gleichungen.

a) $e^{2x} = 2000$ b) $3e^{-x} = 0{,}5$

c) $3e^{0{,}5x} - 6 = 27$ d) $\ln(x + 1) = 5$

8 Zeigen Sie, dass für $f(x) = a \cdot e^x$ und $g(x) = e^{x+c}$ auch $f'(x) = f(x)$ bzw. $g'(x) = g(x)$ gilt. Können Sie noch eine weitere Funktion h angeben, für die $h'(x) = h(x)$ gilt?

9 Wie lautet die Gleichung der Tangente von $f(x) = e^{kx}$ in $(0|f(0))$?

10 Gegeben ist die Funktion $f(x) = e^{0{,}5x}$.

a) Welche Steigung hat f an der Stelle 2?

b) An welcher Stelle hat die Funktion den Wert 8?

c) An welcher Stelle hat f die Steigung 15?

d) Ermitteln Sie den markierten Flächeninhalt.

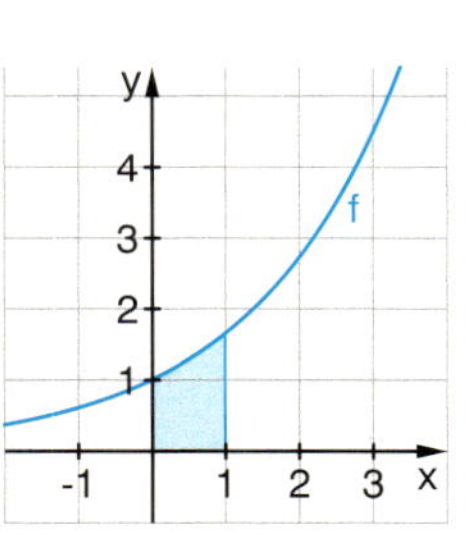

11 Bestimmen Sie Nullstellen, lokale Extrempunkte und Wendepunkte. Untersuchen Sie das Verhalten für $x \to \pm\infty$.

a) $f(x) = (2x - 1)e^x$ b) $f(x) = (x^2 + 1)e^{-x}$

12 Gegeben ist die Funktionenschar $f_k(x) = e^{kx}$.

a) Welche Funktionen dieser Schar haben an der Stelle 0 die Steigung 1; 2; –10?

b) An welchen Stellen x haben die Funktionen der Schar jeweils den Wert 10?

c) Ermitteln Sie den Funktionsterm für den Flächeninhalt A_k. Für welche Werte von k ist dieser Flächeninhalt größer als 10 Flächeneinheiten bzw. kleiner als eine Flächeneinheit?

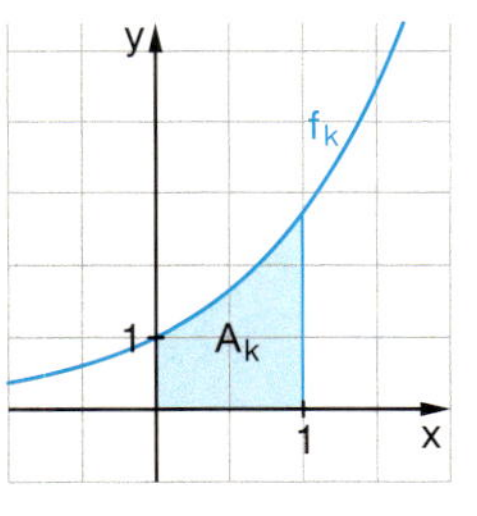

13 Gegeben ist die Funktionenschar $f_k(x) = e^x - k \cdot e^{2x}$.

a) Die Graphen gehören zu $k = -1$, $k = 0$ und $k = 1$. Ordnen Sie begründet zu.

b) Ermitteln Sie die Hochpunkte in Abhängigkeit von k.

c) Bestimmen Sie die Gleichung der Tangente im Schnittpunkt mit der y-Achse.

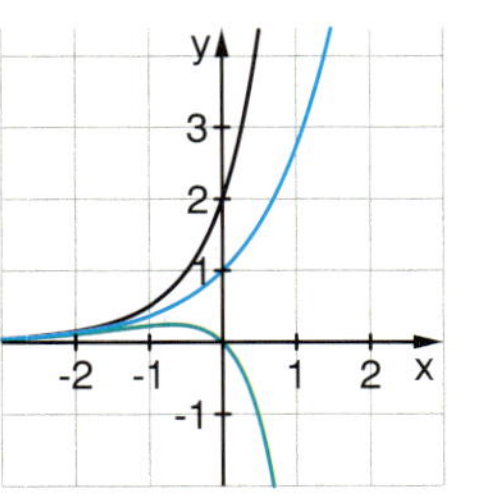

d) Bestimmen Sie $\int_0^1 f_k(x)\,dx$. Für welchen Wert von k hat die zugehörige Fläche den Wert e? Skizzieren Sie diese Fläche.

Jede **Exponentialfunktion** $f(x) = b^x$ lässt sich als Funktion zur Basis e darstellen.

$$f(x) = b^x = (e^{\ln(b)})^x = e^{\ln(b)\cdot x}$$
$$b^x = e^{\ln(b)\cdot x}$$

Für die Ableitung von $f(x) = b^x$ gilt:

$$f'(x) = \ln(b) \cdot e^{\ln(b)x} = \ln(b) \cdot b^x$$

Natürliche Logarithmusfunktion

Die natürliche Logarithmusfunktion $L(x) = \ln(x)$ ist die Umkehrfunktion von $E(x) = e^x$.

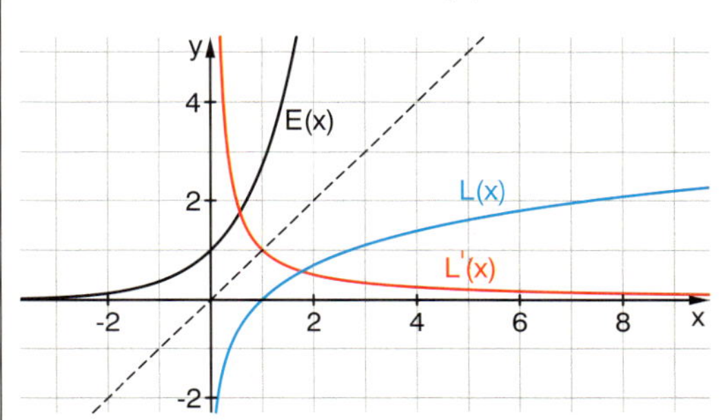

Sie ist für alle positiven reellen Zahlen definiert. Ihr Wertebereich sind alle reellen Zahlen. Es gilt:

für $0 < x < 1$ ist $\ln(x) < 0$
für $x = 1$ ist $\ln(x) = 0$
für $x > 1$ ist $\ln(x) > 0$

Ableitung von $L(x) = \ln(x)$: $L'(x) = \frac{1}{x}$

Zusammenhänge zwischen e und ln

(1) $e^{\ln(a)} = a \quad (a > 0)$ (2) $\ln(e^a) = a$

Halbwerts- und Verdopplungszeit bei exponentiellem Wachstum

$f(x) = A \cdot e^{kx}$

Halbwertszeit:

$$x = \frac{-\ln(2)}{k}$$

Verdopplungszeit:

$$x = \frac{\ln(2)}{k}$$

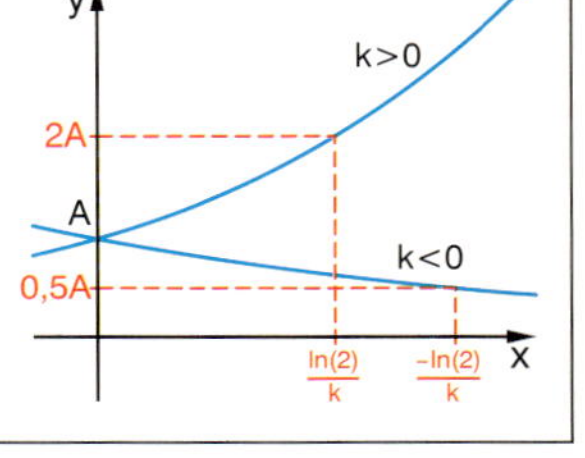

CHECK UP

Exponentialfunktionen und ihre Anwendungen

Die drei wichtigsten Wachstumsmodelle:

Exponentielles Wachstum

$f(x) = A \cdot e^{kx}$

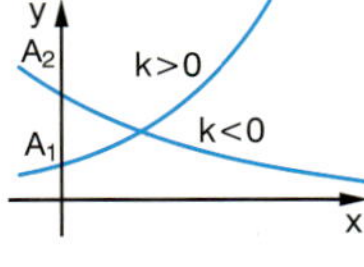

Begrenztes Wachstum

$f(x) = (A - G) \cdot e^{-k \cdot x} + G$

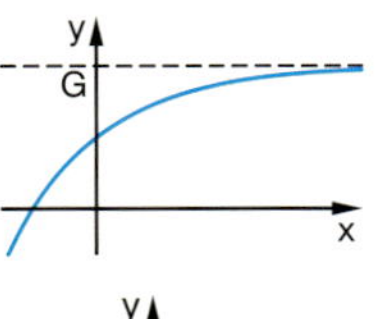

Logistisches Wachstum:

$f(x) = \frac{G}{1 + b \cdot e^{-kx}}$

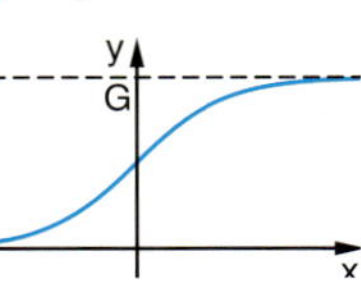

Anwendungsprobleme beim Wachstum

Die momentane Wachstumsrate einer Bakterienkultur wird durch $f(x) = x \cdot e^{-0{,}2x}$ beschrieben (x: Zeit in Stunden).

Wann hat die Wachstumsrate den Wert 1?
Aus Grafik: Nach ca. 1,3 und 12,7 Stunden.

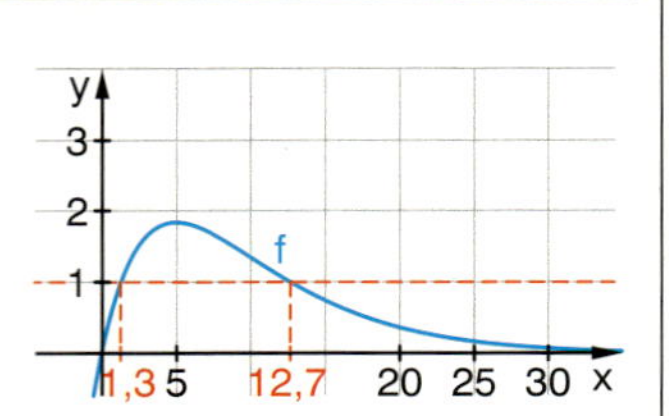

Wann ist die maximale Wachstumsrate erreicht? Welchen Wert hat sie?

$f'(x) = (1 - 0{,}2x)e^{-0{,}2x} = 0 \Rightarrow x = 5$

$f(5) = \frac{5}{e} \approx 1{,}84$

Nach 5 Stunden hat die Wachstumsrate den maximalen Wert 1,84 erreicht.

Wann erfolgt die größte Abnahme der Wachstumsrate?

$f''(x) = (0{,}04x - 0{,}4)e^{-0{,}2x} = 0 \Rightarrow x = 10$

Nach 10 Stunden nimmt die Rate am stärksten ab.

Welcher Bestand entsteht an einem Tag?

$F(x) = (-5x - 25)e^{-0{,}2x}$

$$\int_0^{24} f(x)\,dx = -145e^{-4{,}8} - (-25) \approx 23{,}8$$

14

Man schätzt, dass sich die Zahl der Waschbären einer Kolonie alle drei Jahre verdoppelt. Zum Zeitpunkt t = 0 (t in Jahren) werden 20 000 Waschbären gezählt.

a) Stellen Sie ein passendes exponentielles Modell $f(x) = A \cdot e^{kx}$ für die Bestandsentwicklung auf.
b) Wie viele Waschbären sind nach einem Jahr, nach vier Jahren, nach sechs Jahren zu erwarten? Welche dieser Fragen kann man ohne Rechnung beantworten?
c) Wie lange wird es laut Modell dauern, bis die Population mehr als eine Million Waschbären zählt? Für wie angemessen halten Sie das Modell?

15

Radon ist ein radioaktives Gas, das vor allem im Erdboden entsteht und von dort in die Atmosphäre gelangt. Ein Ansammeln dieses Gases in schlecht gelüfteten Räumen erhöht die Strahlenbelastung.

Die Halbwertszeit des Radon-222 beträgt etwa vier Tage.
a) Füllen Sie die Tabelle aus.

Zeit (in Tagen)	0	4	8	■	256	■
vorhandene Menge (in g)	100	■	■	6,25	■	1,5625

b) Welche Funktionsgleichungen passen zu der Tabelle?
(1) $f(x) = 100 \cdot e^{-\frac{x}{4}}$ (2) $f(x) = 100 \cdot e^{\ln\left(\frac{1}{2}\right) \cdot \frac{1}{4}x}$
(3) $f(x) = 100 \cdot e^{\ln\left(\frac{1}{4}\right) \cdot x}$ (4) $f(x) = 100 \cdot e^{-0{,}17328x}$
c) Wann ist die vorhandene Menge 2?

16 Das Abkühlen einer frisch gekochten Tasse Kaffee kann durch $f(x) = 65 \cdot e^{-0{,}2x} + 20$ modelliert werden.
Skizzieren Sie f und beantworten Sie die Fragen grafisch und rechnerisch.
a) Wie heiß war der Kaffee zu Beginn der Messung?
b) Wie hoch ist die Raumtemperatur?
c) Wie warm ist der Kaffee nach 15 Minuten?
d) Wann ist der Kaffee 40 °C warm?

17 Das Wachstum einer von Algen bedeckten Fläche eines Sees wird mit $f(x) = 15 \cdot e^{0{,}5x - 0{,}1x^2}$ modelliert (x: Zeit in Monaten, f(x): Fläche in 1000 m²).

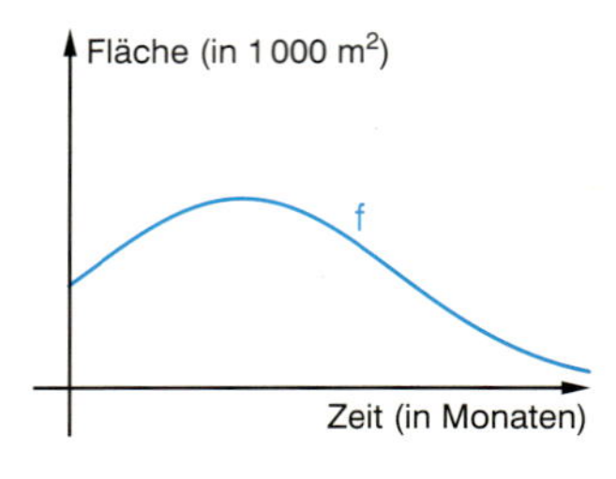

a) Wie groß ist die bedeckte Fläche zur Zeit x = 0?
b) Wie verläuft die langfristige Entwicklung der Fläche?
c) Wie groß ist die maximal von Algen bedeckte Fläche?
d) Wann ist die Zu- bzw. Abnahme der Fläche maximal?

Sichern und Vernetzen – Vermischte Aufgaben

Training

1 a) Ermitteln Sie zu den Graphen jeweils eine Funktionsgleichung. Es handelt sich jeweils um eine verschobene oder gespiegelte Funktion von $f(x) = e^x$. Beschreiben Sie, durch welche geometrischen Abbildungen die Graphen aus dem Graphen von $f(x) = e^x$ entstehen.
b) Geben Sie die Asymptoten an.

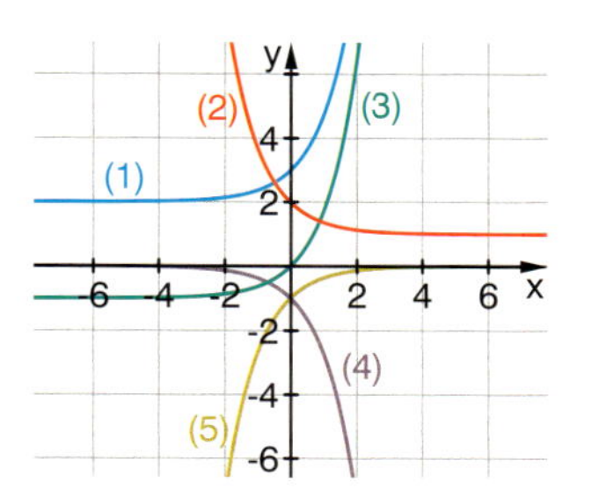

2 Skizzieren Sie die Funktionen. Bestimmen Sie jeweils die lokalen Extrempunkte und die Gleichungen der Tangenten in den Schnittpunkten mit den Koordinatenachsen, sofern diese existieren.

a) $f(x) = (x - 2) \cdot e^x$ b) $f(x) = \frac{2x}{e^x}$ c) $f(x) = \sqrt{e^x}$
d) $f(x) = 4e^{0{,}1x^2}$ e) $f(x) = \ln(2x^2)$ f) $f(x) = x \cdot \ln(x)$

3 Bestimmen Sie die ersten drei Ableitungen. Entdecken Sie ein Muster? Wie lautet die n-te Ableitung?

a) $f(x) = e^{-x}$ b) $f(x) = e^x + e^{-x}$ c) $f(x) = x \cdot e^x$ d) $f(x) = a \cdot e^{kx}$

4 Veranschaulichen Sie jedes Integral und ordnen Sie den Integralen (1) – (4) den passenden Wert (A) – (D) zu. Versuchen Sie zunächst eine Zuordnung ohne GTR und weitere Rechnungen. Ein Term passt zu zwei Integralen, ein Term zu keinem Integral. Gelingt Ihnen der Bau eines Integrals, zu dem dieser Term passt?

(1) $\int_{-4}^{2} e^{\frac{1}{2}x}$	(2) $\int_{-1}^{1} 2e^x dx$	(3) $\int_{1}^{5} \frac{2}{x} dx$	(4) $\int_{-1}^{1} (e^x + e^{-x}) dx$
(A) $2\left(e - \frac{1}{e^2}\right)$	(B) $2 \cdot \ln(5)$	(C) $2e - \frac{2}{e}$	(D) $e^5 - 1$

5 Bestimmen Sie jeweils die Flächeninhalte der farbigen Flächen. In den drei Abbildungen ist jeweils $f_1(x) = e^x$ gewählt.

a)
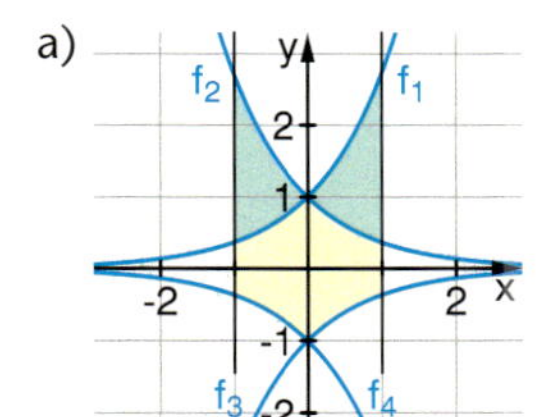

b)
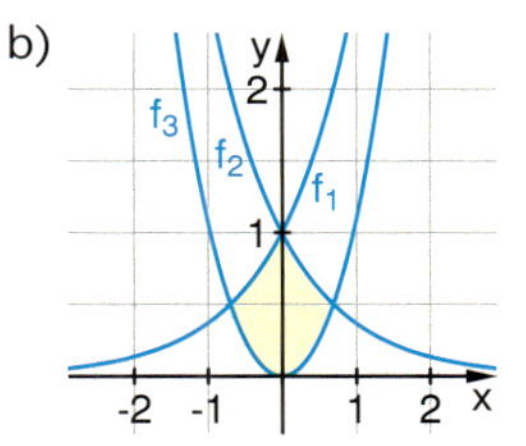

c)
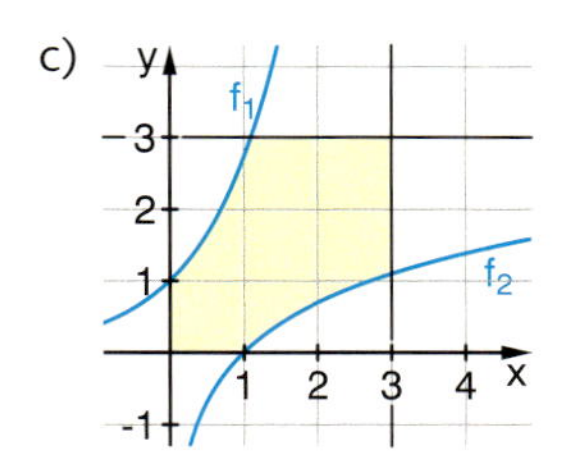

$F(x) = x \cdot \ln(x) - x$ ist eine Stammfunktion von $f(x) = \ln(x)$.

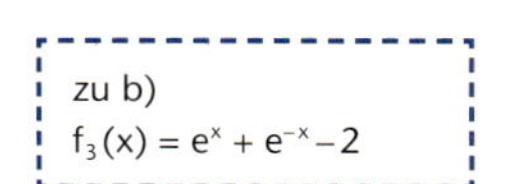
zu b)
$f_3(x) = e^x + e^{-x} - 2$

6 Gegeben ist die Funktionenschar $f_k(x) = (x - k) \cdot e^x$.

a) Zu welchen Werten von k gehören die Kurven in der Abbildung? Ordnen Sie ohne Rechnung zu.
b) Welche Funktion verläuft durch (1|1)?
c) Welche Funktion hat im Schnittpunkt mit der y-Achse eine waagerechte Tangente?
d) Zeigen Sie, dass keine Funktion im Schnittpunkt mit der x-Achse eine waagerechte Tangente hat.
e) Ermitteln Sie die Extrem- und Wendepunkte und deren jeweilige Ortskurve.

Verstehen von Begriffen und Verfahren

7 Ordnen Sie die Zahlen der Größe nach ohne Benutzung eines Hilfsmittels. Beginnen Sie mit der kleinsten.
-1; 1; e; π; $\ln(1)$; 0; $-e$; 4; e^0; $\ln(e)$; 2; $\sqrt{2}$; e^{-1}; $\ln(e^2)$; $\sqrt{3}$; $\ln\left(\frac{1}{e}\right)$; $e^{\ln(2)}$

8 Welche der Aussagen sind wahr? Geben Sie eine Begründung.

(1) $e^a \cdot e^b = e^{a+b}$

(2) $\ln(2x) = 2\ln(x)$

(3) Für alle reellen Zahlen x gilt: $\ln(e^x) = x$

(4) Für alle reellen Zahlen x gilt: $e^{\ln(x)} = x$

(5) Eine Verschiebung von $y = e^x$ in x-Richtung ist gleichzeitig auch eine Streckung in y-Richtung.

(6) Für $f(x) = e^{-x}$ gilt: $f'(x) = f(-x)$

(7) Für $f(x) = -e^{-x}$ gilt: $f'(x) = -f(x)$

9 Rechts sind drei Berechnungen eines CAS abgebildet. Überprüfen Sie die Ergebnisse auf Korrektheit. Gelingt Ihnen auch eine Erklärung, wie es zu diesen Ergebnissen kommen kann?

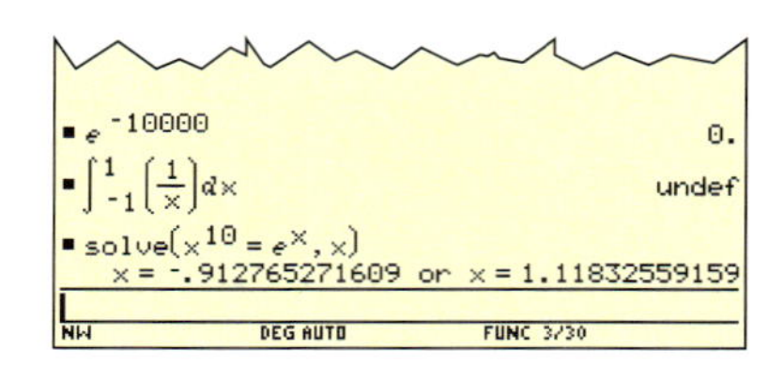

10 Zeichnen Sie für jeden der Fälle A bis D einen passenden Funktionsgraphen des Typs $f(x) = a \cdot e^{kx}$ und geben Sie mögliche zugehörige Werte für a und k an.

	$f'(x) > 0$	$f'(x) < 0$
$f''(x) > 0$	A	B
$f''(x) < 0$	C	D

11 Erläutern Sie nebenstehenden Satz. In welcher Hinsicht verhalten sich quadratische Funktionen anders? Wie sieht die Situation bei Geraden aus?

Quadratische Funktionen verhalten sich zu Wurzelfunktionen wie Exponentialfunktionen zu Logarithmusfunktionen.

12 *Warum-Fragen*

a) Warum ist die natürliche Logarithmusfunktion $f(x) = \ln(x)$ nur für positive Werte von x definiert?

b) Warum gilt für $f(x) = e^x$ nicht $f'(x) = x \cdot e^{x-1}$? Finden Sie drei verschiedene Begründungen? (Tipp für eine Begründung: Betrachten Sie x = 0)

c) Warum gilt für $f(x) = x^{-1}$ nicht die Potenzregel des Integrierens $F(x) = \frac{1}{n+1}x^{n+1}$?

13 Ordnen Sie begründet – ohne Verwendung eines Hilfsmittels – den Funktionsgleichungen den passenden Graphen (A) – (C) und den Graphen die passende Ableitung (D) – (F) zu. Überprüfen Sie Ihre Zuordnungen mithilfe des GTR und entsprechenden Rechnungen.

$f_1(x) = (x-2)e^{-0,5x}$

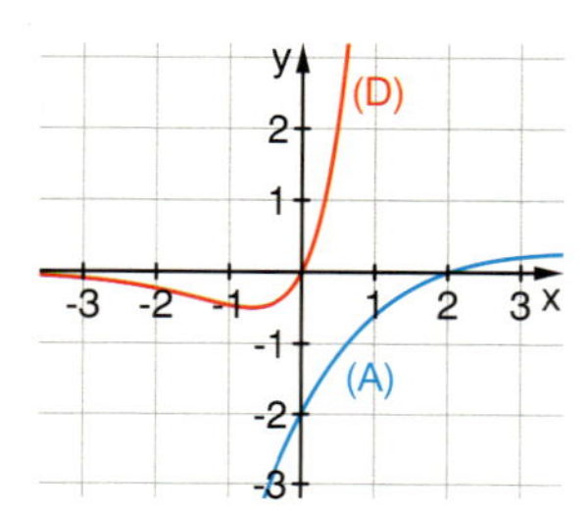

$f_2(x) = (e^x - 1)^2$

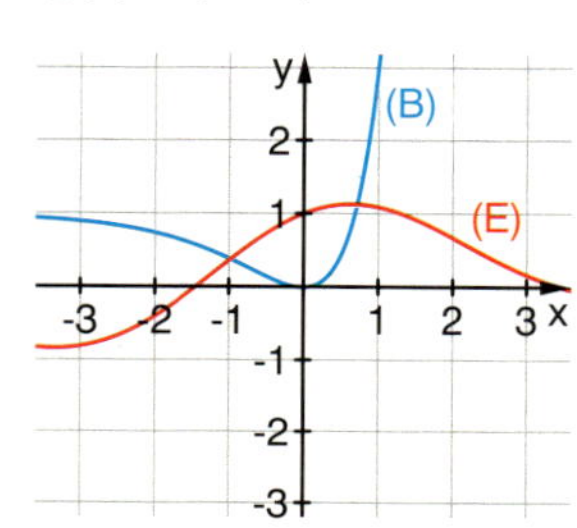

$f_3(x) = \frac{x-2}{e^{0,1x^2}}$

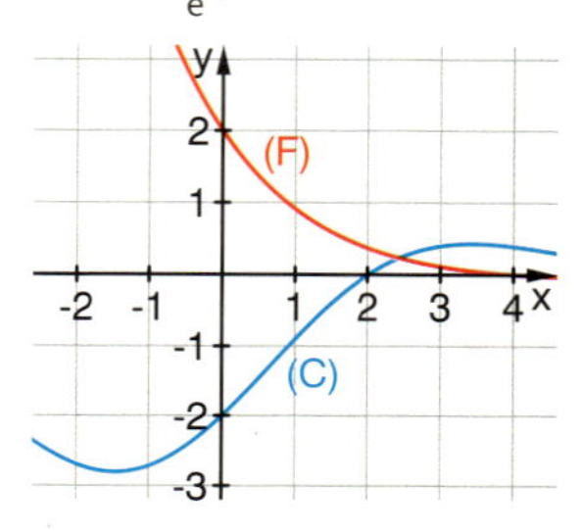

Anwenden und Modellieren

14 *Drei Modelle*

In einem Teich wurden vor 5 Jahren Fische ausgesetzt. Dann wurde jährlich der Bestand gemessen.

Jahr	0	1	2	3	4	5
Anzahl	20	32	50	82	130	201

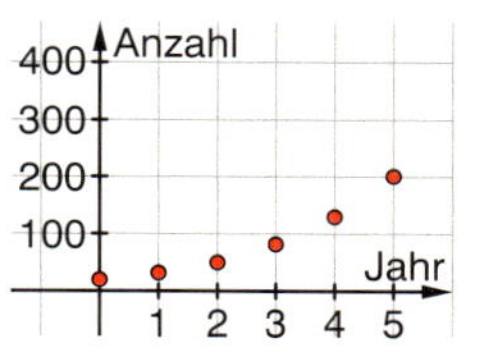

Um zu wissen, wie der Fischbestand sich mittelfristig entwickelt, werden drei Institute beauftragt, Prognosen zu erstellen. Sie benutzen dabei unterschiedliche Modelle.

Institut A:
$A(x) = 20e^{0{,}45x}$

Institut B:
$B(x) = 7x^2 + 20$

Institut C:
$C(x) = \frac{600}{1 + 29e^{-0{,}5x}}$

a) Zeigen Sie, dass alle drei Modelle gut zu den Daten passen. Weshalb hat kein Institut mit begrenztem Wachstum (vergleichen Sie mit Seite 266) modelliert?
b) Wie viele Fische wird es nach den Modellen in 3 bzw. in 5 Jahren geben?
Wann wird es nach den Modellen 800 Fische in dem See geben?
Wann wächst der Fischbestand nach den Modellen am stärksten?
Welchem Modell stimmen Sie am ehesten zu? Begründen Sie.
c) Nehmen Sie auf Grundlage der Ergebnisse aus a) und b) Stellung zu der nebenstehenden Aussage.

Auch sehr unterschiedliche Prognosen können gleichzeitig gut begründet sein.

15 *Zwei Datensätze*

Die Tabelle gibt die Bestandsentwicklung zweier Tierarten in einem Reservat an.

Zeit (in Jahren)	0	1	2	3	4	5
Tier A	200	212	230	250	278	310
Tier B	150	126	112	94	78	65

Finden Sie zu jeder Tierart eine passende Bestandsfunktion des Typs $g(x) = mx + b$ bzw. $f(x) = A \cdot e^{kx}$. Machen Sie jeweils eine Prognose für die nächsten 5 Jahre.
Vergleichen Sie die Modelle bezüglich ihrer Güte.

Tipp:
Benutzen Sie jeweils zwei geeignete Messwerte.
$(0|200)$: $200 = A \cdot e^{0k}$
$(5|310)$: $310 = A \cdot e^{5k}$

Ein dynamischer Funktionenplotter hilft:

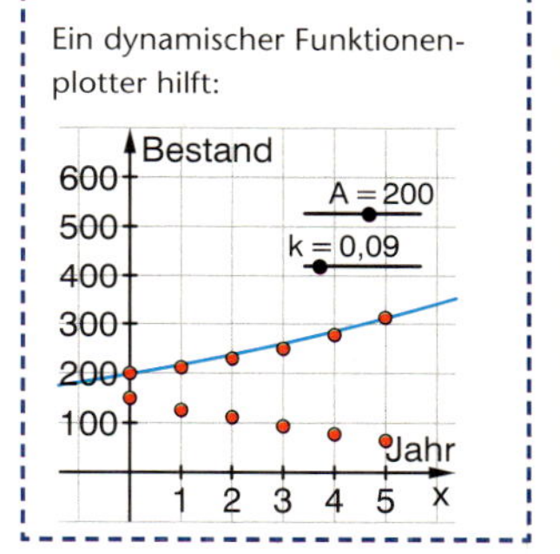

16 *Ein Modell – Zwei Varianten*

Mit $f(x) = A \cdot e^{kx^2}$; $-1 \le k \le 1$; $A > 0$
können für $x \ge 0$ verschiedene Arten von Wachstum beschrieben werden
(x: Zeit, f(x): Bestand).
a) Die Abbildungen zeigen Graphen für unterschiedliche Werte von A und k. Ordnen Sie begründet den Bildern (I) bis (IV) passende Parameterwerte bzw. -bereiche zu. Beschreiben Sie die unterschiedlichen Arten des Wachstums.

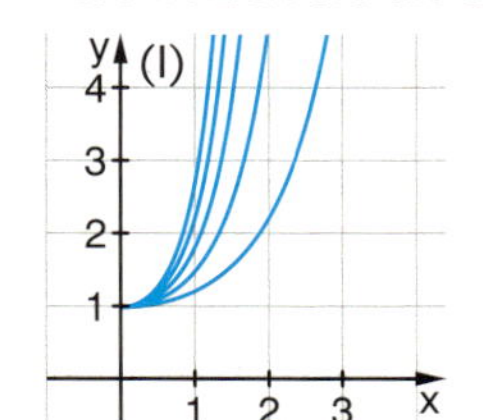

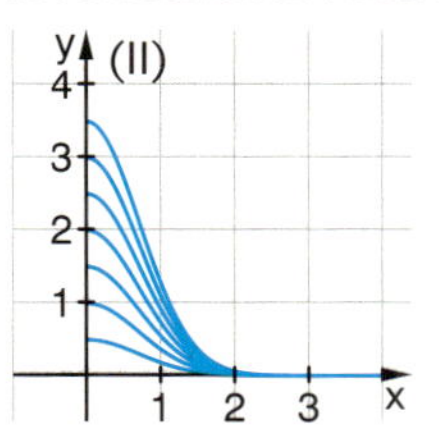

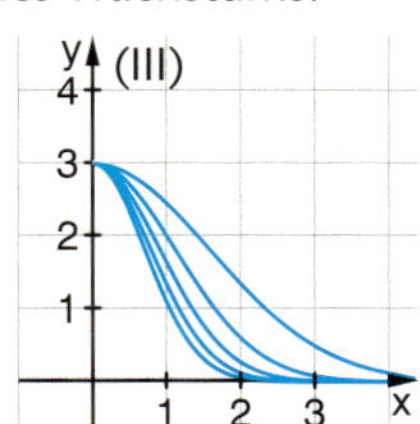

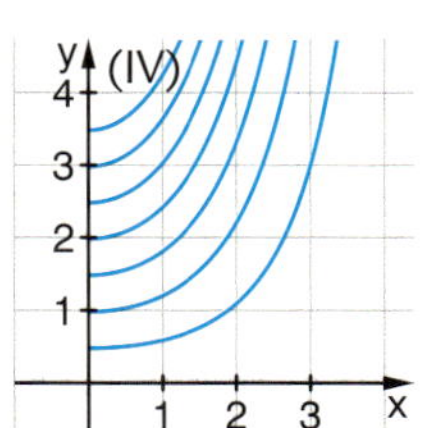

b) Geben Sie zu jedem der vier Bilder eine Begründung für das langfristige Verhalten von f(x).
Ermitteln Sie die Verdopplungs- beziehungsweise Halbwertszeit für A = 1.
c) Wann liegt in den Fällen (II) beziehungsweise (III) die stärkste Abnahme des Bestandes vor? Wie groß sind die Bestände zu diesem Zeitpunkt? Interpretieren Sie das Ergebnis.
d) Vergleichen Sie dieses Modell mit dem exponentiellen Wachstum $g(x) = A \cdot e^{kx}$.
Wo liegen Gemeinsamkeiten, wo Unterschiede?

17 *Ein Medikament*

Die Firma *Phazierma* bietet das Beruhigungsmittel *Riezan* an. Die Wirkung f_d (in Prozent) kann in Abhängigkeit von der Dosismenge d (in mg) und der Zeit x (in min) durch die folgende Funktionenschar beschrieben werden:
$f_d(x) = \frac{d}{100} \cdot x \cdot e^{-\frac{x}{d}}$; x = 0 : Zeitpunkt der Einnahme

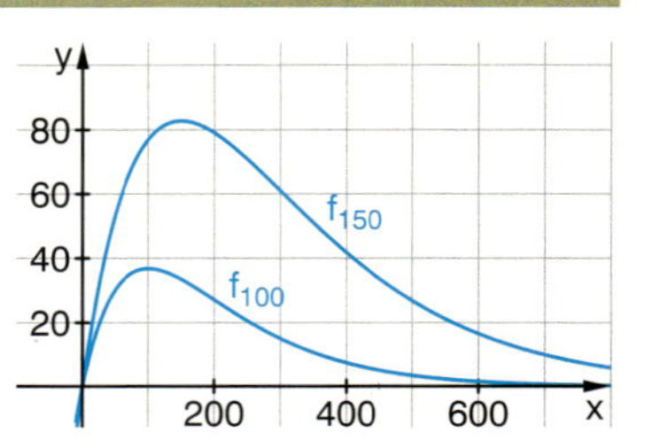

a) Die Abbildung zeigt den Verlauf der Wirkung für die Dosismengen d = 100 und d = 150.
Erläutern Sie für diese beiden Dosen den Verlauf des Graphen und vergleichen Sie die Wirkungen miteinander.
Ermitteln Sie jeweils das Maximum der Wirkung und den Zeitpunkt der maximalen Abnahme. Wie hoch ist zu diesem Zeitpunkt noch die Wirkung?

b) Skizzieren Sie für weitere Dosismengen die zugehörigen Graphen. Beschreiben Sie allgemein den Wirkungsverlauf des Medikaments in Abhängigkeit der Zeit und der Dosis. Berechnen Sie den Zeitpunkt der maximalen Wirkung und die zugehörige Größe der Wirkung in Abhängigkeit von der Dosismenge d.
Man weiß, dass ab einer Wirkung von 80 % die Nebenwirkungen zu stark sind. Welche maximale Dosis darf damit nur verschrieben werden?

c) *Phazierma* hat festgestellt, dass die Fläche unter dem Graphen von f_d ein Maß für die Belastung des Körpers durch das Präparat ist.

Weisen Sie nach, dass $F_d(x) = \frac{-d^2}{100} \cdot (x + d) \cdot e^{-\frac{x}{d}}$ eine passende Stammfunktion zu f_d ist.

Geben Sie die Werte für die Belastung im Zeitraum von 12 Stunden (720 min) nach Einnahme für d = 100 und d = 150 an.

Untersuchen Sie, ob $\lim\limits_{x \to \infty} \int_0^x f_d(t)\,dt$ existiert. Interpretieren Sie das Ergebnis im Sachzusammenhang. Formulieren Sie eine Modellkritik.

18 *Ein Stück Edelmetall*

Bei einer Produktion sind Edelmetallstücke der rechts abgebildeten Form entstanden. Aus dieser Form sollen möglichst große Rechtecke und Dreiecke geschnitten werden.

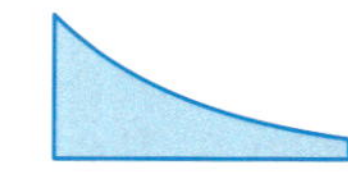

Der gebogene Rand kann durch $f(x) = e^{-x}$ beschrieben werden (1 LE ≙ 10 cm).

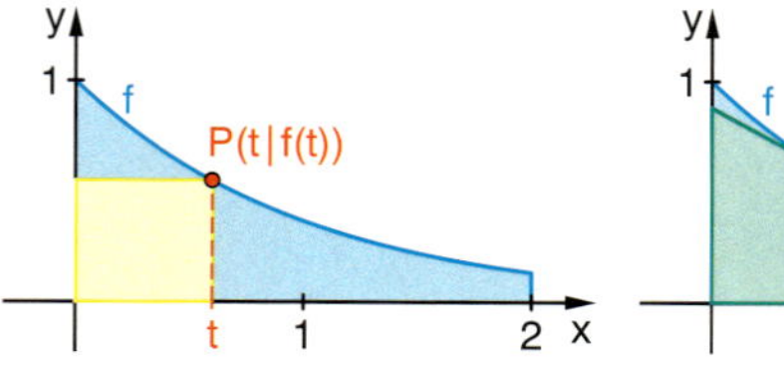

Tangentengleichung:
$y = f'(t) \cdot (x - t) + f(t)$

Vergleichen Sie die beiden maximalen Flächenwerte.
Skizzieren Sie das maximale Rechteck und Dreieck mit der Randfunktion in ein Koordinatensystem und veranschaulichen Sie das Größenverhältnis geometrisch.

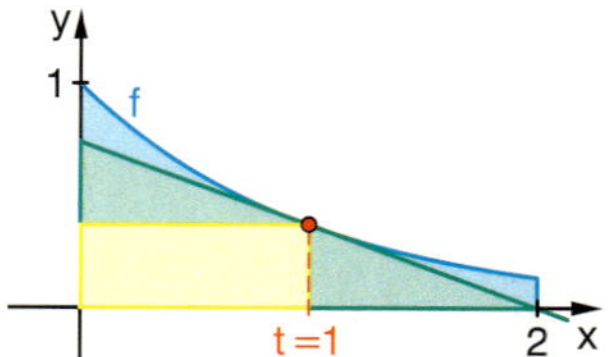

19 *Eine Brücke, ein Absperrseil und ein Wahrzeichen*

a) Die Brücke, das Absperrseil und die Gateway Arch sollen durch passende Funktionsgraphen beschrieben werden. Dazu werden folgende Punkte ausgelesen bzw. ist Folgendes bekannt:

(1) Brücke: $A(-10|3)$, $B(0|1)$ und $C(10|3)$
(2) Absperrseil: $A(-2|2{,}4)$, $B(0|1)$ und $B(2|2{,}4)$
(3) Gateway Arch: 192 m breit, 192 m hoch

Finden Sie jeweils eine passende Funktion zu den beiden folgenden Funktionstypen:
(A) $p(x) = ax^2 + b$ (B) $K(x) = k e^{ax} + k e^{-ax}$

b) Mit der Funktionenschar $K_{a,k}(x) = ke^{ax} + ke^{-ax}$ können frei hängende Ketten beschrieben werden.
Fertigen Sie jeweils eine aussagekräftige Skizze für $K_{1,k}(x) = ke^{x} + ke^{-x}$ und $K_{a,1}(x) = e^{ax} + e^{-ax}$ an und zeigen Sie, dass der Tiefpunkt für beliebige Werte von a und k immer auf der y-Achse liegt.
Bestimmen und skizzieren Sie jeweils die ersten drei Ableitungen für zwei gewählte Parameterwerte a und k (zum Beispiel a = 1 und k = 0,5).
Beschreiben Sie zu jeder der drei Ableitungen den Verlauf. Was fällt Ihnen auf? Vergleichen Sie mit den Ableitungen der Parabeln $p(x) = ax^2 + b$.

Ausführlichere Informationen und weitere Aufgaben zu Kettenlinien finden Sie im Projekt **Kettenlinie**.

20 *Verknüpfung linearer Funktionen mit Exponentialfunktionen*
Was passiert, wenn man eine lineare Funktion $l(x) = ax + b$ mit einer Exponentialfunktion $g(x) = e^{kx}$ zu $f(x) = (ax + b) \cdot e^{kx}$ verknüpft?
a) Ordnen Sie begründet den Funktionsgleichungen passende Grafiken zu. Versuchen Sie eine Zuordnung ohne technische Hilfsmittel.

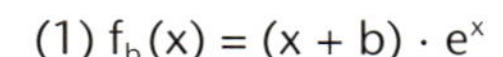

(1) $f_b(x) = (x + b) \cdot e^{x}$ (2) $f_a(x) = a \cdot x \cdot e^{x}$ (3) $f_k(x) = x \cdot e^{kx}$

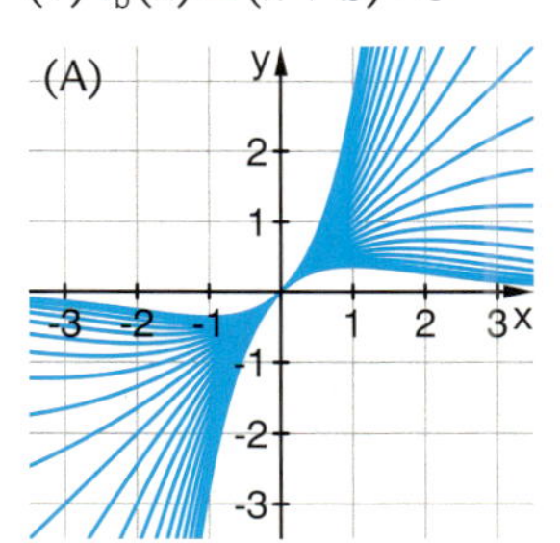

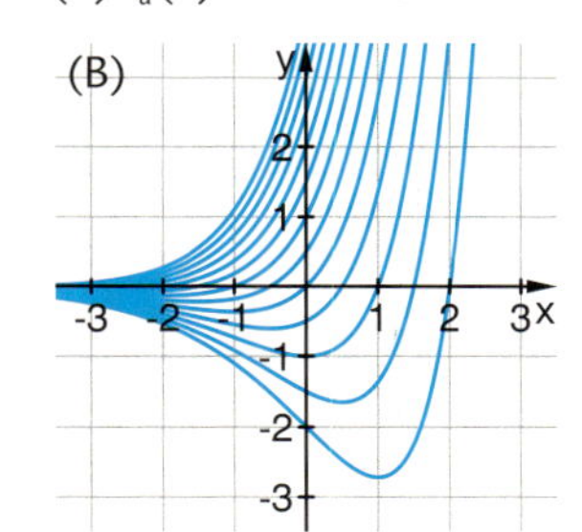

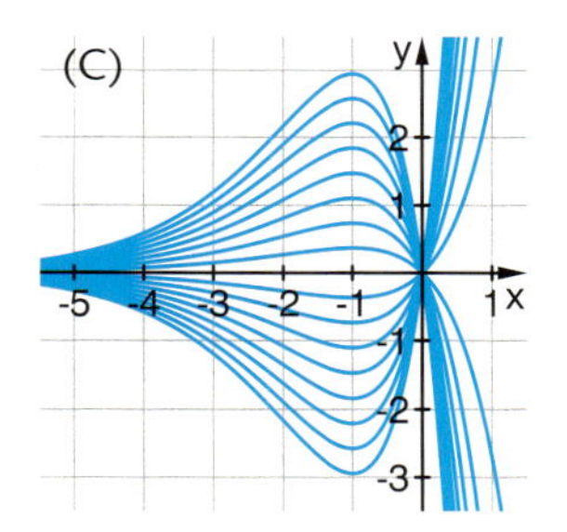

b) Untersuchen Sie die Funktionenscharen jeweils auf Nullstellen, Extrem- und Wendepunkte. Ermitteln Sie gegebenenfalls die Ortskurve der Extrem- und Wendepunkte. Geben Sie Begründungen für das Verhalten der Funktionen für $x \to \pm\infty$.

c) Beschreiben Sie die Gemeinsamkeiten und Unterschiede der Scharen f_a, f_b und f_k. Schreiben Sie einen Bericht zu der Ausgangsfrage.

d) Untersuchen Sie $f(x) = (ax + b) \cdot e^{kx}$ auf Nullstellen, Extrem- und Wendepunkte. Ermitteln Sie gegebenenfalls die Ortskurve der Extrem- und Wendepunkte und untersuchen Sie das Verhalten für $x \to \pm\infty$.

Kommunizieren und Präsentieren

21 *Erläutern, Begründen und Skizzieren*
Man kann folgende Funktionsterme erhalten, wenn man $f(x) = e^x$ quadriert:

$f_1(x) = (e^x)^2$ $\quad$ $f_2(x) = e^{2x}$ $\quad$ $f_3(x) = e^x \cdot e^x$

a) Zeigen Sie die Gleichwertigkeit (Äquivalenz) der Darstellungen.
b) Bestimmen Sie jeweils die Ableitung und nennen Sie die benutzten Ableitungsregeln. Erläutern Sie an diesem Beispiel, dass die Regeln sich vertragen.
c) In welcher Darstellung können Sie unmittelbar eine Stammfunktion bilden? Warum gelingt das in den anderen Darstellungen nicht unmittelbar?
d) Welche Auswirkungen auf den Graphen hat das Quadrieren? Vergleichen Sie mit dem Quadrieren von $g(x) = x$ und $h(x) = \sin(x)$. Fertigen Sie Skizzen an.

22 *Wissen erläutern*

a) Wie sieht die Ableitung der Exponentialfunktion $f(x) = b^x$ aus? Beschreiben Sie, wie man diese herleiten kann.

b) Beschreiben Sie, wie man einen guten Näherungswert für die Zahl e finden kann.

c) Stellen Sie die grundlegenden Wachstumsmodelle zusammen und erläutern Sie jedes durch zwei Beispiele.

d) Was versteht man unter Halbwertszeit bzw. Verdopplungszeit? Wie kommt man zu den entsprechenden Formeln?

Teilen Sie die Skizzen untereinander auf und diskutieren Sie in der Gruppe Gemeinsamkeiten und Unterschiede.

23 *Polynom-, Winkel- und Exponentialfunktionen – Immer wieder ableiten*
a) Skizzieren Sie jeweils die ersten vier Ableitungen und vergleichen Sie deren Verlauf. Was erwarten Sie bei den einzelnen Funktionstypen (Polynom-, Winkel- und Exponentialfunktionen), wenn weitere Ableitungen gebildet werden?
Worin unterscheiden sich die Entwicklungen der Ableitungen bei den einzelnen Funktionstypen? Was ist ihnen gemeinsam? Schreiben Sie einen Bericht.

(1) $p_1(x) = \frac{1}{6}x^4 + \frac{1}{3}x^3 - \frac{1}{6}x^2 - \frac{1}{3}x$
$\quad p_2(x) = 0{,}1\,x^4 + 1$

(2) $w_1(x) = \sin(1{,}5x - 1)$
$\quad w_2(x) = 2 \cdot \sin(0{,}5x - 1)$

(3) $e_1(x) = 2 \cdot e^{1{,}5x}$
$\quad e_2(x) = 4 \cdot e^{-0{,}5x}$

b) Erläutern Sie die beiden Aussagen.

Polynomfunktionen wackeln etwas, Winkelfunktionen immer und Exponentialfunktionen gar nicht.

Wir können alles ableiten, aber bei weitem nicht alles aufleiten.

24 *Polynom-, Winkel- und Exponentialfunktionen – Zusammenbauen*
Man kann Funktionen auf verschiedene Arten verknüpfen:

$f(x) + g(x)$ $\quad$ $f(x) - g(x)$ $\quad$ $f(x) \cdot g(x)$ $\quad$ $f(g(x))$ $\quad$ $g(f(x))$

a) Bilden Sie für die drei gegebenen Funktionenpaare jeweils die oben angegebenen Verknüpfungen.

(1) $p_1(x) = x + 1$
$\quad p_2(x) = x^2$

(2) $w_1(x) = \sin(x)$
$\quad w_2(x) = \cos(x)$

(3) $e_1(x) = e^x$
$\quad e_2(x) = e^{-x}$

Fertigen Sie jeweils aussagekräftige Skizzen an und vergleichen Sie die unterschiedlichen Kurvenverläufe bei den verschiedenen Verknüpfungen. Wo gibt es Unterschiede, wo Gemeinsamkeiten? Stellen Sie selber Fragen zu den Beobachtungen. Formulieren Sie Vermutungen und versuchen Sie Begründungen.

Aufgabe für Kreative

b) Verknüpfen Sie unterschiedliche Funktionstypen, also z. B. p_1 mit w_2. Erstellen Sie eine Sammlung von interessanten Graphen. Gelingen Ihnen rechnerische Nachweise der Beobachtungen?

8 Wachstum

Wie wachsen Populationen? Wie werden Stoffe im Körper abgebaut? Wie hängt die Zunahme der Verkaufszahlen von der Anzahl der verkauften Produkte ab? Bei der Untersuchung solcher Fragen spielen die Zusammenhänge zwischen den Beständen (mathematisch: den Funktionswerten) und ihren Änderungsraten (mathematisch: der Ableitung) eine zentrale Rolle. Wenn es gelingt, diese Zusammenhänge in eine mathematische Form zu bringen, werden Prognosen und Einsichten in Wachstumsprozesse möglich; allerdings nur, wenn das mathematische Modell auch angemessen ist.

Während bisher meist Modelle im Mittelpunkt standen, die den Verlauf einer Population beschreiben, werden jetzt gesetzmäßige Zusammenhänge zwischen der Änderungsrate und dem Bestand in den Blick genommen. Grafische Darstellungen wie das Phasendiagramm helfen bei der Charakterisierung des Wachstumsmodells und unterstützen das eigenständige Entwickeln von Lösungen.

8.1 Exponentielles Wachstum

Die Entwicklung der Anzahl der Internet-Anschlüsse lässt sich mit demselben Wachstumsmodell beschreiben wie der Abbau von Medikamenten im Körper. Die Änderungsrate ist hier immer proportional zum aktuellen Bestand.

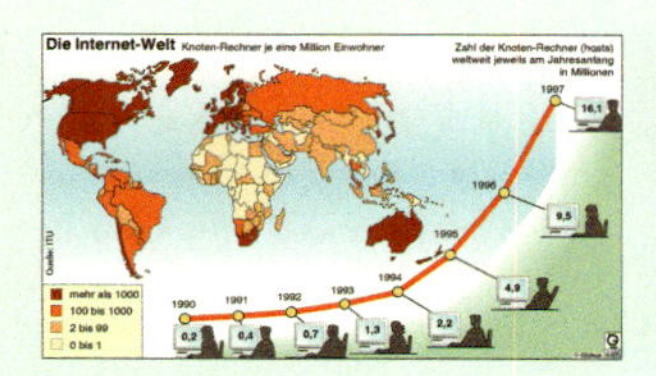

8.2 Begrenztes Wachstum

„Die Bäume wachsen nicht in den Himmel." Es gibt Grenzen. Auf diese bekannte Tatsache kann man in einem entsprechenden Wachstumsmodell reagieren: Je näher man an die Grenze kommt, desto schwächer wird das Wachstum sein. Dies gilt zum Beispiel bei der Entwicklung von Populationen in einem begrenzten Lebensraum.

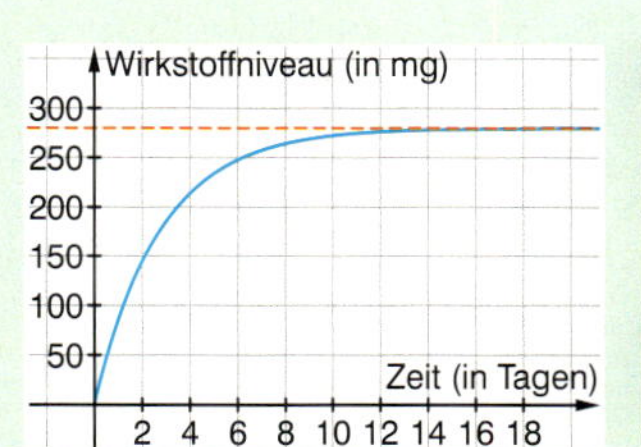

8.3 Logistisches Wachstum

Das Modell des begrenzten Wachstums berücksichtigt angemessen den Einfluss der gegebenen Grenzen. Am Beginn des Wachstums passt das Modell aber häufig nicht zu dem beobachtbaren Wachstumsverlauf, wie er zum Beispiel bei Sonnenblumen oder auch bei der Verbreitung von Gerüchten auftritt.

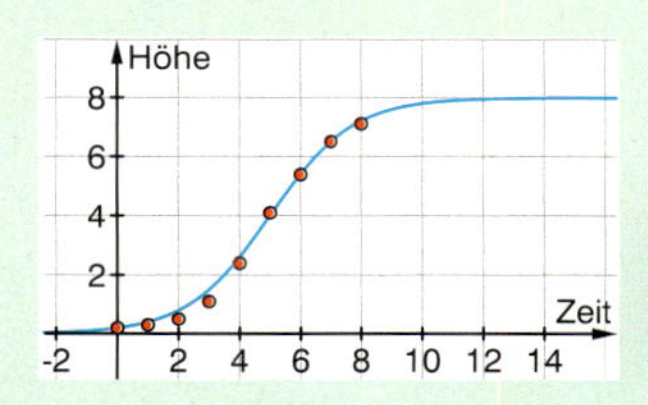

8.1 Exponentielles Wachstum

Was Sie erwartet

Das exponentielle Wachstum haben Sie schon kennengelernt. In diesem Kapitel wird es unter einem etwas anderen Blickwinkel betrachtet, indem das zugrunde liegende Wachstumsgesetz erarbeitet wird, das den charakteristischen Zusammenhang zwischen Wachstumsgeschwindigkeit (Ableitung) und Bestand (Funktionswert) beschreibt. Da die Modellierungen als gedankliches Konstrukt nie exakt mit der Realität übereinstimmen, gibt es zu Messwerten meist verschiedene passende Modelle. Sie werden erfahren, wie man passende Modelle finden kann.

Aufgaben

Exponentielles Wachstum

Jahr	Schulden
1950	10
1955	21
1960	29
1965	43
1970	63
1975	129
1980	237
1985	387
1990	536
1995	1009
2000	1198
2003	1326
2006	1481

1 *Staatsverschuldung*

a) Die Funktionen f mit $f(x) = A \cdot b^x$ beschreiben exponentielles Wachstum. Mit $b^x = e^{\ln(b) \cdot x} = e^{k \cdot x}$ können alle Wachstumsfaktoren berücksichtigt werden. Finden Sie eine solche Funktion. Wählen Sie dazu x = 0 für das Jahr 1950.

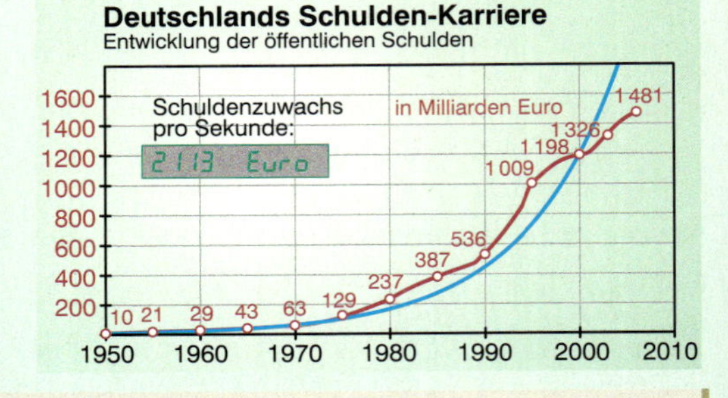

Benutzen Sie verschiedene Strategien:

(A) Berechnung des Faktors b, mit dem die Staatsverschuldung im 5-Jahresrhythmus steigt:
Zum Beispiel zwischen 1960 und 1965:

$\frac{43}{29} \approx 1{,}48 = b^5 \Rightarrow b = \sqrt[5]{1{,}48} \approx 1{,}08$

Dann gilt $k \approx \ln(1{,}08) \approx 0{,}077$.

„hoch 5", weil in 5-Jahresschritten gemessen wird.

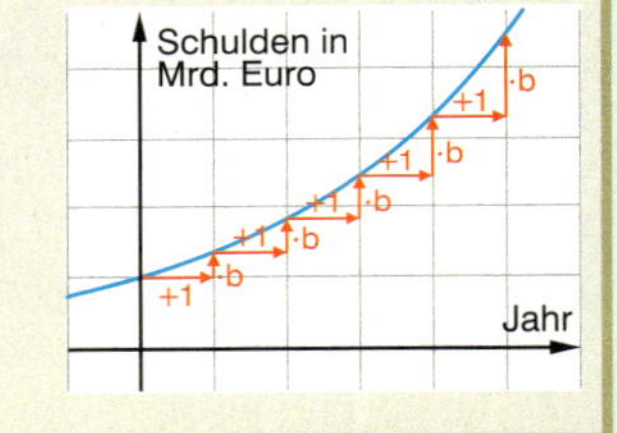

(B) Benutzen einer Regressionsfunktion:

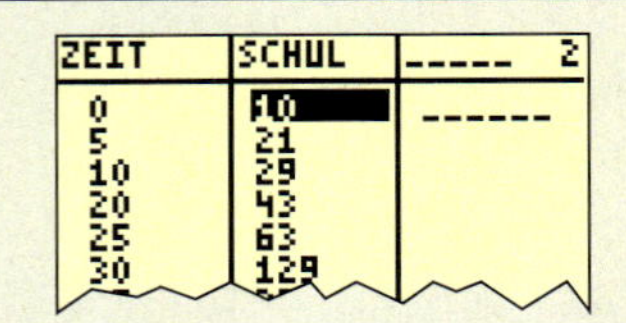

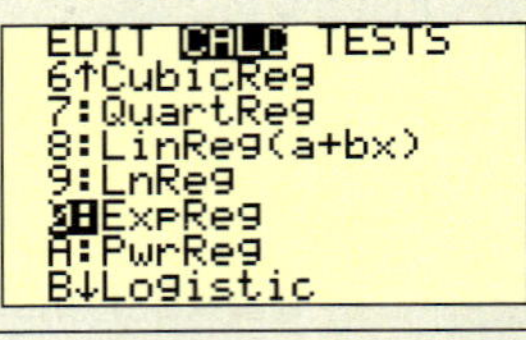

(C) Auswahl von Messpunkten zur Bestimmung von A und k:

(I) $63 = A \cdot e^{20k} \Rightarrow A = \frac{63}{e^{20k}}$ (II) $1198 = A \cdot e^{50k} \Rightarrow A = \frac{1198}{e^{50k}}$

$\Rightarrow \frac{63}{e^{20k}} = \frac{1198}{e^{50k}} \Rightarrow k = \frac{1}{30}\ln\left(\frac{1198}{63}\right) \approx 0{,}0982 \Rightarrow A \approx 8{,}84$

Die Benutzung des Messpunktes (0|10) verringert den Rechenaufwand.

Finden Sie verschiedene Lösungen mit verschiedenen Methoden. Benutzen Sie dabei auch unterschiedliche Messwerte. Vergleichen Sie die Ergebnisse in der Gruppe. Erstellen Sie Prognosen für die nächsten Jahre mit unterschiedlichen Modellen.

b) Zeigen Sie, dass die von Ihnen gefundenen Funktionen in jedem Fall die Gleichung $f'(x) = k \cdot f(x)$ erfüllen. Geben Sie den passenden Wert für k an. Beschreiben Sie nun mithilfe dieser Gleichung das Wachstumsverhalten der Schulden.

Vergleich mit linearem Wachstum

c) In der Grafik ist auch der Schuldenzuwachs pro Sekunde Anfang 2006 angegeben. Berechnen Sie den durchschnittlichen Schuldenzuwachs von 1950 bis 1955 pro Sekunde und geben Sie eine passende Funktionsgleichung dazu an. Welche Werte hätte die Staatsverschuldung in den Jahren von 1960 bis 2005 angenommen, wenn sie in gleichbleibender Geschwindigkeit so weiter gewachsen wäre? Geben Sie für dieses Modell eine Gleichung wie in b) an und vergleichen Sie beide Modelle.

Aufgaben

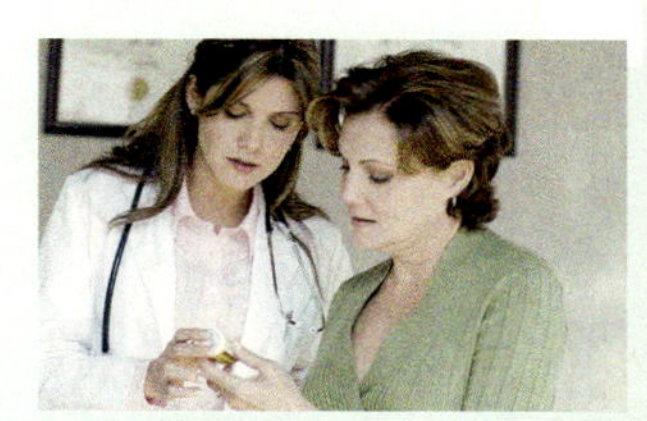

2 *Abbauprozesse*

A *Abbau eines Narkotikums*
Bei kleineren operativen Eingriffen wird ein Anästhetikum in einer Dosis von 400 mg gespritzt. Dieses Medikament wird im Körper des Patienten dann hauptsächlich über die Niere wieder abgebaut. Bei normaler Nierenfunktion werden stündlich etwa 20 % des im Blut vorhandenen Medikamentes entfernt.

B *Alkoholabbau*
Gleichgültig, wie viel Alkohol aufgenommen wird, der Körper baut mit gleichbleibender Geschwindigkeit den vorhandenen Alkohol ab. Der Genuss von 2 Liter Bier entspricht einer Aufnahme von ca. 80 g Alkohol. Bei einer 70 kg schweren Person werden ca. 7 g pro Stunde abgebaut.

a) Füllen Sie die Tabelle aus, welche die stündliche Restmenge des Medikamentes bzw. des Alkohols in den nächsten 10 Stunden angibt. Ermitteln Sie jeweils eine Funktionsgleichung, die die Menge des Narkotikums bzw. des Alkohols angemessen beschreibt.

Zeit (h)	Narkotikum (mg)	Alkohol (g)
0	400	80
1	320	73
2	■	■
3	■	■
…	■	■

Skizzieren Sie die Funktionen und beschreiben Sie die langfristige Entwicklung des Bestandes an Narkotikum bzw. Alkohol.

b) Zeigen Sie, dass die Funktionen aus a) jeweils folgende Gleichungen erfüllen:

(A) $N'(t) \approx -0{,}223 \cdot N(t)$ (B) $A'(t) = -7$

$b^x = e^{\ln(b) \cdot x}$

Erläutern Sie anhand der Gleichung für das Narkotikum die Aussage:
Die Änderung des Bestandes ist proportional zur vorhandenen Menge.
Wie lautet die entsprechende Aussage zum Alkoholabbau?

c) Zeigen Sie, dass bei einer Anfangsdosis von 600 mg Narkotikum bzw. 100 g Alkohol auch die Gleichung (A) bzw. (B) gilt. Gilt das auch für alle anderen Anfangsdosen?

3 *Proportionalität*
Die Ableitungen von Exponentialfunktionen $f(x) = b^x$ sind in y-Richtung gestreckte Exponentialfunktionen. Es gilt damit also $f'(x) = k \cdot f(x) = k \cdot b^x$.

Vergleichen Sie mit Abschnitt 7.1.

a) Ordnen Sie den Funktionen passende Ableitungen zu.

(A) $f(x) = 1{,}5^x$	(B) $f(x) = 1{,}5\,x^2$	(C) $f(x) = e^{-0{,}15x}$
(D) $f(x) = \ln(x)$	(E) $f(x) = 2\,e^{0{,}1x}$	(F) $f(x) = 1{,}5\,x$
(1) $f'(x) = -0{,}15 \cdot f(x)$	(2) $f'(x) = 1{,}5$	(3) $f'(x) = \frac{1}{x}$
(4) $f'(x) = 3x$	(5) $f'(x) = 0{,}1 \cdot f(x)$	(6) $f'(x) = \ln(1{,}5) \cdot f(x)$

b) Erläutern Sie mithilfe passender Gleichungen aus (1) bis (6) das charakteristische Änderungsverhalten von Exponentialfunktionen:
Die lokale Änderung ist proportional zum Funktionswert an dieser Stelle oder kurz:
Die Änderung ist proportional zum Bestand.
Formulieren Sie einen entsprechenden Satz für das Änderungsverhalten der anderen Funktionen.

Basiswissen

Lineares und exponentielles Wachstum

Wachstum ist charakterisiert durch die Art und Weise, wie sich ein Bestand f(x) ändert. Deshalb ist es naheliegend, die Änderungsrate bzw. die Wachstumsgeschwindigkeit f′(x) zum Definieren von verschiedenen Wachstumsprozessen zu benutzen. Damit wird ein charakteristischer Zusammenhang zwischen dem Änderungsverhalten (Ableitung) und dem Bestand (Ausgangsfunktion) hergestellt. Die zwei Grundformen des Wachstums sind:

	Lineares Wachstum	**Exponentielles Wachstum**
Beispiel:	*In einer Schonung stehen 100 Bäume. Jedes Jahr werden 20 neue Bäume gepflanzt.*	*In einer Schonung sind 100 Borkenkäfer. Jedes Jahr kommen 20 % dazu.*
	Anfangsbestand A = 100 Jährlicher Zuwachs: 20	Anfangsbestand A = 100 Jährliche Zuwachsrate: 20 %
	$f'(x) = 20$ $A = 100$ $f(x) = 20x + 100$	$f'(x) = 0{,}1823 \cdot f(x)$ $A = 100$ $f(x) = 100 \cdot 1{,}2^x$ $= 100 \cdot e^{\ln(1{,}2)x} \approx 100 \cdot e^{0{,}1823x}$
Funktion:	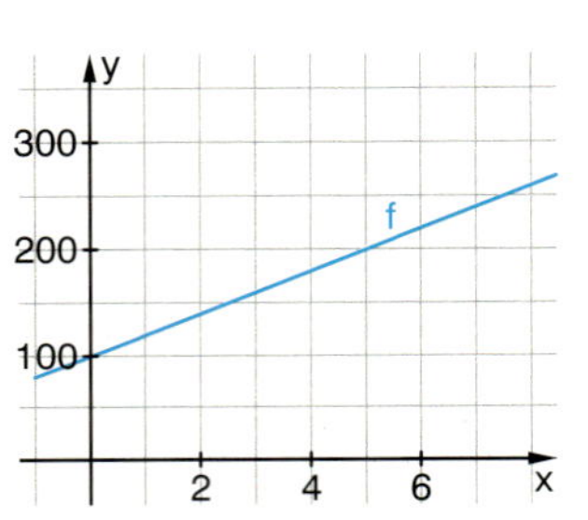	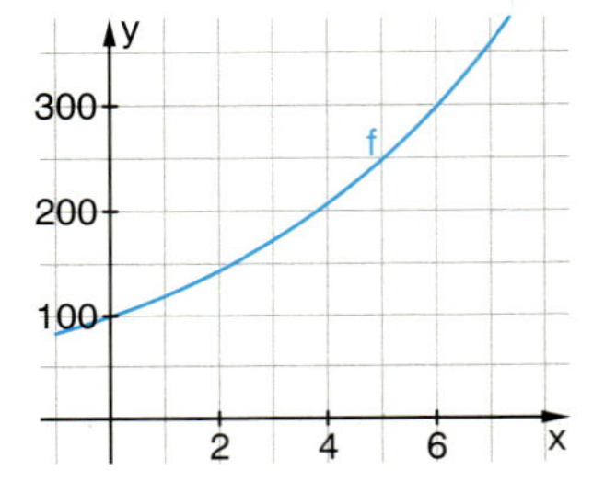
Allgemein:	Die **Änderung** ist **konstant**.	Die **Änderung** ist **proportional zum Bestand**.
DGL:	$f'(x) = c$	$f'(x) = k \cdot f(x)$
Funktion:	$f(x) = c \cdot x + A$	$f(x) = A \cdot e^{kx}$ $= A \cdot \left(1 + \frac{p}{100}\right)^x$

Gleichungen, die einen Zusammenhang zwischen Funktionen, den x-Werten und ihren Ableitungen herstellen, heißen **Differenzialgleichungen** (DGL).

Prozentuale Zunahme und Wachstumskonstante bei exponentiellem Wachstum
Eine jährliche prozentuale Zunahme von 20 % entspricht einer Wachstumskonstante $k = \ln(1 + 20\,\%) = \ln(1{,}2) \approx 0{,}1823$

$e^k = 1 + \frac{p}{100}$

x: Zeit
f(x): Bestand
A: Anfangswert zu x = 0
e^k: Wachstumsfaktor
k: Wachstumskonstante
p %: Prozentsatz

Beispiele

A *Von der DGL zur Wachstumsfunktion und zurück*

a) Geben Sie zu folgenden Differenzialgleichungen eine passende Wachstumsfunktion an:

(1) $f'(x) = 0{,}7 \cdot f(x)$, $A = f(0) = 2$

(2) $f'(x) = -f(x)$, $A = f(0) = 1000$

Lösung: (1) $f(x) = 2 \cdot e^{0{,}7x}$ (2) $f(x) = 1000 \cdot e^{-x}$

Wenn ein Zerfall vorliegt, dann ist k negativ.

b) Geben Sie zu folgenden Funktionen eine passende DGL an:

(3) $f(x) = 4 \cdot e^{2x}$ (4) $f(x) = -e^{-0{,}025x}$

Lösung: (3) $f'(x) = 2 \cdot f(x)$, $A = f(0) = 4$

(4) $f'(x) = -0{,}025 \cdot f(x)$, $A = f(0) = -1$

Beispiele

B *Radiokativer Zerfall*

Strontium-90 zerfällt mit einer Halbwertszeit von 28 Jahren.
a) Ermitteln Sie die Zerfallsfunktion und stellen Sie die zugehörige DGL auf.
b) Berechnen Sie den jährlichen prozentualen Zerfall.

Halbwertszeit:
Zeit, in der die Hälfte eines Bestandes zerfallen ist

Lösung: Ansatz: $f(x) = A \cdot e^{kx}$

a) $A \cdot e^{28k} = \frac{1}{2} A \Rightarrow e^{28k} = 0{,}5 \Rightarrow 28k = \ln(0{,}5)$

$\Rightarrow k = \frac{\ln(0{,}5)}{28} \approx -0{,}02476$

Also gelten $f(x) = A \cdot e^{-0{,}02476x}$ und
$f'(x) = -0{,}02476 \cdot f(x)$.
Beim Zerfall ist die Wachstumskonstante k negativ.

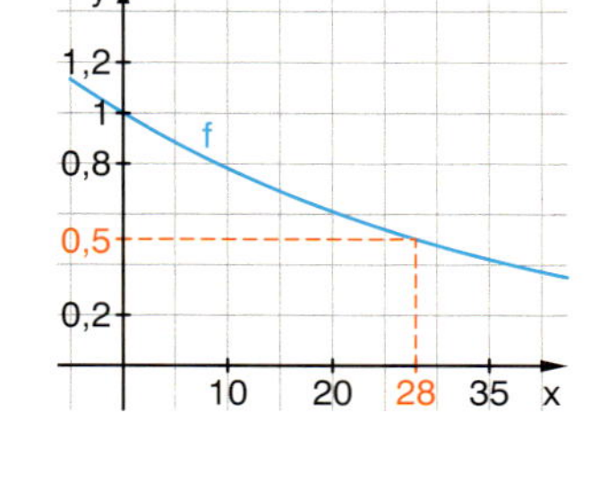

b) Prozentualer Zerfall pro Jahr:
Der Wachstumsfaktor ist $e^{-0{,}02476} = 1 + \frac{p}{100}$.

Damit gilt also $p = 100 \cdot (e^{-0{,}02476} - 1) \approx -2{,}446$.
Somit zerfallen jährlich ca. 2,5 % des Restbestandes.

C Lösen Sie jeweils die Gleichungen und beschreiben Sie die Unterschiede zwischen den Gleichungstypen.

(1) $2x + 5 = -x + 11$

Lösung: $x = 2$

(2) $f'(x) = 0{,}5 \cdot f(x)$; $f(0) = 5$

Lösung: $f(x) = 5 \cdot e^{0{,}5x}$

Unterschiede: Die Gleichung (1) ist eine Gleichung für Zahlen, Lösungen sind also Zahlen. Die DGL (2) ist eine Gleichung für Funktionen, Lösungen sind also Funktionen. Wenn in (2) die zusätzliche Information $f(0) = 5$ nicht gegeben ist, erhält man unendlich viele Lösungen, nämlich die Funktionenschar $f(x) = A \cdot e^{0{,}5x}$.

Übungen

4 *Vom Prozentsatz zur Wachstumskonstante*

Stellen Sie zu den Wachstums- bzw. Zerfallsprozessen jeweils eine passende DGL sowie die zugehörige Wachstumsfunktion (bei exponentiellem Wachstum mit der Basis e) auf und skizzieren Sie die Graphen der Wachstumsfunktionen.

Achten Sie auf die Achsenbezeichnungen.

a) Eine Insektenpopulation von 80 Tieren wächst monatlich um 15 %.

b) Eine 24 cm lange Kerze brennt stündlich um 0,5 cm ab.

c) Röntgenstrahlen werden durch Bleiplatten abgeschwächt. Die Strahlungsintensität nimmt dabei um 5 % ab, wenn die Platten 1 mm dicker werden.

d) In einem Liter Vollmilch sind 13 mg Vitamin C. Licht zersetzt stündlich 5 % der Vitamin C – Menge, wenn die Milch in einer farblosen Flasche aufbewahrt wird.

Einmal fehlt eine Angabe, es gibt dann verschiedene Funktionen (Funktionenschar).

e) Aus einer 9 m^3 fassenden Zisterne werden täglich 100 Liter entnommen.

f) Frau Meier hat 5000 € zu 2,5 % Zinsen pro Jahr angelegt.

5 *Von der Wachstumskonstante zum Prozentsatz*

a) Bestimmen Sie die prozentuale Änderung der Funktionswerte, wenn x um eine Einheit zunimmt. Formulieren Sie jeweils einen passenden Text.

(1) $f(x) = 100 \cdot e^{0{,}3x}$
(2) $f(x) = 5 \cdot e^{-0{,}002x}$
(3) $f'(x) = 1{,}25 \cdot f(x)$
(4) $f'(x) = -0{,}3 \cdot f(x)$

b) Ermitteln Sie eine Formel, mit der man zur gegebenen Wachstumskonstante k den Prozentsatz p % bestimmen kann.

Eine Lösung:
Etwa 25,9 % des jeweils im Speicher vorhandenen Wassers fließen pro Zeiteinheit ab.

Übungen

$f(x+1) = \left(1 + \frac{p}{100}\right) \cdot f(x)$
$= f(x) + \frac{p}{100} \cdot f(x)$
$f(x) = A \cdot e^{kx}$

6 Beachten Sie, dass die Wachstumskonstante k in der DGL nicht mit dem Prozentsatz des Wachstums in gewissen Zeiträumen verwechselt werden darf.

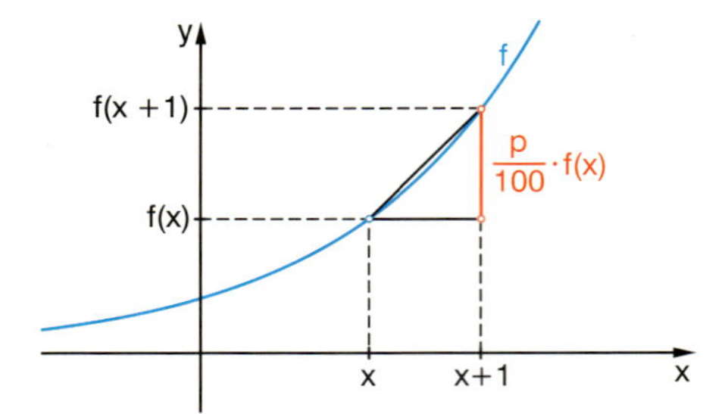

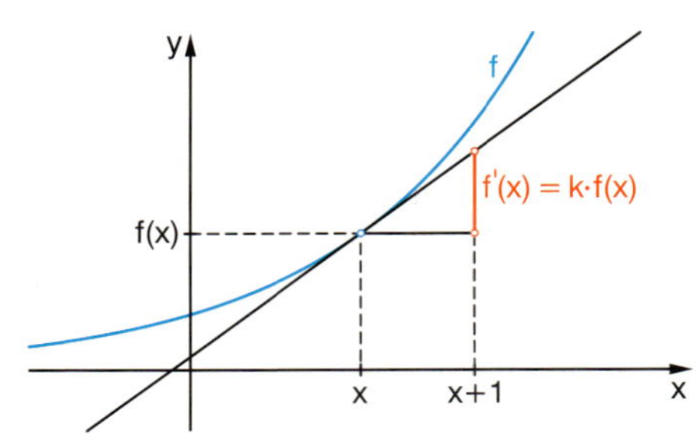

Erläutern Sie anhand der beiden Bilder die Gemeinsamkeiten und Unterschiede zwischen p und k. Verwenden Sie dabei die Begriffe „mittlere Änderungsrate" und „momentane Änderungsrate".

7 *Zusammenhang zwischen p und k*
Zeigen Sie, dass der Zusammenhang zwischen k und p durch folgende Formel beschrieben werden kann: $k = \ln\left(1 + \frac{p}{100}\right)$
Erläutern Sie anhand der nebenstehenden Grafik, dass kleine Prozentsätze gute Näherungen für die Wachstumskonstante sind, große Prozentsätze dagegen nicht.

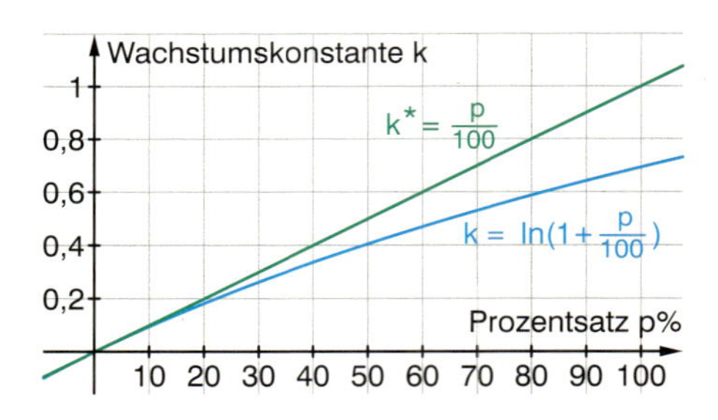

8 Bestimmen Sie jeweils die passende Lösungsfunktion zu der DGL.

a) $f'(x) = 1{,}3 \cdot f(x)$
$f(0) = 2$

b) $f'(x) = -1{,}2 \cdot f(x)$
$f(0) = 5000$

c) $f'(x) = 0{,}5 \cdot x$
$f(1) = 2$

Eine Lösung:
$f(x) = 3 \cdot e^{mx}$

9 a) Bestimmen Sie alle Lösungen der Differenzialgleichungen und skizzieren Sie einige zugehörige Graphen.

(1) $f'(x) = 0{,}257 \cdot f(x)$; $f(0) = m$

(2) $f'(x) = m \cdot f(x)$; $f(0) = 3$

(3) $f'(x) = m$; $f(0) = 3$

(4) $f'(x) = 2x + 1$

(5) $f'(x) = \frac{1}{x}$; $f(1) = 10$

(6) $f'(x) = -f(x)$; $f(2) = 1$

b) Erläutern Sie an (4) und (5) den nebenstehenden Satz:

Das Finden von Stammfunktionen entspricht dem Lösen einer DGL.

10 *Aus einem Forum im Internet*

Hab gerade ein bisschen rumgespielt und bin dabei auf ein Problem gestoßen.
Angenommen, man hat einen Bestand a, der sich in einer Zeiteinheit t um 10% vermehrt und den man mit der folgenden Funktion beschreiben kann: $f(t) = a \cdot 1{,}1^t$
Will ich jetzt den Zuwachs beschreiben, nutze ich folgende DGL: $f'(t) = 0{,}1 \cdot f(t)$
Eine Lösung dieser DGL wäre $f(t) = a \cdot e^{0{,}1t}$.
Daraus folgen dann $a \cdot 1{,}1^t = a \cdot e^{0{,}1t}$ und $1{,}1 = e^{0{,}1}$.
Diese Gleichung ist jedoch falsch. Wer kann mir das erklären?

Schreiben Sie eine Antwort.

Übungen

11 *Graphen ähnlich, Ableitungen und Differenzialgleichungen verschieden*

Die beiden Graphen haben ein ähnliches Aussehen, einer gehört zu $f_1(x) = e^x$, der andere zu $f_2(x) = 1{,}7x^2 + 1$.

a) Können Sie nach Augenmaß eine Zuordnung vornehmen?

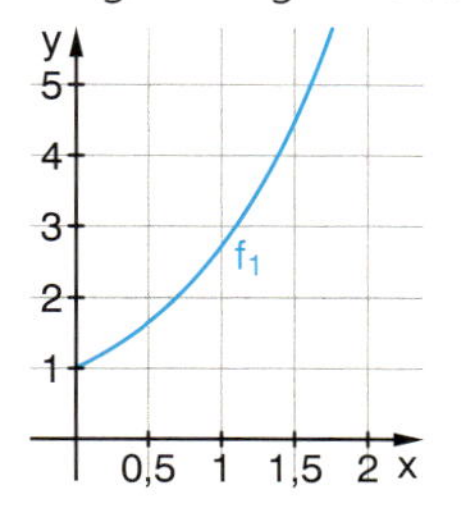

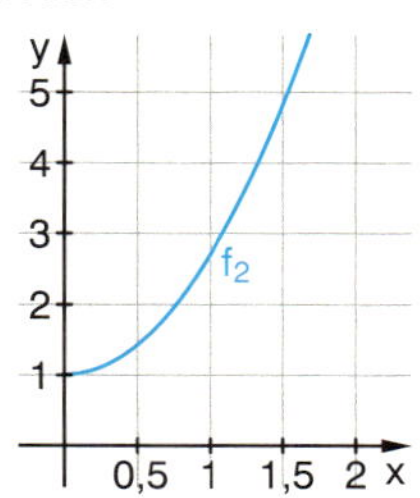

b) Bestimmen und skizzieren Sie jeweils die ersten drei Ableitungen und beschreiben Sie mithilfe dieser Ableitungen den qualitativen Unterschied beider Graphen.

c) $f(x) = e^x$ ist Lösung der DGL $f'(x) = f(x)$.
Zeigen Sie, dass $g(x) = 1{,}7x^2 + 1$ keine Lösung dieser DGL ist.

d) Begründen Sie, dass kein Polynom Lösung der DGL $f'(x) = f(x)$ sein kann.

Polynom:
$a_n x^n + a_{n-1} x^{n-1} + \ldots + a_1 x + a_0$

$g(x)$ ist Lösung der DGL
$g'(x) = 2 \cdot \frac{g(x) - 1}{x}$.

12 *Bakterien*

Eine Bakterienkultur aus anfänglich 10 000 Bakterien wächst mit einer Wachstumskonstanten von 0,15 (Zeit in Tagen).

a) Geben Sie die passende DGL und die Lösungsfunktion an.

b) Bestimmen Sie die Anzahl der Bakterien nach einer Woche und einem Monat.

c) Ermitteln Sie die mittlere Änderungsrate in der ersten Woche, in der zweiten und dritten Woche sowie im ersten Monat. Vergleichen Sie jeweils mit der momentanen Änderungsrate an den Stellen x = 7, x = 14, x = 21 und x = 30.

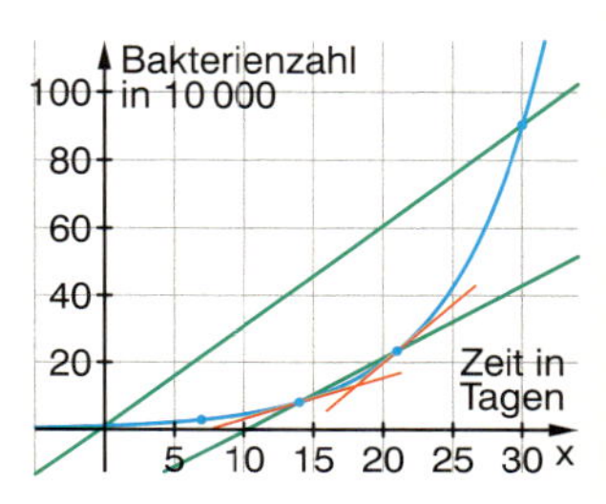

Altersbestimmung mit der Radiokarbonmethode (C 14-Methode)

Zur Bestimmung des Alters von organischen Objekten (Holz, Knochen, Pflanzen usw.) verwenden Archäologen oft die C 14-Methode. C 14 (Kohlenstoff 14) ist eine radioaktive Form des Kohlenstoffes. C 14 zerfällt mit einer Halbwertszeit von 5700 Jahren. Ein „totes" Stück Holz nimmt kein C 14 mehr auf. Das im Holz vorhandene C 14 wird durch den radioaktiven Zerfall abgebaut. Enthält das Holz nur noch halb so viel C 14 wie ein „lebendes" Stück Holz, so kann man daraus schließen, dass das gefundene Holzstück ca. 5700 Jahre alt ist.
Die C 14-Methode liefert nur verlässliche Werte, wenn das Alter des Gegenstandes maximal 100 000 Jahre beträgt, weil die verbleibende Menge an C 14 nur noch $4 \cdot 10^{-6}$ der Originalmenge ist.
Bei älteren Gegenständen benutzt man die Kalium-Argon-Methode. Kalium K 40 zerfällt mit einer Halbwertszeit von 1,3 Milliarden Jahren zu Argon A 40.

13 *Eine Mumie und ein Grabtuch*

a) Ermitteln Sie die zur C 14-Methode gehörende DGL und die Wachstumsfunktion.

b) 1991 wurde im Eis der Ötztaler Alpen die Mumie eines jungsteinzeitlichen Mannes gefunden („Ötzi"). Mit der C 14-Methode wurde sein Alter auf 5200 Jahre geschätzt. Wie hoch war der C 14-Anteil gegenüber dem ursprünglichen Wert?

c) Das Turiner Grabtuch ist ein Leinentuch, das ein Ganzkörper-Bildnis der Vorder- und Rückseite eines Menschen zeigt. Es wird von vielen Gläubigen als das Tuch verehrt, in dem Jesus nach der Kreuzigung begraben wurde.
Am 21. April 1988 wurde unter Aufsicht der Öffentlichkeit ein schmales Stück entnommen und in drei verschiedenen Labors mit der C14-Methode untersucht. Alle Messungen ergaben, dass noch 92 % der ursprünglichen Menge an C14 enthalten ist.

Das Tuch ist 4,36 m lang und 1,1 m breit.
Es wird in einer Seitenkapelle des Turiner Doms aufbewahrt.

Übungen

14 *Ein Zeitungsartikel aus dem Jahr 1997*

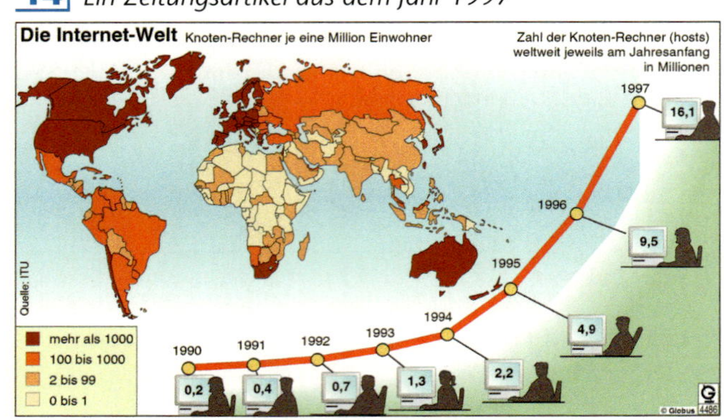

a) Ermitteln Sie zu den Daten eine geeignete Exponentialfunktion mit der Basis e. Wählen Sie hier x = 0 für das Jahr 1990.

b) Machen Sie mit Ihrem Modell eine Prognose für 2010. Versuchen Sie, aktuelle Daten zu bekommen.

Immer schneller wächst das Internet, das weltweite Computernetz. Das wird auch an der Zahl der installierten Knotenrechner deutlich. Das sind die Rechner, die einzelne Netze miteinander verbinden. Ihre Zahl ist seit 1990 innerhalb von siebeneinhalb Jahren um das achtzigfache gestiegen: von 200 000 auf 16,1 Millionen. Derzeit (1997) sind weltweit etwa 30 bis 40 Millionen Computer im Internet miteinander verbunden. Es gibt rund 60 Millionen Nutzer. Das schätzt die Internationale Telekommunikations-Vereinigung.

Basiswissen

Exponentialfunktionen aus Daten

Häufig stehen zunächst nur Messwerte zur Verfügung.

Eine Tierpopulation entwickelt sich in folgender Weise:

Zeit in Jahren	0	1	2	3	4	5
Anzahl	10	18	35	69	123	234

Um weitergehende Aussagen über den Wachstumsprozess machen zu können, benötigt man eine passende Funktion. Eine sinnvolle Vorgehensweise dazu ist:

(1) **Festlegung eines Funktionstyps durch Analyse der Messwerte**

Bilden der Quotienten von Messwerten:

$\frac{18}{10} = 1{,}8$; $\frac{35}{18} \approx 1{,}94$; $\frac{69}{35} \approx 1{,}97$; $\frac{123}{69} \approx 1{,}78$; $\frac{234}{123} \approx 1{,}90$

Es gilt damit annähernd $f(x+1) \approx 1{,}9 \cdot f(x)$. Dies legt ein exponentielles Modell nahe.

(2) **Bestimmung der notwendigen Parameter für eine konkrete Funktion**

$f(x) = A \cdot e^{kx}$
$f(x+1) = A \cdot e^{k(x+1)}$
$= A \cdot e^{kx} \cdot e^k = e^k \cdot f(x)$
Also gilt: $e^k = \frac{f(x+1)}{f(x)}$
Somit: $k = \ln\left(\frac{f(x+1)}{f(x)}\right)$

Hierzu gibt es verschiedene Strategien:

(A) Anfangswert f(0) = 10 und passenden Quotienten als Wachstumsfaktor wählen:
$f(x) = 10 \cdot e^{\ln(1{,}9) \cdot x} = 10 \cdot e^{0{,}6419x}$

(B) Anfangswert f(0) = 10 und einen geeigneten Messpunkt wählen:
P(4 | 23):
$10 \cdot e^{4k} = 123 \Rightarrow k = \frac{1}{4} \cdot \ln(12{,}3) \approx 0{,}6274$
$f(x) = 10 \cdot e^{0{,}6274x}$

(C) Regressionsfunktion:
$f(x) = 9{,}79 \cdot 1{,}8947^x = 9{,}79 \cdot e^{0{,}6391x}$

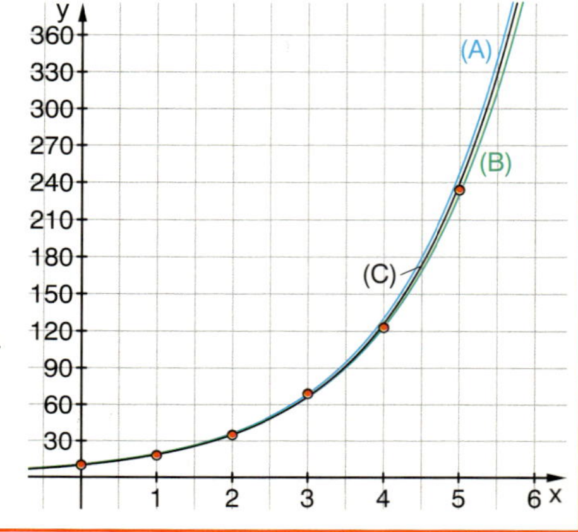

Übungen

15 *Zwei Datensätze*

Suchen Sie zu den Datensätzen geeignete Modelle. Ermitteln Sie eine passende Funktion. Stellen Sie jeweils Prognosen auf und überprüfen Sie, ob das Modell dazu taugt. Manchmal passen auch verschiedene Modelle, vergleichen Sie diese.

a) Die Lufttemperatur hängt von der Höhe über dem Meeresspiegel ab.

Höhe über NN in km	0	1	2	3	4	5	6	7	8	9
Temp. in °C	15,0	8,5	2,0	−4,5	−11,0	−17,5	−23,9	−30,5	−36,9	−43,4

b) Seit Geburt wurde ein Hundewelpe gewogen.

Woche	0	1	2	3	4	5	6	7	8	9	10
Gewicht in kg	0,5	0,4	0,5	0,7	0,9	1,2	1,4	1,8	2,2	2,7	3,3

16 *Windkraftanlagen*

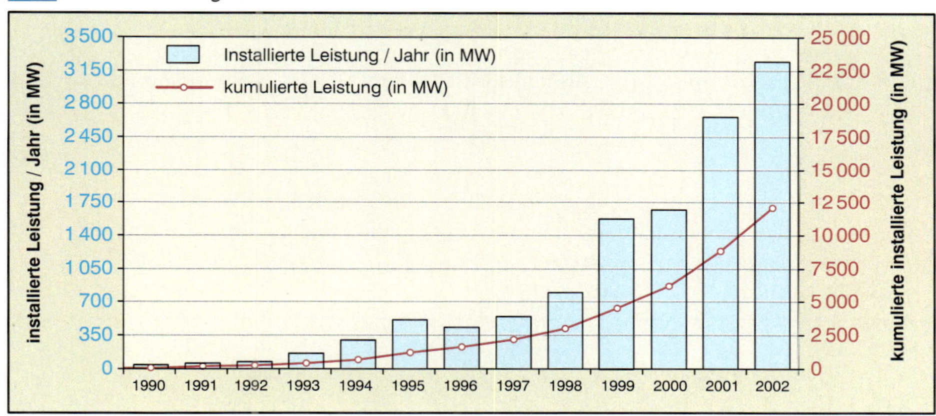

Jahr	Kumulierte Leistung in MW
1990	55
1992	173
1994	618
1996	1546
1998	2871
2000	6104
2002	11994

Setzen Sie 1990 als 0. Jahr, 1992 als 1. Jahr usw.

a) In dem Diagramm sind links die Leistung der in dem Jahr installierten Windkraftanlagen (Balkendiagramm) und rechts die Gesamtleistung aller Anlagen (rote Kurve) dargestellt. Die kumulierte Leistung erhält man, indem man die entsprechenden Jahresleistungen addiert. Die Werte der roten Kurve im Jahr x geben damit die Flächeninhalte unter der „Balkendiagrammkurve" von 1990 bis zum Jahr x an. Warum wird damit ein exponentielles Wachstumsmodell nahegelegt? Ermitteln Sie zu beiden Darstellungen eine passende Wachstumsfunktion.

b) Machen Sie mit Ihrem Modell Prognosen für die nächsten 10 Jahre. Beurteilen Sie Ihre Modelle. Suchen Sie aktuelle Daten im Netz und überprüfen Sie damit Ihre Modelle.

Zu der roten Kurve und der „Balkendiagrammkurve" passt der gleiche Funktionstyp.

17 *Eine zweifelhafte Modellierung*

In einem Zeitungskommentar zum Weltbevölkerungsbericht 1990 der UNO heißt es:

> Heute leben 5,3 Milliarden Menschen auf der Erde, im Jahre 2000 werden es weit über 6 Milliarden Menschen sein.

a) Stellen Sie mit den Daten des Kommentars Prognosen für 2010, 2030 und 2050 mit dem linearen sowie dem exponentiellen Wachstumsmodell auf. Vergleichen Sie mit der tatsächlichen Bevölkerungszahl in 2005 (6,5 Milliarden) und 2010 (6,9 Milliarden).

b) Nehmen Sie Stellung zur Qualität der Modellierungen aufgrund der vorhandenen Datenmenge.

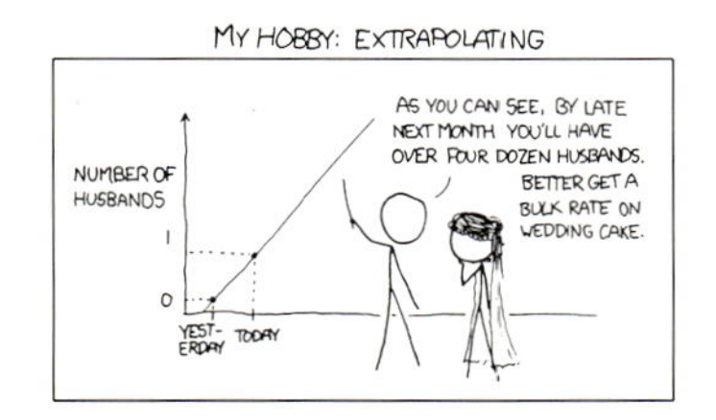

18 Ein neuer funktionaler Zusammenhang – das Phasendiagramm

Phasendiagramm

Die Bestandsfunktionen beschreiben einen Zusammenhang zwischen der Zeit x und dem Bestand f(x). Die Ableitungen f′(x) beschreiben entsprechend einen Zusammenhang zwischen der Zeit und der Änderungsrate (Wachstumsgeschwindigkeit). Die charakteristische Gleichung für das exponentielle Wachstum $f'(x) = k \cdot f(x)$ legt noch einen anderen funktionalen Zusammenhang nahe, nämlich den zwischen Bestand f(x) und Änderungsrate f′(x). Jedem Bestand f(x) wird eine Änderungsrate f′(x) zugeordnet. Die Bilder zeigen die drei Zuordnungen für $f(x) = 2 \cdot e^{0,4x}$.

(1) $f(x) = 2 \cdot e^{0,4x}$

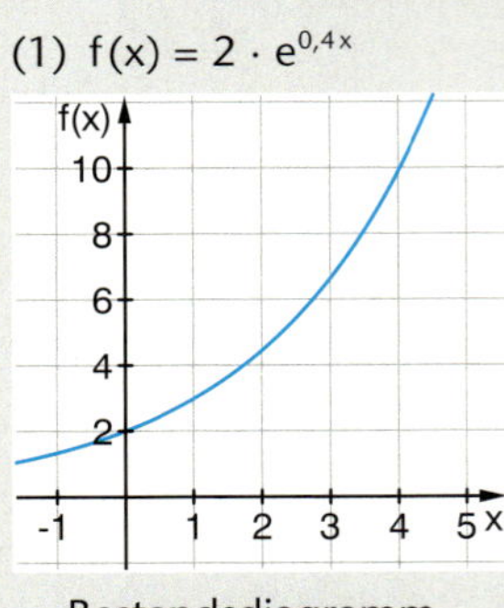

Bestandsdiagramm
$x \rightarrow f(x)$

(2) $f'(x) = 0,8 \cdot e^{0,4x}$

Änderungsdiagramm
$x \rightarrow f'(x)$

(3) $f'(x) = 0,4 \cdot f(x)$

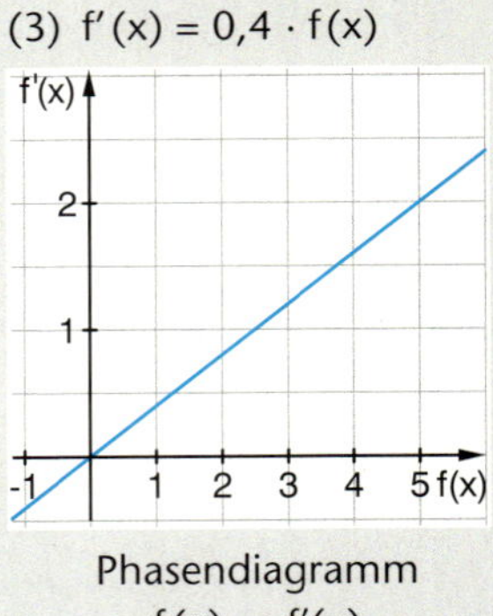

Phasendiagramm
$f(x) \rightarrow f'(x)$

Die Zuordnung $f(x) \rightarrow f'(x)$ beschreibt eine Beziehung zwischen den beiden Größen Bestand und Änderungsrate (Ableitung). Das zugehörige Diagramm heißt **Phasendiagramm.** Das Phasendiagramm zum exponentiellen Wachstum veranschaulicht die Proportionalität zwischen Bestand und Änderungsrate mithilfe einer Ursprungsgeraden.

Übungen

Bestandsdiagramm aus Phasendiagramm

18 *Bestandsdiagramm aus Phasendiagramm erschließen*

Wenn ein Phasendiagramm gegeben ist, kann man die Entwicklung des Bestandes in Abhängigkeit der Zeit (Bestandsfunktion) grafisch aus dem Diagramm ablesen:

Zum Startwert $A = f(0) = 2$ liest man die momentane Änderungsrate ab. Diese ist mit $f'(0) = 0,8$ positiv, also wächst der Bestand. Somit muss man nach rechts (positive Richtung der waagerechten Achse) auf dem Graphen gehen. Da die Änderungsraten dort auch immer positiv sind und zunehmend größere Werte annehmen, wächst der Bestand immer stärker. Der Bestandsgraph ist dementsprechend linksgekrümmt.

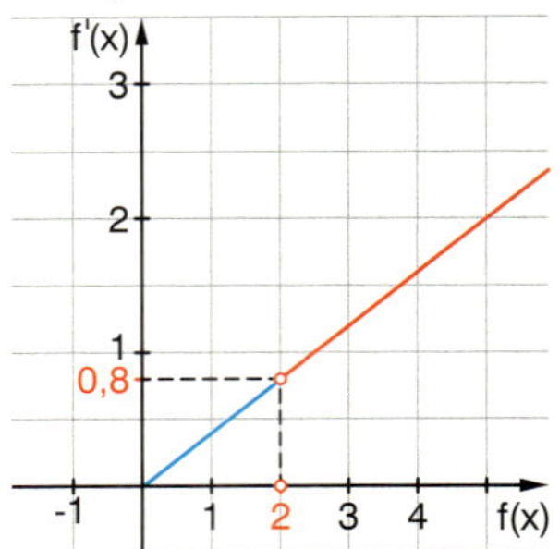

a) Erstellen Sie jeweils ein entsprechendes Diagramm zu folgenden Differenzialgleichungen:
(1) $f'(x) = 2 \cdot f(x)$
(2) $f'(x) = -1,25 \cdot f(x)$
Beschreiben Sie wie oben die Bestandsentwicklung am Graphen. Wählen Sie dazu verschiedene Anfangswerte.
b) Geben Sie zu den nebenstehenden Phasendiagrammen die zugehörige DGL an.
Der Punkt (0|0) wird Fixpunkt genannt. Können Sie diesen Sachverhalt erläutern?
c) Wie sehen Phasendiagramme beim linearen Wachstum aus?

Interpretation des Phasendiagramms

Bei Wachstumsmodellen ist häufig ein f(x)-f′(x)-Diagramm sehr aussagekräftig. Solche **Phasendiagramme** stellen eine funktionale Beziehung zwischen zwei Größen her, in diesem Fall zwischen dem Bestand f(x) und der Änderungsrate f′(x). Für das exponentielle Wachstum erhält man Ursprungsgeraden mit:

1. positiver Steigung: Wachstum
2. negativer Steigung: Zerfall

Phasendiagramm zu $f'(x) = k \cdot f(x)$

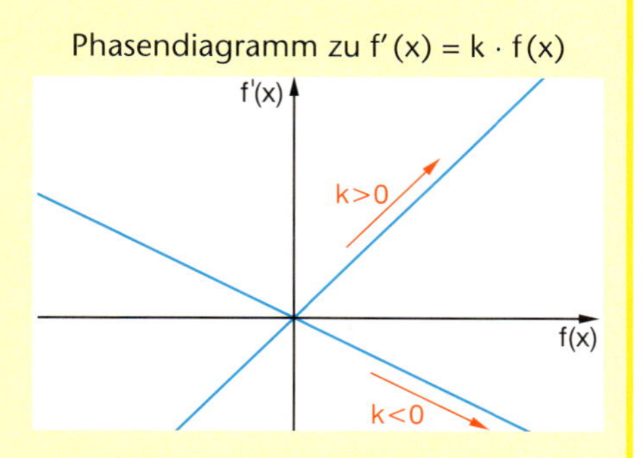

Der zeitliche Verlauf der Bestandsentwicklung kann aus dem Phasendiagramm abgeleitet werden, indem man beim Anfangsbestand beginnt und dann unter Berücksichtigung des Ableitungswertes in die entsprechende Richtung auf dem Graphen des Phasendiagramms entlang geht.

1. Wachstum: Punkte streben im Phasendiagramm vom Ursprung weg.
2. Zerfall: Punkte streben im Phasendiagramm auf Ursprung zu.

Übungen

19 Beschreiben Sie zunächst die Bestandsentwicklung zum Anfangswert A beziehungsweise B im Phasendiagramm und skizzieren Sie danach jeweils das x-f(x)-Diagramm.

a)

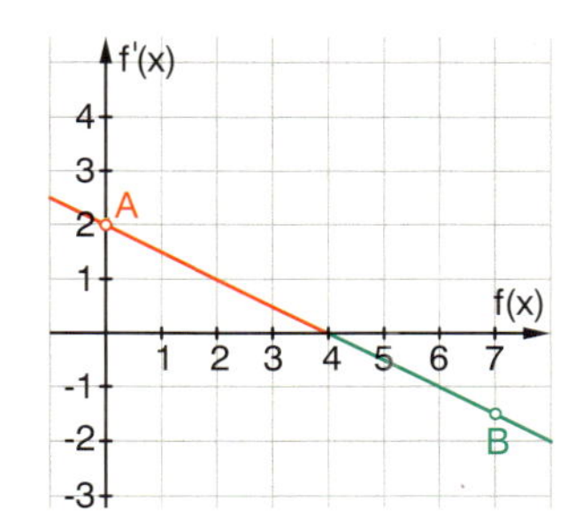

b)

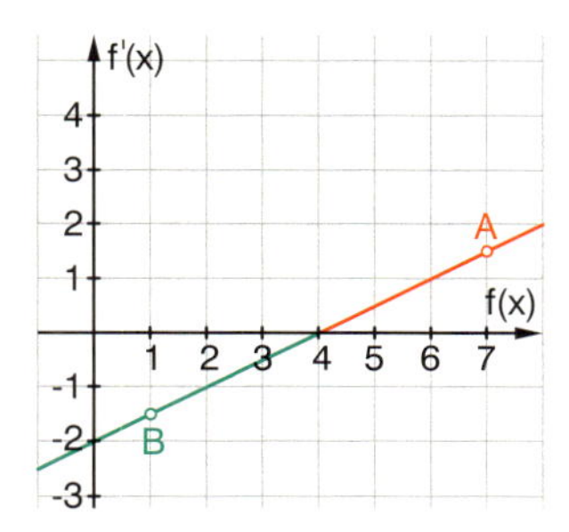

Beispiel zu a), Anfangswert B:

Beschreibung

Der anfängliche Bestand von 7 nimmt ab ($f'(x) < 0$), aber immer weniger stark, da $f'(x)$ sich der 0 nähert.

Wenn der Bestand nahe 4 ist, strebt die Wachstumsrate gegen 0, der Bestand strebt also gegen 4.

Bestandsdiagramm

f(x); f(0) = 7; 4; 8; x

Phasendiagramme in den Naturwissenschaften

Bestand und Änderung sind bei Wachstumsmodellen die beiden zusammenhängenden Größen. In den Naturwissenschaften werden Phasendiagramme häufig dann benutzt, wenn beliebige zwei Größen und ihre verschiedenen Zustände miteinander verglichen werden. Beispiele:

(1) Wasser
(Größe 1: Temperatur, Größe 2: Druck)

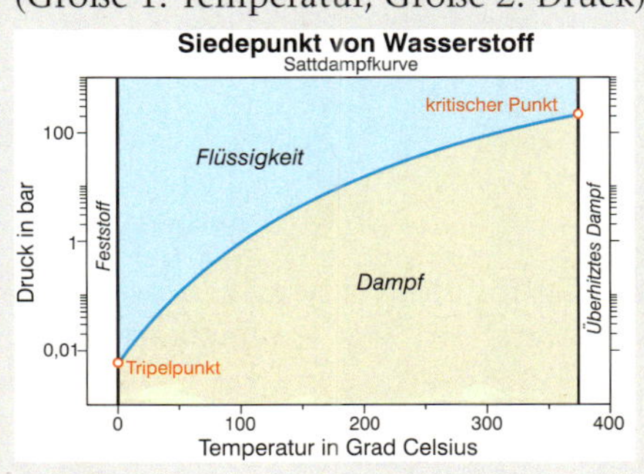

(2) Räuber-Beute-Modell
(Größe 1: Füchse, Größe 2: Hasen)

Hasen; Füchse
Hasen (120)
Hasen (240)
Hasen (480)
in Klammern: Anfangswerte

Aufgaben

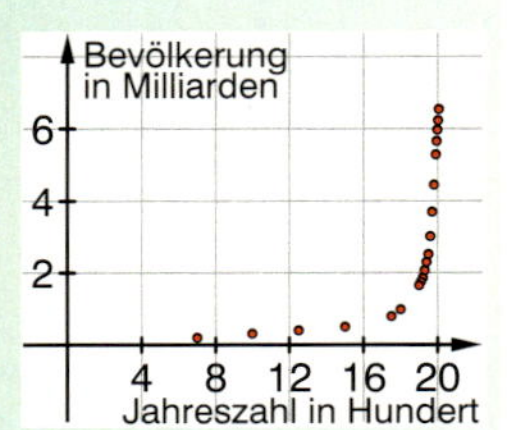

20 *Wachstum der Weltbevölkerung*

a) Geben Sie die Verdopplungszeiträume für die Weltbevölkerungszahl seit 700 an und begründen Sie damit, dass die gesamte Entwicklung sich nicht sinnvoll durch ein exponentielles Modell beschreiben lässt. Bestätigen Sie dies durch Versuche, ein passendes exponentielles Modell (z. B. mit Regression) zu finden.

Hinweis: Skalieren Sie die x-Achse in 100-Jahre-Schritten.

Jahr	Bevölkerung in Mrd.
700	0,2
1000	0,31
1250	0,4
1500	0,5
1750	0,79
1800	0,98
1900	1,65
1910	1,75
1920	1,86
1930	2,07

Jahr	Bevölkerung in Mrd.
1940	2,30
1950	2,52
1960	3,02
1970	3,70
1980	4,45
1990	5,29
1994	5,66
1998	5,97
2002	6,23
2006	6,54

Am Wachstumsbeginn kann exponentielles Wachstum häufig gut durch lineares Wachstum ersetzt werden.

b) Zeigen Sie, dass für die Entwicklung zwischen 700 und 1750 sowohl ein lineares als auch ein exponentielles Modell gut passt. Erläutern Sie damit den nebenstehenden Satz.

Finden Sie Zeitabschnitte, in denen ein exponentielles Modell gut passt und modellieren Sie damit stückweise die Entwicklung der Weltbevölkerung.
Warum lassen sich mit einer solchen stückweisen Modellierung nur schlecht Prognosen erstellen?

c) Erläutern Sie anhand der Verdopplungszeiträume, dass das Wachstum der Weltbevölkerung zwischen 700 und 2006 stärker als exponentielles Wachstum ist.
Will man also die gesamte Entwicklung durch eine einzige Modellfunktion beschreiben, muss man eine Gleichung für die Wachstumsgeschwindigkeit f′(x) finden, die letztendlich ein noch stärkeres Wachstum als das exponentielle darstellt. Da Quadrate schneller wachsen als lineare Terme, ist eine Möglichkeit:

$f'(x) = k \cdot \left(f(x)\right)^2$

Interpretieren Sie die DGL.

$f'(x) = \frac{a^2k}{(akx-1)^2}$

Zeigen Sie, dass die Funktionen $f(x) = \frac{-a}{a \cdot k \cdot x - 1}$ die DGL lösen.
Finden Sie geeignete Werte für a und k, so dass die Funktion zum Datensatz passt.
Finden Sie unterschiedliche passende Funktionen?

Warum ist hier $0 < a < 0{,}2$ sinnvoll?

Mit einem Funktionenplotter:

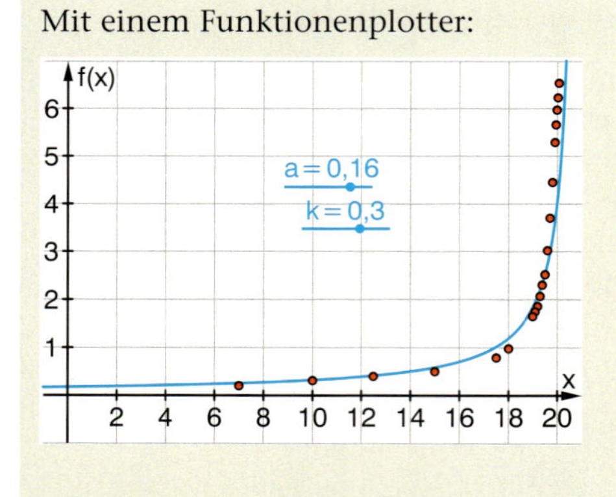

Mit CAS: Auswahl von 2 Punkten

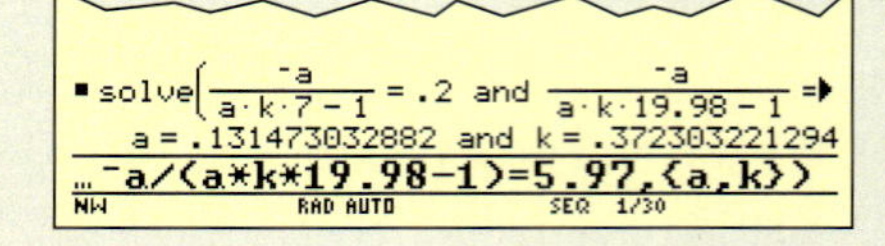

Mit GTR: Vorgabe eines Wertes für a und Benutzung eines Punktes

Beispiel: a = 0,1

$\frac{-0{,}1}{-0{,}1 \cdot k \cdot 19{,}98 - 1} = 5{,}97\ldots$

Welche inhaltliche Bedeutung hat die Nullstelle des Nenners?

Das Modell liefert passende Kurven. Was würde das für die Weltbevölkerung bedeuten, wenn es auch inhaltlich angemessen wäre? Wo liegt ein qualitativer Unterschied zu jedem exponentiellen Modell?

8.2 Begrenztes Wachstum

Was Sie erwartet

Mit dem linearen und exponentiellen Wachstum haben Sie zwei grundlegende Wachstumsformen kennengelernt. Ein entscheidender Nachteil bei der Modellierung mit diesen Modellen liegt darin, dass bei beiden ein Wachstum ins Unendliche stattfindet. Auf Dauer ist dies nicht realistisch, denn es gibt immer Grenzen. So bieten Biotope nur einer begrenzten Anzahl von Tieren genügend Lebensraum oder es kaufen nur begrenzt viele Kunden ein Produkt.
Sie werden zunächst ein Modell kennenlernen, das auf dem exponentiellen Wachstum beruht und eine Grenzkapazität berücksichtigt. Anschließend werden Sie erfahren, was passiert, wenn exponentielle und lineare Zunahme bzw. Abnahme gemeinsam auftreten.

Aufgaben

1 *Ein naturwissenschaftlich – physikalisches Experiment*
Wann ist frisch gebrühter Kaffee trinkbar? Wann ist er lauwarm und wann kalt?
Wer so etwas wissen will, hat grundsätzlich drei Möglichkeiten:
(1) Warten bis der Kaffee trinkbar, lauwarm oder kalt ist.
(2) Einige Temperaturmessungen durchführen und die Messreihe auswerten.
(3) Nachdenken, wie die Dinge zusammenwirken.
Die Aussage (1) liefert natürlich eine Antwort, aber, wenn man wissen will, wie viele Füchse es in einem Gebiet gibt, will man auch nicht warten, bis sie ausgestorben oder zur Plage geworden sind, sondern möglichst im Vorfeld eine Prognose machen können und über ihre Entwicklung Bescheid wissen.
Wir wenden uns den Experimenten (Messungen) und dem Nachdenken zu.
Es wird alle zwei Minuten gemessen, die Raumtemperatur beträgt 20 °C:

Am besten ist es, wenn Sie selbst das Experiment durchführen und mit den eigenen Werten weiterrechnen.

Zeit (min)	0	2	4	6	8	10	12	14	16
Temp. (°C)	84	72	62	56	51	47	44	41	38

a) Übertragen Sie die Messwerte in den GTR und stellen Sie diese grafisch dar. Skizzieren Sie den zur konstanten Raumtemperatur gehörenden Graphen.
Warum liefert eine exponentielle Regression hier kein sinnvolles Modell?

Beschreiben Sie einen von Ihnen vermuteten Zusammenhang zwischen Abkühlung, Kaffeetemperatur und Raumtemperatur. Berücksichtigen Sie die Differenzen der gemessenen Temperatur zur Raumtemperatur.

„Am Anfang kühlt er schneller ab als später…“

b) Der Physiker Isaac Newton entdeckte eine Gesetzmäßigkeit, nach der sich Gegenstände erwärmen bzw. abkühlen. Er fand eine Formel, die einen Zusammenhang zwischen dem Änderungsverhalten der Temperatur und der Differenztemperatur von Gegenstand und Umgebung beschreibt: $f'(x) = k \cdot (G - f(x))$
Passt diese Formel zu Ihrem Text aus a)?
Was bedeuten hier $f(x)$, $f'(x)$, k und G in Bezug auf das Experiment?
Muss k hier positiv oder negativ sein?
Formulieren Sie die Formel mit eigenen Worten am Beispiel der Kaffeeabkühlung.
c) Zeigen Sie, dass die Funktionen $f(x) = 64 \cdot e^{-k \cdot x} + 20$ die obige DGL erfüllen.
Finden Sie einen geeigneten Wert für k so, dass die Funktion zu den Messwerten passt.
d) Was ändert sich an der DGL $f(x) = k \cdot (G - f(x))$ und was ändert sich an der Funktionsgleichung $f(x) = 64 \cdot e^{-k \cdot x} + 20$, wenn ein 5 °C kalter Orangensaft aus dem Kühlschrank genommen wird?

Aufgaben

Tierarten
Eine Art ist die kleinste Gruppe von Tieren, die sich untereinander, jedoch nicht mit Angehörigen anderer Arten, fortpflanzen können. Es gibt ca. 4000 Säugetierarten.

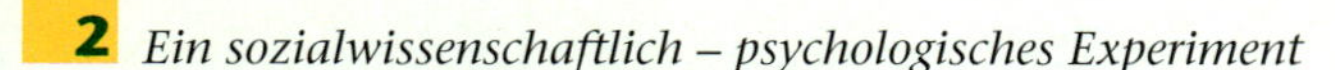

2 *Ein sozialwissenschaftlich – psychologisches Experiment*

Wie viele Säugetierarten kennt eine Person? Wie schnell erfolgen die Nennungen? Gibt es einen Zusammenhang zwischen der Anzahl der Arten, die eine Person kennt, und der Geschwindigkeit, diese zu nennen?

Interessante Einblicke in den Vorgang der kontinuierlichen Produktion kontrollierter Assoziationen vermitteln die Untersuchungen von BOUSFIELD und seinen Schülern (1944, 1950). Die Versuchspersonen hatten die Aufgabe, innerhalb eines festgelegten Rahmens (z. B. Säugetiere, Städtenamen) möglichst viele Assoziationen zu produzieren. Die Anzahl der in aufeinanderfolgenden Intervallen von je 2 Minuten niedergeschriebenen Einfälle lässt einen sehr typischen Verlauf erkennen. Es handelt sich um eine negativ beschleunigte Funktion, die einem maximalen Grenzwert C entgegenstrebt. Ihre Form wird durch die Gleichung $N(t) = C \cdot (1 - e^{-m \cdot t})$ beschrieben, in der e die Basis des natürlichen Logarithmus, m die Zuwachsrate, t die verstrichene Zeit und N die Anzahl der bis zum Zeitpunkt t produzierten Assoziationen ist.

Quelle: www.sgipt.org/wisms/av/hofst1.htm

Zeit	Anzahl
2	22
4	33
6	40
8	45
10	50
12	54
14	57
16	59
18	61
20	63

a) Führen Sie den Test partnerweise durch.
Einer nennt die Tierarten, der Partner zählt und notiert. Übertragen Sie dazu die Tabelle in Ihr Heft. Wechseln Sie nach jeweils 2 Minuten in die nächste Zeile und summieren Sie in der Spalte „Summe“.
Erstellen Sie ein Diagramm
Zeit → Anzahl genannter Tierarten.

Zeit (in min)	Anzahl genannter Tierarten	
	Strichliste	Summe
2		
4		
6		
...		
18		
20		

$N(t) = C \cdot (1 - e^{-m \cdot t})$

Natürlich gibt es keine halben Säugetiere und Messwerte gibt es auch nur zu bestimmten Zeitpunkten. Trotzdem kann hier sinnvoll mit einer kontinuierlichen Funktion modelliert werden, so lange die Daten passen.

b) Legen Sie basierend auf Ihrer Messreihe eine angemessene Grenze für das Reservoir C an Säugetieren bei der Testperson fest.
Bestimmen Sie damit einen passenden Wert von m, indem Sie einen Messwert benutzen und geben Sie eine zu Ihren Messwerten passende Funktion an.
Vergleichen Sie die gefundenen Funktionen im Kurs und einigen Sie sich auf einen „Durchschnittssäugetierartennenner“.

c) Erläutern Sie, in welcher Weise die Aussagen zu folgender DGL über das Änderungsverhalten der erinnerten Säugetierarten passen.

$N'(t) = m \cdot (C - N(t))$

Je weniger ich noch kenne, desto schwieriger ist es, dass mir eine neue Art einfällt.

Je weniger Arten noch übrig sind, desto geringer ist die Anzahl zusätzlich genannter Arten.

Nach einer gewissen Zeit kam man immer wieder auf schon genannte Tiere.

Zeigen Sie, dass die von Ihnen gefundene Funktion diese DGL erfüllt.
Vergleichen Sie mit $N'(t) = -m \cdot N(t)$.

Basiswissen

Wachstum mit Grenze

„Die Bäume wachsen nicht in den Himmel". Das exponentielle Wachstum kann nicht immer angemessen sein, es gibt Grenzen. Das Wachstum nimmt meist ab, wenn sich die Bestände einer vorhandenen Grenze nähern. Das begrenzte Wachstum ist eine Möglichkeit, dies zu modellieren.

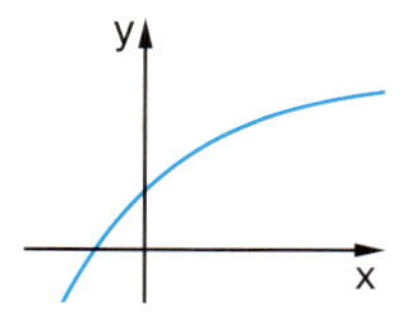

Begrenztes Wachstum

Die Änderung ist proportional zur Differenz aus Bestand und Grenze, also proportional zum möglichen Restbestand.

Beispiel:

In einem 20 °C warmen Raum werden ein Becher kochendes Wasser (100 °C) und eine Flasche Apfelsaft aus dem Kühlschrank (5 °C) auf den Tisch gestellt. Wie verlaufen der Abkühlungs- und Erwärmungsprozess, wenn die Wachstumskonstante (Proportionalitätsfaktor) $k = 0{,}15$ ist (x: Zeit in Minuten)?

DGL: $f'(x) = k \cdot (G - f(x))$
A: Anfangsbestand $f(0)$
G: (Kapazitäts-)grenze
k: Wachstumskonstante

$T'(x) = k \cdot (20 - T(x))$
$A_{Wasser} = 100$
$A_{Apfelsaft} = 5$

Funktion: 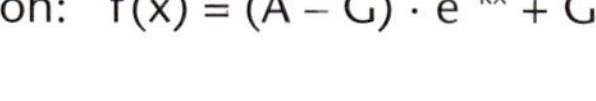 $f(x) = (A - G) \cdot e^{-kx} + G$

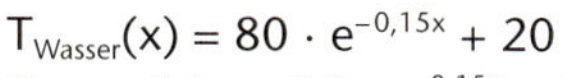
$T_{Wasser}(x) = 80 \cdot e^{-0{,}15x} + 20$
$T_{Apfelsaft}(x) = -15 \cdot e^{-0{,}15x} + 20$

Grafik:

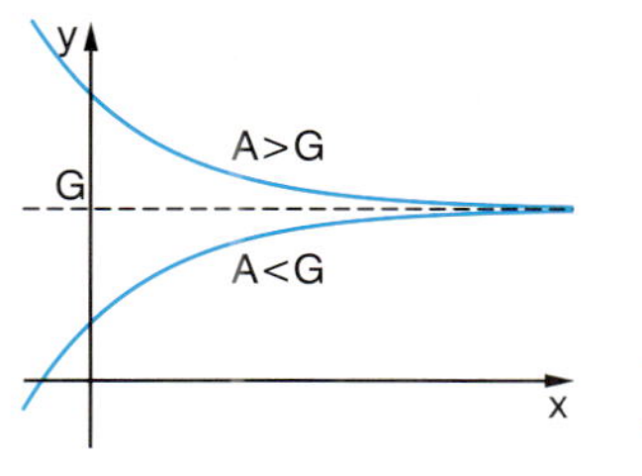

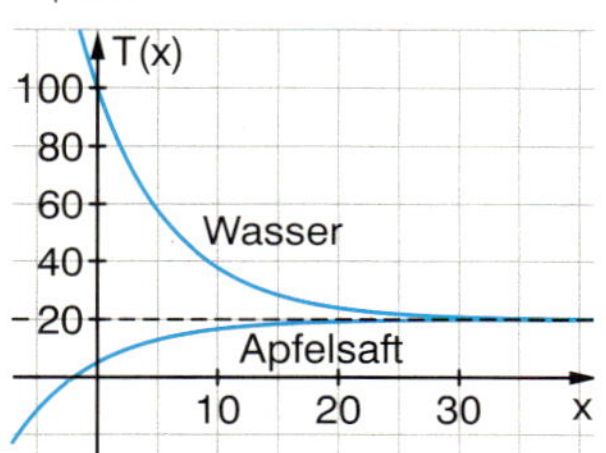

Beispiele

A Eine Firma hat durch Umfragen und Markterhebungen festgestellt, dass ein neues Produkt nach Einführung auf dem Markt maximal 10 000-mal abgesetzt werden kann. Die Wachstumskonstante beträgt $k = 0{,}2$ (x: Zeit in Monaten, f(x): Anzahl verkaufter Geräte).

a) Geben Sie die zugehörige DGL an. Ermitteln und skizzieren Sie die Verkaufsfunktion. Wie viel Prozent der noch verbleibenden Interessenten kommen pro Jahr noch als Käufer dazu?

b) Wie viele Geräte werden im ersten Jahr verkauft? Wann ist die Hälfte der Maximalzahl abgesetzt?

Lösung:

a) $f'(x) = 0{,}2 \cdot (10\,000 - f(x));\quad f(0) = 0$
$f(x) = -10\,000 \cdot e^{-0{,}2x} + 10\,000$

b) $f(12) = -10\,000 \cdot e^{-2{,}4} + 10\,000$
$\approx 9092{,}8$

Nach einem Jahr werden ca. 9100 Geräte verkauft sein.

$-10\,000 \cdot e^{-0{,}2x} + 10\,000 = 5000$
$e^{-0{,}2x} = \frac{1}{2} \Rightarrow x = 5 \cdot \ln(2) \approx 3{,}466$

Die Hälfte der Geräte wird nach ca. 3,5 Monaten abgesetzt sein.

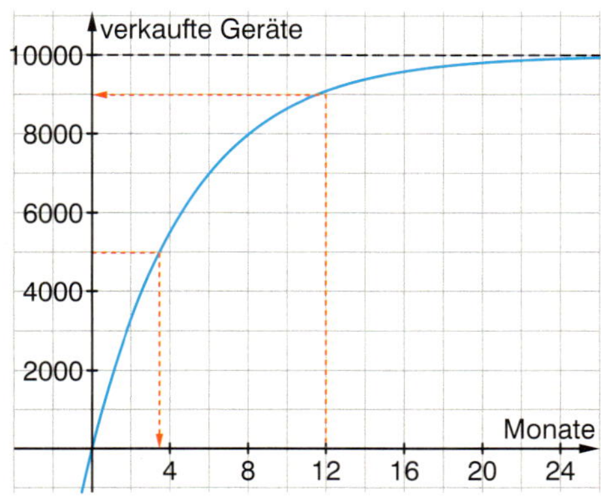

Beispiele

B Weisen Sie nach, dass die Wachstumsfunktion aus dem Basiswissen auf Seite 299 Lösung der DGL ist.

Lösung:
(1) Ableitung von f(x): $f'(x) = -k \cdot (A - G) \cdot e^{-kx}$
(2) Einsetzen von f(x) in DGL:
$f'(x) = -k \cdot (G - (A - G) \cdot e^{-kx} + G)) = k \cdot (-(A - G) \cdot e^{-kx}) = -k \cdot (A - G) \cdot e^{-kx}$

Übungen

3 Geben Sie jeweils zu den angegebenen Werten die zugehörige DGL und die Wachstumsfunktion an. Beschreiben Sie jeweils den Wachstumsprozess als Populationsentwicklung einer Tierart. Skizzieren Sie die Funktionen.

In c) ist es eine Schar.

a) A = 50; G = 250; k = 0,15
b) A = 32 000; G = 20 000; k = 0,3
c) A variabel; G = 4 · A; k = 0,1
d) A = 250; G = 250; k = 0,18

4 Geben Sie jeweils die passende Wachstumsfunktion an.

a) $f'(x) = 0{,}4 \cdot (100 - f(x))$, $f(0) = 25$
b) $f'(x) = 0{,}05 \cdot (250 - f(x))$, $f(0) = 400$
c) $f'(x) = 400 - 0{,}1 \cdot f(x)$, $f(0) = 500$
d) $f'(x) = 0{,}1 \cdot (100 - f(x))$, $f(1) = 50$

5 a) Ordnen Sie der DGL jeweils den passenden Graphen der Wachstumsfunktion zu und bestimmen Sie die Funktionsgleichung.

(1) $f'(x) = 0{,}3 \cdot (500 - f(x))$
(2) $f'(x) = 0{,}1 \cdot (700 - f(x))$
(3) $f'(x) = 0{,}1 \cdot (400 - f(x))$

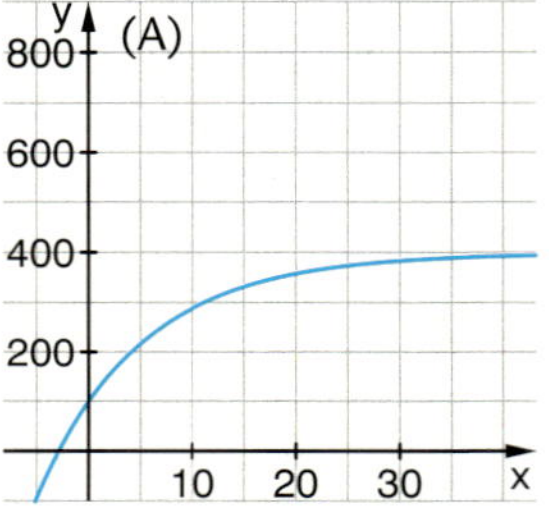

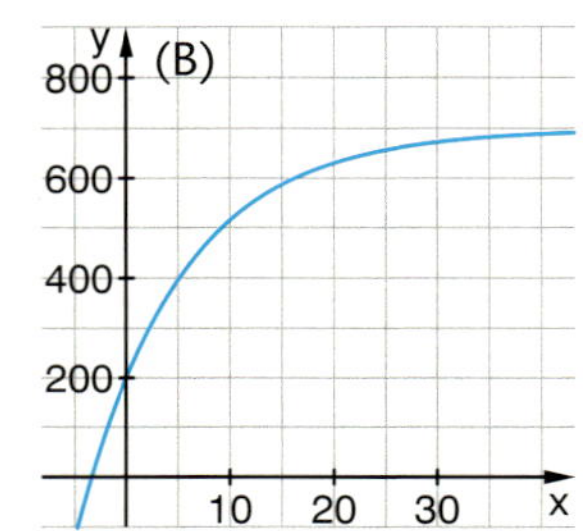

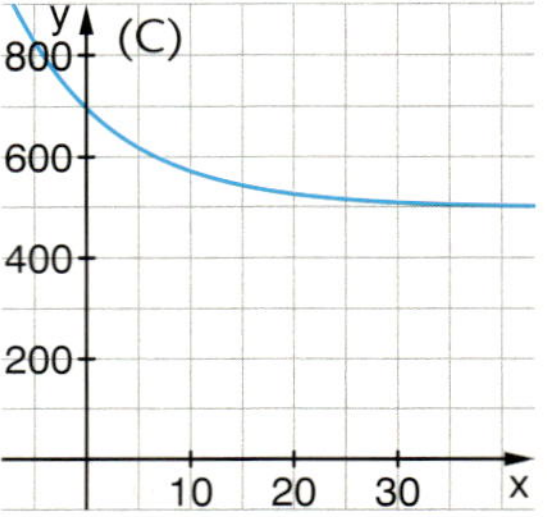

b) Geben Sie zu jeder DGL eine weitere Lösungsfunktion an und skizzieren Sie diese.

6 Die Lösungsfunktionen zur DGL des beschränkten Wachstums lassen sich auch durch Bewegungen (Verschieben, Spiegeln, Strecken) ermitteln.

a) Bestimmen Sie die Lösungsfunktion zu folgender DGL:
$f'(x) = 0{,}2 \cdot (5 - f(x))$; $f(0) = 1$

b) Die Bildsequenz zeigt in der Reihenfolge der Bilder (1) – (5) die Entstehung der Lösungsfunktion aus $y = e^{-x}$. Beschreiben Sie die entsprechenden geometrischen Abbildungen und ordnen Sie die Funktionsgleichungen dem passenden Graphen zu.

(A) $y = -4e^{-x}$ (B) $y = -4e^{-0{,}2x} + 5$ (C) $y = -4e^{-x} + 5$ (D) $y = -e^{-x}$

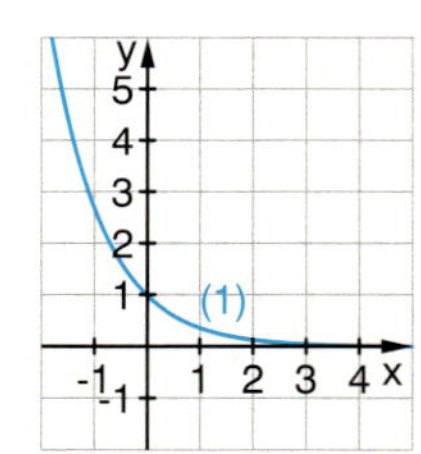

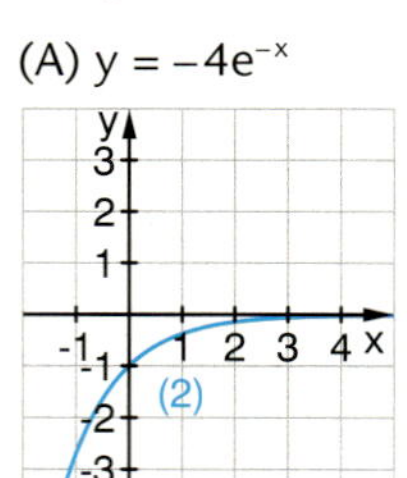

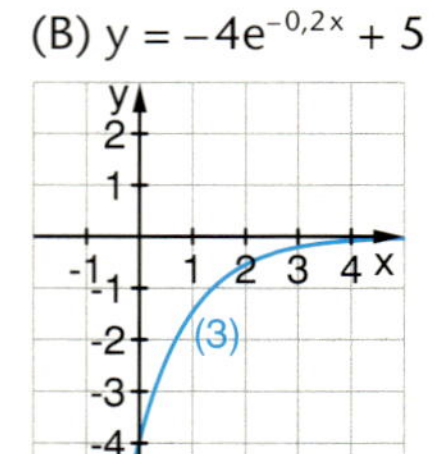

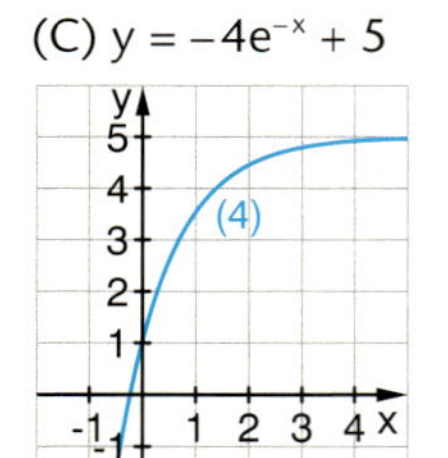

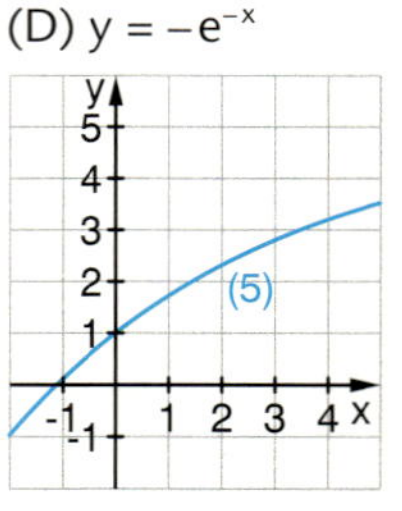

c) Ermitteln Sie die entsprechenden geometrischen Abbildungen zur Entstehung der Lösungsfunktion aus $y = e^{-x}$ für $f'(x) = 0{,}4 \cdot (4 - f(x))$; $f(0) = 7$.

Verschiedene Situationen – ein Modell

Mathematische Modelle zeichnen sich häufig gerade dadurch aus, dass sie zu ganz verschiedenartigen realen Situationen passen.

Übungen

7 *Ein digitales Aufnahmegerät*

In einer Stadt gibt es 120 000 Haushalte. Man vermutet, dass jeder dritte Haushalt auf eine neue digitale Fernsehaufnahmetechnik umsteigen möchte. Eine Firma geht davon aus, dass die Zunahme des Verkaufs bei Markteinführung am größten war und modelliert die Verkaufszahlen mit begrenztem Wachstum. Sie macht dabei die Annahme, dass die Zunahme des Absatzes pro Monat immer 12 % der noch möglichen Verkäufe ausmacht (x: Zeit in Monaten).

a) Wird die Firma im ersten Jahr 30 000 Geräte verkaufen?

b) Wann werden 50 % der Haushalte ein solches Gerät haben?

c) Wann werden alle Haushalte ein Gerät haben?

$k = \ln\left(1 + \frac{p}{100}\right)$

8 *Eine Armbanduhr*

Beschreiben Sie das Verkaufsziel des Konzerns durch ein passendes Modell. Wann wird der Konzern alle Uhren verkauft haben (x: Zeit in Quartalen)?

Limitierte Armbanduhr

... Mit dem Ergebnis (870 verkaufte Exemplare) seien alle sehr zufrieden. Damit habe man im ersten Quartal bereits 15 % dieser limitierten Serie „an den Mann" bringen können, betonte der Pressesprecher. Auch für die Zukunft rechne man damit, dass der Zuspruch der Zielgruppe anhalten werde. Der Konzern möchte auch in den kommenden Quartalen jeweils 15 % des Restbestandes verkaufen. Von der Serie wurden insgesamt 5 800 Exemplare hergestellt.

9 *Mobilfunkanschlüsse*

Modellieren Sie die Anzahl der Mobilfunkanschlüsse in Deutschland seit 2004. Warum gibt es seit 2006 mehr als einen Vertrag pro Person?

Was erscheint Ihnen eine sinnvolle Maximalzahl (Kapazität) von Anschlüssen pro Person zu sein? Ermitteln Sie damit ein passendes Modell.

Mobiltelefone: Deutschland in der Spitzengruppe

Mobilfunkanschlüsse je 100 Einwohner*
Ländervergleich 2006

Italien	124
Schweden	116
Großbritannien	113
Norwegen	111
Dänemark	107
Deutschland	104
Finnland	103
Spanien	102
Westeuropa	98
USA	76
Japan	75

Mobilfunkanschlüsse je 100 Einwohner*
Entwicklung in Deutschland
2004 - 2010

'04	'05	'06	'07	'08	'09	'10
87	96	104	109	114	117	120
+10%	+11%	+8%	+5%	+4%	+3%	+2%

*Verträge und Prepaid-Karten

BITKOM Quelle: EITO; Daten für 2007–2010 geschätzt

10 *Mobiltelefone*

Die Tabelle gibt die Verkaufszahlen eines neuen Mobiltelefons an:

Zeit (in Monaten)	0	1	2	3
Anzahl (in Tausend)	45	72	98	120

a) Marc modelliert die Daten mit einer exponentiellen Regression und erhält $f(x) = 48{,}2467 \cdot e^{0{,}32508x}$.
Er skizziert die Daten und die Funktion und ist zufrieden. Was meinen Sie dazu?

b) Begründen Sie, dass auch eine Modellierung mit begrenztem Wachstum sinnvoll sein kann und stellen Sie eine entsprechende DGL auf. Machen Sie dazu eine Annahme über die maximale Anzahl an Mobiltelefonen, welche die Firma verkaufen kann.
Wählen Sie eine andere Annahme über die Maximalzahl verkaufbarer Telefone. Vergleichen Sie Ihre Modelle.

c) Zeigen Sie, dass man mithilfe der beiden ersten Messwerte folgende Schar möglicher Funktionen erhält: $f_G(x) = (45 - G) \cdot e^{\ln\left(\frac{72-G}{45-G}\right) \cdot x} + G$
Kann die Firma damit rechnen, 500 000 Mobiltelefone zu verkaufen?
Bestimmen Sie eine zu den Daten passende kleinste bzw. größte Anzahl verkaufbarer Telefone.
Was bleibt bei diesen Modellierungen alles unberücksichtigt?

CAS

Eine Situation – verschiedene Modelle
Häufig kann ein und dieselbe Situation angemessen durch verschiedene mathematische Modelle beschrieben werden.

Übungen

11 *Bakteriophagen*

Der größte wirtschaftliche Schaden milchverarbeitender Betriebe lässt sich auf Bakteriophagen (Phagen) zurückführen (mit 70 bis 80 % Hauptursache aller Produktionsstörungen). Phagen sind Viren, die Bakterien befallen. Der Befall einer Bakterienkultur mit Phagen kann zum Tod der Bakterienzelle und damit zu leichten bis totalen Produktionsausfällen führen.

Eine Möglichkeit, die Raumluft phagenarm zu halten, besteht in der Behandlung der Luft mit UV-C-Strahlung. Dazu ist es notwendig, einen Überblick über die Möglichkeiten der Reduzierung zu erhalten. Aus diesem Grund wurden Versuche zur Inaktivierung von Phagen durch UV-Strahlung durchgeführt. Sie zeigten, dass die Überlebensrate mit zunehmender Strahlendosis exponentiell abnimmt.

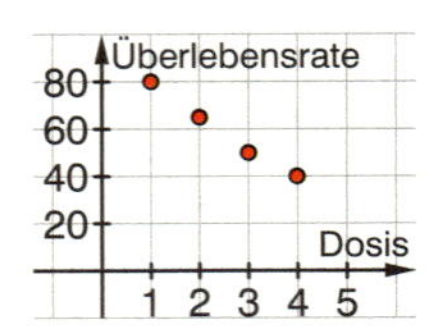

Die Tabelle zeigt die Ergebnisse eines Experiments zur Bestrahlung von Bakteriophagen.

Dosis	1	2	3	4
Überlebensrate	80	65	50	40

Wird es immer eine Restmenge an Überlebenden geben oder nicht?
Modellieren Sie den Datensatz mit unterschiedlichen Modellen und formulieren Sie zugehörige Antworten auf die Frage.

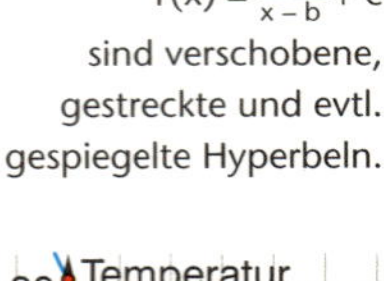

Funktionen der Form $f(x) = \frac{a}{x-b} + c$ sind verschobene, gestreckte und evtl. gespiegelte Hyperbeln.

12 Die Daten zur Kaffeeabkühlung aus Aufgabe 1 können auch gut mit einem anderen Funktionstyp modelliert werden: $f(x) = \frac{a}{x-b} + 20$

a) Benutzen Sie den Datensatz aus Aufgabe 1 und bestimmen Sie mithilfe zweier selbst gewählter Messwerte eine geeignete Funktion. Überprüfen Sie Ihr Ergebnis durch eine Skizze.

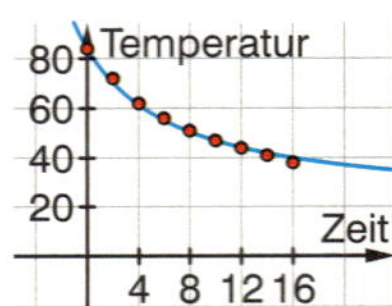

b) Eine mögliche Funktion, die a) beschreibt, ist $f(x) = \frac{467}{x+7,3} + 20$. Begründen Sie mithilfe der nebenstehenden Rechnungen und einem CAS, dass die mögliche Funktion nicht die DGL des beschränkten Wachstums erfüllt.
Warum sind daher die Exponentialfunktionen das bessere Modell?

F1 Algebra Calc Other PrgmIO Clean Up
$\frac{467}{x+7.3} + 20 \to f(x)$ Done
$\frac{d}{dx}(f(x))$ $\frac{-467.}{(x+7.3)^2}$
$k\cdot(20 - f(x))$ $\frac{-467\cdot k}{x+7.3}$
$\text{solve}\left(\frac{d}{dx}(f(x)) = k\cdot(20 - f(x)), k\right)$ $k = \frac{1.}{x+7.3}$
MAIN RAD AUTO FUNC 4/30

ISAAC NEWTON
(1643–1727)

Newtonsches Abkühlungsgesetz

Wenn das einzige Kriterium für die Güte eines Modells die (statistisch) gute Übereinstimmung mit den Messwerten wäre, dann beschreiben sowohl die Exponentialfunktionen als auch die Hyperbeln in gleicher Weise angemessen den Abkühlungsprozess. Eine Differenzialgleichung beschreibt darüber hinaus einen gesetzmäßigen Zusammenhang zwischen den Größen (z. B. Zeit und Temperatur). Die Differenzialgleichung des beschränkten Wachstums ist von ISAAC NEWTON im Zusammenhang mit Abkühlungsprozessen entwickelt worden und heißt dementsprechend auch Newtonsches Abkühlungsgesetz.

Übungen

13 *Einflüsse bei der Abkühlung und Erwärmung*

Abkühlung und Erwärmung hängen von der Außentemperatur, der Ausgangstemperatur und der Isolierfähigkeit der Behälter ab. Wie wirken sich Variationen dieser Parameter auf den Abkühlungs- bzw. Erwärmungsprozess aus?

Nehmen Sie eine Raumtemperatur von 20 °C, eine Ausgangstemperatur von 85 °C und eine Isolierfähigkeit von 0,1 als Ausgangspunkt.

Variieren Sie jeweils einen Parameter, also:

(1) A = 85 °C; k = 0,1; G variabel

(2) A = 85 °C; G = 20 °C; k variabel

(3) G = 20 °C; k = 0,1; A variabel

Die Grafik gehört zu einer Variation:

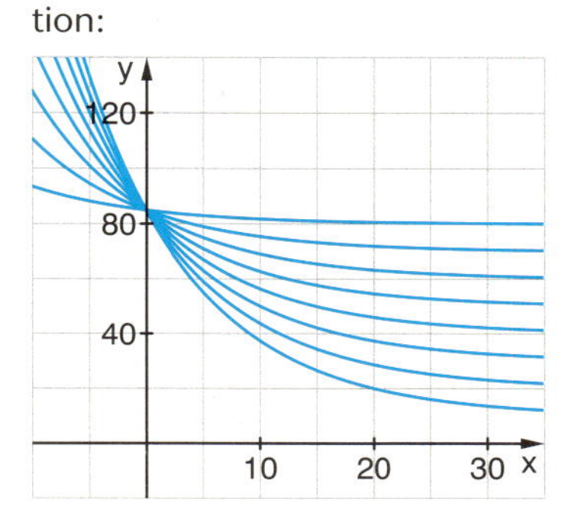

Geben Sie die zugehörige DGL und Funktionenschar an. Beschreiben Sie die Bedeutung der jeweiligen Variation in der Sachsituation und skizzieren Sie die zugehörige Schar.

Beschreiben Sie die Auswirkungen auf die Temperaturverläufe. Entsprechen diese Ihren Erwartungen?

Eine Schargleichung:
$f_G'(x) = 0,1 \cdot (f_G(x) - G)$
A = 85

14 *Nashörner und Nilpferde*

Gruppenarbeit

Die Nashörner und Zwergnilpferde in einem Tiergarten entwickeln sich auf unterschiedliche Arten, so dass der Besitzer durch entsprechende Zu- und Verkäufe auf das unterschiedliche Wachstumsverhalten der Populationen reagieren muss.

Nashörner:
Jährlich sterben 17 % der Tiere. Zur Zeit sind 20 Tiere vor Ort. Es werden im Mittel jährlich 2 Tiere gekauft.

Zwergnilpferde:
Sie vermehren sich jährlich um 9 %. Es sind zur Zeit 30 Tiere vor Ort. Es werden im Mittel jährlich 3 Tiere verkauft.

a) Welche der folgenden Differenzialgleichungen passt zur Entwicklung der Nashörner? Begründen Sie Ihre Wahl.

(1) $f'(x) = -0,17 \cdot f(x) + 2$

(2) $f'(x) = \ln(0,83) \cdot f(x) + 2$

(3) $f'(x) = \ln(0,17) \cdot f(x) - 2$

$b^x = e^{\ln(b) \cdot x}$

b) Zeigen Sie, dass

$$f(x) = \left(20 + \frac{2}{\ln(0,83)}\right) \cdot e^{\ln(0,83)x} - \frac{2}{\ln(0,83)} \approx 9,26 \cdot e^{-0,1863x} + 10,74$$

eine Lösungsfunktion zu der passenden DGL ist.

Skizzieren Sie diese Funktion und machen Sie eine Prognose über die langfristige Entwicklung der Nashörner.

Wie ändert sich die Entwicklung, wenn jährlich 3 oder 4 Nashörner hinzu gekauft werden? Was ändert sich, wenn es anfänglich nur 6 Nashörner wären?

c) Führen Sie eine entsprechende Untersuchung zu den Zwergnilpferden durch. Stellen Sie dazu eine passende DGL auf und ermitteln Sie die Lösungsfunktion.

Wie ändert sich hier die Entwicklung, wenn jährlich nur 2 oder sogar 4 Tiere verkauft werden? Was ändert sich, wenn es anfänglich 35 Zwergnilpferde wären?

Basiswissen

Das Zufluss-Abfluss-Modell

Bei vielen Austauschprozessen kommt es zu Zu- und Abflüssen, die jeweils exponentiell oder linear verlaufen. Die Zu- und Abflüsse werden in einer Differenzialgleichung durch Summenbildung miteinander verknüpft.

Die **Änderung** setzt sich aus einem **zum Bestand proportionalen Anteil** und einem **konstanten Anteil additiv** zusammen.

DGL:	$f'(x) = k \cdot f(x) + b$	$k \cdot f(x)$: zum Bestand proportinaler Anteil b: konstanter Anteil
Lösungsfunktion:	$f(x) = \left(A + \frac{b}{k}\right) \cdot e^{k \cdot x} - \frac{b}{k}$	$A = f(0)$: Anfangsbestand

Dabei treten häufig zwei Fälle auf:

Der **Zufluss** ist **linear** ($b > 0$), der **Abfluss exponentiell** ($k < 0$).

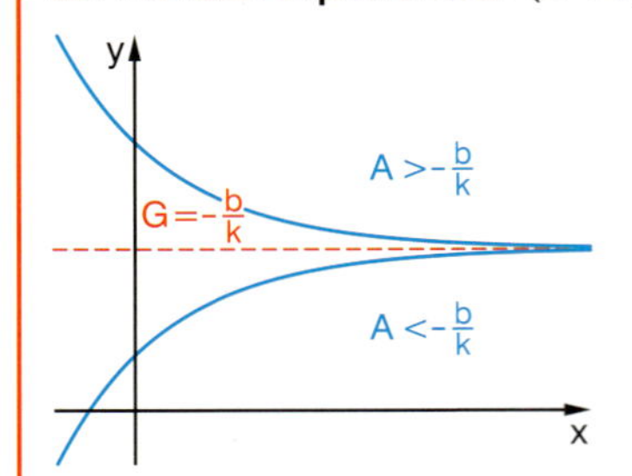

Die Bestände nähern sich unabhängig vom Anfangsbestand dem Grenzbestand $G = -\frac{b}{k}$.

Der Zufluss ist **exponentiell** ($k > 0$), der **Abfluss linear** ($b < 0$).

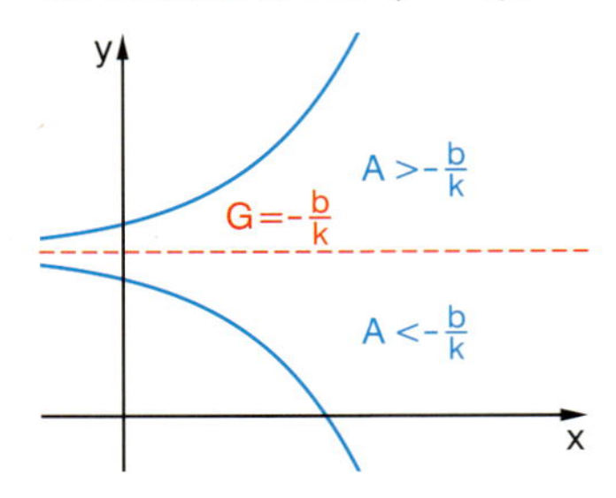

In Abhängigkeit vom Anfangswert wachsen die Bestände über alle Grenzen oder sterben aus.

Beispiele

C Ein Patient, der täglich ein Medikament über einen Tropf einnimmt, baut in der Zwischenzeit in seinem Körper einen Teil des Wirkstoffes ab. Die tägliche Dosis beträgt 100 mg. Davon werden aber im Laufe des Tages 30 % wieder abgebaut.
a) Welches Wirkstoffniveau wird auf Dauer im Körper erreicht?
b) Auf welche tägliche Dosis muss die Einnahme geändert werden, wenn sich das dauerhafte Wirkstoffniveau bei 500 mg befinden soll?

x	f(x)
0	200
1	84,11
2	142,99
3	184,2
10	272,45
50	280,37
100	280,37

Lösung:
a) Hier liegen exponentieller Abbau und lineare Zunahme vor.
DGL: $f'(x) = \ln(0,7) \cdot f(x) + 100$

Lösungsfunktion:

$$f(x) = \frac{100}{\ln(0,7)} \cdot e^{\ln(0,7)x} - \frac{100}{\ln(0,7)}$$
$$\approx -280,4 \cdot e^{-0,3567x} + 280,4$$

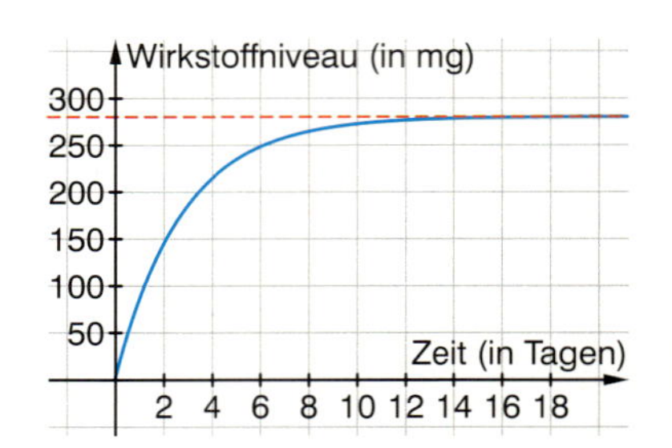

Langfristig: $-\frac{100}{\ln(0,7)} \approx 280\,\text{mg}$

Auf Dauer befinden sich im Körper etwa 280 mg Wirkstoff.

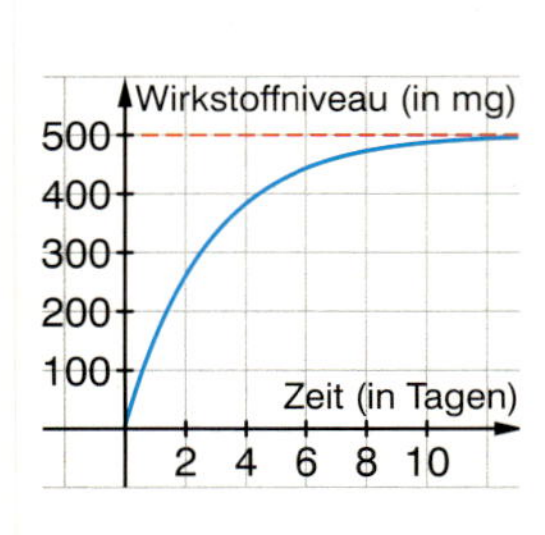

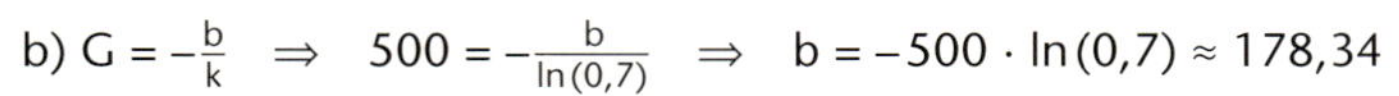
b) $G = -\frac{b}{k} \quad \Rightarrow \quad 500 = -\frac{b}{\ln(0,7)} \quad \Rightarrow \quad b = -500 \cdot \ln(0,7) \approx 178,34$

$f(x) \approx -500 \cdot e^{-0,3567x} + 500$

Es müssen täglich ca. 178 mg eingenommen werden.

Übungen

15 a) Geben Sie zu den Differenzialgleichungen die zugehörige Lösungsfunktion an und skizzieren Sie diese.

(1) $f'(x) = 0{,}6 \cdot f(x) - 5$ $A = f(0) = 10$ (2) $f'(x) = -0{,}1 \cdot f(x) + 1500$ $A = f(0) = 8500$ (3) $f'(x) = -0{,}9 \cdot f(x) + 65$ $A = f(0) = 105$

b) Bestimmen Sie zu den Funktionen eine passende DGL und überprüfen Sie Ihr Ergebnis.

(1) $f(x) = 15 \cdot e^{0{,}2x} + 6$ (2) $f(x) = 200 \cdot e^{-0{,}5x} + 100$ (3) $f(x) = -20 \cdot e^{0{,}25x} + 80$

Eine Lösung:
$f'(x) = 0{,}25 \cdot f(x) - 20$
$f(0) = 60$

16 *Ein Leck im Gartenteich*

Herr Gärtner hat endlich seinen neuen Gartenteich mit einer Wassertiefe von 1,5 m fertig gebaut und muss feststellen, dass dieser leckt. Das Loch muss irgendwo am Boden sein. Da der Druck am Boden von der Füllhöhe abhängt, ist der Wasserverlust von der Füllhöhe h abhängig: Jeden Tag verliert er 5 % der noch vorhandenen Höhe. Vorerst möchte Herr Gärtner den Teich nicht wieder leeren, um die Folie zu reparieren. Stattdessen lässt er kontinuierlich so viel Wasser zulaufen, dass der Teich täglich um 6 cm Füllhöhe aufgefüllt wird.

a) Stellen Sie eine passende DGL auf und bestimmen Sie die Lösungsfunktion. Was passiert langfristig mit dem Wasserstand?

b) Was passiert langfristig, wenn Herr Gärtner nur 4 cm bzw. sogar 8 cm jeden Tag auffüllt?

17 *Ein Selbstreinigungsmodell*

a) Stellen Sie eine passende DGL zur Düngemittelkonzentration im See auf, wenn am Anfang kein Düngemittel im See ist und bestimmen Sie die Lösungsfunktion.
Stimmt die Behauptung des Wissenschaftlers?

> Ein Wissenschaftler behauptet:
> Wenn wir davon ausgehen, dass während des Jahres 40 t Düngemittel in einen See gespült werden und dass 50 % der im Wasser gelösten Düngemittel pro Jahr abgebaut werden, dann steigt die Düngemittelkonzentration nur bis zu einer gewissen Grenze.

b) Was passiert, wenn jährlich mehr als 40 t Dünger eingeleitet werden?
Wie viel Dünger darf jährlich höchstens eingeleitet werden, wenn der See auf Dauer mit höchstens 30 t Dünger belastet werden soll?

c) Was halten Sie von den Annahmen des Wissenschaftlers?

18 *Forellenzucht*

In einer Forellenzucht werden 2000 Forellen in einem Teich ausgesetzt. Man geht davon aus, dass die Fische sich mit einer Wachstumskonstanten von 0,26 vermehren (x: Zeit in Jahren). Der Teichwirt hatte bisher das Abfischen von jährlich 500 Forellen erlaubt. Nun drängen Angler auf eine Erhöhung der Fangmenge auf 550 Fische.
Erarbeiten Sie eine Empfehlung. Wie viele Forellen dürfen geangelt werden, wenn der Bestand langfristig möglichst konstant bei 2000 Fischen bleiben soll?

19 Erfinden Sie zu den Differenzialgleichungen einen passenden Sachkontext und untersuchen Sie die zugehörige Langzeitentwicklung.

a) $f'(x) = 0{,}05 \cdot f(x) - 100$ $f(0) = 500$ b) $f'(x) = -0{,}3 \cdot f(x) - 50$ $f(0) = 500$ c) $f'(x) = -0{,}2 \cdot f(x) + 250$ $f(0) = 500$

Übungen

Gruppenarbeit

20 *Wie versickert Wasser in Böden?*

Schwere Traktoren können nur dann auf Feldern fahren, wenn der Boden durch Feuchtigkeit nicht zu sehr aufgeweicht ist. Wenn es regnet, dringt Wasser in den Boden ein, das dann in tiefere Schichten, die für die Befahrbarkeit nicht mehr relevant sind, versickert. Die Menge des versickernden Wassers hängt von der Bodenart ab.

Die Tabelle gibt die unterschiedlichen momentanen Raten an, mit denen das Wasser versickert. Böden sind befahrbar, wenn die Wassermenge nicht mehr als 10 Liter pro m^2 beträgt.

Bodenart	Versickerungskonstante k
Sand	−0,7
Lehm	−0,5
Schwarzerde	−0,4
Löß	−0,3

Die Befahrbarkeit hängt also von den drei Parametern Versickerungskonstante k, Niederschlagsmenge N und anfänglich gespeicherte Menge A ab.

a) Untersuchen Sie die Befahrbarkeit eines Lehmbodens, der 8 Liter pro m^2 gespeichert hat, wenn es mit 5 Litern pro m^2 zu regnen beginnt.

b) Wie sieht das aber bei anderen Bodenarten aus? Was ändert sich, wenn es mehr oder weniger regnet? Hat der anfängliche Wassergehalt Einfluss auf die Befahrbarkeit? Untersuchen Sie diese Variationen, indem Sie jeweils zwei Parameter fest lassen und den dritten variieren. Man erhält dann drei Funktionenscharen. Schreiben Sie einen Bericht über die Befahrbarkeit von Böden.

Ausgangsbeispiel: $A = 8;\ k = -0{,}5;\ N = 5$

Mit einem dynamischen Funktionenplotter können die Variationen sehr anschaulich untersucht werden.

(1) $f_A(x) = (A - 10) \cdot e^{-0{,}5x} + 10$

(2) $f_k(x) = \left(8 + \frac{5}{k}\right) \cdot e^{kx} - \frac{5}{k}$

(3) $f_N(x) = (8 - 2N) \cdot e^{-0{,}5x} + 2N$

(x: Zeit in Tagen)

Ein Beispiel für eine Grafik:

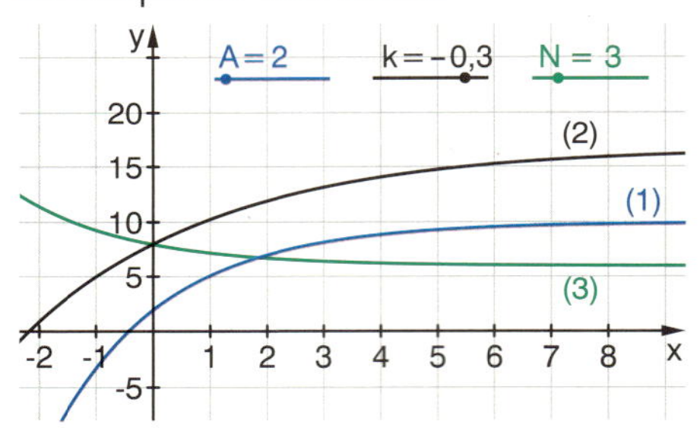

21 *Etwas Innermathematisches*

a) Zeigen Sie allgemein, dass $f(x) = \left(A + \frac{b}{k}\right) \cdot e^{kx} - \frac{b}{k}$ Lösungsfunktion der DGL $f'(x) = k \cdot f(x) + b$ ist.

äquivalent (lat.): gleichwertig

b) Zeigen Sie, dass begrenztes Wachstum auch als Zufluss-Abfluss-Modell interpretiert werden kann und umgekehrt. Man sagt auch, dass beide Modelle äquivalent sind.

c) Für die DGL $f'(x) = k \cdot f(x) + b$ gibt es noch die Fälle

(1) $k > 0$ und $b > 0$ bzw.
(2) $k < 0$ und $b < 0$.

Beschreiben Sie den jeweiligen Zu- und Abfluss und untersuchen Sie an selbst gewählten Beispielen das Langzeitverhalten der Bestände.

Übungen

22 *Anziehendes und Abstoßendes*

Je nach Vorzeichen von k und b gibt es vier Typen von Phasendiagrammen zum Zufluss-Abfluss-Modell:

	$k > 0$	$k < 0$
$b > 0$	(A) (1)	■
$b < 0$	■	■

a) Ordnen Sie die Phasen- und Bestandsdiagramme in die Tabelle ein und markieren Sie in den Phasendiagrammen jeweils die Bereiche, zu denen die einzelnen Bestandsgraphen gehören (rot/grün). Markieren Sie im Phasendiagramm auch ungefähr den Startwert $A = f(0)$.

Phasendiagramme

Bestandsdiagramme

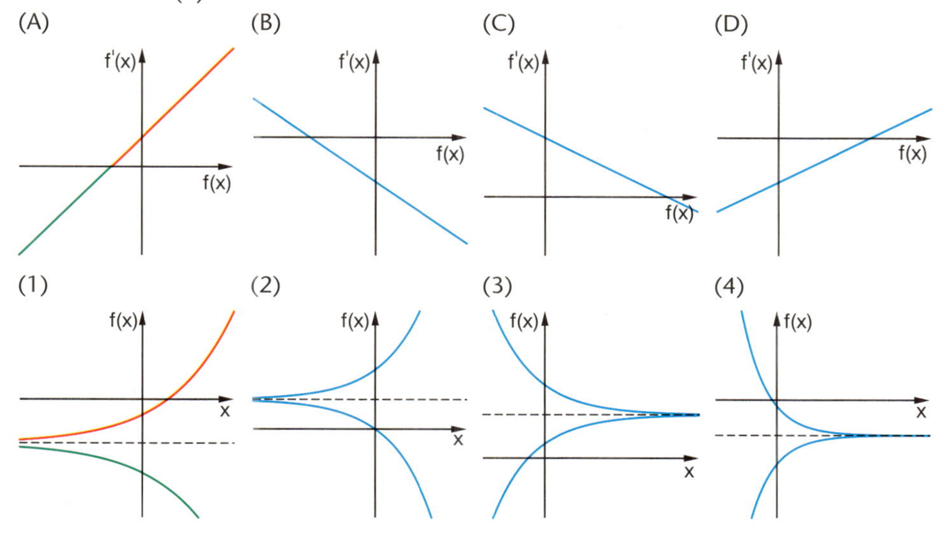

Fixwert

b) Begründen Sie, dass der Grenzwert der Bestandsentwicklung immer eine Nullstelle im Phasendiagramm ist. Was passiert, wenn man im Phasendiagramm bei der Nullstelle startet? Man spricht von anziehenden und abstoßenden Fixwerten. Erläutern Sie, was damit gemeint ist.

Parametersensitivität

c) Erläutern Sie am Beispiel von Bild (2) den Satz:
Eine minimale Änderung des Anfangswertes kann ein gänzlich anderes Langzeitverhalten bewirken.

23 *Vom Phasen- zum Bestandsdiagramm und zurück*

a) Welches der drei Bestandsdiagramme passt zu dem rechts abgebildeten Phasendiagramm? Begründen Sie Ihre Auswahl und kennzeichnen Sie im gewählten Bestandsdiagramm die markierten Punkte.

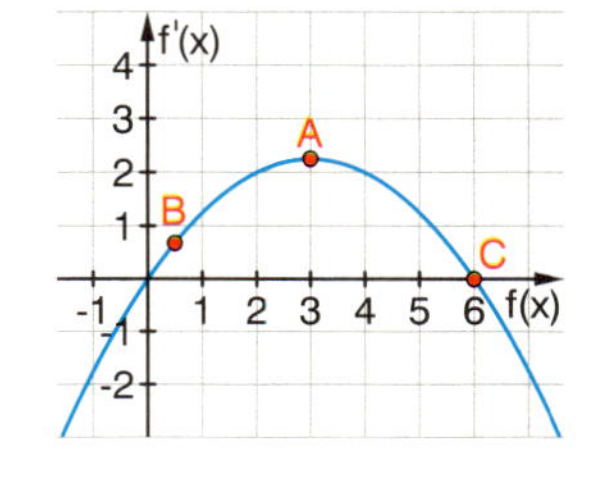

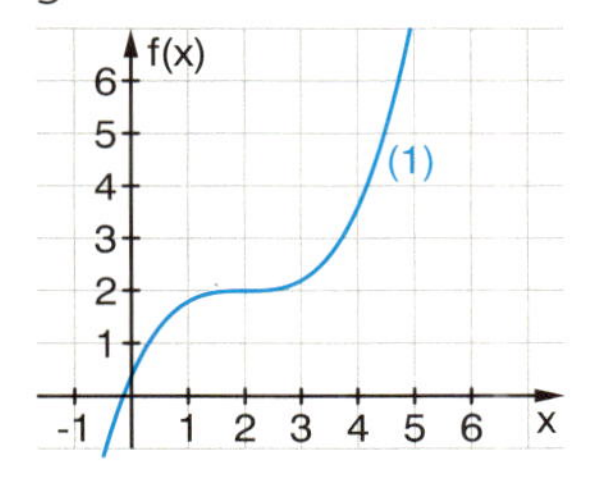

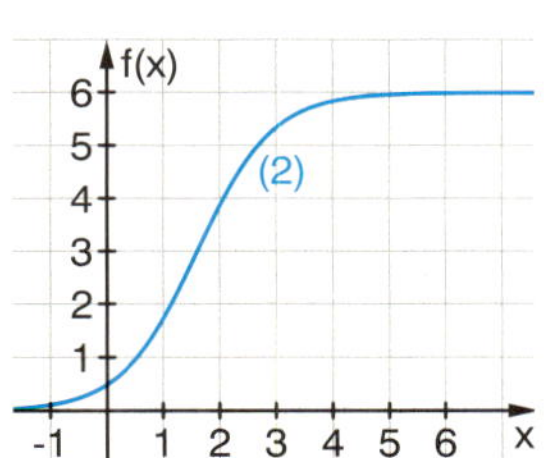

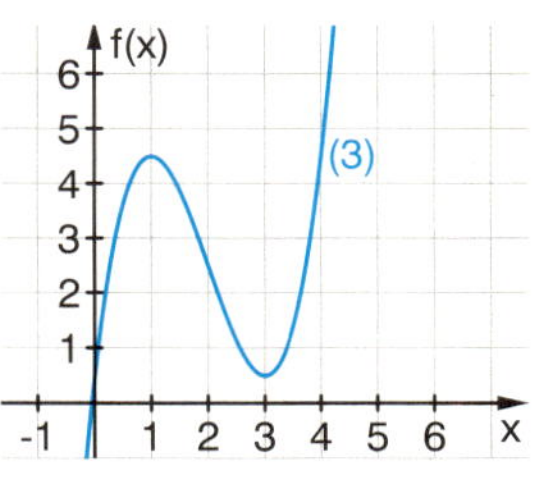

b) Entwickeln Sie aus dem Phasendiagramm zu jedem der beiden markierten Anfangsbestände ein Bestandsdiagramm. Was wird aus den Extrempunkten des Phasendiagramms im Bestandsdiagramm?

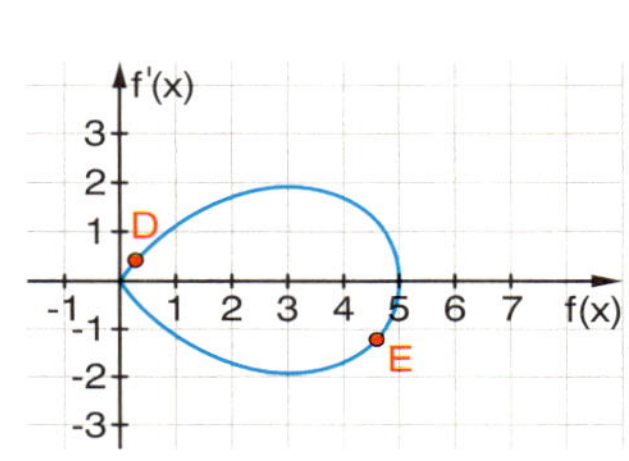

Aufgaben

24 *Die Geschichte eines Flusses und seiner Lachse*

Aufgrund der Wasserverschmutzung und fehlender Möglichkeiten, Laichplätze zu finden und zu erreichen, hat sich der Lachsbestand eines Flusses in den letzten Jahren mit einer Wachstumskonstanten von 0,1 verringert.
Als noch 6000 Fische gezählt wurden, beschloss man einen Angelstopp. Zusätzlich begann man, Lachse zu züchten und auszusetzen. Es wurden nun jährlich 1000 Lachse ausgesetzt.
Als man nach drei Jahren bemerkte, dass sich die Lachsbestände erholten, beschloss man, das Aussetzen von Lachsen zu beenden und hob auch den Angelstopp auf. Es war jetzt wieder erlaubt, 200 Fische jährlich zu angeln.
Nach weiteren 3 Jahren war der Bau von Fischtreppen beendet und die Maßnahmen zur Verbesserung der Wasserqualität zeigten Erfolge, so dass die Bedingungen für die Lachse sich so verbesserten, dass die Bestände mit einer Wachstumskonstanten $k = 0{,}05$ wuchsen. Dies war Anlass, die Fangquote zu verdoppeln.
Als man nach drei weiteren Jahren feststellte, dass die Lachspopulation sich auf ca. 4150 Fische verringert hatte, beauftragte man ein Institut damit, eine Fangquote zu bestimmen, so dass sich der Bestand bei 4000 Fischen hält.

Modellieren Sie die Lachsbestände in den letzten neun Jahren und skizzieren Sie die Bestandsentwicklung.
Untersuchen Sie, was langfristig passiert, wenn in den nächsten Jahren etwas mehr bzw. etwas weniger als die empfohlene Menge geangelt wird.

Tipp:
Beachten Sie beim Übergang zwischen den einzelnen Zeitphasen anstatt des Anfangswertes $f(0) = 6000$ die Anfangswerte zu anderen Zeitpunkten entsprechend zu wählen, z. B. $f(3) \approx 7000$.

GRUNDWISSEN

1 Geben Sie jeweils eine passende lineare Funktionsgleichung an.
a) Der Graph verläuft durch den 1., 2. und 4. Quadranten.
b) Der Graph hat eine positive Steigung und schneidet die x-Achse in $(4|0)$.
c) Der Graph ist parallel zur x-Achse.

2 Ordnen Sie den Gleichungen passende Grafiken zu und machen Sie begründete Aussagen über die Anzahl der Lösungen.
(1) $2x + 1 = x^2 - 1$ (2) $\frac{1}{x} = \frac{1}{10}x + 1$ (3) $3x^2 = (x-2)^3 - 1$

(A)

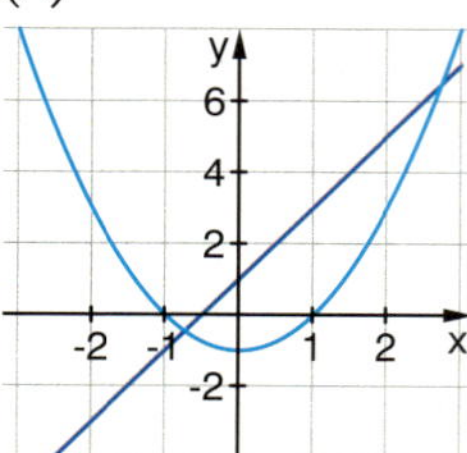

(B)

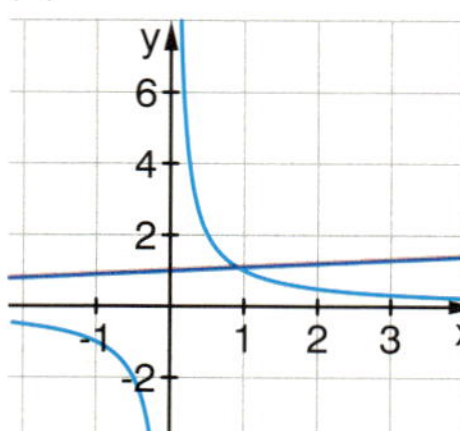

(C)

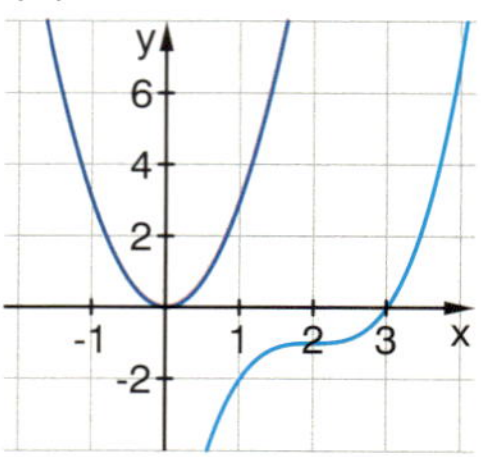

3 Benennen und beschreiben Sie die Ableitungsregeln, die man zum Ableiten folgender Funktionen benötigt und leiten Sie die folgenden Funktionen ab.
a) $f(x) = x \cdot e^{2x}$ b) $f(x) = 3 \cdot e^{x^2 - x}$ c) $f(x) = e^x + e^{-x}$

8.3 Logistisches Wachstum

Was Sie erwartet

Das begrenzte Wachstum berücksichtigt zwar, dass es kein Wachstum über alle Grenzen gibt, passt aber zu Beginn eines Wachstumsprozesses oftmals nicht gut. In diesem Lernabschnitt werden Sie ein Modell kennenlernen, das zu einer Vielzahl von Wachstumsprozessen sowohl am Anfang als auch langfristig passt.

Aufgaben

Sonnenblumen

1919 untersuchten H.S. Reed und R.H. Holland das Wachstum von Sonnenblumen. Die Tabelle gibt ihre Messdaten an:

Zeit (Tage)	0	7	14	21	28	35	42	49	56	63	70	77	84
Höhe (cm)	8	17,9	36,4	67,8	98,1	131,0	169,5	205,5	228,3	247,1	250,5	253,8	254,5

Aufgabe 1 und Aufgabe 2 beziehen sich auf diesen Datensatz.

1 Skizzieren Sie den Datensatz und begründen Sie, warum weder exponentielles noch begrenztes Wachstum ein geeignetes Modell zur Beschreibung des Wachstums von Sonnenblumen sind. Beschreiben Sie den Wachstumsprozess. Gehen Sie dabei auch auf die Wachstumsgeschwindigkeit ein.

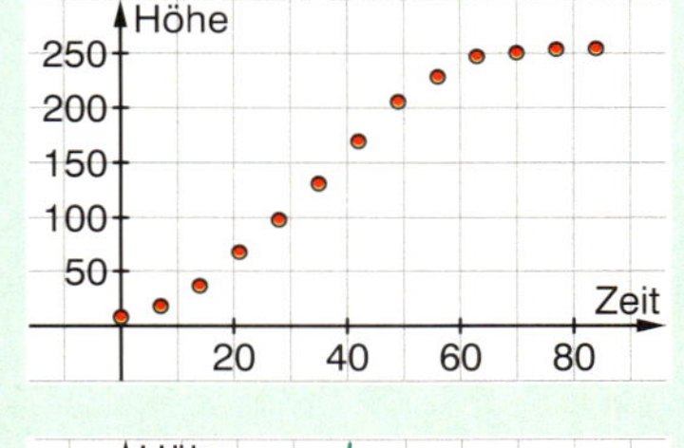

Die Grafik zu den Messwerten legt eine Zusammensetzung der Wachstumskurve aus exponentiellem Wachstum und begrenztem Wachstum nahe. Eine Verknüpfung beider Wachstumsarten, wie in der Abbildung dargestellt, kann aber nur eine grobe Näherung liefern, weil Wachstum im zeitlichen Verlauf nicht zu Beginn ausschließlich exponentiell und dann allein begrenzt verläuft. Eine solche Zusammensetzung erscheint recht willkürlich.
Ziel ist es, *eine* Funktion für den *gesamten* Verlauf zu finden.

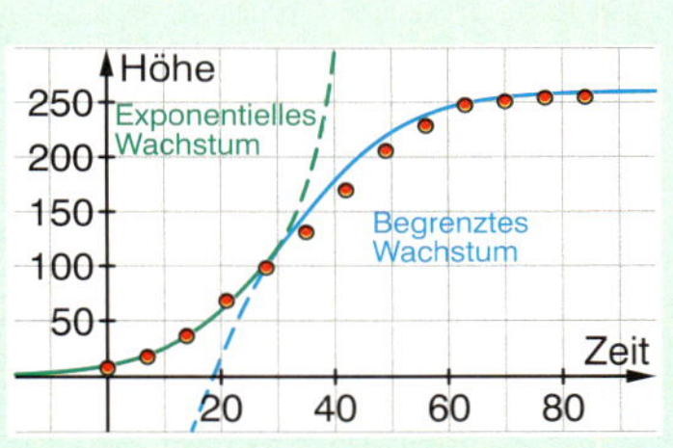

a) Zeigen Sie, dass $f(x) = \frac{2600}{10 + 250 \cdot e^{-0,1x}}$ eine Funktion ist, die gut zu den Messdaten passt. Wie hoch würde nach diesem Modell die Sonnenblume werden?
Skizzieren Sie die Wachstumsgeschwindigkeit f' (z. B. mit einer Sekantensteigungsfunktion). Vergleichen Sie diese mit Ihrer Beschreibung des Wachstumsverhaltens. Wann wächst die Pflanze am stärksten?

b) Der Wachstumsverlauf legt nahe, dass sich die DGL zu diesem Wachstumsprozess auch aus den entsprechenden Differenzialgleichungen des exponentiellen und begrenzten Wachstums zusammensetzt. Ein möglicher Zusammenhang zwischen der Änderungsrate und dem Bestand (Höhe der Pflanze) ist:
Die Änderungsrate ist gleichzeitig proportional zum Bestand und zum möglichen Restbestand.
Die passende DGL dazu lautet dann:

$$f'(x) = \frac{1}{2600} \cdot f(x) \cdot (260 - f(x))$$

Zeigen Sie, dass f diese DGL erfüllt.

Eine grafische Lösung:

```
Plot1 Plot2 Plot3
\Y1=260/(1+25*e^(-0.1*X)
\Y2=nDeriv(Y1,X,X)
\Y3=1/2600*Y1(X)*(260-Y1)
\Y4=
```

Aufgaben

$\lim\limits_{x \to \infty} e^{-x} = 0$

2 a) Die Funktion $f(x) = \frac{A \cdot G}{A + (G - A) \cdot e^{-kGx}}$ ist ein mögliches Modell zu den Daten.

Begründen Sie, dass G die Grenzhöhe der Sonnenblume angibt. Welche Bedeutung haben A und k?
Finden Sie eine passende Funktion zu den gegebenen Daten. Benutzen Sie dabei folgende Strategien:

(A) Parametervariation mit einem dynamischen Funktionenplotter: Variieren Sie die verschiedenen Parameter A, G und k mithilfe des Schiebereglers, so dass der Funktionsgraph möglichst gut zu der Punktkurve passt.

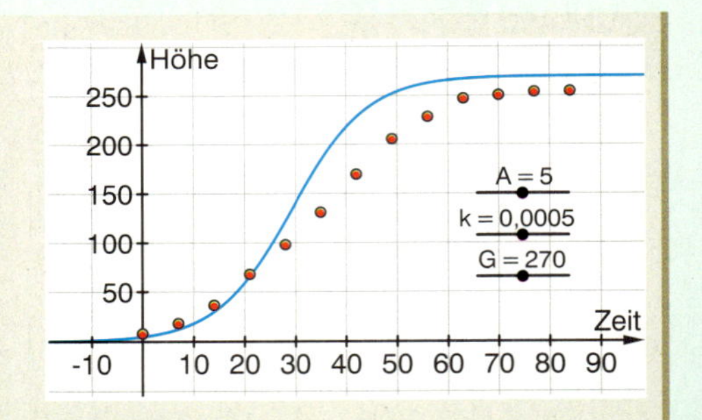

(B) Logistische Regression: Die Regressionsfunktion hat eine andere Darstellung. Bestimmen Sie hierfür die entsprechenden Parameter A, G und k.

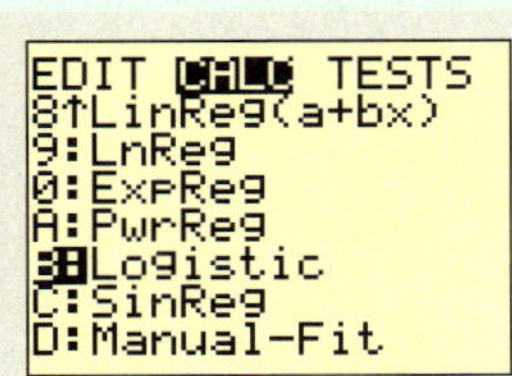

(C) Legen Sie auf der Grundlage der Daten eine geeignete Grenze und einen Anfangswert fest und benutzen Sie zur Ermittlung von k einen Messwert.

Beispiel:
G = 260; A = 8; (35 | 131)
Einsetzen der Parameter und des Punktes ergibt:

$$\frac{8 \cdot 260}{8 + 252 \cdot e^{-260 \cdot 35k}} = 131$$

$$\Rightarrow 2080 = 1048 + 33012 \cdot e^{-9100k}$$

$$\Rightarrow e^{-9100k} = \frac{1032}{33012} \approx 0{,}03126$$

$$\Rightarrow k \approx 0{,}000381$$

b) Zeigen Sie jeweils für die in a) gefundenen Funktionen durch eine grafische Überprüfung oder mit einem CAS, dass sie Lösungsfunktion der DGL
$f'(x) = k \cdot f(x) \cdot (G - f(x))$
für entsprechende Werte von G und k sind.
Interpretieren Sie damit die Wachstumsgeschwindigkeit. Stellen Sie einen Zusammenhang zu Ihnen bekannten Wachstumsmodellen her.

Eine grafische Überprüfung:

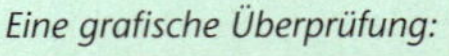
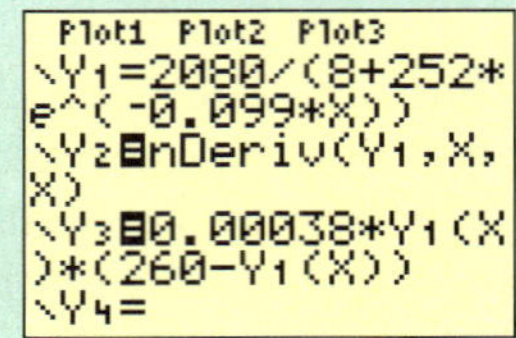

CAS

Mit einem CAS lässt sich auch der allgemeine Nachweis übersichtlich führen.

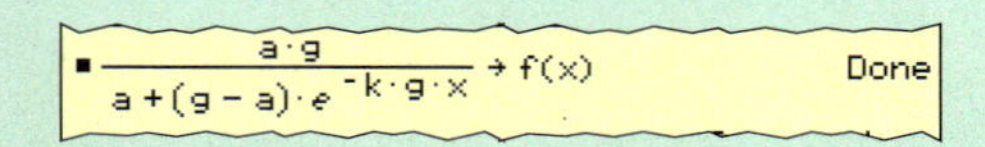

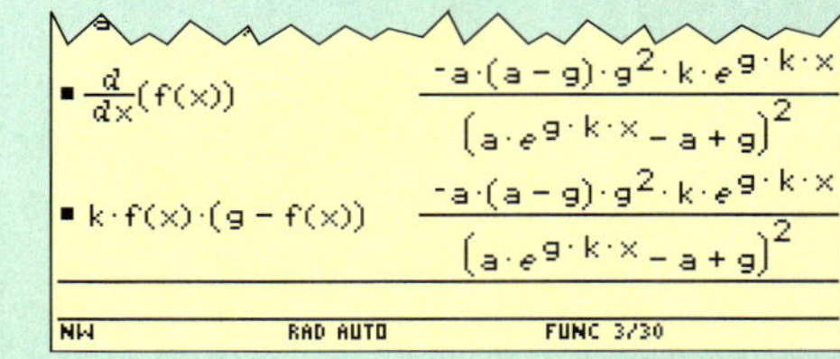

Aufgaben

3 *Ausbreitung eines Gerüchts*

Vier Schüler fangen an, um 8.00 Uhr in einer Schule mit 900 Schülerinnen und Schülern ein Gerücht zu verbreiten. Um 9.00 Uhr kennen schon 24 Schüler das Gerücht.

Wie schnell verbreitet sich das Gerücht in der Schülerschaft?

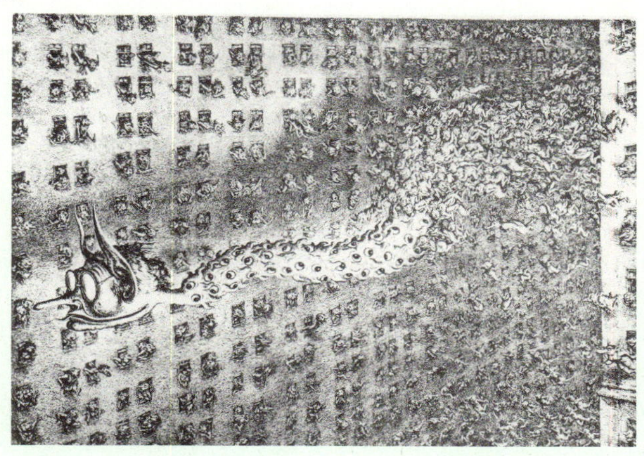

P. Weber: Das Gerücht

Da die 4 Schüler zunächst nur Mitschüler treffen, die das Gerücht noch nicht kennen und diese es natürlich auch weitergeben, wächst die Anzahl der Wissenden zunächst immer schneller. Da die Schüler aber mit zunehmender Verbreitung des Gerüchts häufiger auf Schüler treffen, die das Gerücht schon kennen, wird es sich irgendwann umso langsamer verbreiten, je näher man der Gesamtzahl der Schüler kommt.

a) Skizzieren Sie ein qualitatives Diagramm zur Ausbreitung des Gerüchts. Begründen Sie, dass dies durch eine geeignete Kombination aus exponentiellem und begrenztem Wachstum modelliert werden kann.
Welche der beiden Differenzialgleichungen passt zu der Verbreitung des Gerüchts?

x-Achse: Zeit in Stunden
y-Achse: Anzahl der Wissenden

(1) $f'(x) = 0{,}002 \cdot f(x) + 0{,}002 \cdot (900 - f(x))$
(2) $f'(x) = 0{,}002 \cdot f(x) \cdot (900 - f(x))$

Hinweis:
Betrachten Sie die Zunahme, wenn schon fast alle das Gerücht kennen.

b) Zeigen Sie, dass

$f(x) = \frac{900}{1 + 224 \cdot e^{-1{,}8x}}$

gut zu den im Text gegebenen Daten passt und die entsprechende DGL aus a) erfüllt. Skizzieren Sie den Graphen von f und vergleichen Sie mit Ihrer Skizze aus a). Wann kennt die halbe Schülerschaft das Gerücht, wann kennen es alle Schüler?

KURZER RÜCKBLICK

1 Berechne den Abstand des Punktes (3 | 4) vom Ursprung.

2 12 Teilnehmer einer 30-köpfigen Reisegruppe sind Männer. Wieviel Prozent sind das?

3 Welche der drei Funktionen wächst auf Dauer am stärksten, welche am schwächsten?
(A) $f(x) = 100x + 50$
(B) $f(x) = 5 \cdot 2^x$
(C) $f(x) = 50x^2 + 100$

4 Für welchen Wert von a hat $x^2 + a = 2$ genau eine Lösung?

5 Wie hoch ist der Zinssatz, wenn ein Kapital von 4000 € in 10 Jahren auf 6000 € wächst?

Basiswissen

Logistisches Wachstum

Viele Wachstumsprozesse haben einen S-förmigen Verlauf. Das Wachstum ist dann zu Beginn mehr exponentiell, später geht es in ein begrenztes Wachstum über.

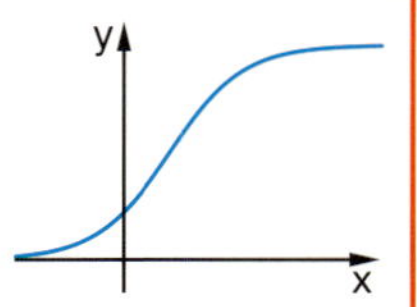

	Logistisches Wachstum	*Beispiel:*
	Die Änderung ist proportional zum Bestand und zum Restbestand.	Das Wachstum von Zyperngras ist proportional zur momentanen Länge und zur noch möglichen Länge mit dem Proportionalitätsfaktor 0,003. Eine Pflanze wird mit 10 cm Länge eingepflanzt. Sie wird maximal 1,5 m hoch.
DGL:	$f'(x) = k \cdot f(x) \cdot (G - f(x))$ A: Anfangsbestand f(0) G: (Kapazitäts-)grenze k: Wachstumskonstante	$f'(x) = 0{,}003 \cdot f(x) \cdot (150 - f(x))$ $A = 10$ $G = 150$ $k = 0{,}003$
Funktion:	$f(x) = \frac{A \cdot G}{A + (G - A) \cdot e^{-k \cdot G \cdot x}}$	$f(x) = \frac{1500}{10 + 140 \cdot e^{-0{,}45x}}$
Grafik:	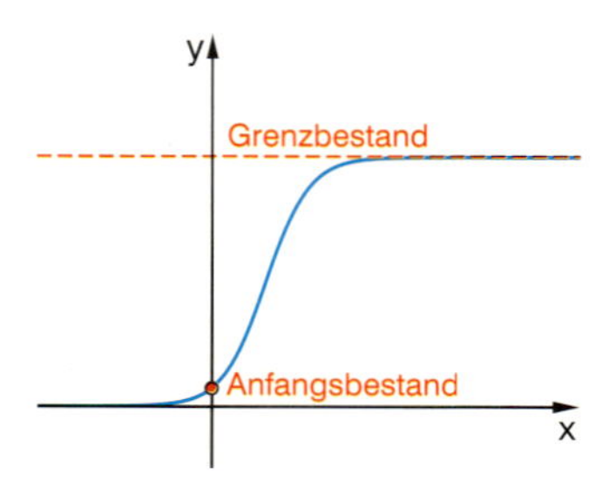	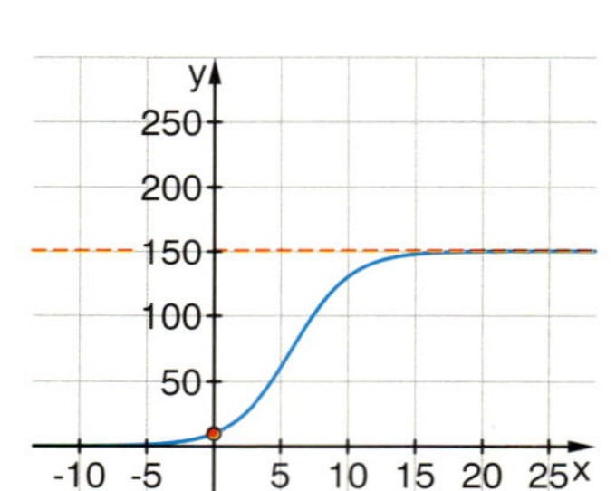

Beispiele

A Bestimmen Sie die Wachstumsfunktion zu $f'(x) = 0{,}04 \cdot f(x) \cdot (50 - f(x))$; $f(0) = 3$.

Lösung:

$k = 0{,}04$; $A = 3$; $G = 50$: $f(x) = \frac{3 \cdot 50}{3 + 47 \cdot e^{-0{,}04 \cdot 50x}}$

Damit lautet die Funktionsgleichung: $f(x) = \frac{150}{3 + 47 \cdot e^{-2x}}$

B Bestimmen Sie eine passende DGL zu

$f(x) = \frac{240}{1 + 4 \cdot e^{-0{,}72x}}$.

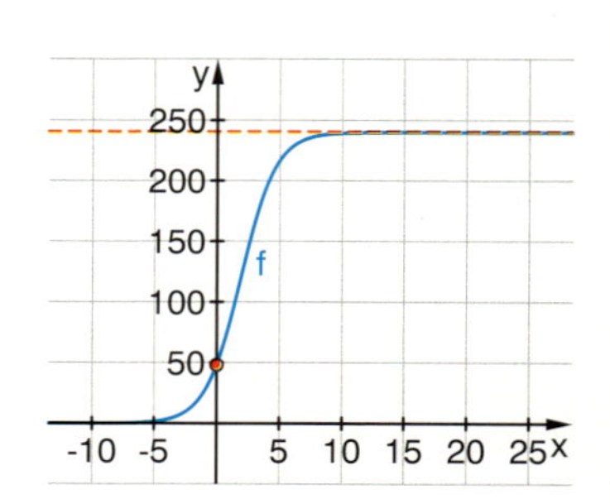

Lösung:

$A = f(0) = \frac{240}{1 + 4 \cdot e^{-0{,}72 \cdot 0}} = \frac{240}{5} = 48$

$\lim\limits_{x \to \infty} f(x) = \lim\limits_{x \to \infty} \frac{240}{1 + 4 \cdot e^{-0{,}72x}} = \frac{240}{1 + 4 \cdot 0} = 240$

Somit gilt also $G = 240$.

$k \cdot 240 = 0{,}72 \Rightarrow k = 0{,}003$

Damit lautet die DGL: $f'(x) = 0{,}003 \cdot f(x) \cdot (240 - f(x))$

Beispiel

C Ein Biologiekurs beobachtet das Wachstum von Kresse nach Beginn der Wurzelbildung.

Zeit (Tage)	0	1	2	3	4	5	6	7	8
Höhe (cm)	0,2	0,3	0,5	1,1	2,4	4,1	5,4	6,5	7,1

a) Ermitteln Sie eine passende logistische Wachstumsfunktion.
b) Wächst die Kresse am 2. Tag stärker als am 7. Tag? Wann wächst die Kresse am stärksten?

Lösung:

a) Anfangshöhe: $A = f(0) = 0{,}2$
Annahme über maximale Höhe erfolgt aus den Messdaten: $G = 8$

Berechnung von k z. B. mithilfe des Messwertes (6|5,4): $f(6) = \frac{0{,}2 \cdot 8}{0{,}2 + 7{,}8 \cdot e^{-48k}} = 5{,}4$

$\Rightarrow 1{,}6 = 5{,}4(0{,}2 + 7{,}8 \cdot e^{-48k}) = 1{,}08 + 42{,}12 \cdot e^{-48k}$

$\Rightarrow e^{-48k} = \frac{0{,}52}{42{,}12} \approx 0{,}0123$

$\Rightarrow k \approx \frac{\ln(0{,}0123)}{-48} \approx 0{,}092$

Somit gilt: $f(x) = \frac{1{,}6}{0{,}2 + 7{,}8 \cdot e^{-0{,}736x}}$

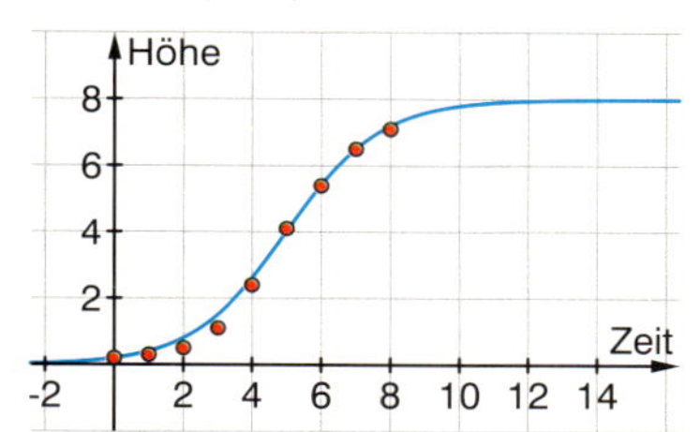

b) Die Ableitung wird mit einer Sekantensteigungsfunktion angenähert. Damit werden die Fragen grafisch-tabellarisch beantwortet.

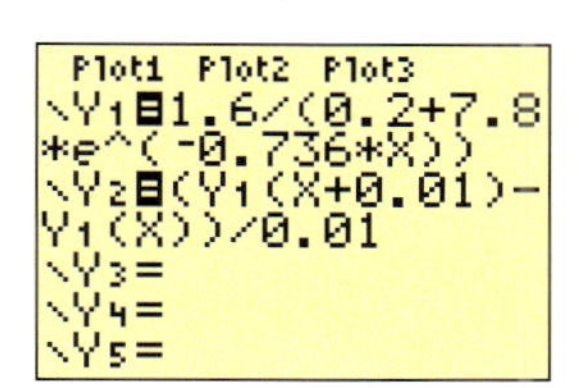

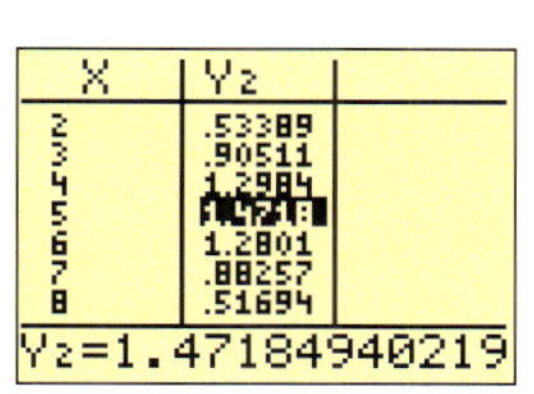

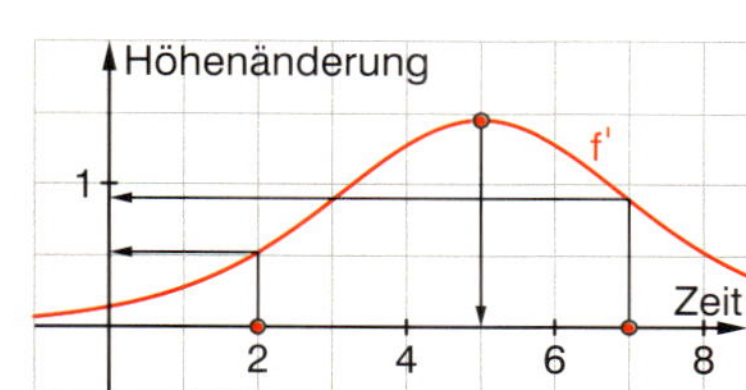

Die Kresse wächst am 7. Tag stärker als am 2. Tag und am 5. Tag am stärksten.

Übungen

4 *Funktion finden zu einer DGL*
Geben Sie jeweils die Wachstumskonstante und die Kapazitätsgrenze an. Bestimmen Sie zu den Differenzialgleichungen die passende Funktionsgleichung und skizzieren Sie den Graphen von f bzw. die Scharen in c), d) und e).

a) $f'(x) = 0{,}008 \cdot f(x) \cdot (50 - f(x))$
$f(0) = 3$

b) $f'(x) = 0{,}01 \cdot f(x) \cdot (7 - f(x))$
$f(0) = 1$

c) $f'(x) = 0{,}1 \cdot f(x) \cdot (10 - f(x))$
$f(0) = A$

d) $f'(x) = 0{,}02 \cdot f(x) \cdot (G - f(x))$
$f(0) = 10$

e) $f'(x) = k \cdot f(x) \cdot (300 - f(x))$
$f(0) = 25$

f) $f'(x) = 1{,}6 \cdot f(x) - 0{,}2 \cdot f(x)^2$
$f(0) = 1$

geschicktes Ausklammern bei f)

5 *DGL finden zu einer Funktion*
Geben Sie zu den Funktionen jeweils eine passende DGL an. Bestimmen Sie Anfangswert, Wachstumskonstante und Bestandsgrenze.

a) $f(x) = \frac{150}{5 + 25 \cdot e^{-0{,}6x}}$

b) $f(x) = \frac{20\,000}{100 + 100 \cdot e^{-0{,}1x}}$

c) $f(x) = \frac{9}{1 + 8 \cdot e^{-0{,}15x}}$

d) $f(x) = \frac{150}{15 - 5 \cdot e^{-0{,}3x}}$

2 Lösungen sind:
A = 5; G = 30; k = 0,02
A = 15; G = 10; k = 0,03

Übungen

6 *Parameterbestimmung für Funktionen bei gegebenem Punkt*

Bestimmen Sie den Wert des Parameters jeweils so, dass der Punkt P auf dem Graphen von f liegt.

a) $f(x) = \frac{20}{1 + 4 \cdot e^{-kx}}$ $P(1\,|\,6)$

b) $f(x) = \frac{100}{c + 2 \cdot e^{-0{,}2x}}$ $P(1\,|\,8)$

c) $f(x) = \frac{a}{1 + 5 \cdot e^{-0{,}1x}}$ $P(1\,|\,25)$

7 *Funktionsgleichung finden*

Einen Punkt auslesen

Die Graphen stellen logistisches Wachstum dar. Ermitteln Sie jeweils eine passende Funktionsgleichung.

Eine Lösung: $f(x) = \frac{2000}{10 + 190 \cdot e^{-3x}}$

a)

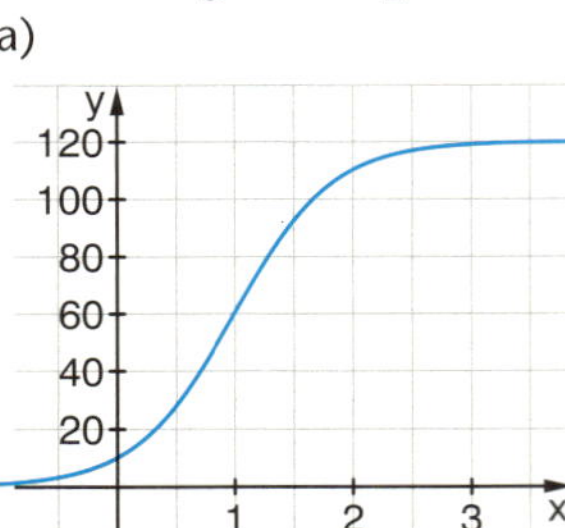

b)

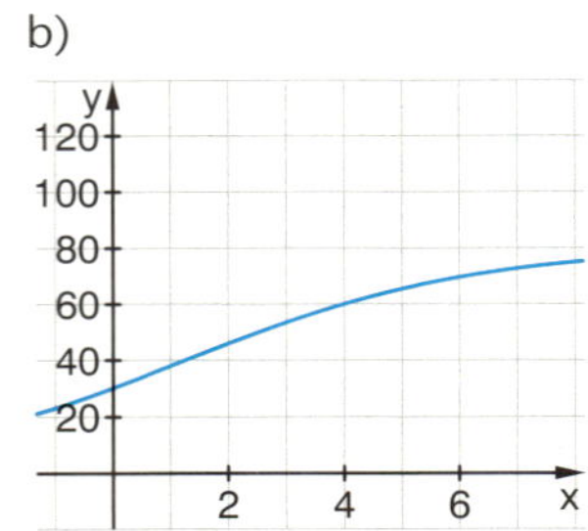

c)

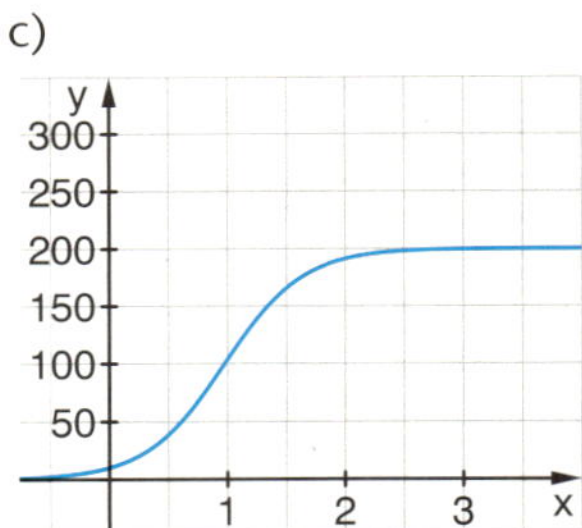

8 *So kann die Funktionsgleichung für logistisches Wachstum auch aussehen*

In Formelsammlungen und CAS-Geräten werden oft unterschiedliche Darstellungen für den Funktionsterm des logistischen Wachstums benutzt. Zeigen Sie, dass alle Terme gleichwertig zu dem Term aus dem Basiswissen sind.

(1) $f(x) = \frac{G}{1 + \left(\frac{G}{A} - 1\right) \cdot e^{-k \cdot G \cdot x}}$

(2) $f(x) = \frac{a}{1 + b \cdot e^{-cx}}$

(3) $f(x) = \frac{A \cdot G \cdot e^{k \cdot G \cdot x}}{A \cdot e^{k \cdot G \cdot x} - A + G}$

9 *Forellen und eine Grippewelle*

Ein See bietet 600 Forellen Lebensraum. Es werden 50 Forellen ausgesetzt. Aus Erfahrung weiß man, dass die Wachstumskonstante 0,0015 beträgt (Zeit in Jahren).

In einem Feriencamp, in dem sich 180 Jugendliche aufhalten, bricht eine Grippewelle aus. Die Zahl der Erkrankten nimmt von anfänglich 15 in der ersten Woche um 60 % zu.

Hinweis: $k \cdot G = \ln\left(1 + \frac{p}{100}\right)$

a) Begründen Sie, dass logistisches Wachstum in beiden Situationen ein angemessenes Modell sein kann und ermitteln Sie jeweils ein passendes konkretes Modell.

b) Untersuchen Sie, wann der halbe Grenzbestand erreicht ist.

c) Bestimmen Sie die Wachstumsgeschwindigkeit zur Zeit x = 1. Zu welchem Zeitpunkt hat sie wieder denselben Wert? Wann ist die Wachstumsgeschwindigkeit am größten? Benutzen Sie hierfür z.B. eine Sekantensteigungsfunktion.

d) Die Ergebnisse aus b) und c) legen eine Vermutung nahe. Formulieren Sie diese und überprüfen Sie die Vermutung grafisch-numerisch an den Funktionen aus Aufgabe 5.

Wendepunkt beim logistischen Wachstum

Die Wachstumsgeschwindigkeit einer Population ist zu dem Zeitpunkt maximal, an dem die Population den halben Grenzbestand (Kapazitätsgrenze) erreicht hat.

Der Zeitpunkt ist $x = \frac{\ln\left(\frac{G}{A} - 1\right)}{k \cdot G}$.

Der zugehörige Punkt $(x \mid f(x))$ ist Wendepunkt des logistischen Wachstumsmodells.

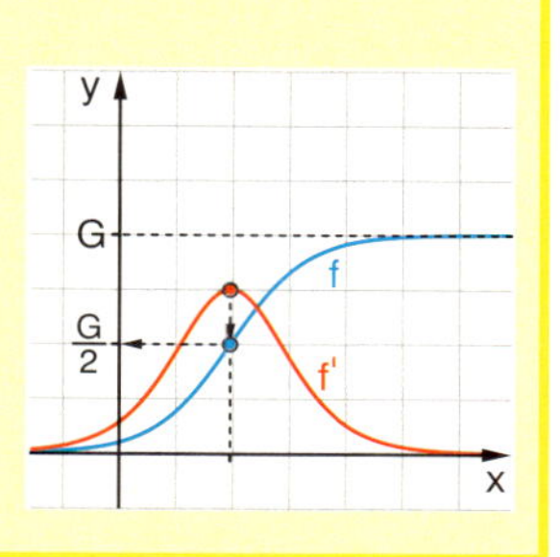

Übungen

10 *Hier ist die Wachstumsgeschwindigkeit am größten*

a) Mithilfe der DGL $f'(x) = k \cdot f(x) \cdot (G - f(x))$ kann die obige spezifische Eigenschaft des logistischen Wachstums geschickt bewiesen werden, indem man jeweils auf der linken und rechten Seite die Ableitung bildet:

Produktregel: „die DGL ableiten"

$f''(x) = k \cdot f'(x) \cdot (G - f(x)) + k \cdot f(x) \cdot (-f'(x))$

Fassen Sie zusammen und zeigen Sie dann, dass aus $f''(x) = 0$ die gesuchte Aussage folgt.

b) Mit einem CAS kann auch der Zeitpunkt einfach ermittelt werden. Bestimmen Sie damit auch den zugehörigen Bestand.

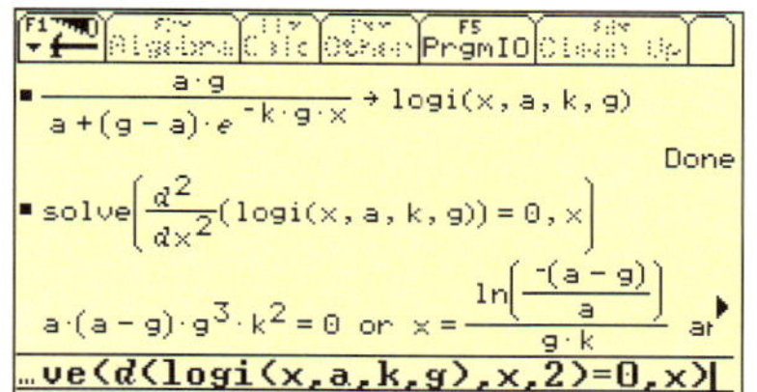

11 *Unterschiedliche Situationen – gleicher Modelltyp*

a) Die Wachstumskonstante k beim exponentiellen Wachstum setzt sich aus einer konstanten Geburtenrate g und einer konstanten Sterberate s zusammen, also:

$f'(x) = k \cdot f(x) = (g - s) \cdot f(x)$

Begründen Sie, dass der Ansatz
„Die Sterberate ist proportional zum Bestand"
angemessen den im Kasten dargestellten Sachverhalt modelliert. Modifizieren Sie entsprechend obige DGL und zeigen Sie, dass diese äquivalent zur DGL des logistischen Wachstums ist.

Bei hohen Beständen sterben häufig anteilig zunehmend mehr, weil es z.B. zu einem Kampf um Futter kommt.

b) Gegeben ist die DGL $f'(x) = k \cdot f(x) - b \cdot f(x)^2$. Interpretieren Sie diese und zeigen Sie, dass sie äquivalent zu der DGL des logistischen Wachstums ist.

$f(x) \cdot f(x)$ modelliert die Anzahl der Begegnungen einer Art mit sich selbst.

GRUNDWISSEN

1 Wahr oder falsch? Entscheiden Sie möglichst ohne Rechnungen.

a) In Wendepunkten hat der Graph einer Funktion maximale Steigung oder Gefälle.

b) $\int_{-1}^{2} x^3 \, dx = 0$

c) Für alle x gilt: $e^{\ln(x)} > 0$

2 Ermitteln Sie jeweils den Wert des Parameters:

a) $f(x) = ax^2 - 4$; $P(1 \mid -2)$ ist Punkt des Graphen von f.

b) $f(x) = x^2 + a \cdot x$; $f'(1) = 6$

c) $\int_{0}^{a} e^x \, dx = 1$

Modellfindung mithilfe von Daten

Verschiedene Situationen lassen sich mit logistischem Wachstum modellieren. Dazu müssen dann aus den Daten geeignete Parameterwerte erschlossen werden.

Übungen

Bei einem Datensatz passen unterschiedliche Grenzen.

12 *Pflanzenwachstum*

Schüler haben im Biologieunterricht das Wachstum verschiedener Pflanzen gemessen und die Daten tabelliert. Stellen Sie die Daten grafisch dar und bestimmen Sie ein passendes logistisches Modell. Vergleichen Sie Ihre Modelle.

Tipp: Legen Sie zunächst mithilfe der Daten Anfangswert und Grenze fest.

a) Prunkbohne

Zeit (Tage)	Höhe (cm)
0	0,4
1	1,5
2	3,1
3	5,1
4	8,6
5	13,7
6	18,9
7	29,5
8	41,3
9	48,9
10	51,8
11	54,8
12	59,3
13	61,5
14	62,7
15	63,9

b) Weizen

Zeit (Tage)	Höhe (cm)
0	0,1
1	0,2
2	0,8
3	2,3
4	5,2
5	9,2
6	13,0
7	15,5
8	23,1
9	25,4
10	27,9
11	29,9
12	32,0
13	35,0
14	36,1
15	36,2

c) Borretsch

Zeit (Tage)	Höhe (cm)
0	4
1	5
2	5
3	7
4	10
5	15
6	17
7	20
8	25
9	30
10	37
11	41
12	46
13	50
14	54
15	54

13 *Bevölkerungsentwicklung in England und Wales*

Die Untersuchung der Bevölkerungsentwicklung in England und Wales geht zurück auf JOHN RICKMANN, einen Zeitgenossen von THOMAS MALTHUS. Daten sind schon früher erhoben worden.
Die Daten von 1700–1800 stammen von G. TALBOT GRIFFITH'S *Population Problems in the Age of Malthus*, die Daten von 1810–1890 sind aus WHITAKER'S *Almanach* von 1941. Bei WHITAKER liegen keine Kenntnisse über die genaue Quelle für die Werte vor.
Die Daten von 1910–2000 sind von der *UK National Statistics Online* und sind die am meisten abgesicherten Werte.

Obwohl die Daten, besonders die alten, sicher oft recht ungenau sind, ist es trotzdem überraschend, wie gut ein logistisches Modell zu einem langen Zeitraum in der Bevölkerungsentwicklung eines Landes passt.

Jahr	1700	1720	1750	1780	1810	1850	1870	1890	1910	1940	1970	2000
Population (in Mio.)	5,84	6,05	6,25	7,58	10,16	17,93	22,71	29,00	36,14	41,75	49,15	52,09

Bestimmen Sie ein passendes logistisches Modell. Verschaffen Sie sich aktuelle Daten zur Überprüfung und eventuellen Änderung Ihres Modells.

Übungen

14 *Bevölkerungsentwicklung in den USA*

a) Seit 1790 sind im Zehnjahresrhythmus in den USA Volkszählungen vorgenommen worden. In welchem Zeitraum ist die Wachstumsgeschwindigkeit maximal? Erschließen Sie damit einen möglichen Grenzbestand und ein passendes logistisches Modell.

Jahr	1790	1800	1810	1820	1830	1840	1850	1860	1870	1880	1890	1900	1910	1920	1930	1940
Population (in Mio.)	3,9	5,3	7,2	9,6	12,9	17,1	23,2	31,4	38,5	50,1	62,9	76,0	92,0	105,7	122,8	131,4

b) Die aktuelle Einwohnerzahl der USA beträgt 308,4 Millionen. Bleiben Sie bei Ihrem Modell? Versuchen Sie, gegebenenfalls, die Parameter so zu verändern, dass Daten und Modell wieder gut zueinander passen. Welche Konsequenzen ziehen Sie, wenn das nicht gelingt? Ist das Modell falsch oder ereignete sich etwas anderes?

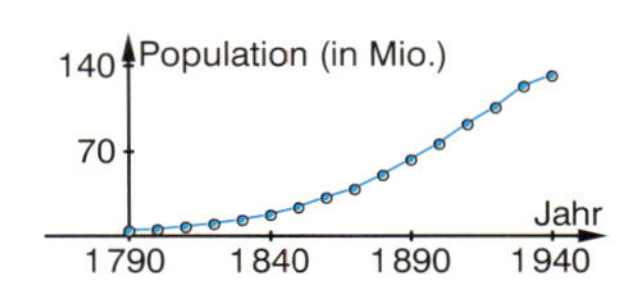

Sprachwandelgesetz

Nicht nur unsere Zahlzeichen sondern auch viele unserer mathematischen Begriffe stammen aus dem Arabischen. So leitet sich das Wort Ziffer vom arabischen Wort *Sifr* ab, welches *Null* bedeutet. Wie viele Begriffe unserer Sprache stammen aus dem Arabischen und wann sind sie übernommen worden? Dieser und ähnlichen Fragen geht die quantitative Linguistik (Sprachwissenschaft) nach. Dabei ist das Sprachwandelgesetz eines der vielen, mathematisch formulierten und anhand vieler Daten überprüften Sprachgesetze. Es besagt, dass beliebige Sprachwandelprozesse einen gesetzmäßigen Verlauf nehmen: Sprachwandel beginnen langsam, beschleunigen und verlangsamen sich dann wieder. Das Sprachwandelgesetz ist in der Linguistik auch unter dem Namen *Piotrowski-Gesetz* bekannt. Es ist benannt nach dem St. Petersburger Linguisten RAJMUND G. PIOTROWSKI, der als erster mathematische Modelle in der Sprachwissenschaft einsetzte. Dieses Sprachwandelgesetz folgt dem logistischen Modell.

RAJMUND G. PIOTROWSKI

15 *Das logistische Modell in der Linguistik*

a) Die Tabelle zeigt die steigende Zahl von Arabismen (Entlehnungen aus dem Arabischen) in der deutschen Sprache im Laufe der vergangenen Jahrhunderte. Die Daten entstammen dem *Duden-Herkunftswörterbuch*. Finden Sie eine passende logistische Funktion. Was besagt das Modell über die Entwicklung der Arabismen in den nächsten Jahrhunderten?

Jahrhundert	Zahl der Arabismen
14.	38
15.	52
16.	84
17.	110
18.	131
19.	145
20.	150

b) Die rechte Tabelle gibt die Entlehnungen aus dem Lateinischen und dem Englischen in der deutschen Sprache im Laufe der letzten Jahrhunderte an. Bestimmen Sie zu den Entlehnungen aus dem Lateinischen eine passende logistische Funktion. Warum passt die ermittelte logistische Funktion zu Beginn nicht so gut? Welche Gründe kann es dafür geben? Die Grafik zeigt zwei logistische Funktionen zu den Entlehnungen aus dem Englischen. Zeigen Sie, dass beide Modelle gut zu den Daten passen. Finden Sie eine passende Funktion mit G = 6000? Finden Sie zu den „Lateindaten“ auch eine Funktion mit gänzlich anderem Grenzbestand?

Jhd.	Latein	Englisch
11. (x = 0)	268	1
12.	270	1
13.	290	1
14.	347	1
15.	759	1
16.	1292	3
17.	1548	13
18.	1857	73
19.	2001	216
20.	2031	519

c) Erläutern Sie mithilfe der Ergebnisse aus b) folgenden Satz:

> Der Vorteil mathematisch formulierter Gesetzmäßigkeiten liegt darin, dass man Prognosen machen kann. Bei Prozessen, die ihren Wendepunkt deutlich überschritten haben, sind Vorhersagen über die weitere Entwicklung gut möglich, in anderen Fällen wesentlich problematischer.

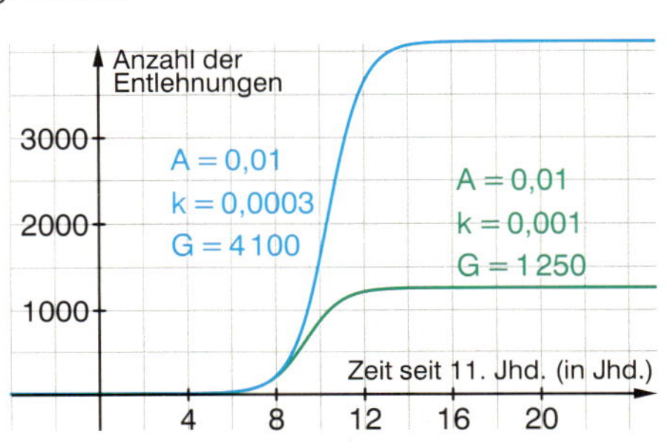

Übungen

$f(x) = \frac{A \cdot G}{A + (G - A) \cdot e^{-k \cdot G \cdot x}}$

Funktionenscharen

16 *Parametervariationen*

Das logistische Wachstum beschreibt häufig die Entwicklung von Populationen recht angemessen. Durch Veränderung der Lebensbedingungen kann man Einfluss auf die Entwicklung nehmen. Solchen Eingriffen entsprechen Veränderungen der einzelnen Parameterwerte. Variiert man einen Parameter und lässt die anderen fest gewählt, so erhält man jeweils eine Funktionenschar, deren mathematische Untersuchung Aufschluss über mögliche Entwicklungen der Population nach dem Modell gibt.

Als Beispiel soll eine Bärenpopulation in einem Wildpark mit folgenden Parameterwerten als Ausgangspunkt betrachtet und untersucht werden: A = 1; k = 0,15; G = 5 (A und G jeweils in 100)

Übertragen Sie die Tabelle und füllen Sie sie aus.

	Variation von k A = 1; G = 5	Variation von G k = 0,15; A = 1	Variation von A k = 0,15; G = 5
Handlung	■	■	Aussetzen unterschiedlich vieler Tiere zu Beginn der Messung
Funktionsgleichung	$f_k(x) = \frac{5}{1 + 4 \cdot e^{-5kx}}$	■	■
Parameterbereich	■	■	0 < A < 10 Schrittweite 0,5
Grafik	■	y 10 5 2 4 x	■
Interpretation	■	■	■

Eine Modellanalyse klärt Unerwartetes auf

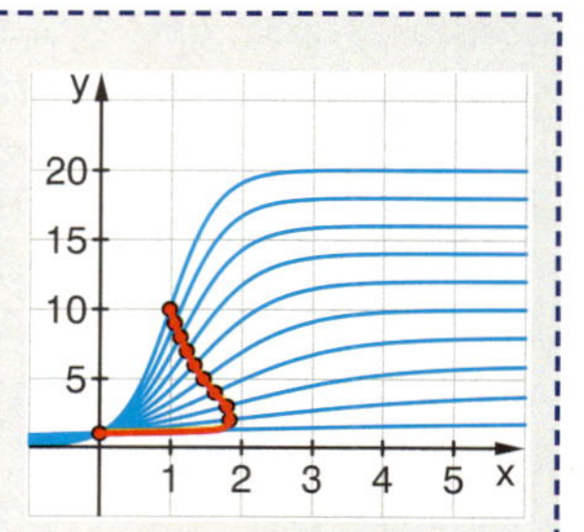

Bei der Variation der Grenze passiert etwas Seltsames:
Der Bestand scheint sich umso schneller der Grenze zu nähern, je weiter diese noch vom aktuellen Bestand entfernt ist, je mehr Lebensraum also noch zur Verfügung steht. Der Zeitpunkt maximaler Zunahme liegt umso früher, je weiter die Wachstumsgrenze vom Ausgangsbestand entfernt liegt. Dies zeigt die in der Abbildung skizzierte Ortskurve der Wendepunkte.
Man erwartet aber eigentlich das Folgende:
Je weiter die Wachstumsgrenze vom Ausgangsbestand entfernt liegt, desto später der Zeitpunkt maximalen Wachstums und des Erreichens der Grenze. Passt das Modell nicht zur Realität?
Ein genauer Blick auf die Wachstumsfunktion klärt hier auf:

Die Wachstumskonstante von $f(x) = \frac{A \cdot G}{A + (G - A) \cdot e^{-k \cdot G \cdot x}}$ ist $k \cdot G$.

Die Grenze G beeinflusst also die Wachstumsintensität.
Um dies zu vermeiden, muss das Modell leicht variiert werden zu

$f'(x) = k \cdot f(x) \cdot \left(1 - \frac{f(x)}{G}\right)$ mit $f(x) = \frac{A \cdot G}{A + (G - A) \cdot e^{-kx}}$ als Lösung.

Die Ortskurve der Wendepunkte in Parameterdarstellung:

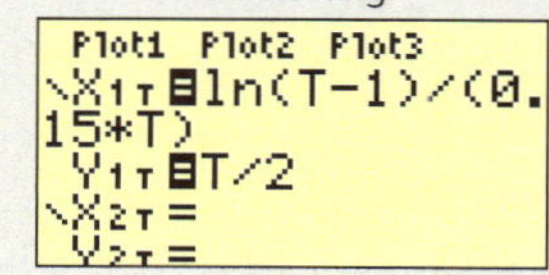

Phasendiagramme

Mithilfe der Phasendiagramme zum logistischen Wachstum können die unterschiedlichen Entwicklungen in Abhängigkeit des Startwertes übersichtlich erschlossen werden. Phasendiagramme können außerdem ihre Kraft entfalten, wenn sie direkt zur Beschreibung von Wachstumsprozessen in Form von Differenzialgleichungen benutzt werden.

Übungen

17 *Phasendiagramme interpretieren*

Skizzieren Sie jeweils das Phasendiagramm. Bestimmen Sie jeweils zu $A = 1$ die Lösungsfunktion und skizzieren Sie auch diese.

Wie wirkt sich die unterschiedliche Gestalt der Phasendiagramme auf das Wachstumsverhalten aus? Welche Bedeutung haben die Nullstellen und die Extremstelle des Phasendiagramms?

(1) $f'(x) = 0{,}1 \cdot f(x) \cdot (10 - f(x))$ (2) $f'(x) = f(x) \cdot (5 - f(x))$

(3) $f'(x) = 0{,}01 \cdot f(x) \cdot (20 - f(x))$

18 *Vom Phasendiagramm zum Bestandsdiagramm 1*

a) Der Punkt B besitzt die Koordinaten $(2|2)$.
Bestimmen Sie damit die Funktionsgleichung zum Phasendiagramm und geben Sie die zugehörige DGL an.

b) Skizzieren Sie mithilfe des Phasendiagramms die Bestandsfunktionen zu den verschiedenen Startwerten A, B, C und D. Wählen Sie dabei $x = 0$.

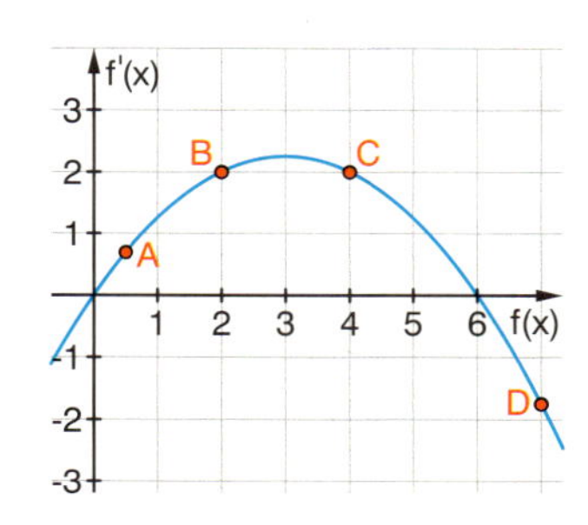

19 *Vom Phasendiagramm zum Bestandsdiagramm 2*

Todgeweiht ist eine Spezies freilich lange bevor ihr letzter Vertreter auf Nimmerwiedersehen verschwunden ist. So gab es wenige Jahre vor dem Aussterben der Wandertaube noch einige tausend Vögel, die nicht mehr bejagt wurden. Das waren offenbar zu wenige, um den Fortbestand dieser Art zu sichern […]. Wie viele Individuen eine Art zum Überleben braucht, welcher Schwellenwert über Gedeih oder Verderb einer Lebensform bestimmt, hängt von den zahllosen Eigenschaften ab: was die Vertreter der jeweiligen Spezies fressen, wie viel und wie oft; ob sie gesellig leben oder allein, ob sie ein Revier brauchen oder nicht; wann sie sich fortpflanzen, wie oft und mit wie vielen Partnern. So entscheidet nicht allein das Ausmaß menschlicher Verfolgung über das Fortbestehen einer Art, sondern zu einem guten Teil auch ihre biologische Ausstattung.

aus: Gleich et al.
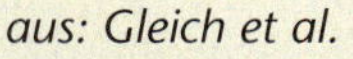
Life Counts – Eine Globale Bilanz des Lebens; Berlin (2000); S. 102

a) Skizzieren Sie zu verschiedenen Anfangswerten Bestandsdiagramme, die zu dem Text passen.

b) Welches Phasendiagramm gehört zu welcher DGL?
Entwickeln Sie jeweils Bestandsdiagramme zu den eingezeichneten Startwerten.
Begründen Sie, dass beide zum Text passen. Wo liegt ein Unterschied?

(1) $f'(x) = 0{,}04 \cdot f(x) \cdot (f(x) - 3) \cdot (10 - f(x))$ (2) $f'(x) = 0{,}2 \cdot (f(x) - 3) \cdot (10 - f(x))$

(A)

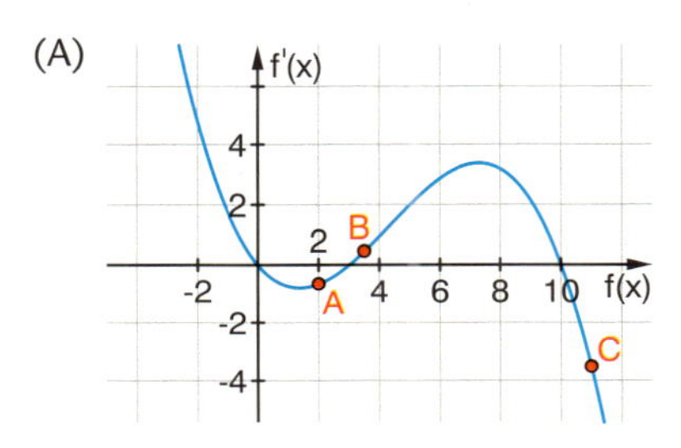

(B)

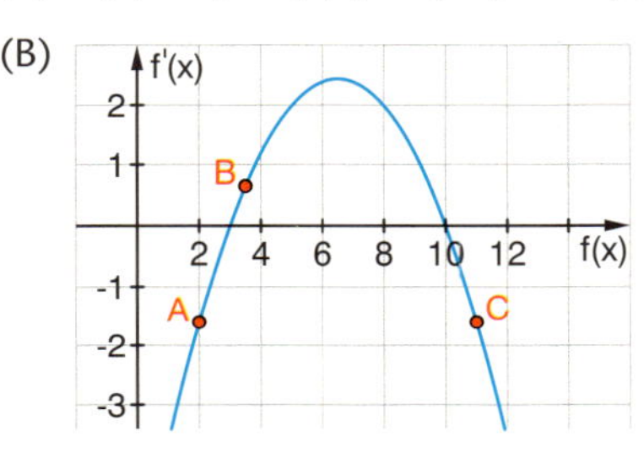

PIERRE-FRANÇOIS VERHULST (1804–1849)

Historischer Hintergrund zum logistischen Wachstumsmodell

Das logistische Wachstumsmodell ist zuerst von PIERRE-FRANCOIS VERHULST in seiner Schrift *Mathematische Untersuchungen über das Gesetz des Bevölkerungswachstums* von 1844/45 im Zusammenhang mit Auswertungen verfügbarer Bevölkerungsdaten entwickelt worden. Er schreibt:

... §2. Zur Menge der Ursachen, die einen konstanten Einfluß auf das Bevölkerungswachstum ausüben, zählen wir die Fruchtbarkeit der menschlichen Rasse, die Gesundheitspflege des Landes, die Sitten der betrachteten Nation, ihre zivilen und religiösen Gesetze. Was die variablen Ursachen betrifft, die man nicht als zufällig betrachten kann, vereinigen sie sich im allgemeinen in der nach und nach zunehmenden Schwierigkeit, die die Bevölkerung bei der Beschaffung des Lebensunterhaltes erfährt, sobald sie erst genügend zahlreich ist, so daß alles fruchtbare Land besiedelt ist.

Nachdem er dann das exponentielle Wachstum als charakteristische Wachstumsform für uneingeschränktes Wachstum darlegt, schreibt er:

... Wir bestehen nicht länger auf der Hypothese des geometrischen Wachstums angesichts dessen, daß sie sich nur unter außergewöhnlichen Umständen realisiert; z.B. wenn ein fruchtbares und in gewisser Weise unbegrenzt ausgedehntes Gebiet von einem Volk mit sehr fortschrittlicher Zivilisation bewohnt wird wie bei den ersten Kolonien der Vereinigten Staaten ...
... Man kann eine Unzahl von Hypothesen über das Gesetz der Verringerung des Koeffizienten $\frac{\ell}{M}$ aufstellen. Die einfachste besteht darin, diese Verringerung als proportional anzusehen zum Zuwachs der Bevölkerung seit dem Zeitpunkt, an dem die Schwierigkeiten, fruchtbares Land zu finden, bemerkbar wurden.

$\frac{\ell}{M}$ ist die Wachstumskonstante k in $f'(x) = k \cdot f(x)$

Mit diesen und weiteren Überlegungen entwickelt er dann die DGL:
... $dt = \frac{M\,dp}{mp - np^2}$

Die Schreibweise ist eine andere:
$t \triangleq x$; $p(t) \triangleq f(x)$; $\frac{dp}{dt} \triangleq f'(x)$; M, m, n: Konstanten
Also: $dt = \frac{M\,dp}{mp - np^2} \Rightarrow (mp - np^2)\,dt = M\,dp \Rightarrow \frac{dp}{dt} = \frac{\ell}{M} \cdot (mp - np^2) = \frac{m}{M}p - \frac{n}{M}p^2$

Dies ist in unserer Schreibweise: $f'(x) = k \cdot f(x) - b \cdot f(x)^2$ mit $k = \frac{m}{M}$ und $b = \frac{n}{M}$

VERHULST wendet dann das gedanklich entwickelte Modell auf die ihm zur Verfügung stehenden Daten aus Belgien und Frankreich an. Seine Schlussfolgerungen sind:

... §23. Das Bevölkerungsgesetz ist uns unbekannt, denn man kennt nicht die Natur der Funktion, die als Maß für die Hindernisse, sowohl vorbeugende als auch zerstörende, dient, die sich dem unbeschränkten Wachstum der menschlichen Rasse entgegenstellen.
Wenn man jedoch annimmt, daß diese Hindernisse genau in demselben Verhältnis zunehmen wie die überzählige Bevölkerung, erhält man die vollständige Lösung des Problems vom mathematischen Standpunkt aus.
Man findet dann unter Benutzung von durch die belgische und französische Regierung veröffentlichten statistischen Dokumenten, daß die äußerste Grenze der Bevölkerung vierzig Millionen Einwohner für Frankreich und sechs Millionen sechshundert Tausend für Belgien ist.

Aufgaben

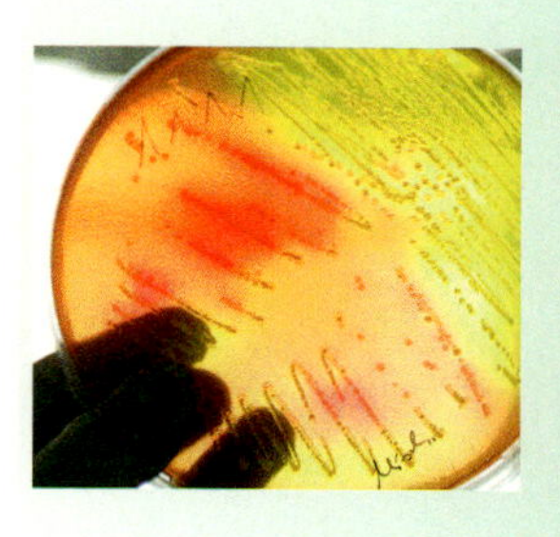

20 *Wachstum mit Gift oder Grippe mit Heilung*

Das Modell des logistischen Wachstums beschreibt häufig Wachstumsprozesse angemessen, bei denen eine anfänglich zunehmende Wachstumsgeschwindigkeit in eine abnehmende und schließlich fast verschwindende übergeht. Wenn Bakterien in einer Petrischale aber den Nahrungsvorrat verbraucht haben, hält sich der Bestand nicht an der Grenze, sondern die Bakterien sterben. Wenn die Anzahl Infizierter während einer Grippewelle zunächst nach dem logistischen Modell wächst, so kann dieses Modell aber nicht das anschließende Abklingen der Grippewelle erfassen. Nach dem logistischen Modell bleiben Infizierte immer infiziert bzw. krank.

Die DGL des logistischen Wachstums lässt sich nach folgender Umformung in dieser Weise interpretieren:
$f'(x) = k \cdot f(x) \cdot (G - f(x)) = (k \cdot G - k \cdot f(x)) \cdot f(x)$
Wir setzen $g = k \cdot G$ und $s = k$. Dann ergibt sich $f'(x) = (g - s \cdot f(x)) \cdot f(x)$.
Der Faktor $g - s \cdot f(x)$ setzt sich aus der konstanten Geburtenrate g und einer zum Bestand proportionalen Sterberate $s \cdot f(x)$ zusammen.

Bei den Bakterien hängt das Absterben, genau wie das Gesunden bei der Grippewelle, eher von der Zeit als vom Bestand ab. Naheliegend ist daher folgende Modellierung: $f'(x) = (g - s \cdot x) \cdot f(x)$, $g > 0$, $s > 0$

Grippewelle:
g: Infektionsrate
s: Gesundungsrate

a) Interpretieren Sie die DGL. Welche Bedeutung haben g und s? Gelingt Ihnen daraus ein qualitatives Erschließen der Langzeitentwicklung?

Zeigen Sie, dass $f(x) = e^{g \cdot x - \frac{s}{2} \cdot x^2}$ die Lösungsfunktion zu der DGL ist.

b) Skizzieren Sie die Funktion für $g = 0{,}25$ und $s = 0{,}03$.
Bestimmen Sie den maximalen Bestand und die Zeitpunkte maximaler Zunahme bzw. Abnahme des Bestandes.

Die Bestimmung der Extrempunkte gelingt gut per Hand. Für die Wendepunkte ist ein CAS sehr hilfreich.

c) Eine Variation von g entspricht wachstumsfördernden Maßnahmen. Eine Variation von s hat eine Verringerung der „Giftigkeit" bzw. Beschleunigung des Heilprozesses zur Folge.
Die Bilder zeigen entsprechende Variationen:

$f_g(x) = e^{g \cdot x - 0{,}015 \cdot x^2}$

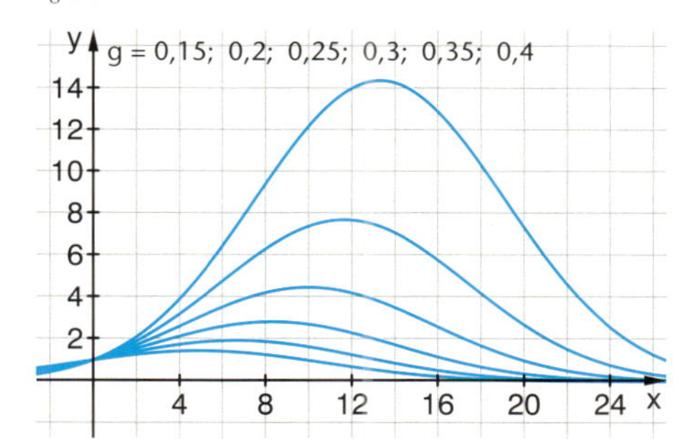

$f_s(x) = e^{0{,}25 \cdot x - \frac{s}{2} \cdot x^2}$

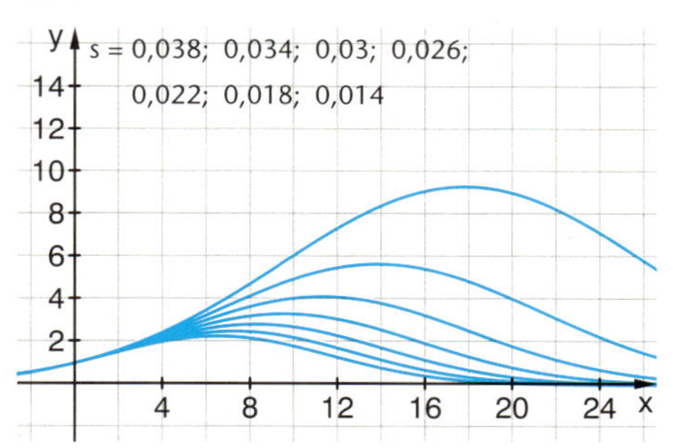

Erzeugen Sie selbst die Bilder. Beschreiben Sie jeweils die Auswirkungen der Variationen. Lohnen sich eher wachstumsfördernde Maßnahmen oder Maßnahmen zur Verringerung der „Giftigkeit"? Begründen Sie.
Ermitteln Sie jeweils die Punkte zu den maximalen Beständen und die Punkte maximaler Bestandszunahme bzw. -abnahme von f_g und f_s in Abhängigkeit von g und s. Auf welcher Kurve liegen jeweils die Extrempunkte?

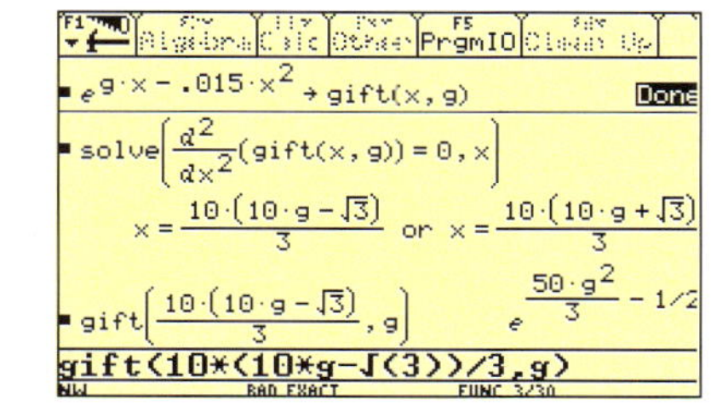

Aufgaben

21 *Ein DGL-Puzzle*

Sie haben in diesem Kapitel erfahren, wie man die linearen Funktionen und die Exponentialfunktionen durch ihr Änderungsverhalten charakterisieren kann. Dieses Änderungsverhalten wird durch Differenzialgleichungen beschrieben, also Gleichungen, bei denen im Allgemeinen sowohl die Funktion f als auch ihre Ableitung f′ auftreten.

Lassen sich andere Grundtypen von Funktionen (Quadratische Funktionen, Potenzfunktionen, Wurzelfunktionen etc.) ebenfalls durch ihr Änderungsverhalten, also durch Differenzialgleichungen, charakterisieren?

a) Welche Texte, Differenzialgleichungen, Funktionen und Graphen gehören zusammen?

(1) Änderung proportional zum Bestand	(2) Änderung umgekehrt proportional zur Zeit	(3) Änderung konstant	(4) Änderung umgekehrt proportional zum Bestand	(5) Änderung proportional zur Zeit
(a) $f'(x) = \frac{k}{x}$	(b) $f'(x) = kx$	(c) $f'(x) = \frac{k}{f(x)}$	(d) $f'(x) = k$	(e) $f'(x) = \ln(k) \cdot f(x)$
(A) $f(x) = k^x$	(B) $f(x) = k \cdot \ln(x)$	(C) $f(x) = \frac{1}{2}kx^2$	(D) $f(x) = kx$	(E) $f(x) = \sqrt{2kx}$

(I)

(II)

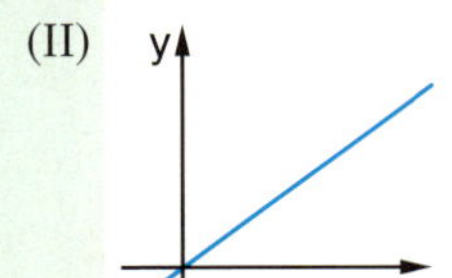

(III)

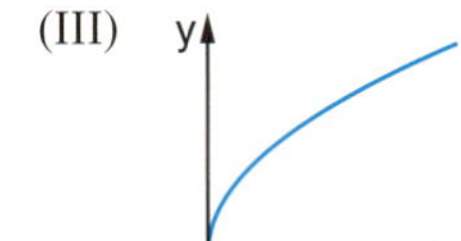

(IV)

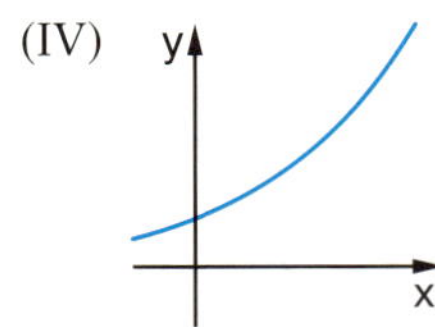

(V)

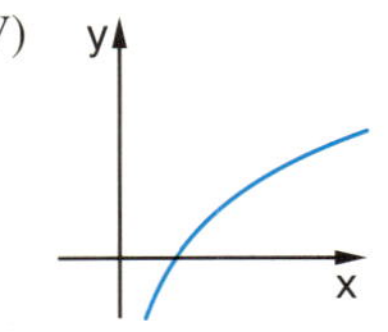

b) Weisen Sie rechnerisch nach, dass die Funktionen die zugehörige DGL lösen. Ordnen Sie die Funktionen nach ihrer Wachstumsintensität, geordnet vom schwächsten zum stärksten Wachstum.

c) Potenzfunktionen und Winkelfunktionen kann man auch über Differenzialgleichungen charakterisieren. Diese beiden Funktionsklassen sind aber etwas anders gebaut. Welche DGL gehört zu welcher Funktion? Führen Sie auch einen rechnerischen Nachweis. Beschreiben Sie die DGL in Worten.

(1) $f''(x) = -f(x)$	(2) $f'(x) = \frac{k \cdot f(x)}{x}$	(A) $f(x) = \sin(x)$	(B) $f(x) = x^k$

Differenzialgleichungen in der Physik

Differenzialgleichungen sind ein mächtiges Werkzeug zur Beschreibung und Analyse von Phänomenen aus Natur und Technik. Vor allem in der Physik treten sie in vielfältigen Zusammenhängen auf. So ist z. B. der von Newton entdeckte Zusammenhang $F = m \cdot a$ (Kraft = Masse · Beschleunigung) eine DGL $x''(t) = a(t) = \frac{F}{m}$.
Je nach Art der Kraft F erhält man mit dem Ort x(t) zur Zeit t:

	Freier Fall: Konstante Gewichtskraft: $F = m \cdot g$	Harmonische Schwingung Federpendel: $F = -D \cdot x(t)$	Gedämpfte Schwingung $F = -D \cdot x(t) - r \cdot x'(t)$
DGL	$x''(t) = g$	$x''(t) = -\frac{D}{m} \cdot x(t)$	$x''(t) = -\frac{D}{m} \cdot x(t) - \frac{r}{m} \cdot x'(t)$
Lösung x(t)	$x(t) = \frac{1}{2}g \cdot t^2$	$x(t) = x_{max} \cdot \cos\left(\sqrt{\frac{D}{m}} \cdot t\right)$	$x(t) = x_{max} \cdot e^{-k \cdot t} \cdot \cos\left(\sqrt{\left(\frac{D}{m} - k^2\right)} \cdot t\right)$
Beobachtung			

Projekt

Lösungsverfahren für Differenzialgleichungen
Sie haben in diesem Kapitel erfahren, wie man verschiedene Wachstumsvorgänge mithilfe von Differenzialgleichungen mathematisch beschreiben kann. Wie aber löst man solche Gleichungen? Während bei der DGL $f'(x) = k \cdot f(x)$ des exponentiellen Wachstums die Lösungsfunktion $f(x) = A \cdot e^{kx}$ direkt erschlossen werden konnte, musste die Lösungsfunktion beim begrenzten und vor allem beim logistischen Wachstum vorgegeben werden. Wenn Sie Phasendiagramme kennengelernt haben, können Sie aus diesen die Bestandsfunktion qualitativ erschließen. In diesem Projekt werden Sie exemplarisch erleben, wie man sich Lösungen von Differenzialgleichungen zunächst grafisch und dann auch numerisch erschließen kann.

Wie sieht der Graph von f aus, wenn die folgende DGL gebeben ist?
$f'(x) = 0{,}2 \cdot f(x) \cdot (6 - f(x))$

Die DGL gibt Auskunft darüber, wie groß die Steigung in einem beliebigen Punkt $(x|y) = (x|f(x))$ ist.

Für $P(1|2)$ gilt: $f'(1) = 0{,}2 \cdot 2 \cdot (6 - 2) = 1{,}6$

x	f(x)	f'(x)
0	1	1
1	2	1,6
2	5	■
2	1	■
3	4	■
4	3	1,8
5	6	■
6	8	■
7	2	■

Füllen Sie die Tabelle aus.
Begründen Sie, dass man für alle Punkte, die auf einer Parallelen zur x-Achse liegen, denselben Wert für $f'(x)$ erhält.

Wenn man nun in jedem Punkt die Steigung in Form eines kleinen Tangentenstücks einzeichnet, erhält man ein Richtungsfeld.
Skizzieren Sie zunächst in den Punkten aus der Tabelle das passende Tangentenstück und dann in jedem Gitterpunkt.

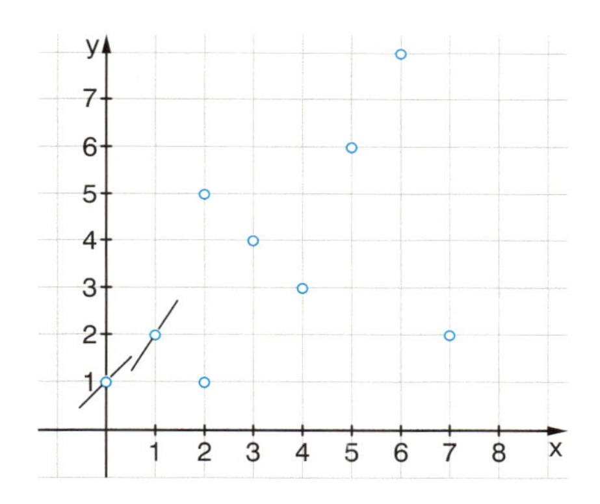

Richtungsfeld

Man geht davon aus, dass ein Punkt existiert (z. B. $(0|7)$) und bestimmt dann die Steigung in dem Punkt mithilfe der DGL.

Wie findet man nun näherungsweise eine Lösungsfunktion?

(1) Wir starten z.B. in $(0|1)$.
(2) Dann gehen wir in Tangentenrichtung weiter, bis wir in genau dieser Richtung auf einen Punkt auf der nächsten senkrechten Gitterlinie treffen. Wann wir auf den nächsten Punkt treffen, hängt davon ab, wie eng wir das Gitter angelegt haben (hier ist die Gitterweite 1).
(3) Dann gehen wir von diesem Punkt aus in Tangentenrichtung weiter. …

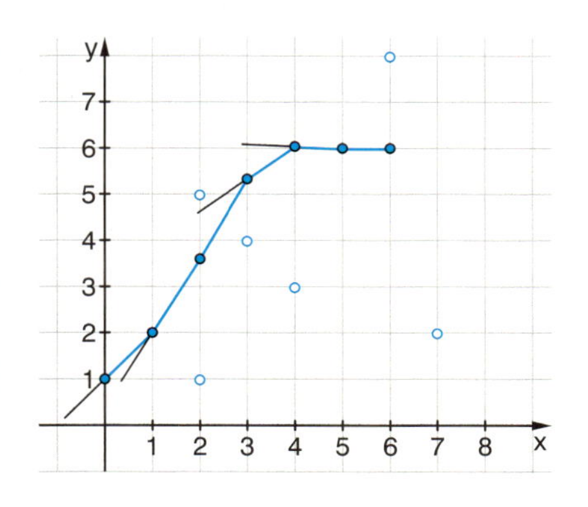

Grafische Lösung

Ermitteln Sie grafisch näherungsweise die Lösungsfunktion zu den Startpunkten $(0|3)$ und $(0|7)$.
Die grafisch ermittelten Näherungslösungen sind Polygonzüge. Wenn wir die Abstände zwischen den x-Werten (Gitterabstände) kleiner wählen, bekommen wir eine bessere Näherungslösung, müssen aber viel mehr rechnen bzw. genauer zeichnen. Eine exakte Lösung gelingt so natürlich dennoch nicht.

Lösung mit dem Euler-Verfahren

Diese Iterationsformel geht auf L. EULER zurück.

Gibt es zu diesem grafischen Verfahren eine Formel?

Es gilt: $f'(x) \approx \frac{\Delta y}{\Delta x}$, also: $\Delta y \approx \Delta x \cdot f'(x)$

Wenn wir uns im Punkt $P_n(x_n | y_n)$ befinden, kommen wir zu $P_{n+1}(x_{n+1} | y_{n+1})$ mit:

$x_{n+1} = x_n + \Delta x$
$y_{n+1} = y_n + \Delta x \cdot f'(x_n)$

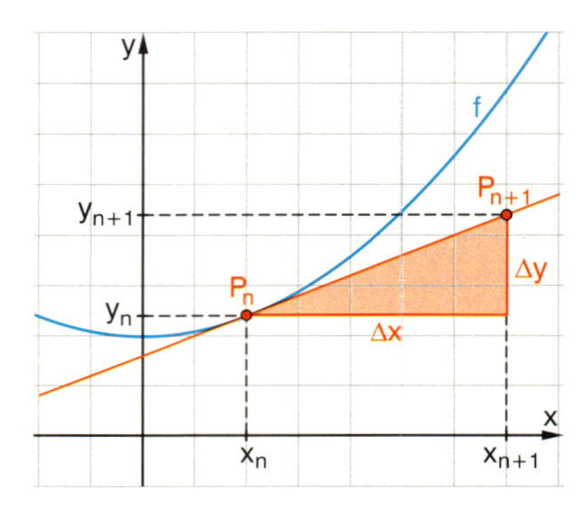

Bestimmen Sie mit dem Euler-Verfahren fünf Punkte für eine Näherungslösung zu $f'(x) = 0{,}2 \cdot f(x) \cdot (6 - f(x))$ mit den Startpunkten (0|1), (0|3) und (0|7).
Bestimmen Sie Näherungslösungen zu folgenden Differenzialgleichungen:
(1) $f'(x) = 0{,}5 \cdot x$ mit $f(0) = 1$ und $\Delta x = 0{,}5$

(2) $f'(x) = \frac{1}{f(x)}$ mit $f(0) = 2$ und $\Delta x = 1$

GTR

Lösungsverfahren mit GTR und CAS

WERKZEUG

Das Euler-Verfahren lässt sich mit einem GTR durchführen. Die beiden Iterationsformeln für x_n und y_n werden als zwei Folgen u(n) und v(n) eingegeben. Für eine grafische Darstellung muss dann das *uv-Diagramm* im [FORMAT]-Menü ausgewählt werden.

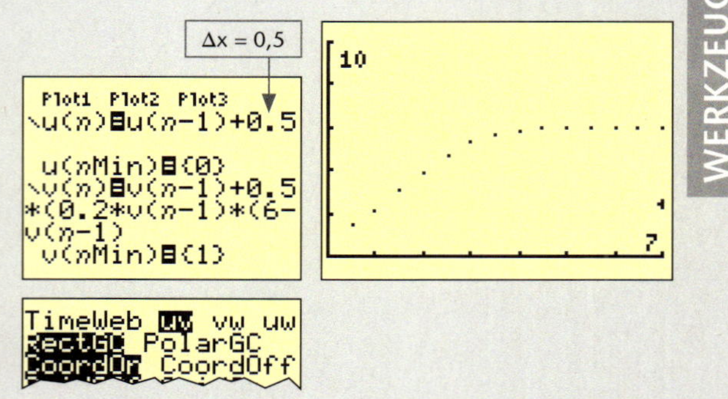

CAS

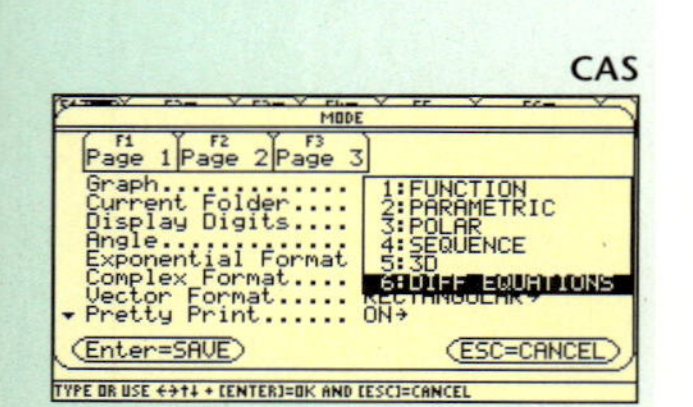

Mit einem CAS lassen sich zusätzlich auch Richtungsfelder und Lösungskurven grafisch erzeugen. Dazu muss der [GRAPH]-Modus auf *Diff equations* gestellt werden, im [Y=]-Menü wird dann die DGL eingegeben, im [WINDOW]-Menü werden die notwendigen grafischen Einstellungen vorgenommen.

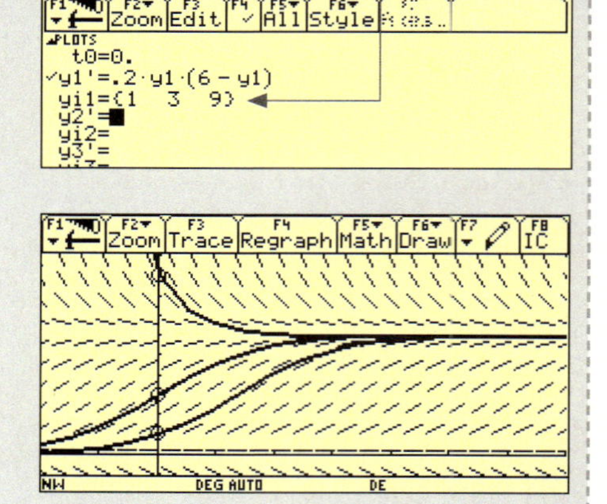

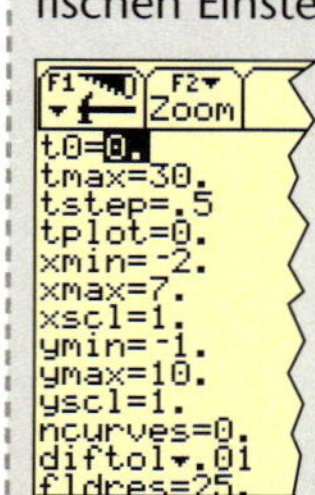

tstep: Δx
fldres: Anzahl der Tangentenstücke über Breite des Bildschirms verteilt

Lösen Sie mit einem GTR oder CAS folgende Differenzialgleichungen grafisch-numerisch. Variieren Sie die Anfangswerte $f(0) = A$.

(1) $f'(x) = x + f(x)$ (2) $f'(x) = \frac{-x}{f(x)}$

(3) $f'(x) = \frac{x}{f(x)}$ (4) $f'(x) = (g - s \cdot x) \cdot f(x)$; $f(0) = 1$

CHECK UP

Wachstum

Wachstumsvorgänge werden durch **Differenzialgleichungen** beschrieben und modelliert. Diese Gleichungen stellen einen Zusammenhang zwischen dem *Änderungsverhalten* $f'(x)$ und dem *Bestand* $f(x)$ her.
A ist der Anfangsbestand zum Zeitpunkt $x = 0$.

Lineares Wachstum
Die Änderung ist konstant.
$f'(x) = c$
$f(x) = c \cdot x + A$

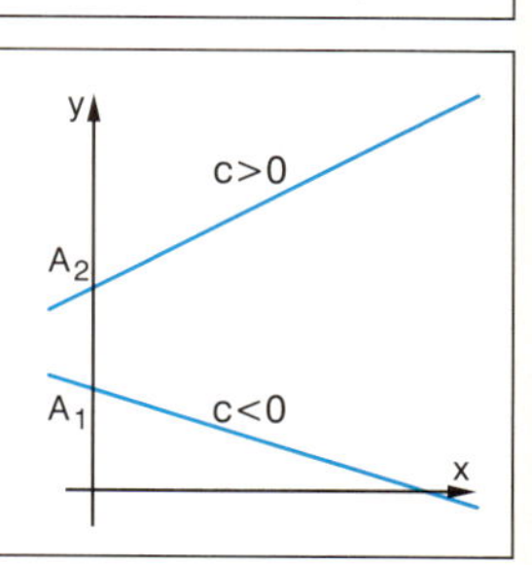

$c > 0$: Zunahme
$c < 0$: Abnahme

Exponentielles Wachstum
Die Änderung ist proportional zum Bestand.
$f'(x) = k \cdot f(x)$
$f(x) = A \cdot e^{kx}$

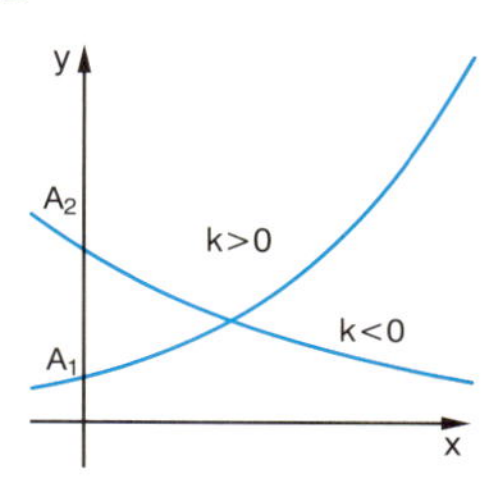

$k > 0$: Wachstum
$k < 0$: Zerfall

Halbwertszeit: $x = \frac{-\ln(2)}{k}$

Modellfindung aus Daten

Zeit x	0	1	2	3	4
Bestand f(x)	12	14	18	25	35

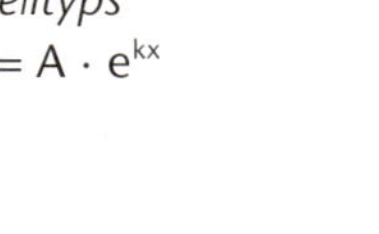
1. *Festlegen des Modelltyps*
$f(x) = A \cdot e^{kx}$

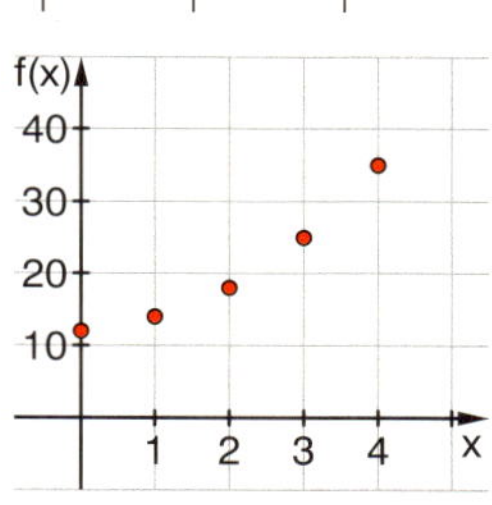

2. *Bestimmen passender Parameterwerte*
(A) Mit dynamischem Funktionenplotter
(B) Mit sinnvollen Messwerten Gleichungen aufstellen

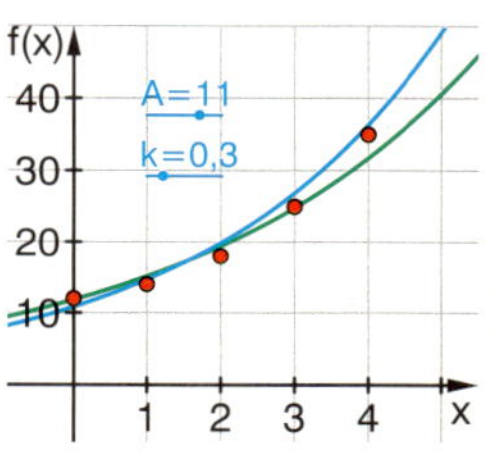

$(0|12)$: $A = 12$; $(3|25)$: $25 = 12e^{3k}$
$\Rightarrow k = \frac{1}{3}\ln\left(\frac{25}{12}\right) \approx 0{,}2446$

1 Welche Differenzialgleichungen, Funktionen und Anfangswerte gehören zusammen?

$f(x) = 100 \cdot e^{0,1x}$	$A = 5$	$f'(x) = 5$
$f'(x) = 0{,}1$	$f(x) = 5x + 10$	$A = 100$
$A = 1$	$f'(x) = -0{,}3 \cdot f(x)$	$f(x) = 0{,}1x + 1$
$f(x) = 5 \cdot e^{-0,3x}$	$A = 10$	$f'(x) = 0{,}1 \cdot f(x)$

2 Bestimmen Sie alle Lösungen der Differenzialgleichungen und skizzieren Sie die zugehörige Schar von Lösungskurven.
a) $f'(x) = 0{,}8 \cdot f(x)$; $f(0) = a$ b) $f'(x) = k \cdot f(x)$; $f(0) = 8$
c) $f'(x) = -m \cdot f(x)$; $f(1) = 20$ d) $f'(x) = 2x + 1$; $f(0) = c$

3 Eine Schimmelpilzkultur von anfänglich 20 cm² wächst täglich um 50 %.
a) Stellen Sie eine passende DGL und Lösungsfunktion auf.
b) Bestimmen Sie die momentanen Änderungsraten zu Beginn, nach einem, zwei und drei Tagen. Vergleichen Sie diese mit den durchschnittlichen Änderungsraten am ersten, zweiten und dritten Tag. Fertigen Sie eine zugehörige Skizze an.
c) Nach wie vielen Tagen ist die vom Schimmelpilz bedeckte Fläche 100 m² groß?
d) Nach wie vielen Tagen wäre die gesamte Landfläche der Erde (149 Mio. km²) bedeckt? Schätzen Sie zunächst.

4 Bestimmen Sie zu jedem Element eine passende Differenzialgleichung und Zerfallsfunktion.
Wann sind jeweils 90 % zerfallen?

Element	Halbwertzeit
^{235}*U* Uran	704 Mio. Jahre
^{226}*Ra* Radium	1602 Jahre
^{60}*Co* Cobalt	5,3 Jahre
^{223}*Th* Thorium	0,6 Sekunden

5 Die Tabelle gibt die jährlich installierten Solarenergiemodule in den USA an.
(x: Jahr; y: Kapazität in Megawatt).
Ermitteln Sie passende Modelle und stellen Sie Prognosen für 2005 und 2010 auf.

Jahr	Kapazität
1986	6,6
1988	10,0
1990	13,8
1992	15,6
1994	26,1
1996	35,5
1998	50,6

6 Bestimmen Sie eine passende Wachstumsfunktion in a) und b) beziehungsweise Differenzialgleichung in c) und d). Skizzieren Sie diese. Geben Sie jeweils den Anfangswert, die Grenze und die Wachstumskonstante an.
a) $f'(x) = 0{,}2 \cdot (100 - f(x))$; $A = 15$ b) $f'(x) = 0{,}25 \cdot (10 - f(x))$; $A = 18$
c) $f(x) = -1200 \cdot e^{-0,128x} + 1500$ d) $f(x) = e^{-0,45x} + 1$

7 Zeigen Sie, dass $f(x) = -10 \cdot e^{-0,5x} + G$ die Differenzialgleichung $f'(x) = 0{,}5 \cdot (G - f(x))$ mit $f(0) = G - 10$ löst.

CHECK UP

Wachstum

Begrenztes Wachstum
Die Änderung ist proportional zur Differenz aus Bestand f(x) und Grenze G.
$f'(x) = k \cdot (G - f(x))$
$f(x) = (A - G) \cdot e^{-kx} + G$

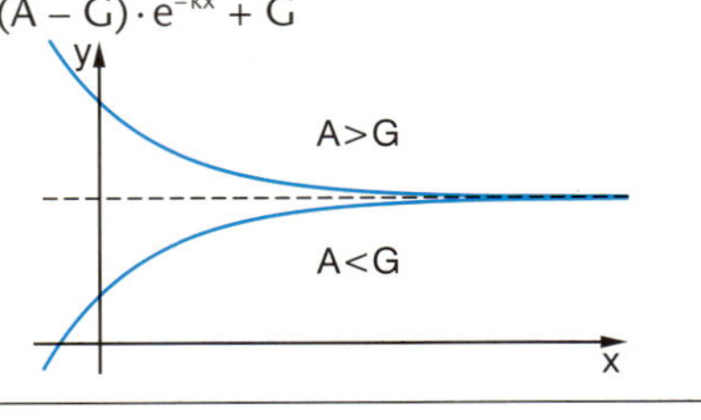

Zufluss – Abfluss – Modell
Die Änderung setzt sich aus exponentiellem Zu- bzw. Abfluss und einem konstanten Ab- bzw. Zufluss zusammen.
$f'(x) = k \cdot f(x) + b$
$f(x) = \left(A + \frac{b}{k}\right) \cdot e^{kx} - \frac{b}{k}$

Der Abfluss ist exponentiell (k < 0), der Zufluss konstant (b > 0).

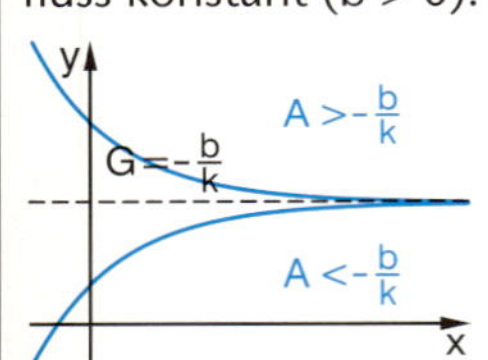

Der Zufluss ist exponentiell (k > 0), der Abfluss konstant (b < 0).

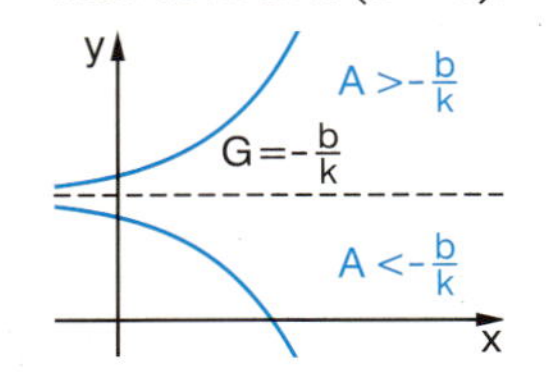

Logistisches Wachstum
Die Änderung ist proportional zum Bestand *und* zum Restbestand.
$f'(x) = k \cdot f(x) \cdot (G - f(x))$
$f(x) = \frac{A \cdot G}{A + (G - A) \cdot e^{-k \cdot G \cdot x}}$

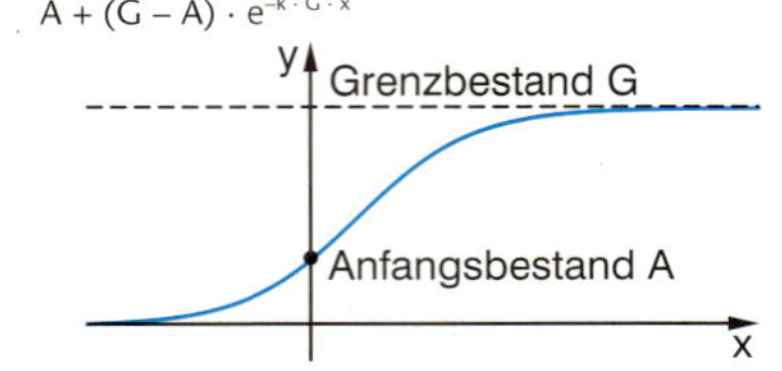

Phasendiagramme
Phasendiagramme beschreiben den funktionalen Zusammenhang zwischen f′(x) und f(x) in einem f(x)-f′(x)-Diagramm.
Exponentielles Wachstum (Ursprungsgeraden)
Begrenztes Wachstum (fallende Gerade)
Logistisches Wachstum (Parabel)

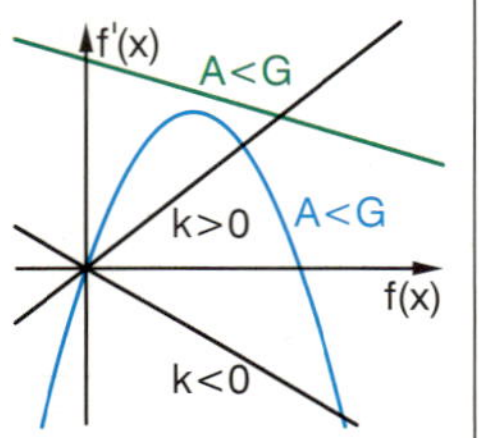

8 Erfinden Sie zu den Differenzialgleichungen jeweils einen passenden Sachzusammenhang, der auch den Parameter berücksichtigt.

a)	b)	c)
$f'(x) = k \cdot (25 - f(x))$	$f'(x) = 0{,}3 \cdot (G - f(x))$	$f'(x) = -0{,}2 \cdot f(x) + 40$
$f(0) = 5$	$f(0) = 50$	$f(0) = A$

9 Einem Patienten werden durch Tropfinfusion stündlich 50 g einer Nährmittellösung zugeführt. Im Körper werden stündlich 25 % der Lösung abgebaut.
a) Stellen Sie eine passende Differenzialgleichung auf und ermitteln Sie die zugehörige Bestandsfunktion. Wie groß wird die Menge sein, die langfristig im Körper ist?
b) Wie groß muss die Dosierung sein, wenn langfristig nicht mehr als 100 g im Körper vorhanden sein sollen?
c) Bei einem Patienten mit anderer Konstitution werden stündlich 30 % abgebaut. Wie groß muss die Dosierung sein, damit der langfristige Bestand im Körper 180 g ist?

10 Bestimmen Sie eine passende Wachstumsfunktion in a) und b) beziehungsweise Differenzialgleichung in c) und d). Skizzieren Sie diese. Geben Sie jeweils den Anfangswert, die Grenze und die Wachstumskonstante an.
a) $f'(x) = 0{,}003 \cdot f(x) \cdot (90 - f(x))$; $f(0) = 25$
b) $f'(x) = 0{,}0001 \cdot f(x) \cdot (1200 - f(x))$; $f(0) = 450$
c) $f(x) = \frac{16}{2 + 6 \cdot e^{-0{,}24x}}$
d) $f(x) = \frac{20000}{100 \cdot (1 + e^{-0{,}25x})}$

11 Zeigen Sie, dass $f(x) = \frac{G}{1 + e^{-kGx}}$ die Bestandsfunktion des logistischen Wachstums für $A = \frac{G}{2}$ ist. Erläutern Sie die Besonderheit des Anfangswerts in diesem Fall.

12 Die Tabelle gibt den Anteil der 10 anbaustärksten Betriebe an der Gemüsegrundfläche an.

Jahr	1988	1992	1996	2000	2004
Anteil	6	7	12	22	24

a) Modellieren Sie die Daten sowohl mit begrenztem Wachstum als auch mit logistischem Wachstum. Ermitteln Sie jeweils mehrere Modelle und vergleichen Sie die Passung der beiden Modelltypen.
b) Geben die Daten Anlass für die Vermutung, dass der Anteil der 10 anbaustärksten Betriebe an der Gemüsegrundfläche einmal über 50 % liegen wird?

13 *Phasendiagramme*
Skizzieren Sie zu den markierten Anfangswerten jeweils einen passenden Graphen der Bestandsfunktion und geben Sie eine passende Differenzialgleichung an.

a)
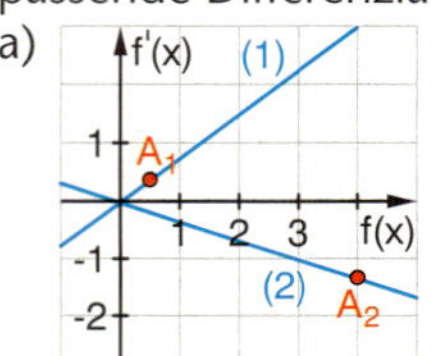

b)
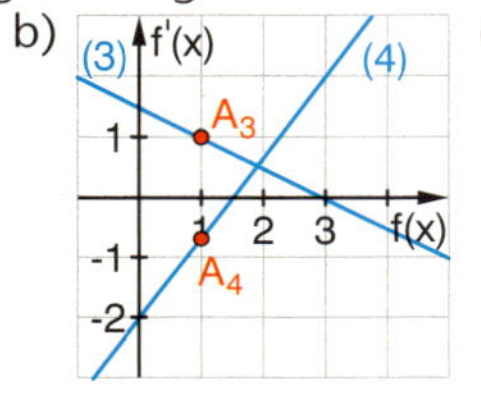

c)
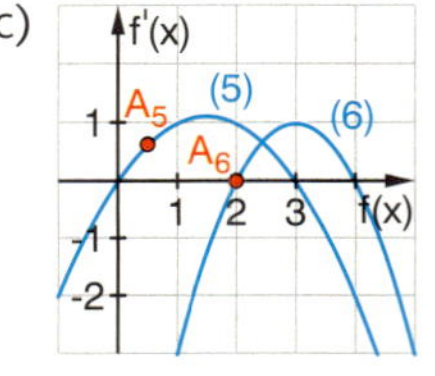

Sichern und Vernetzen – Vermischte Aufgaben

Training

1 Füllen Sie die Lücken in der Tabelle aus. Benutzen Sie einen Parameter, wenn es mehrere Möglichkeiten gibt. Skizzieren Sie jeweils die Funktionen und geben Sie die Kenngrößen (Wachstumskonstante, Grenze, Anfangswert) an.

	DGL	Anfangswert	Funktion
a)	■	■	$f(x) = 150 \cdot e^{0{,}72x}$
b)	$f'(x) = 2{,}3$	■	■
c)	$f'(x) = 0{,}1 \cdot f(x) \cdot (20 - f(x))$	$f(0) = 3$	■
d)	$f'(x) = -0{,}34 \cdot f(x)$	$f(0) = 200$	■
e)	■	■	$f(x) = 0{,}25x^2 + 10$
f)	■	■	$f(x) = -75 \cdot e^{-0{,}1x} + 100$
g)	$f'(x) = k \cdot f(x) - 30$	$f(0) = 5$	■
h)	■	■	$f(x) = \frac{100}{30 + 70 \cdot e^{-0{,}35x}}$
i)	$f'(x) = 0{,}06 \cdot (40 - f(x))$	■	■

2 Ordnen Sie den Graphen die passenden Funktionsgleichungen zu. Geben Sie die zugehörige DGL an.

$f_1(x) = -90 \cdot e^{-0{,}4x} + 120$ $\quad f_2(x) = 100 \cdot e^{-0{,}6x} + 100$ $\quad f_3(x) = -120 \cdot e^{-0{,}6x} + 90$ $\quad f_4(x) = 200 \cdot e^{-0{,}3x} + 100$

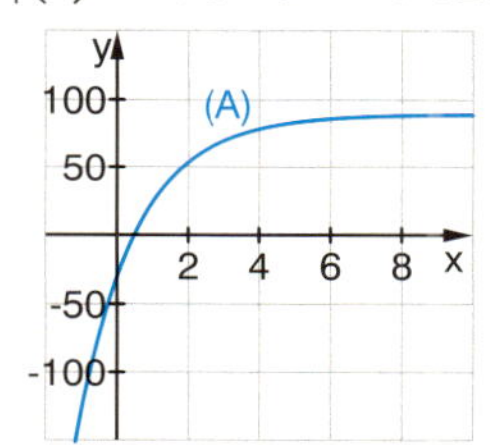

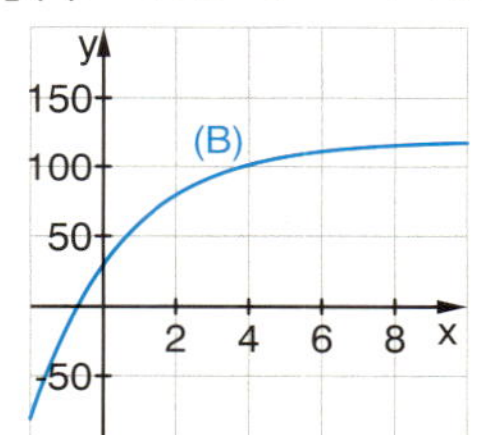

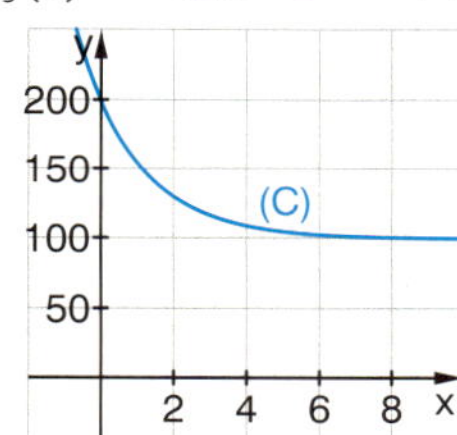

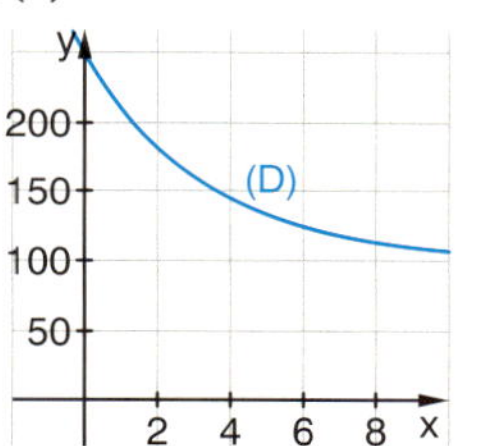

3 Bestimmen Sie den Wert des Parameters jeweils so, dass der Punkt P auf dem Graphen von f liegt. Skizzieren Sie f und überprüfen Sie Ihr Ergebnis grafisch.

a) $f(x) = 6 \cdot e^{kx}$
P(3|50)

b) $f(x) = a \cdot e^{-0{,}005x} + 200$
P(10|4)

c) $f(x) = A \cdot e^{-0{,}00015x}$
P(200|15)

d) $f(x) = (100 - G) \cdot e^{-0{,}012x} + G$
P(5|60)

e) $f(x) = \frac{500}{10 + 40 \cdot e^{-50kx}}$
P(2|50)

f) $f(x) = \frac{5A}{A + (5 - A) \cdot e^{-x}}$
P(1|2)

4 Wie groß ist die momentane Änderungsrate an der Stelle x = 5?
An welcher Stelle hat die momentane Änderungsrate den Wert 1?

(1) $f(x) = 2 \cdot e^{0{,}25x}$ (2) $f(x) = 50 \cdot e^{-0{,}05x} + 20$ (3) $f(x) = \frac{10}{1 + 9 \cdot e^{-x}}$

Es dürfen auch grafische Verfahren oder eine Sekantensteigungsfunktion benutzt werden.

5 a) Stellen Sie zu dem Phasendiagramm die passende DGL auf und skizzieren Sie für die eingetragenen Anfangswerte jeweils ein Bestandsdiagramm.

Phasendiagramme

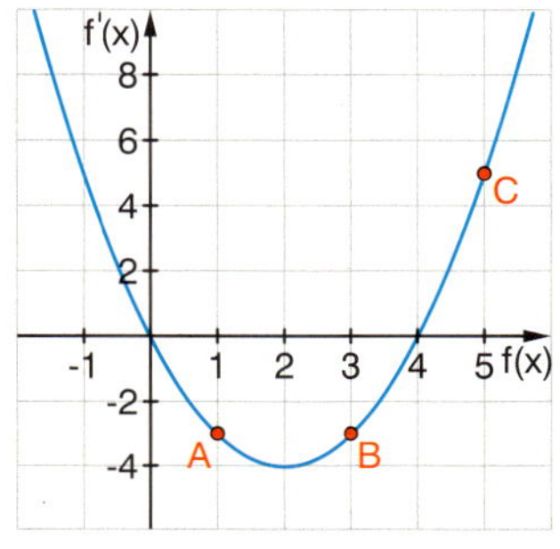

b) Skizzieren Sie zu der DGL $f'(x) = 0{,}25 \cdot f(x)^2 - 4$ ein Phasendiagramm und skizzieren Sie für die Anfangswerte f(0) = 3, f(0) = 4 und f(0) = 5 jeweils das Bestandsdiagramm.

Verstehen von Begriffen und Verfahren

6 Stellen Sie zu den Texten eine passende DGL sowie die zugehörige Funktion auf.

a) Ein anfänglich 250 m^2 großer Algenteppich vergrößert sich wöchentlich um 10 %.

b) Aus einem See mit anfänglich 52 000 m^3 Wasser fließen monatlich 20 % der vorhandenen Wassermenge ab. Es werden im selben Zeitraum immer 8000 m^3 zugeführt.

c) Aus einem 20 m^3 fassenden Öltank werden wöchentlich 70 Liter entnommen.

In einem Fall bleibt ein Parameter in der Gleichung.

d) 1 kg Pilze verlieren beim Trocknen an Gewicht, bis sie nur noch 10 % ihres Ausgangsgewichts wiegen.

e) In einem Tierreservat leben 2000 Tiere mit einer jährlichen Vermehrungsrate von 15 %. Jährlich werden 400 Tiere erlegt.

7 Wahr oder falsch? Geben Sie jeweils eine Begründung.

a) Wenn die Halbwertszeit eines radioaktiven Stoffes 12 Jahre beträgt, dann sind nach 24 Jahren noch 25 % vorhanden.
b) Beim exponentiellen Wachstum kann keine Funktion durch (0|0) verlaufen.
c) Beim begrenzten Wachstum gibt es immer eine waagerechte Asymptote.
d) Das logistische Wachstum ist halb exponentielles, halb begrenztes Wachstum.
e) Das Bilden einer Stammfunktion entspricht auch dem Lösen einer DGL.
f) Radioaktiver Zerfall ist ein Spezialfall des begrenzten Wachstums.

8 a) Warum ist die Wachstumskonstante nicht dasselbe wie die Prozentzahl der Änderung in einem Zeitabschnitt?
b) Warum können die Grenzbestände beim begrenzten und logistischen Wachstum nicht exakt erreicht werden? Welchen Ausnahmefall gibt es immer?

9 Ordnen Sie den Texten die passende DGL und Bestandsfunktion zu.

a) Die Änderung setzt sich aus exponentiellem Zerfall und linearer Zunahme zusammen.

b) Die Änderung ist proportional zum Quadrat der Zeit.

c) Die Änderung ist umgekehrt proportional zum Bestand.

d) Die Änderung ist proportional zum Quadrat des Bestandes.

(A) $f'(x) = -0{,}5 \cdot f(x) + 1$

(B) $f'(x) = 0{,}02 \cdot f(x)^2$

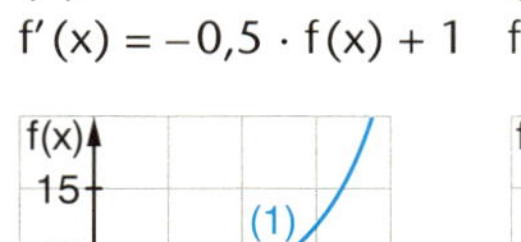

(C) $f'(x) = \frac{10}{f(x)}$

(D) $f'(x) = 0{,}5x^2$

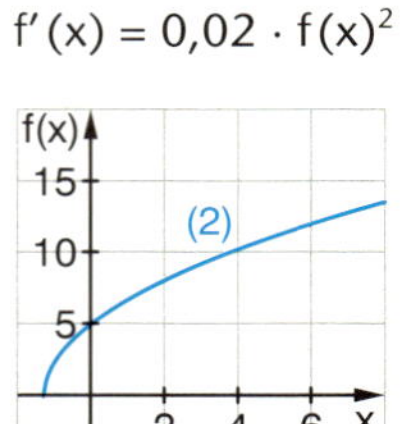

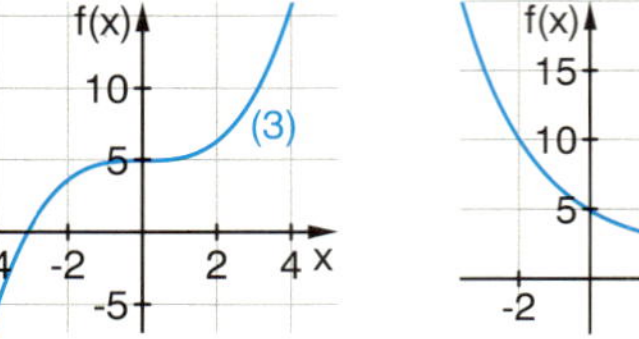

10 a) Die DGL $f'(x) = k \cdot x \cdot f(x)$ beschreibt ein Wachstumsmodell. Beschreiben Sie das Änderungsverhalten. Vergleichen Sie mit der DGL des logistischen Wachstums.
b) Zeigen Sie, dass $f_k(x) = e^{\frac{k}{2}x^2}$ Lösungsfunktionen der DGL sind. Wie lautet der Anfangswert? Skizzieren Sie für k = −2, k = −1, k = 1 und k = 2 die Funktionen und beschreiben Sie das Wachstumsverhalten in Abhängigkeit von k.
c) Vergleichen Sie DGL und Wachstumsfunktion mit dem exponentiellen Wachstum.

Anwenden und Modellieren

11 *Milchsäurebakterien*

Maschinengemolkene Milch enthält ca. 20 000 Keime pro ml. Die Vermehrung der Keime hängt u. a. von der Temperatur ab. Die *Van't Hoff-Regel* formuliert dazu eine Faustregel:

In 25 °C warmer Milch verdoppeln sich die Keime ungefähr alle 2 Stunden. Bei etwa 1 000 000 Keimen pro ml wird Milch sauer.

Van't Hoff-Regel
Bei einer Temperaturerhöhung um 10 °C verdoppelt sich die Geschwindigkeit der Keimvermehrung.

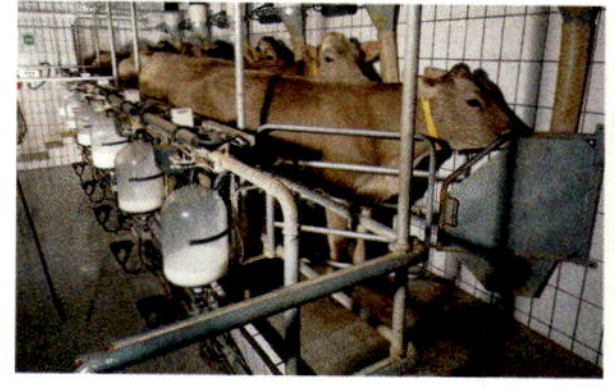

a) Ermitteln Sie eine passende Wachstumsfunktion für die Keimentwicklung in 25 °C warmer Milch. Wann wird sie sauer?

b) Wann würde die Milch sauer werden, wenn Sie unmittelbar nach dem Melken auf 5 °C abgekühlt wird? Benutzen Sie die Van't Hoff-Regel zur Bestimmung der Verdopplungszeit.

c) Weil beim Melken von Hand die Euter vorher gereinigt werden, enthält handgemolkene Milch wesentlich weniger Keime. Wann würde diese Milch bei 25 °C bzw. 6 °C sauer werden, wenn 12 000 Keime pro ml zu Beginn in der Milch enthalten sind?

Durch Pasteurisierung und Homogenisierung wird Milch wesentlich länger haltbar.

12 *Ein Zeitungsartikel aus dem Jahr 2009*

Der Zeitungsartikel gibt Anlass für Fragen:

(1) Wie groß ist der Ost-West-Abstand (in %) zum Zeitpunkt des Mauerfalls 1989?
(2) Was besagt der in dem Zitat erwähnte ökonomische Lehrsatz? Stimmt die Aussage bezüglich des Jahres 2028?
(3) Wie groß hätte der Ost-West-Abstand beim Mauerfall sein müssen, wenn der Abstand jährlich wie üblich abgenommen hätte?

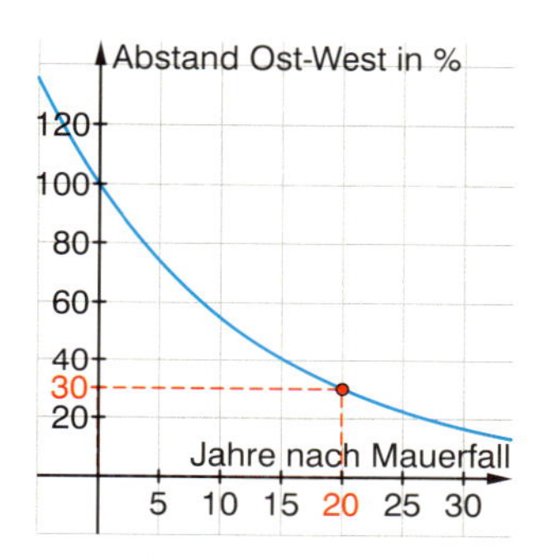

Der Punkt (20 | 30) gehört zum 2. Satz des Artikels.

Wirtschaft im Osten holt kräftiger auf

BERLIN/DPA – Die ostdeutsche Wirtschaft hat aus Expertensicht kräftiger aufgeholt, als nach ökonomischen Lehrsätzen zu erwarten war. Die Wirtschaftsleistung je Einwohner sei 20 Jahre nach dem Mauerfall auf gut 70 Prozent des Westniveaus gestiegen, teilte das arbeitgebernahe Institut der deutschen Wirtschaft Köln (IW) in Berlin mit. Damit wäre eigentlich erst 2028 zu rechnen gewesen. Der Ost-West-Abstand sei jährlich um 4,4 Prozent geschmolzen, üblich sind durchschnittlich zwei Prozent.

a) Formulieren Sie ein zum Text passendes Modell für die reale Entwicklung und beantworten Sie Frage (1).
(x: Zeit in Jahren nach Mauerfall, y: Abstand Ost-West in %)

b) Beantworten Sie die Fragen (2) und (3).

13 *Ausstattung privater Haushalte*

Die Tabellen geben die Ausstattung privater Haushalte mit Gebrauchsgütern an.

(Angaben jeweils in %, setzen Sie x = 0 für das Jahr 2000 bzw. 1988)

	2000	2001	2002	2003	2004	2005	2006
Mobiltelefon	30	55	70	73	72	76	80
Fahrräder	77	78	77	79	79	80	81

	1988	1993	1998	2003	2008
PC		23,3	41,8	62,3	77,8
Geschirrspülmaschine	30,5	40,1	51,0	58,9	66,0
Mikrowelle	13,1	43,5	54,4	65,6	73,1

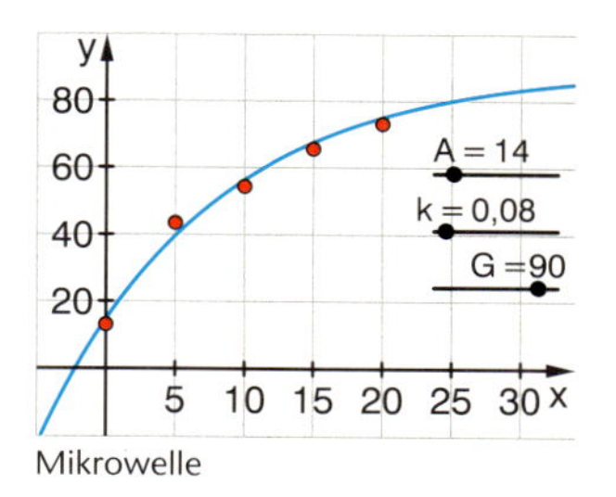

Mikrowelle

Skizzieren Sie jeweils die Daten und wählen Sie einen geeigneten Modelltyp (lineares oder begrenztes Wachstum).
Bestimmen Sie zu jedem Gebrauchsgut zwei passende Modelle.
Wenn nach Augenmaß beide Typen passen können, bestimmen Sie jeweils ein konkretes Modell.
Machen Sie aufgrund der ermittelten Modelle Prognosen für die nächsten 5 bis 20 Jahre. Welchen Einfluss hat hier der gewählte Modelltyp?

Entnehmen Sie beim begrenzten Wachstum der Datenskizze eine mögliche Grenze.

14 *Ein Smartphone*

Die Firma *Peach* bringt das Smartphone *Eipitt* auf den Markt. Die Marktforschungsabteilung hat herausgefunden, dass der Absatz gut mit begrenztem Wachstum beschrieben werden kann. Es liegen folgende Daten zugrunde:
Maximal 12 000 Geräte werden absetzbar sein. Zur Markteinführung werden 1000 Stück verkauft. Die Wachstumskonstante beträgt 0,15.

a) Bestimmen Sie eine passende DGL und Funktionsgleichung (x: Zeit in Monaten).
Wie viele Geräte werden nach einem Jahr verkauft sein?
Wann ist damit zu rechnen, dass mehr als 10 000 Geräte verkauft sind?
Wann wird vermutlich so gut wie kein Gerät mehr verkauft werden?

b) Die Firma interessiert sich auch dafür, wie die Verkaufsentwicklung sein wird, wenn
(1) die Zahl maximal verkaufbarer Geräte variiert,
(2) die Wachstumskonstante variiert,
(3) die Anzahl anfänglich verkaufter Geräte variiert.
Stellen Sie zu (1)–(3) passende Gleichungen zu den Differenzialgleichungen und Funktionenscharen auf, erstellen Sie jeweils eine aussagekräftige Grafik und beschreiben Sie die Verkaufsentwicklung in Abhängigkeit des jeweiligen Parameters.

$f(x) = (A - G)e^{-kx} + G$

Benutzen Sie für die festen Parameter jeweils die Werte aus a).

c) Die Ausdrücke (A)–(C) geben zu (1)–(3) jeweils die Anzahl verkaufter Geräte nach 10 Monaten an. Leiten Sie die Ausdrücke her und beschreiben Sie die Anzahl in Abhängigkeit des Parameters. Bestätigen Sie mit der geeigneten Formel die Aussagen.

(A) $f_G(10) \approx 0{,}77 \cdot G - 223$ (B) $f_k(10) = 12000 - 11000 \cdot e^{-10k}$ (C) $f_A(10) \approx 0{,}22 \cdot A + 9322$

Nach 10 Monaten werden immer ungefähr $\frac{3}{4}$ der maximal möglichen Anzahl verkauft sein.

Egal, wie viele Geräte zu Beginn verkauft werden, nach 10 Monaten werden mindestens 9000 verkauft sein.

15 *Fische*

Fischbestände in einem See wachsen exponentiell. Es wird jährlich eine konstante Menge gefischt.

a) (1)–(3) beschreiben Fischbestände. Interpretieren Sie die Differenzialgleichungen und Funktionen. Beschreiben Sie die damit verbundenen Situationen und stellen Sie jeweils eine Frage, zu welcher jedes der Modelle eine Antwort gibt (x: Zeit in Jahren, y: Anzahl der Fische in Hundert). Skizzieren Sie jeweils die Scharen.

(1) $f'(x) = 0{,}2 \cdot f(x) - b$; $f(0) = 50$
$f_b(x) = (50 + 5b)e^{0{,}2x} - 5$

(2) $f'(x) = k \cdot f(x) - 5$; $f(0) = 60$
$f_k(x) = \left(60 - \frac{5}{k}\right)e^{kx} + \frac{5}{k}$

(3) $f'(x) = 0{,}12 \cdot f(x) - 10$; $f(0) = a$
$f_a(x) = (a - 75)e^{0{,}12x} + 75$

b) Wie müssen die Parameter jeweils gewählt werden, damit die Fischbestände langfristig konstant bleiben?

16 *Bisonbestände*

Die Tabelle gibt in Ausschnitten die Entwicklung der Bisonbestände im Yellowstonepark von 1902 bis 1931 an.

Jahr	Anzahl
1902	44
1905	74
1908	95
1910	149
1913	215
1917	394
1920	501
1923	748
1927	1008
1931	1192

a) Skizzieren Sie den Datensatz. Begründen Sie, dass das logistische Wachstumsmodell passend sein kann und ermitteln Sie zwei mögliche, konkrete Modelle.
Erschließen Sie dazu aus der Datenskizze einen möglichen Grenzbestand. Hilfreich kann dazu auch ein aus der Grafik abgelesener Wendepunkt sein. Finden Sie auch Modelle mit einem dynamischen Funktionenplotter.

b) Der aktuelle Bestand beträgt 3500. Vergleichen Sie diese Information mit Ihren Modellen.

Der vollständige Datensatz ist hier abgebildet

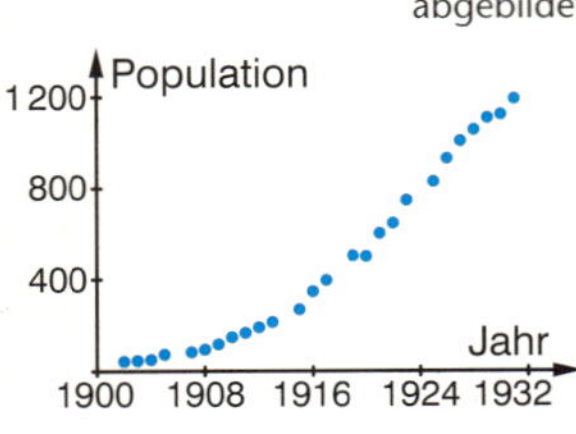

Quelle: http://www.seattlecentral.edu/qelp/sets/015/015.html.

17 *Windenergie*

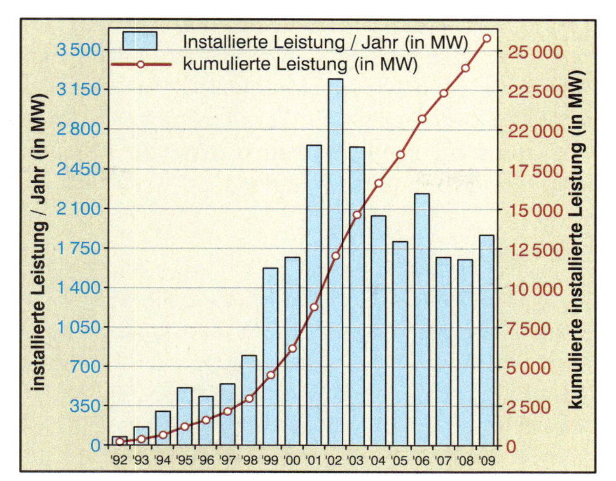

Die Grafik veranschaulicht die gesamte installierte Windenergieleistung (kumuliert) und den jährlichen Zubau (Balken) zwischen 1992 und 2009. Die Tabelle gibt die kumulierte Leistung an. Modellieren Sie die Entwicklung mit dem logistischen Wachstumsmodell. Inwiefern gibt Ihnen die Grafik zum Zubau einen Hinweis auf eine maximal mögliche installierte Leistung?
In welchem mathematischen Zusammenhang stehen der kumulierte Bestand und der Zubau? Überprüfen Sie damit Ihr Modell und versuchen Sie eine Prognose für die nächsten 10 Jahre.

Vergleichen Sie 8.1, Aufgabe 16

Jahr	Leistung in MW
1992	183
1993	334
1994	643
1995	1137
1996	1546
1997	2082
1998	2875
1999	4445
2000	6095
2001	8754
2002	12001
2003	14609
2004	16629
2005	18428
2006	20621
2007	22247
2008	23903
2009	25777

18 *Noch mal Fische*

Aus Erfahrung und Messungen weiß man, dass die Entwicklung einer Fischpopulation gut mit dem logistischen Modell
$f'(x) = 0{,}1 \cdot f(x) \cdot (5 - f(x))$; $f(0) = 1$
(x: Zeit in Jahren, y: Anzahl der Fische in Tausend) beschrieben werden kann.
Es sollen nun zwei unterschiedliche Fischfangmodelle untersucht werden:
(1) $f'(x) = 0{,}1 \cdot f(x) \cdot (5 - f(x)) - k \cdot f(x)$ (2) $f'(x) = 0{,}1 \cdot f(x) \cdot (5 - f(x)) - c$

a) Beschreiben Sie beide Modelle und deren Unterschied im Sachkontext.
b) Zeigen Sie, dass für (1) gilt: $f'(x) = 0{,}1 \cdot f(x) \cdot (5 - 10k - f(x))$
Begründen Sie damit, dass es sich bei (1) insgesamt wieder um logistisches Wachstum handelt. Leiten Sie damit folgende Funktionsgleichung her:

$$f_k(x) = \frac{5 - 10k}{1 + (4 - 10k) \cdot e^{(k - 0{,}5)x}}$$

Skizzieren Sie einige Kurven für $0 < k < 1$ und beschreiben Sie die Entwicklung des Bestandes in Abhängigkeit der Fangquote k. Geben Sie eine Empfehlung. Bei welcher Quote bleibt der Bestand konstant? Warum muss $k \neq 0{,}5$ gelten?

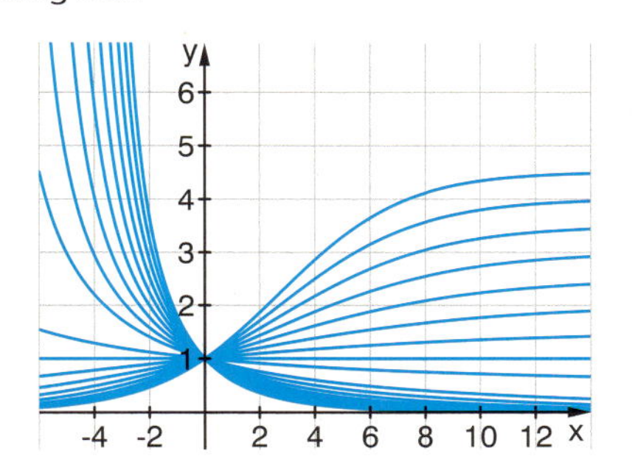

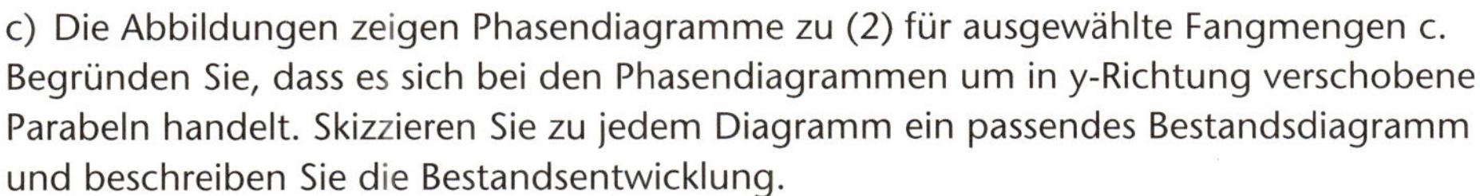
c) Die Abbildungen zeigen Phasendiagramme zu (2) für ausgewählte Fangmengen c. Begründen Sie, dass es sich bei den Phasendiagrammen um in y-Richtung verschobene Parabeln handelt. Skizzieren Sie zu jedem Diagramm ein passendes Bestandsdiagramm und beschreiben Sie die Bestandsentwicklung.

Phasendiagramme

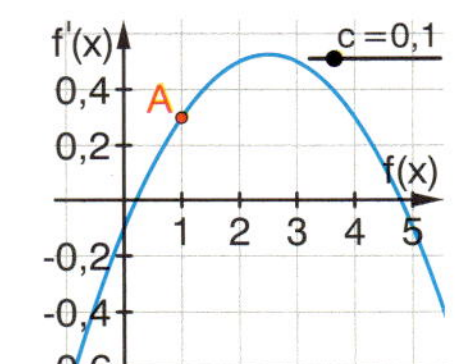

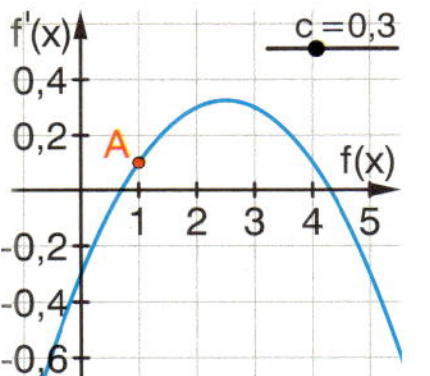

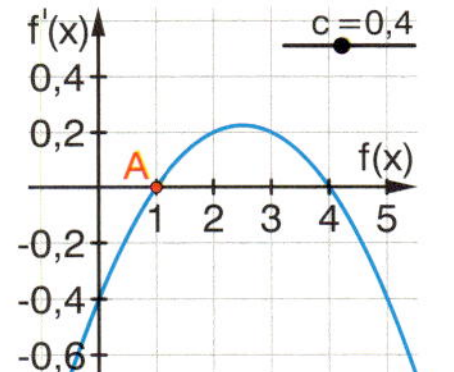

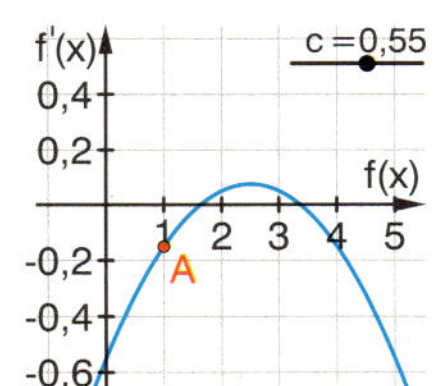

d) Vergleichen Sie beide Modelle und geben Sie eine Empfehlung. Inwiefern ist (1) sinnvoller? Welches Wissen setzt eine Anwendung von (1) voraus?

Kommunizieren und Präsentieren

19 *Kritik als Motor des Fortschritts*
Schreiben Sie einen Bericht, wie man ausgehend vom linearen Wachstum zum exponentiellen, begrenzten und logistischen Wachstum durch Kritik am gerade benutzten Modell gelangt und wie man diese Kritik in eine neue DGL umsetzt. Welche Wachstumsverläufe werden durch keines der Modelle erfasst? Skizzieren Sie dazu gehörende Bestandsentwicklungen.

20 *Wissen erläutern*

a) Beschreiben Sie auf verschiedene Weise den Unterschied zwischen linearem und exponentiellem Wachstum.

b) Erläutern Sie, warum die Bestandsfunktionen zum begrenzten Wachstum und zum Zufluss-Abfluss-Modell verschobene und gespiegelte Exponentialfunktionen sind.

c) Erläutern Sie mithilfe der Differenzialgleichungen den Zusammenhang zwischen logistischem, begrenztem und exponentiellem Wachstum.

21 *Zahlgleichungen – Differenzialgleichungen*
Lösen Sie die Gleichungen. Erläutern Sie an diesen Beispielen Gemeinsamkeiten und Unterschiede zwischen Zahlgleichungen und Differenzialgleichungen.

a) $2x - 5 = 8x + 4$
b) $f'(x) = 1{,}2 \cdot f(x);\ f(0) = 3$
c) $f'(x) = 3x^2 - 4$
d) $\int_0^t x\,dx = 8$
e) $f'(x) = a \cdot f(x);\ f(0) = 5$
f) $(x + 1) \cdot (x - a) = 0$

22 *Apfelanbau in Hamburg und Niedersachsen*

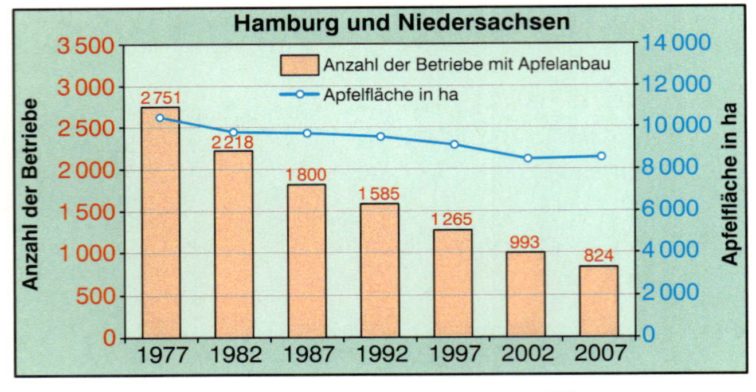

a) Beschreiben Sie mithilfe der Grafik die Entwicklung des Apfelanbaus zwischen 1977 und 2007.
b) Wie wird sich die Apfelfläche in den nächsten 30 Jahren entwickeln?
c) Zeigen Sie, dass die Anzahl der Betriebe mit Apfelanbau in Hamburg und Niedersachsen seit 1977 gut mit folgenden Modellen beschrieben werden kann:

(A)
$f_1'(x) = 0{,}06 \cdot (500 - f_1(x))$
$f_1(0) = 2800$

(B)
$f_2'(x) = -0{,}04 \cdot f_2(x)$
$f_2(0) = 2700$

(C)
$f_3(x) = \frac{234\,000}{x + 46} - 2300$

Beschreiben Sie die unterschiedliche Art der Modelle. Machen Sie mit jedem Modell eine Prognose für die nächsten 30 Jahre. Erläutern Sie an diesem Beispiel die Prinzipien mathematischer Modellierungen, ihre Vorteile und ihre Probleme.

23 a) Beschreiben Sie das durch die DGL $f'(x) = a \cdot f(x) + b \cdot x$ dargestellte Wachstumsverhalten. Was erhält man für die Spezialfälle $a = 0$ und $b = 0$?
Vergleichen Sie das Modell mit dem Zufluss-Abfluss-Modell.

b) Zeigen Sie, dass $f(x) = \frac{(a^2 + b)}{a^2} \cdot e^{ax} - \frac{b}{a}x - \frac{b}{a^2}$ Lösungsfunktion der DGL ist.

c) Schreiben Sie einen Bericht über die Bestandsentwicklung für $-2 < a < 2$ und $-2 < b < 2$. Füllen Sie dazu die Tabelle durch geeignete Graphen aus.

	$a > 0$	$a < 0$
$b > 0$	■	■
$b < 0$	■	■

Aufgaben zur Vorbereitung auf das Abitur*

1 *Reaktionsstärke und Empfindlichkeit*

In der Medizin wird die *Reaktionsstärke **R*** auf ein Medikament der Dosis x häufig durch eine Funktion des Typs $R_k(x) = x^2 \cdot (k - 2x)$; $k > 0$ angegeben. Die *Empfindlichkeit* eines Körpers auf die Dosis x wird als Ableitung $R'(x)$ definiert.

a) Skizzieren Sie R für einige Werte von k. Beschreiben Sie den Verlauf von R in Abhängigkeit der Dosis und des Parameters k. Welche Bedeutung im Sachkontext kann k haben? Erläutern Sie, in welcher Weise der grafische Verlauf der Reaktionsstärke sinnvoll ist. Das Modell ist so lange sinnvoll, wie die Reaktionsstärke positiv ist. Bestimmen Sie den Definitionsbereich von R(x).

b) Sei $k = 6$: Für welchen Dosiswert ist die Reaktion am stärksten, für welchen die Empfindlichkeit?
Erläutern Sie mithilfe des Begriffs der Ableitung und ihrer Bedeutung, dass es sinnvoll ist, die Empfindlichkeit durch die Ableitung zu definieren.

c) Zeigen Sie für beliebige Werte von k:
Die stärkste Empfindlichkeit liegt bei der Hälfte der stärksten Reaktion.
Auf welchen Kurven liegen die Extrem- und Wendepunkte? Skizzieren Sie diese Kurven in obige Skizze. Welche sachbezogene Bedeutung haben diese Kurven?

Konzentration eines Medikaments

Die Konzentration eines Medikaments in der Leber kann näherungsweise durch eine ganzrationale Funktion f vom Grad 3 ($f(x) = ax^3 + bx^3 + cx + d$) beschrieben werden (t: Zeit in Stunden, f(x): Menge in mg). Zum Zeitpunkt $t = 0$ erfolgt die Einnahme.

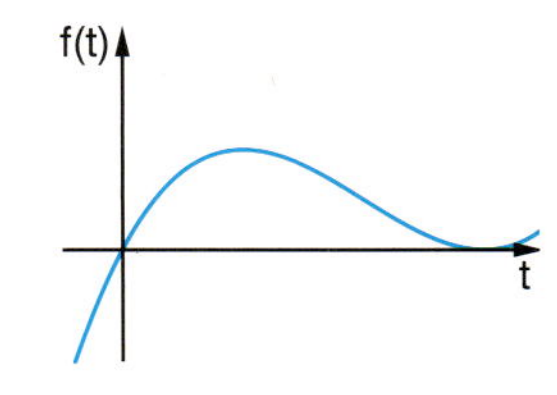

a) Über ein Medikament weiß man bei einer gewissen Dosierung:
(1) Die momentane Änderungsrate der Konzentration bei der Einnahme ist $1 \frac{mg}{h}$.
(2) Die maximale Konzentration ist nach zwei Stunden vorhanden.
(3) Nach vier Stunden ist die Abnahme der Konzentration am größten.
Entwickeln Sie die zu den Informationen passende Funktion 3. Grades mit der Gleichung $f(t) = \frac{1}{36}t^3 - \frac{1}{3}t^2 + t$.
Das Modell ist sinnvoll, solange das Medikament in der Leber nicht vollständig abgebaut ist. Bestimmen Sie den passenden Definitionsbereich.

b) Für die medizinische Wirksamkeit kommt es neben der Menge des Wirkstoffes auch auf die Zeit an, in der der Wirkstoff für den Körper zur Verfügung steht. Das Produkt aus Menge und Zeit wird „Wirksamkeit" genannt.
Berechnen Sie die Wirksamkeit des Medikaments.

c) Das Medikament kann in unterschiedlichen Dosen verabreicht werden. Die Funktion, die die Wirkstoffmenge in der Leber beschreibt, ist von der Anfangsdosis abhängig.

Funktionenschar

Durch die Funktionenschar mit der Gleichung $f_a(t) = \frac{a}{(a+5)^2} t \cdot (t - (a + 5))^2$ mit $a > 0$

wird das beschrieben. Der Parameter a gibt die Anfangsdosis an.

Geben Sie den sinnvollen Definitionsbereich für das Modell an.

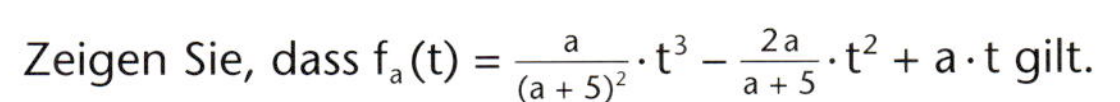
Zeigen Sie, dass $f_a(t) = \frac{a}{(a+5)^2} \cdot t^3 - \frac{2a}{a+5} \cdot t^2 + a \cdot t$ gilt.

Für welche Anfangsdosis erhält man die Funktion aus a)?

Weisen Sie nach, dass $x = a + 5$ und $x = \frac{a+5}{3}$ Extremstellen sind und die maximale Abnahme der Konzentration zeitlich genau in der Mitte zwischen maximaler Konzentration und vollständigem Abbau liegt.

*) Die Lösungen zu den Abituraufgaben finden Sie im Internet unter www.schroedel.de/neuewege-s2.

3 *Kostenfunktionen*

Die Grafiken zeigen verschiedene Kostenfunktionen
(x: Produktionsmenge in 100/Zeiteinheit; y: Kosten in 1000 €).

(1) Lineare Funktion

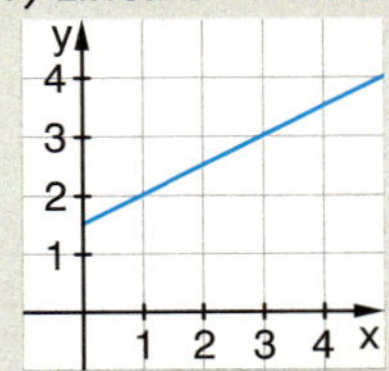

(2) Quadratische Funktion

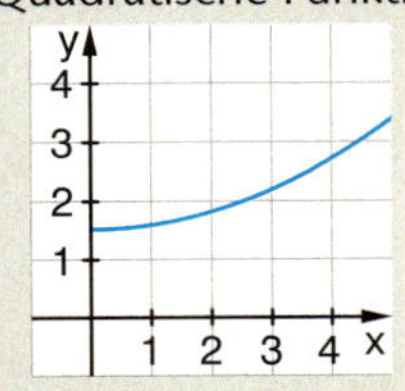

(3) Polynom vom Grad 3

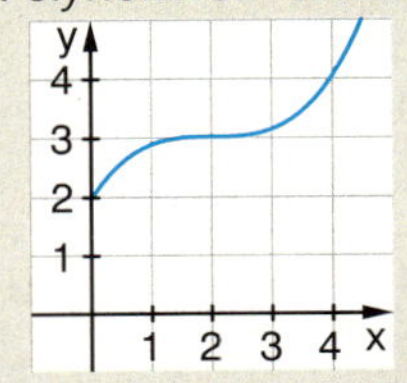

a) Beschreiben Sie jeweils kurz die Entwicklung der Produktionskosten in Abhängigkeit von der produzierten Menge. Benutzen Sie dazu auch die Änderung der Kosten. Ermitteln Sie zu den drei Modellen jeweils eine Funktionsgleichung.

Funktionenschar

b) Durch $K_a(x) = \frac{1}{10}x^3 - \frac{3}{10}ax^2 + \frac{3}{10}a^2x - \frac{1}{10}a^3 + a + 2$ ist eine Schar von Kostenfunktionen im Intervall $I = [0;\, 5]$ gegeben (x und y wie oben in a)).
Skizzieren Sie für $-1 < k < 5$ einige Kurven der Schar.

Bestimmen Sie die Wendepunkte. Diese Punkte sollen im 1. Quadranten liegen. Ermitteln Sie die dafür notwendige Bedingung für a.

Bestimmen Sie die Steigung im Wendepunkt. Welche inhaltliche Bedeutung hat das Ergebnis hier? Auf welcher Kurve liegen die Wendepunkte?

Es gibt noch eine weitere Bedingung für a, damit das Modell sinnvoll ist. Welche ist dies, und warum ist dies so?

c) Die Umsatzfunktion U zur Kostenfunktion $K_2(x) = \frac{1}{10}x^3 - \frac{3}{5}x^2 + \frac{6}{5}x + \frac{16}{5}$ ist $U(x) = 3x$. Untersuchen Sie mit der Gewinnfunktion G mit $G(x) = U(x) - K_2(x)$, wann die Firma Gewinn macht, und wie groß dieser maximal sein kann.

Skizzieren Sie zu Umsatzfunktionen $U_p(x) = p \cdot x$ $(1 \le p \le 4)$ mit unterschiedlichen Preisen p einige Gewinnfunktionen. Beschreiben Sie den Gewinn in Abhängigkeit von p.

4 *Ein Dachprofil*

Das Dachprofil eines Cafés soll mit einer ganzrationalen Funktion 3. Grades modelliert werden. Die Grundrissfläche des Gebäudes ist ein Quadrat mit der Seitenlänge 16 m.

a) Stellen Sie die Bedingungen und die zugehörigen Gleichungen auf und leiten Sie die näherungsweise Lösungsfunktion $f(x) = 0{,}0025\,x^3 - 0{,}07\,x^2 + 0{,}4\,x + 4$ her.
Nennen Sie die zusätzlich notwendigen Bedingungen, wenn D Tiefpunkt und C Wendepunkt sein sollen. Welcher Funktionstyp muss dann zum Ansatz kommen?

b) Bestimmen Sie den Inhalt der sichtbaren Frontfläche in m^2.
Wie groß ist der Rauminhalt des Cafés?

c) Am Rand (Punkt A und Punkt D) sollen geradlinige Dachüberstände knickfrei angebaut werden. In welchem Winkel, gemessen zur Horizontalen, muss dies geschehen?

d) Das Dach soll mit Kunststoffplatten gedeckt werden, für die eine Mindestdachneigung von 10° vorgesehen ist, damit das Regenwasser gut abläuft. Untersuchen Sie, ob diese Bedingung bei dem Dach weitestgehend erfüllt ist. Warum kann sie hier nicht an jeder Stelle erfüllt sein?

5 *Eine Straße*

Eine geradlinige, parallel zur x-Achse verlaufende Straße ist jeweils bis zu den Anschlussstellen A(0 | 2) und C(5 | 2) fertiggestellt. Jetzt soll das fehlende Stück gebaut werden, allerdings so, dass die Straße an dem in B(4 | 1) gelegenen Zoo vorbeiführt (x und y in 100 m).

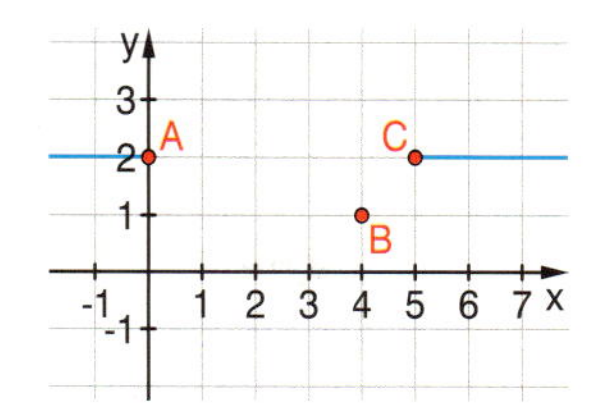

a) Ermitteln Sie eine Polynomfunktion f mit möglichst geringem Grad, die eine knickfreie Verbindung herstellt $\left(\text{zur Kontrolle: } f(x) = -\frac{1}{16}x^4 + \frac{5}{8}x^3 - \frac{25}{16}x^2 + 2\right)$.

b) $g(x) = \frac{1}{64}x^6 - \frac{15}{64}x^5 + \frac{75}{64}x^4 - \frac{125}{64}x^3 + 2$ liefert ebenfalls eine knickfreie Verbindung. Weisen Sie dies nach. Welche Eigenschaft hat aber g darüber hinaus?

Skizzieren Sie f und g und vergleichen Sie beide möglichen Verbindungen. Welche Argumente sprechen jeweils für f bzw. für g?

c) Ein Ingenieurbüro erarbeitet noch einen anderen Vorschlag:

$$h(x) = \begin{cases} \frac{13}{28}x^3 - \frac{15}{32}x^2 + 2 & \text{für } 0 \le x \le 4 \\ -\frac{7}{8}x^3 + \frac{45}{4}x^2 - \frac{375}{8}x + \frac{129}{2} & \text{für } 4 \le x \le 5 \end{cases}$$

Zeigen Sie, dass auch h in A, B und C keine Knicke hat.

Skizzieren Sie h in obiger Skizze und vergleichen Sie diese Lösung mit f und g.

d) Wie groß ist die Fläche, die h mit der geradlinigen Verbindung von A und C umschließt?

6 *Approximation einer trigonometrischen Funktion*

Die Funktion $f(x) = \cos(x)$ soll im Intervall $I = \left[-\frac{\pi}{2}; \frac{\pi}{2}\right]$ durch eine ganzrationale Funktion 2. Grades $g(x)$ approximiert werden.

Kosinusfunktion

a) Bestimmen Sie g so, dass die Funktionswerte von f und g an den Intervallgrenzen und der Maximumstelle übereinstimmen $\left(\text{zur Kontrolle: } g(x) = -\frac{4}{\pi^2}x^2 + 1\right)$.

b) Begründen Sie: Für alle $x \in I$ gilt $g(x) \ge f(x)$.

c) Zeigen Sie, dass die Tangenten an die beiden Graphen in den gemeinsamen Schnittpunkten mit der x-Achse jeweils verschieden sind, und bestimmen Sie die Schnittwinkel der beiden Tangenten.

d) Als Maß für die Güte der Approximation von f durch eine Näherungsfunktion g werden zwei verschiedene Kriterien herangezogen:

(A) die Differenz der Flächeninhalte der Flächen unter den Kurven in I

(B) die maximale Abweichung der Ordinaten $|f(x) - g(x)|$ in I

Berechnen Sie diese Maße.

e) Eine andere Näherungsfunktion für f ist
$h(x) = \frac{1}{24}x^4 - \frac{1}{2}x^2 + 1$.

Vergleichen Sie diese Näherung bezüglich der beiden Kriterien (A) und (B) mit der Näherung durch g.

7 *Kurvendiskussion*

Gegeben ist die Funktion f mit $f(x) = -\frac{1}{8}x^3 + \frac{3}{4}x^2$.

a) Skizzieren Sie f.
Weisen Sie nach, dass W(2 | 2) Wendepunkt des Graphen von f ist.
Bestimmen Sie die Steigung des Graphen an den Stellen $x = -2$ und $x = 6$ sowie im Wendepunkt.
Begründen Sie, dass der Graph von f in keinem Punkt eine größere Steigung als in W besitzt.

b) Ermitteln Sie den Inhalt der Fläche, die der Graph von f mit dem Graphen von g mit $g(x) = -\frac{1}{2}x + 3$ umschließt.
Interpretieren Sie die Bedeutung der Gleichung $\int_{-2}^{6} (f(x) - g(x))\,dx = 0$.

Geben Sie eine Bedingung für a an, so dass $\int_{a}^{10} (f(x) - g(x))\,dx = 0$ gilt.

Beschreiben Sie allgemein, wie die Integrationsgrenzen gewählt werden müssen, damit das Integral den Wert 0 hat.

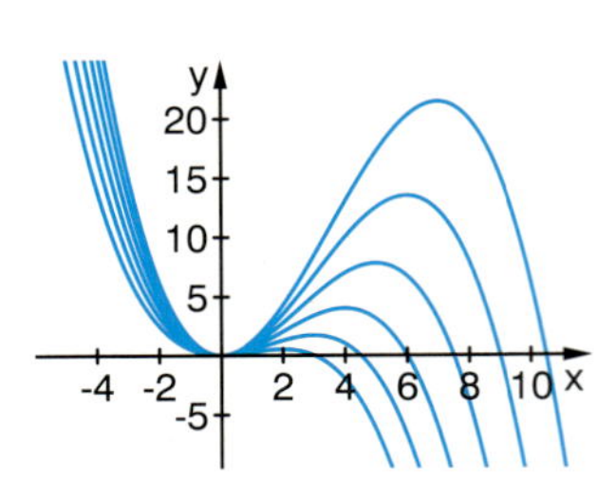

c) f gehört zu der Funktionenschar f_k mit
$f_k(x) = -\frac{1}{8}x^3 + \frac{3k}{8}x^2$; $k > 0$.
Bestimmen Sie den Hoch- und den Wendepunkt in Abhängigkeit von k.
Welche Werte für k gehören zu den Graphen der Skizze?

Auf welcher Linie liegen die Wendepunkte?
(zur Kontrolle: $h(x) = \frac{1}{4}x^3$)
Überprüfen Sie folgende Aussagen:

(A) Im Wendepunkt ist die Steigung der Ortslinie doppelt so groß wie die Steigung des Graphen von f.

(B) Die Gerade durch den Ursprung und den Wendepunkt verläuft auch durch den Hochpunkt.

8 *Kurvendiskussion*

Gegeben ist die Funktion f mit $f(x) = -\frac{1}{4}x^4 + 2x^2$.

a) Bestimmen Sie die Koordinaten der Schnittpunkte des Graphen von f mit den Koordinatenachsen. Wie groß ist die Steigung in diesen Punkten? Berechnen Sie die Extrem- und Wendepunkte.

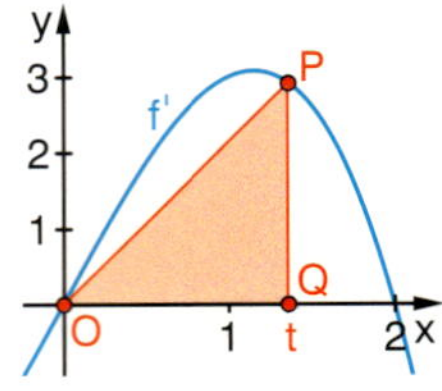

b) $P(t\,|\,f'(t))$ ist ein Punkt von f' im 1. Quadranten.
Wie muss t gewählt werden, damit das Dreieck OQP einen maximalen Flächeninhalt hat? Wie groß ist dieser Inhalt dann?

c) Es wird jetzt die Funktionenschar f_a mit $f_a(x) = -\frac{a}{4}x^4 + 2ax^2$ betrachtet.
Zeigen Sie, dass die Graphen achsensymmetrisch zur y-Achse sind.
Was folgt daraus für die Graphen der 1. und 2. Ableitung?
Argumentieren Sie ohne Rechnung, aber mit Skizzen.

Begründen Sie, dass die Nullstellen der Schar unabhängig von a sind.

Bestimmen Sie den Inhalt der Fläche, die die Graphen von f_a mit der x-Achse einschließen. Erläutern Sie den Satz: *Dieser Flächeninhalt ist proportional zu a.*

Exponentialfunktionen

9 *Eine Digitalkamera*

Die Firma KONIN bringt eine neue Digitalkamera auf den Markt. Aus Erfahrung mit der Verkaufsentwicklung anderer, ähnlicher Produkte weiß die Firma, dass die Funktion f mit $f(x) = 800 \cdot x \cdot e^{-0,1x}$; $x > 0$, die Verkaufsentwicklung gut beschreibt (t: Zeit nach Verkaufsbeginn in Wochen; f(x): Stückzahl pro Woche).

a) Skizzieren Sie den Graphen von f. Beschreiben Sie den Verlauf der Verkaufsentwicklung. Weisen Sie die langfristige Entwicklung auch am Funktionsterm nach. Nennen Sie Gründe, warum der beschriebene Verlauf plausibel ist.

b) In welcher Woche werden am meisten Kameras verkauft werden?
Mit den Großhändlern ist vereinbart, dass die Bestellmengen reduziert werden, wenn die Abnahme der wöchentlichen Verkaufszahlen am größten ist. Wann tritt dies ein?

c) Zeigen Sie, dass $G(x) = 80\,000 - 8000 \cdot (x + 10) \cdot e^{-0,1x}$ die Gesamtzahl der nach x Wochen verkauften Kameras beschreibt.
Wie viele Kameras werden im ersten halben Jahr verkauft?
Wie viele Kameras können nach dem Modell langfristig abgesetzt werden?

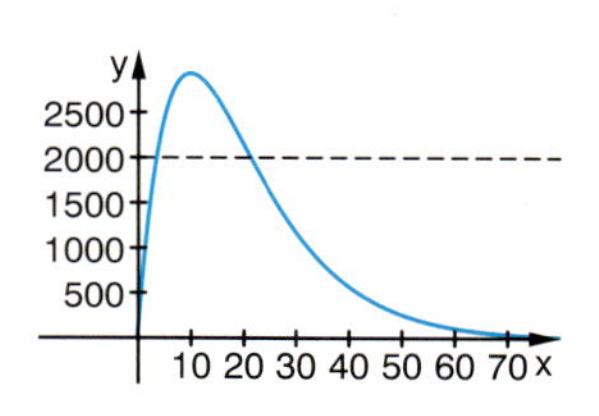

d) Die Produktionskapazität der Firma liegt bei 2000 Kameras pro Woche. Begründen Sie anhand der Skizze, dass vor dem Verkaufsstart Kameras produziert sein müssen, damit zu jedem Zeitpunkt genügend Kameras bereitstehen. Wie viele Kameras müssen vorweg produziert sein?

Um Verluste zu vermeiden, hat die Firma beschlossen, die Produktion einzustellen, wenn nach dem Modell insgesamt nur noch 5000 Kameras verkauft werden können. Wann wird dieser Zeitpunkt sein?

10 *Ein blutdrucksenkendes Mittel*

Funktionenschar

Es wird das Anwachsen und Abfallen der Wirkung eines bestimmten blutdrucksenkenden Mittels betrachtet. Zahlreiche Tests haben ergeben, dass der zeitliche Verlauf der Wirkung jeweils gut näherungsweise durch folgende Funktion beschrieben werden kann: $f_m(x) = m^2 \cdot (9 - m) \cdot x^2 \cdot e^{-x}$; $0 < m < 9$; $x \geq 0$
(m: verabreichte Menge in mg (Dosis); x: Zeit in Stunden seit Verabreichung)

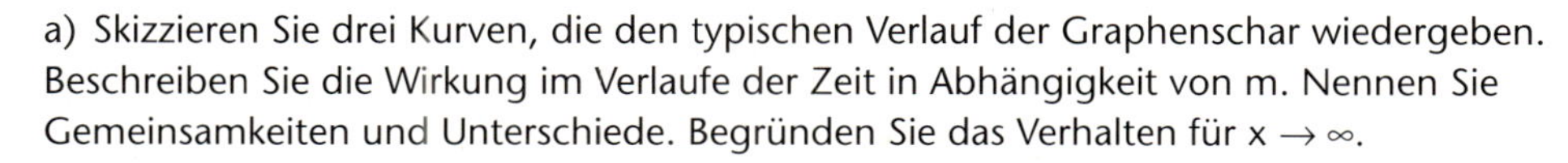

a) Skizzieren Sie drei Kurven, die den typischen Verlauf der Graphenschar wiedergeben. Beschreiben Sie die Wirkung im Verlaufe der Zeit in Abhängigkeit von m. Nennen Sie Gemeinsamkeiten und Unterschiede. Begründen Sie das Verhalten für $x \to \infty$.

b) Ermitteln Sie den Zeitpunkt und die Größe der maximalen Wirkung.
Oft wird behauptet *„Viel hilft sofort."*. Nehmen Sie dazu unter Bezugnahme auf f_m Stellung.
Beschreiben Sie, in welcher Weise die jeweiligen maximalen Wirkungen von der eingenommenen Menge m abhängen. Geben Sie eine Funktionsgleichung für die maximale Wirkung w_{max} in Abhängigkeit der verabreichten Menge m an. Was ist die optimale Dosis?

c) Neben der größten auftretenden Wirkung für jede verabreichte Menge m spielt die Summe aller Wirkungen innerhalb relevanter Zeitspannen für jedes m eine wichtige Rolle. Eine relevante Wirkungszeitspanne bildet der Zeitraum zwischen den beiden Zeitpunkten mit der stärksten Wirkungsänderung.
Bestimmen Sie diese beiden Zeitpunkte.

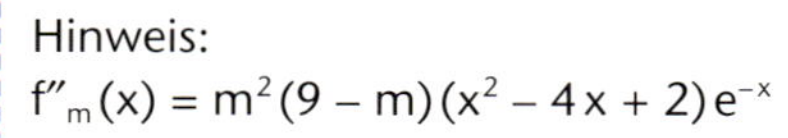
Hinweis:
$f''_m(x) = m^2(9 - m)(x^2 - 4x + 2)e^{-x}$

Berechnen Sie die Summe der Wirkungen im relevanten Zeitraum in Abhängigkeit von m. Veranschaulichen Sie die Wirksumme graphisch und beschreiben Sie sie in Abhängigkeit von m. Häufig wird die Meinung *„viel hilft viel"* vertreten; nehmen Sie Stellung.

11 *Aufnahme und Abgabe von Stoffen*

Die Aufnahme und Abgabe eines Medikaments im Körper wird durch $f(x) = 2(e^{-0,5x} - e^{-3x})$ beschrieben (x: Zeit in Stunden; f(x): Konzentration in mg/l).

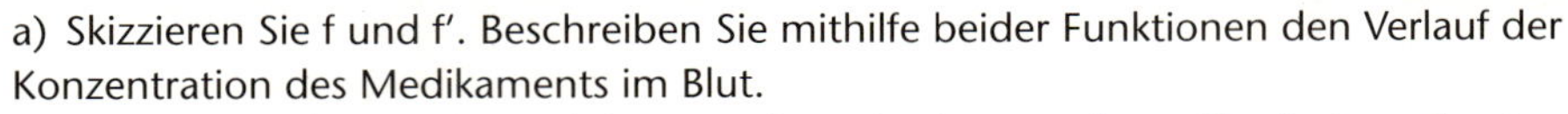

a) Skizzieren Sie f und f′. Beschreiben Sie mithilfe beider Funktionen den Verlauf der Konzentration des Medikaments im Blut.
Bestimmen Sie den Hoch- und den Wendepunkt. Interpretieren Sie die berechneten Werte im Sachkontext.

HARRY BATEMAN
(1882–1946)
britischer Mathematiker

b) Das Medikament wirkt, wenn die Konzentration mindestens 0,25 mg/l beträgt. Bestimmen Sie den Wirkzeitraum des Medikaments nach Einnahme.

f ist ein Beispiel für eine *Bateman-Funktion*. Diese Funktionen haben die allgemeine Gleichung $f(x) = k \cdot (e^{-ax} - e^{-bx})$; $k, a, b \geq 0$, $a < b$. Diese Funktionen sind ein allgemeines Modell für die Aufnahme und Abgabe eines Stoffes in Abhängigkeit der Zeit. Aufnahme und Abgabe werden jeweils durch eine e-Funktion modelliert.

c) *Wie wirken sich Veränderungen der einzelnen Parameter aus?*
Welche geometrische Bedeutung hat der Parameter k? Interpretieren Sie dies im Sachkontext.
Die Abbildung zeigt einige Scharkurven zu $f_a(x) = 2(e^{-ax} - e^{-3x})$. Beschreiben Sie, welche Auswirkungen eine Änderung von a hat.
Welche Funktionen erhält man für a = 0 bzw. a = 3? Interpretieren Sie diese Fälle im Sachkontext.

Funktionenschar

Erstellen Sie eine aussagekräftige Skizze zu $f_b(x) = 2(e^{-x} - e^{-bx})$. Beschreiben Sie, wie sich eine Änderung des Parameters b auf den Verlauf der Graphen auswirkt. Vergleichen Sie mit der Veränderung des Parameters a bei f_a.
Welche Bedeutung haben die Parameter im Sachkontext? Warum ist im Sachzusammenhang die Einschränkung $a < b$ notwendig?

12 *Eine Hängebrücke*

Die Skizze zeigt eine Hängebrücke in Seitenansicht. Die Pylone sind 80 m hoch und haben einen Abstand von 1200 m voneinander.

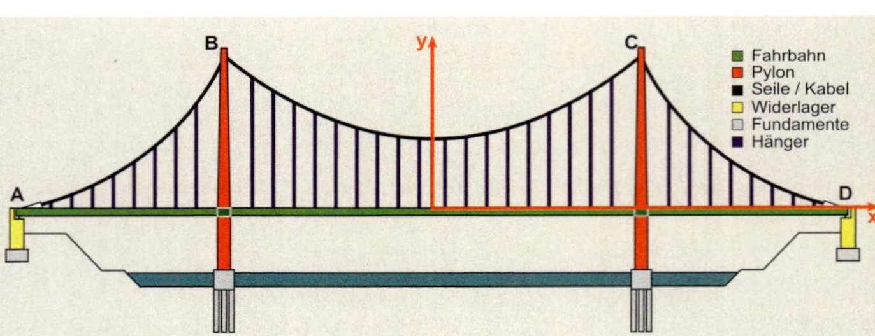

Die Widerlager haben einen Abstand von 400 m von den Pylonen. Die Seile haben im Widerlager eine Steigung von 0,05. Das Seil in der Mitte hängt 40 m über der Fahrbahn.

a) Modellieren Sie mithilfe von ganzrationalen Funktionen möglichst niedrigen Grades den Verlauf der Spanndrahtseile durch Funktionen f_1, f_2, f_3
(1) von A nach B, (2) von B nach C, (3) von C nach D.
Skizzieren Sie die Graphen der Modellierungsfunktionen.

b) Es soll der Seilverlauf von B nach C jetzt mit einer Funktion des Typs $f_{k,c}(x) = e^{kx} + e^{-kx} + c$ modelliert werden. Bestimmen Sie c und stellen Sie eine Gleichung zur Bestimmung von k auf. Weisen Sie nach, dass k = 0,006 23 das Seil gut modelliert.

c) Vergleichen Sie die Modelle f_2 und $f_{k,c}$. Wo ist die Abweichung voneinander am größten?

13 *Eine Eisenbahnbrücke*

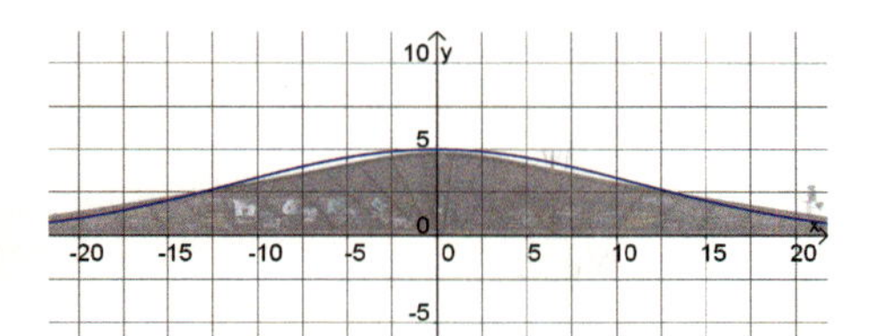

Die Oberkante des abgebildeten Segments einer Brücke soll mathematisch modelliert werden. Es hat eine Breite von 40 m und ist in der Mitte 5 m hoch. Rechts und links außen beträgt die Höhe noch etwa 1 m.

a) Begründen Sie, dass eine Parabel kein passender Modelltyp ist. Es soll mit einer Exponentialfunktion vom Typ $f(x) = a \cdot e^{bx^2}$ modelliert werden. Bestimmen Sie die exakten Werte für a und b.

Zur Kontrolle: $f(x) = 5 \cdot e^{-0{,}004x^2}$

b) Bestimmen Sie die Steigung der Oberkante an den Rändern. Wie groß ist der Winkel, den die Oberkante mit der x-Achse an den Rändern bildet?

Wo hat die Oberkante die größte Steigung?

c) Unmittelbar rechts und links sollen gleiche Segmente angebaut werden. Wie lauten deren Funktionsgleichungen? Begründen Sie, warum in den Anschlussstellen Knicke vorhanden sind.

d) Mit $f(x) = a \cdot e^{bx^2}$ können unterschiedliche Versionen desselben Brückentyps modelliert werden. Untersuchen und beschreiben Sie nacheinander anhand von Graphen, wie sich Veränderungen der Parameter a und b auf die Form der Brückensegmente auswirken, indem Sie
(1) a bei festem $b = -0{,}004$ variieren,
(2) b bei festem $a = 5$ variieren.

14 *Fichtenwachstum*

Die Wachstumsgeschwindigkeit einer Fichte kann in Abhängigkeit der Zeit durch $f(x) = 0{,}3 \cdot x \cdot e^{-0{,}1x}$ beschrieben werden (x: Zeit in Jahren; f(x): momentane Wachstumsrate in m/Jahr).
Zum Zeitpunkt $t = 0$ hat die Fichte eine Höhe von ca. 1 m.

a) Skizzieren Sie den Graphen von f und beschreiben Sie das Wachstum der Fichte im Laufe der Jahre.

Bestimmen Sie f(30) und interpretieren Sie das Ergebnis im Sachzusammenhang.

b) Wann wächst die Fichte am stärksten, wie groß ist dann die Wachstumsgeschwindigkeit?

c) Begründen Sie anschaulich anhand des Graphen, dass die Fichte nach 20 Jahren weniger als 20 Meter hoch ist.

Zeigen Sie, dass $F(x) = -3 \cdot (x + 10) \cdot e^{-0{,}1x} + c$ die Menge der Stammfunktionen von f ist. Berechnen Sie die zu erwartende Höhe der Fichte nach 20 Jahren.
Wie groß wird die Fichte werden?

Skizzieren Sie ein *Zeit-Höhen-Diagramm* und vergleichen Sie dies mit Ihrer Beschreibung in a)

d) Auf öffentlichen Plätzen werden Fichten mit 8 m Höhe als Weihnachtsbäume aufgestellt. Wann müssen die gefällt werden?

15 *Algenwachstum*

Auf einem kleinen See von ca. 6000 m^2 Größe kommt es im Sommer zu einer „Algenpest". Zu Beginn der Beobachtung (t = 0) ist die von Algen bedeckte Fläche etwa 200 m^2 groß, am Ende einer Woche (t = 7) sind bereits 350 m^2 Wasserfläche bedeckt.

a) Zwei Gruppen beschreiben das Wachstum durch zwei unterschiedliche Modelle:
(1) $L(t) = a \cdot t + b$; (2) $E(t) = A \cdot e^{kt}$.
Bestimmen Sie zu beiden Modellen die passenden Werte für die Parameter.
Wann wäre nach (1) und (2) der See vollständig mit Algen bedeckt?
Warum sind beide Modelle nicht zur Beschreibung des Algenwachstums über einen langen Zeitraum geeignet?

Aus Erfahrung weiß man, dass die „Algenpest" nach einem Höhepunkt wieder abnimmt und im Herbst verschwindet.

b) Zeigen Sie, dass sowohl $G_1(t) = 200 \cdot e^{0,1t - 0,001t^2}$ als auch $G_2(t) = 200 \cdot e^{0,1t - 0,0025t^2}$ zu der Erfahrung und den Messwerten passende Funktionen sind.
Wie groß wird die von Algen bedeckte Fläche nach den beiden Modellen jeweils maximal werden?
Wie könnte man eine Entscheidung finden, welches Modell besser ist?

c) Zeigen Sie, dass für die Modelle L, E und G_1 jeweils folgende Gleichungen gelten:

Differenzialgleichung

(1) $L'(t) = 21,4$ (2) $E'(t) = 0,09 \cdot E(t)$ (3) $G_1'(t) = (0,1 - 0,001 \cdot t) \cdot G_1(t)$.
Beschreiben Sie mithilfe der Gleichungen das Änderungsverhalten des Wachstums des Algenteppichs.

16 *Verschiedene Modelle*

Bestimmte Wachstumsvorgänge werden beschrieben durch Funktionen f_c mit $f_c(t) = \frac{1000}{10 + 90e^{-ct}}$; $0 < c < 1$.

a) Skizzieren Sie für drei selbst gewählte Werte von c die Graphen und beschreiben Sie die Wachstumsvorgänge in Abhängigkeit von c.
Berechnen Sie einen Wert für c so, dass $f_c(10) \approx 50$ ist.
Bestimmen Sie für c = 0,15 den Zeitpunkt t, ab dem der Bestand 99 % des maximalen Bestandes überschritten hat.

Differenzialgleichung

Zeigen Sie, dass f_c Lösung der Gleichung (DGL) $f'(t) = 0,01 \cdot c \cdot f(t) \cdot (100 - f(t))$ ist.
Beschreiben und interpretieren Sie damit die Wachstumsgeschwindigkeit in Abhängigkeit des Bestandes.

b) Bei einem Wachstumsprozess wird der Bestand gemessen. Man erhält folgende Werte:

Zeit in Tagen	10	20	30	40	50
Bestand in Mengeneinheiten (ME)	22	50	72	83	92

Zeigen Sie, dass $f_{0,1}$ gut zu den Messwerten passt.
Zur Beschreibung der Bestandsentwicklung wird alternativ die Funktion g vorgeschlagen mit:

$$g(t) = \begin{cases} 9,5 \cdot e^{0,08t} & \text{für } 0 \le t \le 20 \\ 2,5t - 3 & \text{für } 20 < t \le 30 \\ -125e^{-0,05x} + 100 & \text{für } t > 30 \end{cases}$$

Beschreiben Sie die einzelnen Teile des Graphen unter dem Aspekt „Wachstum".
Vergleichen Sie die beiden Modelle $f_{0,1}$ und g.
Welches Modell bevorzugen Sie? Beziehen Sie Prognosemöglichkeit, Passung mit den Daten und die Kurvenverläufe in Ihre Überlegungen mit ein.

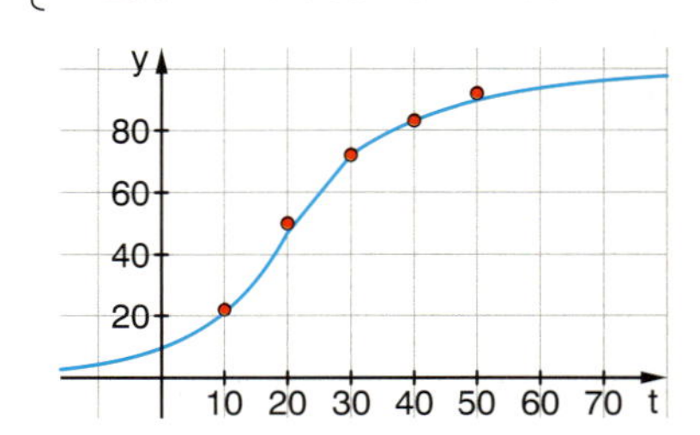

17 *Maisanbau*

Zum Betreiben von Biogas-Anlagen wird zunehmend mehr Mais benötigt. Dazu werden auch immer wieder neue Sorten gezüchtet und auf Versuchsfeldern getestet. Unter anderem wird das Höhenwachstum untersucht. Bei einer neuen Sorte wird folgende Messwerttabelle aufgenommen.

Zeit in Wochen	0	2	4	6	8	10	12	14
Höhe in m	0,21	0,62	1,20	1,62	2,12	2,34	2,41	2,47

a) Zunächst wird mit beschränktem Wachstum modelliert. Es wird folgende Funktion benutzt: $B_1(t) = -2{,}3 \cdot e^{-0{,}2t} + 2{,}5$
Zeigen Sie, dass für $B_1(t)$ gilt:
$B_1'(t) = 0{,}2 \cdot (2{,}5 - B_1(t))$.
Interpretieren Sie damit das Wachstumsverhalten.

Differenzialgleichung

Ermitteln Sie mithilfe der Messdaten ein eigenes Modell $B_2(t)$ von diesem Typ.

Skizzieren Sie die Graphen beider Funktionen zu der Messreihe und beurteilen Sie die Güte der Modellierung.

b) Jetzt wird mit logistischem Wachstum modelliert; dabei wird folgende DGL benutzt: $L'(t) = 0{,}2 \cdot L(t) \cdot (2{,}5 - L(t))$.

Zeigen Sie, dass $L(t) = \frac{0{,}5}{0{,}2 + 2{,}3 \cdot e^{-0{,}5t}}$ die DGL löst und zu den Daten passt.

Bestimmen und skizzieren Sie $L'(t)$ und beschreiben Sie damit das Wachstumsverhalten.

$$L''(t) = \frac{-115\,e^{\frac{t}{2}}\left(2\,e^{\frac{t}{2}} - 23\right)}{4\left(2\,e^{\frac{t}{2}} + 23\right)^3}$$

Begründen Sie mithilfe der Messwerte, dass $L(t)$ besser passt als $B_1(t)$; benutzen Sie dazu auch die Differenzen der gemessenen Höhen.

c) Zeigen Sie, dass $W(2\ln(11{,}5)\,|\,1{,}25)$ Wendepunkt ist; dazu kann L'' ohne Nachweis benutzt werden. Interpretieren Sie die Koordinaten im Sachzusammenhang.

18 *Kurvendiskussion*

Gegeben ist die Funktion $f(x) = e^{-\frac{1}{2}x^2}$.

a) Skizzieren Sie f, begründen Sie die Symmetrie und das Verhalten für $x \to \pm\infty$.

Berechnen Sie den Extrempunkt. Begründen Sie allein mithilfe des Funktionsterms, dass es sich um einen Hochpunkt handelt.

Zeigen Sie, dass $W_1(1\,|\,\frac{1}{\sqrt{e}})$ und $W_2(-1\,|\,\frac{1}{\sqrt{e}})$ die Wendepunkte sind.

b) Es soll die Fläche unterhalb von f im Intervall [0 ; 3] bestimmt werden. Da zu f keine Stammfunktion angegeben werden kann, ist man auf Näherungen angewiesen.

Bestimmen Sie die Gleichung der Tangente im Wendepunkt mit positiver x-Koordinate und zeichnen Sie diese in obige Skizze ein. Begründen Sie, dass die Fläche, die diese Tangente mit den Koordinatenachsen umschließt, eine gute Näherung liefert. Welchen Näherungswert erhält man?

Jetzt soll der Kurvenverlauf in [0; 3] durch zwei Parabeln $p_1(x) = a\,x^2 + b$ und $p_2(x) = c\,(x - 3)^2$ angenähert werden; der Übergang ist an der Stelle $x = 1$. Bestimmen Sie die passenden Parameterwerte und den Näherungswert für den Flächeninhalt, den man auf diese Weise erhält.

c) Unter dem Graphen von f soll ein Rechteck mit maximalem Flächeninhalt konstruiert werden. Wie muss t dazu gewählt werden?

y
t
x

19 *Kurvendiskussion*

Gegeben sind die Funktionen $f(x) = x^3 - x$ und $g(x) = e^{x^3 - x} - 1$.

a) Skizzieren Sie g. Entnehmen Sie der Skizze Vermutungen über Nullstellen, lokale Extrempunkte und das Verhalten für $x \to \pm\infty$. Weisen Sie Ihre Vermutungen rechnerisch nach.

b) Skizzieren Sie zusätzlich f. Vergleichen Sie die graphischen Verläufe von f und g. Vergleichen Sie f und g bzgl. der
- Nullstellen und dortigen Steigungen,
- lokalen Extremstellen.

Bestimmen Sie die maximale Differenz der Funktionswerte von g und f mithilfe der Differenzfunktion d mit $d(x) = g(x) - f(x)$

Beweisen Sie allgemein:

Funktionen f und g mit $g(x) = e^{f(x)} + c$ haben dieselben Extremstellen.

Zeigen Sie, dass die Wendepunkte von g nicht an derselben Stelle wie bei f liegen.

Hinweis:
$g''(x) = (9x^4 - 6x^2 + 6x + 1) \cdot e^{x^3 - x}$

c) Die Fläche, die f mit der x-Achse im Intervall [−1; 1] umschließt, soll durch eine Ursprungsgerade h mit $h(x) = m \cdot x$ halbiert werden. Bestimmen Sie m.

Funktionenschar

20 *Kurvendiskussion*

Es soll die Funktionenschar f_n mit $f_n(x) = x^n \cdot e^x$ für natürliche Zahlen n untersucht werden.

a) Erzeugen Sie mit dem GTR einige Scharkurven und ordnen Sie diese nach ihrem Verlauf in drei Gruppen ein. Skizzieren Sie je einen Vertreter der drei Gruppen und nennen Sie jeweils charakteristische Merkmale der Funktion.

b) Untersuchen Sie die Schar in Abhängigkeit von n auf ihr Verhalten im Unendlichen und auf Nullstellen.

Ermitteln Sie mögliche Extremstellen. Geben Sie die Art der Extremstellen für n = 1, n = 2 und n = 3 an. Machen Sie begründete Aussagen über die Art der Extremstellen für n > 3.

Hinweis:
$f_n''(x) = (x + 2nx^2 + n^2 - n) \cdot x^{n-2} \cdot e^x$

Untersuchen Sie auf der Grundlage der bisherigen Untersuchungen die Anzahl der Wendepunkte in Abhängigkeit von n.

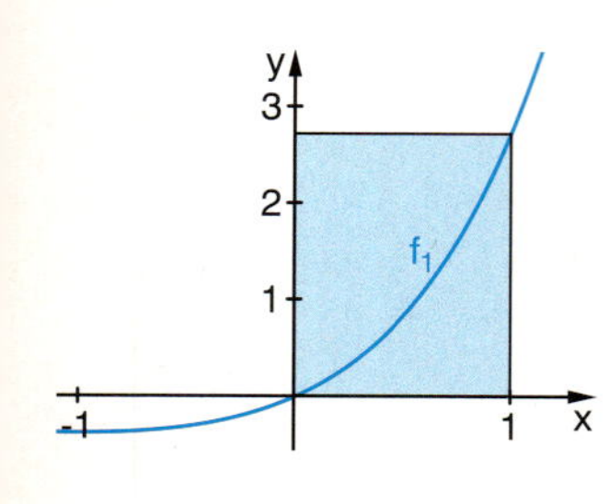

c) Begründen Sie, dass die Punkte (0|0) und (1|e) zu jedem Graphen der Schar f_n gehören. Zeigen Sie, dass $F_1(x) = (x - 1) \cdot e^x$ Stammfunktion von f_1 ist.

Jeder Graph der Schar f_n zerlegt das Rechteck mit den Eckpunkten (0|0), (1|0), (1|e) und (0|e) in zwei Teilflächen. Berechnen Sie für f_1 das Verhältnis der beiden Teilflächen. Begründen Sie, dass keine Funktion der Schar dieses Rechteck halbiert.

d) Untersuchen Sie, ob $\lim\limits_{c \to -\infty} \int_0^c f_1(x)\,dx$ existiert.

e) Beschreiben Sie den Körper, der entsteht, wenn f_1 in [−2 , 1] um die x-Achse rotiert und berechnen Sie sein Volumen.

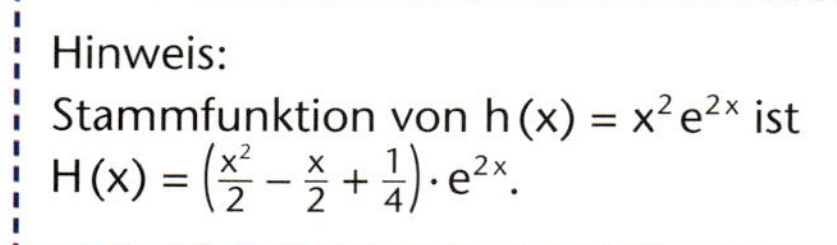
Hinweis:
Stammfunktion von $h(x) = x^2 e^{2x}$ ist
$H(x) = \left(\frac{x^2}{2} - \frac{x}{2} + \frac{1}{4}\right) \cdot e^{2x}$.

21 *Kurvendiskussion*

Rationale Funktionen

Gegeben ist die Funktion f mit $f(x) = \frac{x^2 - 5}{x + 3}$ und maximaler Definitionsmenge.

a) Skizzieren Sie f. Bestimmen Sie die Nullstellen und den Hochpunkt.

Untersuchen Sie f auf senkrechte Asymptoten.

Zeigen Sie, dass $f(x) = x - 3 + \frac{4}{x + 3}$ gilt und begründen Sie damit, dass $y = x - 3$ Asymptote von f für $x \to \pm\infty$ ist.

Begründen Sie, in welchen Bereichen der Graph von f unterhalb beziehungsweise oberhalb dieser Asymptote verläuft.

b) Beschreiben Sie eine Strategie zur Bestimmung des Inhalts des farbig markierten Flächenstücks und bestimmen Sie den Flächeninhalt mit dem GTR.

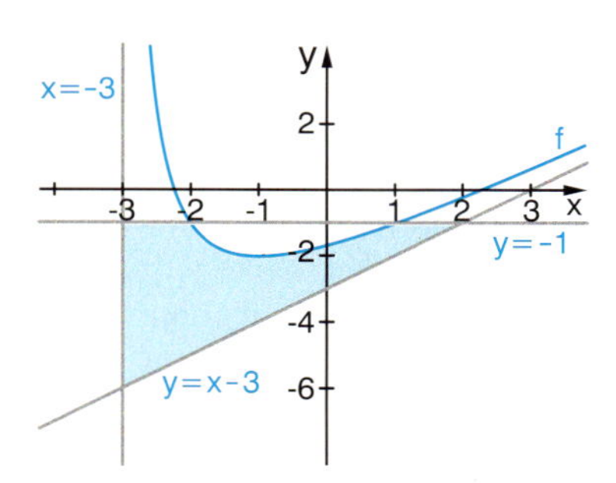

Zeigen Sie, dass gilt:
$F(x) = 4 \cdot \ln(|x + 3|) + \frac{1}{2}x^2 - 3x$.

Begründen Sie ohne Rechnung, dass F genau einen Hochpunkt und einen Wendepunkt hat.

c) f gehört zu der Funktionenschar f_k mit $f_k(x) = \frac{x^2 + k - 9}{x + 3}$; $k \in \mathbb{R}$.

Zeigen Sie, dass gilt: $f_k'(x) = \frac{x^2 + 6x + 9 - k}{(x + 3)^2}$; $k \in \mathbb{R}$.

Bestimmen Sie die Gleichung der Tangenten an den Graphen von f_k an der Stelle $x = 0$. Weisen Sie nach, dass sich alle diese Tangenten in einem Punkt schneiden.

22 *Kurvendiskussion*

Funktionenschar

Gegeben ist die Funktionenschar f_k durch $f_k(x) = \frac{27x}{(x + k)^3}$; $k \in \mathbb{R}$.

a) Untersuchen Sie f_k auf senkrechte Asymptoten. Begründen Sie, dass die x-Achse waagerechte Asymptote ist.

Für welchen Wert von k gibt es eine hebbare Unstetigkeitsstelle?

Skizzieren Sie f_1 und f_{-1}. Zeigen Sie, dass hier allgemein gilt: $f_k(-x) = f_{-k}(x)$. Was bedeutet dies geometrisch?

b) Zeigen Sie, dass $f_k'(x) = \frac{-27(2x - k)}{(x + k)^4}$ gilt und bestimmen Sie die Punkte mit waagerechter Tangente.

Begründen Sie grafisch-geometrisch, dass es sich um Hochpunkte handeln muss. Auf welcher Kurve liegen die Hochpunkte? Skizzieren Sie diese in obiger Skizze. Begründen Sie, in welchem Bereich es mindestens einen Wendepunkt geben muss.

c) Es wird jetzt $f_1(x) = \frac{27x}{(x + 1)^3}$ betrachtet. $F(x) = \frac{-27(2x + 1)}{2(x + 1)^2}$ ist eine Stammfunktion.

Bestimmen Sie $\int_0^c f_1(x)\,dx$. Veranschaulichen Sie das Integral in obiger Skizze.

Untersuchen Sie, ob der Graph von f_1 in $[0\,;\,\infty]$ mit der x-Achse eine Fläche mit endlichem Inhalt umschließt. Geben Sie diesen gegebenenfalls an.

Trigonometrische Funktionen

23 *Kurvendiskussion*

Gegeben ist die Funktion f durch $f(x) = \frac{1}{2}x + \sin(x);\ 0 \leq x \leq 2\pi$.

a) Skizzieren Sie den Graphen von f und beschreiben Sie den Verlauf.
Bestimmen Sie die Extrempunkte.

Begründen Sie mithilfe der Funktionen $g_1(x) = \frac{1}{2}x$ und $g_2(x) = \sin(x)$, dass $x = 0$ einzige Nullstelle ist.

b) Bestimmen Sie $\int_0^{2\pi} f(x)\,dx$. Veranschaulichen Sie die dazugehörige Fläche.

Wie lässt sich der Flächeninhalt hier geometrisch, ohne Integralrechnung bestimmen? Geben Sie eine zugehörige Begründung an.

c) Der Graph von f soll für $0 \leq x \leq 2\pi$ durch den Graphen einer ganzrationalen Funktion h mit dem Grad 3 angenähert werden ($h(x) = ax^3 + bx^2 + cx + d$). Die Funktionswerte von f und h an den Randstellen 0 und 2π sollen übereinstimmen. Außerdem sollen beide Graphen an den Stellen $\frac{2}{3}\pi$ und $\frac{4}{3}\pi$ dieselbe Steigung besitzen. Bestimmen Sie eine Funktionsgleichung von h.

Funktionenschar

d) f gehört zu der Funktionenschar f_k mit $f_k(x) = k \cdot x + \sin(x);\ 0 \leq k \leq 2$.
Erstellen Sie eine aussagekräftige Skizze der Schar und beschreiben Sie den Kurvenverlauf in Abhängigkeit von k.

Klassifizieren Sie mithilfe der skizzierten Graphen für $0 \leq k \leq 2$ die Schar nach der Anzahl ihrer Extrempunkte.

Ermitteln Sie die Wendepunkte und deren Ortskurve.

e) Die Tangente an den Graphen der Funktion f_k an der Stelle π wird mit t_k bezeichnet. Weisen Sie nach, dass sich alle Geraden t_k in einem Punkt schneiden. Veranschaulichen Sie das Problem anhand einer Skizze.

24 *Kurvendiskussion*

Funktionenschar

Gegeben sind die Funktionenschar f_a durch $f_a(x) = a \cdot \sin(x) \cdot \cos(x)$ und die Funktion g mit $g(x) = \sin(x)$.

a) Skizzieren Sie die Graphen von f_1, f_{-2} und f_4 im Bereich $0 \leq x \leq 2\pi$.
Bestimmen Sie im Bereich $0 \leq x \leq 2\pi$ die Nullstellen von f_a.

Vergleichen Sie für $D = \mathbb{R}$ die Eigenschaften der periodischen Funktionen f_a und g unter den Aspekten Periodenlänge und Symmetrie.

Untersuchen Sie den Zusammenhang zwischen dem Parameter a der Schar f_a und den Amplituden der Graphen.

b) Zeigen Sie, dass gilt: $f_a'(x) = 2a \cdot (\cos(x))^2 - a$ bzw. $f_a'(x) = a - 2a \cdot (\sin(x))^2$.
Berechnen Sie im Bereich $0 \leq x \leq 2\pi$ die Extrempunkte der Graphen von f_a.

Geben Sie die Wendepunkte begründend, ohne Rechnung, an.

c) Bestimmen Sie die Größe des Winkels, unter dem der Graph von g die x-Achse an der Stelle $x = \pi$ schneidet.

Ermitteln Sie die Parameterwerte a, für die sich die Graphen von g und f_a an der Stelle $x = \pi$ berühren.

Lösungen zu den Check-ups

Lösungen zu Seite 39

1 a) F1 → G2 F2 → G3 F3 → G1 F4 → G4

b)

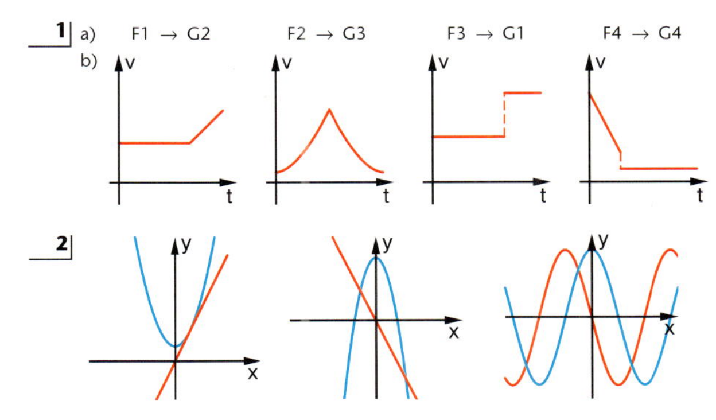

2 Funktionsgraph; Steigungsgraph

3 Lösung: b
Begründung: Funktionsgraph steigt für $x < 1$, also ist die Steigung dort positiv; Funktionsgraph fällt für $x > 1$, also ist die Steigung dort negativ.

4 a) Skizze des Geschwindigkeitsgraphen: rot (ohne Maßstab)

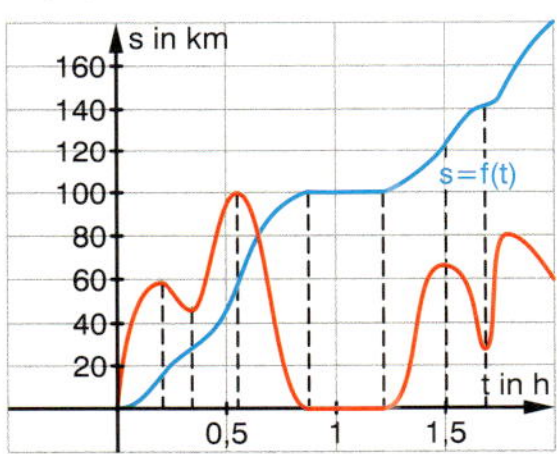

b) (I) Die Durchschnittsgeschwindigkeit während der Fahrzeiten liegt bei über 100 km/h und schwankt nur geringfügig, was typisch für eine Autobahnfahrt ist. Auf einer Bundesstraße wäre die Durchschnittsgeschwindigkeit geringer und die Schwankungen wären wegen der Ortsdurchfahrten größer. Zudem wäre zu erwarten, dass der Wagen etwa an Ampeln des Öfteren anhalten würde.
(II) Der Fahrer hat etwa von $t = 0{,}8$ h bis $t = 1{,}25$ h pausiert.
(III) Konstant war die Geschwindigkeit nur während der Pause. Der Geschwindigkeitsgraph zeigt, dass die Geschwindigkeit ansonsten nie für längere Zeiten konstant war.

5

Die mittlere Änderungsrate ist …	Die Mitte des Intervalls I liegt etwa bei …
… maximal	7
… minimal	16
… null	12

Lösungen zu Seite 40

6 a)

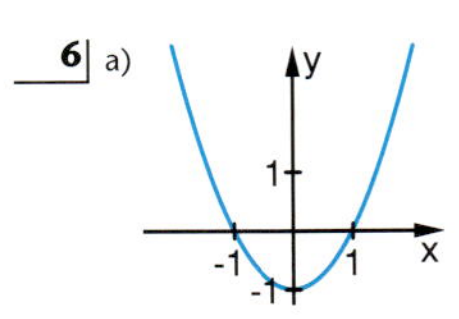

b) Durchschnittssteigung: $m = 3$
c) Sekantensteigung durch $(2|3)$ und $(3|8)$: $m = 5$
d) Bestimmung eines Näherungswertes mithilfe der Sekantensteigungsfunktion.
Sei $h = 0{,}1$: $\text{msek}(1) = \frac{f(1+0{,}1) - f(1)}{0{,}1} = 2{,}1$
(der Näherungswert wird mit kleinerem h besser).
e) Da der Graph von f linksgekrümmt ist, wächst die Steigung je weiter h rechts von 1 liegt und fällt, je weiter h links von 1 liegt. Also gilt $d_1 > d_2$.

7 a) Der Stein trifft auf, falls gilt: $f(t) = 0$, also: $0 = 80 - 5t^2$
Lösungen: $t_1 = -4$; $t_2 = 4$. Nur die Lösung $t = 4$ s ist sinnvoll.
b) Die Durchschnittsgeschwindigkeit ist die Sekantensteigung im Intervall $[0; 4]$, also die der Sekante durch $(0|80)$ und $(4|0)$: $m = -20$ m/s
c) Für die Ableitungsfunktion f′ gilt:

$$f'(t) = \lim_{h\to 0} \frac{(80 - 5(t+h)^2) - (80 - 5t^2)}{h} = \lim_{h\to 0} \frac{-10th - 5h^2}{h} = -10t$$

Somit ist:

Zeit t in s	1	2	3
Höhe f(t) in m	75	60	35
Geschwindigkeit f′(t) in m/s	−10	−20	−30

d) Aus a) und c) folgt: Aufschlaggeschwindigkeit $f'(4) = -40$ m/s

8 a)

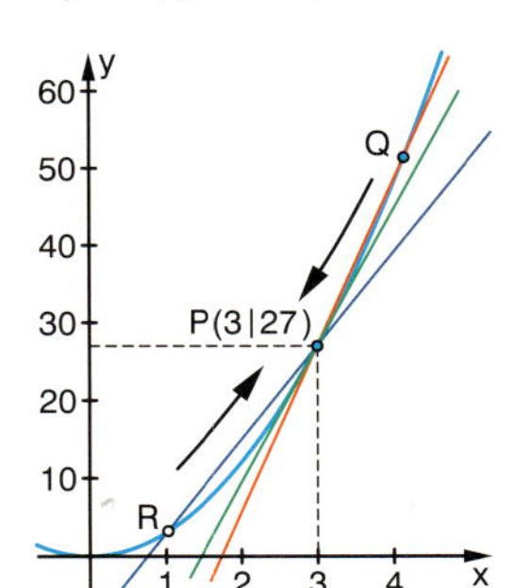

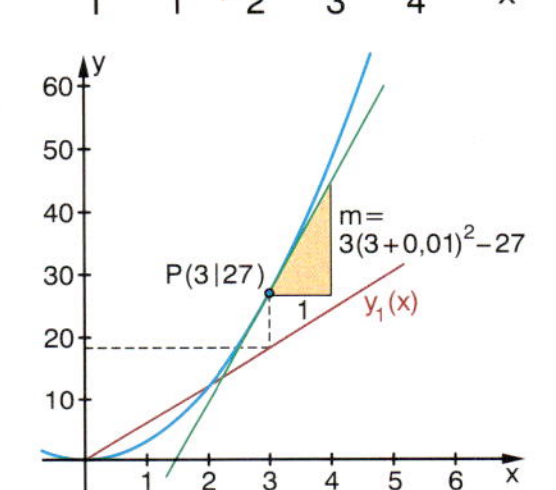

b) Term 1 → Durchschnittssteigung im Intervall $[3; 3 + h]$
Term 2 → Momentansteigung im Punkt $(3|f(3))$
Term 3 → Sekantensteigungsfunktion für $h = 0{,}01$

9 a) Die Sekantensteigung m_s durch die Punkte $(a|f(a))$ und $(a + h|f(a + h))$ wird (im Beispiel) für kleiner werdendes h geringer und nähert sich, wie an dem Steigungsdreieck gut zu erkennen, der Tangentensteigung m an. m_s kommt m belebig nahe, allerdings wird m nie erreicht, da für keinen noch so kleinen Wert von h die Sekante zur gesuchten Tangente wird. Die Tangentensteigung m ist somit der Grenzwert der Sekantensteigungen.

b)

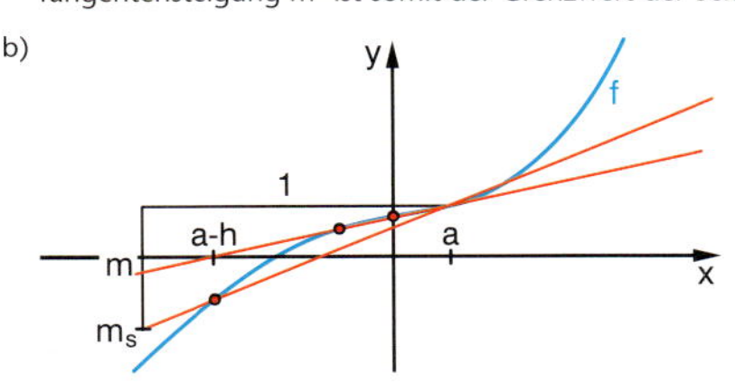

10 a) Wähle ein kleines h, etwa $h = 0{,}01$. Dann ist die Sekantensteigungsfunktion
$\text{msek}(x) = \frac{((x+0{,}01)^2+2)-(x^2+2)}{0{,}01} = \frac{0{,}02x + 0{,}0001}{0{,}01} = 2x + 0{,}01$
eine gute Näherung für die Änderungsrate an der Stelle x. Die Näherung wird für kleineres h besser.

b) $$f'(x) = \lim_{h\to 0} \underbrace{\frac{((x+h)^2+2)-(x^2+2)}{h}}_{\text{Differenzenquotient}} = \lim_{h\to 0} \frac{x^2+2hx+h^2+2-x^2-2}{h} = \lim_{h\to 0} \frac{2hx+h^2}{h}$$
$$= \lim_{h\to 0} 2x + h = 2x$$

Lösungen zu Seite 100

1 a)

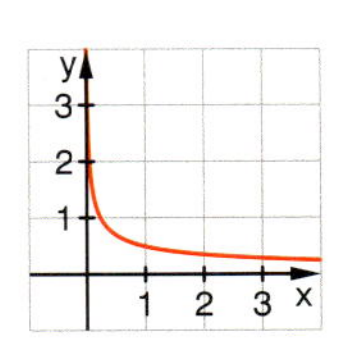

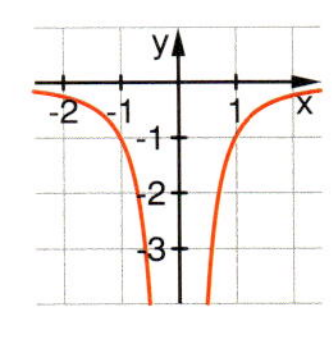

$f(x) = x^3$; $f'(x) = 3x^2$ $f(x) = \sqrt{x}$; $f'(x) = \frac{1}{2\sqrt{x}}$ $f(x) = \frac{1}{x}$; $f'(x) = -\frac{1}{x^2}$

b)

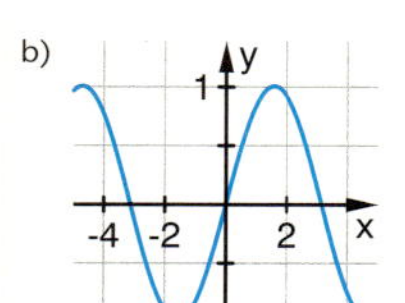

$f'(x) = \cos(x)$; $f(x) = \sin(x)$

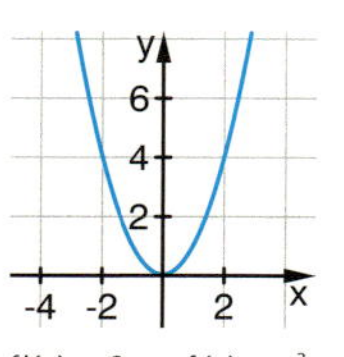

$f'(x) = 2x$; $f(x) = x^2$

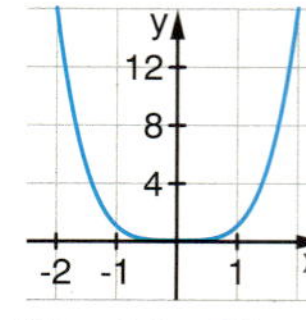

$f'(x) = 4x^3$; $f(x) = x^4$

2 a) $f_2'(x) = 2x$; $f_3'(x) = 3x^2$; $f_4'(x) = 4x^3$; $f_5'(x) = 5x^4$; $f_6'(x) = 6x^5$

allgemein gilt: $f_n'(x) = n x^{n-1}$

b) Die Steigungen von $f_2(x)$ betragen: $f_2'\left(\frac{1}{2}\right) = 1$; $f_2'(1) = 2$; $f_2'(2) = 4$

Die Steigungen stehen also jeweils im Verhältnis 1 : 2.

Entsprechend erhält man für

$f_3(x)$ jeweils das Verhältnis 1 : 4,

$f_4(x)$ jeweils das Verhältnis 1 : 8,

$f_5(x)$ jeweils das Verhältnis 1 : 16,

$f_6(x)$ jeweils das Verhältnis 1 : 32,

$f_n(x)$ jeweils das Verhältnis $1 : 2^{n-1}$.

3 a) $f'(x) = 3x^2$ b) $f'(x) = -\frac{3}{x^2}$ c) $f'(x) = -\frac{1}{4\sqrt{x}}$

d) $f'(x) = 2x - \frac{1}{x^2}$ e) $f'(x) = 9x^2 - 2x$ f) $f'(x) = 2 + \cos(x)$

g) $f'(x) = 2ax - b$ h) $f'(x) = \frac{1}{3}$ i) $f'(t) = 20t - 1$

4 $f'(x) = 4ax^3 + 3bx^2 + 2cx + d$

5 a) Schnittstelle mit y-Achse: $f(0) = 0$ $f'(0) = -4$

Schnittstelle mit x-Achse: $x_1 = 0$; $x_2 = 4$ $f'(0) = -4$; $f'(4) = 4$

b) $f'(x) = 2x - 4$

$f'(x) = 6 \Leftrightarrow x = 5$; $f'(x) = -2 \Leftrightarrow x = 1$; $f'(x) = 3 \Leftrightarrow x = 3{,}5$

c) Für waagerechte Tangenten von f(x) gilt: $f'(x) = 0 \Leftrightarrow x = -2$

6 a) Parallele Tangenten besitzen gleiche Steigungen.

Also: $f'(x) = g'(x)$

$2x = 3x^2 \Rightarrow x_1 = 0$; $x_2 = \frac{2}{3}$

b) Schnittstelle von f(x) und g(x): $f(x) = g(x) \Rightarrow x = 0$

An der Schnittstelle $x = 0$ gilt: $f'(0) = g'(0) = 0$

7 a) $f'(x) = x$; $f'(1) = 1$ b) $f'(x) = -\frac{2}{x^2}$; $f'(1) = -2$ c) $f'(x) = 2 \cdot \cos(x)$; $f'(0) = 2$

$y = x$ $y = -2x + 4$ $y = 2x$

8 Steigung m der Tangente im Punkt $P(a|a^3)$: $f'(a) = 3a^2 = m$

Einsetzen von m und P (mit $x = a$ und $y = a^3$) in die allgemeine Geradengleichung $y = mx + b$ liefert: $a^3 = 3a^2 \cdot a + b \Leftrightarrow b = -2a^3$

Also folgt mit $m = 3a^2$ und $b = -2a^3$ die Tangentengleichung $y = 3a^2 \cdot x - 2a^3$.

9 a) Steigung m_f von $f(x) = x^2$ an der Stelle $x = 2$: $f'(2) = 4$

Steigung m_{AB} der Sekante durch A und B: $\frac{f(3) - f(1)}{3 - 1} = \frac{8}{2} = 4$

Also gilt $m_f = m_{AB}$.

b) Steigung m_f von $f(x) = x^3$ an der Stelle $x = 2$: $f'(2) = 12$

Steigung m_{AB} der Sekante durch A und B: $\frac{f(3) - f(1)}{3 - 1} = \frac{26}{2} = 13$

Also gilt $m_f \neq m_{AB}$.

Lösungen zu Seite 101

10 a) An lokalen Extremstellen gilt $f'(x) = 0$, also:

$f'(x) = 3x^2 - 6x = 0 \Rightarrow x_1 = 0$; $x_2 = 2$

Außerdem ist: $f''(x_1) = -6 < 0 \Rightarrow$ Hochpunkt $H(0|4)$

$f''(x_2) = 6 > 0 \Rightarrow$ Tiefpunkt $T(2|0)$

An Wendestellen gilt $f''(x) = 0$, also:

$f''(x) = 6x - 6 = 0 \Rightarrow x = 1$

Außerdem ist: $f'''(x) = 6 > 0 \Rightarrow$ Wendepunkt $W(1|2)$

b) streng monoton wachsend: $]-\infty; 0]$; $[2, \infty[$

streng monoton fallend: $[0; 2]$

c) An Hochpunkten ist ein Graph stets rechts-, an Tiefpunkten stets links-gekrümmt. Da der Wendepunkt zwischen Hoch- und Tiefpunkt liegt, muss der Graph dort einen rechts-links-Wendepunkt haben.

11 f(x) hat bei $x = 0$ einen Hochpunkt ($f'(0) = 0$ und $f''(0) < 0$) und bei $x = 4$ ($f'(4) = 0$ und $f''(4) > 0$) einen Tiefpunkt. Außerdem hat f(x) bei $x = 2$ einen Wendepunkt ($f''(x)$ hat bei $x = 2$ einen VZW bzw. $f'(x)$ ein lokales Extremum).

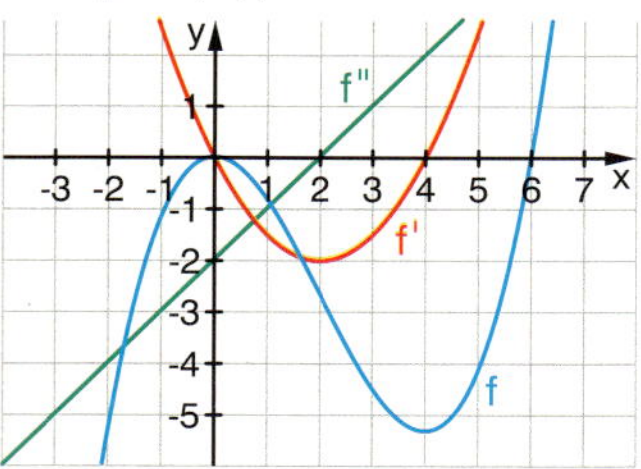

12 (I) Falsch, Gegenbeispiel: $f(x) = x^3$

(II) Wahr, $f'(x)$ ist quadratisch und kann somit höchstens zwei Nullstellen haben.

(III) Wahr, $f'(x)$ ist quadratisch und hat stets genau ein lokales Extremum.

(IV) Wahr, an einem Tiefpunkt hat $f'(x)$ einen Vorzeichenwechsel und somit eine Nullstelle.

(V) Falsch, da f(x) immer einen Wendepunkt besitzt (vergl. (III)), ändert sich das Krümmungsverhalten immer.

13 a) $f'(x)$ ist eine Parabel und hat somit genau ein lokales Extremum.

b) $f'(x)$ ist für alle x negativ. Die Wendetangente hat die Steigung $m = -1$.

c) $f'(x)$ besitzt keine Nullstellen, somit hat f(x) keine waagerechten Tangenten.

d) $f'(x)$ ist für alle x negativ.

14 Jede Funktion dritten Grades verhält sich im Unendlichen wie $g(x) = ax^3$ mit $a \neq 0$.

Für $a > 0$ gilt: aus $x \to \infty$ folgt $g(x) \to \infty$ sowie aus $x \to -\infty$ folgt $g(x) \to -\infty$

Für $a < 0$ gilt: aus $x \to \infty$ folgt $g(x) \to -\infty$ sowie aus $x \to -\infty$ folgt $g(x) \to \infty$

Jede Funktion dritten Grades besitzt also (mindestens) einen Vorzeichenwechsel.

15 a) Punktsymmetrie zum Ursprung

b) keine Symmetrie

c) Achsensymmetrie zur y-Achse

d) keine Symmetrie

16 a) $f_{a)}(x)$: $x_1 = -\sqrt{2}$; $x_2 = 0$; $x_3 = \sqrt{2}$

$f_{b)}(x)$: $x_1 = -2$; $x_2 = 0$

$f_{c)}(x)$: keine Nullstellen

$f_{d)}(x)$: $x_1 = 0$; $x_2 = 1$

b) $f_{a)}(x)$: zwei Extrempunkte; ein Wendepunkt

$f_{b)}(x)$: zwei Extrempunkte; ein Wendepunkt

$f_{c)}(x)$: ein Tiefpunkt; keine Wendepunkte

$f_{d)}(x)$: ein Tiefpunkt; keine Wendepunkte

c) Keine Funktion besitzt einen Sattelpunkt.

17 Da die Funktionen vom Typ II und Typ III streng monoton steigen, besitzen sie nur eine Nullstelle. Funktionen vom Typ I besitzen genau zwei Nullstellen, wenn einer der Extrempunkte mit einer Nullstelle zusammenfällt.

Lösungen zu Seite 102

18 a) a: Seitenlänge der quadratischen Grundfläche des Quaders in cm

b: Höhe des Quaders in cm. Zielfunktion: $V = a^2 \cdot b$

Nebenbedingung: $O = 24$; $24 = 2a^2 + 4ab \Leftrightarrow b = -\frac{1}{2}a + \frac{6}{a}$

Einsetzen von b in die Zielfunktion: $V(a) = -\frac{1}{2}a^3 + 6a$

Extremwertbestimmung: $V'(a) = -\frac{3}{2}a^2 + 6$; $V'(a) = 0 \Rightarrow a_1 = -2$; $a_2 = 2$

Nur a_2 ist sinnvoll im Sinne der Aufgabenstellung. Da $V'(a)$ eine nach unten geöffnete Parabel ist, liegt für a_2 ein Maximum vor.

Einsetzen von $a = 2$ in $b = -\frac{1}{2}a + \frac{6}{a}$ ergibt $b = 2$; die ideale Form ist also ein Würfel mit der Seitenlänge 2 cm.

b) Wiederholt man die Rechenschritte aus a) mit allgemeinem O, so erhält man als ideale Seitenlänge $a = \sqrt{\frac{O}{6}}$. Setzt man diesen Wert ein, so erhält man $b = \sqrt{\frac{O}{6}}$. Die ideale Form ist also immer ein Würfel mit Seitenlänge $\sqrt{\frac{O}{6}}$ cm.

19 a: Höhe des Ganges bis zum Halbkreis in m
b: Radius des Halbkreises in m
Zielfunktion: $A = a \cdot 2r + 0{,}5 \cdot \pi r^2$

Nebenbedingung: $U = 10$; $10 = 2a + 2r + \pi r \Leftrightarrow a = -\frac{\pi r}{2} - r + 5$

Einsetzen von a in die Zielfunktion: $A(r) = -(0{,}5\pi + 2)r^2 + 10r$

Extremwertbestimmung: $A'(r) = -2(0{,}5\pi + 2)r + 10$;
$A'(r) = 0 \Rightarrow r = \frac{10}{\pi + 4} \approx 1{,}4$

Da A(r) eine nach unten geöffnete Parabel ist, liegt für r ein Maximum vor.
Einsetzen von $r = \frac{10}{\pi + 4}$ in $a = -\frac{\pi r}{2} - r + 5$ ergibt $a = \frac{10}{\pi + 4} \approx 1{,}4$; die ideale Form ist also ein Rechteck mit Breite etwa 2,4 m, Höhe etwa 1,4 m und aufgesetztem Halbkreis.

20 n: Anzahl der Bestellungen
a: Anzahl der Einheiten pro Bestellung
K: Gesamtkosten
Zielfunktion: $K = 75n + \frac{a}{2} \cdot 8$ (75 n: Bestellkosten in €; $\frac{a}{2} \cdot 8$: jährliche Lagerkosten in € (Erläuterung: man sieht leicht, dass durchschnittlich das ganze Jahr über $\frac{a}{2}$ Einheiten lagern; diese verursachen Kosten von 8 € pro Stück))

Nebenbedingung: $1200 = n \cdot a$; $n = \frac{1200}{a}$

Einsetzen von n in die Zielfunktion: $K(a) = \frac{90000}{a + 4a}$

Extremwertbestimmung:
$K'(a) = \frac{-90000}{x^2 + 4}$; $K'(a) = 0 \Rightarrow a_1 = -150$; $a_2 = 150$

Nur a_2 ist sinnvoll im Sinne der Aufgabenstellung. Da K'(a) eine nach unten geöffnete Parabel ist, liegt für a_2 ein Maximum vor.
Einsetzen von $a = 150$ in $n = \frac{1200}{a}$ ergibt $n = 8$; die ideale Bestellstrategie erfordert also 8 Bestellungen à 150 Einheiten.

21 $G(x) = U(x) - K(x) = 40x - (2{,}5x^3 - 16x^2 + 60x + 10)$
$= -2{,}5x^3 + 16x^2 - 20x - 10$

Bestimmung des Gewinnbereiches:
Nullstellen von G(x): $G(x) = 0 \Rightarrow x_1 \approx -0{,}38$; $x_2 \approx 2{,}43$; $x_1 \approx 4{,}35$

Nur x_2 und x_3 sind sinnvolle Produktionsmengen. Eine Vorzeichenbetrachtung zeigt, dass etwa im Intervall [2,43; 4,35] ein Gewinn erwirtschaftet wird.

Bestimmung der idealen Stückzahl:
Extremstellen von G(x): $G'(x) = 0 \Rightarrow x_1 \approx 0{,}76$; $x_2 \approx 3{,}51$
Die Bestimmung des Gewinnbereiches (s. o.) zeigt, dass es sich bei x_2 um das gesuchte Maximum handelt.

Bestimmung des Gewinnmaximums:
$G(3{,}51) \approx 8{,}81$
Bei einer Produktion von etwa 351 Radiergummis wird ein Gewinn von etwa 8,81 € erwirtschaftet.

Lösungen zu Seite 145

1 $f_1(x) = -0{,}111x^2 + 1{,}51x + 0{,}085$ $f_2(x) = -0{,}094x^2 + 1{,}264x + 0{,}374$

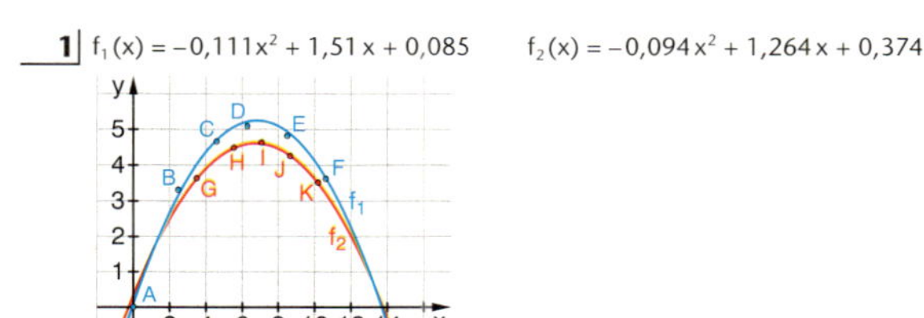

2 a) Ansatz: $f(x) = ax^3 + bx^2 + cx + d$
Die Koeffizienten lassen sich aus den ersten vier Punkten bestimmen:
Bedingungen: $f(1) = 1 \Rightarrow a + b + c + d = 1$
$f(2) = 5 \Rightarrow 8a + 4b + 2c + d = 5$
$f(3) = 14 \Rightarrow 27a + 9b + 3c + d = 14$
$f(4) = 30 \Rightarrow 64a + 16b + 4c + d = 30$
Lösung: $a = \frac{1}{3}$; $b = \frac{1}{2}$; $c = \frac{1}{6}$; $d = 0 \Rightarrow f(x) = \frac{1}{3}x^3 + \frac{1}{2}x^2 + \frac{1}{6}x$
Punktprobe für (5 | 55): $f(5) = \frac{1}{3} \cdot 5^3 + \frac{1}{2} \cdot 5^2 + \frac{1}{6} \cdot 5 = \frac{125}{3} + \frac{25}{2} + \frac{5}{6} = 55$
Also liegen die Punkte auf dem Graphen einer ganzrationalen Funktion 3. Grades.

b) $n = 6 \Rightarrow Q(n) = 1^2 + 2^2 + 3^2 + 4^2 + 5^2 + 6^2 = 1 + 4 + 9 + 16 + 25 + 36 = 91$
$f(6) = \frac{1}{3} \cdot 6^3 + \frac{1}{2} \cdot 6^2 + \frac{1}{6} \cdot 6 = 72 + 18 + 1 = 91$
$n = 7 \Rightarrow Q(n) = 1^2 + 2^2 + 3^2 + 4^2 + 5^2 + 6^2 + 7^2$
$= 1 + 4 + 9 + 16 + 25 + 36 + 49 = 140$
$f(7) = \frac{1}{3} \cdot 7^3 + \frac{1}{2} \cdot 7^2 + \frac{1}{6} \cdot 7 = \frac{343}{3} + \frac{49}{2} + \frac{7}{6} = \frac{840}{6} = 140$

3 Ansatz: $f(x) = ax^2 + bx + c$
a) Bedingungen: $f(1) = 3 \Rightarrow a + b + c = 3$
$f(2) = 5{,}5 \Rightarrow 4a + 2b + c = 5{,}5$
$f(4) = 13{,}5 \Rightarrow 16a + 4b + c = 13{,}5$
Lösung: $a = 0{,}5$; $b = 1$; $c = 1{,}5 \Rightarrow f(x) = 0{,}5x^2 + x + 1{,}5$
b) Bedingungen: $f(-1) = 3 \Rightarrow a - b + c = 3$
$f(1) = -1 \Rightarrow a + b + c = -1$
$f(2) = -6 \Rightarrow 4a + 2b + c = -6$
Lösung: $a = -1$; $b = -2$; $c = 2 \Rightarrow f(x) = -x^2 - 2x + 2$
c) Bedingungen: $f(-2) = -5 \Rightarrow 4a - 2b + c = -5$
$f(2) = 3 \Rightarrow 4a + 2b + c = 3$
$f(4) = 1 \Rightarrow 16a + 4b + c = 1$
Lösung: $a = -0{,}5$; $b = 2$; $c = 1 \Rightarrow f(x) = -0{,}5x^2 + 2x + 1$

4 a) Am Graphen erkennbar: Hochpunkt (2 | 4); Tiefpunkt (5 | 1) $\Rightarrow$ 4 Bedingungen
Ansatz: $f(x) = ax^3 + bx^2 + cx + d \Rightarrow f'(x) = 3ax^2 + 2bx + c$
Bedingungen: $f(2) = 4 \Rightarrow 8a + 4b + 2c + d = 4$
$f'(2) = 0 \Rightarrow 12a + 4b + c = 0$
$f(5) = 1 \Rightarrow 125a + 25b + 5c + d = 1$
$f'(5) = 0 \Rightarrow 75a + 10b + c = 0$
Lösung: $a = \frac{2}{9}$; $b = -\frac{7}{3}$; $c = \frac{20}{3}$; $d = -\frac{16}{9} \Rightarrow f(x) = \frac{2}{9}x^3 - \frac{7}{3}x^2 + \frac{20}{3}x - \frac{16}{9}$
b) Am Graphen erkennbar: Tiefpunkt (−2 | −1); Sattelpunkt (1 | 2) $\Rightarrow$ 5 Bedingungen
Ansatz: $f(x) = ax^4 + bx^3 + cx^2 + dx + e$
$\Rightarrow f'(x) = 4ax^3 + 3bx^2 + 2cx + d \Rightarrow f''(x) = 12ax^2 + 6bx + 2c$
Bedingungen: $f(-2) = -1 \Rightarrow 16a - 8b + 4c - 2d + e = -1$
$f'(-2) = 0 \Rightarrow -32a + 12b - 4c + d = 0$
$f(1) = 2 \Rightarrow a + b + c + d + e = 2$
$f'(1) = 0 \Rightarrow 4a + 3b + 2c + d = 0$
$f''(1) = 0 \Rightarrow 12a + 6b + 2c = 0$
Lösung: $a = \frac{1}{9}$; $b = 0$; $c = -\frac{2}{3}$; $d = \frac{8}{9}$; $e = \frac{5}{3} \Rightarrow f(x) = \frac{1}{9}x^4 - \frac{2}{3}x^2 + \frac{8}{9}x + \frac{5}{3}$

5 Sattelpunkt (1 | 5); Tiefpunkt (2 | 2); Hochpunkt (4 | ?) $\Rightarrow$ 6 Bedingungen
Ansatz: $f(x) = ax^5 + bx^4 + cx^3 + dx^2 + ex + f$
$\Rightarrow f'(x) = 5ax^4 + 4bx^3 + 3cx^2 + 2dx + e$
$\Rightarrow f''(x) = 20ax^3 + 12bx^2 + 6cx + 2d$
Bedingungen: $f(1) = 5 \Rightarrow a + b + c + d + e + f = 5$
$f'(1) = 0 \Rightarrow 5a + 4b + 3c + 2d + e = 0$
$f''(1) = 0 \Rightarrow 20a + 12b + 6c + 2d = 0$
$f(2) = 2 \Rightarrow 32a + 16b + 8c + 4d + 2e + f = 2$
$f'(2) = 0 \Rightarrow 80a + 32b + 12c + 4d + e = 0$
$f'(4) = 0 \Rightarrow 1280a + 256b + 48c + 8d + e = 0$
Lösung: $a = -3$; $b = 30$; $c = -105$; $d = 165$; $e = -120$; $f = 38$
$\Rightarrow f(x) = -3x^5 + 30x^4 - 105x^3 + 165x^2 - 120x + 38$

6 Hochpunkt (−2 | 3); Tiefpunkt (1 | 1); Hochpunkt (2 | ?) $\Rightarrow$ 5 Bedingungen
Ansatz: $f(x) = ax^4 + bx^3 + cx^2 + dx + e$
$\Rightarrow f'(x) = 4ax^3 + 3bx^2 + 2cx + d$
$\Rightarrow f''(x) = 12ax^2 + 6bx + 2c$
Bedingungen: $f(-2) = 3 \Rightarrow 16a - 8b + 4c - 2d + e = 3$
$f'(-2) = 0 \Rightarrow -32a + 12b - 4c + d = 0$
$f(1) = 1 \Rightarrow a + b + c + d + e = 1$
$f'(1) = 0 \Rightarrow 4a + 3b + 2c + d = 0$
$f'(2) = 0 \Rightarrow 32a + 12b + 4c + d = 0$
Lösung: $a = -\frac{2}{45}$; $b = \frac{8}{135}$; $c = \frac{16}{45}$; $d = -\frac{32}{45}$; $e = \frac{181}{135}$
$\Rightarrow f(x) = -\frac{2}{45}x^4 + \frac{8}{135}x^3 + \frac{16}{45}x^2 - \frac{32}{45}x + \frac{181}{135}$
y-Koordinate des Hochpunkts: $f(2) = \frac{149}{135}$

Lösungen zu Seite 146

7 a) $f'(5) = 0$, denn der Graph hat im Hochpunkt eine waagrechte Tangente.
b) $f(1) = 1$, denn die Koordinaten des Punktes müssen die Funktionsgleichung erfüllen.
c) $f''(3) = 0$, denn die zweite Ableitung an einer Wendestelle ist 0.
3 Bedingungen, aber wegen des Wendepunktes muss die Funktion mindestens dritten Grades sein
Ansatz: $f(x) = ax^3 + bx^2 + cx + d$
$\Rightarrow f'(x) = 3ax^2 + 2bx + c \Rightarrow f''(x) = 6ax + 2b$
Bedingungen: $f'(5) = 0 \Rightarrow 75a + 10b + c = 0$ (I)
$f(1) = 1 \Rightarrow a + b + c + d = 1$ (II)
$f''(3) = 0 \Rightarrow 18a + 2b = 0$ (III)
Aus (III) folgt: $b = -9a$; eingesetzt in (I) liefert $-15a + c = 0$ und somit $c = 15a$.
Beides eingesetzt in (II) liefert $a - 9a + 15a + d = 1$ und somit $d = 1 - 7a$.
Eine von unendlich vielen Lösungen ist $a = 1$; $b = -9$; $c = 15$; $d = -6$ und somit $f(x) = x^3 - 9x^2 + 15x - 6$.

8 Am Graphen erkennbar: Sattelpunkt $(0|3)$, Tiefpunkt $(3{,}5|?)$, Hochpunkt $(5|?)$, Nullstelle bei 2,5; drei Wendepunkte.
Wegen der drei Wendepunkte muss die Funktion mindestens 5. Grades sein.
Ansatz: $f(x) = ax^5 + bx^4 + cx^3 + dx^2 + ex + f$
$\Rightarrow f'(x) = 5ax^4 + 4bx^3 + 3cx^2 + 2dx + e$
$\Rightarrow f''(x) = 20ax^3 + 12bx^2 + 6cx + 2d$
Bedingungen: $f(0) = 3 \Rightarrow f = 3$
$f'(0) = 0 \Rightarrow e = 0$
$f''(0) = 0 \Rightarrow 2d = 0 \Rightarrow d = 0$
$f'(3{,}5) = 0 \Rightarrow 5 \cdot 3{,}5^4 a + 4 \cdot 3{,}5^3 b + 3 \cdot 3{,}5^2 c = 0$
$f'(5) = 0 \Rightarrow 3125a + 500b + 75c = 0$
$f(2{,}5) = 0 \Rightarrow 2{,}5^5 a + 2{,}5^4 b + 2{,}5^3 c + 3 = 0$
Lösungen: $a \approx -0{,}0217$; $b = 0{,}2304$; $c \approx -0{,}6325$
$\Rightarrow f(x) = -0{,}0217x^5 + 0{,}2304x^4 - 0{,}6325x^3 + 3$

9 a) $\left(\begin{array}{ccc|c} 1 & -1 & 2 & 1 \\ 2 & 1 & -1 & 3 \\ 1 & 1 & -1 & 2 \end{array}\right) \xrightarrow[\text{(III)} - \text{(I)}]{-2 \cdot \text{(I)} + \text{(II)}} \left(\begin{array}{ccc|c} 1 & -1 & 2 & 1 \\ 0 & 3 & -5 & 1 \\ 0 & 2 & -3 & 1 \end{array}\right) \xrightarrow{-2 \cdot \text{(II)} + 3 \cdot \text{(III)}} \left(\begin{array}{ccc|c} 1 & -1 & 2 & 1 \\ 0 & 3 & -5 & 1 \\ 0 & 0 & 1 & 1 \end{array}\right)$
(III): $z = 1$
(II): $3y - 5 \cdot 1 = 1 \Rightarrow y = 2$
(I): $x - 2 + 2 \cdot 1 = 1 \Rightarrow x = 1$

b) $\left(\begin{array}{ccc|c} 2 & 1 & -1 & 2 \\ 1 & 2 & 1 & 1 \\ 2 & -1 & 3 & -10 \end{array}\right) \xrightarrow[\text{(III)} - \text{(I)}]{-2 \cdot \text{(II)} + \text{(I)}} \left(\begin{array}{ccc|c} 2 & 1 & -1 & 2 \\ 0 & -3 & -3 & 0 \\ 0 & -2 & 4 & -12 \end{array}\right) \xrightarrow{-2 \cdot \text{(II)} + 3 \cdot \text{(III)}} \left(\begin{array}{ccc|c} 2 & 1 & -1 & 2 \\ 0 & -3 & -3 & 0 \\ 0 & 0 & 18 & -36 \end{array}\right)$
(III): $18z = -36 \Rightarrow z = -2$
(II): $-3y - 3 \cdot (-2) = 0 \Rightarrow y = 2$
(I): $2x + 2 - 1 \cdot (-2) = 2 \Rightarrow x = -1$

10 Es handelt sich um eine ganzrationale Funktion 2. Grades, da in der Matrix drei Variablen berechnet werden.
Ansatz: $f(x) = ax^2 + bx + c$
Setzt man die Koordinaten der Punkte $P(1|5)$, $Q(3|1)$ und $R(4|3)$ in diese Funktionsgleichung ein, erhält man die angegebene Matrix.
Die Lösung ist dann $f(x) = \frac{4}{3}x^2 - \frac{22}{3}x + 11$.

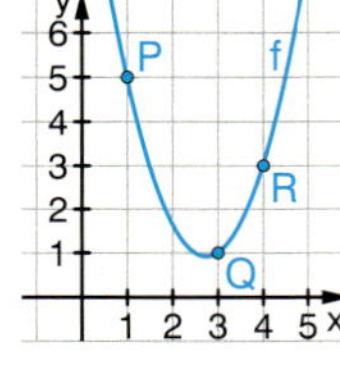

11 Gemeinsame Eigenschaften: Symmetrie zur y-Achse, Extrempunkte $(0|0)$ und $(\pm 1|?)$
Ansatz: $f(x) = ax^4 + bx^2 + c \Rightarrow f'(x) = 4ax^3 + 2bx$
Bedingungen: $f(0) = 0 \Rightarrow c = 0$
$f'(0) = 0 \Rightarrow 0 = 0$ (liefert keine neue Information, da alle zur y-Achse symmetrischen Funktionen die Extremstelle 0 haben)
$f'(1) = 0 \Rightarrow 4a + 2b = 0 \Rightarrow b = -2a$
Funktionsgleichung der Schar: $f_a(x) = ax^4 - 2ax^2$
Maximum in $P(1|1) \Rightarrow f_a(1) = 1 \Rightarrow a - 2a = 1 \Rightarrow a = -1$
$\Rightarrow$ ges. Funktion: $f_{-1}(x) = -x^4 + 2x^2$

Lösungen zu Seite 147

12 Ansatz für eine ganzrationale Funktion 4. Grades mit Symmetrie zur y-Achse:
$f(x) = ax^4 + bx^2 + c \Rightarrow f'(x) = 4ax^3 + 2bx$
Bedingungen: Hochpunkt $(0|4) \Rightarrow f(0) = 4 \Rightarrow c = 4$ (Die Bedingung $f'(0) = 0$ liefert keine neue Information, da alle ganzrationalen Funktionen mit Symmetrie zur y-Achse ein Extremum auf der y-Achse haben.)
Tiefpunkt $(4|0) \Rightarrow$ $f(4) = 0 \Rightarrow 256a + 16b + 4 = 0$
$f'(4) = 0 \Rightarrow 256a + 8b = 0$
Subtrahieren der beiden Gleichungen liefert $8b + 4 = 0 \Rightarrow b = -\frac{1}{2}$
Einsetzen in die 2. Gleichung liefert $256a + 8 \cdot (-\frac{1}{2}) = 0$ und somit $a = \frac{1}{64}$
Der Giebel wird durch die Funktion $f(x) = \frac{1}{64}x^4 - \frac{1}{2}x^2 + 4$ modelliert.
Bestimmung der Wendepunkte: $f'(x) = \frac{1}{16}x^3 - x \Rightarrow f''(x) = \frac{3}{16}x^2 - 1$
Bedingung für Wendestelle: $f''(x) = 0 \Rightarrow x^2 = \frac{16}{3} \Rightarrow x = \pm\frac{4}{\sqrt{3}} \approx \pm 2{,}309$
$f(\pm 2{,}309) \approx 1{,}778 \Rightarrow$ Wendepunkte $W_{1,2}(\pm 2{,}309/1{,}778)$
Fensterfläche: Länge · Breite = $2 \cdot 2{,}309\,\text{m} \cdot 1{,}778\,\text{m} \approx 8{,}21\,\text{m}^2$

13 Ansatz: $f(x) = ax^3 + bx^2 + cx + d$
Bedingungen: $f(10) = 1035 \Rightarrow 1000a + 100b + 10c + d = 1035$
$f(20) = 1140 \Rightarrow 8000a + 400b + 20c + d = 1140$
$f(30) = 1165 \Rightarrow 27\,000a + 900b + 30c + d = 1165$
$f(40) = 1230 \Rightarrow 64\,000a + 1600b + 40c + d = 1230$
Lösung: $a = \frac{1}{50}$; $b = -\frac{8}{5}$; $c = \frac{89}{2}$; $d = 730$
Die Kostentabelle passt zu einer Modellierung mit $f(x) = \frac{1}{50}x^3 - \frac{8}{5}x^2 + \frac{89}{2}x + 730$
Die Zunahme der Produktionskosten wird durch die Steigung dieser Funktion gegeben. Diese ist im Wendepunkt am größten.
$f'(x) = \frac{3}{50}x^2 - \frac{16}{5}x + \frac{89}{2} \Rightarrow f''(x) = \frac{3}{25}x - \frac{16}{5}$
Bedingung für Wendestelle: $f''(x) = 0 \Rightarrow \frac{3}{25}x - \frac{16}{5} = 0 \Rightarrow x = \frac{80}{3} \approx 27$.
Bei einer Stückzahl von 27 ist die Zunahme der Produktionskosten am größten.

14 a) Es gibt vier Bedingungen: Der Graph muss durch die Punkte $(2|4)$ und $(4|1)$ gehen, die Steigung muss an der Stelle 2 mit der Steigung der Parabel ($f'(2) = 2 \cdot 2 = 4$) und an der Stelle 4 mit der Steigung der Geraden (2) übereinstimmen.
Ansatz: $h(x) = ax^3 + bx^2 + cx + d \Rightarrow h'(x) = 3ax^2 + 2bx + c$
Bedingungen: $h(2) = 4 \Rightarrow 8a + 4b + 2c + d = 4$
$h(4) = 1 \Rightarrow 64a + 16b + 4c + d = 1$
$h'(2) = 4 \Rightarrow 12a + 4b + c = 4$
$h'(4) = 2 \Rightarrow 48a + 8b + c = 2$
Lösung: $a = \frac{9}{4}$; $b = -\frac{83}{4}$; $c = 60$; $d = -51 \Rightarrow h(x) = \frac{9}{4}x^3 - \frac{83}{4}x^2 + 60x - 51$
b) $h'(x) = \frac{27}{4}x^2 - \frac{83}{2}x + 60 \Rightarrow h''(x) = \frac{27}{2}x - \frac{83}{2}$
$h''(2) = 27 - \frac{83}{2} = -\frac{29}{2}$ Parabel: $f''(2) = 2 \Rightarrow h''(2) \neq f''(2)$
$\Rightarrow$ kein ruckfreier Übergang
$h''(4) = \frac{25}{2}$ Gerade: $g''(4) = 0 \Rightarrow h''(2) \neq g''(2) \Rightarrow$ kein ruckfreier Übergang

15 a) Kriterien: knickfrei (1. Ableitung gleich) und ruckfrei (2. Ableitung gleich).
Ansatz: ganzrationale Funktion 4. Grades mit Symmetrie zur y-Achse:
$f(x) = ax^4 + bx^2 + c \Rightarrow f'(x) = 4ax^3 + 2bx \Rightarrow f''(x) = 12ax^2 + 2b$
Bedingungen im Punkt Q: $f(1) = 1 \Rightarrow a + b + c = 1$
$f'(1) = 1$ (Steigung von $y = x$) $\Rightarrow 4a + 2b = 1$
$f''(1) = 0$ (Gerade hat Krümmung 0) $\Rightarrow 12a + 2b = 0$
Lösung: $a = -\frac{1}{8}$; $b = \frac{3}{4}$; $c = \frac{3}{8} \Rightarrow f(x) = -\frac{1}{8}x^4 + \frac{3}{4}x^2 + \frac{3}{8}$
b) $f'(x) = -\frac{1}{2}x^3 + \frac{3}{2}x \Rightarrow f''(x) = -\frac{3}{2}x^2 + \frac{3}{2}$
Also: $f'(-1) = -1$, $f''(-1) = 0$, $f'(1) = 1$, $f''(1) = 0$, $f'(0) = 0$, $f''(0) = 1{,}5$.

Krümmung in P: $k(-1) = \frac{f''(-1)}{(\sqrt{(f'(-1))^2 + 1})^3} = \frac{0}{(\sqrt{2})^3} = 0$

Krümmung in Q: $k(1) = \frac{f''(1)}{(\sqrt{(f'(1))^2 + 1})^3} = \frac{0}{(\sqrt{2})^3} = 0$

Krümmung in $(0|\frac{3}{8})$: $k(0) = \frac{f''(0)}{(\sqrt{(f'(0))^2 + 1})^3} = \frac{1{,}5}{(\sqrt{1})^3} = 1{,}5$

16 Mathematische Bedingungen:
(A) $f_1(0) = 0$ $f_1(2) = 2$ $f_2(2) = 2$ $f_2(6) = 0$
(B) $f_1'(2) = f_2'(2)$
(C) $f_1''(2) = f_2''(2)$
(D) $f_1''(0) = 0$ $f_2''(6) = 0$
Nachweis: $f_1'(x) = -\frac{3}{16}x^2 + \frac{5}{4}$ $f_1''(x) = -\frac{3}{8}x$
$f_2'(x) = \frac{3}{32}x^2 - \frac{9}{8}x + \frac{19}{8}$ $f_2''(x) = \frac{3}{16}x - \frac{9}{8}$
(A) $f_1(0) = -\frac{1}{16} \cdot 0^3 + \frac{5}{4} \cdot 0 = 0$ $f_1(2) = -\frac{1}{16} \cdot 2^3 + \frac{5}{4} \cdot 2 = -\frac{1}{2} + \frac{5}{2} = 2$
$f_2(2) = \frac{1}{32} \cdot 2^3 - \frac{9}{16} \cdot 2^2 + \frac{19}{8} \cdot 2 - \frac{3}{4} = \frac{1}{4} - \frac{9}{4} + \frac{19}{4} - \frac{3}{4} = 2$
$f_2(6) = \frac{1}{32} \cdot 6^3 - \frac{9}{16} \cdot 6^2 + \frac{19}{8} \cdot 6 - \frac{3}{4} = \frac{27}{4} - \frac{81}{4} + \frac{57}{4} - \frac{3}{4} = 0$
(B) $f_1'(2) = -\frac{3}{16} \cdot 2^2 + \frac{5}{4} = \frac{1}{2}$ $f_2'(2) = \frac{3}{32} \cdot 2^2 - \frac{9}{8} \cdot 2 + \frac{19}{8} = \frac{1}{2}$
(C) $f_1''(2) = -\frac{3}{8} \cdot 2 = -\frac{3}{4}$ $f_2''(2) = \frac{3}{16} \cdot 2 - \frac{9}{8} = -\frac{3}{4}$
(D) $f_1''(0) = -\frac{3}{8} \cdot 0 = 0$ $f_2''(6) = \frac{3}{16} \cdot 6 - \frac{9}{8} = 0$

Lösungen zu Seite 185

1 a) 1; 7; 13; 19; 25; 31; 37; 43; 49;… $a_{n+1} = a_n + 6,\ a_1 = 1$

b) 1; 2; 6; 24; 120; 720; 5040; 40320; 362880; 3628800; …

$a_{n+1} = a_n \cdot (n+1),\ a_1 = 1$

c) 0,6; 0,66; 0,666; 0,6666; 0,66666; 0,666 666; 0,666 666 6; 0,666 666 66; …

$a_{n+1} = a_n + \frac{6}{10^{n+1}},\ a_1 = 0{,}6$

d) 4; 2; 0; −2; −4; −6; −8; −10; −12; … $a_{n+1} = a_n - 2$

2

Aufzählung	Explizite Formel	Rekursionsformel
1, 2, 4, 7, 11, …	$a_n = 1 + \frac{n(n-1)}{2},\ n_{Start} = 1$	$a_{n+1} = a_n + n,\ a_1 = 1$
0,5; 3,5; 6,5; 9,5; 12,5;…	$a_n = 3 \cdot n - 2{,}5,\ n_{Start} = 1$	$a_{n+1} = a_n + 3,\ a_1 = 0{,}5$
108, 72, 48, 32, $\frac{211}{3}$, …	$a_n = 108 \cdot \left(\frac{2}{3}\right)^{n-1},\ n_{Start} = 1$	$a_{n+1} = a_n \cdot \frac{2}{3},\ a_1 = 108$

3 a) rekursiv: $a_{n+1} = a_n \cdot 1{,}5,\ a_1 = 4$ explizit: $a_n = 4 \cdot 1{,}5^{n-1},\ n_{Start} = 1$

b) explizit: $a_n = n^2,\ n_{Start} = 1$ rekursiv: $a_{n+1} = a_n + 2n + 1$

4 a) 6; 5; $4\frac{2}{3}$; $4\frac{1}{2}$; $4\frac{2}{5}$; $4\frac{1}{3}$; $4\frac{2}{7}$; $4\frac{1}{4}$; $4\frac{2}{9}$; $4\frac{1}{5}$; …

b) 4; 12; 16; 18; 19; 19,5; 19,75; 19,875; 19,9375; 19,96875; …

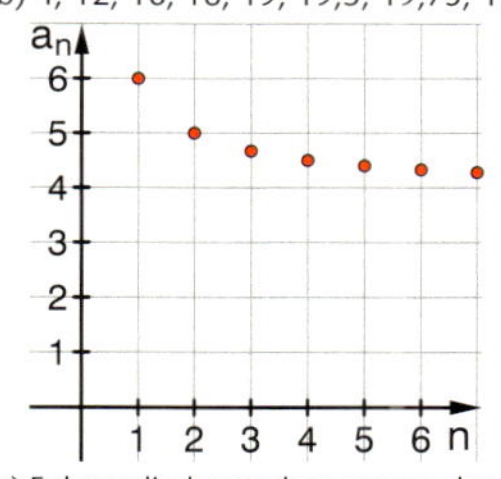

a) Folgenglieder streben gegen den Grenzwert 4.

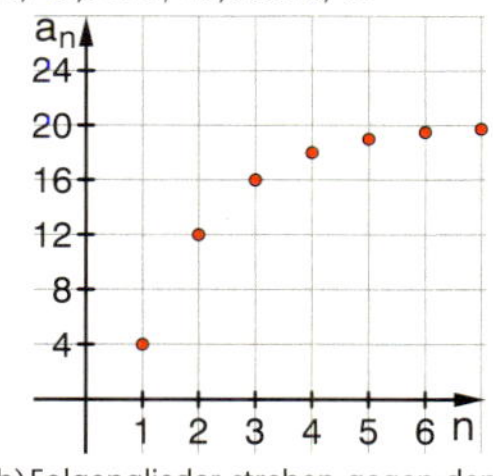

b) Folgenglieder streben gegen den Grenzwert 20.

5 (a_n):

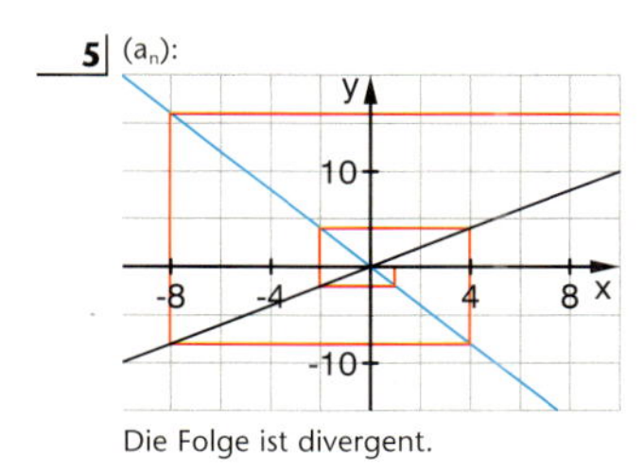

Die Folge ist divergent.

(b_n):

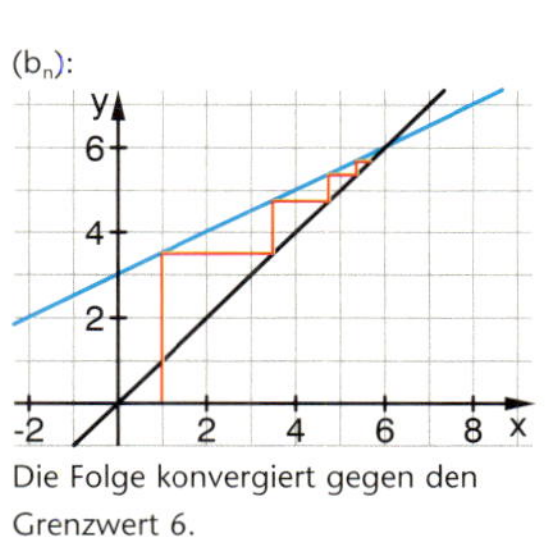

Die Folge konvergiert gegen den Grenzwert 6.

6 $a_1 = 2$ $a_1 = 10$ $a_1 = 20$ $a_1 = 50$

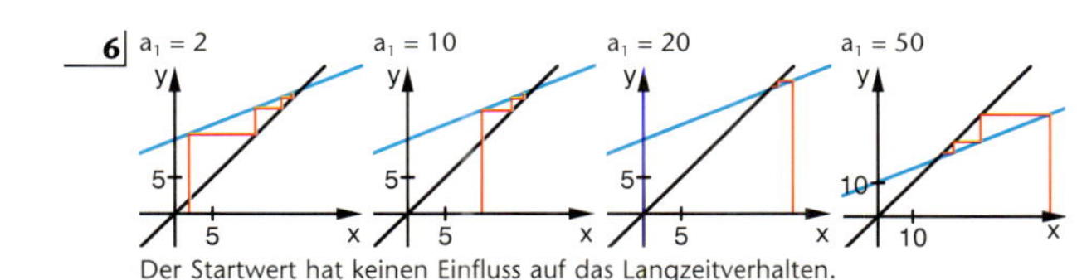

Der Startwert hat keinen Einfluss auf das Langzeitverhalten.

7 a) $a_{100} = 0{,}5 + 99 \cdot 2{,}5 = 298$ b) $a_{100} = 134 + 88 \cdot 10 = 1014$

c) $a_{100} = -1 + 99 \cdot \frac{(19-(-1))}{4} = 494$

8 a) $a_n = 3 \cdot 4^{n-1}$ $a_{10} = 786\,432$ b) $a_n = 8 \cdot 1{,}5^{n-1}$ $a_{10} = \frac{19\,683}{64}$

c) $a_n = -1 \cdot (-3)^{n-1}$ $a_{10} = 19\,683$

9 Die Flächeninhalte der Dreiecke werden durch die geometrische Folge $\frac{1}{2} \cdot 1, \frac{1}{2} \cdot \frac{1}{4}, \frac{1}{2} \cdot \frac{1}{16}, \frac{1}{2} \cdot \frac{1}{64}, \ldots$ beschrieben, also $a_n = \frac{1}{2} \cdot \left(\frac{1}{4}\right)^{n-1}$. Der Inhalt der Gesamtfläche der Dreiecke lässt sich mit der Summenformel für eine unendliche geometrische Reihe berechnen: $A = \frac{a_1}{1-q} = \frac{\frac{1}{2}}{1-\frac{1}{4}} = \frac{2}{3}$

10 a) Ja, die Folge hat den Grenzwert 0.

b) Die linke Seite der Ungleichung gibt den Abstand des n-ten Folgenglieds von der 0 an. Wenn dieser kleiner als $\frac{1}{10}$ ist, liegt das Folgenglied im ε-Streifen $\left(\varepsilon = \frac{1}{10}\right)$. Die Betragsstriche sind notwendig, da sonst für alle ungeraden Folgenglieder die Ungleichung erfüllt ist, weil diese alle kleiner 0 sind. Löst man die Ungleichung nach n auf, so ergibt sich $n > 10$, sodass die Bedingung für alle Folgenglieder ab dem 11. erfüllt ist.

Lösungen zu Seite 186

11 Die Konvergenz der Folge ist abhängig vom Parameter k. Nur für $-1 < k < 1$ konvergiert die Folge.

Beispiele:

$a_{n+1} = 0{,}3 \cdot a_n + 10,\ a_1 = 5$ $a_{n+1} = 0{,}9 \cdot a_n - 5,\ a_1 = 2$

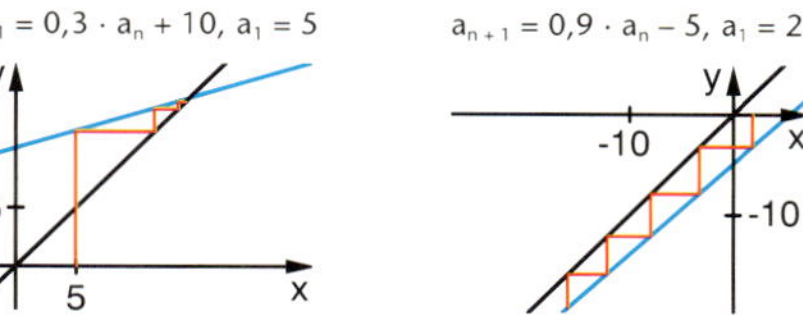

$a_{n+1} = 1{,}4 \cdot a_n + 3,\ a_1 = 3$ $a_{n+1} = 1 \cdot a_n + 4,\ a_1 = 2$

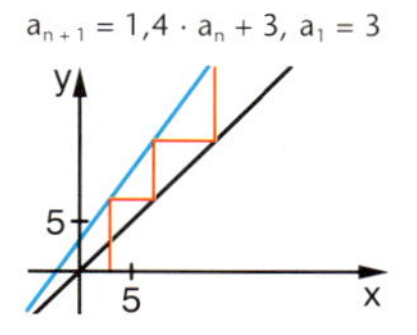

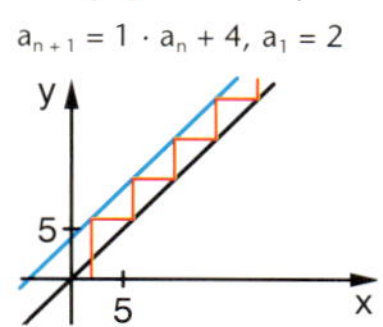

12 (A) falsch, z.B. $a_n = (-1)n \cdot \frac{1}{n}$ hat unendlich viele negative Folgenglieder, aber den Grenzwert 0.

(B) wahr

(C) falsch, denn z. B. für einen ε-Streifen mit $\varepsilon = \frac{9}{2}$ gibt es keine Nummer n, ab der alle Folgenglieder innerhalb des Streifens liegen.

13 (I) $\lim\limits_{n \to \infty} \frac{1}{3^n} = 0$ (II) $\lim\limits_{n \to \infty} \frac{n+1}{2n} = \lim\limits_{n \to \infty} \frac{1 + \frac{1}{n}}{2} = \frac{1}{2}$ (III) $\lim\limits_{n \to \infty} \frac{3n+1}{n-3} = \lim\limits_{n \to \infty} \frac{3 + \frac{1}{n}}{1 - \frac{3}{n}} = \frac{3}{1} = 3$

(IV) $\lim\limits_{n \to \infty} \frac{2n^2 - 6n}{5n^2} = \lim\limits_{n \to \infty} \frac{2 - \frac{6}{n}}{5} = \frac{2}{5}$

(V) divergent, da Zähler schneller wächst als Nenner

14 a) $\lim\limits_{x \to 0} \frac{x}{x+2} = \frac{0}{2} = 0$ b) $\lim\limits_{x \to 2} \frac{x^2-4}{x-2} = \lim\limits_{x \to 2} \frac{(x-2)(x+2)}{x-2} = \lim\limits_{x \to 2} (x+2) = 4$

c) $\lim\limits_{x \to 3} \frac{3x-9}{2x-6} = \lim\limits_{x \to 3} \frac{3(x-3)}{2(x-3)} = \lim\limits_{x \to 3} \frac{3}{2} = \frac{3}{2}$

15 a) (A) falsch, denn f ist nicht an jeder Stelle des Definitionsbereichs stetig (s. (C))

(B) wahr, denn $\lim\limits_{x \to 3} f(x) = f(3) = \frac{27}{8}$

(C) falsch, denn $\lim\limits_{x \to 2} f(x)$ existiert nicht.

b) g ist stetig, da g auch an der Stelle 2 stetig ist: $\lim\limits_{x \to 2} g(x) = g(2) = 3$

16 Die beiden Weg-Zeit-Graphen müssen sich wegen ihrer Stetigkeit schneiden. Dieser Schnittpunkt gibt den Zeitpunkt an, zu dem der Jogger auf dem Hin- und Rückweg dieselbe Entfernung von A hat.

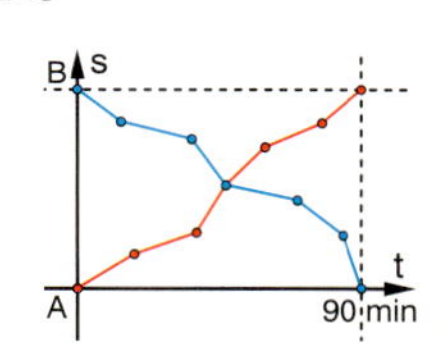

17 a) $f(x) = x - \cos(x) \Rightarrow f'(x) = 1 + \sin(x)$

Startwert $x_0 = 0$

$$x_n = x_{n-1} - \frac{x_{n-1} - \cos(x_{n-1})}{1 + \sin(x_{n-1})} = \frac{x_{n-1}\sin(x_{n-1}) + \cos(x_{n-1})}{1 + \sin(x_{n-1})}$$

Näherungswert: 0,739 085

b) $f(x) = x^3 + 3x^2 - 6x - 8 \Rightarrow f'(x) = 3x^2 + 6x - 6$

Startwert $x_0 = -3$

$$x_n = x_{n-1} - \frac{x_{n-1}^3 + 3x_{n-1}^2 - 6x_{n-1} - 8}{3x_{n-1}^2 + 6x_{n-1} - 6} = \frac{2x_{n-1}^3 + 3x_{n-1}^2 + 8}{3x_{n-1}^2 + 6x_{n-1} - 6}$$

Es ist −4 eine Lösung dieser Gleichung.

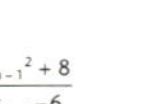

n	u1(n):= (u1(n−1)*si…
0.	#ERR
1.	0.
2.	1.
3.	0.750364
4.	0.739113
5.	0.739085
6.	0.739085
7.	0.739085
8.	0.739085
9.	0.739085
10.	0.739085
11.	0.739085

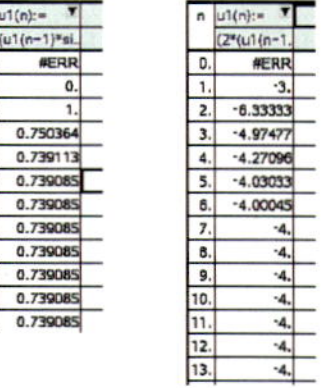

n	u1(n):= (2*(u1(n−1…
0.	#ERR
1.	-3.
2.	-6.33333
3.	-4.97477
4.	-4.27096
5.	-4.03033
6.	-4.00045
7.	-4.
8.	-4.
9.	-4.
10.	-4.
11.	-4.
12.	-4.
13.	-4.

18 a) $f(x) = x^3 - 2x + 2 \Rightarrow f'(x) = 3x^2 - 2$

$$x_n = x_{n-1} - \frac{x_{n-1}^3 - 2x_{n-1} + 2}{3x_{n-1}^2 - 2} = \frac{2x_{n-1}^3 - 2}{3x_{n-1}^2 - 2}$$

Startwert $x_0 = 0$: $x_1 = \frac{2 \cdot 0^3 - 2}{3 \cdot 0^2 - 2} = 1,\ x_2 = \frac{2 \cdot 1^3 - 2}{3 \cdot 1^2 - 2} = 0,\ x_3 = \frac{2 \cdot 0^3 - 2}{3 \cdot 0^2 - 2} = 1,\ x_4 = \frac{2 \cdot 1^3 - 2}{3 \cdot 1^2 - 2} = 0$

Startwert $x_0 = 1$: $x_1 = \frac{2 \cdot 1^3 - 2}{3 \cdot 1^2 - 2} = 0,\ x_2 = \frac{2 \cdot 0^3 - 2}{3 \cdot 0^2 - 2} = 1,\ x_3 = \frac{2 \cdot 1^3 - 2}{3 \cdot 1^2 - 2} = 0,\ x_4 = \frac{2 \cdot 0^3 - 2}{3 \cdot 0^2 - 2} = 1$

Die Tangente an der Stelle 0 hat die Nullstelle 1, die Tangente an der Stelle 1 hat die Nullstelle 0, so dass das Verfahren immer wieder abwechselnd diese beiden Werte liefert.

b) Startwert: $x_0 = 0{,}5$

Näherungswert: −1,769 29

Lösungen zu Seite 235

1

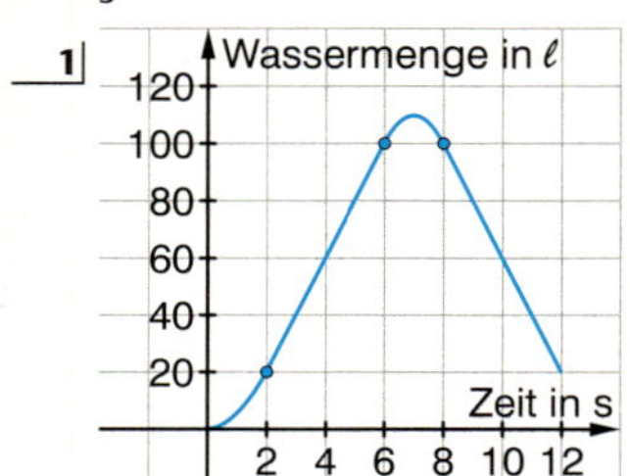

Die Bestandsfunktion gibt die Wassermenge im Becken zu jedem Zeitpunkt an.

2

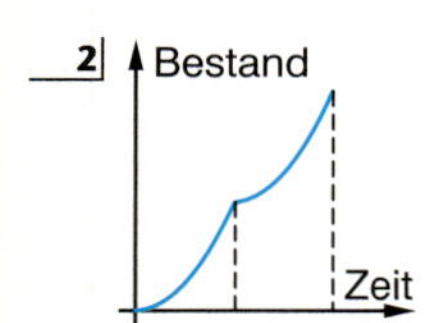

Beispiel: Zufluss in ein Wasserbecken als Änderungsrate, Wassermenge im Becken als Bestandsfunktion
Dargestellte Situation: der Zufluss steigt gleichmäßig an und wird gestoppt, steigt dann wieder von null an und wird wieder gestoppt

3 a) Wenn das Auto stets langsamer als mit 100 km/h gefahren ist, hat es weniger als 100 km in dieser Stunde zurückgelegt. Eine sehr grobe Schätzung liefert z.B. das arithmetische Mittel der angegebenen Werte der momentanen Geschwindigkeiten: 62 km/h, der zurückgelegte Weg könnte demnach 62 km sein.

b) Wegen $\Delta t = 5\,\text{min} = \frac{1}{12}\,\text{h}$ folgt für den Weg s, der in dieser Stunde zurückgelegt wurde: $s = \frac{1}{12} \cdot \left(\frac{1}{2} \cdot 20 + 65 + \ldots + 75 + \frac{1}{2} \cdot 25\right) = \frac{1}{12} \cdot 777{,}5 \approx 64{,}8$ (in km)
Der Näherungswert entspricht der Erwartung.

c) Die Bestandsfunktion gibt zu jedem Zeitpunkt den zurückgelegten Weg an.

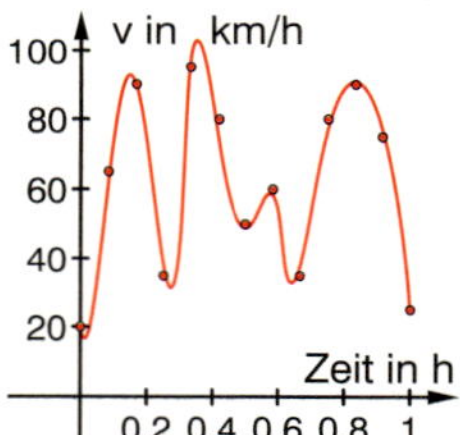

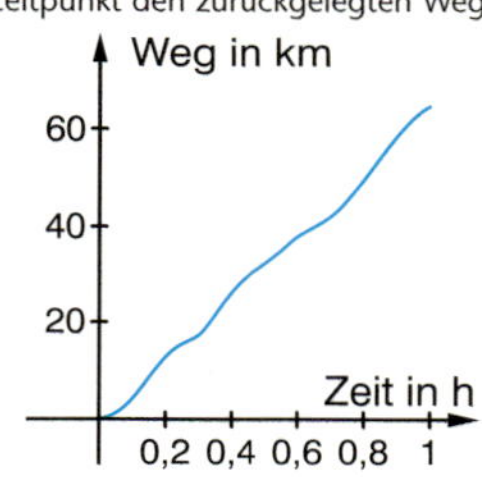

4 a) Zu Beginn wird kein CO_2 produziert. Die Gärungsgeschwindigkeit nimmt bis zum 3. Tag erst immer schneller, danach immer langsamer zu und ist nach 6,5 Tagen am größten. In weiteren 3,5 Tagen nimmt sie immer schneller ab. Nach 10 Tagen ist der Gärungsprozess beendet.

b) Die Bestandsfunktion f(x) beschreibt die im Zeitraum [0; x] produzierte Menge an CO_2.
$f(x) = \frac{1}{100}x^4 + \frac{17}{150}x^3 + \frac{8}{25}x^2$

c) In den 10 Tagen wurden insgesamt $f(10) = 45\frac{1}{3}$ Liter produziert.

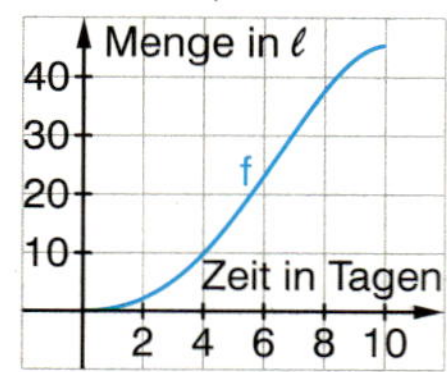

5 Die Bestandsfunktion und die Integralfunktion geben den Wert des orientierten Flächeninhalts unter dem Graphen einer Funktion in einem Intervall an.
Die linke Grenze des Intervalls ist fest (bei der Bestandsfunktion liegt sie meistens bei null) und die rechte Grenze variabel.
Bei der Integralfunktion muss die Berandungsfunktion nicht die Änderungsrate eines Bestandes darstellen, sondern kann eine beliebige (integrierbare) Funktion sein.

6 a) $f(x) = 2x$ und $I_1(x) = x^2 - 1$
Probe: $(I_1(x))' = 2x = f(x)$ und $I_1(1) = 0$

b) $I_0(x) = x^2$ bzw. $I_2(x) = x^2 - 4$
Der Graph von $I_0(x)$ bzw. $I_2(x)$ entsteht aus dem Graphen von $I_1(x)$ durch eine Verschiebung entlang der y-Achse so, dass $I_0(0) = 0$ bzw. $I_2(2) = 0$ erfüllt ist.

Lösungen zu Seite 236

7 a) Angegeben sind jeweils Stammfunktionen mit c = 0:
$F_1(x) = 3x$; $F_2(x) = 1{,}5x^2 - 2x$; $F_3(x) = \frac{1}{4}x^4 - \frac{2}{3}x^3 + \frac{1}{2}x^2$; $F_4(x) = 2\sqrt{x}$;
$F_5(x) = \frac{4}{x}$; $F_6(x) = \sin(x)$

b) $f_1(x) = 2x$; $f_2(x) = 4$; $f_3(x) = 6x^2 - \cos(x)$; $f_4(x) = -18x^2 + x - 2$

8 Für $c \in \mathbb{R}$ gilt: $(F(x) + c)' = F'(x) + c' = F'(x) = f(x)$
Also ist F(x) + c auch eine Stammfunktion zu f(x).

9 a) Beispiel mit $f(x) = x^2$

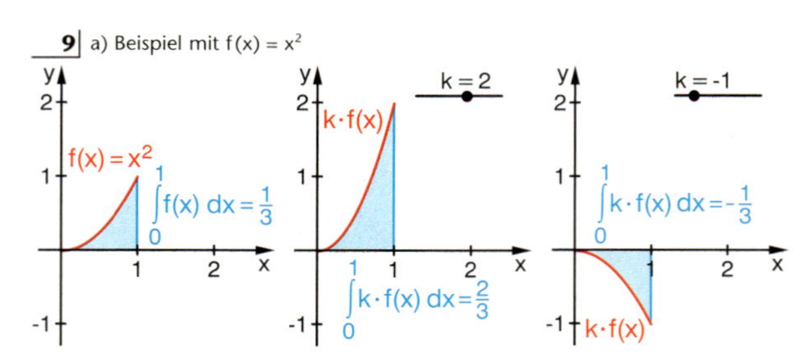

b) Sei F(x) eine Stammfunktion zu f(x), es gilt also: $F'(x) = f(x)$. Dann ist $k \cdot F(x)$ eine Stammfunktion zu $k \cdot f(x)$,
denn es gilt $(k \cdot F(x))' = k \cdot F'(x) = k \cdot f(x)$. Mit dem Hauptsatz folgt:
$$\int_a^b k \cdot f(x) = k \cdot F(b) - k \cdot F(a) = k \cdot (F(b) - F(a)) = k \cdot \int_a^b f(x)$$

10 a) $\int_a^b f(x)\,dx$ ist im Fall I gleich 0, im Fall II kleiner als 0 und im Fall III größer als 0.

b) (1) $\int_2^3 f(x)\,dx = \left[1{,}5x^2 + x\right]_2^3 = 8{,}5$ (2) $\int_{-2}^2 f(x)\,dx = \left[2x - \frac{1}{3}x^3\right]_{-2}^2 = \frac{8}{3}$

11 a) Nullstellen von f: −1; 0; 1
Eine Stammfunktion ist: $F(x) = 0{,}25x^4 - 0{,}5x^2$
$$A = \left|\int_{-1}^{2} f(x)\,dx\right| = \left|\tfrac{1}{4}\right| + \left|-\tfrac{1}{4}\right| + \left|\tfrac{9}{4}\right| = \tfrac{11}{4}$$

b) Nullstellen von f: −2; 0; 4
Eine Stammfunktion ist: $F(x) = \frac{1}{8}x^4 - \frac{1}{3}x^3 - 2x^2$
$$A = \left|\int_{-2}^{4} f(x)\,dx\right| = \left|\tfrac{10}{3}\right| + \left|-\tfrac{64}{3}\right| = \tfrac{74}{3} = 24\tfrac{2}{3}$$

12 a) $\int_{-2}^{2} f(x)\,dx = \left[\frac{1}{4}x^2\right]_{-2}^{2} = 0$
Die Nullstelle von f ist x = 0.
Es gilt: $A = \left|\int_{-2}^{0} f(x)\,dx\right| + \left|\int_{0}^{2} f(x)\,dx\right| = \left|\left[\frac{1}{4}x^4\right]_{-2}^{0}\right| + \left|\left[\frac{1}{4}x^4\right]_{0}^{2}\right| = 8$
Die Werte sind unterschiedlich: $0 \neq 8$

b) $\int_{-2}^{0} f(x)\,dx = \left[\frac{1}{20}x^5 - \frac{1}{3}x^3\right]_{-2}^{0} = -\frac{16}{15}$
Die Nullstellen von f sind −2; 0 und 2.
Es gilt: $A = \left|\int_{-2}^{0} f(x)\,dx\right| = \frac{16}{15}$
Die Werte sind unterschiedlich: $-\frac{16}{15} \neq \frac{16}{15}$

c) $\int_0^4 f(x)\,dx = \left[x - \frac{2}{3}x^{\frac{3}{2}}\right]_0^4 = -\frac{4}{3}$

Die Nullstelle von f ist $x = 1$.

Es gilt: $A = \left|\int_0^1 f(x)\,dx\right| + \left|\int_1^4 f(x)\,dx\right| = \left|\frac{1}{3}\right| + \left|-\frac{5}{3}\right| = 2$

Die Werte sind unterschiedlich: $-\frac{4}{3} \neq 2$

Die Fälle a), b) und c) zeigen, dass das Integral von f im Intervall [a; b] und der Flächeninhalt unter dem Graphen im Intervall [a; b] unterschiedliche Werte haben können.

13 a) Die Schnittstellen von f und g sind 1 und 4. Im Intervall [1; 4] gilt $f(x) \geq g(x)$. Es folgt:

$$A = \int_1^4 (f(x) - g(x))\,dx = \left[-\frac{1}{3}x^3 + \frac{5}{2}x^2 - 4x\right]_1^4 = \frac{9}{2}$$

b) Die Schnittstellen von f und g sind -3 und 1. Im Intervall $[-3; 1]$ gilt $f(x) \geq g(x)$. Es folgt:

$$A = \int_{-3}^1 (f(x) - g(x))\,dx = \left[-0{,}5x^3 - 1{,}5x^2 + 4{,}5x\right]_{-3}^1 = 16$$

14

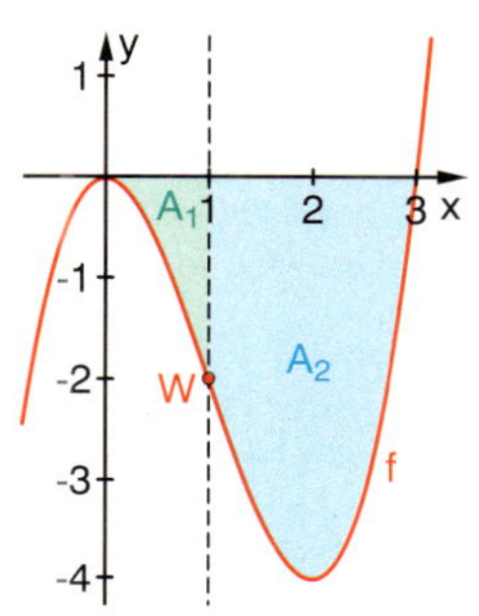

Der Wendepunkt des Graphen liegt an der Stelle $x = 1$.
Begründung: $x = 1$ ist (einzige) Nullstelle von f'' und $f'''(1) = 6 \neq 0$
Die Parallele zur y-Achse ist die Gerade mit der Gleichung $x = 1$. Die Nullstellen von f sind 0 und 3, dazwischen liegt die eingeschlossene Fläche, die durch die Parallele zur y-Achse geteilt wird.

$$A_1 = \left|\int_0^1 f(x)\,dx\right| = \left|\left[0{,}25x^4 - x^3\right]_0^1\right| = \left|-\frac{3}{4}\right| = \frac{3}{4}$$

$$A_2 = \left|\int_1^3 f(x)\,dx\right| = \left|\left[0{,}25x^4 - x^3\right]_1^3\right| = |-6| = 6$$

Verhältnis von A_2 zu A_1: $\frac{A_2}{A_1} = 8$

Lösungen zu Seite 237

15 a) Die Lernrate steigt in den ersten 11 Minuten, wobei dieser Anstieg immer langsamer wird. Nach ca. 11 Minuten ist die höchste Lernrate von etwa 1,1 Wörtern pro Minute erreicht. Danach nimmt die Lernrate immer schneller ab. Nach ca. 22 Minuten ist die Lernrate auf null gesunken.

b) In den ersten 10 Minuten wurden 7 Wörter gelernt: $\int_0^{10} L(t)\,dt = 7$

Die Lernrate ist nach $t = \frac{200}{9} \approx 22$ (in Minuten) auf null gesunken.

Bis zu diesem Zeitpunkt wurden ca. 16,5 Wörter gelernt: $\int_0^{\frac{200}{9}} L(t)\,dt \approx 16{,}5$

16 $V_{außen} = \pi \cdot \int_0^1 (g(x))^2\,dx = \pi \cdot \left[\frac{x^2}{2}\right]_0^1 = \frac{\pi}{2}$

$V_{innen} = \pi \cdot \int_0^1 (f(x))^2\,dx = \pi \cdot \left[\frac{x^5}{5}\right]_0^1 = \frac{\pi}{5}$

$V_{außen} - V_{innen} = \frac{3\pi}{10} \approx 0{,}9$ (in Volumeneinheiten)

17 Modellansatz: $f(x) = ax^2 + bx + c$
Dabei gelten: $b = 0$ wegen der Symmetrie des Graphen bezüglich der y-Achse; $c = 0$, da der Graph durch den Punkt $(0|0)$ verläuft; $a = \frac{150}{640^2} \approx 0{,}00037$, weil der Punkt $(640|150)$ zu dem Graphen gehört.
Die Länge des Kabels lässt sich z. B. mit dem Satz des Pythagoras abschätzen, wenn man das Hauptseil durch 2 Geradenstücke annähert:
$L \approx 2 \cdot \sqrt{640^2 + 150^2} \approx 1315$ (in Meter)

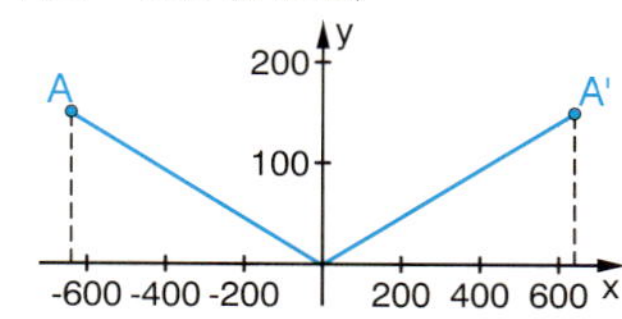

Die Länge des Hauptkabels beträgt nach Integralberechnung ca. 1326 m.

Begründung: $L = \int_{-640}^{640} \sqrt{1 + (f'(x))^2}\,dx \approx 1326$

18 Für $a > 0$ gilt $\int_a^c f(x)\,dx = \left[\frac{-2}{x}\right]_a^c = -\frac{2}{c} + \frac{2}{a} \xrightarrow[c \to \infty]{} \frac{2}{a}$. Für $a > 0$ existiert der Grenzwert des Integrals.

Seien $b < 0$ und $b < c < 0$. Das Integral $\int_b^c f(x)\,dx$ ist ein uneigentliches Integral, dessen Grenzwert nicht existiert, denn $\int_b^c f(x)\,dx = \left[-\frac{2}{x}\right]_b^c = -\frac{2}{c} + \frac{2}{b} \xrightarrow[c \to 0]{} -\infty$.

19 Um 0 Uhr beträgt die Temperatur 4 °C. Bis ca. 2.30 Uhr sinkt die Temperatur zunächst schnell, dann immer langsamer und erreicht den tiefsten Stand von etwa 2,47 °C. Von ca. 2.30 Uhr bis 17.30 Uhr steigt die Temperatur auf 19,53 °C an, wobei der schnellste Anstieg gegen 10.00 Uhr stattfindet. Von ca. 17.30 bis 24.00 Uhr sinkt die Temperatur immer schneller und fällt wie am Tag zuvor auf 4 °C.
Mittelwert der Temperatur: $f_m = \frac{1}{24} \cdot \int_0^{24} f(x)\,dx = 11{,}44$ (in °C)

Andererseits gilt: $\frac{f_{min} + f_{max}}{2} \approx \frac{19{,}53 + 2{,}47}{2} = 11$ (in °C)
Die beiden Werte sind nicht identisch, der Mittelwert der Temperatur ist also nicht der Durchschnitt aus dem Minimum und Maximum der Temperatur.
Geometrische Interpretation: Verwandelt man die Fläche zwischen f und der Zeitachse im Intervall [0;24] in ein flächeninhaltsgleiches Rechteck auf [0; 24], so liegt die obere Seite des Rechtecks nicht auf der Mittelparallelen zwischen den Geraden $y = f_{min}$ und $y = f_{max}$.

Lösungen zu Seite 292

1 a) $f'(x) = 2x(3x - 1) + (x^2 + 1) \cdot 3 = 9x^2 - 2x + 3$ (Produktregel)

b) $f'(x) = \frac{4x(x+2) - (2x^2 - 1) \cdot 1}{(x+2)^2} = \frac{2x^2 + 8x + 1}{(x+2)^2}$ (Quotientenregel)

c) $f'(x) = 3(x^2 + 1)^2 \cdot 2x = 6x(x^2 + 1)^2$ (Kettenregel)

d) $f'(x) = 1 \cdot \cos(x) + x \cdot (-\sin(x)) = \cos(x) - x \cdot \sin(x)$ (Produktregel)

e) $f'(x) = 3\cos(3x - 1)$ (Kettenregel)

f) $f'(x) = \frac{\cos(x) \cdot x - \sin(x) \cdot 1}{x^2} = \frac{x\cos(x) - \sin(x)}{x^2}$ (Quotientenregel)

g) $f'(x) = \frac{1}{2\sqrt{3x^2 - 2x}} \cdot (6x - 2) = \frac{3x - 1}{\sqrt{3x^2 - 2x}}$ (Kettenregel)

h) $f'(x) = \frac{2x\sqrt{2x} - x^2 \frac{1}{2\sqrt{2x}} \cdot 2}{2x} = \frac{3x^2}{2x\sqrt{2x}} = \frac{3x}{2\sqrt{2x}}$ (Quotienten- und Kettenregel)

i) $f'(x) = \frac{1}{2\sqrt{x}} \cdot \sin(x) + \sqrt{x} \cdot \cos(x)$ (Produktregel)

2 a) $g'(x) = 2f(x) \cdot f'(x) = 2(f(x))^2 = 2g(x)$

b) $h'(x) = \frac{1}{2\sqrt{f(x)}} \cdot f'(x) = \frac{f(x)}{2\sqrt{f(x)}} = \frac{1}{2}\sqrt{f(x)} = \frac{1}{2}h(x)$

c) $k'(x) = -\frac{1}{(f(x))^2} \cdot f'(x) = -\frac{f(x)}{(f(x))^2} = -\frac{1}{f(x)} = -k(x)$

3 a) $F(x) = 2x^2 + \frac{1}{4}x^4$ b) $F(x) = -\frac{1}{2}\cos(2x + 1)$

c) $F(x) = \frac{1}{3}(4 - 5x)^3 \cdot \left(-\frac{1}{5}\right) = -\frac{1}{15}(4 - 5x)^3$

d) $f(x) = x^4 + 2x^2 + 1 \Rightarrow F(x) = \frac{1}{5}x^5 + \frac{2}{3}x^3 + x$ e) keine Stammfunktion möglich

f) $f(x) = 4 \cdot (3x - 1)^{\frac{1}{2}} \Rightarrow F(x) = 4 \cdot \frac{2}{3}(3x - 1)^{\frac{3}{2}} \cdot \frac{1}{3} = \frac{8}{9} \cdot (3x - 1)\sqrt{3x - 1}$

4 Es ist $f(1) = 0$ und $f'(1) = 0$, $f''(1) \neq 0$ (Extrempunkt).
$g(1) = 1 \cdot f(1) = 1 \cdot 0 = 0 \Rightarrow (1|0)$ liegt auf dem Graphen von g
$g'(x) = 1 \cdot f(x) + x \cdot f'(x) \Rightarrow g'(1) = 1 \cdot f(1) + 1 \cdot f'(1) = 1 \cdot 0 + 1 \cdot 0 = 0$
$g''(x) = f'(x) + 1 \cdot f'(x) + x \cdot f''(x) \Rightarrow g''(1) = 2 \cdot f'(1) + x \cdot f''(1) = 2 \cdot 0 + 1 \cdot f''(1) = f''(1) \neq 0$
Also ist $(1|0)$ auch Extrempunkt von $g(x)$.

5 a) Nullstellen: $-x^3 + 3ax^2 = 0 \Leftrightarrow x^2 \cdot (-x + 3a) = 0 \Leftrightarrow x = 0 \vee x = 3a$
Bedingung: $f_a'(1) = 3$ Es ist $f_a'(x) = -3x^2 + 6ax$, also $f_a'(1) = -3 + 6a$
Aus $-3 + 6a = 3$ folgt $a = 1$
b) Bedingung für Extrempunkte: $f_a'(x) = 0$,
also: $-3x^2 + 6ax = 0 \Leftrightarrow 3x(-x + 2a) = 0 \Leftrightarrow x = 0 \vee x = 2a$
$f(2a) = 4a^3 \Rightarrow E_1(2a|4a^3)$, $E_2(0|0)$
Parameterelimination: $x = 2a \Rightarrow a = \frac{x}{2}$ also: $y = 4a^3 = 4 \cdot \left(\frac{x}{2}\right)^3 = \frac{1}{2}x^3$
(auch E_2 liegt auf dieser Kurve)
c) Bedingung für Wendepunkte: $f_a''(x) = 0$,
also: $-6x + 6a = 0 \Leftrightarrow -6x + 6a = 0 \Leftrightarrow x = a$
$f(a) = 2a^3 \Rightarrow W(a|2a^3)$ Parameterelimination: $x = a$ also: $y = 2a^3 = 2x^3$

6 a) Nullstellen: $f_a(x) = 0$ also: $4 - a^2x^2 = 0 \Rightarrow x = -\frac{2}{a} \vee x = \frac{2}{a}$
Wegen der Achsensymmetrie der Funktion gilt für den Flächeninhalt:
$$A = 2 \cdot \int_0^{\frac{2}{a}} 4 - a^2x^2\,dx = 2 \cdot \left[4x - \frac{1}{3}a^2x^3\right]_0^{\frac{2}{a}} = 2 \cdot \left(\frac{8}{a} - \frac{8}{3a}\right) = \frac{32}{3a}$$
b) Bedingung: $\frac{32}{3a} = 1 \Leftrightarrow 3a = 32 \Leftrightarrow a = \frac{32}{3}$
Für $a = \frac{32}{3}$ hat der Flächeninhalt den Wert 1.

7 $f_a(x) = \frac{2x}{x^2 + a} \Rightarrow f_a'(x) = \frac{2(x^2 + a) - 2x \cdot 2x}{(x^2 + a)^2} = \frac{-2x^2 + 2a}{(x^2 + a)^2}$
Bedingung für Extrempunkte: $f_a'(x) = 0$, also: $-2x^2 + 2a = 0$
$\Rightarrow x = -\sqrt{a} \vee x = \sqrt{a}$ (nur für $a \geq 0$)
$f_a(\pm\sqrt{a}) = \pm\frac{1}{\sqrt{a}} \Rightarrow E_1\left(\sqrt{a}\,\middle|\,\frac{1}{\sqrt{a}}\right)$, $E_2\left(-\sqrt{a}\,\middle|\,-\frac{1}{\sqrt{a}}\right)$
(nur für $a > 0$, für $a = 0$ ist es kein Extrempunkt)
Parameterelimination: $x = \sqrt{a} \Rightarrow a = x^2$ also: $y = \frac{1}{\sqrt{a}} = \frac{1}{x}$ (auch alle E_2 liegen auf dieser Kurve)

8 Nullstellen sind die Nullstellen des Zählerpolynoms, Polstellen sind die Nullstellen des Nennerpolynoms, eine hebbare Definitionslücke liegt vor, wenn die Nullstelle des Nennerpolynoms nach Kürzen verschwindet.
a) Nullstellen: 2 und -3, Polstellen: -1 und 4
b) $f(x) = \frac{x^2 + 1}{(x + 1)(x - 1)}$ Nullstellen: keine, Polstellen: -1 und 1
c) $f(x) = \frac{(x - 3)^2}{x(x - 3)} = \frac{x - 3}{x}$ Nullstelle: keine (da f(x) bei 3 nicht definiert),
Polstelle: 0, hebbare Definitionslücke: 3

Lösungen zu Seite 293

9 a) Polstelle: $\frac{4}{3}$, Asymptote: $y = 0$ (Nenner wächst stärker als Zähler bei $x \to \pm\infty$)
Schnittpunkte mit x-Achse: keine, Schnittpunkt mit y-Achse: $(0|-0{,}5)$
b) Polstelle: -3, Asymptote: $y = 2$ $\left(\frac{2x}{x}\text{ bei } x \to \pm\infty\right)$
Schnittpunkt mit x-Achse: $(2{,}5|0)$, Schnittpunkt mit y-Achse: $\left(0\middle|-\frac{5}{3}\right)$
c) Polstellen: -1 und 1, Asymptote: $y = 0$ (Nenner wächst stärker als Zähler bei $x \to \pm\infty$)
Schnittpunkt mit x-Achse: keine, Schnittpunkt mit y-Achse: $(0|-4)$
d) Polstellen: 2 und -1, Asymptote: $y = 0$ (Nenner wächst stärker als Zähler bei $x \to \pm\infty$)
Schnittpunkt mit x-Achse und mit y-Achse: $(0|0)$

10 (A) $f(x) = \frac{(x + 3)(x - 5)}{(x + 2)(x - 1)}$ (B) $f(x) = \frac{3x}{x - 2}$
(C) Polstelle: 2, Asymptote: $y = 2$, Nullstelle: -2, Schnittpunkt mit y-Achse:
$(0|-2) \Rightarrow f(x) = \frac{2x + 4}{x - 2}$
(D) Polstellen: -2 und 2, Asymptote: $y = 0$, Nullstelle: $0 \Rightarrow f(x) = \frac{x}{(x + 2)(x - 2)}$

11 a) $f'(x) = \frac{3x^2(x^2 - 3) - x^3 \cdot 2x}{(x^2 - 3)^2} = \frac{x^4 - 9x^2}{(x^2 - 3)^2} \Rightarrow f'(1) = -2$
b) $f'(x) = 0 \Rightarrow x^4 - 9x^2 = 0 \Rightarrow x^2(x^2 - 9) = 0 \Rightarrow x = 0 \vee x = -3 \vee x = 3$
c) Bedingung: $f'(x) > 0$. Das Nennerpolynom ist wegen des Quadrats immer positiv, also lautet die Bedingung: $x^2(x^2 - 9) = 0$. Wegen $x^2 > 0$ folgt $x^2 - 9 > 0$ $\Rightarrow x^2 > 9$. Das ist erfüllt für die Intervalle $]-\infty; -3[$ und $]3; \infty[$.

12 a) $f(x) = \frac{2x}{x(x + 1)} = \frac{2}{x + 1}$ Definitionslücken: 0 (hebbar) und -1 (Polstelle)
b) Nullstellen des Zählerpolynoms sind -4 und $-2 \Rightarrow f(x) = \frac{(x + 4)(x + 2)}{(x + 4)(x + 1)} = \frac{x + 2}{x + 1}$
Definitionslücken: -4 (hebbar) und -1 (Polstelle)

13 $\frac{1}{f} = \frac{1}{g} + \frac{1}{b} \Rightarrow \frac{1}{g} = \frac{1}{f} - \frac{1}{b} = \frac{b - f}{f \cdot b} \Rightarrow g = \frac{f \cdot b}{b - f}$ für f = 5cm ergibt sich: $g(b) = \frac{5b}{b - 5}$
Die Polstelle ist 5, d.h. bei einem Abstand zwischen Linse und Film von 5 cm müsste der zu fotografierende Gegenstand unendlich weit weg sein. Die Asymptote ist $y = 5$, d.h. der Gegenstand muss mehr als 5 cm von der Linse entfernt sein.
Für 5 cm < b < 10 cm ergibt sich für den Gegenstandsbereich, in dem scharf gestellt werden kann: $g \geq 10$ cm.

Lösungen zu Seite 294

14 (A) wahr, denn $f'(x) = \cos(x)$, $f''(x) = -\sin(x)$, sodass
$f(x) + f''(x) = \sin(x) + (-\sin(x)) = 0$
(B) wahr, denn $\sin'\left(\frac{3\pi}{4}\right) = \cos\left(\frac{3\pi}{4}\right) = -\left(\frac{\sqrt{2}}{2}\right)$ und $\cos'\left(\frac{3\pi}{4}\right) = -\sin\left(\frac{3\pi}{4}\right) = -\left(\frac{\sqrt{2}}{2}\right)$
(C) wahr, denn eine Stammfunktion zu $f(x) = \sin(x)$ ist $F(x) = -\cos(x)$,
$F(2\pi) = -\cos(2\pi) = -1$ und
$F(0) = -\cos(0) = -1$
$$\Rightarrow \int_0^{2\pi} \sin(x)\,dx = F(2\pi) - F(0) = 0$$
(D) falsch, denn $\int_{-\frac{\pi}{2}}^{\frac{\pi}{2}} \sin(x)\,dx = -\cos\left(\frac{\pi}{2}\right) - \left(-\cos\left(\frac{\pi}{2}\right)\right) = -0 - 0 = 0$ und
$$\int_{-\frac{\pi}{2}}^{\frac{\pi}{2}} \cos(x)\,dx = \sin\left(\frac{\pi}{2}\right) - \sin\left(-\frac{\pi}{2}\right) = 1 - (-1) = 2$$
Alternative Begründung: Der orientierte Flächeninhalt unter dem Graphen der sin-Funktion zwischen $-\frac{\pi}{2}$ und $\frac{\pi}{2}$ ist 0, der orientierte Flächeninhalt unter dem Graphen der cos-Funktion zwischen diesen Grenzen ist größer 0.

15 (A) $f(x) = 3\sin\left(\frac{1}{2}\left(x - \frac{\pi}{2}\right)\right) - 2 = 3\sin\left(\frac{1}{2}x - \frac{\pi}{4}\right) - 2$
(B) Amplitude $a = 1{,}5$; Periode $4\pi \Rightarrow b = \frac{2\pi}{4\pi} = \frac{1}{2}$; Phasenverschiebung $c = \frac{\pi}{2}$;
vertikale Verschiebung $d = 1 \Rightarrow f(x) = 1{,}5\sin\left(\frac{1}{2}\left(x - \frac{\pi}{2}\right)\right) + 1 = 1{,}5\sin\left(\frac{1}{2}x - \frac{\pi}{4}\right) + 1$

16 a) Amplitude: 2; Periode: $\frac{2\pi}{0{,}5} = 4\pi$

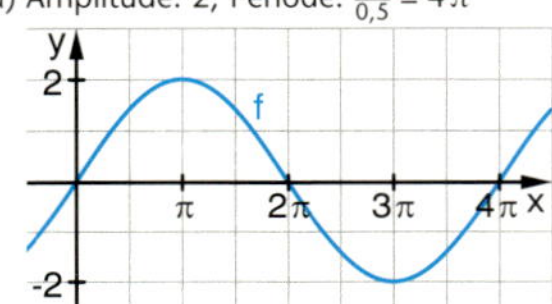

b) Hochpunkt $(\pi|2)$, Tiefpunkt $(3\pi|-2)$, Wendepunkte $(0|0)$, $(2\pi|0)$, $(4\pi|0)$.
c) $A = \int_0^{2\pi} 2\sin(0{,}5x)\,dx = [-4\cos(0{,}5x)]_0^{2\pi} = -4\cos(\pi) - (-4\cos(0))$
$= -4 \cdot (-1) + 4 \cdot 1 = 8$

17 a) $f_a'(x) = -a \cdot \cos(ax)$ $f_1(\pi) = -\cos(\pi) = -(-1) = 1$
$f_2(\pi) = -2\cos(2\pi) = -2 \cdot 1 = -2$ $f_4(\pi) = -4\cos(4\pi) = -4 \cdot 1 = -4$
b) a = 1 a = 2 a = 4

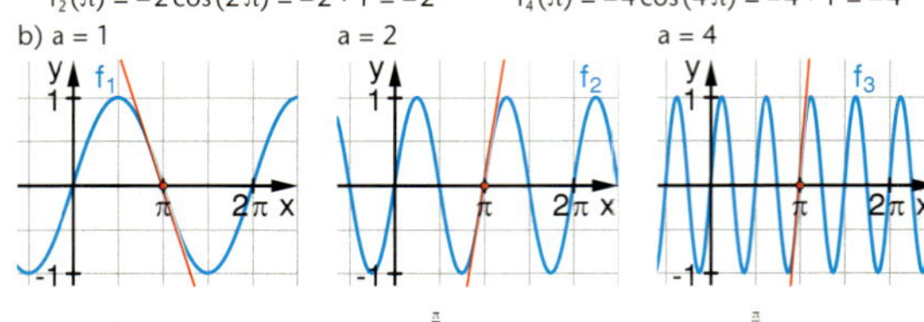

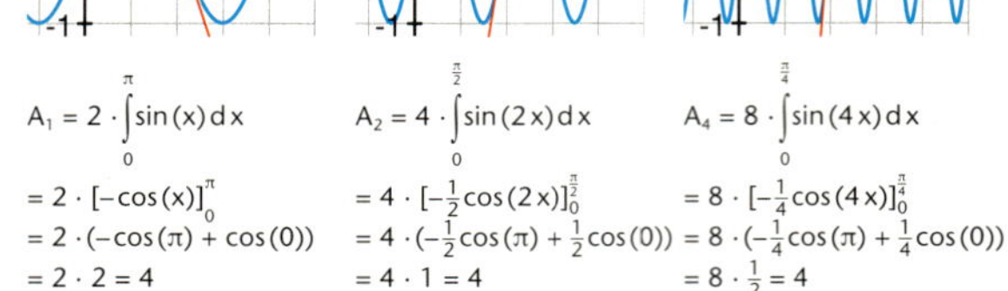

$A_1 = 2 \cdot \int_0^{\pi} \sin(x)\,dx$ $A_2 = 4 \cdot \int_0^{\frac{\pi}{2}} \sin(2x)\,dx$ $A_4 = 8 \cdot \int_0^{\frac{\pi}{4}} \sin(4x)\,dx$
$= 2 \cdot [-\cos(x)]_0^{\pi}$ $= 4 \cdot \left[-\frac{1}{2}\cos(2x)\right]_0^{\frac{\pi}{2}}$ $= 8 \cdot \left[-\frac{1}{4}\cos(4x)\right]_0^{\frac{\pi}{4}}$
$= 2 \cdot (-\cos(\pi) + \cos(0))$ $= 4 \cdot \left(-\frac{1}{2}\cos(\pi) + \frac{1}{2}\cos(0)\right)$ $= 8 \cdot \left(-\frac{1}{4}\cos(\pi) + \frac{1}{4}\cos(0)\right)$
$= 2 \cdot 2 = 4$ $= 4 \cdot 1 = 4$ $= 8 \cdot \frac{1}{2} = 4$
Die Flächeninhalte sind gleich groß.

18 a) Der Graph dreht sich mit wachsendem k gegen den Uhrzeigersinn um den Ursprung, die Amplitude wird kleiner, die Periode größer.

b) $\int_0^{2\pi} (kx + \sin(x))\,dx = \left[\frac{k}{2}x^2 - \cos(x)\right]_0^{2\pi}$

$= 2k\pi^2 - \cos(2\pi) - (0 - \cos(0)) = 2k\pi^2 - 1 + 1 = 2k\pi^2$

c) Allgemeine Tangentengleichung: $t(x) = f'(a)(x - a) + f(a)$

hier: $a = \pi$, $f(\pi) = k\pi + \sin(\pi) = k\pi$, $f'(\pi) = k + \cos(\pi) = k - 1$;

also: $t_k(x) = (k - 1)(x - \pi) + k\pi = (k - 1)x + \pi$

Schnitt zweier Tangenten ($c \neq d$): $t_c(x) = t_d(x) \Rightarrow (c - 1)x + \pi = (d - 1)x + \pi$

$\Rightarrow cx = dx \Rightarrow x = 0$

$\Rightarrow$ alle Tangenten t_k schneiden sich im Punkt $(0\,|\,\pi)$.

Geometrische Argumentation: Alle Tangenten haben unabhängig von k den y-Achsenabschnitt π, die Steigung wächst von -1 bis 1, d.h. die Tangente dreht sich mit wachsendem k um $(0\,|\,\pi)$.

19 a) Periode: $\frac{2\pi}{0{,}0172} \approx 365$ (Tage)

b) Gesucht: Extremstellen von f

$f(x) = 4{,}15\sin(0{,}0172x - 1{,}38202) + 12{,}05$

$\Rightarrow f'(x) = 4{,}15 \cdot 0{,}0172 \cdot \cos(0{,}0172x - 1{,}38202)$

$\Rightarrow f''(x) = -4{,}15 \cdot 0{,}0172^2 \sin(0{,}0172x - 1{,}38202)$

$f'(x) = 0 \Rightarrow \cos(0{,}0172x - 1{,}38202) = 0$

$\Rightarrow 0{,}0172x - 1{,}38202 = \frac{\pi}{2} \vee 0{,}0172x - 1{,}38202 = -\frac{\pi}{2}$

$\Rightarrow x \approx 172 \vee x \approx 354 \quad f''(172) \approx -0{,}0012 < 0 \quad f''(354) \approx 0{,}0012 > 0$

$f(172) \approx 16{,}2 \quad f(354) \approx 7{,}9$

$\Rightarrow$ Der längste Tag ist der 172. (21.6. mit 16,2 h), der kürzeste der 354. (20.12. mit 7,9 h)

c) Momentane Änderungsrate (1. Ableitung) ist maximal, wenn die 2. Ableitung = 0 ist (Wendepunkt).

$f''(x) = 0 \Rightarrow \sin(0{,}0172x - 1{,}38202) = 0$

$\Rightarrow 0{,}0172x - 1{,}38202 = 0 \vee 0{,}0172x - 1{,}38202 = \pi$

$\Rightarrow x \approx 80 \vee x \approx 263 \Rightarrow$ Die momentane Änderungsrate ist am 80. Tag (21.3.) und am 263. Tag (20.9.) am größten.

Lösungen zu Seite 328

1 a) $f(x) = b^x$ mit $b > e$ (z.B. $b = e^{1,5}$)

$g(x) = d^x$ mit $0 < d < \frac{1}{e}$ $\left(\text{z.B. } d = \frac{1}{e^2}\right)$

b) Sei $f(x) = b^x$ mit $b > 0$. Annahme: $f'(0) = 0$. Damit folgt für alle $x \in \mathbb{R}$:

$f'(x) = f'(0) \cdot b^x = 0 \cdot b^x = 0$. Das würde bedeuten, dass $f(x) = b^x$ eine konstante Funktion ist. Widerspruch!

2 a) Es gilt nach der Kettenregel: $f'(x) = e^{-x} \cdot (-x)' = -e^{-x}$

b) Die Tangente an den Graphen von $g(x) = e^x$ im Punkt $(0\,|\,1)$ hat die Steigung 1. Der Graph von f geht aus dem Graphen von g durch das Spiegeln an der y-Achse hervor, gleiches gilt für seine Tangente im Punkt $(0\,|\,1)$. Dort hat der Graph von f somit die Steigung -1, also gilt: $f'(0) = -1$.

Mit $f'(x) = f'(0) \cdot e^{-x}$ folgt die Behauptung.

3 a) Z.B. $f(x) = e^{0,5x} \Rightarrow f'(x) = 0{,}5\,e^{0,5x}$

b) Z.B. $f(x) = e^{1,5x} \Rightarrow f'(x) = 1{,}5\,e^{1,5x}$

c) Z.B. $f(x) = e^{-1,5x} \Rightarrow f'(x) = -1{,}5\,e^{-1,5x}$

4 a) (1) $g(x) = e^{-x}$

(2) $g(x) = -e^x$

(3) $g(x) = e^{x+3}$

(4) $g(x) = e^x + 2$

b) f: Verschiebung um 2 in positive x-Richtung, Verschiebung um 1 in negative y-Richtung

g: Spiegelung an der y-Achse, Streckung mit Faktor 3 entlang der y-Achse

h: Verschiebung um 2 in die positive x-Richtung, Verschiebung um 1 in die negative y-Richtung

5

	$f'(x)$	$f''(x)$
a)	$1{,}5\,e^{0,5x}$	$0{,}75\,e^{0,5x}$
b)	$2e^{2x} - 2x$	$4e^{2x} - 2$
c)	$(3 + 2x) \cdot e^x$	$(5 + 2x) \cdot e^x$
d)	$(x^2 + 2x - 1) \cdot e^x$	$(x^2 + 4x + 1) \cdot e^x$
e)	$\frac{6}{2x+1}$	$-\frac{12}{(2x+1)^2}$
f)	$\ln(x) + 1$	$\frac{1}{x}$
g)	$\frac{2}{x}$	$-\frac{2}{x^2}$
h)	$e^{\sin(x)} \cdot \cos(x)$	$e^{\sin(x)} \cdot [(\cos(x))^2 - \sin(x)]$

6 a) $e - \frac{1}{e^2} \approx 2{,}58$ b) $2 \cdot \ln(8) \approx 4{,}16$

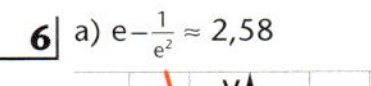
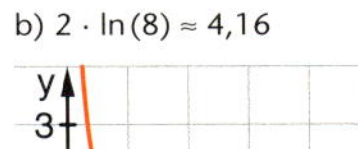
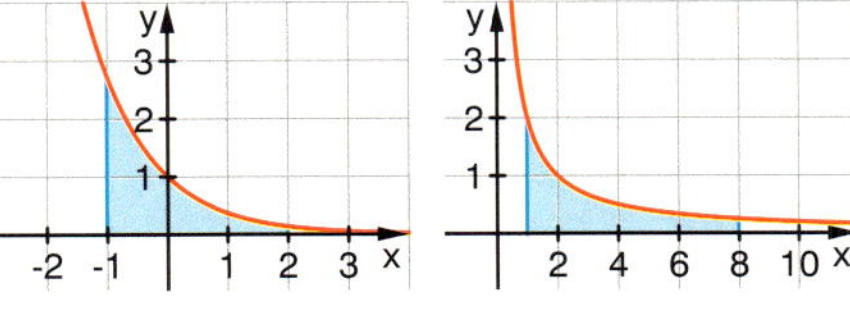

c) $e^k - e^{-k}$ d) $e^2 - \frac{1}{e} - 3 \approx 4{,}02$

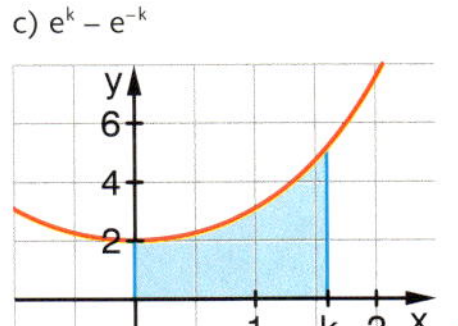
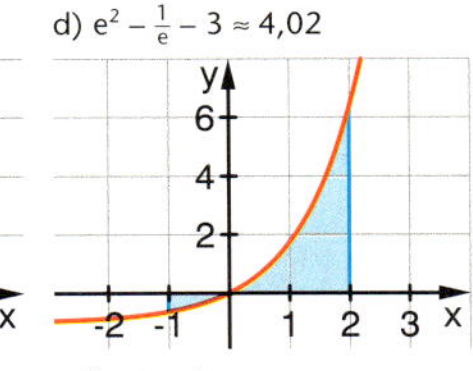

e) $\frac{1}{m}(e^{2m} - 1)$ f) $\frac{1}{2}(e^6 - e^2) + 2 \approx 200{,}02$

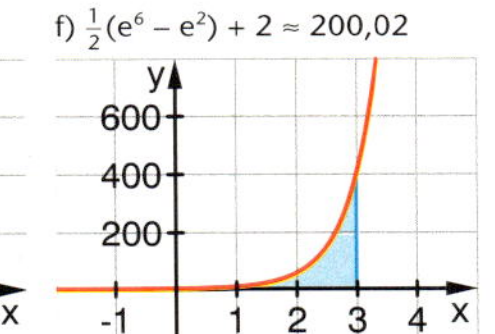

Lösungen zu Seite 329

7 a) $x = 0{,}5 \cdot \ln(2000)$

b) $x = \ln(6)$

c) $x = 2 \cdot \ln(11)$

d) $x = e^5 - 1$

8 Es gilt: $f'(x) = a \cdot e^x = f(x)$ sowie $g'(x) = e^{x+c} \cdot (x + c)' = e^{x+c} = g(x)$

Weitere Funktion mit $h'(x) = h(x)$: $h(x) = a \cdot e^{x+c}$

9 Allgemein lautet die Tangentengleichung an den Graphen von f an der Stelle x_0:

$y(x) = f'(x_0) \cdot (x - x_0) + f(x_0)$

Hier gilt also:

$y(x) = ke^{k \cdot x_0} \cdot (x - x_0) + e^{k \cdot x_0}$

$y(x) = k \cdot x + 1$

10 a) $f'(2) = 0{,}5 \cdot e \approx 1{,}36$

b) $x = 2 \cdot \ln(8) \approx 4{,}16$

c) $x = 2 \cdot \ln(30) \approx 6{,}80$

d) $\int_0^1 f(x)\,dx = 2 \cdot (\sqrt{e} - 1)$

11 a) Genau eine Nullstelle: $x = 0{,}5$

Genau ein Tiefpunkt: $T(-0{,}5\,|\,-2 \cdot e^{-0,5})$

Genau ein Wendepunkt: $W(-1{,}5\,|\,-4 \cdot e^{-1,5})$

Verhalten für $x \to +\infty$: $f(x) \to +\infty$

Verhalten für $x \to -\infty$: $f(x) \to 0$ (negativer Bereich der x-Achse als Asymptote)

b) keine Nullstellen

keine Extrempunkte, genau ein Wendepunkt, der ein Sattelpunkt ist: $S\left(1\,\middle|\,\frac{2}{e}\right)$

Verhalten für $x \to +\infty$: $f(x) \to 0$ (positiver Bereich der x-Achse als Asymptote)

Verhalten für $x \to -\infty$: $f(x) \to +\infty$

12 a) Funktionen mit k = 1; 2; −10 entsprechend, denn es gilt: $f_k'(0) = k$

b) $x = \frac{1}{k} \cdot \ln(10)$

c) $A_k = \int_0^1 e^{kx} dx = \frac{1}{k} \cdot (e^k - 1)$

k kann numerisch bestimmt werden. Beispiel: In der Wertetabelle die zu $\frac{1}{x} \cdot (e^x - 1) > 10$ passenden x finden.

Es gilt: $A_k > 10$, wenn $k > 3{,}615$; $A_k < 1$, wenn $k < 0$

13 a) Nach dem Einsetzen von x = 0 in den Term für f_k gilt: $f_k(0) = 1 - k$.

Damit folgt: $f_k(0) = 0 \Rightarrow k = 1$

$f_k(0) = 1 \Rightarrow k = 0$

$f_k(0) = 2 \Rightarrow k = -1$

b) $f_k'(x_E) = 0 \Leftrightarrow x_E = \ln\left(\frac{1}{2k}\right)$ und $k > 0$.

Es gilt: $f_k''(x_E) < 0$.

Also folgt: Für $k \leq 0$ hat f_k keine Extrempunkte.

Für $k > 0$ hat f_k genau einen Hochpunkt:

$H_k\left(\ln\left(\frac{1}{2k}\right) \middle| \frac{1}{4k}\right)$

Ortslinie der Hochpunkte für $k > 0$: $h(x) = 0{,}5\,e^x$

c) Der Schnittpunkt von f_k mit der y-Achse: $(0 | 1 - k)$

Die Tangentengleichung: $y(x) = (1 - 2k) \cdot x + (1 - k)$

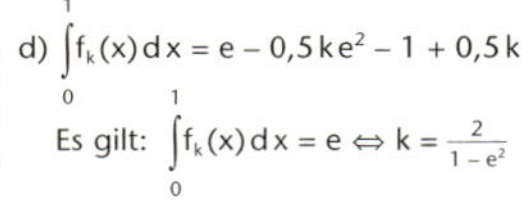

d) $\int_0^1 f_k(x)\,dx = e - 0{,}5\,k e^2 - 1 + 0{,}5\,k$

Es gilt: $\int_0^1 f_k(x)\,dx = e \Leftrightarrow k = \frac{2}{1 - e^2}$

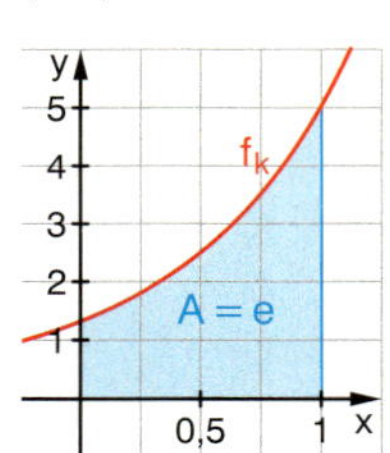

Lösungen zu Seite 330

14 a) Aus den Bedingungen für die Verdopplungszeit $\frac{\ln(2)}{k} = 3$ und für den Anfangsbestand $f(0) = A = 20\,000$ folgt: $f(x) = 20\,000 \cdot e^{\frac{1}{3} \cdot \ln(2) \cdot x}$

b) Ohne Rechnung: Nach 6 Jahren wird sich der Bestand zweimal verdoppelt haben, also 80 000 Tiere betragen. Der Bestand nach 1 bzw. nach 4 Jahren:

$f(1) = 20\,000 \cdot e^{\frac{1}{3} \cdot \ln(2) \cdot 1} \approx 25\,198$

$f(4) = 2 \cdot f(1) \approx 50\,396$

c) Dazu kann man z.B. die Gleichung $f(x) = 10^6$ lösen:

Nach $x = 3 \cdot \frac{\ln(50)}{\ln(2)} \approx 16{,}3$ Jahren. Das Modell berücksichtigt nicht, dass das Raum- und Nahrungsmittelangebot begrenzt ist.

15 a)

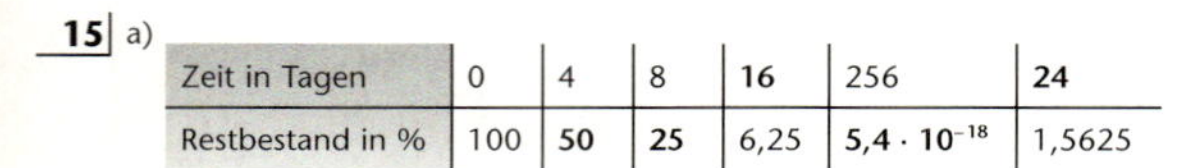

Zeit in Tagen	0	4	8	16	256	24
Restbestand in %	100	**50**	**25**	6,25	**5,4 · 10^−18**	1,5625

b) Die (2) passt exakt, die (4) näherungsweise.

c) Nach ca. 22,6 Tagen: $f(x) = 2 \Leftrightarrow x = 4 \cdot \frac{\ln(0{,}02)}{\ln(0{,}5)} \approx 22{,}6$

16 a) 85 °C, da f(0) = 85 gilt

b) 20 °C, da gilt: $f(x) \to 20$ für $x \to +\infty$

c) ca. 23 °C, da $f(15) \approx 23$ gilt

d) Nach ca. 6 min, da gilt: $f(x) = 40 \Leftrightarrow x = -5 \cdot \ln\left(\frac{20}{65}\right) \approx 5{,}89$

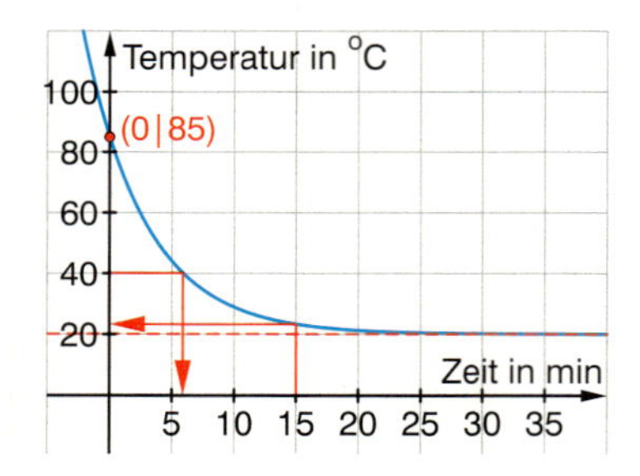

17 a) 15 000 m², da f(0) = 15 gilt

b) Langfristig bildet sich die algenbedeckte Fläche zurück, denn $f(x) \to 0$ für $x \to +\infty$.

c) Nach ca. 2,5 Monaten ist die algenbedeckte Fläche maximal und beträgt ca. 28 000 m².

Begründung: f(x) hat einen Hochpunkt $H\left(2{,}5 \middle| 15 \cdot e^{0{,}625}\right)$. Für $x_E = 2{,}5$ gilt nämlich $f'(x_E) = 0$ und $f''(x_E) < 0$.

d) Zeitpunkt der größten Zunahme: $x_1 = 2{,}5 - \sqrt{5} \approx 0{,}264$

Zeitpunkt der größten Abnahme: $x_2 = 2{,}5 + \sqrt{5} \approx 4{,}736$

Begründung:

$f''(x) = 0 \Leftrightarrow 0{,}6\,x^2 - 3x + 0{,}75 = 0$

$\Leftrightarrow x = 2{,}5 - \sqrt{5} \vee x = 2{,}5 + \sqrt{5}$

Lösungen zu Seite 377

1

$f'(x) = 5$	$f(x) = 5x + 10$	A = 10
$f'(x) = 0{,}1$	$f(x) = 0{,}1\,x + 1$	A = 1
$f'(x) = -0{,}3\,f(x)$	$f(x) = 5 \cdot e^{-0{,}3x}$	A = 5
$f'(x) = 0{,}1\,f(x)$	$f(x) = 100 \cdot e^{0{,}1x}$	A = 100

2 a) $f(x) = a \cdot e^{0{,}8x}$

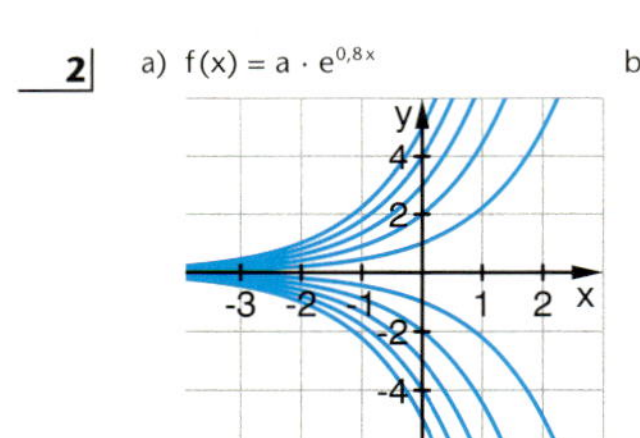

b) $f(x) = 8 \cdot e^{kx}$

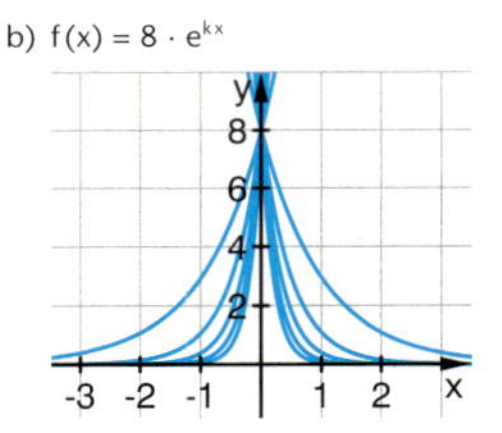

c) $f(x) = 20e^m \cdot e^{-mx}$

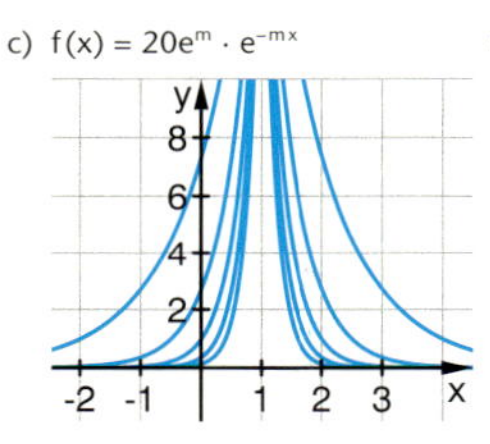

d) $f(x) = x^2 + x + c$

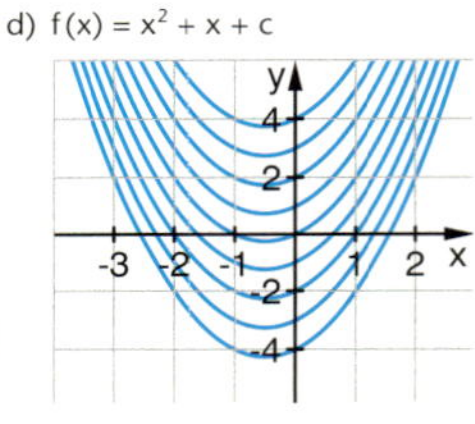

3 a) $f(x) = 20 \cdot 1{,}5^x \approx 20 \cdot e^{0{,}4055x}$; $f'(x) = 0{,}4055 \cdot f(x)$

b) Momentane Änderungsraten:

$f'(0) = 8{,}11$; $f'(1) = 12{,}16$; $f'(2) = 18{,}25$; $f'(3) = 27{,}37$

Durchschnittliche Änderungsraten:

1. Tag: $f(1) - f(0) = 10$

2. Tag: $f(2) - f(1) = 15$

3. Tag: $f(3) - f(2) = 22{,}5$

c) $1\,000\,000 = 20 \cdot e^{0{,}4055x}$

$x = \frac{\ln(50\,000)}{0{,}4055} = 26{,}68$ Tage

$149 \cdot 10^{16} = 20 \cdot e^{0{,}4055x}$

$x = \frac{\ln(74{,}5 \cdot 10^{15})}{0{,}4055}$

$= 95{,}81$ Tage

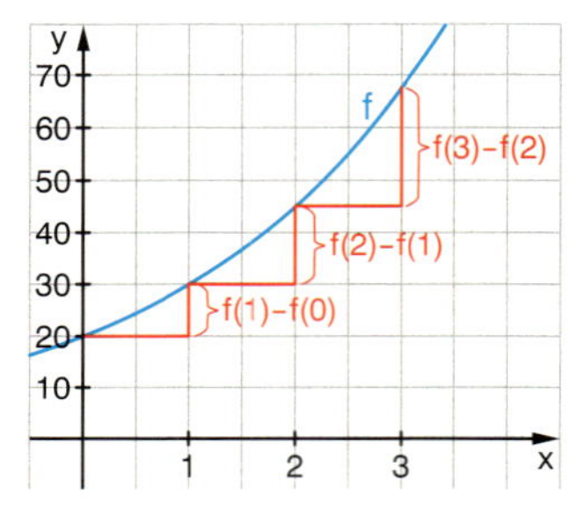

4 Uran: $k = \frac{\ln(0{,}5)}{704 \cdot 10^6} = -9{,}846 \cdot 10^{-10}$

$f'(x) = -9{,}846 \cdot 10^{-10} \cdot f(x)$ $\quad f(x) = A \cdot e^{-9{,}846 \cdot 10^{-10} \cdot x}$

Radium: $k = \frac{\ln(0{,}5)}{1602} = -4{,}327 \cdot 10^{-4}$

$f'(x) = -4{,}327 \cdot 10^{-4} \cdot f(x)$ $\quad f(x) = A \cdot e^{-4{,}327 \cdot 10^{-4} \cdot x}$

Cobalt: $k = \frac{\ln(0{,}5)}{5{,}3} = -0{,}131$

$f'(x) = -0{,}131 \cdot f(x)$ $\quad f(x) = A \cdot e^{-0{,}131 \cdot x}$

Thorium: $k = \frac{\ln(0{,}5)}{0{,}6} = -1{,}155$

$f'(x) = -1{,}155 \cdot f(x)$ $\quad f(x) = A \cdot e^{-1{,}155 \cdot x}$

Nach folgenden Zeiten sind 90 % zerfallen:

Uran: $x = \frac{\ln(0{,}1)}{-9{,}846 \cdot 10^{-10}} = 2338{,}6$ Mio. Jahre

Radium: $x = \frac{\ln(0{,}1)}{-4{,}328 \cdot 10^{-4}} = 5320{,}2$ Jahre

Cobalt: $x = \frac{\ln(0{,}1)}{-0{,}131} = 17{,}58$ Jahre

Thorium: $x = \frac{\ln(0{,}1)}{-1{,}155} = 2$ s

5 $f(x) = A \cdot e^{kx}$
$(0 \mid 6{,}6): A = 6{,}6$
Bsp. $(10 \mid 35{,}5): 35{,}5 = 6{,}6 \cdot e^{10k}$
$\Rightarrow k = \frac{1}{10}\ln\left(\frac{355}{66}\right) \approx 0{,}1682$
2005: $f(19) = 6{,}6 \cdot e^{0{,}1682 \cdot 19} \approx 161{,}4$
2010: $f(24) = 6{,}6 \cdot e^{0{,}1682 \cdot 24} \approx 374{,}27$

6 a) $f(x) = -85 \cdot e^{-0{,}2x} + 100$ b) $f(x) = 8 \cdot e^{-0{,}25x} + 10$

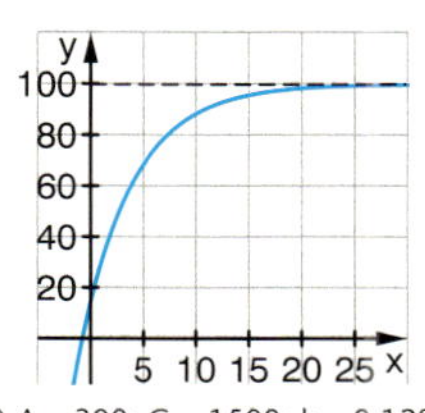

c) $A = 300;\ G = 1500;\ k = 0{,}128$: $f'(x) = 0{,}128 \cdot (1500 - f(x))$
d) $A = 2;\ G = 1;\ k = 0{,}45$: $f'(x) = 0{,}45 \cdot (1 - f(x))$

7 Mit $f(x) = -10 \cdot e^{-0{,}5x} + G$ ist $f(0) = G - 10$
$\Rightarrow f'(x) = 5 \cdot e^{-0{,}5x}$
Einsetzen in DGL: $5 \cdot e^{-0{,}5x} = 0{,}5(G - (-10e^{-0{,}5x} + G))$
$= 0{,}5 \cdot 10e^{-0{,}5x} = 5 \cdot e^{-0{,}5x}$

Lösungen zu Seite 378

8 a) In einem 25 °C warmen Raum wird ein 5 °C kaltes Glas Saft auf den Tisch gestellt. Wie verläuft der Erwärmungsprozess des Saftes bei unterschiedlichen Gefäßen?
b) Eine Tierpopulation von 50 Tieren wächst mit der Wachstumskonstanten $k = 0{,}3$ in unterschiedlich großen Gebieten.
c) Patienten haben zu Beginn einer Medikation unterschiedliche Mengen eines Medikamentes im Blut. Täglich wurden 40 mg dieses Medikamentes verabreicht. Der Abbau des Medikamentes erfolgt mit einer Wachstumskonstanten von $k = -0{,}2$.

9 a) $f'(x) = \ln(0{,}75) \cdot f(x) + 50,\ A = 0$
$f(x) = \frac{50}{\ln(0{,}75)} \cdot e^{\ln(0{,}7) \cdot x} - \frac{50}{\ln(0{,}75)}$
langfristig: $-\frac{50}{\ln(0{,}75)}\,g \approx 173{,}8\,g$
b) $100 = \frac{-b}{\ln(0{,}75)} \Rightarrow b \approx 28{,}8\,g$
c) $180 = \frac{-b}{\ln(0{,}7)} \Rightarrow b \approx 64{,}2\,g$

10 a) $A = 25;\ k = 0{,}003;\ G = 90$
$f(x) = \frac{2250}{25 + 65 \cdot e^{-0{,}27x}}$

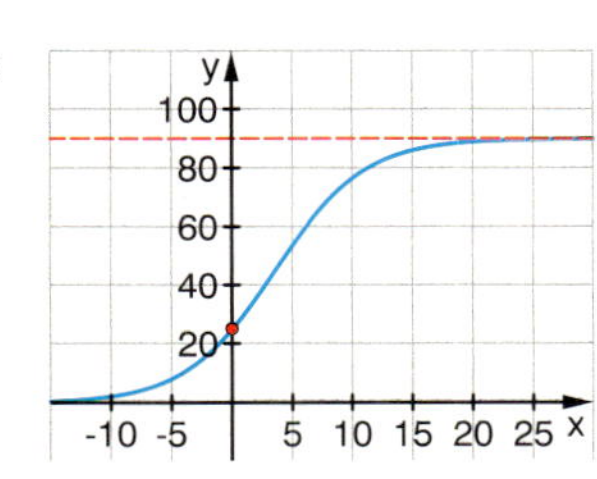

b) $A = 450;\ k = 0{,}0001;\ G = 1200$
$f(x) = \frac{540\,000}{450 + 750 \cdot e^{-0{,}12x}}$

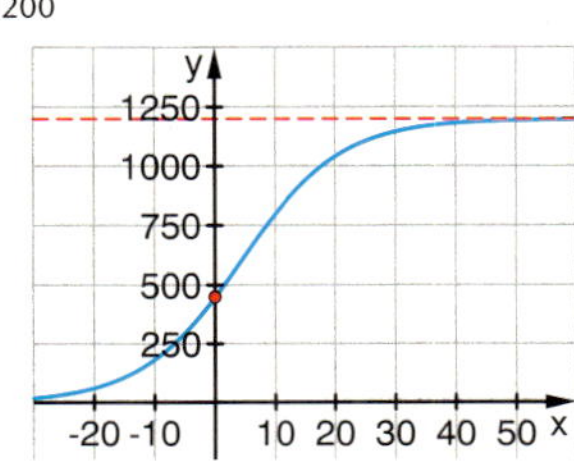

c) $A = 2;\ G = 8;\ k = 0{,}03$
$f'(x) = 0{,}03 \cdot f(x) \cdot (8 - f(x))$
d) $A = 100;\ G = 200;\ k = 0{,}001\,25$
$f'(x) = 0{,}001\,25 \cdot f(x) \cdot (200 - f(x))$

11 Einsetzen von $A = \frac{G}{2}$ in $f(x) = \frac{AG}{A + (G - A) \cdot e^{-kGx}}$:
$f(x) = \frac{\frac{G^2}{2}}{\frac{G}{2} + \frac{G}{2} \cdot e^{-kGx}} = \frac{G}{1 + e^{-kGx}}$
Besonderheit: Der Anfangswert entspricht dem Wendepunkt.

12 a) $(3 \mid 22);\ A = f(0) = 6;\ G = 30$
① logistisches Wachstum:
$22 = \frac{180}{6 + 24 \cdot e^{-90k}}$
$\Rightarrow k = \frac{\ln(11)}{90} = 0{,}0266$
② begrenztes Wachstum:
$22 = -24 \cdot e^{-3k} + 30$
$\Rightarrow k = -\frac{1}{3}\ln\left(\frac{1}{3}\right) = 0{,}366$
$(3 \mid 22);\ A = f(0) = 6;\ G = 60$
③ logistisches Wachstum:
$22 = \frac{360}{6 + 54 \cdot e^{-180k}}$
$\Rightarrow k = 0{,}009\,17$
④ begrenztes Wachstum:
$22 = -54 \cdot e^{-3k} + 60$
$\Rightarrow k = 0{,}117$

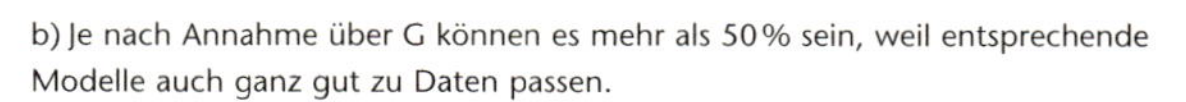
b) Je nach Annahme über G können es mehr als 50 % sein, weil entsprechende Modelle auch ganz gut zu Daten passen.

13 a) (1) $f'(x) = 0{,}75 \cdot f(x)$
$f(0) = 0{,}5$
$f(x) = 0{,}5 \cdot e^{0{,}75x}$

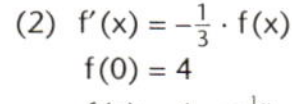
(2) $f'(x) = -\frac{1}{3} \cdot f(x)$
$f(0) = 4$
$f(x) = 4 \cdot e^{-\frac{1}{3}x}$

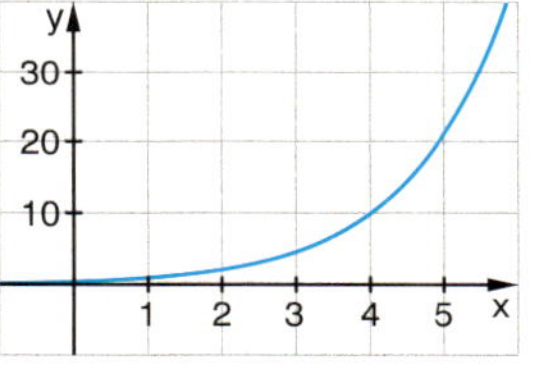

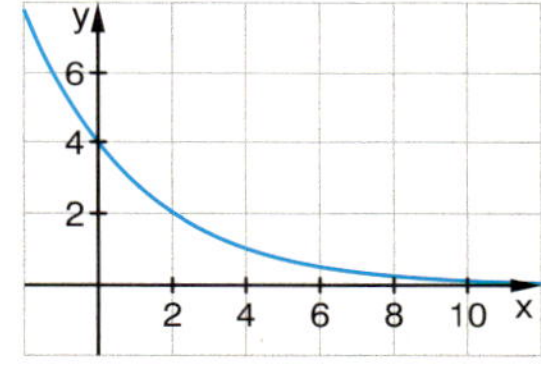

b) (3) $f'(x) = -0{,}5 \cdot f(x) + 1{,}5$
$f(0) = 1$
$f(x) = -2 \cdot e^{-0{,}5x} + 3$

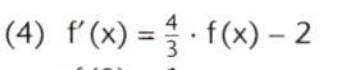
(4) $f'(x) = \frac{4}{3} \cdot f(x) - 2$
$f(0) = 1$
$f(x) = -0{,}5 \cdot e^{\frac{4}{3}x} + 1{,}5$

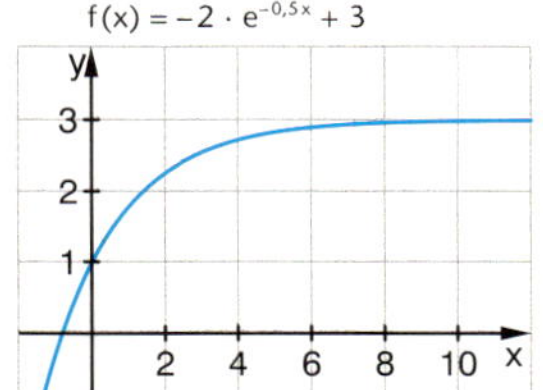

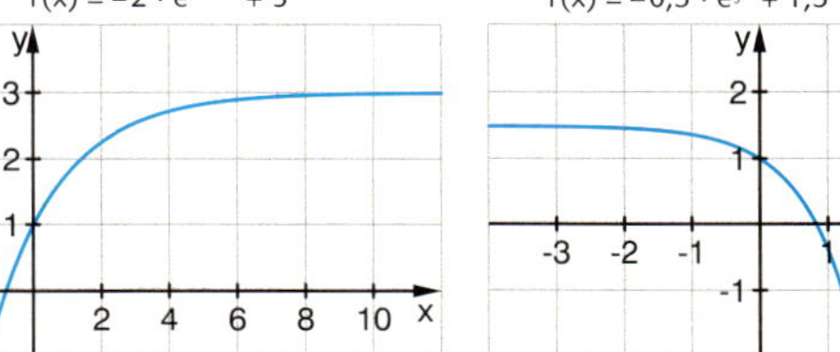

c) (5) $f'(x) = 0{,}5 \cdot f(x) \cdot (3 - f(x))$
$f(0) = 0{,}5$
$f(x) = \frac{1{,}5}{0{,}5 + 2{,}5 \cdot e^{-1{,}5x}}$

(6) $f'(x) = -(f(x) - 2)(f(x) - 4)$
$f(0) = 2$
$f(x) = \frac{12}{2 + 4 \cdot e^{-6x}} - 8$

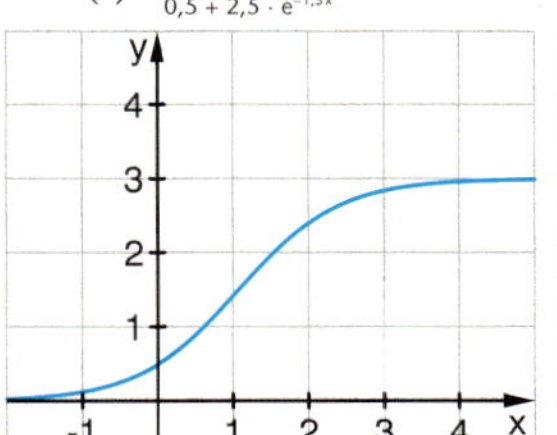

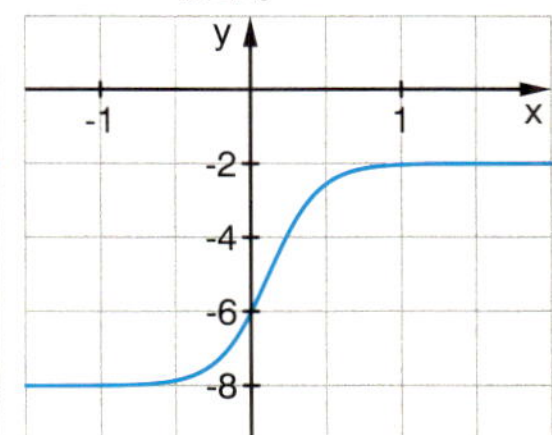

Stichwortverzeichnis

Fotoverzeichnis

10.1: Caro Fotoagentur GmbH, Berlin (Kaiser); 10.2: bildagentur-online, Burgkunstadt; 10.3: Corbis, Düsseldorf (Ted Horowitz); 11 (alle): Schmidt, Günter Prof., Stromberg; 13.1: Picture-Alliance, Frankfurt/M. (dpa/dpaweb); 13.2: Focus Photo- u. Presseagentur, Hamburg (Claude Nuridsany & Marie Perennou/SPL); 14.1: Biosphoto, Berlin (Michel Gunther); 14.3: Cambridge Bay Weather; 15.1: Astrofoto , Sörth; 16.1: varioimages GmbH & Co. KG, Bonn; 17.1: Schmidt, Günter Prof., Stromberg; 17.2: Schmidt, Günter Prof., Stromberg; 17.3: Vogt, Thomas, Hargesheim/Bad Kreuznach; 17.4: Vogt, Thomas, Hargesheim/Bad Kreuznach; 18.1: alimdi.net, Deisenhofen (Michael Szoenyi); 18.2: Visum Foto GmbH, Hamburg (Thomas Pflaum); 18.3: A1PIX /YourPhoto Today, Taufkirchen (DUC); 19.1: mauritiusimages, Mittenwald (go-images); 19.2: varioimages GmbH & Co. KG, Bonn; 22.1: OKAPIA KG Michael Grzimek & Co., Frankfurt (Bengt Hedberg/Naturbild AB); 24.1: mauritiusimages, Mittenwald (ANP Photo); 24.2: argus Fotoarchiv GmbH, Hamburg (Peter Frischmuth); 24.3: LOOK-foto, München (Ingolf Pompe); 27.1: TopicMedia Service, Ottobrunn (Usher); 31.1: varioimages GmbH & Co. KG, Bonn; 32.1: Emsa Werke, Emsdetten; 34.1: Face To Face Bildagentur GmbH, Hamburg; 34.2: mauritiusimages, Mittenwald (Phototake); 35.1: Skate Association Germany e.V., Ingo Steinke, Münster; 35.2: wikipedia.org; 38.1: Picture-Alliance, Frankfurt/M. (dpa); 43.1: Helga Lade Fotoagentur GmbH, Frankfurt/Main; 43.2: Bildagentur Geduldig, Maulbronn; 45.1: Wandmacher, Ingo, Bad Schwartau; 48 (beide): Schmidt, Günter Prof., Stromberg; 59.1: Schmidt, Günter Prof., Stromberg; 63 (alle): Schmidt, Günter Prof., Stromberg; 65.1: bildagentur-online, Burgkunstadt; 65.2: mauritiusimages, Mittenwald (age); 73.1: IPNSTOCK, Berlin (Jim Powell); 74.1: mauritiusimages, Mittenwald (Simone Fichtl); 74.2: mauritiusimages, Mittenwald (imagebroker); 87.1: Juniors Bildarchiv, Ruhpolding; 87.2: Vogt, Thomas, Hargesheim Bad Kreuznach; 87.3: Schmidt, Günter Prof., Stromberg; 87.4: Vogt, Thomas , Hargesheim/Bad Kreuznach; 88.1: Visum Foto GmbH, Hamburg (A. Vossberg); 88.2: Visum Foto GmbH, Hamburg (Sven Doering); 91.1: StockFood GmbH , München (Uwe Bender); 92.1: Bridgeman Berlin, Berlin; 93.1: Visum Foto GmbH, Hamburg (euroluftbild.de); 93.2: Rüsing, Essen; 94 (beide): Schmidt, Günter Prof., Stromberg; 95.1: TV-yesterday, München (W. M. Weber); 96.1: varioimages GmbH & Co. KG, Bonn; 97 (alle): Körner, Henning; 107.2: Weller, Dr. Hubert, Lahnau; 107.3: Körner, Henning; 107.4: Körner, Henning; 108.1: mauritiusimages, Mittenwald (Christian Reister); 108.2: mauritiusimages, Mittenwald (Christian Reister); 108.3: mauritiusimages, Mittenwald (Christian Reister); 109.1: F1online digitale Bildagentur GmbH, Frankfurt/Main (Pacific Stock); 111 (alle): Schmidt, Günter Prof., Stromberg; 112.1: Schmidt, Günter Prof., Stromberg; 113.1: Schmidt, Günter Prof., Stromberg; 113.2: Corbis, Düsseldorf (Joe McDonald); 114.1: Bildarchiv Monheim GmbH, Krefeld (Florian Monheim); 114.2: Druwe&Polastri, Cremlingen/Weddel; 114.3: Schmidt, Günter Prof., Stromberg; 115.1: Schmidt, Günter Prof., Stromberg; 116.1: SPIEGEL-Verlag, Hamburg (Grafik + Text: Spiegel H. 2/2010, S: 129/Foto: FiroSportphoto, Gelsenkirchen (augenklick)); 117.1: akg-images GmbH, Berlin; 122.1: Schmidt, Günter Prof., Stromberg; 124 (alle): Schmidt, Günter Prof., Stromberg; 130.1: go-images, Mittenwald (Wolfgang Ehn); 131.1-4: Schmidt, Günter Prof., Stromberg; 131.5: Corbis, Düsseldorf (Alan Weintraub/Arcaid); 131.6: Picture-Alliance, Frankfurt/M. (dpa); 131.7: mauritiusimages, Mittenwald (Alamy); 132 (alle): Weller, Dr. Hubert, Lahnau; 133.1: imagostock&people/sportfotodienst GmbH, Berlin (blickwinkel); 133.2: plainpicture GmbH & Co. KG, Hamburg (S. Zirwes); 134.1: Druwe&Polastri, Cremlingen/Weddel; 137.1: wikipedia.org (Freeformer); 137.2-4: Körner, Henning; 138.1: Körner, Henning; 139.1: Körner, Henning; 140.1: Körner, Henning; 142.1: Oster, Karlheinz, Mettmann; 143 (beide): Olga Scheid, Oldenburg; 144.1: imagostock&people/sportfotodienst GmbH, Berlin (McPHOTO/Bäsemann); 144.2: Republicof Fritz Hansen AG, Düsseldorf; 144.3: Republicof Fritz Hansen AG, Düsseldorf; 145.1: LOOK-foto, München (H. & D. Zielske); 147.1: Schmidt, Günter Prof., Stromberg; 150.1: IKEA Deutschland GmbH & Co. KG, Hofheim-Wallau (Inter IKEA Systems B.V.); 150.2: Druwe&Polastri, Cremlingen/Weddel; 151.1: Riva Industria-MobiliSpA, Cantù (CO); 155.1: A1PIX /YourPhoto Today, Taufkirchen; 155.2: Corbis, Düsseldorf (Juan Salvarredy/Glowimages); 157.1: mauritiusimages, Mittenwald; 160.1: Philipp, E. Dr., Berlin; 162.1: Behrends, Elke, Berlin; 172.1: Druwe&Polastri, Cremlingen/Weddel; 172.2: Picture-Alliance, Frankfurt/M. (MP/Leemage); 179.1: akg-images GmbH, Berlin; 182.1: akg-images GmbH, Berlin; 183 .1: wikipedia.org (Georg-Johann Lay); 189.1: Schmidt, Günter Prof., Stromberg; 189.2: Schmidt, Günter Prof., Stromberg; 189.3: Druwe&Polastri, Cremlingen/Weddel; 193.1: Gudrun Bramsiepe, Selm; 195.1: Busl, Matthias, München; 195.2: alamyimages, Abingdon/Oxfordshire (David R. Frazier Photolibrary, Inc.); 197.1: Corbis, Düsseldorf (Transtock); 197.2: fotolia.com, New York (reinobjektiv); 197.3: imagostock&people/sportfotodienst GmbH, Berlin (Horst Rudel); 201.1: Druwe&Polastri, Cremlingen/Weddel; 201.2: Picture-Alliance, Frankfurt/M. (akg-images); 201.3: Fraunhofer-Institut für Fabrikbetrieb und -automatisierung IFF, Magdeburg; 201.4: Fraunhofer-Institut für Fabrikbetrieb und -automatisierung IFF, Magdeburg (Bettina Rohrschneider); 224.2: Picture-Alliance, Frankfurt/M. (maxppp); 225.1: Schmidt, Günter Prof., Stromberg; 225.2: Schmidt, Günter Prof., Stromberg; 226 .1: Corbis, Düsseldorf (David Frazier); 226.3: TopicMedia Service, Ottobrunn (Kuchelbauer); 226.4: imagostock&people/sportfotodienst GmbH, Berlin (imagebroker/boensch); 226.5: imagostock&people/sportfotodienst GmbH, Berlin (Horst Rudel); 226.6: mauritiusimages, Mittenwald (Photo Researchers); 233.1: Vollnhofer, Stefan, Hollenthon; 233.2: Vollnhofer, Stefan, Hollenthon; 234.1: Thomas Willemsen, Stadtlohn; 234.2: imagostock&people/sportfotodienst GmbH, Berlin (imagebroker); 234.3: Corbis, Düsseldorf (Tobias Titz/fstop); 235.1: Picture-Alliance, Frankfurt/M. (dpa); 235.2: imagostock&people/sportfotodienst GmbH, Berlin (Christine Roth); 237.1: Olga Scheid, Oldenburg; 237.2: Druwe&Polastri, Cremlingen/Weddel; 238.1: Schmidt, Günter Prof., Stromberg; 238.2: fotolia.com, New York (Gabriele Rohde); 238.3: akg-images GmbH, Berlin (IAM/World History Archive); 238.4: Kepler-Gesellschaft e.V.; 239.1: Schmidt, Günter Prof., Stromberg; 239.2: imagostock&people/sportfotodienst GmbH, Berlin (McPHOTO/Baumann); 241.1: mauritiusimages, Mittenwald (Science Source/Photo Researchers, Inc.); 243.1: ecopix-Fotoagentur, Berlin (Froese); 243.2: mauritiusimages, Mittenwald (Südstern); 245.1: F1online digitale Bildagentur GmbH, Frankfurt/Main (Johner); 245.1: Stills-Online Bildagentur, Hamburg; 245.3: fotolia.com, New York (philipus); 258.1: Schmidt, Günter Prof., Stromberg; 268.1: fotolia.com, New York (freshpix); 271.1: Süddeutsche Zeitung Photo, München (Scherl); 271.2: akg-images GmbH, Berlin; 273.1: Kohn, Klaus G., Braunschweig; 278.1: Druwe&Polastri, Cremlingen/Weddel; 278.2: Schmidt, Günter Prof., Stromberg; 284.1: imagostock&people/sportfotodienst GmbH, Berlin (Manfred Segerer); 285.1: fotolia.com, New York (philipus); 292.1: imagostock&people/sportfotodienst GmbH, Berlin (Coverspot); 293.1: Getty Images, München (Science & Society Picture Library); 295.1: Wenderoth, Braunschweig; 296.1: Schmidt, Günter Prof., Stromberg; 306.1: kes-online, Berlin; 307.1: Stills-Online Bildagentur, Hamburg; 325.1: Picture-Alliance, Frankfurt/M. (MP/Leemage); 329.1: Corbis, Düsseldorf (Gregor Schuster); 330.1: Caro Fotoagentur GmbH, Berlin (Oberhaeuser); 331.3: Wildlife Bildagentur GmbH, Hamburg (M.Harvey); 332.1: mauritiusimages, Mittenwald (Phototake); 332.2: Wandmacher, Ingo, Bad Schwartau; 336.1: mauritiusimages, Mittenwald (Alamy); 337.2: Bildagentur Geduldig, Maulbronn; 338.1: Olga Scheid, Oldenburg; 339.1: Olga Scheid, Oldenburg; 339.2: F1online digitale Bildagentur GmbH, Frankfurt/Main (Prisma); 339.3: IPN-STOCK, Berlin (Kevin Taylor); 345.1: Thomas Willemsen, Stadtlohn; 346.1: Flora Press, Hamburg (Otmar Diez); 347.1: imagostock&people/sportfotodienst GmbH, Berlin (F. Berger); 347.2: Arco Images GmbH, Lünen (NPL); 347.3: mauritiusimages, Mittenwald (Peter von Felbert);

347.4: imagostock&people/sportfotodienst GmbH, Berlin (motivio); 351.1: Corbis, Düsseldorf (Rick Gomez); 351.2: STOCK4B GmbH, München (A. Koerner/unlike); 355.1: Corbis, Düsseldorf (Vienna Report Agency/Sygma); 355 .2: akg-images GmbH, Berlin; 356 .1: Picture-Alliance, Frankfurt/M.; 357.1: F1online digitale Bildagentur GmbH, Frankfurt/Main (parasola); 357.2: aus: (http://www.xkcd.com/605/); 361.1: Corbis, Düsseldorf (Armineh Johannes/Sygma); 361.2: fotolia.com, New York; 362.1: Corbis, Düsseldorf (Frans Lanting); 365.1: Keystone Pressedienst, Hamburg (Jochen Zick); 365.2: BITKOM, Berlin; 365.3: fotolia.com, New York (maconga); 366.1: OKAPIA KG Michael Grzimek & Co., Frankfurt (Lee D. Simon/ScienceSource); 366.2: Bridgeman Berlin, Berlin; 367.1: mauritiusimages, Mittenwald (Oxford Scientific); 367.2: Blickwinkel, Witten (A. Held); 369.1: A1PIX /YourPhoto Today, Taufkirchen; 369.2: Popko, Mathias, Meine; 370.1: bildagentur-online, Burgkunstadt (Fischer); 372.1: mauritiusimages, Mittenwald (purestock); 373.1: mauritiusimages, Mittenwald (age); 375.1: akg-images GmbH, Berlin (A. Paul Weber/(c) VG Bild-Kunst, Bonn 2011); 375.2: Keystone Pressedienst, Hamburg (Jochen Zick); 377.1: fotolia.com, New York (Christian Jung); 378.1: Wildlife Bildagentur GmbH, Hamburg (G.Lacz); 378.2: Corbis, Düsseldorf (Neil Rabinowitz); 380.1: OKAPIA KG Michael Grzimek & Co., Frankfurt (Ernst Schacke/Naturbild); 382.1: Corbis, Düsseldorf (Daniel J. Cox); 383.1: Arco Images GmbH, Lünen (NPL); 385.1: photothek.net GbR, Radevormwald (Thomas Imo); 385.2: alimdi.net, Deisenhofen (Jean-Pierre Lescourret); 393.1: Helga Lade Fotoagentur GmbH, Frankfurt/Main (H.R. Bramaz); 394.1: mauritiusimages, Mittenwald (Manfred Habel); 395.1: Fotex Medien Agentur GmbH, Hamburg (Walter Allgoewer); 398.1: Olga Scheid, Oldenburg; 402.1: American Institute ofPhysics - AIP Emilio Segrè Visual Archives (AIP), MD Maryland; 402.2: wikipedia.org (Matthias079); 403 (beide): Kanakris-Wirtl, Inge.

Es war leider nicht in allen Fällen möglich, die Inhaber der Rechte ausfindig zu machen und um Abdruckgenehmigung zu bitten. Berechtigte Ansprüche werden selbstverständlich im Rahmen der üblichen Konditionen abgegolten.